C O G I T A T A

Mersenne n'avait rien fait imprimer d'important depuis 1639
(Les Nouvelles Pensées de Galilée) et voilà que, la même année, il
donne au public le Cogitata et une nouvelle édition remaniée de la
Synopsis.

Les Cogitata représentent la synthèse de tout ce qu'il avait
admiré et travaillé durant sa vie laborieuse. Il a 56 ans maintenant.
Il a passé la plus grande partie de cette vie à Paris chez les Minimes
tout près de la Place Royale, lisant sans relâche, écrivant souvent,
recevant de nombreux amis savants ou curieux, adressant des lettres à
tous les spécialistes de l'époque et encourageant tous ceux qui étaient
capables de quelque découverte.

Ses Cogitata commencent par une épitre dédicatoire adressée au
P. Lorenzo da Spezzano, général des Minimes. Cette épitre varie dans
les termes suivant les éditions de l'ouvrage. Mais elle témoigne de
la part de Mersenne du même attachement à son ordre et à l'Eglise.

Puis vient la Préface générale (non paginée) où Mersenne propose
certaines définitions de termes et où il indique les problèmes qui se
posent à lui. La suite des traités et la pagination ne sont pas les
mêmes selon les éditions et nous suivons celles de l'exemplaire conser-
vé à la Bibl. nationale (6250[1]).

1) Le Tractatus de Mensuris, Ponderibus atque nummis ... commence par
des documents non paginés: une épitre dédicatoire à J. Hallé, doyen
de la cour des comptes et une préface plus générale insistant sur la
difficulté des problèmes. Le traité lui-même (p. 1-40) compare toutes
les mesures et tous les poids connus de Mersenne en France, à Rome,
en Grèce, en Palestine et ailleurs.

2) Hydraulica, pneumatica: arsque navigandi: harmonia theorica et mechanica
phaenomena. Le traité est précédé d'une longue préface (non paginée)
en 14 points où Mersenne propose de transcrire les phénomènes physiques
en langage mathématique, puis d'une épitre dédicatoire à Jean d'Es-
tampes-Valençay où sont surtout exaltés les mérites de la famille

d'Estampes. Dans son développement, le traité (p.41-224) donne des
définitions de termes et une suite de propositions sur les problèmes
physiques posés par l'eau. Mais des digressions s'insinuent plus d'une
fois. C'est que Mersenne les juge nécessaires, il sait même trouver les
transitions adéquates pour en souligner la logique. Il n'hésite pas
à donner des développements sur les horloges égyptiennes, les cônes
et les cylindres, les ellipses et les paraboles, la raréfaction de l'
air, les siphons, le poids des différents corps, les sous-marins (p.208),
les métaux, la profondeur des océans, la construction des citernes...

3) **Tractatus mechanicus theoricus et practicus.** Une épitre dédicatoire
à Claude Marcel, membre du Grand Conseil: le texte en est une véritable
jonglerie où Mersenne s'amuse à accumuler tous les vocables d'outils
spécialisés. Mais le Minime reprend son sérieux pour le traité (pagination spéciale: p. 1-96) et s'occupe de problèmes physiques: la balance,
la pesanteur, les poids et le centre de gravité, les machines à contre-
poids, la poulie, les roues dentées, le plan incliné, la vis d'Archi-
mède, la vis d'assemblage, la force des cylindres métalliques, la force
de percussion, le mouvement, la chute des corps...

4) **Ars navigandi super et sub aquis, cum tractatu de Magnete et Harmonicae
theoreticae, practicae et instrumentalis Libri quatuor.** Primitivement
ce traité (p. 225-370) devait faire partie de l'**Universae Geometriae
Synopsis**, mais il fut inséré dans les **Cogitata** à la demande des amis
de Mersenne.

    a) **Ars navigandi hydrostaticae ... Liber II de navigatione**
(p. 225-244). Une épitre dédicatoire précède les traités.
Elle est adressée à Etienne de Puget, évêque nommé de Marseille,
un évêque du bord de mer doit pouvoir gagner son diocèse par
mer ou sous la mer; de toute façon un évêque est le commandant
d'un navire. Le traité donne des renseignements sur les par-
ties du navire, la technique de la navigation, les noms des
vents...

    b) **Tractatus de Magnetis proprietatibus ad ... Gabrielem Naudaeum**
(p.245-251). La navigation est aidée par la boussole, d'où la
nécessité d'étudier l'aimantation.

    c) **Navis sub aquis natans** (p. 251-259). C'est ici un exposé
plus développé que **supra** sur la navigation sous-marine

avec certaines naïvetés, mais aussi des anticipations in-
téressantes (par ex. sur le sas ou le renouvellement de
l'air en plongée).

d) Harmoniae liber (p. 261-370): une étude physique des problèmes concernant la musique: le nombre et la mesure des sons
l'art de la composition musicale; les modes; l'art sympho-
nique; les instruments.

e) Un index des concepts (non paginé) donne les références à
ces traités et à la Ballistica qui suit.

5) Ballistica et acontismologia: une étude (pagination spéciale p. 1-
140) des problèmes qui concernent le lancement des traits ou autres
missiles: les flèches, la force des arcs, le retour de la corde
tendue, le pendule, la force de percussion, (une digression sur
la vitesse de la lumière, celle du soleil et de la terre) les
bombardes militaires, les traits verticaux et horizontaux, la
direction à donner aux flèches, la résistance de l'air...

A la lecture de cette immense somme de renseignements que sont
les Cogitata, l'on ne peut qu'admirer celui,qui, du fond de sa
cellule savait si bien méditer, se renseigner sur les inventions,
les commentaires....

Mais il convient d'aller plus loin et de remarquer que la
première place, dans les recherches du Minime, est occupée par la
physique. Il s'agit d'abord pour lui de constater les faits, d'être
sûr de leur réalité. Alors il peut progresser: dans la mesure du
possible, il veut multiplier les expériences pour contrôler si le m
même fait se reproduit de la même façon: inlassablement, il prend
des mesures, les contrôle, les modifie si c'est nécessaire. C'est
un travail de longue patience et de probité intellectuelle. Mersenne possède éminemment ces deux qualités. Une troisième démarche,
c'est la transcription en langage mathématique des faits et de leur
évolution. Et ici nous saisissons une qualité certaine de Mersenne.
Il n'aura peut-être pas l'occasion d'être un grand inventeur, mais
il a compris, peut-être grâce à Roberval, que les mathématiques,
la géométrie surtout, donnent une certitude beaucoup plus profonde qu

que celle des discours. Une quatrième démarche, c'est le souci de
rendre toutes ces questions accessibles au lecteur: il faut être
clair et Mersenne s'y emploie multipliant les exemples, complétant
les exposés par des corollaires, ajoutant des monita et surtout
n'hésitant pas à dresser des figures, si compliquées soient elles,
pour visualiser le problème et permettre de mieux en comprendre la
solution.

Enfin tout ce travail de vérité et d'interprétation, il l'or-
ganise comme un hymne de reconnaissance envers Dieu dont il voit
partout la volonté, une volonté qu'il faut déceler avant d'en comprendre les modalités. L'univers, pour Mersenne, n'est pas une mé-
taphysique. Le plan de Dieu restera un mystère: aux hommes d'en
comprendre quelques bribes et de contrôler ce qui reste en leur
pouvoir.

A. BEAULIEU.

Je crains que vous ne soies trop peu
satisfait de ma réponse, puisqu'elle ne
peut estre telle, pourtant autant comme j'eu
le souhaiter, n'en ayant que mon ignorant
matelot... tant tout cela en fout vous
... Je suis ... que je fais une estime
... particulière avec beaucoup d'apostres
et du voisin. J'ay bien plus considéré le
... ... avec le ... j'ay demeuré des
années que je n'ay ... la ... liment
... ... n'en ... quand bas) et que
je n'y avois pour tel inclination mesme
... ... de ... mais j'ay ...
j'ay toujours eu ... ...
et que je ne ... ... demander un grand
... a esté ... ... je vous diray ce que
l'... découvrir ... il a composé ...
nettement ... ... je serois difficile
d'appren ... ... que des libraires mesme

... fait ... les ... les ... par ...
... Sur les ... ... il a esté
... et en a faict ... ... françois et
latin ... les ... mesanges ... ...
... ou ... ...
fait au long ... manières ... ... de ...
... les compositions ... combinaisons des
notes, et disant ... le ... de musique
... leurs figures ... ... Et ... ...
... prié que ... ...
... musique d'un ... ...
... en ... matière de ... france, de
luy ... et faire ... ce livre ...
... prise que ... ... Jamais ... vie de ...
... et en faisois une estime que ... les
vous suis exprimé ... dont ... dit qu'il ...
avoit que ... ... qui ... ...
... ... grande quantité des
... dont ... france ... esté ... ou
... ... qu'... ... s'imprime
l'ordre ... ... ne ... pas les ...
aussi ... ... faits. Je en ai
fait un ... livre intitulé Cogitata
Physico mathematica qui ...

V 825

G250

F. MARINI
MERSENNI
MINIMI
COGITATA
PHYSICO
MATHEMATICA.

In quibus tam naturæ quàm artis effectus
admirandi certissimis demonstrationibus explicantur,

PARISIIS,

Sumptibus ANTONII BERTIER, viâ Iacobeâ

M. DC. XLIV.

CVM PRIVILEGIO REGIS.

REVERENDISSIMO PATRI
LAVRENTIO A SPEZZANO
TOTIVS ORDINIS MINIMORVM
DIGNISSIMO GENERALI.

F. *MARINVS MERSENNVS* S. P. D.

OVAM Ordinis no*ſ*tri læti-
tiam, nouis tra*ſ*tatibus, REVE-
RENDISSIME PATER, omni-
bus te*ſ*tati*ſſ*imam volui, quòd te
beati*ſſ*imus, & ΚΑΘΟΛΙΚΩΤΑΤΟΣ ille totius
Eccle*ſ*iæ Princeps Vrbanus VIII. digni*ſ*-
*ſ*imum iudicarit, & elegerit præ*ſ*idem Generalem, cuius prudentiâ *ſ*ingulari no*ſ*ter
Ordo tam præclarè regeretûr, vt tuo veluti *ſ*piritu fotus & animatus omni virtutum genere, *ſ*plendidi*ſſ*imi*ſ*que *ſ*cientiarum
radijs Eccle*ſ*iam illu*ſ*traret.

Quot enim habemus periti*ſſ*imos Theo-
logos, qui Theologiam vniuer*ſ*am magna

á ij

cum laude, & eruditione exquisitissima, sint in lucem edituri statim atque vel ipso nutu tibi pergratum esse significaris? Quos inter plurimos appellarem, Galliæ nostræ singularia ornamenta, nisi longè singularior illorum modestia meum calamum sisteret, qui neminem inuidiâ velit onerare.

Lynceos habes collegas R.P. qui præstantissimorum ingeniorum cathalogũ in omnibus regnis, atque prouinciis degentium instruant, quibus deinceps ad majorem Dei gloriam, & instituti nostri decus & vtilitatem sapienter vtaris. Quod vbi cœperis, déque incepto opere monueris successorem qui nobilissima germina tuis curis atque studiis adolescentia promoueat, quantis te laudibus à fœlicis memoriæ Vrbani successore arbitraris efferendum?

Quis é numero Cardinalium Eminentissimorum te millies non amplectatur qui tantam messem in Ecclesiæ horreum intuleris? Quis non Catholicorum te suspiciat atque veneretur qui scientias omnes è regno philo-

ſophico ad ipſius Dei cæleſte Regnū trāſtule-
rit? Vt quemadmodū Analyſeos proceres hoc
effatum aüdent ingerere, NVLLVM NON
PROBLEMA SOLVERE, ita filÿ tuis curis
commiſſi in rebus Theologicis, nullam non
propoſitionem diſſoluere, pronuntient.

Accipe interim R. P. ſequentes tractatus,
quibus tantiſper varias illas përegrinatio-
nes interrumpas, quas Ordinis noſtri gratia
Charitatis ardore ſuccenſus inſtituis. Exci-
pe ſinceriſſima ipſius autoris vota, quibus
Deum Opt. Max veneror te noſtro Ordini,
totique Eccleſiæ Catholicæ plurimos in annos ſeruet incolumem, tuoſque labores per-
fectiſſima beatitate cumulet.

Licentia R. P. Generalis.

CErtissima relatione compertum habeo te nonnullos excellentissimi ingenij tui foetus luci publicæ velle committere. Per me licet vt quamprimum eos in vulgus emittas, modo sint à duobus ordinis nostri Theologis reuisi & approbati quos R. P. Prouincialis designauerit, & c. Datum Romæ in Conuentu nostro sancti Andreæ de Frattis, die 8. Augusti, anni 1643.

F. LAVRENTIVS A SPEZZANO Minim. Corrector
Generalis. Locus sigilli.

NOS infrascripti Ordinis Minimorum Theologi ex mandato Superiorum vidimus *Cogitata Physico-Mathematica R. P. Marini Mersenni*, & probauimus, testamurque in iis nihil contineri orthodoxæ fidei dissonum aut bonis moribus contrarium, vnde & prælo digna censemus, & magnam studiosis vtilitatem allatura. Datum in Conuentu nostro Sancti Francisci de Paula ad Plateam Regiam, Parisiis hac luce 27. Februarii, 1644.

I. FRANCISCVS LANOVIVS.

F. IOANNES FRANCISCVS NICERON.

Summa Priuilegij Regis Christianissimi.

LVDOVICVS XIV. Dei gratià Galliarum & Nauarræ Rex Christianissimus, singulari Priuilegio sanxit, ne quis per vniuersos Regnorum suorum fines, intra decem annos à die finitæ inpressionis computandos, imprimat, seu typis excudendum curet, & venalem habeat librum, qui inscribitur *Opera varia Mathematica R. P. Marini Mersenni Minimi* præter dict. P. aut illos, quibus ipsemet concesserit. Prohibuit insuper eadem authoritate Regia omnibus suis subditis, eundem librum extra Regni sui limites imprimendum curare, vel quempiam, vbicumque fuerit, ad id agendum impellere, ac instigare, sine consensu dicti R. P. Mirini Mersenni, Idque omne sub confiscatione Librorum, aliisque poenis contra delinquentes expressis, vti latius patet in litteris datis. Paris, 2. Octob. 1643.

Ex mandato Regis Signatum DENISOT.
Peracta est hæc Impressio die 15. Septembris 1644.

Ledit R. P. MERSENNE *a cedé & transporté le susdit Priuilege à* ANTOINE BERTIER, *Marchand Libraire à Paris, pour en iouyr pendant le temps porté par iceluy.*

CVm plurima singulæ tractatuum sequentium Præfa-tiones exhibeant , quæ vel in ipsis tractatibus de-sunt , vel ad eos melius intelligendos , atque perficien-dos non parum conferunt, moneo primum Lectori post emendata typorum errata , quæ sequuntur , diligenter emendanda : cuius etiam diligentiæ ac studio virgulas, vel puncti quæ perperam apposita , vel omissa sunt , vel etiam alios errores nondum animaduersos permitto.

Secundò , me consultò plurima tractatu de naui-bus suo aqua natantibus omisisse , verbi gratia , pagina 252. naues huc illuc moueri posse ventis maximorum ope follium excitatis , quales sunt in moneta Regia , & in majoribus organis, vt jam fieri solet à nautis , qui pe-dibus folles comprimentibus ventum procreant, quo vela inflant, & impellunt.

Tertiò , vbi præmissa mechanicis Epistola dictum est tormentum militare Æneum V. vel potius $5\frac{1}{2}$ pedes lon-gum sesquilibra pyrij pulueris onustum suam pilam fer-ream VI librarum verticaliter ita misisse , vt illius ascen-sus & excensus XXXII. secunda temporis insumpserit, vnde ascensum 512. hexapodum inferebamus : quem du-plò ferè majorem ausim asserere, si duplò fuerit velocior ascensus excensu , quod ad rupem altissimam explorare possis ; iam addendum me nuper ab Illustrissimo viro Hu-genio eiusdem tormenti prædictâ pulueris mensura pilam æqualem excutientis medium illum, quem ad 45. gradus appellant ,accepisse, quem 3125. passus communes defi-niêre ; pila verò terram sesquipede subingressa est.

Iactus verò horizontalis vsque ad primum horizontis

contactum fuit 398. passuum, atque adeo medii ferè subseptuplus: post quem contactum primò saltauit pila 215. passus: secundò 275. tertiò, 279: quartò 150. quintò 81. sextò 73. septimò 78. octauò denique 124. adeout iactus horizontalis cum illis octo saltibus passuum 1750. hoc est ferè medij subduplus fuerit. Quibus Lectores studiosi manum vltimam variis experimentis afferre poterunt.

Quartò, me iam factum esse certiorem de numero 576. granorum, quibus vncia Romana constat, monente viro Nobilissimo Domino du Verdus, quandoquidem illa vncia, vt nostra, diuiditur in 24. denarios, & denarius in grana 24. vt iam certum sit quod sub dubio, puncto IX. Præfationis generalis proponebam, sintque propterea 16. tantummodo laminæ æneæ in vncia, de quibus corollario primo, prop. 3. de numeris, & ad calcem paginæ 38. Quæ tamen omnia Romæ sum accuratiùs, Deo volente, discussurus. Vide I I I. punctum erratorum emendatorum.

TRACTATVS ISTO

VOLVMINE CONTENTI

TRACTATVS
DE MENSVRIS
PONDERIBVS, ATQVE NVMMIS
tam Hebraicis, quàm Græcis, & Romanis
ad Parisiensia expensis.

CLARISSIMO,
ORNATISSIMOQVE VIRO,

IACOBO HALLE:
REGIS CONSILIARIO,
Et Parisiensis Regiorum Computorum
Cameræ Decano.

F. MARINVS MERSENNVS

*VM omnia Deus in numero, pondere, atque men-
sura condiderit (Vir Ornatissime) hic de Mensuris, & Ponderibus Tractatus, quo gentium extera-
rum mensuræ cum Parisiensibus conferuntur, ad
Te probum & iustum Computorum æstimatorem
confugit, qui saculo penè integro Dei præpotentis
opera, & quæ sit longitudo, latitudo, sublimitas & profundum
diuinæ Bonitatis apud Te perpendens, cuiuslibet rei pondus, numerum, mensuram, & pretium exprimere valeas; cum vnaquæque tanti sit valoris, quot & quantos illius radios exceperit.*

*Perge (Vir Christianissime) in diuinis perfectionibus meditan-
dis, & animi sinceritatem, quam à teneris annis Deo vouisti, &*

ā

illibatam plusquàm octuagenarius conseruasti, æternâ gloriâ coronandam expecta.

Quid enim aliud Te maneat, qui iuxta præceptum libri de substantia dilectionis, hactenus ita vitam instituisti, ut ordinatâ Charitate, cui militas, curreris de Deo, cum Deo, & in Deum; de proximo, cum proximo, non in proximum; de mundo, non cum mundo, nec in mundum, ut in solo Deo requiesceres per gaudium.

Maximus quidem tuorum annorum numerus, sed apud Te nullus, qui dudum sæculo ita renuntiaris, nullum ut sæculi diem noueris, nec terrena tempora iam computes, qui æternitatem de Deo speras; & qui vitæ transeunti coronidem velis apponere verbis sequentibus, **In te Domine speraui, non confundar in æternum.**

PRÆFATIO
AD LIBRVM
DE MENSVRIS,
PONDERIBVS, ET NVMMIS.

VÆ DAM aduertas velim priusquam sequentem Tractatum perlegas , vt sicubi fuerit aberratum , iuxta hoc
monitum emendetur. Primùm igitur ad secundam paginam , quæ pedis Regij dimidium exhibet, eiusdem
proximè magnitudinis apparet in impressa charta, cuius est in ænea regula vnde sumpta est , si charta manibus trahatur in superficiem rectam, vel si quid abest, non superat, lineæ: quanquam contingere potest folia quædam papyracea magis vel
minus extendi vel restringi; cui rei medicinam ipse facies, cùm nil
aliud voluerim, quàm pedis dimidium, seu partem Hexapedæ Castel-
leti, vel Thecæ scriptoriæ, vulgò *l'escritoire*, duodecimam repræsentare: quanquam duas illas hexapedas lineæ parte sexta differre constet.

II. Iugeri & rerum aliarum mensuras, de quibus à quarta pagina dictum est, haberi libro 10 Codicis Henrici; vbi cum titulo tertio, vlnæ
Parisiensi tribuantur tres pedes, septem pollices, & octo lineæ , eamque propterea duabus lineis breuiorem fecerim, tribus pedibus & septem digitis adde ; pro, id est scribe octo lineas, non sex.

III. Quod de libra ponderali, eiusque dictum est diuisionibus, propos. 2. Codicis Ludouici XIII. lib. 22. titulo 10. haberi , cum aliis
diuisionibus; qualis est ea quæ tribuit vnciæ 20 stelinos, stelino 4. fe-
linos, vel duos obolos, qua Gemmarij, & Monetarij inspectores vtuntur.

Ad pag. 11. cùm omnia grana, vel semina quæ reperiri solent in atriis
venalibus Lutetiæ, ad stateram expendissem, vixque granum vllum inter eiusdem speciei grana grano alteri exactè respondisset, in incertis
ludere nolui. Hic tamen addo me sæpius obseruasse cubicum æris pol

licem in aëre pendere fex vncias, fcrupulos 2¦ & grana fex, in aqua vê-
rò vacias 5¦, & grana 6¦, adéovt aquæ pollex fit dimidiæ vnciæ, &
fcrupuli 1¦, minus dimidio grano : fed in alio vafe apparuit aqueus pollex cubicus præcedente grauior granis 13¦.

Pollex frumenti cubicus abfque fuccuffu, & agitatione pondo drachmarum 3¦ apparuit, cui fuccuffatio, denarij pondus adhibet; fi verò vas
illud cubicum vnius pollicis frumento vfque ad cumulum impleatur,
hic cumulus quatuor denarios addit. In illo verò pollice rafili non agi-
tato 400 grana frumenti hoc anno 1643; grana verò electa granis vnciæ noftræ æqualia reperio. Rafilis pollex hordei 328 grana continet,
pendétque drachmas 3 & 8 vnciæ grana; hordei vero electa grana totidem granis vnciæ æquiponderant; cúmque nonnulla grana inter electa fint aliis grauiora, certum eft ipfis vnciæ granis effe grauiora.

Huc peruenerram, cùm fchedula menfuras Parifienfes fequente
modo comprehendens, & ad pedes cubicos redigens, calculifque
ab Alcalmo fubducta inuenta eft. Itaque Modius maior, de quo propof. 4. dictum eft, cuius nempe pondus 2640 librarum, 48 pedes cubicos complectitur, eftque diurnus 1500 hominum cibus; quare fextarius, modij vncia, quatuor pedibus cubicis conftat, cúmque fit 22 c librarum, 125 hominum cibus eft diurnus: mina, quæ eft modij pars vi-
gefima-quarta, complectens duos pedes cubicos, cùm fit 120 librarum, nutrit homines 62¦. Minotus 48 pars modij, pedum cubicum
habens, cùm fit 55 librarum, homines alit 3¦: quemadmodum minor
modius, pars maioris 144, complectens cubicos pollices 576, pondó-
que librarum 18¦, cibus eft diurnus hominum 10¦.

Quod ad liquidorum menfuras attinet, cùm crediderit vini modium,
feu cadum 288 duntaxat pintas complecti, fæcibus videlicet minimè
numeratis, affirmat 8 pedibus cubicis contineri, vt dolium ad formam
cubicam redactum latus habeat bipedale; cúmque pinta fit pondo duarum librarum, dolium, vel potius vinum illud implens, erit librarum
576; pefque cubicus erit 72 librarum; Pinta verò complectitur 48 pollices cubicos, feu ¦ pedis cubici.

Certè quidquid expertus fuerim, fuadet aquæ pedem cubicum non
effe minoris, quam 72 librarum, ponderis, licet alij 70. duntaxat librarum illum æftiment.

V. Ibidem vbi de pinta loquimur, aduerte in Codice Ludouici
quem ibi laudamus, haberi cadum 36 fextarios complecti, quífextа-
rius octo pintis conftat, vel duabus Quartis: minorem verò femifextarium in duos Poffones diuidi, vt fit Poffo pars octaua Pintæ. Quæ
verò pertinent ad alios Tractatus duces ex fecundo monito nummi-

rum Gallicorum, & ex Præfationibus vniuscuiusque Tractatus.

VI. Cùm autem pag. 37. lib. 16. dixi *Chelinum* vndecim dici denariorum, credant tamen alij 10 duntaxat, nil assero; Cæterum inspectores cuiuslibet monetæ consuli possunt, à quibus exactè habeas tam aureorum quàm argenteorum nummorum leges, & puritatem, quæ cùm in iisdem officinis & sub iisdem principibus non raro mutationem subeant, malui puritatem sequente tractatu, vtpote immutabilem, quàm legem vllam tot varietatibus obnoxiam eligere.

VII. Generalis autem Præfatio explicationem illius exhibet figuræ, quæ sextæ propositioni debetur, quâ videlicet pondus & valor sicli Hebraici statuitur, multaque pollicetur, de quibus postea fusè tam libro de Hydraulicis, quàm de Mechanicis, & de Ballistica.

VIII. Porro vix in textu Hebræo veteris Testamenti reperias aurei sicli mentionem, nam fore semper vbi Vulgata legit, siclis aureis, textus Hebraicus non habet *siclos*, sed tantùm *aureos*; quanquam 1. Paral. cap. 21. vers. 25. textus ille *siclos auri*, seu *aureos* exprimat, pondo sexcentos.

Advertendum etiam R. Kimhi ad 38 Exodi, versu 24 minime dicere siclos, sed minas Sanctuarij esse communium duplices, licet aliqui contra senserint: quanquam ex minis duplicibus non repugnet etiam duplices siclos inferre.

IX. Superest vt dicam, me necdum scite potuisse quæ prop. 9. ad calcem moniti primi notabam, vtra nempe vera esset relatio de numero granorum vnciæ Romanæ; tantùm addo me folium illud, quo tertia propositio continetur, refici curasse, vt eundem granorum numerum Romanæ, quem nostræ tribuerem. Hinc fit vt quod versus calcem paginæ sextæ dictum est de granis 6.2 vnciæ Romanæ (iuxta relationem alteram, quæ 17 laminas, vnamquamque 36 granorum, vnciæ Romanæ tribuebat) sit emendandum, vt habetur pag. 11. corollario primo tertiæ propositionis, vbi loquor ex hypothesi, cuius Lectorem aliquando certiorem facturus sim, vbi de veritate constabit, quæ 16 solùm laminas prædictæ æquales habeat.

Cæterum qui deinceps peregrinationem instituent ad Sinenses, aut alia loca longè dissita, poterunt experiri pondus cuiuslibet grani, quo variæ nationes in cibis, aut medicinis vtuntur: sed maius fuerit operæpretium si magneticam acum pixide clausam cum optimo magnete sphærico ferant, quibus diuersas vtriusque declinationes, & inclinationes in longitudinum gratiam explorent.

Vtilia etiam fuerint minora perspicilia, quibus singula quæ occurrerint animalcula, eorumque partes obseruentur. Nec inutile futurum si tam nummos, leges monetales, pondera, mensurasque diuersarum gentium ad quas peruenerint, quam & instrumenta varia quibus fodiunt, aut sulcant terram, vel etiam aures & animum oblectant, diligenter annotent; ex quibus populorum omnium temperamenta, imaginationes, & consuetudines cum nostris conferantur. Quid enim viris studiosis gratius esse potest quàm vt sciant quidquid ab omnibus hominibus fieri solet, & totum orbem vnico intuitu hauriant. Quod adeo facilè est ob nauigationum frequentiam, vt si principes solummodo cupierint, non desint viri doctissimi ætate florentes, qui paucorum annorum spatio non solùm prædicta, sed etiam omnifaria manuscripta referant, quibus gentium mores, & chronologiæ fideliter contineantur; vt iam incœptum videmus à nobili Bononiensi, qui rerum omnium, præsertim artefactorum figuras & fabricas, quæ in omnibus ferè partibus Europæ potuit deprehendere, pluribus voluminibus descripsit.

Quandiu vero peregrini prædicta notabunt, alij varia poterunt experiri, quibus artes mechanicas perficiant; alij Geometriam excolent, & versus supremum apicem perducent; alij denique veras Physicæ, & Ethicæ leges perquirent, vt cùm nil amplius quærendum supererit, omnes vno ore concinant, *Cor meum & caro mea exultauerunt in Deum viuum*, donec eum intuitiuè contemplentur, & æternam in ecstasim rapti cum omnibus cælicolis dicant, *Beati qui habitant in domo tua Domine, in sæcula sæculorum laudabunt te.*

PRÆFATIO GENERALIS.

E X sequenti figura quispiam intelliget quid hoc opere facturi, dicturive simus: Primò siquidem linea recta B G, vel ii 36 pedis Gallici Regij quartam partem, quemadmodum linea D T, axis productus parabolæ B A C, complectitur. Axis ipse D A duorum est digitorum, hoc est sextans pedis: vnde possis de cæteris Gallicæ mensuris ferre iudicium.

II. Pendulum, seu filum *a b*, cui globulus plumbeus in puncto *b* appenditur, ad omne tempus metiendum adhiberi potest; ad ea verò

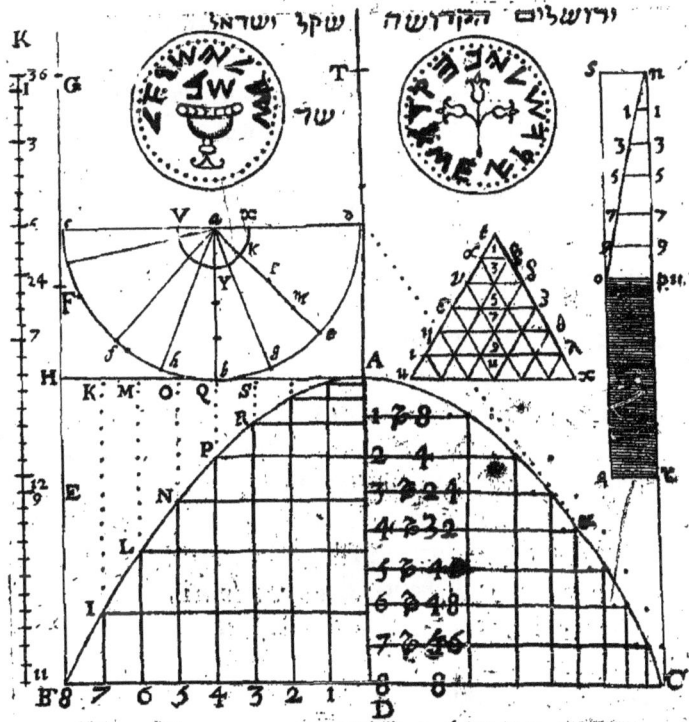

præsertim quæ citò fiunt, atque transeunt, qualia sunt minuta prima & secunda, &c. si enim filum istud tripedale fuerit, globuli ad punctum *b*, vel *f*, aut aliud quoduis, vsque ad *c*, vel *d*, erecti recursus per semicircumferentiam *d b c*, tempus vnius secundi consumit, recursus vero à *d* ad *b*, vel à *c* ad *b* femifecundum.

III. Pendulum *a* Y, fubquadruplum penduli *a b*, notat femifecundum fuo motu ab *x* ad V per Y: quandoquidem pédulorum vibrationes funt in ratione fubdupla ipforum pendulorum, vel pendula funt in ratione recurfuum, & temporum duplicata: & tam vibrationes, quam tempora funt ad pendula, vt radices ad quadrata.

IV. Significantur per lineæ *b a*, vel *c a* diuifionem in quatuor partes, fpatia, quæ graue cadens, fiue rectà per *b a* perpendicularem horizonti, fiue per planum obliquum *a c*, percurrit, effe fimiliter in ratione duplicata temporum quibus fpatia percurruntur; fi enim graue fpatio vnius fecundi ab *a* ad Y, vel ab *a* ad K defcendit, altero fecundo reliquas lineas, Y *b*, vel K *c* conficiet.

V. Recurfus fili *a b*, à quouis puncto quadrantis, *b d*, vel *b c* redeuntes, funt proximè ἰσόχρονοι, hoc eft, fiunt æquali tempore: nam fiue globulum ex *b* ad *g*, vel ad *c*, vel ad *d* traxeris, tempus quo defcendit à *d* ad *b*, propemodum æquale eft tempori, quo defcendit à *g* ad *b*; dixi *propemodum, & proximè*, quòd aër à *d* ad *b* interiectus magis impediat globum *b* ex *d*, quàm aër inter *c* & *b* interpofitus, globum ex *c* redeuntem.

VI. Triangulus *t a x* velocitatis augmentum refert, quo crefcit motus grauium verfus terræ centrum in plano perpendiculari, vel obliquo defcendentium ex iis altitudinibus, quas hîc experimur: fit enim triangulus *t a β*, primum fpatium primo tempore peractum à mobili *t*, fequens fpatium quadrilaterum *a β v δ*, tres triangulos comprehendens oftendit mobile, feu graue prædictum *t*, fecundo tempore tria fpatia percurrere. Quod etiam manifeftum eft in linea B K, quæ numeros adiunctos habet 1, 3, 5; 7, 9, 11; eofdem videlicet qui defcendunt à prædicti trianguli vertice ad bafim, è quorum alterutra regione trianguli defcribuntur, oftendentes idem incrementum; enimvero quadrilaterum *v δ c* 3, quinque; quadrilaterum *c* 3 *η θ*, feptem: quadrilaterum fequens *η θ ι λ*, nouem; vltimum denique *ι λ u x*, vndecim triangulos æquales continet, qui demonftrant quot fpatia fingulis temporibus à graui *t* percurrantur.

VII. Parallelogrammum *f η q r* idem oftendit fuis fex quadrilateris à triangulo *η o p* comprehenfis; prætereaque velocitatem à mobili *η*, in *o p* acquifitam, huiufcemodi effe, vt mobile *η* pergens vlterius abfque vllo velocitatis incremento, fpatium confecturum fit, duplum fpatij *η o p*, fi tempus iftius defcenfus æquale fuerit tempori quo ab *η* ad *p* defcendit.

Idemque ferè cerni poteft in linea *d A*, cùm enim graue à puncto quietis *d*, vfque ad A defcendit, fi motus illius perpendicularis *d A* in horizontalem A H conuertatur; & tanto tempore fuper plano A H moueatur, quanto à *d* ad A defcendit, lineam A H duplam lineæ A *d* percurret, cùm nulla fit ratio cur in horizonte velocitatem acquifitam augeat, vel minuat, quandoquidem femper à centro grauium, quo prius tendebat, & ad quod propius accedebat, diftat æqualiter.

VIII. Numeri 12, 24, 36, lineæ B K infcripti, oftendunt proportionem quâ mobile cum dato gradu velocitatis, violento motu à B verfus K afcendit vfque ad quietem: cùm enim defcendendo à K ad B per 36 fpatia æqualia, velocitatem acquifierit, quâ in plano horizontali, 72 fpatia conficere poffit, fi tãto tempore moueretur horizontaliter, quanto prius defcendit, nihilque iftius velocitatis amitteret, dum à B verfus K afcendit, lineam duplam lineæ B K, hoc eft 72 fpatia percurreret.

Eapropter tribus primis temporibus 36 fpatia conficeret, quæ tantùm

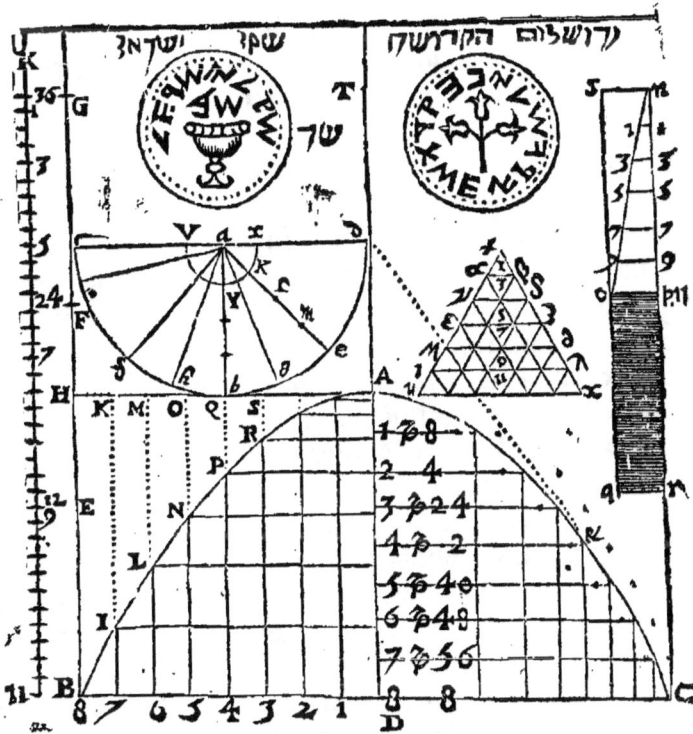

fex temporibus à graui cadente facta erant, quóuis enim tempore 12 fpatia perficeret, atque adeo duobus temporibus 24 Sed cùm totidem gradus pereant in afcenfu, quot in excenfu fuerant acquifiti, non altiùs afcendit, quàm ad 36 fpatia, hoc eſt ad punctum K, vt fuſius poſtea dicturi ſumus.

IX. Parabola BAC refert exploſionem pilæ, ſeu globi iuxta eandem ſuper horizontem eleuationem, quam tangens puncti parabolæ 8, vel C refert: huius autem ordinatas prop.19.Phænom.Hydraul. & alias parabolæ proprietates explicabimus. Præterea deſcenſum grauium axe ſuo AD refert, quippequem ordinatæ ſiniſtræ ſecant iuxta proportionem ſpatiorum triangulo *n o p*, vel triangulo *t u x*, vel lineâ KB, comprehenſorum.

X. Siclus argenteus Hebraicus duplici facie cernitur, ex quo de Dauidis, Salomoniſque diuitiis in Scriptura ſacra conceptis, iudicium ferri poteſt, cum ſiclus iſte ſub Dauide cuſus ſuiſſe videatur ex litteris calici, vel pateræ faciei ſiniſtræ ſuperſcriptis, quippequæ ſignificant *ſekel Dauid*: Scriptura circa pateram, *ſekel Iſrael*, legitur: & in facie dextra, *Ieruſalem hatkadeſcha*, id eſt ſancta: in cuius medio flos amygdalinus, vel lilium conuallium, vel ſimile quidpiam. Omitto caracteres iſtos Samaritanos vocari, quòd eos, antea Hebræis vulgatos, poſt captiuitatem Babylonicam ſoli Samaritani retinuerint, Iudæi verò quadratis Aſſyriacis vtriꝗ faciei ſupraſcriptis deinceps vſi fuerint: qua de re prop. 6.tractatus de Nummis,in qua valor illius ſtatuitur noſtrorum 23 aſſium.

Sunt & alia plura quæ notanda veniant circa tractatus Hydraulicopneumaticos, Mechanicos, & Balliſticos, quæ peculiari in vnumquemque librum Præfatione dicturi ſumus, quippe non potuerunt exprimi figurâ præcedente. Itaque legi debent cuiuſque libri peculiares Præfationes, in quibus ſemper aliquid noui proponitur.

XI. Sequentium librorum notandus ordo in illis compaginandis obſeruandus, qui licet minimè neceſſarius ſit, commodior tamen videatur: præeat igitur liber de Menſuris, Ponderibus, & Nummis, quippequi docet quales ſint menſuræ, qualiáve pondera, quibus paſſim in aliis libris ſequentibus vtimur: poſt quem Hydraulicorum liber iuxta maiorum caracterum alphabetum ponendus. Minorum caracterum Romanorum alphabetum, quibus Mechanica Phænomena notantur, tertio loco ſequi debet: quarto liber Balliſticus caracteribus Italicis, ad aliorum diſcrimen, inſignitus.

Hos autem quatuor libros ſequitur illa Synopſis Mathematica, prius anno 1626 edita; quam vbi viderem à pluribus ſtudioſis fruſtra requiri, ob exemplarium dudum diſtractorum penuriam; eamque non ſolum vtilem, ſed propemodum neceſſariam ſæpius expertus eſſem, vt qui veterum propoſitiones, & argumenta in diuerſis libris tam Geometricis, quàm aliis laudata vident, experiantur an citationes veræ ſint, ſciant-

GENERALIS.

que dum ruri absque bibliothecis degunt, quid hactenus in re Geometrica factum, demonstratúmque ut. Sed & doctiorum Geometrarum memoria iuuabitur, refricabitúrque, dum Synopsim illam præ manibus habuerint. Porrò quid de nouo fuerit additum Præfatio particularis Synopsi præmissa docet. Cum autem diuersi caracteres foliis applicandi deessent, maiores Romanos in Synopsi repetimus; quapropter facile poterunt illius folia prædictis libris præmitti, vel etiam seorsim colligari, vt duo volumina separata facilius gestentur.

XII. Cum Index, seu Tabula initio, vel ad calcem adhibita referatur ad omnes libros, necesse fuit post numerum quemlibet addere caracterem aliquem, significartem quo libro contineantur ea, quæ leguntur in Tabula: quapropter P, librum primum de Ponder. H, lib. secundum de Hydraulicis: M, librum tertium de Mechanicis: B, librum quartum de Ballisticis: N, libros de Nauigatione: h, libros Harmoniæ. S denique Synopsim Mathematicam designabit, vt initio Tabulæ rursus indicabitur.

Cúmque singulis Tractatibus Præfat. multa notatu digna continétes præmittantur, & in quædam puncta distingua utur, vnaquæq; caractere sui tractatus notabitur: excepta prima Generali, quæ litterâ G significabitur: aliæ verò, exempli gratia, Præfatio Hydraulicæ, caractere H, & ita de reliquis, insignietur. Quæ verò Synopsi continétur cùm eiusdem alphabeti seriem obseruent, omnia vnica littera S, notabuntur.

XIII. Notandum ad prop. 47. Hydraul. absque periculo, cubicû aquæ pedem 72 librarum statui posse, cùm pondus aquæ Ctesibicis instrumentis eleuandæ proponitur, vt cùm 1728 cubici pollices pedem cubicum efficiant, pollex, siue digitus aquæ cubicus sit $\frac{72}{1728}$, hoc est $\frac{1}{24}$ libræ; eáque ratione Parisiensis hemina libræ vnius, digitos 24 cubicos, Pinta verò 28 complectatur. Quibus positis, cylindrus aqueus, cuius diameter, & altitudo digitalis erit pondo $\frac{11}{14}$ vnciæ: cuius altitudo cylindri si fuerit octo hexapodum, erit pondo 301 vnciæ, siue librarum 18$\frac{7}{8}$. Minimè tamen eos velim arguere qui pedem aquæ faciunt duntaxat 70, aut 71, librarum.

XIV. Ex pondere cuiuslibet corporis cubo pedali æqualis, 72 libras auferendas, cùm in aqua dulci pondus illius examinatur, quòd sit in aqua, quàm in aëre leuius, toto pondere aquæ pedalis cubicæ. Est autem aqua Oceani grauior aqua dulci, ad quam est vt 47 ad 46 proximè, quare pes aquæ marinæ cubicus est librarum 73$\frac{1}{2}$.

Si verò fuerit vt 46 ad 45, & pes dulcis sit tantummodo 70 librarum, tunc pes aquæ salsæ librarum erit 71$\frac{1}{2}$ proxime. Ex quibus possit quispiã iudicare de Alcalmi in inuestigãdis ponderibus ἀʹϐʌέψία

ã iiij

quippe aquæ pede 72 librarum suppofito, faciebat pedem aquæ marinæ
librarum 86$\frac{2}{17}$. Vini 70$\frac{1}{5}$. Ceræ 68$\frac{8}{11}$. Olei 66. Mellis 104$\frac{2}{5}$. Lateris 27.
Terræ 95$\frac{1}{5}$. Salis 110$\frac{1}{7}$. Marmoris 252, Stanni 32$\frac{5}{5}$, Ferri 576. Æris
6+8. Argenti 744. Plumbi 828. Mercurij 977$\frac{1}{2}$. Auri 1368. Arenæ
120. Lapidis communis 184. Tritici 55.

XV. Ex Hydraulicis Phænomenis concludi potest qua ratione Vrinatores centum brachia, plus minus, in mare descendere debeant, vt
naues, tormenta bellica, & quæcumque naufragium paſſa ſunt, ex-
piſcentur: quæ cum breuius corollario 2. prop. 49. explicata fuerint,
fuſius tractatu de Nauigatione narrabuntur.

XVI. Hydraulicorum 103 pag. & deinceps, vbi de proprietatibus
Ellipſeos actum eſt ; adde quemlibet circulum ad Ellipſim ſe habere, vt
quadratum diametri circuli ad rectangulum, iuxta 5 & 6 conoid. &
ſphær. Archimedis: & ideo quemlibet circulum, cuius diameter æqualis maiori diametro Ellipſis, ſe habere ad Ellipſim, vt maioris diametri Ellipſeos quadratum ad rectangulum ſub ambabus.

Sed vt quadratum maioris ad rectangulum ſub ambabus, ita minor
ad maiorem ; & vt quadratum minoris ad rectangulum ſub ambabus,
ita minor ad maiorem. Igitur vt maior ad minorem, ita circulus è maioris diametro ad Ellipſim. Et vt minor ad maiorem, ita circulus è minore diametro ad Ellipſim: quare datâ circuli areâ, dabitur Ellipſeos
area, & contra.

Quod ad ſphæroideos menſuram attinet, quilibet Conus triens eſt
cylindri baſim eandem, & eandem altitudinem habentis: atqui cylindrus ſit è plano baſis circularis in altitudinem. Datâ igitur minore
ſphæroidis diametro datur area circuli diametro deſcripti, quâ in dia-
midiam maioris diametri altitudinem ductâ, generatur cylindrus, cuius triens eſt conus eandem dimidiæ ſphæroidis altitudinem habens,
& eandem baſim.

At huiuſmodi coni duplũ eſt dimidium ſphæroides, illius igitur coni
quadruplo æquatur integra ſphęroidis
moles, per 29. conoid. Archim. quæ, vt
facilius intelligantur, ſchema pag. 103
Hydraulic. repetatur, in quo Ellipſeos
propoſitæ ſint A B, C D diametri. Centro D, interuallo A E, circumferentia
ſecabit A B in F, & G focis ; itavt cir-
culus diametro C D, ad Ellipſim propoſitam ſit vt C D ad A B. Et circulus diametro A B ad eandem, vt A B ad C D. Conus vero, cuius baſis circulus diametro C D, & altitudo A E, eſt totius ſphæroidis ABCD

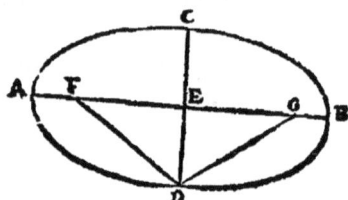

GENERALIS.

quadrans. Alia plura videantur in libris Archimedis, & illius supplemento, quæ Synopsis exhibet.

XVII. Circa salientes tam verticales quàm medias obseruandum, oculo inter illas & solem posito varias irides repræsentari: quod etiam fit ab aqua ex ore proiecta, & saliente; vt à bullis è sapone factis; a lagenis, & vitris aqua plenis, à chrystallino prismate, ab oculis madidis & humidis candelæ, vel solis lumen spectantibus.

XVIII. Notandum etiam ad prop. 53. Hydraul. fossionem puteorum magnis sæpenumero periculis obnoxiam, non solùm ob tetros odores ex quibusdam terræ partibus exhalantes, sed etiam ab aërem, licet non infectum, ex omni parte aduersus respirationem opposita, qui lucem & ignem extinguit, hominésque descendentes enecat, nisi statim illos ad signum funis tractione datum eos retraxeris, & seminecium cauernulæ de nouo factæ, gleba viridi detracta, vultum, & caput admoueas; hac enim ratione redeunt ex spasmo apud Anglos, qui puteum alium ad viginti pedes fodiunt, vt foramini terræ ambos puteos interpositæ coniungenti adhibitus ignis prædictum aërem suffocatorium attrahat; & quispiam deinceps in illum puteum absque periculo descendat ad carbones focarios eruendos, ex quibus ingentes reditus prodeunt; quod etiam Leodij, pluribúsque in locis fieri solet.

Ignis autem ille ad oram foraminis vtrumque puteum coniungentis excitatus aërem sibi propinquum rarefaciens aërem suffocatorium ex primo puteo attrahit, eodem ferè modo, quo ignis in nostris focis, & cubiculis excitatus, aërem externum per fenestrarum & portarum fissuras, & alia foraminula, ad cubiculi reparandum aërem, qui cum flamma per caminum egreditur, testibus variis sibilis, & ventis, attrahit. Vnde possint Vrinatores respirandi modum sub aquis excogitare, de quo libro de Nauigatione.

Porrò, vbi 219 & 220 de puteis Amsterdomensibus dictum est, adde operarios, & fossioni præfectos canal... os facto foramini vsque ad fundum, in quo aqua potabilis occur... ere, qui tanto comparginentur artificio, vt aqua maris exteri... n illud ingredi nequeat. Itaque iuncti canales vnicum veluti canalem efficiunt, ex quo postea, quotiescunque libuerit, aquam pistillo, siue embolo, vt prop. Hydraul. 38. dictum est, aquam educas.

XIX. Ad ea quæ de Numeris ad calcem prop. 20. de Ballist. & puncto 14 Præfationis ad Hydraul. dicta sunt, adde inuentam artem, quâ numeri, quotquot volueris, reperiantur qui cum suis partibus aliquotis in vnicam summam redactis, non solùm duplam rationem habeant, (quales sunt 120, minimus omnium, 672, 523776, 1476304896, &

459818240, qui ductus in 3, numerum efficit 1379454720, cuius partes aliquotæ triplæ sunt; quales etiam sequentes 30240, 32760, 23569-910, & alij infiniti, de quibus videatur Harmonia nostra, in qua 14182439040, & alij suarum partium aliquotarum subquadrupli) sed etiam sint in ratione data cum suis partibus aliquotis.

Sunt etiam alij numeri, quos vocant amicabiles, quod habeant partes aliquotas à quibus mutuò reficiantur, quales sunt omnium minimi 220, & 284; huius enim aliquotæ partes illum efficiunt, vicéque versa partes illius aliquotæ hunc perfectè restituunt. Quales & 18416 & 17296; necnon 9437036, & 4363584 reperies, aliosque innumeros.

Vbi fuerit operæpretium aduertere XXVIII numeros à Petro Bungo pro perfectis exhibitos, capite XXVIII. libri de Numeris, non esse omnes Perfectos, quippe 20 sunt imperfecti, adeovt solos octo perfectos habeat videlicet 6. 28. 496. 8128. 33550336. 8589869056. 137438691328, & 2305843008139952128; qui sunt è regione tabulæ Bungi, 1, 2, 3, 4, 8, 10, 12, & 29: quique soli perfecti sunt, vt qui Bungum habuerint, errori medicinam faciant.

Porrò numeri perfecti adeo rari sunt, vt vndecim dumtaxat potuerint hactenus inueniri: hoc est, alij tres à Bongianis differentes: neque enim vllus est alius perfectus ab illis octo, nisi superes exponentem numerum 62, progressionis duplæ ab 1 incipientis. Nonus enim perfectus est potestas exponentis 68 minus 1. Decimus, potestas exponentis 128, minus 1. Vndecimus denique, potestas 258, minus 1, hoc est potestas 257, vnitate decurtata, multiplicata per potestatem 256.

Qui vndecim alios repererit, nouerit se analysim omnem, quæ fuerit hactenus, superasse: memineritque interea nullum esse perfectum à 17000 potestate ad 32000; & nullum potestatum interuallum tantum assignari posse, quin detur illud absque perfectis. Verbi gratia, si fuerit exponens 1050000, nullus erit numerus progressionis duplæ vsque ad 2090000, qui perfectis numeris seruiat, hoc est qui minor vnitate, primus existat.

Vnde clarum est quàm rari sint perfecti numeri, & quàm meritò viris perfectis comparentur; esséque vnam ex maximis totius Matheseos difficultatibus, præscriptam numerorum perfectorum multitudinum exhibere; quemadmodum & agnoscere num dati numeri 15, aut 20 caracteribus constantes, sint primi necne, cùm nequidem sæculum integrum huic examini, quocumque modo hactenus cognito, sufficiat.

XX. Libris Hydrostatices, & Histrodromiæ multa supplentur, quæ in Hydraulicis desiderari poterant, ex quibus mutua lux affulgebit: sed & nauem proponimus, quæ sub aquis Oceani, vel alijs quibuscumque,

dummodo

dummodo fatis profundæ fint, quifpiam nauigare, immo & totius terræ ambitum conficere poterit.

XXI. Addimus etiam quofdam Harmonicorum libros, qui Muficæ praxim & theoriam breuiter & dilucidè complectuntur : ex quibus breuiffimo tempore Lector poffit Muficam compofitionem addifcere, & bicinia, tricinia, vel etiam quadricinia componere.

XXII. Licet ea quæ fequentibus libris proponuntur, aridiora, difficilioraque videantur, quàm vt ad mores poffint à quouis traduci, fi tamen perlegantur attentè, confido nihil effe quod maiorem nouarum cogitationum fuppellectilem, plurefque, & vrgentiores pietatis ftimulos eruditis, & accuratis concionatoribus fuggerat, fiue in ponderibus, & corporum grauitatibus examinandis confiderét difficultatem, humanis actionibus iudicandis analogam; fiue Pneumatica, & Hydraulica, è quibus hauriant quod auditores ad vitam æternam falientes, & ad omne bonum opus ftrenuos efficiat; fiue Balliftica, quibus oftendant homines effe Sagittarum inftar, quas Deus ad hunc, aut illum fcopum, omnes verò ad fuam gloriam diuerfimodè dirigat : fiue Mechanica, & totam Synopfim, obuiam erunt quæ mille modis poffint concionibus accommodare.

XXIII. Præter hanc generalem Præfationem aliæ cuique libro præfixæ leguntor, quippequæ noui femper aliquid complectuntur, quod ea fuppleat, aut emendet quæ fequentibus libris dicta fuerint: itaque legantur fequens ad librum de Ponderibus Præfatio; & aliæ quæ Hydraulicæ, Mechanicis, Synopfi, Conicis, Opticifque, & aliis tractatibus præponuntur.

XXIV. Cúmque plurima quæfita per Epiftolas penes me habeam, quæ plurimum vtilitatis, aut voluptatis honeftæ ftudiofis afferre poffint, dum illa parauero, monitum etiam vnumquemque velim, vt quæ in fcriniis luce digna, & ad fcientias, vel artes promouendas vtilia feruauerit, litterarum Reipublicæ non inuident: neque enim illorum opinioni fubfcripfero, qui Tractatus varios difciplinæ reconditioris ita fibi retinent, vt neminem confcium effe patiantur, quippe non audiunt virum illum fanctiffimum i. de Doctr. Chrift. cap. i. *Omnis enim res quæ dando non deficit, dum habetur, & non datur, nondum habetur quomodo habenda eft.*

XXV. Ad Ballifticam oblitum tonitrui motum globorum motibus comparare potes, quanquam cognitu difficile eft num fit tormenti globo velocius : de fulguris, aut lucis celeritate hîc non loquor, cùm non fit corpus, fed quædam motus inftantanea tranfmiffio, qualis eft ea quam quis baculi extremo imprimit, eodem enim momento aliud

e

baculi mouetur extremum, etiamfi plures leucarum myriadas diftet ab altero. Si verò ftellæ moueantur, & terra ftet, illarum motus fuâ velocitate globorum velocitatem tot parafangis fuperat, nullus vt fit qui tantam rapiditatem non admiretur. Enimvero fecundi vnius fpatio ftellæ æquinoctiali vicinæ 1166 leucas conficiunt, vt Præfatione Cofmographiæ dictum eft: quo tempore globus à tormento miffus centum fexpedas tantummodo percurrit; atque adeo ftellæ funt 1150 vicibus globo velociores.

Omitto comparationem velocitatis motus illius quo gradum vnicum faciunt fpatio 80 annorum, quam ex prædicta Præfatione repetere poffis, vt terræ motum annuum, vel diurnum confideremus, quorum hic fpatio horario 300 leucas, minuto vero fecundo, ferè leucā perficit; quapropter motus illius vigintiquinquies eft velocior motu globi tormentarij : cúmque motus terræ annuus fit triplò velocior diurno eiufdem motu, erit globi motu velocior quinquies & feptuagies : qua velocitate fi quis apud nos moueretur, ita fpatium ingens replere videri poffet, ac fi corpus foret continuum, vel immotum, quòd nempe tanta pernicitas vix ab vllo percipi valeret. Quanquam iftæ velocitates ob ingentem diftantiam tardiffimæ videantur, vt ex obferuatione ftellarum, & aliorum fiderum conftat, quæ, fi credatur oculis continuo fpectantibus, immota videbuntur, adeovt fumma velocitas refpectu noftri fit idem ac quies, aut fumma tarditas; quemadmodum à Pfalmifta dicitur effe Dei lumen ficut tenebras eius : non quod in eo vllæ fint tenebræ, fed quod nimio lumine mentis humanæ acies perftringatur, obtundatúrque, eo ferè modo quo noftrorum oculorum acies motu globi tormentarij tranfeuntis, motúque fulguris perftringitur, & propemodum extinguitur.

XXVII. Cùm breui tempore grauia percurrant fpatia ingentia, licet per omnes tarditatis gradus tranfire fupponantur, pauca fubiicio. Et quidem multa fiunt quæ cùm fint admiranda, vulgò tamen contemnuntur ab iis qui minus attendunt; qualis eft herbarum & arborum, imo & hominum accretio, quæ licet motu continuo fiat, minimè tamen percipitur ob nimiam tarditatem, quam fi compenfaris eâ acceleratione qua grauia defcendunt, tandem aliquando motus apparebit.

Summa verò difficultas in eo confiftere videtur quòd graue multò velociùs in aëre quàm in aqua defcendens, æquè tamen in aëre per omnes gradus tarditatis, ac in aqua, tranfeat. Cui difficultati vtcumque fatisfaciunt duo circuli, quorum minor puncta, partéfque totidem quot maior habere cenfetur.

Sunt & alia quæ non minus difficilia videantur, verbi gratiâ, quòd infinitæ partes vni finitæ sint æquales; si enim omnes medietates datæ lineæ, vel dati numeri, quæ sunt infinitæ numero, sumantur, illi numero æquales erunt: Sit enim 1, illius $\frac{1}{2}$, & dimidij dimidium, & ita in infinitum $\frac{1}{4}, \frac{1}{8}, \frac{1}{16}$, &c. vnitatem reficient. Vnde multa theoremata oriunda; verbi gratiâ, suppositis infinitis multitudine numeris, siue magnitudinibus in continua proportione Geometrica maioris inæqualitatis, ostenditur primus terminus medius proportionalis inter primam differentiam, & aggregatum omnium terminorum: exponantur, verbi gratiâ, numeri sequentes 8,4,2,1,$\frac{1}{2}$,$\frac{1}{4}$, &c. in infinitum: prima differentia est 4, qua 8 superat 4: aggregatum omnium terminorum 16, quòd omnes numeri sequentes æquent octonarium; sed 4 est medius proportionalis inter 16 & 8. Si verò trientes omnes alicuius integri simul addantur, integri dimidium; si quadrantes omnes, integri trientem, & ita consequenter, efficient. Quæ omnia fusiús aliàs Deo volente discutientur. Accipe interim sequentem I. B. tractatum.

De Rationibus atque Proportionibus.

CVm Proportionum cognitio Musicis & Mechanicis, cæterisque mathescos speculationibus apprimè sit vtilis, imo penitus necessaria, eáque ab iis qui de ea tractatus ediderunt, non satis hactenus exquisitè tradita, propositum mihi est earum naturam inquirere, & earumdem analysim, & synthesim breuiter & apodicticè declarare, inuocato priùs æternæ sapientiæ nomine & numine, sine cuius gratiæ auxilio nemini ad sapientiam & veritatem patet aditus.

I.
Rationis definitio.
Euclidi definitione 3.l.5. Ratio dicitur, duarum magnitudinum homogenearum mutua secundùm quantitatem habitudo. Mihi ita videtur definienda, vt sit magnitudinis ad magnitudinem homogeneam, secundùm quantitatem, habitudo.

II.
Definitionis αὐτολογία.
Ratio dicitur habitudo, id est relatio, est enim eorum entium, quæ totum id quod sunt aliorum esse dicuntur. Additur (magnitudinis) quo declaratur relatum, seu subiectum relationis, & est quoque terminus rationis antecedens. Deinde subiungitur (ad magnitudinem) quo significatur correlatum, seu subiectum correlationis, quod est terminus consequens rationis. Postea adiungitur, (homogeneam) nisi enim ma-

gnitudines fint eiufdem generis, inter fe comparari non poffunt: ita punctum lineæ, linea fuperficiei, fuperficies corpori conferri non poteft. Denique adponitur (*fecundùm quantitatem*) nam cùm varia fint relationum genera, hæc tantùm rationis nomine adgnofcitur, cuius fundamentum proximum eft quantitas.

III.
Diuifio rationis.

Magnitudo autem magnitudini comparari poteft fecūdùm differentiam, id eft exceffum, vel defectum vnius ab altera: & hinc oritur ratio Arithmetica, de qua heic nil amplius dicemus: vel fecundum quotum, qui oritur diuifo antecedente rationis termino per confequentem, & eft ratio Geometrica, quam deinceps rationis vocabulo, fine additione exaudiri petimus.

IV.
Quantitas rationis.

Hic quotus oftendens quoties in antecedente contineatur confequens, ab Euclide *rationis quantitas*, à quibufdam *fpecies*, ab aliis *denominatio* feu *denominator rationis* dicitur. In multiplicibus quidem quotus ille erit numerus; in reliquis verò habitudinibus erit pars, aut partes: nifi fortè habitudines fint irrationales, quæ tamen fuo exprimentur modo, quantitate fcilicet fibi homogeneâ.

V.
Compofitio rationum.

Ratio autem ex rationibus componi dicitur, cùm rationum quantitates inter fe multiplicatæ illius effecerint quantitatem. Exempli caufa, ratio fextupla componitur ex rationibus dupla, & tripla, quòd binarius, quantitas rationis duplæ, in ternarium, quantitatem rationis triplæ, ductus producat fenarium, qui quibufdam eft quantitas rationis fextuplæ.

VI.

Si fuerint tres magnitudines in ferie continua, ratio primæ ad tertiam componitur ex ratione primæ ad fecundam, & fecundæ ad tertiam. Vt fint tres magnitudines A, B, C, ratio magnitudinis A ad magnitudinem C, componitur ex ratione A ad B, & ex ratione B ad C. Quod demonftrat Eutocius ex 4. definit. 6. Euclidis, qui confuli poteft ad 11. prop. 1. Conicorum Apollonij, & in Comment. ad 4. prop. 2. Archimedis de Sphæra & Cylindro.

VII.

Si fuerint duæ rationes, & antecedens vnius in antecedentem alterius ducatur, & confequens in confequentem, ratio prioris producti ad posteriorem, erit vtriusque adgregatum.

E   F   G

A   B   C   D

Sumantur rationes A ad B, & C ad D, sitque E productus ex A in C, productus verò ex B in D esto G. Dico rationem E ad G componi ex rationibus A ad B, & C ad D. Ducatur quoque B in C, & esto productus F. Quoniam igitur C multiplicans A & B effecit E & F: à communi autem multiplicante non mutatur proportio, erit vt A ad B, ita E ad F. Similiter quoniam B multiplicans C, D, effecit F, G, erit eadem ratione vt C ad D; ita F ad G. Sed, ex antecedente aphorismo; Ratio E ad G componitur ex ratione E ad F, & ratione F ad G, quamobrem ratio E ad G componetur quoque ex ratione A ad B, & ex ratione C ad D. Quod demonstrandum erat. Hinc ordinatur.

Canon ad proportionum Compositionem.

Additio Rationum.

A Ntecedens vnius in antecedentem alterius, & consequens in consequentem ducatur, ratio prioris producti ad posteriorem erit adgregatum quæsitum.

Esto A 4. B 3. C 6. D 5.

Fit E 24, vel 8, G 15, vel 5.

VIII.

Si fuerint duæ rationes, & consequens prioris ducatur in antecedentem posterioris, & antecedens in consequentem, ratio prioris producti ad posteriorem, est residuum prioris rationis è posteriore ratione ablatæ.

A,   B,   C,   D,

E,   F,   G.

Sumantur rationes A ad B, & C ad D; sitque F productus ex B in C, productus verò ex A in D esto G; Dico rationem F ad G residuam fore, si subducatur ratio A ad B, è ratione C ad D. Ducatur A in C, & esto productus E. Quoniam igitur A multiplicans C, & D effecit E, & G; è communi autem multiplicante non immutatur proportio, erit vt E ad G, ita C ad D; sed ratio E ad G componitur è rationibus E ad F, & F ad G. Sed C multiplicans A & B, produxit E & F, quare ratio E ad F eadem erit rationi A ad B. Ratio igitur C ad D, componitur è ratione A ad B, & ratione F ad G. Quamobrem ratio F ad G erit residuum rationis C ad D, ablatâ ratione A ad B. Quod demonstrandum erat.

Hoc Theorema ita quoque enuntiari potest.

Si fuerint quatuor magnitudines, ratio producti sub mediis ad productum sub extremis, erit residuum rationis primæ ad secundam, & ratione tertiæ ad quartam ablatæ.

Ex hoc theoremate deducitur Canon ad proportionū subductionem.

Subductio Rationum.

Ducatur consequens rationis subducendæ in antecedentem alterius, & antecedens in consequentem, ratio prioris producti ad posteriorem erit residuum quæsitum.

Esto A 4. B 3. C 8. D 5.
Fit F 24. G 20.

IX.

Ratio potestatum est multiplicata rationis laterum iuxta ordinem gradus ad quem attolluntur. Ratio scilicet quadratorum est duplicata rationis laterum: Ratio cuborum triplicata: Quadr. Quadratorum quadruplicata, & ea in infinitum serie. Est enim quadratum potestas ordinis secundi, cubus ordinis tertij, Quadrato-quadratum ordinis quarti, & sic in infinitum.

Multiplicatio Rationum.
X

Quare cùm proponitur ratio multiplicanda, sumendæ sunt antecedentis, & consequentis potestates ordinis à multiplicante determinati: vt si fuerit triplicanda ratio 3 ad 2, quoniam cubus est potestas tertij ordinis, ideo sumo cubos terminorum rationis propositæ; est autem 27 cubus 3: octonarius verò est cubus binarij; quare ratio 27 ad 8 est triplicata rationis 3 ad 2.

XI.
Diuisio Rationis.

Cùm autem diuisio nihil aliud sit quàm restitutio eius operis, analysi, quod synthesi effecit multiplicatio, si proponatur ratio partienda, sumantur antecedentis, & consequentis latera ordinis à diuisore determinati. Est autem latus quadratum ordinis secundi: latus cubicum ordinis tertij: latus quadr. quadratum ordinis quarti, & sic in infinitum. Esto diuidenda ratio 27 ad 8 per 3, quoniam latus cubicum est tertij ordinis, ideo sumantur latera cubica terminorum rationis propositæ: est autem ternarius latus cubicum 27, binarius verò est latus cubicum 8; quare ratio 27 ad 8 est ad rationem ternarij ad binarium, sicut ternarius ad vnitatem, quod diuisionis leges deposcunt. At si vterque, aut alter terminorum rationis propositæ non habeant latera à diuisore determinata, vt si proponeretur bisecanda ratio alicuius consonantis interualli, ratio è diuisione oriunda erit irrationalis.

XII.

Heic autem præteriri non debet error in quem incidit Clauius in Comment. ad vlt. prop. l. 9. Euclidis: vbi de proportionum compositione agit, & affirmat rationem è rationibus haud componi, vt totum è partibus, quod pars effet æqualis vel maior toto, quod exemplis probare contendit. Sic enim ait, si positis his tribus terminis 4, 1, 8, proportio 4 ad 8 verè coaceruaretur è proportionibus 4 ad 2, & 2 ad 8, tanquam ex partibus, effet pars maior toto, quod proportio dupla 4 ad 2 maior sit proportione subdupla 4 ad 8. Itane verò? Ita etiam si addatur plus 2, & -- 4, fit adgregatum -- 2, iuxta leges huius algorithmi: & hîc quoq; pari iure plus 2 pars maior est toto -- 2. Hoc sane intricatum est, & à nemine hactenus satis explicatum. Age ergo totum negotium sequenti speculatione expediamus.

XIII.

Enti contrarium est *antion*, seu *antiens*; atque inter ens & antiens, medium est *non ens*, seu nihilum: sicut enim id quod se attollit supra nihilum, entis nomine adgnoscimus, ita & quod se infra nihilum deprimit, antientis nomine exaudire possumus. Deinde quoniam in genere entis totum est maius qualibet parte componente, è contra in genere antientis, (contrariorum enim contrariæ debent effe adfectiones) totum erit minus quauis parte integrante. At quoniam non ens, seu nihilum mediat inter ens & antiens, erit in genere non entis totum æquale cuilibet parti, quoniam nihilum sibi additum est semper nihilum: At cùm simul componuntur ens & antiens, totum quod hinc oritur, participat de adfectionibus vtriusque, siquidem est minus vnâ, & maius altera partium, vti in exemplo superiùs allato, vbi adduntur plus 2, & -- 4, adgregatum -- 2, est minus, plus 2, & maius -- 4.

XIV.

In rationibus igitur idem proportionaliter animaduertas, si veritatem consequi velis, necesse est. Proportio æqualitatis nihili similitudinem refert: proportio maioris æqualitatis attollitur supra nihilum, & enti adsimilatur: proportio minoris æqualitatis deprimitur infra nihilum, & antienti comparari potest. Quibus positis omnibus Clauij argumentis ita respondemus. Si sumantur numeri 1, 10, 100, ideo ratio 1 ad 100 minor est vtraque ratione, & 1 ad 10, & 10 ad 100, quia in genere antientis totum est minus qualibet parte integrante. At sumptis his numeris 4. 4. 4. ideo ratio primi ad tertium æqualis est rationibus primi ad secundum, & secundi ad tertium, quòd nihilum nihilo additum non augeatur. Denique in numeris 4. 2. 8, ratio 4 ad 8, idcirco maior est ratione 2 ad 8, & minor ratione 4 ad 2, quia adfectiones entis, &

antientis commifcentur, vti fupra diximus.

XVI.

Iuxta hæc principia multa theoremata demonftrari poffunt, quorum nonnulla adferemus, vt pote 16. & 17. prop. 6. lib. Ideo enim productus fub mediis eft æqualis producto fub extremis, quia dum ducuntur mediæ & extremæ in fe inuicem, demitur ratio primæ ad fecundam è ratione tertiæ ad quartam. At æquale fi ab æquali fubducas, quod remanet eft nihilum. Nihili autem fimilitudinem refert proportio æqualitatis, quare ex hoc opere eft oriunda. Sed placet eandem propofitionem vniuerfaliffime enuntiare, & iuxta eadem principia demonftrare.

XVII.

Si 4. magnitudinum fuerit prima ad fecundam in ratione multiplicata rationis quam habet tertia ad quartam, erit ratio producti fub extremis ad productum fub mediis, multiplicata rationis eiufdem 3. ad 4. in gradu proxime inferiori, feu parodico, ad rationem 1. ad 2. Vt fi fuerit ratio 1 ad 2, triplicata rationis 3 ad 4, erit ratio producti fub extremis ad productum fub mediis duplicata rationis 3 ad 4. Siquidem ratio producti fub extremis ad productum fub mediis, eft refiduum rationis 3 ad 4, è ratione 1 ad 2 ablatæ; At fimplum è multiplo deductum deprimit vno gradu multiplum.

XVII.

Si fuerint quatuor magnitudines actu, aut per repræfentationem, & productus fub extremis ad productū fub mediis fit in ratione maioris inæqualitatis, erit ratio 1 ad 2 maior ratione 3 ad 4. Si verò productus fub extremis ad productū fub mediis fuerit in ratione minoris æqualitatis, erit ratio 1 ad 2 minor ratione 3 ad 4. Enimvero ratio producti fub extremis ad productum fub mediis eft refiduum rationis 3 ad 4, è ratione 1 ad 2 fubductæ; cùm autem minus è maiori fubducitur, remanet aliquid plus nihilo, ac proinde ratio maioris æqualitatis; at cùm maius è minori deducitur, quod remanet minus eft nihilo, feu antiens: proportio autem minoris æqualitatis analogice eft antiens, vt fupra diximus.

Similia theoremata multa ex iifdem principiis demonftrari poffunt, fed hæc quibus res cordi erit andaganda relinquimus: fufficiat mihi quæ de proportionum natura animo verfabantur, indicaffe.

DE GALLICIS,
ROMANIS, HEBRAICIS,
ET ALIIS MENSVRIS
PONDERIBVS ET NVMMIS.

NOTIORIBVS, atque facilioribus incipiendum, ex quibus difficiliora, & ignotiora dijudicentur; cumque lineis nil sit intellectu facilius, aut magis obuium, & inter lineas nulla videatur cognitu facilior rectâ, quæ à puncto ad punctum breuissima est, quæque, vti reliquarum mensura, ipsarum figurarum metitur altitudines & latitudines, illam eligo ad mensuras omnium gentium repræsentandas: sit igitur.

PRIMA PROPOSITIO.

LINEA recta B A, vel F C, dimidiam pedis Regij partem exhibet, quæ duplicata pedi Regio Gallico æqualis est: alia verò linea è regione posita Romanum pedem referunt.

A

QV1 iuſtam pedis Regij longitudinem inquirit, adeat Caſtelle-
tum, vel domum cuius inſigne *L'Eſcritoire*, Thecâ ſcriptoria,
reperiet enim BA duodecies repetitam æqua-
lem eſſe Hexapedæ; quam vulgò *Toiſe* dicunt,
quæ diuiditur in 6 pedes Pariſienſes, ſeu re-
gios: pedis autem pars dimidia C F, quæ rurſum in 6 partes diuiditur, qualis eſt C D,
vel D E, quam pollicem, vel ſi mauis digitum,
appellamus, vt ſint duodecim in pede digiti,
vel vnciæ, de quibus poſtea. Digitus autem
D E in 12 particulas ſubdiuiditur, quas vocare ſolent lineas; ſed cùm ſculptor non fecerit
iſtas diuiſiones æquales, à quouis facilè ſuppleri poſſunt, cùm enim D E ſit duodecima pars
pedis regij, diuidatur D E in 12 partes æquales, vt exactæ & accuratæ lineæ habeantur,
quâ ratione pes diuidetur in 144 lineas.
Cùm autem expertus ſim duodecim arenæ grana minutiſſima, qualia ſunt Stapulenſia, ſeſe
tangentia, & in rectum diſpoſita vni lineæ
æqualia, ſequitur 1728 huiuſcemodi ſabulo-
nes, ſeu arenæ grana pedi æqualia eſſe. Dixi
minutiſſima, ſi nudum oculum applices, quippe ſi microcoſpio illa peruideas, lapidum inſtar
varias figuras habentium apparent. Quod tamen non contingit dum eadem reſpicis arenæ
grana varijs mallei contuſa, diuiſáque motibus, quibus ſpeculorum, vitrorúmque Polito-
res vtuntur, ea ſiquidem adeo minuta ſunt,
nullum vt inter ea diſcrimen appareat, & inſtar corporis continui videantur: quòd nempe granum quoduis in plura minorum granu-
lorum millia diuiſa ſint, quæ quorumlibet
perſpiciliorum capacitatem longè ſupereſt:
idemque de retinæ fibris, ſeu filulis, ne quidem
auxilio microcoſpij apparentibus, dici poteſt,
licet enim inter ſe fila, ſeu fibræ ſingulæ di-
ſtinguantur, id oculus, quantumuis adiutus,
diſcernere nequit.

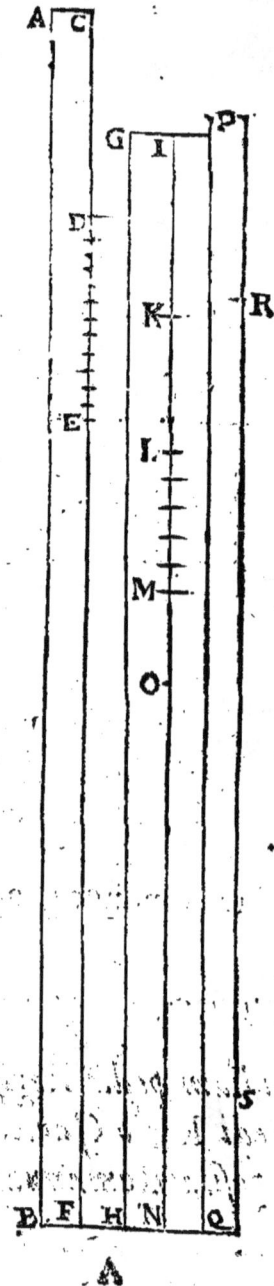

Pes Romanus quem in nostra Bibliotheca Parisiensi transumptum habemus ex parietibus Capitolinis, experimur nostro pede regio 14 lineis minorem esse, ad quem se habet vt 144 ad 130, vel in minimis numeris, vt 72 ad 65 proximè. Quod hîc cernitur in dimidio pede Romano G H, qui 7 lineis à semipede regio C F deficit. Linea I N idem est semipes Romanus, cuius diuisiones K L, & L M digitos ostendunt, quales sunt octo in semipede, & 16 in pede I K verò est pedis vncia, seu pars duodecima; quemadmodum O I palmam seu palmum ostendit, qui quater repetitus, pedem efficit.

Superest diuisio digiti L M in 5 partes æquales, quas si lineas vocare placet, pes Romanus in 80 lineas diuidetur, quæ sint lineis nostris longiores.

Alia linea P Q dimidium pedem Romanum, ex Congio Farnesiano sumptum à Villalpando, refert, qui nostro pede minor est. Cuius comparationem facilè quis possit instituere cum pede Capitolino, & cum nostro, cùm hæc figura dimidiam partem trium prædictorum pedum exactè referat, & circini apertura G H, vel P Q super A B translata differentiam tribuat. R P vnciam pedis Congiani; S Q verò digitum ostendit.

Pes verò Rhinlandicus, quo Bataui pluribus in locis, & operibus vtuntur, & quem antiquo Romano putant æqualem, nostro pede solis 6 lineis, seu pollicis dimidio minor est.

Reliquos pedes Germanicos, Anglicos, Hispanos, &c. non commemoro, quòd illos non fuerim expertus, satisque mihi visum fuerit nostri pedis veram longitudinem oculis subijcere, qui reliquis facem præferre poterit, vt sit mensura certa, quâ deinceps omnia reuocentur ad examen, eo modo quoad Scaligerianam periodum 7980 aliæ Epochæ reducuntur.

Porrò si cubitus Hebraïcus sit Romano sesquipedi æqualis, erit æqualis G H, vel P Q ter repetitæ: illum vocant Hebræi אמה *ammah*, qui 6 palmos continet; palmum illi dicunt *tophac* טפח. Calamus, cuius Ezechiel toties meminit, vti cap. 40. v. 5. & quem appellant Keneh קנה, constat sex cubitis. Hinc facilè quispiam omnes Hierosolymitani templi mensuras agnoscet.

Omitto palmum, quem maiorem faciunt, vtpote dimidio cubito æqualem, quem volunt per Zereth Exod. 28. 17. Ezech. 43. 13. & 1. Reg. 17. 4. significari, quod Septuaginta viri per σπιθαμή reddidere; alij dicerent παλαιστή, nos *empan*, vel *paulme*, quam mensuram sumimus in expensa manu ab extremo pollice ad extremum minimi digiti, quando maior esse nequit intercapedo inter duas istas pollicis,

& minimi digiti fummitates. Alias palmi fignificationes nûc omitto.

Hic autem palmus dodrantem pedis exæquat, & σπιϑ, à Vitruuio l.2. c.3. & Plinio l.35. c.14. more Græcorum appellatur, quippe laterem fefquipedalem σπιϑ, vocat. Sed palmum deinceps intelligo, cui tres pedis vncias Romani tribuêre ; quomodo fcripturæ palmi, ni cogat aliud, explicandi : & Columellam l.12. c.34. intelligunt, cùm ait *ad palmum*, hoc eft ad quartam partem decoquere. Sunt etiam maiores aliæ menfuræ quibus vtimur, nempe pertica, quæ 22. pedibus conftat, & quâ finitores, feu Agrimenfores iugera metiuntur. Iugerum verò Parifienfe centum huiufcemodi perticas habet, quæ in quadratum redactæ dant 220 pedes, hoc eft decem perticas, pro latere iugeri quadrati, quod 48400 pedibus quadratis conftat. Quapropter noftrum Arpennum Romano iugero maius eft, quod pedes Romanos 28800 complectebatur. Romanorum agrorum metatores funem metatorium *aruipendium* appellauêre, Græci χωμετρικόι χϑϊνι.

Funes, feu cathenas longiores, aut breuiores taceo, quibus Decempedatores iuxta diuerfarum prouinciarum confuetudines in iugerationibus vtuntur, vt aduertam ipfas leucas etiam conftare pedibus, nam in plerifque locis *Bannum Leuga*, vel *Leuca Banni* continet 15000 pedes, hanc *Banlieuë* vocamus; quam Turonenfes, Andegauenfes & Cenomani mille rotæ gyris metiuntur, cuius ambitus extimus eft 15 pedum. His etiam ipfum terræ radium leucarum 229 $\frac{77}{11}$, eiufdem circuitum 7200, & alia quæuis metiuntur; quanquam in maximorum huiufce mundi corporum gratiam ipfo terræ radio, veluti pede ad compendium vtamur : vti cùm dicimus folem à nobis diftare 1120 terræ femidiametris, ftellas verò 14000 ad minimum.

Ad noftras menfuras redeo, quas inter vlna conftat tribus pedibus, & digitis 7 $\frac{1}{2}$. quam cubito, calamo, & alijs menfuris comparare poffis. Nam iuxta pedem Capitolinum cubitus Hebræus pedem vnum, 4 digitos & 3 lineas habet. Calamus verò conftat 8 pedibus, & fefquidigito. Brachium Florentiæ ad pedem noftrum effe, vt 43 ad 24 dudum animaduerti, l.2. de motibus corporum in Harmonia Gallica, vbi & noftrum dimidium pedem attuli.

COROLLARIVM I.

CVM 1728 arenæ Stapulenfis grana fe tangentia, & in rectam lineam difpofita pedi noftro fint æqualia, ex hoc cubico numero facile poteft elici numerus arenarum, quæ terreni globi magnitudi-

nem, aut quamuis aliam molem adæquant, idque non ex fuppofi-
tione magnitudinis arenarum Archimedæâ, fed ex veris, quandoquidem numerus ille 1728 duſtus in 15000 dat arenas æquales leucæ
noſtræ, & numerus inde produſtus per 1720 multiplicatus dat arenas terreno ambitui æquales, ex quo reliqua fequuntur, & ipſum
terræ pondus inferri poteſt, fi quis grani arenæ pondus nouerit,
quod fequente prop. dabimus.

COROLLARIVM II.

CVM neque taſtus, nec oculi fit in obieſtis fuis deprehenden-
dis, & notandis illarum differentijs infinita fubtilitas, & per-
fpicacitas, minimè defiderandum eſt illud in pedibus exhibendis exa-
ſtum, feu ἀκριβὲς, quod Geometræ requirunt: quis enim peŗcipere
poſſit num, verbi causâ, pes regius noſteŗ A B, quem antea dedimus,
fit adeò iuſtus, vt nequidem milleſima pars vnius lineæ defit ? quam
nec lynceus oculus deprehendet, neque minus duas lineas fibi
æquales iudicabit, fiue nihil eis, fiue pars illa milleſima vni defit:
neque facile eſt definire quam tandem differentiam fenſus noſtri primùm incipiant adnotare.

COROLLARIVM III.

SI quis varia nomina cupit habere, quibus Hebræi menfuras fuas
noſtris refpondentes appellarunt, quarum generale nomen
מדה *middah* menfura, & particularia אצבע *etsbah*, digitus, חבל *chebel*
funiculus, & alia, confulat Vvaferum l. 1. de menfuris continuo-
rum, vbi paſſum, ſtadium, milliare, iter fabbathi & iugerum cum
reliquis annumerat.

COROLLARIVM IV.

CVBITVM, ad quem templi menfuras exaſtas fuiſſe credit Iudæus eruditus, quem illuſtris Hugenij S. Michaelis Equitis beneficio accepi, noſtris pollicibus 23 ½ refpondere experior, adeovt
½ pollicis à duobus pedibus noſtris deficiat ; & Romanos pedes
duos, duófque digitos, & granum, quod eſt ⅗, digiti, contineat. Sed
cùm fuo fcripto Iudæus ille velit cubitum iſtum 6 palmos continere,
conſtat eum non loqui de Romanis, quippe continet 8 palmos Romanos & digiti granum ille cubitus: quem folis 5 palmis conſtitiſſe

putat, dum vafis templi adhibebatur: quæ cùm vnicâ R. Kimhi, vel
Thalmudis autoritate fulciat, vbi nequidem palmi, vel digiti longitudo fatis exactè fignificatur, vix eft vt quidquam ex illo cubito
concludamus.

PROPOSITIO SECVNDA.

Libram Gallicam ponderalem, eiufque diuifiones explicare, &
quam habeat cum libra Romana, & alijs
rationem aperire.

QVEMADMODVM publicus pedis regij modulus in Caftelleto
feruatur, ita Monetarum Curia Marchi modulum obferuat,
qui duplicatus libram efficit, quæ diuiditur in 16 vncias; vncia verò fubdiuiditur in 8 drachmas, vel 24 fcrupulos, feu denarios;
drachma fiquidem tribus conftat denarijs, & in 72 grana fecatur,
quorum 24 continet denarius.

Quapropter vncia conftat 576 granis, vt libra 9216.

At auri Examinatores, vulgò *Effayeurs*, examen tam accuratum
inftituunt in auri probanda bonitate, vt ipfum granum in 512 particulas diuidant, fum enim expertus bilances D. Toifeti regiæ monetæ Probatoris $\frac{1}{2048}$ grani fuum æquilibrium amittere, adeovt vncia
eâ ratione diuidatur in 1179648 particulas; cúmque $\frac{1}{512}$ grani, 40
ad minimum arenæ granis æquiponderet, vt experientiâ conftat, fequitur vnum arenæ granum effe pondo $\frac{1}{20480}$ grani vnciæ.

Quod ad libram Romanam attinet, diuiditur in duodecim vncias; vncia in 8 drachmas, feu 24 denarios, vel in 612 grana Romana, noftris granis inæqualia: Enimvero laminam æneam 36 granorum Romanorum ad me Româ miffam, noftris 31 $\frac{1}{2}$ granis ad fummum æqualem reperi; cúmque feptemdecim huiufcemodi laminæ
Romanam vnciam perficiant, fequitur grana noftra 536 æquari Romanæ vnciæ, atque adeo noftram vnciam granis noftris 576 con-
ftantem Romanæ præponderare, noftris 40 granis.

Dixi *ad fummum*, quòd prædicta lamina non excedat grana
noftra 31. fed vt fim paulo liberalior, & vnciæ Romanæ granum integrum potiùs addam, quàm dimidium detraham, fit hæc vncia granorum noftrorum 536, vt lamina prædicta fit granorum 31 $\frac{1}{2}$, vel
exactè 31 $\frac{9}{17}$ hac enim ratione calculus nofter ponderi Congij Romani quadrabit, quòd P. Gaffendus in obferuationibus accuratiffi-

mus affirmat se reperisse librarum nostrarum 6. & vnciarum 15 ½.
Vnde neglectâ fractione constituit vnciam Romanam 536 granorum Parisiensium. Quocirca Romanus Congius erit 64320 granorum nostrorum, cùm decem libris Romanis constet aqua congium implens. Libra verò Romana granis nostris 6432 æquabitur.

Iam verò tentemus num idem pondus ex pede Romano possit elici, sitque propterea pes Romanus ad Parisiensem vt 11 ad 12, qualis est pes Villalpandi congialis; erit igitur pes aqueus Parisiensis cubicus ad Romanum vt 1728 ad 1331. hi nempe sunt cubi radicum 12 & 11. sed cùm pondus aquei pedis cubici nondum inuestigauerimus, quádoquidem accuratissimi viri credunt se suis experientiis euincere pedem illum esse librarum 70 ½, alij 72 duntaxat, nobis autem experientiæ suadeant esse librarum 74, huic difficultati locum inferiorem seruabimus.

Hîc igitur sufficiat agnouisse Romanam vnciam 40 nostris granis à nostra deficere, & drachmam Romanam esse 67 granorum nostrorum, quam drachma nostra quinque granis superat; Libram verò Romanam æqualem esse nostris vndecim vnciis, vni drachmæ, & vni denario, siue 4 denariis, quæ sextam vnciæ nostræ partem conficiunt. Quod eo fuit aduertendum accuratiùs quò plures contendunt Hebraïca pondera ad libram Romanam expendenda, quibus peculiaris propositio tribuetur.

Aliarum etiam Prouinciarum, quas sum expertus, vncias refero, Anglicam primùm, quam *de Troïs* appellant, quæ nostram superat granis nostris decem; estque in vsu apud aurifices; sed libra 12 duntaxat habet vncias; cùm alia libra, quà mercatores Angli vulgò vtuntur, sit 16 vnciarum; vncia verò libræ istius 40 nostris granis à nostra superatur: Est igitur par vnciæ Romanæ; & libra hæc nostris vnciis 14. drachmis 7 & granis 18 respondet.

Cùm autem vncia prima Anglica nostram granis decem superans, constet granis 480 Anglicis, clarum est illorum grana nostris esse grauiora, vtpote sesquiquinta: & cùm in vtraque sua vncia granis eiusdem ponderis vtantur, libra *de Haure* 16 vnciis constans æquatur vnciis 14 ½ *de Troïs.*

Vncia Batauorum diuiditur in 20 Anglicos, Anglicus in 32 grana, constatque vncia Hollandica granis 640. vnde sequitur hæc grana nostris esse leuiora, quandoquidem vncia nostra illorum æqualis vnciæ minorem habet granorum nostrorum, nempe 576 numerum, qui 36 superatur à 640. atque adeo granum nostrum ½ proximè Batauico præponderat. Porrò dimidiam vnciam Batauam dimidio grano nostra semunciâ grauiorem experior.

Hispanicam libram, vtpote non expertus, omitto, quam dicunt noftris vnciis 15 & denario, feu 24 granis refpondere, & alias de quibus Lucas à Burgo confuli poteft, & Petrus Petitus, qui folet accuratiffimus effe in fuis obferuationibus, quippe multarum Prouinciarum
libras, pedes,& alias menfuras in conftructionis inftrumenti partium
anteloquio refert, nil enim affirmare velim quod non fuerim expertus.

Placet autem affis diuifiones libræ noftræ tribuere, vt tam Romani
quàm alij perfpiciant quot granis partes libræ, vel vnciæ noftræ partes cognomines libræ, vel vnciæ Romanæ fuperent. Itaque libra Parifienfis, de qua priùs, 16. vncias, feu grana 9216 complectitur; fitque iam inftar Affis, cuius

Deunx, vnciæ 14.	feu grana 8448.
Dextans, vnciæ 13⅓	feu grana 7680.
Dodrans, vnciæ 12.	feu grana 6912.
Bes , vnciæ 10⅔	feu grana 6144.
Septunx, vnciæ 9⅓	feu grana 5346.
Semis , vnciæ 8.	feu grana 3840.
Triens , vnciæ 5⅓	feu grana 3072.
Quadrans,vnciæ 4.	feu grana 2304.
Sextans , vnciæ 2⅓	feu grana 1344.
Vncia, drachmæ 8.	feu grana 576.

Quibus addo veteres vnciæ diuifiones, ex quibus facilè concludetur quantum vnciæ Romanæ partes ab vnciæ noftræ cognominibus
partibus fuperentur. Itaque femuncia 4 drachmas, feu grana 288
complectitur; eftque libræ noftræ $\frac{1}{32}$. Duella tertia pars vnciæ, denarios 8, feu grana 192: eftque libræ $\frac{1}{48}$. Sicilicus quarta pars vnciæ,
drachmas 2, feu grana 144, eftque libræ $\frac{1}{64}$. Sextula, vnciæ fexta
pars, 4 denarios, feu grana 96 eft, $\frac{1}{96}$ libræ. Scrupulum, vel fcrupulus
idem eft cum denario, qui cùm 24 granis conftet, eft libræ $\frac{1}{384}$. Dimidium fcrupuli 12 habet grana, quæ funt $\frac{1}{768}$ libræ.

Cùm autem omnia reduxerimus ad grana noftra, fupereft vt dif-
cutiamus quâ ratione pondus grani noftri cognofci poffit, quippe fi
minimum in quolibet genere debeat effe reliquorum omnium menfura, granum veluti minimum in ponderibus habeatur; licet totidem,
quot vncia, vel etiam libra partes habere poffit, quemadmodum linea tam recta, quàm circularis tot partes habet, quantumcúnque parua fit, ac alia linea quantumuis magna, fed hæc difficultas fequente
propofitione agitanda.

COROL.

COROLLARIVM.

DIVISIO libræ vel affis in partes 12. ita veteribus placuit, vt pedem suum, & iugerum, & alia ferè omnia diuiserint in partes totidem, teste Columellâ, l.5. c.2. & Iurisconsulti hæreditatis partes 12. faciunt. Quod & Vitruuius pedi accommodat, l.4. c.7. dum laterculos 8. pedis vncias longos bessales appellat : & nos pedis dodrantem, 9. digitos, seu pollices appellamus. Qua etiam ratione circulum quemlibet 360 partibus, seu gradibus constantem diuidere possumus; & præterea quamlibet ex istis diuisionibus cuipiam accommodare rei, & numero, licet illam solam diuisionem habeat; exempli gratia, bes numeri ternarij ⅔ id est 2. continet, & senarius sextantem, trientem, & semissem, imo & bessem habet : faciléque 144. pedis nostri lineis, vel pedis eiusdem quadratis lineis 20736. imo & cubicis 2985984. eadem diuisio tribuetur.

PROPOSITIO III.

Granorum, qualia sunt 576. in vncia Parisiensi, pondus inuestigare, & cum multis herbarum granis, vel seminibus comparare.

VIX quispiam credat quanta sit in granorum vncialium iusto pondere constituendo, vel inueniendo difficultas, nisi fuerit expertus grana iisdem bilancibus examinata, & iuri publico ad commercium exposita vix vnquam inter se æqualia ; hinc fit vt Libripendentes Monetarij in eadem officina monetaria laborantes sua grana minimè reperiant æqualia, cùm ea bilancibus ⅛ parte grani suum æquilibrium amittentibus explorant. Sed & contigit laminulam æneam 36. granorum Romanorum ad me Româ missam à R. Patre Nicerono, quam exactis bilancibus examinari & cum nostris 36 granis, quæ ad eum illa de causa miseram, comparari curauit, granis 4 ⅓ à mea laminula ænea 36 granorum nostrorū deficere, quam aurifex egregius, & omnium ferè Parisiensium accuratissimus examinarat, ac præparauerat : sed cum bilancibus monetariis, & granis vsualibus officinæ monetariæ Romanam laminam experirer, leuior apparuit granis 5 ⅓, quibus à nostris granis superata sunt 36 grana Romana, quippe quæ nostris granis 30 ⅓ responderent.

Inueni etiam duo grana Romana, quæ laminula continebat, no-

B

strum duorum granorum esse $\frac{3}{4}$, seu dodrantem, quæ omnia studiosis ponderum, cùm opus erit, ostendenda etiamnum asseruo.

Cùm autem in illius diuersitatis rationem penitiùs inquirerem, quæ non poterat in bilances, aut in varias aëris dispositiones, vel in eorum qui bilances sustinent, vel erigunt, halitum reijci, quibus æquilibrium turbari posset, agnoui varietatem ex ipsis ponderum modulis archetypis, quibus reliqua pondera solent examinari, quæque seruantur in Curia monetarum, oriri: quandoquidem tres moduli, quorum maximus est 64. medius 32. & minimus 16. marcorum, seu librarum 32. 16. & 8. non ita sibi perfectè respondent, quin differant quibusdam granis, adeout vncia vnius non sit alterius vncia. Sed ne custodum, vel eorum qui pondera constituunt negligentiam temerè arguas, dico vix, ac ne vix quidem fieri posse vt ea pondera quóuis modo constituta, etiamsi forent adamantina, modulum illum accuratum, quem ab initio habuere, perpetuò conseruent.

Sint enim, verbi gratiâ, duæ libræ æneæ, quales esse solent sibi, quantum industriâ fieri potest hominum, æquales, hæc æqualitas diu, vel semper seruari nequit, cùm enim sæpenumero ad eas prouocetur, vt aliæ libræ vsuales explorentur, quolibet tactu deteritur aliquid, & quò vna mouebitur sæpius eò leuior euadet, vnde contigit egregio Libripendenti Semillardo, vt spatio duorum annorum suum marcum, seu libræ semissem, 3. granis imminutum repererit; cui propterea spatio 200. annorum 300. grana, & tandem 432. annorum spatio vncia integra, seu grana 576. deterentur.

Dices verò duas illas libras monetales archetypas in quibusvis controuersiis hac de re motis simul esse tangendas, vt tantumdem vna quantum alia minuatur, sed præterquàm vix fieri potest vt semper æquali motu, & contactu terantur & agitentur, vt illis qualibet vice partes æquales deterantur; quis certò nosse possit quantum primo tactu, quantum anno, vel sæculo detritum illls fuerit? Concludamus igitur nil adeo hac in parte constans, quemadmodum nec in aliis pluribus requirendum, nobisque putemus abundè satisfactum, cùm duæ libræ vno vel altero grano solùm inter se discrepabunt, & nulla plebi, reique publicæ hinc inferetur iniuria: quid enim ἀκριϐὲς geometricum nobis in rebus humanis, & in mechanicis ignotum, & impossibile requiramus?

Porrò monetarij grana, quantum fieri potest, exacta sibi fabricabunt, si postquam in 16. partes æquales libram diuiserint, iterum quálibet partem decimamsextam, seu vnciam in 24. partes, seu denarios subdiuidant, rursúsque quemlibet denarium in 24. particulas æqua-

les, quæ grana futura fint: quod fieri poteft laminâ æneâ, vel argen-
teâ tenuiffimâ, & fatis longâ, quæ poffit in 24. quadratas laminulas
diuidi; fed laminæ tenuitas vbique debet æqualis effe: quod alij malunt in filo ferreo, vel æneo perficere, vtpote magis æquali, quanquam fi rurfus fummam æqualitatem requiris, fruftra labores ; pars
enim fili quæ priùs per foramen tranfiliit, eius magnitudinem tantifper auxerit, adeo vt fequens craffius, atque adeo ponderofius euadat: quam inæqualitatem bilancibus exploratam, etiam fi limâ, vel
particulæ detractione corrigas, næ tu geometricam æqualitatem con-
fequeris, vel cafu illatæ confcius effe poteris.

Iam verò grana plantarum varia comparatus eram cùm perfpexi
eadem grana ftatim grauiora, mox leuiora ob puluerem aduenien-
tem, vel aliquod aliud humidum illis adhærens, & ex variis aëris difpofitionibus adnafcens: quapropter hunc laborem vt inutilem reieci.
Quibus addo grana papyracea, ænea vel alterius materiæ ob humidum illis adhærens fuam mutare grauitatem, quod aliquando fit fen-
fibile, dum exactis bilancibus explorantur, fed longè fæpius abfque
fenfus teftimonio, propter additionis aut detractionis paruitatem.

COROLLARIVM PRIMVM.
DE GRANIS ROMANIS.

ROmani Libripendentes experti funt meam laminam 36. granorum noftrorum proximè 43. granis Romanis æquales, & laminam 36. granorum Romanorum, quam præ me habeo, quæque fex-
decies in vncia Romana continetur, fi 576. granis Romanis
conftet, pondus effe dimidij aurei, feu dimidij Iulij argentei Romani, tituli denariorum vndecim : igitur noftra 576. grana Romanis
688. æquiponderant : quod notandum eft ob frequentem illorum
vfum, cùm de nummis agendum erit: fed de numero granorum vnciæ
Romanæ vide præfationem.

COROLLARIVM II.

DVm hæc fcriberem pondus præcedentibus exactius in Curia
monetarum innotuit, ad quod cùm illa 36. grana Romam miffa,
& inde recepta exegiffem, lamina prædicta 36. granorum grano dimidio ad minimum grauior quàm par effet reperta eft: vnde fit vt aliquid in prædictis fit emendandum, quod tamen neminem turbare debeat; quid enim in artificiis & operibus humanis adeo iuftum, & diligenter afferuatum quod mutationi non fit obnoxium?

B ij

PROPOSITIO IV.

Vasa, seu mensuræ Parisienses, quibus tam liquida quàm arida ponderantur, atque mensurantur, expendere, & cum mensuris Romanis, & Hebraicis comparare.

PArisienses mensuras eligo, non quòd eas cæteris constantiores arbitrer, aut meliores, sed ob vrbis celebritatem, ad quam longè faciliù, possis quàm ad alias appellere, vel ex ea tibi vasa omnifaria comparare, quæ postea cum tuis conferas.

Heminam igitur, quam Chopinam vocant Parisienses, pro vasorum aliorum modulo sumamus, quam hactenus crediderunt libram aquæ complecti, cùm vsque ad labra repletur, cùm tamen expertus fuerim 45. granis leuiorem esse librâ, quæ facilè possis addere absque effluxu; vixque dubito quin primi istius heminæ inuentores voluerint aquæ libram integram illâ contineri: quapropter eam heminam istius supponam esse capacitatis, vt libram, quemadmodum pars illius dimidia, quæ semisextarius appellatur, dimidiam aquæ libram, & Pinta duas libras capiat, cuius Quarta seu Potus duplus est, nam 4. aquæ libras continet.

Cadus autem seu dolium vulgò *muid*, 300. pintas habet, iuxta Henrici Codicem lib. 10. tit. 2. licet Codex Ludouici XIII. tit. 10. 288. habeat, quippe solum vinum clarum numerat, cùm pintæ duodecim fœcibus tribuantur. Huius autem figura cylindrica, vel potiùs cylindri duplicis vtrinque truncati, æqualibus basibus, vnde Cadus in medio latior, & crassior: cuius altitudo, seu longitudo interior duorum pedum & 10. digitorum; latitudo media pedum 2 & $\frac{1}{2}$, latitudo verò circa fundum duorum pedum. Vnde possis iudicare de cadorum Burgundensium, & aliarum Prouinciarum magnitudine.

Pedis dodrans tribuit latitudinem interiorem modio Parisiensi, quem vocant *Boisseau*: bes cum 5 lineis altitudinem: libras 16. tritici iuxta obseruationes meas continet absque vlla suceussione, vel percussione, cùm impletur ad cumulum, qui cùm libris 3$\frac{1}{2}$ côstet, supersunt libræ 13$\frac{1}{2}$ cùm modium hostieris. Verùm iuxta prædictum Ludouici Codicem l. 22. tit. 10. frumenti libras 18, vncias 6, & 8. scrupulos complectitur: quare minotus habet libras 55. Ibidemque Modius maior, vulgò *Muid*, statuitur 2640 librarum qui diuiditur in duo dolia, vel

12 fextarios, fextarius verò in duas minas, mina in 2 minota, minotum denique in duos minores modios diuiditur. Quantò verò maiorem contineat tritici quantitatem, cùm percutitur & fuccutitur, ipfe videris. Porrò cùm in vncia fint 860 grana tritici, vt abfque electione occurrunt, fequitur libram 13760, rafilémque modium 220160 grana complecti.

Quibus pofitis, facilè reuocantur menfuræ Romanæ, & Hebraïcæ ad menfuras noftras, quandoquidem Congius librarum decem Romanarum, ex accuratis Petri Gaffendi obferuationibus, noftris libris 7 æquiponderat, quibus quadrantem vnciæ dempferis. Nam Amphora, feu Quadrantal 8. congios habet, quapropter noftris libris 55 & 14 vnciis æquiponderat, fi nempe fumas aquam, quâ congius, vel amphora replentur. Modius autem Romanus cùm fit ⅓ amphoræ, continet aquæ libras 18 & vncias decem. Hinc de reliquis Romanorum menfuris, & vafis efto iudicium, cùm amphora duas vrnas, 48 fextarios, 96 heminas, 192 Quartarios, vel 566 cyathos contineret, tefte Volufio Metiano Adriani Imperatoris præceptore.

Cùm autem modius Romanus tritici libras 24 complecteretur, quadrantal libras 72 habuit: cùmque libra Romana noftris vnciis vndecim, vni drachmæ & vni denario æquiponderet, ex prop. 2. atque adeo vncia Romana noftris drachmis 7 & granis 32, fi quater & vicefies fumantur 11 vnciæ, 1 drachma, & 1 denarius, dabunt modium Romanum in libras Parifienfes conuerfum, hoc eft modius Romanus erit noftrarum librarum 16 & libræ dodrantis, feu 12 vnciarum; quadrantal verò frumento plenum erit librarum 50, & libræ quadrantis, feu 4 vnciarum.

Sextarius igitur Romanus plenus tritico, conftat vnâ librâ Parifienfi, & 6 drachmis. Erat igitur hemina libræ noftræ dimidiæ & trium drachmarum; quartarius quadrantis libræ, & drachmæ 1 ½. Cyathus denique Romanus eft vnius vnciæ, 7 drachmarum, vnius denarij, & granorum 19 ½, vel fefquiunciæ, 10 denariorum & granorum 19 ½ proximè. Quæ femel computanda fuere ad faciliorem menfurarum Hebraïcarum ad noftras reductionem.

Aliàs verò de Romani Quadrantalis pondere fermo recurret, cùm pedis aquei cubici pondus inueftigabimus: quanquam ex dictis concludatur pedem aquæ cubicum Romanum fuiffe librarum Romanarum 80, cùm 8. congios haberet; congius autem fit decem librarum Roman. noftrarum verò 55 ½ quadrantal erit, vt jam fuperfit pedis noftri cubici aquei pondus, quod cum prædicto pede Romano cubico conferatur.

Sed priùs de mensuris Hebræorum agamus, qui mensuram משורה *meſſurah* dicunt, vt Leuit. 19. 35. & 1. Paral. 23. 29. vbi Leuitæ conſtituuntur super omne pondus & mensuram, quemadmodum in Leuitico prohibetur iniuſtitia tam in mensura, quàm in regula, pondere, ſtatera, modio & ſextario.

Cabum igitur, קב, quam faciunt minimam aridorum mensuram, erat 4 ſextariorum Romanorum, hoc eſt, continebat Parisienses libras 4, & 3 vncias, quem etiam aiunt Chœnicæ militari quinquilibri æqualem: de quo locus insignis 4. Reg. 6. 25. vbi quarta pars Cabi ſtercoris columbini, vel frumenti, quod in ingluuie columbæ recluſum erat, quinque ſiclis argenteis emitur.

Gomor גומר Exod. 16. 37. eſt pars Ephi decima, ſiue Bathi: cùm igitur Ephi vel Epha 72 Romanis ſextarijs æquiponderaret, libris noſtris 75 & 6 vncijs reſpondebat: Gomor verò librarum noſtrarum 7 & $\frac{1}{2}$, & vnciæ & drachmæ, & granorum 43 : erat.

Satum vel סאה *ſeah*, ſeſquimodio Romano æquatur, vel ſextariis 24, atque adeo noſtris libris 25. & duabus vnciis. De ſato locus illuſtris Geneſ. 18, 6. & Math. 5. 15. Epham tribus ſatis conſtitiſſe clarum eſt ex dictis: ſed cùm Rabbini velint iſtas mensuras ex ouis gallinaceis pendere, adeo vt ſatum 6 cabos, cabus 4 logos, Logus ſex ouorum teſtas contineat, niſi certâ mensurâ definiant ouum, inconſtantes erunt: neque video qua ratione nitantur qui huius oui 3 pollices Hebræos tribuunt tam longitudini quàm latitudini, & trientem pollicis altitudini, vt ſit idem cum cyatho. Malim ego ex prædicta vaſorum analogia definire Logum ſextario æqualem vnius libræ & 6 drachmarum, cùm ſit Cabi pars quarta, & ouum, quod ſextam Logi partem affirmant, eſſe vnciarum duarum, 6 drachmarum & 1 denarij.

Lethec לתך erat Cori pars dimidia, quem חומר chomer appellant. Cùm autem Corus contineret 30 ſata, Lethec 15 complectebatur: quæ quidem Sata putant auctores modiis Atticis æqualia, qui ſint Romanorum ſeſquialteri: Corum igitur 45 modiis Romanis ἰσόμετροι faciamus, cùm 30 ſata 45 modiis Romanis æquiponderent: cùmque modius Romanus ſit noſtrarum librarum 18 & 11 vnciarum, quando plenum eſt aquâ, ſequitur Corum æqualem eſſe noſtris libris 838, & duabus vnciis. De Coris tritici à Salomone Hircano tributis, videatur 3. Reg. 5. 11. & 2. Paral. 27. 5. & Lucæ 16. 7. ſed cum modius Romanus plenus frumento ſit tantùm librarum noſtrarum 16 & 12 vnciarum, erit Corus tritici 753 librarum & $\frac{1}{2}$: dicunt autem Corum Cameli onus. Hin capiebat 12 logos, ſeu ſextarios, ac propterea

libras noſtras 12 & 9 vncias: huic ęqualem faciunt Thebanorum menſuram, quam Epiphanius vocat Aporrhyma. Hini ſit mentio Exod.
29.40. vbi pars illius quarta; & c. 30. 24. trientem verò numeror. 15.
v. 6. & 7. & ſemiſſem v. 9. legimus : ſextam partem Ezech 4. v. 11.
quæ Pintam Pariſienſem vncia & ¼ ſuperat.

Cùm autem Bathus, eiuſdem ac Epha menſuræ 6. Hinas complexus fuerit, clarum eſt noſtras pintas 35 & ¼ cum 6 vnciis conti-
nuiſſe; quem Hydriæ Romanæ, aut Atticæ metretæ faciunt æqualem:
cúmque 2. Paral. 4. 5. mare æneum caperet 200 baţhos, pintas noſtras
71375 continebat, ſeu cados Pariſienſes, quos *muids* appellant 254,
cum 255 pintis : vel cùm 2. par. 4. 5. dicatur 3000 bathos habuiſſe;
noſtris pintis 107062½ æquabatur, ſeu doliis Pariſienſibus 382, &
102 pintis.

Labra verò minora templi 40 bathos habentia noſtris pintis
1427⅓, ſeu doliis 5, & 27 pintis æqualia, de quibus 3. Reg. 7. 38.

COROLLARIVM DE MARI
æneo Templi Salomonici.

MARE æneum quod tam 2. Paral. 4. 6. quàm 3. Reg. 7. 27. triginta
cubitos in circuitu, decem in latitudine, & quinque in profunditate, quemadmodum & in labri denſitate palmum habere dicitur,
iuxta Paral. 3000 batos, iuxta regum librum 2000 continet, quod
aliqui ſoluunt per duas batorum ſpecies, quarum vna ſit alterius ſeſ-
quialtera : alij, quòd aquæ, vel liquoris alterius 2000 duntaxat, aridorum verò 3000 continere potuerit, quandoquidem hæc ad cumulum imponuntur, cùm aqua non poſſit labrorum ſummitates excedere, & vaſis ad ænei maris formam conſtructi cumulus ſit pars aridorum tertia : alij malunt errorem irrepſiſſe in numeros, ſiue additione in paral. ſiue detractione in lib. Reg. Alij denique, quòd
quidem vſque ad ſumma labra 3000 poſſet complecti batos, vel
Ephas, ſed ex præſcripto regis 2000 imponi ſolere.

Adde maris iſtius circuitum 30 duntaxat cubitorum dici, cùm illius diameter fuerit 10 cubitorum, quòd ſcriptura more vulgi, &
ad ſenſum multorum operariorum & artificum loquatur, qui doliorum, & aliorum corporum rotundorum circuitum tribus diame-
tris æqualem faciunt, & exiſtimant, quippe ſemper experiun-
tur circini aperturam circulum deſcribentem, & eius radio æqualem, circumferentiæ ſexies adhibitam ad idem punctum redire,

vnde circino fextantis nomen impofitum.

Cùm tamen fi geometricè loquamur, maris circuitus ferè pedum 31 ½ fuerit : nifi quis contendat circuitum interiorem intelligi, cuius diameter decem cubitis minor fuerit, vt labiorum craffitudo fi tantùm ex parte diametri, non ex parte circuitus fe tenuerit : quod tamen vix vlli arrideat.

PROPOSITIO V.

Nummorum Gallicorum figuram, pondus, leges & pretium explicare, vbi Moneta fabrica explicatur.

NON eft quòd in nummorum origine, variifque pecuniæ nominibus excutiendis ludamus óperam, cùm id à Scaligero, Snellio, Bornitio, Hottomano, & aliis ferè omnibus qui de nummis egere, iam peractum fit, qui poft Ariftotelem 5.Ethic.6. fatentur νόμισμα à νόμῳ, hoc eft lege vocari ; vti monetam à monendo, & pecuniam à pecude, quam fæpius æs dictam nouimus. Cùm igitur ea repetere nolim quæ toties explicata funt, neque velim alia commemorare præter ea quæ fum expertus, incipiam ab auri & argenti puritate, quæ nummis quibuflibet legem præfigunt.

Aurum igitur καπυρόμπ, quale in Daricis, & argentum in Ariandicis fuiffe refertur, purum putumque, & obrizum appellatur, cui nulla pars argenti, vel alterius metalli, aut mineralis immifcetur; purum argentum, puftulatum, feu pufulatum dicitur. Cùm autem docuerit experientia nummos eò citiùs deteri, quò puriores fuerint, omnes ferè principes fuis Monetariis permifere vt ad maiorem duritiem nummis conciliandam, aureis quidem paucas argenti particulas, argenteis certas æris portiones adhiberent, quibus etiam impenfæ magnæ in flandis formandis, percutiendifque nummis neceffariæ partim, vel ex toto refarcirentur. Quapropter aurum obryzum in 24 partes diuidunt, quas ceratia, vulgò *carats* appellant, vt aurum cui pars vna pura deeft, aurum 23 ceratiorum, cui duæ partes argenti mifcentur, aurum 22 ceratiorum, & ita deinceps nuncupetur.

Quemadmodum verò XII tabulæ Romanæ triumviros monetales inftituerunt, qui aurum, argentum & æs publicè fignarent, dicerentúrque æris, argenti, auri flatores, iuxta litteras nummis infcriptas A.A.A.F.F. ita factum in Gallia, plurimi fiquidem magiftratus monetali Curiæ præfunt, qui fummo ftadio curent nummos optimè

iuxta

iuxta regias leges flari, feriri, & fphragifterio, fiue iconio certas habente figuras infigniri, quod fit in officina monetaria, quam ἀργυ-κοπῖον appellare poffis, tum vetere, quæ malleo ferreo in iconium bis, ter, quatérve impacto nummis figuram imprimit; tum nouâ, quæ neglectis malleis prælo vtitur, quo non femel notaui quemlibet nummum fpatio trium fecundorum infigniri, adeovt horæ fpatio 1200 feriantur, idque ferrei vectis 7 pedes longi beneficio, cui pellendo 3 aut 4, vel etiam plures homines pro nummi magnitudine adhibentur. Porrò monetariam fabricam Parifienfem nouiter inftitutam, in qua nummi prælis imprimuntur, non autem malleis cuduntur, defcriberem, nifi dudum fimilem Marcus Freherus ad fui de re monetaria tractatus calcem ex Pighio Campenfi prodidiffet, quæ tantum à Parifienfi differre videtur, quòd machina ferrea Parifienfis rotis dentatis, fe mutuò impellentibus conftans, fuis cylindris chalybeis non imprimat figuram laminis aureis, argenteis, & æneis, fed tantùm illas laminas præparet, quæ in formulas orbiculares iuxta varias nummorum, feu monetæ magnitudines fciffæ correctoribus permittuntur, qui eas ad legitimum pondus redigant, aut, fi leuiores fint, reijciant, & ad iteratam fufionem damnent.

Quæ poftea formulæ in catinis lotæ, iterúmque bilancibus exploratæ prælo fubijciuntur, cuius vectis duplex ab operarijs tantâ facilitate mouetur, tum ob helicem in medio pofitam, tum ob globos plumbeos vectium extremitatibus appofitos, vt huic artificio nil deeffe videatur.

Omitto machinam illam Halarum Teriolanorum Archiducis aquaria rotâ, equis verò Lutetiæ circumagi.

Vt autem à variis eiufdem monetæ pretijs hic tractatus minimè pendeat, fequentibus poftulatis vtar.

P R I M V M.

Nummorum omnium pretium ex illorum pondere conftituatur, ne toties calculum mutare cogamur, quoties eiufdem monetæ pretium augetur vel minuitur.

I I.

AVRI granum affis Gallici; granum argenti, denarij pretio æquator, vt aureus pondo 60 granorum, 60 affes, aut folidos; au-

rei quarta pars argentea , quem vulgò *quart d'Escu* vocamus , 15
solidis commutetur : Licet enim aurei nostri sint pondo 63 granorum , atque adeo 63 solidis, iuxta postulatum istud, æquipolleant, vt
tamen fractionem vitemus, nil oberit eos 60 granorum pondere, &
pretio 60 solidorum , seu assium metiri, vt quarta pars aurei argentei, cuius pondus 180 granorum, æquiualens nostris 180 denarijs
æneis, quater repetita conficiat aureum 60 assium , quales vulgò
Galli aureos intelligunt, quibus tres libras, seu Francos exæquant.

I I I.

AVRI *pretium sit ad argenti pretium in ratione duodecupla.* Quod
ex præcedente postulato sequitur, & apud omnes ferè in vsu
fuit, licet abhinc annis quibusdam sit apud nos, vt 14 ad 1. proximè.

I V.

ASSIS, *vel solidus noster sit pondo granorum* 44, *eique denarij duo*
argentei cum 18 *granis tribuantur.* Quod vt à singulis intelligatur, notandum est nummum argenteum tunc appellari , & esse purum putum, vulgò *fin*, cùm nulla pars æris, aut alterius metalli illud inficit? impurum verò, seu alligatum & mixtum, cum alterius
metalli partem aliquam immixtam habet; quod metallum nihili sit,
vnde nummus suum nomen à solis argenti partibus habet, quibus
constat.

Cúmque diuersis modis cum alio , vel alijs metallis componi misceriq́ue possit, illius puritas solet in 12 partes æquales diuidi,
quos denarios appellamus; vt argentum probatum, & examinatum,
vulgò *de coupelle*, nuncupetur, cùm igne, vel aquâ metallicâ fuerit
ab omni ære, & alio quouis metallo repurgatum. Hinc intelligitur
quid sint duo illi denarij cum 18 granis in solido, aut asse, nempe si
diuisus intelligatur in 12 partes æquales, duas solummodo cum $\frac{11}{10}$,
seu $\frac{9}{11}$ argenteas habere, reliquas verò æneas, quæ in argento minimè numerantur.

Denarius autem in 24 grana diuiditur, vt antea dictum est, quapropter cùm argentum purum in 12 denarios Monetarij diuidant,
exurgunt grana 288. Sunt autem in marco semilibræ æquali 104 asses, quorum vnusquisque 12 æneos denarios valet, qui 156 in marco
continentur.

Ne tamen monetarij periculo exponantur, si fortè plures, aut pau-

ciores nummos marco tribuant, cùm vix ac ne vix quidem tanta poffit adhiberi diligentia, vt femper exactè numerus præfcriptus marcum conficiat, in remedium ac veluti medicinam, licet illis marcum
8 denarijs minuere, vel augere, quemadmodum 4 affibus.

Eſt autem pondus denarij ærei 38 granorum, fed nonnunquam
plurium, aut pauciorum, quippe non ponderantur, fufficítque fi
30 vel etiam pauciorum granorum fuerint, vt 30 grana æris vni grano argenti, & 360 grana æris vni grano auri æquiualeant.

V.

*Quarta pars argentea aurei, quæ granis 180, fiue 7
denarijs & 12 granis conſtat, valeat 15 affes, habeátque vndecim argenti denarios cum remedio duorum granorum.*

QVANQVAM ad vincendum æquilibrium, hoc eſt vt lanx ſtateræ deprimatur, debeat effe granorum 182 $\frac{4}{7}$, vt in marco
25 $\frac{5}{7}$ contineantur.

V I.

AVREI *triens argenteus, quem Francum appellamus*, 20 *affibus
commutetur*; vt ante paucos annos fiebat, qui nunc 27 affes, vt
prædictus argenti quadrans 21 affes valet, qui priùs 15 affibus com-
mutabatur.

Vocatur autem argentum illius quadrantis vndecim denariorum,
quod ei pars vna ænea immifceatur.

Argenteus triens, cuius pondus denariorum vndecim, & vnius
grani, vel exactè granorum 267 $\frac{1}{7}$, dicitur decem denariorum, quòd
duos æreos denarios, feu duas partes æris habeat, & 17 $\frac{1}{7}$ in marco
continentur.

Omitto fpecies alias nummorum argenteas, verbi gratiâ *Teſtones*,
duplicem quadrantem 30 affibus, dimidios quadrantes affibus 7 $\frac{1}{2}$
dimidios trientes 10 affibus, trientis quadrantes 5 affibus æquiualen-
tes, & nouos eiufdem ponderis & valoris nummos qui prælo in nouis
officinis infigniuntur, quòd ad Hebræorum & aliarum prouinciarum nummos intelligendos noſter quadrans fufficiat.

V I I.

Aureus Gallicus solidus obryzi partes 23 *habeat, dicaturque* 23 *ceratiorum,* & 72 ÷ *in marco contineantur.*

MONETARII siquidem aurum obryzum in 24 partes diuidunt, vt iam dictum est, eíque nomen imponunt ex numero partium illarum, ex quibus quò pauciores habuerit, eò dicetur impurius. Verbi gratiâ noui aurei, quos nuncupant LVDOVICOS, sunt 22 partium, vel exactè 21 ⅞.

Non est autem quòd nummos Hispanicos commemoremus, cùm pistola sit eiusdem ponderis & pretij ac LVDOVICVS noster, atque adeo nunc ducentis assibus, quot LVDOVICVS, commutetur, qui cùm sit 22 ceratiorum, quidquid de pistola dicetur, LVDOVICO tribuendum erit.

Verùm solidus noster aureus purior est, cuius pondus exactum duorum denariorum, granorum 15 & ⁵⁵⁄₁₂₅, cum remedio quadrantis ceratij: vulgò dicitur *Escu sol*, nuncque 104 assibus commutatur.

Si quis nummorum tam aureorum quàm argenteorum figuras, pondera, & pretia hodierna videre cupit, legat regiam declarationem Gallicè anno 1640. apud Sebastianum Cramoisium editam, in qua omnium ferè totius Europæ nummorum icones habentur, ex quibus postea quosdam selegimus.

Quibus addo Romani Testonis, cuius pretium trium Iuliorum, pondus esse denariorum nostrorum 7 & ½, atque adeo quadranti argenteo nostro æquiualens, si æqualis puritatis foret, cùm sit eiusdem ponderis. Iulius autem decem baiochis, baiochus quinque quadrinis æneis commutatur.

Eo verò Testone nouiter cuso sum vsus qui Vrbani VIII. & in auersa facie Virginis figuram cum hac inscriptione, *sub tuum præsidium*, ferebat.

PROPOSITIO. VI.

Nummos Hebraicos ad Gallicos reducere, & *sicli, atque adeo monetarum omnium Hebraicarum pondera,* & *pretia exhibere.*

CVM Hebraïcum talentum 3000 ficlis conftet, vt ex 38 cap. Exod.
concluditur, quod docet inuenta fuiffe talenta centum, & 1775
ficlos, poftquam 603550 hominum vnufquifque dimidium ficlum
perfoluiffet, qui ficli pretium, atque pondus agnouerit, nil deinceps in moneta Hebraïca requirat.

Eft autem argentei ficli pondus, quem ex fcrinio ducis Aurelia-
nenfis habui, 268 granorum, feu denariorum vndecim & 4 granorum; valétque propterea, iuxta noftras hypothefes, 22 affes & $\frac{1}{3}$.

Porrò Dominus Angelonus Romanus duos habet argenteos, quorum vnus infcribitur characteribus Affyriacis, hoc eft Hebraïcis vulgaribus, eftque Romanorum granorum 250, feu vnciæ dimidiæ Romanæ & 56 granorum; alter Samaritanis, cuius pondus deficit 10 granis à Romana femuncia; vtriufque infcriptio eadem eft ac ficli, quo
fum vfus nempe *Ierufalim Hakadofcha* ex vna parte, & ex altera Se-
xel Iifraël. Cúmque hic ficlus vnico grano à femuncia Romana deficiat, neque tot manibus teri potuerit à Dauidis æuo, (fub quo cu-
fus videtur ob litteram Daleth pateræ fuperfcriptam) quin granum amiferit, rectè mihi feciffe videntur qui ficlum eiufdem cum
femuncia Romana ponderis conftituêre, in eóque tantummodo er-
raffe, quòd femuncias & vncias aliarum Prouinciarum Romanis æquilibres exiftimarunt; id enim falfum effe fuperius oftenfum
eft.

Sit igitur ficlus argenteus Dauidicus 269 granorum noftrorum,
valeatque 23 affes, vt fractio videtur : cuius pars media 30. Exod. ver.
13. noftris affibus 11$\frac{1}{2}$ refpondet, triens 2. Efdræ cap. 20. v. 32. affibus
7$\frac{1}{2}$ quadrans, 1. Reg. cap. 9. v. 8. ferè 6. affibus : denique pars vigefima loco cit. Exodi, 20 dicitur obolis æquiualere : affi noftro, denario & denarij $\frac{1}{2}$ refpondet.

PROPOSITIO VII.

Argenteas & aureas fummas Hebraïcas Scriptura Sa-
cra ad noftram monetam reducere, & Sicli aurei va-
lorem difcutere.

VT cérti quidpiam præ oculis habeam , nec vllâ diuinatione
vtar, fumo prædictum ficlum valdè integrum Ducis Aure-
lianenfis, cuius pondo 268 granorum, & cuius figuram & infcriptio-
nem iftius tractatus initio reperies, qui cùm à noftris monetariis 12

denariorum, hoc eſt argenti puſtulati iudicetur, & ex noſtris hypotheſibus valeat ñoſtros aſſes 22. & $\frac{1}{3}$, hoc eſt 4 denarios, ſequitur talentum argenteum noſtris Francis 3350 æquiualere, qui faciunt aureos noſtros 1116$\frac{2}{3}$, quorum vnuſquiſque ſit 60 aſſium. Erit ergo talentum argenteum in noſtris aſſibus, 67000 aſſium, atque adeo æneo-
rum denariorum 804000.

Cùm autem neſciamus an ſiclus aureus eiuſdem eſſet, ac argenteus
ponderis, an verò leuior, vt inſtar aurei noſtri qui 3 Francis argenteis æquiualet, 3 etiam ſiclos valeret, malim alios omnes in ea parte ſequi, vt ſit eiuſdem ponderis, & 12 ſiclos argenteos valeat, ſitque
proximè eiuſdem pretij cum vetere Iacobo Anglico, qui nũc ex prædictæ declarationis præſcripto, pagina 33. Francis 13 commutatur.

Quanquam, ex noſtris hypotheſibus, nouem Francis & 8 aſſibus,
quemadmodum piſtola Francis 6 & 6 aſſibus commutari debeat. Siclus igitur aureus 13 Francos, & 8 aſſes, & talentum aureum 400200
Francos vel aureos, 13400 valet.

Celebris eſt centum millium talentorum aureorum, & argenteorum 1000000 ſcripturæ ſumma, quam pro templi fabrica Dauid
collegerat, 1. Paral. cap. 22. v. 14. Aurea Francis noſtris 4020000000,
Argentea 3350000000 reſpondent.

Non eſt autem quòd alias ſummas longè minores expendamus,
cùm id ab vnoquoque fieri commodè, & omne aurum atque argentum tam Dauidicum quàm Salomonicum ad pondus, & magnitudinem cubicam reduci poſſit, talentum enim erat pondo librarum 87,
vnciarum 9, drachmarum 6, & 2 denariorum, vel 804000 granorum,
quod monetarij efferunt per 174 marcos, tres vncias & 20 denarios.

Tantùm addo Ægypti equos tunc 150 ſiclis emptos fuiſſe, & equorum quadrigam 680 Francis, hoc eſt 600 ſiclis 3. Reg. c. 10. v. 29. vnde poteſt inſtitui comparatio noſtri commercij, noſtrorúmque pre-
tiorum cum Hebraiçis illius temporis.

Cùm autem maximas ſummas in Gallia per miliones exprimere ſo-
leamus, milio librarum, ſeu Francorum argenti talenta 298 cum 170
Francis complectitur; quapropter annuus Galliæ reditus, qui hiſce
añiis centùm miliones ſuperauit, talenta 29800 cùm Francis 17000
exæquat. Hinc poſſis comparare reditus Regis noſtri cum reditibus
Dauidis & Salomonis. Exempli gratiâ, Salomoni quotannis 666 auri talenta 2. Paral. c. 9. v. 13. afferebantur, quæ iuxta ſupputationem
præcedentem, noſtris aureis 8924400, ſeu Francis 26773200 æquiualent; quæ non faciunt tertiam partem reditus Regij 100000000
milionum: quem tamen non ſolùm exæquare, ſed etiam ſuperare

videri poſſit Salomonis reditus, ſi reliquæ ſummæ, quas à diuerſarum prouinciarum legatis, & à Regibus & negotiatoribus accipiebat, vt verſ.14.docetur, præcedentibus talentis addantur.

Quanquam hæc ſumma pleriſque tanta videtur, vt talentum ma_ lint pro ſiclo tetradrachmo ſumere, quàm pro 3000 ſiclis: ſed cùm iſtius notionis ne quidem veſtigium ex ſcriptura producatur, non eſt quòd eam ſequamur. Difficilius eſt agnoſcere num fuerint duæ ſiclorum apud Hebræos ſpecies, communis didrachmus, & ſacer te_ tradrachmus; quod tamen multi aſſerunt ob LXX. autoritatem qui ſiclum appellant διδεαχμον, vt Geneſ.23.15. & alibi videre eſt, quos ad Alexandriæ pondera reſpexiſſe aiunt Atticorum dupla , quorum talentum Hebræorum talento æquipollens 12000 drachmas Atti_ cas, hoc eſt 3000 ſiclos, vt Hebraïcum , complecteretur; adeovt ſi_ clus Athenienſi ſtateri æqualis fuerit. Vt autem demonſtrent fuiſſe duplicem ſiclum, aiunt dimidium ſiclum Exod.30.13.& 15 annuatim à ſingulis tributum, fuiſſe quidem dimidium habito reſpectu ad ſi_ clum ſacrum, ſed integrum Regij ponderis, quòd 2. Reg. 14. v. 26. ducentos ſiclos, quibus Abſalonis cæſaries æſtimabatur, Septuagin_ ta viri per centum ſiclos verterint, putà ſanctuarij.

Cuius ſicli tetradrachmi trientem Nehemiæ 10.32. pro annuo tri_ buto penſitatum; & quadrantem 1.Reg.9.8. Chaldaïcè *zuzan*, hoc eſt drachmam, & vigeſimam partem Exod.30.13.(quæ eſt quinta pars drachmæ) legimus. Sumitur etiam Keſeph Gen.20.16.pro ſiclo, ſic enim vertunt LXX. 2.Reg.18.11.

Mitto alia nomina quibus ſiclum appellant, vt argenteum Math. 26.15. quem Euſebius ſtaterem appellat, cuius quarta pars, hoc eſt drachma, Lucæ 15. 8. commemoratur, Romano denario æqualis; de quo Matth.18.22. vt pars dimidia Matth. 17. 27.

Mitto præterea nummos æreos tam noſtros, quàm Iudæorum aſ_ ſarium, quem alij 90 partem ſicli, alij dimidium ſicli valuiſſe putant, de quo Math.10.29.

Quadrantem, aſſis fortè, vel follis, vel oboli. Math. 5. 26. & minu_ tum quadrantis dimidiũ habes; de quibus viri docti fuse diſſeruerunt.

Fſt & mina 3. Reg. 10. 17. quæ centum aureis 2. Paral. 9. 16. æqui_ pollet, quandoquidem illius loci tres aureæ minæ ſunt huiuſce loci trecenti aurei.

Omitto nummos alios in ſcriptura vſitatos, de quibus fuſiſſimè Vvaſerus, vt *agorah* אגורה 1. Reg. 2. 36. qui ſit eiuſdem ac Gerah, & Chaldæorum *Maha* valoris; qui nummus cùm fuerit obolus ille qui par; dicitur ſicli vigeſima, illiuſque pondus , iuxta conſtantem Rab_ binorum sententiam , sit 16 granorum hordei , clarum est ex nostris hypothesibus , esse pondo granorum nostrorum 16 , si quodlibet hordei granum vnciæ nostræ grano æquiponderet , vti reuera contingit multis hordei nostri granis, quæ faciūt æquipondium cum granis tritici, seu frumenti, quibus antea lectis vnciæ grana comparaueris.

Notatu verò dignum est à גרה *Gerah* κερᾶτιον, granum, & γεῦ, deduci posse, quæ omnia, veluti κέρμα Græcorum, quidpiam minutissimum significent : Hinc de pauperrimo dici solet, nequidem eum obolum, hoc est *Gerah* , vel γεῦ habere.

Itaque *Gerah* , cùm esset argenti puri, nostros 16 æneos denarios valebat : atque adeo tres oboli nostris 4 assibus exactè respondent, cum sit valor oboli sesquitertius valoris assis.

Quibus positis, sequitur siclum 20 valentem obolos nostris assibus $26\frac{2}{3}$ respondere, & 32 granis semunciam nostram superare, quandoquidem 20 oboli sunt pondo 320 granorum, quos si redegeris ad drachmas, 4 drachmas & 32 grana sis habiturus, seu denarios vnciæ 13 & $\frac{1}{3}$.

Quæ cùm sicli tetradrachmi pondus iusto maius efficiant, vt ex dictis constat, superest vel Rabbinos decipi , vel hordei grana quibus vsisunt, nostris selectis esse leuiora. Vt igitur mecum conueniant, illorum grana, quemadmodum vnciæ Romanæ grana , nostrorum fere subsequisexta fuisse oportuit, hoc est 7 grana hordei Rabbinica nostris 6 hordei granis selectis æquiponderant.

Cùm autem de singulis scripturæ summis & nummis, aliàs Deo volente fusiùs acturus sim, ad nummos Romanos & Græcos me confero : de quibus breuissimè dicendum.

PROPOSITIO VIII.

Nummos Græcos , & Romanos ad nostram monetam
exigere cùm iuxta alios , tùm ex proprijs obseruatio-
nibus.

NVMMOS Græcorum varijs animalium figuris inscriptos fuisse constat ex ipsis nominibus, quibus illos appellarunt χηλίας, κριὸς βῶς, testudines, puellas, boues, &c. Quod etiam ab Abrahamo factum nonnulli credunt, qui figuram agnorum illis nummis insculpi curauerit, quos scriptura Gen. 33. 19. & alibi vocat agnos.

Porrò si nummi Græci pondo drachmæ, vt multi supponunt, &

Græca,

Græca, fiue Attica drachma eiufdem cum Romana hodierna ponderis fuerit, de nummis Græcis facilè pronuntiabitur ; Romanifque
comparabuntur denarijs & feftertijs, quos quidem feftertios pondo
5 denariorum, & 6 granorum fe reperiffe Sauotius libro de veteribus
nummis pag. 156. afferit, quanquam victoriatos arbitratur, cùm ex
vna parte biceps Iani caput, ex altera victoriam habeant, & dictio-
nem *Roma*.

Plinius l. 33. c. 3. 20. feftertios auri fcrupulo tributos afferit, cui
tunc 15 argenti fcrupuli æquiualerent, vt effet aurum ad argentum, vt
15 ad 1 ; quale iam ferè apud nos.

Quæ omnia Sauotus mihi videtur fatis accuratè & diligenter ex-
plicaffe; Quis enim vnquam bilancibus denarios Romanos examina-
uit, qui non fateatur aliquando 7, alias octo in vncia contineri? 8
nempe ab æuo Neronis. Notat etiam aureum 25 denarijs refpondiffe,
& denariũ tũc effe pondo drachmæ noftræ, cùm in vncia feptem dũ-
taxat, pondo verò 63. granorum feu aurei noftri, cùm octo fuere: folent autem Græci denarium Romanum pro fua drachma, quemadmodum Romani drachmam pro fuo denario fumere, quod eiufdem
propemodum ponderis, atque pretij fuerint : cúmque feftertius argenteus fit denarij pars quarta, vel quinarij dimidia, conftat cuiufnam
valoris fuerit; quoties enim denarius æquiponderabit noftræ drachmæ, feu granis noftris 72, toties feftertius noftris æneis 18 denariis,
vel fefquiaffi æquiualebit : quemadmodum denariis 15 ½ fi fuerint
8 denarii in vncia.

Græcorum ftater aureus 2 drachmarum pondere, 20 drachmas argenteas valebat, qua de re Pollux confulatur, & qui ferio nummorum ftudio vult incumbere legat Sauotum, & Budelium de re numa-
ria, qui libro primo fuse de omnibus quæ ad monetarios & monetam
attinent, & alia id generis profequitur: quo etiam volumine Couar-
ruuiam, Bodinum & alios eadem de re pertractantes habiturus fis.

Bornitius quoque de nummis in Republica percutiendis, & con-
feruandis, Cafpar Antonius de augmento, & varietate monetarum,
Angelocrates, Scaliger, Snellius (qui tamen cum delectu legendi)
aliíque plures de nummis fuggerunt, quæ hinc inde collegerunt, proprijs fiquidem obferuationibus, quàm aliorum narrationibus malim
infiftere.

D

OBSERVATIONES PROPRIÆ.

De ponderibus nummorum argenteorum tum Græco-
rum, tum Romanorum.

IN expendendis nummis argenteis R. P. Iacobi Sirmondi, quæ sequuntur, illo præsente, méque iuuante apparuerunt.

Sestertius, in cuius vno latere bigæ, in altero Roma Galliata
cum hisce literis I I S, granorum nostrorum 23 ;.

Quinarius, vnius drachmæ, demptis granis 2 :

Denarius, vnius drachmæ, cum granis 6 :

Alijs denariis defuerunt, 7 vel 9 grana, quibus præcedente leuiores fuerunt.

Alexander, drachmæ 1 :, & 12 granorum apparuit : Alter verò
drachmarum 4 : vt Lysimachus drach. 4 & granorum 18.

Hercules drachmarum 2 & 4 granorum.

Noctua Athenarum, drachmarum 4, & granorum 22 :

Philippus drachmarum 3 : & granorum 15 :

Antiochus Euergetes drachmarum 4 & 16 granorum.

Mithridates drachm. 4 : & denarii.

Ptolomeus Ægypti drach. 3 : & 8 granorum.

Sol seu Apollo Rhodius 3 drachmarum.

Sol Rhodius minor granorum 17 :

Omitto pleraque alia numismata, qualis est Philippus aureus vnius
drachmæ, granorum 6 :, vt moneam sestertios tribus modis numerari, videlicet masculino genere, neutro, & aduerbialiter : primo modo significat sestertium, si 18 duntaxat granorum fuerit, & sesquiassi
nostro æquipollet : si verò iuxta præcedentes viri clarissimi nummos
respondebit duobus assibus, cùm sit granorum 23 :, & grani : facilè
deteri potuerit. Qua ratione denarius Romanus æquiualebit 8 nostris assibus, sestertium neutraliter sumptum centum libris, seu francis
æquipollet. Aduerbialiter verò dicitur, verbi gratiâ, decies sestertiũ,
hoc est decies centena millia sestertiorum ; de quibus vide Puteanum
tract. de pecuniæ Romanæ ratione : sunt etiam lectione digni Chif-
fletius de numismate antiquo.

Iohannes Philippæus Oseæ interpres doctissimus in cap. 3. qui cum
alijs sentiat vnciam pendere 8 drachmas Atticas, minimè tamen docet quantum absint à nostris, quemadmodum neque 7 duntaxat in

vncia denarios ante Neronem, vt deinceps octo fuisse.

Porrò denarios à quinarijs non solùm ex duplo pondere, sed etiam ex characteribus distingues, illi siquidem decussis, vt loco citato Plinius loquitur, hoc est character X; huic autem V imprimitur, quòd ille decem, hic quinque asses valeat, seu sesquiduos sestertios: quem propterea hisce litteris IIS, ac si duos asses & semis diceres, insigniunt.

De denario plura videsis apud syntagma Puteani de militari stipendio, quod aliàs salarium, tributum, attributum & rogam appellant. Adde Sauotum aduertere 60 assaria, siue libram & $\frac{1}{5}$ æris valuisse denarium: cúmque 96 denarios libra contineret, argentum ad æs fuisse vt 120 ad 1; quæ tamen ratio nunc in Gallia maior non est quàm 40 ad 1, quippe nouus argenteus quinque nostris assibus, seu denarijs æneis sexaginta, hoc anno 1643, æquiualet, cùm sit pondo granorum 46 $\frac{1}{2}$, & quilibet æneus denarius sit ad minimum 30 granorum; vnde sequitur ænea grana 1800 æquiualere granis argenti 46 $\frac{1}{2}$

Qui nummos Hebraïcos, illorúmque summas ad nummos Germanicos reductos cupit, VVaserum habet lib. de antiquis Hebræorum nummis: Qui reductionem ad Anglorum nummos quærit, Brereuodum legat, qui supponit siclum solidis strelinis 2 $\frac{1}{2}$ æquiualere: cuius strelini solidi argentei figuram ad sequentis prop. calcem habes.

Omitto plures esse qui de Persarum, Græcorum & Romanorum nummis fusè tractant, qualis Budeus libro de asse, Scaliger atque Snellius de numeraria, qui varia Romanorũ & Græcorum librorũ loca nummorum summas attinentia explicant, quos inter Sauotum vt plura expertum à veritatis studioso legi velim.

MONITVM.

A D tertiæ propositionis calcem seminum seu granorum si non cuiuslibet herbæ, vel plantæ, multarum saltem lector expectare poterat; si quid certi potuissem ex illorum seminum cum nostris granis vncialibus collatione statuere, sed cùm vix duo, licet eiusdem speciei, mihi visa sint æquiponderare, & forte eiusdem non sint hîc, ac in Italia, vel in alio solo ponderis, laboris improbitatem cùm eius inutilitate non putaui coniungendam. Nam si nihil explorati debeas à frumenti & hordei granis expectare, quorum plurima grana sunt vncialibus granis leuiora, alia æqualia, quædam grauiora, quid à reliquis granis, vel seminibus, quidve à reliquis naturalibus corpori-

bus fperes? Quibus adde granum frumenti, quod hodie fuerit
æquale grano vnciali, forte craftinâ grauius ob aduentitium humorem, vel leuius ob maiorem ficcitatem, aut particulas in vaporem
abeuntes futurum: quod & de cæteris granis dicendum.

Addo tamen in grani finapis gratiam, cui cælorum regnum comparatur, & quod minimum omnium dicitur, hoc eft vnum ex minimis, vel comparatiuè ad effectum, 40 illius grana vni vnciæ grano
æquiponderare : fed ad faciendum cum hoc eodem grano æquilibrium alba papaueris grana 130, nigra 200, rubra verò 350 requiruntur, vt oftendit experientia. Duo finapis grana fe tangentia lineam
tegunt, & exæquant; fed papaueris alba grana 3, & rubra 4 necefla-
ria funt.

Hinc inferre licet quantò granis iftis minora, leuioráque fint arenæ grana, de quibus 1 & 2 prop. lib. de ponderibus & menfuris fusè
& accuratè. Supereft vt tam noftrorum quàm exterorum nummorum figuras, & pretia, pondúfque ipfum exhibeamus. Porrò minima grana, vel femina crediderò, quæ fcolopendrij, vel afpleni foliis adtexuntur, quæque minutiffimâ arena minora videntur, adeovt diameter grani prædictæ herbæ fit ad diametrum grani finapis, vt
1 ad 5; & proinde femen fcolopendrij fit ad granum finapis, vt 1 ad
125, hoc eft in ratione diametrorum triplicata; fi tamen puluis ille
afpleni poffit inter femina reponi, quandoquidem Dalecampius poft
alios huic, & aliis huiufcemodi herbis femen denegat.

PROPOSITIO IX.

Nummorum Gallicorum, Italicorum, Hifpanorum,
Germanorum, & aliarum prouinciarum figuras,
pretium, feu valorem exhibere, & illorum cum ficlis
Hebraïcis comparationem inftituere.

CVM nil magis afficere foleat, quàm dum in ipfos oculos in-
currit, eóque memoria fit firmior quò res oculis fideliùs oblata
fuerit, figuras nummorum affero, quibus finguli valorem ficlorum
comparare, atque Scripturæ facræ fummas ad præfentes nummos
referre poffit. E regione verò nummi cuiuflibet duplex valor, feu pretium apponitur : Primus valor noftris fundamentis nixus auri granum ad affem, argenti granum ad denarium æneum refert.

Secundus valor hodiernum apud Gallos pretium refpicit, quod

vix maius euadat ; ex his autem pretiis exteri suorum nummorum valorem dijudicabunt.

Cùm autem vniuscuiusque nummi pondus legeris, illud paulô
maius cogita, quandoquidem antisacoma tantisper superare debet
nummus, vt vincat æquilibrium: verbi gratiâ nummus aureus Gallicus, à quo incipimus, quique dicitur pondo duorum denariorum,
& 15 granorum, habet præterea $\frac{81}{145}$ grani, vt lancem deprimat: quapropter in cuiuslibet nummi sequentis pondere semper idem intelligendum ; quod Galli vocant *poids trebuchant*, quòd lanx nummum sustinens inclinari, & cadere debeat, si nummus iusti ponderis
fuerit: qui cùm manet in æquilibrio dicitur esse inter duo ferra, *entre
deux fers*: ob lingulam, vel spartum, quod in neutram vergit bilancis partem, quod ad nummi bonitatem plerumque sufficit.

Ne verò quis torqueatur quòd supponam aurum & argentum purum, cùm tamen aurei nostri solidi sint 23 carattiorum duntaxat,
cum remedio quadrantis carattij, & alij nummi aurei certas argenti
particulas, & argentei partes æreas immixtas habeant, iuxta diuersas principum leges, quandoquidem vnusquisque patriæ legis con-
scius subductis calculis scire possit, quantò sit nummi propositi minus pretium ob alligationem: verbi gratiâ, noster solidus aureus 23
carattiorum, cui deest vnum carattium, hoc est pars auri obrizi vi-
gesimaquarta, quique iuxta nostras hypotheses valet 63 asses ob
pondus 63 granorum, si foret 24 ceratiorum, ob argentum mixtum
valet 60 asses, & 4 denarios proximè. Vno verbo dicam nummi cuiuslibet valorem prorata parte immixti alterius metalli esse minuen-
dum, vt cum fuerit pars immixti argenti duodecima, pretium sit
minus parte duodecimâ, & ita de reliquis.

Porrò sicli pondus hîc repetendum, hoc est 268 granorum vnciæ
Parisiensis, qualia continentur 536 ab vncia Romana ; eiúsque argentei valor 22 assium & 4 denariorum ; aurei verè duodecuplus valor librarum 13, & 8 assium.

SOLIDVS AVREVS GALLICVS.

HVIVS aurei pondus
est duorum denario-
rum, & 15 granorum, seu
63 granorum ; valor hy-
potheticus 63 assium.
Hodiernus 5 librarum,
D iij

& 4 aſſium. Alios aureos præcedentibus grauiores omitto, quos Regia declaratio exhibet.

Noui nummi, quos nuncupamus L v d o v i c o s, ſunt eiuſdem ponderis, ſed valoris diuerſi, ſimplex enim L v d o v i c v s aureo ſolido æquiponderans centum duntaxat aſſibus commutatur; quemadmodum duplus L v d o v i c v s, cuius figura ſequitur, ducentis aſſibus, ſeu 10 libris.

D V P L E X L V D O V I C V S, S E V P I S T O L A
G A L L I C A.

H v i v s autem nummi duplus, hoc eſt L v d o v i c v s quadruplus 10 libris commutatur; cúmque ſit decem denariorum, & 12 granorum, ſeu 252 granorum, valor hypotheticus erit librarum 12 ⅖. quapropter aureo ſiclo 28 aſſibus minor cenſendus eſt.

Cùm autem aurei grani pretium aſſe metiamur, ex hodierno pretio tribuunt illi aſſem, & 7 denarios, vt auri vncia ſit librarum 46, & decem aſſium, atque marchus, vel ſelibra aurea 372 librarum, ſeu Francorum. Vnde fit vt quot granis nummus aureus leuior quàm par eſt fuerit; totidem aſſibus & 7 denariis minuatur illius pretium. Idémque ferè de nummis exterorum inanioribus dicendum, licet illa declaratio, vel potiùs calculus, vulgò *Tarif* ſubiunctus, minus aliquid tribuat vnicuique grano piſtolæ tam Hiſpanicæ, quàm Italicæ, vt illius auri Marchus ſit 357 librarum, & 10 aſſium, huius autem Marchus ſit librarum 348, & 12 aſſium, pretij nempè in Gallia currentis.

Sequuntur nummi aurei exteri, & quidem primò Itali; qui cùm omnes ſint eiuſdem ponderis & pretij, ſufficient Romani, Mediolanenſes & Florentini.

ROMANA PISTOLA.

Piſtolæ Romanæ 5 denario-
rum, & 4 granorum, ſeu 24
granorum libris nouem, & 12
aſſibus commutatur, cùm ex
hypotheſi noſtra, libris 6 & 4
aſſibus æquiualeat, ſi ex obri-
zo ſupponatur.

MEDIOLANENSIS.

Idem de Mediolanenſibus,
Florentinis, Venetis, Par-
menſibus, & aliis Italicis eſto
iudicium.

FLORENTINA.

AVREVS ROMANVS.

Quòd ad Italos aureos attinet, quorum pondus duorum
denariorum, & 14 granorum,
vel 62 granorum, nŭc 4 libris,
& 16 aſſibus commutantur: ex
hypotheſi noſtrâ 62 aſſibus.

VENETVS.   GENVENSIS.

PISTOLA HISPANICA.

Huius nummi pondus quinque denariorum, & 6 granorum, seu granorum 126, libris decem commutatur, qui tamen ex hypothesi nostra solis 6 libris, & 6 assibus nostris aequipollet : remedium illius est grani pars quarta.

IACOBVS ANGLICVS.

Iacobus tam Anglicus quàm Scoticus est pondo 7 denariorum, & 20 granorum, seu 188 granorum ; qui cùm apud nos hac aetate libris 13 aequiualeat, iuxta caeptam hypothesim libris nouem, & 8 assibus aequipollet.

Huius autem nummi, sicut & praecedentium alij sunt dimidij vel quadrantes.

Est & alius Iacobus nouus pondo 7 denariorum, & 2 granorum.

IACOBVS SCOTICVS.

DVCATVS

DVCATVS IMPERIALIS.

Ducatus Imperialis, vt &
Hungarus, Venetus, Parmen-
sis, & alij plurimi in declaratione videndi ; quin & ipse
Turcicus, sunt pondo 2 denariorum, & 17 granorum ; qui
libris 4 & $\frac{1}{2}$ commutantur,
cùm iuxta nos sint vt 65 granorum, ita 65 assium.

TVRCICVS.

Hactenus de nummis aureis, quorum nullus magis ad aurei sicli
valorem accedit quàm Iacobus Anglicus, si ad pretium hodiernum
attenderis : sed ex hypothesibus nostris Hispanicum quadruplum
aureum pondo duarum pistolarum magis etiamnum accedit, cùm
libris nostris 12 & assibus 12 æquipolleat.

Quantum verò talentum aureum millioni cedat aureo, constat
ex eo quòd talentum sit 13400 aureorum, quos millio præter 84 aureos, quater & septuagies complectitur.

Argentei nummi cum argenteo siclo comparati.

Nostris nummis Gallicis incipio, quibus postmodum nummi subijcientur aliarum Prouinciarum, quos omnes facilè
cum argenteo siclo conferes, qui iuxta legem antea præscriptam nostris assibus 22 & 4 denariis æquiualet: quemadmodum 3000 siclis
argenteis constans talentum argenteum nostris libris 3350 respondet: cuius pondus, si nostris ponderibus velis æquare, libras 87, vncias tres, drachmas sex, & duos denarios, hoc est grana 804000
exæquat.

E

DVCATVS FLORENTIÆ.

Florentiæ ducatum, qui videt, Sabaudicum, Venetum, & Parmenfem, vt pote eiufdem ponderis & valoris habet: eft autem pondo vnciæ & denarij, feu 610 granorum:

Quapropter ex hypothefi noftra refpondet affibus 50 & 10 denarijs; ex pretio vulgari libris 3 & 7 affibus: idémque de Ducatone Mediolanenfi, quem Flandricus 8 granis fuperat, efto iudicium.

PATAGVS FLANDRICVS.

Hic nummus quem Galli *Patagon* appellant, eft 22 denariorum, & 54 affibus cómutatur, idémque de Dallis Imperij dicendū, cùm tamen 55 affibus nunc æquiualeant: licet enim nummi fint eiufdem ponderis, funt maioris pretij, & valoris ob maiorē puritatem: cúmque puros nummos fupponamus, erit hic vtérque nummus 44 affium, atque adeo ficlis duobus proximè refpondebit.

DALLVS IMPERIALIS.

CHELINVS ANGLICVS.

Hic nummus huic propofitioni colophonem imponet ; qui ftatuitur in noftra declaratione 4 denariorum & granorum 12, atque vndecim affibus cõmutatur; & ex hypothefi, 9 affibus, eft enim granorum 108 ; cùm tamen Chelinus, quem præ manibus habeo fub præfenti rege Carolo fabricatum, granis 9 $\frac{1}{2}$ fit grauior, eft enim pondo granorum 117 $\frac{1}{2}$. Verùm audiui adeo non effe curæ monetarijs Anglicis fingulos Chelinos eiufdem effe ponderis, eifque fatis effe quòd certus numerus marcho contineatur, licet ex iis aliqui 9 aut 10 granis minus, aut magis ponderent: huius verò nummi argentum vndecim denariorum effe dicitur.

MONITVM I.

SVmmas omnes Scripturæ facræ, ficlorúmque pondera reducenda mihi propofueram ad nummos noftros, quibus omnes ad exterorum nummos manuducerentur, fed vbi fingulis id effe facillimum peruidi, qui præcedentia intellexerint, ad alia propero, quæ plurimis gratiora videantur, quippe fpectant hydraulica, & pneumatica, quæ difficultatibus coniungunt vtilitatem.

Aduertendum eft tamen eos qui fummas Hebraicas ad noftros nummos exigere voluerint, ad duplicem ficlum, nempe tetradrachmum, & didrachmum attendere poffe, huius enim valorem & pondus fi calculis fubducant, quælibet ficlorum, & talentorum fumma duplò minor erit: ficli nempe argentei valor erit 11 affium & 2 denariorum: aurei verò librarum 6 & 14 affium: & argenteum talentum 1675 librarum, vt aureum 20100 aureorum, feu librarum 60300: quem valorem illi fequentur, qui crediderint Salomonis cenfum annuum ficlis didrachmis conftitiffe.

Exempli gratiâ reditus ille dicitur 1. Paral. c.9. v. 13. fuiffe 666 talentorum, quæ noftrorum aureorum 13386600 fummam conficiunt. Similiter oblatio principum Dauidis in templi ftructuram c.29. v.7. fuit 5000 talentorum aureorum, & 10000 argenteorum: cumque aurea noftris aureis 100500000, & argentea noftris aureis 5583333 $\frac{1}{2}$

E iij

æquiualeant, summam reddunt aureorum 1060833333 ⅓. quæ summæ illis duplicandæ fuerint qui siclum vnicum tetradrachmum admittunt.

Neque enim LXX Interpretes, Iosephus, Philo, & alij cum scriptura conciliari posse videntur, nisi vel didrachmus, de quo loquuntur, sit idem cum eorumdem tetradrachmo, vt Alexandrina drachma dupla Atticæ statim vsurpata, mox Attica fuerit; illa, quoties didrachmi sit mentio, hæc verò, quoties tetradrachmi; quod necesse est si vnicus fuerit Hebræorum siclus, hoc est si communis à sacro minimè distiterit. Quanquam absonum est illos autores de diuersis drachmis locutos esse, neque tamen ea de re lectorem monuisse?

Quid igitur dixerimus ad loca Septuaginta duorum interpretum quoties siclum per didrachmum reddiderunt? vt Genes. 23. 15. Exod. 21. 32. & Leuit 27. 3. &c. Si enim de drachmis Alexandrinis Atticarum duplis intelligunt, siclus erit semunciæ Romanæ par; testatur enim Varro l. 4. de lingua Latina, talentum Alexandrinum fuisse drachmarum Atticarum 12000, cùm tamen quodlibet talentum 6000 drachmas illius loci, cuius est, proprias continere censeatur.

Cùm autem tetradrachmo vtuntur, quis existimet eos non amplius Alexandrinis suis Hebræis, sed Atticis vti? de quibus tamen si non intelligunt, sempérque retineant Alexandrinas, siclum illorum tetradrachmum æqualem esse integræ vnciæ Romanæ dicendum erit.

Verùm legatur Vilalpandus qui contendit aduersus Grepsium vnicum fuisse siclum stateri æqualem, non autem duos, puta communem, seu prophanum, & sacrum.

Porrò circa 3. prop. in qua de numero granorū vnciâ Romana contentorum, id obseruandum ex binis relationibus ad me Româ missis illum granorum numerum variare, vna siquidem vnciam statuit 612 granorum in 17 laminulas diuisorum, quarum vnaquæque sit pondo 36 granorum Romanorum, alia verò 576 granorum duntaxat, vt vnciæ Romanæ pars vigesima quarta, hoc est scrupulus, 24 grana Romana, quemadmodum denarius noster grana nostra 24, complectatur; quæ duo quâ ratione conciliari possint, in præfatione monebo, postquam illud à Romanis libripendentibus cognouero, vt Corollarium primum, & reliqua, iuxta rei veritatem intelligantur, & accommodentur.

MONITVM II.

BReuiſſimè quidquid ad menſuras, pondera, nummóſque ſpecta-
bat, tractatu præcedente complexus, paulo fuſiùs de hydraulicis agam ; quæ cùm ſæpenumero pneumaticis egeant ; hæc autem
opus habeant condenſatione, ac rarefactione, de his etiam nonnihil
dicendũ erit, quod non adeo tritum & exploratum:verbi gratiâ quantum aquâ leuior ſit aër, ſeu quot ſint neceſſarij pedes aëris cubici, vt
aquæ pedi cubico æquiponderent ; num aër magis rarefieri quàm
condenſari poſſit; quantò res vnaquæque in vacuo, ſeu medio nihil ponderante, vel impediente, quàm in aëre ſit grauior; quanta
debeat eſſe aëris condenſatio, vel rarefactio, vt vi datâ erumpat, &
militares bombardas æmuletur, vel etiam ſuperet.

I Oſtenditur etiam in quibus aquæ ſalientes ſagittarum, & aliorum
proiectorum iactus æmulentur ; de quibus poſtea tractatum peculiarem inſtituemus, quo ſcire poſſint ſagittarij ad quod ſpatium horizontale ſagitta peruentura ſit, iactu verticali cognito, dataque ſagittarij ſuper horizontem altitudine. Vt autem ſequentis tractatus
guſtum faciam, ſit M Q R S N K
O P D aër, aqua verò K O P D
C E D B, & terra C E D B, cuius
centrum A: certum eſt in aëre corpora quædam, verbi causâ I & H
natare poſſe, itavt in aquam inferiorem K O P mergi nequeant;
quemadmodum corpora G, F ſuſtineri poſſunt ſub aqua O P, itavt
nunquam ad fundum D E perue-
niant: quod vt fiat, tam I, H, quàm G, F corpora eiuſdem ac aër
& aqua debent eſſe grauitatis; ſi enim leuiora ſint, extabunt.

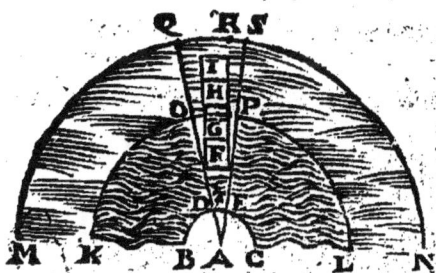

Hæc autem figura dimidium aëris, aquæ, & terræ orbem refert;
cũmque dimidius terræ circuitus B D C ſit leucarum 3600,radiúſque
D A 1145 leucarum, & paulo amplius, caue ne putes eam eſſe rationem aquæ ad terram, quæ hîc cernitur, quandoquidem vnicum facit
globum cum aqua, quæ maior quàm ſit depicta fuit, vt corpora T, F,
G, & alia quæ hinc inde inter O K B & P E D poſſunt intelligi, faciliùs comprehendantur : quod etiam de reliquis figuris ſequentibus
dictum puta, ſi quando fortè rerum quas referunt proportiones minimè, vel non adeo fideliter & exactè repræſentent.

Quædam verò corpora natare poſſe in aëre nubes quotidie demonſtrant: quod fieri nequit, niſi moles aëris nubium moli magnitudine æqualis grauior fuerit.

Excipio corpora quæ motu grauitatem eludunt, cùm fieri poſſit vt in ipſo æthere rariſſimo grauiſſima corpora ſolo motu ſuſtineantur, vt in ipſo aëre quiſpiam experiri poteſt aquam ſuſtineri, cuius ne minima quidem gutta effunditur, quoties vas aliquod aquâ plenum obuertitur, vt ex hac figura conſtat; ſit enim funiculus, E A, manu in E puncto derentus, cui ſitula, lanx, aut vas aliud quodlibet alligetur, quandiu circumagetur ſitula per circumferentiam B A G, aqua A licet E reſpiciens, & circa terræ centrum inuerſa non magis effundetur, quàm dum eſt in H G, idque ob motum ſolum, cuius velocitatem poſtea definiemus.

Iam verò noſtras obſeruationes hydraulicas, & pneumaticas ſubijciamus, quas ſemper augere poſſint Aquarij, Aquileges, & quique Philoſophi, quos veritatis amor tenuerit; faxit Deus optimus vt qui laborarint in hydraulicorum Phænomenon rationibus inueniendis, copioſè hauriant eum ſummo gaudio de fontibus Saluatoris.

FINIS.

HYDRAVLICA
PNEVMATICA,
ARSQVE NAVIGANDI.
HARMONIA THEORICA,
PRACTICA.
ET
MECHANICA PHÆNOMENA.

Autore M. MERSENNO M.

PARISIIS,

Sumptibus ANTONII BERTIER, viâ Iacobæâ.

M. DC. XLIV.

CVM PRIVILEGIO REGIS.

PRÆFATIO
AD LECTOREM.

VM in difficillimis aberrare fit obuium, quifquis ea quæ fpectant aquas propiùs infpexerit, facilè, puto, condonabit fi quibufdam difficultatibus minus fatisfecerim, ipféque hiulca, fi potis eft, reparabit. Quanquam hîc multa fupplentur.

PRIMVM quidem vbi Parabola prop. 18. exhibetur, ac fi mediam falientem referret, id factum effe quòd defuerit alia figura incifa, qua-

lem poftea A F H fcindi curaui, quæ referat mediam falientem, ad eleuationem anguli femirecti, vt A H dupla fit verticalis A B; quapropter hæc figura fingulis intelligendis inferuiet, quæ pendent ab eleuatione 45 graduum fuper horizontem: quorum id videtur ingentis vtilitatis quòd ex fola mediæ falientis magnitudine feu longitudine, qualis eft A H, verticalis A B innotefcat; quæ femiffi A H, hoc eft A G æqualis eft: quod verum puta, cùm aëris refiftentia non numeratur, quam femper exclufam velim in omnibus quæ hac præfatione dicturus fum, nifi cùm aliud monuero. Vbi etiam obferuandum venit falientis cuiuflibet inclinatæ longitudinem penes horizontem, fiue in horizonte A H femper effe fumendam, non autem in curua A F C, cuius ratio ad lineam rectam necdum innotuit.

SECVNDVM ad cuiufuis falientis pertinet altitudinem : faliens igitur verticalis, ex A verfus B tanti fit impetus vt abfque grauitatis reactione minuti fecundi fpatio ad punctum B perueniat, grauitas reftituta tollet fpatij dimidium, vt prop. 10. tract. fequentis oftenditur, fatifque intelligitur ex hac figura, fi B C diuidatur in 16 partes æquales initio à B ducto; fimilitérque C A in 16 partes æquales, fitque

quadrantis B E radius A B vel A D mensura temporis in 4 partes
æquales AF,FG,GH & HD diuisi.

Supponamus ergo aquam ab **A** ad **C** peruenire tempore A D; per-
didit ex velocitate quam habuit in **A**
quantum sufficiebat ad ascendendum à
C ad **B**, propterea perdet 1 ex 16 illis partibus in quarta parte temporis A D , hoc
est in **A F**; in tempore **A G** perdet 4; in
tempore H A 9 , & in tempore A D 16.
Non igitur vsque ad **B** ascendet aqua
spatio secundi, sed tantùm vsque ad **C**.

Si verò tempus vlteriùs producatur
versus L, vel P, in tempore A I, vel A M
25 partes amittet, quarum A M cùm sit
24 partium, quinto tempore reperietur
aqua in puncto *a* lineæ A B; & in fine
sexti temporis A N 36 partes amittet,
quarum C N est 32, ideóque in puncto *b*
erit aqua in fine sexti temporis. In fine septimi temporis, in quo facta fuerit iactura 49 partium, quarum C O fuerit 40, erit aqua in *c*:
denique in vltimi fine temporis A P, vel A L fiet iactura partium 64,
quarum *c* P 48, eritque aqua in istius temporis siue in plano horizontali A E, à quo exierat: quandoquidem si grauitatis momenta numerentur ab ascensus initio vsque ad finem descensus vnà computatione
temporum continua, idem contingit ac si primùm ascensus, & postea
descensus seorsim numeraretur; nam C *a*, C *b*, C *c* & C A, quæ fuere momenta grauitatis ab initio ascensus numerata, & continuata in
descensu, eadem sunt ac si fuisset initium numerandi sumptum à descensu, cum C *a*, sit 1, C *b*, 4, C *c*, 9, & C A, 16; est enim primo tempore grauitatis effectus, 1; duobus temporibus, 4; tribus, 9; quatuor,
16: quinque, 25: sex, 36; septem, 49: & octo quibus perficitur tam
descensus quàm ascensus, est 64.

TERTIVM, his positis, saliens exire supponatur ad eleuationem
60 graduum super horizontem, hoc est per lineam A L, quæ faciat
angulum 60 graduum cum linea horizontali A E, quem angulum
circumferentia 60 graduum E D subtendit, cúmque momenta grauitatis sumenda sint in perpendicularibus, saliens quæ ad finem temporis A F debuisset esse in F, amissa vna parte decimasexta rectæ A D
(quæ nunc pro scala sumitur) erit in *f*; & in fine temporis A G, cùm
debuisset esse in G ob motum vniformem, amissis 4 partibus erit in *g*:

In fine

In fine temporis A H, deperditis 9 ſpatijs erit in *h*, & ita deinceps, donec in fine temporis vltimi K L rurſus in planum A E recidat.

Porrò ductâ lineâ curua per puncta A *f g h* R *d* ı K *l*, erit parabola, cuius axis Q R; ideóque recta A D parabolam A R *l* in puncto A continget. Quæ ſi mediæ ſalienti adhibere placeat, illius altitudo, ſiue axis Q R reperietur 8 partium, quales ſunt 16 in C B, atque adeo ſubdupla lineæ C B, vt iam ad primam figuram notatum eſt, iterúmque fuſiùs explicaturi ſumus.

Qvartvm igitur docet ſalientis altitudinem, cuius inclinatio ſuper horizontem, & horizontalis amplitudo cognoſcitur. Sit enim mediæ ſalientis A F H longitudo horizontalis A G H; angulus eleuationis ſuper horizontem H A E. Deſcripto quadrante C D H, ſinus totus eſt H A. Ducatur tangens A K ſecta in puncto K à producta H K; diuidatúrque A K bifariam in E. Ducta verò G E ſecetur bifariam in F, altitudo mediæ ſalientis erit G F, eadémque quarta pars H K, quæ tangit quadrantem C D H in puncto H. Quæ omnia ita probantur. Primum ſummam mediæ ſalientis altitudinem eſſe in linea G H, quippe baſim H A orthogonaliter, & bifariam ſecat, & ſalientem A F H parabolam eſſe ſupponimus, qualis reuera foret abſque vlla medij reſiſtentia. Si enim F non fuerit vertex ſalientis mediæ, ſit vertex ille quodlibet aliud punctum *l* ſupra vel infrà; cúmque H K ſit ad E *l* in ratione duplicata eiuſdem H K ad G E, & H K ad E G vt 2 ad 1, erit H K ad E *l* vt 4 ad 1; & E *l* erit ſemiſſis E G; ſed E G bifariam diuiditur in F, igitur *l* non eſt extra punctum F, quod propterea ſalientis verticem aſſerimus, & H K eſt ad G F vt 4 ad 1; atque adeo G F eſt altitudo ſalientis, & quarta pars tangentis H K. Quod maximæ futurum eſt vtilitatis in Bailiſtica noſtra, cùm ad inueniendum axem parabolę, ſalientis, ſeu iactus, cuius baſis & eleuatio dantur, aliâ re non ſit opus quàm vt ſumatur quarta pars tangentis eleuationis in circulo, vel circuli quadrante, cuius radius ſit parabolæ, vel ſalientis baſis.

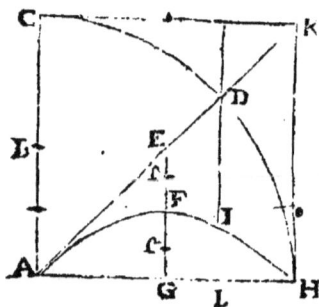

Qvintvm addo, baſim ipſam, vel ſalientis longitudinem in horizonte, (cuius axis & eleuatio ſuper horizontem cognoſcuntur) facilè reperiri, cùm axis ſolummodo quadruplicandus ſit, & in eleuationis angulo perpendiculariter ad baſim applicandus, vt hîc appli-

e

PRÆFATIO

catur in puncto H vsque ad K, est enim H K æqualis A H falientis longitudini.

Quanquam & alio modo reperitur : sit enim A B subduplum A C; igitur quadratum A B dimidio quadrati D L æquale est ; igitur D L media est proportionalis inter A B & A C ; vt & media esse debet inter A B & basim parabolæ ; basis ergo falientis A H, est æqualis A C. Sunt autem quadratum A B, quadratum A L, & quadratum A H vt 1,2,4. Itaque dimetiens A K transibit per D ; & erit A D, hoc est A H dupla A B, & D L media proportionalis inter A B & A H.

Cùm igitur in falientium parabolis sit vt A B ad sinum eleuationis D L, ita A L sinus supplementi eleuationis ad A H basim, sitque A L in eleuatione 45 graduum æqualis D L, cadet parabola, vel saliens in fine rectæ A H.

Cùm igitur in falientium parabolis sit vt A B ad sinum eleuationis D L, ita A L sinus supplementi eleuationis ad A H basim, sitque A L in eleuatione 45 graduum æqualis D L, cadet parabola, vel saliens in fine rectæ A H.

SEXTVM omnium pulcherrimum ostendit falientium omnium ϑυίαμη in conoideo Parabolico describendo, quod fontium amantes in spelæis artefactis æmulari possint. Sit enim circunferentiæ quadrans C D diuisus in 8 partes æquales per radios A 78½, A 67½, &c. cuius radius A D referat horizontem, A C verò lineam verticalem; diuisóque bifariam radio C A in B, ex B centro ducatur semicircunferentia C H A, quæ bifariam secetur à radio B H. Deinde à punctis in quibus à prædicta semicircunferentia secantur radij quadrantis A C D, hoc est ab E, F, G, & H, demittantur ad horizontem A D perpendiculares E b, F c, G d, & H e. Tertiò bifariam diuidantur illæ perpendiculares in punctis l m n o. Quartò describantur septem parabolæ, quarum axes l b, r b, m c, q c, n d, p d, & o e, quarum bases sint A c, A f, A g, & A D; Dabit parabola A l c figuram falientis ad eleuationem graduum 78 cum dodrante & 45 minutis; quemadmodum parabola A r c falientem eleuationis graduum 11½; cuius quidem amplitudo A c est eadem ac præcedentis, quòd hæc eleuatio tantum distet à media 45 graduum, quantum eleuatio graduum 78½. Quod reliquis falientibus æqualiter ab angulo semirecto distantibus conuenit, vt parabolarum par A m f, & A q f; & alter parabolarum A n g, & A p g par ostendit; adeout sola 45 graduum saliens A o D, vtpote omnium maxima nullam sociam habeat.

Ex ijs porrò constat summas quarumlibet falientium altitudines, seu vertices esse l, m, n, o, p, q, r, quæ sunt puncta per quæ transeunt linex E *b*, F *c*, G *d*, H *e*, & quæcumque poffunt inter puncta B D inter-

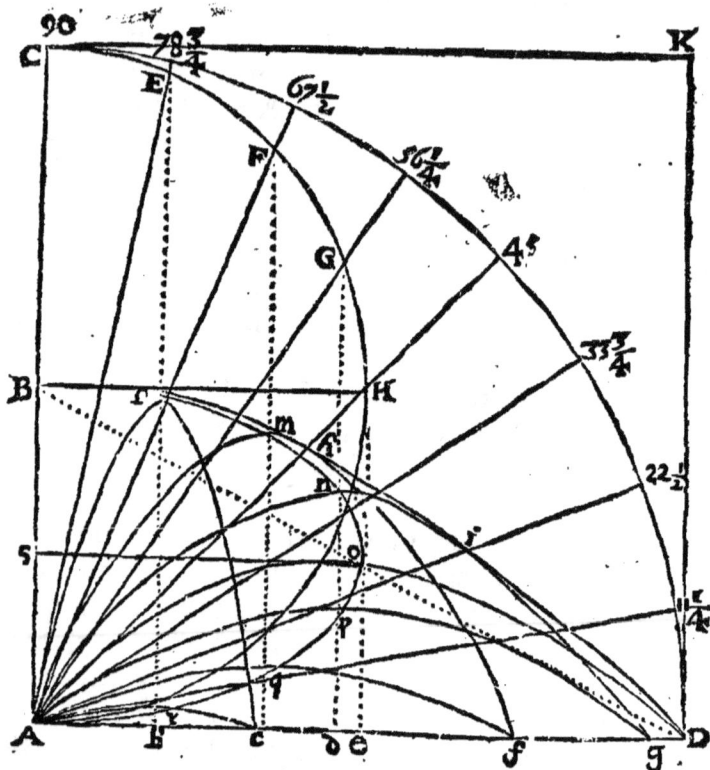

cipi, & intelligi, iuxta minutiores diuifiones, qualis eft in 90 gradus diuifio, tot enim faliētes diuerfæ futuræ fūt, quot diuerfæ fuerunt fuper horizontē eleuationes.

SEPTIMVM in eadem figura cernitur, nempe datis falientium axitibus, feu altitudinibus fupra mediam, vel femirectum angulum, dari etiam falientium inferiorum altitudines, vt conftat ex punctis *r, q, p*, quæ refpondent punctis *l, m, n*; tantum enim punctum *r* à linea AD, quantum *l* punctum à linea BH, & tantumdem puncta *m* & *n* à linea BH quantum *q* & *p* à linea DA diftant, & ita de cæteris.

Vbi plura notanda, præfertim verò rectam lineam *ſ o* lineæ BA, diuifæ bifariam in *ſ*, perpendicularem, & lineæ BH parallelam, & æqualem, maximæ, feu mediæ falienti verticem *o* tribuere, vt altitudo fiue axis *o e* fit BA fubdupla, hoc eft amplitudinis fuæ AD fubquadrupla.

Deinde verticalem falientem BA dimidium effe parametri falientis mediæ A *o* D; & quartam partem parametri parabolæ BD, cuius fuperficies concaua tangit parabolas A *l c*, A *m f*, A *n g*, & A *o* D, in punctis *h, i*, D, à quibus fi lineæ prædictarum parabolarum axibus perpendiculares agantur, oftendent illarum focos in axis puncto, ad

ē ij

quod appellent, vt conftat ex linea D *e* ex puncto contactus parabo: læ mediæ, & contactus parabolæ B D in punctum *e* axis *o e* perpendiculariter acta.

Cæteræ parabolæ A *r c*, A *q f*, & A *p q* tangent eandem parabolam B D, cùm infra lineam horizontalem A D ita productæ fuerint vt pars axis vniufcuiúfque intercepta fit ordinatæ fubdupla, quemadmodum axis mediæ falientis *o e* eft *e* D fubdupla.

Tertiò focum iftius parabolæ reliquas inferiores parabolas continentis, & tangentis, cffe A; quę parabola fi fuper fuum axem B A conuertatur, parabolicum conoidem generabit, quod falientes omnes poffibiles ex A puncto eodem erum pentes impetu complectetur.

Quartò linea recta per verticem cuiufais ducta parabolæ fecat parabolam in aliquo puncto, ex quo ductæ perpendicularis ad illius axem, focum oftendit, vt conftat ex B D linea, quæ tranfit per *o* mediæ verticem, quam fecat in puncto D, ex quo linea D *e* ducta focum *e* tribuit, vt priùs dictum eft.

Quintò linea ducta à B, per puncta *l m n o p q r* A dimidiam Ellipfin format, quam perficias ex falientibus finiftris.

Sextò lineæ interceptæ inter quadrantem H A videntur bifariam, diuidi per puncta *r q p o*, quæ falientium fummitates in eleuationibus femirecta inferioribns oftendant. Denique tangens parabolæ A *o* D ducatur ex puncto D, tranfibit per puncta H C.

OCTAVVM infumitur in explicanda ratione cúrnam falientes horizõtales, cùm graues fint, non tantum defcendant eodem tempore verfus terræ centrum quantum abfque illo motu horizontali aqua defcenderet. Sit ergo tubi lumen A, quale eft Ruelliani Draconis, ex quo verticalis A D, & horizontalis faliens A B exilire intelligatur; quod etiam dictum puta de pilis ex A bombardarum ore miffis: Sitque A B faliens 30 pedum, qualis eft reuera; quæ cùm duo fecunda ab A ad B infumat, fi grauitas illius tantumdem agat verfus G, vel C deprimendo, quantum ageret fi liberè ab A quietis puncto in G, defcenderet fpatio 2 fecundorum pedes 48, iuxta legem grauium; vel fi quid detrahat aëris refiftentia faciliùs in aquam, agentis quàm in corpora dura, faltem 30 pedes defcendet.

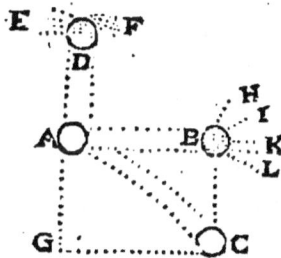

Cùm autem doceat obferuatio nequidem per 8 pedes illo temporis fpatio falientem A B defcendere; neque pila ab A ad B explofa, &

centum hexapedas percurrens ſpatio ſecundi vel vnum pedem deſcendat, quî fieri poteſt vt à ſaliente, vel pila deſcribantur illæ parabolæ de quibus actum eſt? Quod ſoluetur cùm rationem attulerimus ob quam ſaliens horizontalis minus deſcendit quàm dum ſolo
motu naturali deorſum cadit. Sit ergo gutta A pondo grani vnius,
quæ ſaliens ex tubo 60 pedes alto iter A B 30 pedum ſpatio 2 ſecundorum conficiat, quo deſcenderet ab A quiete infra G 48 pedes; dico
guttam illam, vt & pilam ex ignaria catapulta exploſam tanto minus
ſuper aërem grauitare, quanto motus illius horizontalis velocior fuerit, adeout nil deſcenſura ſit cùm cylindrus aëris quem ab A ad B
percurrit breuiſſimo tempore, eiuſdem ponderis fuerit cum gutta, vel
pila, qualis eſt fortè reſpectu globuli plumbei exploſi centum hexapedas percurrentis ſpatio ſecundi, quandoquidem aëreo cylindro
centum hexapedum, cuius baſis æqualem habeat diametrum ſemidi-
gitali pilæ plumbeæ diametro, globuli plumbei 144000, reſpondent.

Sed cùm aquæ gutta A, cuius diameter vnius lineæ, ſpatium A B
35 pedum eodem temporis ſpatio conficiens reſpondeat cylindro
aëreo 2160 linearum, ne lineam quidem deſcendere deberet, ſi vera
foret illa ratio, cùm illa gutta ſit prædicto cylindro leuior, quippe quæ
ſi fuerit mole æqualis aëri, eo ad ſummum 1500 grauior eſt.

Huic igitur rationi ſubiungendum eſt guttam vi prædicta ſalientem horizontaliter, non ſolùm verſus K, ſed etiam verſus H, I, & L,
ob aërem à tergo propulſum, & verſus B redeuntem tendere, & impetu imminuto tandem verſus C cadere.

Quantulus verò fuerit aquæ deſcenſus, cuius directio horizonti
parallela eſt, ſi deinceps ille deſcenſus fiat in ratione duplicata temporum, parabolam deſcribet, cuius horizontalis amplitudo eò maior
futura eſt, quo minus aqua deſcenderit. Exempli gratia, licet in centum hexapedum ſpatio digitum vnum aqua, vel pila primo tempore
deſcendat, dummodo ſequenti tempore 3 pedes, in tertio tempore 5,
&c. deſcendat, parabolam deſcribet: Aliam verò lineam à parabola
diſcrepantem, ſi ſecundo tempore plures aut pauciores quàm 3 pedes
conficeret.

At verò cùm experientia conſtet æquali tempore aquam eò magis
deſcendere, quo motus horizontalis tardior, minus verò, quo velocior fuerit, certum eſt exactas parabolas à ſaliente non deſcribi.

Cùm autem ea quæ diximus de ſalientibus parabolicis intelligi debeant in medio non reſiſtente, inquiri poteſt quantum aëris reſiſtentia ſalientibus officiat tam horizontalibus quàm verticalibus; quæ

cùm sint in tubo quadrupedali sexta, quàm in vacuo, parte breuiores clarum est ab aëris resistentia tolli sextam partem verticalis, quæ in medio non resistente ipsi tubo foret æqualis.

Idem ferè de mediis & horizontalibus dicendum, de quarum am-plitudine sextam partem ab aëre tolli probatur experientia, cùm sa-lientis verticalis sexta parte tubo minoris saliens horizontalis solum-modo dupla sit; cùm duplam sesquisextam esse oportuerit, si nihil ei ab aëre suffuratum esset. Aër verò idem facit aduersus salientem, quod follis præstaret tanta velocitate sufflans aduersus aquam, quan-ta mouetur liquor, aut pila vt quis vim illius aëris sufflantis (& moti eadem velocitate, qua moueri solent globuli plumbei sclopetis im-missi) sufflantis, inquam, in globulum in aëre pendulum & immo-tum, hoc est qui nouerit spatium ad quod globulus à vento ita suf-flante transferretur, sciet etiam quantum officiat globulo exploso aëris perpetua resistentia.

N O N V M ad vacuum attinet, quod sua præfatione Hero se demon-strasse credidit, quâ nihil à veteribus in eo genere pulchrius allatum esse cùm multi existiment, eáque de re vix in Hydraulicis agam, pla-cet hîc illius rationes breuiter exponere. Primùm igitur ostendit ea quæ vulgò censentur vacua, qualia sunt vasa nullo visibili liquore plena, esse tamen aëre plena, vt ex vitris & ollis in aquam inuersis, & demersis constat, quæ retrahuntur sicca, cùm tamen illorum interio-ra latera madida forent, nisi aër inclusus impediret, cuius præsentiam testatur exitus per foramen fundo vasis inditum, per quod foras erumpens non soli tactui sensum infert, sed etiam demulcet aures har-moniæ suauitate, testibus fistulis, & infundibulis in aquam immersis, quæ grauiùs vel acutiùs canunt prout tardiùs vel concitatiùs demer-guntur. Ad quod referas quamlibet aliam aëris in spiritum conuer-sionem in serpentibus, merulis, & buccinatoribus, quos prop. 74. & alijs inducit. Adde tubos hortorum Romanorum, ex quibus statim atque recluduntur epistomia, fragor ingens catapultarum ignaria-rum instar editur: organa pneumatica, & ipsum pulmonem, aëris præ-sentiam satis supérque probantia. Vnde concludit vacuum coacer-uatum nullibi existere, sed tantùm hinc inde per omnia corpora disse-minatum, nequidem excepto adamante, quod perinde ac Plinius, adeo dùrum arbitratus est, vt in malleos & incudem ingrediatur, quod experientiæ repugnat, nam ictu mallei varias in partes dissilit, & ita potest igniri vt pereat, licet ignitas atomos vacuolis adamanti-nis maiores putet, quæ cùm solam superficiem exteriorem attin-gant, illius substantiam non possint ingredi.

AD LECTOREM.

Deinde particulas aëris fibi cohærentes & vacuola diffeminata habentes arenarum cumulo, inter cuius grana multæ aëris particulæ intercedunt, bellè comparat, quæ tum definant cùm accedente vi quapiam condenfatur; redeántque cum facta remiffione in priftinum ordinem reftituitur aër ob naturalem contentionem, qua, velut arcus inflexus, aut ficca fpongia vi preffa molem ab ipfo rerum conditu fibi tributam repetit, ftatim atque vis externa vacuum inducens definit.

Quæ vacua probat ex vafe oris angufti, quod vbi quis ori fuo admouerit, & aërem fuxerit, labijs appendetur, vacuo carnem attrahente vt locus exinanitus repleatur; deinde ex ouis vitreis, quorum os anguftum, quæ poft exfuctum aërem illis contentum, ofculo confeftìm in humidum immerfo, humidum in partem exinanitam attrahunt, quod præter naturam furfum fertur: idémque contingit fiphonibus, qui fucto aëre humidum è vafis hauriunt.

Tertiò probat ex cucurbitulis, quæ igni aërem rarefacienti fuperpofitæ corporis cui à chirurgo adhiberetur aërem attrahunt, qui locum exinanitum expleat, ignis enim vel calor omnia ferè corpora diuidit in partes minutiffimas, & in fubftantiam aëream conuertere videtur; quod aqua in fumum, vapores, & terræ partes fulfureæ & bituminofæ in exhalationes conuerfæ fatis fupérque probant; quanquam, nifi probet experientia, non facilè conceffero aquam in aërem, aut aërem in aquam tranfire.

Quartò probat vacuola diffeminata per corporum preffionem expelli ex fontibus pneumaticis, nec enim vel aquæ guttula poffet in eos immitti, fi vas totum ab aëre impleretur abfque vacuolis immixtis, in quos tamen ad duas tertias aqua, vel nouus aër immittitur, nullo aëre interim exeunte, cuius partes ad minorem magnitudinem contrahi nequeunt, nifi vacuola cedant, quæ magno cum ftrepitu reftituuntur, cùm preffus aër rurfum dilatatur.

Quinto lumen non poffet aërem, aquam, cryftallum, & cætera diaphana tranfuerberare, nifi vacuola intercepta radijs paterent; nec vlla qualitas corporea, vllúmne corpus per alia corpora tráfire poffent, vt oleis contingit, quorum aliqua tam fubtilia funt, vt omnia metalla, ipfúmque vitrum penetrent; quódque fieri ab igne nemo nefcit, qui ferrum, aurum, & vitrum candentia viderit: quod etiam virtuti magneticæ conuenit.

Sextò probat ex aqua vino affufa quæ permeat illud, & ex ipfis luminibus tam lucernarū, quàm fiderum fe inuicem penetrantibus At verò cùm ex ea fentétia confequatur plures effe partes vacuas quàm plenas, vt ex fclopetis pneumaticis elicitur,de quibus poftea ; quandoquidem aër ad locum decuplò minorem reduci poteft , quis capiat iftorum vacuolorum ordinem,& figuras? quis atomorum aërearum cumulum ita componat, vt vacua inter illas interpofita decuplò maiora fint? & qua ratione cohærebunt inter fe partes aëris? Vnde cernis incommodum ex vacuolis , quod fugias fi fubtiliffimam aliquam materiam fuppofueris quæ in aëris condenfatione per omnium vaforum poros ingrediatur,& in rarefactione per eofdem exeat : qua de re Illuftris viri Phyficam expecta.

DECIMVM,multa de Clufijs, & varijs aquæductuum conftructionibus,quibus maria,vel flumina diuerfa iungãtur ad nauigationis vtilitatem,me prætermittere, verbi caufa de Ligeris & Sequanæ coniunctione,quæ tandem poft conatus varios paucis abhinc annis perfecta eft; de Rhodani cum aliis Galliæ fluminibus vniones,déque oceano cum mari Mediterraneo, Garumna, & alijs fluuijs intermedijs, coniungendo,&c. quæ cùm è diuerfis foli proprietatibus , libramentis, montibus,vallibus,&c. pendeant, quorum infpectio varias difficuitates tollit,vel creat,aut etiam artificia fuggerit;& abfque chartis Topographis non poffint probè fatis intelligi , malim alijs permittere; quemadmodum & alia plura organa,quibus flumina ficcantur ad palos fiftucandos.quoties pons aliquis conftruendus eft,qualis iam Lutetiæ fabricatur in infula Beatæ Virginis, & antea pontes Virginis, S.Michaëlis, Aurifabrorum,ponfque nouus conftructi funt. Vbi notandum pontis Briuatium in Aruernia fornicem centum pedes latam, & 75 altam effe.

Ad exficcandam Sequanam in locis, quæ pila fornicibus geftandis deftinatas recipiunt, fepta, feu arcæ; conftruuntur , & ex illis feptis aquam diuerfis molendinis ab eiufdem fluminis aqua feptorum parietes,vel aggeres externos præterlabente verfis hauriunt. Omitto fitulas cathenis, veluti grana Rofarij,coniunctas; rotis molendinorum adhibitas,quibus molendinis alæ ventos agitaturæ poffent addi, maior vt aquæ copia breuiori tempore eijceretur.

Porrò qui varijs organorum conftructionibus delectatur, confulat Auguftinum Ramellum, Ioannem Brancam,& alios;& ad inftrumētorum inuentionem, & intellectum hiftoriam noftram mechanicam legat. Vbíque verò tropologia in concionatorum gratiam addi poterat,quandoquidem diuina gratia fæpenumero fluentis aquæ comparatur, vixque quidpiam de falientibus dici poteft, quod non peræquè Dei donis tribuatur.

VNDECIMVM addo pneumatica modum fuggerere,quo mollia lapidum

AD LECTOREM.

dum inſtar dureſcant, ſiue id conſtantiæ, ſiue pertinaciæ, & obduratióni Pharaonis adhibeas; & varia Spirituſſancti dona poſſe referre, quibus viri ſancti magna vi nonnunquam erumpunt, ſtupendiſque operibus mortalium animos rapiunt, quemadmodum aër ex ſclopeto pneumatico exploſus & erumpens mirabiles effectus edit, quibus Concionatores facilè, fœlicitérque ſatis applicare poſſint quæcúmque dicuntur de voce Domini confringente cedros Libani, & de voce tonitrui in rota, vel de ſono die Pentecoſtes de repente facto; quæ verbo innuiſſe ſufficiat, cùm tropologiæ gratiores eſſe ſoleant, quas proprio marte quiſpiam excogitat. Vt vt ſit hæc omnia maximè velim ad Dei gloriam, & proximi commodum cedere; quid enim aliud ſiue hîc, ſiue in cœlo quærendum, & expectandum?

DVODECIMVM, me in Elogio ad calcem prop. 47. non omnes noſtros recenſuiſſe Geometras, ſed præcipuos, vel eos duntaxat qui mihi venerunt in mentem, alioquin Guilielmum Deſargues non omiſiſſem, qui varijs operibus Rempublicam Geometricam ornauit, nempe tractatu peculiari vniuerſaliſſimo de ſectionibus Conicis, alio de lapidum ſectione & alijs tam de Perſpectiua, quàm de horologijs facilè deſcribendis, & de angulo ſolido, (in quo etiam vir Eruditiſſimus Dominus de Beaune deſudauit, à quo noua mechanica ſperamus) quos propediem editurus eſt. Quid de binis Paſchalibus dixero, patre in omnibus Mathematicæ partibus verſatiſſimo, qui mira de triangulis demonſtrauit, filio qui vnica propoſitione vniuerſaliſſima 400 corollarijs armatâ integrum Apollonium complexus eſt.

Pallierus vt vt occultus, ſéque deprimens, non vltimum locum obtinet, quippequi omnia ferè Geometrica elegantiſſimè, breuiſſiméque demonſtrat. Alios plæróſque non commemoro, ne potiùs librum quàm præfationem ſcribere videar: tantúmque addo in propoſitionum ordine numerico poſt 47 aberratum à typographis, qui pro 48, ſcripſerunt 43 propoſ. hoc autem numeri errore præterito, reliquus ordo vſque ad prop. 54. legitimus eſt, quæ ſine illo errore fuiſſet 55.

DECIMVMTERTIVM addo, virum illuſtrem rogatum cur tubi ex quibus ſalit aqua, debeant eſſe in ratione duplicata vt duplam aquam tribuant, eandem, quam 3.propoſ. Hydraulicorum affero, confeſtim inueniſſe, idque hoc modo: ſit tubus B figuræ 24 prop. vnius pedis, ſemper plenus, qui per lumen in B factum det libram aquæ ſpatio minuti, tubus B debet fieri quadruplò altior vſque in A, vt æquali tempore duas aquæ libras tribuat: Quod intelligetur

i

fi priùs fupponatur eam effe motus naturam, vt eùm femel corpus aliquod moueri cœpit, femper eadem velocitate moueri poffit per eandem rectam, donec aliqua caufa corporis motum impediat. Deinde grauitatem corporum defcendentium velocitatem eadem fere ratione augere quo tempora crefcunt, adeout fi aquæ gutta fpatio 2 minutorum defcendat, duplò fere velociùs in minuti fecundi, quàm in primi fine defcenfura fit. Vnde fequitur fpatio 2 minutorum, ex 4 pedum altitudine defcenfuram, fi fpatio minuti vnius ex altitudine pedis ceciderit.

Quod quidem facilè concipitur in linea N 9, in qua fi aqua ab N ad 1 vno tempore defcendit, duobus temporibus ab N ad 4, tribus ab N ad 9, quatuor ab N ad 1, &c. defcendet. Nec obftat quod aquæ prima gutta incumbens lumini B non defcenderit reuera ex A, cùm enim gutta in A poftquam defcendit vfque ad lumen B, faliat eadem velocitate ex B quâ gutta prior quæ non defcenderat ex A, fequitur quamcúmq; aliam guttâ eadem velocitate ex B falire, quamdiu tùbus B A plenus eft. Quæ omnia in fequentibus adeo fusè tractata funt, vt quidpiam addere fuperfluum effe videatur; nam ex illa dupla velocitate falientis fequitur falientem B F ex tubo A B pleno exeuntem effe in horizonte G F duplam falientis B D ex tubo B a pleno, quæ eft G D in horizonte, & omnium aliarum falientium eadem fuper horizontem G F vel B F eleuationem habentium in hori zonte fumptas longitudines effe inter fe in fubduplicata ratione tuburum, fi nihil officiat aër, vt propof. 24. videre eft.

Cùm autem prædicta fupponant grauium defcenfum accelerari iuxta diuifiones lineæ N 25 ad læuam factas, quemadmodum afcen-

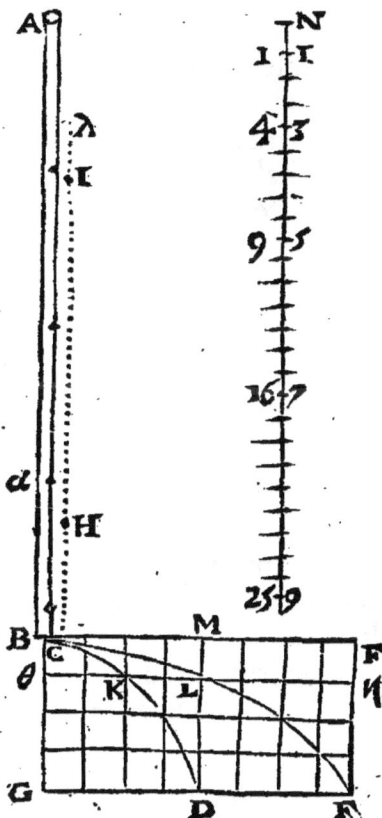

fum imminui iuxta numeros ad dextram collocatos, initio à 9, & defitione ad N factis; neque tamen defint qui contendant illam accelerationem fieri iuxta numeros naturali ferie difpofitos 1,2,3,4, &c. vel iuxta duplam progreffionē Geometricam 1,2,4,8, &c. vt alio loco dicendum erit; quanquam lib.2.de his motibus in Harmonia Gallica, propof.11.& toto ferè libro fusè iam egerim prop.3.præfertim, in qua de acceleratione iuxta finus verfos arcuum æqualium.

DECIMVM QVARTVM referet ftupendum in numeris ingenium tam in inueniendis numeris, quæ præfcriptum partium aliquotarum numerum habeant, ijfque, fi cupias, minimis, vel infinitis, quàm in numeris perfectis dignofcendis, & innumeris problematibus, in quibus analyfis hactenus agnita cæcutit: nec vllum in orbe credidero qui tanta facilitate definiat num numerus aliquis licet 12,15.20, litteris feu characteribus conftans, fit primus necne. Liber mihi fcribendus fuerit fi quæ proprio marte abfque analyfi reperit, enumerem. Sufficiat exemplum partium aliquotarum, velitque fcire quifpiam quis numerus omnium minimus 59 partes aliquotas exhibeat; huic numero 59 adde 1, vt habeas 60 compofitum ex his numeris 2,2,3,5,fefe multiplicantibus,ex quorum vnoquoque ablatâ vnitate,fuperfunt 1,1,2,4,quibus analogæ funt poteftates 9,16,7,5, quæ fe inuicem multiplicantes generant numerum quæfitum 5040, quem Plato tantopere laudauit, 5 de legibus.

Ne verò quis de hac methodo dubitet, illas 59 partes aliquotas fubijcio, quæ fimul additæ fummam 29344 conficiunt, cùm eis numerus 5040 additur, quo dempto fuperfunt 24304.

Quinquaginta nouem partès aliquotæ numeri Platonici 5040.

1	3	9	5	15	45	7	21	63	35	105	315
2	6	18	10	30	90	14	42	126	70	210	630
4	12	36	20	60	180	28	84	252	140	420	1260
8	24	72	40	120	360	56	168	504	280	840	2520
16	48	144	80	240	720	112	336	1008	560	1680	5040

Nec difficilius fi quæras numerum habentem numerum partium

aliquotarum vtcúmque magnum, verbi gratia ſi mille partes volueris, hic enim numerus 3.779136000000, illas exhibebit: quanquam
nullus numerus poſſit habere centum aliquotas, qui ſequente minor
ſit, 1267650600218229401496703205376. Si verò poteſtas vndecima cubicubi numeri iſtius multiplicetur per quadratoquadratum
numeri 847288609443, exurget numerus omnium minimus qui
millionem partium aliquotarum habeat.

DE

ILLVSTRISSIMO VIRO

DOMINO IOANNI

MARCHIONI

D'ESTAMPES-VALENCAY

EQVITI TORQVATO,

IN SACRO PVBLICI

STATVS CAVSARVM PRIVATARVM
& rei atque directionis Ærariæ Consistorio
Regis Comiti perpetuo.

Vdicium, Vir Illvstris-
sime, quod de meis obser-
uationibus Hydraulico-
pneumaticis tulisti, non in-
dignis scilicet quæ lucem aspicerent,
Tractatum hunc è manibus meis ab-

ã ij

stulit ; quem propterea nomini tuo
nuncupatum velim , cuius celebritatem propagauit in omnes Galliæ prouincias plenissimus Virtutum omnium
chorus , quem in Atauorum longissi-
ma serie constitutum etiam cum Exterorum auxisti admiratione.

Testes sunt Bataui, apud quos Regię
Legationis munere tanta cum laude
functus es, vt etiamnum tuæ sapientię,
& aliarum Virtutum memores te su-
spiciant ac venerentur. Ne verò testimonium aliunde petam , omnes ferè
nostræ Galliæ ordines tuâ se præsentiâ
cohonestatos , tuáque singulari prudentia fatentur se plurimum adiutos
cùm in supremo Regni Senatu sententiam diceres , cùm ageres libellorum
supplicum Magistrum , cùm esses in
Ampliore Regis Consilio Præses, cùm

EPISTOLA.

innumerofus Regis exercitus Rupellam expugnantis Te gauderet habere δικαιοδότην, ftrenuifsimo interea, fortifsimóque fratre Regiæ Claffis Duce, & ingentes Anglorum Naues prouocante : quem virtus bellica & animi eximia magnitudo poft varia mari, terráque commiffa prælia, tandem præfecit Exercitui Summi Pontificis;cuius Sanctitas triplici de caufa, quòd aduerfus Mehammedicolas Chriftiani nominis hoftes infenfifsimos Votum Nobilifsimum proprio fanguine toties purpurauerit ; contra Galliæ noftræ Catharos ad totius Regni defenfionem Clafsi Regiæ præfuerit; próque Ecclefia,& Apoftolica Sede propriam vitam expofuerit,Generofifsimum Equitem, fortifsimúmque Chrifti Athletam nuper Cardinalitiâ purpurâ Lega-

tione Bononienſi adornatâ decora-
uit. Cùm denique ius nomine Regio diceres in florentiſsimis Galliæ prouinciis,
& tam Cleri, quàm totius Britanniæ Co-
mitijs Iudex à Rege delegatus ſederes.

Non commemoro Te Iuridicum
exercitus Italici conſtitutum, nec alia
plura; in quibus tanta ſemper æquitate
præluxiſti, nullus vt ſit qui Te non exiſtimet digniſsimum, quem Rex publicę
Rei Summæ fidiſsimum adhibeat.

Nec vllus dubito quin nobiliſsimi
fratres ſiue in Eccleſia & pro Eccleſia,
ſiue pro patria militantes Te cum illis
de virtutis palma contendere patiantur, cùm in ordine Iuſtitiæ conſtitutus
Regni triplicem ordinem ſufflamines
tuâ ſingulari prudentia, omnique genere virtutum ſingulis præluceas.

Taceo magnos Viros quos Reipu-

blicæ dedit Veſtra domus nobiliſſima;
vnicum illud maximum Eccleſiæ decus, Rhemenſem Antiſtitem addidero, qui ſacra Regia cœleſti oleo, quod
in Vrbe ſua cuſtodit, peracturus, ἔμψυχον
βιβλιοθήκην vnicus exhibet, licet mortuam
habeat, quæ vix vlli cedat alteri, locu-
pletiſſimam.

Alia denique non commemoro quæ
nobilioribus curis agitatus ita contem-
nis, vt inter ſupremas dignitates, cœleſtis aulæ ciuis viuere, ardentibúſque diuini amoris ignibus micare videaris,
quippe quem rerum diuinarum cogitationes, & deſideria perpetuis ardori-
bus inflamment. Quorſum igitur Hydraulica Phænomena referam, (quorum editionem tibi acceptam ferat
quiſquis ex eorum lectione quidpiam
hauſerit iucundi vel vtilis) niſi vt ex ſa-

EPISTOLA.

lientium proportione, variiſque illa-
rũ proprietatibus maiore diuini amoris
flamma ſuccenſus abundantiùs haurias
de ſalientibus, vel fontibus Saluatoris.

Quemadmodum enim Caſtellorum
inferiores Calices plus aquæ rapiunt in
altitudinum ſubduplicatâ ratione, ita
Chriſtiani maiorem à Deo gratiam
(aquæ analogam) conſequuntur, quò
maiore modeſtiâ profundiùs ſe deprimunt. Hunc igitur Tractatum mole
perexiguũ ſi Chriſtianis perſpicias oculis, Tibi non ingratum fore confido,
quippe ſalientium omnia Phænomena
fœliciter ad Dei gloriam transferre
poſſis, méque noueris

TIBI ADDICTISSIMVM

Ex noſtro S. Franciſci de Paula
Conuentu Pariſienſi Nonis Martij
anni 1644.

Fr. M. MERSENNVM
Minimum.

DE
HYDRAVLICIS,
ET PNEVMATICIS
PHÆNOMENIS.

TERMINORVM EXPLICATIO.

VM in progreſſu tractatus ſequentis pluribus terminis egeamus ad ea quæ dicturi ſumus explicanda,
quorum vſus non eſt adeo frequens, illos deſcribe-
mus, ne ſæpius eadem repetere cogamur: quapropter ſit in hac figura cylindrus concauus B β aquâ
plenus, quem vas aliquod ſuperimpoſitum, vel fons
λ ε', ita poſſit implere, vt dum aqua per orificium H
è tubo exilit, ſemper tamē plenus ſit vſque ad oſcu-
lū B, ob fon-
tem λ ε perpe-
tuò refunden-
tem, atque
reſtituentem
quod ex ori-
ficio H egre-
ditur. Hunc
igitur tubum,
qui cylindr⁹,

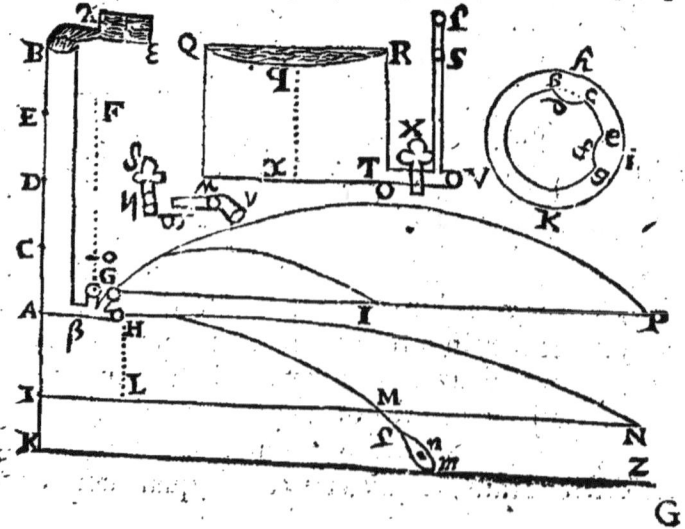

& fiftula dici poteft, *plenum* deinceps appellabimus.

Cuius pedi A β cùm inferatur tubulus triceps, vel qui fuâ circumuolutione triplicis tubuli vice fungitur, qui difponetur horizonti parallelus, vt horizontali aquæ fufion. feruiat, qualis eft β H, vocabitur
horizontalis; qui verget furfum à puncto G ad F, *verticalis*; qui denique fuper horizontem β H P 45 gradibus erigetur, hoc eft angulum
rectum B A P, vel F G P bifariam diuidet, *medius*.

Sæpius etiam occurret illa clauicula, quam alij fontem, cannulam,
robinetum, & aliis nominibus appellant, quâ laxantur, vel obturantur
vafa vinaria, & alia ne liquores effluant, quam deinceps vocabimus
epiftomium, quod ex duabus partibus componi folet, verticuli δ ν, in
quo foramen ν tubi refpiciens ofculum, dum aqua falit; quódque vertitur in alteram partem, non quidem oppofitam per diametrum, fed
folo circuli quadrante, vt aqua retineatur.

Sit igitur pars ifta δ ν *vertibulum*, quo claudatur vel referatur tubus,

quoties opus
fuerit, & epi-
ftomij pars al-
tera immobi-
lis tubo indi-
ta & agglu-
tinata σ μ ν,
cuius foramé
μ fit eiufdem
cum forami-
ne ν magnitu-
dinis, vt illud
recipiat, eiq;
adaptetur ad
tubum recludendum. Sunt qui σ ν fœminam, vt ν δ mafculum, vt
in helicibus dicitur, vel epiftomium appellent, quod noluimus inferi
puncto β tubi, ne figura turbaretur.

Præterea cùm aqua verticaliter faliens à G ad F, iactus feu *jet* vulgò dicatur, quia tamen quæ proiiciuntur non funt proiicienti continua, qualis eft aqua faliens, quæ dum exilit, non difcedit ab aqua pel-
lente, qua cum vnicum & continuum corpus efficit, vocabulum aliud
vfurpandum fuit; cúmque faltum, virgulam, cylindrulum aqueum,
furculum, ἐκλυδρώτω, & alia vocabula non inepta verfarem animo, nec
vllum fatis placeret, Frontini & aliorum veterum falientem retinen-
dam arbitratus, eâ dictione tam in aquis verticaliter, quàm horizonta-

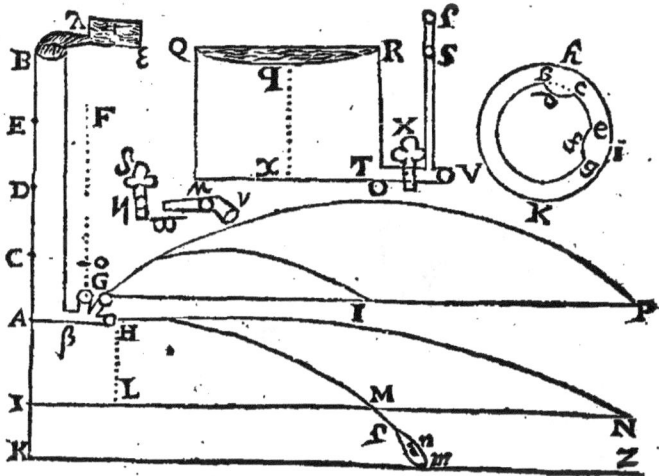

liter, aut alio modo exilientibus explicandis vtemur.

Sit igitur faliens verticalis G o F, media G o P, & horizontalis
H I N. Cúmque tubus femper aquâ plenus ob fontem prædictum,
qui falientem aquam reftituit, tubus plenus dicendus fit, vocetur
fimpliciter *tubus*, cùm illius faliens minimè reftituitur, fed omnino
depletur.

Tubi fiue pleni fiue vacui, quorum aquæ communes fuerint, ve
potiùs quorum vna erit aqua, *coniugati* dicantur, quales funt tubi
Q T, & V S. Alios terminos, qui poftea variis in locis occurrent,
quoties neceffarium fuerit, fimiliter explicabimus, ne vel vmbra difficultatis vllum ab his tractatibus deterreat.

SVPPOSITIONES VEL POSTVLATA.

SVpponimus primò, aquam ita fluidam effe, eáque grauitáte vt
ad terræ centrum femper pro viribus accedat quamdiu patet ei
libei aditus fiue perpendicularis, fiue obliquus, quod & reliquis grauibus conuenit; fit enim globus terræ T N S, fitque liberum iter à
puncto N, vel T, ad terræ centrum
R, aqua, vel lapis N ad vfque centrum R* defcendet.

Secundò, fluiditas aquæ cogit illam
in orbem, adeovt telluris globum
T N S X inundans, & in puncto N
effufa, non fit verfus P aut V Q afcenfura, fed terræ fuperficiem quaqua patet, æqualiter opertura, vt in hac figura cernitur, in qua quemadmodum
globus Q fuper plano P Q pofitus
continuò ad punctum P recurret, vt,
quantum poteft, terræ centro R vicinior fiat, ita recidet aqua, quæ cùm ad
punctum P accefferit, fi femper ab
alia aqua ex puncto Q defcendente
vrgeatur, non manebit in puncto P vt
cumulum faciat, fed ad punctum V &
O effluet, donéc illius partes vnde-
quaque ad punctum R, feu centrum æqualiter accedant, & vnicum
cum terra globum efficiant.

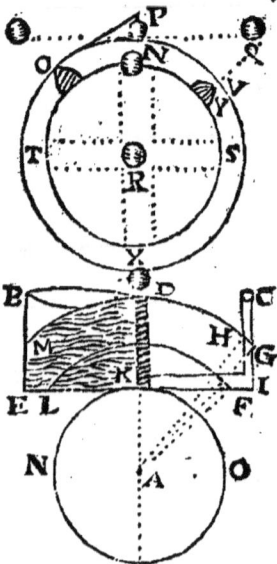

Híncque tertiò contingit tubos coniugatos B K & F C non pofse impleri aquâ, nisi longè punctum D super ante, quandoquidem si solius K D altitudinis fuerit aquæ perpendiculum, in sphæram, vel circumferentiam E M D H conuertetur, & tubi E D partem DBM vacuam relinquet, quemadmodum tubi F C partem C G. Quòd si quis aquam pertinaciùs in partem tubi B M D infundat, egredietur, & effugiet versus D, si à parte B impediatur.

Ex alia circumferentia L F satis intelligitur, quam figuram habitura sit aqua puncto D inferior, cùm enim quælibet aquæ pars ad A centrum contendat, A F, A G, & A H lineæ rectæ satis superque demonstrant quas in partes abitura sit, & quomodo aqua per punctum, seu foramen G infusa, non sit ad punctum tubi C ascensura, sed versus D, quod ab A centro minus abest.

Quartò, sequitur aquas diluuij non potuisse montes Armeniæ, vel alios, quales sunt O & Y, superare, quin priùs vniuersam terræ superficiem operuerint, & in globum aqueum, O D V coaluerint, non enim potest aqua in vno terræ loco esse humilior, & altior in alio, verbi gratiâ non potest simul esse in puncto O, & in puncto P, in quo si vi detineretur, laxatis tandem habenis rediret ad o V superficiem.

Non est autem opus ad fluiditatis causam prouocare, siue pendeat ab infinitis particulis, in quas corpus humidum diuidatur, vt sola fluiditas illam diuisionem testetur, siue à quibusdam partibus magno quidem numero, sed non infinitis, quæ propter maximum læuorem, & maximam planorum obliquitatem facillimè labantur, séque inuicem consequantur, ad instar cylindrorum, vel globorum exquisitissimè politorum.

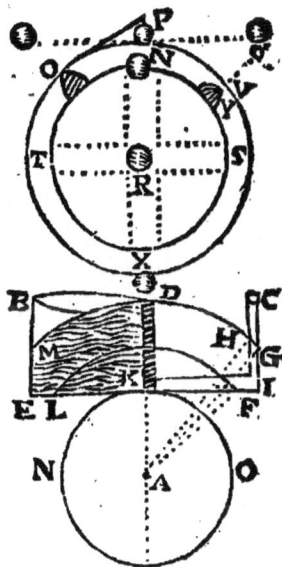

Quintò, supponendum cum Archimede lib. de his quæ vehuntur in aqua, eam esse τῶ ὑγρῶ naturam, vt illius pars magis pressa expellatur à minus pressa, dum omnes humidi partes æqualiter iacent, & inter se continuantur: quæ quidem pressio fit secundum lineam perpendicularem, qualis est in præcedente figura, T R, vel M Q. Vnde fit vt tubus Q T, licet vsque ad labra Q R plenus, & tubi V l coniugatus, cui suam aquam per tubulum T V communi-

cat, non poſſit impellere aquã vſque ad *l*, ſed tantùm vſque ad S eiuſdem cum R Q perpendiculi : poſſit verò aqua *l* S, ſi tubus V *l* ſit
ſemper plenus vſque ad *l*, totam aquam tubo T Q contentam expellere, ob maiorem *l* S altitudinem perpendiculum augentem: quapropter aquæ preſſio maior vel minor, à maiore vel minore ſuper horizontem perpendiculari repetenda, quemadmodum maior triangulorum, & aliarum figurarum altitudo.

Sextò, licet conuexæ ſuperficiei quieſcentis aquæ ſit idem ac terræ centrum, concaua tamen ſuperficies diuerſum centrum habere
poteſt ob ſoli ſubiecti, & aquam ſuſtinentis varias inæqualitates, quales ſunt valles, ſeu foſſæ *b d c* & *f g e* in eadem figura, pars enim aquæ
f propiùs abeſt à centro, quàm punctum *b*, vel *c* : quamquam illæ
foſſæ vix vnam vel alteram leucam ſuperent, quæ cùm terræ ſemidia-
metro comparantur, euaneſcunt. Cætera quæ neceſſariò explicanda fuerint, ſuo quæque loco referentur.

PRIMA PROPOSITIO.

Tubus altitudine quadrupedalis ad horizontem per-
pendicularis, cui pro baſis diametro pedis vncia,
aquâ plenus per lineare lumen in extremo pede ſitum,
aqua libram ſpatio tredecim ſecundorum effundit.

QVædam notanda veniunt vt hæc & ſequentes propoſitiones ab
vnoquóque intelligantur : & quidem primò nos ſemper de tubis loqui perpendiculariter ſuper horizontem erectis, qualis tubus
A B conſpicietur ſi pagina hæc fiat horizonti perpendicularis. Secundò, *lumen* tubi nil eſſe aliud quàm oſculum, orificium, ſeu foramen,
H, aut G, per quod aqua effluit ; & altitudinem tubi ſuper horizontem ſemper à lumine H vſque ad ſuperius os B ſumendam; quod
quidem lumen H ſola lineâ fundo altius debet intelligi. Tertiò, ſe-
cunda nil aliud eſſe quàm minuti particulas ſexageſimas, vti ſæpenumero dictum eſt, quarum vnaquæque lento arteriæ, vel cordis pulſui
proximè reſpondet. Quartò, nil referre quantus ſit tubus, quo-
quis obſeruauerit; ſatis tamen eſſe commodum 4. pedum, vt poſtea
tubo pedali comparetur; niſi quis breuiori compendio malit pedis
vnius tubum, quem cum tubo trium digitorum conferat : qui quidem
tubi faciliores ſunt in illis obſeruationibus, quibus ex magnis altitudinibus variæ ſalientes explorantur, vt poſtea fuſiùs explicabitur.

Quintò, quamlibet tubi latitudinem sufficere, cùm eadem aquæ quantitas eodem, vel æquali tempore fluat ex tubo pleno, quantumuis arcto, vel lato, neque plus aut minus aquæ tribuat ille tubus, cuius latitudo 4, aut mille pedum, quàm tubus, cuius latitudo vnius digiti, vel lineæ, quamdiu perpendiculum aquæ idem fuerit, adeovt totus oceanus per lineare lumen effluere, & sola 4 pedum altitudine, seu perpendiculo lumini superextans, vnicam aquæ libram spatio 13 secundorum effusurus sit: si tamen addas $\frac{1}{25}$ libræ partem, quà solet aqua marina fontium, ac fluuiorum aquam superare.

Sextò, latiorem tubum id habere commodi, quòd longè diutiùs ex eo fluat aqua, pluréfque proptèrea obseruationes faciliores reddat; exempli gratiâ, si duorum tuborum altitudines quadrupedales sint, quorum bases ita se habeant, vt vnius diameter sit pedalis, alterius verò digitalis; illius lineæ salientes diu in eodem fermè statu permanebunt, etiamsi paulatim depleatur; digitalis verò tantâ velocitate deplebitur, vix vt momento salientis longitudo vel altitudo maneat: sed de his fusiùs postea.

His igitur suppositis, non eget aliâ probatione nostra propositio, quàm ipsâ obseruatione, quoties enim tubum quadrupedalem aquâ plenum sumpseris, & lumini lineari H Parisiensem heminam supposueris, aqua effluens ex tubo A semper vsque ad B pleno, præditum vasculum spatio 13 secundorum implebit, hoc est aquæ libram tribuet, quam nunc ab heminæ contineri suppono.

Licet autem non fuerit opus basis diametrum significare, cùm sola tubi altitudo hîc consideranda sit, non est tamen inutilis, quòd alio vasculo, seu fonte superposito ʌɛ faciliùs impleatur; immo consulaerim tubum, cuius latitudo pedalis sit, vt aqua per lumen H effluens cômodiùs restituatur, quandoquidem latitudo digiti vnius vix permittit vt aqua ex vase ʌɛ continuò in tubum B ingrediens, eius aquam per osculum H fluentem perfectè reparet: quæ vix ac ne vix quidem restitui posset, si tubi latitudo linearis esset. Itaque plures tubi in obseruando adhibendi, quòd hi sint vni experientiæ faciendæ, illi verò alteri commodiores.

Porrò cùm tubus quadrupedalis spatio 13 secundorum libram aquæ tribuat, spatio 20 secundorum proximè totam aquam tubo contentam, hoc est cylindrum aqueum 4 pedes altum, cuius basis digitus est, eiicit, qui ferè 25 vncias aquæ complectitur: quapropter si continuò fluat per diem integrum, dabit aquæ libras 6x25, quæ decem Parisienses cados, vulgò *muids*, & præterea pintas 184½ impleat.

Vnde colligitur altitudinem aquæ maiorem vel minorem esse debere 4 pedibus, cùm spatio 13 minutorum secundorum plus, aut minus aquæ tribuit, manente semper eodem, vel æquali lumine : quantò tamen debeat esse vel altior, vel humilior, vt plus aut minus, quàm aquæ libram, in ratione data tribuat nullum vidi, nequidem ex peritissimis & exercitatissimis aquariis, aut aquilegibus, qui sciret, imò negauit experitissimus aquarius id sciri posse: quamobrem sequentem propositionem omnibus aquariis gratissimam fore crediderim.

PROPOSITIO II.

Tuborum aquâ plenorum is plus aqua tribuet eodem, vel æquali tempore, per idem, vel æquale lumen, qui fuerit altior; eritque inter aqua fusæ quantitates ratio subduplicata altitudinum, quas tubi habuerint: hoc est, tuborum altitudines sunt in ratione duplicata quantitatum aquæ fluentis. Vbi de subduplicandis, duplicandisque rationibus agitur per media, & tertiæ proportionalis inuentionem.

Licet de ratione duplicata, subduplicatáque pluribus in locis egerim, vt l. 4. de dissonantiis à prop. 22. ad 27. & ab 11. prop. l. Gallici de vtilitate Harmoniæ, ab 11. prop. ad 18. & l. 2. de veritate scientiarum à 6. cap. & deinceps, quædam tamen in illorum gratiam hîc affero, quibus aquarum officium iniunctum est; quippe scire debent quidquid ad aquarum vsum attinet, & Frontino teste, commentario de aquæductibus, indecorum & intolerabile est illos delegatum officium ex adiutorum præceptis agere.

Est igitur ratio duplicata, simplex ratio bis sumpta, seu repetita; quemadmodum ratio triplicata, vel quadruplicata dicitur, quæ ter vel quater sumitur, vel additur. Exempli gratiâ ratio 2 ad 1, seu dupla bis sumpta, reperitur inter hos terminos, 4. 2. 1. quandoquidem ratio 4 ad 1 constat ex dupla 4 ad 2, & dupla 2 ad 1, adeout duæ rationes duplæ rationem quadruplam efficiant. Similiter ratio 16 ad 1 est quadruplicata, vt constat ex sequenti numerorum serie 16. 8. 4. 2. 1. quibus si 32 præposueris, erit quintuplicata; triplicata verò si 16 dempseris. Ratio simplex sesquialtera 3 ad 2 duplicabitur, triplicabitúrque, fi duæ, vel tres rationes fefquialteræ iungantur, vel inter extremos terminos collocentur, vti fit in his numeris 9. 6. 4. numerus enim fenarius eſt medius proportionalis inter 9 & 4 , cùm fit eadem ratio 6 ad 4 quæ 9 ad 6 .

Si nouenariọ præponitur 13 $\frac{1}{2}$, erit nouenarius medius proportionalis inter 13 $\frac{1}{2}$ & 6 , eritque ratio fefquialtera triplicata , vel, vt alij loquuntur , tripla 13 $\frac{1}{2}$ ad 6 : quos numeros abſque fractione obtinebis, fi præcedentes duplicaueris , exurgent enim 27. 18. 12. 8.

Ex duplicata ratione debet intelligi ſubduplicata, quippe quæ alterius dimidia, vt conſtat ex ratione 2 ad 1 , quæ dimidia eſt rationis 4 ad 1 : quemadmodum 6 ad 4 eſt ſubduplicata rationis 9 ad 4 , ſeu pars illius dimidia.

Sed vt Aquarij quamcumque tuborum altitudinem faciliùs tam in quacumque ratione ſubduplicata, quàm duplicata reperiant, ſiue numeris poſſit exprimi ; vel non poſſit abſque ſurdis. Eſto circulus V D C, in quo tubi altitudo B V , qui dato tempore per oſculum lineare tribuat aquæ libram, fitque tubus alter C B , cuius aquam eodem , vel æquali tempore per æquale lumen ſcire velis, media proportionalis B D quæſitum aquæ pondus oſtēdet, nam fuſa ex V B tubo aquæ libra , erit ad fuſam ex tubo B C, vt V B ad B D : Eſt igitur media proportionalis B D cognitionis medium, quo ſcitur aquæ quantitas, vel pondus à tubis C B & B V effuſæ. Cúmque vix aliud fit aquariis neceſſarium vt quam voluerint aquæ quantitatem cuipſam, attentâ ſolummodo tuborum altitudine, tribuant, vſum iſtius figuræ latiùs oſtendamus.

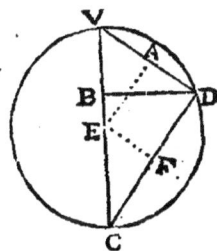

Sæpenumero requiritur tertia, quemadmodum & media proportionalis , vti nouêre qui problemata ſoluunt ; quæ cùm non ſint minus neceſſariæ in tuborum altitudine reperienda, qui iuſſam aquæ quantitatem effundant, vtráque proportionalis ex hac ſola figura intelligetur, & facilè reperietur.

Sint enim dati duo tubi, verbi gratiâ C B & B D , quibus tertius proportionalis fit inueniendus ; ducto circulo à centro E per puncta C D neceſſariò tranſibit per V punctum, eritque B V tertius tubus quæſitus; vel dati ſint duo tubi V D , & B D , circumferentia tranſiens per V D neceſſariò tranſibit per punctum C, eritque B C tertius tubus proportionalis.

Deſcribitur autem circulus prædictus, ex inuento illius centro, quod repéritur ex perpendiculari F E ductâ ex media parte lineæ
C D priùs

CD priùs à puncto C ad punctum D descriptæ, & hæc duo puncta coniungentis: idémque centrum inuenietur ex linea E A lineæ V D perpendiculari.

Quod autem de lineis istis dictum est, de quibusuis dictum velim; possunt enim eodem modo lineæ quæuis tubos referentes in circulo reperiri; cúmque sit hæc semicirculi proprietas vt quilibet triangulus in eo descriptus, qualis est C D V, sit rectangulus, & ad rectum angulum media proportionalis terminetur, hæc media proportionalis absque circulo, vel circuli beneficio reperietur. Sint enim illi duo tubi CB, B V iuncti in puncto B, à quo linea B D ducatur, donec occurrat angulo recto V D C, erit B D quæsita media. At verò cùm angulus ille datus non est, à puncto B ducatur perpendicularis B D vtcúmque producta, & ex inuento E centro, ducatur circulus per punctum C, vel V, circumferentia lineam D B perpendicularem in puncto D secabit, eritque D B media proportionalis.

His ad duplicatam, atque subduplicatam rationem intelligendam suppositis, esto in prima figura istius tractatus, tubus A C pedalis, & tubus A B quadrupedalis, vtérque plenus, qui suam aquam eodem, vel æquali tempore per lineare lumen effundant; constat ex obseruatione, non solùm plus aquæ fundi à tubo A B, quàm à tubo C A, sed etiam duplò maiorem quantitatem, atque adeo rationem quantitatis aquæ ab A B tubo fusæ, ad quantitatem aquæ ab A C tubo fusæ subduplicatam esse rationis tubi B A, ad tubum C A: vel rationem tuborum esse duplicatam rationis quantitatum, seu ponderum ab illis fusarum. Idem omninò concludendum de qualibet alia ratione, atque proportione, sit enim tubus aliquis 9 pedum altitudinis, & alter pedalis, aqua saliens ex maiore ad aquam minoris erit vt 3 ad 1, cùm ratio tripla sit rationis noncuplæ subduplicata, & ita de reliquis, quæ per figuram præcedentem facilè reperientur; vel per diuisionem, & additionem rationum in numeris exhibitarum, vbi nulla surditas, seu irrationalitas occurrerit: enimuero tertiæ proportionalis inuentio non differt à duplicatione rationis, neque inuentio mediç proportionalis à subduplicatione rationis: totiésque subdiuiditur ratio in rationes æquales, quot inter datas lineas, aut datós numeros aliæ lineæ, vel alij numeri proportionales collocantur.

Quod vt meliùs intelligatur, varijs exemplis hanc propositionem illustremus: sintque propterea quantitates seu pondera quæsiti humidi, vnius, & centum librarum, cúmque libra spatio tredecim secundorum fluat ex tubo quadrupedali, cuius lineare lumen, superest definienda tubi altitudo centum libras æquali tempore 13 secundo-

H

rum effufuri : quem tubum exhibet ratio duplicata 100 ad 1 , feu tubi 4 pedum ad alium tubum 40000 pedes altum.

Sit rurfus aqua mille librarum , dupliceturque ratio 1000 ad 1 , & quia 1 refert tubum quadrupedalem , erit tubus mille libras fpatio 13 fecundorum effufurus, pedum 4000000, hoc eft noftrarum leucarum , 15000 pedibus conftantium, 266⅔.

Sed cùm nullus ad tantam altitudinem peruenire queat, fufficiat tubus 40 libras eodem temporis fpatio daturus, erit illius altitudo 6400 pedum, quam vix extra montes editiffimos inuenias: quapropter duodecim folùm aquæ libræ quærantur , duplicata ratio 12 ad 1 erit 144 ad 1, qui numeri per 4 multiplicati dabunt pedes 576 pro tubi neceffaria longitudine, fiue altitudine.

Si denique tubum requiras tres aquæ libras fufurum, duplicata ratio 3 ad 1 dabit quidem 9, fed cùm vnitas referat tubum quadrupedalem, 4 in 9 ductus tribuit 36 pedes altitudinis tubi 3 aquæ libras fpatio 13 fecundorum effufuri. Quæ omnia meliùs etiam intelligentur , ex problematibus in Aquariorum gratiam poftea fubiungendis.

COROLLARIVM.

EX hac figura intelligitur rectam lineam vtcumque fectam hanc habere proprietatem vt quadrata mediarum inter totum & partes æqualia fint quadrato totius ; fint enim tota V C, partes V B, B C , eft enim V D media proportionalis inter C V, B V, & D C media prop. inter C V, C B : funtque quadrata linearum V D, D C fimul fumpta quadrato C V æqualia. Vnde conftat in hac figura tres effe medias proportionales , nempe duas prædictas & B D inter C B & B V, de qua in prop. abfque adeo fex tertias proportionales, quælibet enim media duas tertias infert maiorem vnam , alteram minorem.

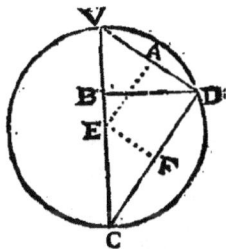

PROPOSITIO III.

Rationem explicare duplicationis tuborum , & subdu-
plicationis temporum ; hoc est , cur tuborum altitu-
dines sint in duplicata ratione temporum , seu pon-
derum , aut quantitatum aqua salientis ex tubis
pradictis.

NOn vni mirabile visum quòd non sit eadem ratio quantitatis
aquæ fluentis ex tubo pedali ad aquæ quantitatem ex quadrupedali tubo salientis, quæ 1 ad 4, cùm aqua quadrupedalis quadruplò magis quàm pedalis premere videatur fundum, & aquam ex lumine salientem; vt olim in harmonicis lib. 2. Latinè edito, propositione octauâ, & Gallico 3. prop. 15. mirabamur neruum 2 viribus tensum non ad diapason ascendere, sed opus esse 4 viribus tendentibus,
vt duplò velocius quàm antea moueatur, quemadmodum hîc necesse est tubum altitudine quadruplum esse, vt ex eo saliat aqua duplò,
quàm ex pedali, velocius. Verùm mirari desines, vbi noueris aquam
eo solùm modo premere, vel eâ duntaxat velocitate tubum egredi,
quâ moueretur si ex eadem tubi altitudine cecidisset; adeout sit eadem istius phænomeni ratio, quæ descensûs grauium.

Sit enim tubus quadrupedalis *o r p* 7, in figura paginæ sequentis, in
4 partes æquales *o q*, *q α*, *α π*, & *π p* diuisus in latere sinistro, quemadmodum in sinistro diuiditur in 16 partes æquales, vt descensus
aquæ à puncto *r* ad punctum 7 velocitas intelligatur; quippe quæ
premit in puncto *p*, per quod exire debet, ac si reuera descendisset ex
puncto *o*.

Illius igitur descensus à puncto *r* ad punctum 7 contigerit spatio
4 temporum æqualium, quorum primo spatium vnicum *rt* confecerit; Secundo tempore percurret tria spatia sequentia ab 1 ad 3 ; &
ideo quatuor spatia duplo tempore conficiet, primùm enim quadratum, 4, gignitur ex additione duorum primorum numerorum imparium 1 & 3. Tertio tempore 5 spatia percurret à puncto 3 ad punctum 5; quapropter tribus temporibus nouies tantumdem descendet,
quantum primo tempore. Quarto denique tempore 7 spatia conficiet à puncto 5 ad punctum 7, vnde 4 temporibus 16 spatia percurret; quamobrem appositi sunt numeri quadrati 1, 8, 9 & 16 è regi

ne numerorum imparium 1, 3, 5, 7, vt vnico quifpiam intuitu no lerit quantum aqua
vel quouis tempo-
re fingillatim af-
fumpto , vel qui-
bufuis temporibus
vnà fumptis def-
cenderit.

　　Quod poftea ne-
ceffarium erit ad
intelligendum ve-
locitatis gradum,
quo variis ex tubi
dati luminib° aqua
falire debeat. Præ-
terea repetendum
eft ex dictis de gra-
uium defcéfu, aquâ
in quolibet fui def-
cenfus , vel tubi
puncto vim illam
acquifiiffe, quâ, fi
liber illi fiat exitus,
fine vllâ deinceps
velocitatis additio-
ne; fpatium totius
præcedentis du-
plum confectura
fit.

　　Hoc pofito, fit
rurfus tubus o r p 7,
diuifus vt antea di-
ctum eft ; & aqua
ex puncto 3 feu 4,
exiliés per aliquod
lumen in illo pun-
cto intellectum, fa-
ctura fit fpatium
fpatij r 3 duplum,
verbi gratiâ bipedale , quale poteft ab o puncto ad « punctum intel-

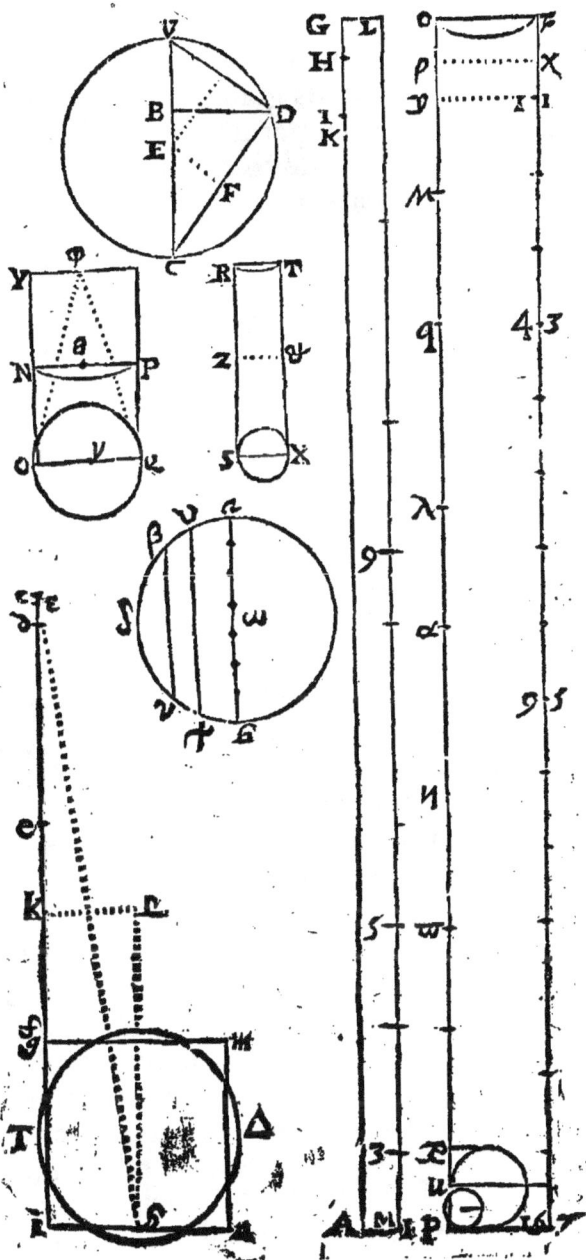

ligi, si tubus *p o* quadrupedalis supponatur ; idque spatio duorum temporum (si nempe velocitas prius acquisita minime crescat.) Descendet igitur à puncto *q* è regione puncti 4 posito, ad *a* punctum vno tempore & alio descendet ab *a* puncto ad *v*.

Similiter,cùm à puncto *r* vel *o* vsque ad 7, vel *p* descenderit, auctis perpetuò velocitatis gradibus iuxta numerorum imparium seriem, seu in ratione temporum duplicatâ, si postea per lumen *p* salierit, nullo deinceps addito celeritatis gradu, sequentibus 4 temporibus spatium spatij *o p* duplum, hoc est octupedale, id est, vnoquoque tempore spatium bipedale percurret. Atqui tantumdem aquæ tubus *o p* effundit, quantum tubus spatio prædicto æqualis, hoc est octupedalis, continet; adeovt nunquam ex eodem,vel æquali lumine plus aquæ saliat, nisi velocius moueatur; sitque tantò maior illius quantitas, quantò velocius eodem, vel æquali tempore salierit.

Quod autem de ratione dupla, vel quadrupla dictum est, cuilibet alteri rationi, putà triplæ, quintuplæ, centuplæ,& superparticularibus,sesquialteræ,sesquitertiæ,vel etiam superpartientibus vt superbipartienti tertias, facilè potest accommodari, cùm terminorum cuiuslibet rationis quadrata duplicent illorum rationes, & eorumdem radices illas subduplicent.

Exempla tamen afferamus in Aquariorum gratiam ; sitque propterea tubi, vel alterius vasis erogatorij aquâ pleni altitudo nouem pedum, ex cuius lumine spatio minuti saliat aquæ libra ; velit autem qui præest aquis, altitudinem eousque producere,vt eiusdem, vel æqualis minuti spatio per æquale lumen sexdecim aquæ libræ saliant, duplicata ratio 16 ad 1 erit 256 ad 1 ; cùmque 9 referat vnitatem, 256 in 9 ductus 2304 tubi, aut alterius vasis quæsiti altitudinem ostendet.

Ex altitudine maiori pergamus ad minorem ,cùmque pedalis altitudo tubi spatio 13 secundorum aquæ vncias 8 tribuat, si quæratur altitudo 25 vncias æquali tempore, & per æquale lumen tribuens, quadrata prædictarum vnciarum rationem ostendent tubi quæsiti ad tubum præcedentem, id est, tubus quæsitus erit ad datum tubum vt quadratum 25 ad quadratum 8, seu 625 ad 64 ; cùm autem tubus datus pedalis fuerit, hac ratione regula proportionis instituetur si 64 quadratum 8, referensque 8 vncias aquæ, dat vnum, videlicet pedem altitudinis,quot pedes dabit 625? qui per 64 diuisus ostendit quæsitam altitudinem pedum 9¾, necessariam vt vnciæ 25 saliant. Frustra sim in pluribus exemplis afferendis ; cùm tertia propor-

tionalis (in numeris fumenda, fi rationales futuri fint, vel in lineis,
fi fuerint furdi) quamcúmque rationem duplicet, quam media proportionalis fubduplicat.

COROLLARIVM PRIMVM.

EX dictis infertur quæ fit fontis cuiufcúmque per tubos vndequáque claufos fluentis, vel ipfius fcaturiginis eodem modo con-
clufæ altitudo, quantumuis tubi obliquentur: ftatim enim atque lumen notæ magnitudinis infimo tubo, à quo quæritur altitudo, fuerit
applicatum, & aquæ quantitas dato tempore faliens cognita fuerit,
fontis, aut fcaturiginis fluentis innotefcet altitudo.

Exempli causâ, per lineare lumen fpatio 13 fecundorum duæ libræ
faliant, certum erit altitudinem fcaturiginis effe pedum 16, cùm ex
obferuatione, prædicto temporis fpatio libra faliat ex tubo quadrupedali. Si verò lumen 8 duntaxat vncias, hoc eft aquæ felibram tribuat, altitudo fcaturiginis pedem minimè fuperabit, vt ex ratione fubduplicata 2 iftorum aquæ ponderum oftenditur.

COROLLARIVM II.

VNde cognofcitur quantum aquæ tribuat lumen quodlibet,
putà lineare, cui nihil aquæ fuperextat, vt contingit cùm aqua
limbum fuperiorem luminis radit; cùm enim altitudo pedalis felibram aquæ fpatio 13 fecundorum tribuat, trium digitorum altitudo
vncias $4\frac{1}{3}$ linearum $2\frac{1}{4}$ altitudo vnciam; lineæ denique $\frac{1}{8}$, hoc eft dimidiæ lineæ altitudo vnciæ quadrantem effundet. Quæ quidem dí-
midiæ lineæ altitudo tam exigua eft, vt aqua folummodo limbum orificij fuperiorem radere videatur, vt non fit opus ad minutiores lineæ
particulas defcendere, quæ vix fenfibus patent. Porrò dicturi fumus
poftea quantum limbus fuperior ab aqua fuperari debeat, iuxta præfcriptum Aquariorum, vt quis aquæ femper fluentis certam menfuram, feu quantitatem, putà lineam habeat.

COROLLARIVM III.

IN finiftro latere tubi G A, dimidio pedi regio æquali exactè notatur dimidium pedis Rhijlandici H A, quod viro clariffimo Hu-
genio debes; dimidium etiam pedis Romani iuxta Velferum habes
A I & ex Capitolio A K, fed de pedis eiufdem varia longitudine alio
tractatu dictum eft.

PROPOSITIO IV.

Eò maior humidi quantitas ex tubo fluit, quò maius est illius lumen: éstque eadem humidi ad humidum ratio, quæ luminis ad lumen, si tubi fuerint eiusdem altitudinis.

ESto in figura præcedente paginæ 52. tubi *o p* lumen *p u*, cuius lumen *x p* quadruplum; si vtrique lumini tubus æqualis superextet, ratio humidi fluentis ex *u p* erit ad humidum ex *p x* vt circulus *p u* ad circulum *p x*; quod cùm experientiâ constet, etiam ratione confirmatur, quandoquidem tot humidi partes, seu puncta super vnoquóque circulorum, seu luminū puncto grauitant, quot in illorū areis puncta concipi possunt: hinc fit vt totidem guttæ, radij aut lineę fluant æquâ velocitatè, quemadmodum grauia minora, maioráque versus terræ centrum æquè velociter descendunt, demptis exterioribus impedimentis; cùm igitur sint in circulo, cuius diameter *x p*, quàm in circulo *p u*, plura quadruplò, necesse est aquæ fluentis ex *p x* quantitatem esse quadruplam aquæ salientis ex *p u*. Nunc enim supponimus æquale tempus effluxuum, quemadmodum æqualem tubi altitudinem, alioqui ratio minuitur, vt contingit in tubo *r p*; fluens enim ex *p x* aqua non est quadrupla fluentis ex *p u*, quòd altitudo *u o* circulo *u p* superextans, maior sit altitudine *x o*, quæ circulo *p x* superextat. Quapropter minuitur aquæ quantitas fluens ex maiori lumine *p x*, in ratione subduplicata *o x* ad *o r*, si comparetur aquæ fluenti ex *u p*: vel in ratione subduplicata *o p* ad *o x*, vel *p y* ad *o p*, si supponatur luminis *p x* limbus inferior tangere lineam *p 7*.

Non est autem prætereundum quod notat Castellanus tract. de aqua currente, appendice 7. nempe maius lumen, siue rotundum, siue quadratum, plus aquæ tribuere, quàm iuxta magnitudinis suæ cum minori lumine rationem: quod exemplo clarius euadet. Sit alicuius tubi, vel aluei lumen quadratum 4 digitorum, & aliud vnius digiti, si sola ratio magnitudinum habeatur, erit quantitas aquæ fluens ex lumine quadruplo quantitatis ex subquadruplo fluentis quadrupla. Sed cùm ille consideret impedimenta parietum, vel circumferentiæ interioris cuiuslibet luminis, & quadratum quadruplum non habeat impedimentum quadruplum, sed tantummodo duplum, (quandoquidem circuitus, seu latera quadratorum sunt in ratione subduplicata ipsorum quadratorum) existimat aquæ minus ex minori lumine fluere, hoc est, aquam è lumine subquadruplo fluentem subquadruplà minorem esse.

Quòd cùm minimè fuerim expertus, nec ipse dicat se expertum fuisse ἀπὸ, quamquam ex quibusdam experimentis contrarium posse concludi videatur.

At verò postea inquirendum erit num altitudo tubi sumenda sit à luminis centro, vel limbo inferiore. Si fuerit igitur lumen alterius duplum, triplum, centuplum, &c. duplam, triplam, aut centuplam aquæ quantitatem tribuet; si tuborum semper plenorum eadem, vel æqualis altitudo fuerit.

Porrò luminis capacitas, & illius cum altero lumine comparatio sumitur iuxta illorum areas seu superficies, non iuxta diametros, cum quibus sunt in ratione duplicata, vt postea fusiùs explicabitur. Sequentem verò propositionem, quæ poterat in corollarium reijci, ad maiorem illustrationem accipe.

PROPOSITIO V.

Tantò sunt maiora temporis spatia, quibus pleni tubi aquè alti exhauriuntur, per æquale lumèn, quantò bases illorum maiores fuerint: hoc est, eadem est temporum, ac basium ratio.

Vbi præcedentis baseos *o p*, in eadem figura paginæ 52. diameter *r o* sit tripla diametri A M basis tubi L A; erit igitur basis *r o*, seu *p 7* noncupla basis M A, vel G L. Cúmque cylindri (quales sunt tubi nostri) æquè alti sint inter se vt illorum bases, constat aquam, quâ tubùs *r p* impletur esse noncuplam aquæ tubum L A implentis. Erit igitur tempus, quo tubus *r p* exhauritur, noncuplum temporis, quo G M vacuatur: quandoquidem cylindrus aqueus *r p* constat 9 cylindrulis cylindro G M æqualibus, qui simul non magis premunt lumen suum, quàm vnicus cylindrus G M, cùm aqua solummodo premat ob altitudinem quæ in vtroque tubo æqualis est. Licet verò de vacuatione, seu exhaustione locutus fuerim, idem sequitur dum nouâ semper aquâ replentur, & pleni manent, quamdiu præcedens aqua, qua prius implebantur tota fluit, eadem enim est ratio basium & temporum, siue nulla restituatur aqua, & penitus cylindri vacuentur, siue semper nouâ repleantur.

PROPO-

PROPOSITIO VI.

Datâ tubi altitudine, dare latitudinem, seu basim tubi semper pleni, qui datum tempus impendat in aquâ sibi æquali tribuenda.

ESto tubus quadrupedalis, vt antea, sed eius latitudinis vt diem integrum impendat in aqua sibi æquali tribuendâ, (sit autem æqualis aqua cylindro quam cylindrus continet) constat, ex obseruatione, tubum quadrupedalem semper plenum, basim habentem, cuius diameter digitalis, aquam sibi æqualem tribuere spatio 20 secundorum proximè. Velit ergo quis tubum altitudine quadrupedalem, verbi gratiâ qui tribuat aquam sibi æqualem vnius diei spatio : cuius basis habebitur si vt 4520 ad 1, ita sit basis quæsita tubi ad digitum ; nam 20 secunda 4520 in die naturali continentur : tubus ergo 4 pedes altus, semper plenus, cuius basis digitorum 4520, aquam sibi æqualem spatio 24 horarum tribuit. At verò generaliùs rem totam sequenti prop. complectamur.

PROPOSITIO VII.

Datà humidi quantitate, quod dato tempore saliat, dare tubum, eiúsque lumen ex quo fluat quæsitum humidum.

PRoblema istud multos casus habet ; quippe solui potest per tubos diuersæ, vel eiusdem magnitudinis, cùm tubi tam latitudine quàm altitudine distincti æqualem humidi quantitatem æquali tempore propter diuersa lumina tribuere possint.

Sit, exempli gratiâ, datum humidum centum librarum, sitque tempus vnius minuti. Cùm notum sit ex dictis tubum altitudine quadrupedalem spatio 13 secundorum libram aquæ tribuere, si fiat vt vna libra ad 13 secunda, ita centum libræ ad aliud, habebuntur 780 secunda, seu minuta prima 13, quorum spatio centum aquæ libræ fluerêt ex tubo 4 pedes alto & semper pleno, cuius lineare lumen. Sed cùm tempus propositum sit vnius duntaxat minuti, vel lumen tredecuplo maius (si seruetur eadem altitudo tubi) vel tubus 169 altior esse de-

I

bet, si lumen æquale vel idem fuerit. Vel denique lumen partim augendum, partim altitudo producenda, quod fieri potest modis infinitis, iuxta diuersas rationum compositiones. Vnica igitur erit solutio, si tantumdem augeri possit lumen vt manente eadem altitudine quæstioni satisfiat.

Alia problemata, quæ solui possunt ex dictis, libens omitto, vt deinceps salientem ex tubis, qui paulatim deplentur, absque humido in salientis locum succedente consideremus.

PROPOSITIO VIII.

Tempora quibus pedetentim tubi æquealti, sed diuersæ latitudinis deplentur, atque penitus vacuantur, sunt inter se vt illorum bases, cùm per æquale lumen effluit humidum.

COnstat enim ex obseruatione tubum quadrupedalem, cuius basis digitalis, vno minuto totum per lineare lumen exhauriri; tubum verò quadrupedalem, cuius basis pedalis, spatio 144 minutorum, seu duabus horis, & 24 minutis: seruatur ergo inter tempora ratio basium. Quod etiam contingit tubis suam aquam effundentibus, quamdiu pleni sunt, & aqua fluens continuò reparatur, & lumen æquale est; quod si fiat inæquale, res aliter succedet, vt postea dicetur.

PROPOSITIO IX.

Tempora quibus deplentur tubi æquè lati, sed altitudine differentes sunt in altitudinum ratione subduplicata; hoc est tuborum altitudines sunt in ratione duplicata temporum, quibus deplentur.

ITaque tubi siue semper pleni, dum aqua fluit, siue non pleni, iuxta eandem rationem aquam tribuunt, constat enim ex obseruatione tubum pedalem 30 secundis, quadrupedalem verò latitudinis eiusdem, 60 secundis, seu minuto, per lumen lineare totum exhauriri: adeovt datâ tubi latitudine, & altitudine tempus exhaustionis facilè reperiatur: quod obseruationibus, & exemplis illustrandum.

Sit igitur datus tubus quadrupedalis $p\,r$ digitali latitudine, & quo
tépore pedalis tu-
bi $p\,\varpi$ fiat exhau-
ftio, iam cognoíci
fupponatur ; tem-
pus, quo tubus $r\,p$
quadruplus tubi $p\,\varpi$
exhaurietur, erit ad
tempus, quo tubus
$p\,\varpi$ vacuatur, in ratione fubduplicata
$p\,r$ ad $p\,\varpi$, nempe
vt 2 ad 1. Cùm igi-
tur dimidio minu-
to varietur tubus
$p\,\varpi$, integro minuto tubus $p\,o$ deple-
bitur.

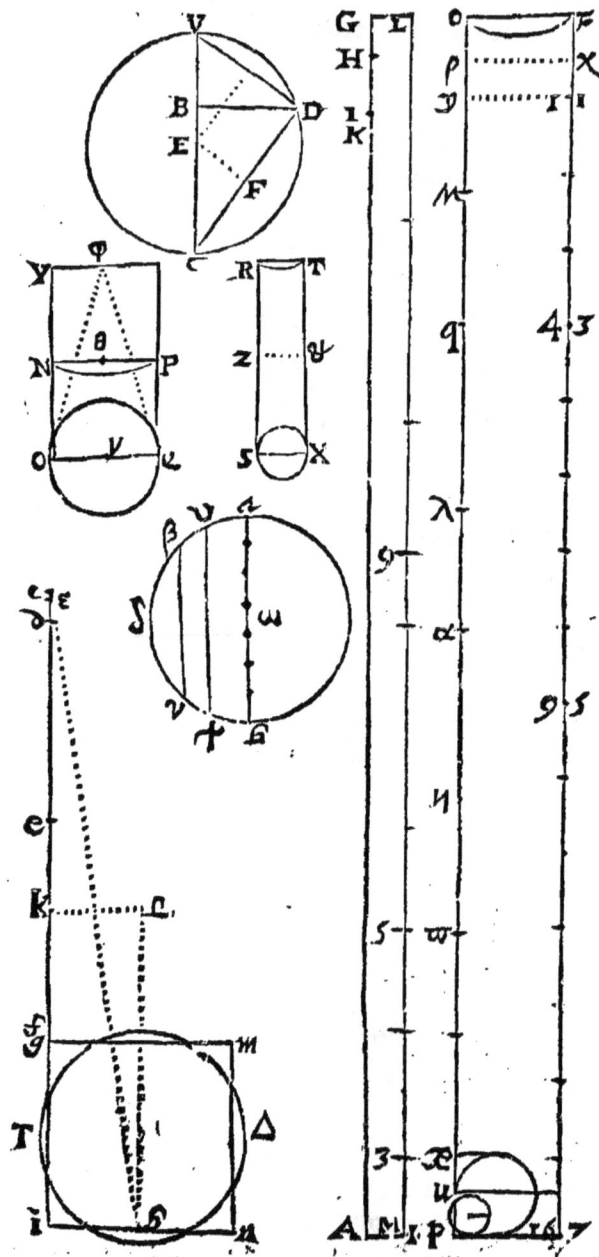

Sit exemplum fe-
cundum, in eiufdé
tubi $p\,o$ latere fum-
ptum, in quo tubus
$p\,\alpha$ bipedalis, qui
vacuabitur in tem-
pore, cuius ratio
erit ad alterius té-
pus, in ratione fub-
duplicata $\alpha\,p$ ad
$\varpi\,p$. Sumatur ergo
media proportio-
nalis $p\,\varpi$, quæ tempus exhauftionis
tubi bipedalis ofté-
dit, nec enim tem-
pus iftud numeris
exprimi poteft,
cùm fit radix bina-
rij.

Sit præterea tu-
bus tripedalis $p\,q$, qui vacuabitur tempore per mediam propor-

tionalem *p* λ defignato. Quòd fi detur tempus in lineis, quo tubus

aliquis datus ex-
hauriatur, inuenie-
tur etiam in lineis
quo tempore tu-
bus altior datus
exhauriatur. Exem-
pli gratiâ , fit λ *p*
tempus, quo tubus
tripedalis *p q* va-
cuatur, têpus quo
vacuabitur qua-
drupedalis erit *p* μ,
vtpotè media pro-
portionalis inter *pq*
& *p o*. Itaque la-
tus tubi *p o* medias
proportionales ex-
hibet *p q* inter α *p*
& *p ϖ*, hoc eft in-
ter ɪ & ɪ. Deinde
λ *p* inter 3 & ɪ; &
μ *p* inter 4 & 3,
Quibus addi po-
teft α *p* inter 4 &
ɪ , fed quæ 2 expri-
mitur, cùm alię fint
irrationales.

Altera pars pro-
pofitionis eft prio-
ris cõuerfa, fi enim
tempora dêtur qui-
bus incogniti tubi
vacuantur, hoc eft
fi prædictæ mediæ
proportionales no-
tæ fint, tertiæ pro-
portionales tubo-
rũ altitudines oftê-
dent, fi tamen priùs aliqua fupponatur obferuatio, qualis eft hîc tubi

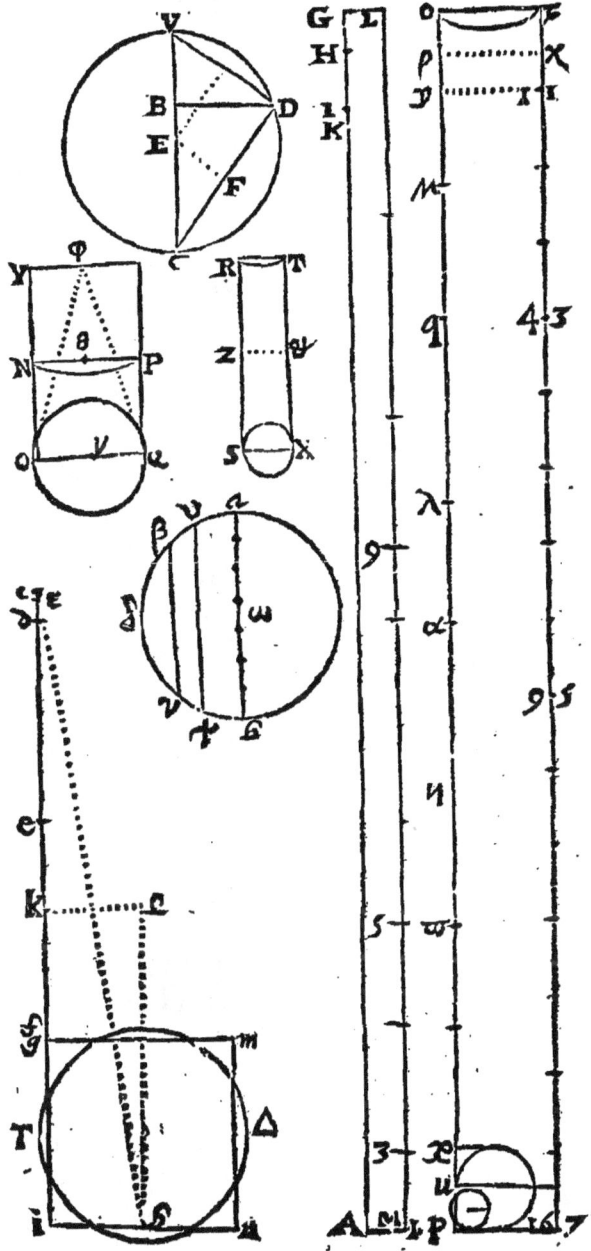

pedalis, qui minuti dimidio vacuatur. Quo pofito, datóque tempore $p\,q$, dabit tertia proportionalis $p\,\alpha$, tubi tempore p, vacuandi altitudinem : eodémque modo $p\,\lambda$ datum tempus oftendet tubum $p\,q$, & ita de reliquis.

Porro fi tempus numeris exprimitur, regula proportionis aurea tubi altitudinem numeris exhibebit. Exempli gratiâ, fit tempus 4 minutorum, quo tubus exhauriri debeat; cúmque quadrupedalis minuto exhauriatur, fiat vt 1 ad 4, ita 4 ad aliud, tubus quæfitus 16 pedes altus erit. Sunt autem hîc femper eadem tuborum latitudo, & æqualia lumina fupponenda, de quorum diuerfitate poftea dicendum erit. Varias poftea obferuationes afferremus quæ difficultatem experiendi aperiant.

COROLLARIVM PRIMVM.

De hydrologijs Ægyptiacis, fiue horologijs aqueis.

AEGyptios horologiis ex aqua factis vfos effe Macrobius l.1. in fomnium Scip. cap. 21. teftatur, vt Zodiacum in duodecim partes diuiderent, quorum errorem nec ille animaduertit, nec Bettinus prop. 3. Apiarij 8. fatis emendauit, quod nefciret quantò maior aquæ quantitas ex vafe horario fluxus initio, quàm poftea, hoc eft horâ primâ, quàm fecundâ, & fequentibus exeat : quod propterea docebimus, & ex hac prop. concludemus. Sit enim, exempli gratiâ, dies, vel etiam diei quæuis particula in 4 partes æquales hydrologij beneficio diuidenda ; fitque vas propofitum cylindrus $o\,p$ aquâ plenus, cuius effluentem aquam in aliis 4 vafis exceptam fi ponderibus, vel menfuris examines, aqua, quæ primâ diei parte fluxerit, 7 ponderum, vel menfurarum erit : (quæ pondera fi libræ fuerint) aqua diei parte fecundâ fluens, 5 librarum : aqua partis tertiæ, trium ; quartæ denique partis aqua vnius libræ futura eft, vt ex cylindro præcedente clarum : primo fiquidem tempore aqua cylindri parte $p\,5$ comprehenfa fluet ; fecundo, pars aquæ $5\,q$; tertio aqua $q\,8$, quarto denique aqua $o\,1$.

Cúmque tam ex dictis quàm ex dicendis fciatur vera quantitas aquæ per datum ofculum dati vafis, dato tempore fluens, vas facilè parabitur quod diem in 12 partes æquales aquæ fluxu continuo, vel etiam interrupto diuidat.

Sumatur ergo dolium aliquod tantæ magnitudinis vt illius fluxus diem integrum perduret, cuius altitudinem fi diuiferis in partes 144 æquales, fupponamúfque, dicis ergo, totidem aquæ pedes cubicos ab eo contineri, primâ diei parte in 12 partes æquales diuifi, 23 pedes aquæ cubici; fecundâ parte, 21; tertiâ, 19; & ita reliquis diei partibus, iuxta numeros impares verfus vnitatem redeuntes, effluent, donec pes vnicus, qui pro vltima parte fuperfit, tandem effluat, & dolium euacuet.

Si quis diem in 24 horas æquales diuidere malit, primâ horâ pedes cubici è dolio 576 pedes aquæ cubicos continente, 47 effluent, fecunda horâ 45, & ita de reliquis, iuxta numeros impares verfus vnitatem remeantes, donec vltima hora pes vnicus refiduus effluat.

Attamen fieri poteft vt temporibus æqualibus aquæ partes æquales effluant, fi nempe tubulus, vel fiphunculus, per quem aqua fluxerit, aquæ ex dolio, vel altero vafculo fluenti hac ratione accommodetur, vt crus aquam effundens cum aqua defcendat, & femper digito, vel alia quauis menfura fit illius fuperficie inferior.

Placet autem hîc ipfis oculis diuifionem fubiicere, quæ vafis aquam fpatio 12 horarum effundentis altitudinem referat, quam duplicare, triplicare & poffis, iuxta varias, quod elegeris, dolij, vel alterius vafis altitudines. Sit igitur A D cylindrus, feu tubus, qui 12 horis totam aquam, qua à D ad A impletur, eiiciat, hora prima defcendet à C ad 23, hora fecunda à 23 ad 21, & ita confequenter, iuxta numeros impares in cylindri parte dextra C D defcriptos, quibus ad læuam refpondent numeri quadrati, quorum impares dextri funt differentiæ, omnes enim quadrati fiunt ex continua imparium additione, è quorum regione fi iuxta feriem naturalem numeri collocentur 1, 2, 3, &c. qui fimiliter numerum horarum fignificare poterunt, in fe ducti, feu quadrati fummam omnium imparium præcedentium tribuent, verbi gratia è regione dextra numerus 4 in fe ductus dat 16 quartum ordine quadratum, & ita de reliquis vfque ad 12, qui duodecimum, feu vltimum quadratum 144 producit.

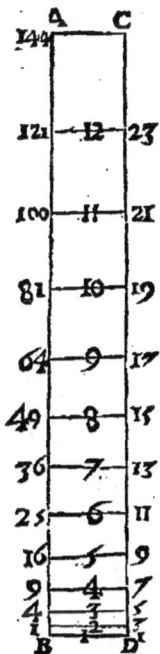

A		C
144		
121	12	23
100	11	21
81	10	19
64	9	17
49	8	15
36	7	13
25	6	11
16	5	9
9	4	7
4	3	5
1	2	3
B	1	1 D

Hinc facilè quifpiam concludet qua ratione diuidenda vafis altitudo in 24 partes, quæ 24 diei horas exactè demonftret: quamquam in praxi duabus vltimis diuifionibus 3, & 1 nolim vtaris, quòd aqua non ita benè fluens fuis guttulis decipere poffit: quapropter addi poffent 13 & 14 diuifiones, quæ numerum duodenarium, demptis illis duabus, efficerent.

COROLLARIVM II.

De glandibus explosis.

Orrò si pars figuræ superior A C in inferiorem B D conuertatur, ostendet spatia quæ glandes explosæ ascendendo, atque descendendo conficiunt, cùm enim glans à C ad D emittitur, si 12 temporibus duret ascensus primo tempore percurrit 23 partes à C ad 21, deinde partes reliquas iuxta numeros in.vares ad vnitatem festinantes: descendens autem primo tempore spat'um D 1 percurrit, secundo spatium 3, & ita de reliquis iuxta numeros impares ab vnitate recedentes: qua de re fusiùs alio loco, vbi dicemus num sit maior ascendétis glandis, quam descendentis percussio, cùm tempus ascensus æquale est descensus tempori, vti contingit quando glandis ascensus centum hexapedas minimè superat.

PROPOSITIO X.

Varias obseruationes quibus innotescat quo tempore pars tubi qualibet vacuetur, afferre, & ostendere velocitatem semper decrescentem vsque ad quietem, in ratione quâ tempus, in quo fit motus, continuò crescit, semissem esse velocitatis maximæ quæ erat in principio.

N obseruationibus nostris vel tubus, cuius 3 pedum & 11 digitorum altitudo, latitudo digitorum 2½, æqualem in diuersis temporibus aquæ quantitatem tribuit, vel inæqualem aquæ quantitatem in temporibus æqualibus. Sit primò quantitas aquæ, vnius libræ & 4 vnciarum cum drachma, qualis fuit in experientiis, & dum tubus vacuatur, prædicta quantitas aquæ primis 77 secundis effluat, secundum tempus, quo par aquæ quantitas salit, est 86 secundorum, & alia tempora sequentis tabulæ columnam sequuntur.

Verbi gratia tempus vltimum 206 secundorum oftendit aquæ libram, 4 vncias & drachmam,
quæ prima vice 77 fecundorum tempore fluebat,
octaua vice fluere tempore 206 fecundorum. Nona vice folæ 14 vnciæ fuperfuerunt, quarum tempus fuit 176 fecundorum: quælibet autem aquæ
quantitas digitos 5½ tubi proximè deplet, adeout
tubus 10 aquæ libras, & vncias 15½ complectatur.

Sint deinde tempora, quibus aquæ quantitates
diuerfæ fluent, æqualia, & fit quodlibet tempus
173 fecundorum; tabula fequens cuius prima columna 12 æqualia tempora fignificat, oftendet in
fecunda columna quantitatem aquæ refpondentem vnicuíque tempori à primo ad duodecimum.

Tempora fecundis explicata.	
1	77
2	86
3	92
4	105
5	115
6	132
7	160
8	206
9	176

Quibus poterit
quifpiā quotcúm-
que voluerit ob-
feruationes adde-
re, quippe faciles,
& obuias, nec
enim refert cuius
altitudinis fit tu-
bus, dummodo il-
lius latitudo fatis
ampla fit, quæ tê-
pus tribuat ad ac-
curatas obferua-
tiones neceffariū.

Tabula fecunda.

1	2 libræ, 4 vnciæ.
2	2 libr. & fefquidrachma.
3	fefquilibra, 4 vnciæ, drachma.
4	libra, vnciæ, 7½, fefquidrachma.
5	libra, 5 vnciæ, fefquidrachma.
6	libra, vnciæ 3½, fefquidrachma.
7	libra, fefquiuncia, vnciæ quadrans.
8	vnciæ 15½, & dimidia drachma.
9	vnciæ 13½.
10	vnciæ 12½, cum dimidia drachma.
11	vnciæ 10½, cum 3 drachmis.
12	vnciæ 8¾.

Fuerit autem ope-
ræ pretium tubo vitreo experiri, vt non folùm aquæ quantitates, fed
etiam quælibet tubi interftitia ipfis oculis deprehendantur, quæ diuerfis temporibus per æquales, vel diuerfas aquæ quantitates exhauriuntur.

Porrò abfque experientia fcietur quota cuiuflibet tubi pars dato
tempore vacuari, feu exhauriri debeat, dummodo vnica fupponatur
obferuatio: quamquam res non adeo facilis inuentu, quin peculiarem
animi conatum requirat, vt falientis ex tubo, qui continuò deplètur,
velocitatem, (quæ femper eadem ratione decrefcit, qua tempora crefcunt, vfque ad vltimam falientis guttam) femiffem effe velocitatis maximæ in falientis principio exiftentis oftendamus; vnde fequetur
tubum

tubum tantumdem aquæ duplo tempore tribuere, cùm paulatim abfque reparatione depletur, ac vacuatur, quantum tubus idem semper
plenus suduplo tempore tribuit : sed & quamlibet tubi semper pleni partem duplò maiorem aquæ quantitatem effundere, quàm eandem eiusdem tubi partem, cùm absque noua repletione vacuatur.

Hæc autem secunda pars istius prop. coincidere videri potest
cum 1. prop. dialogi 3. Galilei, quâ demonstrat tempus in quo spatium aliquod à mobili conficitur latione ex quiete vniformiter acce-
lerata, esse æquale tempori, in quo idem spatium conficeretur ab eodem mobili motu æquabili delato, cuius velocitatis gradus suduplus
sit ad summum, seu vltimum gradum velocitatis prioris motus vniformiter accelerati.

Sit enim tubus K B, vel K C, qui continuò depleatur, donec ad vltimam aquæ guttam in B perueniatur, sitque velocitas, quâ fluit initio, K A, quâ
sequentibus 4 temporibus si flueret, in linea AC per
4 spatia inter se æqualia CG, G·F, F E, & E A,
tribueret aquam rectangulo KBCA æqualem, vel
per illud rectangulum intellectam, vt constat ex infinitis lineis A K parallelis totum rectangulum te-
gentibus, quæ infinitas velocitates æquales referant)
dico velocitatem illam continuò decrescentem esse
semissem eiusdem non decrescentis, sed eiusdem per-
manentis. Quod sic explico. Sit velocitas B C decrescens in illis 4 temporibus, primo tempore aqua
fluet ex tubo velocitate, quam repræsentat quadrilaterum B C G I : Secundo tempore velocitate per
I G H F quadrilaterum intellectâ : tertio tempore
velocitate per F E D H quadrilaterum significatâ;
quarto denique tempore, velocitate, quam D E A
triangulus exhibet; sed triangulus ex his quadrilateris compositus B C A est subduplus, vel semissis
rectanguli B K A C, igitur velocitas decrescens vsq;
ad quietem, &c. semissis est velocitatis eiusdem non
decrescétis. Itaque si tubus semper plenus 4 tépori-
bus 4 aquæ libras, idé tubus qui continuò depletur,
æquali vel eodem tempore, 2 aquæ libras tribuet.

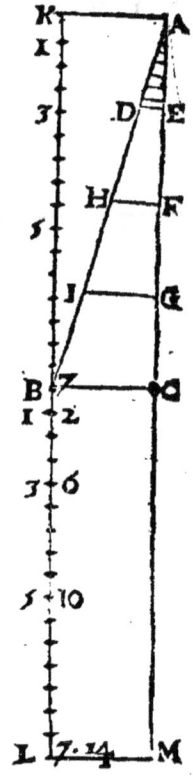

Quod ex figura sequente clariùs intelligetur, in qua sit A C, vel
Y n tubus in 8 partes diuisus, quarum prima, eáque maior sit A D,
vel Y r, secunda D E, vel r s, tertia E F vel s t, & ita de cæteris vi-

que ad C, vel *n* punctū in quo definit motus, fintque octo tempora
M N O P &c. vſque ad T, quib⁹
Y *n* vel A C tubus depleatur vſque ad vltimam guttam, primó-
que tempore depleatur ab A ad
D, vel ab Y ad *r*, ſequentibus
temporibus ita deplebitur, vt
D E, vel *r ſ* ſecundo tempore
N O, E F tempore O P depleatur, & ita de reliquis tubi A C
vel Y *n* interſtitiis.

Si verò corpus aliquod, verbi
gratiâ ſaliens aqua, duplici motu
nempe ab A ad T, & ad C eodem tempore moueatur, deſcribet parabolam A L, cùm enim
aqua deſcenderit ab A ad D, erit
in puncto *d*; à D ad E, in puncto *e*; ab E ad F, in puncto *f*;
ab F ad G in puncto *g*, à G ad
H, in puncto *h*; ab H ad I, in
puncto *i*; à puncto I ad K, in puncto *k*; denique à puncto K ad C,
in puncto L, in quo penitus quieſcet: & vice versâ corpus motu
violento ſurſum aſcendens ab A ad C, & primo tempore percurrens
maius ſpatium A D in vltima linea ſiniſtra figuræ iſtius, ſecundo tempore D E, tertio E F, &c. deſcribet eandem parabolam, ſi præter
motum verticalem, motu horizontali L A, vel A T moueatur.

Præterea, ſi corpus graue in illa vltima linea à C ad B moueri intelligatur iuxta numeros impares 1, 3, 5, &c. nempe per C, K, I, H, G, &c.
vſque ad A, eodémque tempore moueatur per A, M, N, O, &c. vſque ad T, deſcribet eandem parabolam, ſed inuerſam, & à vertice L
incipientem, ac ſi ab L ad T deſcendendo pergeret ab L ad K, vel à T
ad A, & 8 temporibus æqualibus ad A perueniet, eritque deſcripta
parabola L K *i h g f e d* A.

Vnde conſtat velocitatem mobilis corporis, (vt aquæ) continuò de-
creſcentem vſque ad quietem in eadem ratione, quâ creſcunt tempora, dimidium eſſe velocitatis, quæ fuit initio: hoc eſt, ſi velocitate mobilis in A currentis, & primo tempore A D percurrentis cum prædicta velocitatis diminutione, idem mobile ab A verſus B abſque illa
diminutione deſcenderet, eodem tempore quo cum diminutione vel

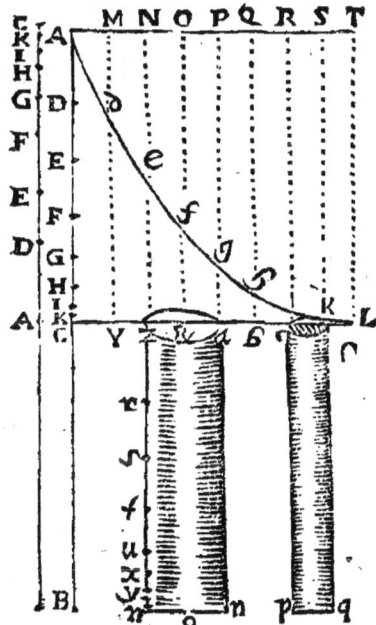

locitatis percurrit A C, defcenderet vfque ad B, quare tota decref-
cens velocitas defcenfus ab A ad C, dimidia eft velocitatis minimè
decrefcentis. Cùm autem tubi *c q* diameter *p q* fubdupla fit diametri *n n* tubi *n* Z æqualti tubufque propterea *c q* aquæ quadruplò
minus contineat, quadruplò citiùs deplebitur.

PROPOSITIO XI.

*Tuborum lumina rotunda in quauis proportione repe-
rire, & ea cum quadratis luminibus comparare.*

CVm apud nos linea foleat effe menfura minima, quæ cuilibet lumini nomen imponit, quando lumen 2, aut 4 aquæ lineas vel
plures aut pauciores habere dicimus, fit in tubo quadrupedali *r p* lumen *p u*, cuius diameter intelligatur effe 2 linearum, feu pars fexta digiti, vel pollicis, qui fexies continetur, atque notatur in linea
L M, dimidium pedem regium exhibentem & lineis 72 conftante;
vel vt calculus fit facilior, *u p* lumen lineare fupponatur, quale fæpius fuit in noftris obferuationibus: erit igitur lumen *p x* 4 linearum,
cuius nempe diameter fupponitur dupla diametri luminis *u p*, quippe lumina, veluti circuli, funt in ratione duplicata fuarum diametrorum.

Aquarij ergo lumina quamcúmque humidi quantitatem dato tempore fufura reperient, dummodo nouerint aquæ quantitatem ex aliquo dato dati tubi lumine dato tempore fluentem, fiue lumen iftud
fit maius, fiue minus incognito lumine, quod inueniendum proponitur.

Sit enim, exempli causâ, lumen datum *p x*, cuius diameter fupponatur 4 linearum (nil enim refert fi cuiufuis magnitudinis intelligatur) quódque libram humidi fundat vnius minuti fpatio, velítque
Aquarius lumen ex quo duæ vel 4 libræ fluant æquali tempore, duas
libras lumen duplò maius tribuet: quod lumen ita reperiet.

Intelligatur in circulo V D C effe V B diametrum luminis libram
aquæ vno minuto fundentis, & B C duplam effe V B; quoniam diametri circulorum funt in ratione fubduplicata eorumdem circulorum, B D media proportionalis inter V B & B C fubduplicabit, hoc
eft bifariam diuidet rationem C B ad B V, & lumen, cuius diameter
B D, 2 aquæ libras minuto tribuet.

Quatuor verò libras habebis, fi diameter luminis fiat duplum lu-

K ij

minis p x in tubo o 7. Erítque propterea diameter V C in par-

tes totidem diui-
denda, quot fue-
rint tam in aqua
dati luminis, quàm
in aqua luminis in-
ueniédi; verbi gra-
tiâ, si datæ fuerint
quinque libræ v-
nius horæ spatio
fluentes, & postu-
lentur libræ 15 æ-
quali tempore, C V
diameter, vel alia
quepiam, in 20 par-
tes diuidatur, & ex
puncto in quo de-
finit decimaquinta
pars, ducatur per-
pendicularis vsque
ad circumferentiâ,
qualis est B D, hæc
enim erit diameter
luminis 15 aquæ li-
bras fusuri.

Altera pars hu-
iusce prop. rotun-
da lumina quadra-
tis côparat, & hæc
in illa conuertit.

Sit igitur lumen
circulare x p, vel
a b b in quadra-
tum lumen æquale
commutandum, sa-
tius est enim maius
eligere vt operatio
sit euidétior; ideó-
que lumen digita-

le, seu vnciæ pedis nostri 144 lineas complectentis, velim assumi;

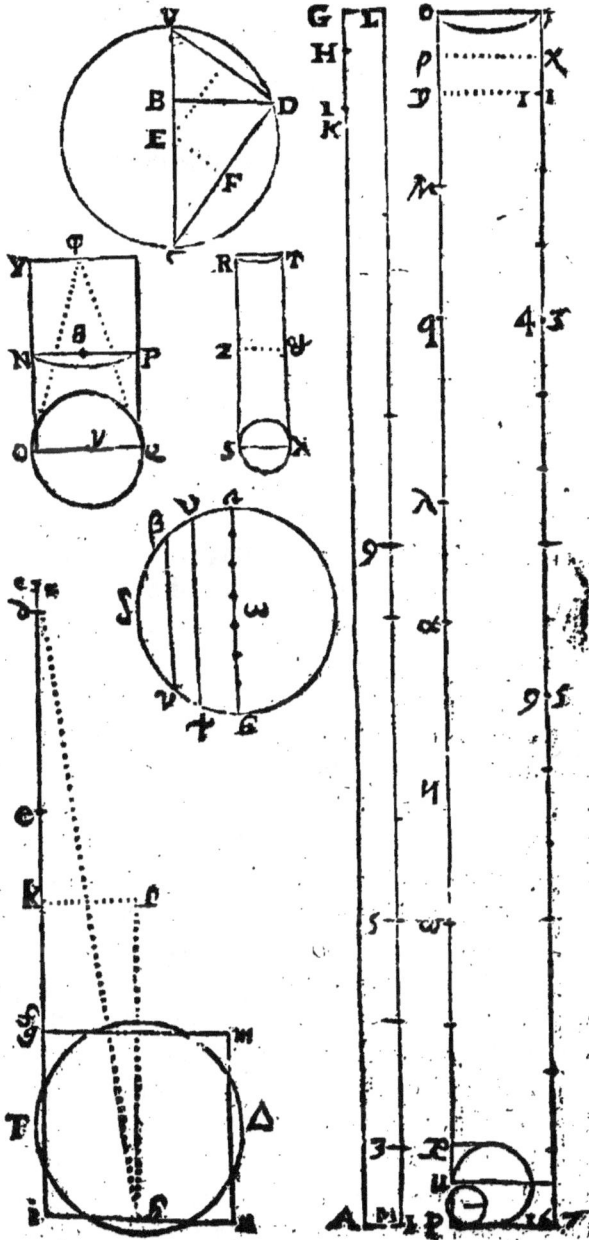

quod Aquarij sequente methodo, cùm opus erit, quadrabunt, vt aquæ
tantumdem per quadratum lumen, ac per rotundum possint ero-
gare.

Extendatur dati luminis circunferentia $b \delta a$ in lineam rectam
igc, quæ sit tripla sesquiseptima diametri $b a$ in 7 partes æquales
diuisæ, vt diametri $b a$ ter sumptæ, & in lineam di translatæ septima pars dc addatur, tunc enim ic linea proximè æqualis erit circunferentiæ prædictæ, per ea quæ demonstrauit Archimedes lib de
dimensione circuli, in quo docuit triangulum sub linea ci, hoc est sub
circunferentia, & radio bo æqualem esse circulo, seu lumini $b \delta a$.

Est igitur triangulus c, i, h, æqualis prædicto circulo. Sed & triangulus iste parallellogramo $k b$ æqualis est, quod in quadratum im
vertetur, si media proportionalis inter ik, & $k l$, hoc est, $g m$, sumatur pro latere quadrati mi, æqualis circulo $r o$, seu $a b \delta$.

Vnde constat circunferentiam esse ad diametrum vt 22 ad 7, vel
44 ad 14. Porrò cùm im quadratum sit paulò maius quàm oporteat, quòd diametro $b a$ ter sumptæ in linea di, hoc est, if, fe, ed,
non sit addenda pars septima dc, sed aliquanto minor, sumetur è contrario quadratum paulò minus, si diametri pars octaua de adiungatur. Est enim vera lineæ circunferentiæ circuli æqualis longitudo
inter e & c, quæ est differentia partis octauæ à septima, estque vicinior puncto c quàm puncto e, adeout minus aberret qui lineam ci,
quàm qui lineam ei pro circunferentia sumpserit.

Ne verò repetam quæ libro de Veritate scientiarum attuli, vt quis
in infinitum magis ac magis ad veram lineam quadratricem accede-
ret, nevel millesima pars latitudinis capilli vnius desit quadrato quod
sit æquale circunferentiæ cœli stellati, tantùm addo nuper Agrimen-
sorem inuenisse quadrati circulo inscripti ambitum ad circuli circumferentiam esse vt 9 ad 10 proximè, vel vt 36 ad 40, vt latus quadrati sit 9 partium, qualium est 10 circunferentiæ quadrans, cui sub-
tenditur. Quæ ratio magis accedit ad verum quadratum circulo par,
quàm tripla sesquiseptima, sed quæ tamen paulo maior est (etiamsi
inter simpliciores Archimedis numeros) quàm oporteat.

Est autem in circulo $b \delta a$, latus quadrati circulo circumscripti $a b$;
latus quadrati circulo proximè æqualis, $p v$; denique latus inscripti
quadrati $r o$. Forte verò quibusdam magè placebit calculum instituere iuxta latus inscripti quadrati. Fiat igitur linea ci decem partium, qualium erit ambitus gu inscripti quadrati 9; triangulus sub
cih magis adhuc æqualis erit circulo, minor est enim ratione 99 ad
100.

Si quis tamen ad illud exactum Vietæum accedere velit, de quo lib. 18. analyomenon non edito, erit vt 10,000,000,000 ad 31,415, 926,536, ita diameter ad peripheriam veræ satis propinquam, cùm sit inter maiorem & minorem vera, quæ sola differunt vnitate.

Omitto varias Architectorum & Aquariorum praxes, quibus circulum in quadratum, & vice versâ commutant, diuidendo, verbi gratiâ, circunferentiam in 8 vel 16 partes æquales, vt 4 lineæ per binas diuisiones descriptæ, sibíque occurrentes quadratum efficiant æquale circulo, qualia sunt 4 latera quadrati nostri *mi*, quorum vnumquódque secans circulum, ea sui parte, qua circulo includitur, duas circuli partes decimas sextas, hoc est octauam circuli partem subtendit.

Potest etiam institui comparatio aliarum figurarum, vt trianguli æquilateri, hexagoni, & reliquarum multilaterarum regularium cum circulo; sed cùm non soleant hisce figuris vti quibus aquarum cura incumbit, ad lacus, & erogatoria veniendum, ex quibus facilè capietur quidquid Frontinus suo de aquæductibus libello, & Vitruuius, vel alij ea de re tradiderunt.

PROPOSITIO XII.

Lacus, castella, erogatoria, modulos & lumina veterum explicare, & cum nostris conferre, eáque erogatorijs indere, vt vnicuique ius suum accuratè seruetur.

Q Vi fontes diuersis tēporibus à pluribus paucioribúsue milliariis Romam perductos, & riuos subterraneos, substructiones & arcuata opera nosse cupit, Frontini libellum de aquæductibus perlegat, qui de ductu Anionis verba faciens, ait quibusdam locis arcus illius 109 pedes subleuari, hoc est ferè quantum fornix chori D. Mariæ Parisiensis eleuatur: quos non iniuria celebratis pyramidibus comparat.

Porrò castella, & erogatoria non differunt ab ijs quæ vulgò *regards* & *reseruoirs* appellamus, quorum prima his quæ fonti Rongiano seruiunt, similia sunt; secunda verò aliis castellulis per vrbem distributis. Castellorum quæ sunt intra vrbes, muros, præcipuum & aliorum caput in porta S. Michaëlis situm est, ex quo aqua transfertur ad alia castellula, & ex his per fistulas priuatas ad vniuscuiusque piscinam iuxta modulum præscriptum aquæ perducuntur; sed omnium matrix prope suburbij S. Iacobi portam extra muros conspicitur.

Conſtat autem ex aquis in vrbem Romanam influentibus Appia, Anione, Tepula, Iulia, Virgine, Auguſta & Claudia, de quibus apud Frontinum agitur, quot impenſæ in illis ducendis factæ ſint, quando-quidem Appiæ ductus à capite vſque ad portam Tergeminam fuit paſſuum 11190, ſubterraneo riuo paſſuum 11130; ſubſtructione & ſu-pra terram opere arcuato paſſuum 60, proximè ad portam Capue-nam. Quæ quidem aquæ ſolummodo poſt 441 ab vrbe condi-ta ſub M. Valerio & P. Decio Murena Coſſ. anno 20 poſt initium Samnitici belli inducta eſt ab Appio Claudio Craſſo Cenſore.

Anionis ductus fuit 42 millium paſſuum. Martiæ ſub Nerone prin-cipe 60710$\frac{1}{2}$ paſſuum, opere tamen ſuper terram paſſuum duntaxat 7443, & vallis opere arcuato paſſuum 463. Omitto fontes alios ſiue de nouo repertos, ſiue refectos & vindicatos, poſtquam ductus vetu-ſtate quaſſati, priuatorúmque fraudibus intercepti fuiſſent, vt de fon-te Rongiano dicam aliquid, quem poſtea Romanis aquis comparare poſſis.

Itaque ductus illius à capite vſque ad maximum caſtellum extra portam ſuburbij S. Iacobi ſitum, eſt 7500 hexapedarum; quæ ſi con-uertantur in paſſus Romanos 5 pedibus Romanis cónſtantes, paſſus 9750 conficient; quandoquidem hexapeda noſtra, vulgò *Toiſe*, pro-ximè pedibus Romanis 6$\frac{1}{2}$ conſtat. Vnde ſequitur aquas Romanas à ſpatio pluſquam ſextuplò maiore, quàm aquas Rongianas, ductas fuiſſe, non tamen omnem, cùm Alſietina, ſiue Auguſta Naumachiæ præſertim inſeruiens ductum habuerit paſſuum duntaxat 2272. Clau-dia, 46000. Anio nouus, 58700.

Sunt & alia in ductibus notatione digna, verbi gratia, omnes diuer-ſa in vrbem libra prouenire, & maiore, vel leuiore preſſura cogi; om-nibus humiliorem Alſietinam, Anionem verò nouum altiſſimum Frontinus docet, additque in 7 milliarium ſpatio fuiſſe 6 piſcinas, vbi quaſi reſpirante riuorum curſu limus deponeretur. Sed hæc omnia prætereo modulos & lumina proſecuturus, ſi prius monuero libram fontis Rongiani eſſe propè propter 16 pedum, hoc eſt aquam vltimi caſtelli, quod eſt iuxta portam ſuburbij S. Iacobi, 16 pedibus humi-liorem eſſe fontis capite: quam decliuitatem, ſiue obliquitatem ex dictis de aquæ perpendiculo facilè quiſpiam inuenire poſſet, ſi tubo perpetuo fontis illius aqua concluderetur, donec in vltimo caſtello reſpiraret; cùm enim tubus 4 pedes altus aquæ libram tribuat per li-neare lumen ſpatio 13 ſecundorum, tubus Rongianus quadruplò al-tior æquali tempore per æquale lumen illius applicatum oſculo duas aquæ libras effunderet: ſed cùm aquæductus aëri pateat, illiúſque

aqua a variis de cauſis, quas in aquæductu videndo facilè deprehendas, non agat ex toto perpendiculo, progrediamur ad piſcinarū modulos & lumina. Sítque propterea lacus, ſeu piſcina, vel etiam erogato-
riū E B, quod
à fiſtula D ex
proximo ca-
ſtello proue-
niēs aqua BA
impleatur, vt
aqua lumini-
bus H I &
aliis quibuſ-
cumque diſ-
penſata , &
quidquid per
ſiphonem ST
effluit , con-
tinuò repare-
tur.

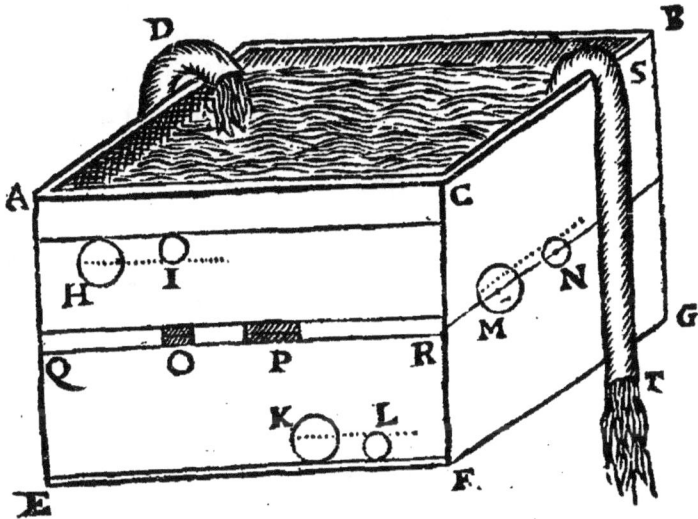

Modulos verò Frontinus & alij veteres de fiſtularum latitudine
intellexerunt, quos inter non ex omni parte conuenit vtrum quinarius modulus à 5 digitis, vel quinque modulis exiguis, punctorum inſtar, in vnam fiſtulam coactis dictus fuerit. At verò ſiue plumbarios
Vitruuianos ſequaris, qui planæ laminæ plumbeæ 5 digitos tribue-
bant, ſiue Frontinianos quinariam ex 5 digiti quadrantibus compo-
nentes, ad noſtra pergamus, ex quibus vetera innoteſcent.

Sit igitur noſtri pedis vncia, ſeu digitus quadratus a d c b, cuius pars
duodecima e b, quam vulgò lineam appellant; cuius quadratum b,
qualia ſunt duodecim in rectangulo e b c f. Eiuſdem digiti ſpatium b g
quinque, & b i ſeptem lineis conſtat, vt poſtea diuerſis modis quinaria ſeptenariáque veterum explicetur.

Digito noſtro quadrato Romani pollicis, hoc eſt vnciæ longitudo
ſuperponitur m n; digitum Romanum ſeu pedis 16 partem n o refert,
cuius quadrans p n, ſeu o q, vt n q complectatur 5 quadrantes Romani digiti, atque adeo quinarium illorum modulum intelligamus, &
ipſis oculis quodammodo hauriamus, quo fiſtulas ſuas modulaban-
tur.

Sit rurſus quinaria r s quæ quadretur, & in laminam plumbeam
u y reducatur: erit igitur u z quinque quadrantum digiti Romani:
quos ſi conuoluas in fiſtulam rotundam y, erit z diameter luminis
fiſtulæ

fistulæ ad *zu*, vt 7 ad 22; hoc est *uz* erit tripla sesquiseptima *β z*. Porrò si quadrans *q o* addatur *z u*, fiet senaria, cui rursus quadrans adiunctus faciet septenariam, &c.

Modulus verò qui sumitur ex digitorum numero, cùm 25 digitos quadratos in rotundum coactos habet, vicenum quinum appellatur, crescítque per incrementum digitorum vsque ad centum vicenum. Vicenariam veluti mediam collocant, quòd 20 quadrātes habeat, & 5 digitis constet. His autem in veterum gratiam præmissis, ad modulos nostros accedo, quos lineis, digitis & pedibus metimur.

Sit igitur lumen I parieti, seu lateri piscinæ A F inditum, cuius diameter, licet in hac figura sit duarum linearum, intelligatur tamen ad maiorem calculi facilitatem vnius duntaxat lineæ, qualis est *eb* figuræ præcedentis; dico lumen istud I non bene collocari, si cum H lumine, cuius diameter 3 linearum, conferatur, Enimuero si piscina minimè plena sit, & ob aquæ penuriam solus inferior limbus luminis I radatur, nullam aquam tribuet, quamdiu lumen H aquæ suæ dimidium effundet, vt ex linea lumen H per medium secante & lumen I tangente constat: quamquam hîc non definiam vtrum ex 9 lineis, quibus lumen H constat, lineas 4½ largiatur, hac enim de re postea.

Quod verò spectat lumina K, L, aquæ superior pars lambens orificij L superiorem limbum non poterit ratam partem luminis K distribuere, cùm ex toto lumine L, & ex media solummodo K luminis parte dispensetur. Supersunt M, N lumina, quorum centra sunt in

L

eadem linea recta , quæ non etiam fatis apposite collocata vel ipfe oculus ex linea punctuata luminis M limbū fuperiorem tangere indicat , aquæ fiquidem fuperficies fuperior cum ista linea co-

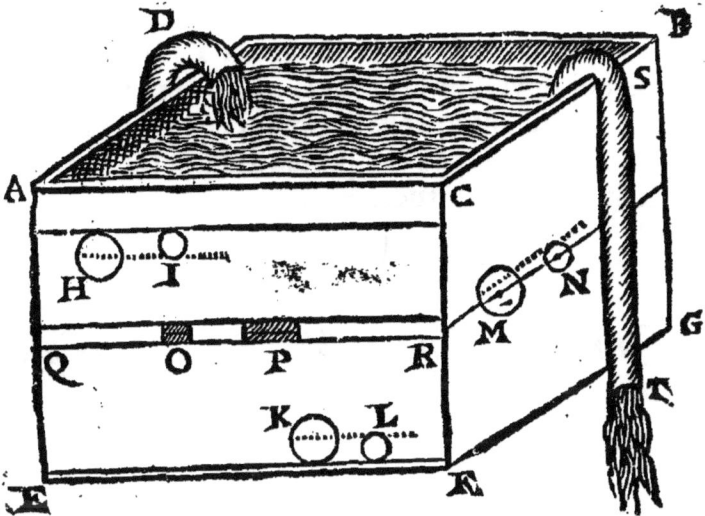

incidens lumen M non implet. Quæ fi defcenderit vfque ad limbum inferiorem luminis N, aliquid adhuc ex M lumine, nil verò ex N effluet.

Adde maius effe aquæ pifcinam replentis perpendiculum in luminibus H & M ex ea parte qua fub limbos inferiores luminum I & N defcendunt, atque adeo maiorem aquæ quantitatem quàm par fit, per maiora lumina fluere, minorem verò per minora: verbi gratiâ, fi lumen I aquæ lineam tribuat, eiúfque H lumen fit quadruplum, hoc maius lumen 4 aquæ lineas, & aliquid infuper effundet; cúmque perpendiculo fuo magis fuperet luminis I perpendiculum, quàm à luminis M perpendiculo luminis N perpendiculum fuperetur, maior erit exceffus H fuper I, quàm M fuper N. Quantus verò futurus fit quilibet exceffus, ex dictis de variis tuborum altitudinibus eruendum.

Præterea luminis K media pars fuperior fuum habet perpendiculum luminis L perpendiculo breuius, igitur non effundet 4 aquæ lineas, vnde côftat lumina rotunda non poffe ita collocari, nifi fiant in fundo pifcinæ, qui totus ab aqua fuperiore premitur æqualiter, cuius videlicet perpendicula omnia funt eiufdem altitudinis. Eapropter lumina debent effe rectangula, qualia funt O P, & quæcumque concipi poffunt in rectangulo Q R, tunc enim æqualem iacturàm lumina tam maiora quàm minora facient, vel par erit pro rata portione vtriúfque lucrum. Quod iam in Italia fieri notat Caftellanus appendice 7. tractatus aquæ currentis.

Idem etiam præstari poteſt ſiphonibus qualis eſt T, qui cùm æqualiter immerſi fuerint in aquam BA, in eadem ratione, qua fuerint externa illorum lumina, (quale eſt lumen T) aquam diſpenſabunt. An verò neceſſe ſit vt illorum orificia in aquam immerſa ſint æqualia externis orificiis, aut inæqualia poſſint eſſe in data ratione abſque vllo quantitatis aquæ diſpendio, poſtea diſcutietur, vbi de diuerſa ſiphonum latitudine, & altitudine.

COROLLARIVM.

De Conis & Cylindris ſphæræ circumſcriptis & inſcriptis, & aliis figuris in ſuo genere minimis vel maximis.

CVm Aquarij non ſolum cylindris, illorúmque rationibus, ſed etiam infundibulis indigeant ad aquam & alia humida in vas quodlibet datis temporibus infundenda, & prima huius propoſitionis figura in paginæ 73. coni ABC, & HIK ſphæræ FLC circumſcribantur, eidémque ſphæræ inſcribantur alij coni, quorum dimidiæ baſeon diametri, ſeu radij ON, PM & QL inſcribuntur in parte dextræ ſphæræ, vt cylindrorum latera, & baſes FD & DC in parte dextra, licet lignographus minus bellè, & exactè lineas iſtas cælauerit, fuerit operæ pretium illa omnia explicare tum vt nouerint totius Europæ Mathematici quid in hoc genere repertum atque demonſtratum ſit à noſtro Geometra, tum vt Aquarij nonnullâ animi voluptate perfruantur, cùm vaſis conicis, & cylindricis pulchras illas inter ſe rationes, de quibus poſtmodum, habentibus vtetur.

Incipiamus à conis ſphæræ GDF circumſcriptis, quorum minimus omnium ABC variis proprietatibus gaudet; Primò, ſiquidem axis illius AF duplus eſt axis ſphæræ FG. Secundò, ſphæræ duplus eſt ſoliditate. Tertiò, baſis illius dupla eſt maximi ſphæræ circuli: Quartò, ſuperficies illius cum baſe dupla eſt ſphæræ ſuperficiei. Quintò, diameter baſeos BC dupla eſt potentiâ diametri GF. Sextò, axis AF duplus eſt potentia diametri baſeos BC. Septimò omnium circumſcriptorum baſim habet minimam, baſe comprehenſa. Octauò, ſeptem lineas ſequentes habet in continua proportiones; Quarum ED minima, quam magnitudinis ordine ſequuntur FB, AG, AD, AF, & compoſita ex AC & AF: éſtque DE potentia ſubdupla lineæ FC.

Quòd ad reliquos conos circumscriptos attinet, ñullus est maximus, cùm in infinitum crescere possint; illius verò qui minimam habet conicam superficiem absque base axis est binomius, diametro enim rationali in 32 partes diuisa, maius nomen ipsa diameter, minus verò recta, cuius diameter est potentia dupla. Sunt autem coni sphæræ inscripti inter se vt illorum ambitus, quóue maior est conus, eò maior est ambitus, & vice versa, quo minor est conus, eò minor est ambitus; adeout hi coni sint inter se vt eorum ambitus.

Huic etiam sphæræ cubus R S T V circumscriptus, cuius diameter est potentia triplus lateris cubi; éstque propemodum sphæræ duplus; ad quam videlicet maiorem habet rationem quàm 21 ad 11 : cuius basis ad inscripti basim vt 3 ad 1; & solidum illius ad huius solidum vt ℞. 27 ad 1. Vbi nota cubum inscriptum non inscribi maiori sphæræ circulo, sed minori. Cùm autem cylindrus sphæræ circumscriptus sit illius sesquialter, cubus prædictus erit ferè huius cylindri sesquitertius.

Quod ad conos eidem sphæræ inscriptos attinet, nullus est minimus, cùm semper minores & minores in infinitum inscribi possint. Maximus autem omnium est, cuius axis O G continet diametri sphæræ dodrantem, éstque ad sphæram vt 8 ad 27, maximam etiam habet superficiem, dempta base. Illius axis O G potentia duplus est radii baseos O N, cuius radii latus N C potentia triplum est, quemadmodum axis O G potentia sesquialterum.

Conus autem maximam habet superficiem base comprehensa, cuius axis partium 17 plus ℞. 7, qualium sphæræ diameter est 32. Huius autem axis subduplus est diametri baseos. Conus à triangulo æquilatero inscripto factus est ad sphæram vt 9 ad 32. Quibus addi possunt omnes proportiones conorum tam inter se quàm cum sphæra, de quibus Archimedes libris de sphæra & cylindro.

Ad cylindros accedamus, quorum sphæræ inscriptorum is est maximus, cuius axis, seu latus est potentia subtriplum diametri sphæræ. Is autem maximam habet superficiem sine basibus, cuius axis diametro baseos æqualis est, seu qui pro lineis suis quadratum inscriptum habet.

Denique cylindri maxima est superficies cum basibus, cuius diameter baseos F D ad axem seu latus D G eandem rationem habet, quam maius segmentum ad minus lineæ proportionaliter diuisæ.

Adde, si lubet, cuiuscumque cylindri curuam superficiem esse ad superficiem planam ambarum basium simul, vt altitudo cylindri ad baseos semidiametrum : & cylindri superficiem comprehensis basibus æqualem esse superficiei curuæ, sine basibus, cylindri, cuius basis est eadem vel æqualis, altitudo verò æqualis altitudini, vnà cum semidiametro baseos.

Omitto coni Isoscelis superficiem sine base, æqualem esse circulo, cuius radius est media proportionalis inter latus coni & radium circuli, qui est coni basis ; quod quidem Archimedes demonstrauit, sed nullus, quòd sciam, hactenus demonstrare potuit, præter nostrum Geometram, coni scaleni quanta sit superficies,& cui spatio sit æqualis.

Prætereo etiam alia plura quæ pertinent ad minimas & maximas figuras, & ad varias illarum proportiones, verbi gratia, cylindrum sphæræ inscriptum,sphæram & cylindrum circumscriptum se habere vt 3,16; & 24 : Cubum circumscriptum ad inscriptum esse vt 4 ad 1: quadratum circumscriptum esse ad circulum vt 14 ad 11; & circulum ad quadratum inscriptum vt 14 ad 11 proximè : atque adeo circumscriptum quadratum ad inscriptum esse vt 14 ad 8$\frac{2}{11}$, tetraëdrum, seu pyramidem Euclideam inscriptorum sphæræ maximam esse , cuius diameter longitudine sesquialtera axis eiusdem tetraëdri , potentia verò lateris eiusdem sesquialtera : Triangulorum isoperimetrorum maximum esse æquilaterum,isoscelium verò rectangulum; in quibus si longior fui , minimorum & maximorum amori parcat Lector beneuolus,& ex his studiosus Aquarius hauriat, Mathematicus verò à prædicto Geometra demonstrationes quærat.

MONITVM.

QVi fontis Rongiani pulchritudinem & industriam videre cupit, adeat nobile illud acceptorium vel immissorium, quod situm est ad portam exteriorem suburbij S.Iacobi, ad quam specus cõstans lapidibus quadris appellit; ex quo incipit aqua distribui primùm per tubum plumbeum,cuius diameter vnius pedis regij vsque ad centum hexapedas; quarum vnaquæque pondo 600 librarum. Vbi obseruadum fistulas plumbeas centenarias decem pedes longas fuisse 1200 librarum apúd Vitruuium lib. 8. cap. 7. Sed cùm tricenariæ minoris essent latitudinis quàm nostræ Rongianæ fistulæ, quarum oscula pedis vnius, quandoquidem harum in rotundum non ductarum latitudo 36 digitos superat,sintque tamen pondo 600 librarum fistulæ nostræ sexpedæ, & Vitruuianæ tricenariæ 360 librarum , quadragenariæ 480 librarum , sequitur Rongianas fistulas Romanis densiores, atque adeo quinariarum noſtrarum pondus pondere Romanarum, 60 libris maius eſſe. Quibuſlibet autem ſexpedis centenis vno digito tubi diameter minuitur, donec ad erogatorium portæ S. Michaëlis, & Crucis nuncupatæ *du Tiroir* perueniatur. Impenſæ verò totius fontis 400000 aureos ſuperarunt. Huic autem operi reſtitutionem aquæ ſuæ Virgineæ ſub Pio IV, de qua tractatum Pætus ſcripſit, Romani forſitan opponent, cùm tamen 30000 aureos ad ſummum Architecti petierint: videatur Pætus qui huic reſtitutioni adfuit, & præfuit.

PROPOSITIO XIII.

Definire quantitatem vel pondus aquæ fluentis ex piſcina, vel alio vaſe per quodcúmque lumen.

NEceſſe eſt aquam ſuperextare lumini, vt illud implendo effluat, cuius alioqui ſolas oras lambit, quòd non ſit aquæ tanta fluiditas quin aliqua ſui torpedine, ac veluti oleoginoſitate, vt cum ſpagyricis loquar, remoram patiatur. Hinc fit vt guttæ ſatis magnæ potiùs in figuram ſphæricam coëant, & aqua ſiccis vaſorum labris plurimum ſuperextet, antequam poſſit effluere; reſiſtátque diuiſioni, præſertim illa ſuperficie qua tangit aërem.

Iam verò quaſdam obſeruationes explico, quæ docent quantum aquæ pondus à quouis lumine, dato tempore fluat; cúmque lumina reuocentur ad lineam, illiúſque partes, vel ad digitum, ſeu pollicem, qui nouerit quantum aquæ certo tempore fluat per lineare lumen, reliqua lumina, & aquam ex illis effluentem facilè definiet.

Obſeruatio docet ex lineari orificio, cui ſuperextat aquæ ſex linearum perpendiculum, ſpatio decem ſecundorum aquæ drachmas $5\frac{1}{2}$ egredi, atque adeo aquæ grana 43 vno ſecundo effluere. Docet aliud experimentum ex lumine lineari, cui perpendiculum aqueum vnius pedis ſuperextat, ſpatio 13 ſecundorum, 8 aquæ vncias exire: ſemivnciam igitur præbebit eodem, vel æquali tempore $\frac{1}{256}$ pedis, cùm ratio 256 ad 1 duplicata ſit rationis 16 ad 1. (eſt enim ſemiuncia $\frac{1}{16}$ 8 vnciarum) & $\frac{1}{256}$ pedis $\frac{9}{16}$ lineæ, ſeu lineam & $\frac{9}{16}$ lineæ contineat.

Vnde fit vt aqua limbum vaſis, ex quo fluit penè radat, & ſpatio 13 ſecundorum ſola ſemuncia effluat: ſpatióque vnius ſecundi proximè grana $22\frac{1}{2}$ exeant. Quapropter rectè 20 grana vnciæ ſint limes, & veluti menſura minima, quæ docet quantum aquæ per lineare lumen

effluat, cuius fuperiorem limbum aqua raferit, aut cui nihil aquæ fu-
perextiterit.

Quo pofito, quantum aquæ debeat intelligi, cùm ab Aquariis
aquæ linea venditur, & tribuitur, inquirendum, & propofitione fequente concludendum, fi priùs notauero aquæ fluentis ex lumine lineari data quantitate, dari etiam aqua quantitatem per quodcúmque lumen aliud maius, aut minus fluentem; nam qualis erat ratio luminis propofiti ad lineare lumen, talis erit aquæ ad aquam.

PROPOSITIO XIV.

Linea aquea, quam è pifcinis erogant Aquarÿ, pon-
dus & quantitatem definire.

MAior eft in iftius lineæ definienda quantitate difficultas, quàm
vt diffimulari debeat : quandoquidem femper aquæ linea dici
poteft quoties aqua fluit per lumen lineare, fiue tardè, feu quáuis velocitate fundatur; quamuis tanta velocitate fluere poffit, vt centuplò maiorem aquæ quantitatem tribuat. Qua igitur velocitate fluer-
re debet aqua linearis quam Aquarij diftribuunt? vel cùm minus de
velocitate cogitent, quanto perpendiculo vt quis aqueam lineam habere cenfeatur? Franchinus Aquarius expertiffimus dimidium pollicem, id eft fex lineas vult aquam cuilibet lumini fuperextare, vt præ-
fcripta quantitas habeatur, dicatúrque plenum lumen; quamquam
alij credunt 4 lineas perpendiculo fufficere. Verùm ne pendeamus
à diuerfis hominum fententijs, dicendum eft fciri non poffe quid fit
illa linea quam Aquarij tribuunt, nifi priùs detur aquæ fluentis perpendiculum, ex quo facilè quis agnofcat quantum emat, & habeat
aquæ.

Supponamus igitur altitudinem perpendiculi linearis effe 4, vel
6 linearum : cúmque fciamus ex prædictis rationem perpendiculo-
rum effe duplicatam rationis quantitatum aquæ dato tempore fluentium, & fpatio vnius fecundi 20 aquæ grana ex lumine lineari, cui tantifper aquæ fuperextat, effluere, clarum eft eodem fpatio temporis
aquæ grana 40 fluere, cùm 4 lineis aqua lumini prædicto fuperextat,
quemadmodum 80 grana, cùm linearum 16, 160 granorum, cùm
linearum 64 fuerit perpendiculum, & ita deinceps.

Alio modo calculum inftituamus ex obferuatione tubi pedalis, ex
cuius lineari lumine cùm fpatio 13 fecundorum aquæ libra dimidia

effluat, vno secundo grana 354⅚ funduntur, quorum pars dimidia
fluit ex 3 digitorum perpendiculo, hoc est pondus granorum 177½:
horúmque dimidium, id est 88⅜ & paulò amplius, ex nouem linearum perpendiculo;adeout duarum linearum perpendiculum ferè 44
aquæ grana spatio secundi minuti, iuxta hunc calculum, tribuat,cùm
ex alia obseruatione, 4 linearum perpendiculum sola 40 grana effunderet. Pedali verò experientiâ nisi malim, quòd videatur exactior
ob maius perpendiculum,cui quadrupedale suffragatur.

Docuit autem obseruatio digitum aquæ cubicum vasculo æneo
conclusum, esse pondo semunciæ, sesquidrachmæ, & 8 granorum
proximè ; quod quidem vasculum nulla mensura deprehendere potuimus esse digito, seu pollice cubico concauo maius, licet hîc definire nolim cubici pedis aquei pondus,quod maius esse colligitur solito pondere quod plures ei tribuêre,vt postea dicetur.Digitus autem
cubicus aquæ lineas cubicas 1728. & in grana conuersus 396 grana có-
plectitur: vnde constat lineam aquæ cubicam grano longè leuiorem
esse, quandoquidem diuiso 1728 per 396, quotiens ostendit lineas
aquæ cubicas 4⁴⁄₁₁ grano contineri: atque adeo grana 354⁶⁄₁₁, quæ superiùs vno secundo fluere dicebantur , proximè complecti lineas
aquæ cubicas 1418: quæ si cóponant cylindrulum linearem aqueum,
cylindrus aqueus ex lineari tubi pedalis lumine spatio secundi fusus
erit longitudinis,siue altitudinis pedum 9, digitorum 3½ & ex consequenti pedum 18½, si fundatur ex tubo quadrupedali.

COROLLARIVM PRIMVM.

Hinc elicitur lineam aquæ cubicum esse pondo ⅛ & ¹⁄₇₇ grani, seu
¹⁵⁄₄₄ grani ; atque adeo guttulam aquæ grano non æquiponderá-
re, quandoquidem 4 ad minimum guttæ satis magnæ ad grani pondus exæquandum requiruntur, cùm vnaquæque gutta debeat esse
vnius cubicæ lineæ. Porrò facilius est inuenire quot aquæ cubicæ
lineæ fluant ex quolibet dato lumine, cuius perpendiculum agnoscitur, quàm vt explicatione egeat: quamquam & ex aliis propositionibus quæ postea sequentur,illud magis ac magis innotescat.

COROLLARIVM II.

Ex dictis sequitur non satis definiri quam lineam , vel quantum
aquæ tribuant Aquarij, vel quantum è lacubus, & piscinis effluat, nisi lineę,quemadmodum & digiti , pedis , aut alterius luminis

perpendi-

perpendiculum explicetur, quod tanto breuius esse solet quantò fuerit maior anni siccitas, quæ plurimum imminuere solet aquam tam in ipsis fontibus quàm in aquæductibus, adeout non solùm is, cui digitus aquæ debetur suum perpendiculum solito breuius esse reperiat, sed ne vel vnicam aquæ guttulam excipiat: cui iacturæ nullus medicinam facere possit, cùm & ipsa flumina illi obnoxia sint.

MONITVM.

Hic de siphone dicendi locus, cùm instar luminis aquam effundat; sed cùm sæpenumero spiritu ducatur, seu trahatur aqua, dum siphonibus vtimur, ad instrumenta pneumatica malim illum reiicere, vt iam de salientibus agam, de quibus qui scripserit, neminem hactenus audiui: vt iam aliud iter nondum calcatum mihi peragrandum supersit.

PROPOSITIO XV.

Salientes horizontales, verticales, & medias inter verticem & horizontem explicare.

SIT tubus, seu fistula B A, quam semper aqua plenam supponimus, ob fontem à continuò tubum B A replentem dum per lumina G & H aquã effundit, vt tantundẽ aquæ restituatur per osculum B, quantum per illa tria lumina deperditur. Sítque linea GF *Saliens verticalis*, G O P saliens anguli semirecti, seu 45 gra-

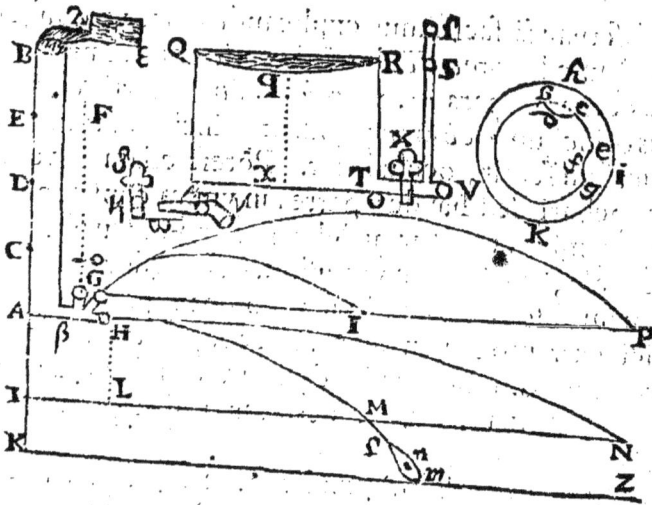

M

duum,quæ *media* nuncupetur. Denique faliens *horizontalis* fit H N,
vel H M. Eſt autem tubus A B horizonti G P, ſeu K Z, ad angulos rectos: dicitúrque faliens horizontalis ob epiſtomij ʒ H directionem horizontalem horizonti K Z parallelam : alioqui ſtatim atque

falit aqua per
lumen H, re-
linquit hori-
zontem , vt
propter ſuã
grauitatem
curuetur ver-
ſus M,pauló-
que ſemper
longiùs ab H
diſcedit, do-
nec occurrat
horizõ L M,
vel K Z, aut
quilibet a-
lius.

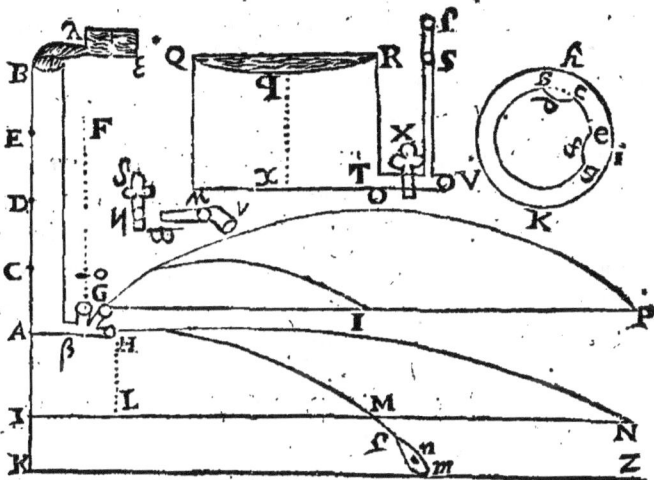

Vbi notandum eſt guttam ita ſuper horizontem diffundi, & expan-
di, vix vt ſalientis exacta longitudo ſumi poſſit, vt ex figura *l n m*
conſtat, quæ videtur ellipſim imitari,cuius cenſeo punctum medium
n, non autem extrema puncta *l* & *m*, ſalientis longitudinem oſtendere.

Porrò modus obſeruandi facillimus explicandus eſt, vt quiſquis
experiri velit, minimum laboret. Tubo BA epiſtomij fœmina σμɪ
indetur,itaut foras erumpat pars μɪ, vt in foramine μ vertibulum ꝺɪ
imponatur ; cuius orificium n cùm reſpondeat orificio μ , tubus recludetur , cùm auerſum fuerit, occludetur. Poteſt etiam ꝺ n vertibulum *maſculus* appellari ; ſed hæ duæ partes in vnum conflatæ clauis,clauicula,& epiſtomium vocetur,quòd vaſa claudat, ſeu obturet,
ne quid liquoris ex vaſe , quo fuerit concluſum, effluat, donec lumen
reſeretur. Quanquam abſque epiſtomio fieri poſſint experimenta , ſi
nempe digiti indicis extremo lumen obturetur, & aperiatur: ſed non
abſque multis incommodis,quoties enim digitum tollis è lumine,tu-
bus ſuam aquam effundit,quam retinere nequeas, niſi perpetua digiti appoſitione , vel epiſtomio.

Alia ſunt in hac figura quæ ſuis locis explicabuntur , vti ſaliens ad
angulos horizonti rectos G F, & mediæ, quarum G O P dupla G I,

quòd falientes ex tubo B A quadruplo tubi C A fint dupló longiores falientibus ex tubo C A, licet faliens tubi quadrupli F G fit pluf-
quàm dupla verticalis G O, quæ falit ex tubo pedali C A.

Vt verò ad obferuandi methodum redeamus, erit facillima in vnaquáque faliente metienda, fi poftquam epiftomium apertum eft, digitus apponatur lumini, verbi gratia H, & ablatus digitus adeo velociter aperiat lumen, vt vna folùm vel altera gutta faliat, quæ veluti punctum in folo relinquat, vt ex variis fuper eundem horizontem altitudinibus faliens aqua fuas diuerfas longitudines notet, & folo imprimat. Qua ratione puncta I, P, M, & N oftendunt 4 falientium longitudines. Quamquam faliens perpetua videtur aptior ad lineam
curuam G P, & G I, defcribendam, & velut in aëre fufpendendam,
quàm faliens folis diuerforum horizontium punctis defignata, fed
aquæ magna quantitas deperditur, & loca obferuationi feruientia
nimis humida, &madida reddūtur. Cùm igitur obferuatio paucis guttulis fieri poffit fola digiti miffione, remiffionéque celeri, qua lumen
claudatur & referatur, idque locorum vbiuis, tubus pedalis, vel fi
mauis trium digitorum, cuius bafis digito æqualis, ad omnia propemodum experimenta futurus eft aptiffimus: quandoquidem tubum
3 digitorum altum aqua plenum quifpiam ita fecum geftare poffit,
vt nequidem amici prefentes percipiant quid agat, citiufque rem per-
feceris ex quolibet fuper horizontem altitudine, quàm fimul ftantes
deprehenderint.

PROPOSITIO XVI.

*Salientium horizontalium & mediarum fuper eodem
horizonte longitudines funt in ratione fubduplicata
tuborum, è quibus exeunt.*

Esto tubus C A tubi B A fubquadruplus; obferuatio docet horizontalem falientem tubi C A, hoc eft H M, fubduplam effe
falientis tubi B A, hoc eft H N; qui fi fiat adhuc quadrupló altior,
vt fit 16 pedum, faliens illius erit quadrupla falientis H M; octupla
verò, fi fiat 64 pedes altus, & ita de reliquis: cuius phænomeni ratio
falientis velocitati adfcribenda, quæ fimiliter eft in ratione fiftularum fubduplicata. Quod confirmatur ex eo quòd aqua fluens è fiftula 16 pedum, quadrupla fit aquæ fluentis ex fiftula pedali. Cùm
enim aqua ex lumine H exilit, cui perpendiculum quadrupedale fu-

perextat, hunc velocitatis gradum acquisiuit, quo non amplius aucto spatium percurrat duplo maius spatio quod conficeret si tantùm
ex puncto C descendisset, quemadmodum de grauium descensu, dictum est. At dupla velocitas duplum iter æquali tempore percurrit, sed de velocitate, prop.24. dicetur, nunc enim de sola longitudine
salientium agimus, quas hîc iuxta proprias obseruationes affero.

Sit igitur sequens tabula, cuius prima columna varias tubi pedalis
super horizontem, seu lumen altitudines referat, quarum prima sit
vnius pedis, secunda 2 pedum, &c. secunda columna salientium longitudines in pedibus & digitis exhibeat. Prima columna non excedit 50 pedum altitudinem, qui salientem decem pedum ostendunt.

Plures alias obseruatio-
nes postulanti tradam, licet satiùs sit vnumquém-
que experiri, vt etiam noua circa salientes animad-
uertat. Cùm autem sit fa-
cillimum huic accommo-
dare propositioni quæ di-
cta sunt antea de mediis,
& tertiis proportionali-
bus, vt tubi reperiántur
qui datam aquæ quantita-
tem dato tempore quæsi-
tam effundant, non est
quòd eadem repetamus
ad inueniendos tubos,
quorum salientes sint in

Altitudines super horizontem.	Longitudines salientium.	
Pedes.	Pedes.	Digiti.
I	I	10
2	2	6
3	3	
4	3	5
5	4	
6	4	4
12	5	6
18	6	6
26	8	
50	10	

data ratione : Aliqua tamen exempla, facilitatis ergo, producamus.
Quæratúrque verbi gratia tubus, cuius saliens horizontalis sit media
proportionalis inter salientes horizontales H N & H M: quam exhibebit tubus medius proportionalis inter tubum A C & A B, quæ
sit A D, nam inter 4 & 1 media prop.est 2. Vbi verò quis hanc mediam salientem habuerit, & duplam salientis H M quæsierit, tertia
proportionalis, hoc est A B, dabit quæsitam fistulam.

Vnde constat nullam quæri posse salientem horizontalem, cui non
possit fistula destinari; nullámque fistulam dari posse, cuius saliens
non possit assignari, dummodo medij impedientis, de quo postea, ratio non habeatur. Quod similiter de salientibus anguli semirecti concludendum est, qualis est G I, vel G P, sed non de verticalibus, qua-

les funt G F, & G O, quæ leges aliarum non fequuntur, vt mox dicturi fumus.

PROPOSITIO XVII.

Salientium verticalium longitudines, fiue altitudines
inquirere, illas cum horizontalibus comparare, in-
ueftigare cur non fint in ratione fiftularum fubdu-
plicata, vti funt horizontales & media; curue non
afcendant vfque ad fuorum tuborum fummita-
tem.

Illud habet peculiare faliens verticalis, quòd in qualibet fui tubi
fuper horizontem eleuatione femper æqualis fit, cùm faliens horizontalis & media tátò magè crefcant, quanto lumen fiftulę fublimius
fuper horizontem tollitur. Cùm igitur tubi ad horizontem erecti faliens verticalis fit proximè ⅔ fiftulæ, vt conftat ex faliente verticali
quadrupedalis tubi, cuius aqua ex epiftomio verticaliter conuerfo ad
tubi pedes 3½ exilit, quæ faliens poterit effe reliquarum modulus,
feu menfura: cúmque pedalis tubi quadrupedalis fuper horizontem
erectio eijciat aquam horizontalē ad pedes 3½ proximè, fi hæ duæ falientes inuicem conferantur, erit horizontalis ad verticalem vt 11 ad
10: quæ ratio femper magis augebitur, quò lumen fublimiùs horizonti fuperexciterit, adeout futura fit horizontalis ad verticalem
eiufdem tubi, vt 24 ad 5, cùm lumen 26 pedes fuper horizontem
fuerit erectum. Nec vllus mortalium nouit quo loco definat falientis horizontalis incrementum, quod futurum fit vfque ad centrum
terræ, fi nihil impediat; hoc eft fi liber defcenfus aquæ pateat, & medij denfitas & agitatio nullatenus opponantur.

Porrò cùm tubi longiffimi funt, verticales minuuntur, hoc eft non
funt ⅔ vel ½ fui tubi, vt in Dracone Ruelliano videre eft, cuius tubus
originem arceffit à pifcina 60 pedes fuper horizontem erecta. Saliens
enim verticalis quæ 40 pedum effe debuit vt tubi ⅔ haberet vix 30
pedes fuperare videtur, quot etiam pedum eft horizontalis, cùm lumen bilineare pedes 4 horizonti fuperextat. Dixi videtur, quod falientem illam metiri non potuerimus: Sed quâ proportione minuan-
tur verticales dum tuborum crefcunt altitudines, mortalium nullus
fcire poteft, fi enim tubus fiat centum pedes longus, alia ratione mi-

nuetur verticalis, quàm in tubo 60 pedum, quótque fuerint diuersæ
fiftularum altitudines, toties variabit proportio verticalium; nam
guttulę videntur in minutifsimum puluerem abire, & in fpumam ver-
ti, cùm ad 30, vel 60 pedum altitudinem peruenint, nifi lumen paulò fiat patentius, vt craffior aquæ cylindrus verticalis aëri refiftat, qui
cùm nihil refiftere fupponetur, non folùm cuiuflibet tubi faliens verticalis dodrans erit, fed etiam tolletur altiùs; an verò æquè altè, aut
duplò altiùs poftea dicetur.

Itaque ratio propter quam falientes verticales non eandem inter
fe & cum tubis rationem feruent, hinc fumitur quòd folo motu verticali moueantur, cùm aliæ falientes tam horizontali, quàm perpendiculari motu, fiue furfum, fiue deorfum moueantur, vnde quædam
linea generatur, quam poftea demonftrabimus quodammodo parabolam imitari.

Quòd autem vix excedat ¼ tubi, tam in aëris refiftentiam, quàm in aquæ grauitatem refundendum: quantum verò refiftentiæ vtráque afferat, feorfim fumpta, licet difficillimum inuentu videatur, illud tamen aggredior.

Sit igitur præcedentis tubi B A, faliens verticalis G F; vel vt faciliùs intelligatur, fit in linea C B, tubi altitudo B A, ex cuius lumine B
faliens verticalis faliat verfus A. Certum eft
ex dictis, guttam in B hanc acquifiuiffe velocitatem, qua fpatium fpatij AB; (à quo cenfetur defcendiffe) duplum conficiat eodem, vel
æquali tempore, quo reuera defcendit, vel defcenderet ex puncto quietis A ad punctum B.
Intelligatur ergo 4 temporibus ex A in B defcendiffe, certum eft aquæ vim, feu potentiam
in B tantam effe, vt ex lumine B fit vfque ad
punctum G afcenfura 4 temporibus fi nihil
vim iftam retundat. Eft autem obferuandum
tres iftius figuræ lineas poni, atque fumi pro
eadem linea, in tres æquales diuifa, vt diuerfæ litteræ, & numeri appingerentur.

Conftat verò ex obferuatione verticalem
falientem non redire, feu reflecti vfque ad A
tubi fummitatem, fed tantùm ad punctum 12

in LH linea, hoc eſt ad dodrantem tubi, aut paulò altiùs. Hinc fit vt illius iter quod abſque impedimento percurriſſet, toto ſpatio ab puncto 12 vſque ad punctum E, vel C minuatur, hoc eſt pluſquàm parte mediâ, eſt enim C B ad C, vel L 12, vt 5 ad 3, hoc eſt in ratione ſuperbipartiente tertias.

Vt autem appareat quantum aëris reſiſtentia, & ſalientis verticalis propria grauitas longitudini D C deterant, notentur gradus celeritatis, quibus gutta in B intellecta deſcendit ab A puncto ad B, nempe 1, 3, 5, 7, iuxta legem grauium deſcendentium; & eo tempore quo reſilit verſus C, notentur etiam gradus, quibus à propria grauitate remoram patitur, videlicet 7, 5, 3, 1, qui numeri cùm ſint præcedentium inuerſi, propria grauitas tantumdem ſpatij lineæ C B detrahit, quantum antea cadens ab A puncto ad B acquiſierat. Eapropter non altiùs aſcendet quàm ad punctum A, cùm abſque illa grauitate ſemper verſus terræ centrum contendente, vſque ad C punctum aſcendere debuiſſet. Hac autem ratione minuitur aſcenſus: B C vel N M diuidatur in 4 partes æquales; his numeris 8, 16, 24, 32, inſignitas: quamdiu primo aſcenſionis tempore contendit aqua ex puncto N vel B vſque ad punctum 8 peruenire, grauitas propria ſpatium vnum detrahit, æquale ſpatio primo A 1, quod ab A cadens primo tempore percurrerat; hinc fit vt ad punctum 7 ſolummodo perueniat.

Secundo tempore, quo perueniſſet ad punctum A, ſeu 16, abſque impedimento, tantùm ad punctum 12 in linea L E accedit, cùm enim ſecundo tempore incipiat à puncto 7, à quo debuiſſet octo ſpatia percurrere vt ad vſque punctum 3 perueniſſet, propria grauitas in contrarium vrgens, tria ſpatia detraxit, quapropter non potuit ſaliens punctum 12 lineæ L E ſuperare. Tertio denique tempore à puncto 12 verſus E aſcendens, 8 ſpatia conficeret, ſed à propria grauitate quarto tempore 7 ſpatia conficiente detrahuntur 7 ſpatia; quamobrem cogitur ſaliens in A vel G puncto ſubſiſtere, & vnicum ſpatium ab 1 ad A, vel à 3 ad 1, vel ab H ad G ſolummodo conficit: vbi vim omnem aſcendendi conſumit, adeoút recidere cogatur, iterúmque deſcendat 4 temporibus ab A puncto ad B, deſcenſum accelerans iuxta numeros 1, 3, 5, 7, hoc eſt in ratione temporum duplicata.

Vnde innoteſcit quantum aëris reſiſtentia noceat ſalienti verticali, quæ cùm vix in linea L E punctum 12 ſuperet, eíque propria grauitas ſpatium C A detrahat, clarum eſt ſpatium A 3, ſeu G 12, ab aëris grauitate detrahi, hoc eſt reliquæ aſcenſionis A B quadrantem, vel integræ, liberæque aſcenſionis B C partem octauam.

Quæ omnia maioribus salienti bus verticalibus poterunt accommodari, vt quantum vnicuique detrahat aëris resistentia cognoscatur.

PROPOSITIO XVIII.

Media salientis magnitudinem, illiúsque durationem explorare.

SI priùs mediam salientem absque aëris resistentia consideremus, supponendum est aquam duplici motu ferri vt semiparabolam sinistram B A obliquè iuxta semirectum angulum ascendendo describat, nempe motu horizontali æquabili à B ad D, & perpendiculari à B ad H, vel à D ad A; quemadmodum exscendendo describit sinistram semiparabolam A C motu ex horizontali A F & perpendiculari C F composito, vt superiùs dictum est.

Quod paulò fusiùs explico. Intelligatur aquæ gutta ex alicuius tubi osculo egredi, quæ tanta vi moueatur vt lineam B D æquabili motu, eodémque tempore B H motu inæquali iuxta primorum octo numerorum progressionem 15, 13, 11, 9, 7, 5, 3, 1, octo temporibus percurrere possit, quorum primo gutta B motu horizontali ab 8 ad 7, & motu perpendiculari à B ad I perueniet : Secundo tempore, motu horizontali à 7 ad 6, perpendiculari ab I ad L; hoc est duobus primis temporibus à 6 ad L perueniet. Tertio tempore à 6 ad 5, & ab L ad N, & ita de cæteris tam horizontalibus æqualibus, quàm perpendicularibus inæqualibus interuallis, donec octauo, siue vltimo tempore ab 1 ad D, & ab e ad A pertingat. Cùmque in puncto B vim suã, qua perpendiculariter ascendebat, amiserit, re-

tinuerit-

tinueritque vim aliam integran, qua mouebatur horizontaliter, non plus temporis in A F, seu D C spatio percurrendo impendet, quàm in spatio B D, réque vera æquali tempore per spatium A F transmittetur, si postquam à B ad A peruenit, sua grauitate spolietur, lineámque B A F describet: quemadmodum solam lineam B D descripsisset octo primis temporibus, si vim ascendendi perpendicularem non habuisset.

Nunc autem aliquid huic figuræ detrahendum cùm in aëre degamus, in qua salit aqua: verbi gratia, si aqua in figura 20. prop. à puncto L ad K motu horizontali æquabili, & ab eodem puncto L ad Z motu inæquali ferri supponatur, lineam L 17 B describet ascendendo, eíque æqualem ab A puncto ad læuam descendendo. Quod vt huic nostræ figuræ quadret, lineam B A, hoc est semiparabolam non describet gutta B saliens ad angulum semirectum, sed aliam lineam decliuiorem, quæ verbi gratia, pertinget ad punctum g, i, aut l, & ab l perget versus C, verbi gratiâ in ᵝ, ob aëris resistentiam quæ non solùm verticalem, sed etiam horizontalem motum imminuit, de quibus prop. 20. & aliis in locis fusiùs agetur.

PROPOSITIO XIX.

An salientes horizontales circulares sint inuestigare.

CVm ex obseruatione constet salientes horizontales non esse rectas, sed curuas, neque sciamus qua curuitate constent, curuas celebriores quas videntur æmulari, ad examen reuocemus; cúmque curua circularis nobilior, vel notior existimetur: sit A C quadrans circuli, vel, vt alij malunt, circumferentiæ circuli: cuius radius B A, linearis luminis in A puncto intellecti referat altitudinem, & in sex partes æquales diuidatur, quæ sex luminis super horizontem eleuationes repræsentet: sitque prima, seu minima eleuatio B I, vel a A, cuius saliens ex A lumine perueniat ad punctum b; & subtensa b a intelligatur longa pedem & ⅔ pedis: Docet obseruatio secundæ altitudinis i g vel a a subtensam c d longam esse debere pedum 2½, subtensam e f trium pedum, &c. quæ quidem vocari possunt *applicata*, vel *ordinatæ*. Sed ex Geometria constat ordinatam c d non esse pedum 2½, neque e f trium pedum, qualium a b supponitur pedis 1½. Quod ita demonstro.

N

Sint ordinatarum qua-
drata, minimum quidem
b 4 539, cuius rad. 23,
quæ, dempta vnitate, fa-
lientis longitudinem referat. Secundum quadratum
ordinatæ *cd,* eſt 980, cuius
radix 31; ſaliens autem eſt
30. Quadratum *e f,* 1323,
cuius radix 36.

Reliqua quadrata confe-
ramus in tabulâ omnia in-
tuitui ſubiicientem; cuius
prima columna ſex ordina-
tarum quadrata, ſecunda
differentias illarum; tertia
differentiarum differẽtias,
quarta radices quadrato-
rum, quinta denique ſa-
lientium horizontalium
longitudines ex obſeruationibus depromptas exhibet.

Quatuor primæ ordinatæ
propiùs ad veras ſalientes
accedunt, vt ſuſpitio poſſit
in errorem inducere, ne-
forſan ſalientes horizon-
tales circumferentiæ par-
tem deſcribant; quem vt
caueas, ſit B C ſaliens
maxima digitorum 42,
qualis eſt tubi pedalis,
cuius lumen 4 pedes ſu-
per horizontem erigitur:
ſintque reliquæ ſalientes
ſecunda tabulæ ſequentis
columna cõtentæ; quem-
admodum prima ſex ſu-
per horizontem eleuatio-
nes in digitis expreſſas
exhibet.

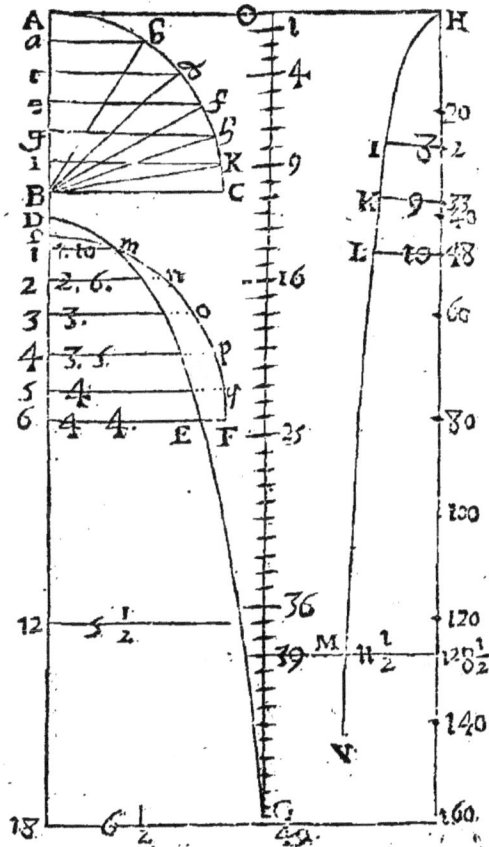

Tabula ordinatarum & ſalientium.

	I	II	III	IV	V
a b	539			23	22
		449			
c d	980		98	31	30
		243			
e f	1323		98	36	36
		245			
g h	1568		98	39	41
		147			
i K	1715		98	41	48
		49			
BC	1764			42	52

Est igitur maxima faliens 42 digitorum, cùm tubi lumen super horizontem 48 digitis erigitur, cuius dupla erit faliens si tubus qua-druplicetur, hoc est fiat quadruplò altior: reliquas obferuationes fe-quens tabella exhibet, cuius prima columna eleuationes luminis super horizontem, secunda falientium longitudines in digitis ex-hibet.

Tabula elevationum & falientium.

I	II
Eleuatio-nes.	Salien-tes.
48	42
40	37
32	34
24	29
16	22
8	18

Porrò figura præcedens tam circularem li-neam *l, m, n, o, p, q,* F, quàm falientis figuram continet, vt faciliùs comprehendatur difcri-men vnius ab alia; est enim quadrans *l* F 6, quadranti A C B æqualis; & lineæ inter *m* F & E *m* comprehenfæ, funt differentiæ ordina-tarum quadrantis à falientis ordinatis, quibus falientium longitudines numeris infcribuntur & notantur. Exempli gratia, fuper breuiore li-nea fcribitur 1, 10, quod fignificat pedem cum digitis decem. Primus enim numerus pedem, secundus digitos fignificat: quapropter maio-ri falienti 4, 4, id eft, 4 pedes & digiti 4 in-fcribuntur. Poftea verò fufiùs de hifce falien-tibus dicturi fumus.

MONITVM.

CVm deinceps de fectionibus Conicis locuturi fimus, quas fortè falientes æmulantur, nonnulla præmittenda funt, vt quifpiam rectè percipiat quidquid fequentibus prop. dicendum erit, & difcu-tiat num falientes, & aliæ proiectiones aliquam fectionem Conicam imitentur: facilè verò parcet Lector fi quædam de fpeculis comburen-tibus fubiunxero, vt quæ minus rectè in harmonia Gallica libro de voce dicta funt de lineis in infinitum vrentibus emendentur & probè intelligantur.

LEMMA.
De sectionibus Conicis.

Duodecim parabolæ proprietates. Vbi de speculis parabolicis in infinitum vrentibus.

CVm in tractatibus nostris sæpius recurrat sermo de sectionibus Conicis, præsertim verò de Parabola, quæ salientibus aquis, & proiectorum lineis accommodatur, nonnulla præmittenda sunt quæ viam aperiant, & proprietates illarum sectionum lectorum animo ingenerent.

Primùm igitur conus intelligatur, qui variis sectionibus plano factis lineam quidem parabolicam, seu parabolam ostendat, quando planum secat conum æquidistanter, seu parallelos vni laterum; cuius Parabolæ tantus est proprietatum numerus vt eas nemo referre possit, quas inter sit nobis, Prima, quòd ex duobus motibus generetur, quorum vnus horizontalis æquabilis, qualis intelligatur fieri per lineam horizontalem F H, à puncto A hinc inde; in qua octo diuisiones æquales octo æqualia tempora significant, quibus æqualia spatia ab A puncto ad H percurruntur.

Alter motus intelligatur fieri à graui corpore, quod ab A puncto quietis in D punc-

tum perpendiculariter cadat motu inæquali, qui prædictis octo temporibus graue ab A ad D ita transferat vt primo tempore ab A ad *e*,

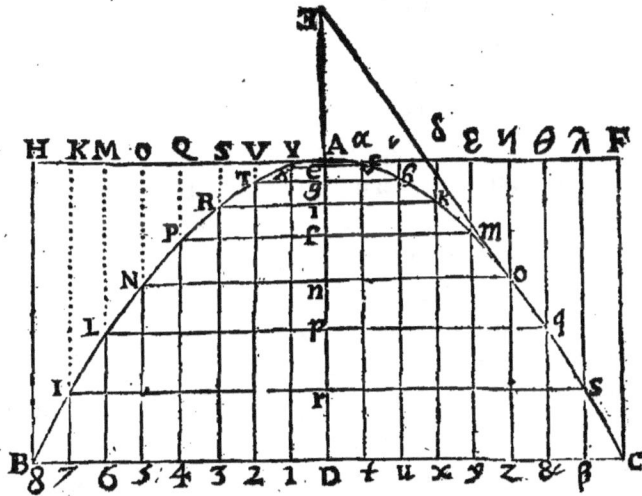

secundo ab *e* ad *g*, tertio à *g* ad *i*, quarto ab *i* ad *l*, quinto ab *l* ad
n, sexto ab *n* ad *p*, septimo à *p* ad *r*, octauo denique ad *r* ab D peruueniat. Hi siquidem motus coniuncti, quibus idem corpus iuxta lineam horizontalem A H,& perpendicularem A D mouetur, describunt semiparabolam A X T R P N L I B, vt fusiùs postea dicturi sumus.

Secunda proprietas, cognata præcedentis, quòd illius axe (siue principali diametro.)A D iuxta numeros impares immediatos 1,3,5, &c. secto, lineæ X *e*, T *g*, R I, & sequentes inter se parallelæ, & axi DA perpendiculares, vsque ad B D & vlteriùs in infinitum, si producatur axis A D, sequantur naturalem numerorum seriem 1, 2, 3,4, &c. quam Geometræ vocant ordinatim applicatas siue ordinatas.

Tertia, quòd exteriores lineæ B H, I K, &c. axi D A parallelæ sint æquales interioribus, quas diametros secundarias, vel minus præcipuas appellare possis. Est enim B H axi æqualis, vt K I æqualis *r* A, *r* M æqualis *p* A,&c. quódque sint inter se vt partium æqualium A Y, Y V,&c. quadrata.

Quarta, quòd ordinatarum quadrata sint inter se vt axis partes interceptæ inter verticem & ordinatas, vel prædictæ partes inter se vt ordinatarum quadrata: exempli gratia, quadratum BD 64 (cùm BD in 8 partes æquales diuisa sit)est ad quadratum P *l*, quod est 1 6, vt D A ad *l*A; cùm enim A *e* sit partis vnius, qualis *e*, *g*, trium, *g*, *i*, 5; *i*, *l*, 7 : *l*, *n*, 9 : *n*, *p*, 11 : *p*, *r*, 13; & *r* D, 15, sequitur A D lineam in 64 partes æquales diuisam esse, quarum L A 16 complectitur.

Hinc fit vt datis quibuslibet axis partibus ordinatæ illis respondentes, datísque ordinatis partes axis facilè reperiantur. Quinta proprietas exhibet tangentes Parabolæ; sit enim, exempli causa, *o* punctum in Parabola, ad quod applicetur ordinata *n o*, cuius axem interceptum *n* A si transferas in axem productum A E, linea recta ab *o* puncto ad E ducta tangens erit; aliásque simili modo cuiuslibet puncti tangentes dicto citiùs inuenies.

Sexta, lateri recto, siue parametro inueniendo destinata, quòd cuiuslibet ordinatæ quadratum æquale sit rectangulo sub parte axis inter verticem & ordinatam intercepta, & parametro, vt hîc contingit, vbi quadratum ordinatæ D C, hoc est D F, æquale est rectangulo sub axe D A & parametro A F.

Septima, quòd latus rectum, seu recta diameter sit tertia, ordinata verò media proportionalis, vt enim A D ad D C. ita D C ad AF; vel (vt latera rectanguli sint inæqualia)vt L A ad *l* P ita *l* P ad AH, vel AF; est enim *l* A duarum partium, qualium *i* P quatuor, sed vt

2 ad 4, ita 4 ad 8 parametrum; quamuis interceptus axis fiat tertia proportionalis, cùm à parametro incipitur: quoties verò continget ordinatam intercepto axi æqualem esse, parameter eidem æqualis erit.

Octaua, ad inueniēdum focum paraboles , ordinata intercepto axi æqualis sufficit , cuius nempe quarta pars ab A vertice versus D sumpta focum ostendit , quem aliàs vocant vmbilicum :

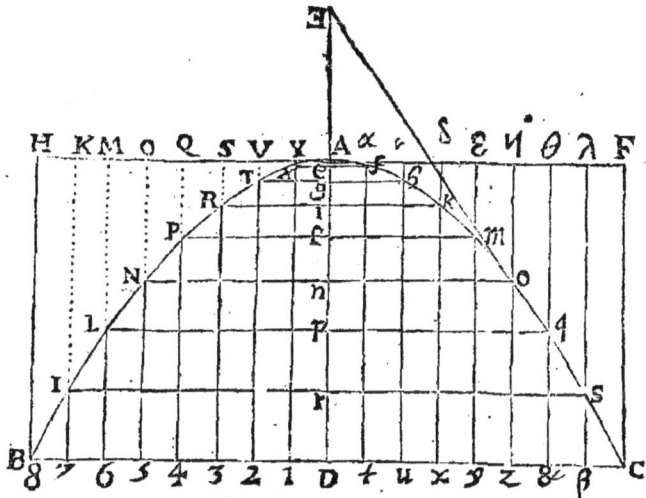

cùm igitur A l sit ordinatæ D C quarta pars, punctum l focus erit Quin & l P, vel l m dupla erit l A, vel subdupla parametri A F; vnde & alia surgit proprietas, quemlibet videlicet radium à quóuis concauitatis paraboles interioris puncto ad focum l reflexum æqualem esse axi interiecto inter ordinatam ductam ab illo puncto in axem, (qualis est A l , qui inter P l ordinatam intercipitur) & axis parti inter A verticem & l focum simul sumptis: quæ proprietas clariùs ex figuris sequentibus intelligetur.

Nona, radiis B C inter se parallelis in Parabolæ concauum cadentibus ad l punctū vniendis, atque igni excitādo adhibetur; quòd omnes diametri 7 I, 6 L, &c. in parte sinistra Parabolæ, vel in dextra ɼ S, α q, &c. cùm suis reflexis ad punctum l sint æquales. Quæ meliùs intelligentur ex figura 5. prop. lib. vtilitatis harmoniæ Gallicæ, videlicet B A D C parabola, quàm hîc repeto, vt de quibusdam circa lineam in infinitum comburentem admoneam. Punctum E focus erit ex ista nona proprietate, quapropter diameter seu radius incidens O L cum sua reflexa L E, æqualis est radio F A cum sua reflexa A E, & ita de reliquis ; constat enim omnes radios parallelos ab vna ordinatarum in parabolam incidentes vnà cum suis reflexis ad focum, seu punctum ex comparatione, quales sunt O L E , & G D E inter se æquales esse: qui quidem reflexi radij ad E focum ignem excitant,

nifi à conuexa minoris parabolæ H E K superficie, cuius idem focus E, iterum versus P Q paralleli reflectantur.

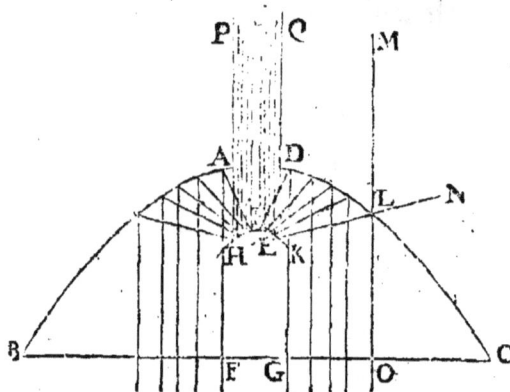

Vbi obseruandum est eos solummodo radios à speculo conuexo H K reflecti ad P Q, qui priùs in concauum Parabolæ maioris paralleli inciderant; hoc est, si soli decem radij, qui hîc basim B C perpendiculariter se-

cant, in concauum parabolæ B A C paralleli ceciderint, illi soli decem à parabolula H K in P Q reflectentur, qui cùm minimè sufficiant ad ignem excitandum, frustra laborabitur in reflectendis A P Q D parallelis, qui minimè combusturi sunt vel stipulam siccissimam, nisi iuuentur ab aliis radiis non parallelis, qui non exactè reflectuntur ad E focum, sed citra vel vltra: quamquam ob ingentem solis à speculo distantiam recessus à parallelismo vix sensui obnoxius sit, atque adeo radij non paralleli à conuexo H A reflexi, ad magnam distantiam parallelos A Q iuuare possint, donec ab eis discedant.

Quod vt intelligatur, sit A B solis diameter, radios parallelos A C, E H, F I, G K, & B D in speculum C D immittens, dico radios illos omnes in parabolæ focum E coactos nullum facturos incendium, quòd vim maiorem non habeant quàm radij B G, B H, B I, B K, B D à solo puncto B prodeuntes, qui non comburerét, quantumuis in vnum collecti. Porrò cùm post illam collectionem iterum à seinuicem discedant, donec ad interuallum peruenerint interuallo C A inter speculum C D & diametrum solarem A B interiecto æquale, in quo tantum inter se distabunt, quantum super linea C D, impossibile est cylindrulum radiosum P D in infinitum vrere, quandoquidem post illam radiorum non parallelorum diuaricationem soli radij paralleli C L, H M, I N, K O & P D vniti manebunt: cùmque speculorum magnitudo non soleat vnum aut alterum pedem superare, soli radij ex pedali vel bipedali spatio solis cádentes paralleli erunt, quibus longè fortiores & efficaciores futuri sunt illi radij non paralleli, qui ex omnibus aliis punctis

seu partibus solis in speculum inciderint.

Neque mireris, quod totius solis A B radij paralleli non sint efficaciores radiis ab vnico puncto B prodeuntibus, quippe præter radium
suum parallelum alios infinitos quodlibet solaris superficiei punctum
emittit, nulláque pars solis vllis radiis parallelis exhauritur, cùm alios
infinitos in alias partes effundendos retineat, & omne punctum lucidum radiet in orbem, ac veluti corpus, seu solidum lucidum efficiat,
quod tamen sit tantæ tenuitatis, vt ad punctum si reduxeris, vrere nequeat. Ex quibus concludere licet cylindrum P D comburentem
ad aliquod vsque spatium calorem aliquem posse conseruare, qui tamen semper minuatur, etiamsi nihil à medio radios pati supponas.

Decima proprietas ex parabola præcedente intellectu facilis, in
qua radius exterior N L à puncto lucido, vel candela N ad focum
E collimans reflectitur axi
parabolæ parallelus in LM;
eodémque modo radius à
candela M ad punctum L
cadens reflectitur ab L in
N, ac si ab E foco procederet; à quo etiam velut à puncto lucido radij interiores in
Parabolæ concauum, putà
in L punctum interius emis-
si, in eandem lineam L O lineæ exteriori L M conti-
nuam reflectuntur; & tam
exteriores radij AP, DQ LM, quàm interiores AF, DG paralleli sũt.

Lumen itaque P Q immissum in parabolulæ connexulum H E K reflectitur in concauum maioris parabolæ B A C, & radij paralleli an-
gusti P D conuertuntur in parallelos latiores D G, L O, AF. &c.

Hincque perspiciliorum conficiendorum noua methodus absque
diaphanis, sinamque statuatur oculus in spatio P Q, qui respiciens
in conuexum H K videat obiecta ex parte B C sita. Sed foramen
A D non debet excedere pupillam oculi, vel K H superficiem, ne lumen aliquod peregrinum obiectorum luminibus officiat, & irrum-
pens distinctam visione perturbet: illud igitur tubo intus nigro speculum vtrumque concludente, & aliis quibusuis modis excluden-
dum, quibus peractis, si concaua maioris parabolæ superficies sit 8
digitorum, minoris verò semidigiti, seu linearum 6, obiecta ducenties
quinquagies sexies maiora, vel distinctiora, seu clariora videbuntur.

Alio

Alio præterea modo parallelæ distantes ab inuicem in arctiorem locum seruato parallelismo cogi possunt, vti vides in parabola sequente *e* O A D, in qua radius N O, & alij inter D & *e* intercepti concauæ superficiei parabolæ maioris occurrentes, & in conuexam minoris A I B reflexi, (à qua impediuntur ne ad focum vtriusq; parabolæ communem E perueniant) in arctius spatium K M cogentur. Itaque si qui parietes politi figuram *e* A, D B æmularentur, candelæ in variis punctis N M, &c. dispersæ, & radios in applicatam A I B parabolam immittentes in aula media K L M lumen intensius producerent. Omitto tangentes H F & I G, ex quibus radiorum reflexiones, & reflexionis æquales anguli colliguntur, vt ostendam quâ ratione minoris parabolæ concauum radios parallelos, quantumuis dissitos in minus spatium seruato parallelismo colligere possint.

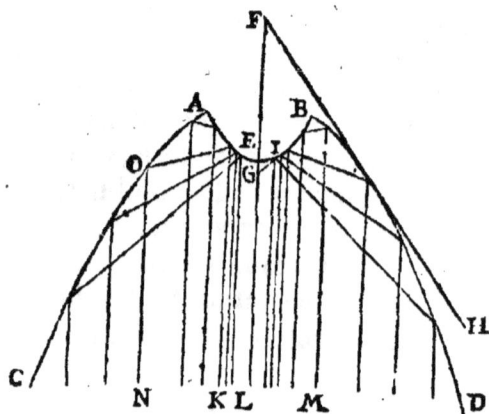

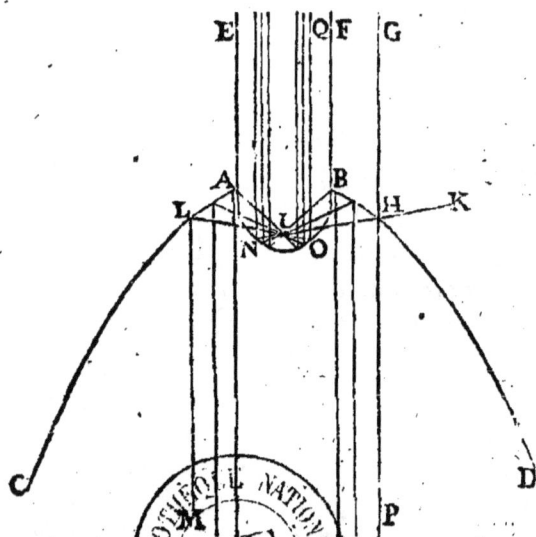

Sit igitur parabola maior C A B D, in quam paralleli M P in L A H B incidentes reflectantur in concauum minoris parabolæ N O, qui cùm per I focum transeant, paralleli reflectentur in A E, O Q, modò punctum I focus vtriusque fuerit ; Cætera ipsis oculis haurire licet dum ex prædictis proprietatibus modum elicimus, quo per vasa parabolica ignis accendi, vel lumen intendi potest ; sit enim sol A B radians in E F N

vas parabolicum; cuius focus in O; in quo radij coacti comburent,

O

& poſt combuſtionem ingredientur in
aliud vas parabolicum P , quod illos
iterum parallelos.in ſpatio K I L M
reddet, in quo ſi ſol alius , vel aliud
luminare intelligatur, ambo ad focum
O concurrent: iterúmque alia metho-
do ſi ſol A E radios emittat in vas parabolicum D,
qui ad focum B concurrant , ex foco ſi diuaricent in
ſpeculum concauum ſphæricum F G , omnes denuo
reflectentur ad ſphærici ſpeculi centrum B,cuius augebitur vſtio, ſimúlque confluent radij paralleli A F,
E G, & intermedij ad focum C, hoc eſt ferè ad quartam axis ſphæræ partem. Omitto plures alios vſtio-
nis modos ; quos lector ex dictis, aut dicendis intelligere poterit.

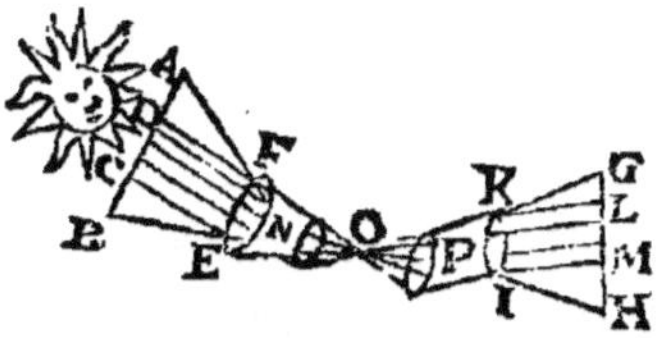

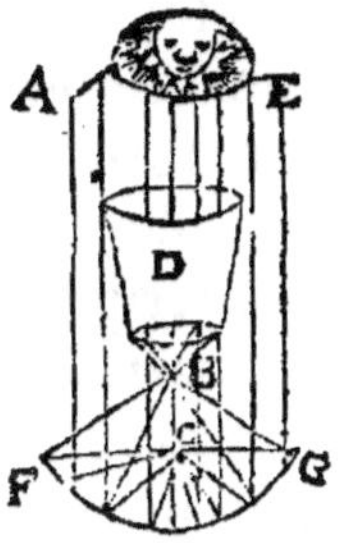

Vndecima proprietas in eo ſita eſt, quòd lineæ omnes à quolibet
puncto concauæ paraboles reflexæ ad focum ſint æquales parti axis
interceptæ inter applicatam ad punctum reflexionis terminatam &
verticem paraboles, vnà cum parte reflexa ex eodem vertice ad focum, vt conſtat
ex linea E A in
parabola C E,
quæ linea æqua-
lis eſt I C & C A
ſimul ſumptis.

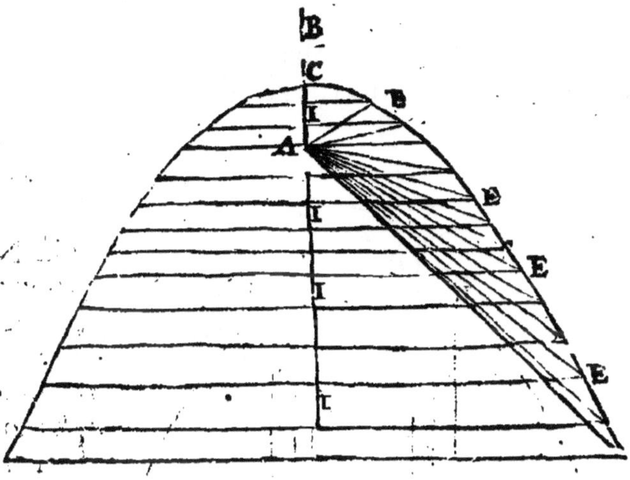

Duodecima ,
quando circulus
parabolam in 4
punctis ſecat ; ſi-
ue duo puncta
hinc inde, nem-
pe in dextra &
ſiniſtra parte re-
periantur , ſiue
tria ſint ex vna
parte, & vnicum ex alia, omnes ordinatæ ex punctis ſiniſtræ partis
ductæ ſimul ſumptæ ſunt æquales ordinatis dextræ partis ſimul ſumptis ; adeout ſi vnicum ex altera parte reperiatur punctum, ac conſequenter vnica ordinata, ſit tamen æqualis tribus ordinatis in alia parte ſumptis.

Alias omitto proprietates, quòd non poſſint clarè ſatis intelligi abſque nouis figuris, qualis eſt parabolæ & ſpiralis Archimedeæ inuenta nouiter æqualitas, de qua corollario 2. prop. 25. ſequentis hydraulicæ.

Adde ſi vis conoideum parabolicum factum ex conuerſione parabolæ ſuper ſuum axem eſſe ad ſuum cylindrum, vt 1 ad 2; factum verò ex conuerſione ſuper baſim, ad eundem eſſe cylindrū vt 8 ad 15, & factū ſuper tangentem parallelam & æqualē dictæ baſi vt 4 ad 5: quorum conoideorum centra grauitatis à noſtro Geometra repetas: ſed cùm ſolis lineis, vel planis egeamus, proprietas illa parabolæ ab Archimede primum demonſtrata, quòd videlicet triangulum maximum inſcriptum parabolæ ſit eius ſubſeſquitertium, & quælibet parabolæ particula ſit inſcripti trianguli ſeſquitertia, inter præcipuas numeranda videtur, cùm illius quadraturam præbeat, quam deinde pluribus modis Geometræ recentiores demonſtrarunt. Adde cylindrum rectum eiuſdem baſis & altitudinis cum recto conoide parabolico habere ſuperficiem, quæ, ſine baſibus, ſit ad ſuperficiem conoidis abſque baſe, vt axis totus ad duas tertias rectæ quæ poteſt ſemiſſem axis, & totam diametrum.

Explicatio, & comparatio figurarum Conicarum.

HActenus varias Parabolæ proprietates oſtendimus, ſupereſt vt aliquid ſubiungamus de reliquis ſectionibus, quas figura ſequēs

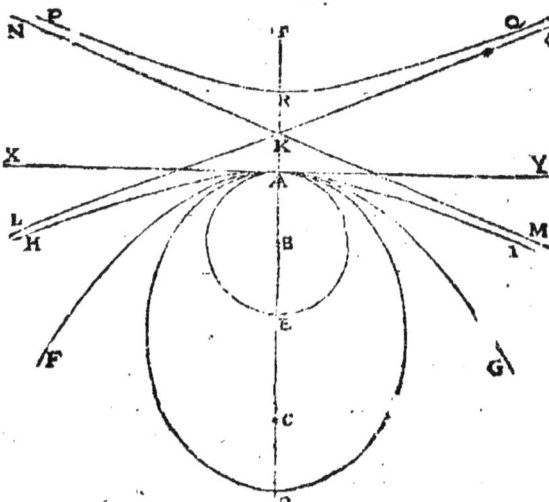

ita refert, vt idem punctum B ſit omnium focus, vel punctum ex cōparatione, focus quidem ellipſeos D A, quæ focum alterum habet in C; & Parabolæ F A G, nec non hyberbolæ H I: centrū verò circuli A E, cùm hyperbolæ cētrum in puncto K ſtatuatur.

Non eſt autem quòd repetamus radios omnes parallelos incidentes in parabolæ concauum reflecti ad focum B: ſed tam ellipſeos quàm hyperbolæ bini foci ex-

plicandi erunt, vbi notauero ingeniosam sectionum comparationem, de qua Keplerus, nempe lineam rectam X Y dici posse hyperbolarum obtusissimam, à qua per infinitas hyperbolas, vsque ad parabolam hyperbolarum omnium acutissimam, quæ sit omnium ellipsium acutissima, vti circulus obtusissima; adeout Parabola
sit media inter duas sectiones infinitas lineã rectã & hyperbolam, &
inter duas finitas ellipsim & circulum, ipsáque sit infinita, quòd eius
crura nunquam coëant, & quodammodo finitam, quòd illa crura
quò magè producuntur, eò magè parallelismum affectent, & semper
minus appetant, licet plus semper complectantur. Cætera vide apud
Kepl.

Hyperbolæ Proprietates.

Lineæ rectæ fig. præc. in K se inuicem secantes N M & L O sunt
hyperbolæ asymptoti, ad quas hyperbolæ crura semper magis ac
magis accedunt, neque tamen illas, etiamsi productas in infinitum,
possunt attingere.

Alia hyperbola P Q con-
tra posita dicitur, cuius T
focus interior, vt B exterior;
quorum focorum vsum se-
quente figura E I C explico,
cuius vmbilicus punctum H
eam habet proprietatem vt
omnes radios, quales sunt
X D, & alij quotlibet, ad exteriorem vmbilicum A col-
limantes in se colligat, verbi
gratia radium X V in A per-
gentem, & hyperbolæ con-
cauo in puncto V occurrentem ab V ad H retrahit vm-
bilicus H, & alios, qui se in H intersecant.

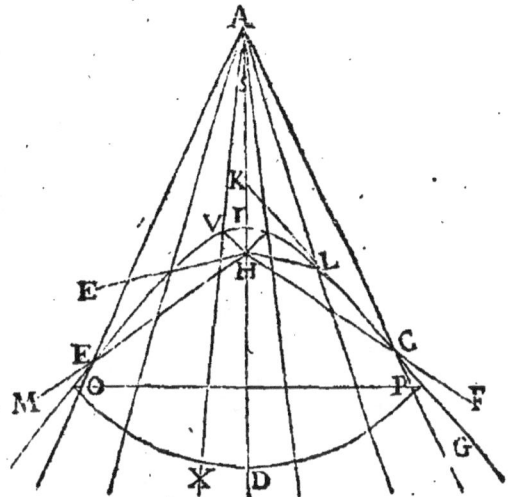

Præterea radij qui collineant in vmbilicum H, conuexo eiusdem
hyperbolæ occurrentes ad vmbilicum, seu focum A reflectuntur, vt
ex rad is F C & M E concluditur, qui versus H contendentes à punctis C & E ad A reflectuntur; quemadmodum radij ab A puncto
ad E & C pertingentes ita reflectuntur ad M & F puncta, ac si ab
H ad E & F procederent. Quapropter omnes radij in basim O P ca-

dentes,& ad A punctum tendentes,concaui E I C beneficio , fuum concursum in H accelerant, quem,ope conuexi, retardant, radius enim P C concurreret tantùm in A , nifi punctum concaui C illum in H reflecteret. Quam reflexionem ad angulos incidentiæ æquales fieri demonstratur ex tangente K G, quæ tangit hyperbolam in puncto L.

Quemadmodum verò concauum hyperbolæ radios diuergentes in A conuertit in H, ita conuexum radios ex A diuergentes in C & E magis ac magis in M & F difpergit; quare fuperficies eadem congregat, & difpergit, coniungit & diuidit ; fuperficies verò concaua, radios à foco H ad puncta C E, &c. productos non quidem congregat,fed minus difpergit.

Punctum S in axe D A , verticem alterius hyperbolæ contrapofitæ præbet ; linea S I duos vertices connectens vocatur latus tranfuerfum , cuius punctum medium duarum hyperbolarum contrapofitarum vocatur centrum : Quæ cùm pag.32. libri Gallici de vtilitate Harmoniæ dixerim,poft lineam 28. delendæ funt fequentes 4 lineæ incipientes *A quoy.*

Hinc autem abire nolim quin priùs moneam id videri mirabile inter duas conuexas hyperbolas,quales funt in figura fequentes K R P, & D A E, quod radij ex puncto O in puncta P & S incidentes & ad focos H & B tendentes ita reflectantur vt femper ad eofdem focos contendant,donec lineam rectam A R attigerint, vt in reflexa S R, P Q cernitur , quæ fi reflectatur iterum ad punctum R, ab R ad A, & ab A ad G continuò vibrabitur, ac in feipfam reciprocabitur.

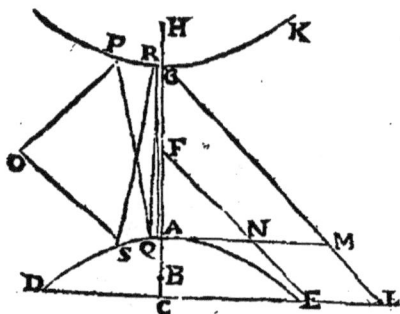

Ex hac etiam figura conftat qua ratione latus rectum hyperbolæ reperiatur ; fiat enim vt diameter A C ad ordinatam C E, ita C E ad C L, & ex puncto L ducatur linea recta ad G verticem hyperbolæ contrapofitæ, perpendicularis A M erit latus rectum ;vt enim G A latus tranfuerfum, vnà cum A C inter verticem A & ordinatam E C intercepta,ad tertiam proportionalem C L, ita latus tranfuerfum G A ad latus rectum A M. Vel fiat vt rectangulum G C A ad quadratum C E , ita tranfuerfum latus A G ad aliud, vt rurfum A M latus rectum habeatur. Quibus inuentis afymptoti reperientur hac ratione. Media proportionalis in

ueniatur inter A G & A M, cuius pars media à latere recto A M ab-
scissa, nempe A N, punctum N ostendit, per quod ducta recta ex F
hyperbolarum centro, dabit asymptoton F E, eritque quadratum
N A quarta pars rectanguli G A M, vt prima prop. lib. 2. Conic. do-
cetur, vbi Commandinus aduertit lineas illas nunquam coinciden-
tes ἀσυμπτώτες τῇ σμῇ nuncupari.

Centrum verò F est vertex coni, & recta A N potens figuræ quadrantem, est radius circuli nascentis ex sectione coni per A N, hoc
est distantia axis F A à puncto N lateris coni F N, è cuius puncti N
regione reperitur vertex hyperbolæ A. Vertex ipsius coni F idem est
cum centro hyperbolarum: & ipsa asymptotos F E latus est trianguli conum per axem secantis.

Aliæ proprietates ex hyperbolæ descriptionibus concludi poterunt; nunc enim aliqua de Ellipsi subijcienda.

De Ellipseos Proprietatibus.

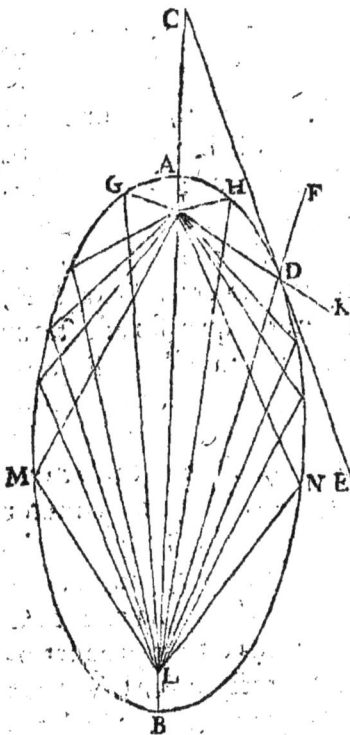

SIt Ellipsis A M B N, quæ generatur
ex sectione coni, eo modo quem
Apollonius prop. 13. l. primi describit,
postquam 11. prop. docuit qua sectione
parabola, vt 12. prop. hyperbola generetur. Cuius ellipseos, cùm sint multæ
proprietates, illa tamen notatu dignior
videtur, qua radios omnes siue lucis, siue soni à foco L ad focum I reflectit, vt
ex radio L D in I focum reflexo satis
intelligitur, quippe angulus incidentiæ
L D K æqualis est angulo reflexionis
I D F, quod & C E tangens ellipseos in
puncto D ostendit. Itaque cubiculi interioris latera figuram A M B N H A
habentia candelæ in L collocatæ radios omnes, qui politos parietes ferient,
ad I punctum remittent, in quo non
minùs clarè legas quàm propè punctum
ipsum L, tametsi 20, aut pluribus hexapedis oculus in L positus distet, licet inter L & I nullus legere possit; audiét-
que auris in I posita quæ submissa voce dicentur in puncto L. Simili-

ter globus ab L puncto in M aut quodlibet aliud punctum parietis
B L G reflectetur in I, adeout pilæ omnes in fphærifterio à puncto
I in parietes ellipficos immiffæ, ad punctum L venturæ fint, fi perfectè duræ & politæ, parietum inftar intelligantur, & aëris obfiftentia
non numeretur.

Altera proprietas in eo confiftit, quod linea quælibet ab vno foco
ad concaui ellipfici punctum quodlibet ducta, & ad alium focum
reflexa, hoc eft linea incidens reflexæ addita fit æqualis axi, vel maiori diametro Ellipfeos, B A, cui verbi gratia æqualis L D I, vel
L G I, vel I N L.

Tertia, quod radius exterior quilibet vt F D, vergens ad vnum ex
focis, putà in L, & à conuexo elliptico H N in puncto D impeditus,
reflectatur ac fi ab alio foco I procederet, vt conftat ex radio reflexo
D K, qui rectà pergit ad focum I: itaque pila à K in D proiecta in F
punctum reflecteretur.

Facilè verò reperitur focus vterque datæ ellipfeos, quandoquidem
maioris diametri fumpto dimidio, hoc
eft in ellipfi fequente fumpta linea E B,
& vno pede circini in minoris diametri
C D extremitate collocato, pes alter
in maiorem diametrü tranfpofitus oftê-
det focos F & G, eft enim A E, vel E B
æqualis D F, vel D G.

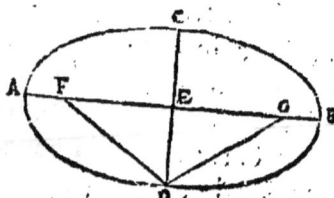

Diximus verò prop. 26 libri Gallici de
voce, quomodo datis focis, & vna ellipfeos diametro, inueniatur altera diameter, & prop. 23. quæ fit ellipfeos & circuli comparatio; certum eft autem circulum ellipfi æqualem effe, cuius diameter fuerit
media proportionalis inter maiorem & minorem illius diametrium.
Ibidem prop. 25. modus inueniendæ areæ ellipfis, & ipfius fphæroidis
foliditas explicatur, vt enim maior diameter ad minorem, ita circulus defcriptus fuper maiore diametro ad aream ellipfeos, vtque minor
diameter ad maiorem, ita circulus defcriptus fuper minori diametro
ad ellipfeos aream. Eft autem fphærois A C B D A quadruplus coni, cuius bafis circulus fuper C D diametro defcriptus, & altitudo
A E,

Defcriptio Ellipfeos, & Parabola.

QVàm bellè in hortulanorum gratiam tam ellipfim, quàm hyperbolam vir illuftris defcribat nullus nefcit qui Dioptricam illius

perlegerit; caput 8 ipsa figurarum pulchritudine tam corporis,quàm mentis oculos recreat: Ellipseos verò describendæ secundum modum ex 28. propos. libri Gallici de voce repeto, qui datas supponit ambas Ellipsis diametros, vel semidiametros CK, & KL.

Itaque describatur circulus A N B ex radio I N æquali semidiametro K L, & super radium I B in quotcunque partes æquales diuisum ducantur perpendiculares vsque ad circumferentiam N FB; quæ lineæ super semidiametrum K D, & K C in totidem, ac I B, diuisam, hinc inde transpositæ, (qualis est E F in G H translata) suis summitatibus ostendent per quæ puncta C L H D Ellipsis trãsire debeat. Vnde colligitur quantam inter se affinitatem habeant circulus & ellipsis, quæ videri possit circulus extensus: vt autem quadratum ordinatæ G H ad quadratum ordinatæ K D,ita rectangulum D G H ad rectangulum D K C, quod de aliis quibusuis ordinatis concludendum.

Huic descriptioni aliam adtexo,quæ hortulanis commoda; sint igitur puncta, seu foci F G , in quibus duò funis extrema palis seu baculis adstringantur; sitque funis diametro maiori B A æqualis: si digito , vel baculo trahatur funis equaliter ad punctum C, & hinc per omnes partes lateris A D B,& omnes partes lateris A CB,ellipsis describetur;quod in sequente figura distinctiùs cernitur, in qua funis E F K æqualis diametro G H , & in punctis E K affixa ducitur ad C, & transfertur ad BA F H I G C, cum stilo ferreo, vel ligneo,

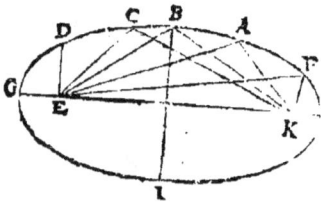

ligneo, qui suo acumine ellipsim, vel quotlibet ellipsis puncta describit.

Hic autem modus nullius diametri cognitionem supponit, & cuiuscumque magnitudinis funes descriptorij, seu metatorij sumantur, semper ellipsis describetur, cuius tamen species mutabitur, si punctorum E K, quæ funis extrema detinent, distantia minor, aut maior euadat; si maior, erit angustior ellipsis, & ad lineam rectam magis accedet, in quam migrabit cùm funis æqualis fuerit maiori diametro G H : si minor, propius circulum æmulabitur, & tandem in eum transformabitur cùm ambo funis extrema simul fuerint.

Si verò funem illum eadem ratione qua distantiam punctorum augeas, vel minuas, ellipsis semper eiusdem speciei futura est, adeout describi possint ellipses eiusdem speciei quarum magnitudines sint inter se in data ratione; quoties enim seruabitur eodem ratio inter G H, vel quamcunque aliam diametrum maiorem & punctorum E K distantiam, toties ellipsis erit eiusdem speciei: videatur 8. dioptricæ discursus ab illustri viro scriptus.

Parabola descriptio.

MVltifaria sectionum conicarum descriptio videatur apud virum clarissimum D. Mydorgium, qui totum librum secundum in iis describendis insumit: Ille verò modus, qui nihil præter triangulū supponit, præ cæteris arridet: quapropter esto primùm triangulus B A C, circa quem parabola describetur, si priùs bifariam à D A recta diuidatur; cui C E vt libet producta parallela fiat: Deinde diuidatur D C in quotuis partes æquales: similitérque C E diuidatur in totidem partes æquales; tum à puncto B ducantur rectæ ad omnia puncta in linea C E notata, quales sunt lineæ B E, B G: denique du-

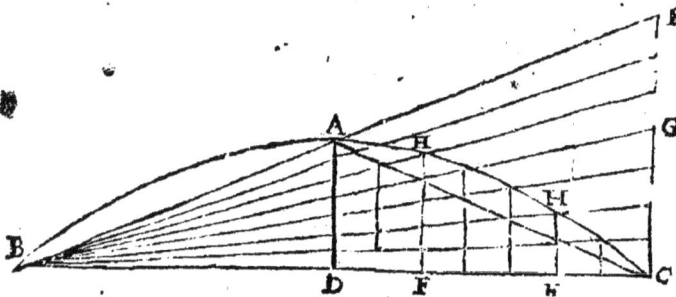

P

cantur perpendiculares in puncta singula facta in linea D C, quales sunt F H, quæ lineas omnes à B puncto in lineam C E ductas secabunt in punctis A H C, per quæ parabola describetur.

Alium modum omitto mediis egentem proportionalibus, de quo prop.29.libri de voce, vt sequentem admodum facilem, & ad inuestigandam salientium figuram aptissimum explicem. Ducatur ergo recta seu axis parabolæ I H, in qua punctum B sit focus, & in linea B H sumetur ab A vertice C A æquale B A. Deinde secetur axis A I perpendiculariter in punctis B M, O I, vel aliis quibuscumque siue æqualibus siue inæqualibus per lineas B K, M L, O N, & I P. Tertiò sumatur circino interuallum à puncto C ad quamuis sectionem perpendicularem, putà ad M, & translato crure in punctum C, ac priori apertura circini immota manente, notetur punctum L, quod etiam ad dextram in altera parte fieri potest in puncto R. Idémque fiat ex interuallo C O, quod ex puncto B designabit punctum N, quemadmodum interuallum C I, ex puncto B dabit punctum P, & ex altera parte Q. Si parabolam infra Q & P producere velis, illa infra Q & P eadem methodo in infinitum producetur. Huius verò Parabolæ latus rectum inuenitur ex qualibet ordinata, qualis iam sit B K, & linea parallela A F descripta per A verticem, ductus enim circulus ex centro D per extrema istius parallelæ F E transibit etiam per B, & G, eritque A G latus rectum, seu parameter: nam A F æqualis lineæ K B est media proportionalis inter B A, A G, hoc est quadratum B K æquale est rectangulo G B, B K. Eodémque modo M L, est media proportionalis inter M A, A G, & I P media inter I A, & A G, & ita de reliquis; vnde constat A G esse inuariabilem, ac velut immobilem, & vocatur iuxta quam, nempe possunt omnes ordinatæ.

Hæc autem figura etiam vtilis est ad alias proprietátes explicandas qualis est sequens, Ad axem in punctum quodlibet, vt H, productum ducatur perpendicularis H 3; & ex puncto I vbicumque etiam in axe sumpto ducatur linea quæpiam vt I R ad parabolam, & ex puncto R ducatur R S axi H I parallela, erit I R ad R S, vt I A ad A H, vt Pappus demonstrat prop.238.lib.7.

Sed ad inueniendum parametrum solus focus sufficit, quandoquidem axis B A inter focum B & verticem A interceptus est, quarta pars & ordinata B K dimidium est parametri.

Præterea si ducatur à vertice A linea quæcúmque ad quoduis con-

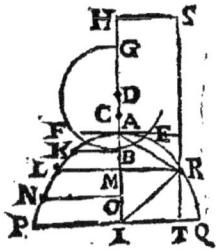

caui punctum, vt A R, cui fiat perpendicularis R I, erit ordinata I Q aequalis lineae R I.

His igitur ad maiorem sequentium intelligentiam praemissis, ad propositionem decimam nonam accedamus ; qua rursus ea complectimur quae ad eas parabolae proprietates attinent, quibus praesertim egemus ad salientes explicandas.

PROPOSITIO XX.

Definire num salientes horizontales sint hyperbolicæ, ellipticæ, vel parabolicæ.

SIt parabola B A C, cuius axis, seu principalis diameter A D, quem octo dextræ ordinatæ in 8 partes æquales ; octo siniſtræ in 8 inæquales secent, quibus postmodum egebimus.

Sintque praeterea septem aliæ diametri axi, seu principali diametro D A parallelæ hinc inde ; quarū dextræ inæqualiter, siniſtræ verò equalitèr inter se diſtēt, vt basim D B diuidāt in 8 partes æquales, vt

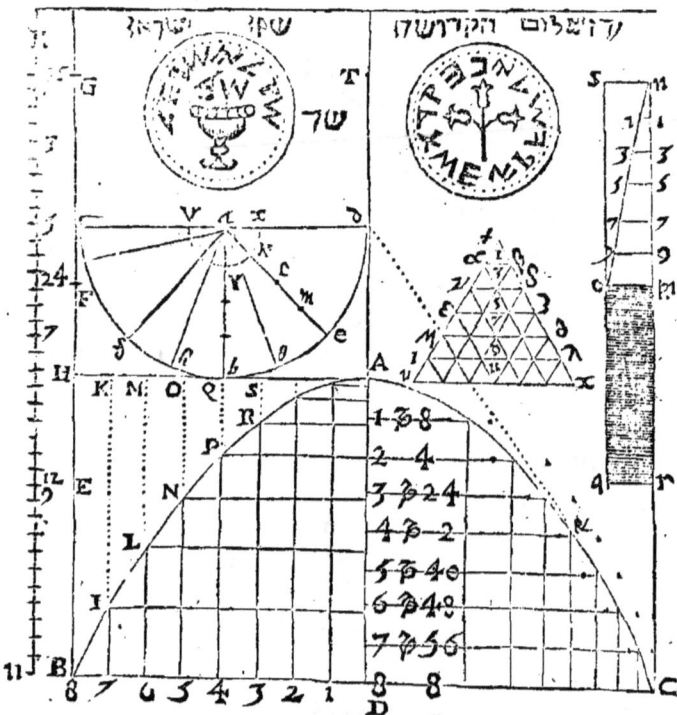

bina sit æqualitas, & bina inæqualitas, quibus natura Parabolæ magis innoteſcat. Quae clariora fient ex sequente tabula, cuius prima

columna septem siniſtrarum diametrorum longitudinem; (primâ longitudine maxima omnium ſuppoſita 64 partium æqualium) ſecunda
& tertia columna 8 siniſtras ordinatas ; quarta denique longitudines
8 dextrarum ordinatarum exhibent.

Quibus intellectis conſiderandæ
ſunt primùm ordinatæ dextræ, quarum prima & ſeptima, id eſt 8 & 4,
numeris rationalibus, reliquæ ſurdis, ſeu Radicibus exprimuntur.

Tabella linearum in hac parabole figura deſcriptarum.

I	II	III	IV
63	1	8	Radix 8
60	2	16	N. 4
55	3	24	R. 24
48	4	32	R. 32
39	5	40	R. 40
28	6	48	R. 48
15	7	56	R. 56
	8	64	N. 8

Deinde, inquirendum an ſalientes hàs ordinatas ſequantur, quod
neceſſarium eſt ſi fuerint parabolicæ. Sit igitur tubus pedalis vertici
parabolæ A ita ſuperextans, vt eius
lumen 16 digitis ſuper horizontem
H A erectum intelligatur habere ſalientem 22. digitorum (iuxta ſecundam columnam ſecundæ tabulæ
propoſitionis præcedentis, quæ hîc repeti poteſt.) Quæ reſpondeat ordinatæ cui 4 inſcribitur, & quæ, deſcendendo ab A vertice, ſecundo loco ponitur.

Debet igitur ſaliens D C eſſe 42 digitorum, cùm lumen 4 pedibus
ſuper A puncto tollitur, vt ex prædicta tabella conſtat, ſed D C ordinata dupla eſt ordinatæ ſecundæ numerum 4 inſcriptum habentis;
quapropter ſi 4 intelligatur eſſe 22, octo reſpondebit numero 44, qui
binario 42 ſuperat, igitur ſaliens non eſt exactè parabolica, cùm ab ea
duobus digitis in puncto C deficiat.

Sed accuratius examen ex ſiniſtris ordinatis inſtituamus, cùm enim
ſint omnes rationales, calculo faciliùs accommodabuntur; ſitque propterea partium 8 minimâ ordinatarum, cùm maxima B D æqualis axi
D A fuerit 64 partium, hoc eſt ordinata minima ſit maximæ ſub-
octupla; referátque minimam ſalientem tubi pedalis, cuius lumen A
ſuper horizontem H A vnico digito tollatur; ſitque longitudo ſalientis 8 digitorum, qualem obſeruatio tribuit. Axis verò pars intercepta verticem inter & ordinatam minimam erit vnius digiti, qualium illa
8 fuerit, adeout huius parabolæ minima pars axis intercepti, & minima ordinata noſtris obſeruationibus perfectè reſpondeat.

Enimuero tubi noſtri pedalis octo ſuper horizontem eleuationes in
axe per eadem puncta notantur, ad quæ ordinatæ applicantur, & ap-
pellunt.

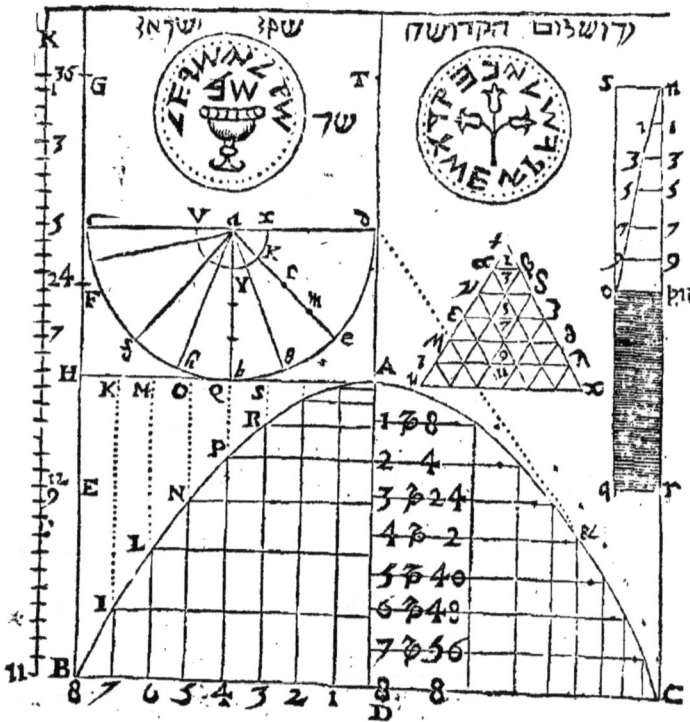

עיר הקדש ירושלם

 שקל ישראל

Tubus igitur, vel potiùs tubi lumen super horizontem eleuatur digitis 1, 4, 9, 16, 25, 36, 49 & 64, iuxta diuisiones axis AD. Quarum eleuationum falientes octo sinistris ordinatis æquales esse necesse est, si parabolam describant.

Cùm igitur minimæ saliens à qua cæpimus, luminis horizonti digito superextantis sit 8 digitorum, secunda saliens debet esse 16 digitorum, tertia 24, quarta 32, & ita de reliquis octonario numero se superantibus, donec vltima, seu maxima saliens BD sit 64 digitorum.

At ex obseruationibus constat prima saliente 8 digitorum posita, secundam esse 13 digitorum; tertiam 19, quartam 24, &c. iuxta hàc tabulam, cuius prima columna salientium numerum; secunda luminis super horizontem eleuationes, tertia sinistrarum ordinatarum longitudines, quarta denique veras salientium longitudines exhibet, adeout tertiæ & quartæ columnæ comparatio satis super-

Tabula salientium & ordinatarum.

I	II	III	IV
1	1	8	8
2	4	16	13
3	9	24	19
4	16	32	27
5	25	40	32
6	36	48	36
7	49	56	40
8	64	64	45

que demonftret falientes non effe parabolicas.

Poterit etiam quifquis experiri num falientes per diametrorum dextrarum vel finiftrarum vertices transituræ fint ; hoc eft, num quadrent diametrorum finiftrarum numeris 8,7,6,5,4 3,2, 1, quarum fummitates radent, fi fuerint parabolicæ.

Quod in omni Parabola verum erit, fiue noftrâ maior, fiue minor fuerit diuerfas tuborum longitudines , aut luminis fuper horizontem varias eleuationes; adeout vno puncto falientis dato, reliqua nota fint, cùm omnes parabolæ fimiles effe conftet.

Exempli gratia : Si lumen ita fuper horizontem attollatur, vt faliens æqualis fit parametro D C, & eleuatio D A fit vnius pedis , velitque Aquarius falientem luminis centum pedes fuper horizontem erect, media proportionalis inter D C, vel D A, & eleuationem centupedalem dabit falientem decem pedum. Vel, vt numeris in parabola noftra defcriptis vtamur, cùm linea B D falientem digitorum 64 referat, axis infrà D producatur, donec fit centum digitorum, qui ducti in 64 parametrum , generant rectangulum 6400, quod fit etiam ab 80 med o proportionali inter 64 & 100. Itaque fi fuerit faliens parabolica, quoties luminis eleuatio fuper horizontem æqualis erit D A, feu 64 menfuris, toties erit 80 menfurarum in eleuatione luminis centupedali fuper horizontem. Conftat autem experientia nequidem effe 12 pedum falientem luminis centum pedes erecti, cùm luminis 128 pedes horizonti fuperextantis faliens ad fummum 12 pedes æquet, vt poftea dicturi fumus.

Non eft autem quòd Hyperbolam per puncta ab A ad C extra lineam parabolicam A C defcripta, vel Ellipfim à punctis internis, quæ finiftris ordinatis adfcribuntur, in examen aduocemus, cùm vtraque definant in C, vt parabola; & puncta hyperbolæ magis etiam diftent ab axe D A , quàm latus parabolæ C A.

Adde quòd Ellipfis in progreffu maximam diametrum A D (quæ duplo productior verfus D debet intelligi) fecet, & alteri lateri B A producto, quod Ellipticum fupponitur, tandem occurrat, quod minimè contingit falientibus.

MONITVM.

CÆtera quæ cernuntur in figura non hîc , fed aliis locis explicantur; quæ folummodo relicta funt, quod abfcindi nequiuerint abfque parabolæ iniuria. De ficlo vide primum tractatum vbi de nummis Hebraïcis : reliquæ figuræ vel iftis hydraulicis, vel Acon

tiſmologicis ſeruiunt , & in generali librorum omnium Præfatio
ꞗe aperiuntur; qua de re Lectorem moneri oportuit, quod hæc figura
ſæpius repetatur, nam & in ſequente 23.prop. reponitur.

PROPOSITIO XXI.

Aquæ horizontaliter ſalientis lineam experientiæ
reſpondentem, illiuſque naturam &
proprietates explicare.

ESto parallelogramum A Z, K L ad horizontem erectum , cuius
pars ſuperior A Z , & inferior K L horizonti parallela ; ſitque
tubi pedalis ſuper horizontem B A perpendiculariter erecti, & ſemper aqua pleni lineare lumen rotundum B, ex quo
verſus N A horizontaliter
directo exiliat aqua., con
ſtat ſalientem non ſemper
recta verſus a progredi, ſed
illius motum ex perpendiculari B H, & horizontali
B a compoſitum eſſe , atque adeo ſalientem deſcendere a B ad K, ſeu L,
& ſimul moueri horizontaliter a B ad a, ſeu ad L.
   Porro docet experientia
tubum prædictum pedalem a B ad A, vt prius dictum eſt, erectum , ſuúmque lumen in puncto B habentem, quod verſus N dirigatur., ſuam aquam ad
punctū 17 emittere; itaut
eodem tempore quo deſcendit a B ad C, lineæ horizontalis iter C 17 percurrat. Sed cùm altitudines, & latitudines curuæ lineæ B 17 non ſatis obſeruauerimus, in reliqua ſaliente, quam docuit obſeruatio trãſ

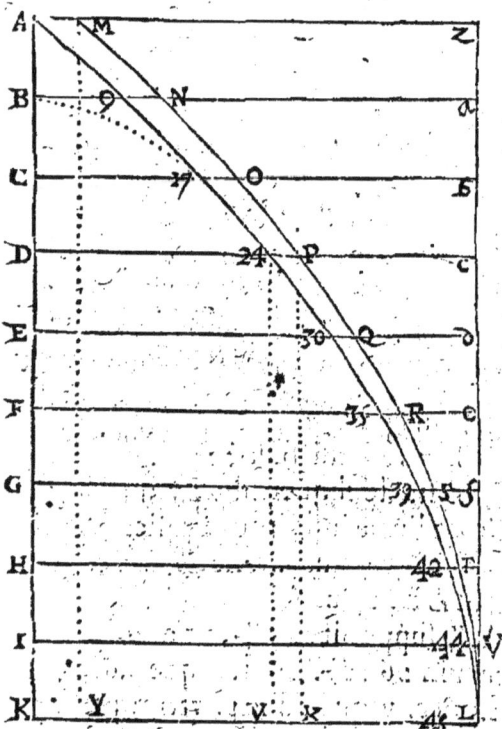

re per puncta 17,24,30,35,39,42 & 44, deſcribenda conſiſtemus.

Eſt autem linea B K horizonti perpendicularis in 8 partes æquales B C, C D, D E, E F, F G, G H, H I, & I K diuiſa, quarum vnaquæque fuit in obſeruationibus, digitorum 6½, adeout lineæ B K intelligi debeat altitudo 52 digitorum, ex quibus lineam I K, ſeu digitos 6½, vtpote non obſeruatos, demo, vt ſuperſint digiti 46½ pro longitudine, ſeu altitudine lineæ B I obſeruatæ.

Notum eſt enim figuras non poſſe ſatis commodè magnitudinis eiuſdem exhiberi, cuius in experientiis eſſe neceſſum eſt, quapropter A K linea, quæ fuit digitorum 58½, dum obſeruaremus, hîc eſt tantùm digitorum 3¼, ſeu 40 linearum, quod animaduertendum fuit, ne qui voluerit experiri decipiatur.

Cùm igitur ſaliens ex oſculo lineari B nobis apparuerit per puncta 17,24,&c. priùs enumerata, vſque ad 44 tranſiiſſe, itaut linea horizontalis C 17 reperta fuerit 17 digitorum, ſequens D 24, digitorum 24, & ita de ſequentibus vſque ad I 44; quandoquidem numerus quilibet lineæ inſcriptus explicat ſuæ lineæ horizontalis longitudinem in digitis, reſumatur, in Geometrarū gratiam, parallelogramum A K, & Z L, cuius A Z, vel K L ſit 45 digitorum, qualium Z L, ſeu A K ſupponitur 58½, vt area parallelogrami ſit digitorum quadratorum 2640½. Eadémque ratione quâ linea ducitur per puncta 17,24,&c. vſque ad 44, vtrimque à puncto 17 ad punctum A, & à puncto 44 vſque ad punctum L continuetur. His enim ita poſitis, & intellectis facilè definietur qualis ſit linea hæc ſaliens, ſumptæ ſiquidem omnes lineæ ductæ à ſaliente A 9, 17,24,30,35,39,42,44,& 45 ad lineam Z L, oſtendunt numeros triangulares

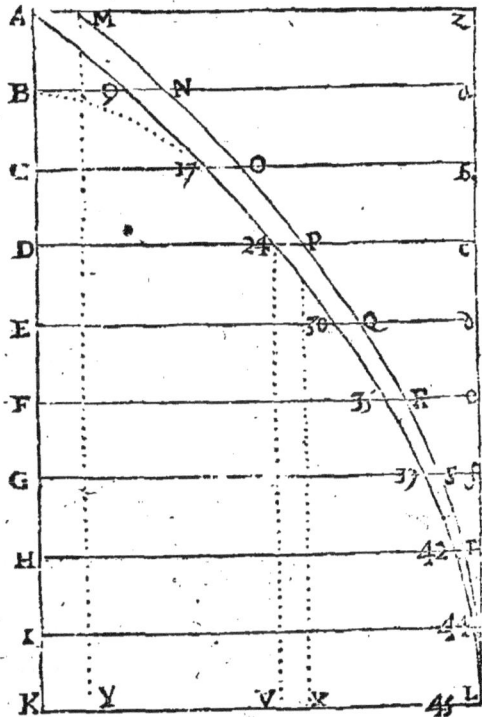

triangulares feinuicem ab vnitate confequentes inter puncta falientis, & lineam Z L interijci, nam exiftente linea Z A 45 digitorum, linea 9 a eft 36, linea 17 *b* : 28,24 *c* : 21 *d* 30 : 15 *e* 35,10 , *f* 39,6 *r* 42 , 3 : & vltima inter 44 & V eft 1, qui primus eft triangularis.

Cùm autem quilibet triangulus, feu numerus triangularis componatur ex dimidio latere alicuius quadrati, & dimidio eiufdem quadrati (vt conftat ex ternario, qui ex 1 dimidio latere 4 , & 2 dimidio 4 componitur ; & ex fenario, qui ex 4$\frac{1}{2}$ dimidio quadrati 9, & ex 1$\frac{1}{2}$, dimidio lateris eiufdem quadrati 9) fi triangulares numeri ita diuidantur, vt partes illorum quæ dimidiis quadratis refpondent, ex quibus fiunt, terminentur ad lineas fuper latere Z L perpendiculariter defcriptas, hoc eft fi Z M fiat digitorum 40$\frac{1}{2}$. AN , 32. O *b*, 24$\frac{1}{2}$. P *c*, 18. Q *d*, 12$\frac{1}{2}$. R *c*, 8. S *f*, 4$\frac{1}{2}$, & duæ vltimæ fequentes 2 & $\frac{1}{2}$; erunt reliquæ partes vt dimidia latera quadratorum, nempe M A, 4$\frac{1}{2}$. N 9, 4. O 17, 3$\frac{1}{2}$. P 24,3. Q 30,2$\frac{1}{2}$. R 35,2. S 39,1$\frac{1}{2}$. *r* 42, 1. & vltima $\frac{1}{2}$.

Cùm autem dimidia quadratorum fint in eadem ac ipfa quadrata ratione, fequitur lineam per puncta M N O P Q R S, &c. vfque ad punctum L defcriptam, in quo vertex illius, effe parabolam.

Falcem verò poffumus appellare figuram lineis M L parabola, L A faliente, & A M recta comprehenfam ; quæ falx æqualis eft dimidio parallelogrammi A M K Y hoc eft triangulo K M A, fi nempe intelligatur ducta linea recta à puncto K ad M.

Quod quidem triangulum A K M reperietur diuifum in nouem fpatia, octo videlicet trapezia, & vnum triangulum ; quibus nouem fpatiis hoc accidit vt vnumquódque fit æquale ei falcis fpatio, quod fpatio trianguli refpondet; exempli gratia, fpatium falcis A M N 9 æquale eft ei trapezio, cuius bafis eft A B ; & fpatium 9 N O 17 æquale trapezio, cuius bafis eft B C , & ita de reliquis.

Conftat verò ex iis quæ ab Archimede de fpatio parabolæ demonftrata funt, fpatium trilineum L P M Z effe tertiam partem parallelogrammi M Z L Y : cúmq; hoc parallelogrammũ fe habeat ad parallelogrammum M K, vt recta Z M ad rectam M A, patet notam effe rationem parallelogrammi Z K ad parallelogrammum M K cuius M K cùm dimidium fit fpatium falcis, vt fuprà, fequitur parallelogrammi Z K ad fpatium falcis notam effe rationem. Vnde etiam facilè innotefcit ratio totius parallelogrammi Z K, ad fpatium faliente A L, & duabus rectis A K, K L comprehenfum.

Sed & recta tangens falientem in quóuis puncto dato, putà 9, 17, 24, &c. facilè dabitur ; quæratur enim, exempli gratia, tangens ad

Q

punctum 24. Ab eo puncto duæ rectæ ducantur, altera quidem D 24 P ipſi K L parallela, ſecánſque parabolam in puncto P , altera verò 24 V eidem K L perpendicularis. A puncto autem P ducatur P X, ipſi 24 V parallela , occurrentíque eidem K L in puncto X, manifeſtum eſt rectam P X ordinatim adplicatam eſſe ad K L axem parabolæ.

In quo axe producto vltra verticem L, ſi punctum inueniatur, in quo occurrat recta, quæ tangit parabolam in puncto P (quod quidem punctum erit vltra verticem L , longitudine rectæ X L) atque ab ipſo puncto ducatur recta ad punctum 24 , hæc recta tanget ſalientem. De cæteris eſto ſimilis conſtructio. Horum autem omnium qui demonſtrationem voluerit, ab inſigni Geometra D. Roberuallo repetat, qui linearum omnium, verbi gratia conchoïdeos, quadratricis, &c. tangentes, & generalem ad eas inueniendas methodum reperit, & pluribus inuentis Geometriam ditauit.

Porrò ſi punctum L ſumatur pro vertice ſalientis, quemadmodum & parabolæ, horizontales lineæ K L , 144. H 42, &c. erunt diametri: ſi verò punctum A fuerit vertex ſalientis, eædem lineæ vocabuntur ordinatæ , & V 24, eiuſque parallelæ , diametri ; quæ quidem V 24 ducta eſt, vt quiſpiam nouerit eodem modo ſalientis, quo parabolæ, tangentes inueniri, vt ſuperiùs explicatum eſt.

Addo tamen poſt inquiſitionem adeo exquiſitam nondum ad veram nos ſalientis figuram peruenisſe ; quod primò conſtat ex addita linea 17 A, quippe ſaliens eſt ſimilis lineæ 17 B: ſecundò, ex eo quòd ſi pergatur vltra punctum L, ob maiorem super horizonte luminis eleuationem ſeu altitudinem, vel ipſius horizontis depreſſionem, pro

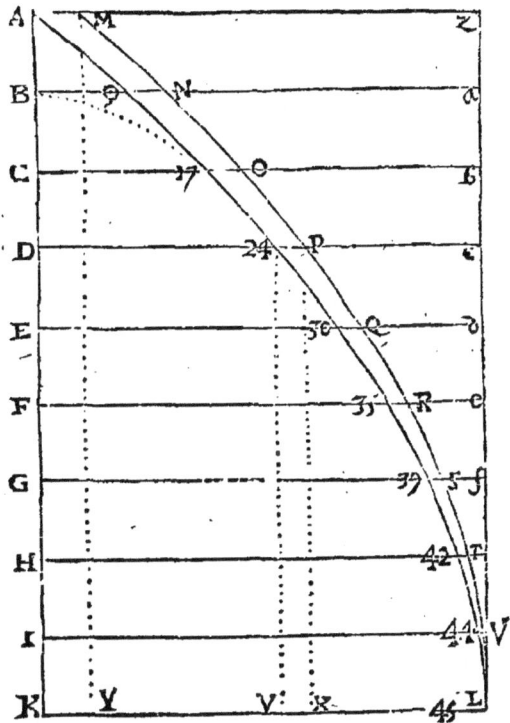

greffes mutabitur, vt ex fequentibus obferuationibus ex maiori factis altitudine concludetur.

PROPOSITIO XXII.

Veras falientium horizontalium figuras iuxta noftras obferuationes defcribere.

HIfce duabus figuris diuerfæ falientes horizontales exprimuntur, quibus aliæ fubiungi poterunt vbi maiores fuper horizontem eleuationes occurrerint, quæ nifi ventorum incommodis eximantur, fruftra laborabitur. Quapropter in locis claufis, in quibus nullus ventus, vel fub dio, cùm nequidem aura leuis perflauerit, obferuationes faciendæ funt, quales noftræ, tam ex altitudine D 18, quàm ex altitudine H 128$\frac{1}{2}$ pedum, quos vltra non potui obferuare, quod loca commoda defuerint.

Linea igitur curua DEG refert falientem integram ex octo compofitam altitudinibus, quas pedes 1, 2, 3, 4, 5, 6, 12 & 18 definiunt. Subtéfæ verò, feu ordinatiæ parallelæ, quibus infcribuntur numeri fignificantes quot pedum vnaquæque fuerit, longitudines horizontales oftendunt, quarum breuior eft pedis vnius, & 10 digitorü, longior verò pedü 6$\frac{1}{2}$.

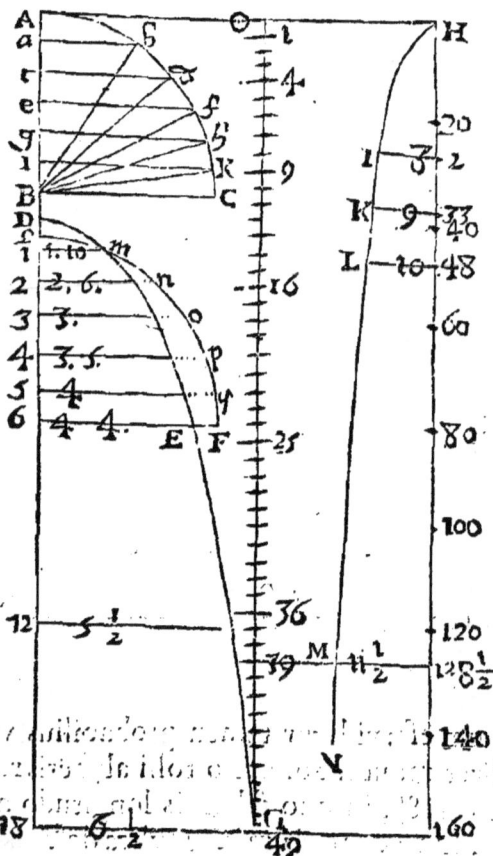

Altera linea curua H M, falientes alias complectitur, iuxta 4 alti-

tudines super horizontem in pedibus expressas, 27,33,48, & 128$\frac{1}{2}$; quæ
quidem salientes numeris 8,9,10, & 11, respondent.

Porrò clarum est neutram istarum linearum esse parabolam, alioquin ordinata M 11$\frac{1}{2}$ dupla foret ordinatæ H 9. Hoc est, cùm aqua
descendit ex puncto H spatio trium temporum, & in linea O G us-
que ad punctum 9 peruenit, seu 9 spatia percurrit, si nouem pedum fuerit ordinata; quando 36 spatia confecta sunt, erit ordina-
ta 18; quæ tamen est tan-
tùm 11$\frac{1}{2}$ post confecta 39 spatia.

Multò magis accedit ad parabolam altera linea D E G, vt ex ordinatarum
inter se comparatione in-
notescit: quæ quidem li-
nea soli præcedentis initio respondet, vt ex axe D 18 concluditur, qui breuior
est axe H 20, quem ob-
seruatio pedum viginti supponit. Vnde concludendum est eò magis à pa-
rabola deficere salientes quò maiores fuerint, hoc
est quò propiùs ad terræ centrum accesserint.

Quò verò loco saliens augeri desinat, & num
semper augeatur donec centrum telluris ei occur-

rerit, pronunciatu difficillimum est: videtur tamen probabilius vim
illam qua saliens horizontaliter mouetur omnino tolli ab aëris resistentia; quam cum in puncto 128$\frac{1}{2}$, in quo salientis longitudo apparuit 11$\frac{1}{2}$, nondum sustulerit, dum ad punctum N & vltra descendit,
crescit adhuc tantisper, necdum extinguetur, cùm ex puncto H us-
que ad 160 pedes descenderit.

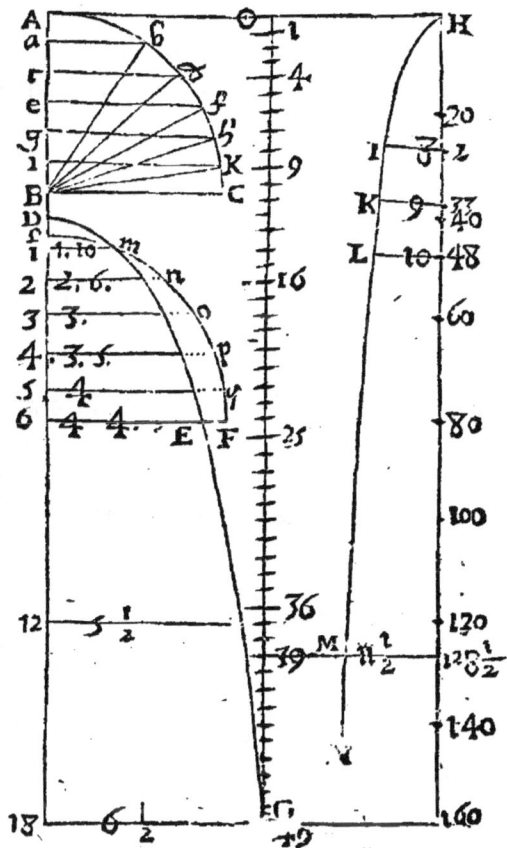

MONITVM.

Virorum fubtiliffimorum ftudio videtur opus ad punctum inueniendum, in quo falientes motu fuo horizontali ab aëre refiftë-
te, & motum illarum fufflaminante, atque in fe recipiente penitus
fpolientur;cui fpoliationi agnofcendæ fi ratio ponderis aëris ad aquæ
pondus vtilis fuerit, inferiùs illa ratio explicabitur; erítque proble-
matis fequentis folutio doctis gratiffima, *Dato cogniti corporis motu, datóque medio per quod mouetur, dare locum, & inftans in quibus illo motu
corpus ab ifto medio fpoliari debeat*: neque enim illam folutionem im-
poffibilem cedidero.

PROPOSITIO XXIII.

*Rationem inquirere ob quam falientes horizóntales
non funt Parabolæ.*

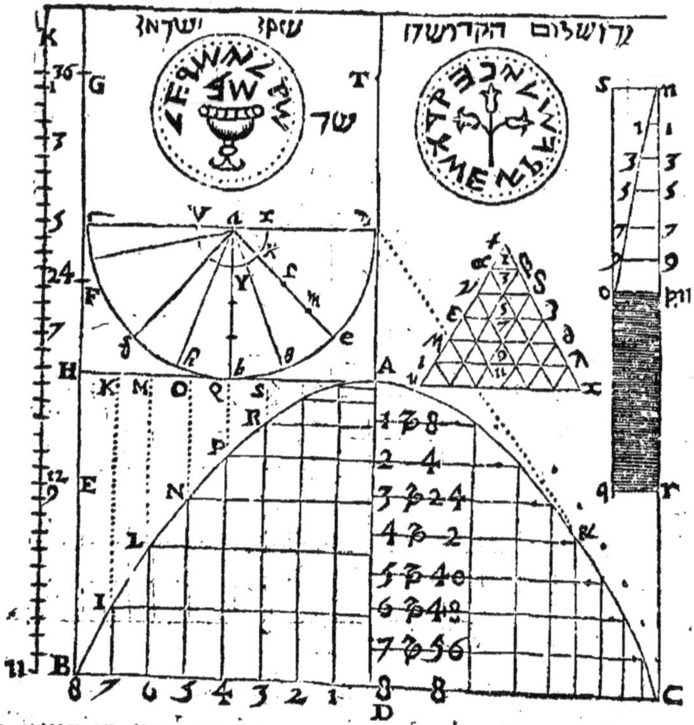

CVm ex
tracta-
tu de motu
Proiectorū
conftet Pa-
rabolā A B
à graui duo-
bus impulfo
motib⁹ defꞓ
criptam iri,
quorū vnus
fit æquabi-
lis, & hori-
zontalis ab
A ad G, &
alter rectà
pergat ver-
fus centrum
ab A ad D,
cum accele-
ratione du-
plicatæ ra-
tionis temporum, vel fecundum numeros impares 1,3,5,7,&c. iuxta

quos axis parabolæ D A per finiftras ordinatas diuiditur, conftétque
etiam primo fpatio inter verticem A & primam ordinatam interce-
pro pro tubi feu luminis fuper horizontem erectione, & ordinata prædicta pro prima faliente intellectis, fequentes ordinatas effe debere
falientium longitudines horizontales, quãdo luminis fuper horizontem eleuationes iuxta numeros impares, in quos axis diuiditur, paulatim crefcunt; vel cùm vnica vice lumen fuper horizontem altitudine D A tollitur, falientem fore D B ordinatæ penitus æqualem, à
qua tamen faliens plurimum diftat, quippe quæ vix fit decem pedú
cùm è lumine 36 pedes fuper horizontem erecto falit, vt in præcedentis propofitionis linea H L videre eft, cuius ordinata L 48 decem
pedes non excedit, etiamfi lumen 48 pedes horizonti fuperextet, clarum eft non defcribi parabolam a falientibus. Alioqui faliens par ordinatæ D B deberet effe pedum 14⅔, cùm in erectione pedali luminis fuper horizontem fit pedis vnius & ⅔ feu 10 digitorum.

Ratio au-
tem cur fa-
liens hori-
zontalis nõ
poffit def-
cribere pa-
rabolam, ex
aëre peten-
da, qui gut-
tulas inter
fe infinuat,
& interferit,
eáfque mi-
nutarim ita
diuidit, vt in
fpumã, mi-
nutiffimúm-
que pulue-
rem abire
videantur,
cùm faliens
verticalis
30, vel plu-

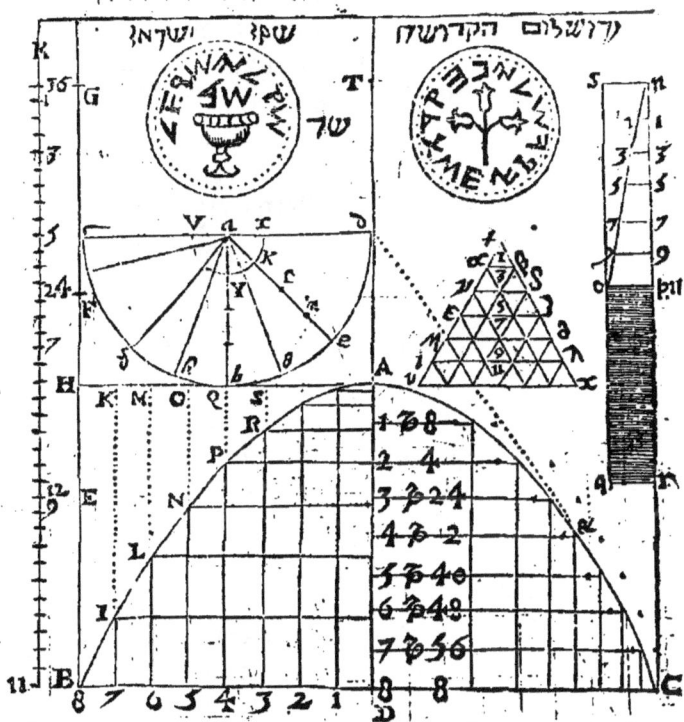

res pedes in altum tollitur. Vnde fit vt quemadmodum minutiffi-
mus puluis in altum fublatus vix recidit, quod fuperficiei plurimum,

soliditatis verò parum habeat, atque adeo facilè retardetur ab aëris
resistentia; ita guttulæ per aërem sparsæ maxima suæ velocitatis dispendia, non solùm quæ descendunt, sed etiam quæ mouentur horizontaliter, patiantur.

Hinc fit vt pluuiæ guttæ, cùm vsque ad nos ex nubibus quantumcúmque sublimibus peruenêre, longè tardiùs, quàm lapides, aut alia
grauia, licet ipsis guttis leuiora, ex 50 duntaxat pedum altitudine descendentia, moueantur. Non enim illorum partes effluere ac diuidi
possunt, ob partium cohæsionem, & tenacitatem, quibus aqua destituitur.

Quod in globis æreïs facilè quispiam experietur, qui licet aqua leuiores sint, in ea siquidem natant, nec immerguntur, longè tamen velociùs ex centum pedum altitudine descendunt.

Quanquam arida, duráque corpora adeo leuia possint esse vt etiam
tardiùs aqua descendant, vt ex obseruatione globorum subere vel
sambuci medulla constantium, & carpionis vesica constat, de quibus
alio loco dictum est: iter enim quod globus plumbeus, vel æreus spatio 2 secundorum percurrit, vix 5 secundis à medulla sambucea conficitur, licet initio descensus æquali velocitate moueri videatur, vt
in obseruationibus harmonicis dictum est.

Porrò notatu dignum prædictam vesicam 1800 vicibus ad minimum esse leuiorem plumbo eiusdem magnitudinis; & æqua illam in
aëre, ac plumbum in aqua velocitate, spatio 12 pedum, descendere, vt
ibidem obseruatum est.

COROLLARIVM.

EX dictis de salientibus aquæ horizontalibus facilè concluditur
aquam è carchesio mali descendentem, quamdiu nauis æquabiliter mouetur, non esse descensuram ad prædicti mali pternam D, ad
punctum B transpositam; quod ita probatur, Ex obseruatione constat aquæ guttam ex A mali carchesio, cui vas ex quo cadit, innititur,
initio sui descensus vix à globi plumbei, vel ærei velocitate superari,
quapropter initio, parabolæ B A partem R A, veluti plumbum, describet; sed cùm 20 pedes descenderit, à plumbo velociùs porrò descendente, & à cera relinquetur, cúmque malus A D fuerit in linea
BG, gutta nondum erit in puncto B; sed in puncto L, vel I, vel potiùs in aliquo puncto ordinatæ L inter axem A D & L intercepto:
quod perinde concludendum de corporibus quæ plumbi descensum
initio videntur æmulari; sed propter nimiam leuitatem postmodum

ab aëre præpediuntur, vt ex fubere conftat, & veſiculis carpionum in‑
flatis.

MONITVM.

SI quis iubeat puerum nauis velociſſimè currentis malum con‑
ſcendere, vt ex carcheſio globulum plumbeum. ſubereum, me‑
dullarem ſambuceum, & aquam labi ſinat, facilè notabit quantum
motus leuiorum corporum à parabola diſtent, quam grauiora deſcri‑
bunt; illam enim non poſſunt leuiora deſcribere, quippe quæ procul
abſunt à mali pterna, cùm ad eam grauiora peruenerint, qua de re fu‑
ſiùs in Acontiſmologia.

PROPOSITIO XXIV.

Quo ſenſu ſalientes verticales eandem ad ſuos tubos
rationem obſeruare, quam ad ſuos habent ſalientes
horizontales, dici poſſint, explicare.

ESto tubus quadrupedalis A B, & pedalis α B, illiúſque ſaliens
verticalis C I, huius verò C H ſubquadrupla; illa, verbi gratia
tripedalis, hæc dodrantis pedis.
　Sint autem ſalientes horizontales ſuper eodem horizonte θ α, tubi
quidem quadrupedalis B A ſaliens C L; tubi verò pedalis B α ſaliens
C K, conſtat ex propoſitione 16. primam eſſe ſecundæ duplam, hoc
eſt in ratione tuborum ſubduplicata : qua quidem ratione non
conueniunt cum eorumdem tuborum ſalientibus verticalibus, qui
ſunt inter ſe in ratione quadrupla. Verumtamen ſi quemadmodum
tubus A B eſt tubi α B quadruplus, ita fiat planum horizontale ſa‑
lientis tubi B A quadruplò humilius plano ſalientis tubi B α, vt ſa‑
liens C F comparetur cum ſaliente C K, tunc ſaliens horizontalis
tubi B A erit ad ſalientem horizontalem tubi B α, vt verticalis il‑
lius ad huius verticalem, hoc eſt quadrupla. Quod etiam aliis qui‑
búſue tubis continget, quorum ſalientes verticales cùm fuerint
quintuplæ, ſextuplæ, aut in alia quáuis ratione, horizontales ſuper
horizontibus cadentes, quorum altitudines in eadem cum tuborum
altitudinibus ratione fuerint, erunt in eadem inter ſe ratione, ac verti‑
cales: ſi tamen ſemper defectum ab aëris reſiſtentia profectum exci‑
piamus, quo dempto, ſalientes horizontales erunt parabolæ, quales
in hac

in hac figura cernuntur, & quales etiam deſcribentur, ſi quis ſuppo-nat M D G B eſſe nauem, vel cur-rum qui moueatur horizontaliter & æqualiter verſus F ", enim ue-ro ſi duo globi, ex B quiete ca-dant verſus G, dum B G moue-tur ad " F, quorum vnus duplò velociùs altero moueatur hori-zontaliter, eodémque tempore quo mouentur verſus E, ſimul æ-qua velocitate deſcendant à pun-cto B ad punctum G, vnus ad D perueniet deſcribendo parabolam C K D, & alter ad F per parabo-lam C L F, cuius ordinata G F dupla erit ordinatæ G D.

Quòd ſi 5 temporibus æquali-bus à B ad G deſcendant, pro-portionem illam obſeruabunt, quæ numeris in linea N 9 exhi-betur, de qua iam toties locuti ſu-mus, vt explicatione non egeat.

COROLLARIVM.

Hinc ſequitur rationem ſalientium horizontalium eſſe dimidium rationis verticalium, cùm illarum idem horizon fuerit, vt con-ſtat ex prædicta ratione quadrupla verticalium, cuius dimidium eſt ratio dupla horizontalium eundem horizontem habentium : quarum media proportionalis dabit rationé, cùm horizontes in eadem erunt ratione, in qua tuborum altitudines. Aliud exemplum proponi po-teſt de horizontibus, quorum vnus ſit humilior altero in ratione ſeſ-quialtera, in qua etiam erunt ſalientes verticales tuborum rationem inter altitudines ſuas habentium quæ eſt 9 ad 4, ſalientes enim hori-zontales eiuſdem horizontis erunt in ratione 3 ad 2, hoc eſt ſeſqui-altera, quam mutabunt in rationem 9 ad 4, ſeu duplicatam ſeſqui-alteræ, vbi rationem eandem horizontes ſeruauerint.

PROPOSITIO XXV.

Tempora quibus salientes horizontales quodlibet spatium percurrunt explorare, seu velocitates salientium explicare.

SVperiùs egredientis ex tuborum luminibus aquæ quantitatem definiuimus ex obseruatione, quæ docet aquæ quantitates ex æquali lumine prodeuntes esse in ratione subduplicata tuborum; verbi gratia quantitatem aquæ à tubo quadrupedali effusam, esse ad aquæ quantitatem è tubo pedali salientem, vt 2 ad 1. An verò salientes horizontales, verticales & mediæ sequantur eandem rationem in suis velocitatibus, inquirendū. Cùm igitur velocitas aquæ in ipso lumine acquisita non ampliùs foris augeatur dum mouetur horizontaliter, séque habeat instar velocitatis aliorum grauium, quæ absque noui gradus acquisitione spatium præcedentis spatij duplum percurrere possunt, concludendum videtur aquam horizontaliter salientem spatium tubi, ex quo fluit, duplum eodem tempore percurrere, quo censetur ex supremo tubi osculo descendisse. Quod exemplis illustrandum. Sit, verbi gratia, tubus quadrupedalis, vt aqua saliens ex illius lumine 4 pedes descenderit: si pergat velocitate in lumine acquisita, æquali tempore percurret 8 pedes: hoc est longitudo salientis horizontalis octupedalis dimidio secundo durabit, si dimidio secundo priùs in tubo descenderit: qua ratione tan: longitudo, quàm velocitas salientis horizontalis innotescet, si tubi data fuerit altitudo, & luminis super horizontem erectio. Sed nostro more consulamus experientiam, quæ si quadret præcedenti ratiocinio, saliens horizontalis è tubi tripedalis lumine, spatio vnius secundi minuti debet esse duodecim pedum.

Quod ita probatur. Aqua saliens ex tubo tripedali velocitatem acquisiuit, qua non ampliùs aucta 6 pedes eodem tempore percurrat, quo priùs è tubo descendisse censetur, hoc est, quo tripedale spatiū antea confecit: quod ex quiete percurri constat dimidio secundi minuti. Cùm autem saliens horizontalis suum iter horizontale æquabili velocitate prosequi supponatur, necesse est vt 12 pedes spatio secundi minuti percurrat. Vel, vt tubo nostro pedali, aut quadrupedali nunc vtamur, eodem tempore quo saliens ex pedis altitudine, hoc est ex tubo pedali descendit, in horizontalem lineam conuersa bipe-

dale ſpatium percurrere debet, vel octupedale, cùm è tubo quadrupedali procedit.

Quæ omnia faciliùs ex figura ſequente percipientur, qua plurimas
difficultates breuiter perſtringemus. Sit igitur tubus A B pedalis, tripedalis, quadrupe-
dalis , vel cuiuſuis
alterius altitudi-
nis ; cuius aqua in
fundo ſeu puncto
B, vel in puncto,
ſeu lumine G con-
ſiderata, deſcen-
diſſe cenſeatur ex
A puncto, idq; per
velocitatis gradus
lateri ſiniſtro in-
ſcriptos , de quibus
toties dictum eſt.
Certum eſt in pun-
cto 5, vel Z, ſeu B,
vel C, vel G, quod
iam pro eodem ſu-
mitur , illam ſibi
comparaſſe veloci-
tatem, qua non au-
cta poſſit à puncto
Z, ſeu B ad D pun-
ctum deſcendere,
cùm linea B D du-
pla ſit lineæ B A.
Cùm igitur hori-
zontalis linea G M
ſit æqualis lineæ
D B, & motus per-
pendicularis. B D
conuerſus in G M
horizontalem, ſuæ
velocitatis nihil
amittat, ſaliens ho-
rizontalis è lumine G diſcedens ad M perueniet æquali tempore, quo

defcenderet ab A puncto ad B, vel G, fi grauitate fua non ampliùs defcendere conaretur. Sed cùm illa grauitas femper eodem modo, quo priùs, vrgeat, componitur motus, feu linea curua ex linea G M, feu motu æquabili per G M futuro, & motu vniformiter accelerato perpendiculari B K, hoc eft linea G L.

Vbi grauis infurgit difficultas, num faliens, (quæ per orificium fundo B inditum verfus terræ centrum defcendit, vel per lumen G verfus M exilit, coacta tamen fequi lineam curuam G L, ob grauitatem à linea G M retrahentem) fequatur gradus velocitatis lineæ B K infcriptos, an potiùs numeros lateri finiftro A F additos. Enimuero fi fequitur numeros lineæ B K, perinde fe habet initio defcenfus in puncto B, ac fi nullum hucufque velocitatis gradum acquifiuiffet, & à quiete difcederet; quod eft contra hypothefim, quæ numeros lineæ A E fequitur; adeout aqua defcendens perpendiculariter per B eo tempore percurrat fpatium B E quo priùs confecerat fpatium A B; quod cùm tribus temporibus percurrerit, tribus fequentibus conficiet fpatium L E, iuxta numeros lateri A F adfcriptos 5, 7, 9, 11. Eft autem fpatium à puncto 5, vel B, ad punctum E, triplum fpatij A B.

At verò fi faliens hofce numeros fequitur, vnde vim illam habet? cùm eam quam in B obtinuerat, verterit in horizontalem G M, vel & L; nec enim eandem vim æqualiter diftribuere poffe videtur in horizontalem lineam G M, & perpendicularem B E, feu G V.

Itaque cùm fuam velocitatem non auctam in lineam G M, aut & L conuertat, folùm augmentum à puncto D ad E pro linea perpendiculari referuare videtur, quippe procedit à grauitate femper vrgente, quæ non pendet ab illa virtute priùs acquifita, qua faliens à perpendiculari in horizontalem conuerfa fpatium præcedentis duplum percurrit.

Grauitas igitur femper vrgens falientem horizontalem (eâ velocitate præditam, quæ lineam G M percurrat, tempore, quo defcenderat ab A ad B) verfus terræ centrum deprimit, iuxta numeros lineæ B K adfcriptos, vel iuxta numeros lineæ Z D.

Si iuxta numeros lineæ B K, faliens horizontalis defcribet lineam curuam G L, quæ componetur ex motu horizontali G M, & perpendiculari B K, iuxta numeros 1, 3, 5, 7, aucto.

Si verò iuxta numeros lineæ Z F, defcribetur linea curua G I, compofita ex linea G M æquabiliter tranfcurfa, & linea Z F velocitate per numeros impares 7, 9, &c. fignificata.

Hanc difficultatem ipfis obferuationibus foluamus, quæ docent falientem ex tubo A B, vel alio quopiam, in horizontalem G M conuersam, versus centrum non alia velocitate descendere, quàm eâ velocitate, quâ reliqua grauia descendunt, dum à quiete incipiunt; vnde concludendum salientem G M eodé modo descendere ad punctum K, vel L, ac si cadere coepisset à puncto B, nec à puncto A descendisset. Cui obseruationi ratio suffragatur, quandoquidem vis, aut velocitas, quam ex altitudine BA conceperat, ex asse vertit in horizontalem GM; à qua penitus absorbetur, adeout nunquam illa saliens sit tantisper descensura, sed deinceps secundum lineam G M processura, nisi de nouo grauitas vrgeat, quæ per numeros impares 1, 3, 5, 7, in linea B K positos horizontalem G M in curuam G L cogat.

Quibus positis, ad experimenta redeo, quæ docent primò, tempore secundi minuti salientis horizontalis descensum esse 12 pedum, è quocumque tubo illam intelligamus exilire. Secundò longitudinem salientis horizon-

talis è lumine tubi pedalis 12 pedes super horizontem erecto, esse duntaxat pedum $5\frac{1}{2}$, vt constat ex tabula propos. 16. Cúmque saliens ex
altitudine pedali vim conceperit, qua tempore quo descendisset ex A
puncto in B, (nunc enim suppono tubum A B esse pedalem) bipedale spatium percurrat. & in tempore quadruplo pedes octo, nisi vis illa
retundatur ab aëre, aut ex sua natura minuatur donec tandem desinat,
sequitur nos cuiuslibet salientis velocitatem agnoscere, cùm dentur
spatia, & tempora, quibus illa spatia motu æquabili percurruntur.

Sed cùm experientia doceat salientis horizontalis longitudinem
non esse octupedalem, tantundem velocitati salientium detrahendum,
quantum deest accurratæ parabolæ; quapropter propositiones 17, 18,
19, 20 & 21 repetendæ sunt.

Addo solùm qua ratione quispiam facillimo negotio hac in re sibi
satisfaciat. Sumatur tubus pedis dodrantem, hoc est 9 digitos altus,
qui iam sit A B in figura præcedente, cuius lumen G 12 pedibus super
horizontem erigatur, eiúsque saliens horizontalis mensuretur.

Certum est primò, spatio quadrantis minuti secundi, seu 15 tertiorum, aquam ab A puncto ad B descendere, hincque vim concepisse
18 digitos spatio 15 tertiorum, atque adeo 36 digitos, seu 3 pedes
percurrendi spatio 30 tertiorum, quo tribus pedibus ad terræ centrum
accedet: igitur secundi minuti spatio 6 pedes percurrit.

Certum est secundò salientem ex eiusdem tubi lumine tres solummodo pedes horizonti superextante tripedalem esse debere, cùm descensus trium pedum versus terræ centrum fiat dimidio secundi. Quæ
quidem observatio, cùm tripedalem horizontis erectionem non superet & tubum nouem duntaxat pollicum requirat, vel puerulis facillima
erit.

Certum est tertiò, in illa erectione salientem horizontalem tubi pedalis esse solummodo tripedalem, atque adeo tubi 9 digitorum salientem fore breuiorem: quemadmodum breuior est iustò saliens tripedalis tubi pedalis, quippe secundi spatio ad minimum esse debeat nouem
pedum; cùm sit exploratum in 16 propos. spatio secundi grana aquea
$354\frac{1}{6}$, ac per consequens lineas aquæ cylindricas, 1418 è lineari huius
tubi lumine in vas lumini admotum effundi, quæ simul additæ cylindrulum nouem pedum componunt; quare saliens spatio secundi deberet esse nouem pedum; quæ cùm ex obseruatione sit ad summum
6 pedum, facilè concluditur quantum aëris resistentia huic salienti
tam longitudinis quàm velocitatis detrahat Quanquam ex alio calculo superiùs 8 solummodo pedes numerauerimus, qui nimis etiam
excedunt obseruatam salientis longitudinem, quàm ab aëre retundi

probatur ex eo quòd longè craſſior cernatur cylindrulus cùm à lumine magis diſtat; & guttula cadens baſim valde amplam habeat, ſex ad minimum lineis æqualem, vt in figura 15. prop. notatur.

Ex dictis igitur conſtat quæ ſint ſalientium horizontalium velocitates & tempora, cùm enim tubus pedalis pro minima menſura ſumi poſſit, & ſaliens illius pedum 5½, tantundem duret quantum aquæ deſcenſus ex altitudine duodecim pedum, illius tempus erit vnius ſecundi: cúmque ſint aliarum ſalientium horizontalium tempora inter ſe vt tépore deſcenſuum perpendicularium, his cognitis alia cognoſcútur.

Exempli gratia, caſus grauium ex altitudine 48 pedum ſit ſpatio duorum ſecundorum, eodémque tempore ſit ſaliens horizontalis eiuſdem tubi, cuius lumen 48 pedes ſuper horizontem erigitur. Porrò cùm aquæ deſcenſus ex ingenti altitudine ſit tardior caſu plumbi, æris, & aliorum ſimilium corporum aridorum, ſeu non fluidorum, erit etiam tardior illius ſaliens horizontalis, cuius velocitas ſemper prædictum deſcenſum comitatur, cum quo nempe lineam vnicam componit, de qua fusè dictum eſt à prop. 18. & deinceps.

Quapropter nil aliud ad præcedentes difficultates ſoluendas neceſſarium eſt quàm vt ſciatur quantus deſcenſus perpendicularis horizontali ſalienti adiungatur, vt huius velocitas, & tempus quo ſalit, agnoſcantur. Conſtat autem experientia ſalientem ex tubi pedalis lumine 128 pedes horizonti ſuperextante, quinque ſecunda deſcendendo inſumere; concludendum igitur ſalientem illam horizontalem, quæ 12 pedes non ſuperat, vti prop. 20. dictum eſt, non eſſe velociorem, quàm lapidis iactum horizontalem, ſpatio 5 ſecundorum ad 12 duntaxat pedes emiſſum, qui motus debet potiùs, quàm velox, tardus appellari, ſi cum motu ſagittarum, aut globorum è ſclopis exploſorum comparetur; quod poſtea facturi ſumus: ſi verò de minorum horizontalium ſalientium velocitate quis iudicare velit ex illa maiore, ſaliens quæ ſecundum vnicum conſumit, vix duos pedes ſuperaret, cùm tamen ad minimum ſit 5 pedum, vt ex obſeruatione conſtat, dum è lumine 12 pedes horizonti ſuperextante aqua ſalit. Hîc igitur cauendum iudicium ex maioribus ad minora, vel ex minoribus ad maiora: ſimúlque notandum ſalientem eò magis à parabola deficere, quò tubi lumen altiùs ſuper horizontem attollitur: enimuerò 26 pedum altitudo ſuper horizontem dat ſalientem horizontalem 8 duntaxat pedum, quam cùm 16 pedum, hoc eſt duplam, altitudo quadrupla debuiſſet exhibere, ne quidem præbet 12 pedum, niſi locus obſeruationis me deceperit. Si quis turrim editiſſimam reperiat, cuius concauum ad experiundum adhiberi poſſit, exploret quánta ſit futura ſaliens horizontalis ex ducentorum, vel trecentorum pedum altitudine; vix enim foris tanta possit esse tranquillitas vt nullus vētus obseruationem impediat: nam ex maximis altitudinibus non solùm maior horizontalis salientis imminutio, sed omnimodus defectus innotescet, vt deinceps vnicum motum perpendicularem versus centrum habeat, vt iam propos. 21. monueram.

Porrò cùm salientes horizontales sint in ratione subduplicata tuborum, clarum est cuius velocitatis salientes tubi quadrupedalis, centumpedalis, &c. futuræ sint; de quibus postea : Quod ad salientem verticalem attinet, prop. 17. de illius longitudine, tempore, atque velocitate dictum est, & postea nonnihil de eadem proponemus.

COROLLARIVM PRIMVM.

De motu perpendiculari descendentis aquæ.

CVm de saliente perpendiculari descendente à B ad E, vel K locutus sim, quæ velociùs non descenderet, quàm aqua ex A initio tubi descendens, hoc est quæ primo tempore solum AI spatium conficit, non autem spatium septuplò maius inter 5 & 7 comprehensum, de perpendiculari descendente velim intelligas, quæ vertitur in lineam horizontalem GM, eodem momento, quo ex osculo G egreditur; quam horizontalem perpetuò insisteret, nisi propria grauitas illam versus terræ centrum deiiceret.

Quod autem spectat verticalem descendentem, quæ in horizontalem non conuertitur, qualis est BE; statim atque ex tubi AB per foramen B egressa est, eadem velocitate à puncto Z, vel B, vel 5 descendit, qua descenderet si priùs ab A ad Z cecidisset, id est primo tempore descendit à 5 ad 7, secundo à 7 ad 9, &c. iuxta numeros primos sequentes 11 & 13.

Huiusce verò rei qui voluerit, sumet experimentum ex tubo 12 pedes alto, ex quo cùm aqua per foramen fundo inditum erumpens secundi minuti spatio 36 pedes descendere debeat, si priùs in tubo 12 pedum 12 pedes descendisse censetur, obseruator notabit quantum sit illi aquæ ex B in E cadenti defuturum, quominus sit 36 pedum, ob aëris resistentiam. Perdit itaque velocitatem à b A ad B acquisitam; Quòd si demas aërem motum horizontalem retardantem, æquabili celeritate mouetur à G ad M, vel I, ad quod deferretur, si
primo

primo sui è tubo egreſſus tempore à 5 ad 7, à 7 ad 9,&c. propria grauitate deſcenderet, & lineam curuam G H I deſcriberet.

Si verò graue motu æquabili tam per G & , quàm per G M moueretur, lineam rectam punctuatam G L, hoc eſt quadrati G M L &
diametrum deſcriberet; quemadmodum lineam punctuatam G T I,
ſi quamdiu mouetur à G ad M , ſimul à G ad V deſcenderet. Ex quibus cernitur ob motum grauium inæquabilem prædictas curuas generari, cùm æquabilis motus ſolas rectas producat.

COROLLARIVM II.

De parabola helici Archimedea æquali.

CVm hæc agerem, vir doctus lineam aliquam rectam propoſuit,
quam primæ reuolutioni a b c d e f n helicis æqualem credebat,
quam tamen reuolutionem linea recta propoſita maiorem , eámque parabolæ G T æqualem Geometra noſter demonſtrauit.

Vt autem parabola reperiatur æqualis prædictæ helici, G S axis
parabolæ æqualis intelligatur ſemicircunferentiæ N g n, cuius ſemidiameter a g, cui ordinata S T ſit æqualis , parabola inter G &
T intercepta helicis primæ reuolutioni æqualis erit: ſi verò tangens
M G diuidatur in quotuis partes parti G Q, ſiue S T, ſiue a g æquales, verbi gratia in Q N, N R, & R M, producatúrque parabola
G T, donec ei applicetur ordinata G N, verbi cauſa in X, tunc parabola G X æqualis erit duabus primis reuolutionibus helicis.

Denique ſi producatur ſemper donec ei applicentur ordinatæ G R,
G M, &c. æqualis erit tribus, aut 4 primis helices reuolutionibus,
& ſic in infinitum.

Quod vt clariùs ex parabolæ, & helices generatione intelligatur,
notandum duplicem eſſe motum puncti helicem deſcribentis , vnus
æquabilis eſt ſecundum rectam lineam, alter ſecundum circunferentiam inæqualis, quippe perpetuò creſcit; cuius velocitas ſi ſumatur,
verbi gratia, in puncto n , deincepſque nec augeatur, neque minuatur, circulum deſcriptura ſit, cuius ſemidiameter a n: idémque
fiet in alijs punctis helices in recta a n producta ſumptis, quæ cum
dupla erit n a, dupla etiam erit motus velocitas, quæ circunferentiam præcedentis duplam deſcribet, & ita de reliquis in infinitum.

Punctum etiam quod deſcribit parabolam, fertur duobus motibus,
primò æquabili ſecundum rectam G Q N, &c. Secundo iuxta rectas

G V, & alias ei parallelas à punctis Q, N, R, M, in V I rectam perpendiculares, fed inæquabili, hac lege vt fi punctum illud fumatur

in T, velocitas il-
lius tanta fit quan-
ta requiritur vt
quo tempore per-
currit rectam G S,
vel Q T æquabili
motu, eodem tépo-
re percurrere poffit
duplam ipfius G S,
putà S V, fi veloci-
tas non mutetur.

    Sed alio motu
pertrâfiit G Q eo-
dem tempore, igi-
tur quo tempore
punctum *a* in heli-
ce percurrit *ag*, vel
an motu æquabi-
li, eodem punctum
G percurrit G Q
motu æquabili, &
eodem tempore
punctum *a* in li-
nea *na* exiftens fe-
cundo motu per-
curreret circunfe-
rentiam circuli pri-
mæ reuolutionis,
cuius *an* femidia-
meter. Punctum
autem G in T fe-
cundo motu iuxta
directionem Q T
pertrâfiret duplam
S G prædictæ cir-

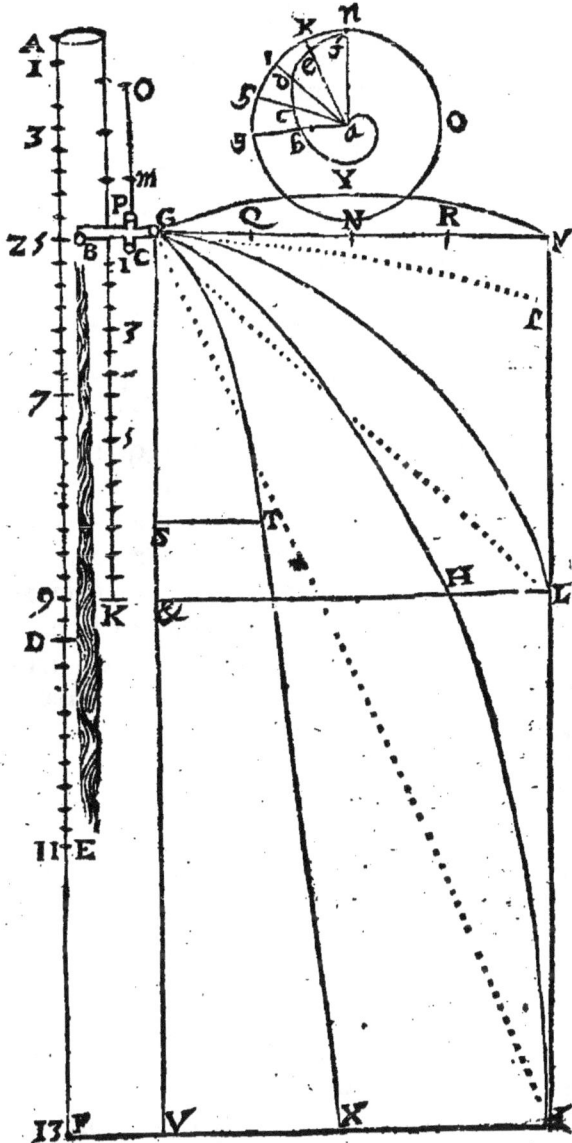

cunferentiæ æqualem, cùm G S ftatuatur femicircunferentiæ æ-
qualis, funt igitur vtriufque duo illi motus æquales in omnibus
fui curfus inftantibus, & componuntur fecundum æquales an-

gulos, nempe rectos, lineas igitur æquales defcribunt, vnus quidem
helicem, alter parabolam, idémque demonftratur de cæteris reuolutionibus. Hoc autem problema facilè redditur ex hypothefi quadraturæ circuli, cùm enim Archimedes demonftrarit circulum helici æqualē, & parabolæ quadraturā, ftatim atque fupponitur quadratū æquale circulo, nil inuentu facilius quàm parabola helici æqualis.

PROPOSITIO XXVI.

Salientium omnium velocitates cum aliarum rerum,
præfertim verò globorum è tormentis bellicis explo-
forum velocitatibus comparare.

CVm grauia fpatio femifecundi 3 pedes defcendant, & grauis verticaliter in altum proiecti afcēfus exfcenfui fit æqualis, fequitur
falientem verticalem trium pedum, qualem in præcedente figura PO
fupponere poffumus, femifecundo ab P ad O peruenire, & ab eodem O ad P redire. Quod præfertim verum eft, cùm falientes verticales non adeò altæ funt, vt ab aëris refiftentia longè magis impe-
diantur quàm arida grauia tam afcendentia, quàm exfcendētia. Cùm
enim ex editiore loco cadit faliens, tot in particulas diuiditur, & ab
aëre tantopere retardatur, vt globi cerei, licet aqua leuioris, defcenfum minimè poffit affequi, dum enim aqua ex 136 pedum altitudine
cadit, feptem infumuntur fecunda, quæ cera conficit fpatio 4 fecundorum, idque ad fummum.

Hinc guttæ pluuiæ cadentes è nubibus, cùm parum abfunt à terra, lentè mouentur, neque lapidis ex 48 pedum altitudine cadentis
motum affequuntur. Saliens Draconis Ruelliani verticalis fpatio
duorum fecundorum afcendit, totidémque defcendit, vnde concludendum aërem aquæ tam afcendenti, quàm exfcendenti plurimum
detrahere, aqua enim 48 pedes defcendendo, atque adeo afcendendo
percurrere deberet, fi non ei magis quàm lapidi refifteret : fed cùm
non fatis exactè verticalem illam altitudinem metiri potuerim, ad
alias falientes accedo.

Eiufdem Draconis 4 pedes fuper horizontem erecti faliens horizontalis eft 30 pedum, quos fimiliter percurrit fpatio duorum fecundorum, quo vix hexapedam defcendit, vt non modica fufpitio mihi
foleat inijci de retardato grauium defcenfu perpendiculari per motum horizontalem, enimuero fi defcenderet aqua tantumdem cum
motu horizontali, quantum abfque eo, duobus fecundis 30 ad mi-

nimum pedes defcenderet vt contingit prædicto motui verticali.

Sit exempli gratia lumen, feu os Draconis G, quo falientem horizontalem G l mittat à G puncto ad l fpatio duorum fecundorum, erit
l M pars quinta 30
pedū, G M falien-
tis horizōtalis lon-
gitudinem referēs,
cùm tamen aqua
illa faliens vfque
ad L punctū duo-
bus fecundis per-
uenire debuiffet,
nunc enim fuppo-
no M L effe 30 pe-
dum: quandoqui-
dem fi motu folo
verticali verfus ter-
ræ centrum à pun-
cto M incipiat def-
cendere, faltem to-
tum fpatium M L
duobus fecundis
percurret, cur er-
go faliens illa hori-
zontalis ne quidem
pedes 12 illo tem-
poris fpatio defcē-
dit, nifi quòd mo-
tus horizontalis
adiunctus G M,
24 pedes verticali
detrahit? Quod ta-
men valde miror,
cùm ex lumine ho-
rizontali 26 pedes
fuperextante Sa-
liens horizontalis
vix quidpiam mo-
tui perpendiculari
detrahat, faliens enim illa fefquifecundum durat.

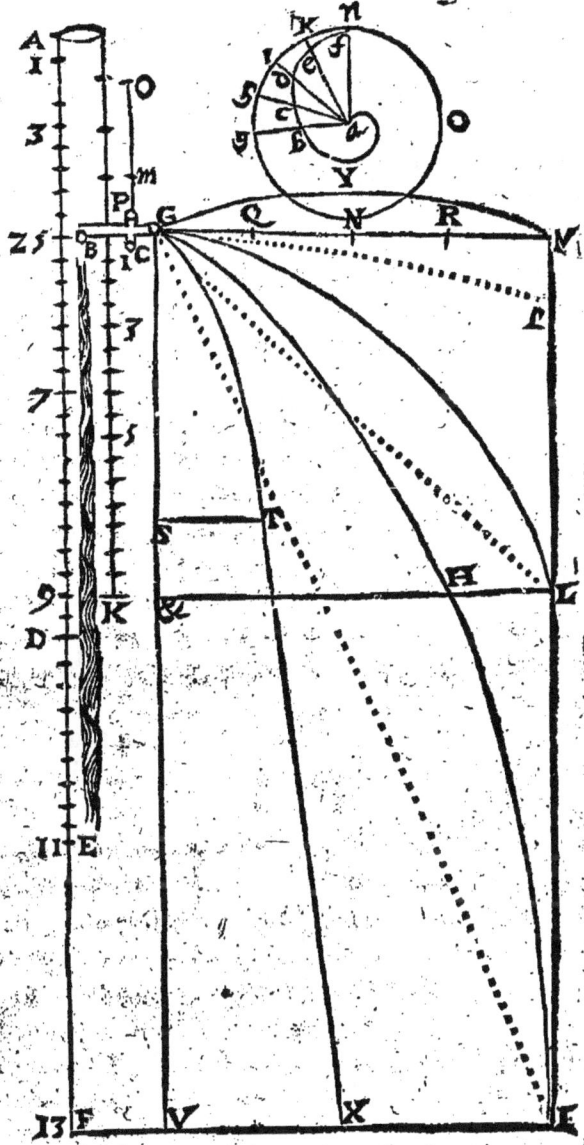

Media ſaliens in ſuis 45 pedibus conficiendis tria ſecunda conſumit, eiuſque vertex octodecim præter propter ab horizonte pedibus abeſt. Verùm ſatius eſt facilioribus obſeruationibus vti. Quapropter intelligatur tubus B A eſſe quadrupedalis ; ex cuius lumine P gutta verticaliter ſaliens vſque ad punctum O ſit pedum 3⅓, vt oſtendit obſeruatio, vel vt fractiuncula vitetur, tripedalis, quę ſemiſecundum inſumit, quàntum etiam durat ſaliens horizontalis ex lumine G pedis ſemiſſem horizonti ſuperextante, quæ ſimiliter tripedalis eſt, & cui, per conſequens, nihil horizontalis motus ex perpendiculari detrahit, quandoquidem non deſcenderet velociùs abſque motu horizontali, conſtat enim grauia tres duntaxat pedes à quiete ſemiſecundo deſcendere. Hincque ſolutio pendere videtur illius alioqui difficultatis inſuperabilis, quæ naſcebatur ex horizontali Draconis, nempe perpendicularem motum tantò magè retardari ab horizontali, quò motus hic velocior fuerit, vt de globis tormentariis poſtmodum dicturi ſumus.

Quæ tamen ſi minus placent, ſoluat qui poterit veriùs, dum mediam ſalientem eiuſdem tubi quadrupedalis, 6 pedum obſeruo, quos aquæ gutta ſecundo minuto percurrit, cùmque tantundem aſcendat, quantum deſcendit, vtráque pars eiuſdem media ſemiſecundum conſumit.

Alias ſalientium obſeruationes omitto, vt earum longitudines & velocitates cum pilæ tormentariæ motibus componam, quam è tormento, Gallis *arquebuſe* dicto, centum hexapedas vno ferè ſecundo percurrere conſtat experientia ſæpius repetita ; conſtat etiam tubi quadrupedalis, cuius lumen tribus pedibus horizonti ſuperextat, vno ſecundo ſuam aquam ad 6 pedes eiaculari: quare ſaliens illius eſt ſubcentupla ſpatij quod globus tormenti percurrit.

Cùm igitur tubi debeant eſſe in ratione duplicata ſalientium ex eadem luminis ſuper horizontem eleuatione, tubus ad centum hexapedas ſuam miſſurus ſalientem horizontalem debet eſſe pedum 40000, ſeu hexapedarum 6666⅓, quæ cùm ferè ſeptem milliaria conficiant, non eſt quòd huiuſce rei quæramus experimentum, quòd hominibus eſt impoſſibile, non ſolùm ob tantam altitudinem, quæ vix in orbe noſtro reperiatur, aut propter vim aquæ nimiam tubos quoſcúmque vulneraturam, ſed etiam ob aëris reſiſtentiam, qui ſtatim aquæ g᷍ in minutiſſimum puluerem conuerſas diſſiparet.

Quanquam illud conſideratione dignum quòd hinc ſequetur aqueum cylindrum craſſitudinis eiuſdem cum pila tormentaria, hexapedas 6666 longum, ſiue altum, eadem vi pollere, & premere, qua᷍ pollet premitque pila, quæ non poſſet è tormento egredi, ſi tormenti oſculo cylindrus ille aqueus opponeretur, eiuſque baſis orificio tormēti adplicata non mollis, ſed dura ſupponeretur. Quæ ſi ponderibus examinentur, pila cum impreſſione intellecta globulum aqueum vndecies ſuperabit, cùm ſit aqua plumbo vndecies leuior: porrò cylindrus ille aqueus, cuius diameter baſeos ſemidigiti, ſiue 6 linearum, non excedit libras 4000, licet milliaribus ſeptem altus fuerit. Non igitur poteſt globus tormentarius vi à puluere concepta pondus 4000 librarum mouere.

Si verò cum motibus auium, aut equorum, vel nauium ſalientes comparemus, res erit facilior, cùm enim quis leucam 2500 conſtantem hexapedis vna hora conficit, quolibet minuto $41\frac{2}{3}$, pertranſit hexapedas, ſeu 250 pedes, atque adeo pedes $4\frac{1}{6}$, quolibet ſecundo conficit: hoc eſt duos paſſus communes: ſaliens verò e lumine tubi pedalis hexapedam ſuperextante horizonti, pedibus $4\frac{1}{6}$ proximè æqualis eſt, cùm ſit pedum $4\frac{1}{5}$, vt ex prop. 16. conſtat; quare ſi quis ambulet ſub illa ſaliente, quæ ſemper fuerit eiuſdem velocitatis horizontalis, illius capiti ſemper imminebit, quemadmodum capiti hominis curru, vel naue vecti lapis in altum perpendiculariter miſſus, vel è mali carcheſio cadens imminet.

Si 6 leucas vna hora nauis, vel equus percurrat, tubus 36 pedes altus eadem celeritate ſalientem horizontalem emittet. Vno verbo datæ velocitati tubus æquevelox inuenietur, ſublatis præſertim aëris impedimentis, aut ipſa materiæ inertia, ſi prædictæ propoſitiones intelligantur.

COROLLARIVM.

Conſtat ex hactenus dictis nullum eſſe certius ſignum inueniendæ tubi altitudinis, quàm ex aquæ propè lumen exceptæ quantitate, dum luminis magnitudo, & tempus effluxus cognoſcuntur, cùm enim ſalientium longitudines magis quàm par ſit, decreſcant & decurtentur vbi aër ſolito magis reſiſtere incipit, niſi cognoſcatur illius decrementi ratio, ab exacta rei veritate deflectetur.

PROPOSITIO XXVII.

*An ex falientium longitudinibus de globorum è tor-
mentis bellicis iaculationibus iudicari, concludi-
que posſit explorare.*

TOrmenti minoris iaculationes repetimus, vt innoteſcat an ſalientium rationem & proportiones æmulentur. Sit igitur prædicti tormenti media iaculatio 360 hexapodum, qualem experti ſumus: cuius ſuper eundem horizontem iactus verticalis inquiratur; ſi
veteres obſeruationes ſequimur, quibus ex tempore bipartito de verticalis iactus magnitudine iudicium ferebam, alia globorum, alia ſalientium ratio futura eſt, quandoquidem ſaliens media, ſeu anguli ſe-
mirecti dupla eſt verticalis, cùm ex illis globorum obſeruationibus
non ſit iactus medius, ſeu 45 graduũ, duplus verticalis, quippe quem
288 hexapodum cenſebamus medio 360 hexapodum exiſtente, qui tamen cùm duplus eſſe debeat, inſtar mediæ ſalientis, vt etiam in Acontiſmologia dicturi ſumus, illa coniectura emendanda, qua dicebam in
harmonicis Gallicè ſcriptis, vel in horologij vniuerſalis explicatione,
aut alibi, tempus aſcenſus & deſcenſus ita bipartiendum, vt pars media tribueretur aſcenſui, & altera media deſcenſui; vel enim maius
tempus impendit globulus deſcendendo, quàm aſcendendo, ſagittarum inſtar, de quibus in Acontiſmologia; vel deſcenſus non adeo velox eſt, vt ſemper ea ratione acceleretur, qua tribus aut 4 primis ſecũ-
dis illius augeri velocitatem ſæpius experti ſumus. Quod iam verum
eſſe cenſeo, cùm pila deſcendens non habeat tantam percutiendi vim,
quantam aſcendens, quòd ad terram appellens non adeò velociter
moueatur, quàm vbi ex ore tormenti mittitur, cùm enim eſt æqua cuiuſcúmque proiecti velocitas, æqualiter percutit.

Vtiles igitur exiſtimo ſalientes, cùm nos ad iactuum cognitionem
ducant, de quibus aliàs iudicare non poſſumus ob experientiæ difficultatem, quæ in tubis facillima cernitur: vno ſiquidem horæ quadrante poteſt quiſpiam iactum quemcúmque voluerit cum alio iactu, verbi gratia medium cum verticali, comparare. Quæ vt faciliùs
intelligantur, ſit in ſequente figura lumen A, ſuper horizontem A B,
ſitque altitudo tubi A 12, cuius ſaliens verticalis A φ, docet experientia mediæ ſalientis longitudinem eſſe B A, duplam videlicet φ A.

Ad quam verò altitudinem media ſaliens perueniat, an ad D, vel

E, quod etiam de tormentorum globis explosis intellige, non est qui hactenus obseruarit; est autem subdupla verticalis A φ, quare punctum D vel E iusto sublimius est, & quæcúmque ab ingeniosis dicta sunt, ex salientibus emendari possunt.

Sunt & alia quæ disquisitione egeant, exempli gratia quî fieri possit vt globus ex ore tormenti missus ab O ad P recta

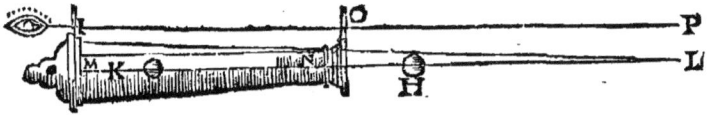

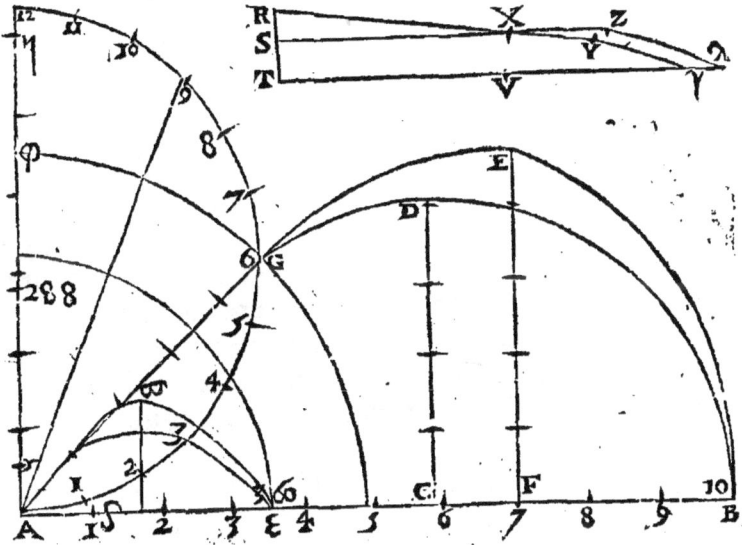

peruenia t, cùm eo tempore quo percurrit lineam O P centum hexapodum, 12 pedes versus terræ centrum descendere debeat, si motus horizontalis violenti naturalem motum non impediat, vt in vacuo, vel medio non impediente multi existimant.

Licet enim id partim explicari possit ex linearum diuersitate, quæ reperitur in tormentis, nempe linea R X Y, quæ tormenti latus externum sequitur, & linea, quam vocant animæ, S Z, quæ per axem caui M N transit, cui latus prædictum minimè parallelum est; quòd nempe pila K, vel H ad L collineans ascendat ad lineam lateralem I L, vel punctum S ad Z pergens ascendat ad punctum X lineæ lateralis R Y; aliud tamen addendum est, cùm prædicta non ampliùs vera sint vbi oculus sagittarij, non per lineam I L, vel R X, sed per lineam M N, vel S X collimat: tunc enim non tantùm descendit globus K, quantum descenderet in aëre sibi relictus.

Adde aquam ex lumine ad horizontalem salientem accommodato non tantum descendere, quantum sibi relicta descederet, constat enim

enim experientia, de qua superiùs, salientem horizontalē 30 pedum, quæ duobus secundis durat, nequidem 8 pedes descendere, cùm iuxta æquegrauium legem 48, vel ad minimum ob aëris aquam frangentis resistentiam, 30 pedes descendere debeat ; cuius legis infractæ ratio in Acontismologicis explicabitur.

MONITVM.

De salientibus eiusdem tubi concauam parabolici conoidis superficiem tangentibus.

PLurima hîc adderem de salientibus, si figurę incisæ non deessent, quibus lectores subleuentur : verbi gratia mediam salientem longitudine duplam esse verticalis, altitudine verò subduplam. Cùm verticalis est pars quarta parametri, omnes alias salientes inter verticalem, & horizontalem interceptas tangere concauam conoidis parabolici superficiem, cuius focus est in medio salientium lumine, quod à clarissimo Toricello iam obseruatum didici : sed de his tam in epistola dedicatoria, vel præfatione ad Lectorem, quam in Acontismologia fusiùs.

Reliqua quæ vel ad fluuiorum cursam, vel ad nauigationem, & ad pondus aquæ pertinent, vbi de Pneumaticis actum fuerit, afferentur.

PROPOSITIO XXVIII.

Salientium ex fontibus pneumaticis longitudinem inuicem, & cum tuborum salientibus comparare.

ESto fons pneumaticus, siue spiritalis N, P, M, Q, S, T, qui cùm sphæricus sit, aliam quamcúmque figuram habere potest ; & quem pneumaticum appellamus, quod aëris beneficio (qui subit elaterij vices,) suam aquam per T lumen tubuli adiectitij R T expellat, & à T ad V mittat.

Hic autem tubulus in omnem partem volubilis intelligatur, vti fieri solet in addititiis fontium artificialium tubulis, qui genu mobili quoquouersum flectuntur.

T

Duobus verò modis aër in hunc fontem iniici poteſt, vel enim vſurpatur inſtrumentum Cteſibicum, quale eſt *n o K h,* (quod poſtea

fuſiùs explicabi-
tur) quo per ori-
ficium *f* immitta-
tur aqua in con-
cauam ſphæram
P N O Q, quæ
pellat aërem, &
N R O ſpatio cō-
ſtringat, vt tantò
quàm antea loci
minus contineat,
quò maior aquæ
quantitas iniici-
tur. Vel priùs im-
mittitur aquæ in
ſphæram prædi-
ctam, quam ab
M vſque ad P Q,
vel N O repleat;
deinde ſyringis

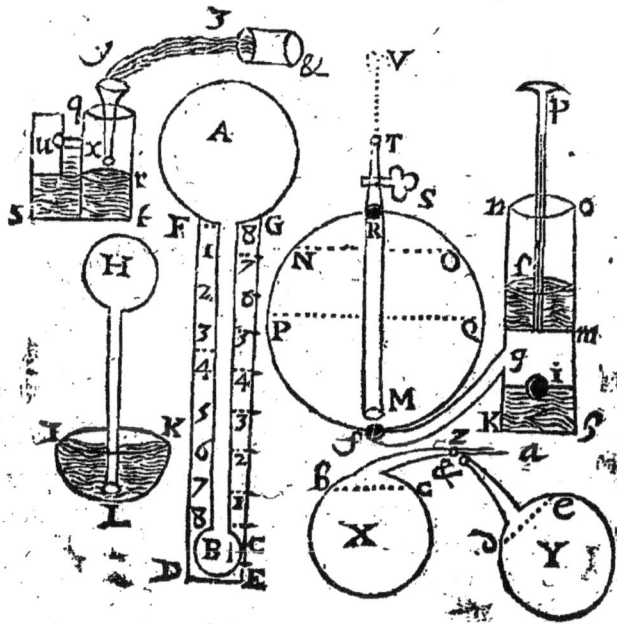

ope aër impellitur in eundem fontem, qui poſtea vehementer aquam expellat, & per tubulum R T eijciat, ſtatim atque vertibulum S re-cluditur.

Porrò non ſolùm verticaliter, ſed etiam horizontaliter, & ad quemuis angulum aqua ſalit, pro varia tubuli ad quaſcůmque partes inflexione. Tres tamen duntaxat ſalientes, vti factum eſt in tubis, metiemur, quæ hanc inter ſe rationem obſeruant, vt cùm verticalis fuerit 18 pedum, horizontalis è lumine T ad rectos angulos inflexo, & ſeſquipede ſuper horizontem erecto ſit 15 pedum, media verò 30. pedum, quanquam alterius fontis ſalientes fuerint, horizontalis qui-dem 12 aut 13 pedum media 28, verticalis 18, vel 19 : cuius fontis erectio ſuper horizontem quadruplò major non habuit duplam ſa-lientem horizontalem, ſed 19 pedum duntaxat: præcedere autem lu-minis eleuatio fuit vnius pedis, foramen ½ vel ⅓ lineæ.

Alterius fontis ſaliens horizontalis 15 pedum, ſemirectus 25, ver-ticalis 14 apparuit; luminis 4 pedes ſuper horizontem erecti diame-ter fuit duarum linearum.

Vbi plura ſunt quæ requirant examen : verbi gratia, cuius altitudinis tubus esse debeat vt suas salientes prædictis æquales habeat; deinde, num illæ seruent eandem, ac istæ rationem. Tertiò, quantum inflari possint fontes artificiales, hoc est quanta possit in eos immitti quantitas aëris. Quartò, num salientes eadem ratione crescant, quâ prædicti aëris immissæ quantitates.

Quod ad primum attinet, si supponamus fontis prædicti salientem horizontalem esse pedum 16, qualis foret si spiritu tantisper confertiore inflaretur; dico tubum, cuius lumen sesquipede horizonti superextet, 64 pedes altum fore, qui salientem horizontalem 16 pedum habeat: enimuero tubi sunt, vt antea dictum, in ratione duplicata salientium horizontalium; sed tubi pedalis, cuius lumen sesquipedem horizonti superextat, saliens horizontalis bipedalis est ad salientem 16 pedum vt 1 ad 8, & ratio duplicata 8 ad 1 est ratio 64 ad 1, tubus igitur salientem 16 pedum emissurus 16 pedes altus erit.

Hinc autem facilè concludetur qualis esse debeat altitudinis tubus salientes suas in ratione data cùm fontis salientibus habiturus: quod hîc intelligi debet cum exceptionibus antea explicatis.

Secunda difficultas maior est, cùm istæ salientes fontis pneumatici, & tubi non eandem inter se rationem seruare videantur si prædictam obseruationem discutiamus; tubi nempe 64 pedes alti vel saliens verticalis erit 48 pedum, (id est, tubi ⁊, vti fit in tubo quadrupedali) vel ad minimum 30 pedum, si tanta fuerit aëris obsistentia, quæ 18 pedes verticalis altitudini detrahat; cùm fontis saliens verticalis sit duntaxat pedum 18, vel, ob confertiorem aërem, 20. Quod ad salientem mediam spectat, quæ in sesquipedali super horizontem altitudine dupla reperitur horizontalis, salientium mediæ, & horizontalis rationem paulò meliùs obseruat, est enim tubi quadrupedalis sesquipedem horizonti superextantis media saliens pedum, 5⁊, horizontalis verò 4 pedum. Sed cùm illud discrimen in aliquam causam refundi debeat, fonti spiritali peculiarem, proprio loco discutiendum erit.

Tertia difficultas pertinet ad aëris condensationem, quanta videlicet esse possit, de qua postmodum agemus. Quarta denique communis est aëri, & arcubus, aliisque elaterijs, quorum vires intendi, remittique possunt, quæque similiter locum alium postulant, ex quo hisce difficultatibus satisfiat.

COROLLARIVM.

Lio fonte falientes expertus, cuius lumen ÷ lineæ pedem horizonti fuperextans, horizontalis faliens 20 pedum, media 26,
& verticalis ferè 20 apparuit; cuius tubi lumen 27 pedes erectum falientem horizontalem ad 30 pedes, mediam verò ad 36 emifit.

PROPOSITIO XXIX.

Aëris rarefacti, atque condenfati quantitatem, pon-
dus & vires, ac inftrumenta huic cognitioni fer-
uientia explicare.

Vantitas aëris condenfati facilè reperiri poteft beneficio fontis
pneumatici N P M O, qui, verbi gratia, cubicum pedem contineat, fi enim befpedis cubici, (hoc eft æquæ digiti 1185¾) in illud
concauum orga-
no Ctefibico, hoc
eft fyringe impel-
latur, quantitas
aëris condenfati,
erit digitorũ cu-
bicorum 592¾, feu
triens pedis cubi-
ci; & tam ex va-
fis, quàm ex aquæ
in illud immiffæ
quantitate fem-
per innotefcet aë-
ris cõdenfati quã-
titas, atque adeo
condenfationis
magnitudo. Sit
enim rurfus aër in
N O coactus, fit-
que locus ifte,

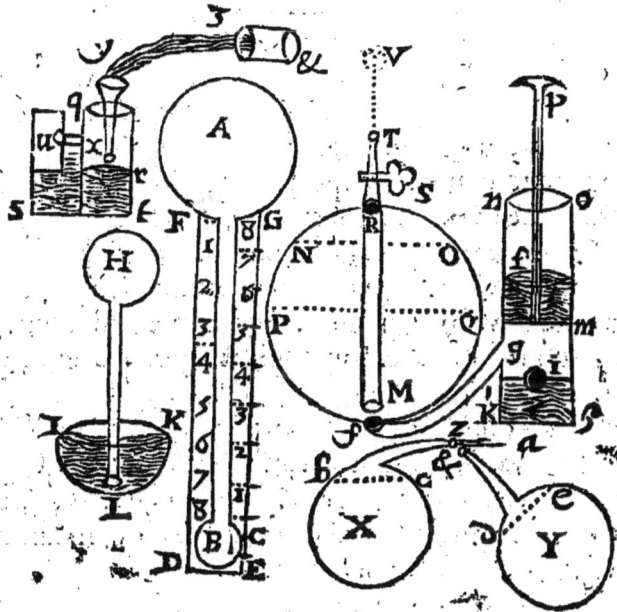

quem folùm occupat, pars totius concaui duodecima; gradus iftius
condenfationis poterit duodecimus appellari, quòd in duodecimam

illius quod priùs implebat, spatij partem conftringatur, & ita de cæteris condenfationibus.

Quantitatem verò abfolutam aëris ex fitu quem abfque violentia
tenet, non ex condenfato, vel rarefacto fumendam effe vix eft qui dubitet, nifi qui putat quodlibet peræquè rei cuiquam proprium, aut
violentum effe, cùm hæc natura videatur effe corporum quòd hac
vel illa ratione moueantur, adeout non fit aquæ, quòd fluat, magis
naturale, quàm vt in glaciem concrefcat.

Vt vt fit, pondus aëris aggredior, quamuis multi credant nullius
illum effe ponderis, fed potiùs leuem, non folùm comparatè, fed
etiam ἀπλῶς & abfolutè.

Vt igitur illius pondus exploretur, efto vas æneum X, quòd Æolopilam vulgò dicunt, cuius ofculum Z latitudinem vnius capilli habeat: Impofitum vas X fuper prunis, feu carbonibus accenfis inca-
lefcat, & fiat candens, laneíque bilancis impofitum fiat in æquilibrio
cum alterius lancis antifacomate, quamdiu candefcit: cúmque refri-
guerit, adque priftinum ftatum redierit, iterum reducatur ad æquilibrium, quod enim antifacomati prædicto fuerit addendum, erit pondus aëris ex Æolopila priùs expulfi per ofculum Z, qui frigoris aduentu, vel reditu in Æolopilam regreffus eft. Ita verò fe habuit, Geometris præfentibus, & adiuuantibus, hæc obferuatio. Bilanx, quæ dimidio grani perdebat æquilibrium, docuit Æolopilæ fatis calefactæ,
& propemodum candentis, omníque humore deftitutæ, pondus effe
vnciarum quatuor, drachmarum fex, & granorum quindecim: refri-
geratæ verò, & ad naturalem temperiem reftitutæ pondus præcedente pondere minus effe 4 granis ad minimum. Vnde primò concludendum aërem effe grauem: cuius grauitatem vt cum aquæ grauitate
conferamûs; Æolopila iterum eo quo priùs modo calefacta, eadémque lance explorata, eiufdem ac antea ponderis inuenta eft, & illico
roftrum illius b z in aquam immerfum, donec ad priftinum frigus rediret, aquæ fuxit vncias nouem, drachmas tres, & grana vigintiquin-
que; quod aquæ pondus cùm eundem locum occuparit, quem priùs
aër vi caloris expulfus implebat, certum eft fecundò illum aërem effe
ad æqualem aquæ molem, in pondere, vt 1 ad 1356.

Pluribus quidem aliis obferuationibus idem tentaui, verbi gratia
vitreis Æolopilis, fed cùm illa vafa vitrea non excederent pilæ palma-
riæ magnitudinem, & inter ponderandum citiùs quàm par effet refri-
guiffent, aliáque incommoda nobis occurrerint, illis minus fidimus,
& vas æneum vel argenteum, aut aureum anteponimus, cùm præfertim huic noftræ obferuationi non femel repetitæ alia experimenta fa-

ueant, de quibus in obseruationibus harmonicis suse dictum est.

Cùm enim in memoriam reuocassem quæ circa velocitates circulorum aëris & aquæ contingunt, videlicet radium circulorum aquæ percussæ ad radium circulorum aëris etiam percussi esse vt 1 ad 1380, & in præsenti obseruatione pondus aëris potiùs à nobis minutum quàm auctum, differátque solummodo $\frac{1}{57}$ numerus 1380 à numero 1356, cúmque vna duntaxat quinquagesima septima parte in huiuscemodi difficillimis obseruationibus aberratur, satis exactæ credi possint, absque vllo periculo statuere possumus aquæ grauitatem ad aëris eiusdem malis grauitatem non esse minorem quàm 1300 ad 1, & ideo quantitatem aëris esse ad aquæ quantitatem aëri æquiponderantem vt 1300 ad 1.

Supersunt aëris vires inuestigandæ, quas acquirit condensatione vel rarefactione. Cùm autem vniuscuiusque rei vis expendi soleat penes effectus eóque maior censeatur effectus quò fuerit illustrior, saliens ex fonte spiritali M N O per lumen T demonstrat eam esse vim aëris in hoc vase condensati, quæ foret tubi 24 pedes alti, cuius nempe saliens verticalis esset 18 pedum.

Quanquam si saliens horizontalis spectetur, ex lumine horizonti sesquipedem superextante (quale suppono fontis pneumatici lumen, de quo prop. præc.) quæ sit 16 pedum, vis aëris maior esse concludetur, cùm enim tubi pedalis saliens horizontalis ex lumine sesquipedem horizonti superextante bipedalis sit, non tribuet salientem horizontalem 16 pedum tubus, nisi 64 pedum fuerit. Hoc autem virium aërearum discrimen à saliente verticali, & horizontali desumptum nouam difficultatem parit in alterum locum reijciendam.

Porrò vim illam conferamus cum aquæ pressione, quæ cùm in tubo 64 pedum tanta sit quantum est illius pondus super lumen, quod sit, exempli causa, lineare, constat ex calculo cylindrum aquæ linearum 64 pedes longum non æquare pondus 6 digitorum cubicorum: constat etiam aliunde vim illam, quâ pellitur aqua in fontem ad aërem condensandum, longè maiorem esse pondere vnciarum 4 & vncias drachmæ; quod 6 digitis cubicis æquale est, vis enim brachij tota sua vi prementis & aquam impellentis ad minimum 20 libris respondere videtur: sed decem libras sumamus, quantum amabo, distant à 4 vnciis? Quæ sanè difficilem virium aëris condensati cum viribus pressionis aqueæ comparationem reddunt, cùm illarum effectus tantopere discrepent: quod fortè procedit à causarum heterogeneitate; cur enim si fuerint homogeneæ saliens horizontalis tuborum non est maior horizontali fontium, in eadem ratione, qua saliens verticalis tuborum maior eſt verticali fontium?

Iam verò deſcribamus inſtrumenta quibus aër rarefit, vel condenſatur, quæ ſunt, præter fontem M P O, primò Thermoſcopium vulgare B A, ita nuncupatum quòd illius ope poſſimus agnoſcere quantò ſit aëris temperamentum vna, quàm altera vice calidius, frigidiuſve: cuius hæc eſt conſtructio. Vitrarius tubulum concauum, hoc eſt cylindrum format, cuiuſcúmque longitudinis, cui duas ſphærulas conuertit, minorem inferiùs, quæ foramen exiguum habeat iuxta punctum C, maiorem verò ſuperiùs, quæ tantò commodior, quantò maior.

Liquor autem aliquis rubeus, vel cæruleus, aut cuiuſuis alterius coloris includitur in minore ſphærula B, vt cùm vi frigoris verſus maiorem ſphæram A pergit, videatur, notetúrque quot gradibus aſcenderit iuxta 8 gradus in dextra parte notatos; vel quot gradibus aër ex A verſus B deſcenderit, iuxtà gradus ſiniſtræ parti adſcriptos; qui gradus ſcribi debent ſuper ligno polito, cui thermoſcopium A B innitatur. Iudicium ergo fieri ſolet de aëris externi temperie, iuxta gradus illos, nempe tot eſſe gradus caloris, quot gradus aër ex A verſus B deſcenderit, totque gradus frigoris quot liquor à B verſus A ſphæram maiorém aſcenderit. Nam aëris externi mutatio, ſeu temperies cauſa eſt deſcenſu aëris interni, & aſcenſus liquoris.

Quanquam meritò dubitari poteſt num pari gradu frigoris aër incluſus pari ſemper gradu condenſationis afficiatur, hoc eſt, an frigore in 8 gradus æquales diuiſo, ſi primus gradus frigoris aërem à B ad dextram 1, ſecundus etiam gradus frigoris aërem ad 2, tertius ad 3, &c. impellat: an potiùs eò difficilius cogatur ad aſcendendum, & ad condenſationem, quò magis ad A contenderit, vt in arcus tenſione contingit, qui faciliùs initio quàm in progreſſu cedere videtur (qua de re poſtea.)

Quod in aëris condenſatione fatendum eſt, vt conſtat ex embolis quibus folles, veſicæ, fontes ſpiritales, & ſclopeti pneumatici ſolent inflari, quandoquidem emboli circa finem inflationis paulo vehementioris ita repelluntur ab aëre, vix vt eos poſſis impellere, quòd vis maior deinceps requiratur ad nouos gradus condenſationis inferendos.

Thermoſcopium verò ſupplebit inuerſa lagena L H, cuius collum in aquam immerſum oſtendet aquam verſus H tantò magis aſcendere, quantò magis vrgebit frigus: & vice verſa tantò magis aërem, & aquam deſcendere, quantò A ſphærula magis incaleſcet.

Eſt etiam aliud inſtrumentum *ſqtr*, quod explicandum eſt. Sit

igitur *x r t* vas aliquod, putà dolium in inferiori parte *t* apertum, &
in aquam *r t* immerſum, quod poſſit ab *r t* verſus *ſ* inſtar riui fluere,vt continuò det locum aquæ *z y* fluenti ex tubo, vel fluuio *& z*
in infundibulum *y x*, cuius collum, vel extremum oſculum *x* aquam
ſubiectam non debet tangere,vt aër inter *y* & *x* ab aqua *z y* interceptus, & compulſus, per orificium *x* cum aqua ingrediens, ab *x* per
tubulum *x u* fugiat, & in ſpatio *u* (quod ſit cubiculum refrigeran-
dum, vel fornax ferro, æri, argento, & aliis fundendis metallis deſti-
nata) ventum ingentem excitet,qui maximorum follium in officinis
monetariis vſurpatorum vento minimè cedat.

. Iam verò proſequamur varios iſtorum inſtrumentorum vſus, quæ
poſſit quiſpiam ad ſua commoda deriuare.

PROPOSITIO XXX.

Organorum quibus aër condenſatur, vel rareſit, tam
medicos, quàm alios vſus indicare.

CVm ex artibus nihil expectari debere videatur vtilius quàm vt
morbis difficillimis remedium adhibeatur, quos inter cenſetur
acerrimus qui liberum lotij vſum impedit, quod ſæpè nimis eijci nequit,huic morbo mihi videtur Æolopilis ita ſuccurri poſſe, ſi nempe
collum Æolopilæ Y amplectatur catheterem,ſeu tubulum in ignem
immiſſum. Sit enim, verbi gratia, veſica X vrinam habens vſque ad
lineam *b c*: ſitque tubulus argenteus *b z*, cui ſi collum Æolopilæ *d &*
ea ratione adaptetur, vt aër externus in orificia *z &* ingredi nequeat;
deinde ſubijciantur prunæ vaſi Y, quod ſit tantæ capacitatis, vt totam vrinam X continere poſſit, illam penitus exhauriet, idque vel
paulatim, ſi nempe vas Y pedetentim incaleſcat,vel breuiſſimo tempore,& cum impetu, ſi promptiùs Æolopila Y igniatur.

Quo remedio toties quis vti poterit, quoties *δυσουρία* laborabit; neque enim prunarum ardor, aut colli *d &* calor nocebit,ſi catheter fuerit paulò longior, vel collum *d &* adeo longum ſit, vt ſphæra Y in
vno ſit cubiculo, & æger in alio, vel aſſer, aut aliud quodlibet dia-
phragma ægrum inter & Æolopilam collocetur.

Porrò ignita &candens Æolopila tanto poterit impetu ſuggere, vt
non ſolùm extremam vrinæ guttulam, ſed etiam plurimas arenulas,&
lapilulos educat, quibus æger ſubleuetur. Scio quidem nullū id fore
remedium cùm nullum foramen ſupereſt quo tranſeat vrina, ob partium

tium carnofarum, quæ nimis excreuere, impedimentum: fed vbi tantulus fuerit aditus, res fuccedet.

Similem etiam vfum habere poteft Ctefibicum organum *p n o l g*, quo trahitur aqua *h K*: fi enim prædictus argenteus tubulus in vrinam immerfus adhibeatur affario *i*, *p g i* emboli afcenfus in *m l*, vrinam *h K* in locum *m g i*, quem occupabat, educet, ne locus ille *g i*, quem corpus emboli in *l m* tracti relinquit, vacuus exiftat.

Denique Thermofcopium H L hîc etiam locum habere poteft, tubulus enim H L vrinam educet ex vefica, fi fphæra concaua, quæ fit argentea, vel vitrea, niue, glacie, vel alio modo refrigeretur: licet enim non poffit ea ratione tanta copia, tam citò ac Æolopilis educi, poteft tamen illud tot repeti vicibus vt vrina penitus attrahatur.

Ad quæ organa humorum eductiua cucurbitulas referre licet, quibus poft fcalpuritionem, aut fcarificationem chirurgus fanguinem educit, ne cùm aër accenfa candela rarefactus in priftinum ftatum redierit, fpatium aliquod fub cucurbitulis pelli adhærentibus vacuum remaneat. Ex dictis verò facilè medici poterunt excogitare quomodo fuccurrere poffint hydropicis Æolopilæ; quarum fecundus vfus

precedente prop. explicatus eft, qui nempe confiftit in pondere & proportione reperienda tam aëris quàm aquæ; cùm enim aër fit ad aquam vt 1 ad 1300, ad plumbum erit vt 1 ad 14800, fiquidem plumbum fit ad aquam vt 11 ad 1.

Tertius vfus fit cubiculorum in æftate refrigeriū, atque ventilatio, quæ fatis intelligitur ex aqua *z y* aërem in cubiculum *x u* impellente. Quod etiam fieri poteft Æolopilis, quorum ofcula *z & cubiculi foraminulis applicata ventum in

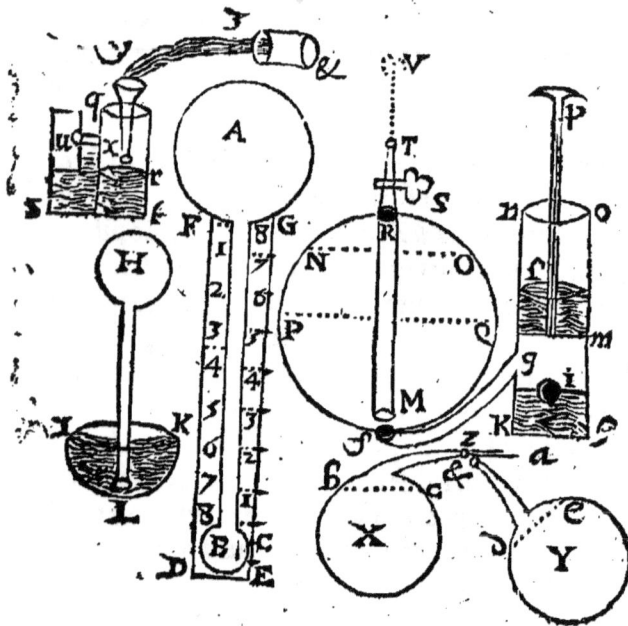

V

cubiculo, fed gratiorem & calidiorem excitabunt, cùm ex aëre in Æolopilis inclufo, & vi caloris expulfo generetur ; fed nequit effe

perpetuus , nifi continuò igniantur, & reftinguãtur,ventum quippe calidum impellunt ignitione, & frigidum attrahunt & producũt caloris extinctione,adeout in eodem cubiculo,eodem tempore calidus & frigidus ventus fpirare, & cuiuis parti cubiculi poffit applicari.

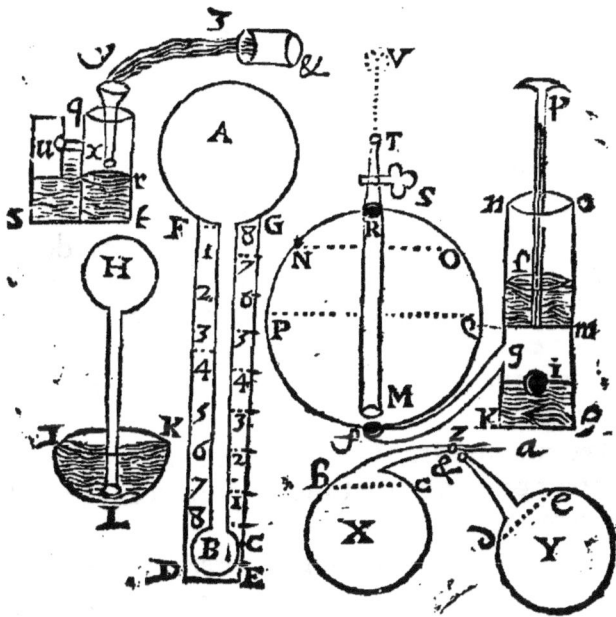

Quartus vfus aquæ in altum tollendæ , vel in omnem partem vi magna expellendæ deftinatur,vti fit in fonte artificiali M N O, de quo priùs dictum eft ; & in fiphonibus, quos vulgò *feringues* appellamus, qualis eft *n o g m.*

Quintus ad excitandum ignem vtilis, cùm enim Æolopilæ prius ignitæ fuxerunt aquam, fi denuò prunis, vel alio modo incalefcant, doncc aqua vehementiffimè bulliat, tãto falit impetu ex *z* ofculo, vt in vaporem tenuiffimum , & aëri fimilem exiens ventum ingentem cum magno fragore generet,quo non folùm titiones flammam concipiant, fed etiam veluti terebro perforentur.

Vnde fextum vfum in ægrorum folatium deriuare poffumus, quos thermarnm aquis calidis è fublimi fuper cutem cadentibus fanãri putant; Æolopilæ fi quidem hoc munere fungentur, & cutis poros referando, liuorem, obftructionem & contufionem curare, vel faltem mitigare poterunt.

Alios vfus, quos ftudiofus inuenire poterit omitto, quales funt qui pyrium puluerem fupplent, & æmulantur, de quibus prop. fequent. 31. & 32.

PROPOSITIO XXXI.

An aër tantumdem rarefieri quantum condensari
possit, & qua ratione condensetur vel
rarefiat inquirere.

Onstat aërem ita rarefieri Æolopilis ignitis, vt septuagesima
pars aëris prius inclusi,& nondum rarefacti Æolopilas impleat:
cùm enim Æolopila, quâ sum vsus; aquæ tredecim vncias, & sesqui-
drachmam contineat,ignita 13 vncias suggit, totus igitur aër ignitus,
& Æolopilam candentem implens, ad pristinum naturalem statum
redactus eam duntaxat vasis partem occupat, quæ sesquidrachmæ
aquæ debetur, hoc est parti totius vasis septuagesimæ, neglecta fractiuncula.

Hæc autem raritas omnium maxima videtur quam vasa nostra
sustinere possint absque fusione, liquescent enim si quis ignem perti-
naciorem vrgeat.

Quod ad condensationem attinet, quanquam aliqui credunt non
posse nisi ad tertiam spatij, quod naturaliter occupat, partem redigi,
quod videant aquam in vas infusam tres heminas continens, non superare duas heminas ob aërem intus manentem , certum est tamen
magis condensari posse. Docet enim experientia in fistulas illas in-
spiratas,quæ pulueris pyrij vim æmulantur, pondus sexaginta granorum aëris impelli, & illa cauitate,quæ vncias aquæ octo,hoc est semi-
sextarium Parisiensem complectitur, ita concludi, vt maior etiam aëris quantitas possit adhuc inijci.

Cùm igitur aër Æolopilæ præcedentis sit inuentus ad minimum
pondo 4 granorum,vel ad summum 6, quæ decies in 60 continentur, sitque concauum Æolopilæ ad minimum concaui fistulæ sesquialterum, calculis subductis aër in fistula tormentaria, vel sclopeto
spiritali condensatus decies Æolopilam impleret, vel quindecies fistulam absque condensatione, hoc est in statu naturali.

Itaque concludi potest aërem ad spatium quindecuplò minus in
sclopeto pneumatico cogi,idque sola vi manus spiritali siphone vtentis; quæ vis cùm quadruplari possit, & aër in spatium præcedentis
subquadruplum coarctetur,erit ferè condensatio tanta, quanta rarefactio præcedens : quanquam insurgit noua difficultas, de qua postmodum,an quadrupla vis sufficiat ad quadruplam condensationem

V ij

inferendam, & num aër fit tantæ condenfationis capax.

Innotefcet autem num aër tantundem condenfatus fit, fi vas in quod inijcietur, æquale fit præcedenti Æolopilæ, & fit illius aëris pondus feptuagecuplum 6 granorum, hoc eft 420 granorum, nam totus aër Æolopila conclufus abfque condenfatione, 6 granorum fupponitur.

Conftat verò lineas aëris cubicas 5654, hoc eft paulò plufquam tres digitos aëris cubicos, effe pondo vnius grani, cum aquæ lineæ cubicæ 4$\frac{1}{7}$ neceffariæ fint vt grano æquiponderent; quocirca lineæ cubicæ aëris pondus eft $\frac{1}{5654}$ grani. Cúmque fint in aquæ libra, feu granis 9216, digiti cubici 23$\frac{7}{11}$, hoc eft ferè $\frac{2}{3}$, aëris libra complectetur digitos cubicos 30175, $\frac{25}{33}$, hoc eft ferè 18 pedes cubicos.

Qua verò ratione condenfatio fieri poffit explicatu difficillimum, cùm enim aër fontem M P N O Q impleat, vel Thermofcopium B A, & phiolam LH, féque corpora penetrare nequeant, cùm vna pars aëris non poffit effe vbi eft pars aquæ, aut alia pars aëris, quî tamen fit vt plures quàm antea partes aëris fontem prædictum ingrediantur, ex quo nihil interim exire videatur? Cogit enim nos obferuatio fateri fextuplò maiorem aëris quantitatem in fontem ingredi, vel quod idem eft, totum aërem, qui prius totam cauitatem M P N R Q O M implebat, in fpatium, feu locum N R O coarctari. Neque faciunt fatis, qui dicunt hanc effe quantitatis, vel corporum naturam vt poffint effe fub maiori, vel minori extenfione, cùm inquiramus modum quo fieri poffit iftud veluti naturæ miraculum. Qua difficultate motus fpiritalium autor Hyeron plurima vacuola per omnia corpora diffeminari credidit (hac in parte Democritum æmulatus) in quæ per compreffionem coguntur partes, quæ, vbi violentia defierit, ad priftinum locum redeant. Quod ex vafe labiis adhærente poft fuctionem aëris confirmat, carnem enim attrahit vt locus exinanitus repleatur.

Hinc pars Phænomenam maxima explicari poffe videtur admiffis quibufdam fpatiolis nullo corpore repletis inter partes aëris, quæ crefcant in rarefactione, decrefcant in condenfatione. Hac enim ratione folarium radiorum tranfitus per vitrum, aquam & alia diaphana, vini & aquæ mixtio, & virtutum corporearum communicatio facilè concipiuntur. Sed cùm aër in locum fextuplò quàm antea minorem coarctetur, deberent effe quælibet vacuola cuiuflibet partis aëreæ fextupla: & in rarefactione ad minimum duodecupla; quapropter effent potiùs coaceruata quàm diffeminata vacua. Sed neque explicant quomodo vacua folitò maiora in rarefactione, de-

finant, aut minora facta per condenfationem crefcant iterum, quænam enim elateria cogunt aërem ad fui reftitutionem? vt enim facilè
dicitur hanc effe naturam aëris vt fe recipiat, tam à rarefactione,
quàm à calore, in ftatum naturalem, ita difficillimè poteft intelligi
qua ratione fiat illud: viderint qui fibi fatisfacere volunt, num aliqua
materia fubtilior aëre neceffaria fit vel fufficiens, quæ in vafa rarefa-
ctum aërem concludentia fubingrediatur, aut ex ijfdem in condenfatione faliat; vel neceffarius fit maior motus in quem condenfatio referatur, vt quò velocior fuerit partium aëris motus internus, eò den-
fior, vel durior appareat.

PROPOSITIO XXXII.

Sclopeti pneumatici conſtructionem, vires & vſum
explicare, & illius ope pondus aëris
inuenire.

ESto M S T baculus concauus, cuius bafis S V T, vel S T bafeos diámeter pollicis, feu digiti vnius, aut cuiuflibet magnitudinis, in quo fit fclopetus, fiue fiftula fpiritalis
B G D G E A, quàm licet ἀερόπτα vocare,
nil enim refert an fit vetus aut recens inuentum.

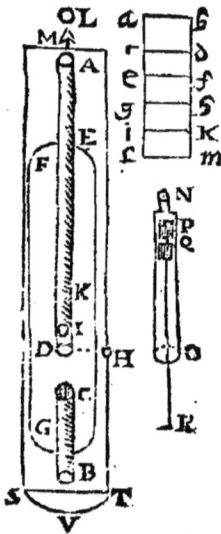

Huius autem conftructio fatis ex hâc figura
poterit intelligi, fi concauum E F G vndique
claufum intelligatur, cui duo tubuli concaui
B C & D A ita inferantur, vt nulla rimula
fugam aëri permittat.

Totum verò corpus cum tubulis æneum
effe debet, ne fi ligneum effet, aër condenfatus per poros euaderet: funt etiam tubuli
A E D, & B G C ita compaginandi vt integra machina vnicum corpus continuum effe
videatur: qua conftructa in cauum G D F K
ope fyringis (cuius os B inferatur extremo
N, idque cochleatim, feu per fpiras) aër in-
ijciendus eft, qui cùm per orificium C in ca-
uum D F K ingreffus erit, & variis emboli R P motibus fiftula adeo
inflata, feu tenfa fuerit, vt copiofiorem aërem recufet, fclopetus inflatus erit.

V iij

Affarium feu plafmation, quo C orificium clauditur, ex parte D aperitur, vt aërem immiſſum cauitas GFK retineat; quippe qui repellit affarium C, quod eò fortiùs claudit orificium C, quò maior aëris quantitas intruſa fuerit.

Aër fiſtula G C K F D concluſus, & condenſatus vicem elaterij præſtat, cùm enim aperitur affarium in D poſitum, quo tubulus D A claudebatur, aër incluſus vi magna cum fragore foras erumpit, & pilam obuiam, plumbeam, aut alterius materiæ, ingeti velocitate pellit, & per lumen A expellit, vel pilæ loco ſagittam, qualis eſt M. Hac igitur præpoſita ſclopeti pneumatici cóſtructione, vim & vſum illius breuiter explicabimus poſtquam ſyringis ad inflandum neceſſariæ conſtructio declarata fuerit.

Fiat igitur tubus, ſeu modiolus O P ex ære concauus, qui ſolet ex lamina plana ærea craſſitiei vnius lineæ iu cylindrum concauum verſa fieri : quanquam cylindrus æneas ſolidus terebra poſſit excanari ad illas conglutinationes, ſeu ferruminationes vitandas, quæ ſyringem minus firmam & durabilem efficiunt. Quæ tamen ſi ab artifice perito glutine argenteo compaginentur, ipſius laminæ robur adæquare, vel etiam ſuperare poterunt.

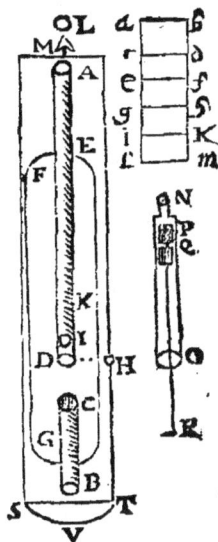

Modulo N O conſtructo, cuius tubulus N P helices habeat conuexas, quæ interioris tubuli B helicibus concauis internis adaptentur, & congruant, embolus P Q paratur, per cuius manubrium ferreum I P tranſuerſim aguntur, & inuoluuntur duo craſſiores cylindri Q P ex corio, & linteis ſuperpoſitis compoſiti, vt inter duos illos cylindros oleo vel aqua madidos aër exterior per oſculum O tractus, & inter Q & P interceptus motu manubrij concitato per cylindri P foramina, in tubum N tubulo B cochleatim inſertum, & ex eo in ſclopeti concauum G F iniiciatur, donec motus emboli tamdiu repetitus fuerit, vt vi manus puncto R applicatæ manubrium deinceps impelli nequeat.

Brachiorum tamen robori vectis adhiberi poteſt, qui manubrio vim maiorem afferens ſclopetum pneumaticũ magis inflet, vt cauum G K maiorem aëris quantitatem excipiat. Solet autem manibus comprehendi cylindrus, ſeu baculus M T, dum in puncto R hinc inde pedibus

mañubrium premitur, vt aër confertior in tubulum B C fyringi N P
infertum impellatur.

Porrò cùm fclopetus aëre fatis oneratus, & corio M T conteꝯus
fuerit, quod poſſis vaginam, vel thecam appellare, collimabitur, tubulo D M in fcopum directo, digitóque elaterem in puncto H pellen-
te, qui D aſſarium aperiat; pila ſiquidem, vel ſagitta I per os A impoſita, & interius aſſarium tangens expelletur, & ſcopum attinget, atque
adeo vires fclopeti ex percuſſionis magnitudine concludentur.

Quidni pares aſſerantur fclopeti pyrio puluere vtentis, viribus, ſi par
fuerit vtriuſque pilæ ab eodem ſpatio, & in æquali fuper horizontem
erectione percuſſio? Eſt igitur primarius fclopeti pneumatici vſus
ingens percuſſio, quam ſæpenumero tantam expertus fum, vt à 20
hexapedis plumbeus globus exploſus, & lapidem offendens in lami
nam fatis tenuem conuerſus ſit.

Secundus vſus in aëris tam condenſatione, quàm grauitate cognoſ-
cenda conſiſtit; grauitate quidem, ſi poſtquam fclopeti nondum in-
flati pondus exactis bilancibus exploratum eſt, inflatus iiſdem ponderetur, pondus enim priori additum grauitatem aëris exhibebit.

Obſeruationem à me factam accipe. Sitque fclopeti, quo fum vſus
GF cauum femiſextarium Pariſienſem, hoc eſt octo aquæ vncias continens, vel 12 ferè digitos cubicos. Cúmque ſelibra 2304 granis
conſtet, & 60 grana, (cuius ad minimum ponderis aër deprehenſus
eſt, dabat enim bilanx 67 grana) contiueantur triceſies octies in
2304, ſequitur aquam hoc aëre condenſato tricies octies grauiorem
eſſe, atque adeo hunc aërem in femiſextarij Pariſienſis partem trigeſi-
mam octauam debere contrahi, vt ſit eiuſdem cum æquali aquæ mole
ponderis; ſed vereor ne ſiphon pneumaticus humorem aliquem oleo-
ginoſum in fclopeto pneumatico reliquerit, quo pondus aëris auctum fuerit, cùm aliàs ſola 35 aëris grana includamus, quando nulla
ſubeſt illius humoris ſuſpitio.

Condenſationis verò gradus facilè concluditur ex grauitate, cùm
enim ex Æolipila conſtet aërem liberum femiſextario contentum
eſſe pondo 4 granorum ad minimum, & fclopeti cauum, hoc eſt fe-
miſextarius, 60 aëris condenſati grana complectatur, clarum eſt
ad locum naturali fuo loco quindecuplò minorem reſtringi, atque
adeo 15 gradibus condenſari, ſi totidem gradus numerentur quot
æquales aëris partes in eundem locum cogentur; niſi diabetes, vt iam
dictum eſt, humore fuo fefellerit, tunc enim ſi 35 ſola grana numeranda ſint, reductus fuerit aër ad locum naturali fuo loco octies angu-
ſtiorem.

Tertius vſus oſtendit aërem in hoc ſclopeto condenſatum eiuſdem propemodum ac nubes, aut vapores eſſe coloris, putà ſubcinericij. Vnde quis concludat aërem condenſatum ad aquæ naturam accedere; quod confirmatur ex eo quòd aër ille in politum metallum exploſus in aquæ guttulas conuertatur. An verò differat aër à vaporibus aqueis, & eas ſolummodo comites habeat, qui ſoli vertantur in aquam occurſu frigidæ ſuperficiei, quærat qui poterit inuenire, quamquam ſuſpicari poteſt aliquis num ille color ab olei vapore aëri mixto proueniat.

Quartus ſupereſt vſus, quo ſciamus qua vi quælibet aëris quantitas condenſetur, ſeu qua ratione vires augendæ ſint in ſecundo, tertio, quarto, & c. gradu condenſationis inferendo, cùm vis primum gradum inducens agnoſcitur.

Sit exempli gratia *l b* aër in ſitu ſuo naturali, quem velis in ſpatium ſubquintuplum *d a* redigere, ac condenſare; ſitque potentia quæ primum condenſationis gradum infert, & aërem *l b* in parallelogrammum minus *b e i* reſtringit, inuenienda potentia quæ parallelogrammum *b i* in parallelogrammum *g b* cogat, & ita de aliis potentiis, donec aër in ſpatium *a d* coarctetur. Quod ſi poſſit à nobis agnoſci, definiemus quænam aëris quantitas qualibet ſyringis impulſione mittatur in ſclopetum, quando 34 vel 60 manubrij motibus, ſiue impulſionibus, vti fieri ſolet, oneratur, & quantò vehementior eſſe debeat impulſio, vt ſequentes in ordine quopiam condenſationis gradus præcedentibus addantur. Vbi notandum venit manubrium ſyringis quò velociùs agitatur, eò perfectiùs aërem ab embolis P, Q intercipi, & quò tardioribus impulſionibus premitur, eò faciliùs aërem elabi, & aufugere, redeundo verſus orificium O, vnde venerat; quam viam repetere nequit cùm ea velocitate diabetis manubrium R atque adeo emboli Q P agitantur, vt vi magna ſecundi minuti ſpatio ter impellatur, vti fieri ſolet à ſclopetariis.

Vt autem aër fideliùs retineatur, emboluli Q P, panno vel corio tecti oleo perfunduntur, vel alio pingui liquore madidi fiunt, vt modiolum quo includuntur perfectiùs impleant, & attractum aërem meliùs retineant. Alios vſus ſclopeti ſpiritalis vt obuios omitto, moneóque ſolùm E A canaliculum, in quem pila plumbea, vel ſagitta immittitur, à reliquo corpore G F, quod arcanum vulgò dicunt, ſeparari poſſe, vt inſtar baculi quadrupedalis feratur, & arcanum cum ſyringe pera condatur.

Eſſet etiam operæpretium vt arcanum ipſum in duas partes ita diuideretur, inter puncta H & G, vt multis helicibus iſtæ partes iùngerentur,

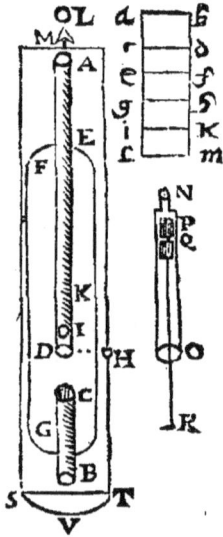

rentur, & ita coïrent ſimul, vt nulla particula incluſi, & condenſati aëris exire poſſet, tunc enim quoties aſſaria D & C, in cauo F D C reparanda eſſent, id facili negotio partium illarum euolutione abſque vlla fractione fieret, vt ampliùs ex figura propoſitionis ſequentis patebit.

MONITVM.

CVm ſyringis embolus, quo ſclopetus pneumaticus inflatur, madidus ſit, vereor vt aquæ, vel alterius humidi quidpiam cum aëre in ſclopeti cauum ingrediatur, quod in aëris pondere fallat, vt reuera contingit ſi loco aëris humidum illud ponderetur. Quæ deceptio facilè detegitur in ſclopeto pneumatico, à quo ſyrinx minimè ſeparatur, ſi enim ille ſclopetus cum ſua ſyringe leuior ſit 60 granis, aut alio quóuis pondere, ante, quàm poſt inflationem, aër ſolus erit 60 granorum, vel alterius ponderis inuenti: & exactiſſimarum bilancium ope dicto citiùs innoteſcet quodnam pondus aëris qualibet ſyringiſ in ſclopetum impulſione ingrediatur, atque adeo quæ ſit ratio condenſati aëris & cuiuſlibet exploſionis: exempli gratia, ſi prima impulſio aëris pilam ad decem paſſus explodit, an ſecunda impulſio ad 20 paſſus pilam emiſſura ſit, & ita de cæteris.

Expertus ſum in ſclopeto, à quo ſyrinx minimè ſeparatur, aërem facilè ſatis vſque eò condenſari vt ſit pondo 20 granorum, cùm illius concauum vix ſemiſextariſ Pariſienſis ſemiſſi æquale eſt, hoc eſt cùm aquæ vix octo vncias capit. Cætera quæ iaculationes iſtius inſtrumenti pneumatici ſpectant, tractatu de motibus afferentur.

X

PROPOSITIO XXXIII.

Absque noui aëris in sclopetum pneumaticum immis-
sione, vel prius immissi deperditione, seu emissione,
quoties opus erit, sclopetum explodere, & pilam ad
scopum propositum emittere.

ESto sclopeti alterius A B E F figura, in qua primus tubululus
G H, qui ex X recuruatur in H, vt aër ex syringe D G immissus
reditui minus sit obnoxius. Sed & assario H elater
chalybeus I Z addi potest, ne forsan aliqua pars
aëris per assarium H egrediatur ; quandoquidem
elaterium aliud N O, vel K L vtiliter adiungitur
assario O L, per quod aër in modiolum, vel cauum
sclopeti A B E F immissus egrediatur, vt obuium
embololum mobilem P Q in laminam R tam fortiter impellat, vt pila S moueatur ad T, & deinceps,
donec ad scopum péruenerit.

  Sola difficultas consistit in lamina R, quæ duas
habeat conditiones, nempe vt sit firma satis ad su-
stinendum emboli Q P impetum, quem vi magna
aër inclusus in modiolo impellit, dum per assarium
apertum L erumpit : deinde vt tam exactè osculum
R tubi Y R obturet, vt aëris erumpentis nulla pars
per vllam rimam elabi possit. Porrò lamina R debet
esse mobilis versus embolum Q, vt vi tigni, seu baculi ferrei V R repellatur aër, qui per L O lumen
in tubum V P eruperat, & embolum in laminam
T impulerat. Nam embolus Q P vi magna repul-
sus versus Y coget iterum aërem regredi, vt per assarium O L in modiolum F A redeat.

  Est autem industrij artificis embolum illum, &
fundum ita construere, vt quoties embolus vecte,
vel alio instrumento, qualis est cochlea, puncto V,
hoc est extremo virgæ ferreæ adhibebitur, semper
restituatur aër tubo Q P Y contentus, in modiolum
X N, hoc est iterum aëre, vt priùs, oneretur. Peritis, ingeniosisque
artificibus reliqua arcana, quæ hîc applicari possunt, inuenienda per-

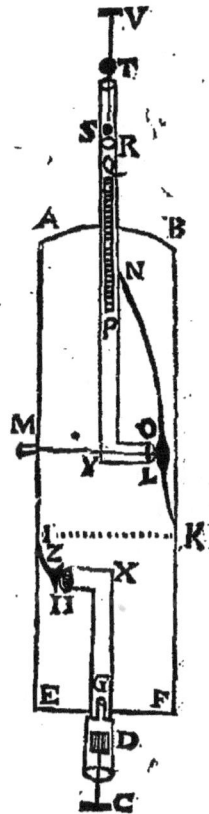

mitto; qui modiolum ipſum, ſeu cauum A F in punctis I & K bifariam diuidere poſſunt, vbi linea punctuata notatur. Vt quoties aſſaria L & H, vel elateria N O & I Z, aut quæpiam alia reſarcienda fuerint, aperiatur: Linea verò I K cera, vel alio glutine poterit induci,
ne fortè quædam aëris particula effugiat.

Embolus autem Q P poteſt eſſe bipedalis, & partim intra corpus
baculi X L remanere, partim in canalem Y Q ingredi; tunc autem
Y L non debet incuruari, ſed os rectum habere, quale eſt os D I in figura præcedentis propoſitionis.

Sunt qui putent laminam æream adeò perfectè poliri, & orificia
H & O L adeo exactè obturari poſſe, vt nullo corio egeant; quod
ſola praxis dirimet. Porrò circa clauem M, quâ epiſtomium, ſeu lamina L O protruditur, vt ore tubuli Y O aperto aër incluſus in
modiolo L F egrediatur, & embolum P Q protundat, obſeruandum eſt virgulam ferream M Y canaliculo tranſuerſo ita debere
concludi, vt aër cauo N Y X F concluſus orificium M, in quod clauis ingreditur non poſſit egredi, quod continget ſi prædictum orificium M nulla ratione cauo prædicto, ſed tantùm orificio L reſpondeat, licet enim aliqua aëris particula per L O tranſiens poſſit per
canaliculum Y M elabi, quòd illum non ita poſſit implere virgula
ferrea, quin ſat loci ſuperſit intra canaliculi latera concaua per
quæ fugiat, id tamen ſclopeti pneumatici vires nil impedit, vt experientia conſtat, ſed clauis interior Y M in ipſo cauo ſclopeti poteſt
ita corio circumueſtiri vt nulla aëris particula exeat. Similium autem canaliculorum ope Q P embolus aëre protruſus retrahi poterit, vt aërem quem præceſſit, retrahat, & in priſtinum locum, atque
ſtatum reſtituat, idémque fiat ac ſi puluis pyrius, poſtquam inflammatus pilam emiſit, in ſclopeti ſui canalem poſt quemlibet iactum
remitteretur, & de nouo pilam eijceret.

COROLLARIVM.

De ſclopeto pneumatico, cui ſyrinx non adhibetur.

SI fiat tubus hexapedæ longitudine cum helicibus concauis interioribus, vt ſit mater, in quam cylindrus ſpiris conuexis affectus
ingrediatur, & aliud tubi oſculũ perfectè obturetur, quamdiu cylindrus quintupedalis in illum tubum impellitur, aër in illo tubo ſextu-
pedali priùs exiſtens ad vnicum pedem redigetur, & quintuplò quàm
antea, denſior euadet, retinebitúrque ab epiſtomio extremum tubi

ofculum claudente, donec prædictum epiftomium conuertatur, vt
per illius os in interiori tubo delitefcens aër erumpens pilam, vel telum explodat, quæ pila poterit in ipfo vertibuli orificio collocari.

PROPOSITIO XXXIV.

Siphonis hydraulici naturam atque proprietates
explicare.

QVamuis fiphon pro tubo fumi poffit, vulgò tamen fignificat tubum recuruum, qualis eft Q P R, quo poffunt humida ex vno
vafe in aliud tranfmitti, verbi gratia vinum ex dolio in dolium, oleum
ex cado in cadum, aqua ex pifcina in pifcinam, &c. ad quem referri
poteft panni lacinia pendens ex vafe *l m* aqua pleno, qua liquor quilibet filtrari dicitur, id eft, percolari, vnde Galli vocant illam *filtre*:
cuius extremum externum *n* interno *m* inferius effe debet, vt aqua
guttatim decidat; fi enim effet fuperius, vel æquale interno, qua parte fuperficiem aquæ vafe *l m* inclufæ tangit, aqua *n* non flueret;
quemadmodum neque fluere poteft ex fiphone Q P R, fiue crus P R,
fiue P Q tangat aquam: tunc enim aqua eft in æquilibrio. Hinc aliqui fiphonem ad libram referunt, qualis eft libra *a c b* cuius pondera
f & *g*, cùm æquè diftent ab hypomochlio, feu fulcro, vel centro *c*, manent æquilibria: Quod æquilibrium deperditur, cum pondus vnius
brachij propiùs abeft à fulcro, vt contingit ponderi *h*, quod vbi fuerit æquale ponderi K, fuperabitur, nifi eadem ratione minuatur
pondus K, qua maior eft illius diftantia à fulcro *i*; quemadmodum
fuperatur crus S P à crure P Q; verùm qua ratione fuperetur crus
breuius à longiore, & an aquæ maior copia fluat ex crure longiore,
in eadem ratione qua longius fuerit, fequente propofitione dicetur, nunc enim fcire fufficiat exire maiorem aquæ quantitatem ex
longiore crure, verbi gratia, fi præfens fiphon abfcindatur in T,
maior aquæ quantitas per orificium Q effluet, quàm vbi fuerit ab-
fciffum in S, & ita de reliquis diuifionibus.

Efto fiphon alius L A B C D E F G, qui montem O ambiat, &
crus finiftrum A L in fontem L immergatur, cuius beneficio tranf-
ferri poteft aqua non folùm ad montis pedem dextrum M, fed etiam
ad verticem, fi priùs adhibeatur fiphonis vertici B pifcina K I; Quæ
fola explicatione indigent.

Primùm igitur incolæ ad montis M partem siti, & aqua carentes qui non possunt adire fontem L, illius aqua facilè poterunt vti

beneficio siphonis
LBG, siue fons in
L, siue in A fuerit,
dummodo crus BG
paulò fieri possit
longius crure I.E;
quod si pars dextra
montis non patitur
vel ob rupes, aut
vallis defectu, si-
phonis nullus erit
vsus.

Porrò si fons in
A fuerit, maior ef-
fluet aquæ quanti-
tas in piscinâ MN,
quod sit maior ra-
tio cruris EG ad
crus EA, quàm ad
crus EL. Fiat igi-
tur siphon æneus,
qui cùm ad vsque punctum G peruenerit, tribus modis aquam L
trahere poterit, primò, si quis ore vel folle applicato lumini G totum
aërem ex siphone hauriat, succedet enim aqua; & cùm semel fluere
cœperit, per apertum epistomium L continuò deinceps effluet, donec epistomium claudatur.

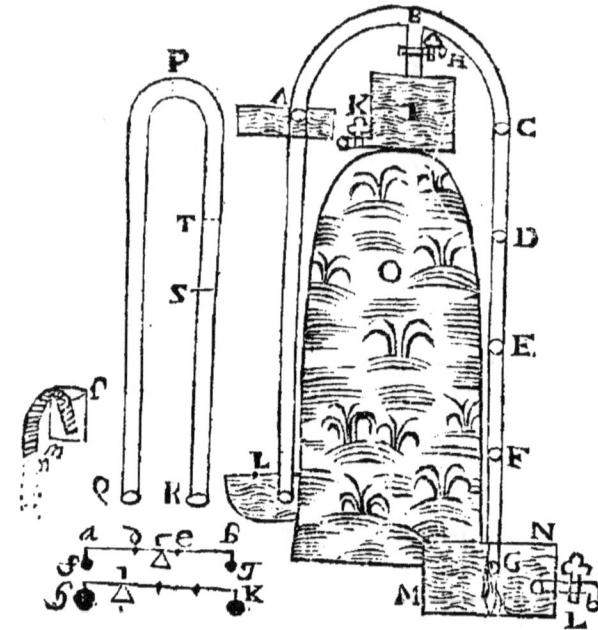

Quod quidem semper apertum esse poterit, si fontis scaturigo
perennis fontem L perpetuò repleat; idémque de fonte A dicendum; qui cùm steriles erunt, sola supererit aqua piscinæ MN, quæ
cùm exsiccata fuerit, aquæ reditus in L expectandus erit, rursúsque follis, aut Æolopila candens, vel os lumini G adhibebitur ad
aërem ex toto siphone LBG hauriendum. Cuius hauriendi secundus modus ex ipsa piscina MN repetendus, quam aqua plenam, &
lumini G ita coniunctam si supponas vt aër in L siphonem per G
ingredi nequeat, statim atque aqua ex piscina MN per epistomium
L referatum effluet, haustum ex tubo LABCDEF aërem ad re-
plendam piscinam aqua vacuam ita trahet, vt aqua ex fonte L necessariò sequatur, dummodo piscinæ MN concauum totum aërem

X iij

siphone contentum complecti, & haurire queat. Dixi *haurire queat*, cùm illud fieri non posse contendant nonnulli, nisi præter illam capacitatem totius siphonis concauo æqualem crus B G tantumdem descenderit infrà lumen L, quantum est crus L B, qua de re postea.

Tertius, isque ferè vnicus modus consistit in orificio, quod in siphonis puncto B faciendum est, per quod totus siphon impleatur aqua, nam luminibus L G obturatis, & orificio puncti B clauso, statim atque lumen G recludetur, & lumen L in fontem immergetur, aqua fluet ex G, etiam absque vlla piscina, quæ tantum adhibebitur, ad aquæ fluxum impediendum, ne fortè fons L exsiccetur. Cùmque fontes siccioribus æstatibus & autumnis sæpenumero steriles sint, & cùm aqua redierit, per punctum B rursus necesse est vtrúmque siphonis crus aqua repleri, vt incolis ad M sitis distribuatur, eapropter epistomium in B applicandum erit, quod toties absque siphonis nouo vulnere recludatur quoties opus fuerit.

Dixi hunc esse modum vnicum, quod ex tantis siphonibus, quantus est qui montem ambit vnius vel alterius leucæ, nulli folles, aut hominum ora possint totum aërem educere, víxque tantum occurrat vallum quod altitudinem cruris L B, quod verbi gratia sit vnius milliaris, compenset.

Quod ad piscinam M N attinet, si crus B G non eo modo producatur, quem superiùs innui, aër exterior in epistomium L apertum ingredietur, & simul fluet aqua ex piscina, vti fit in inuersa lagena, in quam, cùm depletur, aër ingreditur.

Superest vas aliud I K explicandum, quod pateat foramini B, vt aquam per siphonem currentem excipiat; quod duobus modis fieri potest, vel enim lacus I semel aqua repletur per aliquod orificium quo vulneretur, velut in puncto I, quod postea reficiatur: vel potiùs per aliquod epistomium, quale est K vel H: vel ipsum vulnus siphoni in E puncto inflictum, quo repletur crus vtrúmque, huic vsui seruiet.

Cùmque aqua ex erogatorio, seu lacu I per epistomium apertum K haurietur, vel aqua non egredietur, vel egredietur & ex L fonte ascendens & transiens aqua per punctum B partim cadet in lacum I, cùm epistomium H apertum fuerit, dum reliqua pergit ad lumen G; vel aër eodem tempore per K in lacum ingredietur, quo aqua fluet, & nihil aut aquæ parum effluet ex siphone. Verùm poterit aër ingrediens per K ad B pergere, & cùm aqua in E C G inclusa descendere in piscinam M N, ex qua per epistomium L postmodum fugiat.

Quod si tanta fieri possit industria immissorium seu erogatorium I,
vt aër suis technis huic constructioni minimè officiat, maximo commodo erit incolis in montis vertice sitis, à quibus fons vno vel altero
milliari aberit. Supponendum est autem siphonem istum monti ad-
hærere & inniti, quemadmodum & acceptorium I, licet illa omnia
in aëre veluti suspensa videantur, quod ad faciliorem intellectum fieri oportuit.

Debent etiam totidem epistomia variis in locis tam siphonis, quam
piscinarum intelligi, quot necessaria fuerint ad liberum effluxum
aquæ seu ex vase MN exeuntis, vel in vas L ex siphone ingredientis, aut per epistomium K egredientis.

Quamuis autem guttatim tantummodo flueret aqua ex puncto B
in vas I, clauso K
epistomio, & aperto
H, vna vel altera
nocte poterit ac-
ceptorium I reple-
ri, & totidem aëris
particulę per episto-
mium H exibunt,
quãquam potiùs ve-
reor vt aër per H in-
grediës cursũ aquæ
ex L in BCD, &c.
intercipiat, & in-
terrumpat.

Satius igitur fue-
rit vtriúsque cruris
extrema C & A in
acceptorium I in-
gredi, & ita diuidi,
vt aqua ex L ascen-
dens tota recipia-
tur in vase I, & aliud crus CG illam ex acceptorio I hauriens in piscinam MN ferat.

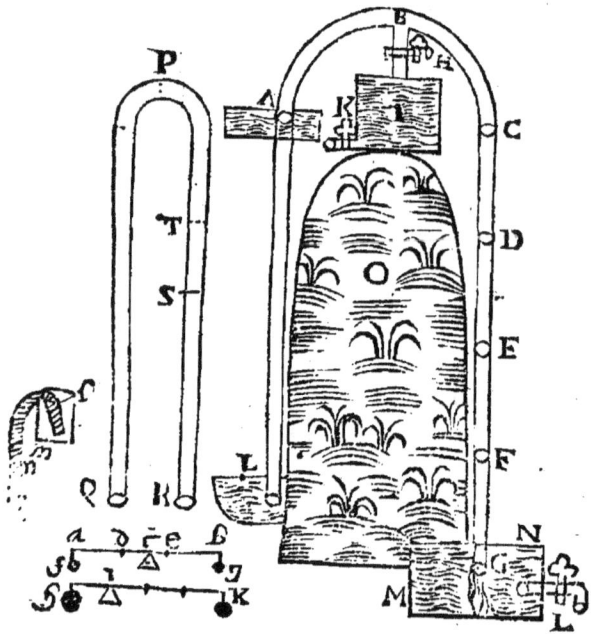

PROPOSITIO XXXV.

An siphonis tractorij vis ad vectem referri possit, &
quá ratione crus augeri debeat, vt maiorem in da-
ta ratione quantitatem ex fontibus, dolijs, &c. hau-
riat, inquirere, & filtrum ad siphonem referre.

SIt præcedentis figuræ siphon ABCDEFG, quem certum est
guttam nullam ex A fonte, vel vase aqua pleno hausturum, si desinat in C; aqua siquidem in C vi aspirationis tracta, sibíque permis-
sa non cadet versus D, sed potiùs redibit & recidet in A fontem.
Productus autem siphon vsque ad D trahet aquam. Supponamus verò altitudinem cruris BC, vel BA perpendicularem, æqualem esse
parti CD pedis vnius, erit ergo crus bipedale CE, tripedale CF,
& quadrupedale CG. His positis inquiramus an ad vectem, aut libram siphon reduci possit, quod suadere videtur æquilibrium in osculis AC factum; vt enim libra, seu vectis *a b*, cuius fulcimentum
c in medio collocatur, iacet in æquilibrio horizontalis, siue illa duo
pondera æqualia *f g* in extremitatibus, aut in alijs punctis vt *e d*, æ-
qualiter ab hypomochlio *c* distantibus, collocentur; ita siphon ABC
plenus aqua, vel aëre, in æquilibrio tamdiu manet, quamdiu CA extrema æqualiter à terræ centro remota fuerint.

Iam verò siphon productus in D non æquiponderat, sed in partem
dextram propendet, & in A vi detentus aquam per osculum D effundit, quemadmodum statera *h* K (cuius *i* fulcimentum extremo *h* vi-
cinius) non æquiponderat, sed descendit infra K, adeout æquipondium in K triplò leuius pondere appenso in *h*, ei æquiualeat, quod
æquipondium si foret æquale ponderi *h*, stateræ iugum *i* K caderet.

At verò comparationes siphonis & vectis deficiunt in eo, quòd in
vecte vel statera pondus, sit eò potentius quò pars iugi, cuius extremo
adhæret, longiùs à fulcimento distat, hoc est, si quadruplò magis abfuerit, quadruplam potentiam acquirit, quatuórque ponderibus, quorum vnumquódque illi æquale est, æquiponderat; cùm tamen siphonis brachium quadruplò longius altero quadruplam aquæ quantitatem minimè tribuat, sed tantùm duplam; docet enim experientia
per G lumen duas aquæ libras effundi, eodem tempore quo libra

per

per lumen D effluit; esséque semper crurum longitudines in ratione duplicata quantitatum aquæ fusarum, vt de aliis tubis rectis demonstratum est.

Cùm igitúr iugi stateræ pars quadruplò longior quadruplò moueatur celeriùs, (vt etiam siphoni contingeret in rectum porrecto, & in vectem conuerso, cuius pars C G ex vna fulcimenti parte, C B ex alia se teneret) nec tamen aqua ex crure quadruplò longiore quadruplò, sed tantùm duplo velociùs exeat, aquæ cylindrus siphone conclusus stateræ rationem minimè sequitur, sed est illius subduplicata: hoc est, effluxus velocitas, & aquæ fluentis quantitas non sequitur ipsam aquei cylindri longitudinem, quam nempe bifariam diuidit.

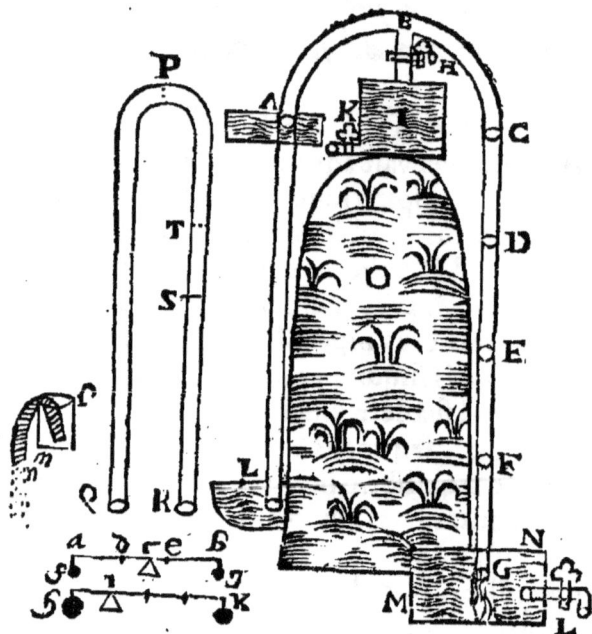

Quòd ad filtrùm attinet, cùm experientia doceat humorem ex quadruplo longiore fluentem duplam esse alterius ex duplo longiore fluentis, & eodem modo quo fit in siphonibus, rationem filtrorum, si iuxta solam longitudinem spectentur, esse in ratione duplicata guttarum aquæ fluentium, constat ea referri debere ad siphonem.

Hinc sequitúr datis siphonis, aut filtri longitudinibus, innotescere tempora, quibus fons, dolium, & alia vasa quóuis liquore plena exhauriantur, dummodo vel vnica obseruatio accuratè facta supponatur.

Sit enim crus Q P siphonis Q P S, cruris I P quadruplum, quod quidem crus P Q exhauriat dolium vnius horæ spatio, crus duplum idem exhauriet dolium in tempore, quod sit medium proportionale inter 2 horas & vnam horam: & crus quadruplum horæ dimidio.

Y

Datis fimiliter **temporibus**, quibus fiphones fola longitudine differentes vafa quælibet hauriunt, dabuntur fiphones, & ipfius aquæ
quantitates exhauftæ cognofcentur.

Denique crura fiphonum in eadem exiftentia ratione cum fiftulis
fuper horizontem erectis, idem ac fiftulæ, cum in aquis-diftribuen-
dis, tum in falientium longitudine præftabunt, fi tubuli extremis illorum ofculis adhibiti quaquauerfum dirigi poffint.

Cætera quæ faciunt ad fiphonis & filtri naturam penitiùs intelligendam fequente prop. continentur.

PROPOSITIO XXXVI.

Siphon & filtrum, omniáque hydraulica organa gra-
uium defcenfum, & leges æmulantur. Vbi variæ
fiphonis difficultates proponuntur, foluuntur.

ESto fiphon inuerfus A E B, (cuius pars dextra E B latior) aqua
plenus, cuius altitudo E D : conftat ex òbferuatione aquam
B C E quacúmque ratione maiorem æqua E A, non ei tamen præua-
lere, fed æquilibrem effe, alioqui aqua E A per ofculum A flueret;
vnde concludendun. in fiphonibus, aut alijs tubis non pugnari ponderibus, fed altitudinibus, atque velocitatibus, adeout altitudines,
atque velocitates æquales faciant æquilibrium.

Quòd autem fiphon & filtrum omnino fequantur leges grauium
conftat ex aquæ fluxu per lumen M egredientis, fi enim fiphon
P K L productus vfque ad 1 aquam tribuere incipiat, quæ in puncto
1 gradum vnum velocitatis acquifierit, productus ad 3, duos velo-
tatis gradus aquæ conferet, & cùm aqua vfque ad M defcenderit,
hoc eft 25 percurrerit fpatia fpatio 1 L æqualia, eam velocitatem acquiret, qua tempore æquali quo ab L ad M defcendit, 50 fpatia percurrat.

Verùm ob aquæ continuitatem partem aquæ L 1 æquè velociter
ac partem ad M pofitam defcendere contingit, cùm nulla gutta
ex M fluat, quin æqualis gutta ex L in 1 defcendat. Sola verò gutta
defcendens ab L ad M iuxta numeros lineæ infcriptos cadit, hoc eft,
primo tempore facit vnum fpatium, fecundo tria, tertio 5, & ita de
cæteris, iuxta legem aliorum grauium. Quapropter eadem velocitate fluit aqua ex M, qua moueretur fi reuera defcendiffet ex puncto
L in M: quemadmodum agit aqua in puncto E fiphonis inflexi A E P;

ac si descendisset ex D in E, vel ex A in H : & in G, ac si descendisset
ex A, & ita de reliquis altitudinibus in figura notatis, vel subintel-
lectis.

Sunt autem nonnulla in his siphonibus obseruanda, verbi gratia,
cylindrulum aquæ capillo æqualem A O sufficere ad aquam ex la-

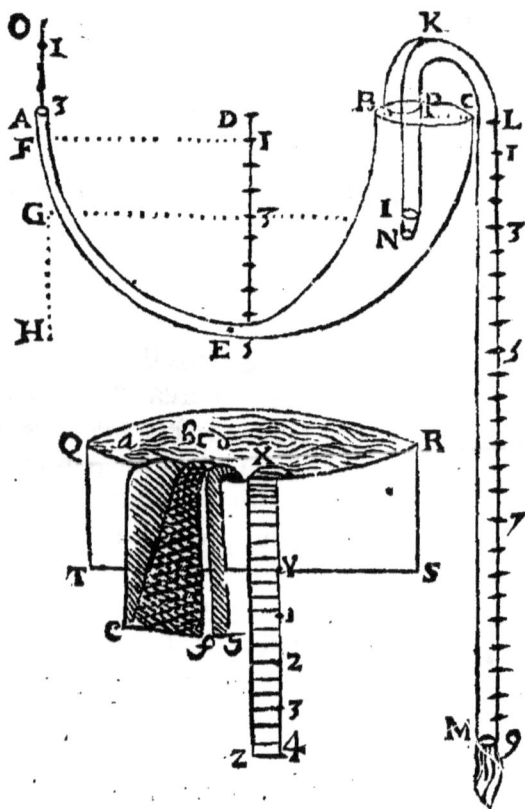

tiore siphonis parte
B C eijciendam, imò
ne quidem addi posse
lumini A guttulam,
nisi guttula ex B C
expellatur. Deinde
siphonem M K P vel
in omnibus partibus
æqualem esse, vel ali-
cubi, putà in alter-
utro lumine inæqua-
lem, vt cùm lumen
B P lumine M maius,
vel cùm lumen N mi-
nus fuerit, quæ om-
nia possint inferre nő-
nihil discriminis aquę
fluxui : sed cùm ob
solam altitudinem a-
gat, & fluat aqua,
dummodo siphon sē-
per aqua plenus sit,
eandem aquæ quanti-
tatem hauriet: itaque
superest duntaxat ob-
seruandum an aqua
per lumen minus N,

vel æquale I à siphone M K I sumpta semper æquè siphonē impleat,
ac per lumen latius BD hausta: Censuerunt doctissimi quidam tantum aquæ per N ac per I hauftum iri, sed eò velociùs quo minus fuerit osculum: alij aquam per osculum N longè minus M lumine non
exituram. Sed experientia docet primò aquam fluere per osculum
adeo exiguum vix vt oculis deprehendi queat, idque guttatim duntaxat, adeout cuiuslibet secundi spatio duæ guttæ sibi succedentes
fluant per lumen M, cum osculum N est lineæ quadrans. Secundò

semper eò minorem aquæ molem fluere, quo minus erit ofculum N, quod aquam fluentis aquæ per ofculum I fubduplam, aut fubtriplam, &c. tribuit, cum fubduplum, vel fubtriplum fuerit.

Non tamen concludendum in K M exteriore crure tubi aërem permanere, quamdiu fluit aqua per N, tubus enim L M plenus eft. Vbi aduertendum guttas ex ofculo N, cùm eft quartæ partis lineæ, cadentes per lumen N non continuò fibi fuccedere videri, cum duæ folæ fpatio fecundi exeant, quas intra cùm necefle videatur aërem interiici, mirum eft quî fluere poffint; nifi dixerimus guttas illas per interiora tubi latera continuò fluere, adeout aër non poffit fluxum illum interrumpere ob interiorem per latera continuitatem, quæ minus in exterioribus guttis exilientibus percipitur; quod etiam filtro aëri expofito, & cuilibet alteri aquæ quantumuis exiguæ per fiftulam quantumuis amplam fluenti contingit, fed cùm tubus exterior L M fit femper plenus vt dixi, idem fit ac in lagena inuerfa guttatim cadente ob alias guttas per foramen in fundo factum cadentes; quare ceflat difficultas. Cùm autem lumen I refpondeat puncto 3, & crus fiphonis à puncto M ad punctum 3 fit breuius crure M L, cuius punctum L refpondet lumini P, maior aquæ quantitas ex lumine M fluere debere videtur, cùm lumen P minus mergitur, quod tamen experientiæ repugnat; quantumuis enim profundiùs mergatur P vfque ad N, aut minus profundè vfque ad P, tantundem aquæ præbet, quoties crus externum L M manet eiufdem longitudinis, quòd nempe tantundem aquæ fuperficies B C ex qua ducitur aqua, puncto M fuperextet: dummodo vas A C, ex quo hauritur liquor, femper plenum intelligatur, & aër in os fiphonis P fubingredi nequeat, quippe minima aëris particula curfum aquæ poteft imminuere & interturbare.

Iam verò de filtris in vas Q R T S immerfis agendum, quorum primum à finiftris occurrens A in coni verticem e definit; fecundum b c à vertice incipiens æquali e, definit in e f; tertium d eiufdem eft vbique latitudinis, adeout f g fit æquale e, vel b c anguftioribus primi, fecundíque filtri extremis. Quartum denique eft X Z, quod à puncto V ad punctum z in 4 partes æquales diuiditur.

Vt autem aqua filtrorum ope fluat, & ex vafe Q S hauriatur, priùs in aquam mergenda funt, qua penitus imbuantur, eámque ebibant, fi enim fola illorũ capita mergantùr, & pars extra vas extans ficca fuerit, aqua non fluet, vixque craffitudine digiti in filtro afcendet; quanquam eruditi viri affirment fe filtra ficca expertos effe, quæ tamen aquam vfque ad extremam laciniam exteriorem traherent.

Porrò siue mergas in aquam duorum primorum filtrorum partes angustiores, siue latiores, æqualis fluet aquæ quantitas, sicut & filtrum *d f g*, ex omni parte prædictis partibus angustioribus æquale æqualem duntaxat aquam hauriet. Vnde fit vt superioris extremi latitudo præcipuè consideranda veniat, quemadmodum de siphonibus dictum est: Filtrum verò aquæ hauriendæ superficiem ab V puncto ad I excedens duplò minus aquæ trahet, quàm dum vsque ad Z punctum, hoc est, quadruplò magis sub aquæ superficiè descenderit; erúntque quantitates aquæ per filtrum haustæ in ratione subduplicata longitudinis filtrorum, eodem prorsus modo, quo tubis rectis, aut incuruis congruit.

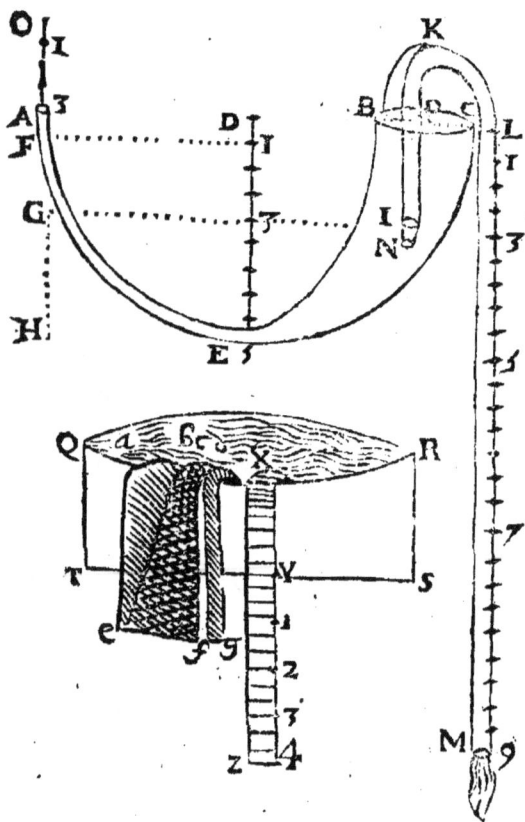

Vnde qui liquorem aliquem velociùs percolare voluerint, vel filtrum ex omni parte latiùs, vel longius efficere debent: si latitudine sola compensent, idem ac in tubis latioribus; si longitudine, & latitudine, idem etiam obseruandum erit quod iam de tubis demonstratum est. Superest igitur inuestigandum qua ratione siphon, & filtrum aquam hauriant, seu quomodo vi siphonis aqua cogatur ascendere.

superiore vasis E D sola dimidia linea distet.

Præterea K L vas aqua repleatur, quod fieri poterit ope tubuli K B, qui fontis A B aquam in K M transferat. Tubulus alter fundo inferiori vasis K M applicandus, qui claudi vel aperiri possit epistomio L, vel O. Quoties aperietur, vt aqua ex piscina K L effluat, tubus G M aërem D E vase conclusum hauriet, & in vas K L transferet. Cúmque aër nequeat ex vase D E trahi, quin succedat aqua B A; vas E D repletura, toties ascendet aqua B A in cubiculum, aut vas D E, quoties vas K L aqua plenum per lumen N tubi N L effluet: poterúntque qui manent in montis vertice F G epistomium K pluribus modis aperire, & claudere, vt ex fonte B A suam piscinam D E perpetuò repleant, quam postea per epistomium E in quosuis vsus effundant.

Docuit autem experientia tubum N L paulò longiorem esse debere tubo F C, seu M G, vt illius perpendiculum superet: quod tamen mirum alicui videatur, cùm enim tres illi tubi nil à siphone differant, sufficiátque crus siphonis alterum esse tantisper longius, quale est crus G L siphonis L G F C, cur per epistomium L aqua non effluet? At verò cùm perpendiculum G M altero perpendiculo maiore superandum sit, L N perpendiculum paulò longius esse debuit.

Quòd ad Ctesibij Alexandrini organum attinet, potest etiam aliquo modo ad siphonem redigi, quemadmodum enim impulso embolo in tubum F C vsque ad fundum vasis A B aqua posset vsque ad F ascendere, & frequenti repetitione vas E D implere; ita cùm embolus p ı K premit aquam ı K, quæ non potest fugere versus b g ob

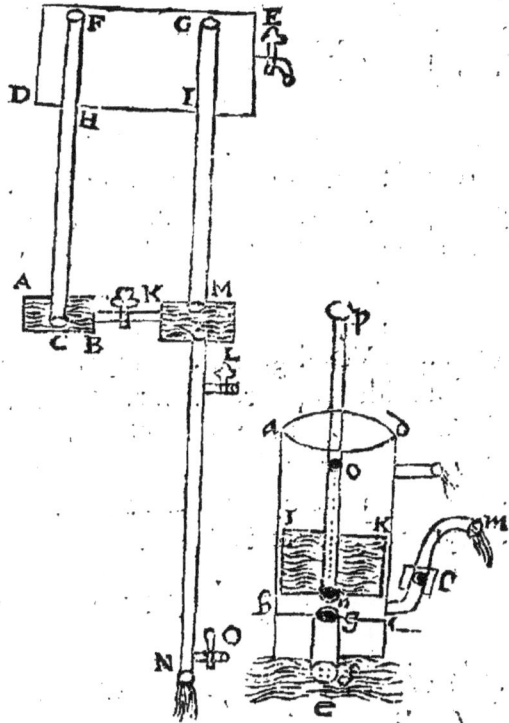

aſſaria *g* & *a* clauſa; quapropter per *a o* tubuſum cauum vſque ad *o* aſcendit, vt effundatur per alium tubulum *n*, vnde pro libitu ad varios vſus diſpenſetur.

Itaque cùm prædictus embolus à manu puncto manubrij *p* applicata impellitur vſque ab *b g*, & continuò retrahitur, aſſarium *g* aperitur, per quod aqua putealis, vel alia quæuis *e f* aſcendit, clauditque idem aſſarium *g*, quod nempe premit ſuo pondere. Cùmque ipſa impulſo ɪ K embolo preʼmitur, aut pellitur, nec redire poſſit ad *fe*, cogitur per *l m* tubum egredi, aperto videlicet aſſario *l*, quod poſt aquæ ingreſſum, vti aſſarium *g*, clauditur.

Debet verò tubiʼ *fg* orificium *f* multis foraminibus aperiri, vt cum aqua nulli lapilli, nullæque ſordes poſſint aſcendere, quæ alioqui aquam impuriorem redderent, & non parum tubis officerent.

Porrò tot hactenus modis Aquarij, & alij artifices hoc organum variarunt, vt labores in hoc inſtrumento perficiundo exantlati ſatis ſupérque oſtendant quantum ſit aqua neceſſaria, & quàm rari ſint fontes.

Solet autem emboli *b g* verſus *i* K retractio vocari à Gallis *aſpiratio*, quòd illa retractione aquam eo modo hauriat, quo quis ore, vel folle, aut etiam Æolopila candente, aquam ex aliquo vaſe trahit: aſpiratam igitur aquam embolus dici poteſt expirare, cùm illam per tuborum *n* vel *m* nares expirat, vti folles epiſtomio reſerato trahunt, ſeu aſpirant aërem, quem epiſtomio clauſo euomunt, & expirant, quod & pulmonibus facilè poteſt accommodari.

Omitto varia diaphragmata quæ huic organo, & aliis ſexcentis ſolent accommodari: varias compoſitiones, quibus illud duplicant, triplicant, &c. vt moneam embolum tubi latera tangere debere, ne aër, aut aqua interlabatur, & ita reddatur inutile; quanquam non ea multum premere debeat, ne maior quàm par ſit conatus in eo mouendo impendatur, & quod vi manus fieri poteſt & ſolet, equi robur poſtulet. Sed neque vi tanta premere poteſt, vt aquam vel aërem impediar, cùm ingens fuerit iſtius organi altitudo, quia cùm nimis vrgetur aër, vel aqua, fugam quaquauerſum arripiunt, & etiam per ligni quantumuis denſi, atque duri poros abeunt, adeout in ſpumam aqua conuertatur, & aër vel in ignem, vel in materiam aëre ſubtiliorem.

Vix autem iſtud organum 40 hexapedarum altitudinem ſuperare poteſt, ſi ſolam impulſionem, vel aſpirationem adhibueris, licet aquæ cylindrus, cuius altitudo 40 hexap. & baſis pollex, non ſuperet pondus librarum 7½, quandoquidem pollex aqueus eſt pondo 6 vnciarum. Sed abſque aſpiratione fieri poſſunt hæc organa, quæ ſola

Z

tractione iuſſam aquam ad dextram altitudinem tollant.

Omitto ſimiliter varia coria villoſa, quibus tegi debent emboli, vt facilius aquæ fugam impediant, & alia plura quæ praxis docet. Cùm autem aqueus cylindrus tollendus proponetur, baſis illius cognitio altitudini iunĉta dabit pondus eleuandum, ſit enim, verbi gratia, baſis 8 digitorũ aquei cylindri, eleuanda vſque ad 40 hexapedas, cúmque cylindrus digitalis iſtius altitudinis ſit põdo librarum 7½, hic numerus per 8 multiplicatus 60 libras tribuet, cùm enim quouis manubrio cuiuſuis emboli tollitur aqua, debent omnia aſſaria reſerari, ac per conſequens vires trahẽtis 60 libras ſuperare debent: niſi organis diuerſis vtaris, tamen quorum vnum ad 10 verbi cauſa hexapedas, aliud ad decem alias, & ita deinceps, aquam attollat, nam quò magè tempus producetur, eò magis vires minui poterunt.

Iam verè Galli genus aliud vſurpant hauſtri hydraulici abſque aſpiratione, vel impulſione, ſitula ex corio, vel metallo ad tubi fundum poſita, quæ, tigillis ei inſertis, & ad ſupremam vſque tubi partem, ex qua hauritur aqua peruenientibus, ducitur & reducitur, vel potiùs trahitur, & proprio pondere recidit, & qualibet ſui traĉtione nouam aquam tribuit ex hauſtri oſculo ſuperiore ſalientem, & exundantem, quam ad quoſcunque vſus deriuare poſſis.

Hoc igitur hauſtro, cui nempe nil officit aër, ad centum, ſi fuerit opus, hexapedas aquam duces, dummodo totius aquei cylindri eiuſdem cum integro tubo altitudinis pondus viribus tigillos mouentibus exæques & tantiſper ſuperes.

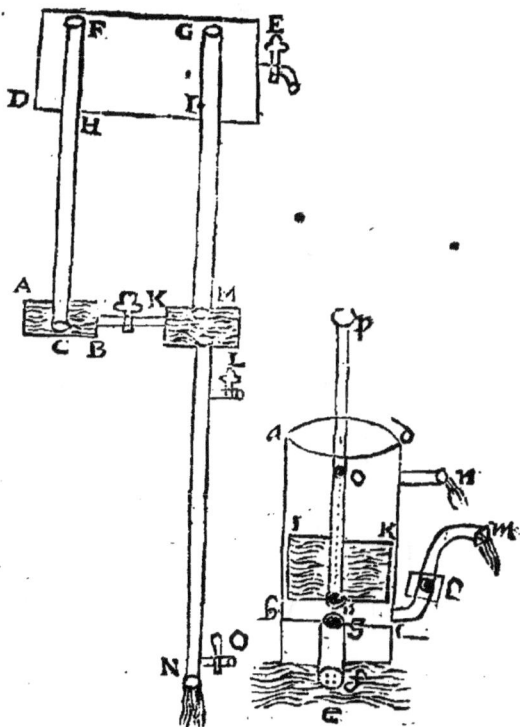

PROPOSITIO XXXIX.

Siphonis quantumcúnque breuis repetitione, seu mul-
tiplicatione, & impulsione repetita datam aquam
ad datam altitudinem attollere.

CVm sæpenumero locus desit tubi perpendiculo, quo possit aqua
tolli ad loca superiora, neque sub fontem aut alterius aquæ superficiem siphonis crus satis descendere possit, artificium inuentum
est, quo siphonis descensus suppleatur. Esto enim fons A, vel aqua
quæuis, quæ in acceptorium D
per orificium C ingrediatur;
Neque sit infra B locus vllus
humilior puncto L, ad quod siphon descendat: diuidatúrque
altitudo, seu perpendiculum
D H in quotuis partes, verbi
gratia in duas æquales, quibus
totidem siphones æquales, vt L
& M, vasis G & K agglutinen-
tur, licet enim in figura breuiores sint quàm oporteat, intelligi
debent æqualis altitudini D H;
hoc est L æqualis D E, & M
æqualis E H. His enim positis, siphon L aperto epistomio
eleuabit aquam, ex D in E, ex
quo siphon M tollet aquam ad
H locum propositum, ex quo
tandem per epistomium ad quosuis vsus aqua deducetur.

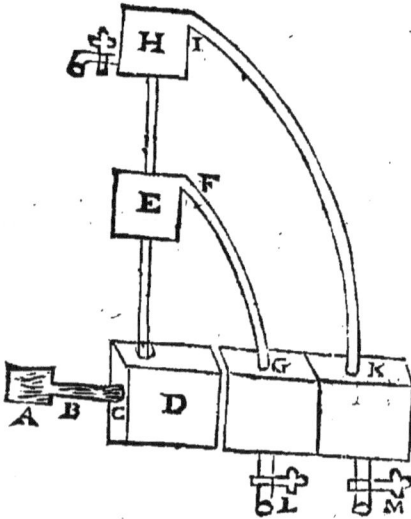

Impulsione simile quidpiam effici potest sequenti vase: sit infundibulum C, per quod vas I impletum aqua fluat in vas subiectum A B,
ex quo expulsus aër per tubulum F cogit aquam G in H per tubulum
G H ascendere, donec per vltimum tubum K L saliat. Hácque ratione aqua fonte, aut vase G conclusa, vi aquæ per C in acceptorium
A B infusæ altiùs in H, aut in vas aliud quantumlibet altiùs tollitur,
quandoquidem impleri nequit aqua vas A B nisi expellat aërem in
A B priùs inclusum, qui cùm maior sit quàm vt canaliculo G H con-

Z ij

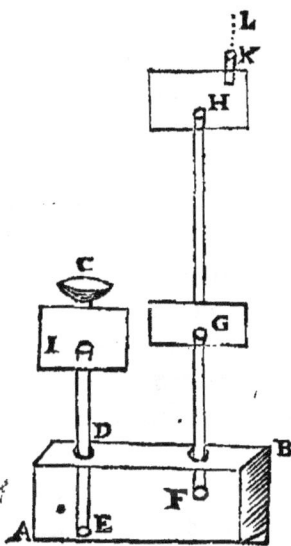

tineri poſſit, expellit aquam G in H, & ita deinceps pro diuerſis vicibus, quibus B A vas aqua repletur. Quanquam tanta poſſit eſſe vaſorum G H altitudo, vt aqua in A B infuſa non poſſit amplius aquam aëris expulſione ſurſum attollere: cùm enim facilius per D C egredi poterit aër quàm ex vaſis ſuperioribus aquam expellere, non magis aſcendet aqua. Vt autem ſemper aqua fonte G contenta poſſit altius & altius aſcendere, debet vas A B vaſis omnibus ſuperioribus, in quæ debet aqua conſcendere, maius eſſe; vel epiſtomijs aqua ex A B haurienda, vt nouus aër in A B ingrediens ſeruiat iterum vt expellatur aqua etiam de nouo vaſi G impoſita. Cætera praxis docebit.

Omitto ſexcentos modos quibus iungi, diſiungi, diuidi, atque multiplicari poſſunt ſiphones, ex quibus omnia Heronis, & aliorum organa prodeunt, quæ pro varijs effectibus nomina varia ſortiuntur, vt aliquid de fluuijs hîc adtexam, qui ſuas inter margines velut tubis concluſi fluunt, vt etiam nautis noſtra ratiocinatio vtilis eſſe poſſit, & ad aliorum vſus qui fluuiis conſeruandis incumbunt deriuetur.

PROPOSITIO XL.

Tuborum & fluminum, in quibus aqua fluit, comparationem inſtituere, & differentias, atque conuenientias inueſtigare.

ESto tubus vel flumen A B G N, cuius caput, ſeu pars ſublimior A B: in quem alter tubus, vel flumen R K S L ingrediatur, cuius etiam pars ſublimior R K, & vtriuſque decliuitas in G N definat. Quibus intellectis, prima differentia conſiſtit in eo quòd tubus vndequáque clauſus ſit, & aëri nullo modo pateat, præterquam in A B; fluminis verò ſuma ſuperficies ab ipſo aëre inuoluatur. Secunda in eo quòd fluuij ſolo inæquali, & ſcabro innitantur, quod foſſas, & monticulos frequentes habet, cùm tubi ſuperficies tam interior,

quàm exterior vniformis esse soleat. Tertia, quod tubi soleant esse
ad horizontem recti, cùm flumina eidem inclinentur, & cunt eo faciant angulum acutum. Sunt & aliæ plures differentiæ quas omitto,

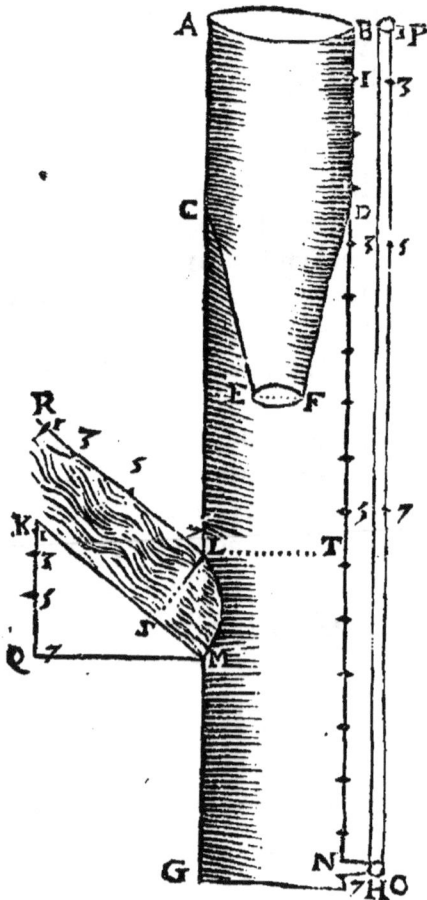

vt quasdam conuenientias enumerem, quas inter est, tam fluminis, quàm tubi aquam minimè fluxuram, nisi horizõte fuerit altior, cui cùm æquabitur,
non fluet ampliùs, si nempe illi
ex omni parte coæquetur, posset enim per multas hexapedas,
imò & leucas fluere, absque vlla
decliuitate, hoc est sub horizontem inclinatione, si priùs aliquid decliuitatis habuisset, vi
cuius postea, licet horizontalis,
flueret.

Deinde, quemadmodum aqua
fluit velociùs per idem lumen,
quando tubus altior est, ita flumen celeriùs labitur, quando
fuerit decliuius, dummodo decliuitas non impediatur, & sit
continua. Sed num tanta aquæ
moles è fluuio labatur, quanta
fluit ex tubo, cuius perpendiculum æquale fuerit perpendiculo
fluuij, non ita constat, quapropter vlteriùs inquirendum : sit
igitur tubus A B G N ad horizontem erectus, cuius altitudo
sit 27 pedum, sitque etiam flu-

uius A B G N, obliquè fluens, cuius perpendiculum à capite A B ad
G N sit quoque 25 pedum, certum est aquam in G N tubo tantam
aquisijsse velocitatem, quantam lapis, qui à spatio B A descendisset
ad G N ; cuius velocitas per descensum illum acquisita non ampliùs
aucta vim illam lapidi conferret, qua, tempore ei æquali quo descendit, 54 pedes percurreret : cùm autem ex obseruatione constet dimidio secundi minuti lapidem ex quiete 3 pedes, descendere; secundo tempore 9, tertio 15 descendet ; atque adeò sesquisecundo minu-

Z iiij

to defcendiffe cenfenda eft aqua G N per 27 pedes,quos iam altitudini G B tubi æquales fuppono.

Aqua igitúr vel in tota latitudine tubi G N , vel in folo tubulo N H
intellecta,fefquifecundo 54 pedes conficiet,& illius velocitas 54 pedum appellari poteft, quippe fi flueret abfque vllo externo impedimento, fpatium percurreret fpatij B N duplum.

Quo pofito , fit iam A B G N fluuius cuiufcumque longitudinis,
putâ 27 leucarum,cuius perpendiculum, hoc eft, decliuitas illius à B
ad G fit quoque 27 pedum;
quæritur num aqua fluuij G N
tanta velocitate fluat, vt fefquifecundo 54 pedes confectura
fit.

Quod vt faciliùs explicetur,
fuppono fluuij decliuitaté vbique æqualem, & foffæ planum
per quod labitur non effe fca-
brum, fed inftar marmoris læui-
gati,vel dimidij tubi cylindrici;
alioqui clarum eft aquam G N
non poffe prædicta velocitate
fluere, cùm fæpenumero fluuiorum canales vix leucæ fpatio vllam decliuitatem habeant , &
occurrant foffæ minus magifue
profundæ quæ velocitatem la-
béntis aquæ mille modis per-
turbent, vt nulla fpes omnino
fuperfit perpendiculum feu decliuitatem fluuiorum ex velocitate currentis aquæ vbiuis fum-
ptæ inueftigandi.

Intelligamus igitur planum
foffæ, feu canalis, fluuij vbique
penitus æquale, vt 27 leucæ per-
pédiculum habeant 27 pedum,
aut cuiufcúmque alterius ma-
gnitudinis ;cúmque dixerim tractatu de motibus', eò lòngius effe tépus, quo grauia feruntur fuper plano ad horizontem inclinato, tempore quo perpendiculariter defcendunt, quò planum inclinatum lon-

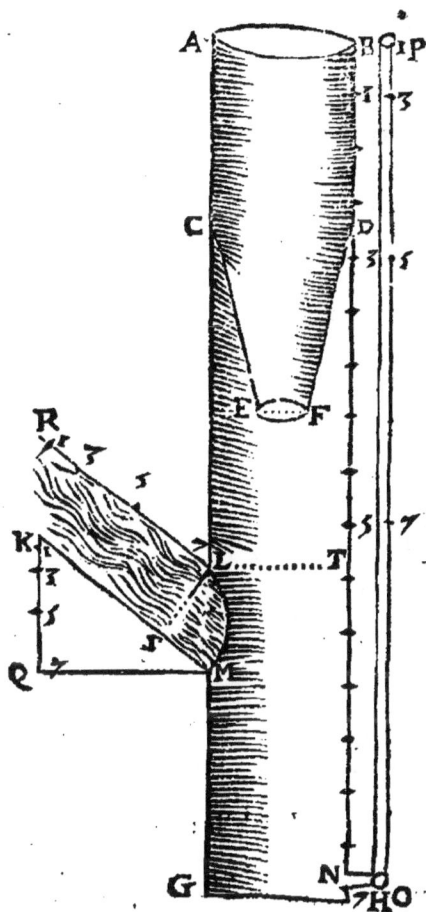

gius fuerit perpendiculari , sequitur motum aquæ fluuialis in G N 15000 tardiorem esse motu aquæ tubi in G N, cùm 27 pedes, quæ tubi definiunt altitudinem , in fluuij longitudine 27 leucarum contineantur vicibus 15000 : quandoquidem leuca nostra 15000 pedibus constat.

Quapropter aqua fluuialis ex A B ad G N spatio 23500 secundorū, hoc est horarum 6½,& paulò ampliùs, perueniret; vbi constat eandem, ac tubi aquam in G N, acquisiuisse velocitatem , cùm ex æquali perpendiculo descenderit : igitur in lineam horizontalem conuersa æquè 54 pedes sesquisecundo percurreret ac ipsius tubi aqua.

Sed cùm tota fluminis superficies aëris iniuriæ,seu resistentiæ sit obnoxia, neque se tota videatur aqua fluuialis incumbere lineæ G N, eodem modo quo aqua tubo inclusa illius fundo incumbit , nolim quidpiam hac de re absque certis obseruationibus concludere, nequidem si fluuius præcisè sequatur numeros impares dextro lateri B N inscriptos,1,3,5,& 7. Cùm enim ob aëris resistentiam aqua perpendiculariter cadens illos minimè sequatur,obliquè fluens non magè , puto, sequetur.

Omitto ventos & fluctus maris,qui tam-sæpè cursum aquarum interrumpunt;retardant,vel accelerant, vt sequente propositione discutiamus alia quæ fluuiis contingunt.

PROPOSITIO XLI.

Æqualem aqua quantitatem per omnia fluminis eiusdem loca tam latiora, quàm angustiora æquali temporis spatio fluere.

SIt enim verbi gratia flumen prædictum A B G N, cuius canalis contrahatur,ac coarctetur iuxta lineas C E D F, & ab E & F rursus dilabatur ad L & T, sitque F E linea, seu latitudo subquadrupla latitudinis L T, dico molem aquæ per L T transeuntis æqualem esse moli aquæ per E F, æquali tempore fluenti; cùm enim fluminis alueus semper æqualiter supponatur aqua plenus, neque superiùs inter A B & E F, nec inferiùs inter F E & G N in vllo loco infletur aqua, necesse est tantundem aquæ per locum angustiorem aluei, quantum per L T, & per quemuis alterum aluei locum æquali tempore transise;nam si minus aquæ per E F fluat, quàm per C D, vel igitur consistct aqua, & versus B A reuertetur, aut extra ripas, vel aggeres C D

excurret; interimque spatium F E L T ex siccabitur, vel minus im-
plebitur, quæ omnia repugnant experientiæ; superest ergo tantundē
aquæ per angustiora quàm per latiora loca fluere, & ex consequenti
eò velociùs currere quo loca fuerint angustiora.

Itaque si FE diameter subquadrupla sit diametri L T, sitque alueus
F E & L T eiusdem profunditatis, cùm superficies similes rectilineæ
sint in ratione duplicata suorum laterum, vt circuli in ratione duplicata suorum diametrorum, sexdecuplò velociùs aqua per FE, quàm
per C D, seu L T, vel G N transibit, eritque eadem ratio velocitatis
inter aquas, ac inter superficies planorum, quæ fluminis alueum ad
rectos angulos in F E & L T secuerint.

Hinc sequuntur quæcumque suo tractatu de aqua currente Bene-
dictus Castellus conclusit, esse videlicet eandem rationem aquæ per
vnum planum rectangulum, (quod sectionem vocat) fluentis, ad
ad aquam per aliud planum eadem velocitate transeuntis, quæ primi
plani ad secundum : cúmque plana secantia fuerint æqualia, & velocitates inæquales, aquam per primum planum fluentem esse ad aquâ
per secundum currentem, vt aquæ primæ velocitas ad velocitatem
aquæ secundæ; quæ 4 & 5 axiomate complectitur.

Vnde sequitur datis duobus planis flumen secantibus, aquam per
primum fluentem ad aquam per secundum transeuntem esse in ratione composita ex ratione primi plani ad secundum, & ratione velocitatis per primum ad velocitatem per secundum, vt 2. prop. demonstrat : quemadmodum tertia, datis duobus planis secantibus inæqualibus, per quæ transeat æqualis aquæ moles, æquali tempore, illa esse
in reciproca ratione velocitatum, adeout aquæ quantitas eò maior
appareat in sectione, quò tardiùs fluxerit, eóque minor, quò celeriùs.

PROPOSITIO XLII.

Quid flumini currenti ex alterius aduentu fluminis,
vel torrentis in illud ingredientis contingat
inuestigare.

SIt fluuius præcedens A N, in quem alius fluuius, vel torrens
R K L S ingrediatur, certum est flumen B G à superueniente fluuio augeri, cuius si maior fuerit velocitas, increscet etiam velocitas,
fluminis

fluminis L T ; fi minor, decrefcet , cùm tarditas'velocitati detrahat.

Quod ad quantitatem attinet, clarum eft ea ratione augeri, quâ fit
maior aqua L T G N, poft ingreffum fluuij K L, quàm ante illius ingreffum.

Itaque fola difficultas fupereft in inuenienda velocitatis mutatione, fi enim fola quantitas fpectaretur, nil folutu facilius, cùm fimplex

additio noui fluuij L M dati fa-
tisfaciat; cùm autem quantita-
ti quantitas, velocitatíque velocitas addatur, ratio componenda eft, quam fua 4. propof.
Caftellus ita exprimit. Vbi flumen in aliud flumen ingreditur, profunditas, fiue altitudo
primi ad fecundi altitudinem
componitur ex ratione latitudinis fecundi ad latitudinem
primi , & ex velocitate fecundi
ad velocitatem primi.

Cuius proportionis haec eft
ratio , quòd licet velocitas minimè confideretur, fimplex tamen fluminis ad flumen additio maius flumen efficiat, vt in
vafe quopiam , putà dolio , feu
cado videre eft, cui iam femiple-
no fi tantumdem liquoris addas, altior erit liquor, quem fi
fingas effe fluuium, fluuius ex
addito fluuio creuerit. Iam verò ftatuamus fluminis alicuius
currentis altitudinem ex alterius fluminis aequalis aduentu
dupló maiorem: fi praeterea noui fluminis aduenientis impe-

tus, feu velocitas prioris fluminis impetu fit dupló maior, fiet altitudo noua compofita ex ratione altitudinum, & ex ratione velocitatum
vtriufque fluuij, adeout qui priùs ob folam aequalem aduenientis altitudinem dupló fuerat altior, ob duplam aduenientis velocitatem,

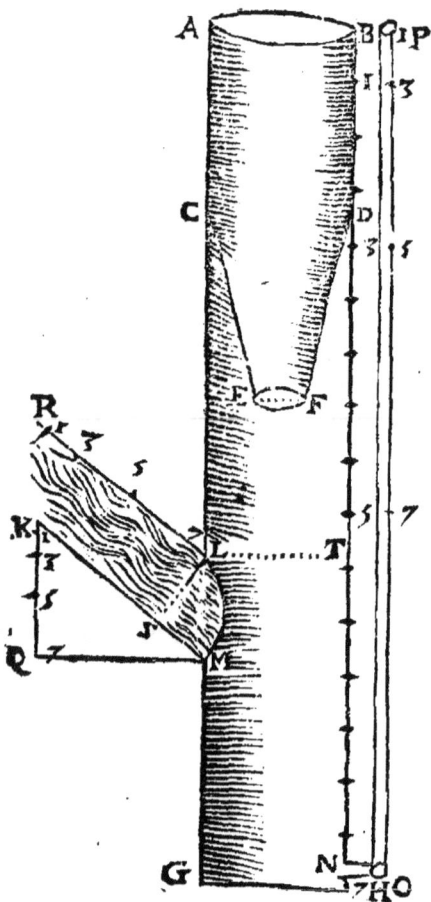

A 3

quadruplò fiat altior; quòd fi rurfum fluiuus alter illis duobus additis duplò velociùs currens addatur, dubitari poteſt num præcedens
fluminis ex duobus compofitus,quadruplo velocitatis gradu currẽs,
fit gradu velocitatis fextuplo, an octuplo curfurus, eiúfque altitudo
futura fit præcedente maior duplò, vel quadruplò. Sed cùm mare re-
fluens non parum videatur interturbare fluuiorum in illud ingrediẽ-
tium velocitates, & alia occurrant impedimenta innumera, hæc libens omitto ſtudioſioribus,ne deſit illis quod huic addant operi , vt
aliquid de corporibus humido innatantibus fubiungam : videatur
interea tractatus Benedicti Caſtelli , qui nuper ad plures abijt.

MONITVM.

De fluminum decliuitate ad fluendum neceſſaria.

CVm omnia flumina próperent ad oceanum,quorum multa nullam ferè decliuitatem,fiue inclinationem fub horizõtem habere
videntur, certum eſt paruam admodum inclinationem ad aquæ fluxum requiri; cúmque Philander exiſtimet decliuitatem vnius pollicis inter 600 pedes fufficere, licet Plinius l. 3. cap. 6. cubitum pro
iugero,& Vitruuius lib.8.cap.7. pedem pro 200 pedibus requirant,
minorem etiam admitto : quandoquidem nondum conſtat an adeo
parua decliuitas eſſe poſſit vt fluuius minimè currat.

Obferuationes docent Sequanæ ſpatij, quod ab extremis Pariſienſis armentarij muris, hoc eſt *Arſenac*, vſque ad extremos horti Regij,
vulgò *Tuilleries*,parietes,quáſque 500 hexapedas vix vno pede inclinari; & illinc Nigeonum vſque nullam ferè decliuitatem apparere:
præcedens enim decliuitas fufficit ad aquam fequentem femper vr-
gendam licet minimè decliuem.Vix itaque reuocem in dubium quin
vnius decliuitatis linea fluuijs curfum,quãquam lentum,tribuere poſ-
fit,niſi occurrerit aliquod impedimentum, fed tanta illius erit tarditas vt continuò dormire,feu quiefcere videatur.

An verò cfiuſlibet fluminis & fontis currentis velocitas ita refpondeat decliuitati,vt cum hæc dupla vel tripla fuerit, curfus etiam
aquæ futurus fit duplò,triplóque velocior, eget difcuſſione,forteque
poteſt ex tuborum aqua plenorum inclinatione lumen accipere,nam
deuexitatum, fiue inclinationum perpendicula docent quantò velociùs,aut tardiùs aqua falire debeat, vt ex fuperiùs dictis notum eſt:

verbi gratia si eiusdem tubi deuexi perpendiculum sit quadruplum, duplò velociùs aqua exiliet; eodémque modo si datis duobus fluuijs eiusdem longitudinis perpendiculum sit quadruplò altius, duplò celeriùs curret, si fas sit tuborum rationem ad fluuios transferre.

Si quis verò in aquarum libras, seu libramenta velit inquirere, videat chorobatem Vitruuij, & Danielem Barbarum ad cap. 6. & 7. & ea quæ postea dicturi sumus.

PROPOSITIO XLIII.

Corpora dura suis vinculis ita cohærentia vt illorum partes absque magna vi separari nequeant, qualia sunt ligna, lapides, metalla, pira, poma, nuces, &c. quantitate & grauitate humido æqualia, in humidum immissa ita merguntur, vt nihil eorum ex illius superficie extet; manebúntque in eodem aquæ, vel alterius humidi loco, in quo ea posita fuerint.

QVod cùm ab Archimede demonstratum sit propso. 3. de insidentibus humido, non est quod actum agamus; tantùm addo corpora prædicta in aquam immersa velut ipsius aquæ partem censeri, atque adeo non magis in ea descendere, quam ipsa pars aquæ corporibus æqualis descenderet; quæ si descendat, etiam aliæ superpositæ descendent, & vna perpetuò aliam expellet, dabitúrque motus perpetuus, quod est contra experientiam & rationem.

Quanquam moneo difficillimum esse in praxi corpus aliquod durum ad tantam æqualitatem reducere, vt datum locum in aqua, vel alio humido seruet, quod experientibus constabit, qui ceram, verbi gratia, sabulone, vel scoria ferri, plumbíue ramentis adhibitis æquali aquæ moli æquiponderantem reddere voluerint, adeout sub aqua in quouis loco maneat, neque fundum, aut superiorem aquæ superficiem petat.

Quod autem de cera dictum, intellige de reliquis corporibus quæ parum excedunt aquæ grauitatem. Vbi etiàm obseruandum est quodlibet corpus durum aqua grauius esse, si ab eo varias aëris partes ligni, verbi gratia, poris inclusas expuleris; hincque fieri vt diuersa ligna, quæ priùs natabant, postquam diu sub aquis fuêre, deinceps immergantur, quòd aqua in aëris locum subingressa fuerit. Vnde cauendum ne statim corpus natans aqua leuius iudices, cùm id ex aëre vel poris mixto, vel subposito, aut etiam superposito contingat. Ne tamen à vulgari loquendi modo longiùs abeam, quæcúmque natabunt absque aëre subposito, vel suprapostio, ea dicemus aquis esse leuiora; subposito, vt cùm tenuis auri lamina natat ob aëris bullas inter aquam & laminam: superposito, qui grauiora corpora quibusdam marginibus & aggeribus retinet ne fundum aquæ petant. Ex eo verò quòd aqua, vel corpus illi grauitate par locum sibi datum sub aquis retineat, optimè concluditur aquæ partes inferiores non esse superioribus grauiores.

PROPOSITIO XLIV.

Corpus durum aquæ magnitudine æquale vsque ad illius fundum demergitur, cùm aqua grauius est; in eáque tantò leuius est, quàm in aëre, quanta est aquæ grauitas prædicto corpori magnitudine æqualis: Si verò corpus sit aqua leuius, in eam eoúsque demergetur, donec aquæ moles partis demersæ magnitudini æqualis toti corpori æquiponderet.

Quod cùm etiam ab Archimede prop. 5. & 7. sit demonstratum, illud tantùm explico. Paretur vas A B C D aqua plenum, in quod tria corpora immergantur, quorum E sit aqua grauius, cuius propterea fundum C D petet, eíque in K P congruet: H verò pondus sit eiusdem cum aqua grauitatis, quod propterea demergetur, donec suprema illius superficies F G sit eiusdem cum aqua horizontalis altitudinis.

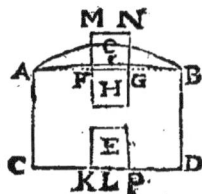

Licet enim corporis H, verbi gratia cubici, vel parallelepipedi superficies plana sit, aquæ verò superficies curua, atque adeo huic non illa congruere possit, est tamen tanti circuli circunferentia, vel potiùs sphætæ superficies, vt in nostris obseruationibus pro superficie plana, seu recta sumi possit, vt constat ex parte circunferentiæ A 1 B, quæ licet à radio trium digitorum folummodo defcribatur, ferè tamen cum linea recta punctuata B A coincidit; quid igitur continget fi defcribatur à radio 1221 leucarum Gallicarũ, qualis eft terræ radius? Si verò circunferentia aquæ defcriberetur à radio qui eam fenfibiliter à plana fuperficie, feu recta linea differentem exhiberet, vt contingit dum è centro L defcribitur circunferentia B o A, tunc aliquid in noftris explicationibus addendum effet, vti reuera faciendum cùm totius fyftematis partes, aqua, verbi gratia, & terra fimul conferuntur. Poteft etiam illa fuperficies aquæ confiderari tefpectu globi lignei, vel alterius materiæ, eiufdem cum aqua grauitatis, nam quo globus minor fuerit, eò minus illius fuperficies aquæ fuperficiei congruet, quippe quæ non differat quoad fenfum à plana, feu recta fuperficie, à qua globulus plurimum diftat.

Redeamus ad corpus H aquæ æquiponderans, feu æquè graue, quod non poteft in locum ponderis E, licet ablati, defcendere, nifi fimiliter aqua corpori H æqualis in eundem locum defcenderet, quam iterum & iterum aquæ moles æqualis infequeretur motu fucceffiuo perpetuo, abfque ratione. Supereft corpus aqua leuius, quod fi nullam grauitatem habeat, totum extra fuperficiem aquæ extabit, vt in corpore I M N videre eft, quod aquæ fuperficiem A B folo contactu abfque vlla preffione ofculatur.

Si verò graue fit aqua leuius, quale fuppono corpus H M N, partim mergetur, partim extabit; & quantumuis fub aquam impellatur, & immergatur, fibi relictum continuò redibit, & exiliet, donec aquea moles æqualis immerfæ parti fuerit eiufdem cum toto corpore grauitatis.

Sit, verbi gratia, corpus H N aqua duplò leuius, pars in aëre I N ex aquis emerfa, vel pars immerfa H æqualis erit moli aquæ toti corpori æquiponderanti.

Hinc praxis in aqua ponderandi nafcitur, & aquæ beneficio cognofcendi quantò corpus datum fit aliis corporibus, vel ipfa aqua grauius, aut leuius, vti poftea dicetur. Sit, verbi caufa, præcedens corpus H N, quod media, vel tertia fui parte mergatur, media vel tertia parte leuius erit aqua. Hinc nullis bilancibus opus, quoties agnoueris quanta pars immerfi corporis aquam egrediatur, vel in eam mergatur, dummodo grauitatem aquæ fpecificam non ignores; quam incognitam fcies ex corporis immerfi grauitate, & illius parte aquam ingreffa vel egreffa cognitis; fit enim ignota grauitas aquæ, vel alterius liquoris vafe B C contenti; fciatur verò corporis H N grauitas bilancibus, vel alio modo, in aëre explorati, quæ fit 4 librarum, & in aquam immerfum media fui parte F N extet, certum erit aquæ grauitatem corporis H N mediæ parti mole æqualem, effe pondo 4 librarum : corpus autem quod in aëre 4 erat librarum, in aqua duarum effe librarum.

Si corpus aliquod centefima duntaxat fui parte mergatur, aqua magnitudine æqualis parti centefimæ demerfæ, toti corpori in bilancibus æquiponderabit. Quapropter vbi quis femel aquæ grauitatem examinarit, omnium corporum in aqua natantium, & aliqua fui parte extantium grauitatem agnofcet, dummodo pars emerfa vel immerfa nota fuerit, nequit enim vna fine alia agnofci.

Corpus verò quod aqua grauius fuerit, non poteft non effe leuius in aqua, quàm in aëre, nifi grauitatis infinitæ fupponatur : cúmque aqua eiufdem ac corpus immerfum magnitudinis fit differentia grauitatis quam habet corpus in aqua à grauitate quam habet in aëre, quandoquidem debet illam expellere, vt illius locum occupet, atque adeo tantam habere vim agendi, quantum refiftentiæ opponit aqua, non poterit illa moles aquæ innotefcere, quin grauitas corporis immerfi nota fit, modo grauitas aquæ cognofcatur.

PROPOSITIO XLV.

Modum & praxim in aqua ponderandi quodlibet corpus durum aperire, & ex grauitate corporis duri grauitatem ipfius aquæ, vel alterius liquoris inferre, quando corpora immerfa grauitatem aquæ fuperant.

TAmetfi facilius eft bilancibus, & ftateris quodlibet corpus tam durum, quàm liquidum ponderare, quàm aquæ beneficio, & exactas bilances habentibus confulam vt illis, quantum fieri poterit, potiùs quàm aqua, corpus exhibitum ponderibus explorent, multoties tamen contingere poteft vt ponderum examen fit in aqua vel accuratius, vel vtilius, vel iucundius.

Sit igitur bilanx A B C D, cuius fcapus, feu iugum A B, fpartum feu trutina P o, lances C D, bilancis centrum o in medio fcapi. Menfula F H I G horizonti parallela, fuper qua lances C D quiefcant. Menfula verò, vel fcamnulum F G ita perforetur, vt filum ex medio lancis C pendens liberè tranfeat, fuftineátque pondus E in vafe

K L M N aqua pleno, itaut neque filum, neque pondus, feu corpus E vafis K N, aut foraminis per quod filum C E defcendit, latera tangant.

Corpus verò E vnum vel alterum digitum fub aqua vafis M L debet immergi, ne fortè tantifper extet quandiu bilanx eleuatur; cuius lanx vtráque horizonti F H, quemadmodum pendula C A & D B, parallela effe debent.

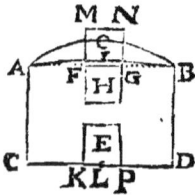

Porrò fi manus fpartum P o capiens bilancem eleuando tremit, vel impedit quominus fpartum fcapo B A perpendiculare fit, fallet obferuatio: quapropter forti, firmæque, & affuetæ, feu doctæ manui bilanx committenda; quæ fi deeft, vtilis erit rotula Q, cuius S axis alicui trabi, vel parieti infixus, cui filum, vel funis P Q R circunducatur, quo manu prehenfo, & attracto bilances ad lineæ altitudinem eleuentur. Nam antifacoma, feu æquipondium lanci D impofitum docebit cuius fit grauitatis corpus E in aquam immerfum.

Efto, verbi gratia, corpus E aureum in aëre 19 pendens vncias, quod in aqua L M fit 18 vnciarum, certum eft aquam corpori E magnitudine æqualem foli decimænonæ corporis E parti æquiponderare, & confequenter aquæ molem nouemdecim vicibus corpore E maiorem effe debere vt ei æquiponderet.

Statim autem atque pondus E in aëre, & in aqua bilancibus fuerit exploratum, differentia ponderis in bilance D appofiti, quando corpus E in aëre ponderatur, & ponderis in eadem lance, cùm in aqua corpus idem E pōderatur, erit pondus, feu grauitas aquæ corpori E magnitudine æqualis. Sed obferuandum eft filum, quod à media lance C in fundo perforata pendet, eiufdem, quantum fieri poteft, ac ipfam aquam, effe debere grauitatis, qualem experimur equi crinem, cuius pars, quæ non mergitur, & inter lacis fundum & aquæ fuperficiem interiicitur, æquali crine in lance D repofito compenfanda, ne vel hilum ram corporis E, quàm aquæ grauitatis examini defit.

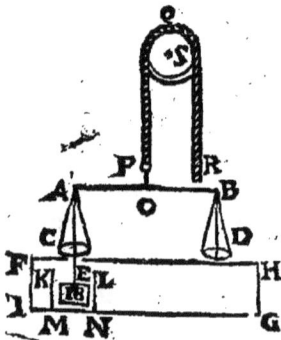

Cùm autem innotuerit qualis fit corporis E, & aquæ grauitas, facilè reperietur cuiufcúmque alterius humidi grauitas, eiufdem in illud corporis immersione, & consequenter quantùm sit aqua grauius vel leuius illud humidū, putà vinum, oleum, &c. Exempli gratia, si ex lance 12 vncijs onusta, cùm in aquam corpus E mergitur, vna vncia sit auferenda, humidum illud erit aqua leuius, si verò addenda, grauius, idque illa vncia, qua moles illius humidi, moli aquæ, vel corporis E æqualis leuius vel grauius futurum est.

Exempli gratia, sumus experti lancis D antisacoma grauius esse debere ⅟₄₅ parte, cùm E corpus in aqua fontana Rongeiana, quàm vbi in aqua marina, Dieppensi ponderatur, atque adeo oceani aquæ dulci æqualem 45 parte grauiorem esse, id est si 45 vncias aqua dulcis pendet, erit marina 46 vnciarum. At verò fusiùs postea de variorum humidorum grauitate: nunc enim de corporibus aqua leuioribus in aqua ponderandis agendum.

PROPOSITIO XLVI.

Ex eo quòd μέγεθος, *magnitudo (vt loquitur Archimedes prop. prima lib. 2. de vectis in aqua) in aquam aut aliud humidum grauius demissa hanc habeat in grauitate rationem ad humidum molis æqualis, quam pars magnitudinis demersa habet ad totam magnitudinem, modum explicare, quo tam aquæ, vel alterius humidi, quàm illius magnitudinis, vel corporis grauitas innotescat.*

QVam Archimedes vocat magnitudinem, intellige de corpore, licet ipsum vacuum, siue spatium nullo corpore plenum sub hac voce possit ab ijs intelligi qui credunt huiuscemodi spatium minimè repugnare; quod spatium si intelligatur in aquam descendere, quæ propterea solitò altiùs ascendat, idem ac corpus dùrum præstabit, quemadmodum vas aliquod aëre solo plenum in aquam impulsum idem efficit ac idem vas aqua, vel alio liquore plenum, adeout si quis fingat spatium aliquod cubicum nullius grauitatis, in aquam vi quacúmque immersum, idem aquæ respectu facturum sit ac æqualis plumbi cubus, si tanta vis requiratur in illo spatio vacuo in aqua retinendo, quanta fuerit æqualis plumbi grauitas.

Verùm

Verùm ad magnitudinem solidam, eámque duram accedamus; sitque corpus aliquod aqua leuius, cuius grauitas innotescet, si grauitas aquæ, vel humidi, cui innatat, & pars illius immersa, vel emersa cognoscatur, vt antea dictum est: sit enim pars demersa ad totum corpus vt 1 ad 12, aquæ grauitas erit ad corporis grauitatem vt 12 ad 1, hoc est aqua duodecuplo grauior erit; si pars corporis immersa sit totius corporis subquadrupla, vel subdupla, quadruplò, vel duplò grauior erit corpore aqua toti corpori æquali.

Sed & alia ratione corpus illud aquæ innatans, seu aqua leuius ponderabitur, adiuncto nempe aliquo corpore aqua grauiori, quale plumbum, cuius grauitas nota sit, quod leuius secum in aquam immergat: moles enim aquæ vtrique æqualis, erit differentia grauitatis illorum corporum in aëre, & in aqua : ex cuius molis grauitate pondus corporis aqua leuioris innotescet. Ablata siquidem grauitate molis aqueæ plumbo æqualis, à tota mole aquæ vtrique corpori æquali, supererit aquæ grauitas magnitudine corpori aqua leuiori æqualis.

Sit exempli gratia baculus, vel cylindrus ligneus, cuius grauitas in aëre 12 vnciarum, cui vndecim plumbi vnciæ annectantur, vt illum demergant: Cùm in aqua plumbum illud decem solummodò sit vnciarum, moles aquea plumbo æqualis vnius erit vnciæ. Sit autem vtriúsque corporis in aquam mersi grauitas 16 vnciarum, quæ fuerat in aëre 23 vnciarum, quarum differentia, nempe 7, ostēdit molem aquæ baculo, plumbóque æqualem esse 7 vnciarum, à quibus ablata mole aquæ plumbo æquali, vnius vnciæ, supererit moles aquæ 6 vnciarum, baculo æqualis. Idémque continget si plura corpora humido leuiora beneficio plumbi, vel alterius corporis aqua grauioris immergantur.

Cauendum est tamen ne corpus aëre leuius, vel etiam grauius aquam in suis poris admittat, quod propterea grauius quàm reuera sit, in aëre inueniretur: quanquam huic incommodo possis occurrere cera, pice, vel alio glutine corpori circundato; nam aquæ mole æquali ceræ, vel alteri glutini, ablatâ, moles aquæ reliqua porosi corporis grauitatem ostendet. Priùs tamen explorandum quodnam glutinis pondus ligno, lapidi, vel alteri corpori poroso circumpositum sit, & quæ sit ratio grauitatis illius ad aquæ grauitatem.

Verbi gratia, si fuerit cera circunducta 22 vnciarum in aëre, moles aquæ ei æqualis erit 21 vnciarum: atque adeò moles aquea 21 vnciarum erit primùm auferenda, vt reliqua moles corpori æqualis sua grauitate corporis grauitatem demonstret, vt antea dictum est.

Bb

PROPOSITIO XLVII.

Liquidorum corporum grauitatem in aqua examinare,
variósque ponderandi modos, quibus vsi
sumus, explicare.

Licet omnium liquidorum corporum bilancibus in aëre grauitas
explorari queat, si lagena, seu phiala vitrea includantur, & cum
ipsius aquæ pondere comparari, quæ postea lagenam eandem repleat,
cùm ablatâ lagenæ grauitate liquidorum pondera supersint, in aqua
tamen potest expendi tàm liquoris propositi, quàm phialæ grauitas:
phialæ quidem, cuius grauitas in aqua minor erit eiusdem in aëre grauitate, tota mole aquæ æquali phialæ, hoc est eius materiæ, seu quan-
titati, cùm hîc nulla sit habenda ratio capacitatis, & figuræ. Quapropter aqua repleri debet vt illius in aquam immersæ grauitas ex
aquæ prædicta mole concludatur; qua grauitate nota, si postmodum
phialam liquore quóuis impleas, & illius osculum cera claudas, molis
aquæ huic liquori æqualis grauitas innotescet, erit quippe differentia
ponderis, quod habuit liquor in aëre, ad pondus quod habet in aqua,
(demptis priùs duabus grauitatibus duarum aquæ magnitudinum
ceræ obturanti & lagenæ æqualium) pondus molis aquæ liquori prædicto æqualis.

Sit verbi gratia mercurius, quo non est necesse lagenam implere,
quod enim spatij supererit, aqua poterit impleri, quòd aqua cùm mercurio non misceatur; idémque fieri poterit si quis arenam, vniones,
& alia quæuis corpora minutiora, quæ cum aqua liquorum instar non
miscentur, ponderare velit: alioquin enim phiala liquoribus in aqua
expendendis penitus impleri debet.

Sit, inquam, mercurij grauitas aquæ beneficio exploranda, & lagena mercurio plena sit in aëre 17 vnciarum, in aqua verò 14 vnciarum, si priùs lagenæ vacuæ grauitas in aëre fuit 2 vnciarum, in aqua
vnius vnciæ, ab vncijs 14 ablatâ vnâ pro lagena, supererunt vnciæ 13;
pro mercurio in aqua expenso, qui priùs in aëre fuerat 15 librarum,
vnde concludetur molem aquæ mercurio æqualem vnius esse libræ,
atque adeo mercurij grauitatem ad aquæ grauitatem esse vt 14 ad 1.

Cùm autem tabulæ fieri soleant corporum diuersorum, verbi gratia metallorum, lapidum, liquorum, &c. vt vnico intuitu quispiam
hauriat quidquid de varijs grauitatibus obseruatum fuerit, & omnes

fere conueniant cum Gethaldo, cuius tabulam commentarijs in Ge-
nefim columna 1155 dudum attuli, hîc eadem repeti poteſt, niſi quis
malit alias ex proprijs obſeruationibus condere, quandoquidem ſolēt
eſſe gratiora quæ proprio marte fiunt. Adde quòd multa in harmonicis Latinè ſcriptis lib.3. prop.4. & lib.4. de Campanis prop.8.
9.10.& 11.& fuſiùs libro 7.Gallicè ſcripto de Campanis, à prop.11.ad
15.de corporum grauitatibus explicarim, quæ nolim hîc repetere, vt
enarrem quibus modis in expendendis corporum grauitatibus vſus
ſim, ex quibus Lector ſibi commodiorem, aut gratiorem eligat, niſi
potiùs nouum aliquem excogitet. Imprimis igitur liquores phialis
exploraui, quæ tantò meliores, quantò collum anguſtius habuerint;
cui collo lineola, vel filum accommodandum, vt ſinguli liquores ad
eandem lineam aſcendentes lagenam ex æquo impleant. Non commemoro qualibet vice lagenam penitus exſiccandam, ne præcedentis liquoris guttula lateribus interioribus, vel etiam exterioribus
phialæ adhærens exactam grauitatis cognitionem interturbet. Taceo
etiam quæ aliàs de bilancibus & ſtateris dicta ſunt, déque ponderum
diuiſionibus, in quibus maxima diligentia requiritur.

Verùm hic modus non eſt commodus ad corpora dura expendenda, qualia ſunt metalla, niſi priùs funderentur, vt reuera fundi curaui;
ſed præterquam quòd omnia metalla non æqualiter typum ſeu formam implent, vt prop. 8.lib. 4. de Campanis, coroll.3. monebam, &
quædam fiant in vnis quàm in alijs maiora ſpatia interiora ſolo aëre
plena; quædam difficillimè fundantur, vti cuprum, ſeu purum æs;
non poſſint fundi lapides, ligna, &c. eapropter metalla eiuſdem magnitudinis ex aurificum chalybeis inſtrumentis in filum ducta, bilancibus exploraui, vt loco citato librorum harmonicorum videre eſt,
quæ cum mihi nedum ſatisfaciant, tum quia initio fili ducti quàm
in eiuſdem fili medio, & fine (licet nullis ſenſibus id pateat) foramen
latius euadit, & minus vni quàm alteri metallo reſiſtit, tum quòd omnia metalla duci nequeant in filum, quemadmodum neque lapides,
neque liquores, &c. aliud addendum.

Tertium igitur modum ex torno repetendum arbitratus, quo mihi
corpora omnia formarentur in globos æquales, vel ex fabro lignario,
qui parallelepipeda, vel cubos efficeret, quoad fieri poterat, æquales, illum reieci cùm inæqualitatem bilances oſtenderint; ſed neque
lapides, metalla, vina, liquores, &c. tornari, vel runcinâ læuigari
poſſunt: quapropter nullus alius mihi ſuperfuiſſe viſus eſt modus,
quàm vt exactis bilancibus omnia corpora in aëre, vel in aqua, vel in
vtriſque examinarentur. In aëre quidem omnes liquores quos lage-

na,quæ collo fuerit angustissimo, includas, & cum aqua conferas: in
aqua verò,reliqua corpora dura, quæ, prout liquores,exactè ponderari possent in aëre,si vel essent magnitudine æqualia, vel magnitudinis illorum discrimen agnosceretur: sed cùm diuersis figuris vt plurimum irregularibus afficiantur,nil commodius aut exactius quàm
vt in aqua expendantur, & ex ratione grauitatis aqueæ molis illis æ-
qualis ad grauitatem illorum, concludatur quantò sit vnum altero
grauius: quod si semel in tabulam referatur, nullus deinceps labor
in ijs impendendus.

COROLLARIVM.

De Gethaldi tabulis.

CVm Marinus Gethaldus in suo Promoto Archimede vtatur cylindro,cuius altitudo, siue axis, ac etiam baseos diameter fuerit
duarum vnciarum,hoc est sextantis Romani pedis antiqui, cuius pedis semissem ad paginæ 34 marginem describit, certum est semissem
illam nostri pedis pollicibus 5½ proximè respondere, & illius Romani pedis vnciam, siue pollicem æqualem esse lineis vndecim nostri
pedis; atque adeo nostro pede Romano Capitolino maiorem esse
grano, quod est pars prædicti pedis octuagesima, quandoquidem
Romani pedem in 4 palmos, palmum in 4 digitos,digitum in quinque grana diuidunt, quemadmodum in duodecim vncias, seu pollices,vt iam tractatu de mensuris dictum est.

Cylindrus ille fuit librarum 2,vnciæ 1, & 8 scrupulorum, siue granorum 14592: quem post Gethaldum accuratissimus in obseruando
D.Petitus ait se iuxta nostra pondera reperisse vnius libræ, sex vnciarum,7 drachmarum & 17 granorum, vel in granis 13193 nostris, cùm
in suis 14592 grana Gethaldus inuenerit, quæ nostra superant granis
1399.

Porrò varietas ponderandi, quæ sæpius in quibusdam granis
contingit, similis est varietati Astronomicarum obseruationum,
quæ semper ferè quibusdam minutis siue primis, siue secundis
differunt: quæ tamen varietas oriri potuit ex cylindro, quo D.
Petitus vsus est, qui granis quibusdam à iusta duarum vnciarum
mensura deficere potuit, nisi potius ipse Gethaldus è præcisa mensura recesserit,à quibus cùm & ipse possim etiam longius abesse, tabellam huius, vtpote viri egregij, huc transferre malim quàm nouam

condere: cuius columnam quamlibet proprijs obferuationibus comparare, & fi fuerit opus, emendare. vel, cùm idem inueneris, confirma-
re poffis. Cúmque fit duplex eorundem corporum tabella, prima
ftatuit initio corpus omnium grauiffimum, videlicet aurum, in primæ columnæ capite, quod etiam repetitur in vltimo eiufdem columnæ loculo, vt cum auri grauitate corporum omnium tabella com-
prehenforum grauitates componantur, vel etiam cuiufuis corporis
grauitas cũ alterius cuiufuis corporis grauitate: quibus & alia quotuis corpora ex proprijs obferuationibus quifpiam addere poterit.
Vtriúfque vero tabellæ hic eft vfus, vt alicuius ex corporibus propofitis grauitate cognitâ, corporis alterius grauitas, & ambarum grauitatum ratio innotefcat.

Primum exemplum; cognofcetur quæ fit ratio grauitatis inter
aurum & oleum, hoc eft quanto fit aurum grauius oleo eiufdem molis: cúmque leuius fit oleum, fumatur in olei loculo grauitas illius,
nempe 1, in afcendente olei columna reperitur auri grauitas
$20\frac{8}{11}$, quod docet aurum æquale magnitudine oleo, vigefies effe grauius, cum fractione adhibita, quæ parum abeft à dodrante.

Secundum exemplum: fumatur in extremo loculo columnæ mercurij 1, vt cum auri grauitate comparetur, cuius grauitas è regione
reperitur $1\frac{u}{55}$, quæ fractio trientem fuperat.

Tertium exemplum comparat olei & aquæ grauitatem; à quauis
autem incipitur, fi enim ab oleo, illius loculus 1, & in eadem afcendente columna occurrit $1\frac{1}{11}$ aquæ grauitas, quæ fola parte vndecima fuperat oleum, adeout, verbi caufa, 10 aquæ heminæ æquipondo-
rent vndecim heminis olei. Peræque verò potuit ab aqua initium
fumi.

Quartum & vltimum exemplum aquam 1 in extremo loculo columnæ aquæ pofitum comparat mercurio, cuius grauitas in columnæ mercurij loculo è regione pofito $13\frac{1}{7}$ occurrit; qui numerus docet mercurium æqualis cum aqua molis effe tredecies grauius, & ferè $\frac{1}{7}$.

Ego verò fum expertus mercurij cubicum pollicem, feu cubicam
vnciam pedis noftri Parifienfis, feu Regij effe pondo vnciarum 9 & $\frac{1}{7}$,
& drachmæ cum 14 granis; aquam verò Rongerianam æqualis mo-
lis effe pondo femunciæ, fefquidrachmæ & 7 granorum: vnde conftat
effe ad aquam vt $13\frac{1}{4}$ ad 1, vel ad fummum vt 14 ad 1, & pedem mercurij cubicum effe librarum 1042 & 2 vnciarum.

Hac tabula comparantur duodecim corporum specie diuersorum grauitates, & magnitudines.

	Aurū.	Mercu.	Plūb.	Argēt.	Æs.	Ferrū.	Stann.	Mel.	Aqua.	Vinū.	Cera.	Oleū.
Oleū.	$20\frac{8}{11}$	$14\frac{42}{77}$	$12\frac{6}{11}$	$11\frac{1}{11}$	$9\frac{2}{11}$	$8\frac{1}{11}$	$8\frac{5}{55}$	$1\frac{5}{55}$	$1\frac{1}{11}$	$1\frac{5}{55}$	$1\frac{1}{11}$	1
Cera.	$19\frac{19}{31}$	$14\frac{31}{147}$	$12\frac{1}{11}$	$10\frac{52}{63}$	$9\frac{9}{21}$	$8\frac{5}{21}$	$7\frac{99}{105}$	$1\frac{109}{210}$	$1\frac{1}{11}$	$1\frac{13}{110}$	1	
Vinū.	$19\frac{19}{57}$	$13\frac{131}{411}$	$11\frac{1}{10}$	$10\frac{10}{59}$	$9\frac{9}{59}$	$8\frac{3}{59}$	$7\frac{31}{39}$	$1\frac{23}{59}$	$1\frac{1}{59}$	1		
Aqua.	19	$13\frac{4}{7}$	$11\frac{1}{2}$	$10\frac{1}{3}$	9	8	$7\frac{1}{5}$	$1\frac{1}{20}$	1			
Mel.	$13\frac{1}{19}$	$9\frac{73}{203}$	$7\frac{27}{29}$	$7\frac{11}{67}$	$6\frac{6}{29}$	$5\frac{15}{29}$	$5\frac{3}{29}$	1				
Stann.	$2\frac{11}{37}$	$1\frac{111}{149}$	$1\frac{41}{71}$	$1\frac{44}{111}$	$1\frac{8}{37}$	$1\frac{3}{37}$	1					
Ferrū	$2\frac{3}{8}$	$1\frac{39}{55}$	$1\frac{7}{16}$	$1\frac{7}{14}$	$1\frac{1}{8}$	1						
Æs.	$2\frac{1}{9}$	$1\frac{32}{63}$	$1\frac{5}{18}$	$1\frac{6}{17}$	1							
Argēt.	$1\frac{26}{31}$	$1\frac{68}{217}$	$1\frac{7}{62}$	1								
Plūb.	$1\frac{1}{2}$	$1\frac{29}{161}$	1									
Mercu.	$1\frac{38}{91}$	1										
Aurū.	1											

Porrò sufficere poterat prima tabella, cùm 12 illorum corporum ratio tam in magnitudine quàm in grauitate illius beneficio reperiatur, vt enim vnitas in olei loculo posita grauitatem illius refert, cùm aurum æquale magnitudine pendet $20\frac{8}{11}$, ita cùm auri magnitudo est 1, olei moles exprimitur per $20\frac{8}{11}$. Similiter, quemadmodum vini grauitas est 1, cùm auri grauitas è regione in auri columna reperitur $19\frac{19}{57}$, ita hic numerus ostendit vini molem, eiusdem cum auro grauitatis, cùm auri magnitudo fuerit 1, idémque de reliquis corporibus ferto iudicium.

Memini verò Dounotium Geometram metalla omnia fuisse solitum ad heminam Parisiensem reducere; & vbi supposuisset aquam hemina contentam vnius esse libræ: metalla sequentia, eiusdem molis ita se habere vt ferrum sit librarum 8: æs 9, argentum $10\frac{1}{2}$. plumbum $11\frac{1}{2}$, & aurum 19: sphæram verò plumbeam, cuius axis, seu diameter, pollicis cum besse, siue octo lineis, in pretio habuisse, quòd esset pondo vnius libræ: sed cùm heminam fusis metallis implendam sibi proposuisset ad illorum iusta pondera definienda, illum ab instituto reuocaui, quòd expertus essem typos, & vasa minus à quibusdam metallis, ab alijs verò magis impleri, & in his quàm in illis plura vacuola, seu plures, vt fusores loquuntur, ventos reperiri.

Hæc tabella comparantur eadem corpora secundum magnitudinem & grauitatem.

	Oleū.	Cera.	Vinū.	Aqua.	Mel.	Stann.	Ferrū.	Æs.	Argēt.	Plūb.	Mercu.	Aurū.
Aurū.	$4\frac{47}{57}$	$5\frac{5}{200}$	$5\frac{1}{10}$	$5\frac{1}{19}$	$7\frac{13}{19}$	$38\frac{13}{}$	$42\frac{2}{19}$	$47\frac{7}{19}$	$54\frac{1}{57}$	$60\frac{10}{19}$	$71\frac{3}{}$	100
Mercu.	$6\frac{3}{57}$	$7\frac{7}{200}$	$7\frac{14}{57}$	$7\frac{7}{10}$	$10\frac{13}{19}$	$54\frac{1}{}$	$58\frac{13}{19}$	$66\frac{6}{19}$	$76\frac{8}{57}$	$84\frac{24}{14}$	100	
Plūb.	$7\frac{6}{9}$	$8\frac{16}{253}$	$8\frac{35}{69}$	$8\frac{16}{13}$	$12\frac{19}{2}$	$64\frac{5}{}$	$69\frac{12}{13}$	$78\frac{6}{23}$	$89\frac{50}{49}$	100		
Argēt.	$8\frac{4}{31}$	$9\frac{81}{31}$	$9\frac{16}{31}$	$9\frac{21}{31}$	$14\frac{1}{3}$	$71\frac{19}{1}$	$77\frac{13}{31}$	$87\frac{1}{31}$	100			
Æs.	$10\frac{5}{33}$	$10\frac{20}{33}$	$10\frac{25}{2}$	$11\frac{1}{}$	$15\frac{5}{}$	$82\frac{2}{}$	$88\frac{6}{9}$	100				
Ferrū.	$11\frac{11}{4}$	$11\frac{41}{54}$	$12\frac{7}{34}$	$12\frac{1}{2}$	$18\frac{5}{8}$	$92\frac{1}{}$	100					
Stann.	$12\frac{3}{111}$	$12\frac{366}{407}$	$13\frac{32}{111}$	$13\frac{5}{37}$	$19\frac{17}{37}$	100						
Mel.	$63\frac{19}{37}$	$65\frac{265}{319}$	$67\frac{7}{37}$	$68\frac{23}{29}$	100							
Aqua.	$91\frac{2}{3}$	$95\frac{5}{11}$	$98\frac{3}{3}$	100								
Vinū.	$93\frac{13}{5}$	$97\frac{47}{649}$	100									
Cera.	$96\frac{2}{63}$	100										
Oleū.	100											

Hæc verò secunda tabella in extremo loculo statuit aurum, vtpote cæteris corporibus grauius, vt aliorum leuitas respectiua, seu comparatiua innotescat: exempli gratia, cùm aurum est centum vnciarum, oleum è regione positum est duntaxat vnciarum $4\frac{47}{57}$. & è contrario, cùm oleū in extremo primæ columnæ loculo positum fuerit centum vnciarum, aurum in primo eiusdem columnæ loculo positum eiusdem ac oleum grauitatis, magnitudine minus erit, cuius nempe moles ad olei molem vt $4\frac{47}{57}$ ad 100. Eodem modo reperietur ratio grauitatis & magnitudinis cuiuslibet corporis ad grauitatem & magnitudinem cuiusuis alterius corporis: vt in extremo loculo columnæ mercurij, 100 ostendunt hoc metallum totidem libris pendere, cùm aqua eiusdem magnitudinis in eadem ascendente columna fuerit grauitatis $7\frac{7}{19}$, & vice versa mercurium eiusdem cùm aqua ponderis esse ad eam in magnitudine vt $7\frac{7}{19}$ ad 100.

Denique in exemplo Gethaldi, cùm aqua grauior vino in linea aquæ descendente à læua ad dextràm exprimatur per 100, sub vini titulo in eadem columna ascendente reperitur $98\frac{1}{3}$, quod ostendit aquam eiusdem molis ac vinum, esse ad illud in grauitate vt 100 ad $98\frac{1}{3}$, adeout centum vini cyathi æquiponderent aquæ cyathis $98\frac{1}{3}$. Quod de vino intellige, quo Gethaldus vtebatur : vina fiquidem Græca, Gallicis noftris longè grauiora funt, nam exempli gratia vini Cepha-lonici hemina Parifienfis grauior eft heminâ Parifienfi vini Burgun-dini, quam vnciâ fuperat. Accuratiffimus D. P. Petitus ex obferua-tionibus cenfuit pag.38. Conftructionis Regulæ proportionum me-talla mole æqualia fequentem inter fe rationem obferuare.

Aurum	100
Mercurius	$71\frac{1}{2}$
Plumbum	$60\frac{1}{2}$
Argentum	$54\frac{1}{2}$
Æs, feu *Cuiure*	$47\frac{1}{2}$
Æs, *Airain*, cala-minæ mixtum,	45
Ferrum	42
Stannum com-mune,	39
Stannum purum	$38\frac{1}{2}$
Magnes	26
Marmor	21
Lapis	14
Criftallus	$12\frac{1}{4}$
Aqua	$5\frac{8}{3}$
Vinum	$5\frac{1}{4}$
Cera	5
Oleum.	$4\frac{3}{4}$

Magni

Magni Galilæi & noſtrorum Geometrarum Elogium vtile.

IVſta laus mihi ſemper viſa eſt, quâ viros ſtudioſos proſequi ſole-
mus ob artes, & ſcientias promotas, & ob inuenta præclara, quibus ſcientiarum orbem illuſtrant : quis enim Archimedæos conatus non ſolùm laudibus extollat, ſed etiam admiretur ob incompara-
bilem de ſphæra, cylindróque tractatum ? Vietæ noſtri Specioſam,
quæ nulli problemati cedit : viri nobilis C.Mydorgij Conica, quibus
ipſum Pergæum ſuperat : à quo ſi 4. vltimos libros impetres, nil ſit
quod in hoc genere requiras : illuſtris viri Dioptricam, quæ lumini
motum reſtituit, & radiis hyperbolam & ellipſin accommodat; Geometriam, quæ veterem vlteriùs promouet; & Phyſicam quæ mechanicos ad tantam dignitatem prouehit? Taceo varios illos περὶ ἐπιφῶν, de
maximis & minimis, de tangentibus, de locis planis, ſolidis, & ad
ſphæram pereruditos, quos clariſſimus Senator Tholoſanus D.Fer-
matius huc ad nos miſit : & alia præclara quæ Geometra noſter hactenus ignota demonſtrauit, quæ ſi nūmerare velim, liber ſcriben-
dus ſit : taceo etiam ſubtilem Bonauenturæ Cauallieri Geometriam
per indiuiſibilia ; præclaróſque tractatus quos ab acutiſſimo Tauri-
cello Galilæi ſucceſſore breui ſperamus. Cuius Galilæi inuenta quis
enumeret ? qui ſolo teleſcopio plura ferè detexit quàm quæ hactenus
innotuerant : quandoquidem oſtendit lunæ ſuperficiem non æquabilem, non politam, aut exactè ſphæricam, ſed cauitatibus, tumori-
búſque, telluris inſtar, refertam eſſe, cuius pars lucidior terrenam
ſuperficiem, obſcurior aquam referat; & montes ſint terrenis maiores. Veneris circa ſolem motæ cornua, quæ Mercurius forſan æmuletur : mundum Iouialem cum ſuis 4 luculis, quarum tardiſſima diebus 14, vt maximè omnium conſpicua diebus octo, circa Iouem conuertatur : Saturnum tergeminum ; ſubſtantiæ cœleſtis tenuitatem
incredibilem, quæ tota minus habet, quàm perſpicilli corpuſculum,
opacitatis, vt pro vacuo ſumi poſſit, cùm minutiſſima ſtellati cœli
particula oculum non effugiat. Fixarum numerum decuplò, vel
etiam vigecuplò maiorem numero Ptolemaïco. Viam lacteam, mi-
nutiſſimarum ſtellarum congeriem : nebuloſam ſtellam, tres aut 4
clariſſimas ſtellas in arctiſſimo ſpatio collocatas, quarum facta cum
futuris cometis, aut aliis cœleſtibus phænomenis, vel etiam cum luna

Cc

collatione, beneficio parallaxium de illorum altitudine, certiùs quàm antea iudicare possis.

Fixarum radiosam figuram à planetarum figuris rotundis differentem; diametrósque exactiores: planetas opacos lucem à sole stellas à seipsis habere; solem 28 dierum spatio circa suum axem conuerti; solis maculas, & faculas: solem veluti mare fluctibus asperum, & fluctuantibus vndis crispum, & nunquam eodem vultus habitu; scintillationem solis non solùm fixis, sed etiam planetis (excepta luna) quanquam Saturno minus, deinde Ioui, Marti & Veneri, maximè Mercurio competere; tam stellas, quàm planetas successiuè colores iridis induere; Saturni superficiem cineream, Iouis rufam vel flauam, Martis instar terrenæ nigram; Lunæ luteam, Veneris candidissimam, Mercurij cæruleam: solis corpus in medio valde fulgidum, luce ad colorem argenteum vergente; extremum disci limbum quarta ferè semidiametri solaris parte luce multo debiliore, eaque ad colorem rubeum, seu igneum inclinante; hæc inquam omnia, & alia plura telescopio vir ille magnus detexit, cuius vestigia cùm in iis quæ grauium motum naturalem, & violentum, corporúmque tam in resistendo quàm in agendo vires premam, æmuler, aut deleam, ea de re Lectorem paucis monitum volui, qui posteriore nostro tractatu discet quibus in rebus praxis Theoriæ Galilæi faueat, aut repugnet: qui cùm breuem, sed aureum, de natantibus tractatum ediderit, quem non video tanti quantus est, fieri, meóque tamen instituto penitus conuenientem, illius epitomem sequentibus propositionibus complector, vbi monumentum legetis quod illi posuit Hetruriæ Lyncæa societas.

Galilæo Galilæo Florentino
Philosopho, & Geometræ verè Lyncæo
Naturæ Aedipo,
Mirabilium semper inuentorum Machinatori.

Qui inconcessa adhuc mortalibus gloria, cælorum prouincias auxit, & vniuerso dedit incrementum: Non enim vitreos sphærarum orbes, fragilésque stellas conflauit, sed æterna mundi corpora Mediceæ beneficentiæ dedicauit. Cuius inextincta gloriæ cupiditas vt oculos nationum sæculorúmque omnium videre doceret proprios, impendit oculos, cùm iam nil amplius haberet natura quod ipse videret. Cuius inuenta vix intra rerum limites comprehensa firmamentum ipsum non solùm continet, sed etiam recipit. Qui relictis tot scientiarum monimentis plura secum tulit quàm reliquit; graui enim, sed nondum effæta senectute nouis contemplationibus maiorem

gloriam affectans inexplebilem sapientia animam immaturo nobis
obitu exhalauit. Anno 1642. ætatis suæ 78.

PROPOSITIO XLIII.

Rationem, seu causam, propter quam corpora in aquam immersa fundum petant, vel aliqua sui parte extent, inuestigare; vbi Galilæi de Natantibus liber habetur.

OMnes ferè credunt corpus aqua grauius ad vsque fundum descendere, quòd moles aquæ illi corpori æqualis nequeat ei resistere, vique maiore cogatur loco cedere ; corpus verò aqua leuius aliquam sui partem mergere, quòd vim habeat eiiciendi, & eleuandi aquæ molem parti mersæ æqualem.

Cùm tamen Galilæus demonstret molem aquæ surgentem parte demersa semper minorem esse, eóque minorem, quò vas corpus mersum recipiens angustius fuerit, adeout totum corpus in aquam mergi possit, licet aquæ moles quæ surgit, sit merso corpore millecuplò minor : quemadmodum in aquæ mole exigua corpus millecuplò maius natare potest, dummodo illius specifica grauitas aquæ grauitati specificæ cedat, hoc est moles corporis natantis æqualis moli aquæ sit aqua leuior : tunc autem aquei motus velocitas illius compensat exiguitatem. Placet autem in tanti viri gratiam quatuor sequentibus figuris explicare quæ subtili libello Italicè scripto de corporibus in aquam mersis edidit, quem ab omnibus studiosis legi velim. Supponimus autem vas esse prismaticum vel cylindricum.

Primùm igitur demonstrat *Corporis* (quod sit prismas, vel cylindrus) *in aquam mersi molem aqua mole per immersionem eleuata maiorem esse, & aqua molem eleuatam esse ad immersum corpus, vt exteriorem aqua superficiem corpus ambientem ad eandem superficiem vna cum base corporis.*

Sit enim vas ABCD aqua plenum vsque ad lineam EF, in quod IN prisma totum immergatur, vt prismatis superficies IH congruat cum aquæ superficie IK, ad quam vsque ascendit aqua, ob prismatis immersionem. Certum est autem aquam eleuatam HF æqualem esse parti mersæ prismatis EN sub EF superficie existenti, quoniam si

prifma educatur, aqua in H F fublata in E N recidet, ac priftinum locum occupabit. Vnde fequitur molem E K ex portione prifmatis
E H & aqua L K toti prifmati N I æqualem effe, tam enim E H additur L K, quàm E N
inter fe æqualibus;
quapropter aquæ
moles L K eandem
ad totum I N ratio-
nem, quàm ad mo-
lem compofitam E K
habebit; eft autem
L K ad E K, vt aquæ
K H fuperficies prif-
ma ambiens ad I K
fuperficiem, igitur a-
qua L K eft ad I N
immerfum, vt fuper-
ficies H K ad ean-
dem fuperficiem H K
vna cum bafe prifma-
tis I H, hoc eft ad fuperficiem I H K.

Eadem ratio exurget, fi prifma educatur, & I K prima fuperficies
aquæ intelligatur, erit enim eadem aquæ demiffæ H K ad totum prifma N I, vel O L ratio, quæ fuperficiei H K ad I K fuperficiem;
portio enim fuperior prifmatis H O fuperficiei primæ I K fuperextantis æqualis erit inferiori portioni E N immerfæ fub E F fuperficiem, fi portio communis E H auferatur.

Vnde confequens eft aquam afcendentem vel defcendentem ob
corporis immerfionem vel extractionem, effe æqualem non toti moli
corporis immerfi, fed ei parti duntaxat, quæ poft immerfionem fub
prima fuperficie, vel poft eductionem fuper eadem prima fuperficie
reperitur.

Hoc etiam modo illa ratio poffit explicari. *Pars immerfa prifmatis
eft ad aquam furgentem, vt folius vafis fuperficies ad eandem fuperficiem,
minus prifmatis fuperficie.* Verbi gratia, fi vafis fuperficies integra fit
20 digitorum quadratorum, fuperficies verò corporis immerfi fit
vnius digiti, aqua eleuata erit ad partem corporis immerfam vt 19
ad 20.

Demonftrat præterea eleuationem, vel depreffionem aquæ (hoc eft
illius perpendiculum) ad corporis depreffionem vel eleuationem, effe

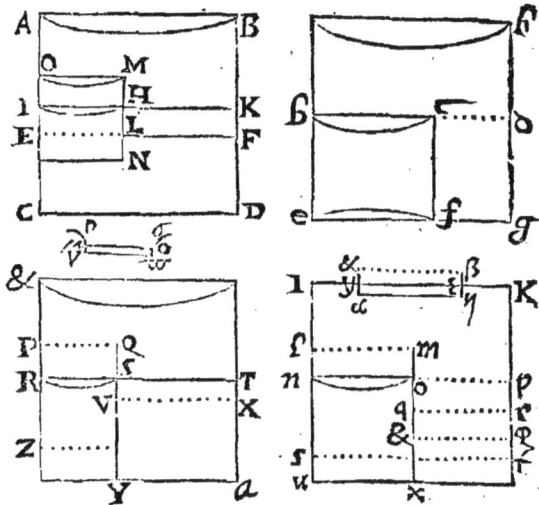

vt bafis vña prifmatis ad fuperficiem aquæ illud ambientis, hoc eft ad totius vafis fuperficiem, minus prifmatis fuperficie.

Sit enim R Y prifma immerfum, & aqua vas vfque ad lineam T R impleatur: deinde prifma in P Q eleuetur, aqua ex S T in Y X deprimetur, eritque depreffio aquæ S X ad eleuationem prifmatis, feu R Q, vt bafis prifmatis P Q ad fuperficiem aquæ V X. Quod ita demonftratur.

Prifmatis pars P R Q S extans fuperiori aquæ fuperficiei S T, æqualis eft aquæ depreffæ T V, igitur duo prifmata X S, S P funt æqualia, fed æqualium prifmatum bafes funt in altitudinum ratione reciproca, quare vt V S altitudo ad S Q altitudinem, ita bafis P Q ad bafim S T vel V X.

Itaque fi columnæ, vel cylindri pedale fpatium immergatur in lacum, vel emergat è lacu, cuius bafim fuperficies aquæ vigintiquinquies fuperet, aqua lacus fola pedis vnius parte vigefima quarta deprimetur, vel eleuabitur.

Si verò putei fuperficies, feu bafis fit octupla bafis columnæ, aqua putei octauâ parte pedis eleuabitur, aut deprimetur ad pedalem columnæ merfionem, vel emerfionem, & ita de reliquis.

Tertiò rationem explicat ob quam corpus aqua fpecie leuius, quod ex omni parte ambit aqua, fuper aquæ fuperficiem eleuetur, eíque innatet, licet aqua tota fit longè minor illo corpore.

Sit igitur prifma *ec* in aquam *cg* immerfum, quod fibi relictum eleuabitur, cùm ex hypothefi moles aquæ prifmati æqualis fit prifmate grauior; hoc eft maior fit ratio fpecificæ grauitatis aquæ *cg* ad fpecificam prifmatis *bf* grauitatem, quàm aquæ molis *cg* ad prifmaticam molem *fb*. Sed *gc* moles eft ad *fb*, vt A C fuperficies ad bafim *bc*; éftque hæc ratio eadem, quæ eleuationis *fb* ad aquæ *gc* depreffionem: maior eft igitur fpecificæ grauitatis aquæ ratio ad fpecificam prifmatis grauitatem, quàm eleuationis *bf* ad depreffionem *cg*. Vnde fequitur vim, vel impreffionem aquæ ex illius grauitate fpecifica, & fuæ depreffionis velocitate compofitam, qua nititur ad prifma expellendum, effe maiorem impreffione feu potentia prifmatis ex fpecifica illius grauitate, & tarditate eleuationis compofita, qua refiftit aquæ potentiæ expultrici.

Verbi gratia, fi prifmatis moles tripla fit molis aquæ, & prifmatis grauitas fit aquæ grauitatis fubdupla, quando grauitas aquæ duarum librarum fuerit, prifma 3 erit: atque grauitatum 2 & 3 maior erit ratio quàm molium 1 ad 3, feu eleuationis prifmatis 1 ad aquæ depreffionem 3. Erit igitur aquæ potentia 5 graduum, 2 nempe ob gra-

uitatem, & 1 ob velocitatem, & ideo ab aqua superabitur, & eleuabitur. Idémque perpetuò continget quoties immersi corporis specifica grauitas minor erit aquæ grauitate specifica, vis enim illius minor
erit.

Quartò ex illis impressionis, seu potentiæ gradibus demonstrat
corporis mersi grauitate aqueæ grauitatis subduplâ existente, mediam illius partem mergi, alteram mediam emergere. Sit enim prisma *u o* in vasis *u* K fundo, quod vas impleatur aqua vsque ad *o p*.

Sit autem, exempli causa, prismatis basis *n o* tripla superficiei aquæ
q p, & tam aquæ quàm prismatis altitudo *u n* sit quadrupedalis, prisma semper eleuabitur donec duobus pedibus extet, & locum *f m* occupet, aqua verò ab *or* ad *&* φ deprimetur, erítque spatium *m &* bipedale.

Cùm enim aquæ *r o*, vel *& r* superficies sit basis *n b* subtripla, si
q p est 1, *n m* erit 3;
quare si prisma sur-
gat vno spatio, tri-
bus spatiis aqua de-
primetur. Præterea
cùm aquæ grauitas
sit 2, prismatis graui-
tas erit 3, & ideo aquæ
potentia erit 5, vtpote
composita ex *o* 3 gra-
dibus velocitatis, &
2 grauitatis; prismatis
verò potentia 4 erit,
duntaxat graduum,
vt antea demonstra-
tum est; igitur expel-
letur & eleuabitur;

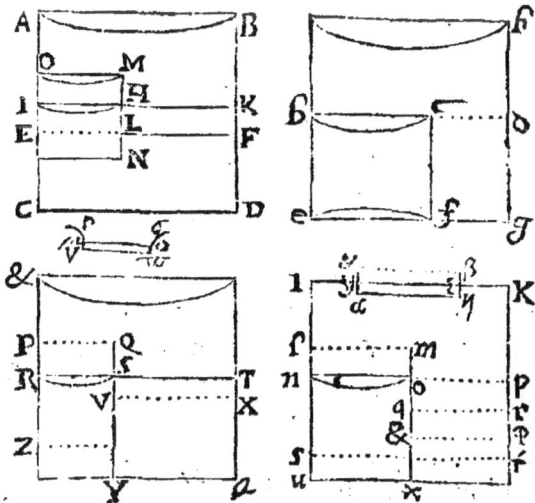

idque duobus pedibus, quorum pars ab ipso prismate surgente, pars
ab aqua depressa conficietur, erítque pars à prismate confecta ad
partem ab aqua factam vt 1 ad 3. quare solo dimidij pedis spatio prisma vsque in *m* eleuabitur, dùm aqua sesquipede vsque ad
& φ deprimetur.

Enimuerò prismatis potentia 4 constat gradibus, quorum 3 à grauitate, 1 à motu, aqua verò 3 habet gradus à motu, 1 à grauitate, cùm
aqua duntaxat bipedalis grauitet, licet quadrupedalis sit, (totali grauitate vt 2 existente) sola etenim aqua existens ab φ ad *s* agit in pris-

ma,in quod nil penitus agit inferior aqua *ut*. Cùm igitur tam prifmatis quàm aquæ potentia fit vt 4 , feu æqualis, faciunt æquipondium.

Ex quibus concludendum motus velocitatem exactè grauitatis
defectum compenfare,quoties enim corpus immerfum ex amplo va_
fe emergit, aqua ferò nihil deprimitur, maximè verò deprimitur in
vafis anguftis , quorum aquæ tantula grauitas maximæ velocitati,
qua deprimitur,addita , viribus aquæ compofitis ex maxima grauitate,minima velocitate,qua deprimitur,æquiualet,& æquiponderat.
Quæ diligenter notanda funt ad vim percuffionis inueftigandam.

Porrò quæ demonftrauit,non impediunt quin femper corpus immerfum tantam præcisè molem aquæ fuâ immerfione eiiciat, quanta
eft moles demerfi corporis fubter aquæ fuperficiem, vt contingeret
fi lateri D K vafis A D , vel lateri *t p* vafis *u* I K foramen indere-
tur.

Rectè itaque demonftrauit primùm educto prifmate ex aqua perpendiculariter, altitudinem partis extractæ effe ad altitudinem aquæ
refidentis,vt eft bafis prifmatis ad fuperficiem aquæ circumfufæ. Secundò , prifma quod fpecie minus graue fit quàm aqua, fed pondere,orto ex mole, grauius aqua , in quam totum vi demergitur, quantùmuis magnum fit,& aqua pauca, fuæ libertati permiffum, afcenfurum, ob compenfationem aquæ à velocitate defcenfus oriundam.
Tertiò pondera corporum abfoluta rationem habere compofitam
ex ratione grauitatis fpecifica, & motus velocitate. Quartò , prifma vel aliud corpus natans ita fe habere, vt totum fit ad partem fub
aqua in eadem ratione, in qua grauitas aquæ fpecifica ad grauitatem
corporis fpecificam. Quintò , fi corpus eoúfque mergatur donec
moles aquæ æqualis moli partis corporis depreffæ fub aqua, fit etiam
æqualis pondere ponderi totius corporis, corpus nataturum. Sextò,
in vafe recuruo,qualis eft fiphon inuerfus,cuius vnum os fuerit altero
capacius, aquam in vtróque ore ad eandem altitudinem afcenfuram,
quòd ex vna parte fit eò maior ad defcenfum velocitas, quò ex altera
pondus maius fuerit, atque adeò natationem grauium non deberi
partim figuræ corporum, partim aquæ refiftentiæ, vti credunt Peri-
patetici : fed corpora quæ cùm fint aquâ grauiora, natant interdum,
id habere ab aëre adhærente,qui corpori natanti coniunctus molem
efficit æquali aquæ moli leuiorem : quæ cùm fufiori fermone indigeant,nouâ propofitione difcutiemus.

PROPOSITIO XLVIII.

*Rationem ob quam corpora humido grauiora natant,
quales sunt aureæ laminæ super aqua natantes, ex
mente Galilæi explicare.*

Figuram aureæ laminæ non esse causam cur non mergantur ex eo
probat Galilæus quòd lamina mergatur si semel aqua irroretur,
hoc est si superficies extima nullum habeat cum aëre commercium;
qui quamdiu adhæret laminæ, descensum, seu mersionem ipsius impedit, cuius effectus ipsi testes oculi, quandoquidem non solum inferior, sed etiam superior laminæ superficies sæpè demergitur sub
aquæ superficiem, neque tamen fundum lamina petit, fit enim agger
aqueus laminam ambiens, eóque altior quò materia laminæ grauior,
fuerit, adeout aggeris aquei perpendiculum bis, ter, quater, vel decies
laminæ crassitiem superare possit.

Enimuero statim atque lamina tantisper immergitur, suæ grauitatis
nonnihil deperdit, cúmque secum trahat aërem poris superficiei superioris adhærentem, qui concauum aquei aggeris replet, corpus à
concauo aëris comprehensum ex lamina & aëre componitur, quod
æquali mole aëris grauius est.

Discutiendum verò quænam esse debeat ratio figurarum materiæ
diuersæ ad aquæ grauitatem, vt super ea natent ob aërem illis adiunctum: sitque propterea cylindrus vel lamina μ ο ω in figura præcedente, vel si mauis, cylindrus γ α ι τ, aquâ specie grauior, qui mergatur, hoc est ita descendat sub aquam, vt cylindri superficies extima
γτ, vel p b cum aquæ μ K superficie I K conueniat, sintque tanti
aquæ aggeres μρ, & o b, vel γα, ι β vt maiores esse nequeant, adeout
si tantisper cylindrus descendat, & aqueus agger maior fiat, aër sit ex-
pellendus, & à cylindro separandus, atque adeo ipsa extima cylindri
superficies μο, vel γο aqua tegatur, & cylindrus ad aquæ fundum
deprimatur.

Hisce positis, reperietur cuius ad summum crassitudinis possit
esse lamina, vel cylindrus habita ratione grauitatis illius cum aquæ
grauitate, vt natet, ex sequente theoremate.

THEOREMA.

THEOREMA.

Si id quo grauitas cylindri, vel alterius corporis aquæ mole æqualis grauitatem superat, sit ad aquæ grauitatem, vt aggeris altitudo ad cylindri crassitiem, natabit; quæ crassities vt minimum augeatur, cylindrus, & quodlibet aliud corpus fundum petet.

SIt altitudo aquei aggeris *εβ* ad cylindri altitudinem *εν*, vt excessus grauitatis cylindri *να* super grauitatem aquæ mole æqualis, ad eiusdem aquæ grauitatem, cylindrus natabit: cùm enim *εν* sit ad *εβ* vt prædictus excessus ad aquæ grauitatem, erit componendo eadem ratio *βν* ad *νε*, quæ grauitatis cylindri *να* ad grauitatem aquæ æqualis *νε*, & reciprocè vt *νε* ad *νβ*, ita grauitas aqueæ molis æqualis *να* ad grauitatem corporis *να*. Sed vt *νε* ad *νβ*, ita moles aquea *εα* ad molem æqualem *& βαν*, & aquæ *νε* grauitas ad aquæ *βα* grauitatem; Igitur vt moles aquea æqualis *εα* ad grauitatem corporis *εα*, ita grauitas eiusdem aquæ *εα* ad aquæ *βα* grauitatem. Est igitur grauitas corporis *εα* moli aqueæ *βα* æqualis, sed moles *βα* ex corpore *αε* & aëre *γβ* composita æqualis est corpori *βα*, igitur totum compositũ *βα* æquiponderat aquæ idem spatium *αβ* occupanti; quapropter cylindrus, aut quodlibet aliud corpus *αε* manebit cum illa margine, neque agger rumpetur.

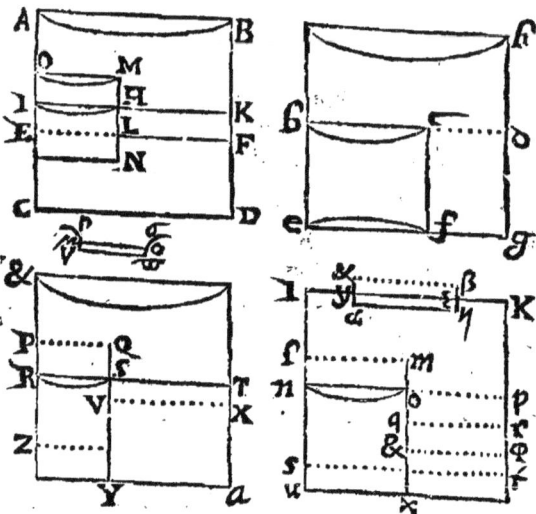

Si quis verò crassitiem, seu altitudinem *νε*, vel *ωο* augere velit, altitudo quoque *εβ*, augenda erit; sed cùm illa crassitudo, & ag-

geris altitudo maxima fupponatur omnium quam rerum ordo patitur, nihil eſt quòd de augmento dicamus. Itaque natare poterit corpus aquâ duplò ſpecie grauius, cuius craſſitudo margini εβ æqualis
fuerit, ſi enim altitudo εβ æqualis eſt craſſitudini εκ, moles aëris αε
æqualis erit moli corporis αε, & moles integra βα dupla erit, ſed aëris & moles nec auget neque minuit corporis αε grauitatem, quod
cùm ſit aqueæ grauitatis duplum moles aquæ compoſito corpori
βα æqualis eſt. Cùm autem aquea moles demerſæ corporis parti
æqualis toti corpori æquiponderat, non ampliùs mergitur, ſed quieſ-
cit & natat ; quare
cylindrus , corpus,
aut ſolidum βα ex aë-
re & lamina com-
poſitum natabit &
quieſcet.

Ex quibus ſequi-
tur nullum eſſe cor-
pus adeo graue quod
non poſſit aquæ in-
natare, cùm enim au-
ro nil hactenus nobis
grauius apparuerit,
quod aquæ mole æ-
quali octodecies gra-
uius eſt , ſi laminæ
aureæ craſſitudo fit

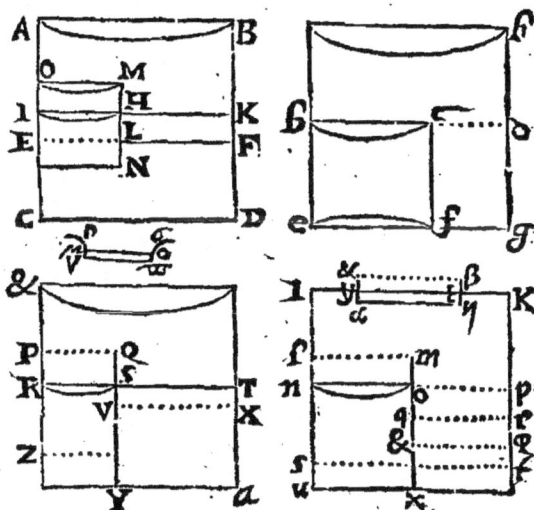

adeò tenuis vt perpendiculi aggeris partem decimamoctauam non
ſuperet, natabit : quemadmodum laminæ ebeneæ craſſitudo, cuius
grauitas ſpecifica ad aquæ grauitatem vt 8 ad 7, eſſe debet marginalis
altitudinis ſubſeptupla, ne mergatur, ſiue vt natet. Stanni octies
aqua grauioris lamina debet eſſe pars ſeptima marginalis altitudinis:
idémque in alijs metallis, & quibuſuis corporibus inueniri poteſt,
quibus figura nil ad natandum confert, licet enim aureæ laminæ figura centuplò maior fieret, nunquam natabit ſi tantiſper craſſitudo
prædicta creſcat, neque meliùs, aut difficiliùs natabit ſi eadem manente craſſitudine figura maior minórue fiat.

COROLLARIVM.

De natatu minorum mundi systematum in maiore.

SVnt qui crediderint liquidam totius mundi materiam esse diuersæ densitatis, atque adeo ponderis, in cuius medio, Sol cõstitutus
partes materiæ sibi viciniores ita calefaciat, & rarefaciat, vt tellus, &
planetæ iuxta proportionem suarum densitatum magis aut minus ad
solém accedant, eo modo quo varij globuli in phialam diuersis liquoribus plenam varia loca pro suis densitatibus occupant; enimuero si 5. liquores sint eius generis vt primus sit grauior, quale est oleum
tartari, & alij se inuicem ordine sequantur, (quod à chymicis vsurpa-
tur) & 5 globuli parentur, quorum singuli liquoribus singulis inna-
tent, vt illos liquores turbaueris, & globulós vi ad fundum detruse-
ris, vel adduxeris ad superiorem aquæ superficiem, statim ad pristi-
na loca restituentur, ad quem etiam ordinem mundi partes redirent,
si postquam susque déque immersus esset, sibi relinqueretur.

Quæ natatus cogitatio vlteriùs prolata magno viro ita placuit vt
non solùm inde concluserit planetarum circa solem loca, & motus,
sed etiam maiorem & minorem telluris & illorum ad solem acces-
sum, vnde tam perigea, quàm apogea commodè satis explicentur;
cùm enim sol spatio 28 dierum suam circa proprium axem periodum
absoluat, & reliquam circa se mundi materiam liquidam vsque ad Saturnum celeriùs aut tardiùs moueat, iuxta diuersas distantias, planetas in illis distantiis occurrentes circa se mouet eodem motu quo materiam ibidem occurrentem; hoc est Mercurium tribus mensibus, Ve-
nerem 9: tellurem (si forte moueatur circa Solem) anno. Martem,
biennio, Iouem duodecim annis, & Saturnum annis 30. stellas verò
ab istius materiæ motibus eximit, quippe quæ forsitan noua syste-
mata efficiant.

Vt autem omnia cum ratione progrediantur, vnicuique planetæ
suam propriam materiam liquidam tribuit ei tam arctè cohærentem
vt nunquam ab eo diuellatur, & ad eum vndequáque vergens sphæram efficiat, quæ solaris systematis liquidæ materiæ innatet, aut si
mauis subnatet, ac velut vrinetur: aërem verò terrenum cum vaporibus à Sole ita rarefieri supponit vt exitum quærens & ad maius spatium contendens, montes & valles sibi occurrentes, quibus includi-

tur,& impeditur,impellat,& toti terræ motum conferat, qui continuò crescens tandem ad diurnum perueniat,cuius fortè solius sit capax.　Quæ tantùm obiter dicta sunto, ne quis existimet corporum
natationem ad scientias inutilem,cùm etiam possimus vrinatores appellari, quorum videlicet terrena domus aëri, vel alteri mundi liquido innatat,& qui nescimus an aliquo motu recto totus mundus dextrorsum, vel sinistrorsum,supra vel infra moueatur,aut ipsi vacuo innatet,cùm nec experientia, neque ratio ea de re quidpiam certò &
euidenter concludere valeat.

PROPOSITIO XLIX.

Rationem ob quam corpus hominis ad quantamuis
immersum aquæ profunditatem nullum aquæ
pondus sentiat explicare.

PLurimi hac de re varias rationes attulere, verbi gratia , corpus
hominis nullam ab aqua in quam demergitur, pressionem, nul-
lúmque dolorem sentire,quòd ex omni parte vrgeatur æqualiter, nec
vlla pars corporis extra suum locum naturalem extendi possit, ita Steuinus 5 Staticæ prop.3.

　Alij rectè considerant corpus hominis, vel aliud quodpiam immersum tantam aquæ molem è loco suo pristino eijcere, quanta est
moles illius corporis ; hanc autem aquam eiectam versus fundum premere , ne suam à centro distantiam immutet, & augeat; à quo fundo
cùm resilire cogatur,sursum nitens insidentis aquæ conatum repellit,
vt ex hac figura potest intelligi, in qua LQ circumferentia maris superficiem refert,terræ verò circumferentiam X B, quæ est fundū maris; vtriúsque centrum A.　Corpus demersum in mari C D vel E:
aqua ei superfusa K L M, quæ si premat corpus C vel D necesse est
vt descendat versus C & D: si descendit, debet tantumdem à B ascendere;si verò tantumdem ascendit,quantum descendit,nihil fiet,quod
enim descendens aqua facit, ascendens destruit, quapropter corpus
C non premetur ab aqua superiore, nisi foramen in fundo maris B,seu
vasis M B N fuerit, quod à corpore C obturetur, tunc enim corpus C
æquè premetur ac ipsum fundum

　Quò ferè redire videtur quod alij dicunt, nempe si corpus C premeretur ab aqua superposita , versus B descenderet, neque tamen
aqua quæ supponitur premere C descēderet,sed potiùs inferior aqua,

quæ eft verfus B, ex fuo loco à corpore C ad E defcendente expulfa verfus D afcenderet, & corpus C fubleuaret, vti reuera nos fubleuari fentimus, cùm in aliquod flumen erecti fummis pedibus fundum premere conamur.

Alio modo rem totam ex principiis Archimedæis explicemus, quæ docent cuiuflibet corporis in aqua ponderati grauitatem efse minorem grauitate corporis eiufdem in aëre ponderati, mole aquæ (etiam in aëre ponderatæ) prædicto corpori æquali. Quod non folùm de aqua, verùm etiam de quolibet alio medio dicendum, in quo corpus graue ponderatur;exempli gratia, ferrum in vacuo, feu medio nihil impediente minus, quàm in aëre ponderaret ; qua de re fuo loco.

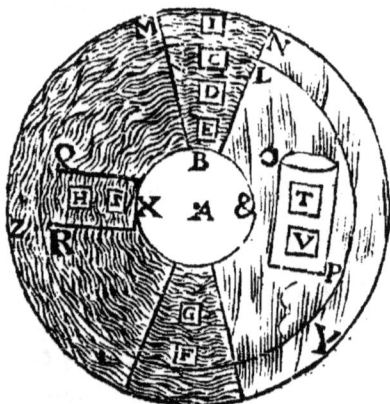

Hinc fit vt fub aqua, fiue inter aquas plumbi grauitas 23, in aëre fentiatur duntaxat, vt 21, & cætera corpora femper minus grauia manui appareant in aqua quàm in aëre, totius aquæ pondere quæ merfo corpori magnitudine fuerit æqualis.

Præterea, cùm nullum corpus aquæ tam grauitate quàm mole par in aqua ponderet, atque adeo nulla vis ad illud fuftinendum requiratur, certum eft etiam aquâ in aqua grauitatis æqualis nihil ponderare.

Sit exempli gratia in mari P L R corpus C, D vel E, eiufdem cum aqua grauitatis, certum eft C nullo modo premere D aut D premere E, cùm igitur aqua corporibus illis fuperpofita fit eiufdem, ac illa, grauitatis, ipfa nullam habet ad inferiùs defcendendum, aut locum tantifper mutandum propenfionem.

Quod etiam de aëre M N Z Y dici poteft, qui licet in vacuo, vel fpatio non impediente grauiter, attamen in aëris fphæræ M N Y Z nil ponderat, fi enim fupponatur aër 1 vafe nil ponderante conclufus, non defcendet fed in ea parte manebit aëris in qua pofitus fuerit.

Iam verò inter ligatur D effe corpus hominis habens aquam C fibi fuperpofitam aqua C non premet corpus D, ad quod ne quidem defcendet : idémque concludendum de qualibet aqua fiue fuprapofita, fiue latera corporis D ambiente.

Idem in vase O P considerari potest, in quo T, V corpora æqualibus aquæ molibus, & grauitatibus æquiponderantia non grauitant; vnde corpus hominis in V intellectum habens super se mille corpora corpori T æquegrauia, nullum pondus sentiet; & vas integrum O P cum inclusis corporibus nil in aqua ponderabit, si moli aquæ tam magnitudine quàm pondere æquale fuerit: si verò sit aqua grauius, ad fundum, &, hoc est ad terræ circumferentiam contendet.

Vas sinistrum Q X R corpora H & S aquæ similiter æquiponderantia continens idem ostendit: quod si in fundo X, quemadmodum vas B L, in B, perforatum intelligatur, cui velut obturamentum adhibeatur corpus humanum, vel aliud quoduis, totum aquæ cylindrū, cuius basis sit foramen, gestabit, eiúsque grauitatem sentiet, eandem penitus quam fundum ipsum vasis pateretur: verbi gratia, si cylindrus aquæ marinę, vel fluuiatilis, à B ad C fuerit mille librarum, corpus hominis, vel fundum B, cuius basis cylindri basi æqualis sit, mille libras feret, à quibus idem patietur, quod à columna marmorea pondo mille librarum, quam in aëre sustineret. De ponderibus F G immersis par esto iudicium, déque reliquis, quæ possunt in toto oceano intelligi, qui super corpus hominis immersi nil omnino ponderabit.

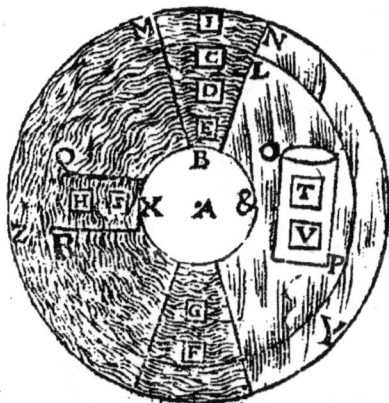

COROLLARIVM PRIMVM.

De Cingulis Pneumaticis.

NOtum est hominem pneumatico cingulo instructum flumina transire, anseris, anatis, cygni, mergi & aliarū auium instar, cùm enim se quis illo cingulo præcinxerit, & cruribus pinnulas attexerit, quibus loco ramorum vtatur, adeo commodè flumen quoduis trabnabit, vt tormentum puluerarium gestare, & militari thorace, galea, &c. absque vllo immersionis periculo armari queat, cùm enim cingulum plures aëris pedes cubicos cœperit , víxque reperiatur vllus qui duobus aquæ pedibus cubicis æquiponderet , fieri nequit vt illo cingulo nixus immergatur nisi vsque ad ipsum cingulum, quod tantæ fieri poteft magnitudinis, vt non folùm hominem veluti fedentem,fed etiam erectum teneat. Vti continget cùm aëris moles inclufa cingulo tanta fuerit, vt aquea moles , totum hominis pondus fuperet,tunc enim integrum hominis corpus , fiue iacens , fiue fedens , aut erectum extabit , neque tantifper immergetur. Idémque contingit fi quis bouis, aut porci veficis vtatur, quæ præcedentem aquam capiant. Omitto ligna fuberis inftar leuia, quibus etiam barbari naues immerfas extrahunt, vt verbi gratia cùm Maldiuarum incolæ naues ligno fuo *Candor*, fuberis vt aiunt leuitatem fuperante, ex fundo maris extrahunt.

Illud verò cingulum triplici pelle caprinâ tegitur, quod præterea laminis ferreis veftire poffis, vt fagittis vel tormentis minoribus bellicis refiftat,à quibus alioquin facilè perforatum,deinceps inutile fit. At verò lintriculum quifpiam ferre poteft , quo fluuium traijciat, cuius fi cauum 3 aut 4 aëris pedes cubicos complectatur, nullum imminebit fubmerfionis periculum.

Porrò fieri poffunt lecti pneumatici,qui commodè ferantur, quandoquidem eos ex pellibus conftructos folùm inflabis,cùm te ad fomnum compofueris.

COROLLARIVM II

De nauibus fub aqua natantibus.

NOtum eft nauiculam à Cornelio Drebellio in Anglia conftructam , quæ fub aquis depreffa natabat : quod cùm diuerfis modis fieri poffit, primo quidem fi nauis, cum omnibus quæ complectitur, eiufdem cum aqua ponderis efficiatur,vt in quouis fub aqua loco maneat, quod vix ac ne vix quidem vllus faciat. Secundò, fi paulò grauior aqua reddatur, vt vel ad fundum vfque demergatur, fi fuerit opus ,ibíque fubfiftat donec ramorum & vncorum ope collecta fint quæ perdita fuerant,& alia peragantur ob quæ nauis conftructa eft.

Quoties autem nauta redire voluerit ad aquæ fuperficiem, illud ramorum ope , vel etiam fufficiente nauis exoneratione perficiet. Clarum eft autem nauim vndique claufam effe oportere, ne vel aquæ guttula in eam ingrediatur, atque adeo ramos, quorum manubria intus fuerint, exterius ita corio impicato inferendos, vt tamen facilè moueri poffint. Omitto feneftras ex cornu, vitro, chryftallo, lapide fpeculari, aut alio diaphano conftruendas, vt quæcumque vel in fundo maris, vel in medio fuerint, clarè cernantur. Omitto etiam varia terebella, quibus naues hoftiles perforentur & immergantur; nec non diuerfos modos, quibus aër ne fortè corrumpatur ob vapores, & halitus interiores, fæpiùs renouetur; quod longo canali fiue coriaceo, fiue alterius materiæ vltra fuperficiem aquæ protenfo fieri folet, quo fimiliter vrinatores refpirant. At verò docebit experientia quæ vix inexpertus conijcere poffit.

PROPOSITIO L.

Inftrumentum conftruere quo facilè quifpiam poffit abfque bilancibus liquoris propofiti grauitatem, & quantò fit humidum aliquod altero grauius inuenire.

CVm ex dictis conftet corpus aqua leuius in aquam demiffum eam in grauitate rationem habere ad humidum æqualis molis, quam pars corporis demerfa habet ad totum corpus, clarum eft humidum illud, in quod idem corpus minore fui parte immergetur, humido leuius effe in quod maiore fui parte immergetur. Si quis igitur cylindrum aliquem concauum æneum, aut argenteum conftrui curet, qui ad horizontem perpendiculariter erectus in aqua natet, & ei fuperextet, pars eius immerfa, vel emerfa docebit aquæ, vel alterius humidi, cui imponitur, grauitatem, fi tamen femel quis hoc inftrumento fuerit exploratus quantæ fit humidum aliquod grauitatis, vel ipfius cylindri grauitatem in aëre nouerit.

Sit verbi gratia cylindrus ACBD, cuius altitudo FE vnius digiti, bafeos verò D diameter femidigiti: hæc autem altitudo EF diuidatur in 6 partes æquales, vt vnaquæque pars fit duarum linearum, quanquam in partes minores pro vniufcuiufque libito diuidi poffit; vt, exempli caufa, pars inter LM & IK intercepta, quæ afcendendo quinta eft, in quatuor partes fubdiuidetur, quarum vnaquæque eft pars lineæ dimidia.

Poffet etiam inftrumentum iftud effe parallelepipedum, quam figuram,

figuram, si exactè seruetur, cæteris præferendam arbitror, vt cuiusuis liquoris, absque cylindrica figura in cubicam reductione, dato cubo propria in aëre grauitas assignetur.

Supponamus igitur istius in aëre cylindri, vel parallelepipedi grauitatem esse vnius vnciæ, & in humidum propositum, cuius grauitas quæritur, vsque ad lineam GH mergi, quæ linea humidi superficiei congruat, certum est humidum illud æquale magnitudine toti parallelepipedo C B eam in grauitate rationem habere ad totum parallelepipedum, quam habet totum paralle ad partem sui mersam, ex præcedenti prop.cùm ergo cylindrus, siue paral. C B parte dimidia mergatur, quæ est semunciæ, aqua mole parallelepipedo B C æqualis erit duarum vnciarum.

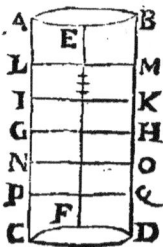

Sit autem aliud humidum, in quod idem corpus vsque ad N O, tertiam sui partem, immergatur ; cùm pars immersa N D tei in A D contineatur, aqua mole sua corpori æqualis trium erit vnciarum: & consequenter humidum istud humidi præcedentis in grauitate sesquialterum erit; quemadmodum pars dimidia tertiæ partis est sesquialtera, vt constat ex 6, & 4 assis semisse & triente.

Quoties igitur cylindrus iste portabilis in humida diuersæ grauitatis specificæ demittetur, grauitates humidorum erunt inter se in reciproca ratione partium cylindri demersarum : exempli gratia, si quis peregrinus hoc, aut simili instrumento vinum Gallicum, & cùm in Græciam peruenerit, vinum Græcum exploraret, istud, quòd Cephalonicum appellant, grauius reperiet, cuius nempe Parisiensis hemina vini Gallici heminam vna ferè vncia superare mihi visa est.

Porrò fundum, seu basis cylindri vel parallelepipedi tantæ debet esse crassitudinis, seu grauitatis vt cylindrus maneat horizonti perpendiculariter erectus: quod vix absque illa fundi grauitate fieri potest, sine qua ferè semper in hanc aut illam partem inflectitur.

Existimauit autem vir in Geometricis subtilissimus epistolam 15. Synesij de hac ponderandi ratione intelligendam, non autem de libramento aquarum, vel clepsydra, quòd μηχανικοὶ mechanici pro pondere vsurparint.

Hæc autem epistola vix sufficit vt definiamus quodnam instrumentum, seu organum Synesius postularet, cùm enim dicat se ad hoc infortunij genus redactum, vt hydroscopio egeat, quod, amabo, esse potest nfortunium cùm aliquis instrumento prædicto careat ? præsertim cùm ille modus humidi ponderandi iustis bilancibus suppleri possit.

Quanquam non defunt, qui fe ftatim infortunatos exiftiment cùm rebus carent defideratis, licet minimè neceffariis; quod quidem non eft minimum hominum infortunium, quo fæpè, magis quàm neceffariis, torquentur.

Cùm autem tubulum, hoc eft σωλήνα cylindrum tibiæ fimilem defideret, cuius recta linea, qualis eft noftra E F, in multas partes diuidatur, vt aquarum ϸϸϻⅈ cognofcatur, hoc inftrumentum à clepfydra recedere videtur, quæ non folet in aquam demitti, vt erecta C, & horizonti fuperextans horas fuis incifionibus oftendat, nifi fortè habuerint tubulos hac arte conftructos vt fingulis diuifionibus fucceffiuè afcendentibus, vel defcendentibus horæ fingulæ notarentur.

Si verò deftinatum fuerit illud Synefij Baryllium ad aquam ponderandam, non video cur illius fuperficiem fuperiorem cono voluerit obturari, cùm bafis cylindri fuperior ex eadem, ac cylindrus ipfe, materia fufficiat, nifi forfan in coni vertice pinnula quædam ad aquæ libramentum addita fuerit. Verùm cùm de aliquo genere Chorobatis illud organum alij malint explicare, de quo etiam Vitruuius obfcurè fatis lib.8. cap.6. neque multa fatis habeat Synefius, ex quibus definiatur quid velit, ad alia progrediamur, fi priùs notauero noftri digitalis organi latera, quod σωλήναριον vocare poffis, effe debere admodum tenuia, vt media fui parte extet, fum enim expertus cubum digitalem æneum concauum, cuius latera funt adeo tenuia vix vt habeant craffitudinem quadrantis lineæ, vfque ad fui dodrantem feu ¾ immergi, & folo quadrante emergere: in aëre verò effe pondo femunciæ & 36 granorum, feu femidrachmæ; & aquam illum vfque ad fuprema labia replentem pendere femunciam, fefquidrachmam, granáque 7½. vt autem magis emergat, multæque incifiones, vel diuifiones diuerfis humidis inferuiant, 3 aut 4 digitorum parari debet organum, vt illius latera firmiora fint, & nullum ventrem, aut foffam efficiant. Porrò ligneum effet leuius, fed aquam bibit, qua feipfo grauius efficitur.

COROLLARIVM.

ID habet incommodi prædictum inftrumentum, quòd vix ac ne vix quidem deprehendi poffit ab oculo quantumuis acuto num aquæ limbus extremus lineam inftrumento adfcriptam vel infculptam attingat, vel fuperet; quandoquidem in aquæ & lineæ idem ferè contingit quod in luminis & vmbræ confinio, in quo lumen ab vmbra diftinguitur ægerrimè, cúmque fit aqua diaphana ipfius inftrumenti fiue ftannei, fiue ænei, fiue lignei, aut alterius cuiufuis colorem iuduere videtur: quapropter nil ad corporum grauitatem accuratè notandam certius quàm vt in aëre, deinde in aqua vti fuperiùs dictum eft, ponderentur.

PROPOSITIO LI.

Datis duobus metallis ex quibus aliqua moles componitur, inuenire quantum fit vtriúfque in compofito metalli.

TEmpus in hiftoria coronæ referenda, quam Hieron. Syracufanus vouerat, de qua Vitruuius lib.9.cap.3. nolim infumere, cuius non meminit Archimedes in vulgatis operibus, fufficit enim fi generatim oftendatur qua ratione poffit inueniri portio metalli alteri mifta metallo, cùm non licet corpus ex illis duobus compofitum, aut aliquam illius particulam, àquæ feparationis, vel aliis examinibus permittere, quæ corpus deftruunt, vel alterant, vt ab aurifabris, & monetarijs fieri folet. Porrò Gethaldus hoc problema demonftrat prop.18. fui promoti Archimedis, vbi duplex exemplum habet, corporis nempe ex auro & argento, & alterius ex auro & ære compofiti; quanquam in illius problemate determinatio neceffaria deeffe videatur, nec enim vllus portionem metalli alteri metallo miftam inuenire poteft, nifi priùs nouerit quænam fint illa metalla; quandoquidem corpus poteft ex ære & auro componi, quod erit eiufdem molis & grauitatis ac corpus aliud ex auro & argento conflatum: vnde nec Archimedes fcire potuit an æs vel argentum in centum talentorum coronam ab aurifabro immiffum fuerit, nifi priùs fuppofuerit hanc fuiffe Syracufanorum aurificum legem vt aurum foli argento alligarent.

Portio verò cuiúfque metalli reperitur ex Archimedæis propofitionibus, illa præfertim quâ docuit quodlibet corpus aqua fpecie grauius effe in aqua quàm in aëre leuius, mole aquæ corpori æquali; verbi gratia aurum effe in aëre vt 19, in aqua vt 18, quod aquæ moles auro æqualis fit nouemdecies illo leuior, totiéfque maior effe debeat auro vt ei æquiponderet. Argentum verò fit in aëre 31, in aqua 28, de quibus Dounotius poſt Gethalium in Hydroſtatices refutatione.

Huic autem propoſitioni ſatisfactum exiſtimabis ex ſequentibus problematibus quæ de hac materia R.P.Iacobus de Billy Geometra doctiſſimus ad me miſit.

I.

In maſſa compoſita ex duobus metallis inuenire quantitatem vtriuſque ſigillatim.

SIt, verbi gratia, corpus ex argento & ære compoſitum, quod primum in aëre, deinde in aqua ponderetur; & in aëre librarum 80, in aqua 72 reperiatur. Deinde ſit 1 ℞ pro quantitate argenti, vt ſit æs librarum 80, minus 1 ℞, cúmque argentum in aëre ponderatum ſit ad ponderatum in aqua vt 31 ad 28, (iuxta experientiam Gethaldi) fiat vt 31 ad 28, ita 1 ℞ ad aliud, & erit $\frac{28\ Rad.}{31}$ quartus numerus.

Et quia æs in aëre eſt 9, in aqua 8, fiat vt 9 ad 8 ita 80 minus 1 ℞ ad aliud, vt ſit quartus numerus $\frac{640, minus\ 8\ Rad.}{9}$ qui additus inuento $\frac{28\ Rad.}{31}$, dabit ſummam $\frac{198.40, plus\ 4\ Rad.}{279}$ quæ grauitati corporis compoſiti in aqua ponderati, hoc eſt 72 æquiualet. Quapropter valor 1 ℞ eſt 62. Erit igitur quantitas argenti in corpore mixto exiſtentis 62 librarum, & quantitas æris 18 librarum : vnde poterat deprehendi furtum aurificis.

I I.

Determinare num in data maſſa ex tribus metallis compoſita metallorum quantitates diſtingui poſsint.

MAſſa componatur ex auro, argento, & ære, quæ primùm in aëre 194 librarum, deinde in aqua librarum 180 reperiatur. Sitque 1 ℞ pro libris auri exiſtétis in maſſa, & pro libris argenti 1 A; quoniam igitur tota maſſa ponderat 194, erit æs librarum 194, minus 1 ℞, minus 1 A. Cúmque aurum in aëre, ad aurum in aqua ſit vt 57 ad 54, & argentum vt 31 ad 28, & æs vt 9 ad 8, fiat vt 57 ad 54, ita 1 ℞ ad aliud vt habeatur $\frac{54 \, Rad.}{57}$ Præterea fiat vt 31 ad 28 , ita 1 A ad aliud, vt habeatur $\frac{28 \, A}{31}$. Denique vt 9 ad 8, ita 194, minus 1 ℞, minus 1 A ad aliud, vt habeatur $\frac{1652 \, minus \, 8 \, Rad. \, minus \, 8 \, A.}{9}$ Et isti tres numeri inuenti per illas regulas trium addantur simul, habebitur summa 930 ℞, plus $\frac{228 \, A, \, plus \, 1742384}{15903}$ quæ debet æquari ponderi massæ datæ in aqua ponderatæ, quod ex hypothesi est librarum 180 : quapropter erit æquatio intei 80, & 930 ℞, plus $\frac{228 \, A, \, plus \, 1742384}{15903}$: igitur post debitam reductionem, 120156 minus 930 ℞ æquabuntur 228 A ; & ita diuisis 120156, minus 930 ℞ per 228, habetur 527, minus $\frac{965 \, Rad}{114}$ Igitur libræ æris, quæ prius erant 194, minus 1 ℞, minus 1 A, erunt $\frac{351 \, Rad.}{114}$ minus 333. Quapropter quæstio soluta est indefinitè per tres sequentes numeros, 1 ℞ 527, minus $\frac{465 \, Rad.}{114}$, $\frac{351 \, Rad.}{114}$ minus 333. Imprimis enim tres illi numeri simul additi faciunt 194, quot librarum massa fuit in aëre.

Deinde factis tribus proportionum regulis, vt 57 ad 54, ita 1 ℞ ad aliud : & vt 31 ad 28, ita 527, minus $\frac{465 \, Rad.}{114}$ ad aliud ; & vt 9 ad 8, ita $\frac{351 \, Rad.}{114}$, minus 33 ad aliud, habebuntur tres numeri, qui simul additi facient 180, quot librarum massa fuit in aqua. Vnde sequitur infinitos esse numeros quæstionem soluentes, cùm numerus quilibet pro valore 1 ℞ sumi possit intra duos istos terminos 129 $\frac{23}{45}$, & 108 $\frac{12}{35}$.

Sumatur verbi gratia pro valore 1 ℞, 114, erunt argenti libræ 62, æris 18. Si sumatur pro valore 1 ℞, 120, erunt argenti libræ 37 $\frac{6}{12}$, æris verò 36 $\frac{16}{17}$; Igitur nulla possunt arte determinari quantitates metallorum singulorum massam componentium.

I I I.

*Si detur massa ex tribus metallis conflata , quæ mixtà
sint secundum quampiam proportionem vel harmonicam , vel Arithmeticam , vel Geometricam , nulla alia facta determinatione speciei infimæ istius
proportionis ; tutò determinabuntur quantitates
metallorum.*

QVod problema sequitur ex præcedente , in quo inuenti sunt tres numeri 1 ℞, 527 , minus $\frac{465 \text{ Rad.}}{114} \quad \frac{351 \text{ Rad.}}{114}$, minus 333 , soluentes indefinitè quæstionem.

I V.

*Si detur massa , & supponatur quadrata librarum , quæ
sunt in tribus metallis mixtis efficere summam aliquam , putà 24904 , quantitas cuiuslibet metalli
tutò determinabitur.*

QVod problema sequitur ex secundo , in quo indefinitè quæstio ita soluitur , vt quadrata singulorum trium non superent characterem quadrati , & seruent eorum exponentes proportionem Arithmeticam. Qui coronæ votiuæ tam historiam , quàm examen desiderat , Riualtum adeat pag. 534.

PROPOSITIO LII.

Oceani vel alterius aquæ profundum inuestigare.

NOtum est sæpius à nautis bolide maris profundum explorari, sed cùm adeo profundum est , vt rudentes , & funes , vel cathenæ non possint huic negotio commodè , vel absque periculo adhiberi, nondum inuenta methodus generalis qua loci cuiuslibet profundum poſſit inueniri. R. P. Fournierus lib. 14. nauigationis cap. 13. notat bolidem, quam *ſonde* nuncupant, eſſe plumbeam pyramidem 8 librarum, vel 18, aut plurium, cui funis pondo librarum 3, aut plurium annectitur, vt plumbum ad centum vſque, vel plures perticas in fundum maris deſcendat: quanquam nautæ pluribus modis decipi poſſunt, exempli gratia, ſi funis ab aquæ vorticibus & vndis abreptus non recta, ſeu perpendiculariter, ſed obliquè deſcendat, quod enim ad plumbi natatum ob funem aqua leuiorem attinet præterquam (aiunt funes nauticos æquali mole aquæ grauiores eſſe) vbi plumbum funis leuitatem compenſarit, nil ex ea parte timendum.

Porrò ſi ſemel nautæ obſeruent quibus temporibus plumbum varias oceani profunditates attingat, cùm plumbum abſque fune in profundum immiſerint, quo cum ſuber, vel quodpiam aliud corpus leue ita nectatur, vt ſtatim atque plumbum ad fundum peruenerit, ſuber à plumbo ſeparetur, quod eodem tempore redeat ad ſuperficiem, quo plumbum deſcenderit, illa maris profunda poterunt innoteſcere, quæ nullis funibus inueniuntur.

Quod vt fiat, primùm obſeruetur num plumbum quod tres pedes in vno ſecundo minuto deſcendit in aqua, duas verò hexapedas duobus ſecundis, hoc eſt vnam menſuram primo ſecundo, tres menſuras ſecundo, vt ex obſeruatione conſtat, quinque deinceps tertio, ſeptem quarto ſecundo, & ita conſequenter ſecundum numeros menſurarum impares, deſcendat, vt contingit plumbo & aliis grauibus per aërem deſcendentibus: qui quidem deſcenſus eadem ratione perficitur in aqua per primos duodecim pedes, vt iam ſuperſit obſeruandum in maioribus profunditatibus num idem contingat; verbi gratia, cùm nauta bolide vulgari fundum maris trecentorum pedum inuenerit, plumbum abſque fune, cui ſuber alligatum ſit fundi contactu ſeparandum, in aquam demittat, quod ſi peruenerit ad fundum decem ſecundorum ſpatio, certum erit plumbum iuxta numeros impares in aqua, velut in aëre deſcendere, de quo deſcenſu fortè campana monere poſſit, quæ plumbo hac arte adaptetur, vt ſtatim atque peruenerit ad fundum, pulſare cogatur, & ſonum monitorium edere, conſtat enim experientia campanæ ſonos ſub aqua productos ab auribus in aëre poſitis audiri, quemadmodum ſoni in aëre editi ab aure ſub aquam immerſa percipiuntur, eo tamen diſcrimine quòd ſonus campanæ in aëre productus eiuſdem ſub aqua grauitatis, vel acuminis, ac in aëre audiatur ſub aquis verò factus non ſolùm audiatur ſurdior, ſed etiam grauior, ſiue collocetur auris in aëre, vel ſub aquis. Eſt autem ſonus ſub aqua factus Decimā grauior, hoc eſt ſi cāpanæ ſonus

nus fit in aëre 5 graduum acuminis, erit 2 graduum fub aqua, quandoquidem ratio iftius Confonantiæ eft 2 ad 5; quapropter internæ metalli vibrationes quibus fonum campana producit, in aëre funt 5 numero, cùm æquali, vel eodem tempore bis folùm tremat fub aquam
immerfa, vt dudum in Harmonicis dictum eft : quanquam fæpenumero dubiū fuperfuerit num illi foni folo Ditono fimplici, an potiùs
repetito, hoc eft prædicta Decimâ inter fe differrent, quod expertu-
ri priùs viderint, præfertim in oceano, cuius aqua fluuiorum, & fontium aquas grauitate fuperat, enimuero 45 pedes cubici oceani 46
aquæ dulcis pedibus cubicis æquiponderant, vnde poffis concludere quantò maiora pondera in oceano, quàm in fluuiibus natent, atque ferantur.

Porrò cùm innotuerit plumbum decem fecundis 300 pedes fub
aquis defcendere, fuberis, vel medullæ fambuceæ, aut veficæ inflatæ,
vel alicuius corporis ænei, aut alterius materiæ concaui reditus exa-
minabitur, num videlicet temporibus æqualibus inæqualia fpatia
iuxta prædictos numeros impares percurrantur; vti continget, fi primo tempore redierint ex profundo vnius perticæ, fecundo tempore
redeant ex 3 perticarum fundo, deinde ex 5, 7, 9, &c. perticis. Denique vbi fuber ex 300 pedibus decem fecundorum fpatio redierit, illius
deinceps ope nauta cognofcet quantæ fit profunditatis locus oceani
propofitus.

COROLLARIVM.

NOn erit prorfus inutile fi quis obferuet quantò tardiùs, aut velocius corpora mole æqualia, & eiufdem figuræ, fed grauitate
diuerfa fub aquam defcendant, & quantum augeatur velocitas ratione diuerfarum figurarum, vel etiam quantò corpus idem fecundum
vnum, quàm alterum angulum, aut fitum velociùs defcendat; & quibus temporibus tam plumbum, quàm alia corpora grauiora aquâ filo
perpendiculari alligata fuas hinc inde recurfus peragant.

Ex obferuatione conftat globulum argilaceum ficcum tres fub
aquam pedes fpatio quinque fecundorum cadere, cùm globus plumbeus magnitudine æqualis tantundem vno fecundo defcendat, &
funi pedis dodrantem longo appenfum femel duntaxat moueri fpa-
rio vnius fecundi; quemadmodum fefquifecundo, cùm filo tripeda-
ri alligatur.

PROPO-

PROPOSITIO LIII.

Fontes & puteos inuenire, & cisternas construere.

QVisquis rationem perscripserit, qua fontes aut putei locorum vbiuis reperiantur, maximam ab omnibus gratiam inibit, quis enim nescit quantæ pecuniarum summæ in aquis quærendis insumantur?

Sunt qui ramum coryli vere, aut cùm iam auellanæ maturescunt, sub quibusdam lunæ, vel aliorum cum sole planetarum aspectibus, & horis bifurcatum abscindant, quem manibus detentum affirmant circa terræ punctum, in quo fons inueniendus, conuerti, quantumuis eo renitente qui corylum tenet : quod cùm in manibus plurium non fiat, id illis solummodo contingere qui credunt id euenturum, vt sit fides causa, vel conditio sine qua coryli circa terram inflexio minimè contingat; ad quam fidem cùm nullus teneatur, eámque, vt asserunt, is habere non possit qui voluerit, illa superstitionem redolere videtur, aut inuenta, vt falsitatis conuicti sub fidei tenebris experientiæ contrariæ vim eludant, quod probabilius videtur.

Iacobus Bessonus anno 1569 librum edidit, quo docet rationem fontium, quos tellus occultat, inueniendorum ; nempe signum fontium, & aquarum ex quibusdam montibus circunstantibus promanantium esse herbas aquatiles, saxa fusilia, vermes, & id genus alia, quæ docent illic latere, & tellurem aperiendam.

Porrò fontium inuentio pendet ex iudicio diuersis obseruationibus confirmato, nec enim viso monte sequitur fontem aliquem in illius decliuitate, seu vallo reperiundum, id enim sæpè fallit; quanquam & eâ ratione satis frequenter reperiuntur fontes : quos etiam arte possis efficere, si nempe loca quæuis terræ spongiosa, quibus pluuiæ sorbentur, argilla duraueris, fossæ siquidem creta, topho, & terris glutinosis marginatæ, & inductæ retinebunt aquas, priùs, si lubet, per mediam arenam, pérque saxa percolatas, quas per varios canales in diuersos vsus deducas.

Omitto varios sapores & odores ab aquis sub terra degentibus contractos occursu bituminum, mineralium & metallorum, & notas quibus aquæ sanitati vtiles ab inutilibus, & noxiis dignoscuntur, de quibus fusè prædictus autor, præter quem videndus Palissius, qui de va-

F f

riis aquæ virtutibus, & de partibus aquæ fœcundæ lapidum produ-
ctricibus disserit.

Qui fontium origines iuxta varias Authorum sententias quærit,
adeat Lydiatum, Fromondum & alios : addo solùm in eo doctiores
conuenire quòd partim à pluuiis in specubus, & aliis locis subterra-
neis asseruatis, partim ab aëre loca illa subterranea subingrediente, &
in aqueos vapores conuerso, fontes oriundi sint, cúmq; pluuiæ tam ex
oceano, quàm è fluminibus vapores exhalantibus oriantur, & ipsa flumina suam originem debeant fontibus, ea dici ex mari egredi, & in
illud remeare, iuxta primum caput ecclesiastes vers. 7.

Optima igitur sententia fontium originem ad pluuias reuocat, quæ
maxima ex parte surgunt ex mari, cúmque percolantur, in terræ superficie sal fœcundum relinquunt, vi cuius crescunt omnia, sempérque descendunt per terras spongiosas, donec occurrat argilla, quæ
velut olla retineat aquam, quæ deinceps in fontem erumpat.

Quis enim credat aërem oceano incumbentem mare tanta vi premere, vt aquam ad montium vertices cogat ascendere : quod tamen
dicendum videretur, si quis fons in montis alicuius inueniretur apice.
quo nullus vicinus esset altior : sed nullum eiuscemodi fontem inueniri certum arbitror: fontium autem inueniendorum nulla methodus
generalis, nisi puteos ab occidente in orientem foderis, aut etiam versus alias mundi partes, quibus deprehendas in quam partem aquæ pro-
pendeant: inter puteos autem duo sufficiunt actus, quos Vitruuius inter illos puteos requirit, quibus aqua perfluens respiret, & quos Bar-
barus vocat æstuaria : actum definiunt 120 pedum ; vbi verò putei
aquam ostenderint, quæ nonnunquam ad 20 sexpedas sub terram deprimuntur, riui subterranei ducendi, donec aqua ex puteis fluens ad
hortos, & alia loca deriuetur. Cùm autem non adeò profundè fo-
diendum, & lachrymæ ad vnum aut alterum sub terra pedem inueniuntur, perducendæ sunt donec riuulus aliquis conficetur, qui cum
aliis pluribus hinc inde sumptis fontem efficiant. Quæ ad fontium
tubos siue fistulas attinent vide prop. 12.

Quòd puteos spectat, quorum alij salsi sunt, vt in Lotharingia, alij
dulces, eandem originem habere videntur, quamuis ob varios succos
subterraneos salsedinem, & alias qualitates contrahant.

Illorum fodiendorum vulgarem modum omitto, vt qua ratione
puteus Amsterodami perfossus sit explicem, cùm in eo plura notatu
digna occurrant, quæ nobilissimo S. Michaëlis equiti, D. Hugenio
debemus, quippe me docuit quæ sequuntur.

Primò, illum puteum ad 232 pedes fuisse perfossum. Secundò, has

occurriffe terræ fpecies, hortenfis pedes 7; nigræ ad ignem nutrien-
dum aptæ, quam vocant *Tourbe*, pedes 9 : argillæ mollis 9 : arenæ 8 :
terræ 4 : argillæ 10 : terræ 4 : arenæ fuper qua
folent domus Amfterodamenfes fiftucari, pedes 10 : argillæ 2 : fabulonis albi 4 : ficcæ terræ
5 : turb⁴æ 1 : arenæ 14 : argillæ arenariæ 3 : arenæ cum argilla mixtæ 5 : arenæ marinis con-
chulis mixtæ 4 : deinde poft illos 99 pedes fundus argillæ 102 pedum fequitur ; denique fabulo
31 pedum, vbi foffio defijt, cuius altitudo tur-
rium Amfterodamenfium faftigium 32 pedibus
fuperauit.

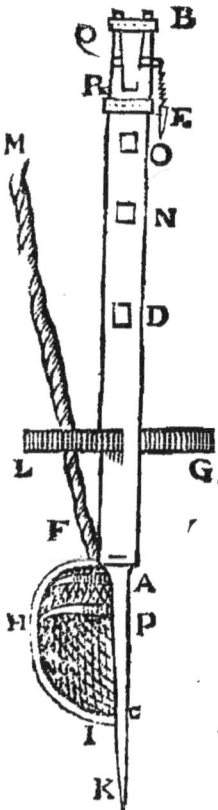

Tertiò, hanc foffionem terebra perfectam,
quâ fingulis diebus 3, 4, 12, &c. pedes cauant,
prout mollior vel durior fundus occurrit.

Huius autem terebræ hæc eft figura ; A C
dorfum craffitudine pollicis, latitudine 3 pollicum; A H I ferrum ad dimidiæ circunferentiæ
modum, cuius acies H I acuta, quippe quæ
terram fecare debet. Inter A H I rete continetur : huius autem femicirculi H I radius eft
11 digitorum, feu deuncis pedis : cuius ope trahit qualibet vice foffor terræ fruftum latitudine
11, altitudine 2¼ digitorum, cùm occurrit argilla pinguis, vix enim quarta fui parte repletur,
cùm arenam mobilem complectitur.

Eft autem rete terebræ hoc artificio contextum, vt & ipfam arenam contineat ne labatur,
cùm & ipfa aqua vix effugiat. Cùm autem nouem homines machinæ
foleant adhiberi, & perticæ perticis continuò incaftrandæ fint vt ad
fundum, quod vice qualibet, quâ terebra educitur, profundius euadit, applicatur terebræ funis F M, qui fuper cylindro ligneo L G per
os putei tranfuerfo labitur, dum homines funem M trahunt, vt terebram retrahant.

Ligno tranfuerfo L G terebra vertitur & torquetur, cuius altitudo
C A pedum 3¼ : cùmque baculus A E fit 6 pedum, C E eft pedum
9¼. Idémque de reliquis baculis iuxta fequentes excauationes con-
iungendis exiftimato. Lignum verò L G per quodlibet foramen
D, N, O &c. traijcitur, vt ex qualibet altitudine terebra conuertatur. Supremo cuiuflibet hexapedis baculi extremo fiffura P Q R in-

ditur, quæ circulis ferreis roboratur, vt alterius baculi extremum iŋ illam fissuram immissum clauo ferreo E transfigatur, & omnes baculi similiter incastrati vnicum veluti baculum 232 pedum componant, ad puteum hunc excauandum Quanquam non est necessarium quemlibet baculum esse 6 pedum, cum 10, & 12, aut etiam plurium esse possint : qui cùm quadrati sint, illorum latitudo est semissis pedis. Statim autem atque puteus excauatus est, cisterna, seu castellum, aut aliqua fossa paratur, ex qua Ctesibico instrumento tantumdem aquæ tuos in vsus transferas, quantum necesse fuerit, vel scaturigo dederit.

Porrò fieri potest vt arena mobilis ita restringatur, & terebram implicet, ac retineat, vt eam extrahere nequeas, vt Amsterodami contigit. Prædictum verò puteum spatio 32 dierum & 13 noctium excauarunt operarij ; sæpéque numero ad 20 vel 30 pedes surgit aqua dum illi prandent. Sed ne parietes putei terrestres ruinam faciant, aqua implentur, quæ prædictos parietes anteridum instar sustineant.

Ad cisternas accedo, quæ non differunt à puteis, quòd nullam habeant scaturiginem præter pluuiam ex tectis acceptam, & colluciis ductam in cisternæ puteum, in quem desinunt variæ fistulæ, quarum capita iunguntur inferioribus colluuiarum osculis. In Ægypto verò cisternæ suam aquam ex Nili inundationibus sumunt.

Aquæ verò pluuiali, priusquam fossa cisternarum ingrediatur, opponi debent cancelli ferrei, quibus sordes ab ingressu arceantur; deinde per arenam transcolari debet, vt fœcum reliquias deponat, & cùm ad potum hauritur clara sit & pura.

Fossæ ad aquas excipiendas paratæ solum & parietes argillâ incrustari debent, nisi malis ex quadratis lapidibus cœmento, vel opere signino coagmentatis parietes construere. Taceo lumina cisternæ impertienda & motum aquis inferendum, ne putrescant, & omnia artificia adhiberi solita, ne quem tetrum odorem, vel saporem ingratum contrahant. Taceo similiter cisternarum profunditatem atque magnitudinem, quæ necessariis vsibus accommodanda, vt moncam sa-

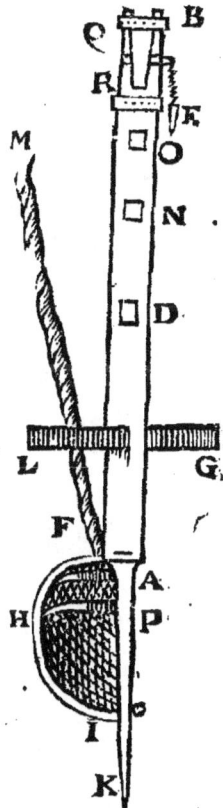

bulonem feu arenam fluuiatilem, quâ Parifienfis hèmina vfque ad labra impletur, effe pondo librae 1½, & aquæ, quâ priùs implebatur hemina libram aquae continens, vncias 7½ propemodum expellere, quod
etiam arenae Stapulenfi contingit, cuius tamen grauitas vnciâ fluuiatilis grauitatem fuperat.

Ne verò quis decipiatur ex varijs fententijs, quarum aliæ volunt
dolium arenæ duo aquæ dolia, aliæ tertiam dolij partem bibere, expertus fum heminam Stapulenfis arenæ fpatio diei vnius naturalis
aquæ femifextarium bibere, qui cum arena fimul heminâ continetur;
quod & arenæ fluuiatili proximè contigit.

Vnde concludendum dimidium heminæ, etfi arenâ quoad fenfum
plenæ, aëre feu poris impleri, cùm in illam arenam aquæ tantundem
fubingrediatur, quantum arenæ inerat, nec enim vllam in eo cafu corporum penetrationem admittere debemus. Vbi notatu dignum cineres vix maiorem aquæ molem admittere, atque adeo falfum effe integram aquæ, vel alterius liquoris heminam perinde in heminam ci-
neribus oppletam ingredi, ac in heminam vacuam, quod in errores
vulgi referendum.

PROPOSITIO LIV.

Quanto temporis fpatio pluere debeat, vt data ciſternæ
foſſa impleatur; vel etiam montes altiſſimi ſubmer-
gantur, vt in Noëtico diluuio.

Onftat ex obferuationibus noftris vas cubicum æneum horæ dimidiæ fpatio ab imbribus ad fefquipollicem impleri: fed cùm nil
aquæ bibat, inftar terræ, folum pollicem, feu digitum aqueæ altitudini
tribuamus. Itaque puteus cifternæ hexapedam altus fpatio 36 horarum, hoc eft fefquidie replebitur, dummodo eadem vehementiâ toto
illo tempore decidant imbres, alioqui fi definant, vel remittantur, ex
tempore defitionis, vel remifsionis gradu iudicandum erit.

Non eft autem quòd Lector quærat quam pluuiæ magnitudinem,
& vehementiam intelligam, quippe quam fatis definio, cùm horæ
dimidiæ fpatio vas quodlibet, in quod deciderit, ad pollicis altitudinem impleri, ac fingulo fequenti femihorio altitudinem æqualiter
crefcere fuppònam. Vnde fequitur aquam fuper terræ fuperficiem
pedibus 160, fpatio 40 dierum & noctium in diluuio creuiffe, fi fue-

rint imbres perpetui noftris æquales: cúmque montes Armeniæ, &
alij plures hanc altitudinem longè fuperent, & ad integram ad minimum leucam horizonti fuperextent, imbribus longè vehementio-
ribus pluiffe oportuit, quandoquidem diluuij pluuia nonaginta tribus vicibus maior effe debuit, vt fpatio 40 dierum & noctium 15 aquę
cubitis Armeniæ montes, fuper quibus arca quieuiffe dicitur, ob-
tegeret, fi hæc altitudo leueæ noftræ par extiterit. Quæ quidem pluuia rectè in cœli cataractas, feu feneftras apertas vt in caufas reducitur, cùm à noftris pluuiis effectus adeo illuftris vix oriri poffe videatur, nifi dixerimus ipfas nubes veluti torrentes cecidiffe, & nouas
fubinde 40 dierum fpatio, quæ fucceffiuè caderent, formatas fuiffe,
quanquam neque id abfque miraculo, vt ftupenda crimina ftupendo
diluuio iuftus Iudex vindicaret.

MONITVM PRIMVM.

Longè plura me omififfe quàm quæ dixerim ad aquas pertinen-
tia probè noui, verbi gratia quantæ fit altitudinis aqua oceani,
quam in plerifque locis mille orgyas fuperare dicunt, eóque profun-
diorem quò magis ad medium oceani acceditur; quòd nempe maris
foffa fit eiufdē cum fummis montibus altitudinis: qua de re videatur
Brereuordus lib. de idiomatum & Religionum diuerfitate cap. 13. vbi
obferuat Heluetiorum, & Rhetiorum terras, (vnde manant Danu-
bius currens verfus orientem, Rhenus verfus Septentrionem, Rhoda-
nus verfus occidentem) Europæ totiús altiores effe, quæ tantum ab
oceano diftant, quanta eft illorum fluuiorum decliuitas, quapropter
fi quibuflibet hexapedis millenis vnius hexapedæ decliuitatem tri-
bueris, fluuij quingentarum leucarum decliuitas in perpendiculari
numerata erit leucæ dimidiæ.

Deinde quæ fit fluxus refluxúfque marini caufa, num quædam terræ refpiratio, an terræ, lunæque motus, de quibus tam Galilæus
quàm eius aduerfarij confulantur, quandoquidem ea præfertim afferre mihi fuit animus quæ certis experimentis comprobaui.

Omitto motus perpetuos, aquæ beneficio tam à P. Bettino prop.
13. apiarij 4. progymn. 1. quàm à P. Kirkero propofitos, & artificia plurima quæ tam hic, quàm in alijs plærifque locis, fiue ad vtilitatem fiue ad voluptatem, exercentur.

MONITVM II.

CVm non defint qui dicant effe quafdam aquas,quæ propter duritiem aliquam innatam,vel accidentalem corpora grauiora ge-
ftent quàm aliæ minus duræ, licet æquè graues; cúmque doceat experientia tam aurum in aqua regia folutum, quàm Mercurium in
aqua forti natare,contra legem,quæ docet liquida grauiora in leuiora iniecta fundum petere, magnum fuerit operæpretium illius aquæ
durioris experimentum facere,caufámque natationis tam auri quàm
aliorum metalloru̅ in aquis compofitis inuenire: cùm enim olea, vt vt
liquida,fundum aquę petant quâ funt grauiora,cur aurum factum liquidum non petit fundu̅ aquæ? Scio quofdam iftiufmodi natatum in
motus diuerfos referre tam aquarum fortium,& regalium,quam metallorum,quæ in illis diffoluuntur; qui motus fi phænomeni iftius
fint caufæ,tamdiu eos durare neceffum eft,quamdiu metalla natant,
id eft femper,donec oleo tartari,vel alia ratione præcipitentur.

Simile quidpiam vino aquæ mixtæ contingit,cùm enim aqua fundum petere deberet,vtpote vino grauior, innatat, neque poteft fine
artificio ad fundum præcipitari: forte quòd auri, mercurij,argenti,
aquæ,&c. particulæ adeo minutæ fint, vt ob fuperficiei magnitudinem & foliditatis exiguitatem vi careant ad liquida diuidenda necef-
fariâ quantumuis leuiora,vt in aquæ guttululis in vaporem abeunti-
bus & in aëre aquâ leuiori natantibus obferuatur.

Porrò qui credunt aurum idem effe cum aqua regali, quamdiu fimul mifcentur,penitus aberrant, vt enim anima totum corpus infor-
mans, ac veluti penetrans ab eo tamen diftinguitur, ita liquor vnus
ab alio,quacúmque tandem ratione mifceantur, longéque magis aurum,& aliud,quoduis metallum vtcúmque fufum, & folutum; cuius
forfan particulæ hamulis, & vncinulis aquarum compofitarum reti-
nentur,ne fundum petant.

MONITVM III.

QVæcúmque de Ctefibicis organis,fiphonibus & iftiufmodi hydraulicis dicta funt,ita debent intelligi vt femper aëris, & aquæ
ratio feruetur,illius enim condenfatio , atque rarefactio multa poteft
interturbare, fortéque nonnihil condenfationis aqua ipfa patitur.

Porrò cùm diximus aquam fibi relictam, & tubo, vel fiphone claufam femper ex vtráque parte eiufdem effe altitudinis, id intelligen-

dum quamdiu sibi continua est, si enim aëre intermedio illius conti-
nuitas interrumpatur, tum aqua poterit ex vna parte altior, & ex altera depressior manere, vt sæpè contingit ob aëris globulos intermix-
tos. Sunt autem qui affirmant se artificia reperisse, quibus aqua seip-
sam moueat, fiátque motus perpetuus; quod si absque perpetua caloris tam diu quàm noctu vicissitudine, (quàm video suppositam in
motu perpetuo Romæ, anno 1640. proposito) vel alia causa naturali
perpetuitatis radice velint, frustra sunt, nisi naturæ ipsius, & totius
mechanicæ leges mutauerint; illísque similes existimo, qui cùm paucis diebus Geometriæ Practicæ studuerint, tempus perdunt in quærenda circuli quadratura, vel cubi per plana duplicatione, quæ sper-
nunt magni Geometræ : vel Chymicis, quos incredibili æstro perci-
tos in proiectionis puluere, vel lapide philosophico perquirendo, pro-
mittendóque, quorum sermones ἀλαζονικὸς, καὶ κομπλικὸς vehementer
admireris.

MONITVM IV.

QVi cochleam Archimedæam, quâ transferuntur aquæ, non intelligit, adeat 15. prop. Tractatus sequentis, quæ illam explicat; &
qui scire cupit quam figuram debeant induere naues vt tutò, ve-
lociterque natent, experiatur in tot generum nauigijs, quæ sulcant oceanum, nec quidpiam requirat vlteriùs. Norunt enim fabri, & alij artifices eo difficiliùs nauem inclinari, & euerti, quo suæ
grauitatis centrum fundo propius, & ab oris remotius habuerit, dummodo æquè distet ab iisdem oris, & extremis. Quò verò magè naues
ad figuram sphæricam accedunt, eò sunt capaciores, faciliúsque in
omnes partes ad pugnam vertuntur, quanquam elliptica figura videtur commodior, quandoquidem prora desinere debet in acumen vt
aquam scindat. Qui secundum axem bifariam secti figura docet optimi nauigij constructionem, huius enim semisphæroïdis extremum
obtusius puppem, acutius proram refert : Omitto figuram cylindri-
cam, prismaticam, & alias ; necnon pondus saburræ, &c. de quibus
consulatur accurata R. P. Fournieri Hydrographia.

Operæ verò pretium fuerit istius libri Præfationem perlegisse,
quæ multa complectitur non minus iucunda quàm vtilia, tum vt in
antris, & hortis salientes describant figuras omnifarias, tum vt verbi
diuini præcones hauriant vnde postea suos auditores potent ineffa-
bili torrente voluptatis.

FINIS.

F. MARINI
MERSENNI
MINIMI
TRACTATVS MECHANICVS
THEORICVS ET PRACTICVS.

PARISIIS,

Sumptibus ANTONII BERTIER, viâ Iacobæâ,
sub signo Fortunæ.

M. DC. XLIV.

CVM PRIVILEGIO REGIS.

NOBILISSIMO,
CLARISSIMOQ; VIRO
CLAVDIO MARCEL
TOPARCHÆ DE BOVCQVEVAL,
ET AMPLIORIS CONSILII
integerrimo Senatori.

F. M. MERSENNVS. Εὐπράττειν.

Rtem omnium vtilißimam non altero (vir clariſſime) quàm tuo censui nomine cohoneſtandam, cùm non ſemel fueris teſtatus quantum illam aſtimes, quæ ſingulis hominibus ea præparat, & confert quæ ſunt ad honeſtè, commodéque viuendum neceſſaria. Regulam enim, circinum, amuſſim, libellam & perpendiculum architectis & latomis : fabris lignariis, runcinam, terebras, ſerras ; agricolis ſtiuam, rallam & vrpices, quibus occent, lirent, porcáq; tranſuersâ deriuent uligines in collicias : tritoribus flagella, tribuláſque : piſtillos ruido pilo crimnum facientes, molaſq; truſatiles cum metis & catillis, emolitoribus : piſtoribus mactras

ă ij

& spathas : vinitoribus bidentes, ridicas, orcas, prælā, lacus, serias, siphones & epistomia : fenisecis demetientes, sicilientesque seculas : casses & varos venatoribus: piscatoribus verruculum, tragulam, sagenam, hamum; aucupibus illices, amitos, decipulas, pedicas, caueas: equitibus ephippia, stapedes, calcaria, fræna, pastomides: aurigis petorita, esseda, cisia, sarraca, trahas, leëticas, sufflamina, succulas: naucleris clauum, anchoras, vela, bolidem, & antlias tribuit.

Quid opificia reliqua percurram quæ huic arti sua instrumenta penitus accepta ferunt ? vt nequidem cibum probè coctum absque lebetibus, verubus, veruculis, craticulis, sartaginibus, trullis, fuscinis, rutabulis, batillis, tripodibus, radulis, truis & paropsidibus commodè satis parare valeamus.

Hanc igitur artem immania pondera vi qualibet trochleis axi iunctis in peritrochio in sublime tollentem, vel ergatis promouentem, & tollenones, pancratia, & quidquid ad quinque vires pertinet explicātem, quam in mundi conditu Deus exercuisse videtur, ex illius accipe manibus, qui te nouit æquipondium & isorropicam in suo vnicuique tribuendo lancibus exactis obseruare, atque adeo nobilissimum μηχανικὸν agere.

Dico Nobilissimum, cui Maiores tribus & amplius saculis omni genere virtutum praluxere: quod

si tacuero, lapides ipsi prædicant, qui Iacobum Mar-
cel primum habuere Cœlestinorum Parisiensium Fun-
datorem, marmoreo ibidem sepulchro abhinc annis
CCCXLIV *conditum.*

Quantum verò stirpem adeò claram, cuius ramus
penultimus, hoc est auus, istius vrbis Præfectus, Fis-
cóque summa ditione præpositus, vt sequens, Ratio-
num Magister, tuis virtutibus promoueris, testatur
supremum illud Consilium, quod tuâ singulari pruden-
tiâ quotidie fulcis, & illustras.

Quid commemorem binas familias pietate, virtu-
tumque splendore celeberrimas? Halleam, cuius caput,
socerumque tuum firmissimo pollentem iudicio, licet no-
nagenario proximum, iamque ob virtutes omnimo-
das beatum; & Picardicam, quâ vix Lutetia nouit
antiquiorem, quam nuper tua charissima mater, cu-
ius toties pietatem erga Deum admirabilem, & inex-
haustas eleemosynas admiratus sum, in te refudit.
Quid, inquam, domos istas referam, quas adeò fœli-
citer tua coniunxisti ? vt iam tuus Ioannes filius vni-
cus, quem Galliæ Senatorem dedisti, triplici funiculo
gaudeat, qui difficilè abrumpatur; si virtutum pater-
narum hæres animo; quo pollet, heroico etiam ad ma-
iora contenderit.

Vt verò ad nostra redeam; vide, obsecro; quan-

ã iij

tam ex arte nostra voluptatem in iustitio capturus sis,
dum cuiuslibet proiectilis tam verticales, quàm me-
dios iactus consideraueris, quorum magnitudines, atque durationes omnifariam analogiam exhibeant. Sclo-
petorum enim pila, intra primum hexapedum centena-
rium, fragoris celeritatem assequuntur, hoc est secundi
dimidio illud iter transcurrunt: cumque tempus verticalis iactus 24 secundorum spatio perficiatur, mediusq;
sit illius subsesquialter, siue catapultis, vel balistis, &
arcubus vtaris, nunquam ruri deerunt, qua tuum
animum diuersimodè recreent.

Dabit enim medius iactus sagitta ligneo arcu excussa 60, balistâ verò chalybeâ missa, 130 sexpedas, qua-
rùm illa 4, hæ verò 8 secundis percurrentur: eritque
tempus, quo pila catapultica 40 primas sexpedas
conficit, subquintuplum temporis quo sagitta idem iter
percurrit.

Si verò soni ; seu fragoris velocitatem contemplari
placeat, eum fateberis adeò celerem, vt tuba morta-
les extremo die iudicij excitatura clangor per vniuersum terra ambitum quadrihoria sit excitaturus, cùm
ferè sextâ minuti parte sonus quilibet nostram leucam
Gallicam 2500 constantem hexapedis percurrat: si tamen illa tuba clangorem edat maioris tormenti fragore
ad 30 perueniente leucas, CCCLX vicibus robustiorem.

Eiusdemmodi sexcenta omitto , quæ possint etiam mentes nostras sagittis admouere , quibus nos aliquando Deus ipse transfigit , vel vt patientiam nostram exerceat , & ex ore vel corde nostro Iobi verba , Sagittæ Domini in me sunt, *eliciat; vel vt amoris diuini telis cor nostrum traiiciat , vt simus veluti sagittæ in manu potentis , quas ad alios eodem amore inflammandos , vel impiorum cuneos perturbandos , & ad frugem reducendos emittat.*

Singularem porrò iactū verticalem pilæ VI librarum, bombardâ militari V pedes longâ excussa , & XXXII secunda in ascensu , & ex scensu consumentis, iuuat addere , tum vt noueris illius ascensum globi fuisse 512 sexpedum , & terreni soli ½ pedes fuisse subingressam: tum vt coniicias ad quam altitudinem pilæ maiores maioribus tormentis excussa , maiorique pyrij pulueris copia onusta , cùm verticaliter excutientur, peruentura sint.

Quem verò impetum nobis à Deo imprimendum existimas, V. C. quo ad vsque cœlum feramur? cùm nequidem bombardæ maioris pila xxxiij librarum pondo , quouis excussa puluere , milliare verticale integro minuto superet. Neque tamen, si pari velocitate feramur , non dicam ad stellas , sed ad vsque solem , in quo Deus suum tabernaculum statuisse dici-

tur, niſi 224 minutorum, hoc eſt ferè 4 horarum ſpatio, peruenire poſſimus.

*Alios impetus meditemur æternæ dilectiōnis, qui mo-
mento nos ad cœleſtia regna perferant, ſimuſque
Dei præpotentis acutiſsima, & ardentiſsimæ ſagittæ,
quæ cùm motum omnem ab omnipotenti ſagittario ac-
cipiant, quidquid ſint, æternùm ſoli Deo acceptum
ferant, & in illius gloriam transformentur.*

IN LIBRVM

MECHANICORVM

VTILIS PRÆFATIO

AD LECTOREM.

VɪMADMODVM initio tractatuum præcedentium de quibufdam præmonere Lectorem oportuit, fic etiam nonnulla hîc præfari iuuabit, & quidem primum me priorem de motu Dialogorum Galilei librum in duas Prepof. 17 & 18 contraxiffe, tum quòd nullum eorum qui de Mechanicis hactenus egiffe contigit, ea vel attigiffe videam, quæ tamen præclara funt, tum vt cogitent deinceps noftri Geometræ de vera methodo illarum propofitionum demonftrandarum, in quibus nonnullos fcrupulos magnus ille Philofophus reliquit, cuius aliquas propofitiones illic omiffas attingo.

II. Nil de centro grauitatis corporum dixiffe, quòd de centris fulfiffimè agatur in Synopfi Mathematica, hifce libris annexa; cuius libri de Mechanicis plurima fupplebunt quæ fequenti decrunt tractatui, vel ea iuuabunt, & contractiùs proponent, quæ in eo fufiùs dicta fuerint: quemadmodum mutuam lucem, inferet prædictis libris hic nofter Tractatus, multaque complectetur quæ illis defunt.

III. Hîc nonnulla vtrifque addi gaudebit Lector; idque imprimis quòd vir Illuftris animaduertit, quodque iam ad præfationem verfionis Gallicæ Dialogorum Galilei reperies à nobis allatum, circa grauitatis centra.

Sit igitur curua linea E A F, iftiufmodi conditionis & naturæ, vt diametri illius A C fegmenta, A L, & L B, verbi gratia, eandem inter fe rationem habeant, quam ordinatarum punctis L & B applicatarum, hoc eft rectarum K L, & D B cubi: fifque prædictæ figuræ curuæ E A F E, axis A C : qui fi fuerit ita diuifus in puncto B, vt A B fit ad B C vt 4 ad 3, erit centrum grauitatis istius figuræ in M. Si prædicta segmenta A L, & L B sint ad prædictas ordinatas, vt ordinatarum quadrata, fiat A B ad B D, vt 5 ad 4. In aliis verò dignitatibus altioribus, segmenta fiant vt 6 ad 5, vt 7 ad 6, vt 8 ad 7, & ita de reliquis in infinitum.

Præterea, si A C ad angulos rectos insistat basi E F, sitque E A F conoideü, à curua E A, vel A F circulariter circa A C axem mota descriptum (basi E F circulo existente) centrum istius conoidis reperietur, si A B fuerit ad B C vt 5 ad 3, quando fuerit E A F curua, de qua priore loco dictum, hoc est cùm axis illius segmenta fuerint inter se vt ordinatarum cubi.

In conoideo sequente, sectio axis erit vt 6 ad 4; & aliorum rursus sequentium, vt 7 ad 5; vt 8 ad 6, & ita in infinitum.

Sed & areas illarum figurarü habes; primæ quidem, quòd triangulus inscriptus E A F sit ad aream curuâ E D K A G F, & rectâ E F comprehensam, vt 4 ad 6; in secunda, vt 5 ad 8; in tertia, vt 10 ad 6: in quarta vt 12 ad 7, & ita de reliquis in infinitum.

Porrò si fuerit E A F primum conoideum, est ad inscriptum conum vt 9 ad 5: si secundum, vt 12 ad 6; si tertium, vt 15 ad 7: si quartum, vt 18 ad 8: si quintum, vt 21 ad 9, & ita in infinitum.

Denique ad tangentes inueniendas, si prima curua tangatur in puncto E, à recta E M, erit A M dupla A C: tripla in secunda: quadrupla in tertia: quintupla in quarta, & ita in infinitum.

Est etiam obseruandus triangulus E A F, quem non solùm demonstrauit Archimedes lib. de Parabolæ quadratura, prop. 24. subsesquitertium parabolæ E A F, sed etiam triangulum cuiuis parabolæ portieni curuâ, & rectâ comprehensæ inscriptum; quale est triangulum A G F, vel quale foret aliud triangulum portioni A G A inscriptum, esse similiter illius portionis subquadruplum; quæ ratio in infinitum progreditur.

IV. Generalem etiam regulam vir alius summus inuenit quâ prædicta soluit, non solùm quando partes diametri cum applicatarum potestatibus conferuntur, sed etiam cùm quælibet partium diametri potestates cum quibuslibet potestatibus applicatarum comparantur: quæ quia satis commodè figurâ præcedenti possunt eo modo intelligi, quo ipse voluit, me requirente, Bonauenturæ Caualliero Geometræ subtilissimo innotescere, iisdem Lector noster perfruatur.

Sitque propterea E A F parabola quæuis: sitque, exempli gratia, vt cubus C A ad cubum B A, ita quadratoquadratum E C, ad quadratoquadratum D B: sumantur exponentes potestatum tàm in applicatis, quàm in diametro. Exponens quadrato-quadrati est 4, in applicatis;

PRÆFATIO.

exponens cubi in diametro est 3 : quare parallelogrammum E H est ad
figuram E A F , vt summa exponentium ambarum potestatum ad exponentem potestatis applicatarum.

Erit igitur, in hoc exemplo, parallelogrammum ambiens ad figuram E A F , vt 7 ad 4. Si ergo fuerit, verbi gratia, vt quadrato-quadratum E C, ad quadrato-quadratum DB, ita C A ad A B, cum exponens lateris sit vnitas, parallelogrammū ad
figuram est vt 5 ad 4 : estque similis in omnibus istiusmodi figuris in infinitum pro-
gressus: quapropter verum est, cùm potestates applicatarum cum sola longitudine
portionum diametri, siue cum latere conferuntur, parallelogrammum esse trianguli duplum : in parabola, vt 3 ad 2 : in pa-
rabola cubica, vt 4 ad 3 : in quadrato-quadratica, vt 5 ad 4, & ita in infinitum.

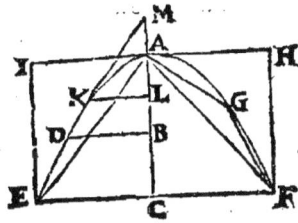

Manente verò recta C A , si figura circumducatur, vt fiat solidum,
ratio cylindri E H ad huiusmodi solidum ita reperietur. Summa dupli
exponentis potestatis in diametro, & exponentis potestatis in applicatis, semel sumpti, ad exponentem potestatis in applicatis est vt cylindrus ad solidum. Exēpli gratiâ, sit vt cubus E C ad cubum D B, ita
quadratum C A ad quadratum B A. Exponēs quadrati in diametro est
2, cuius duplum 4 , iunctum exponenti potestatis in applicatis semel
sumpto facit 7. Quare est vt 7 ad 3 (exponentem potestatis in applicatis) ita cylindrus ad solidum.

Ex quibus centra grauitatum infert in omnibus huiusmodi figuris
tam planis , quàm solidis, quippequæ secant diametros in proportione vel parallelogrammi ad figuram planam , vel cylindri ad solidum.

Si verò figura circumuoluatur circa E F, solidum generatur, non simplex, vti superiora, sed compositum; cuius rationem ad cylindrum ambiens, & centrum grauitatis vir idem summus, & noster Geometra dudum eruêre: à quibus tam omnium curuarum tangentes, quàm areas,
solida, & centra grauitatis omnium figurarum curuis, & rectis com-
prehensarum possis accipere.

V. Vbi pag. 80. libri sequentis, linea 33. *vel si mauis linea* K L, &c.
vsque ad lineam 38. delenda, vt enim iam propos. 32. Ballisticæ animaduerti , linea K figuræ ad pag. 80. positæ, non debet esse perpendicularis lineæ B N, sed angulum E K N bifariam diuidere, vt diameter B N
eâ ratione diuidatur, quæ est lateris K B ad B M. Rursus quod pagina

a ij

8r, linea 28 dicitur A B motum dici poſſe æqualem potentia duobus motibus A D, & A C, eſt ex mente Galilæi pag. 250 Dialogorum; quod tamen minimè verum eſſe videtur; ſit enim aliquid in puncto C percutiendum, malleusque percuſſurus à puncto C ad D per C D diametrum ita moueatur, vt motus per C D componatur ex motu C in B, & C in A.

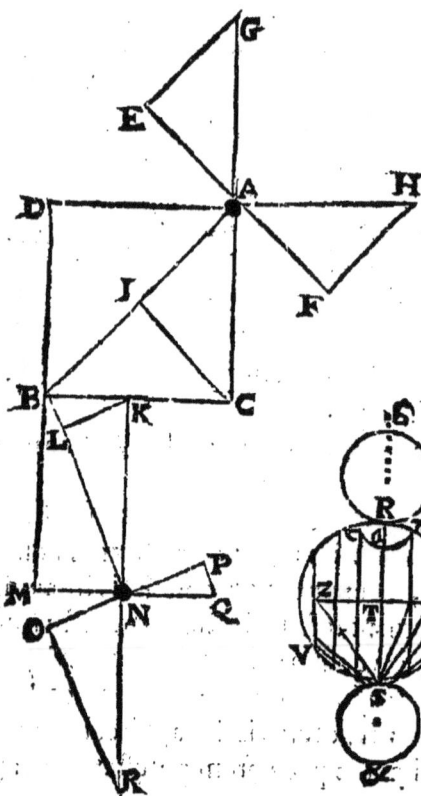

Si duo illi motus C B, & C A ſimul ita iungerentur, vt malleus per lineam C A motus eodem tempore percurreret lineam C A duplam, hoc eſt lineam C G, quo priùs percurrebat diametrum C D, certum eſt C eò fortius à malleo per C G, quàm à malleo per C B, moto percuſſum iri : tantoque fortius quanto recta G C longior eſt recta C D; cùm eò maior cenſeatur percuſſio, quo fit maiore velocitate : ſitque eò maior velocitas, quo malleus percuſſurus & vniformiter motus, ſpatium maius eodem, vel æquali tempore percurrerit.

Hinc fit vt ex motibus per A D, & A C, ex quibus A B motus componi ſupponitur, tantumdem perire videatur, quanto A B breuius eſt A D bis ſumptâ, & omnes motus qui à ſuis rectis lineis recedunt, ſemper aliquid amittant.

VI. Quod velim explicare peculiari diagrammate, ne quis forſan ex alibi dictis anſam errandi capiat. Sit igitur triangulum rectangulum A B C, & quo tempore graue A intelligitur moueri vſque ad B motu æquabili, eodem à B ad C, motu etiam æquabili moueatur, certum eſt A illo motu duplici neque per A B, neque per B C, ſed per A C motum iri, tantoque magis vim motricem per B C in diagonalem A C, quàm vim motricem per A B influere, quanto B C maior eſt A B : &

A C eadem ratione diuisam iri, si rectus angulus bifariam diuidatur,
circumferentiæ A H priùs descriptæ beneficio, hæc
enim bisecta in E, ostendet rectam è puncto B edu-
ctam, secare diagonalem in D, & ideo esse C D ad
D A, vt C B ad B A. Quare vis motrix ex A in B influit A D, & vis motrix per B C influit D C reliquum.

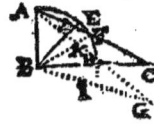

Quod non solùm in triangulis rectangulis, sed etiam in alijs quibuscumque verum est; exempli causâ in obtusangulo A B G, circumferentia A I subtendens bisecta in F, ostendit angulum A B G bifariam secari à recta B K, atque adeo vim motricem ab A in B esse ad
vim motricem à B in G, vt A K ad K G, vel vt A B ad B G.

VII. Cùm nobis deesset schema prop. 19. puncto septimo, non potuimus explicare figuram à baculo, qui frangitur, descriptam : sit igitur cylindrus cuiusuis materiæ A B, qui cùm frangitur super genu, vel
alio fulcimento C, viribus in punctis A & B, vel G & H applicatis, describit duos circumferentiæ quadrātes D I, & E K,
eodem tempore quo puncta A & B per maiores
quadrantes A F, & B F, descendunt; donec coëant
duæ cylindri partes in recta C F. Licet igitur potentiæ per rectas *m n*, & G L trahant, coguntur fieri veluti parallelæ circumferentijs A F, & B F, ob
hypomochlion in C resistens, vel punctum in quo
cylindri partes continuantur, vel se contingunt.

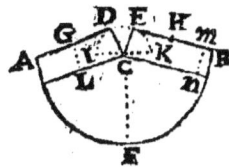

VIII. Incredibile porrò videatur quot ex Mechanicis conceptus
morales à verbis præconibus possint elici, siue lineam directionis, siue
virium applicationem libris, vectibus, rotis, tympanis, polyspastis re-
spicias, &c. Exempli gratia, sit A B vectis, siue baculus, quo pondus
C gestetur à duobus hominibus in A & B vires suas applicantibus, certum est vim in A eò maiorem esse oportere vi
in B, quo B D maius est A D : cùmque B D
brachium sit brachij D A duplum, si C fuerit pondo 150 librarum, manus A puncto applicata 100 libras; manus verò in B 500 so-
lummodo libras gestabit : atque adeo manus A duplò magè laborabit:
quemadmodum is qui duplò magè recedit à pondere & effectu rerum
terrenarū, duplò minus illis premitur, à quibus ne quidem liber futurus
est, donec ab illis recesserit in infinitum, cùm nempe Deo fruetur, &
cum eo fuerit vnum : vt neque manus in B ab omni vi, ponderi C sustinendo necessaria eximetur, donec D B brachium infinitum fuerit.

Quid si ponderis vim Dei comparemus amori ? vt quò maius pondus in A puncto senseris, eò sit maius amoris diuini, qui te vrgeat pondus, nunquam tuæ vires exhaurientur, donec pondus ipsum tibi iungatur in A, vt iuxta Christi Domini votum, sis vnum cum Patre. Omitto sexcenta eiusdemmodi, quæ possit vnusquisque ex singulis propositionibus librorum sequentium educere.

IX. Cùm omissa sint duo diagrammata in Mechanicis sequentibus, quæ directionis lineis, quibus potentiæ, vel pondera trahunt, aut resistunt, optimè intelligendis inseruiunt, operæ fuerit pretium hic ea restituere, & ea simul explicare, quæ suis lineis complectuntur.

Primùm igitur in quocumque lineæ directionis puncto statuatur potentia, semper trahet, aut impellet æqualiter: idemque dicito de pondere: siue enim potentia brachij A B puncto B, vel D vel E admoueatur, semper æqualiter libram B C per lineam directionis B D E trahet, Si fuerit ergo libra B C in æquilibrio, & loco brachij A B statuatur brachium A D, libra D A C, cuius brachia sunt A D & A C sibi inuicem annuentiâ iuxta angulum D A C, erunt etiam æquilibria, dummodo quæ potentia appendebatur puncto B, statuatur in D; vel appendatur prædicto puncto D per funem D E. Eodemque modo brachium A O præstare potest vicem brachij A C, si videlicet linea directionis ponderis aut potentiæ C, sit C O. Sed & quoduis aliud brachiû à centro A ad directionis lineas

FIG·II.

B E, vel C O siue productas, siue non productas: idque seu potentiæ extremis adhæreant, siue funibus appendantur, siue lineis firmis detentæ, & superpositæ deorsum impellant.

Quapropter libræ inclinatæ brachia æqualia facient æquilibrium, si fuerint æqualia pondera, & directioni potentiarum aut ponderum parallelæ. Sit enim inclinata libra B C, cuius centrum A, brachia æqualia A B, B C & potentiæ æquales, quarum centra collocentur in extre-

mis brachiis B C, vel funibus, directionis lineis, B E, & O C versus C,
si fuerit opus, productis appendatur: sintque B E & O C parallelæ.

Sit etiam linea D A O 2 lineis directionis perpédicularis, quæ referat
libram horizontalem, cuius brachia A D & A O erunt æqualia in triangulis A B D, & A C O per 26. prop. Euclidis. Cùm igitur potentia B
appensa pûcto B brachij BA agat, ac si puncto B brachij AD appéde-
tur, & potétia C appésa puncto C brachij A C, vt appésa puncto O brachij A O; sintque B C brachia A D & A O æqualia, potétiæ B C, erunt
in æquilibrio, per primum axioma Mechan. Archimedis: idemque continget si B, C sint æqualia pondera, dûmodo lineæ directionum sint inter se parallelæ; quod non contingit ponderibus liberè appensis, quippe ad terræ centrum annuunt. Quare demonstrabitur postea libræ brachium inclinatum præponderare, donec libra sit horizonti perpendicularis, etiamsi brachia & pondera sint æqualia. Potrò etiam inter
axiomata collocandum, æqualia pondera, æqualésque potentias, siue
trahant, siue pellant, æqualiter trahere vel impellere, dummodo lineæ directionum ponderum & potentiarum faciant angulos æquales,
hoc est similiter inclinentur: idque siue pondera, siue potentiæ, siue
pondus & potentia contranitantur, vt 13. prop. huiusce tractatus demonstratur. Axioma verò præcedens ita demonstratur.

Sit imprimis libra horizontalis B C, cuius centrum A; æqualia bra-

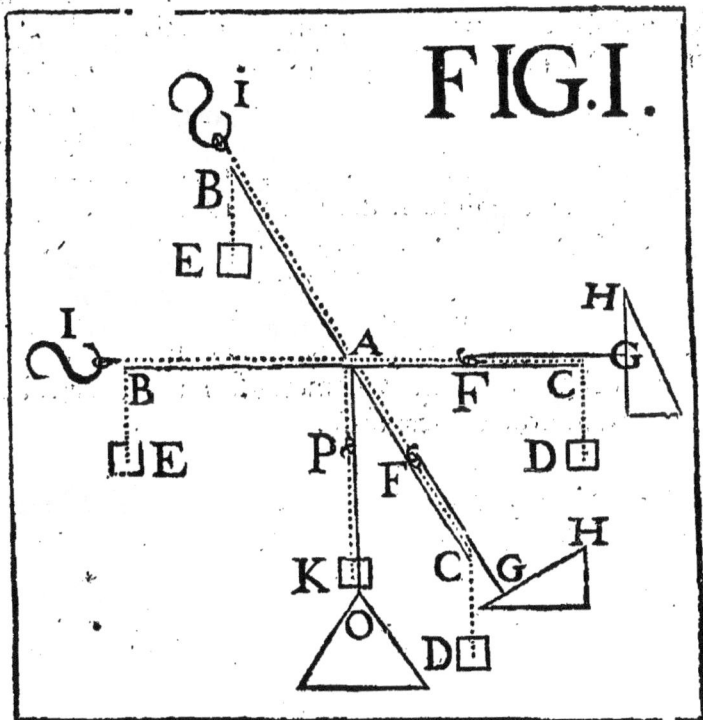

FIG. I.

chia B A, A C, & brachij A B puncto B alligatur linea B E, cui appendatur potentia E. Deinde superimponatur A C brachio linea A C funem perfectè flexibilem, & absque grauitate referens, quæ inflectatur supra C, & liberè descendat in D, in quo potentiam sustineat. Idemque funis inflectatur super centrum A, vbi liberè pendens sustineat K potentiam potentiæ D resistentem, ne trahens funem A C, funis ille super brachio A C moueri, labique cogatur. Hac enim ratione duæ potentiæ K D contranitentes funem in eodem statu relinquent: quapropter vbi A B & A C brachia æqualia fuerint, si potentiæ E D sint æquales, & lineæ directionis B E, & C D parallelæ, libra B C manebit æquilibris; cùm potentia K centro A appensa, nihil addat libræ motui, sed tantùm impedit ne potentia D trahat funem D C A, cogitque potentiam D, vt premat brachium A C, & faciat æquilibrium cum potentia E super A B brachio. Si enim K non retineret funem K A C D, potentia D illum traheret, & ita laberetur super brachio A B, simúlque D potentia nil deinceps agente super A D brachio, E potentia libram deprimeret.

At verò, cùm potentia K super brachio A C potentiam D retineat, æquilibris erit, & æquiponderabit potentiæ K lapsum funis impedienti, & potentiæ E, impedienti ne libram deprimat. Nihil autem refert cui funis A C puncto potentia K, vel alia appendatur, vt impediat ne potentiâ D funis labi cogatur: verbi gratia, si funis C A producatur versus A vsque in I, idem faciet potentia in I, etiamsi vltra libram funis producatur, ac potentiâ K, cùm A C sit semper eadem linea directionis.

Idem etiam faciet quodlibet sufflamen, ac potentia: exempli gratia, si columnæ A O libram sustinenti, alligetur sufflamen P, cui attexatur funis C A P, vel si funis idem detineatur à centro A, vel productus in I ibi consistat, vel alligetur puncto F, siue libra sufflamen detineatur, vt contingit sufflamini F, cui funis C F alligatur, quod detinetur à linea F G inflexibili, brachio A C parallela, quæ moueri nequeat versus G à potentia D trahente per lineam D C F. Cætera repetantur ex tractatu Mechanico à nostro Geometra scripto, & ad calcem libri tertij Harmoniæ nostræ Gallicæ edito.

MECHA.

DE
MECHANICIS
PRÆLVDIVM·

Aucis multa delibabimus quæ his figuris decla-
rantur, vt quiſque vnico intuitu totam , vel maximam hiſtoriæ mechanicæ partem intueatur. Sit
igitur figura prima ſiniſtra **A B C**, cuius **A C** linea,
grauium deſcenſum perpendicularem, ſiue in aë-
re, vt cùm in eo deſcendit lapis, ſiue in tubo **C A**,
in quo deſcendat aqua, vel aliud humidum. Sit
etiam planum inclinatum, vel tubus decliuis **A B** , in cuius extremum **B** ducta perpendicularis **C B** oſtendat punctum **C** , ad quod
vſque peruenit graue cadens ex **A** , eodem tempore quo idem graue
cadit per planum inclinatum ab **A** ad **B**, vbi perpendicularis **E D** parallela lineæ **B C** oſtendit etiam graue ab **A** ad **D** deſcendere , eodem
tempore, quo deſcendit ab **A** ad **E**.

Secunda figura ſiniſtra **F K G H** docet motum **F H** tam compoſitum quàm ſimplicem eſſe; compoſitum, ſi mobile quodpiam in **F**
puncto ſitum à duobus ventis, aut viribus ita pellatur, vt eo tempore
quo percurreret **F G**, conficeret etiam **F K**, nam ex his duobus motibus **F H** iter componitur : ſimplicem verò, ſi vis vnica prædicto
tempore mobile **F** rectà pellat in **H**. Vbi linea **G I** perpendicularis lineæ **F H** docet quantum vis pellens ab **F** ad **G** lineæ **F H**, &
quantum vis mittens ab **F** ad **K** eidem lineæ tribuat, nam vis ab **F**
in **G** tribuit lineam **F I**, & vis ab **F** ad **K** lineam **I H** tribuit.

Præterea trianguli F G H tria latera funt in eodem ac numeri 5,4,3,ratione,diagonalis enim F H eft 5 partium, qualium bafis G H 4, & cathetus F G 3.

Vnde refilit ratio Pythagorica quadrati diagonalis 25, æqualis duob² quadratis duorum aliorum laterum 9 & 16; quo docemur quadrata catheti & bafis 9 & 16 æqualia effe diagonalis quadrato 25 vt vel Harmonici meminerint fonos in ratione numerorum 3,4,5, difpofitos & diateffaronem diatono fubijcientes admodum gratos effe; & in numeris rationalib² habeāt mechanici rationē virium,quibus grauia vel premūt plana, vel fuper planis fuftinentur; verbi gratia, quemadmodum diagonalis ad cathetum eft vt 5 ad 3, ita reciprocè vis fuftinens graue

in catheto F G ad vim illud in diagonali F H fuftinentem, eft vt 5 ad 3; & pila planum G H per cathetum F G percutit vt 5, cùm eadem pila per diagonalem F H in idem H G planum immiffa percutit vt 3. Denique pondus magis grauitat fuper horizontali plano G H quàm fuper plano inclinato F H, in eadem ratione qua F H longius eft G H, id eft fi ponderis momentum fit 4 fuper F H, erit 5 fuper G H.

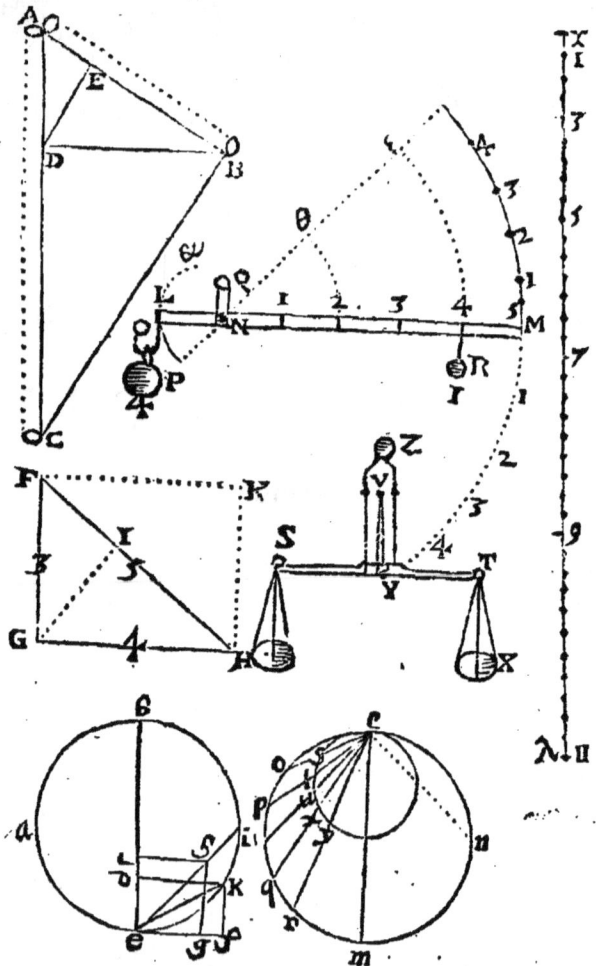

Tertia figura iifdem vfibus deftinatur, nempe vim qua pondus fuper lineam *i h e* grauitat, effe ad vim integram ponderis, quâ grauitat in aëre, fiue in perpendiculo *h g*, vt *h e* ad *h g*; & motum globi currentis ab *i* ad *e* fieri eodem tempore quo globus mouetur à puncto *K* ad *e*; & effe grauitationem feu momentum ponderis fuper plano *h e* ad momentum ponderis eiufdem fuper plano *K e*, vt *h g* ad *K f*, cùm fit *h g* ad *K f* vt *i e* ad *K e*.

Quarta figura tertiæ vicina mirabilem motuum in circulo factorum proprietatem oftendit, videlicet graue cadens ab *e* puncto in *m*, eodem tempore ad *m* peruenire, quo fuper quibufcúmque planis inclinatis *e r*, *e q*, *e i*, *e p*, & *e o* ad *r*, vel *q*, &c. peruenit; quod & ex alia parte circuli verum eft, vt fuper inclinato plano *e n*, adeout globi totidem ab *e* puncto eodem momento defcedétes circulum defcripturi fint, fi fumantur in quibufuis locis ad quæ peruenerint, verbi gratiâ fi eodem momento quiefcere cogantur in punctis *g t u x y*, minorem circulum *e g y*; fi moueri definant in punctis *o q r*, circulum maiorem *e n m* defcribent.

Quinta figura bilances, vel libram refert, cuius centrum Y, lingula, fpartum, axis, aut trutina V Y, his enim nominibus illa bilancium laminula ad rectos angulos iugo S T erecta, cùm in nullam partem propendit, ftatque immota in anfæ Z Y medio, bilances æquilibres effe dicuntur, dummodo brachium Y S, brachio V T, & pendula T X pendulis S H, lánxque H lanci X tam magnitudine, fiue longitudine, quàm pondere fint æqualia, nec enim fufficit alterutrius brachij longitudinem maiori, vel minori póndere compenfare, quamuis illud in diuerfa pendulorum, vel etiam lancium magnitudine liceat. Satius eft tamen nequidem in iftis vllam magnitudinis per pondus, aut ponderis per magnitudinem, aut quóuis alio modo compenfationem admittere, non quò partes omnes geminæ inter fe magis æquales fuerint, eò aptiores erunt bilances in obferuationibus.

Quòd fi nonnunquam ad aliud cogat neceffitas, omnia diligentiffimè perfpicienda funt, ne compenfatio tantifper fallat. Solent autem Monetarij accuratiores quodlibet pendulum, vt T X, facere toti iugo, feu fcapo T S æquale. Debétque præterea planum, cui lances incumbunt, effe ad amuffim, feu libellam horizontale, fi enim planum, in quo quiefcit lanx H fit humilius plano cui X incumbit, bilances ab horizonte in aëre fublatæ, licet antea fuper eodem horizonte æquilibres apparuiffent, non facient æquilibrium, fed lanx H defcendet, & X eleuabitur.

Sed neque ftatim expectes æquilibrium, cùm fuper eodem hori-

zonte tantifper bilances repofitæ fuerint, longo fiquidem tempore
durat impreffio præcedens, quæ bilanci H motum deorfum vrgen-
tem communicarat:quiefcant igitur bilances,donec æquilibrium denuò experiaris.

 Sexta figura L M ftateram, feu libram,cuius funt inæqualia brachia, repræfentat:
cuius hæc eft na-
tura, vt quò bra-
chium N M lon-
giuf uerit, & N L
brachium breuius,
eò minus fit futu-
rum pondus bra-
chio N M impofi-
tum, vt faciat æqui-
librium cum maio-
ri pondere brachij
minoris ; exempli
gratia fit N R 4
partium, qualium
N L vnius, fitque
ratio ponderum re-
ciproca, nempe fit
pondus P 4 libra-
rum & pondus R
vnius libræ ftabit
libra horizontali-
ter in L M, hoc eft
æquilibris erit:cu-
ius rei caufam ali-
qui petunt ab eo
quòd pondus R
fubquadruplum ob
diftantiam à libræ
centro N quadru-
plò maiorem mo-
ueri poftulet, & conetur, quadruplò velociùs, iuxta 4 arcum quadruplò maiorem arcu L P, quem folùm percurreret pondus P, fi
pondus R caderet.

 Eodémque modo pondus R tranflatum ad M, & fibi permiffum

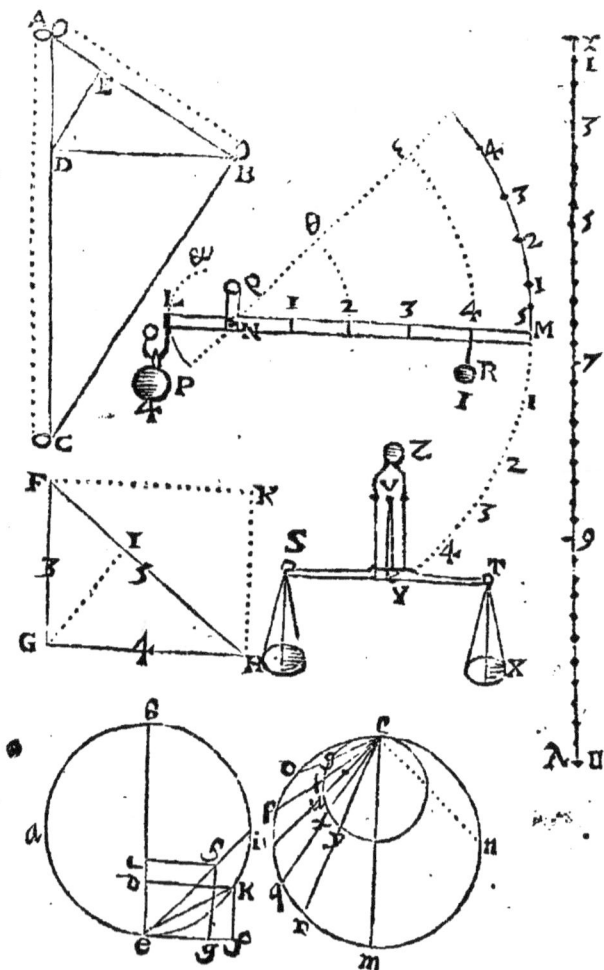

caderet per arcum M T, & fpatium faceret fpatij L & quintuplum.
Non eft autem quòd iftius ftaterae, feu trutinæ conftructionem explicemus, cùm eam fufiffimè Ioannes Buteo peculiari tractatu def-
cripferit. Solùm aduerto pendulum quo fuftinetur iugum, fcapus,
vel librile L M, aginam, feu anfam appellari, qualis eft in præcedente libra Z Y, & pondus R, (quod *curf rium* vocari poffit, quòd à puncto M ad punctum N currat, vt cuius ponderi in L appenfo æquiponderet) æquipondium, vel antifacoma nuncupatur.

Docet etiam qua ratione quotcúmque pondera fiant, quorum
vnum fit femper alterius duplum, quod cùm apud artifices folemne
fit & vfitatum, ad feptimam, fiue vltimam figuram linearem x λ accedo, quæ numeris fuis imparibus oftendit progreffum accelerationis,
quem grauia feruant in defcenfu, quippe cùm ex quiete in puncto
x defcendunt verfus λ , & fpatium x λ fpatio 6 temporum æqualium percurrunt, primo tempore cadunt folùm à puncto x ad 1, fecundo ab 1 ad 3, & ita deinceps iuxta numeros infcriptos 1,3,5,7,9, 11,
qui teftantur quóuis tempore duos gradus velocitatis acquiri , hoc
eft temporibus æqualibus æqualia fieri fpatiorum incrementa ; quæ
præmittenda duxi, vt fequentium guftum aliquem præberem.

PROPOSITIO PRIMA.

Vectium diuerforum & librarum naturam & proprie-
tates explorare, & stateram ad vestem reuocare, vel
potiùs ipfum vectem ad libram expendere.

VEctem ἡ μοχλὸϛ Græci, vt 4. quæft. Mechanica Arift. videre eft,
 Hebræi Exodi 25. 13. & alibi fæpius, בד oḋḋ, Itali *la leua*, vocant:
poffis etiam appellare fudem, palum, palangam, & baculum. Ex dictione verò μοχλὸϛ fumptum *hypomoclium*, quod eft fulcimentum, quo
vectis fuftinetur, vel cui innititur ; quanquam & hoftiorum repagula
veteres apud Plinium, lib. 17. cap. 43. vectes appellent, fed & ex vecte
vectarij dicti qui machinam quamlibet, verbi gratia præla torcula-
rium mouent, aut manibus vel humeris, & contis geftant onera.

Sunt autem tres vectium fpecies, aut differentiæ, primus habet fulcimentum inter pondus & potentiam, fecundus verò pondus inter
fulcimentum & potentiam, tertius denique potentiam habet inter
fulcimentum & pondus; quod primis figuris facilè comprehenditur,
enimuero in figura CBA, pondus feu refiftentia vincenda C, hymo-

chlium, fulcrum, seu fulcimentum B, potentia extremo applicata A. In secunda figura B fulcimentum, C pondus, A potentia. In tertia denique B fulcimentum, A potentia, C resistentia; quanquam vbicúmque potentia, ibidem resistentia collocari possit, cùm pondus & potentia sibi resistant inuicem.

Similiter tres sunt librarum differentiæ, vel species, aut enim centrum, axis, seu spartum, est supra, vel in-
fra iugum, vel in me-
dio iugi. Si supra vt in
figura L P M iugum
libræ horizonti paral-
lelæ referente, cuius
centrum R transfer-
tur in punctū Q, quan-
do L pondere deprimi-
tur & brachium L R
transfertur in N Q,
tunc enim brachium
dextrum integrū Q O,
& prætetea brachij
Q N pars Q R ascen-
dit super brachium
horizontale R M, vn-
de fit vt R O præua-
leat R N, & ideo Q O
redeat in R M, statim
atque tollitur onus
puncto N impositum.
Quapropter hoc phæ-

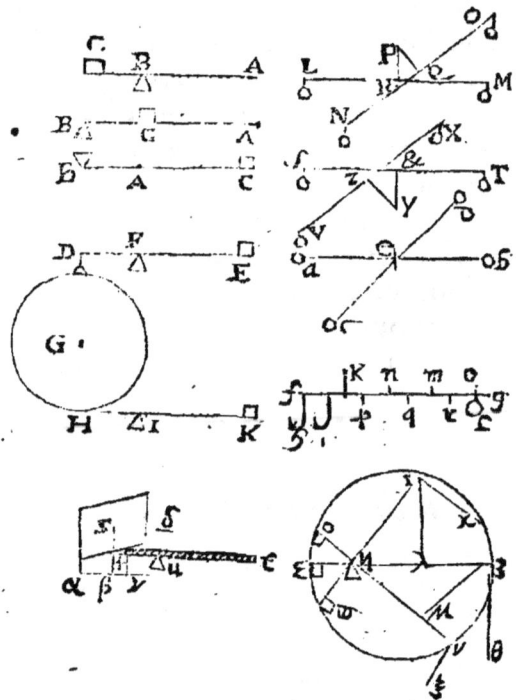

nomeno quispiam explorare poterit num libra spartum, vel centrum iugo superius habuerit, hoc est an axis, seu perpendicularis R P libræ iugum bifariam diuidat, nam bilancibus exoneratis semper brachium Q O recidet, & brachium R N attolletur, donec L M ad æquilibrium horizontale restituatur.

Cuius phænomeni contrarium libræ S T centrum iugo inferius habenti contingit, cùm enim illius horizontalis centrum ẽ ad punctum Z translatum fuerit, bilancem S onustam, in V demittet, & exoneratis bilancibus non redibit scapus V X ad S T, sed in eodem situ manebit, vel descendet donec fiat scapo S T perpendicularis, si per

libræ conſtructionem id liceat : conuenient autem in iſtis caſibus
aginæ, vel axes RP & PQ in puncto Q in prima libræ ſpecie; & in
ſecunda & Y cum ZY in puncto Y. Rationem reuerſionis brachij
QO, & non reuerſionis ZV vt nimis facilem omitto, cùm centrum
grauitatis in prima libra ſuprà, in ſecunda verò infra iugi centrum
exiſtat. De his autem videantur Baldi & Geuaræ commentarij
in 3. quæſt. Mechanicam Ariſtotelis. Quibus libræ tertia ſpecies addi poteſt, cuius centrum ſemper in medio iugi reperitur.

Talis eſt libra *a b*, quæ manet in eodem ſitu ad quem adducitur,
verbi gratia, ſi ex horizontali *a b* ducatur in *c d*, ibi quieſcet, quod centrum grauitatis *e* ſemper in eodem loco maneat, & brachia *c e*, & *e d*
æquiponderent.

Porrò de pendulis, & lancibus hîc non loquor, quæ magnam, eámque multiplicem diuerſitatem libris afferre poſſunt. Quam autem
Latini libram, Ariſtoteles ζυγόν, Hebræi פלס *peles*, מאזנים *moznim*, vel
קנה *kene*, alij bilancem, Itali *bilancia*, nos *balances* appellamus, ob
duas lances iugo appenſas : quod quidem iugum ſufficeret, ſi illius extremis, qualia ſunt *a, b*, ita poſſent accommodari pondera, vt centrum grauitatis vniuſcuiuſque punctis *a* & *b* infigeretur.

His verò poſitis inueſtigemus qua ratione vectis ad libram referatur, quæ vel brachijs æqualibus conſtat, vt in tribus prædictis cernitur, vel inæqualibus, qualis eſt *f g*, cuius brachium *f*K breuius eſt brachio K*g*. Quam quidem libram vulgò *Romaine*, vel *crochet* ob vnci-
num *f h*, cui pondera ſolent appendi, Itali *ſtaderam*, Latini ſtateram
appellant, cuius curſorium, vel ſacoma cuiuſuis ponderis, figuræ, &
materiæ apponitur in puncto *l*, vt ad puncta ſuperiora *r, q, p*, cùm
onus affigitur vncino *h*, transferatur, vel etiam ad inferiora, cùm vncinus *i* ſuſtinet onus impoſitum.

Hæc enim eſt iſtius ſtateræ lex & vſus, vt quæ grauiora ſunt, vncino *i* explorentur, ob maiorem *i*K ad K*g*, quàm *f*K ad K *g* rationem; ſit enim *f*K vnius partis, qualis K*o* trium partium, æquipondium vnius libræ in *o* puncto faciet æquilibrium cum tribus libris in
vncino *h*: & cum 6 libris in vncino *i* poſitis, adeout vncinus *i* ſeruiat ponderi duplo maiori.

Hinc fit vt ſtatera hæc infinita libra quodammodo dici poſſit, vel
ſi mauis ſacoma *l* pondus infinitum, ſi nempe fingatur ſcapus K*g*
quantæuis longitudinis, cùm in quolibet puncto brachij K*g* faciat
æquilibrium. Solet autem pars ſtateræ cum diuiſionibus ad vnci-
num *i* ſpectantibus vocari à Gallis *le fort*, altera verò pars reſpondens vncino *h le foible*, quod, vt iam dixi, maiora pondera vncino *i*,

minora vncino *h* examinentur. Sed cùm Buteo fusè de statera dixerit, ad leges vectium & stateræ, vel libræ festino, quas paucis explico,
cùm Guido Vbaldus hac de re fusissimum tractatum ediderit.

PRIMA LEX.

IN *statera & vecte, vt distantia ad distantiam, ita reciprocè pondus ad potentiam*; Hoc est potentia quæ pondus vecti, vel stateræ appensum sustinet, eam habet rationem ad pondus, quam distantia inter
fulcimentum, & pun-
ctum in quo pondus
suspenditur, ad distan-
tiam quæ interijcitur
à fulcimento ad poten-
tiam : exempli gratia,
in prima vectisfigura,
vt A B ad B C, ita C
pondus ad A poten-
tiam; vt quò brachium
B A maius fuerit, eò
minor potentia requi-
ratur in A, & quò bra-
chium fuerit breuius,
eò pondus C maius
existat.

In secundo vecte, vt
A B ad B C, ita C ad
A : & in tertio, vt C B
ad B A, ita A ad C. Ex
quibus concludi potest
spatium potentiæ mo-
tæ A ad spatium moti
ponderis C, esse vt di-
stantiam fulcimenti & potentiæ, ad distantiam fulcimenti & ponderis, seu puncti in quo pondus appenditur. Vt in circulo · ε ζ videre est,
vectis enim · ζ translatus in puncta · ·, ex parte ponderis percurrit
spatium · · eodem tempore quo ex parte potentiæ percurrit circumferentiam ζ ·, sed eadem est ratio circunferentiæ, seu motus · ζ ad
motum · ·, quæ ζ · ad · ·.

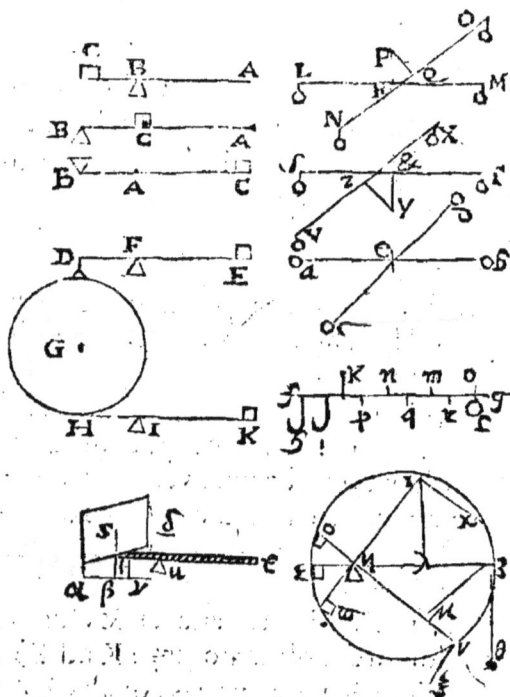

SECVNDA

SECVNDA LEX.

Q*Vando centrum grauitatis ponderis est supra vectem, horizonti æqui-
distantem, à minori potentia sustinetur, & mouetur quò magis super
horizontem eleuatur & à maiori, quo magis deprimitur : quod facilè potest
intelligi ex primo vecte* A B C. Cùm autem centrum grauitatis ponderis fuerit infra vectem, contrarium eueniet, vt in circulo cernere
est, nam centrum ponderis ι, vel . vel ω est infra vectem. Denique cùm prædictum centrum in ipso vecte fuerit, eadem semper potentia requiritur quo tandem cúmque vectis transferatur : quorum
omnium vide demonstrationes apud Guidubaldum tract. de vecte;
Reliqua huc attinentia prop. 6. reperies, quæ tius est veluti complementum.

Quanquam accuratè semper distinguendum est per quam directionis lineam agat potentia, cùm ex ea maxima pars rei mechanicæ
pendere videatur, quapropter peculiari de ea propositione iam iam
acturi sumus.

COROLLARIVM.

D*Vo centra possunt in libra concipi, primum grauitatis, cuius
hæc est proprietas vt quodlibet corpus per illud liberè suspensum maneat in quouis situ. Secundum est centrum motus, quod est
punctum circa quod libra vertitur; quod vbi cum centro grauitatis
conuenit, libra censetur omnium optima, quâ exonerata, iugum in
eodem situ quiescit, in quo reperiebatur, siue obliquum, siue perpendiculare, siue parallelum horizonti.

Si verò centrum motus centro grauitatis subijciatur, iugum quidem horizonti parallelum manet, sed vtcúmque inclinetur, cadit,
vnde libra exactissima censetur, quòd minimo pondere iugum illius
deprimatur.

Denique si centrum grauitatis centro motus subijciatur, & libræ
iugum ex parallelo deprimatur, redit ad parallelismum horizontalem, neque deprimitur, aut saltem cadit absque pondere admodum
sensibili.

PROPOSITIO II.

*Quanti fit momenti linea per quam potentia fuſtinet,
trahit, pellit, & mouet, explicare, & de vectibus
noua proponere.*

SIt in circulo vectis ιζ, quem priùs horizonti parallelum intelligamus, deinde ſub, vel ſuper horizontem, tranſlatum in ϖι, vel
οι, certum eſt eandem potentiam in punctis ιζ & ξ adplicatam, &
per lineas vectibus perpendiculares ιχ, ζθ, & ιξ trahentem, vel impellentem æquali vi trahere, cùm eodem modo potentia trahat, & adplicetur. Illa verò linea per quam potentia trahit, ſemper recta eſt, &
abſque pondere, ſum-
mæque proinde flexi-
bilitatis concipienda,
ne quod impedimen-
tũ rationibus officiat.
Eſt igitur ζθ linea po-
tentiæ directiua, & ιζθ
angulus eſt directio-
nis, quippe cõpoſitus
ex radio, vel brachio
potentiæ ιζ, & linea
directionis ζθ, quam
etiam pendulum, vt ζ
punctum appenſionis,
vocare poſſis.

Porrò ſi potentiæ
æquales per brachia
æqualia,& angulos di-
rectionis æquales tra-
hant, erit illarum æ-
qualis tractio : ſi tra-
hentes opponantur, æ-
quilibriũ conſtituent;
ſi ad eandem partem
ſimul trahant, illarum effectus duplicabitur.

Si brachia fuerint inæqualia cæteris æqualibus,quo brachium, cui

potentia incumbit, longius fuerit, eò minor potentia neceſſaria erit:
nec intereſt an potentia verſus terræ centrum, aut in aliam mundi
partem vergat, hæc enim analogia potentiarum & reſiſtentiarum
vbique vera eſt, ſiue omnes reſiſtentis corporis partes ad idem punctum, ſiue ad puncta diuerſa per lineas parallelas contendant.

Cæterùm quoties potentia, linea directionis,& vectis centrum, vel
fulcimentum non mutantur, potentia ſemper eodem modo trahit,
aut impellit, quodcúmque tandem brachium à centro vectis ad lineam directionis potentiæ intelligatur; exempli gratia potentia ʌ
lineæ directionis ʌ ، applicata eodem modo, ſeu eadem vi trahit brachium vectis ، ، quâ potentia ، traheret brachium vectis ، ʌ per lineam directionis ʌ ،.

Quæ cùm ſint maximi momenti, hac altera figura velim explicatum. Sit igitur vectis A C horizontalis,ſuper quem æqualia pondera, aut æquales potentiæ æqualiter à
fulcimento, vel centro B remotæ agunt
æqualiter, ſiue intelligantur in punctis
A & C, ſiue in punctis K & I,aut quibuſuis intermedijs, dummodo à puncto
B æquidiſtent, & vectis ſeu libra C L
recta ſit,potentia ſiquidem vel tota puncto B incumbens, vel per iugum totum
A L æqualiter hinc inde applicata,ſem-
per B centrum premit æqualiter ; dixi
ſi recta ſit,cùm enim curua eſt, aliam verſus centrum rationem ſorti-
tur, de qua ſuo loco.

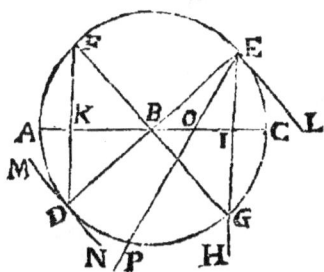

Transferatur verò libra,ſeu vectis in D E,vel G F. Sítque linea directionis per quam trahit potentia E H, dico potentiam in H æquali vi trahere brachium B E, ac brachium B I, atque adeo potentiam
in D trahere libræ brachium K B æquis viribus, ac brachium B F per
eandem directionis lineam F D. Sed & potentiam in P per lineam
tractionis P E brachium horizontale B O, & per conſequens pondus in A, æquè trahere ac brachium B E vel pondus D. Potentiam
denique L trahentem B E per E I. æqua vi trahere ,ac potentiam M
ex oppoſito trahentem brachium D B per lineam directionis D M
parallelam lineæ L E,vnde ſequitur quies libræ D E.

PROPOSITIO III.

Vectis naturam & proprietates iuxta Clarissimi viri cogitationes explicare : & varias Aristotelis quæstiones soluere , vel soluendarum methodum tradere.

SIt C H vectis, hypomochlion in puncto O , circa quod punctum brachium O C femicircunferentiam E C A defcribat, brachium autem H O dimidiam circunferentiam K H F , fitque O centrum vtriufque femicircunferentiæ.

Concipiatúrque vectis C H vt linea rigidiffima nullo pondere, nulláque craffitie prædita. Licet verò H punctum defcribit femicircunferentiam K H F eodem tempore quo C defcribat A C E femicirc. pondus tamen in H fufpenfum non tantum afcendit, quanta eft hæc femicircunferentia, fed quanta eft linea recta F K, quapropter ratio potentiæ in C intellectæ ad pondus in H non fequitur rationem diametrorum C O, & O H, vel duarum femicircunferentiarum prædictarum, fed potiùs rationem maioris femicircunf. ad minoris femidiametrum.

Prætereà minor potentia fufficit ad vectem circa , vel A mouendum, quàm circa B vel D,& minor in puncto B vel D quàm in puncto C, quòd ex illis punctis pondus minùs afcendat, vt probatur, nam fupponendo C O H parallelam horizonti fecari perpendiculariter à linea E A, fi pun-

&um G à punctis F & H, & punctum B à punctis A & C æquidiftare
intelligantur, & G S defcribatur horizonti parallela, ftatim apparebit pondus folummodo ab F ad S afcendere, quamdiu potentia percurrit A B: quæ quidem linea recta longè minor eft linea S O, quæ
ponderis afcenfum oftendit, cùm potentia C B arcum æqualem arcui B A percurrit.

Sequenti verò methodo reperitur qualis debeat effe potentia in
quolibet femicircunferentiæ A BCDE puncto, à qua fingere poffumus trahi pondus fuper planum circulariter inclinatum, cuius inclinatio penes tangentem cuiuflibet puncti fphæræ, vel circuli menfu-
ratur; Exempli gratia cùm potentia in puncto B intelligitur, & pondus in G, ratio illius ad iftud ex tangente G M, & linea G R verfus
centrum grauium protenfa innotefcit, enimuerò fi ex puncto M in
linea G M vtcúmque fumpto M R perpendicularis lineæ G R ducatur, oftendet pondus feu refiftentiam ponderis in puncto G effe ad
potentiam, quæ illud fuftinet, aut poteft mouere per arcum F G H, vt
linea G M eft ad lineam G R.

Quapropter fi linea B O dupla lineæ O G fupponatur, potentia
in B ad fuftinendum pondus in G erit tantùm vt dimidium lineæ
G R ad G M. Si verò B O & O G æquales fint, potentia erit ad
pondus, vt G R ad G M.

Rurfum, cùm potentia eft in puncto D, refiftentia ponderis in I
puncto cognofcetur, fi tangens I P, & I N verfus terræ centrum ducatur, & ex P in linea tangente vbiuis fumpto perpendicularis P N
ducatur fuper linea I N; erit enim potentia in D ad pondus ex I
puncto mouendum, vt dimidium lineæ N I ad lineam I P, fi linea
D O dupla fuerit lineæ O I.

COROLLARIVM.

Libra, nil eft aliud quàm vectis, cuius hymochlion feu fulcimentum medium eft inter potentiam & refiftentiam, quapropter ijfdem legibus reguntur: quod fi brachijs æqualibus à potentia & pondere diftet, Bilanx, fi inæqualibus ftatera vocatur. Cùm autem axis in
peritrachio referatur ad vectem, quæ ad eum fpectant vnica propof.
complectemur.

Omitto Chelonia, feu Tollenoues quibus ruftici folent aquam è puteis haurire, & plumbum aut lapidem extremo ligni, cui manus applicatur, alligare vt etiam Arift. qu. 30. aliàs 28. mechanicâ notauit: &
baculos, fudes, aut vectes quibus onera manibus, vel humeris gerun-

tur, aliáque fexcenta fimilia, quòd vnufquifque vel ipfis oculis comprehendat ea nil effe aliud quàm vectem, fiue vnicus homo fcapulis,
aut vnico geftet humero, fiue plures ferant.

Vbi rectè mihi videntur animaduertiffe Baldus & Gueuara fuis in
27. Ariftot. quæftionem commentarijs, lignum eo difficiliùs ferri humero, vel etiam manu, quo longius fuerit, ob motum ex vibratione
humeris impreffum, qualis ex fariffa, feu lancea fentitur à militibus,
licet per interualla vibratio retorquens ac reflectens extrema in altum laborem & pondus aliquantifper minuere videatur : an verò, &
qua ratione vibratio fieri poffit, vt temporis quibufdam morulis fatif-
fæ, vel alterius ligni pondus ab humero tollat, vel quantum ob quamlibet vibrationem in altum extrema reducentem humerus fubleuetur, dum illa reflexio centrum grauitatis ligni fecum rapere videtur,
confideratione dignum : quod librâ poteft explorari ; fi enim vna lance fariffa fuftineatur, & dum circa terram extrema mouebuntur manus impulfu notetur quantum pondus alteri lanci, priùs æquilibri,
addendum fuerit ; deinde quantum ei detrahendum fuerit dum extrema fariffæ in fublime redierint, quæftioni fatisfiet, & innotefcet
num miles illa reflectione magis fubleuetur, quàm depreffione contraria opprimatur.

Ad quæ fimiliter referuntur quæ notat quæft. 26. Arift. nempe eò
ferri difficilius ligna quò fuerint longiora, fi manu, vel humeris circa
vnum ligni extremum geftentur ; exempli gratia, fi lancea humero ge-
ftetur, cuius pars maior fit à tergo, minórque ante ftet, quæ manu teneatur prematúrque, vt fiat ambarum partium æquilibrium, humerus
erit hypomochlion, ferétque non folùm lanceæ pondus abfolutum,
quale eft in bilance, fed præterea relatiuum, quod è vectis legibus explicatis conftat. Vnde fieri poteft vt pondo 10 librarum, mille libris
æquiponderet, & ad fariffam ferendam tantæ vires requirantur, quantæ ad mille libras geftandas.

Quæ omnia clariùs ex hac figura C D A intelligentur ; fit enim AC
lancea, vel lignum aliud vbique æquale, quod humero B geftatum,
manu A fuftineatur, & A B fit ad B C vt 1 ad 20 ; priúfque fupponatur
lignum A C inftar lineæ mathematicæ, abfque pondere, & pondus
libræ puncto C appenfum, clarum eft ex dictis manum in A præftare
20 librarū vicem, humerus igitur B 20 libras hinc inde, hoc eft 40, feret, vt enim A B fit in æquilibrio, pondus 20 librarum in A puncto requiritur vt potentiæ, vel ponderis in C fit antifacoma, & pondera fint
inter fe in reciproca brachiorum, feu radiorum A B & B C ratione.

Cùm autem humerus fubijcitur puncto D bifariam A C diuidenti,

duas folummodo libras punctis A & C appenfas feret. Quòd ſi C A
fariſſa, vel lancea intelligatur, D G, D H vibrationem deprimen-
tem, vt D F, D E ſubleuantem re-
ferent; fortéque mutua illa ſuble-
uatio & depreſſio militum vires magè recreat, quàm æqualitas continua, quemadmodum ambulatio,
quàm ſtatio aut ſeſſio minùs fati-
gat ob ſuccedentem muſculorum
& neruorum tenſionem, & relaxa-
tionem : ad quod referas naturam
diuerſo gaudere.

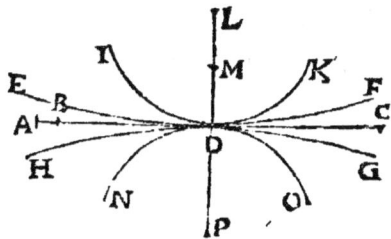

Porrò quæri poteſt vlteriùs num maior vibratio, ſeu reflexio lanceæ, qualis à D in K & I, magis aut minus ferentem ſubleuet, & maior reflexio deprimens in N & O magis, minúſve oneret, quantóque
magè vel minus.

Ex eadem etiam figura 16 quæſtionem Ariſtot. mechanicam intel-
ligimus, nempe lanceam A C manu in A B parte detentam, flecti à
D ad G; quod non ſolùm lignis longis, ſed etiam breuibus accidit, ſi
quò breuiora ſunt eò ſint tenuiora; ſed cùm addit tantò magis infle-
cti ligna, verbi gratia fariſſas & haſtas, quantò magis ab hypomochlio
receſſerint, ratio inquirenda ſupereſt num ſit eadem ac receſſus ab
hypomochlio, hoc eſt num brachium duplò, vel triplò longius, duplò
vel triplò magis incuruetur: & num lignum duplò craſſius, duplóque
longius æquè incuruetur ac lignum duplò breuius & tenuius: quod
Philoſophus voluiſſe videtur: ſed cùm varietur inflexio in eiuſdem
diuerſæ materiæ longitudinibus ob diuerſam lignorum, metallorum, & aliorum corporum compagem, has difficultates ad examen
reuocantibus in breuioribus, longioribúſque lignis eadem materia
vtendum eſt; certum eſt enim quædam ligna eſſe reliquis flexiliora,
eoque reddi minùs flexilia, quò ſeniora, vel craſſiora fuerint. Qua
de re ſuo poſtea loco dicetur: nunc enim ad primæ propoſit. figuram
reuertar, in qua notatu digna ſuperſunt.

PROPOSITIO IV.

An terræ globus vectibus moueri possit definire, & vectem vt grauitate prædictum considerare..

SIt in hac figura repetita terræ globus G appensus vecti primæ speciei D F E, cuius hypomochlion in puncto F, potentia, vel antifacoma in puncto E,
pondus verò ipsa terra
G. Certum est tan-
tam in puncto E po-
tentiam intelligi , vt
cùm brachiũ F E pres-
ferit , globum G sur-
sum tollat : exempli
gratiâ , si tellus altera
in E puncto suspende-
retur , sursum G , tel-
lus moueretur. Quin
& pondus quodlibet,
verbi gratia libræ pon-
do, E puncto appen-
sum , terram G in altũ
tollere potest, si nem-
pe maior ratio fiat E G
ad G D, quàm grauita-
tis, seu ponderis G ad
pondus E: quanquam
illud à nullo præstari
queat, nisi ab Angelo,
vel ab ipso Deo, cùm
nulli sensui tantillum inter D & F spatium pateat.

    Omitto scapum ipsum stateræ, si ligneus, vel ferreus, aut alterius
materiæ grauis supponatur, toti telluri æquiponderare, eámque de
loco suo posse tollere, vt ea ratione non solùm datum pondus data
potentia dati vectis beneficio, sed etiam absque potentia, ab ipso vecte diuersa moueatur, & sit vectis quantumcúmque breuis virtus infinita,

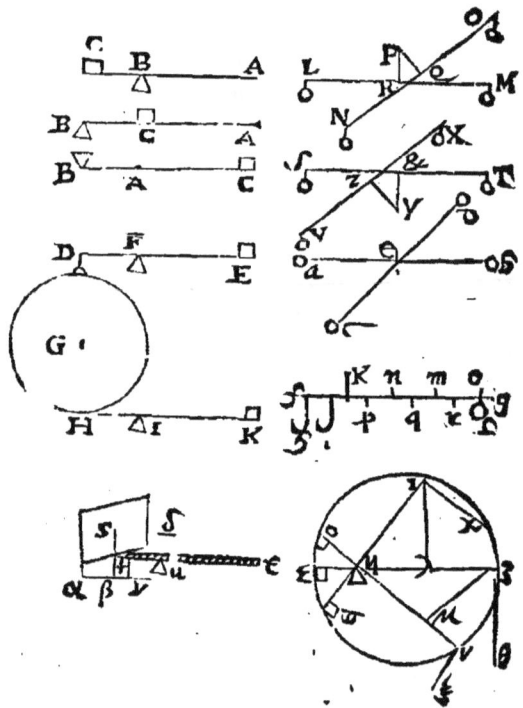

finita, nam quacúmque ratione inter pondus & potentiam exhibitâ dabitur ratio maior diſtantiæ ad diſtantiam tam in ſtatera, quàm in vecte, ob infinitam, cuius brachium quodlibet capax eſt, diuiſibilitatem.

Quod ſi poſſet vt intellectu concipitur ita in praxim redigi, ex ipſa ratione diſtantiarum vtriúſque vectis extremi ab hypomochlio, qui terram moueret, terræ pondus innoteſceret, quandoquidem æquiponderantia ſunt in ratione diſtantiarum reciproca, quemadmódum diſtantiæ ſunt in ratione ponderum, ſeu potentiarum reciproca; vnde multa problemata naſcuntur in illarum rerum gratiam, quæ ſtateris, examinantur.

Si verò in E puncto non potentia, ſed pondus intelligatur, premendo ſuper FE brachium, verſus terræ centrum tendet per lineam ab E puncto ad centrum G ductam.

Quod ad vectem eidem terræ ſubiectum attinet, cuius pondus ipſa terra mouenda ex puncto H verſus D, hypomochlion I, potentia K ; ſi pondus in K collocetur, tantum abeſt vt premat ſuper brachium I K, quippe trahetur à centro G, per lineam à puncto K ad G ductam ; cum potentia infra punctum K premens & contendens, ſit terræ globum verſus D ſublatura.

Supereſt vectis φ υ t cum ſuo pondere conſiderandus, quem in alijs prop. veluti lineam abſque grauitate, & materia propoſuimus: nam propria grauitas auget ponderis in puncto φ prementis grauitatem, idque mediâ ponderis φ υ abſoluti parte ; hoc eſt ſi grauitas brachij υ φ in aëre liberè pendentis fuerit duarum librarum, pondus φ, putâ 10 librarum, erit vndecim librarum.

Scietur autem quantum à terra ſuſtineatur ponderis ſ, & quantum ab extremo vecte t, quem premit potentia φ, ſi priùs inuento centro grauitatis in ſ, & puncto terræ α cui nititur, ducantur perpendiculares ſβ & t γ ſuper planum horizontale α γ, ratio enim grauitatis totius ponderis corporis ſ ad φ potentiam componitur ex ratione φ υ ad υ t, & ratione γα ad γβ.

Fiat igitur vt γα ad αβ, ita υ t ad δ, cúmque corpus ſ à duabus potentijs in α & t applicatis ſuſtineatur, ſit potentia α ad potentiam t, vt γβ ad βα, & componendo vtráque potentia t α, ſeu tota grauitás corporis ſ ad t potentiam ſit vt γα ad αβ, vel vt υ t ad δ ; cúmque potentia t ad potentiam φ ſit vt diſtantia φ υ ad diſtantiam υ t, erit iuxta perturbatam rationem totum pondus ſ ad potentiam φ, vt φ υ ad δ : ſed ratio φ υ ad δ componitur ex ratione φ υ ad υ t, & ex ratione υ t ad δ, ſeu γα ad αβ, igitur pondus ſ eſt ad potentiam

C

φ in ratione composita ex ratione φ *u* ad *u t* , & ratione γ *a* ad
a β.

PROPOSITIO V.

*Vectis & libra proprietas eſt , vt potentiæ quæ ſunt in
ratione linearum perpendicularium ductarum à
centro vectis aut libræ ſuper lineas directionis potentiarum, reciprocâ, ſint æquilibres, hoc eſt æqualiter trahant , aut pellant. Vbi de libra curua;
quidue mutet in libris & vectibus centrum terræ,
ſeu grauium.*

ESto primùm A libræ centrum, cuius brachia C A breuius, A E
longius, quæ brachia firmiſſimè connectantur in A centro,&
adeo rigida intelligantur vt flecti nequeant, ſed liberè moueantur ſuper centro A. Deinde ſint lineæ directionis, quibus potentiæ trahunt , E F & G C prædictis brachijs perpendiculares. Tertiò ſit
eadem ratio potentiæ F ad G potentiam , vel ponderis ad pondus,
quæ brachij C A ad brachium A E, clarum eſt potentias F & G prædicta brachia trahentes æquilibrium efficere; vt probatur ex brachio
C A vſque ad B producto, donec A B ſit æquale
A E, libræ ſiquidem C A B brachijs C A & A B
appenſa pondera G & D, quorum G ſit æquale F,
& G ſit idem quod antea, faciunt æquilibrium,
cùm ſint in ratione brachiorum C A, B A reciprocâ,& lineæ directionis C G & B D, ſint inter ſe parallelæ, & libræ C B rectæ perpendiculares; atqui potentia D trahens brachium A E per lineam directionis E F idem præſtat ac per
lineam directionis D B qua trahit brachium B D , quandoquidem
tam in vecte quàm in libra, æquales potentiæ brachijs æqualibus,&
angulis directionis æqualibus agentes contra ſe inuicem faciunt æ-
quilibrium,& ſimul iunctæ, ac verſus idem punctum trahentes, effectum duplicant, ſi verò brachia libræ, vectíſque ſint inæqualia, potê-
tia maiori brachio applicata præualebit, vt hîc in libra recta C A contingeret, ſi potentia D trahens per D B pendulum, æqualis eſſet potentiæ G per pendulum G C trahenti.

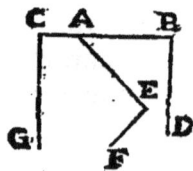

Quæ sequenti figura rursus explicantur, sit enim libra, seu vectis D E, & potentia L trahat B E brachium æquale brachio B D à potentia M æquali potentiæ L tracto, sintque lineæ directionis D M & L E ad eosdem cum suis brachijs angulos, siue rectos, quales sunt hîc,

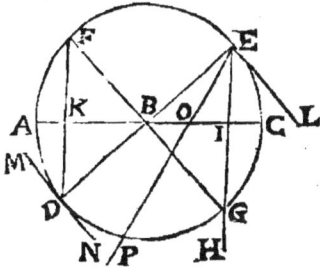

siue obliquos, quales sunt, cùm ijsdem brachijs potentiæ prædictæ punctis F & G applicantur, vt ea trahant per lineas directionis D F & E G, certum est has potentias inter se æquales æqualiter trahere, cùm nempe per angulos æquales agant in æqualia libræ brachia, & ita certum vt pro notione communi sumatur.

Porrò cùm potentię trahunt per lineas, directionis, quæ sint brachijs ad angulos obliquos, vt hîc contingit in F & G, per pendula D F & E G trahentibus, illarum vires inuenientur ex lineis rectis à librę, seu vectis centro B super directionis lineas perpendiculariter ductis, quales sunt lineæ B K & B I, quæ demonstrãt illas potentias viribus, vti iam dictum est, æqualibus agere. Quâ etiam figura ostenditur potentiam M trahentem libræ E D brachium B D per lineam directionis D M, æqualem esse potentiæ N brachium idem per pendulum D N trahenti, ob angulos linearum directionis æquales.

Quod si brachia libræ fuerint inæqualia, & non in directum posita, & lineæ directionis brachijs obliquæ, vt contingit in figura sequente, eodem modo procedendum; sit enim libræ centrum A, cuius brachia C A, A B: lineæ directionis C E, & B F; potentiæ F E; & super illas directionis lineas ducantur ab A centro lineæ perpendiculares, videlicet perpendicularis A B super F B in G productam, & perpendicularis A D super E C. Hoc enim posito, vt A D ad A G, ita potentia F sit ad potentiam E, & erunt illæ potentiæ æquilibres, hoc est æquè prement brachia C A, A B.

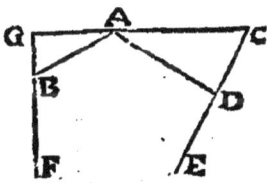

Vti notandum potentiam E trahentem brachium A C tantumdem efficere super brachium A C, quantum facit potentia F super brachium libræ A B, vel A G, quandoquidem potentia & directionis linea, atque centro libræ immotis manentibus, nil interest quale sit brachium à libræ centro ad lineam directionis; vnde fit vt in figura præcedente H potentia æquè premat brachium B E, ac B I

c ij

brachium, & potentia D æqualis potentiæ G æquè premat, vel trahat libræ G F brachium B F , ac potentia D brachium B K libræ C K.

Cùm autem libræ brachia poſſint incuruari, quæ circularia libræ brachia ſpectant, intelliges ex ſequente figura, in qua terræ diameter A L, A P baculus, cui libra P *a b*, vel P *b* R T X Z *a* Q S V Y innititur; quæ libra ſi perficiat circunferentiamuſque ad punctum *&*, abſque fulcro P A ſuſtinebitur, & pontis in aëre ſublati imaginem abſque fulcris in animum inijciet.

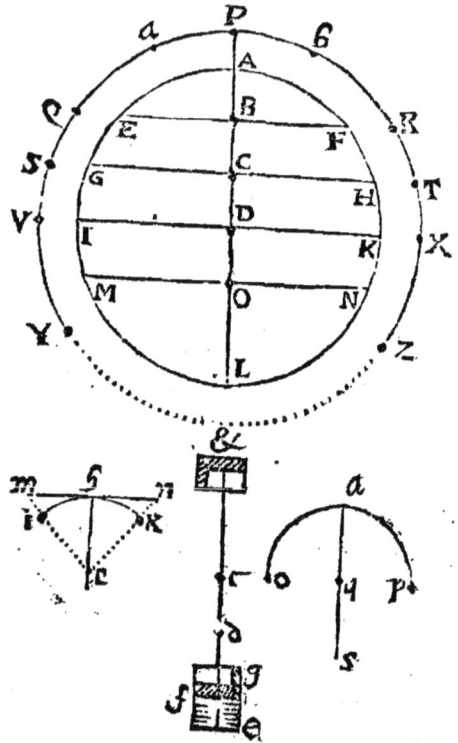

Si verò libræ brachia maiora ſint quadrantibus circumferentiæ, qualia ſunt brachia P Z, & P Y, prement quidem centrum P , ſed illud eleuando , non deprimendo : vnde conſtat pondus ſuper P centrum longè aliter, quàm ſuper brachia P *b* R, & *a* Q S, &c. ponderare. Quæ tamen potentiæ, ſeu pondera ſi per lineas lineæ P L parallelas traherent , & non ad vllum centrum grauium tenderent, vbicúmque brachiorum ſiue rectorum, ſiue curuorum applicarentur, æquè centrum P onerarent, ſeu premerent, ac ſi centro ſoli P incumberent.

Licet verò ad centrum contendant, æquè ponderabunt in libræ curuæ, ac in rectæ brachijs, per quorum puncta eædem tranſierint directionis lineæ, vti videre eſt in libra recta *m n*, & in libra *i* K, quarum centrum *h*, cùm enim *l* K *n* & *l i m* ſint eædem lineæ directionis; quibus brachia *h m* & *h i*, & *h n* & *h* K potentiæ trahunt, centrum *h* æqualiter premetur.

In dextra figura, *o e p* libra curua, quam ſi potentiæ *o* & *p* hinc inde lineis *ſ a* lineæ parallelis trahant, ſe totis prement fulcimentum *a* ; ſi verſus terræ centrum *q* tendant, nil centrum *a* patietur. Si denique centrum grauium ſit in *ſ*, prement quidem *a* brachia *a p*

& *ao*, fed minus quàm fi per lineas *fa* lineæ parallelas agerent.

In maiori verò libra curua P X P V, cùm pondera, feu potentiæ Y Z infra femicircunferentiam defcendant, tantundem repriment & in fublime impellent Q R potentias, quantum ab ijfdem Q R potentijs brachia libræ P Q & P R deprimebantur, & verfus centrum D impellebantur. Suppono enim arcus Z X, & Y V æquales effe arcubus X R, & V Q. Quòd fi libræ brachia P X & P V nullius fint ponderis, rigida tamen intelligantur, vt flecti nequeant, potentiæ V & X contendent ad D centrum, & tota libra manebit in aëre, neque P fulcimento egebit. Vnde conftat omnia pondera difperfa per totam femicircunferentiam V P X in punctis notatis, vel in quibufuis alijs æqualiter inter fe diftantibus, eò minus libram illam femicircunferentialem premere, quò in maiorem femicircunferentiæ partem diuifa fuerint.

COROLLARIVM.

CVm in hac figura contigerit defcribi plures lineas circulum A K L I diuidentes, & inter fe parallelas, qui quidem circulus refert terræ per centrum fectæ planum, hafce lineas & puncta A B C, &c. explicemus, quemadmodum vectem & *cde*, cui duo pondera &, & *ge* appenduntur.

Supponamus igitur, quod multi cenfent probabile, grauitatem corporum nil aliud effe quàm terræ tractionem, fiue mutuam, qualis eft inter magnetem & ferrum, fiue terræ folius. Sìtque centrum terræ D, & virtus tractiua grauium æqualiter per omnes terræ partes diuifa, corpus autem P extra terram intelligatur.

Ductâ diametro I K per centrum D, vt terra in duas partes æqualis virtutis diuidatur, aliæ lineæ F E & G H parallelæ ducantur, quæ terræ partem I A K in partes inæquales diuidant; quibus pofitis corpus P totis terræ fubiectæ viribus attrahetur, cúmque iter à P ad D liberum intelligi debeat, ad puncta A, B, C peruenict, cùm terræ pars G L H fit fortior, vtpote maior, fed quò propiùs ad centrum accefferit, eò minus trahetur, donec æquis hinc inde viribus trahente terrâ parte I L K, & retrahente parte I A K cogatur corpus P quiefcere in centro D.

Qua verò ratione corporis P minuatur pondus, aut terræ vis tractoria in quolibet puncto A B C, &c. quemadmodum certum eft non in ea ratione qua funt inter fe lineæ D C, D B, D A, & D P, ita difficillimum eft eam rationem definire, cùm ne quidem ratio fegmentorum A E F, A G H, & A I K nota fit.

Quod autem de parte fuperiore trahente IAK dictum eft, idem de parte inferiore I L K dicendum; quæ quidem partes neque funt proprie loquendo fuperiores vel inferiores, cùm hæc nomina noftris folùm vfibus feruiant.

Supereft vectis *& e*, in quo *e* terræ centrum rurfus intelligatur, fitque linea coniungens pondera inflexibilis & abfque pondere, quæritur à multis quem fitum illa pondera refpectu centri C habitura fint. Qui centrum grauitatis duorum corporum inflexibili.linea iunctorum, putant verfus terræ centrum eodem modo ac penes nos in terræ circunferentia, in qua degimus, fpectandum effe, credunt punctum *d*, quod eft centrum grauitatis prædictorum corporum, aut vectis, feu libræ illa coniungentis, cum centro grauium *e* coiturum.

At verò cùm nefciamus an grauitas in ipfis corporibus refideat, & quodlibet corpus æquè videatur ad centrum commune grauium contendere, fciri nequit num illa corpora, vti funt in hac figura, hoc eft æqualiter à centro communi *e* diftantia, manfura fint; an potiùs *efg* corpus corpore *&* maius ad *e* propiùs accedet, donec *d* coeat cum *e*; an denique corpus *fg* etiam vltra *e* fit afcenfurum; vt pars *gf*, quâ, ex hypothefi, pondus *eg* fuperat pondus *&*, fe teneat ex parte *&* intra corpus *&* & centrum *e*, vt rurfus fiat æquilibrium, quo ponderis moles æqualis vltra, citráque punctum *e* extet.

Quibus adde corpus eò minus grauitare, quò maiorem circumferentiæ partem per prædictum corpus tranfeuntem & circa commune centrum, defcriptam occuparit, vt ex dictis conftat.

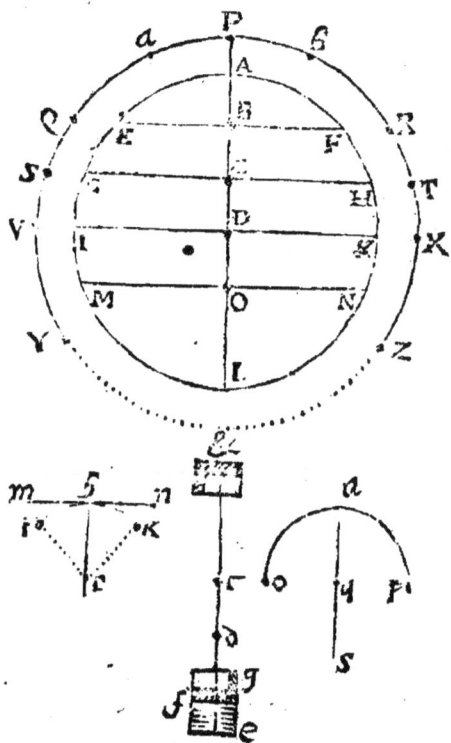

PROPOSITIO VI.

Quænam fit ratio potentiæ vecte pondus fuſtinentis ad pondus, cuius centrum grauitatis extat ſupra, vel infra vectem horizonti parallelum explicare.

CErtum eſt nunquam requiri maiorem potentiam in pondere fu-ſtinendo, cuius centrum grauitatis fit ſupra vectem horizonti æquidiſtantem, quàm vbi centrum illud eſt in ipſo horizonte; fit enim horizon, & in eo vectis A D B, cuius hypomochlion D, potentia in A, quæ ad B pondus eſt vt D E ad D A, ob rationem reciprocam: cùm autem vectis transfertur ſuper horizontem in N F, ratio D N ad D G maior eſt præcedenti ratione A D ad D E, quandoquidem linea D G breuior eſt lineâ D E, cui D F æqualis eſt, minor igitur in N potentia requiritur quàm in A, vt pondus B, ſeu F H ſuſtineatur, quod à potentia ſuſtinebitur eò minore, quò magis accedet ad perpendiculum D *b*, in quo nulla potentia requiritur fiue ſupra *a* infra in *b*.

Cùm autem centrum C ſub horizontem deprimitur, vt in vecte M K, maior potentia in M, quàm in A collocanda, vt enim M D ad D K, ita pondus K I ad potentiam M. Vbi notandum eſt lineas H G & I K eſſe horizonti perpendiculares, hoc eſt li-neæ C E parallelas, & potentiam in A ad potentiam in N & M eſſe vt D E ad D G, & D K.

Idem penitus contingit vecti ſecundæ ſpeciei P Q, cuius hypomochlion P, po-tentia Q, & pondus V, cùm enim P *d* linea, maior fit lineâ P T, ſequitur minorem in O quàm in Q requiri potentiam, vt in R maiorem quàm in Q, quòd P Y linea fit longior lineâ P *d*. Eſt autem potentia in Q ad potentiam in O & R, vt Q *d* ad O T & R Y. Con-trà fi loco ponderis in P, intelligatur eſſe potentia, fintque O P duæ potentiæ pondus *&* ſuſtinentes, maior potentia requiretur in ponde-re *&*, quàm in pondere Y, minor verò in pondere Z ſuſtinendo, id-que eâ ratione, quâ P T brachium brachijs P *d*, & B Y breuius fuerit.

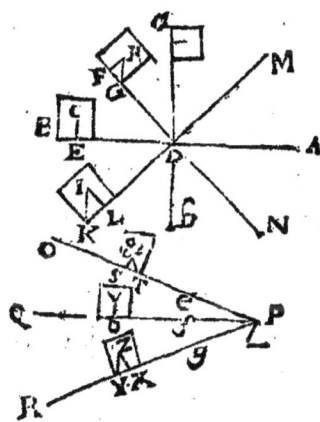

Denique fit tertia vectis fpecies P *d*; cuius fulcimentum P, potentiæ in *e*, *f*, *g*, &
pondera Z V & in altero vectis extremo,
relictis lineis S O, *d* Q & V R. Rurfus potentia in *e* minor erit potentia in *f*, aut in *g*,
quò P T minor fit P *d*; minórque ratio
T' ad P *e*, quàm *d* P ad *f* P, aut Y P ad
P . runt igitur inter fe potentiæ *e*, *f*, *g*, vt
linea P T ad P *d*, & P Y.

Non eft autem vt quidquam de potentia
mouente fubiungamus, cùm eodem modo
fe habeat ad pondus motum, quo potentia
fuftinens ad pondus fuftentatum, minima
fiquidem potentia fuftinenti addita facit
mouentem.

Si verò pondera prædicta fub vectibus effent, quò magis fuper horizontem tollerentur, maior etiam effet adhibenda potentia, & quò
magis fub horizontem deprimerentur, minor; cuius euentus contrarij ratio pendet ex lineis quæ rationes habent rationibus allatis con-
trarias. Denique cùm in ipfo vecte centrum grauitatis ponderum reperitur, quocúmque vectis transferatur eadem potentia requiritur.
Cætera videantur apud G. Vbaldum.

Porrò antequam vecti & libræ finem imponamus, iuuat hîc cele-
berrimam quæftionem, quæ Geoftatico tractatui nomen dedit, proponere, num videlicet corpus idem minus aut magis grauitet, cùm
centro terræ vicinum eft, cùm per libram in illo tractatu examinata
fuerit. Si priùs monuero ad perfectam iftius difficultatis folutionem
videri neceffarium vt cognofcatur caufa grauitatis, num fit aliqua
qualitas interna corporibus, an tractio terræ, an impulfio aëris, aut
quidpiam aliud, quod cùm nondum innotuerit nobis, grauitatis conceptum vulgarem fupponemus.

PROPO·

PROPOSITIO VII.

Num idem corpus graue minus aut magis ponderet quò minus aut magis ad terræ centrum accedit, inquirere, varijſque modis ſoluere.

IN hac figura F D A, ſupponamus A eſſe centrum terræ, G centrum libræ F D, cuius brachia æqualia F G & G D ; & punctis F & D duo pondera appendantur, itaut appenſum puncto D vſque ad E per filum D E perueniat ; quæritur num minus grauitet pondus D in E, quàm in D. Vbi pondus dupliciter conſiderari debet, nempe vt opponitur ponderi F, & libræ leges ſequitur, vel vt intelligitur in aëre libero, in quo non ſequitur minus, aut magis grauitare, ſiue propiùs, ſiue longiùs ab A centro diſtet, quamuis librâ detentum minus aut magis grauitaret.

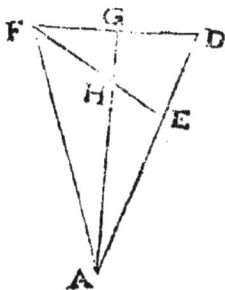

Porrò licet in Archimedæis ſuppoſitionibus centrum grauitatis duorum iſtorum ponderum ſimul iunctorum lineam rectam illorum centra connectentem diuidat in rationem reciprocam grauitatum his ponderibus conuenientium ; quippe ſupponit illa pondera tendere inferiùs per lineas parallelas, abſque vlla verſus terræ centrum inclinatione, illud tamen minimè verum eſt, cùm reuera tendunt per lineas ad idem grauium centrum contendentes, certum eſt enim iuxta principia Archimedis G centrum eſſe commune grauitatis vtriúſque ponderis F & E, quando brachia FH & H E ſunt æqualia, cùm tamen centrum illud ſit inter H & F, ſi pondera per lineas F A & D A tendant inferiùs.

Placet autem Illuſtris viri hac de re, quam ad me miſit, ſententiam exponere, quâ dignoſcatur quo ſenſu dici poſſit corpus aliquod eſſe grauius cum ſit terræ centro propius. Quapropter ſit A terræ centrum, B V C corpus graue, quod vbi liberum erit in aëre, ſit ab F puncto ad A deſcenſurum, per lineam F G A, itaut illius extrema BC ſemper æquidiſtent à lineis B H C I, & per conſequens à centro A. Proindéque conſiderentur lineæ B H & C I vt duo plana inclinata, ſuper quæ mouentur pondus D & B ; quandoquidem puncta B & C æquè ſuſtinentur ab omnibus partibus corporis duri BC in-

d

ter V C & V B interceptis, atque à plano inclinato, quod intelligitur à C ad I, vel ab H ad B. Atqui demonstratum est antea corpus graue planum inclinatum eò loci minùs premere, qui puncto propior est, in quo perpendicularis prædicto plano à terræ centro educta occurrit.

Vnde sequitur corporis **B V C** partem C propè punctum F grauiorem esse, quàm propè punctum G, idémque verum est de parte B, & alijs quibuslibet, illis exceptis quæ in linea recta V A descendunt, si tamen excipi debeat linea mathematica: corpus igitur integrum minus propè centrum prædicto sensu grauitat.

Quod tamen de solis corporibns duris intellige, nõ de liquidis, vel maximè flexibilibus, qualis est funis R S, qui cùm sit rectus in B V C, descendendo curuatur in extremis R S, adeout differentia inter lineas rectas ab A ad B & ad R ductas æqualis intelligatur lineæ G V.

Aliud tamen in liquidis spectandum, quod ea leuiora reddat propè centrum, ob centri grauitatis mutationem, si enim aqua vase E L A includatur, cùm propiùs vas ad terræ centrum N accedet leuior erit aqua.

Intelligatur enim vas adeo amplum, vt cum hexapeda distiterit à centro terræ, linea N M sit vnius duntaxat semipedis; quod si alia hexapeda tollatur, N M sit vnius pollicis; tertiò denique alia sublatum hexapeda nonnihil longitudinis detrahatur N M, & ita deinceps.

Quantum verò centrum grauitatis aquæ sublimius euadit, tantundem aquæ moles attolli dicitur, cùm illud corporis cuiuslibet locum, quà graue est, determinet: cùmque potentia per primam hexapedam, centrum grauitatis aquæ solummodo 5 pedes cum dimidio tollat, per secundam verò 5 pedes & vndecim pollices, illa potentia maior esse debet in illa secunda eleuatione, in eadem ratione, qua 5 pedes cum vndecim pollicibus superant 5 pedes cum dimidio, & ita de reliquis eleuationibus, igitur leuior erit aqua centro propior.

Superest explicandum qua ratione corpus idem graue centro pro-

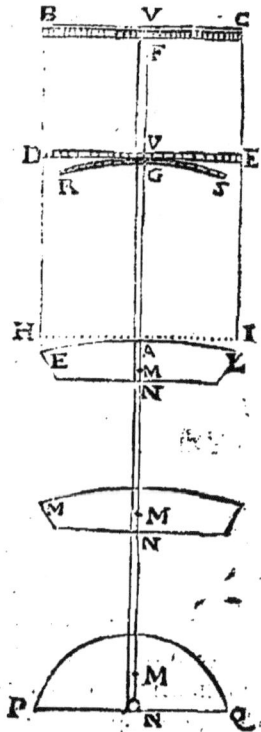

pius cùm sit, grauis dici possit:Sit A terræ centrum, sitque B D libra, cuius centrum C, sint præterea radij, seu brachia duo æqualia B C & C D, duóque pondera in B & D punctis, inter se æqualia.

Cùm linea B D non est horizonti parallela, pondus in D, grauius est pondere in B ea ratione qua linea B A longior est linea D A. Si enim ducatur tangens circulū B S D linea D E, & à puncto E linea E F perpendicularis lineæ D F, erit corporis in D grauitas ad suam grauitatem absolutam, vt linea D F ad D C.

Deinde si à centro libræ ducatur C G perpendicularis lineæ A D G, duo triāgula rectangula D F E & D G C similia erunt, igitur vt D E ad D F, ita C D ad C G, hoc est quemadmodū perpendicularis è centro libræ ducta in lineam per extremum brachij libræ, & terræ centrum transeuntem ad illud libræ brachium, ita grauitas relatiua corporis in D ad eius grauitatem absolutam.

Simili modo tangente B H ductâ, & C I H secante perpendiculariter lineam A B in puncto I, priùs ostēsum est grauitatem ponderis in B relatiuam esse ad

absolutam vt lineam B I ad B H, hoc est vt C I ad B C, ob triangulorum, B I H & C I B similitudinem.

Vnde sequitur positis corporibus in B & D penitus æqualibus relatiuam grauitatem corporis in B esse ad grauitatem relatiuam corporis in D vt lineam C I ad C G.

Præterea ductæ lineæ B L & D K lineæ C A perpendiculares ex B & D punctis, sunt inter se æquales; & rectangulum C I, B A est etiam æquale rectagulo B L, C A, posîtâ siquidem C A trianguli A B C base, B L erit altitudo; facta verò B A eiusdem trianguli base, erit illius altitudo C I. Deinde rectangulum G C D A æquale est rectangulo K D C A.

Et quoniam B L & K D æquales sunt, rectangulum C I B A æquale est rectangulo C G D A. Vt igitur D A ad B A, ita C I ad C G, At pondus in B est ad pondus in D vt C I ad C G, est ergo vt D A ad B A.

Hincque sequitur centrum grauitatis duorum ponderum lineâ B D iunctorum non esse in puncto C, sed inter C & D, exempli gratia in puncto R, cui lineam angulum B A D in duas partes æquales diuidentem occurrere suppono. His enim ita positis, B R est ad R D, vt A B ad D A: quapropter B & D pondera puncto R fulciri debent, vt eò loci faciant æquilibrium.

Si verò linea B D minus aut magis super horizontem inclinetur, vel pondera distent aliter à terræ centro, sustinenda erunt ab alio puncto vt æquiponderent, atque adeo centrum grauitatis sphæræ non esse in illius medio, hoc est non coire cum centro magnitudinis, sed paulò infe-

ɾiùs, in linea quæ rectà fertur ab ifto centro magnitudinis ad centrum terræ concludendum eft.

COROLLARIVM.

G Rauitas abfoluta dicitur, quâ corpus quodlibet potentiæ perpendiculariter, & abfque vllo inftrumento trahenti refiftit, quæ eò
maior cenfetur, quo plures materiæ partes fub ijfdem dimenfionibus
vel fub eadem, aut æquali figura continet: quo fenfu nullum corpus ob
centri terræ viciniam grauitatem fuam mutat. Relatiua nos, inftru-
mentáque refpicit, licet enim farifla fit femper in fe ponderis eiufdem
abfoluti, vbi tamen quis illam per vnum extremum, præfertim minus
manu, vel digitis extremis fuftinet, illam iudicat longè grauiorem,
quàm vbi per medium eandem geftat, ob naturam vectis, de quo hactenus, ad quem cum axis in Peritrochio referatur, illum fequente propof. explicamus.

De Axe & Peritrochio.

PROPOSITIO VIII.

Axis in Peritrochio, vel Sucula, & Ergata partes
& naturam explicare, & ad
vectem reducere.

M Achina, quam Latini Suculam, Græci ὄνος, feu ὄνος, vnde fucu-
la trahere dicunt ὀνεύς, vietores *tornum* appellant, multis partibus conftare folet, videlicet axe C D, hoc eft cylindro in peritro-
chium B infixo, quod etiam tympanum appellatur, cuius peripheria
conuexa C A, pegma dicitur à quibufdam, in quod infiguntur ftipites,
hoc eft fcytalæ radiorum inftar: paxillus autem circa punctum L infixus, vt chordæ fuftineat extremum, porculus nuncupatur.

Quæ omnia machinæ N Y poffunt accommodari, quam dicunt
Ergatam, quippe quæ folùm à præcedenti difcrepet, in eo quòd axem
fuum horizonti perpendiculariter erectum habeat, qui priùs fuerat
horizonti parallelus, & pondus T trahat horizontaliter verfus S, quod
priùs verticaliter tollebatur, vt conftat in M pondere verfus L afcendente.

Sunt etiam vectes Q & alij in axe X S infixi horizonti paralleli, quos versant ambientes & obnitentes vectiarij, quos Græci ἐργάται, seu ἐργάτης appellant.

Hoc autem instrumentum Itali vocant *arganum*, Græci ἐργάτης, quidam Galli simiam *singe*: quibus præmissis ostenditur rotam, cylindrum, scytalas ad vectem referri, quid enim aliud dixeris tympani B cum scytala A versionem, præter vectem E G H, cuius fulcimentum sit in puncto G. Hinc eadem est ratio potentiæ in A puncto collocatæ, ad pondus M, quæ brachij G H ad brachium G E, quod alij sic explicant, potentiam pondus hacce machina sustinentem esse ad pondus, vt est semidiameter axis ad semidiametrum tympani vnà cum scytala: vel in Ergata, vt Y X ad X V, ita pondus T ad potentiam Q puncto adplicatam.

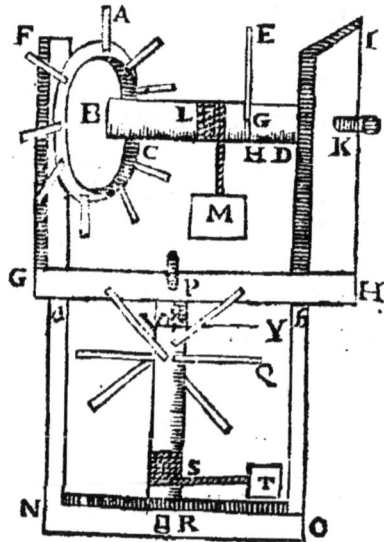

Hic etiam solemne est, tempus eò maior esse quò facilius, hoc est minore vi mouetur, quandoquidem maius spatium percurri debet, quò minor potentia requiritur; verbi gratia, radius X Y axis Ergatæ, cùm sit ad radium X V eiusdem axis, vt 5 ad 1, sequitur potentiam in Y sitam, quæ pondus T in V vel S positum, vel ab ijsdem punctis tractum moueat per spatium æquale semidiametro axis X V, moueri debere per spatium æquale X Y, spatij X V quintuplum; quintupla siquidem velocitas æquat potentiam vt vnum, potentiæ vt quinque; quapropter pondus T S librarum, sustinet vnica libra in Y sita; neque manus puncto V applicata manum in Y æqualiter applicatam impedire potest, eique obsistere, nisi quintuplò fortior, quæ nunquam præualebit, nisi robur quintuplum augeatur, vnde sit maiorem esse rationem potentiæ mouentis ad pondus motum, vel spatij potentiæ mouentis ad spatium ponderis moti, quàm ponderis ad eandem potentiam.

Porrò cauendus nonnullorum error, qui diametrum axis minimè considerantes, scytalarum longitudinem ab axis superficie, non autem ab axis medio sumunt, quò etiam longè foret crassior error illius qui tympani feu rotæ femidiametrum omittens, folam fcytalæ, feu vectis A longitudinem numeraret.

COROLLARIVM.

GRæci tympanum, vel machinam tympano inftructam, qualis eft tympanum A B, κεαπι appellarunt, quos Galli fecuti nunc etiam vocare folent *grum*. Sunt autem aliæ partes machinæ; videlicet F G, G H, H I, quæ tignorum, tranftrorum, cantheriorum, columinum, tranftillorum, trabiúmque nominibus comprehenduntur, bafes enim G H & N O funt tranftra, feu tranfuerfariæ trabes: H I, G F, N *a*, O *b* cantherij, feu crura vocantur: qui cum tranftris committuntur, & compinguntur fecurilis feu fubfcudibus, (quas Galli vocāt compacturam caudæ hirundinis, *affemblage à queuë d'aronde*, vel *d'arondelle*,) vt firmiùs inter fe configantur, atque compaginentur, quanquam alijs modis compages poffit cohiberi, verbi gratia clauis, cardinibus, &c. nunc verò de trochlea dicendum, quæ fimiliter ad vectem reducitur.

De Trochleis & Polypaftis.

PROPOSITIO IX.

Trochleas explicare, & ad vectem referre; planique inclinati mechanicum auxilium inueftigare.

DE trochleis feu περì τεχχλαιῶ agit Ariftot. quæft. 19. mechan. Itali verò trochleam vocant *taglia*, cuius orbiculū, qualis eft *e d* in figura *e d* B D *g h b a*, Galli *poulie*, vt varios orbiculos *moufle*. Optimè verò trochleam Arift. ad vectem retulit, τεχχλαία τὸ αὐτὸ ποιῇ τῷ μοχλῷ, qui funem ductarium hîc κελάδιος appellat, quanquam & paulò inferiùs ηεπίσι. Soletautem hæc machina diuerfis nominibus infigniri ob diuerfum orbiculorum, feu rotularum numerū, vnde tripaftos feu tritraha, polypaftos, &c. à απαζω quod eft traho, licet minus vfitatum quam απλω.

Priufquam verò pergamus vlteriùs, hæc figura explicāda, quæ trochleas, C *a*, D *b*, & planum inclinatum O B fuper planum horizontale B C eleuatum repræsentat. Itaque pondus *f* suspenditur in *e* centro trochleæ *c d*, cui circumuoluitur chorda, seu funis ductarius *i d c*, B. Vbi primò notandum venit duas potentias, quales sunt duorum hominum manus, punctis *i* & B applicatas, vt vel ambæ sustineant, vel æqualiter tollant pondus *f*, ita se habere, vt vnaquæque mediam ponderis *f* partem ferat, & potentia B ponderis 40 librarum, solas 20 libras gestet: quod adeo clarum est vt sola consideratione sit opus. Quod eodem modo continget si funis clauo in puncto *i* affigatur, quippe qui vicem manus præstat

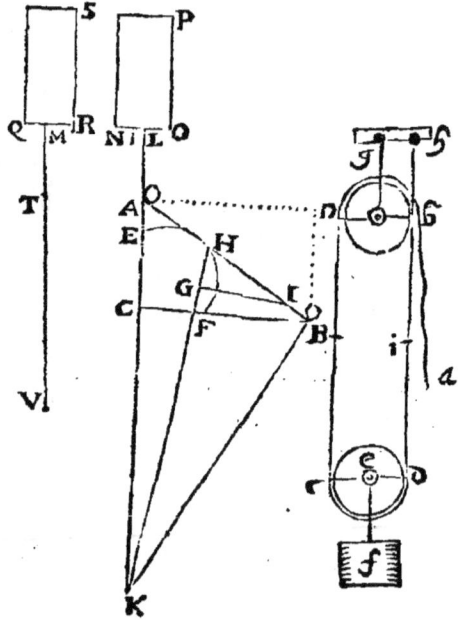

Secundò, si manus in puncto *c* sita vim eam exerat, quæ ad pondus 20 librarum vsque ad spatium bipedale tollendum, putà ad punctum D, requiritur, tollet pondus *f* 40 librarum ad pedale spatium, seu punctum B: cùm enim funis *i d c* B duplicatus sit, bini pedes illius trahendi ex puncto *c* in D, vt tollatur pondus *f* tantundem, quantum tolleretur à duobus hominibus in *c* & *d*, vel *i* & B punctis sursum pondus idem vno pede trahentibus.

Tertiò, si secunda trochlea D ligno, vel ferro *g h* appendatur, & funis B D *h a* ei circumducatur, vis eadem requiritur ad funem à *b* ad *a* trahendum, quæ priùs ad funem *c* à B ad D trahendum, quandoquidem vtrobique chorda bipedalis tollit pondus ad pedale spatium.

Quartò, si tertia trochlea propè trochleam D B addatur, cui pondus appendatur, & cui funis, vti duabus præcedentibus, circumducatur, potentia libris decem æqualis tollet pondus 40 librarum, cuius vera ratio, quòd pondus istud ad semipedale spatium solummodo tolletur: nam quò maior est ratio funis tracti ad spatium à pondere ascendente confectum, eò potentia minor requiritur.

Quintò,

Quintò, in praxi trochleæ pondus, & mouendi circa eam funis difficultas ob frictionem & preffionem, aliáque multa confideranda
funt, nam quò minus orbiculi canaliculus, per quem funis labitur,
politus erit, aut magis fcaber & mollior, eò maior erit in trahēdo difficultas. Adde quòd trochleæ puteorum & aliæ non rarò deficiant
à figura perfectè circulari, vnde fit vt facilius trahas, cùm pars maior
circa te conuertitur, ob maiorem trochleæ radium, difficilius verò,
cùm minor femidiameter redit, omitto partis interioris fuperficiem,
quæ circa fuum axem conuerfa pluribus modis in vno magis quàm
alio loco atteritur, quæ nifi fuppleantur, ratio quæ Mechanica ma-
thematicè confiderat, continuò fallet.

De quibus poftea fufiùs, nunc enim plani inclinati proprietas explicanda; fit igitur planum horizontale C B, fuper quod inclinetur
planum A B, vel H B; planum autem verticale feu linea horizonti
perpendicularis A C ad terræ centrum K tendens.

Certum eft graue A vel B innixum plano H B effe ad fuum pondus
abfolutum, quale eft in aëre libero vel in bilance, vt A C ad B A;
exempli gratia cùm B A duplum eft C A, & graue A in aëre libero
fit 40 librarum, fuper plano A B erit 20 duntaxat librarum, hoc eft
potentia ponderi in A puncto applicata fufficiet ad graue fuper A B
plano fuftinendum, vel trahendum, quæ 20 libris refiftere poterit.

Cuius Phænomeni ratio pendet à fpatio quod potentia & pondus
conficiunt, enimuero potentia A idem facit tollendo graue à B ad A
fuper inclinato plano, quod faceret idem graue tollens in aëre libero
per lineam horizonti perpendicularem lineæ B A æqualem. Licet
enim grauia non tendant inferiùs per lineas parallelas, idem ferè contingit in obferuationibus noftris, ob ftupendam à centro grauium
diftantiam.

Quanquam fi quis requirat exactum calculum, debeat fupponi
C B circumferentiæ, & C A fpiralis pars, quarum centrum K.

Deinde cùm fupponitur A B fuperficies perfectè plana, grauitas
relatiuâ ponderis F non eft ad abfolutam vt A C ad B A, nifi cum
pondus eft circa punctum A, cùm enim intelligitur verfus H, vel C
minor eft ratio, vt conftat ex ipfo plano A B producto donec ad rectos angulos lineæ K B à centro terræ K defcriptæ occurrat, clarum
eft enim pondus A vel H in puncto B pofitum nihil grauitare, feu potentiæ in A fitæ nihil refiftere.

Vt autem innotefcat quantum in quouis alio plani puncto grauitet, verbi gratia in H puncto, ducatur recta H G verfus K terræ centrum, & à puncto quolibet in illa recta fumpto, quale eft G, ducatur

G I perpendicularis lineæ H G occurrens lineæ A B in puncto B I, vt
enim H G ad H I, ita grauitas relatiua ponderis in H, ad illius grauitatem abfolutam. Quandoquidem quandiu eft in puncto H, verfus
K contendit per lineam H G, neque tamen defcendere poteft nifi
per lineam H I ob planum durum A B refiftens.

Porrò quædam hîc notanda, primum, eandem effe rationem lineæ
H K ad K B, quæ H I ad H G, ob fimilitudinem triangulorum
H K B & H G I; atque adeo grauitatem relatiuam ponderis in H
effe ad eius grauitatem abfolutam, vt A B ad H K. Hinc canon
vniuerfalis ab Illuftri viro conceptus; eò minorem requiri potentiam ad graue fuftinendum fuper plano inclinato, quàm abfque plano, quò fpatium interiectum inter punctum plani, cui innititur graue, & punctum eiufdem plani cui perpendicularis à terræ centro ducta occurrit, minus eft fpatio inter graue, & terræ centrum interiecto.

Secundum, grauis in H pofiti defcenfum confiderandum effe vt
ῥοπὴ, feu momentum, licet enim non inniteretur fuperficiei planæ,
qualis intelligitur fuperficies A H I, fed curuæ, qualis eft E H F, eodem modo fe haberet refpe-
ctu potentiæ in A pofitæ,
quantumuis diuerfus effet
poftea grauis motus tam afcendens quàm defcendens
verfus E aut F fuper fuperficie curua E H F, à motu
eiufdem grauis fuper plana
fuperficie B H A, quod non
impedit quin grauis in puncto H pofiti motus ad eandem partem determinetur.

Hac autem ratione vir
Clariffimus ea demonftrat
quæ ad prædictum planum
attinent. Sit igitur N O,
quæ primam potentiæ di-
menfionem referat, & re-
ctangulum N D defcribat,
dum pondus in B pofitum
fuper planum B A potentia
trahit, fune parallelo trochleæ A circumducto; fitque O P rectangu-

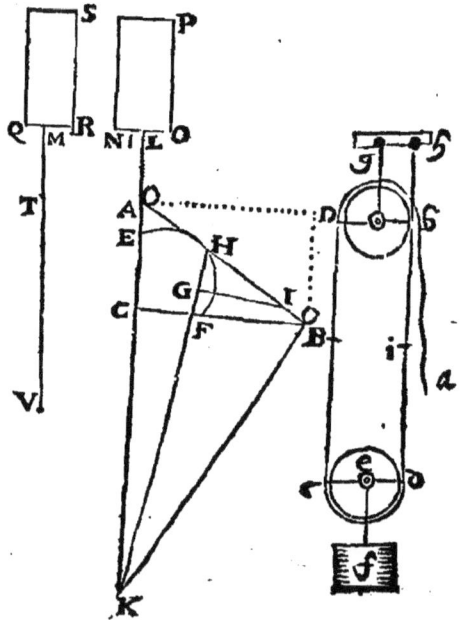

li altitudo æqualis lineæ B A, per quam pondus mouendum, dum perpendicularis eius afcenfio per C A repræfentatur : referátque Q R primam alterius fimilis potentiæ dimenfionem rectangulum Q S defcribentem, & pondus V vfque ad T punctum euehentem. Supponitur autem V T æqualis lineæ B A, & dupla lineæ C A, & linea N O æqualis lineæ Q R, & O P lineæ R S.

Præterea dum pondus à puncto B ad punctum A mouetur, motus ille poteft intelligi compofitus ex duobus alijs motibus, quorum vno fertur horizontaliter à D B ad C O, qui nullam vim requirit, vel omni data minorem: altero verò verticaliter à C B ad O D, qui folus requirit potentiam, quæ fe totam expendat in tollendo pondere à C ad A, quæ quia potentiæ Q S æqualis eft neceffariæ ad pondus à puncto V ad T, hoc eft ad fpatium duplum fpatij C A trahendû, fequitur ex hoc principio pondus B duplum effe ponderis V, cùm enim tantumdem potentiæ in vno quàm altero tollendo impendi oporteat, & tantum ille faciat qui tollit pondus 40 librarum à C ad A, quantum is qui pondus 20 librarum ab V ad T leuat, quippe qui duplum iter percurrit, conftat pondus ab V ad T per eandem potentiam fublatum effe fub-duplum ponderis à C ad A fublati.

Ratio horum omnium ex eo deducenda, quod eadem numero vis, feu potentia, quæ pondus datum per pedale fpatium tollit, feu trahit, non fufficiat ad tollendum pondus idem per bipedale fpatium ; quódque vis duas aut tres dimenfiones habeat, quarum prima, feu fimplex illa eft quæ pondus in eodem puncto fuftinet, qualis eft clauus cui appenditur : fed vis aut potentia quæ ad aliquam altitudinem pondus moueat duas dimenfiones continet, quarum prima lineæ, fecunda fuperficiei comparatur : prima fufficit ad pondus in eodem puncto omni tempore fuftinendum, dummodo non minuatur; fecunda, cùm mouet pondus per fpatium bipedale, non fufficit eadem numero ad illud per quadrupedale fpatium tollendum.

Tertia verò dimenfio tribuetur potentiæ, fi velocitas fpatio percurrendo iungatur : fed cùm non fit illa velocitas neceffaria in quinque mechanicis viribus explicandis, nifi forfan in cuneo, de quo poftea, fpatium percurrendum maximè confiderandum eft in viribus quæ machinis adhibentur : nec enim in illis velocitas eft ratio genuina æquilibrij, aut cur brachium vectis, vel ftateræ longius faciliùs moueatur, & minore pondere maiori ponderi brachio minori appenfo refiftat, fed folum fpatium duplum à maiore brachio, vel fubduplum à minore percurrendum, licet hinc maior fequatur velocitas brachij maioris.

PROPOSITIO X.

Ad quam vectis speciem trochlea referatur; & tro-
chlearum quolibet orbiculorum numero
instructarum vires explicare.

SIt primùm in trochlea dextra figuræ istius punctum N funem sustinens, qui orbiculis E & D L circumuolutus à manu, vel potentia in K detineatur, quæ pondus M sustineat, clarum est potentiam
in L, vel in K subduplam esse debere ponderis M, adeout orbiculus
E sit inutilis; si enim clauo K funis alligaretur, potentia in D, vel E
non minus esset subdupla. Itaque potentia in K potentiæ in N æqualis est.

Cùm autem funis circa duos orbiculos trochleæ sinistræ circum-
ducitur, itaut orbiculo inferiori C D pondus A sustinenti in puncto
G alligetur, potentia in B subtripla est ponderis
A: est enim funis in L vt potentia sustinens orbiculum, ac si esset in eius centro, & M potentia, ac si esset in C, vt sit diameter C D vectis,
cuius fulcimentum D; pondus A à duabus potentijs in C & I positis sustentatum. Similiter
F E diameter trochleæ superioris est alter vectis; cuius fulcimentum in H, quapropter funis F G æquè sustinet ac funis E D, & C D potentiæ sunt inter se æquales, hoc est potentiæ
in E & D applicatæ, & earum alteri potentia F
sustinens in G pondus A æqualis est. Quapropter tres illæ potentiæ sunt ad A pondus vt 3
ad 1, & vnaquæque tertiam illius partem susti-
net. Potest etiam D statui fulcimentum vectis C I D, vt in C potentia, & pondus in I.

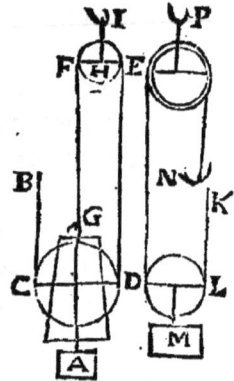

Iam verò in figura dextra sequente, si F E & G H orbiculis, qui
præcedentibus similes sunt, tertius orbiculus D C addatur, funisque
E H ei circumducatur per D C donec ad B perueniat, potentia in B
eadem erit ac in H, hoc est, vt ante, ponderis A subtripla, nec enim
funis H D C B quidquam addit potentiæ: sed neque etiam motus
ponderis ab illo fune retardatur, cùm potentia in B trahens pondus
A æquali tempore ad eandè altitudinè tollat ac potentia in E vel H.

Secus accidit figuræ finiftræ,feu trochleæ tribus inftructæ orbiculis,cuius K pondus, orbiculorum centra V X Y, quorum funes reli-
gantur in S, Potentia fuftinens in L eft fubquadrupla ponderis K.

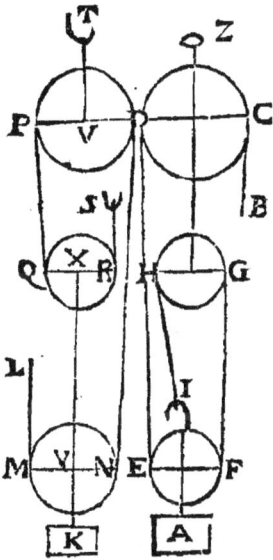

Probatur ex vectibus P D, cuius fulcimentum in V, ideóque funis P Q tantumdem ac funis D N fuftinet, & funis
S R tantumdem ac funis P Q, cùm potentiæ in Q & R pofitæ in pondus X
vel K æqualiter agant. Similiter potentia in L vel M tantumdem ac potentia
in D vel N fuftinet: funt igitur 4 funes,
vel potentiæ,quarum vnaquæque quartam ponderis K partem fuftinet, atque
adeo potentia in L ex illis 4 potentijs
compofita ponderis K eft fubquadrupla.

Ex quibus conftat ex orbiculorum fitu vario trochleas maioris, vel minoris
effe potentiæ,tribúfque tantumdem, ac
4 orbiculis effici poffe, quamquam ad
vires augendas inutilis orbiculus minimè contemnendus fit, cùm
plerúmque magno fit commodo,verbi caufa, vt applicetur potentia,
qua fine orbiculo vti nequeas,vt in puteis cernitur ; adde quòd pondus brachiorum & totius corporis,beneficio trochleæ, iuuet potentiam, cui noceret, fi vi brachiorum abfque machinis aqua è puteis
hauriretur.

Porrò quoties orbiculi omnes potentiam auxerint, ex illorum numero,vnitate addita, illorum ad pondus ratio determinatur; fi enim
fint 4 orbiculi, potentia per illorum funes fuftinens erit fubquintu-
pla ponderis,neque manus hominis vice ponderis fungens alterius
hominis manum trahet, nifi fuerit quintuplo fortior.Si fuerint 5 orbiculi potentia ponderis fubfextupla,fi vndecim,fubduodecupla erit,
& ita de cæteris.

His omnibus trochleam octo inftructam orbiculis adiungo,vt ad
praxim magis accedam, & quifpiam nouerit quomodo funis poffit
abfque confufione fingulis orbiculis tam fuperioris quàm inferioris
trochleæ circumduci. Quod vt fiat commodiùs, debent orbiculi fuperiores & inferiores maiores effe, & tam defcendendo quàm afcendendo minui paulatim,vt in hac figura cernitur, in qua funis incipiens ex parte potentiæ à B puncto per litteras fequentes progreditur

& circa orbiculos conuoluitur, itaque à
B pergit per C D E F G H I K L M N O
P Q R S T V, & definit atque alligatur
in puncto X, à quo si funis circumductionem incipias, erit funis circumuolutus X V T S R Q P O N M L K I H G F
E D C B.

Solent autem orbiculi suis ligneis the-
cis *c d* Y, & *a b* X ita concludi, nihil vt
præter thecas videatur; at siue orbiculi
detegantur, siue occultentur, perinde
fuerit. Quò verò fuerit axiculorum centris *h l m n o g f e* infixorum diametri minores & superficieculæ cylindricæ durio-
res & magis politæ, dummodo concauæ
superficies orbiculorum prædictas super-
ficieculas tangentes sint æquè duræ, ac
politæ, eo faciliùs pondera trahentur.

Quod vt fabri & cæmentarij suppleant,
oleo vel axungiâ tam axiculos quàm exti-
mos orbiculorum ambitus inungunt.

Porrò cum orbiculus, aut funis quilibet istius trochleæ agit in pondus æqualiter, hoc est funis quispiam octauam sustinet partem ponderis, potentia in B est
ponderis A suboctupla, quapropter orbiculus quilibet 1250 libras sustineret: cúmque potentia hominis non soleat esse
maior 50 libris, 250 homines huic essent
applicandi trochleæ, pondus A 10000.
librarum tracturæ, spatium verò à fune
B, & operariorum manibus confectum,
erit spatij à pondere facti octuplum.

Vt autem meliùs intelligatur ad quod
vectis genus trochleæ reducendæ sint,
hæc figura 4 vectes refert, nempe vectem A B, C D, E F & G H æquales inter se, quorum fulcimenta in B D F H,
potentiæ in A C E G, & N pondus in I
K L M appensum: quibus vectibus qua-

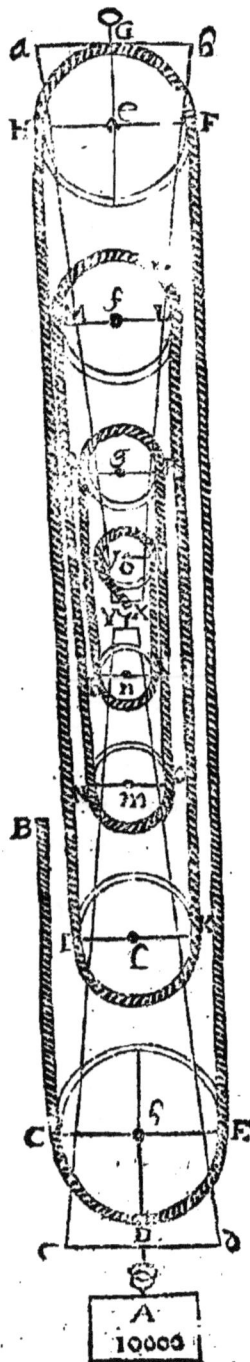

tuor præcedentium orbiculorum infimorum CE, IK, NO, & RS comparari poffunt.

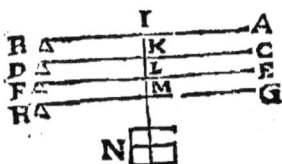

Cùm autem in his vectibus fit A potentia ad pondus in I vectis medio, vt IB ad BA, hoc eft fubdupla, ob hypomochlion : mediam partem ponderis N potentia A fuftinet ; cùmque vectis quilibet eodem modo in pondus N agat, fequitur vectem C D mediam ponderis N partem fuftinere ; quapropter potentia vt vnum duobus illis vectibus applicata fuftinebit pondus, erítque propterea pondus potentiæ quadrúplum. Si verò tertius vectis E F addatur, quælibet potentia erit ponderis fubfextupla : fi denique quartus adijciatur, quælibet potentia fuboctupla erit, & ita deinceps in infinitum. Tantumdem verò faceret potentia, eodémque tempore abfque trochleis, fi pondus in 8 partes æquales diuideretur, fed cùm pondus vel non debeat, vel nequeat diuidi, neque tot operarij femper haberi poffint, quot abfque trochleis ad pondus mouendum neceffarij forent, hæc, aut aliæ machinæ mouendis oneribus adhibentur.

PROPOSITIO XI.

Gloffocomi, vel Pancratij, feu rotarum dentatarum conftructionem, & vires explicare, & ad vectem reducere.

INtegrum iftius machinæ corpus A P Q B Heron. apud Pappum lib. 8. Gloffocomum appellat, quod varijs rotis dentatis inftruitur, vt vi modica, vel minima maximum pondus tollatur, Tignis autem feu trabibus rectis A P & B Q inferuntur axes L M, T V, R S & E D cum tympanis dentatis. Funes N axi alligat, *arna* dicuntur : pondus verò O φορτίον ibidem appellatur, quod funis circumuolutione mouetur.

Porrò motus incipit à minore rota, feu tympano F, quod manubrij C beneficio motum mouet rotam E X, cui tympanum aliud infertum G, quod mouet fecundam rotam Y Z, cuius tympanum I mouet rotam vltimam K Q.

Vis autem iftius inftrumenti pendet à ratione numeri dentium, quibus tympanula, quæ vulgò *pignons* Galli vocant conuertuntur, fi enim tympanulum I duodecies conuertatur antequam rota, cuius dentibus congruit, semel conuertatur, potentia 50 librarum, qualis est hominis vnius, 600 libras sustinebit. Si secundum tympanulū G adiungatur, cuius dentes 8, vt primi, rotæ verò Y Z, vt K & rotæ dentes 96, potentia vnius hominis in G applicata sustinebit 7200 libras, cùm G tympanulum 144 conuerti debeat, vt rota K & semel conuertatur. Si denique tertio tympanulo E duodecies conuerso rota E X semel conuertatur, rota K & non perficiet gyrum vnum, nisi 1728 conuersum fuerit; manus autem hominis vertens manubrium C, 86400 libras sustinebit, dummodo sola absque instrumento 50 libras sustinere possit.

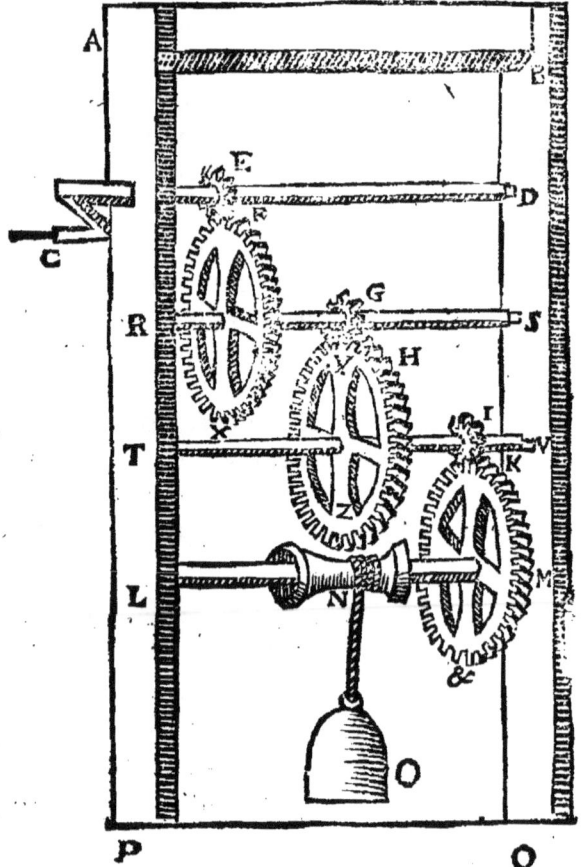

Frustra plures rotas adhibuerimus, cùm nulla nobis materia suppetat, quæ pondera ferre possit 6 aut 7 rotarum dentatarum, quáles sunt prædictæ, quæ ita multiplicari possunt, vt terram ipsam digito possis sursum tollere, si fulcimentum extra terram detur, & materia satis firma reperiri possit. Verùm, vt in aliis mechanicis potentiis, quo grauius pondus mouebitur, eo maius tempus insumetur, eóque minus iter perpendiculare pondus conficiet, & pondus erit ad potentiam vt spatium potentiæ mouentis ad spatium ponderis moti.

Rotarum verò motum iuuabit manubrij *ba* magnitudo, si maior fuerit semidiametro succulæ, seu axis N, cuius si dupla, vel quadrupla fuerit, potentia in C subdupla, vel subquadrupla tantummodo requiretur:

requiretur: fed quo minoris crassitudinis N fuccula fuerit, eò lentiùs O pondus attolletur, idque à minore potentia ; verbi caufa, fi quælibet funis circumductio fit vnius pedis, vti continget cum axis diameter fuerit 4 digitorum, vno tantùm pede tolletur, vbi manubrium *ab* 1728 verfaueris, quapropter fi minuti fecundi tempus in qualibet conuerfione infumatur, hora ferè dimidia requiretur in ponderis O pedali eleuatione.

Quapropter minor dentium numerus rotis indendus, vt pondus O celeriùs afcendat : quod fiet fi tympanula fint rotarum fubdupla, vel fubtripla, tunc enim 8, vel 27 fecundorum fpatio pedem vnum afcendet.

Porrò ingeniofum eft quod Marius Bettinus de vectibus proponit, ad quos Gloffocomū iftud refertur, quódque figuræ paginâ fequenti videndæ ita congruet. Sit vectis primæ fpeciei A C, cuius hypomochlion B, fitque brachium maius C B duodecuplum brachij minoris B A, vti diameter rotæ E X eft duodecuplo diametri F E tympanuli.

Cùm enim iftius inftrumenti rotæ omnes fint æquales, nil refert fi ab vltima, vel à prima quis incipiat. Eft igitur vectis fecundus C E, cuius fulcimentum D, & brachia funt in eadem inter fe, ac præcedentis brachia ratione, quod & vltimo feu tertio vecti E G congruit, cuius fulcimentum F.

Ita verò in fe inuicem agunt, vt cùm potentia premit punctum G, punctum E attollatur, quod fieri nequit nifi depreffo brachio C D, quod propterea neceffariò deprimit brachium C B vectis primi, & confequenter attollitur brachium A B, atque adeo pondus L. Hi enim vectes fi cohærere, rotarum inftar intelliguntur, vt in contraria obnitentes alternatim per adductionem & impulfionem ad remorum modum tandem pondus L attollant.

His autem tympanis per mutuas dentium connexiones & connifiones in contraria motis veteres vfos fuiffe teftis Ariftoteles initio quæft. mechan. tex. 5. Vbi mirabilis illi videtur circuli moti proprietas, quòd dum vnum diametri extremum τȣ́μπροϑʋ, alterum τȣ́πιϑʋ moueatur, & ante nequeat effe abfque retro, adeout rotarum ofcula, concurfus & collabellationes motus contrarios efficiant, cùm enim vna recta deprimitur, attollitur altera.

Quibus fimilia videas in auium volatu, quippe folent euehi cùm alas deprimunt, & aërem verberant : fed & animalium tam reptilium, quàm natatilium, & aliorum motus ad diuerfos vectes referri poterunt, fi propiùs infpiciantur, & cùm Φανερὸν fuerit ἄπιον, euanefcet Ariftotelicum ϑαυμαϛὸν: Hac enim circuli proprietate raptus in admira-

tionem non indicauit ἀ᾽ρπον, si diceret illum esse ϖαί πος τῆς ϑαυμαί πος ἀρχλω᾽,
miraculorum, vel admirandorum omnium principium:quis enim
animo complectatur idem simul contrariis ferri motibus antrorsum,
retrorsum, sursum, deorsum, sinistrorsum, & dextrorsum? quod tamen
in rota dentata inter 4 alias rotas interclusa cernere est.

Porrò quæri potest num vectis H K eiusdem cum tribus vectibus
A C F G longitudinis sit eadem potentia, hoc est num eadem potentia premens G, & K eodem modo pondus M, ac pondus L æquale in altum tollat, cùm enim brachium I K supponatur æquale brachiis B C, D E & F G, hoc est sit 36 partiũ, qualis est H I, seu A B, aut
C D, vel E F partis vnius, vim eandem habere videtur, ac tria brachia prædicta simul sumpta. Sed vectis H K hanc solummodo vim
habet vt potentia in K vnius libræ ponderi in H 36 librarum æquiponderet, cùm superiùs dictum fuerit tribus illis rotis, seu vectibus
fieri vt

pondus
vnũ pó-
deribus
1728 æ-
quipon-
deraret.

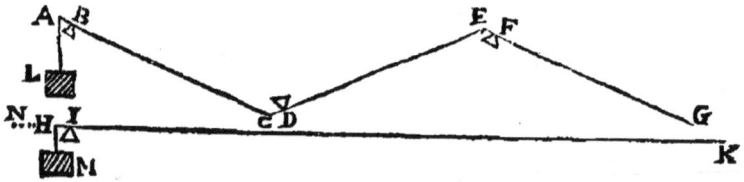

Vnde fit igitur vt tanta sit vectium disiunctorum potentia? nempe
quòd se inuicem multiplicent, & primò vecti A C, cuius potentia in
C vt 1 sustinet pondus L vt 12, non solùm addat 12 vires nouas vectis secundus, vt sint 24, sed eas in 144, vti 12 in 12, conuertat, rursúsque tertius primi vires cubet ; cùm sola fiat additione vectis H K, cuius brachio I H si C D & E F addantur, tantum abest vt potentior
erudat, cùm triplò fiat quàm antea debilior, cuius nempe potentia in
K sit ad pondus M vt 12 ad 1, seu 36 ad 3 futura, quæ priùs vt 36 ad 1
fuerat.

Sunt autem qui hanc machinam ad Archimedis Chariftion referant, cuius figuram apud Bessonem videre possis: neque differt ab eo
instrumento, quod Galli *cric* vulgò nuncupant, & quo tam aurigæ,
quàm cæmentarij, vel architecti ad currus releuandos, domos è suis
locis transferendas, aut sublimiùs tollendas, & ad alia pleráque fœliciter vtuntur : qua de re videatur Steuinus prop. 10. praxis staticæ,
vbi calculo subducto demonstrat hoc instrumento 30 axibus instru-
cto, terram è loco suo dimoueri posse, si numerus dentium, quos habuerint rotæ maiores, sit decuplus dentium, quos minores habent: sed
cùm nulla materia vim illam sufferre queat, frustra quis illud tenta-

rit: quod si vel possit, spatio 1000000 annorum nequidem digiti spatio terram mouebit. Adde quòd nullum sit extra terram punctum fi-
xum, quod Pancration vel Charistion sustineat, vnde frustra dictum
ab Archimede δός μοι πῆ ςῶ, καὶ κινῶ τὴν γῆν.

PROPOSITIO XII.

*Cunei naturam ad vectes, aut planum inclinatum
referre, illius proprietates explicare, ipsiúsque plani inclinati vires euoluere.*

DE Cuneo quæst. 18. mechan. agit Arist. eúmque cum aliis Græcis σφὴνα vocat; cuius historiam paucis contrahemus, omissis
in præsenti variis illius significationibus, quippe theatralium graduum ordines, de quibus Lipsius cap. 13. lib. de amphitheatro, & ordinatas militum turmas sæpè denotat. Nunc enim ὁ σφὴν seu cuneus
nobis erit vna ex potentijs mechanicis, de qua Pappus 8 Collection.
& Guid-Vbaldus, cum alijs qui commentarios in Aristotelis mechanica edidere.

Sit igitur in hac figura cuneus T E G in lignum fissile D C A B
impactum malleo ferreo, vel ligneo, quo cunei caput G E percutia-

tur. Arist. loco citato
cunei naturam, seu
potentiam ad dupli-
cem vectem refert,
nempe G V, cuius
fulcimentum in pun-
cto Q, pondus vel
onus mouendum, seu
findendum atque se-
parandũ, inferior pars
ligni B V Q C, po-
tentia verò residet in
puncto G: & E T, cuius potentia in E, fulcimentum in puncto R, &
pondus mouendum superior ligni pars A R D.

Malunt alij, vectem G V impellere superiorem partem T R D, cùm
enim G Q premit punctum Q necesse est vt V cunei mucro, seu
cuspis premat partem ligni T.

Guido tamen alio modo vectem concipit, statuítque pondus mouendum inter hypomochlion & potentiam, cùm Philofophus ponat hypomochlion inter pondus & potentiam : erit igitur fulcimentum in cufpide T, quod percuffione noua mutabitur, & vtriúfque vectis idem hypomochlion.

Quibus intelligendis duæ fequentes figuræ feruient, fit enim fiffi-le Y & Z T, in cuius rimam vectis cuneatus S X, vel fcalprum, vel quidquid aliud volueris immiffum, ne pars Y & recidat, oftendit T quidem effe hypomochlion refpectu partis fuperioris S &, quæ mouetur fuperiùs, quando potentia puncto X incumbit : fed non minus oftendit punctum S effe vectis eiufdem fulcimentum, habita partis Z T motæ ratione. Si tamen pars vnica, puta S & moueatur, parte Z T interim immotâ, tunc folum punctum T hypomochlij vice fungetur.

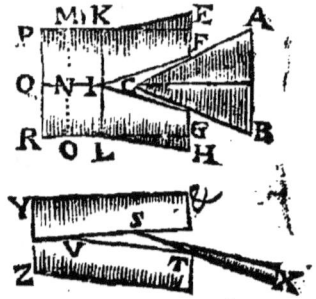

Eft & alius Baldi modus quo vectem cuneo tribuit, vel potiùs ipfi ligno findendo, vt in alia figura videre eft, in qua lignum P F R G, cuneus impactus A C B; fciffio, feu rima C Q. Sit igitur facta feparatio cunei ingreffu, pars F pellitur in E & pars G in H, fciffæque partes erunt D E C F pars fuperior, & R G H inferior, duo vectes, quorum hypomochlia K & L puncta; potentiæ dilatantes F & G, pondus autem materiæ refiftentia. Cúmque ratio F I ad I K fit minor quàm ratio F N ad F M', ratióque G I ad I L minor ratione G N ad N O, fciffio à puncto N ad Q facilior erit fciffione à puncto I ad punctum N.

Quibus nil opponere velim, quòd intelligere poffimus idem effe futurum fi quis malleo lignum ipfum P R percutiat immoto vecte A B C, ac cum malleo cuneum percutit : quemadmodû alio loco notamus eundem ex aëre, quem equo, naue, vel alio modo vectus findis, in vultu fenfum oriri, quàm ex vento, cuius velocitatê curfui tuo parem fentire cogeris, & tantumdem impediri pilæ motû ab aëris cylindro pilæ occurrenti, quantum pila ex filo pendula à vento eiufdem cum præcedenti pilæ motu velocitatis agitaretur; qua de re fufiùs alio loco dicetur : nunc enim ad cuneum redeo, quem dico ad planum inclinatum referendum effe.

Sit igitur planum horizontale T H, fuper quo T E planum inclinetur; fi fupponatur T H latus cunei horizontale, quod alicui corpori immobili innitatur, quale poteft intelligi fub X H plano cunei

huius caput E H vi quapiam, verbi gratia malleo pulfum, aut percuffum mouebit pondus fibi fuper impofitum R A, vel K; cuius refiftentia innotefcet ex linea L M lineæ H E perpendiculari. vt enim hypothenufa T K ad perpendicularem L K, ita pondus vel refiftentia K ad
potentiam quæ pon-
dus in puncto K fu-
ftinet, quod quidem
K debet hîc intelligi
punctū, in quo fphæ-
ra K tangit planum
E T.

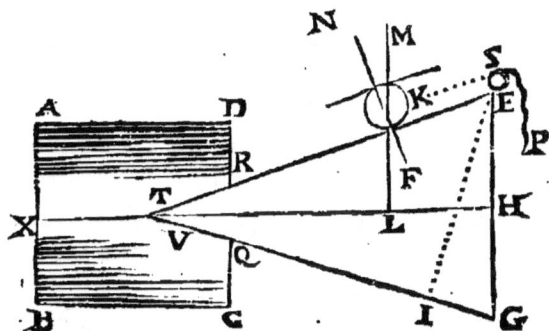

Cúmque illa per-
pendicularis L K fit
eò breuior quò an-
gulus E fit acutior,
conftat eiufdem po-
tentiæ vires eò magis augeri, hoc eft eò minorem potentiam requiri,
quo maior fuerit ratio lineæ T L ad lineam L K.

Cuiuflibet autem vulgaris cunei vires inuenientur, verbi gratia cunei G F T, fi bifariam diuifus per H T lineam fupponatur, vt bini
cunei prodeant, nempe cuneus T H F, & cuneus V H G: latus enim
vtriúfque T H refert corpus immobile, quo latus T H nititur. His
igitur duobus cuneis ad præcedentem inclinati plani legem reuoca-
tis, binæ ponderum refiftentiæ fimul additæ duabus potentiis, fimul
additis comparabuntur.

Quæ vt clariùs intelligantur, pauca de plano inclinato repetenda.
Sit igitur planum inclinatum A C, fu-
per horizontali plano B A, angulúfque
C A B notus fit, verbi gratia 30 graduum, vt hîc contingit, cùm B D fit
triens quadrantis circuli B E: impona-
túrque pondus I vel H fuper inclinato
plano D A, quod labetur verfus A, nifi
ab aliqua potentia retineatur.

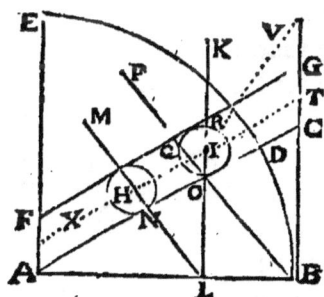

Potentia verò ponderis lapfum impe-
ditura beneficio lineæ directionis T I
plano C A parallelæ ita reperietur. Ducatur K L plano horizontali
B A perpendicularis, quæ fecet planum inclinatum A C in puncto
O, vt habeatur triangulus rectangulus A L O, cuius angulus acutus
A notus, & hypothenufa O A in quotuis partes diuidatur, ex canone

sinuum innotescet quot partium fuerint alia duo latera O L & L A: eritque ponderis, seu resistentiæ I ad T potentiam ratio penitus eadem quæ A O ad L O. Verbi gratia cùm angulus A sit 30 graduum, O A hypothenusa dupla erit catheti L O; quare si pondus I sit 40 librarum in aëre libero, potentia in T 20 librarum æquipondium faciet, neque labetur I, cúmque hypothenusa fuerit 40 partium, & cathetus vnius partis, pondus I vnius erit libræ, hoc est potentia T quadragecuplò minor erit absoluta ponderis T resistentia.

Cùm autem per alias directionis lineas potentia nonnunquam agat, vel aget secundum lineam per centrum ponderis transeuntem, & plano horizontali perpendicularem, qualis est linea K L, vel per lineam inter K L & O C, seu T I interiectam, qualis est R V; vel denique per lineam plano inclinato perpendicularem, qualis est linea M L, quæ planum A C ad rectos angulos secat.

Potentia per K I L agens debet æquare pondus; per lineam M N L agens potentia nulla finita sufficit ad impediendum I vel H ponderis lapsum, quantumuis enim duo plana G A & G F parallela premant, nihil à lapsu versus X pondera, seu corpora I & H impediri possunt.

Quod quidem in praxi nunquam contingit, quæ nullum planum absque scabritie, fossulis, & mollitie potest exhibere, quale theoria supponit.

Potentia per R G lineam agens pondere quidem minor requiritur, sed quæ sit minor potentia T; quo verò maior esse debeat, suo loco dicetur. Quod ad inclinati plani C A pressionem attinet, quam à pondere H vel I patitur, ex eodem triangulo rectangulo A L O iudicabitur, vt enim hypothenusa O A ad basim L O, ita pondus I, vel H ad resistentiam, seu potentiam inclinati plani D A. Exempli gratia, si L A subdupla sit A O, pondus I 40 librarum in aëre libero premet solummodo 20 libris, minuetúrq; tantundem vis pressionis, quantum fuerit hypothenusa O A maior base L A, donec basis euanescat; quod continget vbi planum inclinatum ab A C per reliquum circuli quadrantem D E promotum in planum A E verticale mutabitur, in quo planum inclinatum definit, & pondus sibi relictum ad centrum grauium contendit. Contra verò pondus totis viribus planum inclinatum premit cùm per 30 gradus D B descendens in horizontale planum conuertitur. Ex dictis autem sequitur potentiam T, omnium quæ ponderis I vel H lapſum impediant, eſſe minimam; quæ vel nulla requiritur ob planorum ſcabritiem, ob q̄ am potentia T pondus ad ſe trahens, vel potentia X impellens, ſemper augendæ ſunt, ſiue pondera, aut reſiſtentiæ verſus centrum grauium, ſiue ad quodlibet aliud punctum contendant.

Cùm autem inclinati plani conſideratio ſit in rebus mechanicis vtiliſſima, & in harmonicis Gallicè ſcriptis Geometræ doctiſſimi tractatum ea de re curarim edi, qui deeſt in Harmonicis Latinè ſcriptis, illius verſionem Latinam paucis detractis accipe, nam omnia ferè quæ ad Mechanicam ſpectant complectitur.

MONITVM.

Quæ deerunt in ſequentibus propoſitionibus, ſupplentur à propoſitione quinta, & deinceps libri de Balliſticis, qui licet ad partem Mechanicæ pertineat, quæ de vi percuſſionis agit, attamen peculiarem tractatum iure ſuo poſtulat, ob varias, difficiles, & abſtruſas difficultes quas inuoluit.

Porrò quamuis ſequentium aliqua pars iam in præcedentibus propoſitionibus ſit explicata fuerit, tamen operæpretium eadem ſequentibus figuris accommodare, tum vt bis, diuerſo tamen modo, repetita perfectiùs intelligantur, tum vt Gallicè minus ſcientes non conquerantur de Tractatu Mechanico Harmonicis Latinè ſcriptis non inſerto. Adde quòd velim rerum Mechanicarum ſtudioſos hiſce propoſitionibus admonere, reliquas vt iſtius ſcientiæ partes à noſtro Geometra, quem vix Archimedi cedere putem, adeo importunè requirant, vt tandem in maximum rei litterariæ decus impetrent.

PROPOSITIONES.

Dato plano ad horizontem inclinato, cuius angulus cognitus ſit, inuenire potentiam, quæ trahendo vel impellendo per lineam directionis inclinato plano parallelam datum pondus ſuper eodem plano ſuſtineat.

SIt horizontale planum LM, ad quod planum LN 2 inclinetur, & angulum datum MLN efficiat; (vbi obſeruandum in diſcurſu me lit-

teris maiusculis vti, licet in figura minores incisæ fuerint:) sit etiam
datum pondus super inclinato plano A, cuius centrum grauitatis A;
potentia quæ pondus istud sustineat ita reperietur. A puncto N demittatur perpendicularis N M super planum horizontale L M, sitque vt
L N linea ad N M, ita pondus datum A ad potentiam Q. Deinde funis aut linea D A plano L N 2 parallela pendeat ex A centro grauitatis: & per eam potentia Q ex quocumque puncto A O trahat pondus
A, verbi gratia ex O puncto, vel per orbiculum O P, cuius centrum
R : his positis, potentia Q sustinebit A pondus, & impediet ne labatur
super plano L N 2.

Ducatur enim perpendicularis A N ab A grauitatis centro super
planum inclinatum, quæ versus A vsque ad B producatur: sitque libra
B A N, cuius centrum in puncto C, & brachia C A & C B æqualia,
intelligatúrque pondus A centrum grauitatis habere in brachio C A,
in quo retineatur, & impediatur à lapsu per planum L N 2, vel alio
quouis modo.

Super B C brachio sit potentia in puncto B ponderi A æqualis, vel
pendeat à puncto D funis B D, sintque ponderis A & potentiæ D directionis lineæ inter se parallelæ, libra B A manebit in æquilibrio super
fulcimento suo C L, quo centrum illius C nititur; neque pondus super
plano L N 2 labetur, ob prædictum æquilibrium.

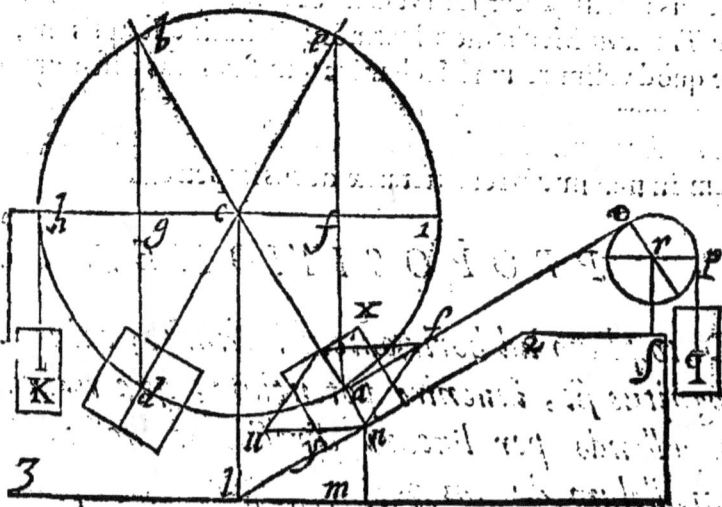

Intelligatur autem libra horizontalis H C I, in quam perpendicularis A F linea directionis ponderis A ducatur : & linea directionis
B D potentiæ B vel D occurrat puncto G libræ H C I, angulus D G C
rectus

rectus erit, cùm ex constructione angulus F sit rectus, & A F atque
D G sint parallelæ, ex hypothesi, quapropter linea C F æqualis erit
lineæ C G.

Sit etiam librarum B A & H I decussatio immutabilis in centro C,
vtcúmque moueantur : potentia D vel B super brachio C B per lineam directionis B G D eodem modo trahit, ac si esset in G super distantia C G.

Brachium verò C H fiat æquale brachio C A, & super brachio C H
potentia K per lineam directionis H K brachio H K perpendicularem
agat, sitque potentia K æqualis potentiæ Q : Cúmque L N sit ad
M N vt A pondus ad Q potentiam ex construct. & L N ad M N vt
C A ad C F, ob triangulorum L N M & A C F similitudinem, erit
eadem ratio C A ad C F, hoc est C H ad C F, vel C H ad G, quæ
ponderis A ad Q potentiam, seu potentiæ D ad potentiam K.

Cùm igitur distantia C H ad C G, ita reciprocè potentia D in G
ad potentiam K in H, potentia K in H æquiponderabit potentiæ D
in G, per 6 & 7 primi mechan. Archim. Atqui potentia D in G
idem præstat ac in B, & est antisacoma ponderi A super brachio C A:
quare K potentia ex distantia C H æquiponderat ponderi A super
brachio C A posito, eadémque potentiâ K super distantia C H vices
obeunte potentiæ D super distantia C B, vel C G, libræ manent in
æquilibrio.

Cùm verò potentia Q agit super brachium C A per lineam A O,
súntque C A & C H distantiæ æquales, quibus directionis lineæ A O
& H K ad rectos angulos, & potentiæ trahentes Q, K æquales, trahent
æqualiter : cúmque potentia K agens ex distantia C H æquilibrium
inferat libræ, si potentia Q vires potentiæ K præstans trahat distan-
tiâ C A, libra manebit æquilibris, pondúsque A, impediente potentiâ Q, super plano N L minimè labetur. Ablatis igitur reliquis potentijs K D vel B, sola potentia Q per A O trahens pondus A, vt antea, retinebit super plano N L. Cúmque linea A O centro grauitatis
A extremo libræ C A respondenti adhæreat, libra nil ampliùs sustinet, neque suum centrum C premit, ideóque pondus A quiescit super plano L N 2, & super potentia Q, quæ sustinet istud pondus super plano prædicto.

Cùm autem ex hypothesi N L M angulus datus sit, & angulus M
rectus sit, L N M triangulus datur specie, est igitur ratio L N ad N M
data : sed L N est ad N M vt pondus A ad Q potentiam, ex construct.
igitur ratio ponderis ad Q potentiam datur; Est autem pondus A
datum, igitur & potentia Q data, quod quærebatur.

g

COROLLARIVM PRIMVM.

EX dictis, erit eadem ratio hypothenusæ L N ad basim L M, quæ ponderis A ad potentiam lapsum illius super libræ brachio C A, & pressionem super L N 2 plano impedientem : quod demonstratur, si C A N distantia planum inclinatum referat, potentia siquidem pondus in hac obliquitate sustinens ad pondus esse debet vt perpendicularis seu cathetus F A ad C A hypothenusam, vel vt L M ad L N, ob triangulorum L M N & A F C similitudinem.

COROLLARIVM II.

SI pondus A pendeat à linea C A rigida puncto C infixa, circa quod liberè cum suo pondere moueri possit, non quiescet pondus, nisi cùm linea C A cum C L ad horizontem perpendiculari conueniet. Si pondus idem cum sua linea vi trahatur ex loco quem in hac figura tenet, retineri non poterit in hoc statu, agens per lineam directionis A O perpendicularem lineæ A C, nisi à potentia ponderi Q æquali, quod est ad A pondus vt C F ad C A, linea enim C A cùm firma supponatur instar baculi ferrei, refert brachium libræ B A.

Itaque pondus A contra lineam C A, à qua pendet, vim suam integram non exeret, sed illius potentia est ad totalem illius potentiam (quam habet dum trahit per lineam C L) vt A F ad A C; quod verum est, etiamsi C A funis loco lineæ firmæ supponatur.

COROLLARIVM III.

SI pondus A cadat obliquè in planum L N 2, illius vis, percussio, vel pressio erit ad illius potentiam integram vt F A ad A C, vel L M ad L N, cùm vis percussionis sit veluti ponderis augmentum.

COROLLARIVM IV.

POtentia pondus super inclinato plano sustinens non est ad pondus, vt angulus inclinationis ad rectum angulum, vt credidit Cardanus 72. prop. lib. 5. proport. est enim ratio anguli inclinationis M L N ad angulum rectum M, quæ perpendicularis M N ad hypothenusam N L, & ideo potentia ab eo data minor est quàm par

fit: nam ipfa experientiâ conftat in inclinatione 30 graduum potentiam pondus fuftinentem effe ponderis fubduplam, cùm iuxta Car-
danum fubtripla fufficiat, cùm 30 graduum angulus fit recti fubtri-
plus, cuius nempe triens. Deinde in inclinatione 60 graduum 10 libræ libras 15 fuftinerent, cùm tamen 13 libræ proximè requirantur.
Hinc etiam conftat 9. propof. 8. Collat. Matth. Pappi falfam effe.

COROLLARIVM V.

EAdem ratione crefcit iter à pondere fuper inclinato plano faciendum, quâ decrefcit potentia ; vnde tempus quo mouetur
fuper illo plano, ad tempus quo mouetur per planum perpendiculare eft in ratione reciproca potentiæ per lineam perpendicularem
agentis ad potentiam per inclinatum planum trahentem : itaque
tempora funt inter fe vt ipfa plana: Si verò planum vtrúmque iuxta
diuerfos angulos fuerit inclinatum, maiorem potentiam magis inclinatum requiret, fed reciprocè maius erit iter & tempus quo pondus
ad æqualem altitudinem fuper plano magis inclinato tolletur : crefcit verò tempus eadem ratione quâ potentia minuitur: nam fi quid
potentiæ fuperaddendum fuerit, id in imperfectionem, fiue impedimenta plani & ponderis refundendum.

COROLLARIVM VI.

COchlea refertur ad planum inclinatum, circa rotundum corpus
inflexum, vt poftea videbitur; quemadmodum cuneus, vti iam
dictum eft, cùm vis eadem in impellendo fub pondus plano, quam in
pondere fuper planum trahendo requiratur.

PROPOSITIO XIV.

*Cùm linea directionis, quâ pondus fuper inclinato pla-
no à potentia fuftinetur, non eft eidem plano parallela, plani inclinatione, & pondere datis, inuenire potentiam.*

IStius propofitionis cafus duo cum vna determinatione priùs explicandi, quàm vlteriùs progrediamur. Sit igitur pondus A fuper

plano inclinato L N 2 in figura prop. præced. libra C A N inclinata, sed eodem plano perpendicularis, & libra horizontalis C F cum
A F linea lineæ C F perpendicularis; Y A O plano L N 2 parallelâ, & N M plano horizontis L M perpendiculari.

Præterea T N vsque ad A centrum grauitatis dati ponderis A
producta ducatur ex puncto N perpendiculariter super planum inclinatum L N 2, occurrens horizontali plano in puncto T, vt cùm opus
erit, T A funem vel lineam firmam seu inflexibilem referre queat.

Constat autem lineâ F A existente lineâ directionis, per quam potentia pondus A sustinet, potentiam ponderi æqualem esse debere,
cuius sustentatione posita, pondus nihil premet inclinatum planum
L N 2, quod neque premetur, cùm linea directionis inter A F & A Y
fuerit, & angulum F A Y diuiserit; verbi gratiâ directionis linea I A
non sustinebit, sed deprimet pondus: quapropter nec A Y nec inter
A Y & A T esse debet, nam exempli causa si potentia per lineam
A Z agat, pondus deprimetur; vbi supponendus à plano nihil impediri lineam A Z, aut alias lineas per planum idem transeuntes, vel
ipsam libram C A N.

Denique cùm potentia per lineam A T trahit pondus in planum
L N 2, premitur quidem planum, sed nulla ratione ponderis lapsum
impedit, quantumuis potentia premat & impellat pondus contra
planum.

Duos igitur reliquos potentiæ situs discutiamus, in quorum vno linea directionis est inter A F & A O, quæ angulum F A O diuidit, vt
cùm linea directionis est A Q, & potentia in Q, vel post trochleæ
circumductionem in E.

In altero situ, linea directionis potentiæ est inter A O & A T, qualis est A R, potentia existente in R, vel in S trochleæ beneficio. Qui
quidem casus sola constructione differunt, nam vtriúsque demonstratio eadem. Omitto impulsionem & tractionem eadem vi & linea
fieri.

Primi casus explicatio &
demonstratio.

SIt A Q directionis linea, per quam potentia Q vel E sustineat
datum pondus A, super inclinato plano L N 2; angulus inclinationis N L M datus, & angulus O A Q sub linea A O plano L N 2

parallela, & A Q linea, per quam trahat potentia Q, vel E, reperienda eſt hæc potentia.

Ideóque C B ducatur à puncto C lineæ Q A perpendicularis, quæ cadet inter Q & A, quòd anguli A Q C, Q A C ſint acuti ; erítque data C B, ob datum triãgulum C A B, cuius C A per conſtructionem, datur, angulus B rectus , & angulus G A B anguli B A O complementum. Sit etiam vt data B C ad datum C F, ita pondus A datum ad potentiam Q, vel E, quæ data erit.

Cùm enim O potentia per A O lineam plano L N 2 parallelam trahens ſuſtineat pondus A ſuper prædicto plano, vel ſuper libra C A, omnia ſe habent vt in præcedente propoſ.

Erit igitur O potentiæ ad A pondus eadem ratio quæ C F lineæ ad lineam C A, ex præcedente prop. & vt pondus A ad potentiam Q vel E, ita C B ad C F per conſtruct. igitur, per æqualem perturbatæ proportionis rationem, O potentia eſt ad Q vel E potentiam, vt C B ad C A. Sed Q vel E potentia trahens per Q A libræ C A brachio obliquum, eodem modo trahit ac per C B, libræ brachium referentem, cui C B linea directionis Q B A perpendicularis eſt.

Cùm igitur potentia Q vel E perpendicularis trahit ſuper C B, & O potentia ſuper C A, & eſt proportio reciproca potentiæ O ad potentiam Q vel E, & diſtantiæ C B per quam trahit Q vel E, ad C A diſtantiam, per quam O potentia trahent, potentiæ trahent æqualiter per 6 & 7 lib. 1. mechan. Archim.

Sed O potentia per C A trahens facit libram C A æquilibrem cum A pondere ſuper plano L N 2, eiúſque lapſum impedit, per præcedentem prop. igitur Q vel E potentia per C B vel C A diſtantiam trahens libram C A æquilibrem conſeruabit, & A ponderis lapſum impedit, Funíſque Q A centro ponderis A infixa libram exonerabit, quæ manebit inutilis. Igitur Q vel E per Q A funem trahens datum pondus A ſuſtinet ſuper L N 2 plano, cuius N L M angulus inclinationis datus eſt, & Q vel E potentia data, quod poſtulabatur.

Secundus caſus.

SIt A R directionis linea, per quam potentia R vel S ſuſtinet pondus A datum, ſuper plano L N 2 : ſitque datus angulus O A R, cæteríſque vt antea, ſupereſt R vel S potentia reperienda.

Angulus C A O rectus eſt, igitur C A R angulus obtuſus dabitur; & recta R A verſus A vſque ad I punctum producta, in quod C I perpendicularis cadit, triangulus C A I, & perpendicularis C I dabitur. Fiat igitur vt C I recta data ad C F datam, ita pondus datum A ad R vel S potentiam, quæ prout requirebatur data erit.

Scholium primum.

IN hac propof. præfertim in illius fecundo cafu maximè notandum eſt funem R A fitum hunc habere poſſe, vt perpendicularis C I fit æqualis, vel minor C F in ratione data, atque adeo pondus A æquale potentiæ R, aut S, vel illo minor in ratione data, vt maior potentia quàm A requiratur, vt A fuper L N 2 plano lineâ directionis ei minimè parallelâ, trahendo, vel pellendo fuſtineatur: quod oritur ex eo quòd vis maior requiratur ad pondus trahendum per lineam quæ plano parallela non eſt. Quod facilè probatur ex eo quòd in primo cafu fit minor ratio C B ad C F, eſt enim C B minor C A. atqui vt C B ad C F, ita pondus A ad Q vel E potentiam; & vt C A ad C F, ita pondus A ad O potentiam, eſt igitur ponderis A ad Q vel E potentiam ratio minor quàm ponderis A ad O potentiam, quare O potentia minor eſt potentia Q vel E.

In fecundo cafu C I perpendicularis minor eſt ipfa linea C A, igitur minor eſt C I ad C F ratio, quàm C A ad C F, vt in primo cafu.

Scholium fecundum,

Plano inclinato, & pondere ei fuperpofito exiſtentibus ijfdem, quò directionis linea maiorem cum illo plano faciet angulum, eò maior ad pondus fuſtinendum potentia requiritur.

IN primo cafu Q potentia per funem A Q trahat, & cum A O linea faciat angulum O A Q. Deinde trahat potentia 15 per funem A 15, & faciat cum A O angulum O A 15 maiorem angulo O A Q & A 15 linea magis quàm A Q ad lineam A F accedat: & tam potentia Q, quàm 15 fuſtinere poſſit A pondus fuper inclinato plano L N 2, erit potentia 15 maior potentia Q, ducta enim fuper A 15 perpendiculari C 16, conſtat pondus A eſſe ad 15 potentiam vt C 16 ad C F, & pondus A ad Q potentiam eſſe vt C B ad C F. Atqui ratio

C 16 ad C F minor eſt ratione C B ad C F, cùm C 16 minor ſit C B linea; Ponderis igitur A ad 15 potentiam ratio minor eſt ratione ponderis A ad Q potentiam; igitur 15 potentia maior eſt potentia Q.

In ſecundo caſu, potentia R per A R lineam agat, & angulum R A O cum A O faciat : deinde potentia 10 per chordam A 10 trahens faciat cum A O linea 10 A O angulum angulo R A O maiorem, ſed T A O minorem, vt A 10, linea ſit, quàm A R, lineæ A T plano L N 2 perpendiculari vicinior : & tam R quam 10 potentia ſuſtinere valeat pondus ſuper plano prædicto, erit potentia 10 maior R potentia, nam à puncto C ſuper A 10 vtcúmque productâ A 10 verſus A, C 11 perpendicularis demittatur, conſtat A pondus eſſe ad R potentiam vt I C ad C F, & ad potentiam 10 vt C H ad C F, atqui ratio I C, maior eſt quàm C 11 ad C F, quia I C maior eſt C 11. Igitur ponderis A ad R potentiam ratio maior eſt quàm ponderis A ad potentiam 10, quare R potentia minor eſt potentia 10.

PROPOSITIO XV.

Datis plano inclinato, pondere, & potentia, quæ ſit maior minore pondus datum ſuper datum planum ſuſtinente, lineam directionis inuenire per quam data potentia pondus idem ſuper eodem plano ſuſtinebit; & dare angulum quem hæc linea cum plano faciet.

SIt rurſus datum planum inclinatum L N 2, ſuper quo pondus A, detúrque potentia maior O vel 3 potentia, omnium A ſuper plano ſuſtinentium minima; ſitque reperienda linea directionis per quam data potentia ſuper L N 2 pondus A ſuſtineat : A F linea directionis ponderis A, libra C A perpendicularis plano A N 2, C F ſuper F A & cæteræ ſint vt antea; erit igitur ex dictis O potentia ad A potentiam vt C F ad C A, ſed data potentia maior eſt O potentiâ, igitur illius maior erit ad A pondus quàm C F ad C A ratio, & conſequenter C 19 minor erit C A.

Si data potentia ſit æqualis A ponderi, linea C 19 æqualis erit C F; ſi maior fuerit; C 19 minor erit C F; ſin minor fuerit, C 19 minor erit C F.

Iam verò centro C, interuallo C 19 circulus I 19, 12 deſcribatur, qui C Q lineam ſecabit inter puncta C, F, cùm C 19 maior erit CF, vel in puncto F, cùm C 19 æqualis erit C F : alioquin idem circulus C Q lineam inter C, F ſecabit.

Vt vt fuerit, à puncto A ponderis centro duæ circulum tangentes A 18, & A I, nec non lineæ C 18, & C I ducantur. Tangens A 18 producta lineæ C Q in puncto 17 occurrit : quod quidem punctum circuli 19, 18 ſecantis lineam Q A inter puncta F, 3, vel in puncto F, vel inter CF, leges ſequetur, erit quippe ſimiliter inter eadem puncta, vel in F puncto.

Si cadat punctum 17 inter F & 3, & potentia ducta pondus A trahat per funem A 17, ſuſtinebit A ſuper plano L N 2, cùm ſit C 18 perpendicularis ad C F, vt A pondus ad datam potentiam.

Si cadat in F, vel inter C, F, potentia erit ad eam partem inutilis, neque ſeruiet niſi cùm dato pondere minor fuerit.

Tangens A I producatur verſus partem A in R, & per funem A R data potentia R, vel S trahat, quæ pondus A ſuper plano ſuſtinebit, cùm ex conſtructione perpendicularis C I ſit ad C F lineam vt A pondus ad datam R vel S potentiam. Et in vtróque caſu 17 A O vel R A O innoteſcet, vti poſtulabatur.

COROLLARIVM.

EX dictis colligitur datam potentiam iuxta quamcúmque rationem, A pondere maiorem eſſe poſſe, nec vllam eſſe quantumuis magnam, quæ, dum trahit per funem A T plano L N 2 perpendicularem, A pondus ſuper prædicto plano ſuſtinere, aut ipſius lapſum impedire poſſit, per lineam C A pellendo, vel premendo.

PROPOSITIO XVI.

Cochlea quâ pondera mouentur, & aqua ſurſum attollitur naturam & vires explicare, & ad planum inclinatum reducere, & oſtendere num aſcendat aqua per cochleam, quòd deſcendat.

COchlea dicitur à mechanicis, cylindrus, circa quem helices conuoluuntur, vel cylindrus ſpiratim conſtructus, qualis in prælo

FNMDG

F N M G D cylindrus A B; facilè verò reperitur cuiuslibet helicis super horizontem inclinatio, si ab initio datæ helicis, vt à puncto B, per mediam helicem recta B C ducatur, nam inter illam & horizontem B D circunferentia C D interiecta dabit inclinationem lineæ B C , verbi causâ 30 graduum , qui testantur pondus duplò facilius super planum B C moueri , quam per lineam perpendicularem à D ad C ductam. Helicibus verò, seu planis inclinatis additur vectis, vel manubrium N , quo cylindrus B A facilius moueatur , aut corpus I K , (qualis est vuarum massa vt vinum exprimatur) prematur fortius : quanquam tollendis in altum corporibus idem cylindrus adhiberi possit.

Vires autem præli, & aliarum machinarum similium ex spiralium latitudine, & manubrij longitudine definiuntur, si enim, exempli gratia, latitudo cuiuslibet helicis sit vnius digiti, & manubrij longitudo sit ad cylindri semidiametrum vt vnus digitus ad 7 pedes, hoc est vt 1 ad 84 , necessarium erit qualibet manubrij conuersione trabem superiorem H D ad L M trabem digiti spatium accedere : cumque punctum manubrij N integra sua versione circumferentiam 21 pedum, seu 264 digitorum describat, eodem tempore quo digiti spatium cochlea descendit, & vis hominis non soleat esse minor 30 libris, sequitur manum puncto manubrij H adhibitam tantumdem premere, ac 7920 libras. Vnde quispiam concludere potest quæ ratio debeat esse helicis ad manubrium vt hoc instrumento vel pondus datum tollatur, vel datis viribus aliquid prematur.

Quemadmodum verò cylindrus D A circumuolutas habet helices, quas possis appellare conuexas, ita F G tignum transuersum concauas habet, quibus congruant conuexa, adeout F G, si mobile fuerit, manubrij conuersione parallelum tigno D H descendere, vel etiam ascendere possit. Vulgò tamen est immobile, & cum rectis tignis F N, G S firmiter compaginatum, quemadmodum trabs inferior L M, superior verò H D mobilis est, vt attollatur, atque deprimatur.

Porrò cylindrus concauus in medio trabis F G latens mater aut fœmina cochleæ, vel tylus appellatur, Gallis *l'ecroux*, vt cochlea A E D *la viz*, vectis N *l'arbre*.

Alij helicis conuexæ supremum apicem striam, concauum strigem appellant, & cylindrum in helices efformatum clauiculatim, spirulatim & capreolatim striatum appellant, quo prælum H D vertigine demittatur, vel tollatur.

Helix autem cylindro circumuoluta refertur ad cuneum, seu planum inclinatum, vel etiam ad vectem, vt ipse cuneus. Licet autem ista cochlea horizonti perpendicularis intelligatur, atque adeo manubrium, seu vectis N suâ conuersione prælum H D sursum tollat & deorsum demittat; si tamen supponatur horizonti parallela, dextrorsum, vel sinistrorsum, vel retrorsum & antrorsum idem prælum, vel illius loco pondus mouebit.

Qui plura volet, G. Vbaldum habet de cochlea pluribus differentem, vltimo lib. Mechanicorum tractatu; qui cùm 4. libros de alia cochlea Archimedi tributa scripserit, pauca solùm de ea subiungo.

Sit igitur cochlea, (vel vt Athenæus loquitur, Cochlion, quod Diodorus in vsu fuisse docet apud Ægyptios, quippequi lacunas Nilo effluente repletas hôc instrumento exsiccarent) Q R S T cylindrus super planum inclinatus, circa quem helix Q R, Y & *ac*, &c. circumuoluatur, vt aqua fluuij, lacus, lacunæ, aut alterius loci *fg* P transferatur, & ascendat ad datam altitudinem S, effluátque per T V. Quod fiet manubrij *hl* versione; aqua enim P per punctum Q ingrediens descendet ad R, deinde ad Y ascendet, à quo descendet iterum ad &, à quo ad *a*, ab *a* ad *c*, & ita de reliquis helicibus, donec ad extremum vltimæ, hoc est ad T punctum peruenerit.

Cochlea potest etiam cono adplicari, qualis est conus X Q T, cuius helices erunt Q R, Z & , *bc* & *de*, donec vt priùs aqua perueniat ad T punctum.

Licet autem Vitruuius lib. 10. cap. 11. hanc describens machinam velit eam ita super horizontem inclinari, vt cathetus T V sit trium partium, qualium V g basis 4. & hypothenusa X T quinque, ob triangulum Pythagorici excellentiam, illud tamen minimè necessarium: &

C. Vbaldus demonstrat qua ratione inueniantur helices cochleæ
quocúmque modo constitutæ; datóque cylindro ad horizontem inclinato, quomodo helix constitui debeat, vt aquæ super ipsum fluere possit: cuius tertiam propos.lib.tertij præsertim legere debeas. Solùm addo cochleam hori-
zonti perpendicularé, aut
parallelã inutilem, & quò
magis fuerit inclinata, eò
maioré aquæ copiam at-
tollere, sed tardiùs: quò
per eandé cochleam di-
uersimode inclinatã ma-
ior attollitur aquæ copia,
eò maius tempus insumi:
quò minore potentia per
cochleam eodé modo in-
clinatam aqua tollitur, eò
maius tempus requiri.

Porrò describit lineam
in cylindri superficie, ad
quã omnes helices à dato
puncto secundum datam
lõgitudiné sunt æquales,
quam *cylindroquadrantem*
appellat, vt lib. 4. prop. 1.
videre est.

Sunt autem duo puncta
in helice qualibet, nempe supremum Q, vel Y vel ɣ, & infimum,
quale R, &, c, e; quæ præsertim spectanda sunt, quandoquidem aqua
censetur ascendere per lineam X T per omnia puncta infima transeuntem.

Licet verò solis lineis Q R, Y &, a c, &c. helices descripserim,
intelligendi sunt tubi caui, quibus aqua per Q ingrediens semper detineatur ne effluat donec ad T peruenerit. Cùm autem ipse G. Vbaldus cùm aliis existimet aquam in istis helicibus ascendere quia descendit, vt ex illius in 4 de cochlea libris constat, in quibus similia
quædam velut artis & scientiæ miracula commemorat, verbi gratia,
quòd axioma sequens, vbi datur maius & minus, æquale datur, non sit
vndequáque verum, cùm angulo rectilineo mixtus ex circumferentia
& recta linea maior & minor detur, neque tamen dari possit æqualis;

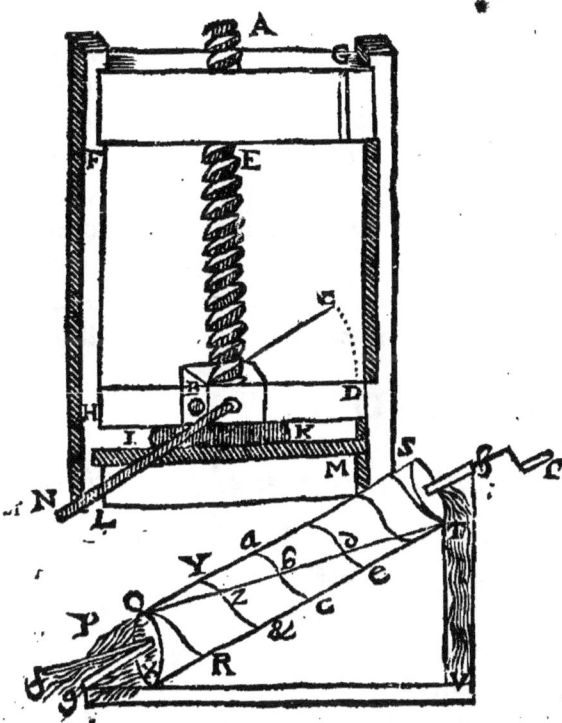

h ij

qua de rè Cardanus fusè prop.159. lib.5. deproport. quòd duæ lineæ ad se inuicem semper accedere possint,neque tamen vnquam conuenient,vt in comcoidibus ad lineam rectam accedentibus, & in assymptotis videre est : cùm, inquam, omnes ferè credant non aliam esse rationem,ob quam ascendat aqua à puncto Q vel R ad punctum T, nisi quia descendit, mutabunt sententiam si cogitent plani inclinati X T punctum R,verbi gratia,manubrij *hl* & cylindri X S versurâ, seu conuersione idem pati, vel agere,ac si globus aqueus, vel aliud corpus continuò pelleretur super inclinato plano X T. Quod etiam ipsum ex parte vidisse constat ex prop.3.lib.3. pag.124. Videatur Cardanus lib.I. de subtilit. vbi de hac cochlea fusè, quique credit aquam perpetuò descendere, & tamen in fine altiorem euadere. Machinam etiam Augustanam pluribus instructam cochleis describit, quam typis elegantioribus Apiario 4.Bettinus delineauit; vt in dato spatio ad datam altitudinem grauia per cochleam extolli posse demonstraret.

PROPOSITIO XVII.

Qua potentia pondus quodlibet per qualibet inclinata plana ducatur, vel trahatur, in cochlea gratiam iterum explicare.

SIt in hac figura planum horizontale A B, perpendiculare D E, vel Q O, & A B planum durissimum,& planissimum intelligatur,vento quolibet corpus quantumuis graue,durum & politum,hoc est minimâ vi moueri poterit; quod vt per planum inclinatum C F moueatur, vim maiorem requirit , & hac maiorem vt per planum C G ducatur, donec in plano verticali C D, vi toti ponderi æquali sustineatur.

Quantò autem vis maior in vno quàm in altero plano requiratur, ex lineis ad horizontem perpendicularibus à punctis F, G,&c. ductis innotescit, quandoquidem potentiæ corpus super plana trahentes, sunt ad inuicem vt illæ perpendiculares ad inclinata plana.

Exempli causa,linea perpendicularis F H plani F C dupla est, quapropter vis duplò minor corpus graue super plano C F, quàm super, vel in plano verticali D C sustinebit. Similiter perpendicularis G I quæ est ad suum planum G G vt 7 ad 8, testatur potentiam pondus super C G tenentem esse ad potentiam illud in plano verticali sustinentem vt 7 ad 8. Idémque penitus dicendum de planis inclinatis infinitis,quæ in quadrante circuli A C duci possunt.

Sunt igitur potentiæ super planis inclinatis suſtinentès, vel trahentes, ad abſolutam potentiam in verticali plano, non autem ad minorem potentiam in horizontali, referendæ, ne cum Pappo lib. 8. collat,
decipiamur, qui à potentia nimia horizontali plano aſſignata progreditur ad alias potentias planis inclinatis neceſſarias.

Sit ergo circulus A E B, cuius diameter A B, centrum C, ſintque
vires, ſeu potentiæ æquales in punctis A & B, quæ libram circa centrum C mobilem referant, pondus B ſu-
ſtinebitur ab A potentia, velut ab æqui-
pondio. Intelligatur verò libræ A B brachium C B cadere in C K, ſed manere
continuum brachio C A, vt punctum,
ſeu centrum C ſit, vt priùs illorum fulcimentum, potent.a, ſeu potent. in puncto K
minor erit potentiâ in A, idque ea ratione quâ linea A C maior fuerit lineâ
M C.

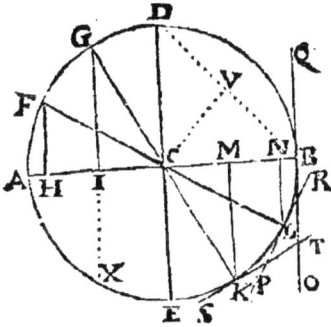

Cùm enim potentia B poſita in K trahat per K N, cùm in B trahat per B O,
erit potentia in B ad potentiam in K vt B C ad M C. Idem de brachio
C B in C L tranſlato dicendum, potentia ſiquidem per lineam directionis N L agit, cúmque C N ſit ad C B vt 7 ad 8, erit pondus vel
potenti a in L ad potentiam in B, vt 7 ad 8; quod cùm in tangente
Q B O vim totam exerat verſus terræ centrum, in L minorem habet
ad centrum propenſionem ob planum circulare B L E, à quo velut à
plano recto inclinato R P in puncto L ſuſtinetur, aut leuius redditur:
quemadmodum ſuſtinetur à plano circulari in puncto K, vt à plano
recto S T.

Ex quibus intelligitur qua ratione poſſit inueniri quantum ſuſtineatur graue datum à quolibet puncto quadrantis B E, hoc eſt cui
plano inclinato reſpondeat quodlibet quadrantis punctum, & quanta ſit potentia cuiuſlibet helicis propoſitæ, quæ eò fortior aut facilior erit, quo planum inclinatum magis ad horizontale acceſſerit, ſed
erit reciprocè tardior. Eſt igitur potentia vt perpendiculum, ſeu tangens, pondus vt planum inclinatum, hoc eſt vt ſecans, vt enim C F
duplum eſt F H, quod C F pondus integrum refert, ita pondus eſt vt
duo, & potentia vt vnum.

COROLLARIVM.

SI per planum inclinatum D N globus aliquis defcendat à quiete in D, eodem tempore quo V punctum attigerit, per planum
D C defcendens, punctum C percutiet, & cùm ad B peruenerit, in E
puncto futurum eft.

Plura alia Lector ex hac figura concludere poterit: iam enim ad
alia tranfeundum, quæ cùm cylindrorum, vel parallelepipedorum
vim, feu robur fpectent, ad mechanica reducuntur.

Ex quibus, qui nondum Galilæi dialogos de Motu nondum viderunt, illorum legendorum defiderio capiantur, quorum videlicet
duabus fequentibus prop. velut epitomem facimus; licet à quinque
annis eorundem verfionem Gallicam dederimus, ex qua repeti poffint quæ hîc deeffe videbuntur.

PROPOSITIO XVIII.

Robur cylindrorum metallicorum, atque ligneorum
quóuis modo tractorum, vel preſſorum
aperire.

HAc figurâ primùm explicemus robur cylindri E F in A D fufpenfi, & horizonti perpendicularis, hoc eft quanta vis trahens
in F requiratur ad columnam E F, euius data fit magnitudo, & materia, frangendam: fitque ænea, ferrea, vel quercina; eiúfque craffitudo
feu bafis diameter E D 4 linearum, feu trientis pedis: altitudo verò
F E quæcúmque, licet hîc iam nolim eam confiderare.

Sunt autem qui credant tantum effe cylindrorum in longum tra-
ctorum robur, ỷtne quidem globus terræ puncto F appenfus illos
diffoluere, feu frangere poffit, qui tamen quantum aberrent, ex dicendis concludetur. Quanquam certum eft robur illud omnium effe
maximum, cùm enim tranfuerfim trahuntur, vel potiùs premuntur,
vt fit cùm cylindrus D L muro A D infixus frangitur à trahente
vi, feu pondere, quod puncto K, vel H appenditur.

Robur autem parallelepipedi, vel cylindri A F, vel H I, aut cuiufuis alterius pendet à fibris rectis inter fe firmiffimè connexis, qui difficulter cedunt, difique refiftunt; eo ferè modo quo refiftit funis

AGEHFIG per punctum G tractus, qui propter varias spiras, quibus cylindro A E circumuoluitur, vix trahi potest, licet enim funis E F prematur à duobus cylindris C D & A B, velut à prælis, longè tamē faciliùs trahitur à vi puncto F applicatâ, quā funis K, cuius resistentia toties multiplicari videtur,

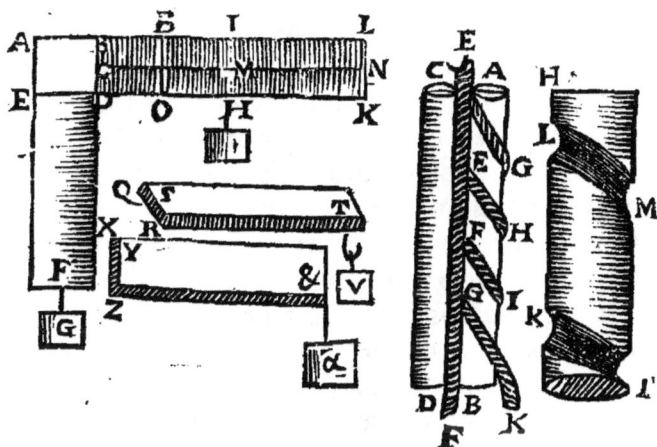

quot sunt striæ circa quas voluitur. Quæ striæ sunt vtiles vt quis ex altissimis muris, turribus, & fenestris descendat beneficio funis in in illis strijs intorti, & pro descenditis voluntate labentis; dum enim manibus premitur funis cylindro H I circumductus, & spiras I K & M L implens, sensim labitur cylindrus, idque velociùs vel tardiùs pro varia funis pressione, ac remissione, seu laxatione.

Vnde vero cuilibet fibræ rectæ tantum robur contingat, præter ea plurima, quæ de fibris prop. 3. libri 3. Harmonici fusè diximus, si quis in atomorum vncinulos, & hamulos, quibus fibræ longitudo texatur, referre velit, per ne licet dummodo satis explicetur qua ratione illi hamuli cedant, eorúmq; denticuli, quibus instar cathenulæ sibi inuicem implicantur, atque connectuntur, vel subsiliunt, vel franguntur: de quibus atomis etiam nonnulla propos. 22. lib. cit. harmonici dicta sunt. Cætera possis ab ingeniosissimo Philosopho Petro Gassendo petere, vel expectare.

Porrò Galilæus existimat robur illud partim in fugam vacui reducendum, de vi cuius reperienda possis illum consulere pagina 15. dialogi primi de motu. Vnde tamen cúmque robur illud sit arcessendum, illud ex obseruationibus accipito.

Experientia constat, quam dudum in harmonicis tam Gallicis quàm Latinis explicaui, cylindrum aureum & argenteum, cuius basis, vel potius diameter basis est sexta pars lineæ, 23 libris appensis frangi, cùm tamen cylindri ferrei, & ænei eiufdem craffitudinis 18, vel 19 libris frangantur, quod certè mirum videtur, quis enim chalybeos, aut æneos cylindros aureis vel argenteis robuftiores non exiftimafiet?

Vnde fequitur aureos & argenteos cylindros, qui diametrum habuerint fuarum bafium linearem, fractos iri vi librarum 828; æneos & chalybeos libris 648; cùm lignei ex quercu centum libris, & ex ebeno, vel alijs lignis Indicis 120 libris frangantur. Ex quibus de reliquis alterius materiæ cylindris facilè iudicaris, quemadmodum de cylindris craffioribus, fiue pedalem, fiue maiorem habeant bafeos diametrum: exempli gratia, quercinus cylindrus craffitudine vnius lineæ centum libris frangitur; ergo rumpetur libris appenfis 2073600, cùm pedalis fuerit diameter bafeos illius, cùm ficut bafes, ita potentiæ frangentes, feu pondera fint in diametrorum ratione duplicata.

Huc etiam referre poffis vim neruorum, quorum vfus in teftudinibus, citharis, & aliis rebus, vt & omnium chordarum, filorum, &c. Neruus autem ex inteftinis factus, eiufdem ac cylindrus æneus craffitudinis, hoc eft, cuius bafis diametrum ÷ lineæ habuerit, 7 libris frangitur; cùm igitur nerui craffitudo, feu bafeos diameter linearis erit, 252 libris rumpetur. Videatur prop.3. lib. primi de inftrumentis harmonicis, vbi notatur filum argenteum, cuius craffitudo ÷ lineæ, frangi pondere femilibræ, & effe 600 pedum, licet non excedat femunciam: quod filum cum fit fefquipedale, & 8 libris fuper monochordo tenditur & percutitur, centies vnius fecundi fpatio recurrit.

Antequam verò cylindrorum tranfuerforum robur attingam, notandum eft cylindrum E F horizonti perpendicularem feipfo abfque vi ponderis, aut alia potentia trahente fractum iri, cùm tantæ fuerit longitudinis, vt ipfe cylindrus tantumdem ponderet, quantum pondus à quo frangitur. Verbi gratia, præcedens filum argenteum quod octo frangitur vncijs, feipfo rumperetur, fi 9600 pedes longum effet, cùm cylindrus iftius longitudinis fit 8 vnciarum pondo, quandoquidem femuncia tribuit cylindro 600 pedum altitudinem.

Ex his autem facilè concludetur quantò cylindrus quilibet materiæ cuiufcúmque, producendus fit vt fuo proprio nutu, ac pondere frangatur, idémque dicendum de trabibus, baculis, &c.

Iam verò cylindrum D L, & parallelepipeda, feu laminas Q T horizonti parallela infpiciamus, quorum robur non adeo explicatu difficile eft, cùm potentia longè minore frangi debere videatur.

Sit igitur parallelepipedum D L, cuius refiftentia, feu robur inueniendum, quod cùm diuerfum exiftat, ob varias partes quibus potentiam

tiam applicaris, parti mediæ M in H puncto, vel puncto N, seu K adhibeatur; supponatúrque parallelepipedum D L eiusdem vbique roboris esse, hoc est tam secundum longitudinē A L, quàm secundū latitudinem, seu crassitiē K L, vel A E vel fibras rectas æquè robustas, vel nullas fibras habere, sed esse metallicum, alioqui

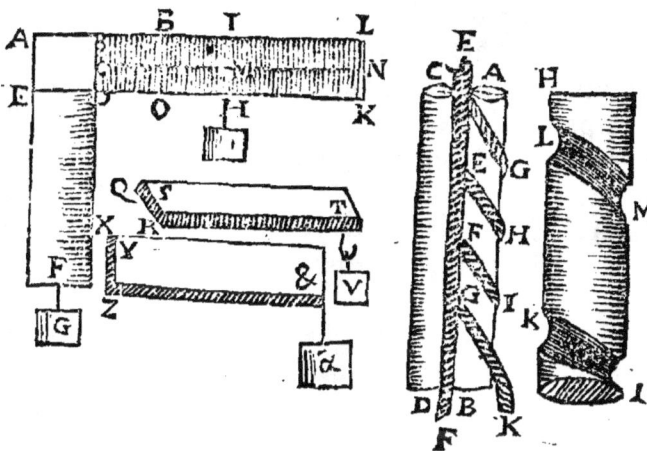

enim fallet proportio, si fuerit A K cylindrus, vel parallelepipedum ex ligno, quod fibras habeat secundum latitudinem rectas, & secundum longitudinem transuersas, aut vice versâ.

Quibus animaduersis, & supposita potentia quæ sit æqualis absolutæ cylindri D L resistentiæ, hoc est dato pondere, quo cylindrus A F horizonti perpendicularis rumpitur, pondus frangens eundem cylindrum transuersum, dum puncto N, seu K appenditur, hac ratione à Galilæo pag. 115. determinatur.

Pondus, seu potentia, quâ cylindrus A F perpendicularis rumpitur, est ad potentiam, seu pondus eundem cylindrum D L transuersum frangens, dum potentia seu pondus puncto K applicatur, vt K D ad D C, hoc est vt longitudo D K, quam pro vecte sumit, ad semidiametrum C D baseos eiusdem cylindri.

Quod tamen minimè probat, erat enim ostendendum K D vectem esse, cuius fulcimentum sit in puncto C medio crassitudinis cylindri, vt supponit: sit tamen exemplum in nostra figura, in qua longitudo cylindri D L quadrupla crassitudinis K L, rumpatúrq; cylindrus A F idem ac D L, sed horizonti tractus perpendiculariter à pondere 4, vel 400000 librarum G, (perinde siquidem fuerit quo pondere frangatur, vel quæ potentia puncto F adhibita vincat illius resistentiam.) Itaque si 4 libris in F positis frangatur, selibrâ puncto K adplicatâ frangetur, hoc est 8 vncijs, est enim K D ad D C semidiametrum, vt 8 ad 1.

Porrò cylindri D L pondus nòndum confiderauimus, quod fi iun-
xeris ponderi in K pofito, non requiretur femilibra, quæ dimidio ponderis, feu grauitatis cylindri minuenda eft: verbi gratia, fi fuerit pondus D L 2 vnciarum, 7 vnciæ fufficient in K, quandoquidem tota
grauitas cylindri, quæ collecta in punctum K duabus vncijs æquiponderaret, per totam cylindri longitudinem L D extenfa vni folùm vnciæ in K appenfæ refpondet. Eodémque modo concludes de cylindro D H refpectu ponderis M puncto appenfi.

Nota verò potentiam ponderis puncto K appenfi iunctam dimidio ponderis cylindri D L, duplam effe potentiæ eiufdem ponderis
iuncti toti ponderi cylindri D L, cùm appenditur in M medio cylindri puncto.

Cùm autem poffit eadem inferuire figura nouæ proportioni refiftentiarum & ponderum intelligendæ, quam pag.117. profequitur, videlicet quo-
modo fe ha-
beat ratio
refiftetiæ cy-
lindrorum
diuerfæ alti-
tudinis, feu
longitudi-
nis, ad pro-
priam graui-
tatem eorũ-
dem cylin-
drorum ho-
rizonti pa-
rallelorum;
fit rurfus

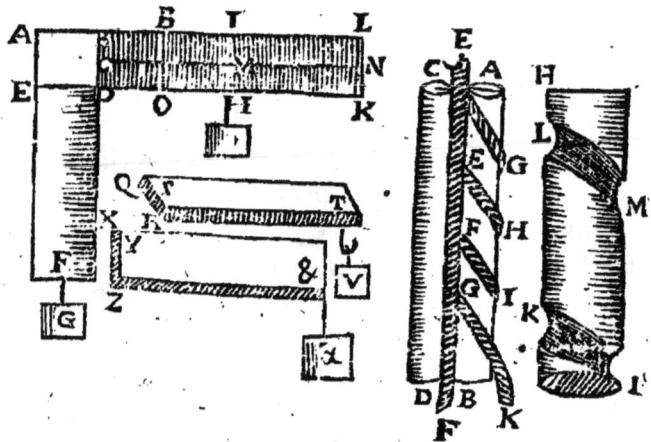

primò cylindrus D I, qui deinde producatur vfque ad L, fitque cylindrus L D ad cylindrum D I in ratione dupla, vel quauis alia, putà
tripla, quadrupla, centupla, &c. concludit robur, feu refiftentiam
D L ad refiftentiam D I effe in ratione duplicata longitudinis K D
ad longitudinem H D; hoc eft refiftentias ad longitudines effe vt
quadrata longitudinum: fit ergo longitudo D H vnius pedis & vnius
libræ; D H verò vnius pedis & vnius libræ, cùm ratio 2 ad 1 bis fumpta faciat rationem 4 ad 1, erit grauitatis D L momentum ad momentum grauitatis D I vt 4 ad 1, cùm hîc dupla ratio contingat, nempe vectis D K ad vectem D H, & grauitatis fiue materiæ folidæ cy-

lindri D L, ad grauitatem cylindri D I. *Momentum* verò idem ac potentia significat.

Supersunt duæ regulæ Q T, ac Z &, quæ sunt parallelepipeda, quorum latitudo maior est crassitudine, quæ cùm duobus modis frangi possint, primo si latitudines fiant horizonti parallelæ, secundo, si fuerint ei perpendiculares, & crassitudines horizontales. Iam igitur hæc parallelepipeda S T &, Y & æqualis intelligantur esse longitudinis, & latitudinis, imò & crassitudinis, & in vtróque fulcimentum in extremis Q & X Z positum æquè distet à punctis &, ac T, quibus adhibeantur potentiæ, seu pondera V & a; hoc tamen discrimine vt crassitudo parallelepipedi, seu regulæ X &, sit horizonti parallela; regulæ verò Q T latitudo eidem horizonti parallela; certum est maius pondus, seu potentiam maiorem ad frangendam X &, quam ad frangendam Q T regulam puncto &, quàm puncto T adplicari debere. Sit igitur pondus a eò maius pondere V, quò dimidium latitudinis X Z maius est dimidio crassitudinis S R, vel S Q; exempli gratia, si dimidium X Z fuerit quintuplum dimidij Q S, & libra V frangat regulam S T, quinque librarum pondus franget regulam Y &: quod fibræ X Z frangendæ fibrarum Q S quintuplæ sint.

COROLLARIVM.

CVm hæc omnia materiam inuoluant, cuius resistentiæ iuxta diuersas lineas à ponderibus, vel potentijs tractæ nondum satis exploratæ videantur, operæ fuerit pretium varijs obseruationibus incumbere, ne quando materia versipellis decipiat: tantùm addo clauum chalybeum pedalem, **vno** digito crassum, qualis iam intelligatur clauus D L, qui frangeretur libris 129232 eidem clauo perpendiculari in F puncto applicatis. (ex hypothesi nostræ obseruationis quæ 23 libris clauum i lineæ crassum frangi demonstrauit) fractum iri libris 5384 ½, cùm fuerit horizonti parallelus; enimuero K D pedalis linea C D quater & vicesies complectitur, cùm C D sit pollicis dimidium ex hypothesi; quare pondus in K trahens clauum L D, erit ¼ ponderis G clauum eundem E F trahentis; cuius claui horizontaliter in D L siti si grauitas fuerit ½ libræ, solo pondere 5384 librarum frangetur.

Cuius rei fieri poterit experientia si tormentum bellicum 5384 librarum pondo, vel aliud æquale pondus, cylindro D L in puncto K appendatur: licet enim quis minoribus ponderibus, minoribúsque

élauis,ijfq; fragilioribus ligneis experiri poffit,fibræ tamen lignex in
fingulis feré lignis plurimùm difcrepantes multis modis', non fatis
perfpicacem fallent,qui poffit obferuationibus metallicis, lapideis,
vitreis & ligneis certum aliquid,& ipfam varietatem definire.

PROPOSITIO XIX.

Cylindrorum longitudine æqualium , & inæqualium
craffitudine , vel tam longitudine quàm craffitudi-
ne inæqualium robur , feu refiftentiam definire , fi-
múlque comparare.

SInt primùm cylindri A C & E F longitudine æquales, & inæquales craffitudine, refiftentia, feu vis craffioris E B eft ad robur;feu
refiftentiam tenuioris A C,in ratione triplicata diametri E D ad diametrum B A, quare fi triplicetur illa
ratio, robur vtriúfque concludetur.
Sit, verbi gratia, E D tripla B A,ro-
bur E F fepties & vicefies fuperabit
robur A C; quapropter refiftentiæ
horum cylindrorum erunt inter fe vt
cubi funt ad fuas diametros, cùm fint
cubi in ratione fuorum laterum triplicata.

Quod Galilæus ita probat, pag.119;
bafis E D eft ad bafim R A in ratione duplicata diametrorum E D, &
B A, hoc eft bafis E D noncupla
eft bafis B A,igitur noncuplò robu-
ftior erit cylindrus E F tractus fecundum longitudinem , cùm fibræ
illius fint noncuplæ fibrarum cylindri B C; cúmque præterea bafis
D E filamenta veluti ad punctum reducta intelligantur,fitque vectis
E F ad centrum bafis feu circuli E F reducti duplus vectis C D ad centrum circuli collecti in ratione dupla , ex hypothefi,ex duabus illis rationibus duplicata nempe , & fimplice triplicata præcedens componetur. Confiderat enim fulcimentum in punctis E & B, & vectem
E D & B A; concluditque præterea cylindrorum æquè altorum refiftentiam effe fefquialteram cylindrorum, atque adeo grauitatum cy-
lindricarum.

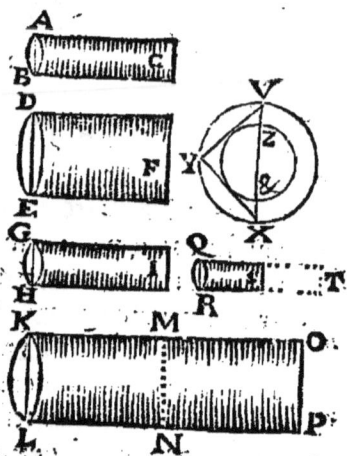

Secundum, quando cylindri tam longitudine, quàm craffitudine differunt, refiftentię feu vires illorū funt in ratione cõpofita ex ratione cuborum ad fua latera,& ex ratione longitudinũ. Verbi gratia,fit K P cylindrus duplò longior,& craffior cylindro H I, robur cylindri L O erit ad cylindrum H I, vt cubus K L diametri, ad cubum diametri G H, iuncta ratione lineæ L P ad H I lineam; hoc eft ratio roboris, feu refiftentiæ L O ad refiftentiam H I eft quadruplicata; de qua videas autorem. Tertiò concludit etiam in fimilibus cylindris potentias ex illorum grauitatibus & longitudinibus compofitas, vectibúfque fimiles effe inter fe in ratione fefquialtera refiftentiarum quas bafes illorum habuerint; licet pluribus videri poffit in eadem ratione ac ipfos cylindros effe, id eft in triplicata. Hanc autem proportionem, effectuum mirabilium effe caufam arbitratur, verbi gratia, quod viri, quorum maiora funt corpora, cadentes, longè grauiùs, quàm pueruli,lædantur;magni cylindri, magnæque trabes quàm minores cylindri, & trabeculæ fimiles, longè faciliùs diffiliant atque rumpantur; longiores fariffæ & baculi, licet craffiores,magis,& faciliùs quàm breuiores,licet tenuiores,flectantur.

Quartò,docet inter cylindros fimiles vnicum effe cuius fit ea ratio fuæ longitudinis ad fuam grauitatem, vt non poffit abfque fractione fieri longior,neque frangi,fi fiat breuior. verbi gratia,fi cylindrus G I fit cylindrus omnium fimilium maximus qui confiftat fine fractione. Vt autem alius cylindrus verbi gratia,longior eodem priuilegio gaudeat; fequente methodo reperietur, vbi notaueris longiorem cylindrum neceffariò craffiorem, vt breuiorem debere tenuiorem effe.

Sit igitur prædictus G I cylindrus omnium longiffimus,qui maneat abfque fractione; fitque K O longitudo quæcúmque maioris cylindri,qui craffior effe debeat, vt fimiliter maximus exiftat, qui proprio pondere non frangatur,illius craffitudo ita reperitur.

Quoniam inquit Galil.potentia cylindri K P ad potentiam cylindri K N fe habet vt quadratum L P ad quadratum L N, & potentia cylindri N K eft ad potentiam cylindri H I vt quadratum K L ad quadratum G H, fequitur fimiliter (fequentibus lineis eam inter fe rationem habentibus α,β,γ, vt α fit tertia proportionalis linearum L P, & H I, & D E; & I fit rurfus tertia proportionalis β, & quarta γ) potentiam cylindri F E ad potentiam cylindri G I effe vt lineam L P ad lineam γ,vel vt cubum L P ad cubum α, vel vt cubum K L ad cubum G H,vel vt refiftentiam bafis K L ad refiftentiam bafis G H.

Quintò, cùm datur cylindri longitudo cum potentia seu pondere illum transuersum frangente, exempli gratia, Q S cylindrus,
quem pondus vnius libræ puncto S adhibitum frangat, inuenit cuius
esse debeat longitudinis vt proprio ponderi cedat, si tantisper producatur, hòc est maximam quam habere potest absque fractione longitudinem. Quem cylindrum habes, si fiat vt cylindri R I grauitas ad
eandem grauitatem cum duplo ponderis in S appensi, hoc est cum 2
libris, ita longitudo R I ad longitudinem R T. Media siquidem proportionalis inter longitudinem R S & triplam R T, dabit cylindro
maximam longitudinem : idémque de cæteris esto iudicium.

Sextò, proponit cylindros horizonti parallelos, qui vel in sola parte
media fulciantur hypomochlio, vel in solis extremis duplici fulcimē-
to sustineantur, concludítque hos minimo pondere desuper premen-
te fractos iri, cùm summam illam longitudinem habuerint, vltra
quam absque fractione produci nequeant; quæ quidem longitudo
cum sit æqualis ei, quam cylindro horizonti parallelo dedimus, qui
muro affigitur, & cylindrus in medio sustentatus sit ex vtráque parte
eiusdem cum prædicto longitudinis, cuius duplam habet cylindrus in
vtróque fulcitus extremo, non est opus figuris, quibus id explicetur;
híncque trabium, scamnorum, &c. robur innotescit, cùm in extremis
solis, vel in solo medio fulciuntur.

Septimò quæstionem Aristotelis 14. generatim proponit, quâ nempe vi frangatur baculus, seu lignum quoduis genu vel in medio, vel in
quouis alio loco fulcimenti vires supplente, & manibus in potentias
extremis adhibitas conuersis. Sit igitur baculus, vel cylindrus A D
eiusdem vbique roboris, qualis est cylindrus æneus, cuius medium D,
certum est vim æqualem in duobus extremis A & D requiri vt consistat in æquilibrio, & vtriúsque brachij D G
& D A resistentiam æqualem esse : certúm-
que præterea vires eò maiores ad frangen-
dum baculum in puncto, seu fulcimento D requiri, quo manus, aut
pondera magis ad D accedunt: exempli gratia si manus punctis C E
applicentur, eò magis contendes quò D A longius est C D, & ita de
reliquis.

Cùm autem fulcimentum intelligitur in alio puncto quàm in medio D, verbi gratiâ in puncto B, tunc pondera extremis A & G appensa se habent ad pondera priùs ijsdem adhibita punctis, cùm esset genu,
vel hypomochlion in medio D, vt rectangulum A D G ad rectangulum A B G; hoc est vt 9 ad 5; supponamus enim brachium D A esse
tripedale, erit igitur rectangulum A D G, (quod est maximum om-

nium quæ fieri poſſunt ex hac linea) 9 pedum,& rectangulum A B G
5 pedum. Erit igitur diuidendum pondus 9 in duas partes inæquales, quarum ea quæ puncto A applicabitur ſit ad applicatam puncto
G, vt 5 ad 1, ſi G A ſumatur abſque pondere, velíſque frangendo G A,
in B æquilibrium facere. Cuius ſi propriam grauitatem ſpectaueris,
quæ à B ad G quintupla eſt grauitatis à B ad A, ex dictis elicies quid
in proportione fuerit immutandum.

Octauò, pulcherrima docet de trabibus figuræ parabolicæ, quæ
parieti affixæ ſemper eodem pondere vbicúmque adhibito franguntur, de quibus alio loco dicendum.

Denique cylindros eiuſdem longitudinis proponit craſſitie differentes, quorum ſit excauatus craſſior in formam arundinis, tenuior
verò ſolidus, ſeu plenus, quorum reſiſtentias hoc canone determinat.

*Reſiſtentiæ, ſeu robora duorum prædictorum cylindrorum ſunt inter ſe,
vt illorum diametri* : quas diametros baſeon intellige. Quod ſatis
intelligetur ex figura V Y X *&* Z, cuius circulus Z *&* refert cylindri
ſolidi baſim, vt X V baſim excaua-
ti : eſt igitur excauati ad ſolidum reſiſtentia vt diameter V X ad diametrum Z *&*.

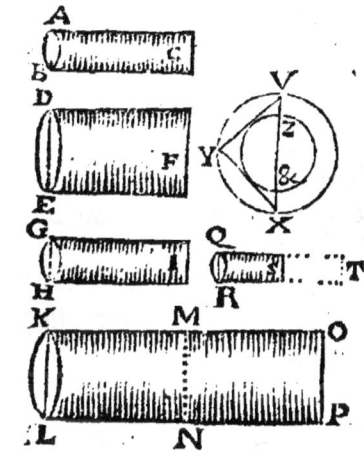

Itaque dato quolibet cylindro excauato, dabitur non excauatus, hoc
eſt ſolidus æqualis roboris ; ſit enim
excauati cylindri diameter V X, excauationis verò, ſeu vacui, luminiſue
diameter Z *&* ; & adplicetur, ſeu in-
ſcribatur maiori circulo diameter
Z *&*, quæ ſit V Y, coniungantúrque
puncta Y X lineâ Y X. Cúmque
angulus Y ſit rectus, circulus, cuius
diameter V X, æqualis eſt circulis,
quorum diametri V Y, & Y X; ſed
V Y eſt diameter excauationis, igitur circulus cuius diameter Y X,
æqualis erit. Dato etiam quolibet cylindro ſolido, dummodo ſit
eiuſdem cum excauato longitudinis, inuenitur quam habeant inter
ſe rationem; ſumatur enim, per regulam præcedentem, cylindrus ſolidus ei æqualis.

Sit autem excauatus A, æqualis B, minor, cuius reſiſtentia quæritur C, ſintque omnes eiuſdem longitudinis ; reſiſtentia B erit ad
reſiſtentiam A, vt diameter B ad diametrum A ; cuius diametri cubus

erit ad cubum diametri C, vt refiftentia B ad refiftentiam C; itaque diametro excauati cylindri, diametro æqualis cylindri folidi, & diametro cylindri minoris exiftentibus tribus lineis proportionalibus, quarta proportionalis erit ad diametrum excauati, vt refiftentia quæfita minoris cylindri ad refiftentiam excauati.

MONITVM.

PLuribus omiffis quæ hîc afferri poffent, pauca folùm addam quæ viam fternant ad vim percuffionis inueniendam, quam vbi quis clarè definierit, ingens beneficium Mechanicis præftiterit. Iam igitur varias percuffiones aggrediamur.

PROPOSITIO XX.

Ad vim percufsionis intelligendam iter parare, & motuum violentorum compofitiones, proportiones, & contrarietates explicare: vbi de impetuum, feu imprefsionum tranfmifsione.

ESto malleus B A, quo pila D percutitur, malleúfque longitudine præcedentis fubduplus BC, quo percutiatur pila E. Sint etiam aliæ pilæ M, N, R in linea recta M Z, & pilæ E S T in linea recta præcedenti parallelâ E Y: fint denique a & b fuper linea recta af, vt violenti motus diuerfas affectiones, atque proprietates explicemus, aut varias, quæ folent occurrere difficultates foluamus, aut faltem proponamus.

Imprimis, malleus B A percutiendo, 4 fpatia ab A ad D percurrat, & 4 velocitatis gradus pilæ D imprimat, hoc eft totum fuum impetum: moueatúrque fuper planum horizontale, O Q, quale eft in mallei ludis. Certum eft primò pilæ fuper planum D Q currentis impetum minui pedetentim, donec tandem extinguatur, vt perpetuâ experientiâ conftat; idque eò citiùs quò planum horizontale minùs politum, atque læuigatum, aut etiam quo craffior fuerit aër.

Sed quantò longiùs curreret, fi planum effet duriffimum, & perfectè planum, ne aër, aut aliud medium effet impedimento, non inter omnes conuenit, his nempe affirmantibus motum nunquam defiturum, fi planum non defineret, eúmque femper velocitatis eiufdem,

quam

quam accepit initio, futurum, quòd nulla fit caufa quæ pilam accepto motu fpoliet; illis autem contendentibus motum illum defiturum, quòd fit is genius impreffionis violentæ, vt tandem pereat, licet nulla fit exterior caufa quæ moliatur interitum. cùm è contrario qualitates, vel impreffiones naturales, qualis eft ea, quâ grauia defcendunt, femper maneant. Quapropter ob illum fententiarum conflictum hac in parte nil demonftrari poteft, donec omnes conueniant.

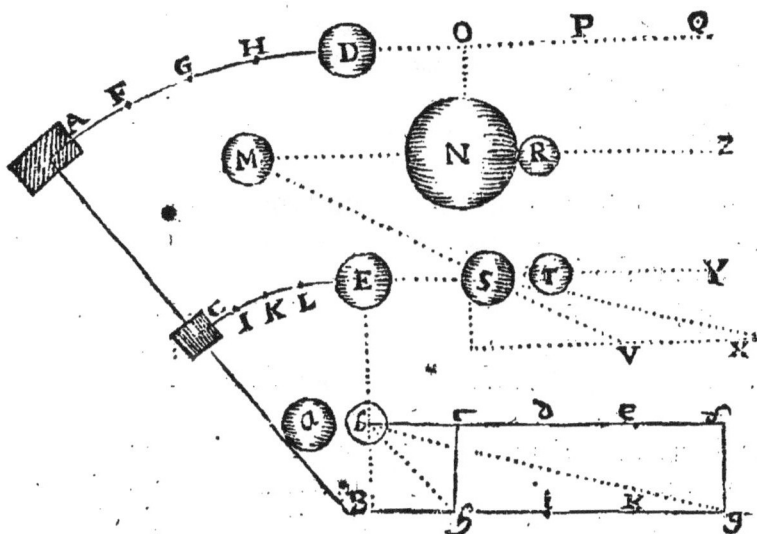

Secundò certum eft, pofitis pilis D & E æqualibus, malleum A eodem tempore motum ab A ad D, quo monetur malleus C à C ad E, maiorem impetum pilæ D, quàm malleum C pilo E imprimere, & D velocitate duplò maiore percuti.

Sed non omnes conueniunt an pila D duplò celeriùs percuffa, fpatiũ duplum confectura fit, hoc eft fi E vfque ad S mouetur, D eodem momento ad punctum P peruenit; quòd forte pila D æqualis pilæ E, non fit duplæ velocitatis capax, fiue ob fuæ materiæ inertiam, fiue ob aëris refiftentiam, qui velociori motui magis refiftat.

Adde quodlibet corpus eò maioris impetus, & velocitatis effe capax, quo plures materiæ partes fub eadem quantitate, dummodo peræquè duras, habuerit. Sed vt plani, & aëris, cæteráfque difficultates omittamus, intelligantur moueri pilæ abfque vllis impedimentis.

Certum eft tertiò pilam D duplò velociùs percuffam, in quacumque parte fpatij quod percurrit, fiue finitum illud, feu infinitum concipias, duplò velociùs motam iri, quàm pilam E duplò tardiùs percuffam, si materia pilæ tantum motum non renuat. Vt autem non renuat, inquiri potest an pila D duplò maior esse debeat pilâ E, vt duplam velocitatem accipiat, sed cùm aëris, & plani reiecerimus impedimenta, sufficere videtur æqualitas; dico videtur, quòd non desint qui ad du. plam velocitatem excipiendam duplam pilæ quantitatem postulent.

Quartò certum videtur malleum C eadem velocitate percutientem globum E, qua D percutitur ab A malleo, globum E æquâ velocitate spatium æquale confecturum spatio, quod percurrit D. Dixi videtur, quòd non desint qui fieri posse putent, vt æqua velocitate percussus globus E, vel D, spatium aliquando maius, aliquando minus percurrat; maius, cùm impressio mallei diuturniori tempore producitur, vti fit in motu A D duplo motus C E; minus, cùm breuiori tempore, vt cùm malleus per arcum C E motus æqualem comparauit velocitatem velocitati mallei per arcum A D moti: qua de re fusiùs vbi de arcu.

Quintò, cùm malleus A percutit pilam D, & duplò plus habeat materiæ, tertiam sui motus partem illi tribuit, hoc est cùm simul intelliguntur in ipso momento contactus, seu percussionis, sumi debent ac si corpus idem essent, & illud corpus in tres partes diuisum, vel ex tribus partibus compositum esset, ex quibus duæ pertinent ad malleum, vt ad globum reliqua.

Si malleus idem pilam currentem eodem ac antea modo percutiat, nonam sui motus parté, si currentem tertia vice percutiat, ⅟₁₂ sui motus partem, & ita deinceps, ei tribuet. Itaque malleus A percutiens globum D secunda vice in O puncto, velociùs spatium O P conficiet, quàm spatium D O antea peractum & tertiò percussa in puncto P, velociùs spatium P Q, quam O P, percurret.

Iam verò discutiamus quid ex globorum M N R, & E S T a b occursibus, & impulsibus mutuis contingat. Sunt autem globi vel æquales, vel inæquales; sint primùm æquales E, S & M, & eodem momento quo globus E percutit S globum, idem S ab M percutiatur, dico S non iturum per lineam horizontalem S Y, sed versus V deflexuram, ea tamen lege vt si percussio facta ab M globo leuior sit percussione ab E facta, globus S post deflexionem ad V, iter horizontale V X vice T Y ei parallelum repetiturus sit.

Sint deinde inæquales vt globi a & b, & eodem momento quo a percutit b, eíq; tribuit 4 gradus velocitatis, vt impellat eum horizontaliter à b ad f, globus E perpendiculariter super eum cadens totidem illi velocitatis gradus tribuat, quo feretur à b ad B, pila b neque ad c neque ad B, sed ad h perueniet, quandoquidem lineæ b h potentia potentijs linearum b B & b f æqualis est. Si verò vnicum duntaxat ve-

iocitatis gradum ab E globo accipiat, per lineam *b g* mouebitur, quæ
poteft lineam *b f* plus lineâ *f g*, hoc eft 4 temporibus percurret *f g*,
feu *b* B, impetu, quem mutuatus eft ab E, quamdiu *b f* feu B*g* quadruplò maius iter conficiet.

Præterea globus M globum S æqualem priùs ab S ad Y currentem
percutiat, S mouebitur obliquè verfus V, qui fi deflectens à via percutit globum T currentem verfus Y, poterit T ad X accedere, finitó-
que impetu, quem ab S conceperat, perget deinceps per horizontalem lineam V X, donec alius impetus quo ab S ad Y vrgebatur, prorfus defierit.

Iam verò M percutiat N globum maiorem, filo ex puncto fufpenfum, vel etiam à filo liberum, fieri poteft vt M globus non moueat N
verfus Z, & tamen impetus in N receptus moueat globum minorem
R, quòd nempe tranfiens impetus per globum N, quo quidem partes
N fuccutiuntur (fed corpus integrum verfus Z minimè mouetur) fufficiat ad impellendum globulum R, in quem impetus M mediante
globo N tranfmittitur.

Quod tamen vulgato principio mechanico non repugnat, hoc eft
nullum corpus maiorem velocitatis gradum alteri corpori poffe imprimere, eo gradu quem ipfum habuerit. Exempli gratia fi corpus
N vnicum velocitatis gradum habeat, fiue à fe, fiue ab alio, non poteft
duos gradus velocitatis globo R tribuere, alioqui fecundus gradus
velocitatis nullam fui caufam haberet, & effet à nihilo, hoc eft effectus fine caufa; quod repugnat.

Supponamus enim 4 gradus velocitatis à globo M fuisse globo N impressos, qui tamen non sufficiant ad eum versus Z sensibiliter mouendum, sufficiant tamen vt partes N tremant, eo modo quo maiorum campanarum partes tremunt, teste sono edito, ad vnius aciculæ, vel digiti contactum, dico motum illum tremulum sufficere ad impetum eiusdem velocitatis, quo tremunt, in globulum R transmittendum, qui cùm non suffecerit ad transferendum globum integrum N, sufficit ad impellendum R.

Quod quidem confirmari potest ex eo quòd si lamina ferrea clauis affixa globum D tangere intelligatur, itaut malleus A non possit immediatè, sed tantùm lamina mediante, D globum percutere, globus iste mouebitur versus O P Q, quòd fuerit impetus per laminam translati capax: cuius tamen laminæ particulæ globum D tangentes eadem velocitate tremere debuerunt, qua D moueri coepit.

Ad quod motus ille celerior refertur, quo percussus R ab N mouetur, licet enim vnico gradu velocitatis moueatur N, potest duos velocitatis gradus globo R tribuere, si velocitas in singulis N globi partibus dispersa, & in parte, seu puncto globum R tangente collecta, maiorem in illo puncto, quàm in singulis globi N partibus velocitatem generare possit, hoc est si æquales velocitatis gradus dispersi, maiorem faciant velocitatem quando simul vniuntur.

Cùm autem diuersi gradus æquales potentiæ, & virium vniti maiorem potentiam, vímque maiorem efficiant, vt constat ex pluribus ponderibus æqualibus simul vnitis, possíntque diuersæ velocitates æquales appellari potentiæ, cur simul vnitæ maiorem velocitatem non producant?

Quod etiam ex globo *b* duabus æqualibus velocitatibus moto constat, quarum vnam à globo E perpendiculariter cadente, alteram ab *a* horizontaliter percutiente comparat; quibus vnitis velociùs mouetur quàm vnaquáque seiunctâ motus fuisset, quandoquidem *b b* eodem tempore percurrit, quo tantùm *b c* percurrisset, adeout velocitas composita ex illis duabus velocitatibus æqualibus, sit ad quamlibet velocitatem æqualem seorsim sumptam, vt diameter *b b* ad costam B *b*.

Si verò velocitas globi *a* sit quadrupla velocitatis globi E, globi *b* velocitas ex illis duabus composita erit ad velocitatem globi *a* vt diagonalis *b g* ad lineam *b f*. Vnde constat quemlibet velocitatis gradum quantumuis paruum, augere alium velocitatis gradum vtcumque magnum.

Hîc tamen occurrit difficultas, nempe cur duo gradus velocitatis æquales globi *a* & E simul in globo iuncti non faciant duplam actu velocitatem, vt globus *b* moueatur eodem tempore per lineam aliquam æqualem lineæ *b d*, quo motus fuisset vnica velocitate globi *a* per lineam *b c* lineæ *b d* subduplam : quod noua propositione discutiendum, ne forsan hæc longiùs abeat.

PROPOSITIO XXI.

Velocitatum diuersarum tam æqualium, quàm inæqualium compositiones, & transmissiones explicare.

SI quemadmodum pondus ponderi iunctum, si sunt ambo æqualia, pondus duplum efficiunt, ita velocitas æqualis æquali iuncta duplam facit velocitatem, quomodo contingit velocitatem globi E iunctam æquali velocitati pilæ *a* non esse duplam? cùm linea *b h*, quam percurrit globus *b* duabus æqualibus velocitatibus E & *a* imprægnatus, non sit ad lineam *b c* in ratione dupla, qualis est *b d*, sed in ratione subduplicata lineæ *b c* ad *b d*. Sed cùm E velocitas, vel potentia ad velocitatem peræquè fruatur suo scopo', quo dato tempore tendebat ad lineam B *h*, & potentia *a* suo perinde fruatur, quo tendebat ad lineam *c h*, hoc est globus velocitate E affectus descendat à *b* ad B, & moueatur horizontaliter à velocitate *a* per horizontalem B *h*, vtráque velocitas seruatur, quibus illud accedit, quòd velocitas *b h* composita possit vtrámque disiunctam, quemadmodum diameter *b h* potest *b c* & *b* B.

Possunt verò duo venti æquales loco duorum globorum E & *a* intelligi, qui flantes in globum *b*, illum in *h* punctum per diametrum *b h* impellant, vel duo homines aut vires æquales globum *b* æqualiter impellentes in B & *c*, aut illum ex punctis *c* & B, viribus, & funibus *b c* & B *b* æqualibus trahentes, semper enim per diametrum *b h* mouebitur globus *b*.

Quanquam nonnihil difficultatis superesse videtur, cúrnam dupla velocitas coniuncta non faciat duplam actu & non solùm δυνάμει velocitatem.

Quod vt soluatur, inquirendum an aliquando duæ velocitates æquales in vnam conflatæ duplam actu velocitatem efficiant. Intelligantur ergo duæ velocitates æquales 2 globorum E, S æqualium, quæ

X iij

iungantur, vt illi duo globi eodem momento globum T percutiant verfus Y, an globus T, qui percuffus à globo E, vnica velocitate péruenifset ad Y, fpatium actu duplum conficiet? an verò fpatium dun-taxat, quod fit ad T Y, vt diameter ad coftam? an verò folam coftam *b c*, fi velocitas æqualis nil addat æquali.

Non vni videtur, futuram duplam velocitatem in T, fi globus vterque S, E fuam velocitatem ei communicet, quanquam difficile fit modum explicare, quo dupla illa velocitas tranfmitti poffit in globum T. Quid enim impediat quominus duo gradus velocitatis in 2 corporibus intellecti alteri corpori communicentur? cùm gradus velocitatis non videantur inter fe magis diftincti, quàm gradus caloris, & luminis, qui fortè nil funt aliud quàm diuerfi gradus ipfius velocitatis.

Porrò licet globus M impactus in globum N immotum non moueat N, globus R moueri poteft mediante globo N, cuius tamen fuperficiem in puncto contactus N & R moueri necefse eft, licet ille motus non percipiatur oculis, nullum enim corpus immotum mouere poteft aliud corpus immotum.

Iam verò tranfmiffiones impreffionum aggrediamur, moueatúrque globus E in globum S immotum, mediam fui motus partem E tranfmittet in S, quòd hæc duo còrpora concipi debeant inftar vnius corporis in contactus momento; túncque fimul mouebuntur verfus Y, fed motu duplo quàm antea tardiore. Si verò globus T moueatur in globum S immotum, fitque S duplus T, S beffem motus globi T accipiet, quod ifti globi fimul iuncti vnius inftar corporis in 3 partes æquales diuifi concipiendi fint, túncque tria tempora in eodem fpatio percurrendo impendent, quod antea globus T vnico tempore conficiebat.

Ex quibus de cæteris globis iudicium ferri poteft: exempli gratia feratur globulus R in globum N immotum, qui cum fit illius octuplus, & hæc duo corpora momento percuffionis vt vnicum corpus confiderari debeant, quemadmodum corpus R eft nona pars corporis N R, ita velocitatis integræ in corpore conflato ex N R partes octo refident & vnica pars in R; itaque globi R velocitas quantúmuis parua, diuidi debet in nouem partes, vt illius tantumdem fólûm retineat, quantum materiæ habuerit, quæ cùm fit pars nona corporis ex N R compofiti, ex 9 quos priùs habebat, velocitatis gradibus, vnicum fibi retinet, vt reliquos globus N materia octuplus fibi arroget.

An igitur globi N, immotum R percutientis velocitas quæcúm-

n

que in nouem partes diuidenda, vt octo sibi retinens vnicum globo R communicet? Experientia quæ docet globulum R à globo N percussum, ire velocius quàm N, repugnat, debet igitur globus N non vnicum gradum, sed eo plures globos R imprimere, quo velocius globus R motus fuerit.

Plures autem dabit, si plures deperdat, nullus enim motus omnino perit, sed ex vno subiecto transfertur in aliud, verbi gratia ex globo N in globum R.

At verò quantumuis arrideat non vni opinio illa de partibus æqualis velocitatis in maiori corpore sitis, & in minora corpora transmittendis, vt velocius moueantur, quòd varias difficultates soluere videatur, forte non est veritati conformis, licet enim centum globi posteriores æquâ velocitate antecedentem vrgeant, non potest tamen moueri velocius, cúmq; maior velocitas sit potentia transferendi corpus per maius spatium æquali tempore, ita consistere videtur in indiuisibili, vt neque diuidi, neque addi, vel multiplicari possit.

Quapropter alio modo soluendi videntur modi transmissionum, nempe globum minorem nunquam à maiori velocius moueri, quàm in momento transmissionis motus mouetur maius; quod licet moueri non videatur, pars tamen illius tangens minorem, instar elateris, æquè velociter, ac minus moueri necesse est, ne velocitas maior in minore producta sit absque causa.

His autem pauca de motibus compositis addenda; quæ prædicta confirment, aut noua suggerant, nostrósque prouocent Geometras ad omnia discutienda, ac demonstranda quæ ad omnimodam motuum compositionem attinent, illam verò præsertim quæ notatur in rerum naturalium effectibus, & progressu.

PROPOSITIO XXII.

Motum omnem simplicem dici vel intelligi posse ex duobus motibus diuersis genitum.

NVllus est motus adeò simplex, quem non possimus compositum intelligere; quid enim recto motu simplicius; præsertim si fuerit æquabilis, hoc est cùm omnes illius partes sunt eiusdem velocitatis; Quod hac figura quispiam facilius intelliget, sit enim motus A B simplex, quo globus, vel aliud quoduis mobile feratur æquabili motu ab A ad B, certum est motum illum posse componi, siue generari ex motu A in D, & ex motu A in C, enimuero sint duo venti æquales, quorum vnus ab A in C, alius ab A in D sufflet in mobile A, cuius partes omnes sint æqualiter mobiles, mobile non perueniet in C, vel in D, sed in B; cúmque peruenerit ad I, erit in medio sui motus.

Eadem linea A B, seu motus idem generari potest à ventis G & H æqualiter in A mobile fiantibus, quorum impressiones determinantur à lineis H F, & G E motui lineç A B parallelis, atque adeo lineæ F E perpendicularibus.

Quòd si contingat inæquales esse ventos, vt ex subiecta figura R N Q intelligitur, in qua vètus Q vim habeat, quæ sit ad viam venti R in ea ratione, quâ Q N ad R N, quæ sit, verbi gratiâ, dupla, si duo illi venti agant in mobile N, perueniet ad punctum B per lineam rectam N B. Cùm autem ventus Q obliquiùs feriat mobile N, minus in illius motum influet, erúntque lineæ R O, Q P perpendiculares lineæ O P, mensuræ impressionum venti R, & venti Q: Vel, si mauis, linea K L ex angulo K in lineam motus B N perpendiculariter acta demonstrabit quantum ventus vtérque hinc lineæ B N tribuerit, erit enim N L impressio venti R, ad L B impressionem venti Q, vt R O ad Q P.

In quadrato C D linea C I bipartiens A B ostendit vtriusque venti G & H in mobile A flantis æqualem impressionem. Idémque penitus continget si loco ventorum duo homines A mobile duabus funibus A D & A C ex punctis D & C trahentes, vel etiam A versus

C &

C & D , aut N verſus K & M impellentes.

Omitto globum V X Y percuſſum à globo *b* R , ita ſuas poſſe vires colligere, vt eas in globum ſequentem S & intorqueat , quæ ſi per li- neas V S , Z S , T S , Y S & X S dirigantur, globi S & motus rectus erit, idémque ac ſi fuiſſet ſimplex , & à ſola virtute T per lineam T S inditus.

Idémque concludendum de quibuſcúmque alijs impreſſionibus, quæ motum æquabilem poſſunt efficere , ſiue duæ, ſiue mille, aut quo- uis numero fuerint. Cauendum propterea ne ſtatim ex vnico motu ſimplici, vel æquabili, ſiue recto, ſiue cuiuſcúmque alterius figuræ mo- torem vnicum concludas; cùm etiam circularis ex duobus , pluribúſ- ue motibus generari poſſit, & plerúmque parabolicus ex duobus mo- tibus rectis procedat, æquabili videlicet, & naturali accelerato, vt po- ſtea dicetur.

An igitur motus quo grauia verſus centrum pergunt, ſimplex dici debet? Si nullus motus inæquabilis, hoc eſt cuius partes diuerſæ non habent eandem velocitatem, ſimplex eſt, grauium motus erit com- poſitus; ſi partim ab aëre, vel alio corpore ſubſequente, partim à tellu- re tracta ferantur, illorum motus compoſitus erit.

Porrò hîc aduertendum in ſuperioribus motibus, ventos, aut trahen- tes homines aliquam ſuarum virium partem fruſtra conſumere , cùm enim ventus H vim haberet impellendi mobile ad punctum D, & ven- tus G mobile in C eodem tempore tranſmittere potuiſſet, linea ta- men A B, per quam à duobus ventis pellitur, non eſt æqualis duobus lineis C A , D A, ſed illis minor; tantóque minor quantò latera duo quadrati ſimul iuncta maiora ſunt eiuſdem quadrati diametro: idém- que de motu N B, & alijs dicendum.

Quanquam A B motus dici poteſt æqualis potentia duobus moti- bus A D, A C, vt eſt diameter duabus ſuis coſtis potentia æqualis.

COROLLARIVM.

PLurima problemata ex dictis elici poſſunt , ſi probè motuum compoſitio intelligatur , quale eſt ex duobus quibuſcúmque punctis datis, quibus adſint datæ vires, motum quemcúmque rectum producere; verbi gratia ex punctis G & H motum rectum A B, vel ex punctis R Q rectum N B: quod etiam lineis curuis conuenit, de quibus aliàs.

PHÆNOMENA

PROPOSITIO XXIII.

Motus rectus componi, vel produci potest ex duobus motibus cuiuscumque figuræ, quemadmodum motus circulares, parabolici, vel cuiusuis alterius figuræ, componi, vel generari possunt ex motibus rectis certam inter se rationem habentibus.

PRimùm quidem motus rectus componi potest ex diuersis motibus rectis, tam æqualibus, quàm inæqualibus, vt dictum est; secundò etiam ex æqualibus, & inæqualibus tam rectis quàm curuis.

Ex inæqualibus rectis demonstratum est in figura prop. præced. N K B: ex inæquabilibus verò, si verbi gratiâ lapidi per A B iuxta numeros impares 1,3,5,7 cadenti, vt reuera cadit, addatur motus violentus ab A ad B, qualis est manus lapidem ex turris altitudine proijcientis: tunc enim velocior erit motus lapidis; cui præter motum illum per impares numeros progredientem, æqualis motus ex impetu quolibet tempore addendus erit, si motus violentus semel impressus nunquam minuatur, vt reuera non minueretur, si aëris, & cuiusuis alterius corporis impedimentum abesset, & eorum quæ semel producta sunt, nihil absque externis impedimentis pereat, atque deficiat.

Hoc igitur motu nouo superaddito fiat vt velocitas continuò crescens sit in fine temporis alicuius velocitati æquabili impulsionis æqualis, quod tempus dicatur primum, in cuius fine lapis habebit duos gradus velocitatis, vnum à propria grauitate, alium ab impulsione.

In fine secundi temporis duos gradus ab illa grauitate & vnum ab impulsione, atque adeo tres gradus velocitatis habebit: quod semper fiet in sequentibus temporibus, vt gradus velocitatis numerorum 2, 4,6,8, vel 1,2,3,4, naturalem progressum æmulentur, qui non mutatur ob adiunctum impulsum, vt enim pro 1,2,3,4, &c. temporibus lapis solâ grauitate descendens reperitur cum 1, 2, 3, & 4. velocitatis gradibus, ita iuncto impulsu reperitur in iisdem temporibus cum 2, 4,6, 8, &c. velocitatis gradibus.

Cùm autem in percussione, in qua malleo vtimur, hi duo motus

coniungantur, quandoquidem Faber ferrarius malleum ferreum in incudem impingens malleo naturaliter defcendenti magnam velocitatem vi brachij fuperaddit, certum eft vim percuffionis præfertim à velocitate motus pendere, eóque maiorem effe percuffionem ab eodem malleo in idem paffum, feu percuffum, quo maior fuerit velocitas: fed ne motuum illorum compofitio nouam difficultatem generet, vnicum motum in percuffione fupponemus, qui modis infinitis fuam velocitatem mutare poffit.

PROPOSITIO XXV.

Varias de vi percuffionis cogitationes explicare,
illiúfque difficultatem
aperire.

QVæftione 19 vim iftam attingit Ariftoteles, quam ad motum reuocat, quamuis enim fecuri ligno impofitæ magnum pondus fuperaddatur, ferè nihil efficit ad ligni fiffionem, cùm tamen in illud motu impacta, magnos effectus præftare foleat, quippe veluti malleus cuneatus, aut cuneus malleatus fcindit, & findit; quantum verò grauitatis motus ei fuperaddat, hoc eft quanto pondere vis à motu impreffa fuppleri poffit, inuentu difficillimum effe videtur.

Cùm autem certum fit & in eo conueniant omnes, eò percuffionem effe maiorem, quò motus eft velocior eo inftanti quo fit percuffio, non iam motum circularem manus, & manubrij, neque motum à mallei propria grauitate motui violento additum, aut folam percuffionem deorfum factam, fed velocitatem motus duntaxat, vndequáque procedat, & percuffionem generalem, fiue furfum, fiue deorfum, fiue lateraliter fiat confidero, quam fuppono æqualem, dummodo fiat æquali velocitate, idque eodem vel æquali percutiente, & in idem vel æquale paffum eodem modo difpofitum; imò nec ipfum aërem inter corpus & percutiens interpofitum hîc intercedere velim, ne vel nos interturbet, vel in paralogifmos incidamus, nifi tamen quatenus ad percuffionem neceffarius cenfebitur, quam fortè nonnulli putabunt abfque aëris interuentu inutilem, qui percuffi corporis poros ingredi debeat, & aërem poros illos implentem expellat, à quo percuffi corporis fciffio, fractióque fiat, eo ferè modo quo puluis pyrius inflammatus & huc illuc diffiliens montes & rupes in puluerem comminuit. Aër enim vel aliqua materia eo fubtilior medium esse videtur omnium actionum naturalium, cuius naturam, & effectus qui probè nouerit, magna possit in Physicis intelligere.

Sit igitur ictus, seu percussio mallei A E, vel ensis A B, cuius capulus, vel manubrij caput in centro A intelligatur, moueatúrque in circumferentia E G H, donec passum in puncto H occurrar; cúmque, peculiarem difficultatem inuoluat ensis, cuius percussio maxima neque est in illius centro grauitatis D, neque in mucrone B, sed versus C ensis dodrantem à B cuspide incipientem, nunc solùm de malleo, vel securi A E, vel

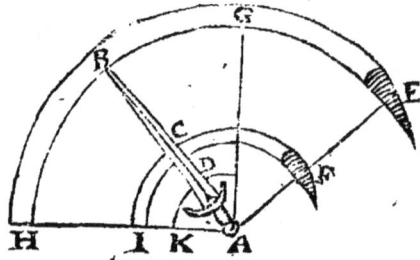

A F loquimur: De ictu ensis, vide Baldum ad quæst. 19. Mechan. Aristotelis, qui notat aliquos Mercurium in canali à manubrio, ad ensis spiculum B accommodato imponere, qui velocissimè delatus à D ad B percussioni vires addat in B, vbi sit ictus maior quàm in vlla alia D B aciei parte. Cùm autem variæ sint ensium figuræ, non potest esse vna solutio, si enim sit eiusdem in omnibus partibus crassitiei & ponderis, vt in quibusdam acinacibus contingit, vel etiam circa B densior & grauior, adeout securim æmuletur; si præterea minus aut magis firmiter in A capulo, hæc inquam omnia, & alia plura, quæ contingere possunt in ensium percussionibus, totidem solutiones requirunt, quas Geometris militibus, siue ingeniosis permitto. Videatur etiam Gueuara, qui commentario in eandem quæstionem rectè notat velocitatem, quâ mouetur cuspis B, longè maiorem habere in percutiendo, quàm maius in B pondus minori velocitati iunctum efficaciam, & stipites loratos enucleando arearum tritico seruientes, seu flagella frumentaria, quemadmodum runcas, clauas, & alia instrumenta cædentia, diuidentia, &c. ad istud principium reuocat. Additque A B vt vectem posse considerari, cuius fulcimentum in manu gladiatoris A, licet mobile; vnde facilius ictum ensis gladiatores in puncto B dextrorsum, vel sinistrorsum, aut sursum vel deorsum, quàm in C vel in alijs ensis partibus diuertant, quòd B longissimè distet ab hypomochlio A.

Itaque supponamus malleum E per totam circumferentiam E H æquali velocitate ferri, ea lege vt sit æqualiter punctum H percussurus, siue ab E, siue à B suum motum incipiat, hoc est H æquè percuti, idémque pati à quocúmque circumferentiæ puncto moueatur; dum-

modo æquâ velocitate paſſum H percutiat, quod ferrum, vel lignum, vel lapidem, vel quiduis aliud ſupponere licet.

Quod dictum velim, ob aërem, quem ab E ad H motum, vtpote
malleum præcedentem, quo nonnulli putant percuſsionem fieri longè valentiórem, quàm vbi tantùm à B ad H motus illud B præcedit,
quòd nempe non ita denſetur inter B & H, quàm inter G H, vel E H.
Cenſent enim certam aëris quantitatem inter corpus percutiens &
percuſſum, verbi gratia inter globum tormentarium, & thoracem,
vel alia corpora percutienda interceptam ſuo ingreſſu in percuſſa
cauſam eſſe validioris percuſsionis, quòd aëris interni partes diſsi-
lientes ipſas ligni, lapidis & aliorum corporum percuſſorum partes
exagitent, premant, atque diſſoluant: cùm tamen alij viri magni contendant aërem interpoſitum impedire potiùs quàm iuuare, neque percuſsionem forę maiorem, niſi cùm nullus aër interponetur ; aër enim
occurrens motum tardiorem efficit.

Iam verò propriùs ad vim percuſsionis accedo, quæ cùm à velocitate arceſſatur ; ipſam velocitatem per ſpatium & tempus definiam ; ſi
igitur A E tam brachij quàm mallei longitudinem referens vnius
hexapedæ, (licet duos pedes vix vnquam ſuperet) ſitque tanta percuſsionis velocitàs, vt ſi momento percuſsionis malleus moueri pergat, circuli, cuius A E radius, integram circumferentiam ſit quater
perfecturus ; quam eſſe ſummam mallei à fabri brachio moti velocitatem facilè concludes, ſi ſpatio ſecundi minuti ab horologio facti ſum-
ptum malleum ſummâ quâ poteris velocitate in orbem quater
egeris.

Cúmque ſexies radius A E circumferentiâ contineatur, (vt nunc
fractionem partis ſeptimæ negligamus) velocitas mallei tanta erit, vt
24 hexapedas vno ſecundo percurrat? Sumo tamen 26 hexapedas
quòd iuxta noſtras caſuum obſeruationes occurrant, vt velocitas mallei 50 hexapedis vno ſecundo percurrendis reſpondeat. Cùm igitur
lapis, aut ipſe malleus ſpatio 13 ſecundorum ceciderit, qui caſus ab
altitudine 338 hexapedarum futurus eſt, certum eſt vltimo, hoc eſt
decimo tertio ſecundo 26 hexapedas percurriſſe, atque adeo clauum,
incudem vel aliud corpus malleo in fine decimitertij ſecundi occurrens, eâ ad minimum velocitate, quàm priùs fabro ferrario tribuimus,
fuiſſe percuſſum.

Vnde fit vt altitudo 338 hexapedarum vires hominis percutientis,
vel potiùs vim ipſam percuſsionis referat, quæ cùm eidem graui ſemper eandem velocitatem tribuere intelligatur, eſſe poſsit immota regula velocitatis, ac velut percuſsionis idea.

Quibus pofitis, ad calcem meæ verfionis Gallicæ mechanicorum
Galilæi tria cónfideranda proponuntur, nempe potentiam, refiftentiam & fpatium, quæ ad percuffionem concurrunt; itaut potentia æ-
quali refiftentiæ folummodo refpondeat, quippequam eadem duntaxat velocitate mouet, quâ mouetur ipfa: fi enim potentia fit refiftentiæ fubdupla, duplò velociùs moueri quàm antea debet, hoc eft duplum æquali tempore fpatium conficere, vt ei æqualem præcedenti
motum conferat; vt ea ratione fpatium à potentia confectum tantumdem fuperet fpatium à refiftentia percurfum, quantum refiftentia potentiam fuperat; vicéque verfa, potentia longè maior refiftentiæ minori magnam poterit indere velocitatem, licet tardiùs moueatur,
adeout hæc lex meritò ipfi naturæ tribuatur.

Claui ferrei vel lignei figendi, aut cylindri metallici; ferrei, verbi
gratia in laminam attenuandi refiftentia proponatur, hoc eft fpatium
quod à clauo, vel alio corpore percutiendo conficiendum eft; fitque
vnius lineæ, & malleus percutiens tanta velocitate currat, vt 26 hexapedas fecundi fpatio confecturus fit, dico clauum, cuius refiftentia
fuerit 17064 maior potentia mallei, vnica linea ingreffurum, cùm in
26 hexapedis mallei velocitatem fignificantibus linea 17064 contineatur; vel fi trabs occurrat cuius refiftentia toties maior fuerit vi
mallei percutientis, malleus prædicta velocitate motus trabem per
vnius duntaxat lineæ fpatium mouebit.

Obferuandum eft autem hîc fupponi tam percutiens quàm percuffum corpus tantæ effe duritiei vt fibi non cedant inuicem, vtque
vnum ab alio non perforetur, ne pereat impetus, aut alió transferatur: deinde percuffum corpus per lineæ partes æquales æquali facilitate, atque velocitate moueri, alioqui prædicta proportio defi-
ciet.

Verùm tota difficultas fupereft, quonam modo pondere, vel
preffione metiri poffimus vim illam motus, feu percuffionis; nam
quantum pondus clauum lineæ fpatio infiget, quam vnius, verbi gratia, libræ malleus prædicta velocitate percutiens per illud fpatium
figit?

Sunt qui putent iter illa velocitate à malleo conficiendum, nempe
26 hexapedarum, in cylindrum, vel parallelepipedum eiufdem cum
malleo craffitudinis effe conuertendum, cuius pondus, vel iftius ponderis, quadratum, vel cubus clauum eodem modo, ac malleus figat,
aut in laminam cylindrum ferreum conuertat: fi fiat cylindrus eiufdem longitudinis, fitque malleus vnius libræ, & dimidium pedem
longus, cylindrus 338 hexapedarum erit pondo 2648 librarum; vbi

iuuat obferuare tubum iftius altitudinis aqua plenum per lumen in pede tubi factum falientem eadem velocitate miffurum, qua malleus clauum antea percutere diximus, vt ex tractatu de Hydraulicis con-ftat. Quapropter fi cylindrus ille ferreus 338 hexapedarum, & 2648 librarum clauo, vel fecuri, vel alteri corpori premendo imponeretur, fortè poffet idem, ac motus malleus. Verùm cùm pondus premens impofitum femper premat, & agat, malleus autem non ampliùs agat poft ictus inflicti momentum, fupereft maxima de tempore prementis cylindri difficultas, conftat enim experientia pondus ita femper vrge-re vt nouos & nouos effectus producat, adeout clauum, quem primi fecundi fpatio non potuit per lineæ fpatium infigere, fequentibus fecundis etiam profundiùs figat, & cylindrulum incudi priùs impofi-tum, quem non potuit in laminam attenuare primo tempore, fequen-tibus poftea temporibus atte.uet. Quòd fi pondus illud 2648 mini-me fufficiat, cogita quantum pondus ex iftis libris quadratis, vel etiam cubicis nafcatur.

Aliam Illuftris viri cogitationem explico, qui fimiliter vim percuf-fionis in motus velocitate collocat: fit igitur malleus E centum li-brarum, & vnico velocitatis gradu defcendere incipiat, incudem in H puncto intellectam illâ folùm vi, feu potentiâ premet, quam gra-dus vnicus centum libris, feu malleo tribuit: fi verò malleus alter vnius libræ velocitatis gradus centum habeat percutiendo, æquè premet incudem ac primus centum librarum malleus.

Cùm igitur folutio reliqua pendeat à velocitate qua pondus cor-pori percutiendo impofitum primo momento moueri poftulet, & multi poft Galilæum arbitrentur graue, feu pondus quodpiam à quiete ad quemuis terminum per omnes tarditatis gradus tranfire, non video in ea fententia qui pondus fola preffione, mallei motum, feu percuffionem compenfet.

Vt autem quæ hìc afferri poffe videntur fubtiliora capias, doctiffi-mi D. Hobbei fententiam accipe, quam ex hypothefi defcenfus grauium iuxta rationem temporum duplicatam, de qua nos in Hy-draulicis, Harmonicis, & alijs locis egimus, ita profequitur, vt com-paret pondus, feu conatum primum corporis grauis cum velocitate, feu motu per defcenfum acquifito.

Cùm igitur conatus primus vt motus, fiue pars motus prima, ab eo confideretur, necesse eft vt eo motu, feu conatu, quantùmuis infen-fibili fpatium aliquod, aliquo tempore conficiatur: quibus pofitis, fit prifmatis, vel cylindri cuiufpiam axis A B diuifus in quotcúmque, ver-bi gratia 4 partes æquales A C, C D, D E, E B; quorum vna A C

ſtatuatur prima, eáque vt minima non ampliùs diuidenda; eiúſque
motus habeatur pro minimo. Clarum eſt E B, dum mouetur deorſum, non premi à ſequente parte D E, neque illam à
C D, neque C D ab A C, cùm æquali conatu deſcendant.

Vnde ſequitur conatum primum totius axis priſmatis, vel
cylindri, quamdiu deſcendit, non eſſe maiorem conatu partis
A C, vel cuiuſlibet reliquarum, quemadmodum neque in
equitum turma vllus maiori, quàm alius, fertuꝛ velocitate.

Si verò cylindrus ille ſtatuatur ſupꝛa baſim aliquam duriſſimam,
illam premit E B primùm conatu ſuo, ꝑ ꝙque premitur à cæteris
partibus, itaut conatus omnium partium exerceatur in puncto B.

Quapropter velocitas primi conatus in B, (poſito cylindro ſuper baſi
duriſſima) ad conatum primum primæ partis inſenſibilis A C, vt linea A B ad inſenſibilem lineam (inſtar puncti Phyſici conſiderandam) A C: quare ſi procederet B illo totius axis conatu, quanto tempore confectum eſſet A C ſpatium conatu puncti Phyſici A C, tanto
præciſè conficeret ſpatium æquale axi A B, ſed remota baſi nunquam
ita procedet, quandoquidem partes inferiores non ampliùs preme-
rentur à ſuperioribus, & partes ſingulæ deſcenderent iterum ſingulis
conatibus.

Vnde conſtat axem ipſum cylindri menſuram eſſe velocitatis ſuæ,
qua ponderat baſi inſidens. Itaque ſi poſſit oſtendi quantum ſpatium
graue eiuſdem ſpeciei, (ſeu quod habet conatum primum æqualem
conatui primo cylindri) deſcendendo conficere debeat, vt velocitas
eius aqui ſita ſit ad notam aliquam grauis deſcendentis velocitatem,
in eadem ratione, in qua axis ad eandem cognitam velocitatem, erit
cognita ratio velocitatis ad pondus.

Iam verò ſi detur tempus quo graue deſcendit per ſpatium quodcúmque datum, & fiat vt duplum ſpatij dati ad altitudinem cylindri,
ita altitudo illa ad tertium, erit illud tertium ſpatium, per quod cùm
deſcenderit graue, velocitatem acquiret æqualem ponderi priſmatis
propoſiti.

Sit tempus datum *g* X minutum ſecundum, quo graue *g* deſcendat 12 pedes *g u* iuxta noſtras obſeruationes; ſitque dati cylindri altitudo 12 pedum, in ratione *g u* ad *g ſ.* Cùm graue deſcenderit à *g* ad
ſ, habebit velocitatem quà poſſit deſcendere proximo ſecundo bis *g ſ,*
hoc eſt *g t* velocitate æquabili, vt in Hydraulicis oſtenditur, ſicut in
harmonicis. Ducatur rectæ *g t* æqualis recta X *y,* & fiat vt X *y,* ſeu
g t ad *g u;* ita *g* X tempus ad *g z* tempus: ducatúrque *z* & parallela
lineæ

lineæ X y, fecans g y in ɛ̃, eritque z ɛ̃ æqualis g u.

Cùm autem velocitas X y acquifita tẽpore g X, fit z ɛ̃ ad velocitatem acquifitam tempore g z, vt ipfum tempus g X ad tempus g z; & fpatium quod percurritur defcendendo tẽpore g X ad fpatium quod conficitur defcendendo tempore g z, fit in duplicata ratione temporis g X ad tempus g z, hoc eft in duplicata ratione X y ad z ɛ̃, vel duplicata ratione g t ad g u; fi fiat vt g t ad u g, ita u g ad aliud g ß, erit z ɛ̃ velocitas aquifita in ß, fiue quæ aequiritur tempore g z; Et eft vt velocitas z ɛ̃ acquifita in puncto ß, ad velocitatem g t acquifitam in puncto ſ, ita g u ad g t, hoc eft ad X y.

Eft igitur vt z ɛ̃ velocitas acquifita in ß, ad g t velocitatem acquifitam in ſ, ita g u ad eandem g t; atque adeo g u, & z ɛ̃ funt inter fe æquales. Eft autem g u velocitas, quâ ponderat axis cylindri propofiti, fiue pondus eius; igitur inuenta eft velocitas in puncto ß, ponderi propofito g u æqualis, quod initio demonftrandum proponebatur.

Non tamen inde fequitur effectum ponderis cum effectu velocitatis poffe comparari circa ictum, feu percuffionem, cùm pondus varios habeat effectus pro mora temporis, profundiùs enim defigit palum, vel plumbum complanat premendo, quò plus temporis incumbit; fed velocitatis effectus non ita pendet à mora, nec enim moratur quod mouetur, nec vim fuam bis in eodem loco exercet. Quapropter pondus per fe comparatur cum folo pondere, & velocitas cum velocitate, ideóque putat pondus & velocitatem in ictu nunquam fe mutuò compenfare.

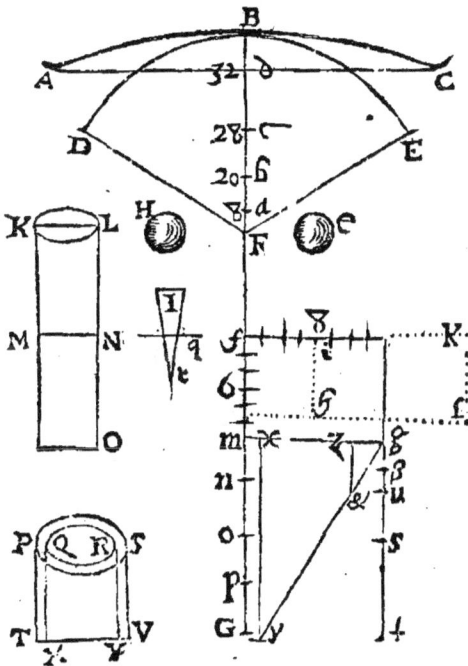

m

MONITVM.

NE propofitionis iftius explicatio tædium pariat, reliquas diffi-
tates in fequentem reijcio, quæ noua complectitur percuffio-
ni conducentia ; quæque poftea Vietæi , vel alij Geometræ perficiant.

Nota verò figuram iftam non omni ex parte explicatam , duplex enim arcus cum numeris infcriptis tractatum Ballifticæ expectat.

PROPOSITIO XXVI.

*Dati ponderis malleo cadente à data altitudine , &
palum in terram impellente datâ profunditate, dare mallei pondus, qui cadens ab eadem altitudine,
eundem palum in terram dupla profunditate impellat: & à quantò maiore altitudine debeat cadere malleus idem , vt eundem palum profunditate
duplâ illius quæ datur, in terram impellat.*

IStorum problematum folutio pendet ab experientia, & à cognitione rationis ponderum in corporibus fpecie diuerfis, & à ratione
diuerfæ contumaciæ in corporibus tenacibus ad data pondera ; verbi
caufa cùm defcendit palus in terram vi percuffionis, fciendum effet
quantum ponderis fuftineat illa potentia, quæ fufficit ad terram illam amoliendam, in cuius locum debet palus impacta fuccedere.

Similiter, fi fuerit cylindrus K O, cuius altitudo L O, vno ictu
diminuâtur ad altitudinem O N, vel V S, quarum vtráque fit fe-
miffis altitudinis L O , neceffe eft cylindrum ita depreffum habere maiorem bafim quàm antea, cùm prior altitudo L O ad
pofteriorem S V, fit vt bafis pofterior , cuius diameter T V, ad
prioris bafis diametrum K L. Erit igitur ex vi percuffionis portio cylindri K L M N loco fuo emota, & cylindro M O circum-
pofita ; quemadmodum cylindro Q R X Y circumponitur cy-

lindrus cauus P S T V. Itaque fciendum effet experientiâ quantum ponderis poffit fuftinere illa potentia, quæ potuit cylindrum K L M N amoliri à loco fuo, hoc eft circumijcere cylindro inferiori M O;

hoc enim experientiâ cognito, problemata foluentur: fi priùs tamen definiatur, quid fit Vis, quid Refiftentia, & quid Effectus.

Vis eft, id quod producitur ex multiplicatione ponderis in velocitatem, itaut fi duorum agentium pondus fit idem, velocitas diuerfa, fit vis ad vim vt velocitas ad velocitatem; fi verò duorum agétium velocitas fit eadem, pondera diuerfa, erit vis ad vim vt pondus ad pondus.

Refiftentia autem eft vis Patientis oppofita viribus Agentis.

Effectus denique, eft motus in patiente, qui oritur ab exceffu virium agentis fupra vires patientis; exempli caufa, fi lapis ab *e* defcendat in aquam profunditate *i h*, minore quàm defcendiffet, fi nihil refifteret, faciátque tantum aquæ afcendere, Effectus cadentis lapidis eft afcenfus ille aquæ, & refiftentia aquæ eft vis eius, quâ impediuit ne lapis ampliùs defcenderet; ex quibus pofitis fequens emergit propofitio.

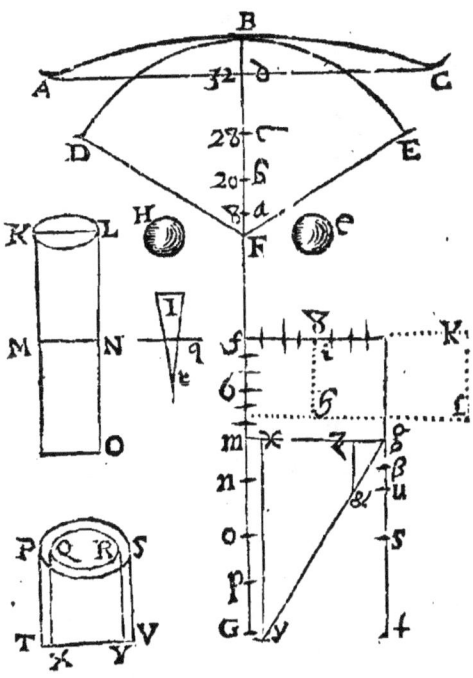

PROPOSITIO XXVII.

Si corpus graue, grauitatis & velocitatis datæ, penetret in corpus data grauitate resistens, spatium per quod procedet in non resistente, est ad spatium per quod penetraret in resistente, vt grauitas vtriúsque corporis Agentis & Patientis ad grauitatem solius Agentis.

SIt enim corpus Agens *e*, Patiens *f* 8, habeátque *e* grauitatem vt 8, velocitatem vt 6, hoc est tempore dato 6 spatia conficere possit: habeat autem *f g* Patiens grauitatem vt 4, penetrétque *e* in corpus *f g*, profunditate *i h*, dico spatium quod penetrabit *e*, nempe *i h*, tantum fore, vt spatium 6 habeat ad ipsum eandem rationem, quam habet ad 8 & 4 simul, hoc est ad 12, id est grauitas vtriúsque corporis simul sumpta, ad 8 grauitatem solius Agentis.

Quoniam *e* habet grauitatem vt 8, *f g* vt 4, pondus *e* est ad pondus partis *f g* eiusdem molis, vt 8 ad 4; & quia pondus *e* est vt 8, velocitas vt 6, erit tota vis corporis *e*, vt 48; vis enim vniuscuiúsque corporis est id, quod fit ex pondere & velocitate inter se multiplicatis.

Vis autem corporis *e* est æqualis vi quâ ipsum *e* descendit ad *h*, vnà cum vi qua tantundem ex corpore *f g* ascendit ab *h* ad *i* (nec enim *e* potest descendere ad *h*, quin tantundem exeat ab *h* ad 1) sed vis qua tam *e* descendit, quàm *h* ascendit, fit ex pondere *e*, & pondere *f g* simul sumptis, multiplicatis in velocitatem, qua descenditur ad *h*, vel ascenditur ab *h* ad *i*.

Est igitur vis facta ex grauitate 8 solius Agentis, & velocitate 6, in non resistente, facta ex grauitate vtriúsque corporis 12, & velocitate *i h*, æqualis; sicut Rectangulum sub 8 & 6, æquale est Rectangulo sub 12, & *i h*. Vt igitur 6 ad *i h*, ita reciprocè 12 ad 8. Quare *i h* erit 4, ideóque *si corpus graue, &c.* quod erat probandum.

Eademque methodo procedendum est in ductilium complanatione quæ fit ex ictu: quamuis absque experimentali cognitione ponderis quod sufficit ad vincendam contumaciam qua partes ductilium inter se cohærent, nil certi de ictus, seu percussionis effectu statuere possimus in corporibus complanandis.

Ex dictis verò colligi potest Agentia duo eiusdem ponderis, molis

& figuræ, fed diuerfæ velocitatis, cadentia in idem Patiens, penetrare
fecundum rationem velocitatum, fi enim *e* habeat velocitatem vt 12,
erit tota vis 96, quæ diuifa per 12, pondera vtriúfque corporis, dabit 8
pro penetratione.

At verò fi velocitas feruetur eadem, vt fuprà, nempe 6, fed duplicetur pondus, vt fit 16, erit penetratio in ratione quam habet vtrúmque
pondus, àd pondus folius Agentis, hoc eft vt 20 ad 16; cùm enim *e*
habeat pondus, vt 16, velocitatem vt 6, habebit vim vt 96, quæ diuifa
per 20, pondus vtriúfque corporis, dabit 4⅘. Eft autem 6 ad 4⅘, vt
20 ad 16.

Hinc ad problema venio, nempe pofito quòd malleus H cadens à
data altitudine palum in terram defigat per fpatium *q r*, à quanta altitudine debeat idem cadere malleus, vt palum eundem terræ per fpatium fpatij *q r* duplum infigat: & dico illum ab altitudine quadrupla
cadere debere, cùm enim penetrationes fint vt velocitates, vt dictum
eft; & velocitates fint in altitudinum fubduplicata ratione, vt tract. de
Hydraulicis, & etiam fuperiùs oftenfum eft; fi penetratio quæfita eft
vt 2 ad 1, erit etiam velocitas, quæfita ut 2 ad 1, & altitudines, ex quibus velocitates acquiruntur, erunt vt 4 ad 1. Similitérque malleus ab
altitudine noncupla, fexdecupla, &c. cadere debet, vt fit eius penetratio tripla, quadrupla, & ita in infinitum.

Alterum problema, vidélicet pofito quòd malleus *e* vel H dati ponderis cadens ab altitudine quacúmque palum in terram defigat per
fpatium *q r*, quanti debeat effe ponderis malleus, qui ab eadem alti-
dine palum eundem defigat per fpatium fpatij *q r* duplum, longè
difficiliùs effe videtur, cùm multiplicatio ponderis non femper augeat penetrationem: fi enim, verbi caufa, malleus vnius libræ defcendat velocitate vt 6, in medio non refiftente, & in refiftente, vt 4;
malleus centum millium librarum non deprimet palum vt bis 4,
quandoquidem mille libræ non defcendunt velociùs quàm vna. Pondus tantùm per accidens penetrationem auget, vtpote minuendo refiftentiam Patientis, quæ confiftit in pondere, vel in cohærentia, quæ
ponderi æquatur.

MONITVM PRIMVM.

CÆtera quæ fpectant percuffionem, in Ballifticis reperies, quibus
tam ictus, quàm iactus miffilium omnigenûm profequimur: vbi
femper aduertendum aliud effe maiorem motus quantitatem, aliud
maiorem velocitatém, fi in paralogifmos, vel difficultates nolis im-

pingere, fæpius enim maior eft motus quantitas, licet velocitas fit
duntaxat æqualis, vel etiam minor: verbi gratia, cùm duo lapides,
vel duo globi ferrei defcendunt ab eadem altitudine, folóque proprio
pondere cadunt, globus maior maiorem habet motus quantitatem,
idque eadem ratione qua maior eft, adeout fi fuerit, alterius octuplus,
motum etiam habeat octuplum, cùm tamen velocitas vtriúfque fit
æqualis: vnde fit vt poffit motus corpori, velocitas fuperficiei, vicéque verfa comparari.

Figuras autem quæ propriis locis non videris impreffas, maiores
præfertim, quibus multæ paginæ refpondent, initio, vel ad calcem
libri repofitas inuenies, ne caput, & oculi laborent in paginis abfque
figura voluendis, vt figuræ difcurfui accommodentur, quæ fatis frequenter repeti non potuerunt, vt contigit paginis 43, 44, &c.

MONITVM II.

PRæter vim illam mallei percutientis, & præli, quæ fimul addita
cum rotis, tympanis, helicibus, &c. magnum robur operis addunt, quidam catapultam, vulgò *mortier*, ferreis manubriis vectium
addunt, quæ maximo tum fragore, tum conatu manubrium illud mouet, & quolibet ictu repetito promouet vlteriùs, donec maximas câ-
panas puta 30, vel 40 mille librarum in turres erexerint, vel alia maiora onera leuarint ad datam altitudinem; quo cafu manubrium tanti debet effe roboris vt illis ictibus refiftat: pulchrum autem & vtile
fuerit, fi quis Ingeniofus definiat quantum hac ratione pondus quolibet ictu, & ad quam altitudinem ferri poffit: quod forfan ex fequente tractatu innotefcet.

MONITVM III.

PRæter motum percuffionis, & alios de quibus tam in Hydraulicis, quam in Mechanicis actum eft, Verumlamius peculiari tractatu pofthumo plures alios recenfet, quorum primum *Antitypiæ* vocat, quo pars quælibet materiæ refugit in nihilum redigi, vel nullibi
effe, vel in eodem effe loco cum alia parte, hoc eft odit penetrationem
dimenfionum.

Secundum appellat motum *nexus*, quo refiftunt corpora feparatio-
ni, vt cùm aqua in fiphonem afcendit ne detur vacuum. Tertium *libertatis*, quo fe preffa fpongia, aër condenfatus, elateria, &c. refti-
tuunt. Quartum *Hyles*, quo maiorem extenfionem corpora poftu-

lant, vt fit in aëre calefacto; vel ftatum permanentem, vt cùm aqua vertitur in glaciem, vel ob frigoris longiffimam continuationem, vt aliqui putant. Quintum *Continuationis*, quo glutinofa continuantur, & aquæ guttæ in rotundum coëunt. Sextum *indigentie*, feu *lucri*, quo mercurius attrahit aurum, panis calidus aquam, &c. Septimum *Congregationu maioris*, quo grauia feruntur ad terram. Octauum *Congregationis minoris*, quo tartarum in vino fubfidit, partes auri in aqua regia fparfæ per præcipitationem fundum petunt, & homogenea iunguntur homogeneis. Quò fortè referatur vis ferri ex coniunctione magnetis oriunda, qui cum pondus vnum ferri nudus, fiue inermis trahat, armatus 320 pondera trahit, vt in eo quem habeo fæpius expertus fum, qui cùm inermis ferri femunciam vnicam trahat, armatus 320 femuncias, hoc eft libras decem fuftinet. Nonum *Magneticum*, quo corpus vnum à longè trahit corpus aliud, vt magnes, & fuccinum. Decimum *Fuga*, quo olfactus fugit odores fœtidos, & guftus faporem amarum; hinc oleum non benè mifcetur cum aqua, cum qua vini fpiritus oleo leuior mifcetur.

Vndecimum *Afsimilationis*, fiue multiplicationis, aut generationis, quo flamma fuper halitibus & oleaginofis fe multiplicat, & nouam flammam generat. Duodecimum *Excitationis*, quo calor fe communicat excitando partes interiores corporis calefaciendi, magnes terram induit nouis difpofitionibus, fermentum panis, flos ceruifiæ, & coagulum lactis excitant motum in maffa farinaria, ceruifia, aut cafeo. Decimumtertium *Impreßionis*, quo lucis radij calefaciunt, foni diffunduntur, magnes ferrum, & terra graue trahit.

Decimumquartum *Configurationis*, aut *fitus*, quo Sol potiùs ab Oriente ad Occidentem, & fuper ftella Vrfæ vicinâ, quàm fuper alijs ftellis, veluti fuper polis mouetur; magnetis verticitas potiùs fit in Orientem quàm in Occidentem, & vice verfa. Denique quo in vnam potiùs quàm in aliam partem corpora difponuntur.

Decimumquintum *Pertranfitionis*, vel fecundum meatus, quo per media quædam aliæ qualitates tranfeunt, vt fonus & calor per corpora opaca, lumen per diaphana, virtus magnetis per omnia.

Decimumfextum *Regium*, quo fpiritus animales partes alias corporis regunt, & ordinant, & fortè Sol terram, & omnia corpora, quæ ad hoc noftrum fyftema pertinent, fuo calore regit, & in proprijs vnumquódque locis collocat. Decimumfeptimum *Rotationis fpontaneum*, quo vel terra circa fuum centrum, & Solem, vel Sol, & alia aftra circa terram vertuntur. Decimumoctauum *Trepidationis*, quo pulfat arteria, & cor fyftole, & diaftole motu.

Denique decimumnonum *Decubitus*, & *Exhorrentia*, quo partes
terræ, & cuiufuis alterius corporis abhorrent à feparatione fui à toto,
& feparatæ ftatim abfque morâ reuertuntur, & reuerfæ quiefcunt.

Quibus plures motus addi poffunt, vt motus máris, qui fortè ab
ipfius terræ expiratione, & infpiratione ducit originem : & motus
omnes propemodum infiniti, & differentes, quibus omnium corporum idiofyncrafiæ, characterifmi, & temperamenta conftituuntur,
quibus alia duriora, liquidiora, magis aut minus odora, fapida, &c.
fiunt, quibus motibus potuit Deus illud fupplere quod vulgò formam appellamus, quorum explicationem difficillimam ab Illuftri
Viro poffis expectare.

Nam fequente tractatu folos motus profequor oculis, & tactui ob-
noxios, quos inter numerare poffis ipfas folis iaculationes, quibus fuæ
lucis radios, veluti fagittas, per totum aërem, & per alia quæcúmque
diaphana momento vibrat, quorum frequenti fenfu, & percuffione
ad folis æterni radios, & flammas in cordibus noftris excitandas pro-
uocemur. Tunc enim optimus erit creaturarum vfus, & eminentiffi-
ma motuum finitorum meditatio, cùm nos ad Eminentiffimum primi
motoris amorem promouerit, & ita noftras inftituerit mentes, nullam vt lucis in nos vibratæ radium detineamus, fed omnes penitus
ad perennem reflectamus lucis originem, & quidquid fecerit ad propria, fiue commoda, fiue laudes, fiue quidpiam aliud, faftidientes, re-
ijcientéfque, toto conatu feramur ad vnicam Dei voluntatem colen-
dam, amplectendam, adorandam.

FINIS.

ARS
NAVIGANDI
SVPER, ET SVB AQVIS,
Cum Tractatu de Magnete,
ET
Harmoniæ Theoreticæ, Practicæ,
& Instrumentalis.

LIBRI QVATVOR.

PARISIIS,

Sumptibus ANTONII BERTIER, viâ
Iacobæa, sub signo Fortunæ.

M. DC. XLIV.
CVM PRIVILEGIO REGIS.

ILLVSTRISSIMO

AC REVERENDISSIMO IN CHRISTO
Patri , & Domino D.

STEPHANO DE PVGET

EPISCOPO MASSILIENSI,

& Regi à Confiliis.

F. MARINVS MERSENNVS S. P. D.

VM è multis Tractatibus à me nuper editis ille Te magis afficiat , Antiftes Illu-ftriffime , qui Nauigationis artem nouo genere nauium amplificat , quo fub aquis vtcunque profundis integrum telluris ambitum quifque percurrat , fitque Tibi parandum iter Hi-ftiodromicum , quo peruenias ad tuam Ecclefiam Maffilienfem , hoc Opufculum de Nauigatione tuo nomini confecrandum arbitratus , aliud ei con-iunctum volui, quod non abfque noua voluptate, & vtilitate perleges, Opus Harmonicum, quo fonorum omnium, atque concentuum Menfuram, Numerum & Pondus in fynopfim contraximus.

A ij

Quid enim vtilius esse possit Nauclero, qualis est Episcopus, quàm *vt generosè confirmet se aduersus ventorum turbines, ingentes fluctus, & naufragas procellas vndequaque aspirantis malitiæ, vt sit viæ prædux ad portum vsque diuinæ voluntatis, omnibus qui vndisonis tempestatum fluctibus agitantur,* vt præclarè S. Antiochus homilia cxi. Quid iucundius Antistiti, cui ἀξιονόμαϛον πρεσβυτέριον, Deo dignum συνήρμοϛαι, vt chordæ citharæ, Ignatio martyre illud docente, quàm vt omnifariam totius Harmoniæ scientiam exhauriat, ad cuius ideam suas oues τῇ ὁμονίᾳ συμφώνῳ ἀγάπῃ in eundem chorum admittat, & colligat, cuius ipse Christus sit ἀρχηγὸς ἢ φύλαξ; ad cuius laudes perpetuò celebrandas Massiliensis Ecclesia modis omnibus vtatur, & assurgat.

Neque verò Tibi formidandum est, Præsul eximie, si te huic committas pelago, tuúmque ouile consiliis, ac præceptis optimis regendum suscipias, cùm virtutibus, quas in Episcopo requirit Apostolus, ita prorsus assueueris, easque tam intimè indueris, vt illarum consuetudo perpetua in naturam conuersa fuisse videatur.

Scio equidem Episcopum, iuxta S. Antiochi mentem, ὅλον ῥῦν, ἢ ὀφθαλμὸν, totum oculum & mentem esse oportere; qui velut Dei Patris typus, seu martyris Ignatij idiomate, τῷ πατρὸς τῶν ὅλων ὑπάρχει. Quid enim, inquit, aliud est Episcopus, quàm is qui omni principatu, & potestate superior est, & quoad licet, Christi Dei pro viribus imitator?

Notum est etiam, ex Augustino, Episcopum eo debere animo affici, vt prodesse, quàm præesse malit; cuius otium sanctum quærat caritas veritatis, & negotium iustum suscipiat necessitas caritatis: quam farcinam quoties nullus impofuerit, percipiendæ, & intuendæ vacandum fit veritati; cúmque imponetur, fufcipiendam effe propter caritatis neceffitatem.

Verumenimveró cùm Te nouerim veritatis delectatione ita capi, vt neque illius fubftrahatur fuauitas, neque tamen illa neceffitas opprimatur; fciáfque Prælatos in Ecclefia fungi legatione populi ad Deum vt obfecrent, vel legatione Dei ad populum vt iubeant, facrum Hierarcham optimi Cleri, plebifque ab omnibus retró fæculis Catholicæ Te fuiffe conftitutum bonus omnis gaudere debet, pro cuius anima fis continuò vigilaturus, vt pote qui fis Deo rationem de fingulis redditurus.

Porrò cùm generofus ille Martyr Ignatius doceat à populo nil abfque Epifcopo fufcipiendum, alioquin παράνομον, ὲ θεῷ ἐχθρόν futurum; & qui ei fuccinit S. Antiochus, homilia CXXIV, contendat eum qui clam Epifcopo quidpiam aggreditur, cultum diabolo exhibere, ὁ λάθεα ἐπισκόπυ τι πεάσσων, τῷ διαβόλῳ λατρεύει, tuum populum verbis prædicti martyris hortari placet. Reueremini Epifcopum veftrum ficut Chriftum, quemadmodum beati nobis præceperunt Apoftoli; illius enim τό καταίσημα, μεγάλη μαθητεία, ἡ δὲ πράότης, δύναμις, ἣν λογίζομαι καὶ τὺς ἀθέους ἐντρέπισται; cuius animi modeftia, magna cæterorum difciplina eft; .manfuetudo veró, virtus eft, quam & impios reuereri exiftimem. *

Tantò veró libentiùs quifque tuis confiliis morem geret, quantò maiorem perfpexerit tuam effe falutis* illius fitim, & curam; quam adeò præ oculis Te habere exiftimem, nullus vt fit Maffilienfis, qui fi tua sequatur monita & exempla, non ad æternæ gloriæ beatiſſimum portum appellat. Hoc enim tuum eſt Certamen, tua Nauigatio, tuus Concentus, tua Gloria atque Corona, tuas vt oues immaculatas Chriſto Domino repræſentes.

Alij longiſſimam nobilium atauorum ſeriem vndecunque repetant, Tu qui nec ex αἱμάτων, neque ex θελήματος σαρκὸς, vel ἀνδρὸς, ſed ex Deo natus, alios etiam Chriſto debes inſerere, ſolam Dei gloriam, tuíque populi vtilitatem mente geras; & qui plures Melitenſes Equites, eorúmque etiam ſupremam dignitatem, & ingentem nobilium cognatorum cohortem tam in Prouincia, quàm in aliis pleriſque locis numerare poſſes, hoc vnum Tibi numerandum exiſtima, quot animas à peccato eripueris, quotque Deo reddideris.

Iam verò gaudeant Maſſilienſes, qui Paſtorem ἀνεπίληπτον, diuinâ prouidentiâ conſecuti ſunt; quâ dictione πᾶσαν ἀρετὴν Chryſoſtomus intelligit; quòd nempe deceat eum qui regendis aliis præficitur, tantâ virtutis gloriâ excellere, vt ſit πάντος λαμπῆρος λαμπρότερος; cæteróſque veluti ſtellarum igniculos ſuo fulgore obſcuret.

Gaudeant qui Pontificem νηφάλιον, σώφρονα, κόσμιον, & φιλόξενον accepturi ſunt, quem omnes Galliæ totius Epiſcopi ob omnium virtutum chorum diligunt, amplectuntur, venerantur; ſuſpiciantque filij, διδακτικὸν Eccleſiæ Patrem, qui tria verba vix edat, quæ veterum Eccleſiæ Orthodoxæ procerum non condiat, & illuſtret.

O beatum populum, qui diuino munere, ſummi Pontificis gratiâ, Regiáque beneuolentiâ ſortitus es

EPISTOLA.

Episcopum, qui vestri curam adeo paternam gerat, & penultimo sanctitate apud vos celebri succenturiet, vósque sacris καθαρμοῖς ad Christianæ πλετῆς προσόδοιν, ἐποπλείαν, ἀγαπὴν, ἀναδεσιν & στεμμάτων ἐπήθεσιν, aliáque diuina mysteria præparet. Nunc ergo Massilienses, lætitiædies agite, Deóque præpotenti gratiis immensis ritè peractis, Antistiti vestro ΠΟΛΥ-ΧΡΟΝΙΖΕΤΕ.

ARS NAVIGANDI.

HYDROSTATICÆ,

LIBER PRIMVS.

CVm amici quidam deſiderarint Hydraulicis addi Phænomenis, quæ ſpectant Nauigationem, quòd iam de iis quæ innatant humido multa ſatis dixiſſem; Tractatum Hydroſtaticum priùs Mathematicæ Synopſeos duobus Mechanicorum libris additum, huc reuocandum arbitratus, librum primum ſequentis de Nauigatione Tractatus conſtituo; quem ſequetur Hiſtiodomia, quâ breuiter complectemur nauium architecturam; artem Nauigandi, nauticæ pixidis, & magnetis vſum & proprietates, vrinatoriam, & alia quæ nauigationi ſeruiunt.

Supponimus aquæ centrum idem eſſe cum terræ centro; eámque propterea ſemper deſcenſuram, donec illud occurrat, vbi libera fuerit: neque iam inquirimus quibus ex partibus texatur, ſiue componatur, an ex atomis rotūdis & mobilibus, an ex conicis, aut cylindricis; vel etiam ſale, ſulphure, & mercurio; quantumque habeat ex iſtis principiis; illud enim Philoſophis Democriticis, vt iſtud Chymicis ſoluendum permittimus: cúmque in editione prima Hydroſtaticæ grauitatem aëris nondum inueniſſemus, & quæ ſit illius cum aqua, cæteriſque grauibus comparatio, id ex Hydraulicis noſtris adiici poterit. Iam verò quæ vel Steuinus, vel obſeruationes noſtræ docuerint, conſideremus.

Definitiones XI.

I. Nota grauitas eſt, cuius nota magnitudo cognitâ ponderitate exprimitur..

II. Materiâ æquiponderantia corpora ſunt, quæ in aëre magnitudine & ponderitate æquantur.

III. Materia ponderoſius corpus eſt, quod magnitudine æqualibus præponderat.

Gg

IV. Materia leuius corpus quod æqualibus magnitudine pódere cedit.

V. Æqualium magnitudine corporum pondere maius, materia est ponderosiore.

VI. Solidum corpus est, cuius materia non est fluxa, quodque nec aqua, nec aër penetrat.

VII. Vas superficiarium est superficies corporis ab eo cogitatione separabilis.

VIII. Fundum est superficies quæuis, qua subnixa est aqua.

IX. Regulare fundum est planum omni diametro bisectile.

X. Inane est locus corporis expers, quale futurum si ex cubiculo totus aër, & quidquid aliud est corporeum, auferatur; nullo corpore intra cubiculum succedente.

XI. Vacuum, in quo aër, aut corpus aliud nobis insensibile duntaxat inest.

Postulata septem.

1. Ponderitatem corporum in aëre appellari propriè, in aqua verò secundùm hypothesim.

2. Aquam propositam omnibus partibus esse ponderitatis homogeneæ. *Neque enim iam obseruationes discutio, quæ videntur arguere aquam in fundo maris esse, quàm in superficie, grauiorem: qua de re postea.*

3. Pondus à quo vas minus altè deprimitur, leuius: quò altiùs, grauius: cùm æquè altè, æquipondium esse.

4. Vas superficiarium aquam, vel aliam materiam continente, vt ipsam nec frangatur, nec flectatur.

5. Vas superficiarium effusa aqua vacuum esse.

6. Cuiusuis aquæ summam superficiem, planam, & horizonti parallelam esse.

7. Rectas connectentes aqueæ columnæ summæ, imæque hedræ horizontali parallelæ puncta similiter posita, & infinitum continuatas, in mundi centro concurrere: ipsasque hedras mundanæ superficiei esse partes.

PROPOSITIONES
I.

Aqua data datam sibi intra aquam locum seruat; alioqui daretur motus perpetuus.

     Solidum corpus materia leuiore quàm sit aqua, non omninò mergitur, fed eminet aliqua fui parte.

III.

Corpus folidum, materiæ ponderofioris quàm aqua, ad fundum vfque demergitur.

IV.

Corpus folidum materia aquæ æquiponderante datum in aqua locum feruat.

V.

Corpus folidum materiæ leuioris quàm aqua, cui innatat, ponderitate æquale eft tantæ aqueæ moli, quanta fui parte demergitur. Vnde fit
vt corpore folido, fui parte notæ magnitudinis in aquam cognitæ ponderitatis immerfo, totius folidi pondus inueniri poffit. Exempli gratia, fi pars nauis immerfa fit 10000 pedum cubicorum, & pes aquæ
cubus fit 70 librarum, hi duo numeri ductu vnius in alterum dabunt
libras 700000 pro pondere quæfito totius nauis : idemque dicendum
de reliquis ponderibus.

VI.

In aquis ponderitatis heterogeneæ erit vt ponderitas materiæ aquæ
ponderofioris ad ponderitatem materiæ aquæ leuioris, ita pars corporis folidi in aquam materiæ leuioris immerfa, ad partem folidi eiufdem in aqua grauiore demerfam.

VII.

Corpus folidum in aqua leuius eft quàm in aëre, pondere aquæ magnitudine fibi æqualis. Quare data corporis folidi grauitate, eiufque
materiæ ponderitatis ratione ad ponderitatem aqueam, eiufdem in
aqua fitus grauitas inueniri poteft. Exempli caufa, ponderitas folidi fit
quadrupla ponderitatis aquæ, fitque folidum duodecim librarum, aqua
eiufdem magnitudinis erit trium librarum; quibus è duodecim ablatis, nouem fuperfunt pro pondere folidi in aqua fiti. At verò de ponderandis in aqua corporibus poftea.

VIII.

Aquæ fundo horizontali parallelo tantum infidet pondus, quantum
eft aqueæ columnæ, cuius bafis fundo, altitudo perpendiculari ab aquæ
fuperficie fumma ad imam demiffæ æqualis fit, vel. Aquæ fundo in fuperficie mundanæ conftituto infidet pondus æquipondium aquæ, cuius magnitudo fit æqualis fegmento fphæræ comprehenfæ à fundo, &
mundana fuperficie, per aquæ fummitatem eductæ, quæ coniungat
fuperficies inter ipfa interiecta, defcripta linea infinita in mundi centro fixa, & circa fundi ambitum obuoluta.

IX.

Prædicta propositio videtur mirabilis, cùm ex ea sequatur libram aquæ super fundum cuiuscumque vasis, tantùm, quantum mille libras, imo quantum Oceanum integrum, grauitare. Si enim Oceanus vase includatur, & aquæ libra vas impleat aliud, æquale fundum habens fundo vasis præcedentis, tubum verò circa basim affixum tam angustum, vt totum vas vnicam aquæ libram capiat, cuius altitudo æqualis sit altitudini vasis Oceanum concludentis, aquæ libra, sui tubi fundum æquè premet, ac suum Oceanus.

X.

Vnde sequitur, quod in solidis corporibus diuersa ponderis à centro libræ, vel à vectis hypomochlio distantia facit, idem præstare diuersam tuborum, & fundorum magnitudinem in corporibus fluidis; vt enim quò remotius est pondus à centro libræ, eò celerius mouetur, ita velocius mouetur aqua, quò magis à sui tubi summitate discedit, hoc est quò, propter tubum, fit altior. Et vt pondera, licet inæqualia, in bilancibus hinc inde posita, ob varias lancium à centro distantias, ita aquæ, licet inæquales, ob diuersam vasorum dispositionem, æquiponderare possunt. Petatur aquarum diuersæ altitudinis velocitas ex Hydraulicis nostris, in quibus discrimen explicatur distantiarum à centro libræ, & aquearum altitudinum.

XI.

Mutatio grauitatis eiusdem aquæ iuxta varios situs quos habet ex tuborum, & vasorum latitudine, & altitudine diuersis, ex eo petenda quòd aquæ mutetur celeritas, fiatque minor aut maior pro tubi altitudine. Vnde fit vt qui baculum in Oceanum voluerit immergere, si mare supponatur ita vase concludi, vt quemadmodum fundo continetur ne effluat, ita desuper operculo prematur, vel impediatur ne ascendat, non possit, nisi tantam vim habuerit, quæ toties baculi grauitatem contineat, quot erunt in toto Oceano bases æquales baculi basi.

XII.

Igitur si baculus pertingentis ad stellas, immergeretur in vas prædictum per foramen aliquod operculi, tanta vi premeretur operculum ab aqua inferiori, quanta ex superiori parte, si cylindrus ligneus eiusdem cum baculo altitudinis, eiusdemque cum vase, quo mare continetur, latitudinis, super operculum collocaretur. Insuper ille baculus æquè premeret latera vasis, ac prædictus cylindrus, quia in quouis foramine, tam in lateribus quàm in fundo, & operculo, tanta vis esset necessaria, ad fluxum aquæ impediendum, quantum esset cylindri pondus. Quod si minimè fieret, sed aqua totius maris fundum vel operculum magis premeret, quàm aquæ libra, vt priùs, disposita, daretur motus perpetuus, hoc est aqua è tubo in tubum perpetuò flueret.

XIII.

Ideò vis retinens aquam, ne fluat ex superiore vel inferiore parte per quotuis foramina, esse tanta debet quantum cylindri pondus, cuius basis æqualis basi vasis, altitudo verò baculi altitudini, quòd pars quælibet aquæ, æqualis altitudini baculi suprapositi moueri possit motu æquali motui baculi: quidquid enim vni aquæ parti, hoc & alteri conuenit, cùm seruant eundem situm, eandemque omnino dispositionem. Quòd si aqua congeletur, non amplius habebit rationem celeritatis & motuum, de quibus antea.

Aduerte tamen nos in bilancibus, vel manibus non totum illud vasis pondus sentire, quo fundum premitur: vt neque totum libræ pondus percipimus quod è variis à centro distantiis oritur, quamuis totam libram sustinemus. Quia verò terra est fundum maris, si in vnico terræ hemisphærio statuatur, ita vt mare solâ digiti altitudine supra fundum prædictum eleuetur, tubus verò angustissimus ad quamcumque altitudinem erectus reliquum mare contineat, vi talis ponderis aqua descensura est: definieturque quantum descensura sit, datis terræ, atque maris tam magnitudinibus quàm ponderibus, dataque vasis & tubi latitudinibus & altitudinibus; semper enim descendet, donec centrum grauitatis istius molis ex terra, aqua, vaséque conflatis, vniuersi centro coüniatur.

XIV.

Si fundi regularis punctum altissimum in aquæ summa superficie consistat, insidens ipsi pondus æquatur semissi aquei cylindri, cuius basis fundo, altitudo autem perpendiculari, à summo fundi puncto in planum per eiusdem imum punctum horizonti æquidistanter eductum, demissi æqualis sit, vel.

Si fundi regularis supremum punctum sit in summa aquæ superficie; pondus ipsi insistens æquatur cylindro ligneo, cuius basis sit huic fundo æqualis, altitudo semissi perpendicularis, à fundi summo in planum, per imum eius punctum horizonti æquidistanter eductum, demisso.

XV.

Si fundi regularis supremum punctum infra summam aquæ superficiem delitescat, pondus ipsi insidens æquatur columnæ aqueæ, cuius basis thuic fundo, altitudo perpendiculari ab aquæ summo in planum persummum fundi punctum horizonti parallelum, demissæatque insuper semissi perpendicularis indidem in alterum planum per imum fundi punctum, horizonti parallelum, continuatæ. Potest autem inueniri aquea moles ponderi fundo plano formæ contingentis infidenti æqualis.

XVI.

Si duo parallelogramma æqualis latitudinis ab aquæ fumma fuperficie deorfum æquali altitudine abdantur, ipforum longitudines prefsibus proportionales erunt.

XVII.

Si parallelogrammi ad horizontem inclinati, cuius fupremum latus in aquæ fuperficie fumma confiftat, duæ perpendiculares, altera in latus imum, altera in planum per imum latus horizonti parallelum notæ fint, aquæ ipfi infidentis pondus: fi præterea pondus ipfi infidens cognofcitur, fummum eiufdem latus: fi denique illud fupremum latus cum prædicto pondere nota fint; reliqua perpendicularis à latere fummo in imum demiffa inuenietur.

XVIII.

Si parallelogrammi ad horizontem inclinati recta fupremum eius latus, in fumma aquæ fuperficie confiftens, & imum fibi oppofitum bifecet, hæc à preffus grauitatis centro ita diuiditur, vt pars fumma reliquæ dupla fit.

XIX.

Si parallelogrammi ad horizontem inclinati fummum latus horizonti parallelum intra aquam abditum recta, & ipfum & latus oppofitum bifecet: preffus grauitatis centrum in ifta fundo collecti partem dictæ rectæ inter fui femiffem & trientem inferiorem interiectam ita fecat, vt pars trienti inferiori vicina fit ad reliquum, quemadmodum perpendicularis à fupero fundi latere vfque ad aquæ fuperficiem fummam, ad femiffem perpendicularis indidem demiffæ in planum per imum latus horizontis parallelum.

XX.

Dati fundi plani rectilinei preffus grauitatis centrum inueniri poteft. Data etiam aqua, vel alio humido ponderitatis homogeneæ, magnitudinis ignotæ, grauitatis verò notæ, magnitudo ex fua propria ponderitate reperitur. Exempli gratia, fi pes cubicus aquæ fit. 65 librarum, & aqua lagenam implens, quinque librarum, huius aquæ magnitudo erit $\frac{1}{13}$ pedis cubici, cùm eadem ratio magnitudinis aquæ lagenâ contentæ ad pedem aquæ cubicum, quæ ponderitatis eiufdem aquæ lagena contentæ ad ponderitatem pedis cubici aquei: eft autem illa ratio fubtredecupla.

XXI.

Duorum corporum magnitudinis, & ponderitatis materiæ datis inter se rationibus, cum pondere alterius, reliqui quoque pondus inueniri poteft: nam magnitudinis ratione fublata à ratione ponderitatis, relinquitur materiæ ponderitatis ratio; & materiæ ponderitatis ratione dempta à ratione ponderitatis, relinquitur magnitudinis ratio : denique materiæ ponderitatis ratione addita rationi magnitudinis, ratio ponderitatis exiftit.

XXII.

Datis igitur prædictarum rationum terminis, fextus ita reperietur: fit maius corpus A pendens 6 libras, 5 pedum : minus verò B 2 pedum, fed ponderis ignoti : ratio verò ponderitatis materiæ A ad B, fit vt 4 ad 7 : quam adde rationi magnitudinum, vnde ratio 10 ad 7 orietur quæ demonftrabit pondus A effe ad pondus B, vt 10 ad 7. Cùm igitur pondus A 6 libras pendeat, ex hypothefi, fi fiat vt 10 ad 7, ita 6 ad aliud, exurgent 4 libræ pro pondere B. Cuius fi magnitudo nefciatur, auferenda ponderitatis ratio de ponderis ratione, vt relinquatur ratio magnitudinis, reperieturque A magnitudo ad B magnitudinem effe vt 5 ad 2.

Denique fi nefciatur materiæ ponderitatis ratio, fubducenda eft ratio magnitudinis de ratione ponderitatis, vt reliqua materiæ ponderitatis ratio fit vt 4 ad 7.

Vt autem ea quæ ad ponderantium in aqua & aëre corporum rationem attinent, abfoluamus, libet hîc fubiungere quæ Gethalaus in Archimede Promoto demonftrauit, nec enim ingratum erit fi quædam ex prædictis tam in Archimede, quàm in Hydraulicis repetantur.

XXIII.

Si duorum grauium corporum eiufdem generis, alterum alterius fuerit multiplex, quotuplex maius fuerit minoris, totuplex erit maioris grauitas, grauitas minoris.

XXIV.

Corpora grauia eiufdem materiæ magnitudine commenfurabilia, vel incommenfurabilia, eandem in grauitate rationem habent quàm in magnitudine.

XXV

Si quatuor corporum grauium primum ad fecundum eandem in magnitudine rationem habeat, quàm tertium ad quartum : primum autem & fecundum fint eiufdem generis, itidem tertium & quartum : & in grauitate primum ad fecundum eandem rationem habebit quàm tertium ad quartum.

XXVI

Solida corpora liquido grauiora demiffa in liquidum ferentur deorsum donec descendant, & erunt in liquido tanto leuiora, quanta est grauitas liquidi magnitudinem habentis solido corpori æqualem: quod ab Archimede demonstratum.

XXVII.

Si quatuor grauium primum & secundum fuerint magnitudine æqualia, tertium verò & quartum æquè grauia, fuerint autem primum & tertium eiusdem generis, itidem secundum & quartum; erit vt grauitas corporis primi ad grauitatem secundi, ita grauitas liquidi æqualis magnitudine corpori quarto, ad grauitatem liquidi tertio corpori æqualis.   XXVIII.

Si quatuor grauium primum & secundum fuerint magnitudine æqualia, tertium verò & quartum æquè grauia, fuerint autem primum & tertium eiusdem generis, itidem secundum & quartum; primum ad secundum eandem in grauitate rationem habebit quam habet in magnitudine quartum ad tertium.

XXIX.

Propositis duobus corporibus magnitudine æqualibus, vno solido, altero liquido, data solidi grauitate, liquidi grauitas facilè reperitur. Sit, verbi causa, plumbum, cuius grauitas sit 23, grauitas aquæ magnitudinem habentis æqualem proposito plumbo, in quo plumbum grauitatem habeat 20, erit 2. Eodemque modo liquidorum omnium grauitas inuenietur si corpus solidum sit grauius liquido. Si verò corpus solidum, vt plumbum, tantæ sit magnitudinis, vt in aqua ponderari nequeat, cognita aliqua parte plumbi, reliquum plumbi pondus per regulam proportionis inuenietur. Exempli gratia, plumbum 2300 librarum: cùm enim iam dictum fuerit plumbum vt 23 respondere aquæ vt 2, fiat vt 23 ad 2, ita 2300 ad alium numerum, nempe 200, qui docet aquam plumbo æqualem esse 200 librarum.

XXX.

Data corporis liquidi grauitate, facilè cognoscitur grauitas solidi corporis ei æqualis: verbi causa, sit data moles aquea 100 librarum, inuenietur quanto sit grauior æqualis massa plumbi, si enim fiat vt prædictum pondus aquæ 2 ad plumbi pondus 23, ita centum ad alium numerum, prodibit 1150; & ita de reliquis corporibus.

XXXI.

Quando corpus solidum fuerit aqua leuius, vt ceræ contingit, illius grauitas nota fiet, si ei iungatur aliud corpus solidum aqua grauius, vt plumbum, cuius grauitas in aëre 23, in aqua 21; & aqua ei æqualis magnitudine, ponderis est 2. Itaque si cera sit 21, & plumbum vt 23; iuncta facient 44, quæ si ponderentur in aqua, illorum grauitas erit 20,

qui

qui superatur à 44, numero 24, erit igitur aqua illis æqualis 24 librarum, è quibus deme 2 pro m. l. æquali plumbo, reliquum dabit 21 pro
ceræ grauitate.

XXXII

Data solidi corporis magnitudine datur etiam liquidi magnitudo, si
ambo æquiponderent: vt si plumbi magnitudo sit vt 10, nota erit aquæ
magnitudo æquiponderans: si enim sumatur notum plumbum 23 librarum, & nota aqua ei æqualis 2, fiatque vt 23 ad 2, ita 10 ad alium
numerum exurget 115 pro aquæ magnitudine plumbo æquiponderan-
tis. Vide Gethaldi Tabulas duodecim corporum grauitatem exhiben-
tes 47. prop. Hydraul. superest vnica prop. in gratiam ponderis coronæ
ab Archimede inuenti.

XXXIII.

Si trium corporum æquè grauium primum & tertium fuerint generis diuersi, secundi autem portio fuerit eiusdem generis cum corpore
primo, reliqua vero eiusdem generis cum corpore tertio, fuerint etiam
tres quantitates aquæ prædictis corporibus æquales, prima videlicet
corpori primo, secunda secundo, & tertia tertio, erit vt differentia
grauitatum primæ, & secundæ quantitatis aquæ ad grauitatem corporis secundi; ita differentia grauitatum primæ & secundæ quantitatis
aquæ ad grauitatem portionis corporis secundi, quæ est eiusdem generis cum corpore tertio. Et ita differentia grauitatum secundæ & tertiæ quantitatis aquæ ad grauitatem portionis eiusdem corporis cum
corpore primo.

LIBER SECVNDVS.
DE NAVIGATIONE,
SEV HISTIODROMIA.

NON omnia persequi animus est quæ Nonnius, Snellius, Fournierus, & Morisetus de re nauali dixere; quorum duo postremi, hic
orbe suo maritimo, ille vero in sua Hydrographia præclarè docuerunt
quæ vel necessaria, vel etiam rara, & curiosa: sufficitque si ex obseruationibus quædam supponantur: primum, nauis dolium esse 2000 librarum; esseque naues paucas, quæ 2000 dolia capiant, paucissimas
quæ 3000: sed & Athenæo lib. 5. cap. 10. nauis legitur omnino mirabilis, quam Moschion integro libro descripsit, quæ non potuit absque

Hh

illius curatoris Archimedis, cochleâ ytentis, induſtria in mare perdu-
ci : viginti ramorum ordines habuit, eiuſque ſentina, profundiſſima
licet, ab vnico homine cochleo exhauriebatur; quæ cùm priùs Syra-
cuſia, diceretur, poſtquam Hiero illam ad Ptolomæum miſit, Alexandrina vocata eſt; quam 12000 doliorum fuiſſe putant.

Admirabilior etiam nauis illa Philopatoris, triginta conſtans remorum ordinibus, quam Callixenus lib.1.de Alexandria deſcripſit. Illius
longitudo fuit 280 cubitorum, latitudo 38, altitudo 48 : puppis tabulæ 53 cubitis à mari diſtabant. Omitto maximos remos 38 cubitorum:
binas proras & puppes, roſtra vero ſeptem habuit, remigum 4000. Vide & aliam nauim *Thalamegeon* nomine apud Athenæum, cap. 9. ex
qua iudicabis quantùm Philopatoris naues noſtris antecelluêre. Vide
& Plutarchum in Demetrio.

Porrò qui nauium conſtructionem ſcire voluerit, eam ex 1. lib. Hy-
drograp. G. Fournieri petat, qui 31. c. nauem, cui nomen *Corona*,
per partes deſcribit, cuius ſumma longitudo 200 pedum : quamuis longitudo propriè dicta ſumatur ex carina, vulgò *Quille*, quæ 120 pedum
exiſtit : quæque ſingulis ferè nauis partibus dominatur, vt ſuam ex ea
magnitudinem capiant; adeovt ipſe malus eiuſdem ſoleat eſſe longitudinis. Omitto Daniæ fortunam 200 tormentis inſtructam, cùm 72 Corona duntaxat habeat; malus, cum ſuis additamentis, eſt 216 pedum;
abſque illis, 85 pedum. De nominibus partium quibus naues conſtant,
vide doctiſſimum Moriſetum lib. 2. orbis maritimi, à cap. 47. & deinceps, & R.P. Fournierum toto lib. 1. Ex prædicta Corona 1500 doliorum, cuius tentorium, vulgò *Pauillon*, valet 14000 aureos, de reliquis nauibus eſto iudicium. Vela conſtant 6000 vlnis. Rudens anchoræ maioris, cuius ambitus bipedalis, eſt pondo 14300 librarum : ipſa
vero anchora, abſque axe ligneo, & clauis ei neceſſariis, eſt 4855 libr.

Prætereo etiam maximas Oceani naues, Hiſpanis *Caracas*, quarum
tranſuerſarium, ſiue antenna 200 hominum vires requirit vt eleuetur,
& quæcumque de portubus referuntur, vt quibuſdam regulis omnia
complectar, quæ ſpectant ipſas naues, vel illarum ſupellectilia.

REGVLÆ.

1. Quanta eſt nauis grauitas in aëre explorata, tantùm eſt pondus
quod ſuper aquis geſtat : verbi gratiâ, ſi nauis grauitas fuerit 400000
librarum, qualis dicitur eſſe Coronæ, totidem libris onerari poterit.

2. Anchoræ, cuius ſcapus vnius ex brachiis triplus eſſe debet, pondus eſt ponderis nauis ſubmillecuplum, præter propter : verbi gratia,
prædictæ Coronæ nuda anchora poteſt eſſe 4000 librarum : eſtque reuera 4855.

3. Cylindri lignei anchoræ coniuncti, cuius longitudo æqualis est scapi anchoræ longitudini , cum suis clauiculis pondus est quinta pars ponderis anchoræ ; & anchoræ illis partibus instructæ rudens duplus est pondere. Verbi gratiâ nauis 20 doliorum anchora est 110 libarum , cuius rudens 223 librarum cuilibet tempestati resistit : Solet autem esse rudentis longitudo 120 , vel 200 sexpedarum, qui nullo vento frangi potest, cùm eius ambitus bipedalis est.

4. Dolium nauale 2000 librarum 28 pedes cubicos habere censetur : quod si aquâ impleueris, cuius pes cubicus fuerit 7 2 librarum , aqua erit 2016 librarum. Cum autem nauis certum doliorum numerum complecti dicitur, id non est intelligendum de aqua , quàm suo concauo vsque ad supremum tabulatum continet , sed de ea quam absque nauigationis incommodo ferre potest, quæ vulgò censetur illius aquæ dimidium ; verbi gratiâ, si nauis dolia 400000 vsque ad superius tabulatum contineat , feret onus 200000 librarum : hocque sensu nauium capacitas numero doliorum exprimitur. Tunc autem minime numerantur arma, homines , & cætera, cum quibus hic doliorum numerus naui destinatur.

5. Nauis 300 doliorum sumi potest pro reliquarum nauium regula; huius autem carina fit 73 pedum ; cuius altitudo 10 pedum : licet alia minor , aut maior etiam pro cæterarum mensura statui possit.

6. Bolis , cuius figura pyramidalis, & materia plumbea , si fuerit 12 librarum, funis 8 librarum esse debet ; sufficitque ad centum, vel etiam ducentas sexpedas, ad quos tamen alii bolidem requirunt 60 librarum.

7. Tempestas , quæ nauis 300 , vel 600 doliorum exagitat , vix mouet nauem 2000 doliorum; quæ nullam timet tempestatem : minores autem naues veloces sunt ; sed quâ ratione velocior hoc est quò celerius eodem vento moueantur , vbi omnia similia supponuntur , non adeo solutu facile est : nunquid eò velocius quò maior est ratio superficiei nauis minoris ad eiusdem soliditatem , ratione superficiei maioris ad eius soliditatem ?

Nauis partes explicatæ.

QVæcumque dixeris nunquam ita nauem explicabis , vt à quopiam satis intelligi possit, nisi ipsis oculis illius figura subiiciatur : quis enim vel rudentum , & funium, nec non trochlearum quibus alligantur, atque mouentur numerum, ordinem & figuram ani-

mo complectatur, nisi prius oculos feriant ? Esto igitur figura 1.
Boisseau, cuius inscriptiones satis superque monent & docent eos
qui Gallicè sciunt, quibus vocabulis, pars quæque significari soleat.
Verbi gratiâ, puppis summitas à dextris posita laternam habet, cuius baculus destinatur vexillo regio sustinendo. Mali etiam cum
velis, funibus}, trochleis & papilionibus, suis gallicis nominibus inscribuntur, quæ vix apud Latinos reperias, si pauca exce-
peris, acatium enim pro maiore malo, epidromon pro velo misenio,
mesurias pro funibus, quorum ope vela tolluntur in altum, atque
deprimuntur, pisma pro fune anchoram sustinente, quidam vsurpant.

Vulgatum est rostrum ad lævam, quod è castello salire videtur,
vulgata puppis, & prora; varia etiam tabulata, quorum supremo,
quod *franc. tillac* Galli dicunt, pontes superimponuntur ex quibus milites pugnare & hostes repellere valeant.

In hac autem figura, quædam vela expanduntur, ventisque inflata
cernuntur; alia verò contrahuntur, inuoluunturque, vt in malo de-
cumano videre est, nam inter duas corbes seu duas speculas acatium
expanditur & altius velum, seu dolon super eiusdem mali corbe superiore inuoluitur: similiter duo vela inferiora mali misenici explicantur; dolon verò superior complicatur: funes, quibus velorum cornua
nauium oris alligantur, pedes, propedesque dicuntur.

Adde lorum medii pedis, quod *boulene* vocant. Virga in maximi
mali transuersum acta, *antenna* dicitur; cuius cornua *ceruchi* vocantur.

Porrò licet eadem indere nomina nauium partibus, quæ tribuun-
tur similibus ædificiorum partibus; hinc trabes, seu ligna nauis con-
tabulationibus seruientia, vel costarum instar carinæ annexa. Castella, cubicula, fenestræ tormentorum & cætera, quæ clariùs in ipsa
figura cernuntur, quàm vt pluribus verbis explicari debeant : operæ
igitur pretium fuerit chartam illam habere, apud Ioannem Boisseau
editam, quâ diserte, fuséque omnia exprimuntur quæ ad rem naua-
lem attinent, quæque plura docebit quàm vllus discursus vtrúmque
longus fuerit.

Varias nauium figuras non moror, quales sunt onerariarum, &
vectariarum, vt epibatidis, hippaginis, celocis &c. qui enim maiorum
constructiones, & partes intelliget, alias contempturus est. Videatur
etiam figura nauis quam rex Angliæ nuper construi iussit, vt pote
pulcherrima.

Tantum est autem in nauium constructione artificium, vt ex ea sæpenumero pendeat totius classis salus, atque conseruatio : Verbi gratiâ nauis illaAnglica,ob mirabilem constructionem,aliarum gentium 4 aut plures naues, licet æquales, aut etiam maiores expugnare posse dicitur ; velocitas enim & robur nauium non solùm à lignorum magnitudine , & robore, sed etiam à peculiari figura, & constructione pendent, quæ apud diuersos varia. Non repeto quæ dicta sunt l. 2. Mechanicorum, parte secunda in synopsi à 20 propositione ad 28 de naui, remis, ventis, temone, &c. quæ illinc repetantur.

PROPOSITIONES.

I.

Histiodromice est doctrina,quæ lineæ designatæ à nauis cursu magneticæ acus ductum secuta affectionem & proprietates interpretatur.

II.

Legitimus acus magneticæ situs est loci linea meridiana.

III.

Acus magneticæ situs adulterinus inuenta chaliboclisi emendatur : *est autem chaliboclisis euariatio à linea meridiana, quæ hic Lutetiæ est ferè 3 graduum, idque ad orientem ; ὑτ χ λυβόδ α ξις est illius recta versus polum septentionalem directio, qualem in insula Coruo aiunt.*

IV.

Histiodromia, seu velificatioris cursus , est circularis, aut Loxodromica, hoc est linea obliqua , helicis instar.

V.

Velificationis cursus circularis efficitur, cùm recta in septentrionem & meridiem, aut ortum & occasum dirigitur.

VI.

Velificationis cursus in septentrionem aut meridiem,maximam circuli peripheriam describit.

VII.

Velificationis cursus in ortum aut occasum,sub æquinoctiali quidem maximum circulum, extra autem eum semper huic parallelum describit. *Tunc autem carina vnilinaue meridiano perpendicularis est.*

VIII.

Sub æquinoctiali 20 leucæ Gallicæ, (quas alij in quindecim milliaria maritima conuertunt) gradum vnium in longitudine æuariant;

Hh iij

in parallelis autem amplius.

Vni gradui æquinoctiali Snellius 19 milliaria horaria tribuit, quorum vnumquodque sit 18000 pedum Rhiinlandicorum, qui nostris regiis quanto sint minores, 1 prop. de mensuris Parisiensibus dictum est, nempe dimidio digito, seu pollice, vnde sit vt illius pedes 18000, nostris 17375 respondeant, atque adeo miliare prædictum nostra leuca maiorem efficiat 2375 pedibus: Quapropter gradus illius nostrum superat 3 nostris leucis, & quibusdam pedibus.

IX.

Quemadmodum radius ad dati paralleli complementum, ita quantitas vnius gradus in maximo parallelo, ad quantitatem vnius gradus in dato.

Quod cùm ex prima figura prop. 18 nostræ Ballisticæ possit intelligi, atque demonstrari, sit in illa A O meridianus; æquinoctialis verò N F: parallelus autem per quem nauis incedat, S R; Erit vt E F sinus totus, ad T R sinum complementi peripheriæ F R, quæ est mensura latitudinis; ita vnius gradus quantitas in maximo circulo N F, 20 nostr. leuc. (vel si mauis 25) ad numerum milliarium in dato parallelo T R.

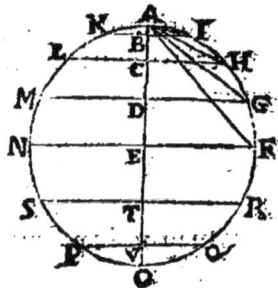

Exemplum Snellij proponit gradum sub parallelo 52 grad. 10 minut. cuius complementum 37 grad. 50 minut. eiusque sinus 61337; vt quemadmodum 100000 ad 61337, ita 15 milliaria maritima æquinoctialis ad 9¼ milliaria gradui dicti paralleli respondentia.

X.

Quadrans sinus complementi dati paralleli per radium diuisus dabit quantitatem vnius scrupuli; vel, vt radius ad quadrantem sinus complementi dati paralleli, ita 1 milliare ad mensuram scrupuli seu minuti. Verbi gratia; si milliaris fiat 1 gradus in æquinoctiali, analogiâ prædicta reperietur scrupuli mensura in aliis quibuscumque parallelis.

XI.

Vt radius, ad quadruplum secantis dati paralleli, ita milliaria quotcunque data, ad numerum minutorum ipsis in eo debitorum.

Vnde concludes in sexagesimo parallelo 15 milliaria occupare scrupula 120, seu duos gradus; huius enim paralleli gradûs sunt illorum qui in æquatore dimidij, cùm sinus gradum sit maximi dimidius.

XII.

Vt radius ad quadruplum ſummæ ſecantium inter datos parallelos incluſiuè comprehenſorum, ita datorum milliarium ſummæ pars quota
iiſdem parallelis cognominis, ad ſummam ſcrupulorum longitudinis, quanta ſingulis parallelis dictis ex datis milliaribus accedit.

XIII.

Si incluſiuè ab æquinoctiali parallelorum datorum initium ducatur, quadruplum numeri vltimo parallelo vnitate aucto reſponden-
tis, ſecundùm proportionis terminum explebit : ſin aliunde, ſed vtraque latitudine ſimili, differentiæ inter datos parallelos vnitate auctos
quadruplum : ſin diſſimili, parallelorum vnitate auctorum ſummæ.

XIV.

Datis euariatæ longitudinis gradibus & ſcrupulis, dabitur quoque
menſura milliarium æqualiter parallelis inter datos interiectis debita.

XV.

Loxodromia eſt linea ἐλιχοειδής in terreni globi ſuperficie, quam vbique contingens recta linea cum omnibus meridianis per contactus ea
puncta eductis æquales angulos comprehendit. Linea per mediam ca-
rinam à prora ad puppim porrecta τρόπις dicta, aliquem angulum cum
omnibus meridianis, non quidem rectum, ſed tamen eundem ſemper
faciens deſcribit peculiarem helicem, quæ nunquam ad terræ vel maris polos pertingere poteſt; cuius deſcriptionem vide noſtræ Harmoniæ
Gallicæ, lib.2.de Motibus, prop.8. & 9, vel Latinæ prolegomenis,
vbi deſcribitur iter grauium per plana eiuſdem inclinationis ad centrum terræ contendentium. Sit igitur idem loxodromia, & helicoides
nauigationis, quæ in eo differt à noſtra grauium deſcendentium helice, quòd fiat in maris ſuperficie, noſtra vero intra craſſitiem, ſeu profunditatem.

XVI.

Loxodromia nulla ſe inter polos induit.

XVII.

Loxodromia eſt inſtar baſis trianguli plani rectanguli ad ſphæræ ſuperficiem applicati, cuius crus vnum ſit diſtantia parallelorum inter
quos intercipitur.

XVIII.

Eiuſdem loxodromiæ ſegmenta inter parallelos circulos æquali interuallo diſiunctos intercepta ſunt æqualia.

XIX.

Data quantitate & angulo inclinationis loxodromiæ, parallelorum
diſtantiam inuenire. Vt enim radius ad quadruplum ſinus complemen-

ti inclinationis datæ loxodromiæ ; ita milliaria longitudinis eiufdem, ad fcrupula, feu minuta euariatæ latitudinis.

XX.

Dato parallelorum interuallo cum loxodromiæ inclinationis angulo, eiufdem quoque menfura datur. Vt enim radius ad quadrantem fecantis anguli inclinationis datæ loxodromiæ : ita fcrupula euariatæ latitudinis, ad longitudinem loxodromiæ optatam.

XXI.

Dato parallelorum interuallo cum loxodromiæ quantitate, inclinationis eiufdem angulus quoque dabitur. Vt enim quadruplum milliarium loxodromiæ datæ, ad fcrupula euariatæ latitudinis, ita radius ad finum complementi inclinationis. vel. Vt fcrupula euariatæ latitudinis, ad quadruplum miliarium loxodromiæ : ita radius ad fecantem inclinationis.

XXII.

Crus alterum trianguli loxodromici integrum fimul imaginarium eft : fed per minimas particulas fingulis parallelis æquali interuallo difiunctis æqualiter attribuendum : quod ideo vocetur μηκοδυναμικὸν, id eft euariationem longitudinis potentia complexum.

XXIII.

Triangula loxodromica vnitate funt pauciora parallelorum numero, quot à primo ad vltimum intercipiuntur inclufiuè.

XXIV.

Si initum loxodromiæ ab æquinoctiali ducatur, totidem erunt triangula loxodromica, quot fcrupulis inde extremus parallelus diftabit.

XXV.

In latitudine fimili numerus minutorum differentiæ parallelorum, cognominis eft numero triangulorum loxodromicorum : in diffimili vero, numerus fummæ.

XXVI.

Si trianguli loxodromici crus μηκοδυναμικὸν per parallelorum minutiatim diftantium differentiam, in latitudine fimili diuidatur, quotus erit pars fingulis à maximo inclufiuè ad minimum exclufiuè æqualiter attribuenda.

XXVII.

Loxodromiæ æquinoctialem fecantis crus μηκοδυναμικὸν ab æquinoctiali in fuas vtrimque partes eft diftribuendum, & æquinoctialis geminam habet hoc cafu portiunculam, extremi autem paralleli vtrimque excluduntur.

XXVIII.

XXVIII.

Dato angulo loxodromiæ & latitudinis euariatione, crus mecodynamicum inuenire, vt enim radius ad quadrantem tangentis datæ
loxodromiæ, ita euariatæ latitudinis minuta, ad milliaria cruris mecodynamici ; adeout quadrans-tangentis anguli inclinationis datæ
loxodromiæ per radium diuisus, exhibeat cruris mecodynamici milliaria vni euariatæ latitudinis minuto debita.

XXIX.

Data loxodromiæ quantitate & angulo inclinationis, eiusdem crus
mecodynamicum inuenire. Vel data trianguli rectanguli base, & angulo acuto, crus recti ei oppositum inuenire : vt enim radius ad sinum
dati anguli ; ita milliaria loxodromica data ad milliaria cruris mecodynamici.

XXX.

Data latitudinis euariatione à dato parallelo, cum inclinatione
loxodromiæ, dabitur quoque euariatio longitudinis.

XXXI.

Data loxodromiæ quantitate cum angulo inclinationis, datur euariatio longitudinis.

XXXII.

Dato parallelo cum latitudinis & longitudinis euariatione, loxodromiæ inclinationem & quantitatem inuenire.

XXXIII.

Dato parallelo, & loxodromiæ inclinationis angulo cum euariatione longitudinis, loxodromiæ quantitatem & latitudinis euariationem
inuenire.

XXXIV.

Dato parallelo, longitudinis euariatione, & loxodromiæ mensura;
eiusdem inclinationem & latitudinis euariationem inuenire. Vbi vide
Snellij praxes & calculum.

LIBRI SECVNDI
SNELLII XV. PROPOSITIONÉS.
I.

Loxodromiæ principales in singulis quadrantibus ita ordinantur
vt inter meridianum & loci parallelum septem intercidant, quæ
rectum angulum in 8. partes æquales dispescant : quæque & ipsæ
iterum in semisses & quadrantes subdiuiduntur.

Priusquam reliquas Propositiones afferamus, ventorum diuersa nomina referenda, quos à puncto cœli quopiam inchoare possis, verbi gratiâ, ab Oriente ad Meridiem, vel ab Aquilone ad Orientem , &c. incipiamus à Septentrione.

XXXII. VENTORVM NOMINA.

S	1. Aquilo	Septentrio	Nord Tramontana.
a	2. Aquilo ad orientem	Hypaquilo	Nord quart à l'Est.
b	3. Aquil. Aquil. oriens	Aquilo	Nord Nord-Est.
c	4. Aquil. Oriens ad Aquilonē	Mesaquilo	Nord quart au Nord.
d	5. Aquil. oriens	Boreapeliotes	Nord Est.
e	6. Aquil. oriens ad orientem	Hypocæcias	Nord-Est quart à l'Est.
f	7. Aquil. orient. oriens	Cætcias	Est Nord est.
g	8. Oriens ad Aquilonem	Mesocæcias	Est quart au Nord.
OR.	9. Oriens	Subsolanus	Est. Leuante.
h	10. Oriens ad Austrum	Hypeurus	Est quart au Zud.
i	11. Austr. orient. oriens	Eurus	Est Zud Est.
k	12. Austroriens ad orientem	Meseurus	Zud Est quart à l'Est.
l	13. Austroriens	Vulturnus, vel Notapeliotis	Zud Est.
m	14. Austroriens ad Austrum.	Hypophœnix	Zud Est quart au Zud.
n	15. Austr-Austr-oriens	Luconotus, siue Phœnix	Zud Zud Est.
o	16. Auster ad orientem	Mesophœnix	Zud quart à l'Est.
M	17. Auster	Auster	Zud.
P	18. Auster ad occidentem	Notus, vel Libonotus.	Zud Zud Ouest.
q	19. Austr. Austr. occidens	Mesolibonotus	Zud quart à l'Ouest.
r	20. Austroccidens ad Austrū	Hypolibonotus	Zud Ouest quart au Zud.
s	21. Austr. occidens	Notalibycus	Zud Ouest.
t	22. Austr. occidens ad occid.	Mesafricus	Zud Ouest quart à l'Ouest.
u	23. Austroccidens occidens	Africus	Ouest Zud Ouest.
x	24. Occidens ad Austrum	Hypafricus	Ouest quart au Zud.
Oc.	25. Occidens	Fauonius	Ouest. Ponente.
y	26. Occidens ad Aquilonem	Mesocorus	Ouest quart au Nord.
z	27. Aquil. occident. occidēs	Corus, & Iapix	Ouest Nord Ouest.
&	28. Aquil. occidens ad occid.	Hypocorus	Nord Ouest quart à l'Ouest.
A	29. Aquil. occidens	Borealibycus	Nord Ouest.
B	30. Aquil. occidens ad Aquil.	Hypocircius	Nordonest quart au Nord.
C	31. Aquil. Aquil. occidens	Circius	Nord Nord Ouest.
D	32. Aquilo ad occidentem	Mesocircius.	Nord quart à l'Ouest.

Omitto reliqua nomina, cùm hæc apud nos vsitatiora sufficiant, & eos qui plura de ventis, illorumque proprietatibus, & origine nosse velint, ad integrum Verulamij Tractatum, & ad alios remitto, qui notarunt ventum ab Oriente ad Occidentem ferè continuò regnare, sub æquinoctiali præsertim, quo longè facilius, atque velociùs versus Occidentem, quam ab Occidente versus Orientem naues moueantur.

Porrò venti prædicti 32 facilè intelligentur ex sequente figura terrenum ambitum referente, quam ex centro, vel ex Meridie, quam littera M, & ✚ signamus, quispiam intueri debet oculis in Septentrionem littera S significatum conuersis; vt ad læuam habeat Occidentem, & Orientem ad dextram, hac enim ratione septem ventos primis septem alphabeti characteribus insignitos, & inter duos ventos cardinales, Setentrionalem videlicet & Orientem, interceptos intelliget, totidemque inter Orientem & Occidentem; Meridiem & Occidentem, Occidentem & Septentrionem. Cùm autem è regione 32 ventorum easdem alphabeti litteras apposuerim, nullus est qui ventos omnes non intelligat.

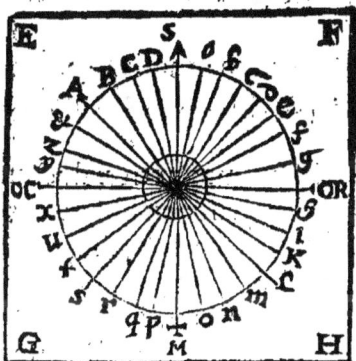

PROPOSITIO II.

II.

Loxodromici canones πρόχειροι habet in consuetis inclinationibus latitudinis euariationem, atque loxodromiæ ipsius, & cruris mecodynamici quantitatem ei debitam in miliaribus èregione expressam.

III.

E loxodromiarum vsitatarum inclinatione & magnitudine, euariatæ latitudinis quantitate, cruris mecodynamici latitudine in miliaribus, datâ vnâ, reliquas duas per canones πρόχειρυς exhibere.

IV.

Ephemerim itinerariam nauticam ordinare. Vide quomodo itineris confecti spatia nautæ soleant emendare; & Stevini Limoeureticem.

V.

Cursus Maritimus est simplex, aut compositus, ille facilior, quippe vnicum & eundem sui ductus cursum sequitur; vt cùm à Septentrione in Meridiem, vel sub eodem parallelo, vel secundum eandem loxodromiam, hoc est eundem rhumbum.

VII.

Et curſus, & plagæ, atque inclinationis eiuſdem æſtimata quantitas, ex loci latitudine de cœlo obſeruata comprobatur, aut ſecundum eandem emendatur.

VIII.

Si recta in ſeptentrionem aut meridiem contendenti curſus æſtimatio ab obſeruatæ latitudinis euariatione diſcrepet, curſus limes in obſeruato parallelo erit conſtituendus.

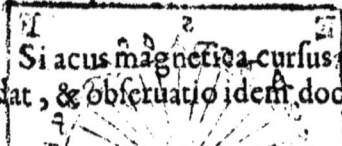

IX.

Si acus magnetica curſus plagam in ortum, vel occaſum dirigi oſtendat, & obſeruatio idem doceat, nullus eſt correctioni locus.

X.

Si acus magneticæ ductum ſecutus æſtimatione tua ſub eodem parallelo decurriſſe, ex obſeruatis autem te eum non tenuiſſe deprehendas, manente curſus æſtimata quantitate tanquam crure mecodynamico, latitudinem ſecundum obſeruata mutabis : & inde longitudinis euariationem definire.

XI.

Si loxodromiam aliquam & eius quantitatem, æſtimationem tuam ſecutus, exinde latitudinis euariationem ab obſeruata diuerſam notaueris, crure mecodynamico ſecundum æſtimatum curſum retento, latitudinem in obſeruatum parallelum transferes, & hinc longitudinis differentiam inueſtigabis.

XII.

Curſus compoſitus eſt, quando priuſquam emendationi ſecundum obſeruata ſit locus, plures continuantur.

XIII.

Si in curſu compoſito continenter omnes à communi parallelo in ſeptentrionem vel meridiem vergant, latitudinis euariationem augebunt; ſi qui ex iis in contrarium reflectantur, ij pro rata parte eam imminuent.

XIV.

Si in curſu compoſito continenter omnes à communi meridiano in ortum vel occaſum vergant, longitudinis euariationem adaugebunt ſi qui ex iis in contrarium reflectantur, iſti pro rata parte eandem imminuent.

XV.

Si in curſu compoſito æſtimata latitudo ab obſeruata diſcrepet, retenta longitudinis euariatione latitudinem in obſeruatum parallelum transferes.

Cùm autem ſepenumero de acu magnetica locuti fuerimus, placet obſeruationes noſtras de magneto ſubijcere quas inter deliges quæ nauigationi ſeruiunt.

TRACTATVS
DE MAGNETIS
PROPRIETATIBVS.

AD ERVDITISSIMVM VIRVM
GABRIELEM NAVDEVM,
Eminentissimi Cardinalis Mazarini
Bibliothecarium.

Ontractas Magnetis virtutes, V. C. iure quodam postliminij tibi restitutas accipe, donec peregrinationes per totum orbem institutæ nos docuerint quot gradibus inclinet, declinetque tam magnes quàm acus magnetica in quouis terræ, marisque puncto, vt tandem longitudines statuantur. Quas quidem peregrinationes si vel fieri desideret tuus ille Mecœnas Eminentissimus, viri nostri Græcè, Arabicè, & in aliis linguis doctissimi iam iam parati sunt, qui tam è Sinensibus, quàm Æthiopibus, Ægyptiis, Persis, & Arabibus omnia manuscripta referant, intra biennium, aut quadriennium in Bibliothecam tuæ curæ commissam plenis curribus inferenda.

Quatuor igitur præcipua in magnete spectanda : Primum, quòd ferrum ad se trahat, vel ab eo trahatur, aut potiùs ad illud aduolet: vimque porrò laminis ferreis imprimat, quâ similiter alias ad se laminas attrahunt, non autem alteri magneti siue vegetiori, siue impotentiori magnes alter vim vllam tribuit, siue armato, siue exarmato.

Secundum, tam magnes, quàm ferrum magnetis affrictu, seu præsentiâ vicinâ animatum sui partem vnam versus Septentrionem, aliam versus Meridiem conuertent, quas propterea Magneticos Polos appellamus.

Tertium, illa versus mundi polos conuersio non est exactè meridionalis in omnibus terræ locis, sed plerumque versus ortum, aut occasum poli magnetis & ferri diuergunt; neque semper iisdem gradibus declinant, cùm ante 30 annos Burrosius Anglus obseruarit Londini magneticam acum 1580, gradibus 11 & 15 minutis : ibidem Gonte-

I i iij

rus anno 1622, gradibus 6 & 13 minutis ; denique Gellibrandus anno 1634 gradibus 4, & 6 minutis tum veterem acum, tum nouas acus declinaffe: iamque Parifiis declinationem acus 3 tatum graduum reperiamus, quæ ante 30 annos, 8 ferè graduum cenfebatur ; & Aquis fextiis Gaffendus nofter nuper obferuarit declinationem 5 gradus minimè fuperare, cùm longè antea reperiffet illam 9 graduum.

Quam diminutionem fi pofteri ad annos 50, plus minus obferuarint, fortè nulla futura fit, vel etiam ex Orientali in Occidentem conuertetur, & vbi periodus integra declinationis magneticæ ftatuta fuerit in tabulas ad artem nauigandi iuuandam conferetur.

Quartum : non folum magnes, & acus magnetica declinant horizontaliter, fed etiam inclinantur per circulum verticalem ; itaut polus meridionalis apud nos, & alios feptentrionales eleuetur, & feptentrionalis deprimatur ; licet illa inclinatio neque fit eorundem graduum, ac eleuatio poli feptentrionalis, aut eius complementi, & tamen ille polus polum terræ, non cœli quærere videatur. Quibus pofitis vt omnium magneticarum proprietatum fontibus, illas breuiffime profequor nobiliores præfertim, quæque nautas vel iuuent, vel recreent.

Prima proprietas non quidem ordine, vel natura, de quibus hîc non agitur, fed quæ occurrit, eft vis æqualis vtriufque poli in ferro trahendo, vel animando, licet enim aliqui feptentrionalem aliquandoiuegetiorem notarint, ne tamen inferas apud feptentrionales aquilonium, apud meridianos auftrinum effe vegetiorem, id enim minimè perpetuum, fæpiufque notatur æqualitas.

Quifnam verofit verus polus feptentrionalis lapidis, an is qui lapide fufpenfo, vel in aqua natante conuertitur ad feptentrionem, an pars quæ in fodina feptentrionem refpiciebat, controuerti poteft, nifi tamen eandem partem in fodina verfus aquilonem, quam fufpenfus, aut natans verfus eandem partem conuerteri ; tunc enim quæftio nulla foret. Magnetis polus qui iam terræ polum feptentrionalem refpicit, meridionalis dici poteft, quod fibi relictus abfque boreo terræ polo illum attrahente, meridiem eô modo refpecturus fit, quo polus meridionalis acus vi à feptentrione lapidis, aut alterius acus tractus, ad meridiem fibi relictus conuertitur.

2. Proprietas Vt vt fit, polus ille magnetis qui verfus feptentrionem fiue horizontaliter, fiue verticaliter verfus terræ polum feptentrionalem vergit, pluribus modis agnofcitur ; primò, cùm vafculo ligneo, aut alterius materiæ geftatus aquæ innatat, pars enim lapidis, quæ vergit ad feptentrionem dicitur polus feptentrionalis, fiue in fodina mundi feptentrionem, fiue meridiem refpiceret.

Secundò, si ea ratione suspendatur, vt liberè conuerti possit. 3. si acui magneticæ, suo axiculo, supra quem liberè vertatur impositæ offeratur, pars enim magnetis quæ meridianam acus cuspidem alliciet, erit polus septentrionalis: quæ vero septentrionalem trahet, erit meridionalis.

Quartò, si virgula ferrea, magnetis viribus analoga, digito, vel bacillo ducatur super dato magnete, quæ perpendicularis lapidi fiet, statim atque polos illius, aut vicinas polorum partes attigerit. Neque enim poli in indiuisibili sensibili consistunt. Verbi gratiâ, si K I ferreus cylindrulus vnam aut alteram lineam longus magneti N C B D N circumducatur; dum ad latera lapidis C & D æque remota à verticibus polorum N & O peruenerit, axi N O parallela iacebit, vt cernitur in L & M, & in D F; cúmque vlterius versus polum O pelletur, surget pedetentim in F E, deinde in G H, tertio in K I, itaut extrema F, G, K ad polum O vergant, eo ferè modo quo magneticæ acus axiculis ita libratæ vt possint verticaliter inclinari, tendunt versus terræ polum, aut eas tendere cupiunt, qui magnetem contendunt se habere ad terram, vt acus se habet ad magnetem.

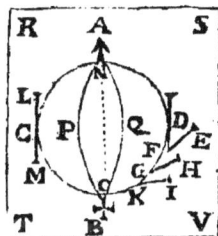

Cùm igitur duo cylindruli ferrei perpendiculariter eriguntur, & velut axem A B constituunt, polos lapidis ostendunt, ex quibus meridianus innotescit, magnete liberè suspenso, quippe semper ad mundi septentrionem conuertitur. Quonam vero vel quam in partem conuerti debeat, si liberè suspensus, vel Caspio Lunari innatans fingatur, aut in Sole, vel aliis sideribus intelligatur, quis ausit affirmare? forte vires in tanto spatio amittet, vel suspendet.

Nil autem refert si magnes sphæricus, aut ellipticus, vel alterius figuræ, vel politus aut scaber fuerit, semper enim poli reperientur; licet tanta figuræ difformitas ob angulorum eminentias, & monticulos esse possit, vt plures polos habere credatur.

Huc autem refertur scobs ferrea, quæ laminæ vitreæ, vel ligneæ, aut cuiusuis alterius materiæ (ferreâ solâ & magneticâ exceptis) imposita huc illuc dispergitur, ac veluti difflatur vento, cum ei polus magnetis inimicus subiicitur; quæ perpendiculariter erigitur, & lapidis vnionem quærit, cùm offertur polus amicus, quo nempe prius animata fuerat, vel cui erat analoga. Hæc autem scobs iacet, cum æquator lapidis laminæ scobem ferenti subiicitur.

Quintò, poli magnetis inuenientur, si lapis liberè suspensus offe-

ratur alicui inſtrumento ferreo focario ad horizontem perpendiculari,
pars enim lapidis ducti à parte inferiori ad partem ſuperiorem prædicti inſtrumenti, quæ ad partem illam inferiorem conuertetur erit meridionalis, quòd ferrei cylindri, vel laminæ chalybeæ, qualis eſt en-
ſis extremum terram attingens, vim ſeptentrionalem à terra ſepten-
trionali fugat; quare aliud extremum eſt meridionale ad quod ſepten-
trio lapidis conuertetur, ſtatim atque ad illud extremum peruenerit,
& cum erit circa medium inſtrumenti ferrei, illud veluti ſecabit, &
crucem cum eo faciet, quod in media ferri parte æquator occurrat.
Sunt & alii modi polorum inueniendorum, de quibus aliàs.

3. Proprietas. Eadem virtus magnetis quæ vim indit acui qua verſus polos vergit, & quibuſdam gradibus ab illis declinat, vim etiam
tribuit, qua verticaliter inclinatur verſus terræ polum: ſtatim enim atque cuſpidem illam acus lapidis meridie tetigeris, quæ priùs erigeba-
tur verſus meridiem, inclinabitur ad ſeptentrionem, viceque verſâ.
Vnde fit vt etiamſi acus ſuſpendatur horizonti perpendicularis, pars
tamen baſis illius aliqua circa meridiem conuertatur, eo modo quo lamina circularis, ſeu ferreus circulus partem à magnete animatam ad
polorum alterum conuerteret: quod ſimiliter futurum, licet cuſpis
acus indiuiſibilis fingeretur.

Nota ſolam magnetis aſpirationem, vt ita loquar, abſque tactu
ſufficere ad acum animandam, ſiue vt ferrum trahat, ſiue vt ad polos
conuertatur, cùm magnes generoſus fuerit, qui vel te nolente, &
gladium ſub pallio tegente, illum animabit. Porrò non poteſt
ferro vim trahendi communicare, quin ſimul ei tribuat vim ad po
los conuerſiuam, tam inclinantem, quàm declinantem.

Dicunt verò acus inclinationem verſus terræ polum in Anglia 71
graduum obſeruatam; Romæ 65 graduum, quos faciat acus cum horizonte: qui quidem anguli cũ neque ſunt altitudo poli meridiana, neq;
terreſtris poli depreſſio, nec illorum complementa, nec etiam quidpiam ea de re non ſatis conſtante velim affirmare, vel negare. Tantùm-
que addo vim illam quâ deprimitur pars acus dimidia, non eſſe grauitatem, cùm exactiſſimæ bilances eandem ſemper illius grauitatem
ante & poſt affrictum teſtentur. Ne verò depreſſio illa contingat in
pixidibus, ſolent artifices partem acus tangendam paulo leuiorem efficere, & ex ea quidpiam lima detrahere, vt illa leuitas vi reſiſtat in-
clinatiuæ.

Vt autem acus optimè tangatur, lapis magnus & vegetus habendus, cuius polorum alter à medio acus vſque ad extremam cuſpidem
ducendus, ſed minimè reducendus à cuſpide ad medium, niſi vellis

acum

acum priori virtute spoliare, quod enim dat magnes à læua ad dextram, tollit à dextra ad læuam, siue ferrum tangat, siue suam ei virtutem tribuat absque tactu. Sunt qui polo lapidis septentrionali cuspidem acus meridianam, meridionali septentrionalem tangant, vt acus sit vegetior vel citius quiescat.

4. Proprietas consistit in comparatione motuum omnium quos acus non solum pyxidum, sed etiam sutoriæ in præsentia polorum & aliarum magnetis partium exercent; fugit enim polus, & cuspis septentrionalis meridianum tanta velocitate, quanta septentrionalem rapiunt, vt sit potiùs amicorum polorum tractio, quàm inimicorum fuga. Acus sutoria filo detenta, & magneti subiecta, rectà vergit ad polorum alterum, statque veluti suspensa in aëre; duæque cuspides acuum se ipsas fugare videntur, quæ eodem polo animatæ sunt. Mille motus omitto quos acus habet in pyxide, dum magnes circa illam conuertitur, aut ei superponitur, vel subiicitur. Verbi gratia, acus filo detenta, cuius caput in orbem mouetur, semper cuspidem ad polum magnetis dirigit, & eo motu veluti conus describitur, cuius basis motus capitis, vertex cuspis: vno verbo ad magnetem acus, vt magnes ad terram refertur.

Deinde magnes circa pyxidem ita circumactus, vt sibi parallelus in toto circuitu maneat, bis eam conuertit; hoc est acus duos circulos describit, dum magnes semel conuertitur: idemque contingit acui, cùm pyxis sibi parallela manens semel circa magnetem conuertitur; & magneti, circa quem illa lege parallelismi magnes alius circumagitur, dummodo magnes satis robustus fuerit. Nec aliud acui nauticæ ex magnete, quàm ex ferro factæ cötinget. Reliqua quæ 2, tribusue acubus, & magnetibus cötingunt, dum poli amici, vel inimici, vel partim amici, partim inimici vi iunguntur, quispiam istarum proprietatum studiosus cum voluptate obseruabit.

5. Proprietas in ferri tractione multam affert admirationem, cùm nonnunquam magnetes adeo vegeti reperiantur, vt nudi ferrum decies septies seipsis grauius ad se trahant, & tractum retineant, quod expertus sum in paruulo 7 granorum magnete Danielis Chorij; sed illa vis tanta nunquam in maioribus inuenitur, qui cùm librales fuerint, si ferri libram trahant, peroptimi sunt, quales nunquam mihi videri contigit. Cùm vero fuerint 2. aut 3 vnciarum ferri pondus duplum tollere possunt, quandoquidem apud eundem expertus sum magnetem sesquunciæ, ad minimum trahere duas ferri vncias. Quotiescunque magnes libræ dimidiæ ferri pondus sibi æquale traxerit, robustissimus dicendus: si vel 4, aut 2 vncias trahat, melioribus annumerandus.

Kk

Hic autem primò videtur admirabile, quod illé paruus magnês ferrum 17 se grauius trahens, auulfus, aut exfectus fuerit ex eo qui ferrum duplo tantum se grauius trahit: vnde conftat hunc maiorem in fimiles paruulos fectum, octuplo grauius ferrum ad fe tracturum, quàm ante diuifionem, atque adeo vires diuifas hic effe vi iuncta octu-plò fortiores, licet totus ille magnes in puluerem redactus, & glu-tine fubtiliffimo redintegratus nil amplius trahat, & virtute directiuâ careat, fortè ob infinitas propemodum polorum inimicorum oppofi-tionem, & commixtionem: fed experiundum effet num puluis vnicus arenæ Stapulenfis grano æqualis, ferri fimiles puluere̅s traheret,quot-ue numero traheret, cur enim puluis vnicus ex magnete Choreziano lima vel alio modo abrafus 300 ferri puluere̅s non trahat, fi quò minor detrahitur magnes, plus ferri trahit? Cuius verò ponderis fit vnicus ferri vel magnetis puluis facilè concludes ex grauitate grani arenæ de quo libro de ponderibus dictum eft, & minora perfpicilia granum are-næ magnitudine pifi repræfentantia pululi magnetico experiundo feruient.

Secundum admirandum, quod magnes armatus vim tantam ac-quirat ex coniunctione vnius aut alterius laminæ chalybeæ vel ferreæ, quibus armatur; magnetem enim habeo, qui cùm nudus dimidiam duntaxat ferri trahat vnciam, armatus 10 libras, hoc eft 3 20 magis, quàm nudus, ad fe trahat: eft autem plufquam trilibris. Vbi nota magnetem armatum plus ferri, quàm nudum non folum trahere quan-do ferrum immediatè tangit, fed etiam cùm pannus, papyrus, aut quidpiam fimile ferrum inter & magnetem interponitur, contra id quod olim cum aliis fenferam. Quare magnetibus optimis fæpius ex-periundum, antequam pronuntietur.

Tertium, quòd rotulam æneam, cuius axis ferreus, ita rapiat, vt quæ fuper plano quod illam circumactam fuftinebat, ante minutum horæ quietura erat, à magnete rapta, & detenta ferè per dimidiam horam, aut horæ quadrantem in orbem agatur, vt & alia in partem contrariam verfa, & inferiori axis extremo prioris rotæ iuncta fuos orbes contrarios, fed & tertia fecundæ axi coniuncta fuos etiam vel his fimiles aut contrarios, longo tempore conferuet; quod fieri nequit nifi magnetes rapientes, fiue nudi, feu armati robufti fuerint: qui ta-men fi, quàm par fit, robuftiores fuerint, rotulas ita detinent, vt cir-cumagi nequeant, vel paucos gyros percurrant.

Quartum, quòd ferrum magnetem trahat, idque folùm, vbi ma-gnes adeo robuftus fuerit, vt ferrum vel fe grauius, vel faltem æqua-le fibi trahere poteft: tunc enim ferrum magnete longè grauius, magnetem trahit in eâ diftantia pofitum, à quo traheretur ferrum æqualis cum magnete ponderis.

Magnetes inertes omitto, qui cùm fint viginti aut plurium, vel pauciorum librarum, nequidem clauum, aut acum futoriam ad fe trahunt: addoque folummodo 5 admirandum, quod nempe magneti robuftiori longè debilior ferrum eripiat, vt fortius debiliori: neque enim fabulas illas conmemoro de gyro 24 horarum magnetis fphærici axiculo fufpenfi, aut aquæ innatantis, quo terræ motum diurnum aliqui probare conati funt; & de modo colloquendi cum amicis maximo interuallo diffitis, duorum alphabetorum, & acuum eodem magnete robuftiffimo tinctarum ope; quemadmodum nec gyrouagos illos & mendaces, qui fe vim tractiuam magnetis opere chymico educere, & millies, aut centies maiorem efficere, vel etiam extremo baculi concludere aiunt.

Nolim etiam modos illos perfequi, quibus alij terræ ftabilitatem ex magneticis directionibus probari credidere, cum eadem omnino contingant magneti, fiue terra ftet, fiue moueatur; adeout nihil magis ex magneticis legibus, quàm ex proiectis, & grauium defcenfu, quifpiam pro terræ motu duplici, vel triplici, aut duplici terræ quiete, vel immobilitate concludere poffit, aut debeat.

Nauis fub aquis natans.

NAuis defcribendæ beneficio res in mari deperditas fàcilè recuperari poffe Lector ex hoc tractatu concludet, quamuis iam aliis nauibus adhibitis, & oneratis varia quæ tempeftatibus, vel aliis medis immerfa funt, extrahantur è fundo maris & fluminum; verbi gratia, fi nauis expifcanda fit pondo 4. millionum librarum, totidemque auri, vel alterius rei libris onerata perierit, velifque eam abfque exoneratione educere, 4 naues, quarum vnaquæque fit 400. aut 500. plus minus, doliorum, ad proram, puppim & latera nauis expifcandæ; quæ naues fi exonerentur fuis doliis, non poffunt tantifper afcendere, quin nauim immerfam adducant. Debent autem illæ naues habere polyfpafta rudentibus inftructa fortiffimis, quibus nauis educenda variis in locis firmiter alligetur: cúmque neceffarij fint vrinatores ad rudentes naui, vel etiam tormentis bellicis alligandos, nonnihil etiam de iis dicendum erit: cuius autem roboris trabes ligneæ nauibus fuperpofitæ effe debeant vt aliæ naues expifcentur, harúmque pondus ferant, ex Mechanicis noſtris colliges.

Primum igitur conſtat ex dictis tam in hydroſtratica, quam in hydraulicis nauem, ita poſſe onerari, vt ſit proximè eiuſdem cum aqua ponderis, ſtetque propterea in quouis aquæ loco, ſi à ſuperficie vſque ad fundum ſit eiuſdem grauitatis: vel cùm nimia ſit in vllo corpore ita librando vt vbique ſub aquis maneat, difficultas, remorum motibus illa ſuppleri poterit æqualitas.

Secundò, nil intereſt cuius ſit materiæ nauis immergenda natatura, cùm ſemper leuior futura ſit quam vt immergi poſſit, etiamſi fuerit ænea, ob magnam aëris incluſi molem. Quapropter ſaburranda erit, variiſque ponderibus deprimenda, donec ſit eiuſdem ferè cum æquali aquæ mole grauitatis, & paruo negotio poſſit vel ad ſuperiorem aquæ ſuperficiem redire, vel fundum petere; ſuper quo, ſi quando ſatis firmum & rectum fuerit, nauis poſſit ſuppoſitis rotis, curruum inſtar circumduci : cúmque fundum non permittat, ramis inter aquas mouebitur.

Tertiò, lignea nauis forte commodior fuerit, quæ tam exactè claudatur ex omni parte, vt in eam aqua nequeat ingredi, niſi forte guttatim, tunc enim facile poterit ex naue eiici. Porrò neque fluxus & refluxus, neque tempeſtates huic naui timendæ ſunt, quippe 3, aut 4 profunditatis ſexpedas minime ſuperant, ideoque tuti ſunt ac in perpetua tranquillitate qui diſtant à maris ſuperficie ſex, 10, & quæ deinceps ſequuntur, hexapedis.

Quartò igitur huiuſcemodi vrinatores ſuppono, quibus etiam reſpirandi modum per menſem integrum tribuero : vt ſub naue degentes, illam quocúnque neceſſe fuerit, dirigant ad fundum pertrahant, aut è fundo ad quamlibet altitudinem erigant: cum enim funem cui plumbi maſſa, vel anchora, aut aliud quoduis pondus alligatur, in fundum demittent, nauis leuior facta, verſus aquæ ſuperficiem, quantum placuerit, aſcendet; deſcendétque tractione ponderis: quod & fieri peterit contis, & remorum palmulis peculiari modo conſtructis & motis. Sunt autem plurimæ difficultates, quibus obuiam eundum: putà varias egeſtiones, & quæcúnque nocent oculis, aut odoratui, eiicienda; homines extra nauem, quoties opus fuerit emittendos, ſiue ob infirmitatem, ſeu ob alias cauſas, quæ ſæpius occurrunt; alioſque in eam admittendos; cibos etiam & aduehendos, & coquendos: tormenta bellica in piſces maiores, ſi fuerit opus, ne forte noceant, explodenda ; & alia huiuſcemodi quibus omnino prouidendum antequam huic naui te committas: cuius commiſſuræ, ſi lignea, aut conglutinationes & ferruminatione, ſi metallica fuerit, adeo firmæ, &

iuſtæ ſint, vt aqua in eam ingredi nequeat; vel ſi per quaſdam riuulis ingrediatur, facile poſſit eiici ; & foramen, aut fiſſura, vbi fieri contigerit, promptum remedium inueniat.

Quibus difficultatibus cùm pluribus modis ſatisfieri poſſit, vnum afferam quod ferè omnibus faciat ſatis. Parentur, & effingantur coria, quæ nullam aquam admittant, quæque diuerſis canalibus ad aquam peruenientibus adhibeantur, & comprimi, dilatarique poſſint : cum enim ſordes expurgandæ, eiiciendæque fuerint, ex canalibus, quorum epiſtomia reſerabuntur, in coria ad aliorum canalium modum efformata, & in extremo prope aquam fortiter alligata primùm eiicientur, deinde clauſis epoſtomiis canalium , ſoluetur illud coriorum extremum, vt ſordes in aquam decidant : quod & doliis duplex aut triplex fundum habentibus commodè fieri poteſt; fundum enim primum auferetur, deinde reſtituetur, &c.

Per alios canales capacitatis vnius dolij ſimiliter ingredientur & egredientur tot homines quot neceſſarium fuerit, qui ad aquæ ſuperficiem aſcendentes, nouos cibos, aquam, & alia ſecum aduehant, & alia, ſi fuerit opus, reuehant; ſtatim enim atque per epiſtomia canalium in coria prædictis ſimilia deſcenderint, clauſis iterum epiſtomiis poſt coriorum ſolutionem, nequidem aquæ gutta in nauem ingredietur : idémque dicito de doliis fundorum diuerſorum.

Quod ad tormenta ſpectat, ſuis etiam coriis alligata, non poterit per feneſtras aqua, neque per ora tormentorum, vt pote clauſa, ingredi : ſed cum poſt exploſionem aqua ſubitò in illorum ora ingrediatur, ad ſummum eiiciendum fuerit tantundem aquæ, quantùm tormenti concauo continetur : corium vero feneſtras tormentorum ita claudat, vt foras promoueri, & retrahi poſſint ob corij mobilitatem & obedientiam, quod in retractione inuertetur inſtar manicæ.

Porrò quiſquis ingredietur vel egredietur, veſte coriaceâ induendus, & ea pondera cruribus, & aliis partibus adhibenda, quæ vel in fundo corpus detineant, vel impediant, ne velocitate nimiâ ſuperficiem aquæ petat, ob pericula nauis occurrentis, & alia vitanda, ne caput illidatur, aut machina vrinatoria frangatur.

Quintò, licet nauis pars inferior aperiretur, non poſſet aqua in nauem, niſi paucis pedibus aſcendere; cùm aer quo plena eſt, non poſſit cedere, vt ex vitro, lagenâ, & aliis vaſis inuerſis, & in aquam immerſis conſtat, quæ ſuum aërem ita conſeruant, vt in eo, licet ſub aquas profundiſſimas immerſo, flammam nutriant : ſum enim multoties expertus candelæ ſebaceæ vnius vnciæ, flammam in laterna, cuius concauum $\frac{1}{18}$ pedis cubici, ſub aquis immerſam 25. ſecundis, vel

triente minuti horarij durat : quare si laternæ concauum fuerit
vnius pedis cubici, tantóque maiore tempore flamma nutriatur,
quantò maior fuerit laterna, 6 minutis flamma perseuerabit; atque
adeo vas decem pedes aëris cubicos habens,per integram horam flammam conseruabit.

Vnde facillimè concludes quanta nauis esse debeat, vt quisque sua
flamma, vel igne date quantitatis vtatur. Vbi nota primùm non esse
necessarium vt vas sit ea ratione maius, quà flamma crescit, cùm experientia doceat 4 flammas æqualis magnitudinis per 16 secunda con-
seruari, licet vnica flamma in eodem vase per sola 25, aut ad summam 30 secunda duret. Deinde vix flammam magis perseuerare, cùm
laterna in aëre posita osculum inferius apertum habet, quàm vbi vel
cera, vel aqua clauditur, adeovt aër inferior, qui liberè potest ingredi, nil prosit; cùm tamen superior maximè seruiat, cùm osculum sursum conuertitur, tunc enim flamma semper durat, dummodo caueas
ne statim atque flamma in laterna, vt priùs inuersa, extincta est, can-
delam incensam in illam inferas, flamma si quidem breui, & ferè
momento extingueretur, quandoquidem vel per vnam, aut alteram
horam aëri exponenda,vel exsufflandus aër, vel aqua implenda,lauan-
dáque,si post extinctionẽ velis iterum flammæ duratione experiri.Ter-
tiò flammã non semper eò diutius viuere, quò maius fuerit ẽancauum,
quo includitur;laterna siquidem duodecuplo maior non nutrit flammã
duodecuplo diutiùs; in ea,candela prædicta post 230 secunda extinguitur, in subduodecupla verò post 25 secunda, idque osculo inferiore aperto : quas observationes facillimas inuenies,si vitreis lagenis, vice laternarum vtaris : quæ id habent commodi, quòd per collum transparens in aquam immersum ascensus aquæ notetur dum
flamina durat, diúque post illius extinctionem quandiu elychnium
ignitum, seu rubrum fumat : quod quidem rubrum ferè semper tandiu durat, quandiu priùs flamma durauerat, præsertim si candela
cerca fuerit.

Maxima igitur in igne fouendo, atque adeo coquendis cibis in immersa naue difficultas, vt de respiratione taceam, quæ tamen æquale
concauum non requirit. Porrò licet aëris hemina Parisiensis ad 5
respirationes sufficiat, & ideo pes aëris cubicus ad horam respirationi
succurrat, si pulmones tantundem solummodo aëris attrahant qualibet respiratione, quantum vini ex vitro trahit, qui quinque vicibus
exhaurit heminam, pes tamen aëris longè citiùs alteratur, & ita in-
ficitur siue ob vapores è pectore manantes,siue ob calorem rarefacien-
tem, vt nequidem per horæ quadrantem sufficere posse videatur, cùm

LIBER II.

55

vrinatoribus, quorum capitibus dolium, aut campana 8 vel plurium pedum cubicorum imponitur, respiratio post quadrantem horæ desit.

Cùm autem horæ spatio 360 respirationibus egeamus, quarum vnaquæque decem secunda duret (nec enim respiratio longiùs differenda (licet eam multi ad 20 secunda, & alii ad 80 contineant, vt l. 5 Instr. Harm. prop.23 dictum est,)ne tandem temperies lædatur vis, cubicum cuius latus bipedale, 8 horarum aërem, in illa hypothesi heminæ hauriendæ, contineret; sed cum audiam campanas illas, quibus vrinatores vtuntur, etiamsi dolio æquales, vix ad respirationem quadrantis horæ sufficere, difficulter enim attrahunt aërem ex loco, cui nouus aër non succedat: & aërem sæpius inspiratum & expiratum vt vlteriori respirationi penitus inutilem, etiamsi refrigeratum, (quod tamen vix mihi persuadeo) maior etiamnum insurgit difficultas.

Enimuero si expiratus aër posset semper post expurgationem & refrigerationem inseruire, epistomiorum follibus insertorum reciproca patefactione, attractione, expulsione, & motu, aëris respiratio perseueraret.

Porrò nolim ex nostris hydraulicopneumaticis modum elicere quo inclusus aër respirationi perpetuò seruire queat, donec quis nauem submarinam construi curauerit, quâ detegantur non solùm omnia perdita, sed ora reperiantur, si quæ sint, per quæ maris æquæ exeunt; & absque vllium hostium incursu loca hactenus incognita innotescant.

Sunt autem qui plura commenti sunt quæ sub aquis luceant, verbi gratiâ, oleum ex ore in aquam dispersum, sphæram Tartagliæ nitro, sulphure, pice, camphorâ, & mastiche constantem; ligna putrida luculâ quadam tantisper lucentia, cincedulas, squammas piscium, &c. lagenis conclusa, quæ etiam speculis concauis reuerberata magè luceant; sed cum neque luceant perpetuò, neque lumen satis copiosum effundant, neque possint cibis coquendis adhiberi, inutilia sunt nostro instituto, quod igne penitus indiget.

Sextò igitur igni cibos cocturo, & flammæ perpetuæ ita prouidendum vt nunquam, nisi cum volueris, extinguantur, quod adeò facile concluserim ex pneumaticis, vt nauem citius nemo possit construere quàm vt ei conseruandæ sub aquis flammæ modum ostendam.

Septimò, si iuxta præcedentem hypothesim aëris hemina quinque ad minimum respirationibus succurrat, sitque pondo granorum 8, ex dictis à prop. 29 ad 32 Hydraul. quauis respiratione sesquigranum aëris, prope propter, consumitur: hoc est aëris moles æqualis moli

aquæ triunciali, vice qualibet expiratur, vel inspiratur: qui quidem, si
vertatur in aquam, guttam aquæ satis magnam effecturus sit; quandoquidem sex aquæ guttæ, quarum vnaquæque vnius lineæ cubicæ,
non sunt sesquigrano grauiores. Quapropter si non differat specie ab
aqua, dici potest nos qualibet inspiratione sex lineas aquæ cubicas exhaurire, cùm moles aëris vi condensationis in aquam conuersa, sex
illis lineis æqualis sit; vt ex coroll. 1. prop. 14. Hydraul. constat.

Octauò nauis nostra, de qua iam. nonnihil coroll. 2 prop. 49 Hydraul. terrenum ambitum nemine cæterorum mortalium conscio, v-
nius aut alterius anni spatio conficere potest; quæ si maris profundum
non desit, tantæ magnitudinis esse queat, vt vnius anni victum centum hominibus suppeditet. Sed cùm multa loca possint occurrere
minus profunda, satius fuerit minorum nauium submarinarum classem
apparare, quarum aliæ panem, aliæ vinum, aquam aliæ ferant, vt à
nautis præiudicatum fuerit.

Nonò plures vrinatores domunculas, seu castellula nauibus extrin-
secus adhærentiæ habeant, & excrbent, nauium incolas monituri de
singulis quæ in fundo maris occurrerint, vt quæ voluerit Architalas-
sus in naues inferantur, & nouæ obseruationes scriptis committantur:
Verbi gratiâ num aliqui pisces lumen laternarum quæ collocatæ fuerint in fundo maris, fugiant, an omnes ad illud accedant: quantò velociùs super vter, inflatus aut quodlibet aliud corpus aquâ leuius ad
superficiem aquæ superiorem ascendat; quodnam corpus eadem in
aquæ velocitate ascendat, quâ plumbum in aqua, vel etiam in aëre descendit.

Quantum iter globus tormenti militaris in aqua percurrat. Omitto
sexcenta eius demmodi vt moneam aquæ dulcis scaturigines sæpius
in fundo maris occurrere, quibus nautæ submarini fœliciter vti, &
eam in naues instrumentis hydraulicis attrahere possint: motus autem
aëris siue condensatione, siue rarefactione, siue quouis alio modo, putâ
ex lignorum combustione, & in cineres conuersione; ex nautarum in
nauem reditu, & ex eadem exitu: ex aëre inspirato extra nauem
emisso: ex victuum comportatione & sordium eiectione, & ex mille
aliis rebus oriundos vniuscuiusque cogitationi permitto, ne sim longior, si minutatim omnia prosequar; neque enim quidpiam hactenus mentem subiit, cui remedium adhiberi non possit.

Istius autem nauis figura forte omnium optima, si piscium figuram
æmuletur; sæpius enim ipsa rerum natura nos docet quid in arte faciendum: sed & prora, puppisque poterunt in acumen æquale deficere,

vt quocunque volueris nauem remis agites, quorum palmulæ hac arte construendæ sunt, vt in omnem partem conuerti, & statim acie suâ, mox latiori parte possint ad libitum aquam diuidere, ac percutere, tum vt nauim antrorsum & retrorsum, tum vt sursum & deorsum moueas; hac enim ratione quaspiam obuias rupes, & singulos montes superare, vel ad illorum radices adnatare poteris. Remis etiam adhiberi possunt harpagines, & vncini maiores, quorum attractione, & impulsione nauis ascendat aut descendat.

Omitto diuersa retia, quæ sustineantur epidromis, amitibus & varis fundo, vel lateri nauis affixis, quibus nautæ retiarij ad id destinati quos libuerit occurentes pisces capiant, in nauem inferendos, quod adeo facile est ope canalium, de quibus antea, vt explicatione non indigeat.

Adde quòd nulla ferè sit ars quã non possis in ea naui exercere, nullũ opificium quod non peragas: cur enim, verbi gratiâ, non possis metalla in stamina tenuare chalybeis plagulis? Cur non omni molarum genere, qualis est frumentaria, non vtaris? Cùm neque repugnet ex parte metæ, vel catilli, neque ex molucro, & molili, aut ex aliis partibus, aut circũstantiis, & nautarũ labor in mola pistrinaria versanda non ingratus erit, cum sit ad vitam necessarius. Furnis autem æneis vel ferreis ad panes coquendos vti poterunt, quibus ignis modicus sufficit: nec fortè motuum aliquæ species deerunt, quibus calor satis intensus absque ligno vel carbonibus ad frigus superandũ generetur: doctáq; experientia plura suggeret, quæ vix ac ne vix quidẽ credas, nisi prius obseruaris: adeovt existimem diuersas colonias sub aquis marinis posse degere, & tota vita persistere, ibiq; in alias propagari, dũmodo non desint naues, & alimenta, quæ forte copiosa satis ex oceano expiscentur, si longa series annorum docuerit quidquid potest ad victum hominũ ex aquis educi.

An verò homines ita possint aquis assuescere, vt in iis tandem, perinde ac pisces, absque naue receptoria viuant, vt de Colasio Genüensi referũt, licet minimè credidero, nolim tamẽ inter ἀδύνατα referre, ob vim consuetudinis quæ tãta quandoq; nobis apparet siue in funambulis, siue in aliis qui vel aquas, & vina è stomacho & ore mirabiliter eiiciunt, & diuersimodum sui corporis questum faciunt, vt ne iuratis quidem fidem habeas, nisi propriis oculis ipse fabulam exhauseris.

Quis enim nouit num pulmones aquis ita refrigerari queant vt aërem inspiratum, & expiratum suppleant, cum id multis piscibus contingat, & fortè aër ipse aquis mixtus huic negotio seruire possit: vt vt fuerit, caue ne festinato nimis de naturæ viribus, & artis potestate iudices; illius si quidem occultiores, potentiosesque

L)

funt nerui & machinæ, quàm vt quifpiam animo compleſatur; necdum huius induſtriam penitus exhauſtam arbitreris.

Vnum addidero, ſi repetitis obſeruationibus confirmetur, aquam
in maris fundo grauiorem nauibus ſuſtinendis vtiliſſimam, quæ licet
20 defcenderint, aut pluribus hexapedis, fundum tamen non ſint pe-
titura : quandoquidem teſtatur expertiſſimus Archicolymbetes fe cum
60, vel 80 ſexpedas in profundum defcendiſſet, vlterius non potuiſſe
defcendere donec nouo pondere demergeretur ; cumque ſuper fundo
ambulanti foſſa profundior aquâ plena occurriſſet, in eam, vt pote
magis reſiſtentem non potuiſſe defcendere: quod non poſſis explicare niſi aqua verſus fundum grauior & grauior euadat; aut funis quo
detinetur, cum ſit longior, & tamen ſit aqua leuior, ſit cauſa ob ſuam
leuitatem, vel corpus ſuum aqua leuius, cur Cybiſter non poſſit amplius abſque nouis ponderibus defcendere. Vnde ſimiliter contingere poteſt ea quæ retrahuntur, & expiſcantur, circa maris ſuperficiem
grauiora videri, quàm vbi profundius mergerentur, ob minorem ru-
dentium partem tunc immerſam.

Colymbas verò multa poteſt experiri quæ phyſicam promoueant,
cum enim, verbi gratia, nouerit aquæ pondus, ſeque machina poſſit
includere, quæ cum illius corpore ſit in data ratione cum æquali a-
quæ mole, à fundo ad ſuperiorem aquæ ſuperficiem reuertendo tempus ſuæ reuerſionis horologio in machina collocato accurate notabit,
ſcietque quantò velocius res vnaquæque pro diuerſa velocitate reuer-
ſura ſit ; ſimilitérque quanta velocitate ad vſque fundum defcendat.

Verbum vnicum in acus magneticæ gratiam ſubiungo, qua nauem
quò volueris tutò perducas, & de longitudinibus perfectius ſtatuere
poſſis, quòd nauis tua nullis ſit obnoxia tempeſtatibus, nulli ventorum inæqualitati, atque adeo meteri poſſis confectum iter.

Denique ſubmarini nautæ & incolæ poterunt aëris incolis ſua communicare mutuoque recipere aërea commoda, quæ tantiſper attigiſſe
ſufficiat vt plura lector addat, quem etiam ſuauiſſimi concentus in naui ſubmarina recreare poterunt; quemque nullum mare glaciale, nec
alia poterunt impedire, quin tractus omnes maris, ſiue magellanici,
quaqua patet, vſque ad polum auſtralem ; ſiue cuiuſque alterius vſque
ad polum ſeptentrionalem peragrare, cum gelu ſuum imperium vſque
ad fundum non propaget.

Exciderat plures nauiculas abiegnas, aut alterius ligni aqua leuioris maiori naui alligandas, quibus ſolutis aquæ ſuperiorem ſuperficiem pro libito repetas ; tum vt polorum altitudinem capias, tum vt

cuiuslibet occurrentis insulæ incolas agnoscere possis, & ea in maiorem nauem referre quæ detexeris, quæque adiuictum aut voluptatem, hoc est aquam, vinum, nouum acrem, &c. referas; nouis enim ponderibus nauicula quæ suopte nutu ascenderat, deprimetur, continuóque nauta quispiam è mari poterit egredi si opus fuerit, siue vt locorum aëri expositorum longitudinem submarinæ conformet, & ea in chartam, & diarium referat, siue vt aëris externi respirationem cum interni naue inclusi respiratione conferat, &c.

Maiores etiam naues non solum remis, vt antea dictum, sed prædictis nauiculis ad superiorem aquæ superficiem reuocari poterunt, quæ lignis omnibus oneretur quæ ad alias naues in fundo maris conficiendas necessaria fuerint; nam vbi faber eas in maiore naui illarum capace perfecerit, etiamsi totum nauis fundum dissolueris, quo naues minores nouiter constructæ mittantur in oceanum, aqua subingredi non poterit ob aërem internum resistentem, quem solummodo tantisper aqua premet, hoc est tantum, quantum nauis corpus cum omnibus in ea contentis grauior erit æquali aquæ mole, cui si æquiponderet aër vix comprimetur.

Si quis verò nautarum libros scripserit de nouiter in maris fundo repertis, excudi poterunt, & typis committi in ipso fundo, vt ex immersa naue ad terrenos incolas noui libri mittantur.

De maris æstibus.

CVm tempora æstuum marinorum congruant lunæ temporibus, nisi quod in nouiluniis & pleniluniis lunam æstus anteuertat, & quod in latitudine illius boreali citius impleantur tempora quam in australi latitudine; quandoquidem nobilis Anglus notauit cap. 16. suorum discursuum, eo tempore quo aqua Londini altissima est, lunam esse medio loco inter austrum & occidentem; vel inter aquilonem & orientem, exceptis nouiluniis & pleniluniis, quibus æstus citius contingit quàm vt luna ad eum locum peruenerit.

Quod & in aliis locis notatum, in quibus æstus contingit cum lunæ verticalibus, nec enim cum luna à meridiano ad meridianum progrediente, sed à verticali in verticalem aqua leuatur & residet: qui quidem circuli dicuntur azimuth, séque inuicem secant in zenith & nadir; horizontem verò ad angulos rectos, ventorúmque 32 plagas, de quibus antea, designant. Cuius diuersitatis rationem cum neque Galilæus reddiderit, à foelicioribus expectanda, cur enim in nouiluniis

vno pyxidis puncto aqua lunam antecedit? curue sequuntur æstus verticales cum lunæ motus ab azimutho ad azimuthum non sit æqualis,
sed à meridiano in meridianum.

Ingeniosa quidem ratio, quæ in solam mari pacifico incumbentem ventum refundit, qui pellat aquam versus Indicum, à quo remeans
aqua & in tumorem conuersa generet æstus, si nihil repugnaret;
prætereáque maiores æstus circa æquinoctiorum tempora fierent quod
tunc sol maioribus circulis, seu velocius moueatur; sed inde sequi videtur minores æstus esse debere, cum minor vaporum copia, atque
adeo minores venti pellant aquam. Omitto rationem difficilem cur
æstus singulis diebus horæ besse, vel quatuor quintis tardius contingant.

Galilæus antea crediderat æstum eo modo fieri, quo motum aquæ
dulcis, quam in cymba ferunt, quæque mouetur alternatim & eleuatur.
statim in prora, mox in puppe, ad omnem remorum ictum, seu mutationem velocitatis, licet in medio vix eleuetur, sed tantum procurrat:
quod nempe terræ motu suo diurno circa suum centrum mox velocius, postea tardius moueatur, idque maiori cum inæqualitate, quando maiores æstus contingunt. Hanc autem terreni motus æqualitatem
ex duplici motu componit, annuo videlicet & diurno, ex quibus sequatur etiam maior inæqualitas in pleniluniis & nouiluniis, & cum
sol est in æquatore.

At verò præterquam quod R. P. Fournierus fuse satis in Hydrographia sententiam illius infirmauit, sequetetur etiam maiorem esse inæqualitatem in solstitiis quàm in æquinoctiis, contra illius mentem:
neque virtus terram mouens cum vi cymbam aqua plenam mouente
bene confertur cum eadem virtus agat in mari & in terram, remus
autem non peræque in aquam ac in cymbam sese excitet.

Porrò nil mirum, si nedum allata sit causa fluxus adæquata, cum nullius vnico intuitu totum mare, & singulos illius æstus, videre queas,
quod tamen videatur necessarium, vt ratio perfecta explicetur, contra
quam nil afferri possit: nisi malis ad quorumdam veterum prouocare
sententiam, qui hunc æstum existimarunt esse sudorem, quem statim
profusius, mox parcius terra instar animalis emittat; sed vbi licuerit
illam animal existimare, licebit etiam analogum aliquid expirationi
& inspirationi fingere: quanquam semper maxima difficultas supersit
de varietate fluxuum pro diuersis anni tempestatibus, fortéque ratio
quam ab illustri viro expectamus, qui subtilem materiam mare vr-
gentem lunæ variis occursibus adiutam, æstus causam existimat, omnino satisfaciet.

HARMONIÆ
LIBER PRIMVS,
De numero , pondere, & menfura fonorum.
ARTICVLVS PRIMVS,
De numero Harmonico.

VM Deus omnia peregerit in numero, pondere, atque
menfura, neque minus ab eo fcientiæ pendeant quàm
opificia reliqua, quandoquidem prima veritas fons eft
& origo cæterarum, totum harmoniæ negotium ad illa
tria capita reuocamus, quorum primum hoc arti-
ulo complectemur.

Eft igitur numerus Harmonicus, non is quem Euclides, & alij
Geometræ l. 7. Elem. def. 2. abftractè, feu abfque materia confiderant,
nec enim ille numerus fonum edit, quo filentium interrumpit harmonicus, eique bellum indicit. Numerum igitur motuum, feu percuffionum aëris, quibus poteft auditus affici, ac moueri, Harmonicum
appello, qualis eft neruorum teftudines, & Lyram inftruentium, &
Fiftularum, atque Tibiarum, quibus Organorum ordines perficiuntur.
Neque enim ftrepitus & fragores inconcinni, & ingrati folent inter
Harmonicos numerari.

Cùm autem graue & acutum, feu grauitas & acumen præfertim à Muficis fpectentur, eaque fuam arceffant originem à numero motuum, feu
percuffionum aëris, clarum eft tam fonos, quàm confonantias & diffonantias omnes nil aliud effe præter varios motuum aëris ad aures ap-
pellentium numeros, & neruorum auditorum ope ad vfque animum
clatorum : vnde nafcitur   LI iij

PRIMA PROPOSITIO.

Quilibet sonus tot habet gradus acuminis quot aëris motibus constiterit.

EXempli gratia, si Tympanum auris ab aëre commoto sexies percutiatur aliquo tempore dato, sonus exauditus componetur ex sex
acuminis gradibus; sentietque auditus vel potius mens per auditum,
se his sex gradibus, seu percussionibus, quàm alio quouis altero percussionum numero, prædicto, vel æquali tempore facto, aliter affici:
quare dici potest animum sonos à sonis discriminantem, numerare,
atque adeo calculatorem esse; & apud Platonis alumnos numerum
numerantem; qui possit etiam leges acumini, grauitatíque ponere,
licet auris nil renuntiet, vt contingit quoties nerui adeo longi, vel
laxi fuerint, vt solus oculus motuum seu recursuum numerū percipiat,
cuius nempe testimonium sufficit intellectui veræ Harmoniæ iudici.

PROPOSITIO II.

*Consonantiarum, vel sonorum consonorum perceptio nil
est aliud quàm duorum vel plurium motuum
diuersorum collatio, qui eodem tempore
neruum auditorium afficiunt.*

QVemadmodum contingit vbi neruus aliquis citharæ semel vni-
cà vibratione suâ percutit aërem, dum neruus alter eodem tempore neruum eundem auditorium bis ferit; quæ duæ percussiones cùm
sint in ratione dupla, primæ vel suauioris consonantiæ naturam sta-
tuunt, quam Practi vocant Octauam, aut Diapason: cui subiungunt
Diapente, seu Quintam dignitatis & suauitatis ordine, simplices inter consonantias, ordine secundam; cuius ratio petitur ex binario, &
ternario diuersorum motuum, qui eodem tempore suas periodos conficiunt. Deinde Quartam seu Diatessaron, cæterasque, quarum numeri
sequentes rationem ita complectuntur, vt maiores numeri maiorem
motuum seu percussionum, minores minorem numerum exhibeant.
Porrò simplices appellantur, quod omnes ratione duplâ, seu diapason

contineantur, hoc eſt eâ minores ſint, eámque ſimul additæ componant, vt poſtea fuſiùs explicabitur.

Simplices Conſonantiæ.

Diapaſon	2. 1.
Diapente	3. 2.
Diateſſaron	4. 3.
Ditonus	5. 4.
Seſquiditonus	6. 5.
Hexachordum maius	5. 3.
Hexachordum minus	8. 5.

Secundus Ordo.

Decima minor	12. 5.
Decima maior	5. 2.
Vndecima	8. 3.
Duodecima	3. 1.
Decima tertia minor	16. 10.
Decimatertia maior	10. 3.
Diſdiapaſon	4. 1.

Tertius Ordo.

Decimaſeptima minor	24. 5.
Decimaſeptima maior	5. 1.
Decima octaua	16. 3.
Decima nona	6. 1.
Vigeſima minor	32. 5.
Vigeſima maior	20. 3.
Terdiapaſon	8. 1.

Si verò Diapaſoni, primæ iſtius tabulæ conſonantiæ, ſequentes addideris, hoc eſt ſuperpoſueris, naſcetur ſecundus ordo conſonantiarum, quas Practici Repetitiones appellant, quod parum abſit quin auditum eadem ac ſimplices ratione afficiant, vix vt poſſis inter vtraſque diſcernere: idémque contingit in tertio conſonantiarum ordine, quæ Diſdiapaſoni ſuperadduntur; quarum tabulæ ſimplices conſonantias ſequuntur quæ à minoribus conſonantiis incipiunt, cum prima ceperit à maioribus. Nec opus eſt vlterius pergere, cùm ſyſtema vocum vigeſimamſecundam excedere non ſoleat.

Facilis verò duarum poſtremarum tabellarum intellectus, duplicato ſiquidem vnoquoque minori termino cuiuſcúnque repetitæ conſonantiæ, clarè cernitur quid vnuſquiſque maior terminus faciat cum illo duplicato. Verbi gratiâ, minor terminus decimæ maioris 2 duplicatus, hoc eſt 4, facit cum maiore 5 tertiam maiorem: eodémque modo minor numerus decimæſeptimæ maioris 1, quadruplicatus, hoc eſt 4, facit cum maiore termino 5 Tertiam maiorem.

In iſtis autem repetitis conſonantiis obſeruatu dignum conſonantias illas eſſe ſuauiores, quæ minoribus numeris radicalibus explicantur. Verbi gratiâ, Duodecima minoribus numeris quam decima maior exprimitur, & hæc minoribus quam vndecima, eſtque prædicta duodecima gratior & ſuauior decima maiore, & hæc ſuauior vndecimæ, & ita de reliquis, adeout numerorum ſimplicitas, & facilitas conſonantium pulchritudinem, vel ſuauitatem oſtendat. Hinc fit vt

doctiores cenſeant decimáſeptimam maiorem decimá maiore ſuauio-
rem, licet illa magis ab vnitate diſtare, & magis compoſita videatur.

PROPOSITIO III.

*Certum iudicium ferri nequit de vlla conſonantia, donec
à duabus fidibus, aut aliis inſtrumentis toties eodem
tempore aër percuſſus fuerit, quot ſunt vnitates in
vtroque numero rationum illius explicante.*

EXempli gratiâ, niſi aër in Diſdiapaſon percuſſus fuerit quater ab
vno neruo, & ſemel tantum ab alio, vel ab vno ex iis qui Diapente faciunt, bis, térque ab altero percutiatur; necdum enim audietur
Quinta, ſi ſemel tantum vnus, alter bis aërem feriat. Niſi putes ſufficere vnicam vniuſcuiuſque nerui vibrationem, vel percuſſionem aëris,
quod vna percuſſio poſſit eſſe duplò, verbi cauſa, celerior altera : &
hæ duæ ſolitariæ percuſſiones, aut quælibet earundem partes poſſint
quoad velocitatem eſſe in ratione dupla ſeſquialtera, aut alia qualibet.

PROPOSITIO IV.

*Priùs generantur ſimpliciores, ſuauioréſque Conſonan-
tia, quàm magis compoſita, vel minus ſuaues.*

NVmerus enim percuſſionum, ſeu motuum aëris, à quo fiunt, priùs
abſoluitur : exempli gratia, tres conſonantiæ. Diapaſon, Diapente, & Duodecima, his terminis 1. 2. 3. concluſæ proponantur ; certum eſt tres neruos in illa proportione diſpoſitos ita tremere, vt neruus
tripedalis ſemel duntaxat moueatur eodem tempore quo pedalis ter
mouebitur : bipedalis verò ſemel tremet eodem tempore quo pedalis
bis mouebitur : ſed eodem momento quo hi duo nerui prædicta ratione tremuerint, diapaſon exiſtet, necdum tamen erit duodecima, quod
neque tripedalis neruus vnam, neque pedalis tres vibrationes
perfecerit.

Rurſus neceſſarium eſt neruum bipedalem ter, tripedalem bis ad diapente generandum tremere, quod fieri nequit niſi pedalis eodem tempore ſexies tremat, & ideo bis genita fuerit duodecima, quemadmodum octaua ter, vt numeranti conſtabit.

Neruus enim bipedalis citiùs vnit suas vibrationes cum pedalis, quàm cum tripedalis vibrationibus, priúsque consonant, quàm pedalis, aut bipedalis cum tripedali. Vnde Practicus sagax plura mysteria Harmonica in gratiam compositionum Musicarum eruet : verbi gratiâ, quantò vna consonantia sit alterâ suauior , quæ consonantiarum successio, vel mixtura reliquis anteponenda: qua de re postea.

PROPOSITIO V.

Eò suauiores, seu dulciores esse consonantias, tam singillatim quàm simul consideratas, quò frequentiùs aëris percussiones simul vniuntur, & vnam tantum alteri præstare, quanto motus aëris quibus constat, frequentius conueniunt.

VT enim suauitas ex vnione,ita maior ex vnione maiore suauitas. Vbi nòtandum me suauiores dixisse, non autem gratiores, vt enim pluribus saccharum minus quàm vinum,aut aliquid acerbum,ita diapason nonnullis quàm diapente minus placet; quod pungi velint, & quadam percussionum varietate agitari, quæ quidem varietas maior est in diapente,quàm in diapason, difficiliúsque misceantur 3 cum 2 in ratione sesquialtera, quam 2 cum 1 in dupla.

PROPOSITIO VI.

Ille numerus motuum causa est cur diuisio consonantiarum Arithmetica sit dulcior, atque gratior Harmonicâ.

IN hac enim illi motus minus frequenter coëunt : hincque illa diuisio facilior,& familiarior vt numeranti constabit;nunquid igitur numerat animus, numerósque comparat cum harmonia capitur? sed ea de re fusius postea cum in gratiam Practicorum varias consonantiarum combinationes, conternationes , conquaternationésque, &c. discutiemus, illarúmque suauitates simul conferemus.

M m

ARTICVLVS

De Pondere Harmonico.

CVm vis & pondus sint idem Mechanicis quid potentia, quandoquidem vis cuilibet adhibita machinæ, potius quemadmodum
pondus quodpiam, vis seu potentia vocari potest, eadem etiam signi-
ficatione pondus hoc articulo velim accipi; cui numerus præcedens
coniungitur, cum eò pondus requiratur grauius, quò maior fuerit
numerus motuum aëris, vt ex dicendis facile constabit; in quibus primum spectanda veniunt quæ ad neruos, deinde quæ ad alia corpora sonora pertinent.

I. PROPOSITIO.

Neruus idem pro variis ponderibus eum tendentibus
varios sonos, seu numeros recursuum, aut
vibrationum habet.

EXempli gratiâ, si pondus vnius libræ sonum producat 2 recursuum,
pondus 4 librarum efficiet sonum 4 recursuum, cum experientiâ
constet pondera neruo eiusdem longitudinis applicata, esse in vibrationum ratione duplicata: neruus enim 4 libris tensus faciat 2 recursus in tempore dato, velitque musicus eundem neruum acutius sonare,
& vsque ad diapente pertingere, vt neruus qui prius 2 tantum recursus habuit, iam æquali tempore ter recurrat; certum est 9 libris
neruum illum tendendum esse, hoc est in ratione duplicata 3 ad 2;
& ita de reliquis, adeout, si rationes consonantiarum ex viribus, seu
ponderibus censeantur, futuræ sint in ratione duplicata vibrationum,
seu recursuum: cuius rei causam lege prop. 36. Ballisticæ.

Hinc autem scire potest Lyricen quanta pondera Lyræ vel Citharæ
neruis 12, aut quindecim, vel quotquot aliis, quibus testudines
instruuntur, admouenda sint vt ad datum concentum ascendant: hoc
est quanto ponderi respondeant verticilla, quibus illi nerui tenduntur, atque adeo quantum pondus manus verticilla torquens vice qualibet suppleat; quæ, verbi causa, decem libras supplet, cum neruum
crassiorem, qui prius 80 libris tendebatur, tono maiore acuit.

Quod etiam tibiis, fistulis & aliis organis pnemmaticis accommo-

dare licet, quibus maius veluti pondus adhibeas, cum illorum fonos
acuit: quod tamen in fidibus clarius eft, & intellectu facilius. Iam
vero neruorum ipforum pondus confiderandum.

II. PROPOSITIO.

Neruorum eiufdem longitudinis (vi tendente eadem
vel æquali) pondera funt in ratione duplicata
quæfitæ confonantiæ.

EXempli gratiâ, neruus pedalis vnius drachmæ, 4 drachmas pendere debet, vt fonum octauâ generet acutiorem ; licet pondus
duplum fufficiat neruo tendendo, cum fuam duplam grauitatem in
fub duplam longitudinem conuertit. Vis etiam illa quam foni & concentus in auditorum animos exerunt, & qua perueniunt ad hanc aut
illam diftantiam, ad pondus harmonicum reuocari poteft: nam quò
maius erit pondus, feu maior tenfio, eò longius perueniet fonus ; &
pondera in ratione duplicata fefquialteræ, fuauius audientis animum
ferient ope neruorum tenforum, quam pondera in ratione duplicata
fefquitertiæ.

III. PROPOSITIO.

Pondera Campanarum, cylindrorum & aliorum fimi-
lium corporum, quibus vtimur in harmonia, funt
in ratione triplicata fonorum, feu vibrationum qui-
bus fonus producitur.

EXempli gratiâ, fi campana fonum aliquem edens fit pondò centum librarum, non poterit haberi fonus octauâ grauior, nifi fiat
campana 800 librarum; fi nempe fuforum legem fequaris, qui duplam campanæ latitudinem tribuunt, à qua fonum duplo grauiorem
expectanti, corpora, nempe fimilia, funt inter fe in ratione laterum ho-
mologorum triplicata. Idemque contingeret organorum tibiis & fiftulis, fi his forent fimilia corpora : hoc eft fi non folum altitudines,
& latitudines, fed etiam denfitates duplicarentur: vt fit etiam in fidibus, quæ cum fimilitudinem obferuant, ea quæ fonum octauâ facit
acutiorem octuplo grauior, atque maior eft.

Quales verò debeant effe pondera pro quibufuis fonis & concenti-

bus non folum ex dictis concludi poteft, cùm pondera pérpéndicu-
lariter verfus terræ centrum fides trahunt, fed etiam cum fuper planis
obliquis, fi Muficus Mechanica noftra intelligat.

ARTICVLVS III.

De sonorum mensura.

HOc articulo non folas fidium menfuras, feu quantitatem profequimur, verum etiam menfuram celeritatis foni cuiuflbet, illiuf-
que robur, nil vt fuperfit quod non complectamur numero, pondere &
menfura. Sit igitur

I. PROPOSITIO.

*Eadem eft ratio longitudinis neruorum eiufdem craffi-
tudinis, & tenfionis, ac fonorum feu vibrationum
quibus foni conflant.*

EXempli gratiâ, fi neruus longitudine bipedalis faciat fonum octauæ grauiorem, pedalis acutiorem tribuet : neruorum enim prædictorum longitudines, & recurfus feu vibrationes eandem rationem,
licet inuerfam obferuant ; cum enim duo nerui ita fe habent, vt vnus
fit alterius duplus, vibrationes dupli funt fubduplæ vibrationum fubdupli, neruus enim eadem ratione frequentiùs, feu velociùs tremit,
quâ breuior eft.

II. PROPOSITIO.

*Craffitudo fidium æqualiter tenfarum, & longitudine
æqualium, funt in ratione duplicata fonorum,
quos efficiunt.*

HInc fit vt neruus craffitudinis vnius lineæ debeat excrefcere ad
4 linearum craffitudinem, vt generet fonum octauæ grauiorem :
vel decrefcere ad quartam partem lineæ, vt faciat acutiorem. Idemque dicendum de neruis diapente, tonum, aut quodlibet aliud interuallum effecturis : Exempli gratia, neruus 4 lineis craffus debet ad 9
lineas inflari, feu incraffari, vt diapentes fonum grauiorem generet :

quæ omnia rationes duplicare scientibus clariora sunt quàm vt maiori explicatione illustrari debeant.

III. PROPOSITIO.

Practicorum vsus optimus, instrumentis suis neruos adhibentium eò crassiores quo longiores, vt ea ratione crassitudo, qua longitudo augeatur.

QVod cernitur in Violis, Citharis, testudinibus, &c. alioqui graciliores, ac macilentiores erunt soni neruorum longiorum, nisi crassiores fuerint: quemadmodum obtusiores & hebetiores, si nerui breuiores longiorum crassitudinem æmulentur. Cum tamen non ita sint ad manum nerui quæsitæ proportionis, cogaturque Practici non semel vti neruis debitam crassitudinem non habentibus, id partim variis longitudinibus, vel tensionibus compensant. In clauicymbalis illa proportio longè faciliùs obseruatur, in quibus tam crassitudines quàm longitudines fidium differunt, quas eiusdem longitudinis cogimur citharis admouere.

Porrò cùm fistulæ sint cylindriceæ, atque adeo fidium imitentur figuram, eandem inter se rationem obtinent ac ipsæ fides, dum sonos æqualiter acutos edunt: in eòque solum discrepant quod cylindri caui, nerui verò pleni sint. Quæ possunt etiam campanis accommodari, quæ vt duplò tardiùs fremant, seu vibrentur, octuplæ fiunt tam pondere, quam magnitudine, vt iuxta diametrum vel latitudinem, aut altitudinem sonora corpora simplicem linearum rationem; penes superficiem, duplicatam planorum rationem; secundum soliditatem, rationem solidorum triplicatam complectantur; eaque ratione Musicus in arte sua contempletur naturam lineæ, plani, & solidi; seu longimetriam, planimetriam, & stereometriam.

IV. PROPOSITIO.

Sonorum magnitudo seu robur à fidibus editorum pendet à velocitate motus fidium: qui cùm duplus fuerit, robur etiam duplum erit: hoc est in eadem ratione sonorum magnitudines exiftunt, in qua neruorum velocitates.

Hic autem diligenter velocitas nerui recurrentis à frequentia vibrationum, seu recursuum distinguenda est, cùm à se inuicem minimè pendeant: potest siquidem neruus velociter moueri, licet sonum admodum grauem edat, vt reuera contingit neruo longissimo, puta sexpedo, qui sonum eò fortiorem edet, quò longiùs à sua rectitudine distractus fuerit: quamuis acumen non mutetur, siue lineam vnicam, siue digitum distrahatur. Hæc igitur velocitas, de qua nunc loquimur, pendet à spatij magnitudine, quod eodem tempore pertransitur, si enim pedale spatium eodem, vel æquali tempore statim à neruo percurratur, statim verò digitale, soni in primo spatio facti robur duodecuplum erit roboris soni in secundo spatio editi.

V. PROPOSITIO.

Si primus nerui recursus sit ab H ad F, & secundus recursus sit primi subduplus, deinde tertius secundi subduplus, & ita in infinitum vsque ad nerui quietem, primus recursus æqualis erit omnibus alijs sequentibus recursibus simul sumptis.

Sit neruus A B clauis in A B detentus, cui sit æqualis neruus C D, vel si mauis, idem; trahaturque neruus A B ex F in H, si recursus ex H in I sit duplus recursus eiusdem vel æqualis nerui C D secunda vice recurrentis ex I in E; & eâ subdupla ratione reliqua recursuum diminutio fiat, demonstratum est medietates omnes vnà sumptas primo recursui, qui totius rationem habet, æquales esse, vt Præfatione generali, puncto xvii. dictum est.

Ex hoc autem schemate constat quod superiore prop. habetur, videlicet recursum ex H in I eodem vel æquali tempore factum ac recursum ab I ad E, eò velociorem esse, quò H I recta maior est recta I F; & ex consequenti sonos vnisonos à motibus tanto velocioribus, aut tardioribus fieri posse, quanto volueris: sed eò debiliores esse sonos quò maior erit recursus cuiuslibet tarditas, aut quo spatium à neruo percursum, eodē tempore quo maximum spatium H I percurritur, minus erit, vt quodammodo possit affirmari

fonorum omnium ab omnibus vibrationibus fubduplis factorum robora, feu vires adæquari vibrationis primæ, feu omnium maximæ
robori.

Sed libro 2 de caufis fonorum prop. 32. oftenfum eft fecundam
vibrationem effe ad primam feu maximam, vt 19 ad 20; hoc eft prima exiftente ab F ad H, quando H F 20 partium intelligitur, fecundam, feu recurfum ab F ad I effe duntaxat 19 partium : quo pofito, fi
H F fuerit fpatium vnius lineæ, & neruus A B fit tripedalis, ita tenfus vt faciat vnifonum cum fiftula organica bipedali, periodus vibrationum vfque ad quietem durat ad minimum 12 fecunda; cumque fpatio cuiufuis fecundi tremat ducenties, fpatio 12 prædictorum fecundorum 2400 recurret; eritque recurfus bismillefimus pars lineæ,
quam fractio fequens exprimit, vt fufiùs loco citato dictum eft.

100, 000, 000, 000, 000, 000, 000, 000, 000, 000, 000,000,000,000,
126285878
000,000,000,00°

Cùm autem neruus ifte reliquorum poffit effe menfura, fitque illius craffitudo, vel potiùs diameter, lineæ proximè, eo deinceps
vtemur.

ARTICVLVS IV.

De neruorum, fidium, & chordarum robore, & vibrationum numero.

I. PROPOSITIO.

Neruus ex inteftinis ouium factus debilior eft chordis metallicis eiufdem craffitudinis.

COnftat enim experientia neruum ex vnico factum inteftino, cuius craffitudo lineæ, frangi 7 libris; chordam verò auream
eiufdem craffitudinis frangi 23 libris, vt & argenteam; æneam libris
18, & fericam 19 : quod pluribus admirabile vifum eft.

II. PROPOSITIO.

Neruorum ex intestinis factorum extensio sonora maior est extensione sonora chordarum metallicarum.

Q Vandoquidem neruià grauissimo sono, de quo potest auris musica ferre iudicium, vsque ad acutissimum, hoc est donec tensione, vel pondere frangantur, ad vigesimam ascendunt, seu ad hexachordum maius super disdiapason. Chorda verò aurea, & argentea non possunt superare vndecimam, hoc est diapason diatessaron; neque ferrea, aut ænea decimamnonam, seu diapente disdiapason. Hinc autem constat à practicis recte fides ex intestinis, aut chordas æneas electas, cùm sonorum vocis extensionem æmulentur.

Optimus autem, seu magis Harmonicus sonus nerui circa dimidium extensionis prædictæ statui potest: vt cùm, verbi gratia, ad decimam vel duodecimam à sono grauissimo tensus fuerit, illic suauiorem sonum edat.

III. PROPOSITIO.

Cuiuslibet nerui, chordæ, vel alterius instrumenti sonum edentis recursuum, seu vibrationum numerus, eodem tempore factus semper æqualis est, quoties faciunt vnisonum.

H Æc propositio generalis est, siue fiant soni à rudentibus & chordis ex channabe, serico, &c. vel ab æneis, ferreis, neruis, &c. siue fiat à cylindris metallicis, aut ligneis, siue à campanis, quarum partes toties vibrantur, seu crispantur, aut fremunt, quoties nerui tremunt. Idemque dicito de vibrationibus aëris ad ora fistularum, tubarum, &c. vel etiam ad arteriam hominis canentis, vel loquentis, allisi, cùm soni grauitas vel acumen datum nil sit aliud quàm data frequentia, seu datus numerus percussionum, vibrationum, aut fremituum aëris, quo tandemcúmque modo generetur.

IV. PROPO.

IV. PROPOSITIO.

Quinquaginta ad minimum vibrationes nerui factæ
Spatio vnius secundi, hoc est $\frac{1}{3600}$ parte horæ, faciunt
sonum vnisonum cum fistula Organica octupedali,
seu cum tubo aperto 8 pedum; vel quadrupedali ob-
turato.

Q Vem tubum eligo, quòd vbique ferè Practici nouerint vocem,
& instrumenta tibiis Organicis accommodare, & cuius grauitatis sit sonus octupedalis tibiæ siue apertæ, de qua nunc; siue clau-
sæ, cuius sonus duplo grauior est, atque adeo 25 recursibus nerui spatio minuti secundi factis respondet, ad quem vix vlla Musici vox perueniat.

Porrò cùm neruus adeo laxus, vel crassus est vt spatio secundi 16
duntaxat recurrat, seu tremat, vix auditus vllus de illo sono iudicet,
quòd vel non audiatur vel illius grauitas nimia sit. Hincque fit chordam tubo pedali clauso vnisonam, (qualiter est ænea 9 digitos lon-
ga, & $\frac{1}{4}$ lineæ crassa, librisque 6 $\frac{1}{2}$ tensa, cuius pondus 8 granorum)
ducenties vibrari, & recurrere spatio secundi.

Nota verò hîc recursum sumi non pro solo
cursu nerui A B (primò ad H tracti) ex H
ad I peruenientis, sed pro integra periodo,
seu itu ab H ad I, & reditu ab I ad H, hoc
est pro cursu & recursu, vel fluxu refluxúque:
adeout chorda præcedens A B 9 digitorum
tracta ad H, iter H I ducenties, & iter I H
totidem conficiat.

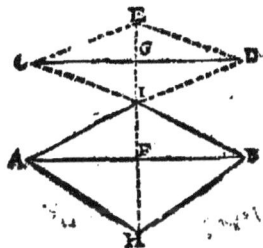

Quod ipse demonstrabis si hanc chordam æneam 15 pedes lon-
gam libris 6 $\frac{1}{2}$ tetenderis, quippe decem illius periodos itu, redi-
túique constantes quouis secundo numerabis; cumque pedes vigefies contineant 9 pollices, seu digitos, sintque numeri recursuum in
inuersa, seu reciproca ratione longitudinis chordarum, sequitur
chordam 9 digitorum vigesies tremere velocius, hoc est vibrari
ducenties eodem tempore, quo decies vibratur chorda 15 pedum,
semperque chorda æquè tensa vibrabitur eò tardiùs, aut velociùs quo
longior, vel breuior fuerit: Verbi gratiâ, cum erit 30 pedum, quin-

que periodos perficiet: ſi 150 pedum, ſemel eodem tempore vibrabitur; vtque tantum ſemel vibretur ſpatio minuti primi, producenda
vt ſit 9000 pedum, quæ periodum vnicam horæ ſpatio perficiet,
ſi 36 leucarum noſtrarum extiterit; quæ cum ad praxim redigi nequeant, omittenda.

Dixi in propoſ. *ad minimum*; quod nempe conſtet ex obſeruationibus ſæpe repetitis neruum quater &centies recurrere ſ atio vnius ſecundi, quando facit vniſonum cum organica fiſtula bipedali obturata, quæ ſupra vocem meam grauiſſimam diateſſaron efficit. Hanc fi
ſtulam vocant C faut Organarij. Hunc autem recurſuum numerum inuenient quicunque neruum minorem reticularum (5 vel 7 inteſtinis conſtantem) 18 pedes longum & ex vna parte clauo detentum,
ex altera parte libris 2 ¼ ſuper trochlea tetenderit: Sexies enim ſpatio ſecundi recurret; cum igitur pedalis erit, octodecies velocius
recurret, hoc eſt 104 periodos abſoluet. Hanc autem chordæ vibrationem χϱαδασμὸν appellant.

COROLLARIVM.

Hinc dicet quiſpiam quoties recurrant omnes nerui plurium
teſttudinum, & aliorum inſtrumentorum in quolibet concentu,
& vnico numero ad marginem diagrammatum omnibus Muſicis
euiuſcumque loci ſignificabitur quo tono quamlibet harmoniæ partem incipere debeant.

Cùm autem Organi tubus acutior aſcendat ad terdiapaſon ſuper
prædictam fiſtulam, neruus illi vniſonus eodem ſecundi ſpatio 832
vicibus recurret: qualis eſt vltima ſeu breuiſſima chorda chalybea Spinetarum, & Clauicymbalorum, vel Archiuiolæ neruus breuiſſimus:
quandoquidem longiſſimus eodem ſecundi ſpatio bis & quinquagies
recurrit: quare neruus hocce longiſſimo diſdiapaſon grauior ſpatio
ſecundi recurret terdecies, & erit tubi organici ſexdecim pedum
obturati, vel 32 pedum aperti vniſonus: necdum tamen recurſus
iſtos numerare poteris, cum decem recurſus ſint limes imaginationis,
vel oculi numerantis, vt cuilibet experienti conſtabit.

V. PROPOSITIO.

Fidium, & Organorum ſonus ſpatio ſecundi, 230 Hexapedas, ſeu 1380 pedes conficit.

Hinc ſcire poſſunt qui propiùs admouentur concentibus harmonicis, quantò citiùs voluptate perfruantur harmonicâ, quàm i)

qui longius abfunt : & quanto citius campanæ malleis percutiantur,
feu quanto citius campanæ, plectrorúmque motus videatur, quàm
fonus audiatur : qua de velocitate plura diximus olim, tam in harmonicis Latinis, quàm in Gallicis, nupérque prop. 35 Balliſticæ.

Cuius rei facilè poteris experimentum facere, in pergulis longiſſi-
mis, qualis eſt regia Luparo coniuncta, quam vocamus *les Tuilleries*:
quoties enim Violam, Organum, aut campanam ab 230 ſexpedis
audieris, toties plectri motum oculis hauries (ſi tamen ſatis acutè
cernas à tanto ſpatio) ſecundo minuto, priuſquam auris ſonum percipiat; eodémque modo poſt 2, 3, 4 aut plura ſecunda ſonus audietur,
ſi bis, ter, quater, &c. tantumdem inſtrumenta diſtiterint : cúmque vndecim ſecunda ferè conſumat ſonus in leuca percurrenda , ſi diei extremæ tuba ex terræ puncto in quo canet, per totum terræ ambitum
audiatur, decem propemodum horis vbique terrarum percipietur :
eodem enim tempore cuiuſlibet maioris circuli ſemicircumferentiam
tam à dextris quàm à læua, & in omnem aliam partem ſonus (dummodo ſatis validus) conficiet.

Hæc autem ſoni magnitudo, ſeu vis, ſaltem 360 maior eſſe debet
ſono bombardæ maioris militaris, quæ ſolum à decem leucis exau-
ditur. Cætera videantur tribus primis libris noſtrorum maiorum Harmonicorum anno 1636. editorum.

LIBER SECVNDVS.

De Arte Cantuum componendorum , ſeu Melopoeia.

HÆc Ars propriis elementis conſtat quæ ſequentibus propoſitionibus ita complecti cupiam, vt Lector vnius, aut alterius horæ
ſpatio artem iſtam animo, & ipſis, vt ita dicam, oculis haurire, & ad
eam praxim, qua delectetur, redigere valeat : ſit igitur

I. PROPOSITIO.

Viginti dua rhombi , (vulgò nota) ſones , phtongos , ſeu voces ſyſtematis harmonici ex tribus octauis compo-ſiti referunt, & omnia complectuntur quæ compoſi-

tionem cantilenæ cuiuspiam, vel Bicinÿ, Tricinÿ, Quadricinÿque, &c. ingrediuntur in genere diatonico syntono nullis accidētibus affecto, vel immutato.

QVi notas istas ab inferiore parte incipientes intelliget, & absque difficultate, siue continuò, tam ascendendo, quàm descendendo; siue per saltus canere poterit, parti cuilibet Musicæ tempora minimè varianti, & syntonum obseruanti satisfaciet. Quod ita demonstrare velim vt ipsa demonstratio praxim doceat.

I. II. III. IV. V. VI. VII. VIII. IX.

c	22	VT	576	90		
b	21	BI	940	96	Semitonium	
a	20	LA	480	108	Tonus maior	
g	19	SOL	432	120	Tonus maior	
f	18	FA	384	135	Semitonium	
e	17	MI	360	144	Tonus maior	
d	16	RE	320	162	Tonus minor	
c	15	VT	288	180	Semitonium	
b	14	BI	270	192	Tonus maior	
a	13	LA	240	216	Tonus minor	
g	12	SOL	216	240	Tonus maior	
f	11	FA	162	270	Semitonium	
e	10	MI	180	296	Tonus maior	
d	9	RE	160	324	Tonus minor	
C	8	VT	144	360	Semitoniũ maius	
B	7	BI	135	384	Tonus maior	
A	6	LA	120	432	Tonus minor	
G	5	SOL	108	480	Tonus maior	
F	4	FA	96	540	Semitoniũ maius	
E	3	MI	90	576	Tonus maior	
D	2	RE	80	648	Tonus minor	
C	1	VT	72	720	Tonus maior	

Hæc autem Tabella Harmonica nouem columnas habet, quarum prima triũ musicæ clauium loca vulgaria: secunda præcipuas cõsonantias eo se consequentes ordine, quo fiunt à tuba per 6 primos saltus per quos Tubicē necessariò transit, antequam tonis, aut semitoniis vti queat.

Tertia notas omnes syntonas, ordine continuò refert, quæ tam dissonantias, quam consonantias complectuntur.

Quinta totidem numeros serie naturali & continua ab vnitate ad $\frac{22}{22}$ habet, quibus postea tam consonantiæ, quàm dissonantiæ explicabūtur.

Sexta syllabis constat quibus ab Aretino hucusque in notis pronuntiandis vtimur, sola septima syllaba BI ex eodem Hymno, *Vt queant laxis*, desumpta, ex quo 6 alias ille sumpserat.

Septima minimos habet numeros, quibus illæ notæ, & syllabæ possunt exprimi absque numerorum fractione vel interruptione, cum minoribus numeris soni grauiores significantur, hoc est cum vera soni natura declaratur, cùm eò paucioribus vibrationibus generetur quò grauior est: hinc fit vt infra sint numeri minores, & semper crescant ascendendo, eadem prorsus ratione qua vibrationes.

Octaua numeros alios habet etiam in genere suo minimos; quippe maiores referunt sonos grauiores, atque adeo neruos longiores, vel crassiores: eapropter primus numerus inferior est omnium maximus, & in septima columna minimus.

Nona denique columna rationem cuiuslibet interualli demonstrat, ne quis laboret in inuestigandis locis tonorum maiorum, atque minorum: noueritque vnico intuitu quot tonis minoribus aut maioribus, quotne semitoniis constet vnaquæque consonantia. Superest quarta columna, quæ litteras Alphabeti primum capitales primæ seu grauiori octauæ destinat; deinde minores Romanas pro secunda octaua; tertiò denique Italicas pro tertia octaua, vt qui hisce litteris in componenda musica vti voluerit, sciat ad quam octauam quælibet pars concentus pertineat: sed & numeri 5 columnæ in describendis cantilenis siue vnius, siue plurium partium esse possunt vtiles, dummodo notarum sit idem valor & sola Grammaticæ cognitio syllabis breuiandis, corripiendis, vel producendis sufficiat, hoc est numeri vera systematis loca dumtaxat ostendant. Iam verò modum cuiuslibet consonantiæ, vel dissonantiæ in systemate prædicto cognoscendæ tradamus.

PROPOSITIO II.

Omnium consonantiarum atque dissonantiarum loca in prædicto systemate notare, & quam vnaquæquevox aut nota cum alia qualibet altera nota consonantiam aut dissonantiam faciat explicare.

SEcunda columna suis numeris ostendit primum seu grauiorem vocem VT, facere cum octaua voce diapason 1 ad 2; cum duodecima

.nota diapaſon diapente 1 ad 3 ; cum decimaquinta nota diſdiapaſon 1 ad 4 : cum decimaſeptima diſdiapaſoditonum 1 ad 5 : cum decimanona diſdiapaſodiapente 1 ad 6 , & cum vigeſimaſecunda triſdiapaſon 1 ad 8 ; vltra quam conſonantiam & ſonorum extenſionem vix vlla vox humana, aut etiam 4 partium compoſitio pertingat.

Sed illa prima vox VT plures alias conſonantias cum aliis notis efficit, nempe ditonum cum ſecunda MI, diateſſaron cum quarta FA; diapente cum quinta SOL ; & hexachordum maius cum ſexta LA : nullam verò notam habet in hoc genere, quæ cum minus hexachordum faciat : cui poſtea remedium adhibebitur.

Porrò qui nouit quam faciat quælibet nota conſonantiam cum quauis altera in vnius octauę ſyſtemate, nouit ex conſequenti quam faciat cum aliis notis aliarum octauarum ſuperiorum, cum primæ, hoc eſt minores ſimplicioreſque conſonantiæ ſolummodo repetantur : verbi gratiâ, præcedens nota VT facit ditonum repetitum cum decima nota; & diateſſaron repetitum cum vndecima : hincque ſit vt practici nomina tribuant côſonantiis iuxta numerum quo nota data diſtat ab alia: exempli cauſâ, quia ſunt tres notæ ab VT ad MI incluſiuè, dicitur Tertia : Quarta ab VT ad FA, Quinta ab VT ad SOL, & ita de reliquis, adeout conſonantiæ ſeptem ſecundâ columnâ numeris exhibitæ dicantur Octaua, Duodecima, Decimaquinta, Decimaſeptima, Decimanona , & Vigeſimaſecunda..

Quod autem de prima nota VT dictum eſt, de ſecunda RE, & aliis ſequentibus intellige : RE ſiquidem cum FA facit Tertiam , ſed minorem, quam propterea vocant Theorici ſeſquiditonum : quam in hoc ſyſtemate non potuit habere VT. Idem RE cum SOL facit Quartam, cum LA Quintam, cum BI Sextam, & ita de cæteris.

Tertia nota MI facit cum SOL Tertiam minorem , cum LA Quartam, cum BI Quintam , cum VT ſequente Sextam minorem, quam neque Prima vox VT, neque ſecunda RE habere potuit.

Quarta nota FA facit Tertiam maiorem cum LA ; ſed non habet Quartam iuſtam, cum faciat Tritonum (quæ diſſonantia eſt) cum ſyllaba BI : ſed facit Quintam cum ſecundo VT, ſeu octaua nota : deinde Sextam maiorem cum nona ſyllaba RE, denique cum vndecima nota facit Octauam.

Quinta nota SOL, facit cum ſeptima nota BI Tertiam maiorem, cum VT ſequente quartam : ſed cum ab iſto VT ad RE ſit tonus minor, non autem maior, quo Quartam Quinta ſuperat, non habet Quintam : cui poſtea incommodo ſuccurretur. Sextam maiorem facit cum decima nota MI : denique Octauam cum ſua cognomine SOL.

Sexta nota L A, facit Tertiam minorem cum octaua nota V T; Quartam cum nona R E: Quintam cum decima M I: Sextam minorem cum vndecima nota FA, & octauam cum decima quinta nota LA. Septima denique B I nullam habet Tertiam, quod post semitonium maius B I, V T, sequatur tonus minor *vt, re*, cùm maius requiratur, vnde fit vt D, seu R E duplex esse debeat, & inter illa duo D comma seu ratio 80 ad 81 intersit. Quod ad octauam notam attinet, idem de ea dicendum ac de prima.

Aliæ cum singulis notis coniunctiones, seu comparationes, quas omisimus, ostendunt dissonantias: verbi gratiâ, vox prima V T facit secundam maiorem, seu tonum cum secunda nota R E, & septimam maiorem cum septima nota B I. Similiter RE facit secundam cum M I, & cum octaua nota V T septimam minorem. MI facit cum *fa* secundam minorem, & cum nona nota R E, septimam minorem. Ex quibus de reliquis notis facilè iudicabitur. His positis, regulæ compositionis dari possent; quæ tamen cùm aliis vocibus chordis seu notis egeat quæ huic systemati desunt, tantisper differendæ, donec illas chordas addiderimus.

PROPOSITIO III.

Omnes Quartæ, Quintæ, & Octauæ species in præcedente systemate, atque adeo modos, seu Tonos assignare.

Hic minimè curabimus quænam dici soleat, aut debeat prima, secundáue species siue Quartæ, siue Quintæ, cùm primatus ille pendeat ab hominum arbitrio: quanquam ad vitandam confusionem vocabulis primæ, secundæ &c. vsuri sumus. Sit igitur prima Quartæ species ab V T ad FA; secunda verò à RE ad SOL, tertia à MI ad LA, vt prima semitonium habeat supremo, 2 medio, 3 infimo loco; neque enim plusquam ter locum mutare potest.

Quintæ species 4: quarum prima ab V T ad SOL; 2 à RE ad LA; tertia à MI ad BI; 4 denique à FA ad VT superius, in quibus præsertim attendendus semitonij locus, cuius dispositione Cantus varios effectus sortiuntur.

Octauæ sunt septem species, quòd septem modis illæ tres Quartæ species cum 4 Quintæ speciebus simul iungantur. Itaque prima species Octauæ incipit ab VT inferiore & definit in VT superiore, fitque ex

prima fpecie Quintæ & prima fpecie Quartæ : fecunda fit ex 2 fpecie
tam Quintæ quàm Quartæ : vt Tertia fpecies ex tertia fpecie Quintæ,
Quartæue. Quarta fpecies ex quarta fpecie Quintæ, & prima Quartæ. Quinta ex prima fpecie quintæ, & fecunda Quartæ. Sexta ex
fecunda fpecie Quintæ, & tertia Quartæ. Septima denique fit ex femidiapente (quod eft à B I ad notam vndecimam FA , quod vulgò dicitur à practicis M I, vel potiùs BI contra FA) & Tritomo, qui perficit hanc 7 octauæ fpeciem cum 14 nota FA.

Vnde conftat 15 chordas, feu voces requiri ad has Octauæ fpecies
complectendas. Cùm autem Modi nil fint aliud quàm Octauæ prædictæ ; fequitur modos eodem numero coarctari poffe ; cùm alij , quos
plagales vocant, ab iftis folummodo differant, quòd eandem Quartæ
fpeciem, quam illi Quintis fuperponunt, ifti fubiiciant. Quòd facilè
ex noftro fyftemate intelligitur , fi modos, feu Octauas prædictas ab
octaua nota VT incipias : tunc enim modus plagius, quem fecundum
vocant, quod primum, vt pote fuum authenticum fequatur , incipit à
quinta nota SOL , quod fpecies Quartæ ab ifto S O L ad Octauam notam VT fit eadem cum fpecie inter 12 & 15 notam interiecta.

Idemque dicendum de quarto modo, qui plagius fecundi; vt octauus
feptimi , decimus noni, & duodecimus vndecimi. Qua ratione fex
octauæ fpecies 12 modos facere dici poffunt.

Vbi obferuandum eft quartam octauæ fpeciem à 4 nota FA incipientem non habere Quartam ; fed Tritonum initio , atque adeo pla-
galem modum efficere non poffe. Similiterque feptimam fpeciem à
BI incipientem non poffe modum authenticum, feu principalem gi-
gnere, quòd neque Quintam infra, neque Quartam fuperiùs habeat.
Primus itaque modus principalis à prima nota feu voce, VT : fecundus
à fecunda, & ita deinceps : adeovt primum liceat appellare VT, fecundum RE , tertium MI , &c.

PROPOSITIO

PROPOSITIO IV.

Tabellam septem Diapason Species, & duodecim vulgares Modos complectentem explicare.

Duodecim Modi Hodierni.

		I	II	III	IV	V	VI	VII	VIII	IX	X	XI	XII
16	2											RE	
15	g									VT		vt	
14	f						FA			ba		ba	
13	e					MI	mi			la		LA	MI
12	d			RE		re	re			SOL	RE	fol	re
11	c	VT		vt		vt	VT	VT	VT	fa	vt	FA	VT
10	b	bi		bi		BI	bi	bi	bi	MI	BI	mi	bi
9	a	la		LA	RE	LA	LA	LA	LA	re	la	RE	LA
8	G	SOL	VT	sol	vt	SOL	sol	sol	sol	VT	SOL		sol
7	F	fa	ba	FA	BA	fa	FA	FA	FA		fa		fa
6	E	MI	LA	MI	la	MI		mi	mi		mi		MI
5	D	re	fol	RE	SOL			re	re		RE		
4	C	VT	FA		fa			VT	VT				
3	B		mi		mi								
2	A		re		RE								
1	Γ		VT										
		I	V	II	IV	III	VII	VI	I	V	II	VI	III

Septem Diapasonis Species.

QVisquis primæ prop. tabellam intellexerit in hac minimè laborabit, quæ septem octauæ species numeris Romanis inferioribus significatas, & 12 modos numeris, item Romanis superioribus explicat. Porrò 14 columnis hæc tabella constat, quarum prima numerum 16 chordarum, seu Phtongorum atque vocum; secunda litteras, seu characteres habet quibus vulgò notæ, more Guidonico designantur, & testudinis, aliorumque instrumentorum diagram-

O o

matibus à Gallis adhibentur, cum plures Itali & Germani primæ columnæ numeris vti malint. Reliquæ 12 columnæ 12 modos complectuntur; quorum primus, 3, 5, 7, 9, & 11 *principales* appellantur; 2, 4, 6, 8, 10 & 12 ſerui, ſeu plagales: qui nihil ab authentis differunt, niſi quod eandem Quartæ ſpeciem habeant inferius, quam principales habent ſuperius: quod tamen ſufficit ad variandam Octauæ ſpeciem, vt cernitur in ſecundo modo, qui pertinet ad quintam Octauæ ſpeciem, cum primus ex prima generetur, vel potius ſit idem cum ea, quæ ſimiliter modum octauum generat.

Cum autem Ars Componendi pendeat à modis, quos Practici ad varios effectus, & diuerſa animi gignenda, vel ſignficanda pathemata ſeligunt, qui tabellam hanc probè intellexerit, quoſuis cantus cuilibet ſubiecto poterit accommodare: quapropter fuſius illam explicemus.

Primum itaque modus quilibet, authentus præſertim qui numero impari occurrit, 8 voces, ſeu chordas habet, quarum aliæ dicuntur communes, quòd etiam aliis modis conueniant, neque Modi Cadentiis inſeruiant; aliæ propriæ, ex quibus ſolet agnoſci Modus: illas minutioribus characteribus, ſeu litteris, has autem maioribus ſignificatas volui, vt vnico intuitu Muſicus Cadentias vniuſcuiuſque Modi cognoſcat. Exempli gratiâ, Cadentiæ primi modi ſunt VT, MI, SOL, VT; & vndecimi RE, FA, LA, RE.

Secundò, modi plagales ſuorum authentorum cadentiis vtuntur; vt conſtat ex ſecundo, cuius Cadentiæ FA, LA, SOL, ſunt eædem ac Cadentiæ primi VT, MI, SOL, vltra quam non aſcendunt: hinc fit vt Practici quidam cenſeant plagales ſolius Diapente extenſionem habere: ac ſi Diateſſaron, quo deprimuntur, & ſub authentis deſcendunt, nihili ducerent.

Tertiò notandum eſt, me hîc octo vti vocibus in Octaua exprimenda, vt vnaquæque vox ſuam propriam ſyllabam habeat ne, ſecundum illud *mi*, vel *fa*, quod in octauæ ſyllabis Guidonianis repetitur, confuſionem pariat. Itaque poſt ſyllabam *la*, pro *mi*, vel *fa*, legimus *bi*, vel *ba*; vt quoties poſt *la* tonus faciendus eſt, atque adeo ſemitonium ante *vt*, dicatur *bi*; & quoties ſemitonium ſit poſt *la*, & ex conſequente tonus ante *vt*, dicatur *ba*: quod iam Cantoribus Romanis placuiſſe audio; quandoquidem æquum eſt voces differentes ſyllabis diſcrepare; quæ vbi ad praxim ſæpius reductæ fuerint, vulgaribus longè commodiores apparebunt.

Quartò, Cadentias capitalibus litteris ſcriptas oſtendere chordas modales, quæ ſæpius in cuiuſlet modi Cantilenis tangendæ ad modi genium menti profundiùs imprimendum: Ab his etiam incipiendum

& definendum ; & in medio Cantu vna ex duabus mediis cadentiis (veluti cantilenæ comma vel punctum) facienda est ; verbi gratiâ, si cantus ad primum modum, seu primam octauæ speciem pertineat, per MI, vel SOL cantilenæ medietas finienda : est autem SOL præcipua Cadentiæ, quod per illud diapente desinat, cuius MI dicitur medietas. Idemque dicito de reliquis Cadentiis, quæ fiunt in aliis syllabis, cùm Cantilenæ ad alios modos pertinent, vt ex tabella constat.

Quintò, modi quorum Cadentiæ faciunt Consonantias, magis inter se conueniunt, quàm modi, quorum Cadentiæ dissonant : & qui eandem Quintæ speciem habent, similiores sunt quàm ij qui diuersam habent. Verbi gratiâ, nonus modus similior est primo, quàm tertius vel quintus, quòd illi primã habeant Quintæ speciem. Similiter vndecimus & tertius in secunda diapente specie conueniunt, solisque Quartis discrepant; cum ab vtroque nonus tam Quinta quàm Quarta differat.

Sextò constat quibus in locis vnusquisque modus sua duo semitonia collocet; quandoquidem primus loco, seu interuallo, tertio, & vltimo: Secundus tertio & penultimo : Tertius secundo & penultimo : Quartus secundo & quinto : Quintus primo & quinto : Sextus primo & quarto : Septimus quarto & vltimo : Octauus tertio & vltimo. Nonus tertio & penultimo : Decimus secundo & penultimo, quemadmodum Tertius : quare non debent distingui, cum iisdem Quintæ, Quartæque speciebus constent. Vndecimus secundo & quinto: Duodecimus denique primo & quinto loco, quemadmodum Quintus, adeo ut decem modi inter se diuersi supersint.

Quod tabella sequens vnico intuitu repræsentat : cuius prima columna modorum numerum à primo ad 12 ; secunda quonam interuallo primum vniuscuiusque modi semitonium occurrat : Tertia denique quo loco, seu interuallo secundum semitonium inueniatur in modis 1 & 8, 3 & 10, 4 & 10.

1	3-7
2	3-6
3	2-6
4	2-5
5	1-5
6	1-4
7	4-7
8	3-7
9	3-6
10	2-6
11	2-5
12	1-5

Vbi vides modos 1 & 8, 2 & 9, 3 & 10, 4 & 11, 5 & 12 penitus in iisdem semitoniis conuenire.

Sed cùm Practici censeant plagales eosdem esse cum authentis, ob easdem Quintæ, Quartæue species, licet diuerso modo collocatas, vtpote in illis infra, in his supra : velintque Cadentiam finalem illorum eandem esse cum horum finali ; atque adeo solius Quintæ habeant extensionem, ac si Quartam quâ sub authentis descendunt, nil illis adderet ; satius fecerint si 7 duntaxat, quot octauæ species admittant vel sex, si septimam octauæ speciem ob Tritonum, & semidiapente reijciant.

Oo ij

Septimò, cum plagales in eo folum ab authenticis difcrepent, quod horum Quartas Quintis fuperadditas, iifdem Quintis fubiiciant, fex duntaxat modos poffis appellare, illos videlicet qui præcedente tabula numeris imparibus I, III, V, VII, IX, & XI defignantur: vel vt à modis abftineamus, fufficit feptem illas octauas, fiue Harmonias numeris inferioribus fignificatas admittere.

Octauo, cum hæc tabella nil aliud fit aut contineat præter id quod in tabella primæ Propofit. à 6 vfque ad fecundum 4; feu à 5 nota ad 20, & illius numeri Harmonici tam 7, quam 8 columnæ peræque notis tabellæ iftius Prop. refpondeant, placet has duas tabellas ita repetere vt è regione pofitæ vnico intuitu tibi referant quæcumque poffis hoc in negoiio Mufico expectare: videafque quibus locis toni maiores, vel minores inueniantur, atque adeo quot ex tonis fiue maioribus, fiue minoribus quælibet Confonantia, vel etiam diffonantia conficetur.

Duodecim Modi Hodierni.

		I	II	III	IV	V	VI	VII	VIII	IX	X	XI	XII
16	a											RE	
15	g									VT		vt	
14	f							FA		ba		ba	MI
13	e					MI		mi		la	RE	LA	re
12	d			RE		re		re		SOL	vt	fol	VT
11	c	VT		vt		vt		VT	VT	fa	BI	FA	bi
10	b	bi		bi	RE	BI	MI	bi	bi	MI	la	mi	LA
9	a	la	VT	LA	vt	LA	re	LA	LA	re	SOL	RE	fol
8	G	SOL	ba	sol	BA	SOL	vt	sol	sol	VT	fa		fa
7	F	fa	LA	FA	la	fa	ba	FA	FA		mi		MI
6	E	MI	sol	MI	SOL	MI	LA				RE		
5	D	re	FA	RE	fa		sol						
4	C	VT	mi		mi		fa						
3	B		re		RE		MI						
2	A		VT										
1	Γ												
		I	V	II	IV	III	VII	VI	I	V	II	VI	III

Nono, minimè laborandum de nominibus antiquis modorum, quinam videlicet Dorius, quis Phrygius, &c. vocaretur. Aduerte tamen virum eruditiffimum I. Baptiftam Doni erutis ex maiori vetuftate modis primam diateffaron fpeciem à MI, fecundam ab VT, & tertiam à RE: primam quintæ, fpeciem à MI; fecundam à FA; tertiam ab VT, & quartam à RE; primam verò octauæ fpeciem eandem cum noftra feptima facit: fecunda illius eft noftra prima: illius tertia eft noftra fecunda: illius quarta, noftra tertia: noftra quarta, illius quinta: noftra quinta, illius fexta; denique noftra fexta eft illius feptima.

I. II. III. IV. V. VI. VII. VIII. IX.

c	22	VT	576	90	Semitonium
b	21	BI	540	96	Tonus maior
a	20	LA	480	108	Tonus maior
g	19	SOL	432	120	Semitonium
f	18	FA	384	135	Tonus maior
e	17	MI	360	144	Tonus minor
d	16	RE	320	162	Semitonium
c	15	VT	288	180	Tonus maior
b	14	BI	270	192	Tonus minor
a	13	LA	240	216	Tonus maior
g	12	SOL	216	240	Semitonium
f	11	FA	192	270	Tonus maior
e	10	MI	180	296	Tonus minor
d	9	RE	160	324	Semitoniū maius
C	8	VT	144	360	Tonus maior
B	7	BI	135	384	Tonus minor
A	6	LA	120	432	Tonus maior
G	5	SOL	108	480	Semitoniū maius
F	4	FA	96	540	Tonus maior
E	3	MI	90	576	Tonus minor
D	2	RE	80	648	Tonus maior
C	1	VT	72	720	

Quòd ad modorum nomina, noſtrum modum 3 vocat Dorium,
qui bis habeat diapente RE, LA. Licet hunc Dorium alias à MI
incipiat, ſitque idem cum tertia noſtra octaua: Lydium verò eundem
cum noſtra primo, & Phrygium cum noſtro tertio faciat, vt tractatu
de modis veris fuſiſſimè perleges. Iaſtius illius eſt noſter ſextus, noſter
vndecimus illius tertius. Vide ſimiliter illius tractatum ſecundum d
Tonis & Harmoniis.

PROPOSITIO V.

Scalam, ſiue ſyſtema aliud Harmonicum per ſemi-
tonia coutinua explicare.

HActenus illud ſyſtema duabus præcedentibus tabellis contentum
expoſuimus, quod vocant ſcelam *b* quadrati : quæ omnes cuiuſlibet Conſonantiæ ſpecies aperuit : ſed cùm plerumque contingat ſe-
tonia fieri non ſolum in locis, ſeu interuallis præcedentibus ; ſed
etiam in reliquis ad cantus ornatum & animi varia pathemata
tam ſignificanda quam mouenda, ſequens ſyſtema vnico diapaſon
oſtendit qua ratione fiant, & notentur ſemitonia in ſingulis Octauæ
interuallis : hæc enim 12 interuallis diſtinguitur : cùm antea 7 duntaxat habuerit.

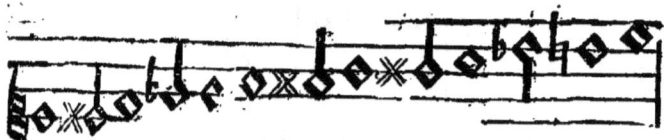

u   u r r m f   ƒ ƒ   ƒ ♮ ♭ b u

Porrò cùm vulgò Cithariſtæ putent illa 12 ſemitonia, in quæ iugum teſtudinis, Lyræ, Violæ, &c. diuiditur, æqualia, ſecus tamen ſe
habet in vera theoria, imo in Organis & Clauicymbalis, in quibus
Practici diſtinguunt ſemitonia maiora à minoribus; quanquam necdum ſatis exactè. Rem totam paucis aperio, iuxta tonos & ſemitonia
tabellæ 1. Propoſ.
Itaque prima nota huiuſce diagrammatis differt à ſecunda ſemitonio minore, 2 à 3 maiore, quandoquidem tonus minor inuenitur ab
1 ad 3, hoc eſt ab VT ad RE. Cumque à RE ad MI ſit tonus maior, ſi fuerit maius ſemitonium à 3 nota ad 4, erit ſemitonium me-

dium à 4 ad 5; quod superat semitonium minus vno commate, quo etiam tonus maior minorem superat.

A quinta nota ad 6 fit semitonium maius, à sexta ad septimam semit. medium: à 7 ad 8 maius: ab 8 ad 9 minus: à 9 ad 10 maius: à 10 ad 11 maius: ab 11 ad 12 medium: & à 12 ad 13 seu vltimam, maius semitonium statuitur; vt sint in octaua præcedentibus 13 notis diuisa, duo semitonia minora, tria media, & septem maiora; quæ si quis Musicus exactè possit canere, siue intonare, tam continuò quàm per saltus, seu interualla, quælibet diagrammata Musica emendatè, perfectéque canet.

Quòd si quis malit per æqualia semitonia canere, per me licet, nil enim refert, dummodo non lædantur aures, & cantus, atque concentus grati sint. Itaque nota quælibet semitonij extensionem, qua remittitur, vel intenditur, seu fit grauior aut acutior, habeat, vt verbi gratia pro RE, VT, quod facit tonum, habeas RE, vt, quod semitonium edat: quod vocant *fictam vocem*.

Videatur Baptista Doni paginâ 208. de Tonis veterum, quâ refert initium modi Hypoæolij ad primam nostri systematis vocem, seu notam. Hypolydium ad 2: Dorium ad 3. Iastium ad 4. Phrygium ad 5: Æolium ad 6: Lydium ad 7. Mixolydium ad 8: Hyperiastium ad 9: Hyperphrygium ad 10 : & tres sequentes prædictis inferiores ad 3 notas quæ faciunt octauam inferiùs cum 11, 12 & 13 notis scalæ nostræ, hoc est Hypophrygium, Hypoiastium, & Hypodorium.

His positis, aggrediamur methodum cantus efficiendi; hoc est Melopoeiam, vti maximum Harmoniæ fructum; quotus enim est qui pulcherrimos cantus vnius vocis non omnibus plurium vocum concentibus anteponat?

PROPOSITIO VI.

Characteres, quibus deinceps vtemur in exprimendis cantibus, & concentibus explicare.

CVm ex dictis inter duas extremas octauæ voces soleant 11 notæ cantibus adhiberi, vt ex præcedente systemate, vel scala constat, velimusque, quantum fieri potest, signa diesium, & *b* mollia vitare, quæ desunt vulgaribus Typographis, apud quos sunt ad minimum duæ litterarum species æqualis, vt aiunt, corporis, seu concorporeæ, vna

videlicet Romana fiue rotunda, alia Italica: hac vtemur ad notas accidentales, quæ folent diefibus, & ♭ mollibus notari, illâ verò ad notas naturales, fiue diatonicas fignificandas. Quod facillimè com-
prehendes ex litteris præcedenti diagrammati, hic repetendo, fubie-

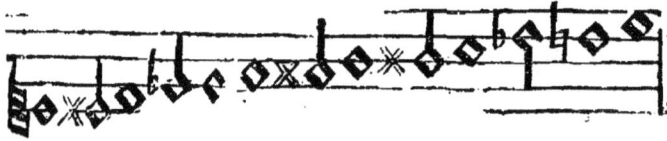

u   u   r   r   m   f   f   f   f |l| ♭   b   u

ctis : quarum octo Romanæ, voces diatonicas genüinas,& naturales;
quinque verò Italicæ, macilentiores, quinque voces accidentales, fi-
ctas, vel, fi mauis, chromaticas referunt. Sit igitur defdiapafon fequens, quo nobis in cantibus componendis fiue vnius, fiue plurium
vocum, tam humanarum, quàm inftrumentalium vti liceat.

25   Characteres difdiafpaon.

|V, u, r, r, m, f, f, ſ, ſ, l, ♭, b, u, u', r', r' , m', f', f', ſ', ſ', l', ♭', b', u'.|

Cùm enim hæc extenfio fufficiat ad omnia animi pathemata exprimenda, nolim vlterius excurrere, quanquam ex his 25 litteris difdiapafon fatis conftet, quomodo tertia, vel etiam quarta octaua explicari poffit, nempe duobus accentibus notæ trifdiapafon, vt in prima illius
nota factum eft, fignificabuntur ; tribufque accentibus notæ quarti
diapafon.

Quod ad notarū tēpus, valorem, feu mēfuram, attinet, quibus cōtinetur
rythmus &rythmopoeia, hoc eft motuum illorū infinita propemodū di-
uerfitas quos practici noftri folēt adhibere cantilenis, quæ alioqui veluti mortuæ, effoetæ, & abfq; gratiis effe videntur, cùm abfque maxima
difficultate non poffint vulgaribus typographiæ characteribus explicari, nunc omittam. Vnufquifque verò canens, vel legens, ipfarum fylla-
rum tēpus, vel aliud quoduis cuilibet notæ tribuèt: cùmque inter notas
diatonicas fe iuuicem immediate fequentes fint femper diffonantiæ,
quas practici fecundas appellant, & inter eas quæ duobus interuallis
diftant, fint Tertiæ confonantes, vt inter eas quæ 3 interuallis diftant,
Quartæ: inter diftantes 4 interuallis, Quintæ : inter diftantes 5 interuallis, Sextæ : inter diftantes 7 interuallis, Septimæ diffonantes, vt
Secundæ,

Secundæ, canens intelliget quam diſſonantiam, vel conſonantiam fa‑
ciat cum notis antecedentibus, vel quas facturus ſit cum ſequentibus:
& ex præcedentibus propoſ. agnoſcet ad quam octauæ ſpeciem, ſi‑
ue ad quem modum pertineat cantilena, quam componit, aut recitat.

PROPOSITIO VII.

Artem Cantus ſeu Melopoeiam, cantuumque componendorum regulas generales explicare.

VBi quis notam, chordam, aut vocem elegerit, à qua velit cantum
incipere, exploret primò ſuæ vocis extenſionem, quæ vix vnquam
diapaſon ſuperat, ſi facilè quamlibet notam intonet, & abſque nimio
conatu recitet; ſuntque plures qui non excedant extenſionem Quintæ,
vel Sextæ, quàm qui diapaſon ſuperent.

Secundò; in toto cantilenæ diſcurſu caueat, quantum fieri poteſt, &
verba canenda permittunt, à cadentiis nimis frequentibus, donec ad
cantus medium, aut aliquam illius partem nonnullâ quiete egentem
peruenerit; in qua, media cadentiâ, vel ad ſummum dominâ, ſiue do‑
minante vtatur: *Mediam* vocant, quæ diapente diuidit, qualis eſt *mi*,
in prima Quintæ ſpecie: *dominam* vero, ipſius diapente vltimam,
nempe *ſol*. Quanquam & Sextæ ſuas etiam cadentias habent, vt in pri‑
ma ſpecie *vt*, *la*, cadentia media eſt *fa*; domina *la*.

Tertiò cantus in eadem nota deſinere debet, à qua cœpit, vel in
cadentia dominante, niſi fortè verba canenda requirant aliud, quibus
cùm muſica, ſeu cantus ſeruire debeat, prudens artifex modi proprij,
vel cuiuſuis alterius modi ruptis cadentiis vti poterit cùm in medio,
tum in fine. Sed niſi verba, aut animi pathemata præconcepta, tam
ſignificanda, quàm excitanda cogant, Cantus extra modum ſuum non
excurrat, & in eadem nota deſinat à qua cæpit. Qui ſi quando alte‑
rius modi chordas tetigerit, ad proprium modum ita regrediatur, vt
vel excurſus ille vix ab auditoribus percipiatur, vel cum gratia, volup‑
tatéque ſentiatur, vt contingit cum chorda modi extranei conſonat
cum chorda proprij, per quam ad eum regrederis. Conſtat autem ex
dictis antea, quæ chordæ modi cuiuſlibet cum alterius cuiuſuis chor‑
dis magè vel minus conueniant.

Quartò, notæ diatonicæ ſerie continua ſe conſequentes ſemper in
canendo gratæ ſunt; ſed ad maiorem varietatem per interualla faci‑

P P

lia, qualia funt Tertiæ, Quartæ, & Quintæ, fæpiùs canendum; deinde percurrendæ funt notæ, quibus conſtant interualla, donec ad finem perucniatur.

Quintò, priuſquam de cantu componendo apud te cogites, explorandum qua voce, quo tono, quibus interuallis ea verba pronun-
tiaret egregius Orator, vel actor, vt pro viribus auditores verbis,
poſtea canendis, excitaret, atque commoueret: Optimus ſi quidem
muſicus qui Rhetoricam Harmonicam adeo fœliciter exercuerit, vt
ab auditoribus ſuis lachrymas, riſum, & alia paſsionum πκμπια, atque teſtimonia elicuerit.

Ipſe igitur toties verba canenda voce oratoriâ pronuntiet, vt tandem
concipiat, atque comprehendat quibus interuallis, qua contentione,
quibuſue notis, ſeu chordis in pronuntiando vſus fuerit: vel ſi minus
oratoriè, aut tragicè pronuntiet, alterius optimè pronuntiantis vtatur
opera, notetque ſingula interualla, & omnes tranſitus atque mutatio-
nes vocis; Hæc enim omnia quò perfectiùs in cantu faciendo imitabi-
tur, perfectiores cantus efficiet.

Omitto difficultatem interuallorum inueniendorum, quibus vtimur
in recitandis orationibus, cùm ſola maior in pronuntiando tarditas
(poſt concitatiorem pronuntiationem) id doceat.

Adde pro diuerſa conſuetudine, & patria eaſdem res, & paſſiones
diuerſis motibus, & interuallis, licet eadem verba pronuntientur, exprimi: vnde forſan rationem modorum elicere poſsis. Ad hoc præceptum reuoca figuras omnes Rhetoricæ, quas diuerſis cantus ornamen-
tis, qualia ſunt καταπυκνώματα, meliſmata, teteriſmata, & omnes vocis vibrationes Muſicus imitari debet.

PROPOSITIO. VIII.

Melopoeia, ſeu cantuum faciendorum regulas particulares exponere: vbi 72 varietates Diateſſaron.

PRiuſquam ſemitoniis in quouis ſyſtematis interuallo, iuxta penultimam Propoſitionem, vtaris, generi putè diatonico aſſueſcen-
dum, cuius diapaſon ſequente diagrammate contentum ſi tam animo
quàm oculis comprehendas, rationem afferes cur hæc prima octauæ
ſpecies primo Modo potiùs quàm alia ſpecies tribuatur; quod videlicet non ſolùm incipiat à nobiliori. Tertia, vt pote maiori, atque adeo

nobiliori Quinta, cum id 5 modo commune fit, fed etiam quod in
eo 4 diapente, & 3 diatessaron species absque ulla interruptione se
inuicem immediate consequantur; sunt enim 4 Quintæ, species ut
sol, la, mi bi, fa *ut*: & 3 Quartæ species, ut fa, re sol, mi la: cum
in 9 modo desit tertia quintæ species, ob bi, quod occurrit vice fa,
& (quod notatu dignissimum est) in hac sola diapasonis specie immediatè sequantur duæ Quintæ primæ speciei, hoc est bis, ut
sol, bis, re la; quanquam semel mi bi: quæuis etiam quartæ species
bis in eo reperitur immediatè: quæ quidem omnia simul cum nulli
alteri diapasoni conueniant, iure vir harmonicè doctus D. Vinotus
Tullensis Ecclesiæ Canonicus huic specici primatum tribuendum
censuit: cùm præsertim omnes octauæ species continuò sequantur ordine in illa diapasonis specie, cuius semitonia lineâ iacente, tonos
verò rectâ notat, ut hic noster modus, seu prima species diapason sit
II - III - ; quam iterum sequente diagrammate repræsento, ut vnico
intuitu cuiuslibet interualli rationem numeris expressam comprehendas, &modum intonandi Guidonicum sequi possis absque syllaba noua

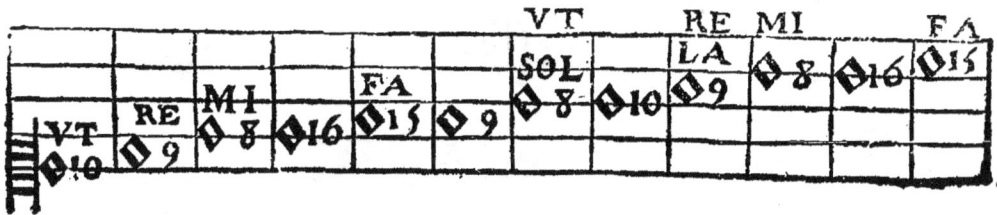

cum mutatione syllabæ LA in RE ; quam per syllabam BI vitamus :
hunc ergo morem & hoc systema in cantuum componendorum gratiam ad litteras simplices reducamus octo numero, quot sunt voces,

u	8	seu chordæ in octaua præcedente, quibus si alios 8 superstruas,
b	7	idem semper erit modus, vel eadem octauæ species, sed repetita.
l	6	His autem positis sit
f	5	Prima regula, cantus omnes qui fiunt per seriem graduum coni-
f	4	unctorum esse bonos.
m	3	Secunda, post quosdam gradus coniunctos ascendentes, sequi
r	2	debere descendentes ad varietatem inferendam, inter illos verò
v	1	interualla consona quandóque interponenda: eáque præsertim
		quæ passionibus destinantur.

Tertia, voces easdem immediatè repetendas seu ingeminandas, cùm
res significanda profundiùs animo imprimenda est.

Quarta, res tristiores, & debiliores minoribus gradibus & interuallis,

puta fefquiditonis; iucundiores & robuſtiores tonis, & ditonis, ſeu
Tertiis maioribus exprimendas, & nonnumquam Tritono, ſemidia-
pente, vel etiam Septimis; idem de Sextis ac de Tertiis iudicium.

Profuerit in exemplum adducere cantus 24 cuiuflibet diateſſaron;
videlicet primæ ſpeciei, *vt fa*, ſecundæ *re ſol*, & tertiæ *mi la*, vt huiuſce artis nouitij vocem, & imaginationem cantibus tam pronuntiandis quàm componendis accommodent.

Itaque ſi à prima claue incipias, canes 24 varietates primæ ſpeciei
diateſſaron: ſi ex ſecunda claue 24 varietates 2 ſpeciei quartæ, vt
24 varietates 3 ſpeciei ex 3 claue; quæ faciunt 72 cantus diuerſos.
Quid ſi varietates quinque vocum diapente 120: hexachordique 720
referam, quæ in maioribus Harmonicorum noſtrorum commentariis
inuenies, vel 40320 octo vocum octauæ diuerſos cantus, quos iuſto
volumine deſcriptos Harmoniæ ſtudioſis petentibus communes facturus ſim, qui prædictas diateſſaron varietates interim ad praxim &
examen reuocabunt, vt iudicent quis ex 72 cantibus, ſeu varietatibus anteponi debeat.

72 Diateſſaron varietates.

QVinta regula, cantum à qualibet præcedentis octauæ nota pòſſe
incipere; cùm enim notæ ſubiecto, ſeu diſcurſui & litteræ debeant accommodari & ſubiici, ſi litteræ paſſio, hoc eſt ſenſus, requi-

rat initium à b, vel l, aut f, vel ab aliis notis fumendum erit initium. Si
vero nil cogat, fatius erit à prima voce incipere, vel ab alia quæ
cum prima confonet, verbi gratia, ab f, vel f, vel m: alioqui tam de-
finere quàm incipere poffumus vtcunque libuerit.

PROPOSITIO IX.

Cantuum exempla ex præcedente diagrammate
defumpta tribuere : vbi de
Rythmica.

CAntus fiunt vel vt accommodentur datæ litteræ, feu dato fubie-
cto, vel foli paffioni & imaginationi, abfque vllo difcurfu, feu
vocabulis, diciturque vulgò *fantafia* : fint vtriufque exempla: & quidem primum abfque littera; f, f, u, f, f, l, f, f, l, f, f, m, r, u.
qui cantus cùm fit abfque temporum varietate, poteft fub quibufcumque volueris menfuris cani : quod cùm fieri poffit ope duorum characterum, concorporeorum, de quibus prop. 6. litteræ Italicæ nunc fi-
gnificent notas tempore feu valore fubduplas; Romanæ verò duplas:
hoc eft illæ menfuræ dimidium, vel quadrantem, hæ verò menfuram
integram, vel illius dimidiam : hoc enim pofito, ita canes f f u, f f l
f, f m f, m r u, vt fit primus pes anapæftus, fecundus choriambus, tertius anapæftus, quartus denique Baccheus: de quibus pedibus cùm
fufiffimè 4 parte l. 6 de compofitione mufica Gallicè fcripta, præfertim paginis 376, & deinceps egerim; vt etiam à pag. 401, vbi de
Rythmopoëia prop. 26. & pag. 408, in quibus motus omnes rythmi-
ci exemplis illuftrantur, non eft quod hic quidpiam addamus, cùm
viri docti ex Odis Horatianis, & Pindaricis, quas latinè, græcéque, paginis 395, 416 & 418, fuis motibus rythmicis, melodiaque adornaui-
mus, fatis intelligere poffint vfum Rythmicæ, quam noftri vulgò *motum*
appellant.

Quàm verò aër, vt loquuntur, hoc eft cantus ex fola rythmi mutatione diuerfus à fe ipfo appareat, vix non expertus credat : vt vel ex
præcedente iudicabis, fi rythmo 3 pæonum 4 fpeciei afficiatur hac ratione, f f u f, f l f f, m f m r, u. quem pedem noftri Tympaniftæ ad in-
dicendum militibus inceffum frequentant; vice cuius Heluetij choriambo canunt.

Exemplum cantus alligati litteræ, feu vocabulis facilius explica-

poteſt ob ſyllabas ipſas , quæ ſua quantitate demonſtrant tempus cuique notæ adhibendum, prӕſertim vero cùm verſus græci, vel latini canendi ſunt : ſit ergo verſus ſequens Pſalmi 83.

u r m ſ m r m ſ ſ m r m ſ m m̄ m ſ ſ ſ l ſ ſ m m m t u
Beati qui habitant in domo tua Domine, in ſæcula ſæculorum laudabunt te.

Quem cantum mille modis variare poſſis, licet ex hac prima octauæ
ſpecie non egrediaris : vtrum vero ex omnibus meliorem aut gratiorem dixeris prӕter eum qui tibi magis arriſerit ? Iam igitur, quiſquis
es, tui ipſius ſis præceptor, & cum celebrioribus cantuum artificibus
de palma contenderis : vbi enim notis eiuſdem valoris prӕclaram me-
lodiam compoſueris, Grammatica ſuggeret rythmum, Rhetorica varios ornatus, quibus vel ipſe capiaris, vel auditores capias : ſed cùm
hæc diatonica ſpecies ſemitoniis pluribus careat, quæ maximum ornamentum , vimque flexanimam cantibus tribuant , ſequente propoſ.
repetamus diagramma prop. 5 & 6 , quo ſummos huius artis magi-
ſtros , vnius horæ ſpatio, non dicam illorum ſed tui ipſius diſcipulus,
æmulari, fortaſſiſque ſuperare valeas.

PROPOSITIO X.

Cantus omnifarios componere & in diagrammata facil-
lima referre.

SIt diagramma, vel ſyſtema prop. 6. quod per ſemitonia perpetua,
ſiue æqualia , vt in iugo teſtudinum, ſiue per inæqualia, vt in exacto
ſyſtemate, progrediatur ; parum enim intereſt, dummodo conſonantiæ
ſatis iuſtæ ſint, & aurem, vel animum minimè lædant, cúmque vox
non ſoleat duodecimam ſuperare, hac extenſione nunc vtamur, dum
vnicuique liberum fuerit non ſolùm Diſdiapaſon, ſed quotuis octauis
in infinitum pergere.

SYSTEMA Vniuerfale.

	I	II	III
f'	f'	20	f'
	f'	19	
	f'	18	f'
	m̃	17	m̃
r'	r'	16	
	r'	15	r'
u'	u'	14	
	u	13	u'
b	b	12	b
b	b	11	
	l	10	l
ſ	ſ	9	
	ſ	8	ſ
f	f	7	
	f	6	f
	m	5	m
r	r	4	
	r	3	r
u	u	2	
	u	1	u
	I	II	III

Nullus eſt igitur cantus qui facilè poſſit vocibus exprimi, quem hæc ſcala 20 characterum diapaſon diapente cōprehenſa non contineat, vt ex tabella ſubiecta conſtat, cuius prima colūna 20 litteras habet, nempe 12 priores aſcendēdo pro prima octaua, & 8 reliquas pro Quinta ſuper octauam, cuius character decimuſtertius u, eſt vltimus inferioris octauæ, & primus ſuperioris.

Secunda columna numeros habet cuilibet notæ, vel neruo reſpondentes, vt quis in cantibus ſcribendis æquè numeris ac litteris vti poſſit; tertia denique litteras diatonicas primi modi ſeparat à litteris primæ columnæ, vt vnico videas intuita quid generi ficto, ſeu gradibus diatonico additis conueniat, quaſue chordas mutues.

Cantus igitur abſque littera, ſeu dictionibus ita facies, vt, cùm libuerit, non ſolùm notis regularibus tertiæ columnæ, quæ ſunt numero 12, ſed etiam irregularibus, ſiue accedentalibus, & aſſumptis ad marginem appoſitis, quæ ſunt octo numero, ad ornatum & exprimenda pathemata prudenter vtaris, eo quem in exemplis modo perſpicies; nam exemplum ſequens vtitur fictis vocibus b ſ & f; reliquæ notæ ſunt diatonicæ.

Cantus.

ffl bl l ſl ffm fr l bbl l ffm l. Vbi vides cantum incipere ab f, quæ diſtat Quartâ à radice ſyſtematis; & deſinere in l, quæ maiore diſtat hexachordo: neque enim leges vllius magiſtri in ſ, vel u, vel f deſinere iubentis audio, niſi cum illa deſinentia magis placuerit. Itaque à quauis littera diatonica poſſis incipere, ſiue ab u, ſiue ab r, ſiue ab m, &c. vtvt illos cantus ad primum, 2, 3, aut alium modum referas: quod parum refert: videntur autem chordæ diatonicæ magis naturales, quæ vel non quærentibus occurrant; aliæ maius artificium redolent.

Quòd si quis pertinaciùs Modorum, de quibus antea, naturam & genium sequi velit, cadentiæ frequententur, & cantus in eadem nota desinat à qua incœpit, vel in aliqua quæ cum prima consonet. Sit verò sequens exemplum cantus liberi cum littera, quam lectoribus meis proposuerim vt mille modis ex hac duodecimæ scala quotidie sumendis animas suas ad æternitatem componant.

Dixi mille modis quotidie; neque enim quispiam musicus credat se cantus omnes in illa scala contentos breui exhausturum, si diebus singulis mille diuersos componat, & recitet, quandoquidem anni 1312 non sufficiunt ad cantus omnes illius systematis canendos, licet in quolibet cantu nulla vox repeteretur; & 12 duntaxat duodecimæ notis Diatonicis columnæ tertiæ vtereris: quippe 12 nerui, aut voces possunt 479001600 variari: quoties igitur variabitur cantus, si 20 notis scalæ nostræ vti liceat? vide tabellam varietatum omnium in maioribus nostris Harmonicis l. 7. de Cantibus, Prop. 3. pagina 116. quæ 2432902008176640000 varietates 20 rebus tribuit, & vsque ad 64 rerum varietatem progreditur, quarum varietas sequente numero exprimitur 221, 284, 059, 310, 647, 795, 878, 786, 453, 858, 545, 533, 220, 443, 327, 118, 855, 467, 387, 637, 279, 113, 594, 747, 033, 600, 000, 000, 000, 000, qui cum 90 characteres habeat seu 30 ternarios, in quos diuiditur, facilè nostrà methodo numeratur, primus enim ternarius per 221 vigintioctiliones explicandus, & ita de sequentibus, vt fusiùs alibi.

　v　vmm　ss l bu　bu u r'm' s'　s' m'　s' l' b' u' s' s' s'm'

Quàm dilecta tabernacula tua Domine virtutum : concupiscit & deficis

l' s' l' s' m' l' s' s' l' r' u' r'.

anima mea in atria Domini.

Vbi neque desino per v, neque studeo Cadentiis vulgaribus obseruandis, sed solum animi motum sequor, cui Lector quispiam cantum illum adiiciat, quo veluti stimulis excitatus æternitati canat. Iam verò superest vt artem concentus, seu symphoniæ breuiter explicemus.

LIBER TERTIVS.

De Arte symphoniæ, seu compositionis Harmonicæ
plurium vocum.

HAnc artem breuissimè, clarissiméque contrahendam aggredior
vt quispiam vnâ, vel altera hora quidquid voluerit Harmonicè
componat, & conuinas atque socios prouocet ad gratias Deo musicè
reddendas. Cùm igitur tam consonantiis, quàm dissonantiis constet
vocum diuersarum concentus, qui πολυσυμφωνία dicitur; & vniuersale systema libro præcedête, prop. 5, 6 & 10 explicatum & ad terdiapa-
son promotum consonantias & dissonantias omnes complectatur; hic
tantù duo, vel tria facieda Primùm, interualla ômnia tam cosonantia,
quàm dissonantia notanda sunt, vt scias quibus in concentu 2, 3, 4,
aut plurium vocum vti liceat. Deinde quæham consonantiæ simul
iunctæ gratiores sint, vel dulciores; Denique quàm seriem consonantiæ se inuicem immediate consequentes obseruare debeant ad gratiam
Harmonicæ compositioni conciliandam, & animos auditorum oble-
ctandos, & qua ratione dissonantiis inter consonantias inserendis vtendum, vt hæ propter oppositionem, veluti lux ob tenebrarum, vel dulcia
ob amarorum permixtionem, vel successionem, gratiores appareant,
& gustum excitent.

Repetatur ergo systema Diapasonis primæ speciei: quod vbi fuerit
in ordine ad plurium vocum compositionem explicatum, compositione Harmonica nil facilius.

I. PROPOSITIO.

Omnes consonantias & dissonantias ex vna octaua
discere, & animum ad concentum Har-
monicum præparare.

TRedecim notas seu chordas habet istud systema, quarum vsum satis perfectè noueris ex tabula sequente: quæ tam ex litteris quàm

Qq

ex numeris huic diagrammati subiectis facillimè intelligetur.

Porrò notæ carentes caudis oftendunt gradus Diatonicos, feu naturales:

v,	u,	r,	r,	m,	f.	f,	f,	f,	l,	b,	b,	u.
1.	2.	3.	4.	5.	6.	7.	8.	9.	10.	11.	12.	13.

turales: notæ verò cum caudis, gradus, feu neruos affumptos, accidentales, vel, vt vulgò loquuntur, chromaticos: cùm autem fint Tertiæ & Sextæ tam minores, quàm maiores, in tabula fequente, minores litteris Italicis; maiores verò vt & perfectæ confonantiæ, nempe Diapafon, Diapente & Diateffaron litteris Romanis notabuntur: incipit autem à prima voce *vt*, quæ facit confonantias, & diffonantias; fed cùm dictio *fecunda*, & *feptima*, nec non *fexta* ab f incipiant, vt dictio *quarta* & *quinta* à *q*. ad vitandam confufionem, fecundæ notabuntur fimplici f, nempe fecunda minor, quæ eft femitonium, feu pars octauæ duodecima, f Italico, & fecunda maior feu tonus f Romano.

Septimæ verò notabuntur 2 litteris, *fe,* minor; *fe,* maior. Quartam fignificabit littera d, quòd vocetur diateffaron, vt *q* fit pro Quinta, Tritonum verò, hifce duabus litteris tr. à quo femidiapente non diftinguitur in hoc æqualitatis fyftemate.

Cùm autem littera v fe habeat ad alias 12 fequentes vt r, vel r, & quæuis alia nota ad fuas 12 fuperiores confequentes, fufficiet oftendiffe quas confonantias faciat illa fyllaba vt, vel v, cum prædictis 12 notis, vt fciat lector quas diffonantias & confonantias cum fuis 12 fequentibus faciat.

TABVLA.

I	II
v.	u	ſ
v.	r	ſ
v.	r	t
v.	m	t
v.	ſ	d
v.	ſ	tr
v.	ſ	q
v.	ſ	b
v.	l	h
v.	b	ſe
v.	b	ſé
v.	u	o

Licet autem antea charactere Romano u & ú pro duabus extremis octauæ ſyllabis vſus ſim, ne tamen in ſequentibus conſonantiis deſignandis accentu ſuper ú, quæ eſt acutior octauæ nota, cogamur vti, hoc ſimplici u abſque accentu notabitur, nota verò grauior litterâ minore capitali V concorporeâ.

In hac igitur tabella, V coniungitur cum 12 litteris præcedentis ſyſtematis in prima columna; facitque cum illis diſſonantias & conſonantias in ſecunda columna litteris antea explicatis ſignificatas : cúmque totidem diſſonantias & conſonantias quælibet littera ſibi ſuperiores habeat, hæc tabella 12 alias ſupplet, & explicat : quæ quidem 12 tabellæ ad diſdiapaſon peruenient ; quandoquidem vltima u faciet octauam cum vigeſimaquarta littera.

Porrò qui ſcire cupit quot diſſonantias, aut conſonantias faciat quæuis nota perfecti ſyſtematis cum alia qualibet nota, lib. tertium Gallicum de Muſicæ generib. prop. 5. & 6. & lib. 6. Organorum prop. 23. conſulat, vbi fuſe reperiet quæcunque hoc in negotio deſiderare poſſit.

Nunc verò ſufficit ad praxim agnoſcere primam notam V facere Tertiam minorem cum r : maiorem cum m : Quartam cum ſ : Quintam cum ſ : Sextam minorem cum ſ : maiorem cum l : quemadmodum r facere Tertiam minorem cum ſ ; maiorem cum ſ : Quartam cum ſ : Quintam cum l : Sextam minorem cum b : maiorem cum b. Similiter m facere Tertiam minorem cum ſ : maioré cum ſ : Quartam cum l. Quintam cum b. ſextam minorem cum u, & ita de reliquis notis tam naturalibus, quàm accidentalibus.

Interualla vero diſſona conſonantiis ad maiorem varietatem, & peculiarem gratiam conciliandam interiiciuntur, quæ cùm ſatis ex noſtra tabella conſtent, ad conſonantiarum compoſitionem, ſeu coniunctionem accedamus ; dum his ſex notis præcipuas diſſonantias cum numeris radicalibus illa-

rum rationes exhibentibus hocce diagrammate repræsentatas, putà
secundam minorem & maiorem, Tritonum & pseudodiapente, septi-
mamque minorem & maiorem contemplaberis.

II. PROPOSITIO.

*Duarum, aut plurium consonantiarum combinationes,
conternationes, & conquaternationes explicare,
vniusque coniunctionis præ alia suauitatem ostendere.*

Diuersis modis duæ, vel plures consonantiæ super qualibet syllaba
iungi possunt, siue initio, siue in medio, vel in fine cantuum:
Verbi gratiâ, quintæ quartâ, Quartæ Ditonus superponitur.

Hîc autem voco combinationes, cùm duæ solummodo cõsonantiæ
componuntur, seu combinantur; conternationes, cùm tres, & cõquater-
nationes cùm 4 inuicem superstruũtur, aut subiiciuntur: cumq; in præ-
cedẽte systemate tam vocibus, quàm instrumentis seruiente prima octauæ nostræ littera, seu nota V modis omnibus cum aliis eiusdem octauæ notis combinetur, in hac vna tabella, 12 sequẽtium notarum tabellas
habes, cùm ynaquæq; totidẽ quot alia consonantias cum suis 12 sequẽ-
tibus habeat, vt prius de tabella præcedẽtis prop. dictum est, in qua V 7
consonantias facit; sequens autem nouies cum 2 cõsonantiis iungitur:

TABELLA.

u	u	f	f	l	l	l	u	u
f	f	m	r	f	m	r	f	l
V	V	V	V	V	V	V	V	V
1	2	3	4	5	6	7	8	9

Harum combinationum meliores sunt 1, 3 & 5; reliquæ suum pretium habent ex frequentia vnionum, quibus aurem demulcent: qua de
re fusissimè in maioribus Harmonicis.

Conternationes tabula sequens exhibet, quæ vt & præcedentes, dici

u	u	u	u
f	f	l	l
m	r	f	m
V	V	V	V

possunt octauæ diuisiones, & sectiones bifa-
riæ, trifariæ, &c. Sed cum non possint plures in vnica octaua quàm 3 consonantiæ su-
perstrui; qui conquaternationes, conquinatio-
nes &c. desiderat, systemate disdiapason vten-
dum; verbi gratiâ, conquaternationes fient ex 5. notis sequentibus:

m'	f	u'	m'
u	m'	m'	f
f	u	f	u
m	f	u	m
V	V	V	V

Quæ vt animo firmius hæreant , sex conternationes vulgaribus notis expressas accipe cum numeris, qui minimis terminis vnamquamque explicant : quas conternationes etiam litteris præcedentibus expressas habes : vt sibi mutuum lumen inferant: numeri vero Harmonici cuilibet notæ affixi eo ferè priuilegio gaudent, vt qui minores, atque adeo intellectu faciliores sunt, suauiorem conternationem significent.

Quinque sequuntur conternationes , Decimæ maioris , sed duæ

m'	m'	m'	m'	m'	m'
u	l	l	u	b	b
f	m	f	f	m	f
V	V	V	V	V	V

vltimæ non admittuntur, quod prima & tertia nota septimam maiorem efficiant, non enim sufficit vt notæ vicinæ consonent, nisi remotæ similiter consonent.

Omitto alias conternationes, quæ ab vnoquoque fieri, vel ex 15 de dissonantiis, prop. 36 repeti possunt.

Maior autem vnius tam consonantiæ, quàm combinationis, conternationis, & consonantiarum præ aliis suauitas nascitur ex maiori frequentia vnionum, vel ex vnione promptiori vibrationum, siue percussionum, quibus soni consoni generantur, vt enim inter se in aëre, ita & in aure, cerebro, & animo vniuntur. Nec obstat scrupulus quem illustris, και μουσικώτατος Donius paginâ 278 discursus de consonantiis nuper mouit, videlicet aurem & animum prius naturâ, vel tempore consonantiam aliquam , puta Diapason, vel Diapente concipere, audire, & intelligere, quam nerui bis aut ter vibrentur; vt enim alicubi maioribus in Harmonicis, quæ vidit, non semel dictum est, fieri nequit vt existat consonantia (tantum abest vt audiri possit) quin prius nerui, vel aëris siue percussi, siue percutientis vibrationes totidem fuerint quot sunt vnitates in numeris radicalibus, seu minimis consonantiam generandam & audiendam exprimentibus : exempli gratia, neruus minor faciens diapente cum alio neruo ter t emuisse debuit, quandiu hic bis tremuit priusquam ab aure, vel animo diapente concipiatur : quod mirari desinet, si meminerit quæ libris illis, & huiusce tractatus libro 1.art.4. de Vibrationum celeritatibus dicta sunt, quandoquidem aër , cuius motus producit sonum æqualem, seu æquigrauem & vnisonum cum sono fistulæ organicæ apertæ 4 pedum, vel obseratæ duorum pedum, quæ solet in nostris organorum portatilium abacis C sol ut fa dici, à neruo plusquam ducenties percutitur spatio vnius secundi ; vt ipsis nostrorum citharedorum oculis demonstraui : ipséque, vt ingenuus est, fatebitur, si neruum 5 intestinis ouilibus contextum 18 pedes longum, & quatuor libris tensum expertus fuerit, resciffa pedali longitudine ponticellorum beneficio, vel etiam digito, quæ pedalis nerui pars 216, vel ad minimum 200 percutiet aërem spatio secundi.

Quæ profecto velocitas tanta est vt nequidem oculus aure longè promptior, illam percipere seu metiri valeat: quam neque harmonicus animus credat, nisi coactus ipsa demonstratione nerui integri 18 pedū, qui eodem tempore duodecies aërem verberat, quo pedalis eundem aërem 216 percutit : quæ percussiones erunt subduplæ, si solæ periodi ex cursu & recursu, vel itu & reditu compositæ numerentur, vt à nobis loco prædicto factum est : Vnde in tanti viri gratiam concludi potest, non solum neruos diapente ter tremuisse antequam audiantur, sed forte plusquam octodecies.

Quanquam mihi ipsi scrupulus superesse possit, si neruus craffitie nauium rudentibus æqualis ita tendatur vt vnico motu sonum gigneret, illum sonum auditum iri priusquam cursus ille perficeretur, verbi gratia, in medio cursus; & alium neruum paulo crassiorem, vel minus tensum, cuius cursus seu motus tardior esset in ratione dupla, sonum etiam facturum suo primo cursu, qui cum audietur simul cum primo, diapason generabit, tuncque consonantiam illam auris perceptura videtur, etiamsi nondum aër bis à primo neruo, dum semel ab alio, percussus sit : cui difficultati me iam in Harmonicis maioribus respondisse memini, diapason non auditum iri, neque aurem, vel animum de vlla soni grauitate iudicium fere posse: vel neruorum illorum velocitates esse quidem in ratione dupla , sed nunquam sub ratione diapason ab aure deprehendi posse, donec aër ad minimum semel à grauiore neruo, & bis ab alio motus, seu percussus fuerit, vixque neruus sonum auri comprehensibilem efficiet, si semel duntaxat spatio vnius secundi recurrat.

III. PROPOSITIO.

Optimam consonantiarum successionem, quam si Compositor sequatur, non aberret, & emendatè componat, explicare.

PRæcedente prop. coniunctiones consonantiarum explicauimus, quæ demonstrant quam vnaquæque consonantia supponat inferius, aut postulet superiùs: nunc verò dicendum quis ordo seruandus sit in illarum successione: hoc est postquam concentum à diapasone cœpimus, quæ sit immediatè ponenda consonantia, nec enim semper diapason fieri debet, vt in Ecclesiis cum pueri, vel mulieres cum viris Psalmos, & alia canunt, sed varietas concentui afferenda: quapropter nonnullæ regulæ statuendæ, quas in successione qui secutus fuerit, donec concentus, siue compositio absoluatur, rectè componisse dici possit. Quod vt faciliùs iutelligatur, systema nostrum prima speciei diapason alias species ob perpetua semitonia comprehendens repetatur, vt hoc compositionis initio nos inter vnicam octauam contineamus.

Diapason

1	2	3	4	5	6	7	8
v	u	r	r	m	f	f	ſ	ſ	l	b	b	u

Sit igitur aliquis cantus iam factus, cui consonantias adhibere velis; vel vt eruditiores Symphoniurgos æmuleris, sint duo cantus simul componendi, qui concentum perficiant; quorum superior pueris, inferior viris destinetur, quanquam vtraque pars potiùs viris solis, aut solis pueris congruit, cum bicinia diapason minimè superantia vocum parium, siue æqualium appellentur, cum eadem vox vt plurimum vnius octauæ voces omnes commodè satis canat.

Numeri superiores significant gradus diatonicos, vt qui concentum numeris scribere volunt, non laborent.

Porrò cùm hîc potiùs agatur de legitima consonantiarum successione, quàm de cantûs pulchritudine, illi successioni Lector animum adhibeat, condatque memoria duas consonantias perfectas eiusdem speciei, quales sunt 2 Octauæ, vel 2 Quintæ, à compositione reijciendas, nisi quandoque motibus contrariis se inuicem consequantur, sine quibus varietatem oblectantem non afferunt.

Vt autem motus illi contrarij perfectè intelligantur, nota voces ita

poſſe componi vt aſcendat vna, dum altera deſcendit, vt dum primus
à *re* aſcendit ad *la*, à quo deſcendit alter ad *re*: deinde ſimul ambæ aſ-
cendant, aut deſcendant; ille motus dicitur contrarius, hic ſimilis,
vel idem: quorum vterque fit per gradus ſimplices tonorum vel ſemi-
toniorum, vel per maiora interualla: quibus adde motum illum, quo
vox vnica deſcendit vel aſcendit, dum alia perſiſtit immobilis. nec
enim velim aliam ſubdiuiſionem inſtituere 2 vocum, quarum vna per
gradum toni vel ſemitonij, alia per maius interuallum incedit.

His poſitis regulas compoſitionis Harmonicæ generalis aggredior:
ſunt enim particulares innumeræ iuxta numerum imaginationum.

Regulæ Generales Harmonicæ Compoſitionis.

I. Initio concentus à quauis conſonantia ſumpto, ſequi debet altera
diuerſæ ſpeciei conſonantia, ne varietas requiratur: verbi gratia, poſt
Quintam re, la, ſequatur Octaua v, u, vel ſeſquiditonus m, ſ, non autem quinta v, ſ, vel m, b, quanquam motus contrarij ſpecierum iden-
titatem excuſent, ob quandam ex contrarietate varietatem oriundam.
II. Poſt Tertiam aut ſextam maiorem minor ſequi debet, raroque duæ
maiores aut minores ſe inuicem ſequi debent: licet nonnunquam aliter contingat, præſertim cum vna ex Tertiis habet tonum primo loco
vt r, ſ, alia ſecundo vt m, ſ.
III. Ab vna conſonantia tranſiri debet ad aliam viciniorem, non ad
remotiorem, vt ſonorum ſucceſſio ſuauem illum, & ferè inſenſibilem
colorum tranſitum, ἁρμογὴν æmuletur: præſertim verò cùm ſit tranſitus ab imperfectiore ad perfectiorem, vt à ſexta minore ad octauam:
à Tertia minore ad vniſonum; ab hexachordo minore ad diapente.
IV. Concentus ab octaua vel vniſono incipiendus, & per illas conſonantias finiendus, cùm enim finis coronet opus, vt pote ſumma illius
perfectio, poſt conſonantiam finalem, nil auditus expectat: initium
verò, rei optimæ guſtum facere debet.

Regulæ Tertiarum & Sextarum.

I. Licet optima ſit conſecutio Tertiæ & Sextæ minoris, poſt Sextam
& Tertiam maiorem poteſt tamen Tertia minor ſequi minorem, vt
in exemplis ſequentibus perſpicis: quorum primum continet duas Tertias minores ſe immediatè conſequentes: ſecundum oſtendit tertiam

ſ,	ſ,	l,	ſ,	maiorem poſt minorem: tertium deniquè maiorem
r,	m,	ſ,	m,	tertiam poſt aliam maiorem, quæ omnia licent.

II

II. Licet ad vnisonum ex sesquiditono longè melius sit accedere, quemadmodum & ad diapente, motibus contrariis, gradibusque coniunctis, quam ex ditono; minimè tamen peccat qui motibus illis ex ditono tam ad Quintam quam ad vnisonum accedit, vt sæpius idem repetenti apparebit, quid enim mali in sequentibus exemplis? in quibus

m, r, f, l, b,	primò fit ditonus, deinde vnisonum : tertiò sesqui-
v, r, m, f, m,	ditonus ; quartò ditonus ; quintò denique dia-
	pente.

Nec enim audio scrupulosiores qui ad Tritoni relationem cauendam, quæ reperitur inter f, & b, in nostro systemate litterario, ditonum reiiciunt; quem tamen admittunt, dum ambæ partes descendunt, vel ascendunt gradibus disiunctis, siue coniunctis, vt in his exemplis habes: quorum primo fit transitus à ditono ad diapente; secundo à diapente ad ditonum.

m, l, f,	Certum est tamen aliquid gratiæ maioris inesse transi-
v, r, v,	tui sesquiditoni ad vnisonum, & decimæ minoris ad dia-
	pason.

Quin & Tertia minor Sextam maiorem, & Octauam antecedere potest. Consideratione profectò dignum est quod à ditono tam bellè transeatur ad Quintam motibus similibus, & cum vna pars stat immobilis, minùs tamen pulchre motibus contrariis, saltem vt practici existimant: licet enim Tritoni relatio non reiiciatur ab omnibus, non tamen à tanta musicorum expertissimorum turba damnaretur, nisi illorum offenderetur auris. Neque enim negligenda est plurium in arte peritorum consensus, quem vix absque ratione reperias, sitque velut ipsius naturæ sensus.

Cùm autem sexta maior tam contrariis, quàm similibus motibus per coniunctos gradus rectè præcedat diapason, rectè etiam ex ea transitur ad ditonum, similibus, & ad sesquiditonum motibus contrariis: sed quotiescunque vicinæ consonantiæ in se mutuò transeunt motibus contrariis, gradibusque coniunctis, nil in biciniorum compositione gratius: quod fit ex Tertia minore ad Quintam & ad vnisonum, vt à decimaseptima minore ad disdiapason, & à decima minore ad diapason, & à sexta maiore ad idem diapason.

De Diapente, Vnisono, & Octaua.

I. Quibuscunque motibus à diapente rectè proceditur ad octauam: sed vbi motus similes fuerint, admittit post se ditonum, & hexachordum maius: si enim transitus fiat motibus contrariis, Tertia, Sextáque minor suauiùs sequuntur, nec ita sequens decima maior, ac tertia maior respuitur.

R̅ʒ

Hîc autem Bicinium satis longum habes, in quo regulæ præcedentes obseruantur: quod vnico intuitu hauries, si nostrum præcedens systema litterarium coram oculis habeas.

Bicinium.

u u b u u b b b l b f f f m f f m r │ r l b l f l m l │ l f l b l f f f l m L
v v r m f r r f f f v r m v m r u r │ l r f v f r u r │ f m f v f m f m f v r

Notis vero sequentibus omnes consonantiæ suis in locis propriis exprimuntur, vt etiam Lector illis, si volet, assuescat.

MONITVM.

De Consonantiis.

OPtimè notat præstantissimus Musicus Io. Bap. Doni discursu 2
de Consonantiis Græcos in tres ordines consonantias diuidere, videlicet ἀνήφωνε, hoc est æquisonas, id est omnes octauas, quæ pene idem esse videntur cum vnisono: παραφωνες, seu penæ-
quisonas, hoc est Quintam & eius repetitiones; & συμφωνες, quæ
reliquas consonantias complectuntur. Itaque Isotoniam, seu vniso-
nantiam, Homophoniam, seu æquisonantiam, penæquisonantiam, &
consonantiam artis propria vocabula veteres tradidêre.

Præterea rectè probat diatessaron esse consonantiam, & antiquis duas
Tertias notas fuisse, cùm illarum rationes sint in Enharmonica Quarta Architæ, & Didymi chromatica.

Tertiò Sextam maiorem, similiterque ditonum Diastalticæ musicæ,
minorem Tertiam & Sextam Systaltieæ; Quintam & Quartam He-
sycasticæ rectiùs accommodari.

Quartò totum spatium semitonij minoris, quod inter duas Sextas,
aut Tertias reperitur iunctum his aut illis, nil ingratum facere, & interuallum à minori ad maiorem continuè auctum semper consonare;

veteréſque qui hos pro conſonantiis non agnouerunt, vſos eſſe genere diatonico, quod illas conſonantias habere nequit.

Hinc rationem 56 ad 45 inter illas tertias, veluti nouam conſonantiam proponit ex vera diuiſione Enharmonica oriundam: prætereaque rationem 11 ad 9 eſſe conſiderandam, quam diatonicum æquabile tribuit.

Cúmque duo toni minores; & tonus maior iunctus ſemitonio maximo 27 ad 25 faciant interuallum ditono minus, & ſeſquiditono, ſeu trihemitonio maius, rectè concludit eſſe conſonantias; quemadmodum ait interualla diſſona, quæ tantiſper minora ſunt, Tertia minore, aut maiora maiore, vt contingit tono maiori iuncto ſemitonio minori; & tono minori iuncto ſemitonio maiori. Similiter interualla ditonum commate, vel aliquo alio minore interuallo ſuperantia, diſſonant, vt contingit ditono veteris. Diatonici ex 2 tonis maioribus compoſiti.

Quintò notat conſonantias maiorem ſuæ rationis numerum parem habentes eſſe molliores, & explicandæ mæſtitiæ dicatas, vt Quartæ, ſeſquiditono, & ſextæ minori contingit: alias imparem habentes maiorem, vt Quintam, ditonum & hexachordum maius, eſſe lætiores, & magnis animi pathematibus explicandis aptiores; quod apud Pythagoricos impares maſculi ſint.

Interuallum etiam 7 ad 6 eſſe maſculum, & ſatis gratum; 8 ad 7 languidius. Alia interualla ſuperpartientia, vt 7 ad 5, & 9 ad 7 ſunt etiam validiora interuallis 10 ad 7, vel 12 ad 7, quod hæc magis ad ſextæ minoris, illa vero ad maioris naturam accedant.

Sextò cùm ſexta maior diuiditur, meliorem eſſe diuiſionem 3, 4, 5, in qua diateſſaron ſubiicitur, quàm vbi ſuperponitur: ſecus cùm ſexta minor diuiditur, Quarta ſuperpoſita gratior, quæ diuiſio hic terminis 5, 6, 8 exprimitur: Similiter locum Quintæ gratiorem eſſe, cùm ſextæ maiori ſubiicitur 2, 3, 5, vel minori ſuperponitur 5, 8, 12; adeout ſextæ ſe habeant ad Quintam, vt Tertiæ ad Quartam. Quod ex noſtra methodo numerica demonſtratur, quæ in eo ſita eſt vt diuiſiones conſonantiarum ſint eò ſuauiores, quo minoribus terminis explicantur: atqui diuiſio quæ ſextam minorem Quintæ ſubiicit, minoribus terminis exprimitur quàm diuiſio quæ Quintam ei ſubiicit, quippe non poteſt minoribus explicari numeris, quàm 10. 15. 24. qui cùm duplò maiores ſint terminis alterius diuiſionis 5. 8. 12, dici poſſunt ſuauitatis duplò maioris, ſi non cauſa, ſaltem cauſæ ſignum.

Septimò Vniſonum Deo, Æquiſonum Angelis, penæquiſonum hominibus; conſonum brutis; gradus aptos cantui, vt tonos & ſemi-

tonia plantis; interualla de quibus dubitatur an sint consona, vel dissona, aut cantui apta, Zoophytis; et mera denique quæ cani, vel numeris exprimi nequeunt, enti simpliciter materiali comparat, qualia
sunt interualla nata ex geometrica consonantiarum, vel etiam dissonantiarum, mediæ proportionalis beneficio, diuisione.

Octauò falsum esse quod aliqui putant interuallorum quorundam
extrema, licet dissona, consonare si medius sonus harmonicè diuidens
interiiciatur, cùm nona maior, cuius ratio 9 ad 4, in duas Quintas
diuisa 9, 6, 4, nequidem grata sit; & semper ingrata maneat, licet
harmonicè diuidatur, vt 3 tubos in 3 sequentium numerorum proportione 117. 72. 52. constructos inspiranti constabit: differentia siquidem
primi à secundo 45, est in eadem ratione ad differentiam secundi à tertio 20, quæ primi 117 ad tertium 52, hoc est dupla sesquiquarta, seu 9
ad 4. satisque numeri sua quantitate demonstrant, non solum medium
harmonicum 72 non afferre gratiam, sed præterea dissonantiam longè
maiorem efficere; cùm illi 3 soni non possint vniri, donec neruus acutior 117 tremuerit, cum bini nonæ prædictæ soni quolibet fidis acutio-
ris vibrationum nouenario coëant, id est sæpius tredecies, quàm cum
medio harmonico 72 extremi termini conueniant: cum è contrario
interualla consona, quale est diapente, suauius ob medium harmonicum, mihi Arithmeticum, aurem feriant; & istud medium eusympho-
niam symphoniæ iungat. Omitto rationem 9 ad 2, quæ est decimasexta maior, his numeris harmonicè diuisam 89. 36. 22. vel aliam
eiusdem nonæ repetitionem 9 ad 1, quæ, licet in ratione multipla,
neque est consonantia, neque medio harmonico emendatur.

MONITVM II.

De diuisione Consonantiarum Harmonica, Arithmetica, & Geometrica.

DVdum in Harmonicis maioribus demonstratum est prop. 32. l. 5.
de dissonantiis, diuisiones tam Octauæ, & Quintæ, quàm aliarum
Consonantiarum, quos Practici vocant Harmonicas, esse Arithmeti-
cas; & quisquis legerit 36. prop. eiusdem libri, facilè concludet Quin-
tam Arithmeticè his terminis 3. 4. 5 diuisam, æquè suauem esse ac
Octauam harmonicè his terminis 6. 4. 2 diuisam: dicerent practici
Quintam Harmonicè diuisam æquari Octauæ Arithmeticè diuisæ.
De Geometrica etiam diuisione, déque tribus modis habes prop. 35.
Porrò sunt plures modi quibus datum interuallum harmonicè diui-

datur. Verbi gratia, duplum planum à latere primo in secundum, applicatum aggregato laterum dat medium harmonicum : vt 2 in 4 dant 8, cuius duplum 16, diuisum per 6, tribuit 2 ², quod est medium harmonicum, vt habes loco cit. prop. 30.

Eò verò suauior erit quælibet diuisio Arithmetica cuiuscunque Consonantiæ, quò numeri radicales qui eam expresserint, minores fuerint : vt iam quaslibet conternationes sequentes, vel etiam conquaternationes Consonantiarum simul conferre, & de maiori præ alia suauitate concludere valeas.

IV. PROPOSITIO.

Compositio trium, vel plurium partium, seu conternatio, & conquaternatio Consonantiarum se consequentium, biciniis non est difficilior.

QVod probatur ex praxi ; quandoquidem in ea præstantissimi contendunt bicinium ob regulas seueriores obseruandas, & illius simplicitatem, quæ minimas imperfectiones aperit, quibuslibet quotcumque partium motetis, aut aliis compositionibus esse difficilius: vix autem dixero genus istud compositionis plurium vocum à conternatione, conquaternationeq; consonantiarum discrepare, quemadmodum ab illarum combinatione dyades, seu Bicinia non differunt.

Cùm igitur Octaua seu Diapason omnem Musicam contineat, cùmquê præter hanc Harmoniæ reginam nil præter repetitiones à practicis audiri videatur, si diapasonis omnes conternationes dederimus, hoc est in 3 rationes diuiserimus, quæ sonos auribus gratos exhibeant, Triades seu Tricinia omnia exhibuisse censeri possimus.

Porrò quinque folum modis Octaua, feu ratio dupla 2 ad 1 in tres

1	2. 3
	4. 5.
	15. 16
2	2. 3
	5. 6
	9 10
3	2. 3
	6. 7
	7. 8
4	3. 4
	3. 4
	8. 9
5	3. 4
	4. 5
	5. 6

rationes fuperparticulares diuid:tur, quas tabella fequens exhibet; nec eſt vlla, præter quintam ordine, diuiſio, feu rationum illarum conternatio, quæ grata ſit auribus; quamque noſtris ſyſtematis litteris ita exprimimus: v. f. l. u. feu numeris minimis 3. 4. 5. 6. aliæ ſiquidem diſſonantias habent, quarum ſola tertia nequit exprimi noſtris litteris, in eâ ſiquidem Quarta diuiditur in rationem ſefquiſextam, & ſefquiſeptimam: 4 reliquæ ſic exprimuntur, prima v. f. b. u, ſecunda v. f. b. u. quarta denique v. f. b. u. Quare diuidi debet alio modo Diapaſon ad omnes Harmonicas conternationes inueniendas; quæ funt duntaxat ſex numero: vel enim Diapête ſubiicitur diateſſaroni, diuiditurq; in ditonum,& ſefquitonũ, itavt ille ſubiiciatur, vel ſuperextet; vel Diateſſaron ſubiicitur & Diapente ſuperpoſitum duobus, vt antea, modis diuiditur; vel poſt ditonum aut ſefquiditonum ſequitur diateſſaron, cui ſuperextat alterutra Tertiarum, vt Octaua perficiatur, quas omnes conternationes, vel triades habet tabella ſequens, idque eo ordine, qui ſuauiores minoribus numeris exprimit, qui docent quantò melior, hoc eſt dulcior & ſuauior ſit vna quàm altera trias conſonantiarum:

Diapafonis Harmonica Conternationes.

u	u	u	u	u	u
l	f	f	f	l	f
f	m	r	r	m	f
V	V	V	V	V	V
6	8	10	20	24	30
5	6	8	15	20	24
4	5	6	12	15	20
3	4	5	10	12	15
I	II	III	IV	V	VI

Vbi primum aduerte ſingulas conternationes ab V, ſiue VT noſtri Diapaſonis incipere, quod non ita fieri poteſt in vulgari, cui defunt femitonia, quibus ita noſtrum abundat, vt totum femitonium poſſit appellari; quodque femper præ oculis habere debeas dum hæc legis, aut ipſe componis, nam à quacunq; incipias nota, voce, phtongo, neruo, feu littera, quaſlibet conſonantiarum conternationes dicto citiùs efficies.

Aduerte ſecundò in maioribus noſtris Harmonicis, Latinis quidem l. 5 de diſſonantiis pag. 84, & Gallicis l. 1. de cõſonantiis prop. 35. pag.

95. diagrammᵒ · · · ⁻⁺ª Octauæ diuiſione, apponendos numeros

radicales 10, 12, 15, 20 inscribendos.

Tertiò cùm reliquæ conternationes extra diapason excurrentes nil sint aliud quàm repetitiones præcedentium, neque fieri possit vlla conquaternatio absque consonantiæ alicuius in nostris 6 conternationibus inclusæ repetitione; neque conquinatio, aut consenatio, &c. absque 2, aut 3 consonantiarum repetitione, dici potest eum qui 6 illas conternationes penitiùs nouerit, totam compositionem Harmonicam, vel illius ex solis consonantiis varietatem oriundam exhaurire.

Quartò suauitatem vnius conternationis esse ad alterius suauitatem, in inuersa maiorum numerorum ratione, quibus exprimuntur: Verbi gratiâ, maior numerus primæ est senarius, quintæ verò 24, qui 6 quater complectitur; quare soni primæ quater vniuntur eodem tempore quo soni quintæ semel duntaxat coëunt: nam in qualibet conternatione (quod & de conquaternationibus, cæterisque numerosioribus consonantiarum coniunctionibus intellige) maior numerus radicalis demonstrat quattuor trium consonantiarum sonos non posse simul aurem ingredi, vel animum ferire, donec acutior neruus, vel aër illum referens, totidem vicibus tremuerit (seu percussus fuerit, aut ipse corpus aliquod percusserit) quot in prædicto maiore numero fuerint vnitates.

Idipsum verò in aliis conternationibus, vel etiam conquaternationibus experiri facillimum: priùs tamen consideratione dignum à multis practicis secundam conternationem anteponi primæ, ob suauem Diapente diuisionem: forte quòd primo loco diatessaron occurrat, qui debetur Quintæ. Porrò reliquæ conternationes extra diapason excurrentes aliquam ex consonantiis ab octaua comprehensis necessariò relinquunt: & conquaternationes nullam relinquentes, Octauam necessariò faciunt cum aliquo sono prædictarum conternationum: quod demonstratur exemplis sequentibus, quæ cùm pendeant à nostro systemate disdiapason, hic repetendum est, & paginis omnibus non illud lectori exhibentibus adtexendum quandiu illius vsus explicatur.

Systema Harmonicæ Compositionis.

u ɹ r m f f f l b | u ɹ r r m f f f l b b | u ɹ r r m f f f l b b u.

Hæc scala Musica Trisdiapason complectitur, vt omnes repetitio-

nes exprimere poſſimus. Primum igitur exemplum ſit conternationis
Octauâ contentæ, conſonantiam reliquentis v. ſ. u; cùm inter ſ & v
vtraque Tertia collocetur in ſecunda & quarta conternatione. Secundum exemplum, m. ſ. u, quod ditonum relinquit ab v ad m. Tertium exemplum excurrit extra primum diapaſon. v. u. r'. in quo r ſacit
duodecimam minorem cum v. Quartum v r ſ' complectitur duodecimam. Quintum v. u. ſ'. ú. ſ''. l''. u'''. complectitur ter diapaſon,
& facit ſex tubæ conſonantias, quibus ſimul iunctis nihil ſuauius.

Sextum denique v. ſ. l. u. ſ'. Sed hoc exemplum id habet incommodi quòd neutrâ Tertiâ, neque Quintâ ſuper octauam vti queat,
quandoquidem illæ ſeptimam minorem aut maiorem efficerent cum
ſ; hæcque ſeptimam cum l, & nonam cum ſ. quod forſan cauſa eſt
cur prima Octauæ conternatio ſecundæ cedat, cùm ſoni ſub octaua
referant eos imaginationi, qui ſuperextant octauæ, vicéque verſa:
Præ: Prætereaque 4 aut plurium partium compoſitio fere ſemper requirit
decimam, præſertim maiorem, aut 12; licet poſſit ſexta maior vel
minor Octauæ ſuperponi, quando priùs inferior Octaua in hexachordum minus & ditonum, aut maius & ſeſquiditonum diuiſa eſt.

Vbi rurſus conſideratione dignum cur Sexta ſuper Octauam, ſeu
decimatertia contra Baſſum non ſit adeo ſuauis ac decima contra Baſſum, ſeu vocem grauiorem, cùm illa ſexta diſpoſitio non impediat
quin vox acuta faciat decimas cum grauioribus vocibus; exempli gratiâ l', hoc eſt ſecundum *amilare*, facit decimam maiorem cum ſ: quæ
cùm non ſit vox omnium grauiſſima, deeſt gratia Decimæ maioris,
quæ quibuſdam, veluti Harmoniæ radiis micat, cum ſit contra vocem
reliquis grauiorem.

Hinc ſit vt Practici maximè ſatagant conſonantiarum ad vocem
grauem, ſeu Baſſum relatarum, longè verò minus aliarum quæ inter-
miſcentur: adeout ſua motera facta putent ſtatim atque pars grauior &
acutior ad concentum adductæ ſunt, reliquis partibus mediis ad ſolam
copulam, aut vinculum requiſitis.

Cùm autem non poſſimus omnia ſine notis exprimere quæ pertinent ad Harmonica tempora, ſequentibus 12 modorum exemplis
diſces quidquid ad praxim, & ad elegantem 2, 3, aut plurium
partium compoſitionem attinet.

EXEMPLA

EXEMPLA
XII. MODORVM.

PRIMVS MODVS. SVPERIVS.

Qvàm dilecta taber- nacula tua Domine virtu- tum; concupif-

cit & deficit anima mea in atria in atria Domi- ni. ni.

CONTRA-TENOR.

Qvàm dilecta tabernacula tua Domine Domine virtu- tum; concu-

pifcit & deficit anima mea in atria Domini. Do- mi- ni. ni.

TENOR.

Qvàm dilecta tabernacu- la tua Domine virtutum;

concupifcit & deficit anima mea in atria in atria Domi- ni. ni.

Sf

SECVNDVS MODVS.

SVPERIVS.

Quàm di- lecta ta- bernacu- la tua Domine

vir- tutum; concupiscit & defi- cit anima me-

a in atri- a Domi- ni. ni.

TENOR.

Quàm di- lecta taber- nacu- la tua Domine

vir- tutum; concupis- cit & defi- cit anima me-

a in atri- a Domi- ni. ni.

TERTIVS MODVS.

SVPERIVS.

Qvàm di- le-cta tabernacula tua Do- mi-

ne vir- tutum concupiscit & deficit anima

me- a in atria in atria Domi- ni. ni.

TENOR.

Qvàm dile- cta tabernacula tua Do-

mine virtu- tum; concupiscit & deficit ani- ma me-

a in atria in atria Domi- ni. ni.

IDEM MODVS.

SVPERIVS.

Beati qui habitant in domo tua Domine; in fæcu-

la fæculorum laudabunt te. te.

CONTRA-TENOR.

Beati qui habitant in do- mo tua Domine; in fæcu-

la fæculo- rum laudabunt te. te.

TENOR.

Beati qui habitant in do- mo tu- a Domine; in fæcu-

la fæculorum laudabunt te. te.

QVARTVS MODVS.

SVPERIVS.

Qvàm dilecta tabernacula tu- a Dñe Domine virtutum; concu-

piscit & deficit ani- ma me- a in atria atria Domini.

CONTRA-TENOR.

Qvàm dilecta tabernacula tabernacu- la tua Dñe virtutũ virtutũ;concu-

piscit & deficit anima mea in atria in atria Domini.

TENOR.

Qvàm dilecta tabernacula tua Domi- ne virtutũ;concu-

piscit & deficit a- nimà mea in atria in atria Domini.

QVINTVS MODVS. SVPERIVS.

BEati qui habitant in domo tua in domo tua Domine; in

fæcula fæculorum laudabunt te. te.

TENOR.

BEati qui habitant in domo tu- a Domine; in fæcu-

la in fæcula fæculorum laudabunt te. te. in

SEXTVS MODVS. SVPERIVS.

QVàm dilecta taberna- cula tabernacula tu-

a Domine virtutum Domi- ne virtu- tum; concupifcit &

deficit anima mea in atria in atria Domini.

CONTRA-TENOR.

Qvàm dilecta taber- nacula tua Domine virtutum vir-

tu- tum; concupiscit & deficit anima mea in

atria Domini.

TENOR.

Qvàm dilecta tabernacula tua Domine virtu-

tum; Domi- ne virtutum concupiscit & defi- cit anima

mea in atria Do- mini.

SEPTIMVS MODVS.

SVPERIVS.

Qvàm dilecta tabernacula tua Domine Domine virtu-

tum; concupiscit & deficit anima mea in atria Domini.

CONTRA-TENOR.

Qvàm dilecta tabernacula tua Domine virtutum virtu- tũ: cõcu-

piscit & deficit anima mea in atria Do- mini.

TENOR.

Qvàm dilecta tabernacula tua Domine virtutum: concu-

piscit & deficit anima mea in atria Domini.

OCTAVVS

OCTAVVS MODVS.

SVPERIVS.

BEati qui habitant in domo tua Domine; in domo

tua Do- mine; in fæcula fæculorum laudabunt te. te.

TENOR.

BEati qui habitant in domo tua Domine; in

domo tua Domine; in fæcula fæculorum lau- dabunt te. te.

Tt

NONVS MODVS.

SVPERIVS.

BEati qui habitāt in dome tua Dñe, in domo tu-   a in domo

tua Domine: in fæcula in fæcula fæculorum lau- dabunt te.   te.

CONTRA-TENOR.

BEati qui habitāt in domo tua, Beati   qui habitant in domo domo

tua Domine;   in fæcula fæculorum lau-   dabunt te.   te.

TENOR.

BEati   qui habitant in domo tua Domine;

in fæcula   fæculorum laudabunt te.   te. in

DECIMVS MODVS.

SVPERIVS.

Beati qui habitãt qui .ij. in domo tua Do- mine; in sæcula in

sæcula sæculorum .ij. .ij. .ij. laudabũt te. laudabũt te.

CONTRA-TENOR.

Beati qui habitant in domo tua qui .ij. Domine; in sæcu-

la in sæcula .ij. sæculorum .ij. sæculorum laudabunt te.

TENOR.

Beati qui habitant in domo tua Domine; in sæcula in sæcu-

la sæculorum sæculorum .ij. .ij. laudabunt te.

VNDECIMVS MODVS.

SVPERIVS.

BEati   qui habitant   in domo tua Domine; in sæcu-

la sæculorum   laudabunt te.   te.

CONTRA-TENOR.

BEati   Beati   qui habitant in domo tua Domi-

ne; tua Domine; in sæcula sæculorum lau-   dabunt te.   te.

TENOR.

BEati Bea-   ti qui habitant in domo tua Do-

mine; in sæcula sæculorum laudabunt te.   te.

IDEM MODVS
tempore subduplo.

SVPERIVS.

BEati qui habitant in domo tua Domine; in sæcu-

la sæculorum laudabunt te. te.

CONTRA-TENOR.

BEati Beati qui habitant in domo tua Domi-

ne; tua Domine; in sæcula sæculorum lau- dabunt te. te.

TENOR.

BEati Bea- ti qui habitant in domo tua Do- mi-

ne; in sæcula sæculorum laudabunt te. te.

HARMONIÆ
DVODECIMVS MODVS.
SVPERIVS.

Qvàm dilecta tabernacula tua Domine virtu- tum; concu-

pif- cit & deficit anima mea in atria Domi- ni. ni.

CONTRA-TENOR.

Qvàm dile- cta tabernacula tua Domi-

ne vir- tu- tũ; concupiscit & deficit anima me-

a in atria in atria Domi- ni. ni. concu-

TENOR.

Qvàm dilecta tabernacula tua Domine virtutum; concu-

piscit & deficit anima mea in atria Do- mi- ni. ni.

Viuo ego jam non ego : viuit verò in me Chriſtus.

MEurtr'innocent qui me fait vi- ure, Sainct Amour qui me

fait mou- rir; Rencontr'heureux! que de perir Dans ce côbat qu'vn Dieu

me liure: Pour viur'au lieu de moy, fais-mey toujours mourir, Iamais

de ce beau coup je ne voudrois guerir. je ne vou- drois gue- rir. rir.

BASSE CONTINVE.

Blessé d'vne atteinte mortelle,
I'ay la vie de mon vainqueur;
Et si je sens mourir mon cœur,
Il vit d'vne flamme immortelle :
O Dieu! pour viure en moy, fais-moy toujours mourir;
Iamais de ce beau coup je ne voudrois guerir.

Ie vis, je meurs, je ressuscite;
Ie meurs en homme, & vis en Dieu ;
Ie me pers, je ne sçay le lieu
Où maintenant mon corps habite :
Mais je sçay que mon cœur voudroit toujours mourir
De la main de mon Dieu, sans en pouuoir guerir.

ANTONII BOËSSETI
ELOGIVM.

HOc vltimo Antonij Boësseti cántu suauissimis D. Pauli verbis diuinum amorem spirantibus informato quibuslibet viris Harmonicis testatissimum volui, quot & quantis cœlestis gloriæ desiderijs vitam suam Gallicus nostri sæculi Orpheus sacro Viatico, & Ecclesiæ Sacramentis armatus coronauerit, vt posteri magnum illud judicium, quod exercebat in harmonicis cantibus, & amoris diuini feruorem, quo mens illius in extremo istius vitæ momento rapiebatur, singulis diebus æmulentur.

Ex Officina ROBERTI BALLARD.

LIBER

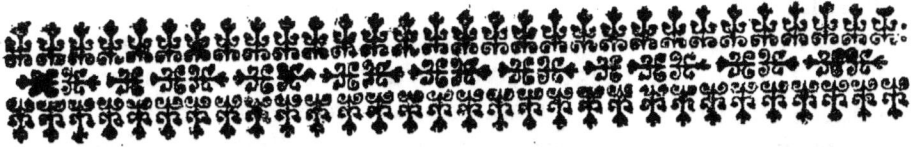

HARMONIÆ
LIBER IV.

De Instrumentis Musicis.

CVm omnia hisce libris contrahamus , paucis instrumentis contenti librum hunc sequentibus propositionibus concludamus, quæ gustum faciant 7 librorum quibus omnia Instrumenta, & illorum diagrammata.tam Gallicè, quàm Latinè conclusimus.

I. PROPOSITIO.

Citharam minorem , hoc est Mandoram explicare , & illius ope similia Instrumenta ἐνπάπω *intelligere.*

PRæcipuæ istius Instrumenti partes explico, putaque de maioribus instrumentis, verbi gratiâ, Testudine, Lyra, Violis, &c. idem ac de Mandora dicendum. Sit igitur istius citharæ, siue testudinis canon P D F, hoc est tabella manubrio agglutinata, in quo phtongorum discrimina, seu iugamenta ἡμιτονιαῖα , quæ & ἀφοριστῆρες: quorum tonos, siue sonos ostendunt litteræ nostræ b, c, d, &c. vsque ad K ; vice quarum Itali numeris 1, 2, 3, &c. vtuntur.

Vu

Reliquus neruus à K ad A B ponticellum , feu magadem , dicitur
apopfalma; nifi malis eiufdem nerui parti à fupercilio P relictæ, noc
eft parti 6 P, dum in 6 tangitur, vel parti c P, dum in c tangitur,
&c. nomen illud tribuere , quemadmodum voces inutiles in chordarum monochordi fegmentis metapfalmata dicimus. Chordæ
verò , dicuntur etiam νευραι, λινα, μιτοι, fides , &c. quarum vibratio Κραδασμος.

Cùm autem di-
uerfis modis fides
tangi poffint ,
adeout auium can-
tus , & quidquid
ferè volueris imi-
tentur, vt experi-
mur in Bocani
Lyra Orcheftica,
quâ mirabiliter
afini ruditum ple-
ctro chordæ reli-
quum poft maga-
dem, hoc eft apo-
pfalma tangen-
do , ita ex-
primit, vt ipfam
belluam Arcadi-
cam effe credas :
fed & citharæ pul-
fationem ranarum
coaxationi fimi-
lem βατραχισμο
appellarunt.

At verò mirum
videtur , quòd 4
his fidibus noftri
citharistæ omnia
repræfentent, fiue
digitis, fiue pen-
na , vel quouis
fabulone : nulla fiquidem amphipedefis , nullæ Δγαπτωδλωσις, nulla

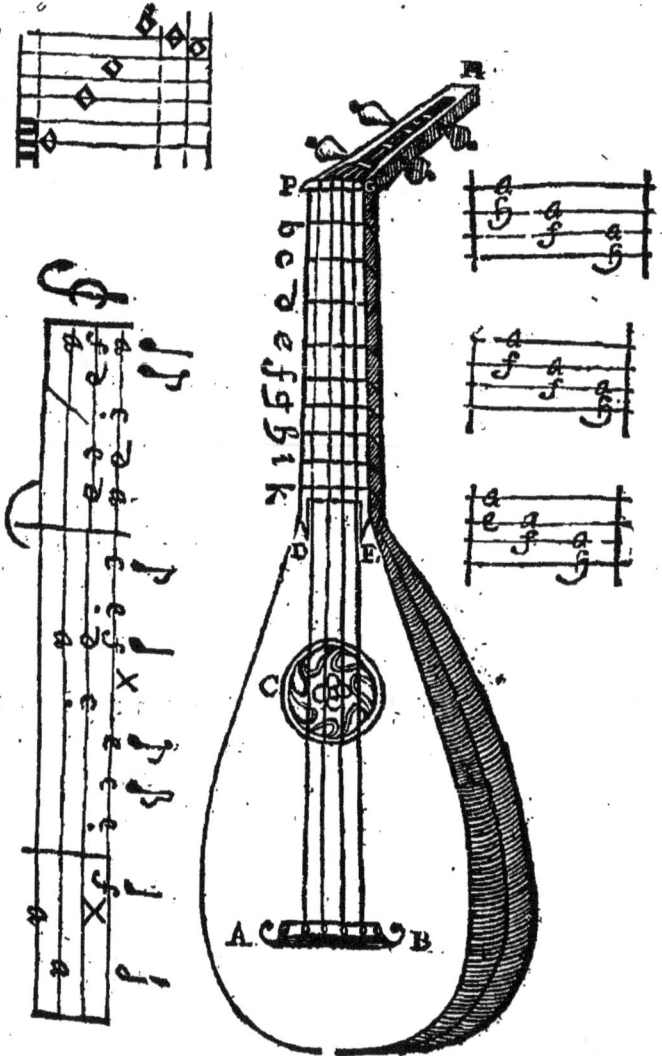

προϗψηλαφήματα, nulla κομπίσματα, neque μεσοκιθαρίσματα, quam istorum 4 neruorum ὑπήκρυσις, & apechesis non referat: quod etiam de Lyra orchestica dictum velim, quæ cum nullis iugamentis distinguatur, aptissima est quæ omnia tetrachordorum genera, de quibus postea, repræsentet. Istius autem ὀλιγοχορδίας συναρμογή, seu concentus, tam notis vulgaribus, quàm litteris hoc schemate continetur, quod etiam habet ad latus sinistrum diagramma breue ad primum exercitium.

Ab H ad P habes 4 epitonia, seu vertibula impacta, quorum versione fides tenduntur, vel remittuntur: vocantur etiam κόλλοπες, κολλάβοι, & paxilli. Cùm autem absque vocum coniunctione canit, illius cantus ψιλαι κιθαρίσεις: cum vocibus κιθαρῳδίαι dicuntur: & qui canit ad citharæ vnisonum προχορδα canit: sunt qui magadem vocent χορδότονον, fortè quòd antiquitus ἐχεῖον, seu χάλκωμα sub eo poneretur ad citharæ resonantiam, seu apechesim aluei augendam.

Porrò tres notæ superiores systematis ostendunt tres diuersos modos, quibus hæc cithara redigitur ad concentum, cùm sit χορδοθεσία, seu ἐγχορδοτονία: cùm interim 3 inferiores eosdem tonos, vel phtongos conseruent, qui propterea dici possunt ὑποθεματικοὶ, vt alij tres μεταβολικοὶ.

Qui solâ cithara canunt psilocitharisticam exercere dicuntur, hoc est artem canendi fidibus, vt ἠχοποιίας, qui faciunt echea, quæ nonnulli parabolica, vel hyperbolica requirunt: & ὀργανοποιίαι λυροποιοὶ, qui citharas, & alia instrumenta construunt. Sunt autem citharæ præludia προκιθαρίσματα, & προψηλαφήματα: quæ nunc in omnium istius generis instrumentorum gratiam annotasse sufficiat.

II. PROPOSITIO.

Lyram Orchesticam exhibere, & Musicæ genera, quibus apta est aperire.

CVm hoc Lyrarum genus fiat diuersæ magnitudinis, eam hîc perspice quæ vocibus grauioribus destinatur; quæ cum sit absque iugamentis, siue interstitiis, infinita dici potest, ob sonos innumeros quos docta manus discriminat, cùm aliorum instrumentorum manubria semitoniis distincta totidem duntaxat habeant sonos, quos iugamenta, seu metationes.

Vu ij

Porrò qui laudem quaternarij profecuti funt, 4 iftius lyræ neruos poffunt addere, quibus nil in genere mufico videtur ἀδύνατον: experiatur Bocani, vel Conftantini peritiam quifquis dubitauerit.

Syftema 4 notis defcriptum, oftendit magnam iftius inftrumenti extenfionem, quæ decimamtertiam complectitur, etiam fi manubrij tabula, non tangatur.

Placet autem hîc non omnia quidem Muficæ genera poffibilia, quippe infinita, fed ea tantùm quæ diateffaronem diuidunt in 3 rationes fuperparticulares proponere; quòd cùm Bryennius folummodo quindecies fieri poffe crediderit, oftendimus viegies fepties contingere.

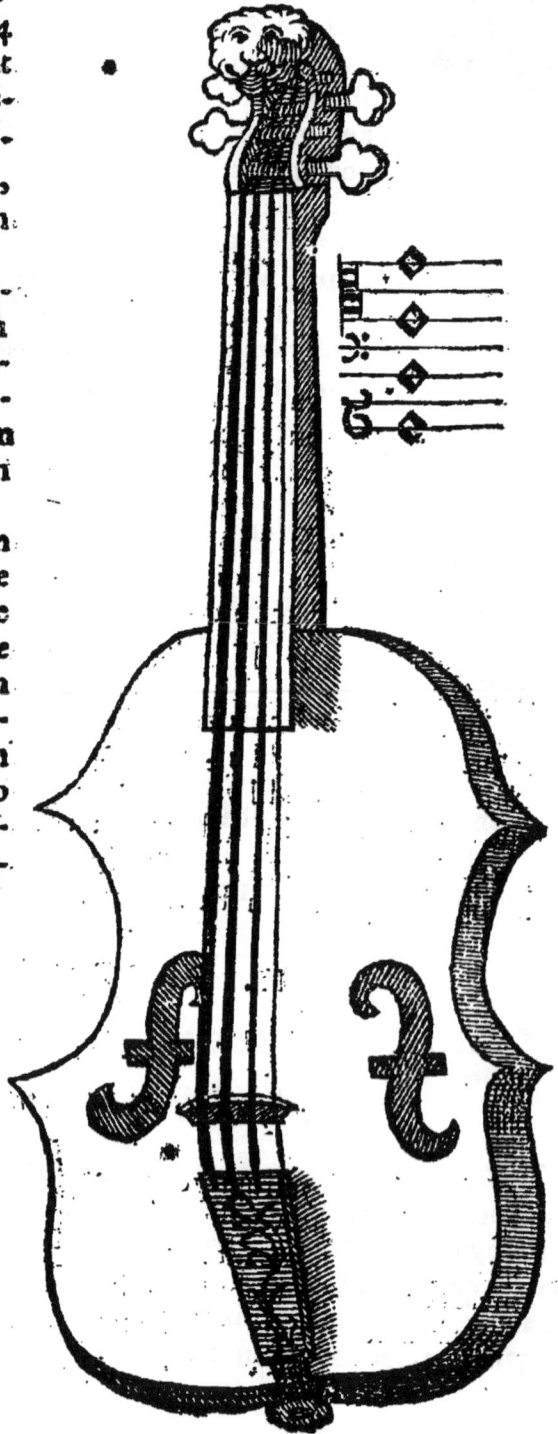

Diatessaron in 3 rationes superparticulares 27 divisum.

	9. 10					
	10. 11					
	11. 12					

	9. 10		4. 5		5. 6
I	8. 9	10	25. 26	19	18. 19
	15. 16		39. 40		19. 20
	4. 5		4. 5		9. 10
2	16. 17	11	27. 28	20	6. 7
	255.256		35. 36		35. 36
	4. 5		4. 5		9. 10
3	17. 18	12	30. 31	21	7. 8
	135.136		31. 32		20. 21
			15. 16		6. 7
4		13	5. 6	22	8. 9
			24. 25		63. 64
	4. 5		15. 16		6. 7
5	18. 19	14	6. 7	23	11. 12
	95. 96		14. 15		21. 22
	4. 5		5. 6		6. 7
6	19. 20	15	10. 11	24	14. 15
	75. 76		99.100		15. 16
	4. 5		5. 6		7. 8
7	20. 21	16	11. 12	25	7. 8
	63. 64		54. 55		48. 49
	4. 5		5. 6		7. 8
8	21. 22	17	12. 13	26	8. 9
	55. 56		39. 40		27. 28
	4. 5		5. 6		7. 8
9	23. 24	18	14. 15	27	12. 13
	45. 46		27. 28		13. 14

Est autem secunda divisio eadem cum diatonica nostra: unde videas quot nobis desint tetrachordorū species, seu genera: suntque qui primum tetrachordum cæteris anteponant ob minores inter rationes illius differentias: quemadmodum & alij divisionem istam sequentes, addunt ei rationes 12 ad 13, 13 ad 14, & 14 ad 15, ex quibus credunt genus musicum exurgere, quod longissimè superet genera nostra diatonica, chromatica, vel enharmonica; cùm enim unum aut alterum semitonium tantam diatonico diversitatem inferat, quanto maiorem ex illis novis interuallis sperare debeas?

Est igitur lyra hæc generibus omnibus exprimendis aptissima, cùm sit monochordum infinitum, seu nullis divisionibus obnoxium.

Non illa genera repeto, de quibus adeo fusè libro 6. Latino de Generibus, & Modis, & in Paralipomenis ad Genesin. Huic lyræ subiungam alteram admodum cognatā, cuius cantus non adeo vehemens, quod illius nerui longiores sint, vel minus tensi, quæ parum figurâ differt, &

augaménta, feu metationes habet, quæ illius infinitatem præpediunt.
Addo folum caudam illam pone magadem, cui chordæ alligantur,
à quibufdam chordapfon, feu chordotonum appellari, quod tamen
magadi teftudinis melius quadrat.

Arculus α β
♪ iftius Vio-
le, quam alii
Lyram ap-
pellant, o-
ftendit etiã
qualis fit in-
ftrumenti
præcedentis
arculus, quẽ
alij plectrũ
dicunt : fy-
ftema verò
differt ab
Orcheſticæ
Lyræ fyfte-
mate, vt ex
notis con-
ftat.

III. PROPOSITIO.

*Polyplectra Harmonica, siue Clauicymbala explicare,
illisque perfectas & temperatas consonantias addere,
& in quibus systema vulgare, seu interuallorum
æquatio, vel participatio à vero systemate differat aperire.*

POlyplectra vocamus inftrumenta quæ pluribus pennarum apici-
bus, totidem nempe quot fides percutiendæ fuerint, inftruuntur;
quas pennas alii crinibus aprorum, vel aliis fatis robuftis fupplent.
Licet autem noftri practici temperaturam fuis fyftematibus adhi-
beant; hæc tamen temperatura non eft ἰσομερὴς, fiue ἰσημπτωσίαλα,
qualem Galeus defiderabat; quæ licet noftrorum aures delicatiores,
qualis eft ingeniofiffimus λυροποιὸς Dionyfius, vix illam temperaturam femitoniorum æqualium fuftinere poffent, aliis tamen muficis
exercitatiffimis fatisfaciebat: In quorum gratiam fit diapafon fequens
tria Muficæ genera fuis 25 notis vel fonis referens, & octauam in 24
diefes enharmonicas æquales fecans.

' Aduerte verò notas albas abfque caudis gradus diatonicos : notas
nigras caudatas gradus enharmonicos, notas denique albas caudatas
gradus chromaticos fignificare: atque adeo diatonicos gradus, vel
fonos octo, enharmonicos duodecim, & chromaticos quinque
huic ineffe fyftemati, in quo plura reperias interualla quæ defunt
præcedentibus fyftematibus. Habent igitur æqualitatis amantes in
hoc 25 fonorum fyftemate quidquid defiderent.

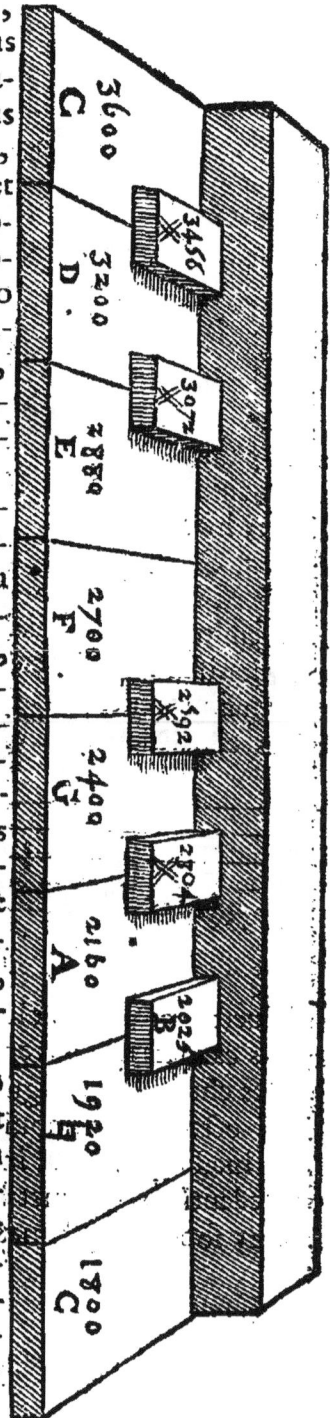

Vt autém illa noſtrorum temperatura, ſeu participatio facilius capiatur, ſit abacus clauicymbali, 13, vti ſolet in qualibet octaua, plectris, ſiue tactibus inſtructus : cuius palmulæ litteris capitalibus inſcriptæ C, D, E, F, G, A, B, & C, ſunt diatonicæ, licet B, quod noſtro more ſuperius explicato notatur per *b*, ex diatonico exulet, cuius loco ſtatuitur *b*, ſeu bi, quod in hoc alueolo notatur charactere peculiari, quem b quadratum appellant. Aliæ palmulæ minores, quas tactus nigros ſeu fictos, aut chromaticos dicunt, lineolis decuſſatis ſignificantur.

Quibus præmiſſis, ſciendum primo practicorum aurem (qualis eſt Ioannes Dionyſius prædictus, quo nullus clauicymbala perfectius conſtruit, & ad concetum adducit) adeo doctam eſſe vt tam in Organis, quàm in ſpinetis temperandis ¹⁄₁₆ ſoni partem, hoc eſt proximè quartam commatis partem in Quintæ temperamento percipiant : hanc enim exactam & iuſtam, qualem retinerent, ſi reliquas omnes conſonantias à fidibus exprimendas inuenire poſſent, prædicta commatis quadrante deprimunt, vt ea ratione temperata reliquis conſonantiis, non quidem exactis, ſed ita temperatis, vt aures non lædant, inueniendis ſeruiat.

Hanc autem partem commatis non alio modo Quintis perfectis deeſſe percipiunt quàm ex fidium, vel tuborum ſonantium pugna, ſeu tremore; prius enim fides & fiſtulas ad iuſtum diapente cogunt, deinde verticillos, ſeu paxillos quibus chordæ torquentur, tantiſper remittunt, donec tantiſper tremant, adeout is perfectiorem ſuauioremque concentum fidibus & fiſtulis tribuat, qui delicatiore aure fruitur.

Porrò

Porrò fictæ palmulæ, seu nigri tactus non habent aliud nomen aut litteram à tactu præcedente diatonico: hinc fit vt tactus qui C inferius immediatè sequitur, fictus *C sol vt fa* nuncupetur: eodemque de D F & G dicendum. Quod enim spectat ad E, non eget fictione, cuius vice fungitur F: quod etiam occurrit in *Bfabmi*, cuius tactus niger dicitur vulgò *fa*, & supplet fictionem L, quemadmodum *mi* vel bi supponit fictionem fa: vel vt nostro more loquamur, ba & bi diuidunt Tertiam minorem l, u, in tria semitonia, vt ex dictis constat.

His autem tactibus ea ratione temperamentum inserunt, vt quodlibet diapente vno puncto minuant: incipiunt autè ab E, seu m, cum quo faciunt primum diapente in b, vno puncto minutum. Temperaturæ verò terminus vltimus est fictus G. Credunt autem Practici tonum superfluum in D & A reperiri, quod fictione non vtantur, sed ex vtraque parte semitonium maius habeant: cùm alij tactus diatonici minus habeant semitonium.

Longè verò clarius intelliges modum temperandi clauicymbalum vel organum, sequente ratione: incipiendum igitur ab F, cum quo diapason exactè facias: Secundò C faciat diapente iustum cum F, quod postea vno puncto minues, vt sequentia: Tertiò facienda Octaua grauior cum C, quod postea faciat diapente cum G, cui etiam tribuatur Octaua in G; quod suum habeat diapente in D superiore: quam temperaturam confirmabis si *b* faciat Quintam cum f: & d superius Tertiam minorem cum b: cùm enim Tertiæ iustæ satis, consonantesque reperiuntur, systema temperatum legitimum esse censetur.

Sed cùm numeri cuilibet palmulæ inscripti demonstrent quænam exactè possint absque participatione, iuxta veras harmoniæ leges exprimi, de vero palmularum systemate postea dicendum erit, vbi nostris characteribus litterariis procedens temperatura adeo clarè fuerit exposita vt omnes illam capiant, cùm sit magni momenti ob frequentem illius vsum & necessitatem.

Diagramma litterarium Clauichordiorum temperaturam ostendens.

b. v. u. r. r. m. f. f. f. f. l. b. b. u. u'. r'. r'. m'. f'. f'. f'. f'. l'.

Vbi primò Lectorem harmonicum clauichordio, vel organo ludentem monitum velim fyftema per b præcedentem v incipere, cum quo facit tonum, quòd eo gradu feu phtongo ad participatioi.em fidibus , vel fiftulis tribuendam egeamus. Secundò, diagrammatis iftius extenfionem complecti decimamtertiam tam diatonicis, quàm fictis gradibus inftructam , quippe funt omnes ad concordiam tempe- ratam adducendi. Tertiò, hanc temperaturam notis vulgaribus ex- primi prop. 29. lib. 6. Gallici de Organis, quem qui habuerint rogo vt errores paginis 364. & 365. obuios iuxta fequentem explicatio- uem emendent.

Itaque temperatura gradibus diatonicis primùm adhibenda, & ab f incipiendum, quod tuæ voci, vel auri magis congruat, vt pote de quo faciliùs iudices, quàm de f acutiore, vel grauiore. Sit itaque f, quod fpatio fecundi ducenties aërem percutiat, hoc eft quod à centum nerui periodis generetur , vel à 108 , vt iam meæ voci qua- dret, quæ non poteft, nifi per diateffaron, aut ad fummum diapente inferiùs defcendere. Primum igitur cum f, temperaturæ fundamento, facienda Quinta cum u fuperiore, fed illa Quinta ex parte u, quarta commatis parte, aut vt practici loquuntur, vno puncto minuenda: deinde u iuftam octauam cum v faciat. Tertiò iftud v fuam habeat Quintam, eodem ac antea modo imminutam, cum f. Quartò f iftud fuperiorem habeat Octauam cum f', & Quintam cum fuperiore r', quod fuam octauam habeat cum r inferiore, quod cum l diapente faciat; quod l fuam habeat Octauam cum l fuperiore, & Quintam cum m', vt illa Octaua in Quintam & Quartam, inftar præcedentium Octauarum diuidatur.

Denique m' præcedenti tribuitur Octaua inferior in m, quod fuam habeat Quintam inferiùs in illo b, feu bi, quod propterea litteræ v præpofuimus : Quibus peractis decem litteræ diatonicæ fequentes temperatæ funt, quarum fuperiores à

F.G. A. B. C. d. e. f. g. a.　practicis frequentantur , inferiores
f. f. l. b. u. r'. m'.f'. f'.l'.　verò fyftemati noftro adfcribuntur: fu- perfunt autem ficti gradus hac ratio- ne temperandi. Incipiendum eft à b, quod faciat diapente cum f' fuperiore, & cum r inferiore. Deinde prima fyftematis littera b, fa- ciat Quintam cum f, quod rurfus faciat diapente cum u'. Tertiò faciat u Quintam cum f, quod non habet Quintam fuam fuperiorem in hac temperatura, quæ fuam imperfectionem reiicit non quidem in noftrum, r cum fyftema noftrum in æqualia femitonia diuifum non egeat aliâ , quàm æqualitatis participatione , fed in r practi- corum.

De Lyris, & nouis Archiuiolis.

HAnc Lyram quàm plurimi audiêre, pauci verò apertam infpexe-
runt, vt confideratione dignam addidero; quæ hac ratione dif-
ponitur inter Lyriftæ bra-
chia, vt manubrium V Y
ad manum dextram, quâ
conuertitur, vt rota lignea
K P O velociter agitata,
P binas fides ligneæ caudæ
₃ E V infertas & in lon-
gum porrectas, inftar plectri, vel arculi tangat:
collocatur verò ad læuam
pars altera LM IK, quâ
paxilli feu collopes 11, 12,
13, & 14 torquentur, vt fidibus tenfio neceffaria tribuatur. His autem binis
fidibus varietas câtuum fonis vehementiffimis motu
palmularû feu tactuum 10,
aut plurium numeris in-
fcriptorum infertur; hi fiquidem tactus à C verfus
P læuæ digitis impulfi fides prædictas tangunt, eifque tot imponunt veluti
iugamenta, quot funt lin-
gulæ, vel fupercilia tactibus perpendiculariter infi-
ftentia; hinc tactus 1 ab E
ad F impulfus, caufa eft
cur binæ fides fonum acu-
tiffimum efficiant, cum
fint breuiffimæ, fonofque
eò grauiores edant quo
tactus inter fe & ponticel-
lum, feu magadem B longiùs deftiterint: cúmque fint 10 tactus
lyræ iftius fyftema decimam maiorem fuperare nequit.

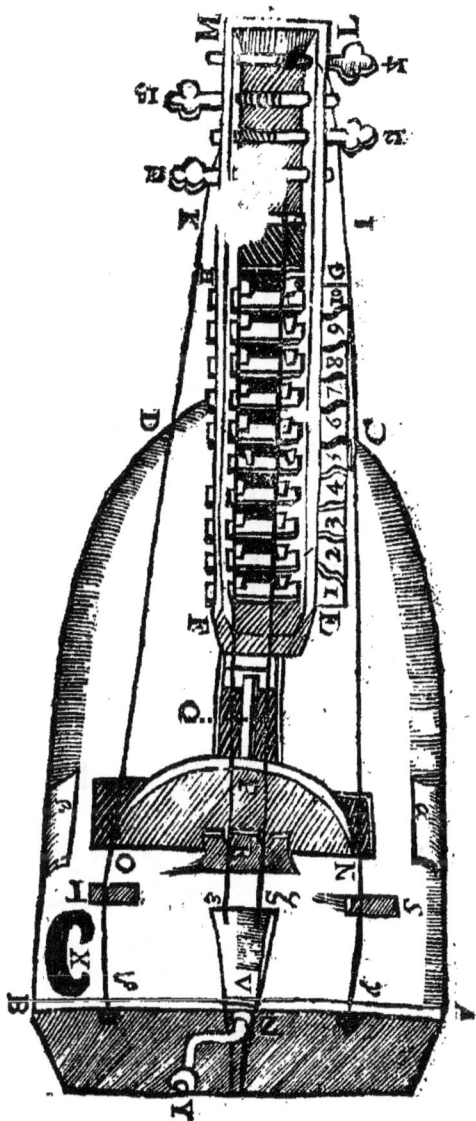

Duæ reliquæ fides punctis γ & δ insertæ, ponticellulis S & T quoad sonos determinatæ per C I, & D K in longum extensæ sonos habent statos & immobiles, quos appellant burdones, qui vel Octauam, vel Quintam inter se faciunt, dum fides mediæ cantum variant.

Optima fuerit hæc lyra si plures alij burdones addantur, qui faciant sex tubæ consonantias 7 notis sequentibus expressas; dum binæ fides mediæ sonorum illam diuersitatem facient, quam Tubicines cantibus suis exprimūt, vbi 7 istos sonos acumine superarunt.

Semitonia porrò tactibus diatonicis addita hoc instrumentum perficient, quo cum si tria iungantur ad partes Harmoniæ coniungendas, vix aliud efficacius reperias.

Quod ad Archiuiolam attinet, quam Hubautius ad supremum apicem (vt & I. Dionysius egregius λυροποιὸς) adduxisse videtur, omnia prorsus similia clauicymbalo, quoad sonorum dispositionem, & numerū, habet, hoc est idem systema. Sed plectrum, vel arculus componitur ex corio equino piloso, quod super duabus trochleis transuersim extensum fides tactibus depressas vel erectas tangit, eodem modo quo Violæ fides arculus: eo discrimine quòd illud corium rota circum actum arculus infinitus videatur. Sed oculi apud Hubaltium & Dionysium translati totum artificium, vnico intuitu detegent, quod longissimus discursus absque diagrammate vix faciat.

Videatur noua obseruatio ad calcem libri Harmoniæ Gallicæ, vbi temperamentum practicorum explicatur: iam enim ad systema perfectum accedo, cuius sæpenumero fecimus experimentum.

IV. PROPOSITIO.

Clauicymbala, & Organa perfecto concentu instruere, & a baco palmulas, quæ desunt temperatis abacis, addere.

P Riusquam abacum perfectum aggrediar, aduertendum est prædictum 13 in octaua palmularum à practicis vsurpatum ea ratione disponi posse, vt absque temperatura plurimas cantilenas, moteta, &c. repræsentare possit, ea nimirum quæ tertiæ prop. diagrammate, iuxta numeros ei adscriptos ludi possunt. Sed & quosdam alios gradus tangi posse, prout semitonia iisdem locis diuerso modo collocantur, vt factum est in sequente totidem graduum diagrammate, quod per eosdem numeros incipit & definit, iisdemque numeris gradus omnes diatonicos tã per *b* molle quàm per quadratum explicat , sed qutuor primi tact° ficti, nempe *u*, *r*, *f*, & *ſ* iuxta nostrum diagramma literarium, aliis numeris exprimũtur, qui numeris alterius prædicti diagrammatis tertię prod. additi systema faciunt 17 palmularum, nec longè absunt à perfecto diagrammate. Quod etiam aliqui practici vsurpant, vt quasdam consonantias in iis locis inueniant , in quibus esse nequeunt in 13 graduũ abaco: quapropter illũ 17 palmularum abacum affero.

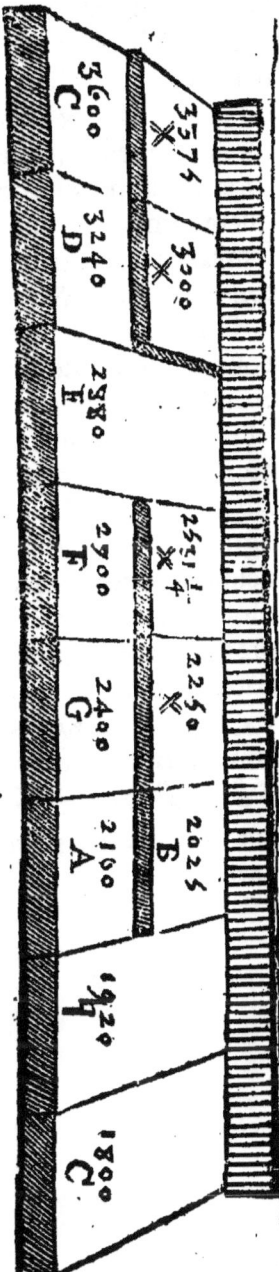

Si forte practici velint sua diapente , & alias cõsonantias exactas absq; vllo temperamento audire; qui si nolint vllũ gradum addere 13 vsurpatis , vel iuxta duo prædictos 13. palmularũ abacos perfectionem experientur, vel iuxta sequentes numeros, è

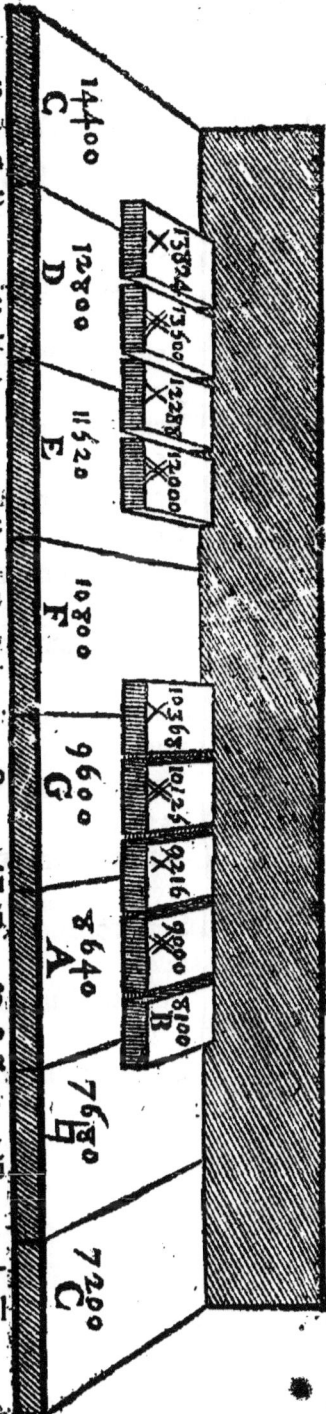

3600 C	3375 ✗	14400 C
3240 D	3200 ✗	13824 ✗ / 13500 ✗ / 12288 ✗ / 12000 ✗
2880 E		12800 D
2700 F	256 1/4 ✗	11520 E
2400 G	2250 ✗	10800 F
2160 A	2025 B	9600 G
1920 ♮		10368 ✗ / 10125 ✗ / 9216 ✗ / 9000 ✗ / 8100 B
1800 C		8640 A
		7680 ♮
		7200 C

quorum regione tam noſtras litteras Harmonicas, quàm in abacis prædictis vſitatas habes; videſque quas inter litteras diatonicas toni maiores, vel minores reperiantur, cùm illi ex ſemitonio maiore, & medio; hi verò ex maiore & minore componantur: quemadmodum ſuperflui ex 2. ſemitoniis maioribus, qualis eſt tonus ab *u* ad *r* & ab *ſ* ad *b*.

Cùm autem litteræ vſitatæ poſſint compoſitionibus, perinde ac noſtræ, adplicari, vnicuique liberum eſto; quanquam noſtræ faciliores videantur, quod ſyllabas Aretini dudum vſurpatas ſignificent, quas in alias in *a* deſinentes cum Mairo viro ingenioſiſſimo conuertere poſſis, vt os pronuntiando vnico modo aperiatur, & canat *va*, vel *ta*, *ra*, *ma*, *fa*, *ſa*, *la*, *za*, *ta*: niſi malis cum Græcis veteribus dicere: Τῶ, τᾶ, τὲ, Τᾗ, Τῶ, &c. aut quaſuis alias ſyllabas vſurpare.

Syſtema 12 interuallorum ſeu 13 graduum.

c	u	810
		Semitonium maius.
b	b	864
		Semitonium minus
B	b	900
		Semitonium maius.
A	l	960
		Semitonium maius
g	ſ	1024
		Semitonium medium.
G	ſ	1080
		Semitonium maius
f	ſ	1152
		Semitonium medium
F	ſ	1215
		Semitonium maius
E	m	1296
		Semitonium minus
d	r	1350
		Semitonium maius
D	r	1440
		Semitonium maius
c	u	1536
		Semitonium medium
C	v	1620

Ipſa diagrammata ſequentia numeris adſcriptis quemlibet gradum, & quodlibet interuallum accuratè ſignificantibus , fidem ſibi

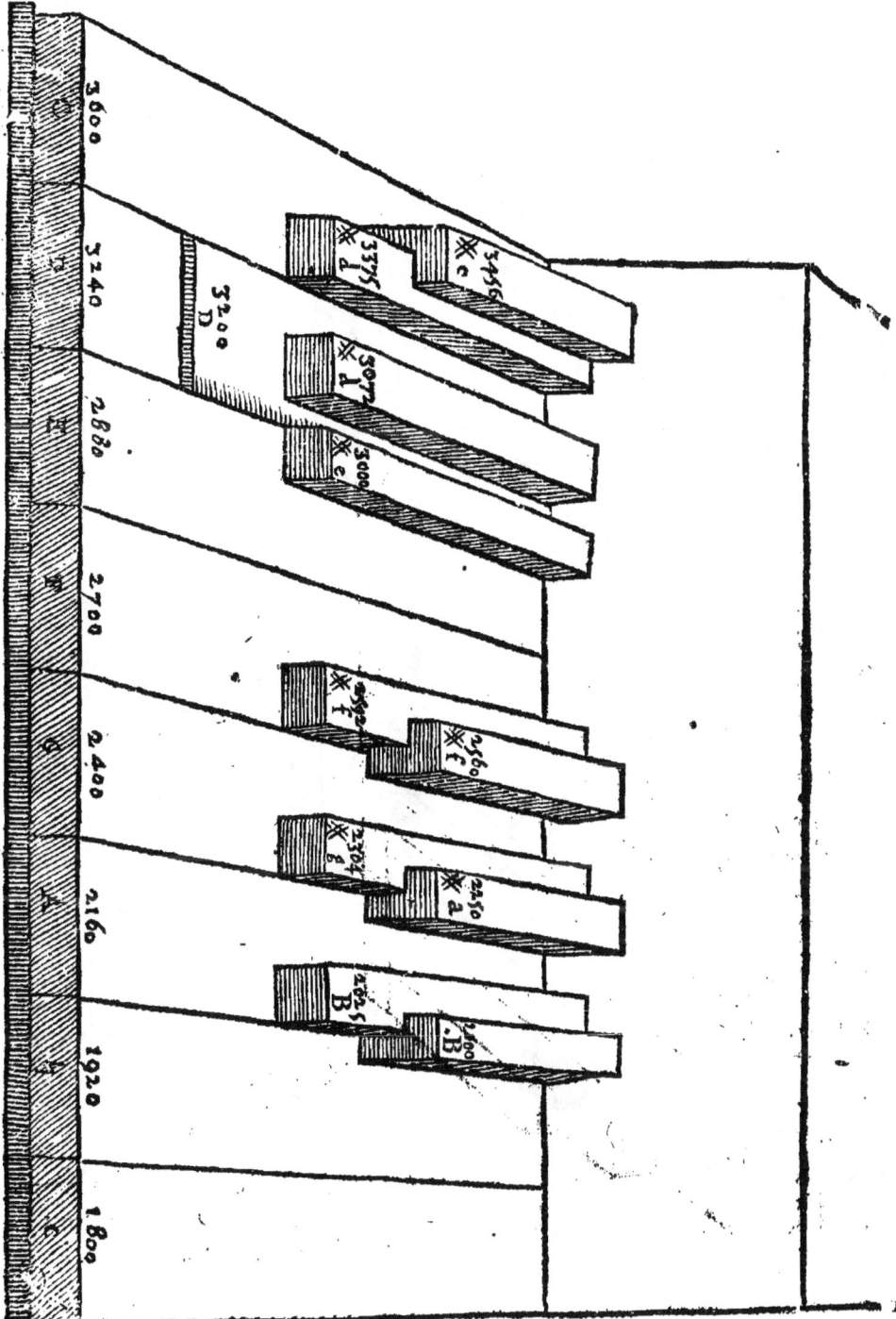

faciunt, & demonſtrant 19. palmulas ad minimum in Octaua. requiri, vt omnes conſonantiæ, gradúſque ſinguli ſuas rationes harmonicas obſeruent; quæ cum fuſiſſimè, clariſſiméque lib. 1. Latino Inſtrum. Harm. prop. 43. & l. 3. prop. 3. demonſtrauerimus, hîc nuda ſchemata

protuliſſe ſatis ſuperque fuerit; quorum primum à C; ſecundum ab F incipit, vt

vt quiſpiam cernat quo loco tam commata, quàm dieſes enharmonicæ
ſtare debeant. Vſum autem iſtorum ſyſtematum habes prop. 119. l. 3.
Inſtrum. & in ſeq. notis, cúmque nonnulli gradus in iſtis 2,

abacis ad
ſummam

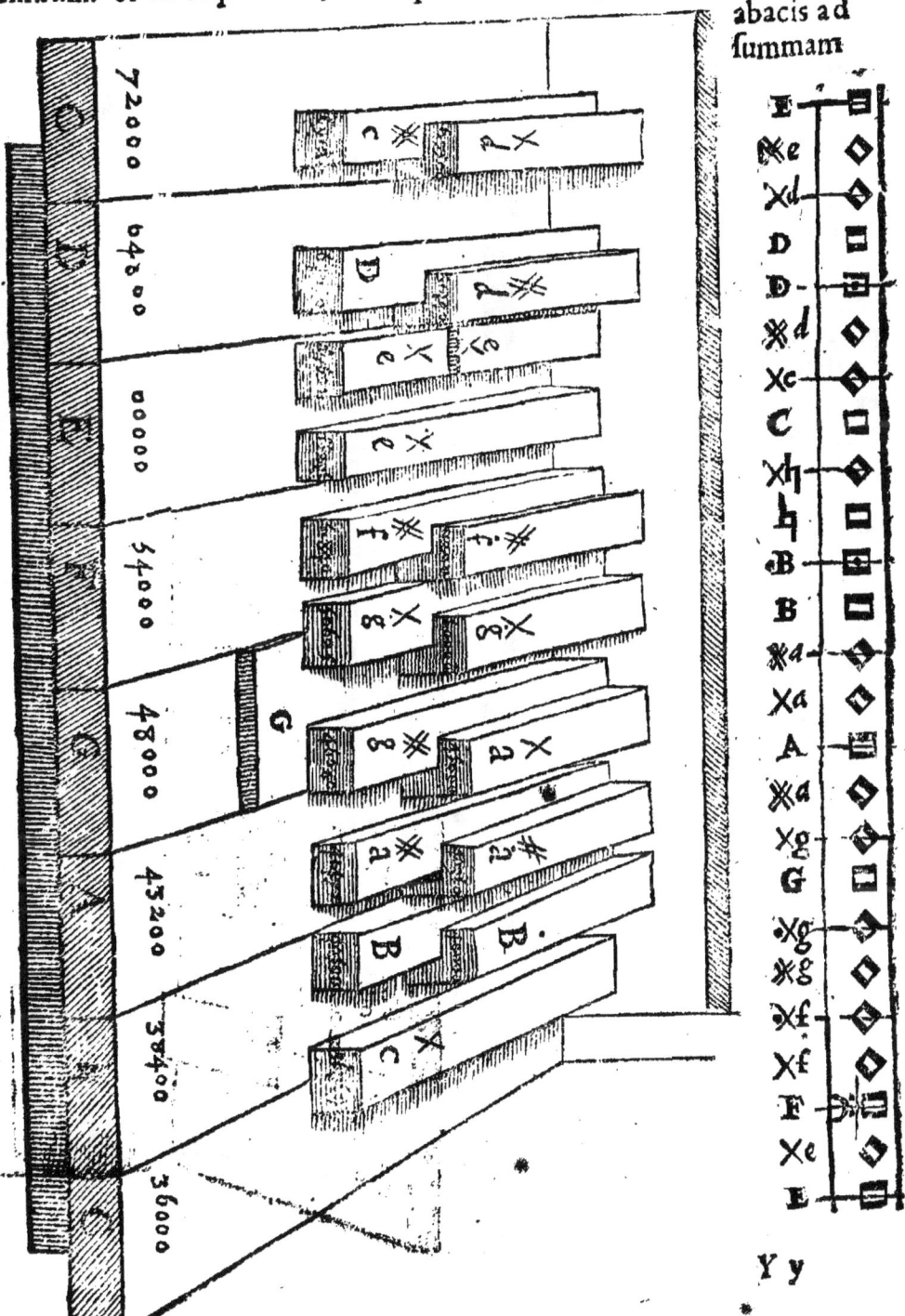

72000	c ✳ / d X
64800	D / d ✳✳
	e X / e
00000	e X
54000	f ✳ / f ✳
	g X / g X
48000	G / g ✳ / a X
43200	a ✳ / a ✳
	B / B
38400	C X
36000	

E
✳e
Xd
D
D
✳d
Xc
C
Xh
h
B
B
✳a
Xa
A
✳a
Xg
G
Xg
✳g
Xf
Xf
F
Xe
E

Y y

Harmoniæ perfectionem requirantur; tertium ibidem explicatum, & 27 palmulas habentem aspice; & Salineum præcedentem 25 notis contentum, cui denique tertium abacum, cuius diapason in 32 palmulas, seu gradus dividitur, subiicimus, vt quispiam videat quanto conatu laborandum, vt quæ nostri practici canunt, & componunt, vnico possint abaco coarctari, qui præcedentes omnes complectitur, explicaturque prop. 19. lib. 3. prædicti: & l. 6. de organis Gallicè scripto, prop. 23. ex quibus repetas quæ hic desiderare possis. Aduerte folium in abaco 27 palmularum sequentes gradus inueniri, quorum aliqui desunt in duobus prioribus.

144000 C1			
129600 D4	128000 D5	138240 X2 / 122880 X8	124600 X1
		121500 X7	120000 X12
116640 E9	115200 E10		
109350 F12	108000 F13	110692 X11	102400 X16 / 100000 X17
97200 G18	96000 G19	103680 X14 / 102912 X15	
87930 A23	86400 A24	93160 X20 / 91125 X21	90000 X22 / 81920 X26 / 80640 X27
77760 H29	74830 H30	82944 X25 / 80000 X28	
72000 C32		73728 X31	

Comma minus	2025.	2048.
Comma maius	80.	81
Diesis enharmonica	125.	128
Semitonium subminimum	248.	250
Semitonium minimum	625.	648
Semitonium minus	24	25
Semitonium medium	128.	135
Semitonium maius	15.	16
Semitonium maximum	25.	27
Tonus minor	9.	10
Tonus maior	8.	9
Pseudodiatessaron	75.	96
Tritonus	32	49
Pseudodiapente	45	64
Diapente superfluum	48	75
Septima minor	5.	9
Septima maior	8.	15
Pseudodiapason	25.	48

Videatur pagina 355. l. 6. Gallici de organis, vbi hæc omnia fusiùs explicantur, & emenda numerum è regione septimæ minoris, qui debet esse 5. 9. non 8 15. Alij duo priores diuiduntur in 8 semitonia minora, quatuor maiora, tres dieses enharmonicas & tria commata, quæ sufficiunt ad inueniendas consonantias accuratas in abaco: quarum consonantiarum numerum, vt & dissonantiarum 5 & 6 prop. l. 3. de Musicæ generibus Gallicè iniuimus.

Porrò fuerit opus pretium legere tractatum eruditissimi Musici Domini Doni de diuisione æquali, quam meritò postponit veris interuallis harmonicis, de quibus hîc actum est; quæ certum à vocibus fieri, cùm nullo coguntur instrumento.

Cùm autem hæc dicta sufficiant ad instrumenta fidibus instructa satis intelligenda, nisi fortè desideres systema quod ille tribuit suis Violoni panarmonico, & Violino Diarmonico, de quibus discursu 4 & 5, quorum lectionem vnicuique consulo, pauca de cæteris instrumentis subiungenda sunt.

IV. PROPOSITIO.

Instrumenta Pneumatica, illorumque systema explicare; vbi fistula pastoritia, eiusque diagramma, cum diagrammate fistulæ Germanicæ.

EX ipso instrumenti schemate constat 6 foraminibus perforatam tibiolam istam, cuius nonnulli viri eruditi cantum minimè contemnunt; quinque nigra sunt ante, & duo alba sunt ponè, seu retrò. Toni, seu phtongi quos edit, notantur per b quadratum, & per molle, nam vnaquæque nota sequentis diagrammatis significat sonum ab illis foraminibus exeuntem, qui fit vel obturatis omnibus, aut quibuſdam foraminibus , vel iiſdem reſeratis & apertis, quod nigris & albis characteribus ſignificatur, qui notis vulgaribus ſuperponuntur.

Qui verò nil aliud hic habes præter compendium breuiſſimum, fiſtulam ori admoue in A puncto, & foraminibus, vt vides, c'auſis &

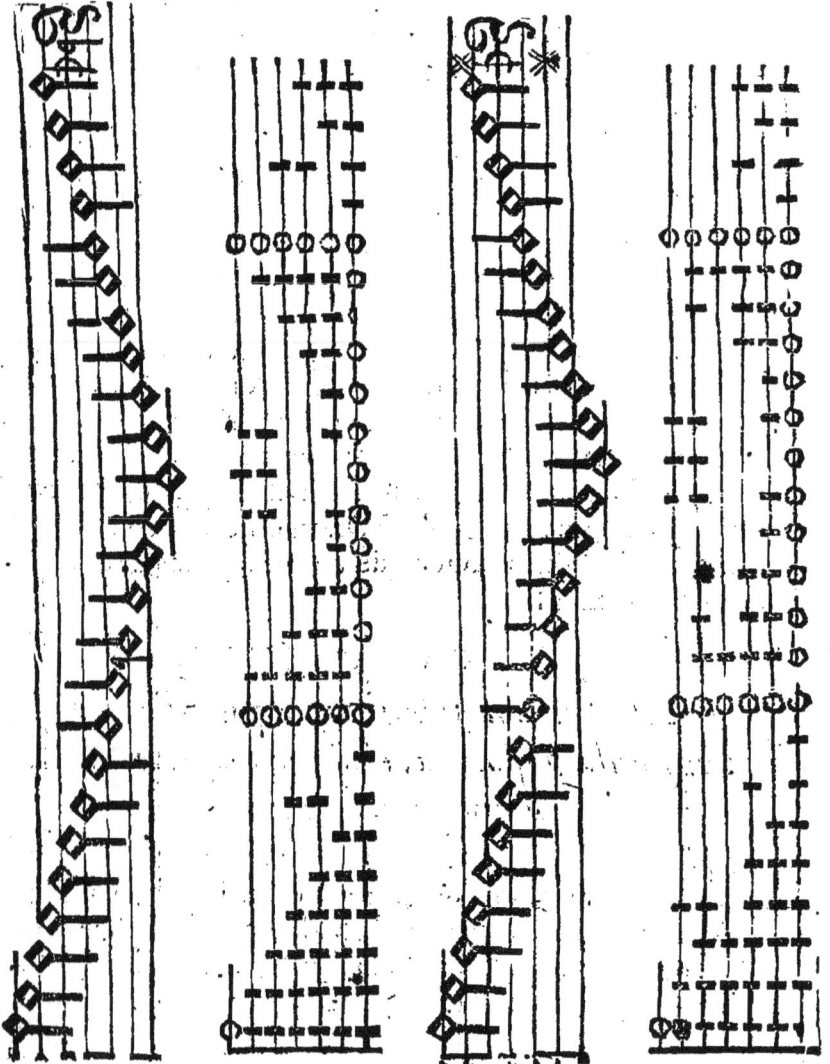

apertis ſequentes ſonos exprimes; Cui fiſtulam dulcem adde omniun
gratiſſimam cum ſuis diagrammatibus. Miraberiſque omnibus aper-

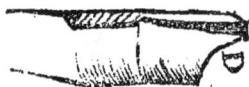

tis, aut occlusis, sonum à suo grauiore sono, vnico saltu ascendere, si
tantisper fortius inspires ; quemadmodum secundo saltu ad diapente,
vt contingit tubæ vehementiùs inspiratæ, quam omnia serè instrumenta pneumatica æmulantur: de qua à pag. 247. vsque ad 270. lib. 5.
Gallici de Instrumentis, & à prop. 18. ad 20. lib. 2. Latini de Instrumentis ; vnde miranda tubica repetere queas.

    Præter 6 foraminum occlusionem, siue perfectam siue imperfectam,
quâ semitonia reperiuntur, partim etiam os inferius B claudi solet vt
tibia quam nostri *Flajolet* appellant, inferiùs descendat.

    Sequitur diagramma fistulæ Germanicæ, quæ miram habet exten-
sionem, videlicet diapente diapason, vt ex notis constat, quas edes
foraminibus, vti vides, clausis & apertis.

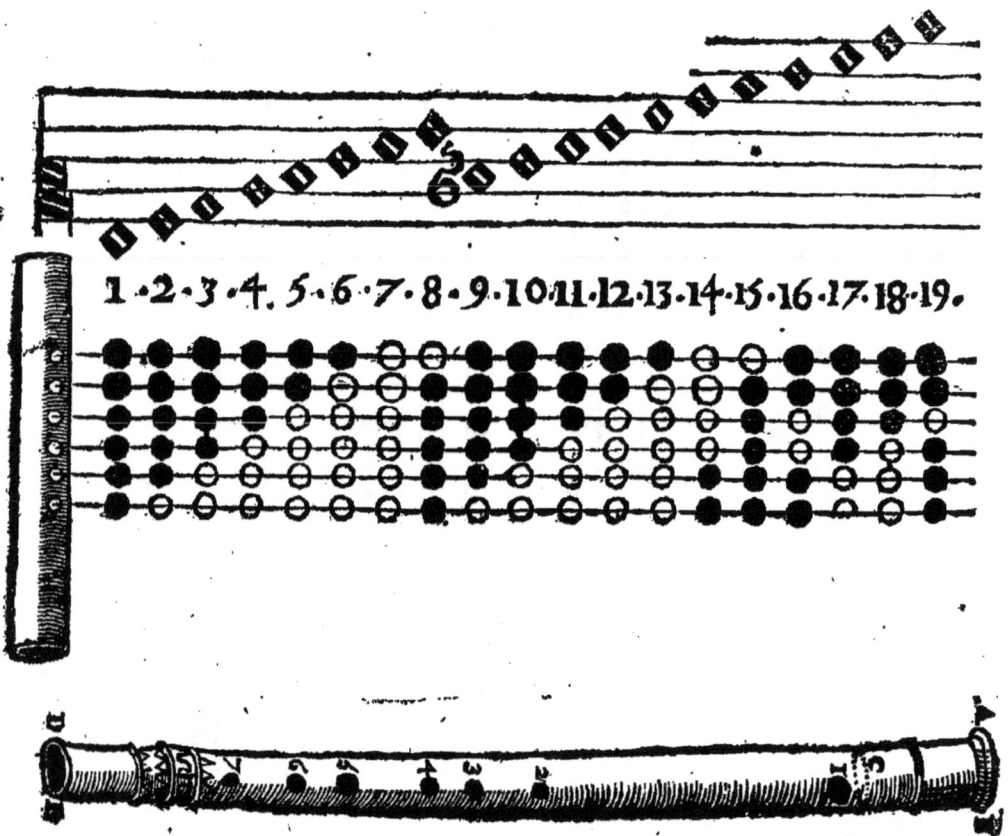

1 · 2 · 3 · 4 · 5 · 6 · 7 · 8 · 9 · 10 · 11 · 12 · 13 · 14 · 15 · 16 · 17 · 18 · 19 ·

Sequenti verò ratione Galli noſtri eiuſdem fiſtulæ diagramma ſcri-
bunt, vt priore Germani, vtram anteponas parum refert.

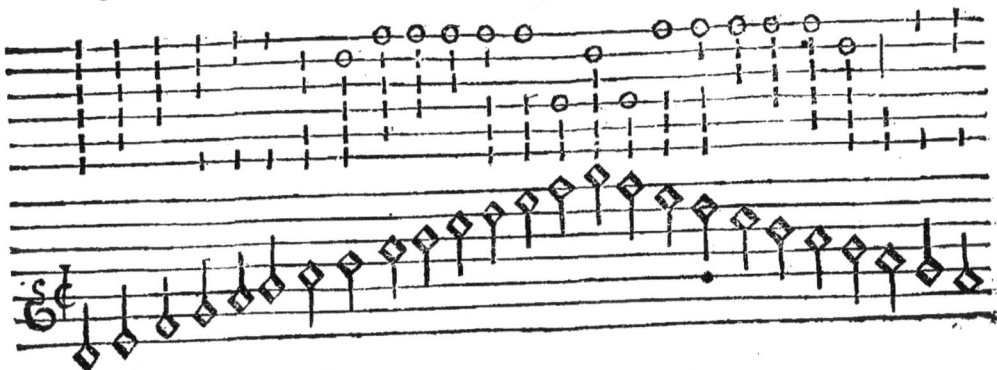

Omitto reliquarum fiſtularum, & tibiarum, tam maiorum quàm
minorum diagrammata, quæ poſſis ex libris prædictis repetere, & omnia Inſtrumenta, quorum figuræ, fabricæ, ſoni, &c. ibidem explicantur, qualis eſt vter ſequens noſtris *Muſette*; cuius pars Q R lingulas
ſeu calamos vtre incluſos oſtendit, quibus 3, aut 4 ſonos, clauibus
cauo P O inſertis, & motu hinc inde facto orificia cylindri O P clau-
dentibus & aperientibus edunt vtricularii Harmonici.

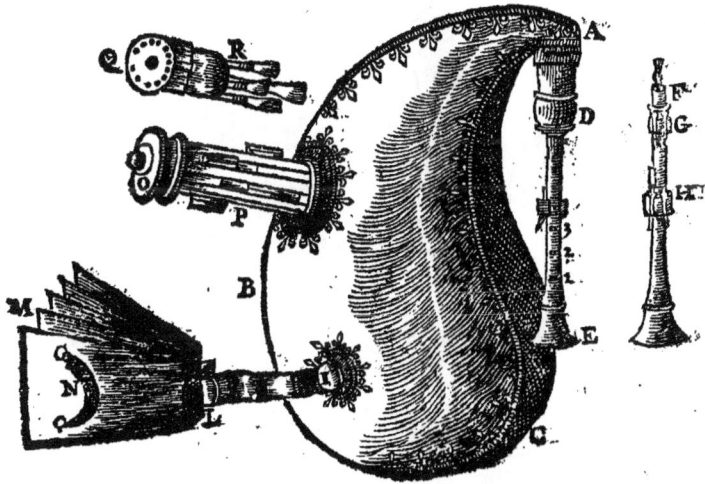

Quibus addc cornua illa Harmonica, cuius pars superior G H tantũm
ornamentum affert noſtris concentibus, & Serpentem A C Baſſum
facientem.

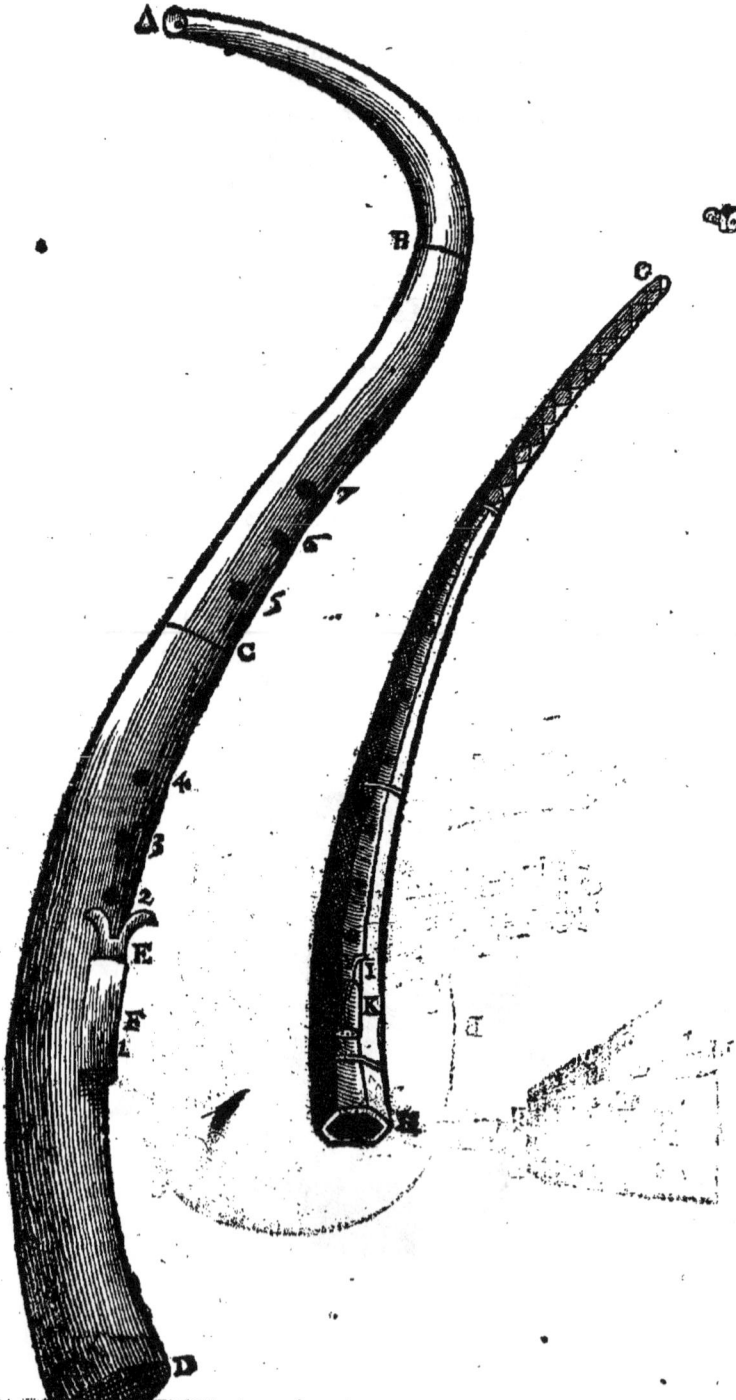

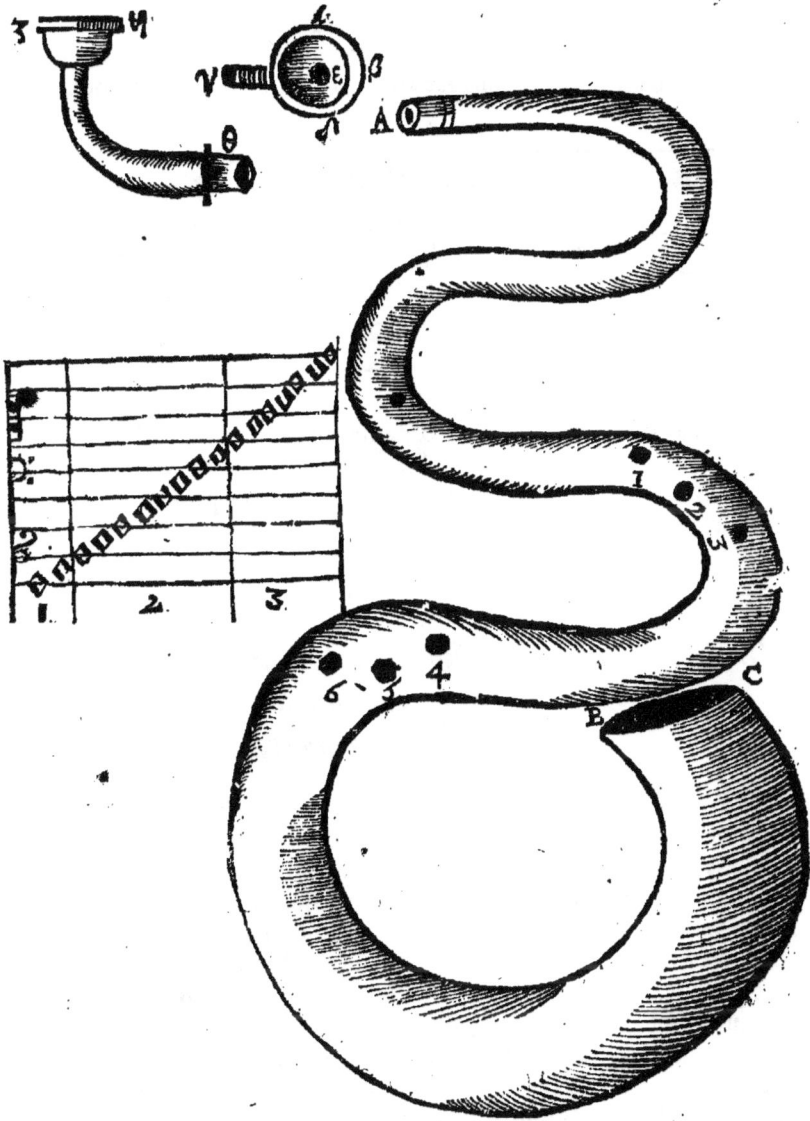

Porrò cùm inter Instrumenta Pneumatica præcipuum locum te-
neant Organa, quæ 24 aut plura fistularum genera complectuntur,
de quibus fusissimè l. 3. Latino, & 6 Gallico actum est, illorum diapason 19 in Octaua qualibet palmulis, gradibus, fistulisque constans
figura sequente exprimitur: cúmque a θ β maioris fistulæ longitu-

Zz

dinem referant, & θ μ ♪ breuioris, aliæ intermediæ satis intelliguntur, cum numeri cuilibet inscripti veram longitudinum pro-

portionem ostendant, qualem organorum abaco tribuendam censui,
qui systema perfectum absque ulla temperatura, iuxta systema 19 notarum & palmularum à C incipientium tertia prop. allatum ex-
hibuit.

V. RROPOSITIO.

*Præstantißimos Musicos de maximis, quæ supersunt
in sonis, difficultatibus inuestigandis, &
soluendis admonere.*

CVm infinitæ difficultates supersint in aliis scientiis, vt constat ex
opticis & Geometria, verbi gratiâ, quæ sit vera reflexionis causa,
eiusque ad angulos rectos: quæ causa diaphani: quid lux, &c. Hyperbolæ quadratura, lineæ rectæ inuentio æqualis lineæ circulari, vel
hyperbolicæ, & parabolicæ, &c. non desunt etiam in musica quæ sub-
tilißimorum ingenia exerceant, quorum hîc breuem catalogum texo.

Primum, quæ sit causa sonorum acutorum qui percipiuntur cum sono
graui: verbi gratiâ, si quis, dum omnia silent, suâ grauißima voce
canat, maneatque in eodem tono vocis, quem nunc suppono vnisonum neruo 72 vibrationum periodos, secundi minuti spatio, perfi-
cienti: ad quam grauitatem vix peruenio, nam organicæ fistulæ
trium pedum occlusorum, vel 6 apertorum sit vnisona.

Modus experiendi non est alius quàm vt solus siue in lecto, siue in
cubiculo, siue prope ignem, vocem grauißimam, quanto tempore
poteris, putà spatio 10 secundorum, seu mensurarum, plus minus,
edas, idque pluribus vicibus, donec audieris duas alias voces tenuißi-

mas præcedentis focias, quarũ vna fit ad diapafon diapente, feu 12, alia
ad difdiapafon ditonum, feu decimamfeptimm maiorem : neque
enim diapente, aut ditonus, vel decima refonant, fed prædictæ confonantiæ repetitæ, quarum ratio ef 1 ad 3 & ad 5, quæ poft diapafon
fimpliciffimæ vïdentur. quibus adde perpetuam duodecimã in noftris
choris refonare, fiue quis folus lectiones intenet, fiue pfalmos fimul
omnes canant : cum tamen decimafeptima non audiatur, cui etiam
dominari videtur duodecima, cum folus modo prædicto, hoc eft gra-
uiffimâ voce canis.

Idem contingit Violarum fidibus craffioribus, quas cùm arculo tan-
gis, prædictos fonos audis, nonnullófque etiam alios, de quibus fufè
libris Inftrumentorum Harmonicorum. Sit ergo prima difficultas fol-
uenda, cur femper duodecima refonet, fæpéque decimafeptima.
Secunda, cur tuba, & alia Inftrumenta pneumatica, fi vehementiùs
infpirentur, cremento continuo primum ad Octauam, deinde ad
Quartam, tertio ad ditonum, quarto ad fefquiditonum, quinto rurfus
ad diateffaron ita faliunt, vt potius rumpatur os tibicinis & tubæ
quàm vt faltus illorum interuallorum confonorum vi-es, antequam ad
faciendos tonos peruenire queas, vt fufè dictum eft tractatu de Tuba :
vbi rationem huiufce phænomeni reperies, quæ fi minùs placet, meliorem expectarim ; quam vt Lector inueftiget, notis muficis fex
illos faltus explico, è quarum regione numeri radicales oftendunt
cuiuflibet faltus, fiue interualli rationem.

Hifque numeris admoneberis, tubicinés ad vltimam vfque notam 1 non (defcendere, fed tantum ad 2, quam plerique cenfent grauiffimam,
cum tamen fi ore apertiore tubám infpirent, vfque
ad 1 defcendant, quod me aduerfus eos contranitentes vrgente volentes nolentes faffi funt.

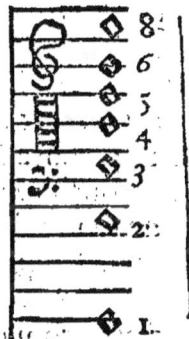

Tertia difficultas confiftit in Græcis Autoribus
conciliandis dum fcribunt de modis, & inconfti-
tuenda vi muficæ flexanimæ, quæ paffiones fedet,
vel moueat, quæque vim illam in animum exerat
quam apud veteres legimus.

Quarta, cur nulla vibrationum coniunctio, quarum ratio fit minor
fefquiquinta, hoc eft cur nullum interuallum minus fefquiditono.
faciat Confonantiam : non enim ratio 6 ad 7, neque tonus 8 ad 9,
confonant. Vnde ergo contingit animum qui ex æquo rationes omnes
capit, folis illis per aures delectetur, quæ numero fenario concludun-
tur? enimuero foni quorum rationes funt 1 ad 6, ad 5, ad 4, ad 3,

& ad 2 : vel 2 ad 3, 3 ad 4, 4 ad 5, & 5 ad 6, grati sunt auribus ; ingrati verò qui 6 ad 7, 7 ad 8, 9 ad 10, 11 ad 12, 12 ad 13, & deinceps.

Quinta, cur fistula præcedens lateraliter inflata non perinde altiùs octauâ canat vbi vehementius inspiratur, eo modo quo fistula minor, nostris *Flajolet*: quod & de omni fistularum genere dictum velim quibus organa instruuntur, quarum aliæ vehementiùs inspiratæ vnico saltu ad duodecimam, aliæ ad Octauam, aliæ ad Quintam, aliæ ad tonum, vel semitonium, aliæ denique nullo modo ascendunt : quapropter istius difficultatis solutio tractatum integrum desiderat.

Porrò quod ad modos attinet omnium optimè Ioannes Baptista Doni (magnum Italiæ decus) in illis restituendis laborauit ; cuius tractatus & discursûs omnes ab omnibus Harmoniæ amantibus legi velim : vt in flexanima Musica vir clarissimus Albertus Bannius, annorum, vt audio, ferè quadringentorum prosapiâ nobilis, à quo in dies expectamus libros in illa materia incomparabiles.

Tertia difficultas, qua ratione, quibusue viis Musici concentus agant in animum, & quomodo sonorum vniones frequentiores vel rariores plus aut minus animo placeant, num id fiat ex iudicio quodam, &c. Plurimas alias omitto, quas partim in libris maioribus Harmonicis noui, & proposui, partim vniuscuiusque meditationi permitto : & ab Harmoniæ postulo filiis vt quidquid deinceps cecinerint, ad Dei gloriam, & propriam salutem vergat, quanto enim, verbi gratiâ, pulchrius & vtilius futurum, si Psalmi 83. versiculos. *Quia misericordiam & veritatem diligit Deus, gratiam & gloriam dabit Dominus. Non priuabit bonis eos qui ambulant in innocentia : Domine virtutum beatus homo qui sperat in te*; & eiusmodi sexcenta, quales sunt totus Psalmus 83, 138, & 144, cum assa voce, & instrumentis, tum 2, 4, aut pluribus vocibus, non solùm in Ecclesiis, sed etiam in domibus propriis recitent, quàm ea prophana quæ sæpenumero cani solent ? quid amabo, gratius esse potest, quàm vbi tota domus in harmonicos cantus hac littera, *Dominus illuminatio mea, & salus mea*, &c. quæ Psal. 26. sequuntur, informatos conuertetur ? quam præclarus versus, quem mille modis quotidie cecinero ; *Vnam petij à Domino, hanc requiram ; vt inhabitem in domo Domini omnibus diebus vitæ meæ, &, Gloriam regni tui dicent, & potentiam tuam loquentur.* Psal. 144. eiusdemque modi sexcenta, quibus in diuinum amorem rapiaris.

VI. PROPOSITIO.

Jnstrumenta κρούματα, *seu Percussionis, illorumque systema explicare.*

CVm librum integrum de his instrumentis edi curarim, hîc pauca solummodo producam, quorum præstantius sit A H I campana, cuius plectrum K. Nostri verò fusores campanarum latitudinem, siue diametrum H I sesquitertiam altitudinis: alij vice versâ, vel latitudinem altitudini æqualem: & vtramque metiuntur labri maxima crasfitudine, quæ duodecies replicata campanæ dat altitudinem, quindecies verò sumpta latitudinem.

Porrò vocabula omnia quibus singulæ campanarum partes appellantur, earúmque diapason, & pondera ex 4 de campanis libro repete, si lubet. Hic enim solùm addo campanam, cuius labri crassitudo fuerit 7 linearum, esse pondo librarum 15, vt fusores supponunt (alij labri crassitiem minoris campanæ faciunt 14 linearum; & illius pondus centum librarum) atque adeo latitudinem illius esse digitorum 8 cum dodrante: hancque omnium esse minimam, quâ cæteras metiuntur: cúmque campanarum sequentium latitudines sint in eadem ratione ad præcedentis latitudinem, ac soni ad sonum, sintque campanarum magnitudines & pondera in ratione triplicata latitudinum, vides campanam ad octauam inferiorem descendentem esse 200 librarum, & ex solo pondere, vel sola magnitudine campanarum, illarum sonos, & vice versâ, innotescere: certum fundamentum alii ponunt 7200 librarum pro diametro 6 pedum.

Id autem campanis contingit quod voci & fidibus, duos enim vel 3 sonos edunt, aliquando 4, aut plures, ex quibus oritur mirabilis harmonia, qualis est campana maior sancti Nicasii Abbatiæ Rhemensis vrbis, cuius sonos pluribus concentibus anteponas. Sunt autem illi soni quos tuba facit suis 3 aut 4 primis saltibus, nempe primus grauior, reliquiorum basis, secundus tertiâ, vel decimâ maiore superior; tertius quintâ vel duodecimâ acutior: sæpe verò numero tres solùm decimam maiorem, & duodecimam facientes audiuntur: vel tantùm vnicâ consonantiâ resonant, sed & nonnumquam audiui vndecimam: sit ergo hæc difficultas quinque aliis prop. 5. allatis subiungenda.

Vbi consideratione dignissimum quod cæcus Vltraiectensis flatu, inspiratione vel aspiratione, tam ex vitreis poculis, quàm ex campanis prædictos fonos eliciat , & edicat tres foros, optimæ campanæ indices, difdiapafon efficere, quorum grauior fonus fiat à partibus latioribus H I ; fecundus à mediis F G, tertius fiue vltimus & acutior

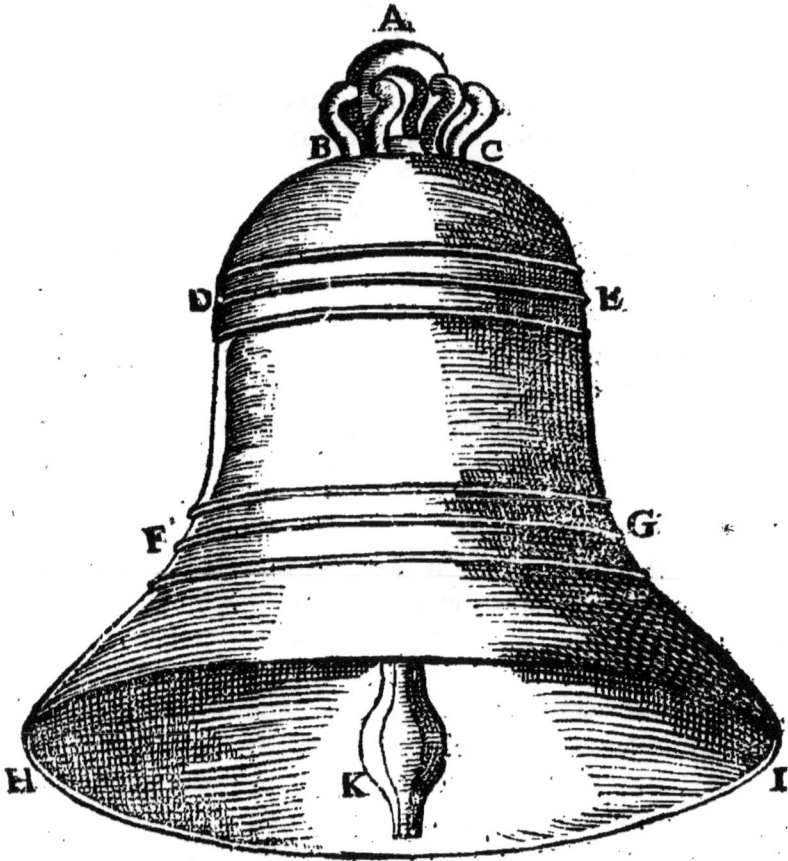

ab anguftiori parte D E: & quantò magis ab iftis fonis campanæ recedunt, eo peiores effe, licet eandem figuram & proportionem præ fe ferant, ob improbam metallorum fufionem, & mixturam, vel ob poros, feu ventos quibufdam in locis internis reclufos. De modo faciendarum campanarum vide noftram Harmoniam tam Latinam quàm Gallicam.

Secundum genus Instrumentorum percussionis ad omnifaria tympana pertinet, quale est nostrum Gallicum sequens, cum plectris seu
baculis, quibus iuxta rythmos diuersos variis modis , seu pedibus

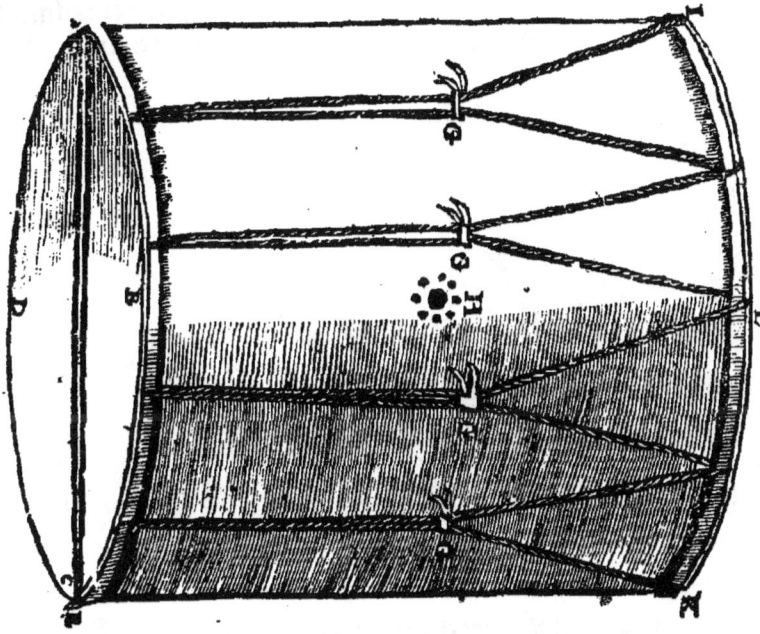

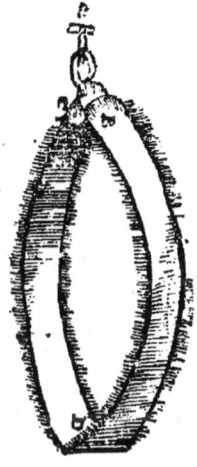

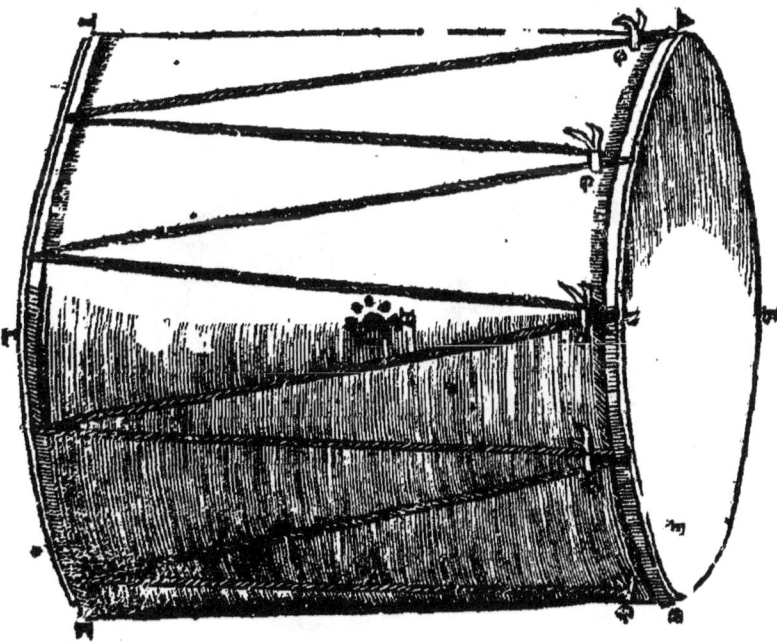

verberatur; Galli fiquidem ferè perpetuò pedibus Pyrrhici-anapeſtis:
Heluetij Ionico minore: alii choriambo, &c. vtuntur. Porrò qui diagramma perfectum tympanorum voluerit, ex meo Harmoniæ Gallicæ
libro tranſcribi curet. Taceo tympana in eodem ac campanas proportione tonis perinde, vel ſonis diſcrepare. Quemadmodum
enim ſcaleta, vel ſpineta lignea ſequens ex cuiuſlibet cylindri lignei

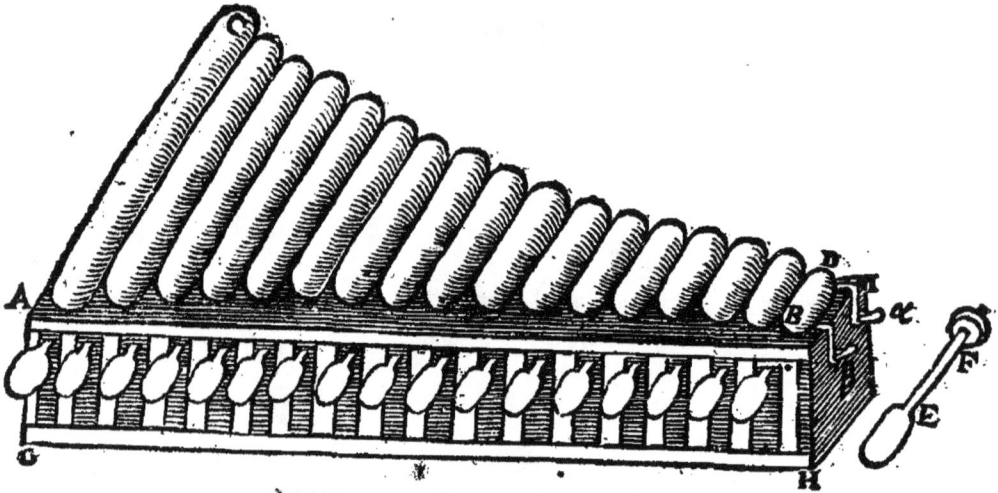

comparatione ſuos tonos aperit, licet vix vnius ex baculis ſolitariè
ſumpti tonus ſtatui queat; ita reperitur dati tympani ſonus ex aliorum, ſiue maiorum, ſiue minorum inſtituta collatione.

Huic inſtrumento adde caſtanetas A C D E, quibus pollex

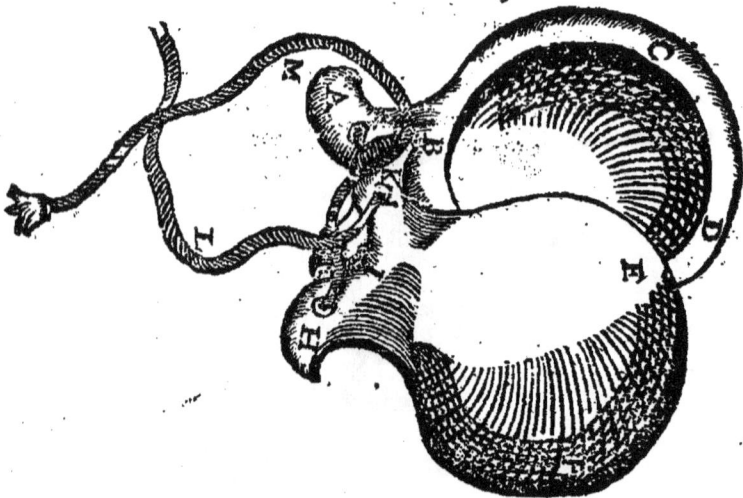

ſtrinftringentibus funibus M L indutus tantâ induftria ,motibufque adeo concinnis & velocibus ambas iftas caftaneolas mouet, vix vt gratius quidpiam hoc in genere reperias: quas Hifpani pollicibus fupplent.

Vnicum addo A F G , quod Cymbali no-mine , vel quopiam altero vocare poffis : crembalum , tubam, &c. vt libet dicas; illud inftrumentum folet, prope A B, dentibus deti-neri, trombáque dici : cuius plectrum, fiue lin-gulam B C, puncto D infertam digitus index percutit ; vt quolibet ictu toties tremat, aut vibretur, quoties neceffarium fuerit ad certum tonum efficiendum : neruorum enim legem fequitur, & ideo centies fpatio fecundi tremere debet vt faciat fonum tubo bipedali occlufo vnifonum. Quæ pauca dixiffe fufficiat in ami-corum gratiam, qui compendiolum iftud harmonicum aliis iftius vo-luminis opufculis fubiungi poftularunt. Vbi notatu dignum Romæ nuper clauicymbalum , feu polyplectrum inftrumentum fuiffe con-ftructum, quod habet totidem crembala prædicto fimilia, quot fides, feu chordas habent vulgaria cymbala: in cymbalis igitur libellus ifte tertius definat, & in cymbalis iubilationis OMNIS SPIRITVS LAVDET DOMINVM.

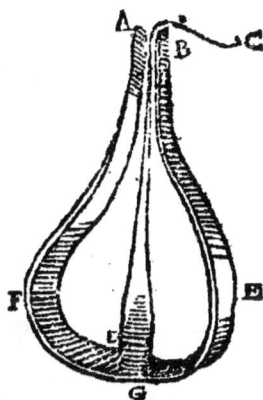

MONITVM.

AMici Philomufi beneficio legi triplicem Muficam Petri Fabri à Secretis Cardinalis de Giury, Epifcopi Lingonenfis , qui fusè tractat de linearibus, fuperficialibus, & folidis inftrumentis , hoc eft qui chordis vtuntur, vt citharis & violis; qui flatu infpirantur , vt fiftu-lis: & qui percutiuntur, vt campanis, ex quo nonnulla decerpo, ex qui-bus de illius opere iudices.

MONITVM I.

De Campanis & aliis Instrumenta spectantibus.

NOtatu dignum, quod ait Ioannes Faber à secretis Cardinalis de Giury, in tertio suæ triplicis Musicæ libro ; campanam (iuxta fusores) cuius diameter est 6 pedum, esse 7200 librarum, quo fundamento in tabella campanarum omnium vtitur pro calculo.

Quod deducit ex eo quòd pes metalli cubicus sit pondo 500 librarum : hinc fit vt cubus, cuius latus sex pedum, sit pondo 108000 librarum, cùm 216 pedes cubicos complectatur : cúmque pars decimaquinta diametri labri crassitudini tribuatur, diuidit 108000 per 15, ideoque quotiens est 7200 pro campanæ pondere. Vnde credit natam funditorum obseruationem & traditionem, qui campanæ sexpedam latæ 7200 libras tribuunt. quanquam in tabella sumit 7000 pro fundamento calculi ; sed campanæ tres pedes latæ tribuit pondus 875 librarum ; quod nostræ theoriæ quadrat, & Geometriæ solidorum corporum. Campanæ cuius diameter sesquipedalis, 109 libras & 6 vncias tribuit : Campanæ, cuius diameter 9 digitorum, 13 libr. 10 vncias, & 6 drachmas. Cùm diameter est digitorum 4 ½, pondus est 1 libræ, 11 vnciarum, & ½ : denique si diameter sit vnius digiti, pondus erit 2 drachmarum, & 28 granorum.

Quòd si maiorum campanarum pondus inquiris, fiat semper pondus in ratione triplicata diametrorum: verbi gratia, cum diameter erit 12 pedum, pondus erit 56000 librarum ; si denique 4 sexpedarum fuerit diameter, pondus erit 448000 ; sed nulla est in orbe tanta campana.

Existimat verò solam vigesimam diametri partem campanis tribuendam, & altitudinem latitudini æqualem esse debere. Iuuabit autem octo campanarum diametros, & pondera referre, quæ calculo subduxit, cùm maioris diameter statuitur 3 digitorum, pondus verò 8 vnciarum.

u | 2 vnciæ: diameter, digiti 1 ½.
b | 2 vnciæ, 4 drachmæ, 18 grana; diameter digiti 1 ¹¹⁄₁₆
l | 3 vnciæ, 17 grana ; diameter digiti 1 ⁷⁄₈
f | 3 vnciæ, 4 drachmæ, 31 grana: diameter digitorum 2.
f | 4 vnciæ, 4 drachmæ: diameter digitorum 2 ¼.
m | 4 vnciæ, 7 drachmæ, 68 grana : diameter digitorum 2 ¹⁰⁄₂₇
ɾ | 6 vnciæ, 2 drachmæ, 40 grana; diameter digitorum 2 ⁴⁄₅
v | 8 vnciæ: diameter digitorum 8.

Quæ omnia pondera 2 librarum, 4 vnciarum, 7 drachmarum, & 13 granorum concludit: in quibus campanis cùm modici sumptus impendendi sint, vnusquisque diatonicos Octauæ sonos, siue gradus experiri poterit.

Regulam etiam generalem profert, nempe campanarum diapason, hoc est campanarum octo graduum præcedentium pondus, esse ponderis, quod campana maior habuerit, quadruplum.

Rursum de campanæ plures sonos habentis resonantia loquens, eam refert in diuersas campanæ latitudines, vt cùm, verbi gratia, maxima labrorum latitudo est mediæ latitudinis sesquitertia: sed de his videantur quæ prop. 5. l. 7. de Instrmentis dicta sunt Gallicè: & Latinè l. 3. prop. 1. ait eos qui campanarum tinnitus illos excitant, quos *Carillons* appellamus, circa medium illas percutere, & ex 3 sex, vel ex 4 octo facere, ob duplicem vniuscuiusque sonum: de quibus in nostris maioribus Harmonicis fusiùs dictum est, Latinis l. 4. de campanis, prop. 13. Gallicis l. 7. prop. 18.

Monet etiam impensas dimidio minores fore, si sola 20, aut 21 diametri pars crassitiei campanæ tribuatur, relicta solùm maiori crassitie, hoc est parte 14, vel 15 diametri ad eas partes, quas plectrum, siue malleus percutit. Italos suos campanas longissimas facere, idque cùm dentibus ad labra, vt illis rescissis, & minutis, tonus, siue concentus postulatus illis tribuatur, si funditores aberrauerint: quod nostri funditores præstant minuendo labra, campana siquidem breuior facta sonum acuit, & latior ob limatum intus metallum, sonum deprimit. Sed & nouæ fusi metalli additiones, aut diminutiones fortibus aquis factæ remedio esse poterunt.

Addit modum cognoscendæ campanæ pondus, cuius diameter nota est, ex hypothesi quòd datæ diametri alicuius campanæ pondus sit cognitum; exempli gratia, campanæ, cuius diameter sexpedalis, pondus est librarum 7000: inquiritur pondus alterius, cuius diameter bipedalis: cúmque 2 sint tertia pars sex, cubus ternarij dat 27, per quos diuisus 7000 dat 259 libras, 4 vncias & drachmam.

Eodémque modo campanæ diameter pedalis, cùm sit $\frac{1}{6}$ sexpedæ, cubus 6, hoc est 216, diuidens 7000, dat libras 32, vncias 6 & $\frac{1}{2}$.

Vnde concludit campanam istam esse pedis cubici metallici ferè quindecimam partem, diuisæ siquidem 500 libræ per 32 $\frac{1}{2}$ dant 15 $\frac{1}{2}$. Vnde forsan Campanistæ sumpserint diametri partem quindecimam pro labri, seu limbi crassitudine.

Similiter agnosces pondus campanæ, cuius diameter sexpedalis, si noueris pondus illius, cuius diameter pedalis; quod cùm sit, ex dictis

32 librarum & $\frac{11}{32}$, cubus fex fumendus, hoc eft 216, qui per 32 $\frac{11}{32}$ multiplicatus dat 7000.

Rurfus, fi 7000 libræ procedunt ex diametro fexpedali, ex qua diametro prouenient 875 libræ? cuba primo diametrum notam, orietur 216, quem ducas in 875, vnde 189000, qui diuifus per 7000, quotiens erit 27, cuius radix cubica 3 dat tripedalem diametrum campanæ, cuius pondus 875 librarum.

Cùm autem numerus exprimens diametrum fractus fuerit, verbi gratia, vnius pedis & 5 digitorum, feu $\frac{17}{12}$, cubetur numerator 17, qui poftmodum multiplicator effe debeat: fimiliterque denominator 72, qui partitor effe debet; erit cubus 17, 4913, ex cuius ductu in 7000 exurget 34391000, qui diuifus per 373248 cubum 72, exurget pondus quæfitum librarum 92, vnciarum 2 & drachmæ.

Præter hæc in eo libro mihi placuit primò quòd plurimis obferuationibus nitatur, quibus rectè concludit 4 malleos in ea ratione, quam Pythagoræ tribuunt, diapafonis diuifionem in Quintam & Quartam minimè facere, atque adeo falfum effe hinc illum rationes harmonicas, defumpfiffe, vide manufcriptum pag. 199.

Secundò, quòd notauerit fides eiufdem longitudinis ponderibus in ratione duplicata muficorum interuallorum tendendas, pag. 177. quod dudum in harmonicis demonftraui, eiufque rationem prop. 36. Balliftîcæ attuli. Cæterùm cù idem de tubis, feu fiftulis organicis eiufdem altitudinis pag. 235. arbitratus eft, nempe latitudinem, feu fuperficiem tubi facientis fonum *vt*, effe ad fuperficiem tubi æquealti Quintam fuperiorem, vel *fol* facientis, in ratione duplicata 3 ad 2, hallucinatus eft experimenti defectu. Conftat enim ex dictis & obferuatis prop. 12. l. 6. Gallici de Organis, tubum, cuius bafis quadrupla bafeos alterius, tono folùm, aut ad fummum fefquiditono defcendere; nec vfque ad diapente poffe deprimi, nifi bafim ad minimum fexdecuplam habeat.

Alia plurima refert l. 2. de Organis confideratione digna, verbi gratia, latitudinem tuborum fequi debere non quidem longitudinum rationem, fed illarum radices quadratas, hoc eft tubo dato, cuius latitudo fit vnius pedis, alterius tubi difdiapafon inferius edentis latitudinem non effe faciendam quadruplam, quemadmodum eft longitudo quadrupla, fed duplam folummodo, ne latitudines nimium excrefcant. Præterea tubum bipedalem bifariam fectum, vt fit pedalis, non facere diapafon cum præcedente bipedali, fed duntaxat feptimam: atque adeo latitudinem illius augendam, vt ad octauam perueniat.

Tertiò, fistularum, tam stannearum quàm plumbearum, eò crassiora latera fieri debere, quò altiora fuerint, vt diu subsistant.

At verò de tubis organorum adeo fusè, cláreque toto 6 libro Gallico de Organis dictum est, vix vt quidpiam addi debeat, verbi gratia, prop. 43. illamet latitudo explicatur, de qua Faber, variáque l hænomena diuersarum altitudinum prop. 13. referuntur.

MONITVM II.

De nouis Instrumentis Harmonicis.

CHelym inuenerunt, cuius nerui eodem modo tangantur ac citharæ, hoc est absque manubrii iugamentis, itavt horizontaliter iacentis fides ambarum manuum digitis tangantur, in cóque solùm à cithara, nobis *Harpe*, differat, quòd omnes suas fides ciusdem longitudinis habeat. Non commemoro Archiuiolam, de qua iam antea prop. 3. cuius fides iam elateriis detineri curat inuentor, quòd experiatur ea detentione fides suum concentum, seu tonos suos diutiùs conseruare Audio etiam Anglos Violam, seu Lyram construxisse, quam Iacobus Rex miraretur, quòd præter 6 neruos, quos vides 2. prop. pag. 334, alias chordas æneas ponè iugum, seu manubrium habeat, quas læuæ pollex tangat, vt cum neruis consonent. Quin & varias fistulas aluco, vel manubrio possis concludere, quæ neruis, & chordis prædictis succinant. Verùm omnes alios clarissimus Donius superare videtur, qui nuper Violonem Panarmonium, & Violinum Diarmonicum inuenit, & duobus tractatibus explicauit : quibus breui Lyræ Barberinæ figuram, constructionem & vsum sit additurus.

Omitto varios modos, quibus arbores, & illarum rami, & folia quidquid volueris, siue cantus omnium auium, siue concentus Violarum, Clauichordiorum, Tubarum, & Organorum, &c. Tuborum omnis generis, & chordarum beneficio referant, siue molendinis aquariis, siue pneumaticis ad folles mouendos vtaris.

MONITVM III.

De ijs quæ huic Tractatui desunt, & de Cantuum arte.

CVm vulgaribus notis, quibus modos duodecim à pag. 313 ad 327 expreſſimus, in exemplis regularum omnium ad Harmonicam compoſitionem concurrentium explicandis caruerimus, plurima neceſſariò fuerunt omittenda : verbi gratia fugarum, ſyncoparum, & aliorum ornamentorum regulæ & exempla : quæ tamen Lector ſagax ex prædictis 12 modorum exemplis poſſit eruere, cùm in iis tam fugæ, quàm ſyncopæ, diſſonantiarúmque praxis, & alia frequentêntur, ex quibus ipſe poſſis optimas compoſitionis regulas elicere, & formare : quas interim videre poſſis apud eruditiſſimum virum Antonium Parranum, tractatus Muſici parte tertiâ, quippe vſus eſt Roberti Ballardi optimi totius orbis notarum Muſicarum Typographi operâ, & characteribus : quas etiam regulas minutatim explicatas & exemplis illuſtratas, ſi nolis è Zarlino, & Cerone, vel quibuſdam aliis repetere, à muſicis noſtris de Couſu S. Quintini Canonico, & à Voce, illis omiſſis quos non noui, breui poſſis expectare. Sunt etiam omiſſa alia, quæ ad optimos cantus faciendos attinent : verbi gratia vocem illam, quam Græci *Meſen*, hoc eſt mediam appellarunt, in cantibus præcipuam eſſe debere, ac veluti fundamentum & baſim totius cantilenæ, ac ſi aliæ tam ſuperiores quàm inferiores voces tantùm ad illius cuſtodiam, vel ornamentum adderentur. Tunc autem *Mediam* vnuſquiſque reperiet, ſi tonum ſumpſerit quo tuſſit, vel quo familiares ſermones cum domeſticis & amicis conſerit, vel ſub qua totidem alios ſonos ſeu phtongos intonat, quot ſuper eadem facit, eóſque æquali facilitate.

Porro cantus ſemper pulchri exiſtimabuntur qui per gradus coniunctos, & per interualla conſona procedunt, ſi poſt quælibet interualla, reſumantur voces interuallis concluſæ ; verbi gratia, ſi poſt *re*, *la*, redeas ad *ſa* vocem intermediam, deinde à *ſa* ad *re* : poſtea ad mediam *mi*, vt nullum interuallum facias, poſt quod non ſequatur vox intermedia : hæc enim in cantibus, & harmonicis medietas vim habet admirabilem : vnde qui perfectè canunt, inſtar noſtri laudatiſſimi Lamberti, cuius vox ſonora & omnifariam flexibilis auditorum rapit animos, interualla vocis tractu continuo replent ; hoc eſt non ſolùm duo extrema *re*, *la*, aut alia tangunt, sed etiam *mi*, *fa*, *sol*, non quidem actu, sed potestate, ob transitus suauitatem propemodum inexplicabilem, quam nullum instrumentum satis hactenus imitari potuit; & quæ cantus omnes vt vt imperfectos, & contra regulas non solùm artis, sed etiam sensus communis peccantes, gratissimos tamen efficit: quemadmodum ingrata vox & rustica cantus omnes, vt vt optimi fuerint, corrumpit & ingratos reddit. Cætera ex nostris maioribus harmonicis repetere possis.

MONITVM IV.

De præclaris tum veteribus, tum huius saculi Musicis.

IN maioribus nostris cum Latinis tum Gallicis tractatibus, Aristoxenum, Ptolomæum, Porphyrium, Aristidem, Bryennium, & alios laudauimus, qui tum extant in Bibliotheca Regia, & Thuana, tum apud alios; præclaros etiam Salinam, Zarlinum, Galilæum, Ceronem, &c. commemorauimus: vt & etiamnum viuentes Albertum Bannium, cuius musicam flexanimam demonstrationibus armatam in dies expectamus, & clarissimum Donium cuius opuscula satis arguunt nullum esse qui tantumdem in modis veterum restituendis, & in aliis omnibus quæ proponit, verbi gratiâ in chororum tragicorum melodia laborarit, à quo maxime cupiam vt opus harmonicum vniuersale Latinè scriptum impetres, quo tandem concludat quicquid heroico animo complectitur.

His autem addo Erasmum Horicium Germanum, qui Musicum opus Grimanno Cardinali nuncupauit, cuius liber, si nondum sit editus, meretur lucem: quamquam enim Boëtii, & aliorum mentem sequatur, qui nondum tonis maioribus & minoribus, nostrisque semitoniis maioribus & minoribus vtebantur, & solos tonos maiores agnoscat, lectu tamen dignus est, quippe præclara tradit de proportionibus libro 3. propositionibus 27.

MONITVM V.

De Naue inter aquas natante, & Vrinatoribus.

CVm paginâ 251. & deinceps multa de naue immersa natante
dicta fuerint, iámque sit in vsu fenestra nauium, quas Pontones
appellant, in fundo nauis, per quam sordes in altum mare solent eiici,
duplicibus illis fundis, vel doliis, de quibus loco citato, minimè opus
est, cùm tot fenestræ in immersæ nauis fundo, seu tot foramina fieri
possint, quot ad omne sordium genus eiiciendum, vel ad homines extra nauim mittendos, aut pisces, & alia quæpiam in eam admittenda necessaria fuerint. Sed & fumus ignium & candelarum
variis artificiis per illa foramina poterit in mare dispelli, haustrisque
etiam aqua dulcis in fundo maris occurrens in nauem trahetur. Cùm
autem nauis hæc, instar currus, facilè circunduci possit, quandoquidem
fundum maris satis æquabile & durum est, præter remos adiuuantes
pluribus contis è nâui in mare impulsis, & armatis harpagonibus
iniectis ac in solo defixis, deinde auulsis atque refixis illa semper promouebitur. Quos quidem contos molendina rotis instructa mouere
poterunt, idque maris ipsius aquâ, vel alio quóuis modo. Mitto cætera vt
moneam egregium Vrinatorem Ioannem Barrieum ex vrbe Pertusio
tribus leucis ab Aquis Sextiis distante oriundum artem inuenisse, qua
facilè in fundo quolibet maris per 6, aut plures horas respirare, am-
bulare, naues immersas extrahere, & quidpiam aliud præstare valeat;
quibus laternam candelæ lumen, quandiu libuerit, conseruantem addit, quæ diuersis vsibus adhibeatur, verbi gratiâ piscationi quorumlibet piscium. Quodque miroris plurimum, vbi noueris nequidem 10
pedes cubicos aëris ad respirationem cæteris vrinatoribus ad dimidiam horam sufficere, ille vno duntaxat vel altero pede cubico ad 6.
horarum respirationem vtitur, & laternâ vulgarium magnitudinem
vix superante ad flammam sub aquis perpetuò conseruandam. Omitto
varia huius inuenta sæculi, quales sunt duæ per plana mediæ proportionales, & trisectio anguli; motus aliqui perpetui; quadraturæ
circuli, & id genus alia, de quibus nil affirmarim, donec ad lapidem
Lydium reuocentur: quanquam nullus sit nostrorum Geometrarum,
qui non agnoscat supplementum Vietæ, quo spem fecerat autor duplicationis cubi, nullâ ratione suum scopum attigisse.

MONI-

MONITVM VI.

PRiufquam manum de tabula; placet addere Vvendelini eclipfes mihi reuocaffe in memoriam, quæ iam toties de penduli recurfibus à me pluribus cum Harmoniæ, tum vniuerfalis Horologij locis, & propofitione 15. Ballifticæ dicta funt: ex quibus iudicare poffis de pedum 42 Romanorum filo, cui ferrum 52 librarum appenfum horæ fpatio 543 vibrationes habuiffe tradit, cùm filorum longitudines fint in duplicata ratione vibrationum, quas ofcillationes appellat. At verò non ei fubfçripfero, cùm ait hyeme, vel fole perigæo plures fieri quàm apogæo, vel æftate, nifi priùs demonftrarit.

Porrò notandum in eorum gratiam quæ tam libro de Nauigatione, quàm tractatu Cofmographiæ de longitudine dicta funt, eum, poft primum meridianum (quem ftatuit per mediam Iflandiam, eiúfque oppida Holam & Scaltholam, pérque medium mare Atlanticum, & ex æquo hinc inde à Promontoriis, Africæ & Americæ proximis, Capite viridi, & S. Auguftini) variis vrbibus proprias longitudines accommodare. Ab eo fiquidem meridiano, quem vocat Atlanticum, Lutetiam noftram vna hora & 36 fecundis, Lugdunum 1 horâ, 45 minutis, Maffiliam 1 hora 48 minutis; Romam 2 horis & 18 minutis, Cairum 3 horis & 41 min. Aleppum 3 horis 51 minutis, & 36 fecundis amouet. Aliarum Vrbium catalogum paginâ 18 confulere poffis, vt alia multa quæ folertiffimus luminarcanus circa lunæ eclipfes obferuanda, & de theoria folis, lunariúmque tabularum idea proponit, vt tabulæ Atlanticæ condantur, in quibus Herculeos labores exantlauit.

MONITVM VII.

CÆterùm hoc fæculo multa poffis expectare à viris ingeniofis admodum noua, fi forte lydium examen fuftinere poffint, verbi gratiâ duarum mediarum inuentionem, nec non anguli trifectionem, & eiufdemmet generis alia, non folum circuli & vnius parabolæ beneficio, quod vir illuftris dudum in fua Geometria præftitit, hoc eft non tantum per folida, fed etiam per plana: quod nullus potuit hactenus. Deinde folem effe terrâ minorem, & paucioribus terræ femidiametris à nobis, quàm vulgo creditur, abeffe, quod audio à fubtili viro Bonneau iam iam vrgeri, qui poftea longitudinum doctrinam fit editurus; vt eodem tempore quo Archicolymbiftes, de quo fupra, in fun-

do maris noua detegit, & perdita reftituit, cœlo litterario viri magni
noua lumina inferant.

MONITVM VIII.

LEctorem denique monitum velim Exempla XII. modorum Roberti Ballardi Typographi Regij notis elegantibus expreſſa, & à
præſtanti Muſurgo Briono modulata; ex quibus ipſe poſſis legitimæ
Harmoniæ, ſeu Compoſitionis Muſicæ regulas elicere; à quibus abſtinui, quòd charaĉteres deeſſent, quibus rythmica, ſeu diuerſa ſonorum tempora dimetirer, & diſſonantiarum, ſyncoparum, fugarum praxim, & alia ornamenta pluribus exemplis explicarem? Quod forſan
aliâ ſim editione præſtiturus, vt omnifariâ ratione mens Chriſtianorum ad cœleſtia transferatur; & ex vnica Compoſitione Harmonica
veram Theoriam eliciam, vel hanc illâ ſuffulciam.

Porrò XII modorum exemplis cantum vltimum à Boëſſeto compoſitum addidi, tum vt exteri videant ſuauitatem & induſtriam quâ in
pangendis, modulandiſque verſibus Gallicis vteretur, tum vt cum
Apoſtolo deinceps Harmonici viri ſuos cantus ad vnicum Dei amorem ſuis animis ingenerandum dirigant, & ex cordis intimo verè
dicant, *Viuo ego, iam non ego, viuit autem in me Chriſtus*; quæ verba prædicto cantui adhibenda curaui.

FINIS.

Typorum Errata emendata.

Præter ea quæ ad calcem primæ præfationis emendata ſunt, ab initio Arſis Nauigandi vſque ad calcem libri Harmoniæ. pagina 125. l. 8. lege Hiſtiodromia. p. 237.
l. 20. velificationis. p. 240. l. 21. loxodromia. l. 23. initium. p. 251. l. 7. commemoro.
p. 259. l. 2. ao victum. l. pennlt. Galileus. p. 277. l. penul. primam. p. 284. l. 12. negotio. p. 286. l. 10. continua 12. ſcalam 13. ſemitonia. p. 291. l. 22 alias. p. 335. l. 12.
Lionyſius. p. 336. l. 18. concentum. p. 341. l. 20. quatuor. l. 35. prop. p. 347. l. 17.
operæ pretium. p. 352. l. 1. pro *cuius* lege quorum. p. 355. l. 2. decimamſeptimam.
l. 15. finali *ad* ſubiunge Quintam, & ad. l. penult. delectari.

INDEX·AMPLISSIMVS
OMNIVM RERVM,

Quas hoc primum volumen complectitur : cumque Alphabeta quaternionum diuersa sint, littera P, significabit tractatum de Ponderibus. Littera H de Hydraulicis, Arte nauigandi, & Harmonia. Littera B tractatum Ballisticæ. Littera M, tractatum de Mechanicis. Eædem litteræ Præfationi adhibitæ vnamquamque Præfationem significabunt, verbi gratiâ, Præf. H, significabit rem quæ legitur in Indice, reperiri in Præfatione in Ballisticam, puncto quod notatum fuerit. Præf. G. in præfatione Generali, &c.

t

INDEX.

INDEX.

INDEX.

t iii

INDEX.

INDEX.

INDEX.

u iij

INDEX.

INDEX.

INDEX.

x

INDEX.

INDEX.

FINIS.

MONITVM.

AD ea quæ in Hydraulicis Phænomenis de aquis è quouis lumine falientibus dicta funt, poffis addere quæ fingularis amicus expertus eft, putà cylindrum aqueum vnius digiti craffitudine, 50 pedes
longum, exilire ex digitali lumine, cui fuperextat aqua dimidii digiti
altitudine, fpatio minuti vnius. Idemque dicendum de cylindro lineari, pedali, aùt quouis álio ex lumine lineari, vel pedali faliente.

Porrò cùm iam errores typorum ad calcem præfationis præfatio-
num, & immediatè ante præcedentem indicem emendarim; fequentes etiam occurrêre, Pagina 365. l. antep. lege bis quæ; & l. penul.
pro qui. pag. 362. l. 24. fuerit. p. 363. L. 31. & p. 364. l. 1. pro fex lege
numeri fenarij. p. 369. l. 32. poft plana, adde, fi tamen illud poffibile
fuerit. l. 33. poft minorem, adde, vel tantùm decuplò maiorem.

Quod ad diagrammata notis muficis modos exprimentia, duo duntaxat errores mihi occurrunt, nempe p. 315. ad calcem primæ lineæ.
Tenoris indiculus locum notæ in alia linea fequentis iudicans vno
gradu deprimendus. & p. 319. initio 3. lineæ diefis adhibenda. Cætera
quæ paffim forte legentibus occurrent, emendantor.

F. MARINI
MERSENNI
MINIMI
BALLISTICA,
ET ACONTISMOLOGIA.

In qua Sagittarum , Iaculorum, & aliorum Miſſilium
Iactus, & Robur Arcuum explicantur.

PARISIIS,
Sumptibus ANTONII BERTIER, viâ Iacobæâ,

M. DC. XLIV.

CVM PRIVILEGIO REGIS.

ILLVSTRISSIMO,

AMPLISSIMOQVE VIRO

IOANNI IACOBO
DE BARILLON,

CASTILIONIS TOPARCHÆ, SACRI
Confistorij Comiti, & in Senatu Parisiensi
Primæ Classis Inquisitionum Præsidi,

F. M. MERSENNVS S. P.

Empestatibus præteritis, Illustrissime Præses, quarum sæuitie videbaris absorbendus, Tua Virtus incomparabilis facta superior, & velut è nubibus splendidiùs emicans, quæ post Bonorum omnium vota, Te desideratissimum Senatui restituit Augustissimo, me quoque compulit ad nouum aliquid meditandum, quo diuersos labores à Te heroica fortitudine perlatos, nouâ recreatione solarer.

Sed quò Tibi armorum ista phalanx perpetuo pacis Patrono? Quid Tibi cum isto genere Balistarum importunissimo? Tibi, inquam, almæ Themidos Antistiti sacratissimo? Otium cum dignitate tuum; scio equidem. Verùm hîc arma silent inter leges, quod tu maximè vis, non leges inter arma, quod tu minimè pateris, nec quisquam bonus velit.

Ista lædunt, nostra ludunt; ista feriunt, nostra feriantur; ardent

ā ij

ista, noftra lucent. Lux igitur beneuolentia tua nobis eò fuauiùs ob-
oriatur, noftroque liceat calamo geftienti, & hæc arma quafi fpolia
geftanti, illa quidem cafta, incruenta, pacis, togæque focia, Tro-
phæum Tibi dicare fuum. Tu enim ille es quem neque tela for-
tunæ, neque vis, neque pericula, neque minæ, nec arma fran-
gere vfquam potuerunt. Quo Baliftarum, arcuum, fagittarum
illæ cohortes Tibi fe dedunt, Tibi accidunt, Tuæque cedunt arma to-
gæ. Tempora illa facere quidem potuerunt vt mutares cælum, fed
non animum: de loco mouereris, fed non de altitudine mentis;
adeovt Tua Virtus in tenebris luceret, in aduerfis triumpharet,
tranquilla in tempeftatibus, ferena in turbidis, Augufta in an-
guftis: vt Barillionum, Prattorum, Oliuariorum, Memmiorum,
& aliorum maiorum; è quibus oriundus, fplendorem magis at-
que magis augeat. Sed ea fortunæ tela quæ Tu vicifti, iam omit-
to, vt animo fedatiore non folùm noftrorum arcuum ἀκροβουλισ-
μοὺς *contempleris, fed ea tela moueas quæ vocat Apoftolus* τὴν πᾰνο-
πλίᾰν τῦ Ͽεοῦ: *quæque Chrifti fanguine refperfa cor mihi, cor*
Tibi traiiciant. His enim quifquis figitur, moritur ocyus mun-
do, viuit Deo, moritur caducis, viuit æternis, moritur vanitati,
viuit gloriæ cælefti.

His igitur iaculis amoris, illorumque vulneribus nofter ani-
mus, Ampliffime Præfes, totus pateat, occurrat, & incurrat in
hæc tela mitiffima: fic enim ictus & victus æternùm cum beatif-
fimis mentibus triumphabit: dùmque hîc militat, puriffima men-
tis orationibus, velut fagittis ardentiffimis, ad Deum ipfum con-
uerfus, in hæc verba erumpet:

Da fontem luftrare boni, da luce reperta
In te confpicuos animi defigere vifus.
Difiice terrenæ nebulas & pondera molis,
Atque tuo fplendore mica: Tu namque ferenum;
Tu Requies tranquilla piis, Te cernere Finis,
Principium, vector, Dux, femita, Terminus idem.

PRÆFATIO

PRÆFATIO
VTILIS
IN BALLISTICAM
AD LECTOREM.

VM plurima sint in quibus Ballistica cum hydraulicis conueniunt, illorum lectio coniungenda: cumque in alijs Præfationibus vtilia plurima dixerimus, hac etiam nonnulla doctorum meditatione dignissimæ propono.

Primùm multa superesse quibus vtrumque tractatum perficere queas: verbi gratiâ, cur pilæ tormentorum horizontaliter explosæ non statim incipiant descendere, vel non tantum descendant, quantum reuera descenderent, si motu horizontali destituerentur; & quænam sit vera ratio propter quam per centum aut plures sexpedas, quas initio percurrunt, minimè descendant: an quòd puluis, aut impressa vis illas æquè pellat in altum ac horizontaliter, vt iam aliàs innuimus.

II. Cùm 24. prop. Ball. plura iuxta subtilissimi Philosophi Thomæ Hobbes attulerimus, & quasdam Philosophiæ quam exornat partes legerim, quæ omnia ferè per motum localem explicant, velim etiam addere modum quo nostrarum facultatum operationes ex eodem motu concludit, vt lector perspiciat num quæcumque fiunt in nobis ad vim Ballisticam referri possint, vt obiecta per sensus exteriores irruentia tot iaculis quòt motibus nos impetere, húcque & illuc impellere videantur, perpetuámque Ballisticam exerceant.

Certum est enim fieri sensionem per actionem obiectorum in organa sentiendi; cúmque sensio tam actionem quam passionem arguat, quas vix à motibus distinguas, sensio definiri potest motus

ã

in partibus internis fentientis ab obiecti motu in agentis fenforio effectus : fic etiam vifio fit à motu lucidi propagato per diaphanum inter-
medium, & continuato per oculum ad tunicam retinam, & deinceps
per neruum opticum in fpiritus, idque non folùm in cerebro, fed etiam
vfque ad cor, ob totius corporis miram connexionem.

Similiter motus quem duo corpora collifa, vel rupta faciunt, per ae-
rem propagatur ad aurem, hincque per neruos ad cerebrum, & ad cor;
& ita de reliquis obiectis aliorum fenfuum, quorum motus vbi cor attigerint, fi motum illius vitalem iuuant, voluptas nafcitur, fi ei noceant, dolor. Cùm autem id quod patitur reagat, & refiftat, motus
cordis fit verfus cerebrum, indéque in neruos vfque ad corporis fuperficiem externam, vnde phantafma oritur, quod eft motus in cerebro,
licet inftar rei externæ appareat, quam repræfentat vbi non eft: vt contingit cum ftellæ in aqua, vel fpeculo videntur & vox vbi Echo.

Ex his autem phantafmatibus feu motibus ipfum fentientis corpus
mouetur, atque adeo motus animalis oritur. Motus autem illi non
definunt licet obiecta non agant amplius, quandoquidem vt ad motum imprimendum agens neceffarium eft, ita & ad motum auferen-
dum. Neque motus fpiritibus & fanguini impreffos quidquam extinguit nifi motus contrarius, qualis forfan à grauitáte oriundus, vt in
aqua contingit quam lapillus in orbem commouit.

Cùm autem pluribus motibus cerebrum & cor agitentur, motus qui
dominatur præfens phantafma dici poteft: quod, dum obiectum agit,
diuerfis nominibus, iuxta diuerfitatem organorum, exprimitur: fi
enim motus fit per oculum, dicitur lumen, vel color: fi per aurem, fonus, &c. fi per corporis fuperficiem, calidum, frigidum, læue, afpe-
rum, &c.

Vt autem ipfa paffio dicitur fenfio, idem motus manens, abfente
obiecto, dici folet imaginatio, fumpto nomine ab imaginibus, licet
idem cum fenfione fuerit, à qua folùm differre videtur, quòd ea præ-
fentiam obiecti requirat: cúmque motus omnis fucceffione conftet,
imaginatio femper aliquid habet in fe præfente prius, quod vbi fub
præteriti ratione confideramus, memoria; ficut imaginatio præteriti
abfque confideratione ipfius phantafmatis, hoc eft imaginaria fuc-
ceffio, tempus appellatur, adeout idem animi motus, ob 4. diuerfos
refpectus, nomina 4. adeptus fit.

Quanquam fatendum eft phantafmata inter fentiendum clariora,
quàm vbi obiecta abeunt, ob nouorum obiectorum fucceffionem in
omnia fenfuum organa quæ quidem non deftruunt motum præce-

dentem, qui vetuſtate non euaneſcit, ſed comparatione latet: vt ex ſomno patet, in quo imaginationes non minus claræ ſunt, quàm in ipſa ſenſione, quòd tunc alia ſenſoria omnem aditum obiectis præcludant cúmque dormientium phantaſmata initium habuerint à ſenſione, ſintque motus idem, ſomnium erit quintum nomen imaginationum.

Rurſus vt in liquido variis motibus turbato naſcitur motus ex diuerſis compoſitus, ita contingit in ſpiritibus, cerebro & corde, vnde plura phantaſmata in vnum coëunt, vt ſit in imaginatione montis aurei, & centauri velut ex equo & homine compoſiti; qua etiam ratione magnificas heroum actiones ſomniando, vel inani gloriâ nobis ipſis affingere poſſumus, & ſextum nomen fictionum, atque figmentorum motui primo continuato affingere: porróque ſeptimum nomen diſcurſus continuæ imaginationum ſeriei, in quas ſicut aquæ pars mota partem vicinam ducit,& trahit, ita phantaſma vnum ex alio vicino ſolet oriri: ſunt autem vicina phantaſmata, quæ in ipſa ſenſione ſe inuicem immediatè ſubſequuntur.

Eſt autem diſcurſus, ſiue imaginationum ſeries, ordinatus, vel inordinatus, ac veluti fortuitus, vt ſi quis à Pythagora ad fabam, à faba ad fabulam, à fabula ad Æſopum cogitando vagaretur; qualis eſt ſomniātium, vel delirantium: ille verò regitur ab aliquo fine, quem aliquis aſſequi deſiderat: & ad quem tenditur, vel à principio quolibet, vel ab eo quod ipſa finis imaginatio ſuggerit. Illius exemplum eſt cùm rem aliquam præ exilitate latentem reperire volumus, nam totum locum, ſumpto vbilibet initio, luſtramus oculis: verſificatores congruis vocabulis ſua metra implere volentes idem præſtant, vt canes omittam, qui ſumpto quolibet initio campum peruagantur, quod diſcurſus vmbram aliquam habere videtur.

Sed cùm diſcurſus principium à fine diſcurrentis ſumitur, quod fit dum imaginationem finis ſequitur imaginatio viæ ad finem, ſumpto vbiuis principio ſeries imaginationum continuatur per ſeriem cauſarum & effectuum; idque vel à cauſa ad effectum, vel ab effectu ad cauſam.

Si proceſſus fiat ab imaginatione cauſæ ad imaginationem, effectus verſus finem, qui ſemper eſt effectus vltimus, dicitur ʃúνθεʃις ſeu compoſitio; ſi ab effectu ad cauſam & ita deinceps verſus priora, ἀνάλυσις ſeu reſolutio: eſt autem vtraque reminiſcentia.

Illius exemplum in homine, dum ædificationem imaginatur incipiens à materia ad formam domus introducendam: tunc enim ima-

beant substratas imaginationes, priusquàm in orationem admittantur.

Quòd si dicamur sola vniuersalia intelligere, nihilque sit vniuersale præter nomen, intellectio non erit ipsarum rerum, sed nominum, & orationis ex nominibus compositæ. Quod quidem nomen intelligere dicimus, cùm ex auditione vel lectione illius reuocatur imaginatio propter quam nomen illud inditum est: quemadmodum & propositionem, cùm ex auditu reducitur in memoriam subiectum eius, seu nomen antecedens contineri in prædicato siue consequente; vel nomen posterius omni rei conuenire cui conuenit nomen primum.

Hinc ratio dicitur facultas syllogisandi, cùm ratiocinatio sit continua propositionum in vnam summam collectio, vel calculus nominum; quæ si pertinent ad numeros, Arithmetica; si ad magnitudines, Geometria; si ad sonos, Musica comparatur. Vbi supponenda recta ratiocinatio, quæ sumens initium ab accurata nominum explicatione procedit per syllogismum, seu continuam verarum propositionum connexionem: qui processus oritur à recta ratione, seu potentia ita procedendi quoties volumus, quam ratiocinandi possumus infallibilitatem appellare.

Quibus ad potentiæ cognoscitiuæ naturam explicandam positis, aliquid de voluntate, facultatibúsque motiuis dicendum. Primum igitur motus vsque ad cor propagatus ex obiectorum actione dicitur iucundus, si iuuat, molestus, si nocet, & impedit motum cordis. Est autem motus in quo consistit delectatio, principium motus animalis versus obiectum à quo mouetur, ideóque vocatur appetitus; vt principium motus fugiendi obiectum, appellatur fuga, vel auersio, ac molestia; quæ delectatio si spectetur præsens absque conatu accedendi dicitur amor, vel recedendi, odium.

Si delectatio consistat vel in sola imaginatione; idque vel in memoria, vel in fictione; erunt tantùm recordationes, & reliquiæ delectationum, molestiarúmque præteritarum, vel expectationes futurarum, quæ eadem est cum memoria præteriti: vel in sensione & imaginatione simul: hæque duæ ambæ se non rarò ita interrumpunt, & reciprocatione adeo celeri, vt in mediam quandam conflari videantur; vnde postmodum animi perturbationes, seu passiones, vt spes, metus, ira, inuidia, æmulatio, pœnitentia, ridentium & flentium affectus, & aliæ propemodum infinitæ nominibus carentes.

Bonum autem & malum propriè dicuntur de obiectis; quod cùm

cuique placet, eum delectat, aut ab eo appetitur, id ipsi bonum dicitur; & quod molestum, malum. Pulchrum, in quo sunt signa boni : in quo non sunt, turpe: adeout bonum & malum relatiuè ad personam dicantur.

Cùm autem quæ placent cum iis quæ displicent, seu bona & mala ita connectuntur, vt vnico intuitu non possimus vsque ad cathenæ finem prospicere, & connexione tam arcta connectuntur, vt simul sumenda, vel relinquenda sint, si in ea serie plus sit boni quàm mali, totũ bonum est, ideóque totum benè, secus verò male sumitur : tunc verò fallimur cùm plus est mali, licet non prospecti, quàm boni, tuncque dicimur bonum apparens elegisse.

Sed cùm mali statim plus apparet, mox boni amplius, & statim refugimus, statim appetimus, prout bona vel mala præponderant, id deliberare dicitur; vt sit deliberatio alternus appetitus & fuga. Neque desinit alternatio fugæ & appetitus, donec non sit ampliùs liberum facere vel omittere, vt finis deliberationis sit libertatis depositio.

Quod philosophiæ genus si tibi arrideat, precibus autorem vrgeas vt corpus vniuersum posteritati non inuideat.

III. Alia plurima huic præfationi destinata prætereo, verbi gratia quoúsque maioris tormenti bellici globi siue 33. siue 40, plus minus, librarum pependiculariter ascendant: quod vbi fuerim expertus, monebo. Huc etiam referendæ iaculationes, quibus Balenæ, & alij maiores pisces, ipsæque ranæ transfiguntur à piscatoribus, qui sune manibus, aut alia ratione detento iacula sua retrahunt.

IV. In arcubus etiam notatu dignum, quod non desit industria, quæ tortili elaterio chalybeo, quod nostri dicunt *Ressort à boudin*, arcui, vel manubrio Balistæ adhibito, eiusdem nerui, seu chordæ motu sagittas longiùs emittat; quod vt fiat, debet illud elaterium suas eodem momento vires exerere, quo neruus ab arcu retrahitur.

V. Addo ad ea quæ de modo ponderandi aërem in hydraulicis dicta sunt, non deesse plures alios modos, quos inter vnum suggessit præstantissimus Philosophus Honoratus Fabry, ex quo modo cùm alia multa concludi possint, ad illius praxim studiosos prouocarim. Sumatur ergo vas vitreum cubicum, aut alterius cuiusuis figuræ, idque cuiuslibet magnitudinis, puta cubici pedis; & syringe notæ magnitudinis pluribus vicibus mittatur aër in illud vas, qui nequeat egredi; si enim innotuerit quantitas aëris, quam syrinx quouis impulsu mittit in lagenam, & quantò sit hæc post immissum aërem, quàm antea grauior, tam aëris grauitas, quàm eiusdem moles innotescet: qui quidem modus idem est cum eo quem pneumaticâ fistulâ expertus sum · sed in vase vitreo diaphano id insuper habet, quòd aëris condensati, seu pressi colores videre poteris.

Cùm autem quotidiè noua possint observari, semper etiam noua huic tractatui, & hydraulico-pneumaticis addi poterunt, quibus rei litterariæ magna fiat accessio: donec illa dies veniat, quam omnis creatura ingemiscens expectat.

DE BALLISTICA,
ET
ACONTISMOLOGIA,
SEV
DE SAGITTARVM,
IACVLORVM ET ALIORVM MISSILIVM
Iactibus; déque arcuum & neruorum viribus,
ac motibus tam fimplicibus,
quàm compofitis.

PROOEMIVM.

Vm artem fagittandi docendam minimè fufceperim, tractatum hunc τοξουλκα appellare nolui, fed potius Balliſticam & Acontifmologiam, quòd in eo iaculorum & aliorum quorumuis miſſilium iactus, iactuúmque magnitudines, velocitates & robur; arcuum etiam recurfus & vires, & alia id genus plurima hactenus incognita profequar. Neque enim ab vllo data fuit velocitas, qua vel arcus in varijs fui reditus locis recúrrat, vel emittat fua τοξευματα, feu miſſilia.

Vis etiam quæ datum arcum ad datum interuallum flectat, & proportio iactus verticalis ad iactum horizontalem, & alios iactus non-

dum definita fuit, nec alia pleráque de quibus hocce tractatu, quem
à iaculorum coniectione possis Acontismologiam, vel Ballisticam,
quòd præsertim βαλλόμεια, siue βελλω, ἀκροβολισμὶ, & ἀκόντισμα, siue βελλω,
ὐϛεμμα, & ὅτεϛ, aut alijs quibúsue nominibus appellare: quidquid enim
dicturi sumus, tam iaculis manu, quàm lapidibus manu, fundâ, balli-
stâ, &c. missis, & sagittis ab arcu, globísque à sclopeto pneumatico,
& ignario pulsis ex æquo congruit.

Porrò teli, seu sagittæ pennatam partem βελυς κεφαλω, cuius cuspis
αὐς, dixere; ἀχρι verò seu iaculum manu iacitur. Qui verò dictionibus Græcis vti voluerit ad ea quæ pertinent ad arcum exprimenda
chordæ tensionem κατογωγω; balistæ claustrum, vel clauiculam
χαϛεῖαν, arcus brachia ἀἰκόϛας (cuius extremitates ἀκρα, seu κεϛατα) iaculationem ἐξακϛολω vocare poterit: quibus alia sexcenta possunt
addi, verbi gratiâ χαμεῖαν ἀπογχάζειν, quod Gallicè dicimus *lascher le
reffort*, vel *tirer*.

Has autem machinas, quibus tela, lapidésque mittebantur,
ὄϛγανα ὠϛύτια, παλίντια, & λιθόβολα dixere: quæ trium talentorum lapides, & hastas duodecim cubitorum emitterent, nisi veteribus fidem
detrectare velis. Quod sanè mirum cùm tria talenta valeant 581 libras, quas bombardæ nostræ militares vix mitterent: hîc enim talentum eiusdem sumo ponderis, ac tractatu de nummis: quanquam si
de Alexandrino, quod Hebraïci subduplum faciunt, intelligamus,
illi lapides solummodo fuerint 290½ librarum nostrarum Parisiensium. Vt vt sit, sequéntibus propositionibus nostras obseruationes,
& quæ ratio præscribit explicamus, vnde lumen inferetur Phænomenis Hydraulicis; & mechanicæ pars nobilis adijcietur.

PROPOSITIO PRIMA.

*Arcuum materiam, figuram, & robur explicare,
neruorúmque, seu chordarum arcubus
seruientium materiam & vires
explorare.*

VIx vllum lignum ex quo non possit arcus confici, cum omne lignum incuruatum redeat; cúmque sit eò validior arcus quò
celerius, víque maiore redit, clarum est ea ligna potiùs adhibenda,
quæ duriora, sicciora, reflexioníque aptiora fuerint; quandoquidem

molliora ligna vix poſt vnam & alteram incuruationem ad priſtinam
rectitudinem ſolent reſtitui, vt conſtat ex ceraſo; quâ rigidior illa ſpecies ſimilacis, quam taxum , vulgò *If* appellamus: alias Ilicis ſpecies
omitto, quemadmodum & alia ligna Sinenſia , & Indica, vt Polonorum, & Turcarum arcus ex varijs lignis , balænæ, vel aliorum piſcium coſtis, ebeno, neruíſque ſimul agglûtinatis conſtructos addam,
quos omnes expertus non reperi ſagittas longiùs ab iſtis, quàm à noſtris ligneis emitti.

Robuſtiſſimi fiunt arcus ex chalybe, qui corporum omnium fortiſſimus, ſeu ad recurſum vegetiſſimus eſſe videtur; quanquam faciliùs
rumpitur, vt alio loco dicturi ſumus. Quibus autem aquis candentem
& mollem dureſcere oporteat , vt elaterium promptiſſimum exhibeat, Fabris ferrarijs exponendum permitto, qui pro varijs chalybis
tinctibus & temperamentis arcus vegetiores , aut pigriores fabricant.

Quod ad figuram attinet, minimè circularis, ſed potiùs hyperbolica videtur, quamuis intentus arcus magis ad parabolam, vel ad ſemicircumferentiam, quàm remiſſus accedat. Sed neque omnes ſunt
eiuſdem figuræ ; fortéque circularis ob ſuam vniformitatem omnium optima.

Robur verò diuerſum eſt pro varia longitudine, craſſitudine, & rigiditate lignorum, quæ materiam ſuggerunt arcubus, alij ſiquidem
33 libris, alij 56 , qualis eſt Turcicus, tenduntur; víxque robuſtiores
ſolâ manu dextra neruum trahente, ſiniſtrâ medium arcum ſuſtinente , vim 60 librarum ſuperant, quâ maiorem brachium recuſat.

Cùm autem arcui ſcapus, ſeu manûbrium adhibetur, licet arcu robuſtiore vti, qui vel centenariam pilam , aut ſagittam mittat: quanquam hîc nolim agere de Baliſtis caſtrenſibus, ſeu militaribus, quippe quæ ad maiorum bombardarum præſentiam euanuêre: illis igitur ſcorpionibus omiſſis, robur arcuùm chalybeorum ſcapis inſtructorum, quales ſum expertus, accipe.

Arcus chalybeus Baliſtæ, quam vulgò dicimus *à ialet*, manibus nudis impacto in pectus manubrio , ad aſtragalum, vel 78 libris
adducitur; neque puto à robuſtioribus brachijs arcum tendi poſſe,
cuius robur centum libras ſuperet: quapropter arcubus fortioribus
trochlea ſolet adhiberi, qualis eſt arcus chalybeus, cuius longitudo
bipedalis, maxima craſſitudo linearum 6 , minima 2 : quem aſtragalo
imponit trochlea decem funibus, & octo trochleis inſtructa, cuius
vires quidam ex noſtris ſagittarijs in ludicro certamine baliſtario
tantas eſſe credebant, vt ne domus quidem integra neruo appenſa

4

sufficere posset ad eum in astragalum adducendum. Quos tamen facilè in viam reuocaûi pondere, vice manuum, trochleæ adhibito 12 librarum, quo suculæ manubria neruo ad astragalum adducto sustinebantur, licet antea se plusquam 50 librarum pondo manibus supplere crederent.

Præterea semidiameter succulæ vnà cum fune circumuoluto fuerit 8 linearum, & manubrium 7½ digitorum, octies vertatur in orbem vt quinque digitos neruus percurrat, sitque manubrij conuersio, hoc est circumferentia, 23 digitorum, erunt omnes conuersiones digitorum 184, atque adeo nerui motus erit ad manubrij motum vt 37 ad 1 proximè; cúmque 12 libræ faciant æquilibrium cum neruo ad astragalum adducto, dum manubrio applicantur, facilè concluditur quot libris absque trochlea neruus idem ad eundem astragalum adducatur.

Sit enim manubrium ad succulæ semidiametrum vt 22 ad 1, vt vna vi manubrio applicatâ 22 vires seu pondera sustineantur; cúmque sint 10 chordæ trahentes æqualiter in trochlea Balistaria, ducantur 10 in 22, vt 220 producatur, in quem numerum si 12, nempe libras chordam retinentes in astragalo, ducas, exurget summa 2640 librarum, quæ chordam ad astragalum adducent absque trochleis, quibuscum 12 libræ 2640 libris æquipollent.

Chordæ arcubalistarum, quas vulgò dicimus *arbalestes*, (quarum arcus chalybei) 120 filis plus minus constare solent, quorum vnumquódque 20 libris vix rumpitur; quapropter si omnia concurrerint ex æquo non frangetur chorda nisi libris 2400. Arcuum verò ligneorum chordæ longè paucioribus filis constant siue chanabinis, vt apud nos, vel sericis vt apud Turcas, & alios; arcus Turcici quo sum vsus, chorda filis bombycinis 83 constat. Omitte qualis debeat esse restionum textura, tororúmque nexus ad robur funibus conciliandum, vt vires inter se conferamus, quæ ad varia scapi puncta chordas, & arcus sinuant.

PROPOSITIO II.

Vires quibus ad diuersa manubrij puncta nerui arcuum adducuntur explicare.

ESto primùm arcus Turcicus, seu Polonus B A C, cuius chorda pedes 3½ longa 83 filis bombycinis constat, filum verò quodlibet 4 libris frangitur; sitque punctum O remotissimum, quod metam vocare possis, ad quod 64 libris adducitur. Vbi verò spatium 16 digitorum K O in 4 partes æquales diuiditur, neruum B C ex puncto K ad L, libris 17; ab L ad M, libris etiam 17; ab M ad N, libris 13; & ab N ad O, libris 17. adduci constat experientia: cùmque in 3 partes æquales K O diuiditur, prima pars 24 libris, secunda 21, tertia denique 21 tenditur.

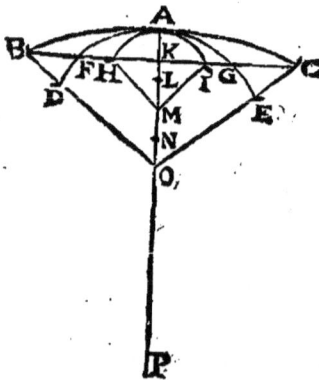

Cùm verò diuiditur interstitium K O in 9 partes æquales, prima pars libris 9, secunda 8, tertia 6, quarta 7, quinta 8, sexta 7, septima 4, octaua 8, nona denique 7 libris indiget.

Vnde colligi posse videtur quamlibet partem æqualem viribus æqualibus tensam iri, si fuerit arcus optimè constructus: quod sagittarios nostros maximè fefellit, qui credebant tantundem ad minimum virium parti vltimæ N O adhibendum esse, ac toti spatio K N.

Notandum est autem vix obseruationem repeti posse, quin aliquam circa pondera tendentia varietatem reperias, quòd nempe chorda, & arcus qualibet vice nonnihil relaxentur, & oculus obseruatoris non adeò possit accuratè discrimen cuiuslibet interualli notare, atque seruare, quin sæpenumero quarta saltem lineæ parte aberret. In eadem diuisione nouenaria, tensionis primæ quidem parti, 9 libras vt antea; tribus sequentibus partibus in vnam conflatis, libras 21, & quinque vltimis simul sumptis, 34 libras dedimus: vel si velis à primis quinque initium sumere, 38 libris; tres sequentes 19; vltima denique 7 libris tenduntur.

Alias obſeruationes addamus, ſitque ſecundò ligneus arcus B A C quinque pedes longus, ſitque tenſionis ſpatium K O, quod *vulgò chaſſe* dicunt, quadripartitum, vt priùs: à puncto K ad O 33 libris tenditur; à puncto K ad L, 8 libris; à K ad M, 6½; ab M ad N, 10, &c. Vnde conſtat vim ferè duplam ad duplum ſpatium, triplam ad triplum, & ita deinceps requiri, quòd plurimos decepit, qui credebant ponderibus in ratione ſpatiorum duplicata, vel etiam triplicata opus eſſe.

Tertia obſeruatio in arcu ligneo pedes 5½ longo facta docet ſpatium K L, libras 8, K M, 17, K N, 26, & K O, 40 poſtulare: quodlibet verò interſtitium eſt 4 digitorum, vt etiam arcui Turcico contingit.

Quarta obſeruatio chalybeum arcum bipedalem habuit, qui trochlea 8 (vt præced. prop. dictum eſt) inſtructa orbiculis per K L interſtitium quadripartitum ita flectitur, vt à puncto K ad L librâ dimidia, à K ad M libris 2½, ab M ad N, 7, & à K ad O, 12 libris tendatur. Vnde patet 4 illas partes aliam in ſuis, quàm præcedentes, tenſionibus rationem obſeruare; quandoquidem prima pars vnâ vi tenditur, ſecunda 4, tertia decem, & quarta, ſiue vltima 10.

Quintam obſeruationem habes in illius Scorpionis arcu, quem *à iælet* nuncupant; cuius prima pars à K ad L libris 11 arcuatur; ſecunda ab L ad M 13, ab M ad N 29, & ab N ad O 35. Vbi magnum obſeruas diſcrimen inter hunc arcum & ligneos, cùm iſtius tertia pars requirat vim pluſquam præcedentis duplam.

Quæ omnia ideo retuli vt Lectores cogitent vnde proficiſcantur illa diſcrimina, & num arcus illi ſint meliores, quorum nerui per manubrij diuiſiones æquales ponderibus æqualibus, aut in ratione duplicata diuiſionum flectuntur.

Porrò illa diſcrimina virium tendentium exiſtimarim à diuerſis arcuum craſſitudinibus, & à varia partium textura procedere; ad quod varia problemata referri poſſunt, verbi cauſa, arcum ita conſtruere, vt neruus illius per æquales ſcapi diuiſiones tenſus requirat pondera tendentia in ratione diuiſionum, vel in earum ratione duplicata, triplicata, vel alia data.

PROPOSITIO III.

Quas vires in neruum B K C *arcus* B A C *exerat aperire.*

Hic sermo est de neruo nondum tracto, & arcum subtendente, quod fieri nequit, nisi tantisper lunetur, vt sit in hac figura. Duobus autem modis scietur qua vi neruus rectus B C ab arcu tendatur, primo si pulsu sonus inquiratur, statim enim atque tonum chordæ in monochordo, vel alio instrumento notaueris, pondera chordæ perpendiculari ab arcu separatæ alligata, quibus eundem tonum edet, vim ostendent qua tendebatur ab arcu: exempli gratia reperi chordam arcui ceraseo inditum, ab eo velut à 40 libris tendi, hoc est pluribus quàm ijs, à quibus deinceps à K ad O tendebatur.

Secundo modo, ponderibus inuerso arcui A C in puncto B appensis, donec ex arcu neruus exeat, aut nulla ratione tendatur. Sed caue ne putes illam chordam quæ à K ad O 40 libris adducitur, 80 libris tendi, quòd priùs ex A in C iam 40 libris tenderetur, cùm enim lunatur arcus, & vsque ad O flectitur, illius extrema, seu cornua C A minus inter se distant, quàm antea, neruúsque ex arcu exiliret, nisi per punctum K ab alia vi traheretur, tantóq; duntaxat ad O ductus, magis, quàm in linea recta A C, tenditur, quantò longior euadit.

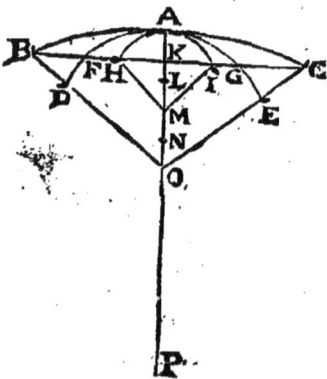

Obseruandum verò, cùm neruitonus grauior est quàm vt accuratè satis ab aure percipiatur, mediæ chordæ, vel etiam quartæ partis illius sumendum esse tonum, cuius etiam partis eundem sonum animaduertas, cùm neruum ex arcu ablatum ponderibus, vel aliâ vi tetenderis; quanquam, si nostra legeris harmonica, chordæ quantumuis longæ sonum, seu tonum absque auditu, ex illius recursuum numero facto in tempore dato facilè reperies.

PROPOSITIO IV.

Vires quibus flectitur arcus, dum illius cornibus alli-
gantur pondera, & horum cum ponderibus puncto
K appensis rationem explicare.

ESto arcus B A C, cuius neruus ab H pondere in puncto D alligato trahatur ad punctum M, N, vel G; sintque pondera O &
P arcus extremitatibus, seu cornubus B & C applicata, donec arcus
in figuram E A F commutetur, quæritur illo-
rum ponderum ratio. Vbi certum est primò
maiora pondera requiri in punctis B & C,
quàm in D, vt arcus flectatur æqualiter,
quamuis non tanta, quanta nonnulli putauê-
re, qui vel ab infinitis ponderibus tendi posse
negàbant, quòd per lineas rectas B O & C P
trahant, cùm tamen per lineas E R & F Q in
puncto G decussatas arcum trahere debere
videantur; quod certum, si terræ centrum supponatur in puncto G. Idem verò de viribus,
seu baculis, ac vectibus ab S & T in B & C
prementibus, ac de ponderibus ex O & P
trahentibus cogitandum est.

Constat autem experientiâ nequidem vsque
ad punctum M libris 50 flecti chalybeum arcum B C, quem *à ialet* antea vocari diximus;
cùm eius cornubus applicantur, ad quod li-
bris vndecim puncto D appensis trahitur; docet enim obseruatio 4.
libris ad idem punctum adduci, ad quod quinquaginta libris flecte-
batur.

Verùm regula generalis, quâ nosces quibus ponderibus cornua
lunentur, & ad data puncta neruus adducatur, cùm datur pondus in D appensum, quòd eandem præstat inflexionem, sequente
figurâ declaratur. Sit ergo flexus arcus A B D à pondere *m* vel
P, itaut neruus ad E punctum peruenerit, continueturque linea
chordæ D E vsque ad H, & vlterius, si opus est, in quam ducta linea
ex puncto A lineæ D H perpendicularis ostendet quanto pondera

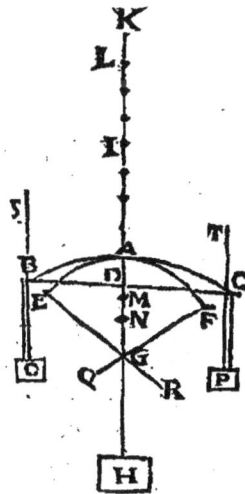

cornubus

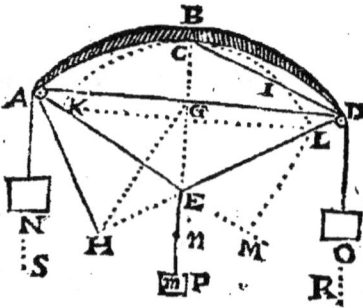

corñubus A & D appendenda, pondere P maiora effe debeant; vt
enim H A latus ad duo latera A G, G H fimul fumpta, id eft vt A H
ad totam chordam A D, ita pon-
dus *m* vel P, ad duo pondera
punctis A & D alliganda, quæ
neruum ad E punctum adducãt,
(manu tamen, abfque vi, ductri-
ce nerui à puncto G ad E.)

Si verò confideretur arcus
A B C in K C L inflectendus, vt
cherda A D ad punctum E perueniat, non erit linea ex A puncto in H ducenda, fed poftquam
linea chordæ K E verfus M pro-
ducta fuerit, ex L puncto, fiue cornu, recta L M lineæ K M perpendicularis agenda, vt fit pondus P, vel *m* neruum ad E trahens ad pondera
cornuum K L, in eadem ratione ac L M ad L K: idémque puta de
cæteris arcuum flexionibus, quæ quantò maiores erunt, tantò minor
erit fubtenfa K L, atque adeo minor ratio ponderum N & O, ad pondus *m*.

Cùm igitur in primo cafu pondus *m* fit ex hypothefi 40 librarum,
& linea H A fubdupla lineæ A D, erit punctum N 40 librarum, totidémque pondus O, vt 80 libræ viribus 40 librarum æquiponderent,
vel potiùs æquiualeant. Idémque dicendum de viribus, vel manibus
ex S & R punctis funes A S & D R trahentibus.

Eft autem angulus A E D 120 graduum, quando linea G E eft fubdupla lineæ G A, vel G H, vel H G. Vbi videre poffis mechanicas
obferuationes arcus lignei, cuius neruus A D pedum 5, & digitorum
2½, abeft à puncto B nondum aliâ vi inflexo, hoc eft G à C, digitis 4 &
10 lineis.

Cùm ita flectitur arcus vt G à C 2 pedibus diftet, chorda 4 lineis
longior eft, & arcus A B C cornua D A digitis 5½ viciniora funt, diftant enim folummodo pedibus 4 & 9 digitis, quæ priùs 5 pedibus &
digitis 2½ diftiterant. Angulus autem à chorda factus in G tunc eft
graduum 130½ vifque, feu pondus in P debet effe ad pondera in A &
D, vt 8 ad 19, hoc eft vt 1 ad 2½.

Quando flectitur arcus, donec G pede & 7 digitis à C diftet, chordæ angulus eft graduum 141; cornua diftant à fe inuicem 4 pedibus,
digitis 11, & 5 lineis, hoc eft prima illorum diftantia 3 digitis & vna lineâ minuitur; chorda verò 2 ferè lineis fit productior.

Verùm vt omittam illos angulos , & cornuum diſtantias, ſolummodo perſequor interualla quatuor inter G & C, quibus propria pondera
deſtineantur.

Cùm igitur minor diſtantia G ad C fuerit digitorum 9 & 11 linearum, pondus in medio 10 librarum, in cornubus librarum 79 & ½ erit.
Diſtantia C à G exiſtente pedis vnius , & digitorum 2½, pondus in
medio chordæ G erit 19 librarum, in cornubus 85. Si diſtiterit G à C
vno pede, 7 digitis ,& 5 lineis, in medio pondus erit 27 librarum, in
cornubus 85, vt antea, quod pluribus mirabile videbitur. Denique
cùm inter G & C duo pedes interceſſerint , pondus in medio 38 librarum in cornubus 90½ inuenietur.

Sit verò aliud exemplum arcus M N O, cuius neruus M O ita tendatur in punctum Q, vt M Q O ſit 160 graduum, atque adeo ſit angulus Z Q ♭, vel 4 Q Y 10 graduum : ducatúrque in O Q productam
in T perpendicularis M T, erit pon-
dus tendens chordam in puncto P
ad pondera in punctis M & O chordam æqualiter tendentia, vt M T ad
M O. Quid ſi neruus ita tendatur,
vt faciat angulum S rectum? certè
non erit dicenda perpendicularis
M T in O S productam, cùm M S
ſit iam ei perpendicularis, quæ propterea pondus in puncto P premens
refereret , quemadmodum pondera
cornubus adhibita per M O lineam
repræſentabuntur. Quòd ſi fuerit
M Q O 120 graduum, pondus trahens chordam M Q ex puncto P in
punctum Q, dimidium erit ponderis cornubus adhibendi.

MONITVM.

CVm hactenus ex obſeruationibus præſertim egerimus, placet ad
vberiorem prædictarum tenſionum doctrinam ex Harmoniæ noſtræ Gallicæ lib.3. vbi de Mechanicis . tertiam propoſitionem huc in
illorum gratiam transferre, qui tractatum illum mechanicum à noſtra
Geometra compoſitum minimè viderunt, quandoquidem Harmonia
noſtra Latinè ſcripta illo tractatu caret.

PROPOSITIO V.

Dato pondere, quod duobus funibus, vel fulcris positione datis suſtineatur, vtriúſque funis potentiam inuenire.

Iguram tractatus ſuperioris hîc repetemus, in qua pondus A duobus funibus A C & A Q angulum acutum C A Q facientibus alligatur, eóſque trahit, cui duæ potentiæ C Q reſiſtunt, linea directionis A F; cui ducatur perpendicularis ex puncto C, vt libet producta. Vbi notandum me hîc quædam omittere, quæ ad neruum arcus, in quo diſcutiendo verſamur, minimè pertinent, qui cùm nunquam angulum acutum faciat, imò ne rectum quidem, ſed ſemper obtuſum, poſſent etiam hi duo anguli in alium locum reijci, niſi tertius caſus longè meliùs ex illis duobus intelligendus foret.

De Nerui angulum acutum facientis viribus.

Oſito angulo acuto præcedente, erit pars chordæ dextræ A Q E, cuius potentia Q vel E; pars ſiniſtra A C, deſcendens vſque ad punctum K in quo potentia, æqualis potentiæ C. Puncta verò Q, & C repræſentant extrema cornuum arcus, quibus neruus alligatur, & eiuſdem partes C A & A Q æquiualent duobus funibus diuerſis.

A puncto Q ducatur Q D perpendicularis lineæ directionis A F, donec occurrat lineæ C A in puncto 4; & Q G funi C A perpendicularis, ſit etiam C B lineæ A Q perpendicularis. Ex dictis, ſi C A ſit libræ brachium, ſuper quo funis C A ponderis A lapſum impediat; ſitque A pondus ad Q vel E per funem Q A trahens, vt C B ad C F, potentia Q vel E libram C A faciet æquilibrem: & fune Q A centro ponderis A alligato, libra exonerabitur, & pondus A partim à potentia Q, partim à plano L N 2 libræ C A perpendiculari, vel à fune C A plani vicem præſtante ſuſtinebitur.

Præterea ſi Q A ſit bilancis brachium, ſuper quo pondus A fune Q A impediatur à lapſu, & vt G Q ad Q D, ita pondus A ad C poten-

tiam, C fune C A trahens faciet libram Q A æquilibrem; & fune C A
centro ponderis A alligato, libra Q A exonerabitur, pondúsque A
partim à C per C A funem agente, partim à fune Q A suſtinebitur.

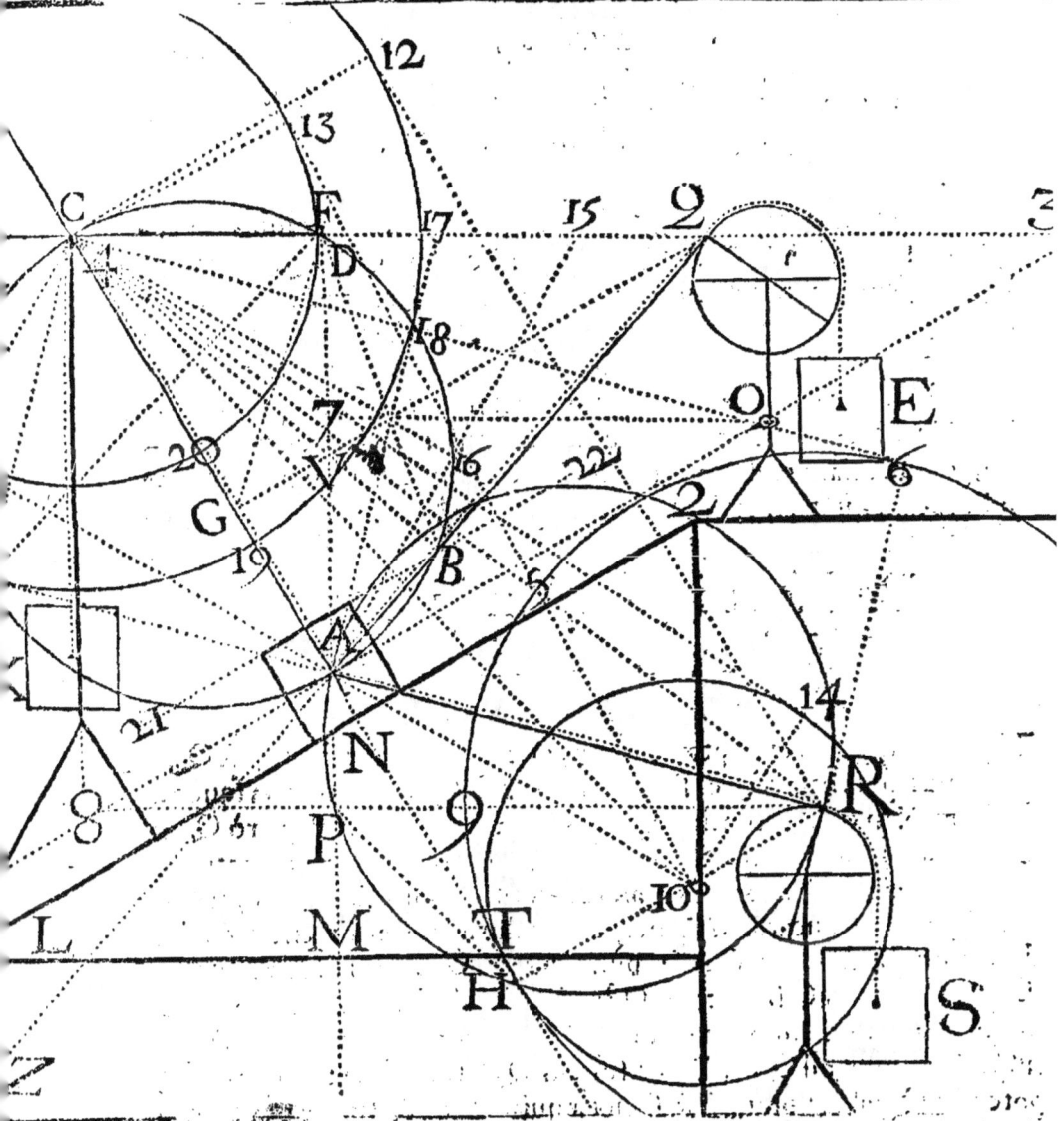

Cùmque data ſint angulus G A Q, funes A Q; & Q D, cum angulis C A F, Q A D, dabuntur etiam perpendiculares C B, Q G, C F,
& Q D, illarúmque rationes; atque adeo rationes ponderis A ad potentias Q, & C, ex conſequenti dabuntur, quæ pondus A funibus
Q A, & C A ſuſtinent, vti poſtulabatur.

De Nerui rectum angulum facientis viribus.

FVnis A O faciat angulum rectum C A O cum fune C A, & ab
O perpendicularis O 7 in lineam directionis A F ducatur. Po-
tentiæ verò C, O per funes O A & C A trahentes, pondus A fuftineant. Si, ex dictis, C A fit libræ brachium, fuper quo ponderis A
lapfus à fune C A impediatur, fueritque vt A C ad C F, ita pondus
A ad O potentiam, O per O A trahens libram faciet æquilibrem : &
A O fune centro ponderis A alligato, libra exonerabitur, pondúfque
A fuper A O fune, & fuper plano L N 2, vel chorda C A quiefcet.
Eodémque modo concludetur, fi A O libræ fuerit brachium; pondus A effe ad C potentiam per funem C A trahentem, vt A O ad O 7,
vel vt C A ad C F, ob triangulorum A O 7, A C F fimilitudinem. In
triangulis autem A C F, A O 7 dantur omnia, datúrque pondus A,
dantur ergo potentiæ C O, quæ pondus A fuper funibus C A & A O
fuftinent, quod quærebatur.

De Nerui obtufum angulum efficientis viribus.

FVnis A R cum C A fune datum angulum C A R faciat, & à
puncto R ducatur perpendicularis R P in lineam directionis
F A verfus A, vtlibet, productam. Ducatur etiam R H funi producto
C A perpendicularis, & C I perpendicularis funi R A producto : Et
R vel S potentia trahens fune R A, & potentia C vel K trahens fune
C A, fuftineant pondus A, illæ potentiæ determinandæ funt. Sitque
propterea C A libræ brachium, erit vt C I ad C F, ita pondus A ad R
potentiam datam, quâ C A libra fiet æquilibris : cúmque funis R A
ponderis A centro alligetur, libra exonerabitur, partimque pondus
A fune R A, partim L N 2 plano, vel fune C A fuftinebitur. Potentia verò C inuenietur, fi fiat vt R H ad R P, ita pondus ad potentiam C, quæ poftulabatur.

Intelligatur enim R A libræ brachium, fuper quo pondus A; &
potentia F trahens per lineam directionis F A, brachium R A pon-

deri faciat æquilibre, potentia F suſtinens pondus A per lineam directionis eiuſdem ponderis, illi æqualis erit. Sed potentia F eodem modo super brachio R A, ac per diſtantiam R P trahit, quemadmodum potentia C eodem modo per R A brachium ac per R H trahit.

Cùm igitur potentia F trahat perpendiculariter per R H, ſitque reciprocè R H ad R P ratio eadem, quæ ponderis A, vel potentiæ F ad potentiam C, per conſtructionem, C facit R A æquilibre, & fune C A centro ponderis A alligato, brachium exonerabitur, & funes C A & R A pondus A ſuis potentiis ſuſtinebunt, atque adeo dabuntur potentiæ, vti quærebatur.

Cùm autem pulcherrima ſequantur ex iſta propoſitione, quibus explicandis figura præcedens ſufficit, ſequentibus notandis ea complectemur.

Notandum primum.

IN omni caſu à qualibet potentia duæ perpendiculares ducuntur, vna in lineam directionis ponderis, altera in alterius potentiæ funem: & in rationibus ponderis ad potentias, pondus eſt homologum perpendicularibus in directionis lineam ductis: exempli gratiâ, pondus A perpendicularibus C B, Q G, C A, O A, C I & R H à potentijs in funes ductis homologum eſt. Potentiæ verò C, Q, E, O, R vel S, perpendicularibus Q D, C F, O 7, vel R P in lineam directionis A F ductis homologæ ſunt: Sempérque pondus eſt ad primam potentiam vt perpendicularis ducta à ſecunda potentia in funem primæ ad perpendicularem ductam à ſecunda potentia in lineam directionis ponderis; & reciprocè pondus eſt ad ſecundam potentiam vt perpendicularis à prima potentia in ſecundæ funem ducta, ad perpendicularem à prima potentia in lineam directionis ponderis ductam.

Notandum ſecundum.

POndus & potentiæ ſunt ſemper homologa tribus trianguli lateribus: quod primò demonſtratur in primo caſu præcedentis propoſ. cuius conſtructio hîc ſupponitur, ſit enim angulus acutus C A Q, A pondus, A F linea directionis: perpendiculares C F, C B, Q G, Q D, ducantúrque lineæ F B, & G D. Quibus poſitis trianguli C F B, & Q D G ſimiles ſunt, & alterutrius lateribus pondus A &

potentiæ C Q funt homologa. Cùm enim anguli C F A, & C B A
recti fint, quadrilaterum Q D G A circulo poterit infcribi, quapropter angulus C B F æqualis erit angulo C A F, & angulus G Q D
angulo G A D æqualis. Cùm igitur C B F angulus, & angulus
G Q D fint eidem æquales, hoc eft C A F, vel G A D, anguli C B F
& G Q D erunt inter fe æquales.

Rurfum, angulus F C B angulo Q G D æqualis erit, cùm vtérque
fit æqualis angulo F A B, vel Q A D. Cùm igitur duo anguli C B F
& F C B fint æquales duobus angulis G Q D, & Q G D, vnufquifque fuo, duo trianguli C B F, & Q G D fimiles erunt.

Erit igitur B C ad C F vt Q G ad G D; & B C ad B F, vt Q G ad
Q D, fed vt B C ad C F, ita pondus A ad potentiam Q, & Q G ad
Q D, vt A pondus ad C potentiam. Erit igitur Q G ad G D, vt A
pondus ad potentiam Q : & B C ad B F, vt A ad C.

Quare in triangulo C B F, cùm A pondus fit homologum lineæ
C B, potentia C erit homologa lineæ C F, & potentia C lineæ B F.

In triangulo Q G D fi pondus A fuerit homologum lineæ Q G,
potentia C erit lineæ Q D, & potentia Q lineæ G erit homologa.

Secundus cafus funes exhibet rectum angulum C A O facientes,
reliquis vt in 2 cafu præced. propof. trianguli rectanguli C A F &
A O 7, A 3 F funt fimiles, & pondus A ac potentiæ C, O illud funibus C A & A O fuftinentes funt tribus C A B, vel A O 7, vel C A F,
trianguli lateribus homologa.

Tertius autem cafus magis ad arcus noftros pertinens, exhibet
C A R angulum obtufum; fit autem conftructio vt in 3 cafu præced. prop. ducantúrque lineæ H P, & F I. Trianguli R H P, & C F I
funt fimiles, & alterutrius lateribus pondus A & potentiæ C, R funibus C A & A R pondus A fuftinentes funt homologa. Similitudo
illa triangulorum ex quadrilaterorum R H P A & C I A F in circulo
infcriptibilitate probatur, quapropter anguli H R P, H A P, C A F,
& C I F, vt & angulo R P H, R A H, C A I, & C F I funt inter fe
æquales. Erit igitur latus H A ad latus R P, vt latus C I ad latus I F;
& latus H R ad H P, vt C I latus ad latus F C, fed vt R H ad R P ita
pondus A ad C potentiam; & vt C I ad C F, ita pondus A ad R potentiam, quare R H eft ad H P, vt pondus A ad potentiam R. Et
C I eft ad I F, vt pondus A ad C potentiam.

Conftat igitur pondere A exiftente homologo lateri R H trianguli R H P, potentiam C effe homologam lateri R P; & R potentiam
lateri H P homologam. Similiter in triangulo C F I, latus cùm C I

fuerit homologum ponderi A, potentiæ R erit C F homologum, &
potentiæ C, erit F I homologum.

Igitur in omni cafu pondus & duæ potentiæ funt femper homologæ tribus lateribus trianguli defcripti à duabus perpendicularibus ex
eadem potentia ductis, quarum vna lineæ directionis ponderis, alia
funi alterius potentiæ occurrit, tertium verò latus fuerit linea binas
illas perpendiculares coniungens.

Si verò ducatur ab aliquo puncto in linea directionis ponderis
fumpto linea funium vni parallela ad alium funem, triangulus ex illa
parallela, linea, directionis, & fune defcribetur prædicto triangulo
fimilis cuius latera erunt ponderi, & duabus potentijs homologa.

Vnde fequitur primò duas potentias fimul fumptas effe pondere
maiores; fecundò pondus fimul cum alterutra potentia maius effe
altera potentiâ, quandoquidem pondus & potentiæ tribus trianguli lateribus homologa funt, quorum laterum duo funt femper
altero maiora.

Notandum tertium.

QVamdiu in ijfdem punctis potentiæ fuerint, pondúfque femper
idem in eadem directionis linea fuerit, fi factus à funibus pondus
fuftinentibus angulus maior eft, maiores etiam potentiæ ad idem
pondus ijfdem funibus fuftinendum requiruntur; quod ex dictis facilè demonftratur.

In primo fiquidem cafu, quo poffunt funes coire cum linea C F
verfus F producta, quo maior fuerit angulus à funibus factus, eò magis perpendiculariam occurfus ab F puncto diftabit, & confequenter
lineæ à potentijs ad illud occurfus punctum ductæ longiores erunt.

Exempli gratia, fi fuerint potentiæ C & Q, & angulus à chordis
factus C A Q, perpendiculariam occurfus erit V; lineæ verò à potentijs ad occurfum ductæ erunt C V, & Q V.

Si potentijs exiftentibus C & Q, angulus C V Q fuerit angulo
C A Q maior, punctum occurfus in A minus ab V puncto quàm ab
F diftabit: lineæque à potentiis ad occurfum ductæ C A, & Q A lineis C V & Q V longiores erunt. Linea verò C Q eft femper homologa ponderi: lineæque à potentijs ad perpendiculariam concurfum ductæ funt ijfdem potentijs reciprocè homologæ.

Cùm igitur chordarum angulus maior, ac proinde lineæ à potentijs ad perpendiculariam concurfum ductæ maiores fuerint, erunt
etiam

etiam potentiæ maiores. Cætera videantur in prædicti tractatus Corollarijs & Scholijs, quæ perlegere fuerit operæpretium.

PROPOSITIO VI.

*Quocúmque modo pondus, & potentia illud duobus
funibus lineam rectam minimè facientibus su[s]ti-
nentes disponantur, pondus & potentiæ sunt semper homologæ tribus trianguli lateribus.*

ESto enim triangulum oxygonium, rectangulum, vel oblygo-
nium; cuius tres perpendiculares in eodem se puncto secant;
quod quidem punctum in oxygonio est intra: in rectangulo, in vertice anguli recti, in amblygonio, extra: hæc igitur propositio 3 casibus
perficitur quorum primus de triangulo oxygonio ita probatur.
Sint funes CA & AQ facientes acutum angulum CAQ: sitque
pondus A, cuius linea directionis AF; perpendiculares CF, CB,
QG, QD; ducantúrque lineæ FB, & GD. Dico triangula CFB,
& QDG esse similia, & tribus alterutrius lateribus esse homologa
pondus A, & duas potentias C, Q sustinentes idem pondus A funibus CA & QA. Cùm enim anguli CFA, & CBA recti sint, quadrilaterum CFBA inscribetur circulo: quare angulus CBF angulo CAF, & angulus CFB angulo FAB æqualis erit. Similiter quadrilaterum QDGA circulo inscribetur, erit igitur angulus QGD
angulo QAD, & angulus GQD angulo GAD æqualis.
Cùm igitur CBF angulus trianguli CBF, & angulus GQD
trianguli GQD sint eidem æquales, hoc est angulo CAF, vel
GAD, erunt etiam æquales inter se CBF, & GQD anguli.
Item angulus FCB trianguli FCB, æqualis erit angulo QGD
trianguli QGD, cùm ambo sint æquales angulo FAB, vel QAD.
Qua ratione duo anguli CBF & FCB trianguli CBF æquales cùm
sint duobus angulis GQD & QGD, quisque suo; hi duo trianguli
CBF & QGD similes erunt. Erit ergo BC ad CF, vt QG ad GD;
& BC ad BF vt QG ad QD: sed vt BC ad CF, ita pondus A ad
potentiam Q; & QG est ad QD, vt pondus A ad potentiam C. Erit
igitur etiam QG ad GD, vt A pondus ad potentiam Q: & BC ad
BF, vt A pondus ad C potentiam.
Quare manifestum est in triangulo CBF, cùm pondus A est ho-

mologum lineæ C B, potentiam Q lineæ C F, & potentiam C li-
neæ B esse homologam. Et cùm in triangulo Q G D pondus A lineæ
Q G homologum est, potentiam C lineæ Q D, & potentiam Q lineæ
G D homologam esse.

Secundus casus ad triangulum rectangulũ attinet:in quo sint funes
C A & A O pondus A sustinentes, & C A O rectum angulum facientes. Constat triangula rectangula C A F, & A O 7, vel A 3 F esse similia. Atqui demonstratum est pondus A & potentias C & Q ho-
mologas esse tribus trianguli C A F lateribus; vt enim C A ad C F,ita
A pondus ad potentiam O vel 3 : & vt A O ad O 7, vel A 3 ad 3 F,vel
C A ad C F, ita pondus A ad C potentiam, quare pondus A, & potentiæ C O sustinentes illud funibus C A & A O sunt homologa tribus trianguli C A B, vel A O 7, vel A 3 F, vel C 3 A lateribus.

Tertius casus in triangulo amblygonio versatur. Sint ergo C A &
A R funes pondus A sustinentes, & angulum C A R facientes obtu-
sum, ducantúrque H P, & F I rectæ. Dico triangula R H P, & C F I
esse similia,& tribus alterutrius lateribus homologa esse pondus A, &
potentias C, R, sustinentes funibus C A & A R pondus idem A. Facilè siquidem demonstratur R H P, & C I F esse similia, cùm qua-
drilatera R H P A, & C I A F circulo sint inscriptibilia; quare anguli H R P, H A P, C A F & C I F inter se sunt æquales.

Similiter anguli R P H; R A H, C A I & C F I sunt æquales inter
se : quapropter H R latus erit ad latus R P, vt C I latus ad latus I F:
& latus H R ad H P vt latus C I ad latus C F. Sed vt R H ad R P, ita
pondus A ad C potentiam : & vt C I ad C F, ita pondus A ad potentiam R. Quare R H est ad H P, vt A pondus ad R potentiam : & C I
est ad I F, vt A pondus ad C potentiam. Constat igitur in triangulo
R H P, cùm pondus A lateri R H est homologum, C potentiam lateri R P, & R potentiam H P lateri homologam esse.

Eodémque modo in triangulo C F I,latere C I ponderi A homologo existente; latus C F potentiæ R, & latus F I potentiæ C erunt homologa. Igitur in omni casu pondus & potentiæ semper tribus trianguli lateribus erunt homologa; quod triangulum ex 2 perpendicularibus construitur, ex eadem potentia ductis, vnâ in lineam directionis ponderis, alia in funem alterius potentiæ, atque ex linea ducta ab
vna ex perpendicularibus in aliam.

COROLLARIVM.

VNde fequitur non folum ambas potentias vnâ fumptas pondere maiores, fed etiam pondus vnâ cum alterutra ex potentijs
maius effe reliqua potentia; quia pondus & ambæ potentiæ tribus
trianguli lateribus homologa funt, quorum laterum duo funt femper reliquo maiora.

MONITVM.

QVifpiam videre poteft 3 Scholium in noftris Gallicis Harmonijs,
quo demonftratur, quòd cùm potentiæ funt vt fuprà, & pondus
eft femper idem, & in eadem linea directionis; angulúfque à funibus
pondus fuftinentibus comprehēfus, maior fuerit, maiores requiri potentias, quæ ijfdem funibus idem pondus fuftineant: vnde fequitur
maximas omnium requiri potentias, cùm funes lineam rectam efficiunt. Vide etiam problemata Scholij 4 & 5. nec non alia fcholia,
nouem numero, quæ omnia lectione digna funt: fed iam ad arcus
noftros redeundum.

PROPOSITIO VII.

*Arcus, feu nerui recurrentis, & fagitta, vel
globuli vim & velocitatem
inueftigare.*

ESto arcus B A C pondere H in E Farcuatus, vt illius neruus horizontalis rectus B D C ad punctum G adducatur, ex quo recurrens in D, fagittam, vel globum excutiat horizonti perpendiculariter in punctum K. Et quemadmodum globus à puncto K ad D rediens primo tempore defcendit à K ad L per vnicum fpatium; fecundo tempore ab L ad I per tria fpatia, tertio denique tempore per 5
fpatia ab I ad D, ita expulfus ab arcu primo tempore percurrat 5 fpatia D I, fecundo tria I L, tertio denique vnicum L K. Hac enim ratione neruus B C recurrens ex G vim habet totius defcenfus ex K in
D, prætereáque vim pondus globi fuperantem. Itaque fi pondus K
fuper punctum D chordæ B C cadat, illam ad aftragalum G reductu-
rum videtur, cùm enim à chorda fuerit excuffum ad K, cur non poffit

redeundo chordam ad punctum G secum referre? vt ea ratione, ponderi H, quo neruus ad G primò fuerat adductus, æquale dicatur.

Quæ cogitatio virum subtilem induxit vt non solùm eandem esse rationem resistentiæ diuersæ, qua neruus B C cogitur vsque ad G, ac potentiæ, qua ex G redit ad D, sed etiam resistentiam illam nerui à D ad G æqualem esse resistentiæ aëris inter A & K interpositi, & vim motricem chordæ recurrentis à G ad D æqualem globi potentiæ à G ad D descendentis crediderit. Eapropter neruum à pondere K descendente percussum eadem velocitate, qua priùs ad D venerat, quanquam inuerso ordine, rediturum.

Interuallum D G intelligatur diuisum in 9 partes æquales, & tribus temporibus illas ita percurrat chorda vi ponderis K in illam descendentis, vt primo tempore à D ad M per vnam partem, secundo tempore ab M ad N tria spatia, tertio demum quinque spatia conficiat ab N ad G, & inuerso postmodum ordine redeat ad D, conficiens primo tempore 5 spatia, secundo tria, tertio vnicum.

Erit igitur vt K D linea ad lineam D G, ita velocitas per K D ad velocitatem per D G, & ideo vt tempus motus K D ad tempus motus D G, vtque pars lineæ K D ad similem partem lineæ D G, ita pars temporis motus, & velocitatis in linea K D ad partem similem temporis & velocitatis in linea G D. Insuper vt sunt inter se pondera quæ tendunt neruum per varia interualla, ita vires per ea interualla comparatæ, quæ pondera cùm esse putarit in ratione prædictorum interuallorum duplicata, ex consequenti globum ex puncto K in L redeuntem, & gradum vnum virtutis in L, hoc est in fine primo temporis habentem, in fine secundi, 4 gradus, & in fine temporis tertij in puncto D, 9 gradus habiturum, quibus virtutis gradibus in ascensu, ratione inuersa, spolietur.

Quæ quidem subtiliter inuenta videbantur, si vires seu pondera, quibus neruus ad interualla prædicta cogitur, essent in illorum interuallorum ratione duplicata, quod sæpiùs experientiæ refragatur. Prætereáque conuincit obseruatio sagittas excussas ex G in K breuiori tempore ex D in K ascendere, quàm è K ad D recidant, vt postea dicturi sumus, & quispiam experiri potest.

Porrò vix fieri potest experimentum casus globi ex K in neruum

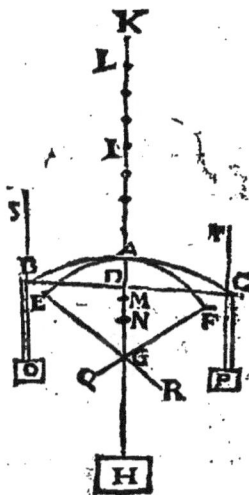

D, nisi cadens alligetur funiculo, chordæ in puncto D circumligato,
& ab arcu B A C satis declinet, vt cùm ceciderit, & funiculus à pondere K tractus neruum D trahere cœperit, tandem illum ad punctum G
adducat : at verò hæc fuerit prolusio, deincepsque rem istam diligenter excutiamus.

PROPOSITIO VIII.

Diuersas eiusdem sagitta, & arcus iaculationes ex diuer-
sis scapi punctis incipientes, hoc est secundum
varias nerui & arcus tensiones,
explicare.

Licet arcus illi quibus experti sumus, scapis caruerint, operæ tamen pretium fuerit arcui B A C (quo iam ligneum arcum quin-
tupedalem referri velim) manubrium tribuere, in quo notentur varia
interualla, verbi gratia, 4, ex quibus sa-
gitta mittatur, quanquam plures diuisiones pro vniuscuiusque libitu fieri possint,
vti aliquando nouem fecimus, de quibus
postea.

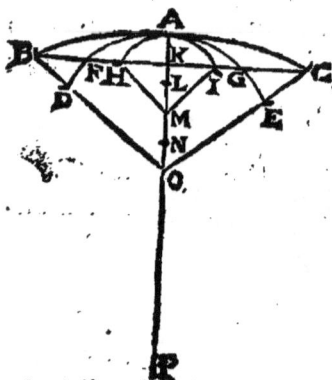

Inquirendum igitur quantò minor futura sit iaculatio facta ex primo puncto L,
quàm ex puncto M, & alijs vsque ad O
punctum, nec enim dubium quin sit maior
ex punctis à K versus O remotioribus, sed
tantùm quantò sit maior. Primùm verò
dicam quæ multis verosimilia videbantur,
nempe vires tendentes esse in ratione duplicata iactuum ; verbi causa iactum ex
puncto M esse ad iactum ex L in duplicata ratione M K ad L K, hoc
est iactum ex M esse quadruplum iactus ex L, quemadmodum arbitra-
bantur vim eogentem neruum K vsque ad M esse quadruplam vis illum ad L adducentis, vt iactus essent instar radicum, & pondera tendentia quadratorum.

Sed ad obseruationes accedo, factas à nobis in ludo publico Balli-
stico Parisiensi, egregio iaculatore vibrante ad angulum 30 graduum,
altitudine super horizontem quadrupedali : arcus noster cerasinus,

vulgò *de merifter*, pedes 5 & 4 digitos longus, à puncto K ad O fef-
quipedem habet in 8 partes æquales diuifum ; neruus K ad primum
punctum tenfus & laxatus fagittam emittit ad duas hexapedas & 4
digitos : aliæ iaculationes eo qui fequitur modo apparuerunt. Ex fecundo puncto iactus fuit 7 hexapedarum, ex tertio fexdecim, ex quarto 22½, ex quinto 29½, ex fexto 35. Septimus & octauus ob ludi fta-
dium quàm fit breuius, notari minimè potuerunt, fed cùm fecundus à primo differat proximè 5 hexapedis, tertius à fecundo 8 hexapedis, quartus à tertio 6½, quintus à quarto 7½, & fextus à quinto 6 hexapedis, vix dubium fupereft quin feptimus, & octauus iactus eodem
modo progrediantur, vt ex alijs obferuationibus conftat. Eft autem
arcus obferuatorius pondo vnius propemodum libræ ; fagitta bipedalis vnius vnciæ, cuius craffitudo linearum 4.

Tempus verò durationis vniufcuiufque iactus nobis apparuit, primi
quidem plufquam dimidiæ partis fecundi minuti ; fecundi iactus duratio vnius fecundi minuti, tertij iactus, fecundi 1½, quarti 2 fecundorum, &c. adeout fingulorum iactuum fibi fuccedentium duratio dimidia parte fecundi minuti creuiffe videatur. Idem apparuit in totidem
arcus Turcici diuifionibus, licet maiora pondera neruo iftius adhibenda fint, vt ad æqualia interualla cogatur ; qua de re poftea.

Vnde concludendum iactus eadem ferè ratione fe inuicem, quo
pondera tendentia fuperare : quanquam non hîc loquor de iactibus
arcuum chalybeorum, fiue manu fola, fiue baliftario quóuis epitonio
flectantur, quòd abfque totidem aftragalis, quot fuerint in fcapo diuifiones, hifce obferuationibus fint inutiles, nifi totidem clauorum beneficio arcus ipfe ab aftragalo pro libitu remoueri, & ad eundem ad-
moueri poffit.

PROPOSITIO IX.

*Iactus diuerforum arcuum maximos, tam fecundum
longitudinem, quàm velocitatem inuicem
comparare.*

I Actus fagittæ, globiue, horizontalis eft, aut verticalis, vel medius,
vt tractatu hydraulico dictum, & explicatum eft : dicitur enim
horizontalis, quoties arcus, vel illius fcapus fit horizonti parallelus, vt
rectà collineet in fcopum : *verticalis* ex arcu ad horizontem perpendiculariter erecto vocatur ; *medius* verò cùm fuper horizontem ad 45

gradus, seu angulum semirectum inclinatur. Hîc autem duobus præ-sertim arcubus vtor, ligneo 5 pedes & $\frac{1}{2}$, & chalybeo 2 pedes & 2 digi-tos longo : chorda lignei pedum est quinque, chalybei verò bipedalis; ille 42 libris, hic 1600 præter propter tenditur, quod pondus ferè quadragies alium superat, vnde forsan quis inferet, sed falsò, ia-ctum arcus chalybei quadragecuplum esse iactus lignei, qua de re postea.

A verticali iactu exordior, quippequi reliquis facilior est, quando-quidem requirit minus terræ spatium, illiúsque duratio faciliùs & cer-tiùs innotescit ; constat autem experientia iactum arcus lignei præ-dicti non excedere 50 hexapedas, iactum verò chalybei centum hexa-pedas minimè superare. Quod ex ipsa obseruatione demonstro, quoties enim ascensus & descensus sagittæ lignei arcus 8 secunda mi-nuta durat, toties solus exscensus 5 secunda insumit; quotiésque cha-lybei iactus sit vndecim secundorum spatio, toties exscensus 7 ferè secunda durat; atqui alia ex obseruatione constat grauia spatio 5 se-cundorum 50 sexpedas, & spatio 7 secundorum 98 hexapedas con-ficere, cùm non magè quàm globus plumbeus ab aëre impediuntur; quod animaduerto, ne forsan sagittæ redeuntes maiorem ab aëre re-moram patiantur.

Hinc fit vt sagitta chalybei arcus 4, vel 5 secunda, in ascensu 98 hexapedarum, & sagitta lignei suo in ascensu 50 hexapedarum, tria secunda consumat: vnde comparatio velocitatis vtriúsque colligitur.

Cùm autem in propositione dixi *maximos*, eos iactus intellige qui fiunt in illa summa tensione arcuum, quorum neruus ad astragalum adducitur, minimè verò de tensionibus citerioribus, nec enim opus est monere de vlterioribus, quippequæ arcum frangerent.

Omitto verticales iactus globorum à sclopetis, & bombardis ex-plosorum, de quibus suo postea loco.

Quod ad horizontales attinet, constat ex obseruatis, sagittam ab arcu ligneo 30, 40 vel 50 libris tenso, spatium 30 hexapedarum con-ficere spatio duorum secundorum, quod vnico secundo percurrit sa-gitta prædicti arcus chalybei : cuius horizontalis iactus in pedali su-per horizontem eleuatione, 20 hexapedarum, in quadrupedali, ferè 40 : in qua notandum est sagittam post primum terræ contactum ad 40 hexapedas, iterum alias 40 hexapedas super tellurem cucurris-se, & scamnum ligneum occurrens fidisse, seu perrupisse. Sagittæ verò arcus lignei iactum horizontalem ex ijsdem super horizontem alti-tudinibus subduplum esse præcedentis, obseruationes ita confirmant, vt & ipsi iactus medij hanc vtriúsque sagittæ legem sequantur.

Cùm enim sagitta chalybei arcus ad 45 graduum eleuationem centum hexapedas percurrit, arcus lignei sagitta 50 præterpropter conficit: sed illius duratio ad 7 secunda, huius ad 5 accedit, cùm videlicet 4 pedibus super horizontem libratoris, seu iaculatoris manus erigitur.

Vbi mirabile non vni videtur quod extensione chalybei arcus à 2000 libris facta iactus sit tantummodo duplus alterius, qui sit extensione 40, vel 50 librarum, quæ toties in 2000 continetur: an verò ex ea ponderum ratione concludi possit vires semper quinquagecuplas, aut quadragecuplas esse debere, vt iactus sit duplò maior, & velocior, postea inuestigabitur.

PROPOSITIO X.

In quo sui iactus punÆo sagitta sit potentior, seu vim maiorem exerat, & quantò sit initio ascensus, quàm in exscensus fine potentior, definire.

Constat ex diuersis experimentis nullibi potentiorem esse sagittam quàm in eo punÆo spatij & temporis, quo neruum post se relinquit, in terram enim multoties sagitta ex diuersis interuallis, verbi gratia 10, 5, & 2 hexapedarum, semper eò profundiùs penetrauit, etiamsi terra sola sagittæ longitudine à neruo, seu astragalo distiterit: quod cùm globo è minore bombarda exploso similiter obseruatum fuerit, nullus dubito quin illi decipiantur, qui pilis minorum, vel maiorum bombardarum muros, vel alia obiecta faciliùs perfringi putant, cùm illa bellica organa 20, vel 30 hexapedis abfuerint, quàm vbi propiùs, verbi gratia ad vnam aut alteram hexapedam adhibentur.

Cùm autem ex obseruatione constet sagittam perpendiculariter in terram vnius aut alterius pedis interuallo emissam duplò ferè profundiùs ingredi, quàm vbi ex iactu verticali in eandem terram recidit, certum est minori velocitate descendendo terram percutere: quod primò confirmatur ex hoc effectu; secundò quòd vix oculo sagittæ discessus à neruo deprehendatur, cùm longè faciliùs casus sagittæ eo momento quo ad terram appellit, notari soleat; quanquam respondere possis id contingere, quòd oculus ab ipso iactus vertice sagittam intuens eam vsque ad terram comitetur, & sensim illi videndæ assuescat, cùm in discessu nil præcesserit quod eum iuuet: tertiò igitur

tür ex diuturniori tempore probatur quod in defcenfu, quàm in afcenfu confumit, quandoquidem tempus exfcenfus eft ferè duplum
temporis afcenfus; hinc ferè duplò tardiùs percutit. Vnde percuffio
tantò maior, feu fortior effe videtur, quo motus percutientis velocior fuerit; qua de re poftea fufiùs vbi quæretur cur velociùs afcendat fagitta, quàm defcendat.

PROPOSITIO XI.

Velocitatis gradus, quibus chorda varias fui fcapi partes percurrit, inueftigare.

PLacet hîc fubtiliffimi Philofophi & Geometræ fententiam explicare, vt appareat in quo fui recurfus puncto neruus maiori celeritate moueatur. Nota verò varias iftius figuræ partes tractatu Me-
chanicorū prop. 25. expli-
cari, vt hîc fuperfit exa-
minandum quod ad arcū,
& eius neruum attinet. Sit
igitur arcus A B in arcum
D B E contractus, vt illius
chorda C A ad aftraga-
lum F promoueatur, diui-
datúrque d F linea (quam
epitoxida, vel διώϛεϰτ appellant, cui nempe crena
fagittæ imponitur, alij vocant ftrygem feu canali-
culum) in 4 partes nume-
ris adfcriptis refponden-
tes, de quibus iam iam
acturi fumus.

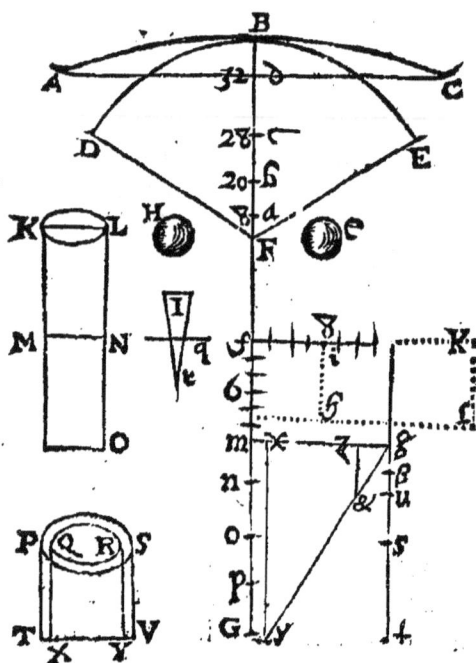

Primùm ergo quæri po-
teft quot partes fpatij F d
neruus, primo tempore,
quótue fecundo, tertio &
quarto percurrat, cùm ab

F ad d 4 temporibus recurrit; hoc eft quanta fit puncti neruei F ad d
redeuntis velocitas primo tempore, quantáue fecundo, &c. Deinde

d

num velociùs moueatur initio, seu primo tempore ab F ad *a*, quam secundo tempore ab *a* ad *b*, &c. Si nerui recursus sit velocior in illis locis in quibus vis maior in illo retinendo necessaria est, certum est maiorem esse velocitatem ab F ad *a*, quam ab *a* ad *b*, & à *b* ad *c*, quàm à *c* ad *d*, cùm neruus tanto difficiliùs adducatur, quanto sit puncto F vicinior.

Quod si contigerit, necessariò sagitta priùs neruum D F E ponè se relinquit, quàm ad *b* perueniat, cùm eandem ac neruus concipiat velocitatem: qui neruus si tantisper suam velocitatem remittat priusquam ad punctum *b* perueniat, sagitta neruum relinquet.

Sed experientia constat neruum à sagitta non relinqui, hoc est sagittam non excuti intra punctum F *a*, vel *a b*, &c. alioqui longè debilior esset ictus, quàm vbi sagittam vsque ad *d* neruus comitatur.

His præmissis, diuisa recursus nerui F in *d* duratione in 4 æqualia tempora, discutiamus nùm primo tempore vnicam duntaxat partem, secundo tres, tertio 5, &c. iuxta numerorum imparium ordinem neruus percurrat; an potiùs primo tempore 7 spatia, secundo tempore 5 spatia, tertio 3; quarto denique spatium vnicum conficiat.

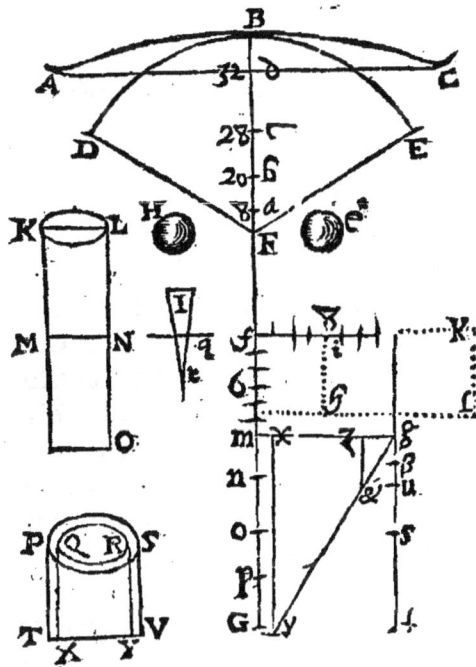

Certè si nerui ex *d* in F adducti recursus sequitur rationem velocitatis grauium descendentium vel ascendentium, aliquam ex prædictis velocitatum proportionibus facilè quis admiserit. Sed cùm minimè requiratur vis maior in lapide per vltimum, quàm per primum pedem tollendo, vis autem maior necessaria sit in adducendo neruo ad F, quàm ad *a* vel *b*, &c. non est rationis paritas.

Omissis autem diuersis ponderum & velocitatum proportionibus, iuxta quas aliqui putant nerui tenfionem vel reditum fieri : verbi gratia, cum interftitium F *d* in 60 partes æquales diuifum intelligitur, per 7 partes à *d* verfus F moueri neruum vnâ librâ tenfum ; deinde per 12 partes, fi 2 libris, per 15 partes, fi 3 libris, & per 16 fi 4 libris tendatur : vel fi neruus vna parte à *d* ad F accedat vna librâ tractu ; 4 libris tractus, duabus partibus accedet ; 9 libris tenfus, tribus partibus ; denique 16 tenfus libris, 4 partibus ad F perueniet. Quibus addunt neruum ex 4 punctis fpatium *d* F in 4 partes æquales diuidentibus redeuntem, ex prima quarta parte 7 gradibus velocitatis, ex fecunda 5, ex tertia 3, & ex quarta vnico gradu velocitatis rediturum.

Priufquàm verò difficultatem propiùs vrgeamus, notandum eft circa motum, id quod mouet effe diuerfum ab eo quod mouetur; & quod tollit motum, ab eo diuerfum effe à quo motus tollitur, atque adeo motum à primo mouentis conatu impreffum ceffare nunquam, vel minui, nifi per alterius corporis occurrentis refiftentiam. Vnde concludunt motum corpori impreffum in medio nihil penitus refiftente, cum eodem celeritatis gradu quo cœpit, futurum abfque fine, hoc eft æternum.

Deinde cùm aliquod corpus antecedit, aliud illi contiguum æquali velocitate fequitur; quod fequitur, motum antecedentis non auget, quamuis illum conferuare poffit; quandoquidem dum properat fequens non vrget æquè properans, nifi cùm medium, verbi gratia, aër, motum antecedentis retardat; tunc enim conatus infequens vim nouam fuperaddit, donec celeritas eoúfque augeatur, vt æqualis fiat interno impellentis conatui, cuius rei exemplum in cymba videre eft, cuius velocitas ab incumbente remige repetitis ictibus femper augetur, donec æqualis fit vi brachiorum. Sed in medio non refiftente nullum mobile, cuius conatus internus eadem viâ vrget quâ ipfum mouetur, poteft accelerari, quia velocitas ab initio acquifita conatui integro mouentis quod fequitur, æqualis eft.

Præterea confiderandum eft qua ratione accelerentur ea quæ motum fuum habent à conatu interno, femper & vbique corpus mobile æqualiter vrgente, qui temporibus æqualibus moti corporis celeritatem æqualiter augeat; quo fuppofito fpatia fingulis temporibus tranfmiffa erunt inter fe vt impares numeri ab vnitate incipiente, 1, 3, 5, 7, &c. vt poftea demonftrabimus; vnde fequitur in motu vniformiter à quiete accelerato, velocitatem acquifitam poft quoduis tempus fufficere ad mobile tranfmittendum tempore proximè æquali bis tantum, quantum tempore præcedenti tranfmiffum eft.

Similiter fpatia tranfmiffa quæ inuerfo ordine vniformiter retar-

dantur, funt in eadem ac impares numeri ratione, videlicet vt 7, 5, 3, 1:
Si enim primo tempore pertranfeat mobile 7 fpatia, ita decrefcente
velocitate vt in fine primi temporis tantum amittat velocitatis quantum fuffeciffet ad ipfum promouendum fpatium adhuc vnum, proximo tempore fex tantummodo fpatia percurret. Quòd fi hoc fecundo tempore tantundem remittit, vt fupponitur, percurret tantummodo 5 fpatia ; diminutáque infuper ibi velocitate , tertiò tempore,
etiamfi non amplius minuatur, tranfibit folùm 4 : igitur decremento
fuppofito, vt antea, tertio tempore fola 3 fpatia conficiet , & ita debi-
litatum perueniet ad finem tertij illius fpatij, vt quarto tempore duo
tantùm fpatia fit, illâ conferuata velocitate, confecturum ; fed iterum
pro tempore quarto diminutâ, fpatium vnicum conficiet.

Cùm autem conatus internus laminæ chalybeæ , vel cuiufuis arcus
non femper æqualiter vrgeat, illi nequit applicari prædicta ratio numerorum imparium, dum enim neruus tenditur, tantò minus refiftit,
quantò propior eft puncto *d* in figura præcedente ; maximéque refiftit in puncto F. Sed eadem vi mouetur neruus dum redit, quâ refiftit
dum tenditur, quapropter conatus ille internus laminæ, vel arcus
femper eò minus vrget quò magè relaxatur; adeout (licet velocitas
reditus femper augeatur) incrementa velocitatis in reditu femper
minora fint.

Itaque fi velocitatis incrementa fupponantur vniformiter inter redeundum decrefcere, 4 fpatia redituum arcus rationem iftorum numerorum 7, 5, 3, 1 fequentur. Si verò fpatium reditus *d* F. diuidatur in
88 partes æquales, vt tempus in quo redit arcus in 4 æqualia tempora, in primo tempore neruus percurret 8 fpatia, in fecundo 20, in tertio 28, & in quarto 32, ex hypothefi quòd decrementa incremento-
rum velocitatis æqualia fint æqualibus temporibus.

Diuifâ fiquidem rectâ *d* F in 88 partes æquales, quando neruus recurrens peruenit ad punctum octauum, numeretur tempus primum
iam perfectum: cúmque velocitatis incrementa non acquirantur æ-
qualia temporibus æqualibus, fed femper minora fiant, vniformiter
decrefcédo, non duplicabitur velocitas acquifita in octauo puncto, vt
proximo tempore fpatia bis octo conficere poffit, fed erit velocitatis
incrementum vt 7 tantùm, quare fecundo tempore perueniet mobile
illâ fola celeritate ad punctum (vltra octauum) decimumquintum.
Sed quia fecundo tempore incrementum debet effe vt 5, fecundo tẽpore vlterius ad 5 puncta, hoc eft ad 20 punctum pertinget, in quo
præterea velocitas erit acquifita fufficiens ad neruum, & arcum promouendum per 5 puncta. Quapropter velocitate quæ eft in fine fe-

cundi temporis percurret tertio tempore puncta 25, recipiétque velocitatis incrementum pro 3 punctis, & tertio tempore 28 puncta à *b* ad *c* conficiet, vbi velocitatis incrementum habebit vt tria : quamobrem in quarto tempore promouebitur absque augmento .velocitatis per puncta 31; sed auctum velocitate ad vnum insuper punctum, faciet quarto tempore puncta 32 : atqui 8, 20, 28, & 32, summam 88 conficiunt, in quæ diuiditur spatium *d* F, per quod fit nerui recursus. Quæ omnia melius ex dicendis intelligentur.

COROLLARIVM.

De varijs reditus nerui velocitatibus.

CVm non sit semper idem incrementum, sed velocitas continuò decrescat ea ratione in qua sunt numeri impares 7, 5, 3, 1, vt in arcus reditu fieri supponitur, ostendit doctissimus Hobbus diuiso tempore motus in 4 partes æquales, spatia transmissa in singulis partibus inter se futura in ratione numerorum 2, 5, 7, 8; vel 8, 20, 28, 32. Redeat enim neruus tensi arcus per spatia quælibet æqualia 8 : huiusque reditus tempus sit primum ex 4 temporibus æqualibus, quo reditus integer peragitur : augeatur autem velocitas eius dum redit, non vt possit proximo tempore duplicare illa spatia, sed itaut possit absque augmento in secundo tempore transire spatia, non 8 & 8, sed 8 & 7, id est 15 spatia: Habet igitur neruus à vi impressa primo tempore, vt possit procedere secundo tempore 15 spatia actu, sine augmento velocitatis : sed ab impressa vi, proprio tempore, diminuto sicut priùs, incremento; vt possit 5 actu procedere, habeátque potentiam ad 5 altera in tempore tertio; quare secundo tempore per 20 spatia actu procedet, cum potentia ad 5 amplius.

Perget igitur sine augmento, tertio tempore per spatia 25 actu, additóq; incremento diminuto habebit à proprio tempore vt præterea possit transire spatia 3 actu, cum potentia ad 3 alia. Neruus igitur tempore tertio transit 28 spatia actu, habétque potentiam ad tria ampliùs, tempore quarto; quo, propter tempus tertium, progredietur sine augmento velocitatis per spatia actu 31 : quibus vno addito propter incrementum , transit quarto tempore per spatia 32, adeout spatia à nervuo tensi arcus transmissa singulis temporibus æqualibus sint vt numeri, 2, 5, 7, 8. Quæ omnia rectè in sequentem synopsin rediguntur.

Primum tempus.

Spatia 8 actu, potentia 7.

Secundum tempus.

Spatia accepta à primo tempore 15 actu, à proprio tempore
5 actu, 5 potentiâ.

Tertium tempus.

Spatia accepta à secundo tempore 25 actu, à proprio, 3 actu,
3 potentiâ.

Quartum tempus.

Spatia accepta à tertio tempore, 31 actu, à proprio,
vnum actu, vnum potentiâ.

PROPOSITIO XII.

An sagitta perpendiculariter horizonti, seu verticaliter excussa eadem velocitate descendat, qua ex quiete descenderet; & quodnam sit incrementum velocitatis grauium ex alto cadentium, inuestigare.

SVnt qui credant corpus graue in altum emissum, verbi gratia sagittam ex puncto *b* ad *a* missam, non eodem modo recidere ab *a* ad *b*, quo caderet, si ex quiete præcedente sine ascensu præcedenti ex *a* in *b* descenderet; quorum sententia confirmari videtur ex sagittarum arcubus excussarum descensu; constat enim experientia sagittam ex *b* in *a* missam velocius ascendere, quàm descendat, quandoquidem multoties obseruauimus sagittam, quæ ab *a* ad *b*, 5 secundis minutis descendit, ab eodem *b* ad *a* tribus secundis ascendere; vt in hac figura cernitur, in cuius sinistra parte descensus, in dextra verò notatur ascensus; in quo tria duntaxat secunda durante superest discutiendum, qua ratione velocitas minuatur, an iuxta progressionem Arithmeticam, qualis est numerorum 12, 20 & 24, seu 3, 2, 1: hoc est num primo tempore sagitta percurrat spatium A B, quod est pars totius lineæ D A dimidia, in duodecim partes æquales diuisa; secundo tempore 8 spatia inter B & C intercepta ; tertio tēmpore 4 quæ superfunt à C ad D interualla. An potiùs iuxta numeros impares, vt lineam A D, quæ in partes nouem æquales diuisa supponatur, ita percurrat vt primo tempore 5 partes, secundo tres, tertio denique vnicam conficiat.

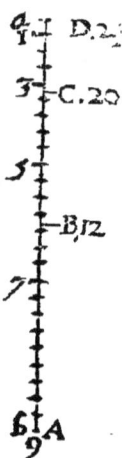

Porrò mihi certum videtur sagittam eodem modo, eodémque velocitatis incremento descendere, postquam ab arcu missa est, ac si ex quiete centum annorum ex *a* in *b* descenderet, quid enim ampliùs de motus antecedentis impressione retinet, quàm vbi quis à *b* ad *a*, scalæ beneficio, sagittam manu tulisset, vt in *a* sibi relicta recideret? cùm enim incipit cadere nil impetus præteriti retinet, quod similiter à manu ferente non habeat. Deinde globus 4 librarum è bombarda semipedali, quam *mortarium* appellant, excussus, & ad centum propedum hexapedas verticaliter ascendens, æquali tempore descendit, quo priùs ascenderat, vt diuersis vicibus obseruauimus, adeo vt sit alia causa deinceps inuestiganda, ob quam sagittæ tardiùs descendant quàm ascendant, cùm idem in globis plumbeis, vel ferreis non potuerimus obseruare: ex quibus proinde maxima difficultas nascitur, videlicet cur globuli descendentis percussio minor sit quàm ascendentis, qua de re postea dicendum erit.

Quod ad velocitatis incrementum attinet, quo grauia descendunt, licet de eo fusissimè nostris in Harmonicis tam Latinè quàm Gallicè scriptis egerimus, hîc tamen paucis sequentia retexere oportuit, ne qui libris illis cauerint minus benè intelligant quæ vel iam allata sunt, aut deinceps proferentur; cúmque proprijs obseruationibus insistam, constat experientiâ centies repetitâ corpora grauia, qualis est globus plumbeus, aureus, lapideus & ligneus, quibus experti sumus, hanc in sui casus velocitate proportionem obseruare, vt cùm primo secundo globus ab A ad 1, hoc est à quiete in A primum interuallum percurrit, sequente tempore secundo tria spatia percursurus sit ab 1 ad 3 : tertio tempore quinque spatia à 3 ad 5, quarto tempore 7 spatia à 5 ad 7, atque adeo confecturus sit totum spatium A B 4 temporibus, & ita de reliquis. Quod fieri nequit, nisi spatia fuerint in ratione temporum duplicata, siue quod idem est, vt quadrata temporum; quæ quidem quadrata id habent commodi quòd dicto citiùs

innotefcat quot fpatia percurrit graue, cùm tempus quo defcendit
agnofcitur. Exempli gratia ceciderit graue motu perpendiculari
fpatio nouem fecundorum, quadratum nouenarij, hoc eft 81, totidem
fpatia percurfa fignificabit; quod vt experimentis refpondeat, fit A 1
tripedale fpatium, quod graue incipiens ab A quiete moueri tempore dimidij fecundi, fiue 30 tertijs, conficit; fi graue motum fuum con-
tinuet, 4 æqualibus temporibus, hoc eft 2 fecundis, quia medietate
fecunda minuti fecundi, id eft fecundo tempore 9 pedes, tertio 15, &
quarto 21 pedes tranfcurret. Facilior operatio quæ duodecim pedes
primo fpatio adfcribit, quos fecundum minutum habet pro menfura
temporis: primo namque fecundo grauia cadunt ex altitudine 12 pedum; fecundis duobus ex 48 pedibus, tribus fecundis ex 108 pedibus,
& 4 fecundis ex 192 pedum altitudine, &c.

    Quanquam aër etiam grauiffimis corporibus, velocitatis illius ali-
quid in progreffu detrahit, quod in corporibus minus grauibus in primis hexapedis deprehenditur, cùm medulla fambuci, tametfi rotunda, quinque fecunda in 48 pedibus percurrendis infumac, quæ plumbum & lignum duobus fecundis percurrit; fortéque lignum fagittarum cum pennis fatis leue eft vt 5 fecundis tantumdem duntaxat efficiat itineris defcendendo, quantum 4, verbi gratia, fecundis globus
plumbeus percurreret. Quæ vt perfectiùs intelligantur, alia penitus
addenda, quibus demonftretur eam effe velocitatem grauium in quolibet puncto fpatij ad quod perueniunt, vt fi abfque nouo augmento
deinceps eadem velocitate pergant, fpatium præteriti fpatij duplum
æquali tempore confectura fint; poftquam inuenta fuerit ratio propter quam fagittæ minus celeriter defcendant quàm afcendant.

COROLLARIVM.

Cognito tempore cafus grauis cuiuflibet, fpatium ex quo cecidit,
innotefcit, dummodo quod aëris detraxit refiftentia fubduca-
tur, quadratum enim temporis dabit menfurarum numerum à graui decurfarum; quæ menfuræ fingulæ tripedales erunt, fi tempora
numerentur in dimidijs fecundis; duodecupedales fi in fecundis;
7200 hexapedarum leucæ, fi in minutis; 3600 huiufcemodi leucæ, fi
in horis, & ita deinceps.

    Eodémque modo cognofcetur tempus quo graue ceciderit, fi fpa-
tium vnde cecidit notum fuerit: verbi gratia fi fuerint fpatia 25, fin-
gula 12 pedum, radix 5 docebit tempus 5 fecundorum; fi 3600 fpatia
percurfa fint, radix 60 dabit minutum, & ita deinceps.

PROPO-

PROPOSITIO XIII.

*Quam ob caufam fagitta minus temporis in afcenfu,
quàm in defcenfu perpendiculari
confumant inueftigare.*

EX obferuationibus conftat fagittam quinquaginta, vel ..es
hexapedas verticaliter afcendentem plus in defcendendo, quàm
in afcendendo temporis infumere, cuius videlicet afcenfus trium fecundorum, defcenfus vero quinque fecundorum fpatio conficitur:
idémque de glandibus ad eandem altitudinem pertingentibus concludendum effe videtur.

Huiufce Phænomeni rationem ex eo petendam arbitror, quòd
grauium, putà fagittæ, vel glandis, defcenfus, non poffit tantam, ac
excuffio fagittæ vel glandis, velocitatem acquirere; alioquin non
video cur defcendendo non eadem velocitate terram, ac afcendendo corpus durum occurrens percuteret, vti contingeret fi gradibus ijfdem, quibus glandis afcendentis velocitas remittitur, defcendentis velocitas intenderetur: cùm tamen experientia conftet longè
minori velocitate grauia in vltimo fui defcenfus, quàm in primo fuæ
afcenfionis momento affici: quandoquidem minori vi percutiunt
defcendendo, vt quifpiam experietur in fagitta in proximam terram
ex arcu immiffa, in quam longè profundiùs, quàm defcendens ingreditur.

Quòd autem non poffit tantam acquirere defcendendo velocitatem, probatur ex eo quòd reuera velocitatem illam, cùm terram attingit, iam obtinuiffet, cùm gradus exfcenfus videantur opponi gradibus afcenfus. Explôfæ ergo fagittæ, vel glandis velocitas maior eft initio, quàm vt illam defcenfus poffit affequi, quæ cùm fatis re-
miffa eft, vt grauium velocitatem minimè fuperet, afcenfio reliqua
conftat ijfdem ferè gradibus reciprocè fumptis, quibus ipfe defcenfus: cùm enim fagitta defcendit, fuam femper auget velocitatem, donec locus occurrat maioris velocitatis, quâ iaculum afcendebat,
quámque deinceps affequi non poteft: Exempli gratia, telum tria
fecunda in afcenfu confumens, primas 25 hexapedas, tanta velocitate
percurrat, vt nullus grauium cafus eam affequatur, & 25 reliquas ita
percurrat, vt primam ea velocitate conficiat, quæ fit fumma velocitas à grauibus cadentibus acquirenda; ad hunc vfque locum defcen-

e

dens per eoſdem ferè velocitatis gradus ſuum motum augebit, deinceps verò non augebit, maiúſque propterea ex eo loco tempus in exſcenſu impendet, quam in aſcenſu conſumpſiſſet.

Vnde concludendum eò maiorem fore temporis, quo corpus aſcendit, ab eo quo deſcendit tempore, differentiam, quò maior erit aſcenſus: ſi enim ſemel, verbi gratia, hexapedarum 25 altitudo maxima ſtatuatur in qua percurrenda ſuam grauia velocitatem augeant, licet glans ad leucæ pertingere poſſit altitudinem non plures tamen recidens, & ſuam augens velocitatem, quàm 25 percurret hexapedas, atque adeò in reliquis 2475 conficiendis longè maius temporis ſpatium impendet, quàm hucúſque aſcendendo inſumpſiſſet.

Quod ex obſeruatione robuſtioris arcus confirmatur, ex quo cùm telum ſpatio 4 ſecundorum altiùs aſcendat, in deſcenſu ſeptem ſecunda inſumit. Hincque futurum arbitror tempus exſcenſus verticalis eò maiorem rationem ad tempus aſcenſus habiturum, quo hic altior fuerit; hoc eſt, cùm iam in telo centum propè propter hexapedas aſcendente maior ſit ratio temporis exſcenſus 7 ſecundorum ad tempus aſcenſus 4 ſecundorum, quàm 5 ad 3 ratione temporum aſcenſus & deſcenſus teli ad 50 hexapedas aſcendentis, & inde deſcendentis; vbi non telum arcu, ſed glans tormentis explodetur, cuius tempus in aſcenſu & deſcenſu ſit 24 ſecundorum, fortè tempus deſcenſus non ſolùm duplum, quale eſt ferè in ſagittis emiſſis, ſed etiam triplum temporis aſcenſus futurum. eſt, quod experientia docere poterit in ferreis 33 librarum globis, quos maioribus tormentis explodunt; longéque faciliùs in illis 200 librarum bombis quas mortaria vomunt, ſi enim ad 1200 paſſuum altitudinem verticalem perueniant, facilè videbuntur per aërem cum aſcendentes, tum deſcendentes, vt aſcenſus & exſcenſus duratione ſimul conferantur, & ex iſtis obſeruationibus canon aliquis pro temporum illorum ratione condatur.

MONITVM.

De Catapulta ſemipedali.

ACcuratè diſtinguendum inter miſſilia verticaliter proiecta, conſtat enim ex obſeruationibus exactioribus, pedalis catapultæ, quam *mortier* appellamus, globum ferreum trium librarum pondo tantundem in aſcendendo, quàm in exſcendendo temporis inſumere, ſex enim ſecundis aſcendit, totidémque deſcendit; vnde clarum est sagittarum descensum longè tardiorem esse, & punctum illud, in quo non ampliùs seruant eandem accelerationis in descensu rationem, longè citius illis occurrere, quàm globo catapultario ; qui 72 hexapedas tam ascendendo quàm descendendo percurrit, si penitus eadem ratione descensus velocitas augeatur, quâ dum ex 20 hexapedis descendit, quarum certam experientiam habeo.

Porrò cùm puluere purgatiore oneratur, 7 secunda in ascensu, totidémque in exscensu consumit, atque adeo 98 hexapedas ascendit: cúmque priore puluere satis purgato, qualis est quem vulgo pistoletis, seu minoribus catapultis adhibent, ad 48 gradus eleuationis illa catapulta ferè 180 hexapedas percurrat, iactus medius est plusquàm duplus verticalis ; vnde possis argumentum ducere aërem globo verticaliter ascendenti incumbentem magis officere, hoc est plus ei de motu demere, quàm globo ad 45 gradus eleuationis exploso, quandoquidem hic iactus solummodo duplus esse debeat verticalis in medio nil impediente, vt postea demonstrabitur.

PROPOSITIO XIV.

Velocitas qua graue descendit à quiete, motu vniformiter accelerato, post quoduis tempus sufficit vt tempore proximo æquali sequente bis tantum descendat quantum præcedente tempore descenderat.

SInt in sequente figurâ K C A B tempora descensus in latere A C, videlicet A E, E F, F G, & G C, æqualia, & velocitates repræsententur à lineis transuersis D E, H F, I G, B C, & omnibus interpositis : & A mobile quiescens in A, incipiat moueri versus C suam augendo velocitatem iuxta lineas parallelas prædictas, quæ cùm intelligi debeant absque numero, gradus velocitatis etiam infiniti supponentur.

Sit igitur quodlibet tempus A E, cuius initio graue A descendere incipiat, quod in E instanti hanc habeat velocitatem, quâ possit dato quecúmque tempore per quodcúmque spatium datum D E, descendere, habebit in instanti F velocitatem quâ possit eodem, vel æquali tempore per H F spatium descendere, & in G instanti, per spatium I G, & in instanti C per spatium B C. Quapropter in quolibet instanti velocitatem habebit qua possit eodem tempore per spatium lineæ alicuius ductæ in triangulo A B C, basi B C parallelæ descendere.

Spatium igitur per quod defcendet A in tempore
A C, erit æquale lineis omnibus fimul fumptis quæ
fieri poffunt parallelæ B C à punƈto A vſque ad B C,
hoc eſt areæ trianguli A B C.

Sit verò tempus C M æquale tempori A C, fiátque
parallelogrammum B C L M: habebit A in inſtanti
C velocitatem deſcendendi per ſpatium æquale lineæ B C; ſimilitérque in omni inſtante temporis
C M; ſpatium igitur per quod deſcendet graue A in
toto tempore C M, ſine velocitatis augmento, erit
æquale omnibus reƈtis lineis ſimul ſumptis quæ duci
poſſunt parallelæ inter B C & L M, hoc eſt totius
parallelogrammi B M areæ: ſed hæc area dupla eſt
areæ trianguli A B C, ſpatium igitur per quod A graue deſcendet ſecundo tempore C M abſque velocitatis incremento, duplum erit ſpatij per quod idem
A primo tempore A C deſcendit cum incremento.

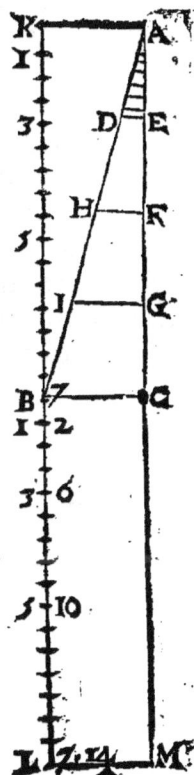

Quòd autem in hoc motu vniformiter à quiete accelerato velocitas acquiſita poſt quoduis tempus ſufficiat ad grauis tranſmiſſionem tempore proximo æ-
quali bis tantum quantum tempore præcedenti tranſmiſſum eſt, iterum ſequente modo, qui cum præcedente congruit,
declaratur.

Quouis tempore A B ſit tranſmiſſum ſpatium A B velocitate vniformiter creſcente à quiete in punƈto A, à quo velocitas creuerit eo modo quo latitudo trianguli A E B creſcit, dum acquiri-
tur latitudo B E, quæ ſit velocitas acquiſita in tempore A B.

Perficiatur parallelogrammum A B D E, clarum eſt
potentiam reƈtæ B E duplam eſſe potentiæ creſcentis
ab A punƈto ad B E lineam, cùm ſit parallelogrammum A B D E potentia reƈtæ B E; & triangulum
A E B potentia creſcens ab A ad B E, atqui parallelogrammum trianguli duplum eſt.

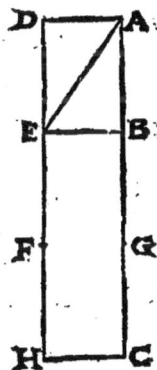

Cùm igitur velocitas ſit potentia mobilis ad ſpatium tranſmittendum, dupla eſt velocitas iam acquiſita, & per B E repræſentata, velocitatis creſcentis à
quiete in A. Si ſumatur ergo B C duplum A B, quo tempore fiet à
creſcente velocitate A B reƈta, æquali tempore à velocitate aucta

percurretur recta B C. Vnde sequitur transmissa spatia à mobili vniformiter accelerato temporibus æqualibus esse inter se in numerorum imparium ratione, de quibus antea dictum est.

Supponatur enim in prima figura prop. istius, primo tempore transmissum spatium quodcúmque K I; acquisita velocitas in I sufficiet ad mobile promouendum in tempore secundo bis, tantundem, licet velocitas non amplius augeatur: Si ergo semper æquali tempore æqualiter augeatur, erit addenda velocitas, non modò quæ sufficit ad mobile vlterius bis tantundem promouendum, sed etiam ad illius velocitatem vno gradu augendam; quare secundo tempore descendet ab 1 ad 3, quandoquidem addendum est in quolibet tempore quod primo factum est.

Qua ratione mobile in puncto 3 velocius erit vno gradu quàm fuisset absque velocitatis incremento: deinde à 3 ad 5 quinque spatia, non solùm 4 percurret, quia gradus ille primus à K ad 1 comparatus semper additur, generátque in mobili potentiam vnius spatij percurrendi, & acquirendi gradum vnius velocitatis.

Quod cùm in præsenti tractatu, & in aliis magni sit momenti, rursus explicatur in rectangulo triangulo A E F; cuius cathetus E F in 4 partes æquales in punctis G H I diuidatur; ducantúrque catheto F E parallelæ B M, L C, & D K, quibus area trianguli in partes inæquales diuidatur, sicut tempus ab A E recta significatum in 4 partes æquales, sumatúrq; A B M triangulum primo tempore A B transmissum pro

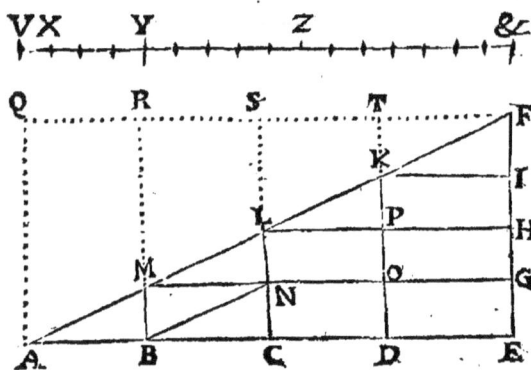

1: trapezium B M L C secundo tempore B C percurritur, éstque 3: quemadmodum sequens trapezium L C K D tertio tempore C D generatur. Denique quartum trapezium D K F E quarto tempore D E 7 producit: quibus alia quotcúmque trapezia superaddere possis, quæ numeris 9, 11, 13, &c. respondeant.

Quæ spatia transmissa linea quoque V & refert, cùm enim mobile primo tempore conficit V X spatium, secundo tempore percurrit X Y triplum præcedentis; tertio Y Z; quarto Z &; cúmque perueenit ad *&*, vel F E, nec amplius fuam auget velocitatem, eam potentiam acquifiuit qua tempore æquali A E, parallelogrammum Q A F E compleat.

Itaque si crescit velocitas in tempore A E vt crescit tempus, hoc est vt crescit ipsum A E, sitque quies in A, erit acquisita velocitas vt F E; & velocitas in C L, quæ dimidia est velocitatis in E F, spatium percurret eodem tempore A E, æquale spatio quod fit à velocitate crescente à quiete in A, vsque ad maximã velocitatem in F E.

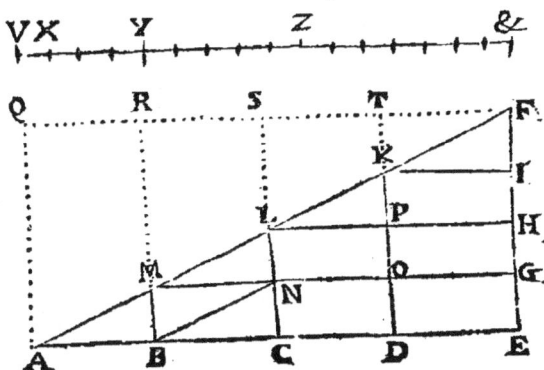

Idémque continget si decrescat velocitas eadem ratione qua decrescit tempus futuri motus. Ex quibus omnibus ratio elicitur ob quam spatia transmissa sint in ratione duplicata temporum, de quibus iterum inferiùs.

PROPOSITIO XV.

Grauium cadentium velocitatem in ratione duplicata temporum augeri probatur ex pendulis circulariter motis, ipsorúmque pendulorum multifarius vsus explicatur.

SIt in hac figura perpendiculariter ad horizontem erecta funis, vel filum cuiuslibet longitudinis A B, cui globus plumbeus cuiusuis ponderis B appendatur, dummodo fili pondus excedat; sitque pendulum breuius A P, cui etiam globus plumbeus appensus intelligatur. Certum est filo A B translato in A C, globum in C relictum ad punctum B per circumferentiæ quadrantem C E G B reuersurum, cogitur enim à filo A C, à quo si liber esset in C, rectà caderet in M, vt citiùs & per breuissimam lineam ad centrum grauium perueniret, vel toti suo vniretur, siue propria virtute properet illuc, siue trahatur magneticè, vel electricè, siue pellatur à vibrantibus spiritibus interioribus, aut ab aliquo torrente materiæ cuiusdam subtilissimæ premantur & impellantur.

Certum est secundò filum à puncto C ad B cadens temporis insumere tantundem in illo casu, quantum insumit in ascensu à B ad D per circumferentiam B H F D · sit enim filum A B 12 pedum, docet experientia globum B tractum ad C, inde ad B spatio secundi minuti recidere, & alterius secundi spatio à B versus D ascendere. Si verò A B trium pedum fuerit, hoc est præcedentis subquadruplum, spatio dimidij secundi à C descendet ad B, & æquali tempore à B ad D vel S peruenict; ad D, si filum & aër nullum afferant impedimentum, cùm impetus ex casu C in B impressus sufficiat ad promouendum globum pendulum ad D punctum.

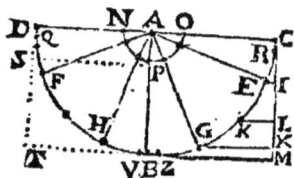

Globus igitur spatio secundi percurret dimidiam circumferentiam CBD, & æquali tempore à D per B versus C recurret; donec hinc inde vibratus tandem in puncto B quiescat, siue ob aëris & fili resistentiam vnicuique cursui & recursui aliquid detrahentem, siue ob ipsius impetus naturam, quæ sensim minuatur, qua de re postea.

Nota verò globum plumbeum vnius vnciæ filo tripedali appensum, non priùs quiescere postquam ex puncto C moueri cœpit, quàm trecenties sexagies per illam semicircumferentiam ierit; cuius postremæ vibrationes à B ad V sunt adeo insensibiles, vt illis nullus ad obseruationes vti debeat, sed alijs maioribus, quales sunt ab F, vel ab H ad B.

Vbi quæstione dignum, quanta sit pars arcus V B, quam vltima globi vibratio percurrit, hoc est quanta sit linea per quam ad quietem peruenit, an centesima, vel millesima diametri globi, vel fili moti A B, & num per æqualem partem tam longiora quàm breuiora fila suam quietem consequantur. Certè cùm globus in punctum G tractus & tripedali filo alligatus, versus H, & ex H versus G per horæ quadrantem, seu 900 secunda vibretur; partem vltimam, per quam suæ quieti restituitur in B, admodum paruam esse necesse est: quanquam nulla pars vltima assignari posse videatur, qua non detur minor, si per infinitos tarditatis gradus quies acquiratur, vt ex quiete per infinitos tarditatis gradus ad quemuis datum velocitatis gradum peruenitur.

Certum est tertiò filum A P fili A B subquadruplum vibrationes

ſuas habere celeriores vibrationibus fili B A ; eſſéque filum A B ad filum P A in ratione duplicata temporum quibus illorum vibrationes
perficiuntur, atque adeo tempora habere ſe ad filorum longitudines
vt radices ad quadrata; quapropter ipſæ vibrationes ſunt in eadem
ac tempora ratione.

Exempli gratia tempus quo filum A B ſemel vibratur, duplum eſt
temporis quo filum A P ſemel vibratur: vnde fit vt O P N percurrat
eodem tempore quo B percurrit C B , & P ab O ad N currat & ab N
ad O recurrat eodem tempore quo B mouetur à C ad D.

Cuius rei obſeruatio tam facilis eſt, & vnicuíque obuia, vt qui ne-
gauerit iſtam proportionem ob neglectum, quo vincatur, experimentum, perinde negare poſſit duo grauia, quorum vnum plumbeum,
aliud ligneum fuerit decuplò leuius, ab altitudine 12 pedum eodem
tempore cadere, iuxta quamcúmque obſeruationem vt vt repetitam.

Certum eſt quartò, illam duplicationis rationem inter circumferentiam C B D , & O P H , & inter filum B A & P A ſeruari, quòd in
linea perpendiculari C M , vel D T ſer-
uetur, vt enim graue, cùm à puncto D ad
S vno tempore deſcendit , D T ſpatium
præcedentis quadruplum duplo tempore
percurrit, ita globus plumbeus, P cùm
vno tempore ab O ad P deſcendit, globus
B à C puncto ad B duplo tempore cadit:
nam impetum acquiſiuit in puncto B totius perpendicularis C M.

Quintò certum eſt globum B ex C per quadrantem C B deſcendentem eò magis à perpendiculari CM deflectere quò magis accedit
ad B, vt ex lineis E I, K L & B M videre eſt; ſemper tamen velociùs
moueri, donec in B maximam velocitatem acquiſierit , quæ ſemper etiam antequam globus ad V perueniat, minúitur , & tandem in
puncto D, vel S, vel alio quóuis, vltra quod non aſcendit, penitus extinguitur; licet aliqui credant globum aliquid motus, vel impetus pre-
cedentis retinere , quod globi grauitas pedetentim vincat & expellat, donec globus ad B redeat, in quo perit antiquus impetus, vel
potiùs redintegratur, vt iterum globus ad R, vel E aſcendat.

Hinc autem oritur maxima difficultas, num ijſdem gradibus minuatur velocitas globi ex B verſus D aſcendentis, quibus augetur velocitas eiuſdem à C ad B deſcendentis; idémque dicendum de globo ex
D per perpendicularem D T cadente ſuper planum perfectè durum &
politum, cùm in reflexione à T ad D per coſdem gradus velocitatis &
tarditatis

tarditatis tranfeat per quos ceciderat, & confequenter num eodem tempore motu violento afcendat quo motu naturali defcendit.

Quæ vix obferuari poffunt nifi duos inter alicuius turris vel alterius ædificij muros admodum altos, verbi gratia 20 aut 30 hexapedarum & tantundem inter fe diffitos, quos inter pendula 20 aut 30 hexapedas longa fint, vt cum globis pendulorùm exfcendentibus alij globi pendulorum æqualium manu ad eandem altitudinem perlatorum fibi relicti eodem momento cadere incipiant; qui fi priùs quàm alij globi ceciderint, impetus quo hi afcenderant nondum extinctus fuerat. Si verò æquevelociter defcenderint, extinctus erat. Quod etiam grauibus in altum perpendiculariter miffis, verbi gratia noftris fagittis poteft accommodari, quæ cùm ad datam altitudinem peruenerint, eodem tempore recidere debent quo aliæ fagittæ ex eadem altitudine fibi relictæ.

Omitto plana inclinatiffima, fuper quæ fi globi politiffimi cadant, & in auerfa fimilia plana per impetum cafu acquifitum afcendant, multa notari poterunt ad rationem velocitatum attinentia. Sunt & alia pleráque quibus ad obferuationes quifpiam vti poterit.

Sextò, filum tripedale poteft alicui iuftò videri longius ad fecundum minutum qualibet vibratione notandum, cùm enim in linea perpendiculari A B graue cadens citiùs ad punctum B peruenat, quam vbi ex C vel D per circumferentiæ quadrantem mouetur, quandoquidem A B linea breuiffimè ducit ad centrum grauium, & tamen ex obferuationibus grauia cadentia tripedale duntaxat interuallum ab A ad B femifecundo, & 12 pedes fecundo conficiant, illud filum tripedali minus effe debere videtur: Iamque lib. 2. de caufis fonorum, corollario 3. prop. 27. monueram eo tempore quo pendulum defcendit ab A, vel C ad B per C G B, pofita perpendiculari A B 7 partium, graue per planum horizonti perpendiculare partes vndecim defcendere.

Quod quidem difficultatem infignem continet, cùm vtrúmque multis obferuationibus comprobatum fuerit, nempe grauia perpendiculari motu duodecim folummodo pedes fpatio fecundi, globum etiam circumferentiæ quadrantem, cuius radius tripedalis, à D ad B femifecundo percurrere; quæ fieri tamen nequeunt nifi globus à C ad B per circumferentiæ quadrantem defcendat eodem tempore quo globus æqualis per A B: qui cùm pedes 5 perpendiculariter defcendat eo tempore quo globus à C ad B peruenit, nulla mihi folutio videtur, nifi maius fpatium à graui perpendiculariter cadente percurri dicatur quàm illud quod hactenus notaueram, quod cùm ab vno-

f

quóque poſſit obſeruari, nec vlla velim mentis antic'pãtione veritati
præiudicare,nolui diſſimulare nodum, quem alius, ſi potis eſt,ſoluat.
Vt vt ſit obſeruatio pluries iterata docet tripedale filum nongenteſies
ſpatio quadrantis horæ vibrari, ac conſequenter horæ ſpatio 3600:
quapropter ſi per lineam perpendicularem graue 48 pedes ſpatio 2
ſecundorum exactè percurrat,vel fatendum eſt graue æquali tempore ab eadem altitudine per circuli quadrantem, ac per ipſam perpendicularem cadere,vel aërem magis obſiſtere grauibus perpendiculariter,quàm obliquè per circumferentiæ quadrantem deſcendentibus,
vel graue plures quàm 12 pedes ſecundi ſpatio,aut pluſquam 48 duobus ſecundis deſcendere,& in eo fefelliſſe obſeruationes,quòd alliſio
grauium ad pauimentum aut ſolum ex audito ſono iudicata fuerit,
qui cùm tempus aliquod in percurrendis 48 pedibus inſumat,quo tamen graue non ampliùs, deſcendit, augendum videtur ſpatium à
grauibus perpendiculariter confectum.

Verùm ſi iuxta rationem qua tripedale fili ſpatium ſuperatur à caſu grauium, auxeris ſpatium à grauibus perpendiculariter deſcendentibus confectum, vno ſecundo 20 pedes, atque adeo 80 duobus
ſecundis percurrent, quod falſum eſt, & experientiæ nimis contrarium : cúmque ſonus ſpatio ſecundi 230 hexapedas faciat, ſeu pedes
780, ſpatium 48 pedum, ſeu 8 hexapedarum ſonus nona parte ſecundi percurret, quo tempore grauia nequeunt 8 pedes confieere,quibus
tamen 20 pedes 12 ſuperant ; & experientiâ conſtat grauia 3 duntaxat
pedes ſemiſecundo perpendiculariter à puncto quietis deſcendere.

Septimò, globus B ex C in B cadens paulò plus temporis quàm
ab E,& ab E quàm à G inſumit,adeout
fila duo æqualia,quorum vnum à C,aliud
à G ſuas vibrationes incipiat,quod à G
incipit,36 propemodum vibretur, dum
quod à C incipit 35 duntaxat vibratur,
hoc eſt vnam vibrationem lucretur quod
à G cadit,à quo ſi quamlibet vibratione
inciperet,&aliud ſuam quamlibet à pun-
cto C,longè citiùs illam vibrationem lucraretur. Quantò verò breuiori tempore globus leuior,verbi gratia ſuberis, ſuas vibrationes faciat,quantóque citiùs vibrationum ſuarum periödum abſoluat, lib.2.
de cauſis ſonorum prop.27.& alijs harmonicorum noſtrorum locis
reperies.

Octauò, ſingulæ fili partes inter A & B interceptæ globi B vibrationes retardant,quòd pars vnaquæque fili propriam vibrationem

postulet,quæ ab integri fili A B vibratione præpeditur.Exempli gratia,in puncto P contendit versus N punctum , ad quod reuera moueretur, nisi à reliquo filo P B, & globo B impediretur.

Duplex igitur impedimentum globo B , quominus ad vsque D perueniat,ob impetum à C in B conceptum,opponitur; primum oritur à vibrationibus partium chordæ, ad diuersas circumferentias tendentibus ; secundum ab aëre à B ad D pellendo,vel diuidendo ; quippe globo D tantundem resistit,quantum impetus aëris eadem velocitate moti,& in globum B immissi semisecundo ageret, vt alibi fusiùs explicabitur.

Nonò,globum initio descensus à C vel D cadere per arcum D Q, vel C R,qui ferè nihil à recta perpendiculari differat : ab H verò, vel à G ad B descendere per arcum qui hòrizontali ferè plano conueniat; in nulla tamen quadrantis P Q parte velociùs siue cadendo, siue ascendendo moueri quàm in arcu B H, vel G B, nec in vlla parte moueri tardiùs quàm in arcu C R, vel D S : globum verò B qualibet vibratione bis per omnes gradus tarditatis, bisque per omnes gradus velocitatis transire,tarditatis quidem, versus D ascendendo, & à C R descendendo ; velocitatis autem cùm post descensum à puncto quietis C transit globus per G B; quanquam illi gradus tarditatis examen singulare postulent alio postea loco instituendum.

Decimò,si hæc altera figura H I D B C H verticale planum intelligatur,qualis est paries ad horizontem erectus,sitque pendulum A B clauo A affixum, globúsque plumbeus B erigatur in C vel D punctis,quæ lineâ D C perpendiculariter A B lineam secante coniungantur, & filo currenti ab A C ad A B clauus E parieti infixus circa fili medium occurrat, filum non sequetur arcum B D ,sed B G , quòd clauus E centrum motus, vel arcus B G euaserit. Si verò clauus alter occurrat inferiùs,verbi gratia in puncto F,vertetur filum in arcum B I, adeout globus B semper ad eandem D C ascendat,à qua ex puncto C discesserat,altitudinem : quod intelligendum demptis tam fili quàm aëris obstaculis.

Porrò claui tribus digitis extra parietem eminere debent vt sit facilius experimentum, quod ostendit globum B in H erectum & ab H cadentem semel tantùm circa claui E scapum circumuolui,qui versus medium penduli A B occurrit : nouies autem circa clauum F inuolui,qui ad tertiam penduli partem affigitur, circa quem magis adhuc volueretur si quid fili superesset,vt magna nonæ circumuolutionis velocitas testatur.

f ij

Quamuis autem globus B solùm vsque ad C erigatur, inuoluitur tamen circa clauum inter F & B affixum, idque ter aut quater, donec totum filum ab F ad B circumuoluatur.

Vndecimò, clauus vbilibet inter A & B infixus ad hoc vtilis est, vt tempus vibrationis ab H vel C, aut alio quóuis puncto inter H & B sumpto vsque ad D vel I bisecetur, licet enim filum ob clauum occurrentem non progrediatur per arcum BD, sed per DG, vel FI, aut alium quemlibet, tempus à contactu E vel F, donec redeat globus G vel I ad B, æquale est tempori quo globus B redit à B ad C.

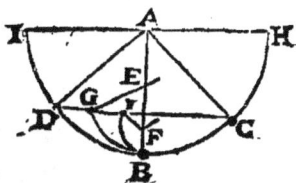

Cúmque diu sàtis vibretur filum quod clauum recursu quolibet verberat, clauus hic, siue ligneus, siue ferreus, tripedali filo B A semisecūda notabit, motus enim C B semisecundum, & illius recursus B C semisecundum aliud ostendit. Tempus verò contactus, quo filum premit clauum, collatum cum tempore excursus eiusdem fili vltra clauum, qualis est excursus B I, varias rationes induit secundum diuersas fili clauum præereuntis longitudines: omitto alia quæ inter experiundum occurrunt.

Duodecimò, pendulorum istorum vibrationes pluribus vsibus adhiberi possunt, vt tractatu de horologio vniuersali, & harmonicorum tum Gallicorum l. 2. de motibus & alijs pluribus locis, tum Latinorum etiam l. 2. de causis sonorū à prop. 26. ad 30. dictū est, vnde possit quispiam haurire quæ hîc defuerint. Tantùm addo me posteà deprehendisse fili tripedalem longitudinem sufficere, quæ sua qualibet vibratione minutum secundum notet, cùm prædictis locis pedibus $3\frac{1}{2}$ vsus fuerim: sed cùm vnusquisque debeat experiri, cum horologio minutorum secundorum exactissimo, filum quo deinceps in suis vtatur obseruationibus, non est quod hac de re pluribus moneam: adde quòd in mechanicis filum illud siue tripedale, siue pedum $3\frac{1}{2}$ satis exactè secunda repræsentet, vt experientia conuictus fateberis : hinc in soni velocitate reperienda, quæ secundo 230 hexapedas tribuit, hoc filo vsus sum, quo medici possint explorare varios singulis diebus ægrotorum, sanorúmque pulsus.

COROLLARIVM.

CVm dixi filum descendens vel ascendens transire per omnes gradus tarditatis, nolim id assertum existimes vti demonstratum,

fed tantùm vt probabile, & Galilæo vifum, quandoquidem egregij
Philofophi & Geometræ negant illud, & grauia certum habere poffunt tarditatis gradum quo incipiant moueri circa centrum, vti fieri
probabile, fi per terræ fiat attractionem lapidum & aliorum grauium,
defcenfus, aut per expulfionem, vt quemadmodum aqua expellit leuiora corpora, ita grauiora expellat aër, aut alia materia aëre fubtilior, quæ circumactu fuo, reuolutioneque perpetuâ lapides & id genus
excutiat, aut impellat. Quod tamen non impedit quin grauia fuam
velocitatem in ratione duplicata temporum adeo proximè augeant,
vt fenfus nil contrarinm in obferuationibus deprehendat.

PROPOSITIO XVI.

Quid circa pendulum, quod aliqui vocant fexhorarium,
contingat ex obferuationibus
aperire.

SIt pendulum B F, 30 pedes, aut quantumuis longum clauo L ita
confixum, vel alligatum, vt in aëre moueri poffit in omnem partem, fitque linea meridiana B A, D oriens, & C occidens, funt qui
crediderint filum illud pendulum F B nunquam quiefcere, fed quotidie bis à meridiana linea dimoueri circa E, per vnius vel alterius lineæ fpatium, adeout illo
motu plumbi in puncto B appenfi fiat 12 horarum fpatio figura quædam elliptica, qualis eft figura G H I K,
& plumbum ex puncto meridiei G, fex horarum fpatio
ad I, & alijs fex horis ex I ad G redeat, & quolibet
meridiei, mediæque noctis momento in puncto G
duabus circiter horis quiefcere videatur, in fpatijs verò inter G & I interiectis paulò velociùs moueatur.
Quod quidem Phænomenon viris clariffimis ita placuit vt iftius motus varias rationes commenti fint, cre-
diderintque fieri motum à G in I, non per H, fed per
K, ab I verò ad G per H redire pendulum.

Porrò vix credibile quanta conclufionum vel coniecturarum feges
ex illo credito, vel fuppofito Phænomeno pullularit, verbi gratia fluxum & refluxum maris pendulum impellentem, terræ centrum dimo-
tum, longitudinum inuentionem, horologium perpetuum in partes
quotlibet diuifum, vt maxima diameter ellipfeos G I in 4 partes diui-

f iij

ditur, & alia id genus sexcenta, quæ homines ex aliquo Phænomeno
extraordinario deriuare solent.

Sed hærebat animus num forsan obseruatores decepti fuissent ob
funes intortos, vel fila siue channabina, siue bombycina, quæ, præterquàm diutissimè detorquentur dum suspensum plumbum in orbem
agitur, omnibus aëris mutationibus sunt obnoxia ; quapropter filo
sum vsus argenteo, per foramen chalybeum ducto, cuius obseruatio
clarissimè docuit nullum in eo motum siue 6, siue centum horarum
spatio fieri : manè siquidem in linea L B positus, in eadem pluribus
diebus, pluribúsque testibus, permansit.

Vnde concludendum quanta sit in obseruationibus adhibenda diligentia, priusquam illarum rationes, & causæ, vel vtilitates quærantur, nisi enim de facto satis constet, quid vlterius inquiras? Huic autem Phænomeno falsò credito quidpiam simile contigisset in 5 nouis
planetis iouialibus, quos nonnemo 4 Medicæis addebat, & iam de
nouenario musarum numero hisce 9 planetis comparando viri docti
cogitabant, nisi fœlicissimus obseruator, fidelissimúsque Gassendus
hunc errorem abstersisset, epistola in lucem edita, quà demonstrat
stellas pro planetis acceptas.

PROPOSITIO XVII.

Ex dictis rationem eruere, ob quam grauium casus
suam auget velocitatem in ratione
duplicata temporum.

SInt 4 tempora *a b*, *b c*, *c d*, & *d e* æqualia, in quibus ita graue descendat, vt tempore *a b* spatium A B conficiat *a b* tempore ; igitur
tempore *b c* faciet, per prop. penultimam præcedentem, bis tantum
sine augmento velocitatis, nempe B C, vt sit B C ad A B vt 2 ad 1.
Cùm autem supponamus augeri velocitatem corporis grauis cadentis, non minus tempore secundo, quàm primo, descendet velocitate
crescente tantum infra C, quantum est A B, hoc est ad D, itaut C D
sit æquale A B ; quapropter erit totum spatium B D peractum tempore *b c*, ad spatium A B confectum tempore *a b*, vt 3 ad 1.

Cúmque velocitates supponantur crescere secundum rationem
temporum quibus acquiruntur, erit velocitas acquisita in fine temporis *a b*, vt *a c* ad *a b*, id est dupla.

Descendet itaque graue tempore *c d*, siue augmento, duplum eius spatij quod defcenderat fine augménto tempore *b c*; atqui tempore *b c* bis tantum defcenderat quantum eft A B, igitur tempore *c d* defcendet quater tantum, quod fit D E; & adiecto augmento E F quod fit æquale fpatio A B, erit fpatium DF confectum tempore *c d*, ad fpatium A B primi temporis, vt 5 ad 1.

Cùm autem velocitas acquifita in fine tempotis *a d* fit ad velocitatem in fine temporis *a c*, vt *a d* ad *a c*; hoc eft vt 3 ad 2, & velocitate in fine temporis *a c* defcenfum fit per fpatium quadruplum A B, hoc eft per fpatium D E, fine augmento velocitatis, defcendet graue tempore *d e* per fpatium F G æquale, fexies AB; addito igitur fpatio A B defcendet per fpatium F H feptuplum fpatij A B.

Eodémque modo demonftrabitur idem graue defcendere quinto tempore 9 fpatia, fexto 11, feptimo 13, & ita de reliquis; igitur graue defcendens velocitate continuò auctâ, percurret fpatia rationis temporum duplicata, & in temporibus æqualibus immediatè fibi fuccedentibus, numeros impares fibi proximè fuccedentes, putà 1,3,5,7,&c. ipfa fpatia illis temporibus confecta fequentur.

Quod etiam alio modo poteft explicari, fi primum tempus habere dixerimus motum actu per fpatium vnum, & potentiam ad tantumdem proximo tempore: quæ duo fpatia actu percurruntur fecundo tempore, & vnum præterea actu, propter tempus fecundum, item vnum potentia: vt fint percurfa actu fpatia 3 fecundo tempore, præter potentiam ad vnum tertio tempore, quo percurruntur actu, propter tempus fecundum, 4 fpatia, & propter fuum tempus proprium, vnum actu, vnum potentiâ, hoc eft 5 actu, vnum potentiâ. Eapropter quarto tempore 6 fpatia actu, propter tempus tertium, & vnum actu, vnum potentiâ, ob tempus proprium, id eft fpatia percurruntur 7 actu, cum potentiâ, ad vnum amplius in proximo tempore, & ita deinceps, vt fpatia tranfmiffa temporibus æqualibus fint inter fe vt numeri, 1,3,5,7,&c. quæ breuiter ita contrahuntur.

Primum tempus.

Spatium 1 actu, 1 potentiâ.

Secundum tempus.

Spatia accepta à primo tempore 2 actu, à proprio tempore 1 actu, 1 potentiâ.

Tertium tempus.

Spatia accepta à secundo tempore 4 actu: à proprio tempore,
1 actu, 1 potentiâ.

Quartum tempus.

Spatia accepta à tertio tempore, 6 actu: à proprio
tempore, vnum actu, vnum potentiâ.

MONITVM PRIMVM.

CVm de grauibus cadentibus locuti sumus, quorum motus est in
ratione duplicata temporum quando perpendiculariter versus
centrum descendunt, idem intellige de grauibus super planis vtcúmque inclinatis currentibus, de quibus l. 2. Harmoniæ Gallicæ: adeout
in temporibus æqualibus semper numeros impares à principio ad
vsque finem motus sequantur, eo solùm discrimine, quòd eò tardiùs
super inclinato plano, descendant, quò fuerit obliquius, & magis ad
planum horizontis accesserit, super quo graue quiescit, nisi moueatur
ab impellente, vel trahente; & ita mouetur semel motum, vt nunquam sit quieturum, si tolli supponatur quodlibet impedimentum
tam aëris, quàm plani; hoc est si fuerit globus perfectè durus & politus, & planum æquè durum ac politum, nec adsit vllum medium, vel
agens quod globo motum impressum auferat, tunc enim perpetuò
mouebitur, cùm nullus motus localis absque causa pereat; vel non
video qui tollatur, nisi quis dixerit motum ex se paulatim desinere, licet nil oppositum habeat. Hic igitur supponimus motum minui &
tandem deficere, quòd aër vel alia corpora illum in se recipiant, vel
eum obtundant & destruant. Quanta verò moles aëris requiratur
ad motum datæ velocitatis tollendum, postea disquiretur.

MONITVM II.

CVm autem motus omnis impressus, quo grauia mittuntur verticaliter in altum, quemque vulgò dicunt violentum, possit intelligi productus à casu grauium, aut eiusdem velocitatis, quà moueri
possent grauia, si perpetuò descendentia semper prædictam incre-
menti rationem obseruarent, certis spatiorum magnitudinibus vtemur, vt quamcúmque velocitatem quà grauia excutiuntur, proij-
ciuntúrque

ciuntúrque veluti certo charactere insigniamus. Prius tamen inquirendum an fortasse alia proportio velocitatis, auctæ præcedenti de-
roget.

PROPOSITIO XVIII.

Alia velocitatum rationes , iuxta quas grauia suum
descensum accelerare putant aliqui, recensentur: vbi
de Helicibus quas grauia suo casu describunt.

Licet illam accelerationis rationem, de qua hactenus, reliquis rationibus veriorem, &, si non exactam, exactæ tamen admodum
vicinam existimem, Lectori gratum crediderim aliorum cogitationes
paucis aperire, quas inter illa magis ad experientiæ veritatem accedere videtur, quæ sinus versos sequitur inter æquales circumferentiæ partes interceptos.

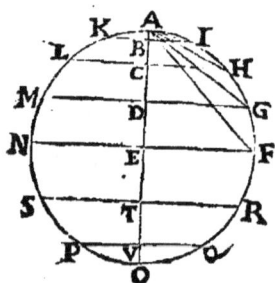

Sit igitur tellus A N O F A, descendátque
lapis, aut aliud graue à puncto quietis A versus centrum E, ea lege vt primo tempore ad
punctũ B, secundo à B ad C, tertio à C ad D,
&c. cadat, dico casus istius acceleratione ferè
coincidere cum ea, quam superiùs attulimus, eíque tantò similiorem
esse, quantò A B, B C, &c. sinus versi minora spatia referent, adeout
nullus sensus in nostris obseruationibus; 30, vel etiam mille non superantibus hexapedas, discrimen notare possit inter descensum per sinus
illos factum, & descensum acceleratum in ratione duplicata temporum: sunt enim ferè sinus isti A B, B C, C D, &c. vt 1,3,5,&c. Quanquam si Geometricè loquamur, sinus versi sint inter se vt subtensarum
quadrata, hoc est vt A B ad B C, ita quadratum subtensæ A I ad quadratum subtensæ A H ; & vt sinus A E ad sinum A D, ita quadratum
subtensæ A F ad quadratum subtensæ A G, & ita de reliquis.

Vbi etiam obseruare iuuabit comparationem sinuum versorum
cum rectis, nempe rectangulum E A B, esse ad E B C rectangulum,
ita quadratum B I ad quadratum C H.

Porrò illa proportio variarum casus velocitautm iuxta sinus versos accuratiùs notabitur in sequente figura, quadrantem orbis terreni
referente: sit enim A L semidiameter, quam alio loco 1145 leuca-
carum, (quarum vnaquæque 15000 pedum, seu 2500 hexapedarum)

definiuimus, diuidatúrque in 10 partes æquales circumferentiæ quadrans A 90, & à quolibet diuisionis púncto ducatur perpendicularis
ad radiū **A L**,
hoc eſt 9 B, 18
C, 27 D, &c. Si
lapis cadat æ-
qualibus tem-
poribus per il-
los ſinus ver-
ſos **A B, BC,**
CD, &c. ijſ-
démque 10 té-
poribus per
decem ſinus,
in quos **A L**
radius diuiſus
eſt, ad L cen-
trū perueniat,
quo circumfe-
rentię quadrās
A 90 ſub ho-
rizontem L 90

deſcendet, hoc eſt ſex horarum ſpatio, lapíſque terræ motum perfectè
ſequatur, ſuo motu ſemicircumferentiam A, 1, 3, 4, 5, 6, 7, 8, 9, 10, L
percurret, æqualem quadranti 90 A. Qua ratione tantundem ſpatij
percurret, quantum quieſcens in A puncto confeciſſet ; tunc enim
poſt ſexhorium ad punctum 90 cum A peruéniſſet. Cùm autem ſpatium primum AB 31 leucas ad minimum referat, & ſinus verſi eò magis accedant ad proportionem deſcenſus grauiûm, quò minus ab A
puncto recedunt, ſi prima ab A verſus B lcuca ſumatur, in qua ſinus
illi deſcenſum metiantur, non different ſenſibiliter à ſpatijs per quæ
grauia cadere diximus.

    Qui ſpatia A B, BC, &c. vſque ad centrum L, ex hypotheſi caſus
lapidis ab A luna, vſque ad centrum terræ L, ſcire cupit, legat Corollarium 2. prop. 24. lib. 2. de cauſis ſonorum, in quo tabula peculiaris
numeros referentes ſinus verſos, & numeros referentes rationem
temporum duplicatam exhibet, vt vnico intuitu quiſque videat
quantum illa ſpatia è regione poſita diſcrepent.

    Alia proportio velocitatis auctæ in deſcenſu grauium ſumi poteſt
ex linea proportionaliter, hoc eſt iuxta mediam & extremam ratio-

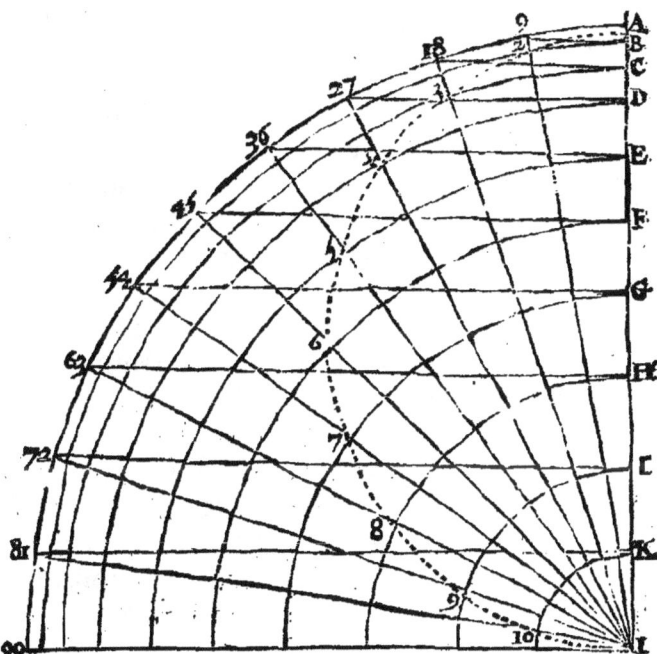

nem ſecta,de qua fusè lib.2,motuum Harmoniæ Gallicæ prop.11.quæ proportio quantum à noſtra differat, ex duobus conſtat numerorum ordinibus qui ſequuntur,quorum prima columna continet numeros velocitatis iuxta numeros impares,de quibus toties egimus: ſecunda numeros illos ad pedes reducit quos grauia percurrunt,eâ tamen lege vt primus ſignificet deſcenſum ſemiſecundo factum,ſecundus factum ſequenti ſemiſecundo, & ita de ſequentibus ſemiſecundis, vt primus numerus tertiæ coluinæ pertinens ad ſegmenta lineæ proportiona- liter ſectæ repræſentet etiam 3 pedes, & reliqui è regione numerorū primæ columnæ ſiti oſtendant differentiam inter numeros 2 & 3 co- lumnæ. Cùm enim primo ſemiſecundo lapis,

I.	II.	III.
1	3	3
3	9	5
5	15	8
7	21	13
9	27	21
11	33	34
13	39	55
15	45	89

aut aliud graue 3 pedes à quiete deſcendat, tam in columna 2,quàm 3,9 pedes deſcendit in 2 co- lumnæ ſequente ſemiſecundo, cùm tantum 5 deſcendat in 3, in qua cùm tardiùs, ſeu minori- bus numeris deſcendat vſque ad quintum ſemi- ſecundum,quàm in ſecunda columna, tandem ab hinc vſque ad tabulæ calcem velociùs, & iuxta maiores numeros progreditur.

Audio præterea nonneminem eſſe qui cre- dat grauium caſum ſequi progreſſionem Geo- metricam duplam, adeout primo tempore deſ- cenſus fiat per vnicum ſpatium, ſecundo tempore per 2, tertio tem- pore per 4,quarto per 8,& ita deinceps; ſed quantum hic proceſſus à grauiū caſu exactè ſatis obſeruato diſcedat vix eſt qui neſciat, aut qui non poſſit proprio experimento reperire; ſit enim in tabula ſequente prima columna,vt in ſuperiore,quæ contineat impares numeros,ex- perientiæ ſuffragantes, & in ſecunda colūna numeri dupla ſe ratione

I.	II.
1	1
3	2
5	4
7	8
9	16
11	32
13	64
15	128

ſuperantes collocentur, qui cùm ſatis ad primæ columnæ numeros accedant vſque ad quatuor primos, tantopere nihilominus à quinto numero & deinceps à rei veritate diſcrepant, vt nullus poſſit per tempus 8 ſemiſecundorum vel etiam ſecūdorum experiri, qui non ſtatim fateatur pro- portionem duplam Geometricam nimium ex- creſcere,cum enim octauo ſemiſecundo 15 dunta- xat ſpatia,quorum vnumquodque tripedale, per- currat,ſecundum rei veritatem, 128 conficeret in ſecunda columna, hoc eſt octies pluſquam reuera conficiat. Et quò progreſſus fueris vlteriùs, maior ſemper futurus est exceſſus, nam vbi 17 in prima columna occurrerit, è regione reperietur 250, & qui paruus erat in principio, maximus fiet error in progreſſu.

An auſim ſimile quidpiam conijcere de ſententia Philoſophi ſubtiliſſimi? qui ſtatuit accelerationem pro diuerſis temporibus, in eadē ratione qua numeri ſerie naturali diſponuntur, hoc eſt ſecundum ſimpliciſſimam, & maximè naturalem Arithmeticæ progreſſionem 1, 2, 3, p, 5, 6, &c.

Certè non tantum à prima columna diffidet, vt ex ſequentibus lineis conſtat, ſit enim noſtra progreſſio penes numeros impares in A E linea, quam graue percurrat ſpatio 4 ſecundorum; certum eſt graue cadens à puncto quietis A, vel a, primo quouis tēpore facere ſpatiū quodlibet primum A B, quod, vt antea, ſupponamus 12 pedum, quos graue ſpatio ſecundi percurrit: ſitque illa menſura *duodecapeda*: ſecundo tempore facit reuera B C 3 duodecapedas, cùm duas duntaxat in linea *ag*, nempe *bc* percurrat. Tertio ſecundo verè ſpatium C D, ſeu 5 duodecapedas conficit, cùm in linea *ag* ſolas tres duodecapedas faciat. Quarto ſecundo percurrit ſpatium D E 7 duodecapedarum, quamdiu *df* 4 duodecapedarum in linea *ag* percurrit; adeout quintum ſecundum ſit neceſſarium ad perficiendam lineam *ag* æqualem lineæ A E.

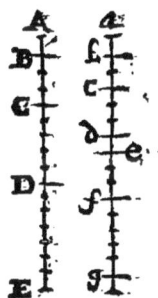

Ex quibus manifeſtum eſt hunc progreſſum Arithmeticum facere velocitatem minorem quàm oporteat; quemadmodum illi duo progreſſus priores progreſſum longè maiorem inuehunt.

Cùm igitur illa noſtra per numeros impares progreſſio in linea A E ſemper experientiæ nobis reſpondere viſa ſit, ſuiſque rationum momentis confirmetur, eam retinebimus, donec alia demonſtrata ſit ab Illuſtri viro, qui licet grauia credat non tranſire per omnes tarditatis gradus à puncto quietis A, fatetur tamen hanc progreſſionem eſſe proximè veram.

COROLLARIVM PRIMVM.

De linea proportionaliter ſecta.

Nobis liceat notare quædam circa hanc ſectionem, quam nonnulli ob proprietates mirabiles *diuinam* appellant. Primùm igitur octo proprietates ad vndecimā prop. lib. 2. Harmoniæ vniuer-

falis videri poſſunt. Secundò, Salinam, cuius inuentionem prop.18.
lib. 4. Inſtrumentorum attuli, quâ credebat tactus violis & alijs inſtrumentis eodem modo adhiberi poſſe, ac ſi diapaſon diuideretur in
12 partes proportionales, in eo fuiſſe deceptum, vt fatebitur qui 31.
lib.3. caput, quod de Muſica ſcripſit, accuratè diſcuſſerit, & ſequentia
legerit quibus ea vtcúmque ſupplebuntur quæ noſtræ Latinæ Harmoniæ deſunt, vbi de diuiſione manubriorum citharæ, ac violę, quam
beneficio lineæ iſtius Salinas proponit, ſimúlque Harmoniæ Gallicæ
loco citato remedium adhibebitur.

Primùm igitur linea, verbi gratia D P, dicitur ſecari proportionaliter in X, quòd ſegmenti maioris X D quadratum æquale ſit rectan-

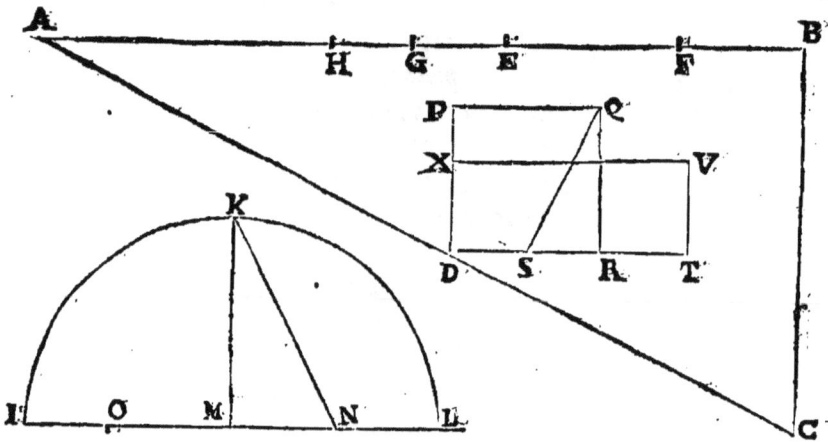

gulo ſub tota D P & ſegmento minore P X, vnde naſcuntur tres proportionales, D P, videlicet, quæ eſt ad D X, vt D X ad X P, hoc eſt
tota ad maius ſegmentum, vt maius ſegmentum ad minus. Ne tamen
putes idem de quibuſlibet tribus proportionalibus, hæc ſiquidem
proprietas ſolis tribus ex ſectione media & extrema ratione facta productis conuenit; licet alia prædicta proprietas ſit communis tribus
quibuſlibet, quarum extremæ ſemper rectangulum mediæ quadrato
æquale faciunt; quemadmodum 4 proportionalibus ſemper conuenit vt extremorum rectangulum ſit æquale rectangulo mediarum.

Deinde ſecatur linea proportionaliter pluribus modis, Euclideo, ſi
quadratis P R latus quodlibet, puta P R bifariam in S diuidatur, &
ab S ducatur recta S Q; producatúrque S R in T, donec S T fiat æ-
qualis S Q; denique fiat quadratū R V ſuper R T, & ab V ducatur recta
V X, linea R Q: vel ei æqualis D P quæcúmque, ſecta erit in X me-

dia & extremâ ratione,quandoquidem rectangulum Q P X , quod fit
sub tota D P,& minore segmento X P, æquale est quadrato D X, seu
R V , quemadmodum totius lineæ D P quadratum, æquale est X T
rectangulo.

Ptolemaïco,si lineæ I M diuidendæ M L æqualis addatur; centró-
que M describatur circulus;& à centro perpendicularis M K excite-
tur; deinde M L bifariam in N diuisâ, ducatur N K , cui fiat æqualis
N O ; maius enim segmentum erit M O , minus verò segmentum lineæ M I,à Ptolomæo lib.1.de Almagesti, cap.de quantitate linearum
in circulo, secundum extremam & mediam rationem diuisæ,erit O I.
Hoc autem nomen huic lineæ videtur inditum, quòd suæ proportionis tam medium , quàm extrema habeat, quam propterea nonnulli
vocant similiter diuisam, alij, vt Lucas Paciolus, diuinam.

Salineo denique, lineam A B proportionaliter diuides, si primò
bifariam diuidatur in puncto G ; postea enim facit perpendicularem
B C æqualem B G, deinde A, C puncta coniungit rectâ A C, in qua
D C facit æqualem C B, seu B G; Rursum in A B sumit A E æqualem A D ; quibus peractis, linea B A secatur in E, mediâ & extremâ
ratione,cùm enim A B & B C quadrata sint æqualia quadrato A C;
vel rectangula A B E, & B A E , plus quadrato B C,sint æqualia quadrato A D, vel A E, plus quadrato D C, plus bis quadrato A D C,
vel B A E , si ex vtraque parte demantur æqualia, supererit A B E
æquale quadrato A E.

Erit igitur maius segmentum A E ; quod si diuidatur similiter,eius
segmentum maius erit æquale minori segmento E B, lineæ A B pro-

portionaliter imprimis diuiſæ : quemadmodum H E maius erit ſegmentum lineæ B E, ſeu minoris ſegmenti etiam proportionaliter diuiſi. Quare Salinam aduerſus ea quæ lib.3. Inſtrument. Harmonic.
pagina 225. dicta fuerant, hoc loco, & in hac parte tuemur, quanquam aliàs rectè dixerimus illum aberraſſe, vt poſtmodum confir-
mabitur.

Tertium igitur quod hîc aggredimur, in eo ſitum eſt, vt demonſtre-
mus per rationis conuerſionem, rectè dictum à Salina, lineæ A B proportionaliter diuiſæ minus ſegmentum E B fieri maius ſegmentum
ſegmenti maioris A E proportionaliter diuiſi in H ; & iſtius ſegmenti
A E ita diuiſi minus ſegmentum H E fieri maius ſegmentum minoris ſegmenti E B etiam proportionaliter diuiſi ; & ita deinceps vt in
alia figura videbitur.

Itaque ſumpta recta A E, vt totâ, (quemadmodum A B) eſt vt tota
A B ad totum A E, ita A E abſciſſâ, vel ſegmento ad abſciſſam A H ;
igitur reliqua E B erit ad reliquam H E, vel E G, vt tota A B ad A E
totam, hoc eſt vt recta proportionaliter ſecta ad ſuum maius ſegmentum ; quod probandum erat. Hincque nata vocabula *iuxta mediam*
& extremam rationem ; quòd nempe tota ſit maius extremum, ſegmentum maius ſit media proportionalis, & minus ſegmentum ſit minus
extremum ; hac enim ratione medium & minus extremum naſcitur
vnica diuiſione lineæ, quæ ſit maius ſuorum ſegmentorum extremum ; quod nulli alteri rectæ diuiſioni conuenire poteſt.

De linea duodecies proportionaliter ſecta.

SIt rurſum linea proportionaliter ſecta, A E B, quàm cùm non
potuerimus ſatis commodè, diſtinctéque ita diuidere vt partes

iz haberet, quas putauit Violæ manubrio ad tactus notandos adhiberi poſſe Franciſcus Salinas, niſi charta replicaretur, lineam fregi-

mus, vt iftius voluminis paginam non excedat.

Intelligatur ergo linea A H, H E feu R S in directum lineæ B E coniungi, eâ lege vt tota linea incipiat ab A verfus finiftram, iungatúrque H E in puncto E, vt reliqua linea fit E B. Erit maius fegmentum A E, vt in priore figura, & E B minus; & fectiones aliæ H, F, G, &c.

Quibus intellectis, erit A B ad A E, vt A E ad E B, hoc eft A B ad A E, vt A E ad A H, fed vt A E, ad A H, ita A H ad H E; & ita de cæteris fegmentis; adeout lineæ A B, A E, E B, A H, H E, E F, F G, G I, I L, L M, M N, N O, O P, P R, & vltima R B, fint continuè proportionales; relictífque A B, & A E & E B, duodecim fpatia reperiantur, in quæ linea tota B A diuifa reperitur, quorum maius eft A H, minus verò R B.

Atqui falfum eft primo tactu, vel primâ violæ, aut cuiufuis alterius inftrumenti diuifione fegmento A H æquali exiftente, tactus fequentes effe poffe H E, E F, &c. cùm enim manubrium æquale fit lineæ totali A B, quæ ferè pedalis eft, experiatur qui voluerit quantò primus tactus feu prima diuifio maior, fit primo fegmento A H minor: vel vt error clariùs appareat, fit manubrium E B in 10 tactus diuidendum, quorum primus fit. E F, impoffibile eft fecundum tactum effe F G; fed primo tactu E F exiftente, fecundus erit longè maior fegmento F G; conftátque ex infinitis propemodum Harmoniæ noftræ locis primum tactum, quo neruus femitonio fit acutior, ex neruo in 16 partes æquales diuifo, partem vnam refecare; vnde fi B E totius E F fit pars decimafexta, fit tactus E F legitimus futurus; quemadmodum fecundus tactus erit F G, fi F B in 16 partes diuifæ F G fuerit pars decima fexta, & ita de reliquis: quod cùm nulla ratione conuenire poffit fegmentis diuifionibus lineæ fecundâ mediam & extremâ rationem fectæ, ratû efto quod loco citato Harmoniæ dicebamus: neque video quid tantum virum in illum errorem impulerit.

Tertiò,

dicebamus : neque video quid tantum virum in illum errorem impulerit.

Tertiò, cylindri ſphæræ inſcripti, qui cum baſibus maximam ſuperficiem habeat, notauit Geometra latus eſſe minus ſegmentum diametri baſeos proportionaliter ſectæ. Iterúmque lineam aliam occurrere proportionaliter ſectam, ſi tangenti circuli, ductæ à puncto, cùi latus cylindri inſidet, (quæ tangens ſit æqualis eiuſdem circuli diametro) linea recta ab altero puncto circuli, cui etiam latus oppoſitum inſidet, tranſuerſim per prioris lateris ſupremum agatur, donec extremo tangentis prædictæ occurrat, hæc etiam linea, qua parte intra circulum continetur, eſt circuli diameter, & maius ſegmentum, vt pars exterior minus ſegmentum lineæ mediâ & extremâ ratione ſectæ. Alias iſtius lineæ proprietates auſim infinitas appellare, quòd à nullo Geometra poſſint exhauriri.

COROLLARIVM II.

De linea helice à motu lapidis à terræ circumferentia ad illius centrum deſcripta.

CVm Galilæus exiſtimare videretur lapidem, (poſitâ terrâ mobili & ſolis motum ſupplente) vſque ad terræ centrum deſcendentem, moueri per ſemicircumferentiam B 3, 4, 5, 6, 7, 8, 9 L, de qua ſuperiùs dictum eſt, demonſtrauit acutiſſimus Geometra D Fermatius non eſſe deſcenſum illum ſemicircularem, ſed helicem deſcribere peculiarem, quæ ſit ſecunda inter ſequentes, quemadmodum prima eſt Archimedæa.

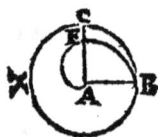

Sit igitur helix A F B intra circulum B C X deſcripta, itavt ſemper ſit eadem ratio circumferentiæ B C X ad arcum B C, quæ eſt lineæ A B ad F C, vel quadrati A B, ad quadratum F C, vel cubi A B ad cubum F C, vel cuiuſcumque alterius potentiæ A B ad ſimilem poteſtatem F C, regula generalis datur, quâ ratio circuli B C X ad ſpatium lineâ A B, & helicibus A F B comprehenſum periatur. Hîc apponam octo helices, quarum maiores numeri circulum, minores helicem referunt.

b

Quibus placet addere demonstrationem amici , qui demonstrauit lineam descensus grauium non esse circularem.

1	3. 1
2	15. 8
3	14. 9
4	45.32
5	33.25
6	91. 72
7	60.49
8	153.128

Sit A terræ centrum, cuius diameter A C; &
circumferentia C H B referat Æquatorem : Sint
autem spatia , quæ per rectam lineam descendentia grauia conficiunt , in ratione duplicata spatiorum quæ percurrit in circumferentia :
Verbi gratiâ, si graue primò ex C perueniat ad
K, deinde in I; ducanturque rectæ A K H, &
A I B , ratio H K ad I B erit duplicata rationis arcus C H ad arcum C B. Exempli gratiâ, si arcus C B duplus
est arcus C H, recta I B erit rectæ K H quadrupla. Iam verò consideremus cùm circulus circa
diametrum A C descriptus, per I K puncta transit , recta I B sit H K rectæ quadrupla, quando
arcus C B duplus est arcus H C. Ducatur recta E K bifariam diuidens A C, hoc est ex centro E ; & I K, K L itaut K L sit æqualis
A K, & occurrat A C producto in L. Cùm sint A K, K L lineæ
æquales, angulus K L C æqualis erit angulo K A L, vel ei æquali
I A H ; sed anguli A I K, H C L sunt etiam æquales, igitur trianguli A I K, L C K sunt similes.

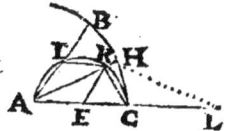

Quoniam verò K C latus lateri K I æqualis est, latus C L erit
lateri A I æquale.

Præterea cùm triangula Isoscelia A K L, A E K faciant æquales
angulos super bases suas æquè sunt similes; & rectangulum L A E
erit æquale quadrato A K.

Sed cùm reliqua demonstratio pendeat à certis characteribus, quos
ille suis vsibus accommodabat, qui desunt typographo ; sufficiat annotasse lineam istam descensus grauium rectam sub polis futuram,
planam helicem sub Æquatore; & in omni alio loco solidam helicem
super coni isoscelis superficie descriptam, cuius basis est parallelus,
à quo descensus incipit, & vertex ipsum terræ centrum.

Quam demonstrationem libenter postulantibus communicabo,
quemadmodum aliam elegantissimam à D. Fermatio inuentam, & ad
ipsum missam Galilæum, quâ demonstrat spatium ab ista comprehensum helice esse, vel ad circuli sectorem, vel ad totum circulum,
quibus comprehenditur, vt 8 ad 15 : quæ proportio reperitur similiter inter spatium à spirali circa coni superficiem descriptum, & ipsam
coni superficiem.

MONITVM.

VEterem igitur & obferuationibus refpondentem cafuum velocitatem retinebimus, eáque in fequentibus propof. vtemur,
cùm præter experimenta illam fequentia rationibus confirmetur, &
pluribus Phyficis difficultatibus foluendis, & intelligendis inferui-
uiat. Sequentes verò propofitiones intelliguntur abfque refiftentia
medij, quam vnufquifque proprijs obferuationibus inuenire poterit.

PROPOSITIO XIX.

Definire quantum iter percurrere debuerit graue cadens
perpendiculariter, vt æquali velocitate in altum ver-
ticaliter emiffum ad eam pertingat altitudinem, ad
quam fagitta, vel alia proiecta mitti folent, dum
arcubus, & tormentis bellicis, vel alio quouis modo
excutiuntur.

PLuribus alijs modis hæc propofitio poterat efferri, verbi gratiâ, *Datâ velocitate, dare altitudinem, ex qua graue cadens æqua-*
lem habeat velocitatem; quod cùm ab experientia pendeat, quam toties commemorauimus, illam iterum fupponemus. Sit igitur tanta
globi, vel fagittæ velocitas, vt fpatio fecundi minuti, 49 perticas
conficere poffit, quarum vnaquæque fit 12 pedum: cúmque 49 fit
numerus impar ordine vigefimus quintus ab vnitate, fpatio 25 fecundorum globus defcendere debuit ad eam velocitatem acquiren-
dam, quâ fecundo quadragefimo nono perticas 49 percurrit: quâ
velocitate non ampliùs aucta duplum fpatium æquali tempore, hoc
eft fecundo, confecturus eft, fi defcenfus conuerfus fuerit in motum
horizontalem.

Verùm ne dupló quàm par fit maiorem globis plumbeis tormenta-
rijs velocitatem tribuamus, quippe qui 92 ad fummum hexapedas
fpatio fecundi percurrunt, defcenderit globus perpendiculariter fpatio 23 fecundorum, vt vltimo, feu vigefimotertio fecundo velocitatem acquifierit, quâ non auctâ 46 perticas fpatio fecundi confecturus fit, hoc eft 92 hexapedas, feu 552 pedes; dico globum hunc
eâ velocitate ad eandem altitudinem peruenturum, ad quam è bom-

bardis explodi solet, quid enim æqualem afcenfionem impediret, aut maiorem promoueret? cùm eadem vtrobique velocitas fupponatur. Vbi tamen aduertendum hîc afcendentis globi grauitatem, & aëris refiftentiam in afcenfu verticali confiderandas, quarum prima globo detrahit mediam afcenfionis partem, fecunda verò nonnihil etiam officit.

Vnde fit vt cùm velocitas ex defcenfu comparata poffit globum ad fpatium defcenfus duplum horizontaliter promouere, ad fpatium æquale verticale folummodo promoueat.

Hinc autem concludi poteft quoúfque verticaliter afcenfurus fit globus quilibet, cùm velocitatis gradus, quo moueri cœpit agnofcitur; inuenta fiquidem altitudo, ex qua globus defcendere debuit, vt eam fibi velocitatem compararet, quâ tormento mittitur, dabit altitudinem verticalem ad quam peruenturus eft, quippe prorfus eandem cum ea, à qua ceciderat, ob grauitatem medium itineris, quod alioqui conficeret, detrahentem: dummodo aëris refiftentia minimè numeretur.

COROLLARIVM.

QVoties aliquis iaculum, vel lapidem, aut graue quidpiam manu, vel fundâ proiecerit, prædicet ad quam diftantiam tam verticalem quàm horizontalem miffile fit peruenturum, fi nouerit quâ velocitate à manu fua, vel à funda exeat, quandoquidem iactus verticalis par erit altitudini ex qua graue cadens velocitatem comparat æqualem velocitati à manu impreffæ, horizontalis verò ex anguli femirecti profectus eleuatione duplus erit verticalis, vt in hydraulicis dictum eft. Vbi dignum obferuatione fagittarios, funditores, & qui nudâ manu proijciunt, naturæ veluti ductu angulum 45 graduum propepropter eligere, cùm miffile librant ad maximam diftantiam, quæ reuera femirectum angulum fequitur.

PROPOSITIO XX.

Facilem methodum explicare, quà possit quispiam dicto citiùs nosse, quantum spatium grauia percurrerint tempore proposito; hoc est dato spatio dare tempus; quemadmodum & dato tempore spatia dabuntur, siue perpendiculariter, siue obliquè, hoc est si super planis inclinatis grauia versus terra centrum descendant: Vbi pulchra & vtilia de numeris.

Hæc propositio sequentibus maximè seruiet, vt nempe quis sciat vnde grauia cadere debuerint, vt deinceps datum spatium iusso tempore percurrant, & vice versâ; vtque proiecta illâ velocitate aquisitâ motu grauium, dimissa possint ad datum spatium in eleuatione data super horizontem peruenire. Quanquam multa iam prop. 12. dicta sunt, quorum partem aliquam repetere iuuabit.

Primùm igitur, quemadmodum spatia percursa crescunt in ratione temporum quibus percurruntur, duplicata, ipsa tempora sunt in dimidiata spatiorum ratione: quare si dentur tempora, & quærantur spatia, quadrentur tempora; hinc enim nascetur ratio spatiorum: si verò dentur spatia, & tempora quærantur, sumantur latera, seu radices spatiorum, & ratio temporum exurget. Exempli gratiâ, quæritur quo tempore cadat globus aliquis plumbeus, vel ferreus, qui 25 spatia quæcumque (putà digitos, pedes, hexapedas, leucas, terræ radios, &c.) percurrit. Quod dicto citiùs innotescet, dummodo quædam præcognoscantur, supponantúrque: videlicet aliquod spatium datum, quod à globis aliquo dato tempore fiat, hoc enim spatium & tempus erit terminus rationis antecedens; exempli gratiâ, cùm obseruatio doceat globum à quiete perpendiculariter descendentem conficere vno secundo, (quòd proximè tardiori arteriæ pulsui respondet) 12 pedes, quos iam pro spatio primo, & aliorum radice sumemus: secundum, & pertica 12 pedum sint deinceps mensuræ nostræ.

Ferreus igitur, vel ligneus globus spatia 25, vt priùs, confecerit, tempus quo ea confecit, ita reperietur: tempus, quo spatium vnum conficit, est secundum; spatium istud est ad 25 spatia vt quadra-

tum 1 ad quadratum 25, quorum latera funt, 1 & 5, igitur tempus
quæſitum erit 5 ſecundorum. Vbi verò non occurrent numeri rationales, media proportionalis illorum vice fungetur.

Deinde tempus 6 ſecundorum detur & ſpatium incognitum, quod
grauia percurrerent, ignoretur; cúmque ſpatium vno ſecundo confectum ſupponatur, quadretur 6, vt 36 ſpatia illo percurſa tempore
priùs incognita concludantur.

Quæ regula etiam in planis inclinatis vera eſt, ſtatim enim atque
noueris quo tempore percurratur illius plani quantulumcumque
ſpatium à puncto quietis, ſcies tempus quo quælibet alia pars eiuſdem plani percurrenda ſit. Verbi gratiâ primo ſecundo percurrat
vnum pedem; quæratúrque quo tempore pedes centum ſequentes
percurrendi ſint, 10 radix centum, dabit 10 ſecunda.

Porrò notandum eſt tempus eadem ratione maius eſſe, quo ſpatium in plano quocúnque inclinato percurritur, tempore, quo ſpatium idem perpendiculariter deſcenditur, quò planum illud fuerit
perpendiculari longius, donec eidem horizonti occurrat: Verbi
gratiâ, ſi globus 4 temporibus ab **A** ad **B** deſcendat,
quinque temporibus ab **A** ad **C** deſcendet, cùm **A C**
ſit ad **A B** vt 5 ad 4: eritque eadem velocitas globi
ad punctum **C**, ac globi ad punctum **B** peruenientis,
adeovt ſi vterque deinceps per planum horizontale
B C moueretur, æquale ſpatium confecturus eſſet.

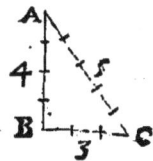

Si verò per duo plana inclinata **A B** & **A F** globi deſcenderint, tempus deſcenſus per **A B** erit ad
tempus deſcenſus per **A F**, vt linea vel planum
A B ad planum **A F**, eritque ſemper in quibuſ-
cunque planis eadem acquiſita velocitas, cùm ad
eundem horizontem **C F** appulerint. Quibus addo mediam proportionalem inter **A C** & **C B**, vel
A F & **A E** ſumptam dare tempus, quo grauia deſcendunt ab **A C**,
vel **A F**, id eſt tempus deſcenſus per **A C** eſt ad tempus deſcenſus
per **A B**, vt prædicta media proportionalis ad **B A**, & ita de reliquis.

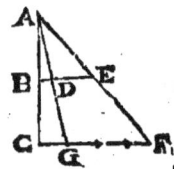

Calculus autem nil habet difficile, cùm tempora ſequantur numerorum ſeriem continuam, quorum quadrata tribuunt ſpatia temporibus illis confecta; Hinc fit vt cùm ſemel aliquam tabellam con-
feceris, illius vſus futurus ſit perpetuus; qualis eſt ſequens; cuius
prima columna tempora, ſecunda ſpatia complectitur; quæ poſtea
conuertas in pedes, aut alias menſuras, quibus in primo tempore

obſeruaueris : Perinde ſiquidem fuerit, ſiue primus numerus 1 pedem, lineam, aut aliam quampiam menſuram ſignificet , dummodo numeri ſequentes eaſdem menſuras ſignificent : Verbi gratiâ ſi 1 ſumatur pro 12 pedibus, 4 ſequens ſumetur pro 48 pedibus, prout ſumi debet in rei veritate, quandoquidem cùm graue vno ſecundo 12 pedes percurrit, duobus ſecundis 48 conficit ; eodemque modo 5 ſecundis 300 pedes à quiete deſcendit.

1	1
2	4
3	9
4	16
5	25
6	36
7	49
8	64
9	81
10	100

Quæ omnia tot exemplis 2. Libro Harmoniæ, Gallicæ, & Latinæ, explicata ſunt, vt plura non ſit opus addere : ex quibus repeto ſpatia quæ fiunt ſingulo quoque ſecundo facillimè reperiri, ſi numero ſecundorum quotitatem referenti duplicato vnitas addatur : exempli gratiâ, quærat aliquis quot duodecim pedum ſpatia vigeſimotertio ſecundo conficiantur, quod ſi duplicetur fiet 46, cui cùm vnitas additur, exurgit 47, ex quo rectè concluſeris 23 ſecundo graue ſpatia 47 percurrere, quandoquidem 47 eſt vigeſimustertius numerus impar, quem ſi per 12 multiplices, ſpatia innoteſcent in pedibus 554. Quæ adeo clara ſunt & facilia, nihil vt addendum eſſe putem, niſi fortè methodum inueniendæ quadratorum omnium propoſitorum, ab vnitate incipientium ſummæ, quâ poſſis egere in grauium varijs caſibus calculo ſubducendis.

Sint igitur, exempli causâ, 10 prima quadrata ſecundæ columnæ tabulæ præcedentis, quorum ſumma quæratur, quæ duobus modis inueniri poteſt, primo, ſi numero quadratorum propoſito vnitatem addas; exurget 11, qui ductus in 10, producit 110; deinde 10 & 11 ſimul addas, qui 21 conficiant, qui in præcedentem numerum 110 ducti faciunt 2310, quæ ſumma per 6 diuiſa dat ſummam 10 primorum quadratorum 385. Itaque Senarius eſt ſemper diuiſor in hac methodo, cuius operationem vltimam perficit : Hoc igitur exemplum ad canonem generalem reuocari poteſt.

Secunda methodus pendet ab inuentione quadratæ pyramidis, qualis, verbi causâ, pyramis, cuius latus 4, ſummam 4 primorum quadratorum, putà 30, exhibet. Pyramis autem inuenietur, ſi duplum pyramidis triangularis (quæ triangulorum ſummam complectitur) triangulo, cuius latus vnitate maius additum, pyramidem quadratam eiuſdem cum prædicto triangulo lateris tribuit.

Hæc autem pyramis triangularis, ſeu tetraedrum habes, ſi latus illius per triangulum multiplicaris, cuius latus vnitate maius, triens.

enim producti numeri quæ fitum tetraedrum exhibet. Quod eodem exemplo decem primorum quadratorum clarius euadet: quæratur ergo illorum fumma, hoc eft pyramis quadrata, cuius latus 10. Sume pyramidem triangularem nouenarij, feu 9 primorum triangulorum fummam (quæ prouenit ex 9 ducto in 55 denarij triangulum) quæ fit 495, cuius triens 165 dat pyramidem triangularem 9, cuius duplum 330, triangulo 10, hoc eft 55, iunctum dat 385, vt in priore methodo, pro fumma 10 primorum quadratorum.

COROLLARIVM PRIMVM.

De fumma cuborum & aliorum numerorum inuenienda.

Contingit fæpenumero ea effe difficiliora quæ faciliora credebantur; quis enim non crederet cuborum quotvis propofitorum, quàm quadratorum fummam longè faciliorem effe ? quippe quæ vnicâ operatione perficitur, fumptum videlicet quadratum fummæ radicum dat fummam cuborum: vt in 10 primis cubis cernere eft; fumatur enim fumma decem primorum numerorum, qui funt radices, feu latera decem primorum cuborum, hoc eft 55, quæ fumma quadrata 3025, fummam quæfitam tribuit.

Eodem modo centum primorum cuborum fumma reperietur 25050250. Quod ad fummam radicum attinet, nil inuentu facilius, fi enim fit par numerus, verbi gratiâ decem, medio 5 in 10 plus 1, hoc eft in 11 ductus dat 55. Si verò impar, vt 11, fequentis 12 dimidium 6 in 11 ductum dabit 56. Imparium denique 1, 3, 5, 7 grauium cafibus feruientium fumma reliquorum omnium facillima, cùm fit ipfum quotitatis quadratum, fi, verbi caufa, fint 12 impares, quadratum 144 dat illorum fummam & ita de reliquis.

COROLLARIVM II.

De numerorum triangularium inuentione.

CVm hi numeri plurium problematum folutionem iuuent, & antea fuppofiti fuerint; cuiuflibet imparis numeri triangulum habes, fi numeri propofiti, exempli gratia 7, medium numerum 4 ducas in 7, quandoquidem 28 dat triangulum numeri 7. Imparis verò nummi, puta 12, fumma exurget, fi pars illius dimidia 6, in fequen-

tem

tem numerum 13 ducatur, summa nempe 156 dabit triangulum duo-
denarij. Faciliùs tamen imparium triangula reperies, si numeri sequentis, qui semper est par, mediam partem sumas, quæ semper est
numeri præcedentis medius, vt in triangulo 15 vides, nam pars media 16, seu 8 est etiam medius numerus 15.

PROPOSITIO XXI.

Data verticali eiaculatione, dare inclinatam & hori-
zontalem; dataque horizontali dare
verticalem.

SIt explosio glandis, vel eiaculatio sagittæ verticalis CD, quæ
horizonti perpendicularis intelligatur, quæque sit vniformis
velocitatis in omnibus partibus; qualis foret, si nulla grauitas con-
traniteretur, vt ex dictis suppono: cui
postea si grauitas velocitatis gradus auferat eadem ratione reciproca quâ conceptus fuerat impetus à glande cadente,
ex quiete Q, in punctum C, eodem
tempore quo, velocitate vniformi ad
punctum D absque resistente grauitate
ascendisset, ad Q punctum dumtaxat
ascendet, in quo desinet impetus, vt ex
alibi dictis constat. Cùm autem impetus, absque grauitate opposità, quo media explosio C E, glandem à C ad E
transfert, sit æqualis impetui verticali,
eodem tempore quo ferebatur verticaliter à C ad D, mouebitur à C ad E, cùm
C E linea sit æqualis lineæ C D, ex constructione; cumque grauitas restituta æquali tempore agat, super glandem per C E motam,
ac super glandem per C D ascendentem, glans non ascendet ad E
punctum, sed tantùm ad F, quòd grauitas mediam partem ascen-
sionis verticalis GE auferat; est enim explosio media CE composita
ex verticali C O, & horizontali C G. Erit itaque punctum F locus,
à quo glans ab F ad H, & deinceps descendet, vt parabolæ dexte-
ram partem describat, quæ cùm, demptis aëris impedimentis, sinistræ parti æqualis esse debeat, totius habetur amplitudo para-

bolæ, hoc eft longitudo mediæ iaculationis, cuius pars media C G.

Sit & aliud exemplum in eadem figura, datæ verticalis iaculationis L D, quæ dato tempore, fiat vniformi motu, tam abfque aëris, quàm grauitatis oppofitæ impedimentis, erit explofio media L P; fed impediente grauitate, glans à puncto L ad punctum C tantùm afcendet verticaliter, cùm ob grauitatem pars afcenfus dimidia D C pereat, vt dimidia pars afcenfus glandis L P.

Erit igitur L K dimidium longitudinis, feu amplitudinis explofionis mediæ; cúmque L K fit æqualis L C, eft enim C K quadratum; explofio media, erit dupla verticalis explofionis, cùm os fclopeti, vel iaculi caput in C puncto fupponitur, quandoquidem pro varijs fuper horizontem eleuationibus iaculationum mediarum longitudines, feu parabolarum amplitudines augentur.

Sed & horizontalis eiaculatio ex verticali datâ concludetur, nam ftatim atque verticalis C D, in verticalem Q D, ob incumbentem grauitatem, conuerfa, data fuerit, eodem tempore quo glans iter verticale C Q perficiet, iter horizontale duplum, nempe L K percurret, non quidem rectà per lineam C M, per quam moueretur glans fuâ grauitate fpoliata, fed per curuam C K, quæ fit abfque aëris, aut alterius medij obftaculo futura parabola, cuius axis linea C L, vel K L: quæ K L altitudinem fagittarij fuper horizontem ex puncto C horizontaliter glandem, vel telum eiaculantis oftendit.

Sit verbi gratiâ, verticalis iaculatio C D centum hexapedarum, abfque hoftili grauitate, erit 50 hexapedarum cum grauitate, quæ cùm horizontali iaculationi C M non officiat, fed eam folummodo ad inferiorem horizontem L K deprimat, erit horizontalis iaculatio centum hexapedarum, & eodem tempore quo glans à C ad Q afcendit, defcendet à C ad L per parabolam C K.

Porro fi quis horizontalem iaculationem petat tempore breuiori factam, eadem ratione minor, feu breuior erit, quo tempus breuius fuerit; exempli gratiâ, fi cùm 10 fecundis glans à C ad Q afcendit, & à C ad K defcendit, velis 5 fecundis defcendere glandem à puncto C per eandem lineam C K, hoc eft fi iaculationem horizontalem subduplo tempore factam inquiris, glans ad punctum X perueniet, cùm Y X sit lineæ L K pars dimidia.

Si verò quæris futuram iaculationem horizontalem ex altitudine super horizontem subdupla, nempe ex puncto V, hoc est ex puncto C, cuius horizon V T, erit V T amplitudo parabolæ, seu iaculationis horizontalis longitudo.

Superest vt ex data horizontali iaculatione verticalem eruamus. Sit igitur horizontalis data L K, ex altitudine super horizontem L C, hoc est, sit L K amplitudo parabolæ, & L C eiusdem altitudo, quæritur verticalis explosio æquali tempore facta, quæ cum absque grauitate, & alijs impedimentis sit æqualis horizontali factæ tempore æquali, restitutâ grauitate dimidium illius erit, cùmque iaculatio C D absque grauitatis impedimento semper cum eadem velocitate permensura fuisset, desinet in puncto Q propter grauitatem hostilem, vt iam dictum est; vnde iaculatio verticalis erit horizontalis subdupla.

MONITVM PRIMVM.

Licet hæc propositio de iaculatione verticali, quam opposita grauitas omnino destruit, videatur intelligi, potest tamen reliquis iaculationibus tametsi nondum extinctis, accommodari, dummodo supponamus mediam, & horizontalem explosionem eadem velocitate, ac verticalem incipere, detúrque tempus, seu duratio prædictarum explosionum, seu iaculationum: cùm enim grauitas æquali tempore semper idem agere pro certo sumatur, quamdiu per eandem lineam agit, quacumque tandem velocitate telum emittatur, primo sui ascensus minuto secundo vnâ duodecapedâ retardatur. duobus secundis 4. duodecapedis, &c. iuxta numerorum imparium seriem. Quapropter data qualibet durationis parte, qua sit horizontalis iaculatio, scietur quantò sit minor verticalis: Verbi gratiâ, si 5 secundis durauerit, verticalis æquali tempore facta (siue desinat, siue diutiùs perseueret) breuior erit 25 duodecapedis. Idémque de parte verticalis, cum parte horizontalis collatâ dicendum. Exempli gratiâ, si verticalis etiamnum perseuerans 4 secundis durauerit, iámque percurrerit 50 hexapedas, horizontalis æquali tempore durans erit 82 hexapedarum, qui numerus præcedentem triginta duabus hexapedis superat, quas verticali spatio 4 secundorum grauitas suffuratur. Omitto alia plurima quæ lector attentus facilè poterit ex hac prop. concludere; qualia sunt, quâ ve-

locitate glans, aut fagitta emitti debuerit, vt datum fpatium verticale, vel horizontale percurrerit: Quomodo prædici poffit futura
iaculatio horizontalis, aut verticalis, ex impetu mobilis exeuntis,
& altitudine fuper horizontem cognitis : Quomodo eliciatur illa
fuper horizontem fagittarij altitudo, quando datur explofio horizontalis, &c.

MONITVM SECVNDVM.

IN fequentibus de verticali iactu rurfum agetur, vt ex eo dato
iactuum aliorum fuper horizontem inclinatorum amplitudines,
feu longitudines inueniantur: in quibus fi quid fortè præcedentibus
opponi videatur, lector fontem oppofitionis rimabitur, & ex obferuationibus agnofcet, quanto fit impedimento noxius aër, ne prædictas proportiones fagittæ, & alia proiecta accuratè fequantur.

PROPOSITIO XXL

Datà horizontali iaculatione, fagittarijque fuper ho-
rizontem altitudine, dare velocitatem fagittæ, vel
alterius proiecti; datifque velocitate, & fuper hori-
Zontem altitudine, iaculationem horizontalem inue-
nire; vbi etiam de duratione iactuum.

SIt iactus horizontalis C D, vel C E, vel C F quotcúmque hexapedarum, cúmque fagitta eò debeat velociùs emitti, quò
eodem tempore plures hexapedas percurret, & eadem velocitat evu
iter idem eodem tempore conficiat, velocitas
ad C D iactum horizontalem necefaria dabitur, fi fiat vt A B (æqualis altitudini horizontali C B) ad lineam B G (iactui horizontali C D parallelam, & A D tangenti puncti
D parabolæ datæ B D occurrentem) ita B G
ad B K, feu tertiam proportionalem.
Velocitas enim à graui cadente à puncto
quietis K ad B acquifita, fagittæ à puncto B
emiffæ, & ad G punctum horizontis B I col-
lineanti impreffa, feret fagittã ad H, hoc eft ad D, per parabolam B D.

At verò cùm B C, ex constructione, sit quadruplum B K, & tantundem durare supponatur motus æquabilis C D, quantum motus naturalis sagittæ à B ad C, seu D descendentis, iactus C D duplò magè, quàm casus à K ad B quæsitam velocitatem tribuens, durabit.

Sit, verbi gratiâ, K B 12 pedum, igitur B C, atque adeo C D ei æqualis, erit 48 pedum: quare si velocitas à pila, seu lapidis per 12 pedes à K puncto quietis ad B cadente acquisita verteretur in motum horizontalem B I, spatio minuti secundi percurreret B G lineam duplam lineæ B K, quam minuto secundo graue cadens conficit; cùm ex dictis, ea sit grauis in quoqûmque casus puncto sumpti, vel intellecti velocitas, quæ graue deinceps æquali, quo cecidit, tempore, transferat ad spatium duplò maius eo, à quo cecidit, si ex motu verticali K B vertatur in horizontalem B G.

Sit & aliud exemplum, in quo spatium casus A B subduplum est iactus horizontalis C E, qui prædicto casui A B, & altitudini super horizontem B C simul sumptis æqualis est. Ducatur B H parallela C E, & à puncto A ad punctum E ducatur A E tangens puncti E parabolæ B E, tertia proportionalis, vt antea, dabit velocitatem, quâ fieri debet explosio ex puncto B, vt iactus C E habeatur, hoc est vt parabola B E à glande, vel sagitta describatur.

Est autem B A tertia proportionalis, cùm vt A B ad B H, ita B H ad A B. Æqualitas autem quæ est inter C B axem, seu altitudinem parabolæ, & B A sublimitatem, ex qua fit casus tribuens velocitatem quæsitam, id habet notatu dignum, quòd iactus C E, à puncto B factus, & parabolam B E describens, cuius latitudo, vel ordinata C E dupla sit axis, vel altitudinis C B, impetum omnium minimum desideret; nam siue crescat, siue minuatur C B, vel B A, semper maior impetus, seu velocitas requiretur ad C E spatium percurrendum, quàm ea, quæ componitur ex velocitate in puncto B à graui ex A cadente acquisita, & ea, quæ idem graue deprimit à B ad C, quamdiu à velocitate prædictâ à C, seu B ad E transfertur.

Cúmque impetus, seu vis percussionis à proiecto in punctum E peruenientis composita sit ex velocitate A B in B H conuersa, & velocitate B C potentia, siue impetus in E erit ad impetum in C conceptum ex A C, & impetum in E conceptum ex motu C E, vt diagonalis A E ad latera A C, C E, hoc est impetus ex parabola B E duplus erit potentiâ prædictorum impetuum. Vel quod idem est, velocitas ab A ad B acquisita, cuius impetus æquabilis horizontalis, & velocitas naturalis ex B in C, componunt velocitatem,

seu impetum A E, cúmque A H sit ad A B, & B H, vt A E ad
A C, & C E, nil refert an impetus per triangulum maiorem A E C,
vel minorem A H B explicetur.

PRAXIS.

TElum quispiam ex turris, octo hexapedas altæ, summitate iaculetur horizontaliter eâ velocitate, quam idem ex octo cadens hexapedis acquireret, horizonti non occurret telum donec 16
hexapedas horizontales confecerit; sit turris C B, erit C E 16 hexapedarum, siue 96 pedum. Si verò iactus fuerit longior aut breuior, sagittarius ex suo iactu cognito concludet quantò teli maior
vel minor fuerit velocitas: Si namque fuerit 32 hexapedarum, duplò
maior fuit velocitas, si 64 hexapedarum, quadruplò maior, & ita
de reliquis.

Vnde singuli qui lapide è turres, vel alio quouis loco per lineam
horizonti parallelam collimantes proiecerint, ex iactus longitudine, (quæ itineris parabolici ordinata, vel axis erit) robur suum,
hoc est impetum, quo mittunt lapides, concludent. Si quis enim,
verbi gratiâ, lapidem horizontaliter ad 50 iecerit hexapedas, vis illius æqualis fuit impetui lapidis ex altitudine 25 hexapedarum cadentis si locus ex quo lapidem proiecit 25 hexapedis horizonti su-
perextiterit. At de his pluribus, aliàs.

Tertius nostræ prop. casus est, cùm L B linea, per quam velocitas acquiritur, in horizontalem conuertenda, maior est altitudine
super horizontem B C. Sit igitur iactus C F ex B puncto factus,
velocitas quâ telum, vel lapis mittitur, hac ratione inuenietur.

Fiat vt A B, ad B I parallelam C F, & occurrentem tangenti A F
in puncto F parabolæ, ita B I ad B L; quæ est tertia proportionalis. Et in numeris vt A B, vel ei æqualis C B 8 hexapedarum, ad B I
12, ita 12 ad B L 18. Quare velocitas, quâ telum à B in F mitte-
tur, à descensu teli per 18 hexapedas producitur: cúmque velocitate in B comparata, & in horizontalem iactum versâ telum æquali
tempore quo descenderat ab L ad B, sit deinceps confecturum spatium lineæ L B duplum, citiùs percurretur C F quàm L B, quandoquidem eo tempore quo telum ab L ad B descendit, spatium spatij L B duplum, siue C F ei æquale, subduplo tempore percurret.

COROLLARIVM.

TRes igitur homines ex B montis, vel turris apice corpus aliquod horizontaliter proijcientes, quorum primus ad punctum D, secundus ad E, tertius ad F peruenerit, suarum virium mensuram ex lineis K B, A B & L B metientur.

SECVNDA PARS PROPOSITIONIS.

SVpereſt vt ex datâ ſagittarij ſuper horizontem altitudine,& datâ, quâ telum emittitur velocitate, iactus horizontalis longitudinem eliciamus. Quod facilè concludetur ex figura præcedente, in qua linea horizontali C F ducta, C L perpendicularis eleuationem ſuper horizontem C B, vt antea, & lineam B K datæ velocitatis productricem complectatur, has enim inter mediæ proportionalis dupla horizontalem exploſionem tribuet. Verbi gratiâ B G, eſt media proportionalis inter C B & B K, quare dupla B G, hoc eſt C D, dabit iactum quæſitum ex velocitate acquiſitâ per deſcenſum K B. Similiter B H eſt media proportionalis inter C B, B A; & B I eſt media prop. inter C B, & B L. Vnde conſtat vſus, & vtilitas ingens mediæ proportionalis, quæ poſtremæ parti propoſitionis, quemadmodum tertia proportionalis priori ſatisfacit.

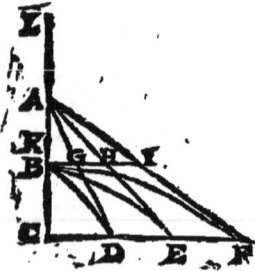

Porrò cum eodem arcu æqualiter tenſo, eadémque vel æquali ſagitta collinearit aliquis horizontaliter, & ex aliqua data ſuper horizontem altitudine, iactum horizontalem nouerit, ſciet etiam quantò iactus horizontalis ex alia maiore, vel minore ſuper horizontem altitudine maior, vel minor futurus ſit, quandoquidem iactus, ſeu exploſiones per eandem lineam, ſiue horizontalem, ſiue cuiuſuis alterius ſuper horizontem eleuationis,ſola verticali excepta, quæ ſemper eadem eſt, ſunt in ratione eleuationum ſuper horizontem duplicata, vel ſubduplicata : ſed de his poſteà fuſiùs.

PROPOSITIO XXIII.

Vis percuſſionis cuiuſlibet exploſionis horizontalis æqua-
lis eſt impetui, quem habet corpus exploſum cadens
perpendiculariter ex puncto quietis per lineam æqua-
lem altitudini ſagittarij ſuper horizontem, & ſu-
blimitati, ex qua debet cadere, vt conceptâ eo caſu
velocitate fiat horizontalis exploſio. Súntque Para-
bolarum amplitudines æquales, quarum altitudines,
& ſublimitates ſunt inter ſe in ratione reciproca.

EXempli gratia, ſit impetus exploſionis C F, in figura præced.
   prop. æqualis erit viribus percuſſionis, ſiue impetui eiuſdem
vel æqualis corporis à puncto L ad C cadentis, cùm linea L C componatur ex altitudine ſuper horizontem C B, & linea ſublimitatis
LB, quibus parabola BF deſcribitur. Facilè verò reperitur punctum ſublime, ex quo fieri caſum oporteat, vt deſcribatur exploſio
parabolica, cùm verbi causâ, punctum illud pro iactu B F, quod eſt
L, ex tertia proportionali L B reperiatur, quippequæ ſit ad I B, vt
I B ad B A, vel B C.

   Vnde ſequitur iactus omnes horizontales eiuſdem glandis, lapidis, aut teli, quorum altitudines ſuper horizontem, iunctæ ſublimita-
tibus, iactuum velocitatem gignentibus æquales ſint, æquales etiam
impetus habere, & æqualibus ictibus percutere.

   Sunt etiam æquales iactus, horizontales, quorum altitudines ſuper horizontem, & ſublimitates velocitatem tribuentes è contrario
ſibi reſpondent, hoc eſt cùm tantò maior eſt vnius eleuatio, ſeu altitudo, quantò minor fuerit alterius ſublimitas, & vice versâ. Exempli gratia, ſi vna iaculatio ſagittæ fiat ex altitudine 4 pedum, & altera ex altitudine 16 pedum, ſi primæ ſublimitas ſit 16 pedum, ſecundæ ſublimitas erit 4 pedum, erúntque iaculationes, & percuſſiones æquales; id eſt ſi primæ velocitas incipiens aquiſita ſit à deſcenſu per 16 pedes, & alterius velocitas à deſcenſu 4 pedum, primæ ſuper horizontem altitudo debet eſſe quadrupedalis, ſecundæ verò 16
pedum, & ita de reliquis, quod Hetruſcus ex rectangulorum & quadratorum æqualitate probat.

PRAXIS.

PRAXIS.

POrrò istius propositionis Theoriam si praxis sequatur, admodum iucunda est, cùm ex qualibet super horizontem altitudine, quotuis homines globulos explodere, vel sagittas emittere possint, qui ex vno super horizontem pede, & qui centum pedibus, ad eundem scopum collineent, idemque punctum percutiant, dummodo qui ex centupedali altitudine laxat arcũ, eò minori velocitate sagittã mittat, quò fuerit altior. Quod facilius ex sequente figura intelligitur, in qua D B refert horizontem, vel parabolæ A B amplitudinem, super qua maior altitudo D C, minor verò D A; quæ tamen iactum horizontalem æqualem habent, nempe D B; quandoquidem, vt dictum est, iactus habent eandem horizontalem magnitudinem, quorum sublimitates altitudinibus iunctæ sunt æquales, vt hîc contingit, cùm altitudo supponitur D A pedis vnius, & sublimitas A G, 7 pedum; vel altitudo D C, 4 pedum, & totidem pedum C G sublimitas: alioqui si sagitta discedens à puncto C æqueve velociter ac ex puncto A moueretur, iactus ex C duplus esset iactus ex A, vt ostensum est tractatu de Hydraulicis; aeris tamen resistentia proportionem istam minuit.

Itaque iactus est semper æqualis, siue sagittarius sit terræ propior, vel quantumuis eleuetur, dummodo motum tardiorem, ex minori sublimitate oriundum, velociori compenset, ex maiori altitudine comparatos; quod facillimum est si quis arcu minus & magis sinuato ex maiore & minore super horizontem altitudine sagittas emittat: Exempli gratiâ, si arcus ex puncto A sagittam suam horizontaliter versus H iaciat, quæ horizonti occurrat in puncto B, & idem arcus eandem sagittam emittat ex puncto C versus I, quæ similiter horizonti D B occurrat in B, velocitas sagittæ ex A missæ duplò maior esse debet velocitate, quâ mittitur ex C, quandoquidem tempus casus à C ad D, ex puncto quietis D, duplum est temporis, quo sagitta cadit ex A puncto quietis in D, qui casus fiunt per parabolas C B & A B.

MONITVM.

QVæ hactenus à propof.22. hucufque dicta funt, clariùs in fequéte explicamus, ne quis in eiufcemodi capiendis tantifper laboret, non enim tam in doctorum, quam in aliorum gratiam fcribimus. Has tamen propofitione, fin iaculorum folarium gratiam, fequente propofitione interiectâ, tantifper nobis liceat interrumpere, vt qui fe dixerint Solis Equites, nouerint quâ velocitate fuas fagittas emittant.

PROPOSITIO XXIV.

Jaculorum folarium robur, velocitatem, & longitudinem dimetiri : vbi fundamenta reflexionis, ac refractionis explicantur.

SIt Appollo ἀργυρότοξος, vel Sol radians A, quibus Poëtæ τόξα tribuunt ἔνθεα, quòd radios fuos vt totidem iacula, vel fagitas circa fe in orbem magnum conijciat; habeatque circa fe concentricos orbes AB, BC, CD, & quotuis alios, quos intumefcendo dilatet: funt enim nobiles Philofophi qui credant folem effe cordis inftar, qui fuâ diaftole & fyftole magnum orbem calefaciat, & illuminet; quos inter fubtilis Hobs putat, aut fupponit in diaftole Sphæram tôtam, cuius femidiameter A B, intumefcere, atque adeo medij partem, quæ fuerat in orbe BC, exire in locum fibi æqualem proximum, nempe in orbem CD, idque eodem tempore, quòd eo inftante, quo motus incipit à B verfus C, necefle fit vt incipiat motus à C verfus D, & à D verfus E, & ab E prorsû; adeovt oculus in qualibet à fole diftantia pofitus, verbi gratiâ in E, eodem inftanti feriatur in E, quo folis incipit dilatatio in B, eodemque inftante motus ille in E, peruentat ad retinam & cerebrum, quod reagat per neruum opticum, retinam & alias oculi membranulas, per eafdem lineas verfus folem, quibus fol ipfe priùs egerat, vt in omnibus paffis aliqua reactio intelligatur.

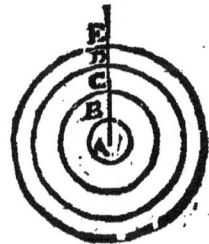

Cùm autem exteriores orbium circumferentiæ femper maiores fint inferioribus, erunt reciprocè craffities interiorum orbium maiores exterioribus, hoc eft maior erit BC, quàm CD, & CD, quàm DE.

Quarè licet tota folis illuminatio fiat in inftanti, motus tamen à fole, vel alio lucido propagatus debilior eft longè, quàm propè, cùm enim B G fit maior quàm C D, & C D quàm D E, velocior eft motus propagatus in B C, quàm in C D, & in C D, quàm in D E, &c.

Hic autem motus non dicitur lumen, donec illud fentiamus foris ante oculos, poft cerebri reactionem, quæ phantafma lucis inter oculum & lucidum conftituat. Vnde poffis duas illas celeberrimas Platonis & aliorum fententias conciliare, quarum vna vifionem ftatuit in radiorum interiori fufceptione feu receptione, altera in extramiffione, cùm ambæ concurrant.

Lumen igitur erit apparitio, feu phantafma ante oculos, motus illius, qui propagatur à lucidi diaftole, fiue tumefcentia ad cerebrum, & inde retrò per oculos ad medium; vel lucidi imago concepta in cerebro; quæ cùm perturbata fuerit, color appelletur.

Porrò femidiametri prædictorum orbium, A B, A C, A D, & A E, fuperant fe vt numeri 1, 2, 3, 4, &c. in quorum ratione triplicata cùm fint ipfi orbes, erunt femidiametri inter fe vt radices cubicæ prædictorum numerorum; eritque A B ad B C, vt latus cubi fimpli ad latus cubi dupli, minus latere cubi fimpli; & B C ad C D, vt latus cubi dupli, minus latere cubi fimpli, ad latus cubi tripli, minus latere cubi dupli : & C D ad D E, vt latus cubi tripli, minus latere cubi dupli, ad latus cubi quadrupli, minus latere cubi tripli, & fic in infinitū.

Hinc fit vt fit maior A B, quàm B C, & B C, quàm C D ratio, &c. & æqualibus temporibus maiora fpatia pertranfeantur, fitque motus eò tardior, quo magis à lucido, feu motore difcedet, ratione quæ fequitur. Sit fpatium inter lucidum & oculum quadrifariam diuifum, velocitas lucis per primam partem diffufæ, eft ad velocitatem eiufdem per fecūdūm fpatium, vt latus cubi fimpli ad latus cubi octupli, minus latere cubi fimpli; & ad velocitatē in tertia parte, vel latus cubi fimpli ad latus cubi vigintifeptuli, minⁿ latere cubi octupli, & ita de reliquis.

Cùm enim A B ftatuatur (in hac hypothefi fpatij in 4 partes æquales diuifi) æqualis B C, & B C æqualis C D, erit A C ad A B, vt latus cubi octupli ad latus cubi fimpli; & ideo A B ad B C, vt latus cubi fimpli ad latus cubi octupli, minus latere cubi fimpli, &c. vt antea.

Quæ pauca præmittenda fuerunt ex philofophia prædicti viri fubtilis *de motu, loco & tempore*, vt fagittarum Appollinearum velocitatem quibus fol omnia configit, facilius intelligamus. Radius enim quilibet concipi poteft vt iaculum, cuius pars craffior, feu bafis lucidi, parti vifæ fit æqualis, vt fpiculum quo tangimur, nobis etiam æquale fit, hoc eft toti corpori, vel oculo, vel alteri parti tactæ, feu illuminatæ.

Iam verò consideremus quibus modis sol feriat; quém in puncto A, per lineam A C agentem, in patiens B D, in puncto C, intelligere poſſumus ; quod patiens vel perfectè reſiſtet A C radij, vel ſagittæ penetrationi, eumque remittet per lineam C E, ad angulos æquales; vel ipſe radius alium recipiet ictum, hoc eſt fortiùs ex C repercutietur, quàm illud antea percuſſiſſet; tuncque reflectetur ad punctum F, verbi gratiâ, hoc eſt eodem tempore, quò peruenerat ab A ad C, ſaliet à C ad F ; & angulus reflectionis F C D, maior erit angulo incidentiæ A C B; vel denique partem aliquam ſuæ velocitatis amittet, ob patientis B D mollitiem, vel alia de cauſa, tuncque reſiliet minori velocitate à C ad G, eritque G C D, reflexionis angulus, minor angulo incidentiæ.

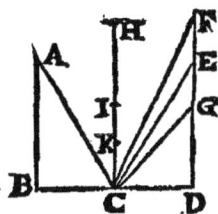

Quid ſi ſagittalem radium A C, intelligamus in puncto C ab infinita vi repercuti? Numquid per lineam C H reflectetur? Idem iudicium de pilâ perpendiculariter ab I in C cadente, ſi enim reflexio iuuetur ab aliquo agente in C intellecto, puta à reticula, vel aliquo elaterio, reflectetur non ſolum vſque ad I, ſed altiùs, verbi gratiâ ad H. Si verò partem velocitatis amittat, quam non aliunde reparet, reflectetur tantùm ad K, vel, amiſſâ totali velocitate, hærebit in puncto C.

Quæ omnia vt meliùs percipiantur, & maiores Catoptricæ difficultates paucis attingam, ſit rurſus ſol in C puncto, qui licet per radium C E percutiat planum horizontale A B, intelligatur tamen vim ſuam imprimere per planum C F, in A E planum deſcendens, quo ſenſu nullam vim in planum verticale F E exerat, ſed per planum C A parallelus in F E procedens agat, clarum eſt punctum C futurum in E puncto ; cùm planum C F ad A E planum, & planum C A ad planum F E peruenerit; atque adeo radium C E, compoſitum intelligi poſſe ex motu puncti C in A, & C in F, cùm enim eodem tempore moueri concipiatur à C in A, quo à C in F, tandem in E puncto reperietur.

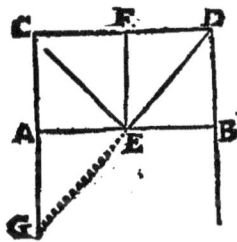

Maxima verò difficultas in eo ſita videtur vt ſciamus cur radius C E reflectatur ab E in D, non autem in E, veluti pondus A B, planum ſemper impellens, maneat; idémque de pila concludendum, quæ cùm totum ſuum motum plano A B communicaſſe videatur, vel in E quiefcere, vel për planum E B labi deberet, fi motum illum retinuit, quo vergeba à C ad D, velà C A ad D B.

Quæ quidem difficultas eò viros quofdam adegit ad duo qualitatum vel potentiarum admittenda genera, quarum aliæ pertinaciùs adhærerent plano, vt contingit lapidi, & ferro; cùm enim ad terram, aut magnetem peruenerint, non inde refiliunt; aliæ verò cogerent ad refultum corpora, vel qualitates, nempe radios tam lucis, quàm caloris, odoris, caloris, &c.

Alij credunt in puncto E, & quibufuis reflexionis punctis foffulam ab impacto corpore, radioque fieri, quæ, velut elaterium, eadem vi ac velocitate radium, pilam, &c. repellat; idque ad angulos equales, quòd radius eadem velocitate remittatur ab elaterio E, vel à plano E B ad F D planum, quâ venerat ex C, vel C F in A E: nihilque de velocitate perdiderit, quam à C verfus D ab initio fui motus acquifiuit, & quâ peruenirret ab E ad B eodem, vel æquali tempore, quo priùs à C ad F, vel E peruenerat; etiam fi motum omnem amififfet, quo ferebatur in planum A E. Adde pilam & alia corpora nonnihil introrfum recuruari, adeovt refultus tam à pila, quàm à plani reflectentis reftitutione iuuetur.

Alij denique cenfent primum motum radio, vel miffili C impreffum in puncto C, fufficere, vt fiat reflexio in E, à quo nulla ratione velocitas minueretur, fi tam miffile, quàm planum effent perfectè plana, & dura, feu duritiei infinitæ; cùm iuxta fecundam fententiam præcedentem, fuper ifto plano nulla reflexio futura fit, quòd defit repulfio, quod enim perfectè durum eft, non poteft deprimi, quod non deprimitur, non reuertitur, igitur nulla reflexio fiet, nifi motus in miffili manens retrahat illud, & in partem auerfam trasferat, iuxta fententiam alteram; de qua, vel de alijs iudicium ferre neque locus neque voluntas, cùm mihi fufficiat miffilium, & mobilium phænomena fideliter exprimere. Addo tamen irradiationem, feu percuffionem radij C E in planum A B, eò debiliorem effe perpendiculari F E, vel C A, quò C E linea maior eft lineâ C A, hoc eft vt linea C E ad C A, ita reciprocè percuffio C E ad C A: quod etiam pilis, & globis in muros impactis accommodare licet, vt ex radio, fiue iaculo folari tranfeas ad artem militarem. Itaque radius C E in planum D G fortiùs agit, quàm in planum A B: vt iam poffis de vi radij qualibet inclinatione percutientis iudicare.

Omitto locum imaginis obiecti in C pofiti, vel ipfius lucidi, oculo ex D fpectanti occurere in puncto G, vt alia nonnulla ex viri fubtiliffimi libro citato petam circa duo lucida diftincta, quæ punctum æqualiter diſtans tunc fortiùs illuminant, cùm illud minori angulo feriunt : quod ita demonſtrat :

Sint duo lucida A B & C D, eadem, vel æqualia ; radientque A & B ſimul in punctum E ; & C D in punctum F ; ſintque diſtantiæ A E, & B E, diſtantiis D F & C F æquales inter ſe ; ſit tamen A E B angulus angulo D F C minor ; punctum E magis illuminabitur ; ducantur enim A H, & B G ; deinde C K & D I, itavt anguli E A H, & E B G non ſolùm inter ſe, ſed etiam angulis F C K, & F D I ſint æquales, vterque vtrique : fient per rectas A H, & B G duæ radiationes concurrentes in L ; & per rectas C H, & D I, aliæ duæ concurrentes in N : ex quarum concurſu fiet motus compoſitus per rectas L E & N F : cumque motus per A H, & B G, propter angulum A L B minorem angulo C N D, minùs ſibi mutuò opponantur, minus ſibi mutuò auferent à ſua ipſorum velocitate; quapropter motus per L E compoſitus ex motibus per A H & B G, velocior erit motu per N F, compoſito ex motibus C K, & D I : erit igitur velocior, hoc eſt fortior actio lucidorum A & B in punctum E, quàm C D in F.

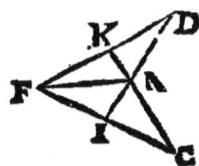

Ex quibus etiam intelligitur ratio cur obliquè illuminata debiliùs illuſtrentur ; ſit enim, exempli gratiâ, paries vel planum quodpiam C D, quod à corpore lucido radijs A B parallelis, & plano C D perpendicularibus illuminetur ; ſitque planum ei æquale D G, vel D O obliquè poſitum, conſtat ex ipſa figura, pluribus radijs C D, quàm D O percuti, & ex conſequenté minus illuminari.

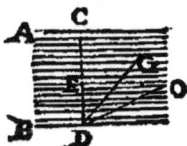

Hactenus ſolis iacula per lineam vnicam rectam ferientia vidiſti : Num exiſtimas adeo fortia eſſe, vt retundi, vel frangi nequeant? Dubio procul franguntur occurſu medij diuerſi : ſit enim B G aquæ ſuperficies, quam radius ex A, ſeu ex aëre veniens, percutiat in puncto D ; conſtat experientiâ radium non rectâ pergere, itavt eandem rectam lineam A D in aëre ſitam continüet, & producat à D in H ſub aqua ; ſed diuergere, ac torqueri, ſeu frangi in lineam D I, quam non mutat, quandiu aquam permeat ; ex qua ſi verſus I punctum in aërem egreditur, rurſum frangitur, ſed in partem auerſam.

Vbi aduertendum pilam, aut aliquod aliud miſſile, ex A per A D in aquam, quam profundiùs ingreditur, emiſſum, non accedere ad perpendicularem D E, inſtar radij, ſed ab ea diuergere per lineam D F, eo ferè modo quo radius ex aqua diuergit in aërem.

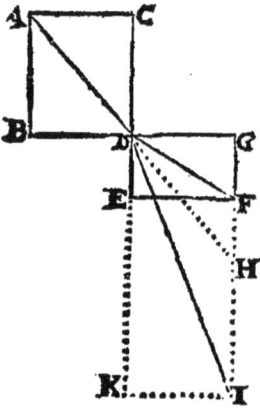

Sed cùm hîc de radijs ſolaribus agatur, ſupponamus radium A D (cuius velocitas ex motu A C & A B componi dicatur) duplicare ſuam velocitatem, quâ ferebatur deorſum ex A in B, vel ex C in D, in contactu ſuperficiei aquæ B D G; ſed eandem retinere, quâ ferebatur dextrorſum ab A ad C, vel à B ad D; proptereaque faciamus D K lineam duplam lineæ C D, & K I æqualem lineæ B D, certum eſt radium A D iturum à D in I, ad quod perueniet eodem, vel æquali tempore, quo priùs ab A ad D, ſubduplâ nempe velocitate, peruenerat.

E contrario D E fieri debet ſubduplum D C, ſi concipiatur radij A D velocitas duplo fieri minor contactu ſuperficiei B G in puncto D; neque tamen minuenda erit E F, cùm nihil illius amiſerit velocitatis, quâ fertur dextrorſum ad G F, ſola ſiquidem D G ſuperficies ei opponitur: hocque caſu radius A D non ad H, quo ferretur in eodem medio, ſed ad punctum F perueniet. Quæ ſi fuſiùs explicata velis, adeas Illuſtri viri Dioptricam, à pagina 15, & deinceps; cuius inuentioni debes veram refractionum proportionem, quæ in eo ſita eſt, vt quemadmodum ſinus anguli vnius inclinationis ad ſinum anguli inclinationis alterius, ita ſinus anguli refracti in vna inclinatione, ad ſinum anguli refracti in altera. Ex qua proportione cùm omnia deriuentur, quæ pulcherime toto libro expoſuit, illam ſequente figura proponam.

Sit igitur in circulo K C I, lucidum in A, & in K, ex quibus iaculetur radios A B, & K B ex aëre in aquam, ſuperficie C B diſcriminatam; ſitque radij magis inclinati A B refractio B I, ducanturque à punctis A & I rectæ A H & I G, diametro M N perpendiculares; Hæc vnica obſeruatio ſufficiet vt omnes aliæ refractiones cuiuſuis radij cognoſcantur, ſit enim K B radius, & à K ducatur K M diametro M G perpendicularis; ex qua ſola linea refractionem habes abſque vlla experientia, quandoquidem vt A H ad I G, ita K M ad

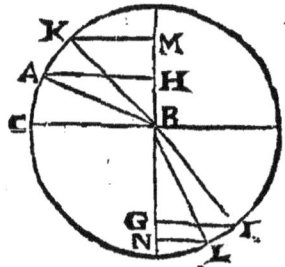

aliam, quæ reperietur L N; exmpli gratiâ, si A H sit I G sesquialtera, erit etiam M K sesquialtera L N, & ita de reliquis', vt iam
tanti viri beneficio fiat ludus puerorum, quod tandiu crux ingeniorum fuerat. Vbi notandum est radium K B ex aëre in aquam C B
trãseuntem, non ideo ferè tertiâ sui impetus parte facilius, aut celerius
per illam, quàm per aërem transire, quòd densior, sed quòd durior sit;
idemque de chrystallo, vitro, &c. esto iudicium.

Cum autem possit vnusquisque mille iaculorum solarium proprietates eruere, & explicare quot modis illorum velocitas augeri, minui-
que possit, non est quòd plura subiungamus, suum enim Apollinem
ἐϰατηϐόλον aureis sagittis ornare poterunt, qui versibus delectantur;
in quorum gratiam sequens esto Monitum.

MONITVM PRIMVM.

De luminis velocitate, ac tarditate.

SInt iacula solaria, atomorum rotundorum, vel materiæ subtilissimæ motus, vel quidquid libuerit: an illorum motus à sole, vel
stellis ad nos vsque instantaneus est? certè si quoties videmus solem,
aut stellam, necesse fuerit ab illiùs corpore ad vniuscuiusque oculum
particulam aliquam aduenire; verbi gratiâ, si quando sol surgit ex
horizonte, iaculum atomicum ex sua pharetra depromat, si motus
non sit instantaneus, admirabili tamen velocitate 1200. terræ semidia-
metrorum spatium transcurrit, cùm vix super horizonte pars eius aliqua emineat, quin eodem tempore spectantium percutiat oculos. At
verò si Dioptricam illustris Viri sequimur, non erit ille motus admirabilior illo motu, quem lapis baculi extremo suprapositus infert manui
alteri extremo adhibitæ, quod perinde fiet si baculus à terræ superficie
ad stellas vsque productus intelligatur; digitus enim baculo subpositus
peræquè & eodem momento sentiet pondus baculi extremo stellis vicino, vel etiam stellas spatio quouis superanti alligatum, quo per-
ciperet motum eiusdem ponderis, si baculus vnius esset hexapedæ.
Idemque cogita de sole subtili cuidam orbis magni materiæ incun-
bentem, quæ cùm per omnia corpora diffusa sit, sol non potest illam
rectâ premere, quin oculus motum illum percipiat, siue motus ille sit
velocissimus, siue paulo tardior.

Quod dictum velim vt in præcedente figura intelligas lumen ex K
in B minori velocitate quàm ex B in L, aut vice versa diffundi posse,

licet oculus in L;& in B eodem momento lumen sentiant; Quod etiam
in prima figura propositionis istius A B C D E videre est,eodem enim
tempore quo sol à puncto A mouetur ad punctum
B, vel (si fuerit sol immobilis) quo materia tangens
illum, percurrit spatium A B, eodem tempore materia ex B mouetur in C , & alia materia ex C in
D, &c. atqui spatium A B maius est B C, & spatium B C maius spatio C D, quare tardior est motus in spatio B C, quàm in spatio A B, licet eodem
momento quo fit motus in A, fiat etiam motus in D,
& omnes oculi, quouis in circulo, solem, aut aliud
lucidum, putà stellas, aut facem, eodem momento conspiciant.

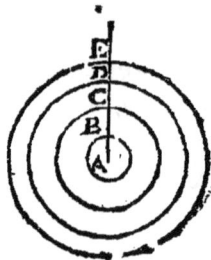

Vbi plura notari possunt, nullam verbi gratià futuram luminis refractionem, si post primum aetheris, aut materiae subtilis orbem, cuius semidiameter A B, reliquum spatium à B ad E, vndequaque vitreum esset,
vel primus orbis praedictus vase vitreo impenetrabili côcluderetur, tunc
enim non haberet materia inclusa quò confugeret : quae omnia fusiùs
explicanda velim à nobili Philosopho Hobs postules, aut expectes.

MONITVM II.

De causa motus Solis, vel Terrae.

SI quod aiunt observatû, nempe solem circa axem Eclipticae côuerti,
quòd illud maculae demonstrent, praetereaq; motum sui expansiuum
habere, quo circumposita moueat, hoc est illuminet, potest intelligi
causa motus annui terrae, si tamen ita moueri supponatur : sol enim motu expansiuo aërem contiguum premet, suoque motu conuersionis illum simul côuertet eadem celeritate qua vertitur; intereaque remotior
aër tanta sui circuli parte conuertatur, quanta est tota conuersio primi
aëris, vt tempora, quibus omnes partes aëris conuertuntur, in eadem
sint inter se ratione, in qua rectae, quibus à solis superficie destiterint.

Cumque terra in aëre sita motui nihil, aut parum admodum resistat,
ad motum aëris sibi contigui mouebitur, vt nauis in mari absque remis
& velis, idque in ecliptica motu circulari, vt & planetae, demptis quibusdam impedimentis mutuis, quibus septem aut octo gradibus ab ea
recedunt.

Difficilior videtur motus diurnus, ob quem explicandum vir subtilissimus cap. 28. suae de motu philosophiae supponit terrae duritiem esse
motum aliquem partium, quo resistit; quem, sibi naturalem, vt seruet

quantum poteſt, recedit à quolibet motore, quantum ei fuerit neceſſarium ad illum motum liberrime exercendum ; quam motus liberta-
tem ſui ad ſolem conuerſione diurnâ optime conſeruet; quò referre
poſſit trochilum ſuæ toſtionis adminiſtrum, quem videlicet aiunt veru-
tum, quo transfigitur ad prunas circumagere.

At verò ſolidiſſimus Geometra Roberuallus, in Syſtematis munda-
ni cauſis explicandis, exiſtimat hunc motum ab aëre terram circum-
ſtante oriri, qui cùm propter varias terreſtris globi aſperitates, liberè
moueri nequeat, impingens in partes prominentiores, illum moueat:
aër verò moueatur per rarefactionem à calore ſolari profectâ, qui dum
maiorem locum quærit, terram ſibi reſiſtentem tantiſper. initio mouet,
& variis ictibus repetitis illi tandem motum diurnum imprimit: quæ
de re fuſiorem illius tractatum expectare poſſis.

MONITVM III.

PRopoſitione ſequente varias obſeruationes proponimus, ex quibus Tabula iactuum conſtrui poſſit; quibus Ingenioſi, & qui tormentis bellicis præſunt, colophonem addent, ſi Balliſticæ velint artem
perficere.

PROPOSITIO XXV.

*Varias obſeruationes Bombardarum militarium ex-
plicare; & quod in medio non impediente contingeret
globis exploſis, cum iis quæ patiuntur in aëre, multi-
fariam conferre.*

CVm in ſolis catapultis mediocribus globorum iactus explorarim
(quas vulgò dicimus *Arquebuſias*) qui in aſcenſu, & deſcenſu ſimul ſumptis 22, 23, vel 24 ſecunda minuta inſumunt, Petrus Petitus,
vir in obſeruando peritiſſimus & accuratiſſimus, dum Francopoli dege-
ret, rogatus à me, bombardæ maioris ad 22 eleuationis gradus iactum,
cuius globus ferreus librarum 33½, inuenit 1900 hexapodum, quas globus ſpatio 20, 21, vel 22 percurrit; dum 8 hexapodis in arce, ſolo communi, ſiue horizonti ſuperextaret; quo ex loco globus 12 librarum,
cum totidem pulueris pyrij libris, ad 16 ſuper horizontem gradus eleuationis exploſus, 16 in aëre ſecunda conſumpſit.

Præterea *Culuerina* 12 pedes longa, horizontalitérque directa, dum
ſex hexapodis horizonti Oceani ſuperextaret, globum, cuius diameter

ferè quinque digitorum, emifit, cuius iactus horizontalis octo fecunda in aëre durauit; cùm tamen globus alter, cuius diameter digitorum 6, ex altera bomborda pedes 12 longa, etiam horizontaliter explofus, fola 6 fecunda in aëre confumpferit. Altera bombarda ad quindecim eleuationis gradus explofa, iactum globi fui dedit vigintiquatuor fecundorum.

Culuerina ferrea pedes decem longa, cuius globus diametrum habuit ferè quatuor digitorum, horizontaliter directa, & nouem hexapedis fuperficiei maris fuperextans, tres dumtaxat fecunda infumpfit in fuo iactu horizontali; poft quem quinquies reflexa fuper Oceanum quatuor alia fecunda confumpfit.

Tribus etiam diebus ante captam Theodonis villam, obferuauit Roberuallus, Geometra nofter, globos bombardarum ex vrbe in noftros milites explofos, plerumque 14 duntaxat fecunda in aëre infumpfiffe, poft quæ tam fibilus grauior & grauior factus, quàm vis & motus globorum extingueretur, idque ferè poft dimidiam leucam peractam.

Quibus fuppofitis facilè concludemus ex propofitione præcedente, quanti debeant effe iactus cuiufcumque fuper horizontem eleuationis, fi fe habeant inter fe, vt iactus in medio non impediente. Hoc eft, fi quemamodum, exempli gratiâ, iactus 45 graduum duplus eft iactus verticalis in medio non impediente, ita fit iactus medius ad verticalem in aëre, & ita de reliquis; quod obferuationes folæ docebunt; quæ tamen funt difficillimæ in tormentis, aut arcubaliftis maioribus, præfertim in verticali, cuius altitudinem vix certò noffe poffumus, nifi rupes quædam prærupta fatis alta reperiatur, ad cuius vel apicem, vel certum locum, globus, vel fagitta perueniat, cuius poftea verticis, vel loci poffimus altitudinem dimetiri.

Nullæ fiquidem turres fatis excelfæ; & defcenfus, feu cafus globi, cuius tempore credidimus aliquando reperiri locum, ad quem globi, fagittæ, & alia miffilia verticaliter afcendendo perueniunt, ideo fallit, quòd eandem femper accelerationis in defcendendo rationem non obferuent, vt ex fagittis conftat, quibus cùm ex afcenfu 50 hexapedarum contingat in defcenfu retardari, poffit etiam ipfis globis fimile quidpiam accidere, cùm ex mille, verbi gratiâ, defcendunt hexapedarum altitudine.

His autem difficultatibus poffis occurrere, fi Delphinatus illa rupe, cuius altitudinem aiunt 600, vel plurium hexapedarum, vulgò *Saut du Gendarme*, faltu militis, vel alia fimili vtaris; ex qua fi lapis, vel globus ferreus, aut alterius materiæ decidat, tempus notabitur, quo def-

cenſus pèrficietur: ſi enim, verbi gratiâ, ex 648. hexapedarum altitudine, ſpatio 18. ſecundorum, ceciderit (vti reuera caderet, ſi ſpatia conficerentur in duplicata ratione temporum in totali deſcenſu)
rectè iudicauimus antea de altitudine verticali,(quam attingit globus tormenti mediocris)hoc eſt de 288. hexapedarum altitudine :
quod tamen non exiſtimem; alioquin medius eiuſdem tormenti iactus ad minimum verticalis illius duplus eſſet, hoc eſt 576 hexapedarum, cum ne quidem illum 400. hexapedarum inueniam.

Præter has obſeruationes, placet eas apponere, quas *Galeus* plu-
rimorum Ducum Ingenioſus, propriâ manu ſcriptas, & à ſe factas
coram illis (nempe coram *Spinola, Buquois,* & Archi duce) mihi dedit.
Quas vt faciliùs intelligas, ſit Catapulta maior K horizonti parallela,
quam vulgò *Canon* appellamus, ſitq; oculus collineans per puncta 1. &

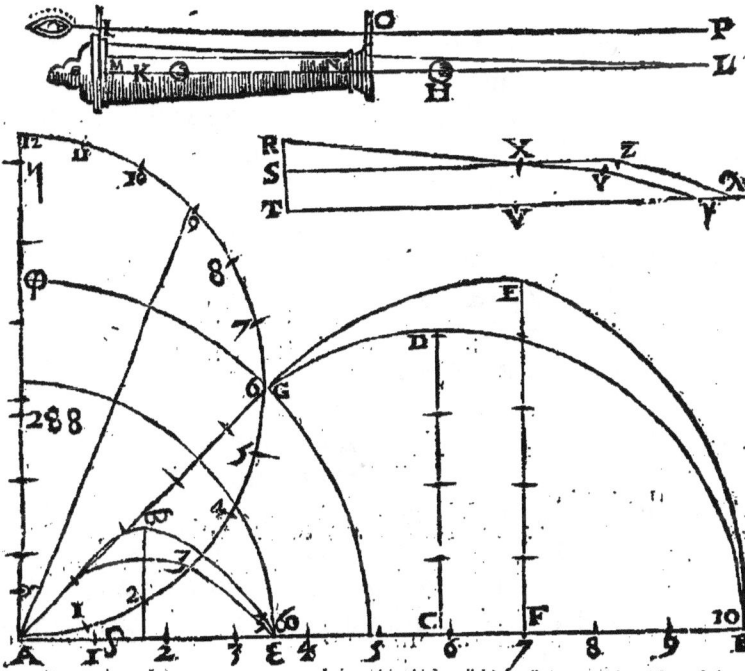

O; poſito iactu horizontali O P, vel in figura ſubiecta S. X,
vel T V, ait reliquum iactum, qui curuatur, donec horizontem
attingat in puncto λ, eſſe propemodum iactui horizontali æqualem,
hoc eſt tantundem ferè ſpatij à pila confici ab eo puncto, quo flectitur verſus horizontem, donec illum attingat, quantum ante flexio-
nem confecerat.

Iam verò transferamus iactum illum horizontalem O P, vel T V, ad inferiorem figuram, in qua A B sit planum horizontale; sitque iactus prædictus horizontalis, quem vulgò dicimus *à niueau*, vel *de poinct en llanc*, A I; contendit Galeus iactum medium 45. graduum, qui longissimus est omnium, esse iactus horizontalis O P, seu A I vndecuplum; & in illis catapultis, quæ maioris præcedentis sint ½, esse ad A I, vt 10 ½ ad 1, & in minoribus catapultis, vt 10, ad 1. hoc est in nostra figura, vt A B ad A I: in qua iactus medius est A G E B; est enim iactus medius qui per medium quadrantem φ 5 transit, quod vocant punctum sextum, cum sit pars media semicircumferentiæ A, 1, 2, 3, 4, 5, 6, 7, 8, 9, 10, 11, 12, in 12. partes æquales diuisæ; quæ iuncta quadranti φ 5, vtilis esse potest ad catapultam in qualibet super horizontem eleuatione dirigendam, si non solùm in 12 partes, sed etiam in 180. gradus diuisa fuerit.

Hincque concludit iactum horizontalem mortuum, quem vocant *portee morte*, hoc est in figura, R λ, esse ad medium iactum, vt 1 ad 6; vel in minoribus catapultis, vt 1 ad 5. Qui iactus mortuus horizontalis est ad iactum eleuationis vnius gradus, vt 5 ad 6, vel exactiùs vt 55 ad 67, vel vt 14 ad 17.

Cùm autem impeditur catapultæ maioris recessus, iactum mortuum horizontalem, eo iactu qui fit cum recessu, maiorem esse vnâ parte septimâ, vel octaua, vel nona, vel decimâ; in minoribus catapultis, vnâ parte 12, vel 15.

Præterea iactum medium A 6 E, rectà pergere absque inflexione asserit, per lineam A G, quæ sit ferè A 5 æqualis, hoc est iactus horizontalis ferè quintupla, vel 4 ¼: deinde non solùm ascendere ad D punctû, vt maxima medij iactus altitudo sit horizontalis iactus quadrupla, & respondeat lineæ A C, iactus horizontalis sextuplæ; quod ex obseruationibus ait falsum esse aduersus Tartagliam; maximam enim altitudinem esse F E, puncto 7 respondentem, hoc est ad 7 iactuum horizontalium ab A catapultâ distantias, vt sit F E propemodum quintupla iactus horizontalis.

Rectè Galeus suspicabatur iactum illum medium ad lineam curuam hyperbolicam, vel parabolicam accedere, idque solùm ex obseruationibus, non vi rationis, quam toties explicauimus. Porrò maximum 45 graduum iactum facit 16200 pedum, hoc est nostrarum hexapodarum 2700; qui cùm pedibus, nostris minoribus, vti potuerit, 2500 reponere possis sexpedas, vt ille iactus leucæ nostræ respondeat, & globus proximè minuti dimidium, seu 30 secunda cur-

rat per aërem. Cúmque iactus mortuus horizontalis fit $\frac{1}{2}$ medij, erit
2700 pedum, feu 450 fexpedarum; quo pofito iactus horizontalis vix
200 hexapedas fuperabit.

Hac autem arte tabulam graduum omnium iactus oftendentem con-
dit; iactum horizontalem mortuum 2700 pedû, ex medio iactu 16200
pedum aufert, vt differentia 13500 pedum habeatur; quam pro quolibet gradu ita diuidit, vt fit quotiens $13\frac{1}{5}$, pedum, quibus in quolibet
gradu iactus augeatur. Quem numerum ex illa relicta differentia
13500, per 1035 diuifa, reperit. Hic verò numerus eft fumma numerorum omnium ab 1 ad 45, vt conftat ex numeri 46 dimidio 23, in 45
ducto.

Itaque crefcet vnufquifque gradus hocce $13\frac{1}{5}$ pedum numero, qui
dabit primam differentiam, initio à iactu 45 graduum facto, vt in tertia
tabulæ fequentis columna videre licet: cuius tabulæ fitus eft vfus in
inueniendo iactu ad datam fuper horizonte eleuationem.

Prima verò columna gradus habet à 90 ad 45; fecunda gradus continet ab o feu zerone, etiam ad 45, vt ex duabus columnis vnica incipiens ab 1, & definens in 90 intelligatur. Tertia complectitur omnes
differentias iactuum omnium quarta columna côprehenforum: exempli gratia, iactus vltimus, quem medium appellamus, vtpotè 45 graduum, 16200, iactum 44 graduum fuperat pedibus $13\frac{1}{5}$, idemque de
cæteris iactibus vnico gradu difcrepantibus efto iudicium.

Porrò numerus (23) initio 3 & 4 columnæ parenthenfi claufus, eft
fractionis denominator, cuius fecundi vtriufque columnæ numeri
funt numeratores; verbi gratiâ, numerus vltimus 3, columnæ primæ,
fupponit denominatorem illum (23) cum quo facit $\frac{3}{23}$. Eodemque
modo numerus vltimus quartæ columnæ, 22 fupponit denomina-
rem (23) cum quo facit $\frac{22}{23}$; quod iactus 44 graduum fit 16186, cum illa
fractione.

Iam igitur inueniendus fit iactus 15, vel, è regione, 75 graduum, numerus quartæ columnæ pofitus ad dextram è directo, dat pedes 10134
$\frac{18}{24}$. Eft enim obferuandum iactum cuiuflibet gradus fub altitudine 45
feu eleuatione graduum, æqualem effe iactui cuiuflibet gradus fuper
eleuationem 45 graduum: exempli gratia, cùm primus gradus æquè
diftet à 45, ac 89, ifti duo iactus, columnarum initio pofiti, funt æquales. Quæ quidem æqualitas in horizontali plano AB figuræ præcedentis debet intelligi.

Hæc Tabula non folùm catapultis longioribus, fed etiam breuioribus, cuiufcunque generis, & pilarum ingentium excauatarum iactibus agnofcendis, quos vulgò *bombes* appellant, quin & iaculis ma-

Tabula Jactuum ad singulos eleuationis angulos.

Gradus eleuationum.	Progr. Arith.	Iactus in pedibus.	Gradus eleuat.	Progr. Arith.	Iactus in pedibus.
90	0	(23) 2700(23)	67	23	300	12800
89	1	589. 22	3286. 22	66	24	286. 22	13086.22
88	2	573. 21	3860. 20	65	25	273. 21	13360.20
87	3	560. 20	4421. 17	64	26	260. 20.	13621. 17
86	4	547. 19	4969. 13	63	27	247. 19	13869.13
85	5	534. 18	5504. 8	62	28	234. 18	14104. 8
84	6	521. 17	6026. 2	61	29	221. 17	14326. 2
83	7	508. 16	6534. 18	60	30	208. 16	14534. 18
82	8	495.15.	7030. 10	59	31	195. 15	14730. 10
81	9	482.14	7513. 1	58	32	182. 14	14913. 1
80	10	469. 13	7982. 14	57	33	169. 13	15082. 14
79	11	456. 12	8439. 3	56	34	156. 12	15239. 3
78	12	443. 11	8882. 14	55	35	143. 11	15482. 1
77	13	430. 10	9313. 1	54	36	130. 10	15613. 1
76	14	417. 9	9730. 10	53	37	117. 9	15730. 10
75	15	404. 8	10134. 18	52	38	104. 8	15834. 18
74	16	391. 7	10426. 2	51	39	91. 7	15926. 2
73	17	378. 6	10804. 8	50	40	78. 6	16004. 8
72	18	365. 5	11169. 13	49	41	65. 5	16069. 13
71	19	352. 4	11521. 17	48	42	52. 4	16121. 17
70	20	339. 3	11860. 20	47	43	39. 3	16160. 20
69	21	326. 2	12186. 22	46	44	26. 2	16186. 22
68	22	313. 1.	12500.	45	45	13. 1	16200.

nu, sagittis arcu, & lapidibus fundâ, vel alia ratione missis inseruit, cùm omnia missilia eandem proportionem æmulentur: quanquam aëris resistentia minimè negligenda, quæ maioribus globis magè nocet, & obsistit, quàm minoribus, ob maiorem superficiei cum soliditate rationem.

Porrò catapultæ bombas emittentes solent 45 graduum eleuationem superare, quarum iactus maximus 45 graduum, est 5400, vel 6000 pedum: ex quo iactu venias in aliorum cognitionem; si enim iactum bombæ 25 graduum desideras, vtere regula proportionis, sumptis numeris noſtræ Tabulæ, vt quemadmodum 16200 numerus, ad 13360, ita ſit 5400 ad 4452.

Itaque ſi catapulta minor, vulgò *Arquebuzia*, globulum ſuum ad eliuationem 45 graduum miſerit 800 pedes, ſeu 300 hexapedas; reductis pedibus 4 columnæ tabulæ præcedentis (quæ iactùm horizontalem & medium oſtendunt) in ſexpedas, fiat vt 2700 ſexpedæ, eleuationis 45 graduum, ad 450 ſexpedas iactus horizontalis mortui, ita 300 hexapedæ iactus 45 graduum arquebuſiæ, ad aliud, prodibunt 50 ſexpedæ pro iactu horizontali. Vnde fit vt medius iactus 600 hexapedarum eſſe debeat, vt horizontalis mortuus ſit centum hexapedarum.

MONITVM.

SVnt qui putent Galeum à Coigneto præcedentem tabulam accepiſſe; ſed an illam ex propriis obſeruationibus conſtruxerit, aut aliunde ſumpſerit, nihil refert, dummodo vera ſit: videatur tabula iactuum Theorica prop. 30, quam cum præcedenti contendimus, ſibi namque mutuam lucem afferent; eritque gratum ingenioſis, qui iactuum longitudinem ad quoſuis gradus explorare voluerint, ſi tabulam vtramque conſulentes animaduertant cuinam in quibuſuis gradibus magè congruant, vel quantum ab vtraque deficiant : idemque de ſalientibns intellige, quarum obſeruatio longè facilior, minoribuſque periculis obnoxia.

PROPOSITIO XXVI.

Quantum iactus Tabulæ propoſitionis præcedentis, à iactibus noſtrarum obſeruationum, & à iactibus in medio nihil impediente futuris differunt, explicare.

SIt rurſus figura præcedens A E B, in qua iactus horizontalis A ♪, docet obſeruatio cum manuarijs catapultis facta, iactum medium 45 graduum, qui & omnium maximus, non eſſe maiorem in plano horizontali A B, rectà A E; hoc eſt 3½ iactus horizontales, qualis eſt A ♪, complecti; cùm tamen, iuxta præcedentē tabulam æqualis ſit A B; hoc eſt horizotalis decuplus; vel horizontalis mortui A 2 pluſquàm quintuplus.

Præterea

Præterea fum expertus in breuiore catapulta , cuius pila ferea 3

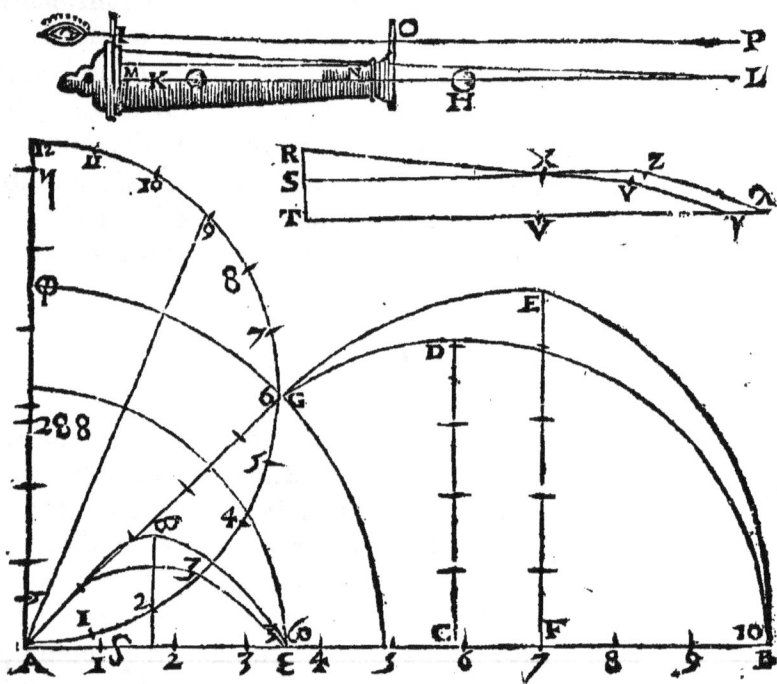

aut 4 librarum, verticali iactu exiftente A φ, iactum medium in horizonte ad minimum rectæ A B, æqualem effe ; cumque priùs often-
derim in medio non impediente ; porróque fim demonftraturus altitudinem iactus medij fore verticalis fubduplam , vel ipfius medij
iactus fubquadruplam, incredibile videtur in aëre, medij iactus altitudinem effe F E, quæ fubdupla eft A B, qualis effe debet verticalis. Itaque conuincunt obferuationes noftræ iactu horizontali exiftente A ♐, iactum medium, feu 45 graduum, effe A ♐ 5. hoc eft cùm
globulus arquebufiæ quintupedalis rectà pergit ab A ad ♐, per centum hexapedas, iactu medio 4 7 ↋, 360 fexpedas percurrit, nec vnquam , credo , reperies punctum 4, feu 400 fexpedas, vel 2400 pedes à globulo fuperari.

Quod ad maximam fpectat altitudinem (quam vix vllus poffit experiri, cùm nobis loca defint obferuationi neceffaria, nifi ad rupem
altiffimam iactu 45 graduum collinees, accedendo, recedendoque,
donec iactus medius ad fummam altitudinem peruenerit (quod fe
feciffe Galeus affirmabat) eum in catapultis obferuare non pò-
tui.

Vt igitur oſtenda ı quæ ſit illa iactus altitudo, cùm illius longitudo, A ε ſuerit, an vſque ad π pertingat necne, vel ad ratiouem
recurrendum , vel ad noſtras ſalientes , vel ad minores arcus,
quorum iactus medij non ſuperent 8 ſexpedas, vt medij altitudo ſumma facilè poſſit ad commodos parietes deprehendi.

Porrò cùm iactus in aëre facti eandem inter ſe rationem ſerua-
re debere videantur, quam haberent in medio non reſiſtente , ſi
quid diſcriminis excipias, quod fortè poſſit à diuerſo reſiſtendi modo
proficiſci, quo reſiſtit aër verticali , & aliis iactibus ; & iactus in illo
medio non reſiſtente, nec etiam iuuante, proportionem illam ſequantur, de qua iam multoties, deincepſque agendum eſt, facilè depre-
hendetur quantum abſint à veritate, qui iactuum tabulas hactenus
condidere, qualis eſt præcedens illius, qui ſe tot ducum primarium in-
genioſum fuiſſe dicebat. Subquadrupla eiuſdem, exempli gratiâ, medij iactus in medio non impediente altitudo ſuprema debet eſſe ſubquadrupla iactus eiuſdem medij in plano horizontali, cùm ex præcedente tabula ſit in aëre ſubdupla. Eodemque modo iactus idem
medius debet eſſe verticalis duplus in medio non impediente: quod
quidem noſtris ſalientibus competit, ſed an tabulæ præcedentis iactibus conueniat, nullus ſcire poſſit, cùm ſolas iactuum in horizonte
longitudines, non altitudines complectatur.

Quapropter ſi quis eam arguere velit, debet iactuum longitudine,
non altitudine, pugnare.

MONITVM.

IN ſalientibus obſeruaui ſummam mediæ ſalientis altitudinem
non ſuparare dimidiam altitudinem iactus verticalis ; cùmque de
globorum iactibus vt cumque iudicare fas ſit ex ſalientibus quæ fiunt
in eadem horizontis eleuatione, vix putem obſeruationibus præcedentis propoſitionis credendum eſſe ; & concludo Theoriam ratione
firmatam potiùs ſequendam, quæ dubio procul ad obſeruationes magis accedet.

PROPOSITIO XXVII.

Iactum verticalem dimidio minorem factum, ob vrgen-
tem grauitatem, ad aliorum iactuum super ho-
rizontem inclinatorum diminutiones
transferre.

EX dictis 17 propositione Hydraulicorum, & alibi sæpe, constat graue à puncto C ad A punctum descédens ea velocitate, quam in sequente figura supponimus, eam sibi ve-
locitatem comparas-
se , qua possit eo-
dem, vel æquali tem-
pore ab A ad B per-
uenire, quo priùs à C
ad A descenderat, si
grauitas corporis as-
cendentis non rea-
geret ; sed ob graui-
tatis reactionem , il-
lo tempore, vsque ad
C punctum solummo-
do peruenire , illiús-
que propterea velo-
citatem, quæ semper
aliàs æquabilis futura,
ita minui,vt primo tempore globus ascendens spatium vnum : secundo tempore,tria : tertio,5: quarto denique,7 spatia sit amissurus, vt ipsi figuræ numeri satis superque demonstrant.

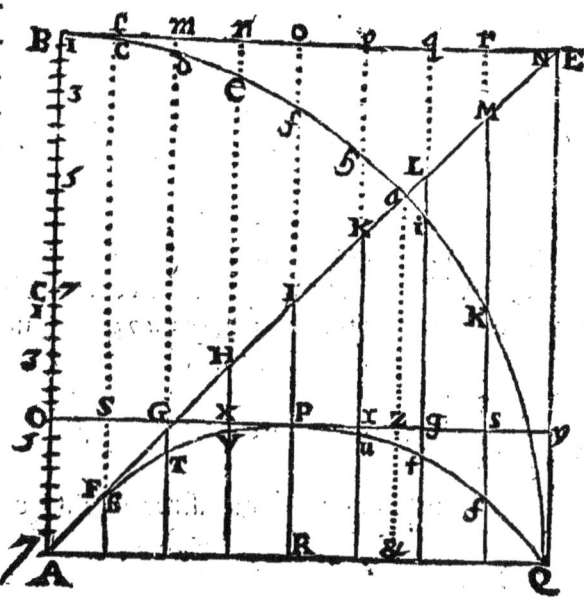

Quod iam ad alios iactus transferendum est, qui fiunt in data super horiz. atem eleuatione ; sit igitur iactus ex A in E, per quadrati BE QA diametrum A E directus. Certum est primò iactum illum medium , absque vlla grauitate globi contranitente, eodem tempore ab A ad *a*, peruenturum, quo explosus ab A punctum B attigisset, cùm A B radius sit æqualis A *a*; sed cùm obsistat grauitas, iuxta rationem superiùs explicatam, idque per lineas perpendiculares *l* F *m*,

m ij

T, n V, &c. primo tempore, quo globus, vel fagitta peruenire debuiffet ab A ad F, ob naturalem grauitatem reperietur globus in puncto b ; fecundo tempore, quo ab F ad G afcendiffet, in puncto T erit; tertio tempore, non in H, fed in V puncto reperietur ; tandemque quarto tempore, quo ad I perueniffet, in axis R P vertice P reperietur, qui fummam medij iactus A a, oftendit altitudinem, verticalis A C fubduplam.

Cùm autem in P vim totam globus amiferit, quâ furfum afcendebat, neque tamen vim aliam perdiderit, qua lateraliter fertur ab O ad y, vel ab A ad Q, denuò grauitas in globum agit, per lineas perpendiculares p u, q t, r f, & E Q; adeovt quinto tempore, globus à P non perueniat ad x, fed ad u; fexto, non ab x ad g, fed ad s: feptimo, non a g ad s, fed ad f; octauo denique, non ab s ad y, fed ad Q, quo planum occurrit horizontis, & iactus definit: quem propterea *mortuum* appellant : Vel fi volueris vnicâ computatione continuâ numerare, vt in hydraulicorum Præfatione, fupponaturque globus fpatio 4 temporum afcendere, totidemque defcendere, vno tempore A F, (quod eft primum tempus afcenfionis) vnum fpatium amittet, ex 64 (in quæ diuiditur A B, vel A a, vel etiam A Q) tempore A G, quatuor fpatia; tempore A H, nouem ; tempore A I, fexdecim ; tempore A K, 25 ; tempore A L, 36 ; tempore A M, 49; denique tempore A N, 64 fpatia: hoc eft finietur globi motus in puncto Q, ob planum occurrens, fine quo grauitas nouos femper velocitatis gradus globo cadenti, & temporibus æqualibus æqualia fpatia lateralia percurrenti tribuiffet.

Non eft autem quòd demonftrem A P Q curuam, effe parabolam, quam recta A E tangat in A puncto, cùm I P æqualis axi P R id fatis oftendat ; iamque illud in hydraulic. præfatione dictum fuerit.

Quibus addo menfuras præcipuarum iftius figuræ linearum numeris explicatas, ex hypothefi quòd recta, feu linea iactus verticalis, fit centum fexpedarum, qualis eft plurimarum fagittarum ex arcubalifta, vel globorum ex minoribus catapultis ignariis, vel etiam pneumaticis mifforum iactus verticalis. Erit igitur A Q, vel A a 200, qualium A C, 100; A R, vel R i, 100, atque adeo G F, vel F E, 50; & A E, radix 8000.

Cùmq; A B ftatuitur pro tempore quod infumitur in proiectione verticali ab A ad C; A E tempus erit quod infumitur in proiectione per parabolâ A P Q, & ab A ad Q, cùm proiectio fieri fupponatur in eleuatione 45 graduû. Si verò A B ftatuatur effe 300, 400, (hoc eft præcedentes

numeri triplicati, vel
quadrupli ,) eadem
inter prædictas li-
neas proportio repe-
rietur.

Porrò si proiectum
ascendat perpēdicu-
lariter ad C, tempo-
re A B, vel A 4, quod
est 200, perueniet ad
summam altitudinē
in P , tempore A I,
quod est 141$\frac{119}{283}$ proximè. Si A B fuerit
600, perueniet glo-
bus ad P , in tempo-
re A I, quod est *424*,
& paulò amplius, vel
latus quadrati 180000.

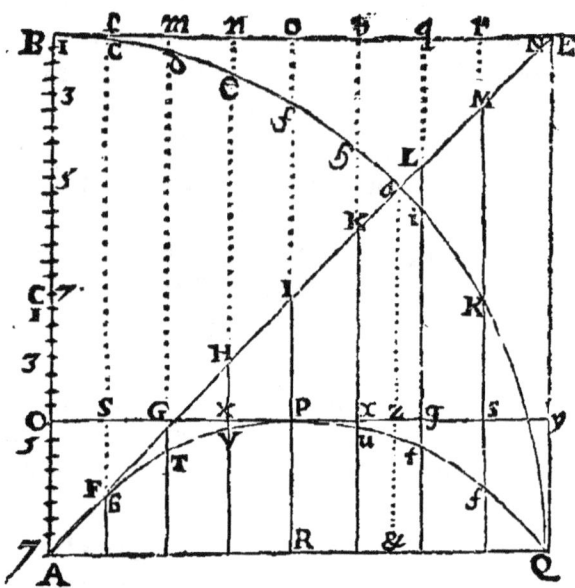

Profuerit etiam repetitio figuræ sequentis, explicatæ ad hydrauli-
cam præfationem, quippe vtilis est ad iactuum longitudines, quorum
eleuatio super horizontem agnoscitur, inueniendas, & ad intelligenda tempora, quibus proiectorum grauitas ascendendo minuitur, vel
augetur descendendo, ipsi namque nume-
ri, 1 1, 4, 9, &c. ostendunt qua ratione globus ad iactum 60 graduum A L (qui absque
grauitate vsque ad D eo tempore ascende-
ret, quo priùs à C ad A descendisset) deperditis gradibus velocitatis lineam curuam
A f g h R d s K l percurrat, quæ cùm loco
citato, quemadmodum & præcedente figura satis explicata sint, non est quòd alia
subiungamus.

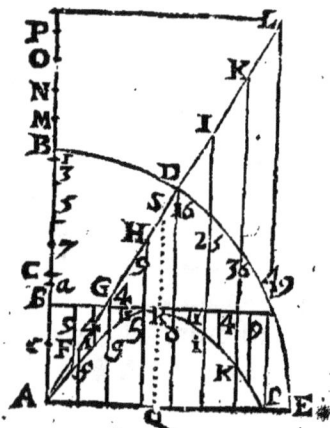

MONITVM.

OBserua Galileum, in Tabulis quas 30. & 31. propos. dabimus, qui
rectam A C ponit 10000, facere Q R 7520, quam si præcisè sta-
tuisset 7500, nil ab iis discreparet, quæ prædicta Hydraulicorum præfatione, paragrapho 2 & 3 dicta sunt; vt enim 10000 ad 7500, ita 16 ad 12.

Si quis verò in eleuatione 50,45,30, &c. graduum eafdem menfuras
fequatur, erit ad inclinationem 50 graduũ, iactus altitudo inter 11 & 10,
iuxta Galilei tabulas, 5$\frac{1888}{10000}$. In eleuatione 45 gradus, erit 8; in eleuatione 40 gradus, inter 6 & 7, in prædictis tabulis, 9; ferè: & in eleuatione 30 gradus, erit 4; in propof. 31 tabulis, 2500, hoc eft quarta
pars 10000, fola fiquidem vnitas illi deeft.

Notandum quoque in quibufcumque figuris, quamcumque inclinationem fuper horizonte fignificantibus, lineam inclinationis, qualis eft
in hac noftra figura A 5, tangere parabolam ex eleuatione factam. Cætera videantur in fequentibus præfationis eiufdem paragraphis.

PROPOSITIO XXVIII.

*Iactus 60, 45, & 30 graduum fimul comparare, mi-
rafque parabolarum circumftantias aperire.*

ESto quadratum CODA, in quo defcriptus circumferentiæ quadrans C D; fitque iactus A B verticalis: A 60, iactus ad eleuationem 60 graduum, quæ faciat angulum D A 60: A 45, iactus medius,
& A 30, iactus eleuationis 30 graduum, angulum D A 30 fignifican-
tium; qui quidem iactus cùm tantumdem à medio 45, quantum ab eodem, 60 recedit, iactus illi duo funt æquales in horizonte, nempe A E,
quâ rectâ tam A I E, quàm A K E parabola terminatur. Quod etiam
cæteris iactibus fupra & infra 45, æqualiter à puncto 45 diffitis cõgruit.
Illas autem lineas directionis A 60, A 45, & A 30, per tres parabolas
deflectere conftat ex dictis; & hæc figura fatis oftendit ex linea A 45
inflexa, & A H D curuam defcribente, iactum fuper eumdem horizontem fieri maximum omnium.

Sed præ cæteris id notatu dignum, quod acutiffimus Tauricellus
prior obferuaffe videtur, parabolam à puncto B defcriptam, cuius B A
fit quarta pars lateris recti, atque adeo focus in A, tangi ab omnibus
aliis parabolis inferioribus, quales funt tres iftius figuræ, verbi gratiâ tangitur in L à parabola I L F; tangetúrque fimiliter à parabola
A K F inferiùs producta; idque in puncto quod occurrit ordinatæ ductæ à foco parabolæ A K F, ad eandem parabolam, vt conftat ex G D
ducta ex G foco parabolæ mediæ.

Quod fimiliter de contactibus aliarum parabolarum concludas,
adeovt ordinata ex puncto L axi I F acta perpendiculariter per A I E,
parabolæ focum appellitura fit.

Adde rectam ex B, vertice parabolæ B L D, ductam omnes parabolas, qua sambitu suo concludit, ita secare videri, vt à punctis, in qui-

bus secantur, rectæ perpendiculariter axi cuiuslibet ductæ, illius etiam
focum ostendat, vt constat ex B D recta, per H, verticem parabolæ
A H D transeuntem, recta siquidem ex puncto D in axem H G perpendiculariter acta, focum in G esse docet.

Denique quemadmodum iactus semirecti longitudo A D, dupla est
iactus verticalis A B; ita verticalis iactus A B, duplus est altitudinis semirecti G H. Quibus addi potest lineam curuam ab A, horizontis puncto, incipientem, & per omnium parabolatum vertices transeuntem,
productam vsque ad B punctum, esse dimidiam Ellipsim, quam similes, ad verticalis ad A B læuam, iactus perficient.

Alia figura plures alias parabolas, & easdem istius figuræ lineas
comprehendens, in Hydraulicorum Præfatione videatur: quanquam

hic repeti poteſt, vt theoriæ perpetua cernatur conformitas, & quot-

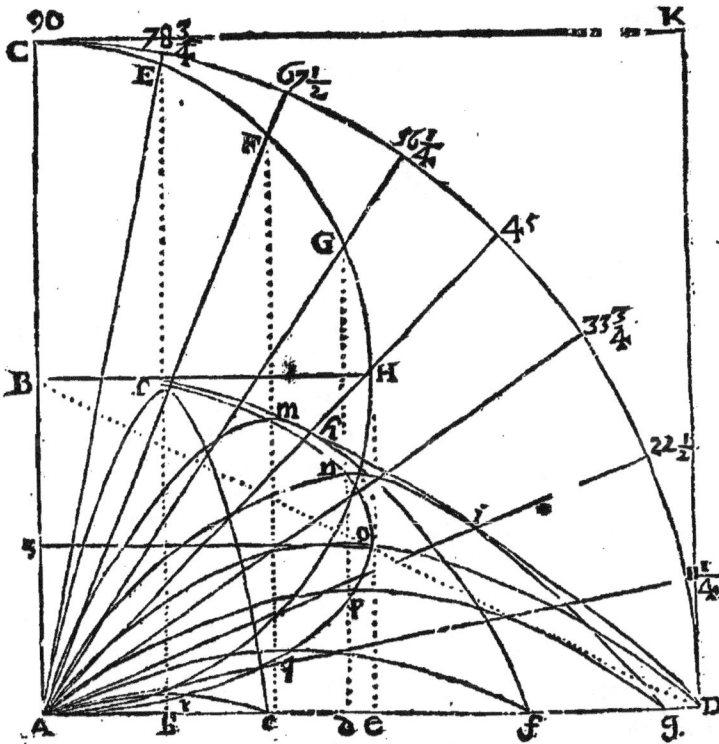

cumque iactus fieri poſſunt, ſint eiuſdem in horizontalis plano A D
longitudinis, cùm æquè ad punctum C, ac punctum D accedent, vel
æquè recedent à puncto 45, ſiue ſupra, verſus C, vel infra, verſus D, vt
in iactu 56¼, & 33¼, vel in 78¼, & 11¼ videre eſt, hi ſiquidem iactus
deſcribunt parabolas eiuſdem in plano A D longitudinis A c, vel A f,
vel A g. Reliqua iſtius figuræ explicatio videatur loco citato, donec
ſublimiora egregij Tauricelli liber docuerit. Porrò ſequens propoſitio ferè comprehendet omnia quæ hactenus dicta ſunt, quæque ad iactus omnifarios attinent.

PROP. XXIX.

PROPOSITIO XXIX.

*Suppofitis iaculationibus Parabolicis, vnicâ figurâ
quidquid ad iactus tam verticales, quàm
alios pertinet, explicare.*

HÆc propofitio multas partes habet, quarum prima figuram ipfam
explicat; Eft igitur A F planum horizontale, cuius A D planum
verticale duplum eft; diuiditurque bifariam in C, & verfus A C
bifariam in B. A C E F quadratum, & A BI K quadratum. C M
G F quadrans circuli, cuius centrum A. C L E R A femicirculus,
cuius centrum C. C N I quadrãs circuli fuper centro B. Anguli
D A L, L A E, E A R, R A F inter fe æquales, finguli graduum
22½. N O perpendicularis diuifa bifariam in Q; & T O bifariam
diuifa in S. I K perpendicularis ad planum A F, & bifariam diuifa in H. L P perpendicularis ad planum horizontale. A L bifariam diuifa in N. E F perpendicularis ad planum A F; quod bifariam diuifum in K. A Q P parabola, quam tangit A L in A. A P
bifariam diuifa in O. A S P parabola, quam tãgit A R in A. B Z F
linea curua punctim defcripta fupponitur effe parabola, cuius
vertex B. B Q H S A linea curua, quæ eft Elliptica.

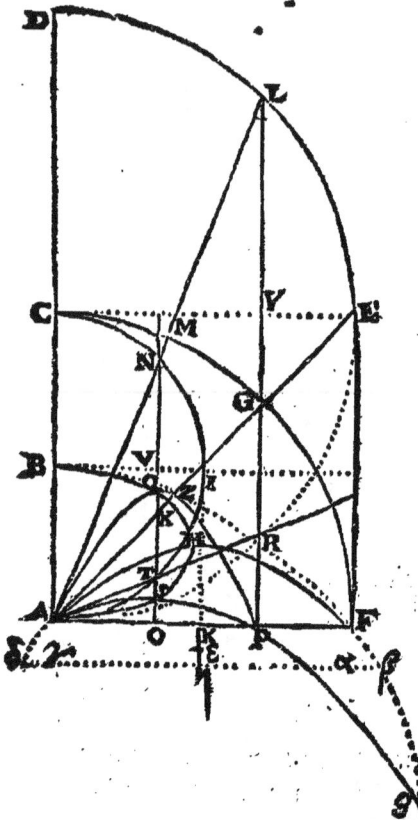

Supponitur autem à iactu fieri parabola, quæ tangitur à linea eleuationis; verbi gratiâ, fi à iactu ex A, in eleuatione quam habet A L,
fiat parabola, tangetur ab A L in A puncto, & ita de reliquis, excepto
verticali iactu A D, qui parabolarum terminus exftitit, nifi cum parabolam abfque latitudine dici poffe credideris.

Secunda pars propofitionis fequentia colligit ex defcriptione figuræ,

nempe E F duplam esse I K, & quadruplam I H. Quare ratio E F ad
I H dupla est rationis.eiusdem E F ad I K; Vnde sequitur H & F puncta esse in eadem parabola, in qua A: cúmque A F bifariam diuidatur
in K, erit K punctum in axe: & quia A I tangit parabolam in A, erit
K I diuisa bifariam in vertice parabolæ; sed diuiditur bifariam in H,
igitur H K lapis est axis parabolæ A H F.

Rursus L P dupla est N O, & quadrupla Q N, est ergo ratio L P ad
N Q dupla rationis eiusdem L P ad N O; quapropter Q & P sunt in eadem parabola in qua A: cúmque A P sit bifariam diuisa in O, aut
axis in recta N O; & quia tangit parabolam in A, vertex parabolæ diuidet N O bifariam; sed iam diuisa fuit bifariam in Q, igitur Q O est
axis parabolæ A Q P.

Porrò R P dupla est T O, quadrupla verò S O; quare ratio R P ad S O
dupla est rationis eiusdem R P ad T O: sunt ergo S & P in eadem parabola, quæ tangitur ab A T; erit ergo vertex eius in S, vbi T O bifariam diuisa est. Erit autem R P in ipsa L P; cùm enim R & L æquè
distent vtrinque ab E, medio puncto semicirculi D L E R A, & L P
ducta sit parallela diametro A D, transibit L P per punctum R. Et eadem de causa S O erit pars rectæ N O.

Præterea, puncta Q, H, S erunt in eadem ellipsi in qua A & B, cùm
Q S æqualis sit N V. Est etiam A L media proportionalis inter A D &
L D; & A E media inter A D & E F. Et A R media inter A D & R P,
propter semicircumferentiam D L E R A; vnde fit vt A L D, A E D,
A R D anguli recti; & triangula A L D A P L, sicut & A E D, A F E,
& A R D., A P R, similia sint.

Postremò, parabola punctim descripta B F, tangit parabolam A H F
in F, si enim recta F C, ducta intelligatur, vtramque tanget. Parabolæ verò B Z R F focus est A, cùm A F dupla sit A B, & parameter
quadrupla A B, nam applicata, media est inter diametrum & parametrum.

Eadem parabola B F tactura videtur parabolam A Q P vbi recta ducta à puncto B per verticem Q terminabitur in ipsa sectione, putà ad Z,
quæ in hac parabola videtur esse in ipsa linea A E: quo posito, X erit
focus, & erit Q T æqualis parametro.

Tertia pars propositionis ad calculum lineas omnes figuræ reuocat,
obseruatione supposita iactus globi è tormento maiore ad 22½ gradus
super horizontem: hoc est cùm tormentum ex A in R libraretur, globus descripsit parabolam A S P, fuitque iactus longitudo in horizonte
A P 1900 hexapedarum; cuius iactus alias postea circumstantias ex-
plicaturus sum. Quo posito erit etiam P G 1900 hexaped, cùm sit æ-

qualis lineæ P G; vnde quadratum A P & P G erit quadratum alterutrius 3610000, quæ fimul erunt 7200000; cuius latus eſt proximè 2681.

Eſt igitur A G, hoc eſt A F, vel A C, vel F E 2681. A D bis tantùm, 5362. A B, vel B C, vel K i, vel ¦ A G, 1340¦. H I, vel H K, vel ¦ A B,
aut K I, 670¦. Et quia quadratum 2681, id eſt quadratum A F eſt 722-
0000, duplū eius quadrati eſt 1444000; cuius radix 3800; quapropter
A E erit 3800; & A I, vel I E ſemiſſis eius, erit 1900. L G cùm ſit æqualis D C, vel A C, eſt 2581. L P æqualis vtrique L G, G P, eſt 4381.

A L media proportionalis inter A D, quæ eſt 5362, & L P, quæ eſt
4581, erit 4956. A N ſemiſſis eius, 2478. N O ſemiſſis L P, erit 2290¦.
N Q, vel Q O ſemiſſis N O, erit 1145¦

Si ex L P 4581, auferatur P Y, hoc eſt F E, ſeu 2681, reſiduum erit
190 · · · · · L Y, hoc eſt Y R, erit 1900, æqualis A P, vel P G,
vel A I, vel I E. Detractis autem
Y R 1900, ex Y P 2681, erit reſiduum 781. Erit ergo R P 781.
T O ſemiſſis eius, 390¦. T S, vel
S O ſemiſſis huius, 195¦.

Quia verò quadratum A P eſt
3610000, quadratum autem R P
609961, ea ſimul addita faciunt
4219961, cuius latus eſt 2054¦ ferè, A P erit 2054¦ ferè.

Cùm autem tormentum 8 hexapedis horizontali ſuperextiterit, ſi
planum ♪β octo hexapedis intelligatur inferiùs plano A F, vt parabola A H F producatur vtrinque
ad rectam ♪β, itavt A γ, vel F α
perpendicularis, ſit 8 hexapedum,
qualium A P fuit 1900., & producatur H K ad ε, calculus erit huiuſcemodi.

Quoniam H K eſt 670¦ proximè, erit H η 678¦. Fiat inter H K
& H η, media proportionalis H ε
674 proximè: cúmque A F ad ♪β
A F S P ſit in ſubdupla ratione H K ad H η, erit A F ad ♪β, vt 670¦ ad
674. Sed A F eſt 2681; ſi ergo fiat vt 170¦ ad 674, ita 2681 ad aliud,
inuenietur 2686 proximè.

Deinde cùm $\gamma \alpha$ sit æqualis A F, nimirùm 2681, erit $\delta \gamma$, & $\alpha \beta$ simul & $\alpha \beta$ 2!. Quapropter $\gamma \beta$ erit longitudo plani, quam transit globus excussus ab A cùm tormentum octo hexapedis horizonti superextat; hoc est illius longitudo in horizonte $\delta \beta$ sumpta, erit 2683! hexapodum; quæ longitudo vix sensibiliter discrepat ab ea quæ fit in horizonte A F, licet octo hexapedis altiore.

Quarta pars propositionis ostendit qua ratione duratio cuiusque iactus reperiatur, hoc est quanto temporis spatio sagittæ, iacula, globi, & alia βελόμενα suas parabolas describant, cum iaculationis, seu iactus alicuius tempus ex obseruatione datum est.

Verbi gratià, iactus globi 33! librarum, in eleuatione 22 graduum super horizontem, tempus 22 secundorum consumpsit, ex obseruatione accuratissima D. Petiti; hoc est A S P curua spatio 22 secundorum descripta est; quare A R erit 22, cum A R sit tempus iactuum quemadmodum & cuiuscumque alterius iactus tempus à tangente curuæ, à iactu descriptæ significatur, atque definitur.

Cùm autem iactus quilibet factus in aliqua super horizontem eleuatione constet ex ascensu & descensu, primum tangentis dimidium, ascensum; secundum descensum significat, eiusque tempus, seu durationem metitur.

Cùm igitur A R sit tempus iactus per curuam A S P, tempus ascensus erit A T. Tempus autem ascensus, & descensus in perpendiculari A B, est A D. Quapropter cùm A R sit ad A D, vt 2054! ad 5362, si fiat vt 2054! ad 5362, ita 22 ad aliud, inuenietur tempus ascensus & descensus in perpendiculari A B, esse ferè 57! secundorum, cuius semissis 28! est tempus ascensus.

Idem verò globus, qui per A P 1900 hexapedas percurrit, emissus perpendiculariter, ex A ascendisset ad B, fecissetque ascensu suo 1340! hexapedas.

Iam verò ex tempore iactus A P dato, facilè tempus medij iactus A H F, qui sit in eleuatione 45 graduum; innotescit, si quidem vt A R (qui sit 22 secundis) 2054! ad A E tangentem iactus medij, hoc est ad 3809, ita 22 ad secunda 40!, quaproter globus describet parabolam A H F, tempore A E, quod cùm sit ferè duplum temporis, quo describitur parabola A L P: non est tamen in plano horizontali iactus A F duplus iactus A P, quod contingeret si iactus solam lineam rectam A H F describerent; verùm ascensus K H maior ascensu O S maius tempus requirit.

Porrò partium omnium parabolæ A H F, & parabolæ A S P, vel aliarum comparatio cum diuersis partibus temporis, quibus describuntur, nouas meditationes defiderat, quibus datæ quælibet partes quarumcúnque parabolarum conferantur cum datis quibuflibet partibus temporum. Nunc enim fufficit ex quolibet dato tempore cuiuflibet iactus, quemlibet alium iactum, & illius tempus inferre, vt fieri poteft ex iftius propofitionis intellectu, quam vnicuique, quantum voluerit, amplificandam permitto.

COROLARIVM I.

Dato tempore quo durat iactus verticalis C A, dare tempus cuiufcumque alterius iactus ad quamcumque in horizonte, eleuationem, & vice versâ.

SIt datum tepus verticalis A D, defcribaturque diametro A D femicircumferentia D L A; fitque data quæcumque eleuatio A L; fi fiat vt recta A D ad A L, ita tempus iactus verticalis ad tempus iactus in eleuatione A L, quæftio foluetur.

Sit datum tempus iactus A Q P, ex quo velis concludere tempus iactus verticalis: fiat triangulum A P L, & in puncto L erigatur perpendicularis ad A L, quæ fecet A D in D, erit vt A L cognita ad A D cognitum, ita tempus per A Q D cognitum, ad tempus iactus verticalis quæfitum.

COROLLARIVM II.

SI globi, & alia miffilia per eandem lineam emiffa, & idem iter percurrentia, tantumdem temporis confumunt; data iactus longitudine & eleuatione fuper horizontem, dabitur tempus iactus; nam quotiefcumque, verbi gratiâ, dabitur longitudo A P, ex iactus ad 22 graduum eleuatione, tempus erit 22 fecundorum; cumque dabitur longitudo verticalis A B, dabitur tempus afcenfus, fecundorum 28¾.

Vbi notandum folam iactus longitudinem minimè fufficere ad tempus inueniendum, alioqui tempus idem confumeretur in iactu A S P, ac in iactu A Q P, cùm fint eiufdem in horizontali plano longitudinis, vbi tamen eft huius durationem illius, vt A G ad A R.

Nobile verò problema fuerit, fi quis inueniat quæ fit ratio parabolæ A Q P ad parabolam A S P, & quantum differat à ratione A G ad A R. Quod enim fpectat ad fimiles parabolarum partes, facilè reperitur quam inter fe rationem habeant; eam videlicet quæ eft inter illarum ordinatas, vel parmetros fimiliter applicatas, & inter par-

tes axis inter verticem & focum intereptas. Vbi notare poſſis iuniorem
Paſchalem (à quo mira poſſis expectare cum in puris, tum in mixtis
Mathematicis) generalem methodum inueniſſe, cuius beneficio innoteſcat quam inter ſe rationem habeant ſpatia quæcumque lineis rectis,
& curuis conicis comprehenſa.

COROLLARIVM III.

POſſunt etiam inferi miſſilium velocitates ex iactuum longitudine ; cùm enim eadem longitudo ex eadem ſuper horizontem eleuatione , eandem velocitas arguat, & ex eodem tempore eadem
inferatur velocitas, ſi fuerit in eadem eleuatione dupla, vel tripla
longitudo, &c. velocitas dupla, vel tripla dicetur : quamquam nonnihil difficultatis in eo eſſe videatur quòd non poſſit eſſe maior eiuſdem eleuationis longitudo , quin miſſile altius aſcendat.

COROLLARIVM IV.

Jactus eleuatione, & illius horizontali longitudine co-
gnitâ, iactum verticalem inuenire,
& vice versâ.

SVper extremis plani dati iactus A P, erigantur duæ perpendiculares indefinitæ A D & P L, & à puncto A, iactus initio, in angulo
eleuationis cuiuſcumque, ducatur A L recta ſecans perpendicularem
P L in L ; & à puncto L ducatur perpendicularis ad P L, nempe L D,
(quæ hîc ſubintelligenda) ſecans perpendicularem A D in D, ſuma-
túrque ab A verſus D, quarta pars totius A D, quæ dabit A B pro ſubli-
mitate iactus verticalis.

Dato verò iactu verticali A B, vel alio quocumque, quiuis alius iactus hac ratione reperietur. Fiat linea A D quadrupla iactus A B, &
A D diametro deſcribatur ſemicircumferentia D E A ; requiratúr-
que longitudo iactus in eleuatione A E, ducatúrque ab A in E recta,
quæ tangat prædictam ſemicircumferentiam in E, (eodemque modo
in reliquis iactibus linea referens inclinationem, vel eleuationem, vſque ad circumferentiam ducenda eſt) & ab illo puncto E demittatur
linea plano A F perpendicularis, quæ ſecans A F in F, demonſtrabit
quæſiti iactus longitudinem A F.

COROLLARIVM V.

VNiuſcuiuſque iactus altitudinem, hoc eſt axem parabolæ ita reperies. Dato plano A P, iactus cuiuſcumque, fiat triangulum A P L, vt antea dictum eſt; diuidatúrque A L bifariam in N, & demittatur perpendicularis N O, quæ bifariam diuidatur in Q, erit O Q axis parabolæ, ſeu iactus ſublimitas. Idemque continget in omni alio iactu, qualis eſt iactus medius 45 graduum; ductâ ſiquidem tangente A E bifariam ſectâ in I, & ex puncto I demiſſa perpendiculari I K in H bifariam ſectâ, punctum H dat ſublimitatem iactus eleuationis 45 graduum, eritque K H axis parabolæ A H E.

MONITVM.

CVm ſatis hactenus de iactibus in medio non impediente factis egerim, quædam addenda ſuperſunt circa iactus in impediente medio factis, qualis eſt aër, aqua, & qualia ſunt corpora liquida, quæ cùm ſint magis vel minus mobilia, diuerſis modis reſiſtent proiectis. Nec erit inutile ſi quis proiectiones, & caſus in aqua diligentiùs, quàm hucuſque factum ſit, obſeruet: quod cùm longè ſit difficilius quàm in aëre, vix ſperem, aut expectem, vt ab vllo fiat. Vtvt ſit, proiectiones iterum in aëre conſiderabimus, poſtquam Tabulæ iactuum in medio non impediente, quas à Galileo ſupputatas habemus, intellectæ fuerint, in quarum gratiam erit ſequens propoſitio; quas quidem tabulas cum tabulis Ingenioſorum, 25 propoſitione deſcriptis, conferre poſſis.

PROPOSITIO XXX.

Tabulam omnium iactuum Theoricam proponere explicare; eique varias obſeruationes accommodare.

CVm ex propoſitione præcedête nouam iactuum Tabulam condere poſſimus, quam poſtea quis cum tabula Ingenioſorum propoſ.25. comparare queat; iamque Galileus illud fecerit, iuuabit Ingenioſos, Tabulā illam hîc clarè, & ad vſum explicaſſe. Incipit autem à gradu 45, cuius cùm longitudinem noueris, aliorum iactuum lôgitudines tabula exhibebit: quæ hoc artificio conſtruitur, vt prima columna gradus

Magnitudines iactuu in horizonte.

Grad. eleuationes	Grad. eleuat.	
45	10000	
46	9994	44
47	9976	43
48	9945	42
49	9902	41
50	9848	40
51	9782	39
52	9704	38
53	9612	37
54	9511	36
55	9396	35
56	9272	34
57	9136	33
58	8989	32
59	8829	31
60	8659	30
61	8481	29
62	8290	28
63	8090	27
64	7880	26
65	7660	25
66	7431	24
67	7191	23
68	6944	22
69	6692	21
70	6428	20
71	6157	19
72	5878	18
73	5592	17
74	5300	16
75	5000	15
76	4694	14
77	4383	13
78	4067	12
79	3746	11
80	3420	10
81	3090	9
82	2756	8
83	2419	7
84	2079	6
85	1736	5
86	1391	4
87	1044	3
88	698	2
89	349	1

omnes, siue angulos eleuationis super horizontem complectatur, à 45 vsque ad 89, ex cuius regione secunda colūna tribuit cuiuslibet iactus longitudinem, qui sit in eleuatione quapiam à gradu 45 ad 89, cùm enim sit catapulta verticalis in eleuatione 90 graduum, nulla potest esse iactus verticalis longitudo, quippèqui totius versatur in altitudine. Tertia columna gradus reliquos complectitur à 44 ad primum, cuius numeri positam habent cuiusque gradus longitudinem ad læuam; itaut gradus eleuationis 44 huius columnæ, eandem habeat iactus longitudinem, quam gradus 46, & gradus 43 eandem, quam gradus 47, & ita de reliquis gradibus tantumdem infra, quàm supra 45 gradus collocatis, vsque ad gradum vltimum tam huius, quàm primæ columnæ, 1, & 89, qui docent catapultam 89 gradibus eleuatā, suum habere iactum eiusdem longitudinis, ac quando supra horizontem vnico gradu eleuatur, hoc est 349. Vnde constat solum gradū 45 carere socio, vt iam superiùs dictum est.

PRAXIS.

VT verò propiùs ad praxim accedamus, sit iactus medius pedum 10000, absque vlla supputatione numeri descendentes dabunt iactum cuiuscumque alterius eleuationis super, vel sub 45 gradibus existentis: exempli causâ, iactum 22 graduum 6944 pedum, quem excedit iamus globi ad 22 graduum eleuationem, de qua propositione sequente actum est. Quare si numeri secundæ columnæ pedibus exprimuntur, sufficie: Tabula iactibus maiorum nostrorum tormentorum exprimēdis; quos superabunt, si hexapedas significent.

Quanquam

Quamquam hæc tabula quibuſlibet poſſit adaptari tormentis, & arcubus, beneficio regulæ proportionis, vt in exemplo tormenti præcedentis conſtat, cuius iactus ad 22 gradus eleuationis cùm 1900 ſexpedum fuerit, fiat vt tabulæ numerus è regione 22 poſitus, nempe 6944, ad numerum 45 graduum, hoc eſt 10000, ita 1900 ad alium, prodibit numerus hexapedarum iactus tormenti ad 45 gradus eleuati, 2736, & paulò amplius, hoc eſt vnius leucæ Gallicæ, quam 2500 hexapedis definiuimus, & præterea 236 ſexpedum. Si verò iuxta tabulam practicam propoſ. 25 numeremus, cuius iactus 22 graduum 12500, & 45 graduum 16200, noſtri tormenti iactus erit ſexpedarum 2352, quod ob aërem impedientem facilè credidero. Similiter cùm ſagittam miſerit arcubaliſta per ſpatium 50 hexapedum, ad eleuationem 22 graduum; vt noueris ſpatium ad 45 graduum eleuationem percurrendum, fiat vt 6944 ad 10000, ita 50 ad aliud, prodibunt ferè 72 ſexpedæ pro iactu ſagittæ medio.

Aliud exemplum ſit ciuſdem arcus, cuius iactus medius ſit, vt antea, 72 ſexpedum, quæraturque iactus illius ad vnum gradum eleuationis; fiatque propterea vt 10000, numerus tabulæ 45 graduum, ad 349, numerum tabulæ gradus vnius, ita 72 ad 2½ hexapedas, & paulò amplius. Sed iuxta Practicam tabulam 25. prop. erit iactus noſtri arcus ad gradum vnum eleuationis, 12 ſexpedarum, vt enim 16200 iactus 45 graduum, ad 2700, iactum vnius gradus; ita 72 ad 12. Facit enim illa tabula iactum vnius gradus ſubſextuplū iactus 45 graduum; cum Theorica tabula eundem faciat ad iactum 45 graduum, vt 1 ad 29. ferè.

Cúm autem experientia centies repetitâ conſtet iactum ſagittæ ad eleuationem vnius gradus, eſſe medij iactus partem longè maiorem, quàm partem 29; idemq; contingat globis tam minorū, quàm maiorum tormentorum; certum eſt illam tabulam theoricam initio præſertim, hoc eſt ad primos eleuationis gradus, ab obſeruationibus maximè deficere; quis enim credat iaculatores ad ſcopum rectà collineantes, ſuas catapultas ad maiorem, quàm vnius gradus, eleuationem librare? cùm exiſtiment eſſe horizonti parallelas.

Ex Tabula verò, debent eleuari vltra ſeptem gradus, vt illarum iactus, noſtris iactibus obſeruatis horizontalibus, id eſt nullius eleuationis, vtcumque reſpondeant; dixi *vtcumque*, quandoquidem numerus 2419, reſpondens eleuationi ſeptem graduum, minor eſt quarta parte numeri 10000, eleuationis 45 graduum, cùm tamen iactus catapultæ horizonti parallelæ ſit maior quarta parte medij iactus eiuſdem: docet enim experientia, vt iam ſæpius dictum eſt, iactu medio 360 hexapedarum exiſtente, iactum horizontalem eſſe 100 hexapedarum, vel ad minimum, illius effe fub quadruplum. Iactus igitur quinque graduū iftius Tabulæ refpondet vtcumque iactui vnius gradus tabulæ prop. 25. & iactus 10 aut 11 graduum tabulæ propof. iftius, fatis accedit ad iactus horizontales à nobis obferuatos.

MONITVM.

Licet illæ Tabulæ non parum à vero deflectant, fi maiorum tormentorum iactus fint minorum iactibus fimiles, nulli tamen theoriam amanti fequens Tabula, vel propofitio difplicebit, quâ iactuum præcedentium altitudines explicantur; quæ fi reperiantur in iactuum medio, defcribentur parabolæ; fi vero magis abfint à iactuum initio quàm à fine, figura in aëre defcripta curuam irregularem exhibet, vt in obferuationibus contingere iam fatis conftat ex Hydraulicis.

PROPOSITIO XXXI.

Iactuum cuiuflibet eleuationis altitudines explicare.

IActus altitudo folùm intelligitur de iactibus aliquem cum horizonte facientibus angulū, vt ex figuris 27 & 28 prop. conftat, ex quibus iam repetatur A C D A circuli quadrans, quo feptem diuerfi iactus comprehenduntur; quorum altitudo, l b quidem, iactus A l e; b r, iactus A r c; iactus A m f, m c; iactus A q f, q c; iactus A n g, n d; iactus A p g, p d; iactus denique focio carentis, feu medij A o d, altitudo e o. Quibus addi poteft verticalis altitudo A C, quæ éft, in fequente Tabula, æqualis longitudini iactus medij, cuius altitudo 50000, hoc eft verticalis fubdupla.

At vero cùm antea probauerimus iactum verticalem A B effe fubduplum medij A D, caue ne putes hanc altitudinum tabulam ex omni parte referri ad longitudines iactuum tabulæ præcedentis propof. alioqui iactus verticalis fagittæ effet eiufdem medio iactui æqualis: funt igitur hæ duæ tabulæ feorfim confiderandæ, duplóque maiore impetu iactus iftius, quàm illius tabulæ fieri neceffe eft.

Itaque fupponamus ad tabulæ fequentis faciliorem intellectum, alicuius globi, vel fagittæ iactum verticalem effe 10000, reliquófque iactus fieri abfque aëris, aut alterius medij refiftentia, erit altitudo iactus vnius gradus, 3; duorum graduum, 13; trium graduum, 28, & ita de reliquis, vt in sequente tabula cernitur; cuius prima columna gradus

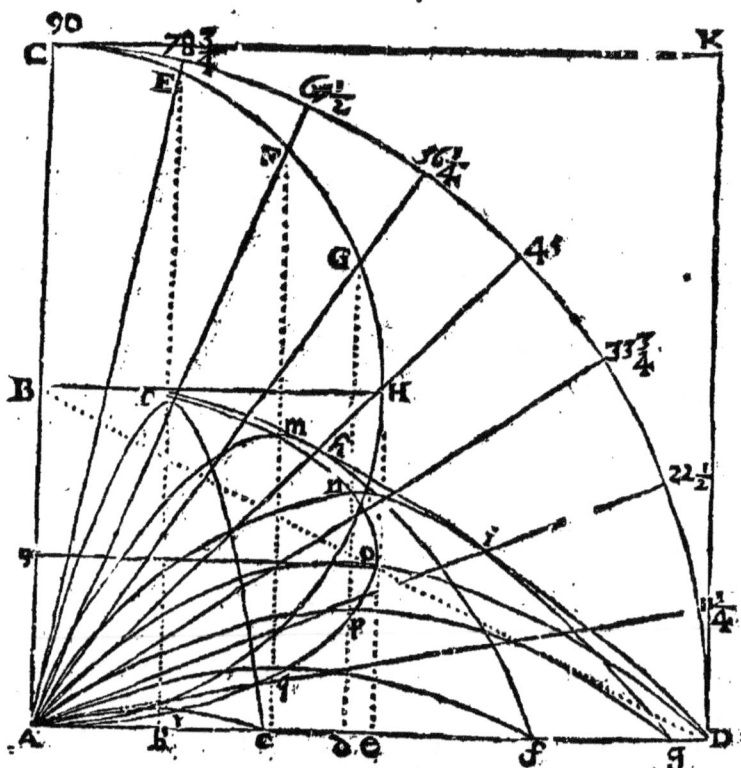

omnes eleuationis ab 1 ad 90, complectitur : secunda iactus altitudinem gradui è regione debitam.

Porrò longè difficilior est experientia, & obseruatio harum altitudinum, quàm longitudinum, quas videlicet horizon ostendit, cùm
nullum in aëre supersit vestigium altitudinum ; quæ sine turribus, vel
rupibus altissimis, obseruari nequeunt; quibus notam aliquam globi,
vel sagittæ contactibus suis imprimant, nisi fenestræ fiant in turribus,
& in rupibus stationes, ex quibus iactuum obserues altitudinem. Crediderim autem has altitudines melius à globis, & sagittis obseruari
quàm longitudines, quamuis aër his & illis officiat. Quæ omnia facilè
in salientibus deprehendes, vt Hydraulica doceat quod Ballistica ne-
gauerit.

ALTITVDINES IACTVVM.

Gr.		Gr.		Gr.		Gr.	
1	3	25	1786	49	5698	73	9144
2	13	26	1912	50	5868	74	9240
3	28	27	2061	51	6038	75	9330
4	50	28	2204	52	6207	76	9415
5	76	29	2351	53	6379	77	9493
6	108	30	2499	54	6546	78	9567
7	150	31	2653	55	6710	79	9636
8	194	32	2810	56	6873	80	9698
9	245	33	2967	57	7033	81	9755
10	302	34	3128	58	7190	82	9806
11	365	35	3289	59	7348	83	9851
12	432	36	3456	60	7502	84	9890
13	506	37	3621	61	7649	85	9924
14	585	38	3793	62	7796	86	9951
15	670	39	3962	63	7939	87	9972
16	760	40	4132	64	8078	88	9987
17	855	41	4301	65	8214	89	9998
18	955	42	4477	66	8346	90	10000
19	1062	43	4654	67	8474		
20	1170	44	4827	68	8597		
21	1285	45	5000	69	8715		
22	1402	46	5173	70	8830		
23	1527	47	5346	71	8940		
24	1685	48	5521	72	9045		

Cúmque falientis, vel iactus cuiuspiam altitudinem agnoueris, verbi gratiâ falientis ad eleuationém 22 graduum, quæ eft in tabula ,1402
quampiam alteram beneficio regulæ proportionis inuenies. Exemplum efto iactus, vel falientis, cuius altitudo 22 pedum, ad prædictam 22 graduum eleuationem: & quæratur altitudo verticalis; quæ
habebitur, fi vt 1402 ad 10000, ita fiat 20 ad 142, & paulò amplius,
hoc eft altitudo iactus verticalis erit ad minimum feptupla altitudinis
iactus viginti duorum graduum.

Eodémque modo alia iactus cuiuflibet altitudo, verbi gratiâ iactus

mediij 45 graduum inuenietur; qui cùm fit 5000, in tabula; fi vt 1402
ad 5000, ita fiat 20 ad alium numerum, altitudo falientis, vel iactus,
ad 45 graduum eleuationem, erit 71, proximè; vel, abfque noua fup-
putatione, dimidia erit verticalis altitudinis: neque difficilius eft ex
altitudine verticali, 22 graduum altitudinem, aut quamlibet aliam inferre.

MONITVM.

CVm nondum defint qui negent globum, fagittam, aut aliud graue
verticaliter emiffum ab eo qui vel eques incedit, vel curru, naui,
aut alio modo geftatur, ad iacientis manum redire poffe; quòd motuum
compofitioni numquam animum adhibuerint, placet fequente propofitione difficultatem omnem amouere, variáque phænomena prædictæ
compofitioni neceffariò coniuncta explicare.

PROPOSITIO XXXII.

*Motuum quorumdam explicare. compofitionem,
naturalis præfertim, & violenti; & oftendere quomodo
pila, vel alia grauia, quæ verticaliter quifpiam equo,
naue, vel curru vectus verticaliter proiecerit, in illius
tamen manum neceffariò redeant.*

VT motuum compofitiones intelligantur, quæ totidem modis
combinari, conternari, côquaternari, &c. quot numeri, vel lineæ
coniungi, mifcerique poffunt, præter ea quæ diximus tam præludio,
quàm à 20. propof. Mechanicorum vfque ad calcem, nonnulla velim
addere, quæ iuuent imaginationem, & intellectum.

Sit igitur A B E F quadratum, cuius duplum parallelogrammum
A D; atque ex angulo quadrati A fufflet
ventus in B, eodem impetu quo ventus alter
ex A in E, clarum eft mobile in A intellectum, neque ad B, neque ad E punctum iturum, fed ad F, per rectam A F, quæ ita componetur ex motibus A B & A E, vt tamen
non fit illi æqualis, licet vtriufque impellentis vel trahentis defiderio vtcumque fatisfa-
ciat; cùm enim qui pellit A, ad rectam B illud propellat, ad B F peruenit
per A F; quemadmodum idem A impellens ad rectam E, fcopum attingit in eodem puncto F, per eandem diametrum A F: neque tamen

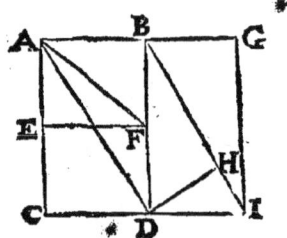

hic aut ille suis votis perfectè satisfacit, cùm hic graue A trahere vel-
let ad punctum E, ille verò ad B punctum. Quare dici potest vtrumque
duntaxàt ad scopum suum δυνάμει, non verò ἐνεργείᾳ, peruenire, cùm recta A F sit æqualis potentiâ rectæ A E, plus rectâ A B, ob quadratum
A F, quadratis A E & A B æquale. Sit præterea rectangulum A B C D,
sitque A C duplum A E; si vis intelligatur in A, quæ pellat graue A
versus B, & alia vis primæ dupla, quæ idem graue A eodem tempore
pellat in C, ad punctum D, per rectam A D, peruenit.

Vbi notandum est graue A latum, vel impulsum vno gradu celeritatis dextrorsum ad B, & vno gradu celeritatis deorsum in E, quibus peruenit ad F, non acquisiuisse duos gradus celeritatis; aut tres gradus in
puncto D, cum duobus gradibus celeritatis motu est ab A ad C, & vno
ab A ad B, per rectam A D peruenit ad D, alioqui recta A F esset ad rectam A D, vt 2 ad 3 (cum linea sit ad lineam vt celeritas ad celeritatem)
quod verum non est, quandoquidem est A F ad A D, vt 2 ad radicem
10, vel vt radix 2 ad radicem 5, Hoc est, celeritas ab A ad F, ad cele-
tatem ab A ad D, non est vt composita ex A B, & B F, ad compositam
ex A B & A C; sunt enim velocitates vt subtensæ A F, A D, seu vt radices quadratorum ex lateribus aggregatorum.

Porrò notandum est D H rectam ab angulo D in diagonalem B I perpendiculariter actam, minimè diuidere B I
diametrum in partes eandem inter se rationem habentes, quam habent B D & D I; neque prædictam perpendicularem ad hoc vtilem esse, vt discernatur quæ pars motus B I
debeatur potentiæ mouenti mobile B in G,
vel quæ pars debeatur potentiæ eodem tempore mouenti idem B in D (quæ quidem
diametri B I partes in eadem esse debent,
ac lineæ B G, B D, ratione. Quapropter emendandum quod priùs ad
prop. 22, tract. Mechan. pag. 80. secus dictum est; vt in Præfatione
ad ipsa Mechanica monui, paragrapho quinto.

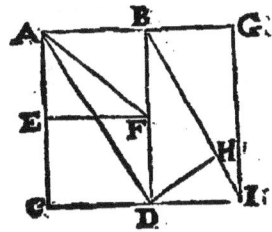

Omnis autem diameter iuxta laterum rationem diuidetur, si angulus
E K N, figuræ pag. 80. Mechanicorum, aut alius quispiam siue rectus,
siue obtusus, siue acutus, bifariam diuidatur, à linea ex anguli puncto K ducta in diametrum, quam semper in ratione laterum secabit. Angulus autem quilibet bifariam diuiditur pluribus modis, verbi
gratiâ descripta circumferentia ex radio K E: Quapropter omisso diagrammate lib. Mechanicorum, constat ex hac figura propos. istius,
D H rectam, non diuidere diagonalem B I, in ratione laterum B D I;

hoc eſt ñon diuidere angulum B D I bifariam.

Præterea notandum eſt non ſolùm rectam A B, vel aliam quacumque, produci poſſe à duobus motibus A C, & A D, ſed
& ipſam rectam A C eodem tempore generari poſſe
à duobus motibus F A, & A E; iterumque latus A E
deſcribi poſſe à duobus aliis motibus, & ita in infinitum. Hinc fit vt neſcire poſſis à quibus cauſis motus aliquis propoſitus deſcriptus fuerit, niſi cauſas ipſas noueris; cùm enim motus idem fieri poſſit à mille cauſis, vel à paucioribus, imo & ab vnico motore, ſemper incertum erit à quot, & à quibus,
niſi motores ipſos videris, aut aliunde cognoueris.

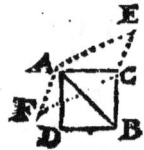

Non ſolùm autem recti motus à variis motoribus ad diuerſas partes tendentibus, ſed etiam motus circulares, & quouis modo curui,
à diuerſis motibus rectis generari poſſunt, vt ex ſequente figura conſtat; ſi enim eodem tempore quo graue quodpiam ab e puncto cadet ad F, iuxta ſolitam velocitatis accretionem, hoc eſt per numeros
quadratos 1, 4, 9, & 16, moueatur lateraliter æquabili motu, hiſce duobus motibus compoſitis curuam e, d, c, b, A deſcribet, quam ſæpenumero parabolam eſſe diximus; idemque dicendum de ſiniſtra parte parabolæ e, f, g, h, I.

Hunc autem motum curuum, qui ſenſibus ita ſunt obnoxij vt nil ferè
rationi tribuant, vix credent, niſi deſcenderint è curru, vniformiter,

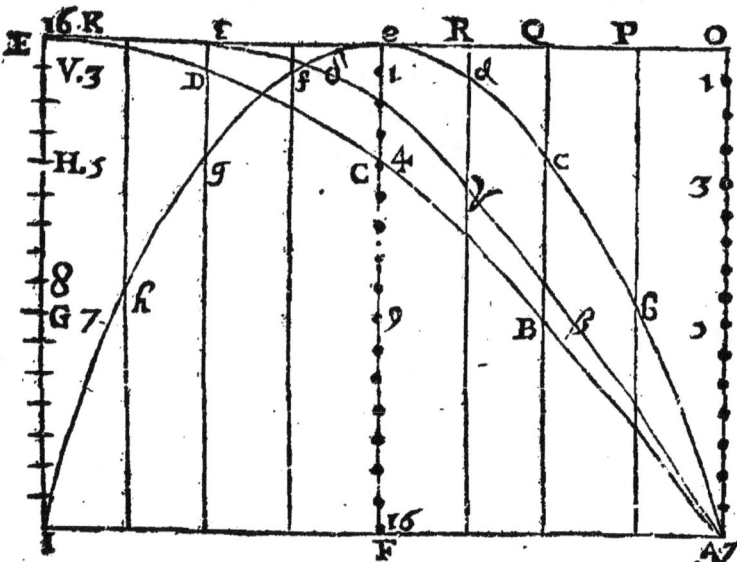

ſiue æquabiliter moto; ſtantibus enim in puncto I, globus, aut lapis

proiectus ab exiftente in curru perpendiculariter verfus E punctum, apparebit moueri, non per rectam I E, cùm afcendendo, tum exfcendendo, fed per curuã I, *h.g.f, e* afcendendo, & per *e,d,c,b.7* exfcendendo.

Similiter fi quis ex curru moto manum attollens in *e,* pilam, aut lapidem ex *e* puncto labi finat, eodémque tempore, quo defcendit motu
proprio ab *e* ad F, currus ad A perueniat, videbit oculus ftans è regione puncti F, pilam non moüeri per rectam *e* F, vt credit curru geftatus, fed per curuam *e* A.

Cuius motus ratio, & caufa fuggeritur ab ipfa figura, cùm enim lapidi currus motum imprimat, quo fpatium horizontale *e* R conficit
eodem tempore, quo motu naturali defcendit ab *e* ad 1, in perpendiculari *e* F, in fexdecim partes æquales diuifa, neceffarium eft ex iftis
duobus motibus fimul iunctis componi motum curuum *e d*; cúmque fecundo tempore, propter motum à curru priùs impreffum, eodem tempore moueatur per R Q, quo defcendit ab 1 ad 4; deinde per fpatium
Q P, & P O, moueatur horizontaliter iifdem temporibus, quibus defcendit à 4 ad 9, & à 9 ad 16, neceffe eft vt eodem momento, quo punctum F tangeret in curru ftante, tangat A in curru mobili.

Quæ cùm adeò clara fint, vt ipfis oculis fæpenumero fatisfieri cura-
uerimus; & tractatu fuo de Tranflato motore, (quo ferè omnia ele-
ganti ftylo perfequitur Gaffendus nofter, quæ Galileus operofo Dialo-
go quarto demonftrat) totam hiftoriam ab experimento luculentiffimo
nauis fuper mari Mediterraneo, coram optimo, fapientiffimóque Duce Alefio, Prouinciæ Prorege, facto deduxerit, & in ipfos oculos
coniecerit, non eft quod hîc plura congeramus.

Quanquam aduertendum eft nec à mali fummitate, nec in curru perfectam parabolam defcriptam iri, fi vel nauis, & currus intelligantur
eadem velocitate currere, quo globus ignarij tormenti, aut apud Ari-
ftarchum, terra mouetur; conftat enim lapides, fagittas, globos, &
alia grauia proiecta, ab *e* verbi gratiâ, ad O (quod iter leucæ fupponatur) non tranfire quatuor illa fpatia *e* R, R Q, Q P, & P O temporibus æqualibus; fed tardiùs moueri à Q ad P, quàm ab *e* R; & motum à
P a O adeo tardum effe, vt globus tormenti, qui per fpatium *e* Q fonum ediderat, à Q ad O grauiorem & grauiorem producat, donec horizonti occurrat, à quo, motu fuo reliquo fpoliatur.

Hinc fit vt globi, & fagittæ in O, vel A minus lædant quàm in
R vel Q, quòd in O, vel A tardius, quàm in R vel Q moueantur. At
verò dum currus vel nauis tardiùs mouetur, proiecta, vel grauia fuopte
nutu cadentia ferè nihil quod fenfibus poffit effe obnoxium, ab aëris
refiftentia patiuntur, cùm nauis affequi nequeat motum lapidis manu
horizontali-

horizontaliter proiecti: quod facilè possis experiri, si tempus metiaris quo nauis decem hexapedarum spatium confecerit, ad quas lapis
proiectus velociùs perueniet.

Demus enim motui lapidis per decem sexpedas temporis secundum; si
nauis eadem velocitate pellatur, vno horæ minuto, 600 sexpedas, & vna
hora 36000, hoc est ¼ leucas & amplius faciet: quod tamen iter trire-
mes vehementer actæ numquam perficiunt, cùm accuratissimus Gassendus Epistola prima de motu impresso, affirmet triremem, quâ expertus est cadentem lapidem è mali summitate ad pedem eiusdem, intra quadrantem horæ, 4 perfecisse milliaria; quæ si milliaribus æqualia sint, quibus vtor, nempe 625 sexpedis, illo horæ quadrante triremis 3125 hexapodas, seu 1¼ leucam confecit.

Cùm autem quindecim minutis constet horæ quadrans, sequitur
triremis tantam fuisse velocitatem, vt vnico minuto 208⅓ hexapodas
fecerit, & quolibet secundo minuto ferè 3½ hexapedas; quapropter lapis à puero proiectus, quinque faciens sexpedas vno secundo, celerri-
mam triremem superat, vel ad minimum adæquat: quamobrem mirum
non est pilam ab e puncto in F cadentem reperiri in A puncto, ad quod
malus ex F in A, (quod sit spatium trium aut quatuor ad summum hexapedum) peruenit, cùm in horizontali motu tantæ tarditatis parum
admodum aër pilæ currenti officiat.

At secus continget si F A, per quod pila moueatur, vnius milliaris
supponitur, quod triremis spatio 20 secundorum perficiat, tanta siquidem aëris resistentia in tanto spatio futura est, vt curua *e, c, b,* 7 longè citra punctum A desinat; tantoque semper ab exacta parabola inagè
deficiat, quanto solidum aëris, eodem tempore percussum, & præteritum, maius fuerit, hoc est quantò maior fuerit proiecti velocitas horizontalis; quandoquidem aër tantumdem impedit pilæ motæ spatium
in vacuo conficiendum, (in quo solo perfecta parabola expectanda
sit) quantum aër ipse, eiusdem ac pila magnitudinis, pilam in aëre
suspensam, in quam eadem velocitate, eodemque tempore spiraret,
quo pila moueri supponebatur, retrocedere cogeret.

Quibus addo nequidem in trireme, tres solùm hexapedas spatio minuti secundi percurrente, pilam cadentem ex *e* in F describere parabolam; quod ita demonstro. Duæ pilæ ab *e*, quietis puncto, descendant versus F, quarum vna sit plumbea, vel quercina, alia suberea; moueaturque triremis ab F ad A, eodem tempore, quo pila plumbea descendet ab *e* ad F; hæc pila descendet per parabolā *e d c b* 7, vt iam dictum est: cúmque certissima constet experientia pilam ex subere tardiùs

ab *e* ad F, quàm plumbeam descendere, quippe punctum 9 solum attingit, quando plumbea peruenit ad F; & tamen primo dimidio secundo simul ita cum plumbea ab *e* ad *i* descendat, vt sensus nullum

inter ambas difcrimen obferuare poffit, clarum eft initio motus pilam
vtramque partem *e d* parabolæ ad fenfum defcribere, deincepfque pilam fuberam minimè *d c b* curuam affequi, fed per aliam defcendere, eò latiorem quò mouebitur tardiùs ab *e* ad F, donec pila tantæ
fiat leuitatis, vt nullam aëris particulam poffit impellere, vel permea-
re; fed neque tunc per *e* F defcenderet, neque ab *e* verfus O moueretur, nifi forfan ad replendum fpatium, quod triremis, vel eius mali
fummitas *e* poft fe relinqueret.

Idemque dicendum de corporibus leuioribus à puncto I verfus E
proiectis, in curru, vel triremi currente, quæ minimè defcriptura funt
curuam I, *hg, fe, d, c,* &c. Quæ omnia ex noftris obferuationibus Hydraulicis adeo clara funt, vt quis perdat operam fi plura quærat. Tantùm addo curuas femper futuras effe differentes, quoties proiectorum,
vel cadentium è quiete corporum leuitas diuerfa fuerit: exempli gratiâ, cùm globus ex fubere, ab *e* in F, 48 pedum exiftente, cadat fpatio 3 fecundorum, globus ex medulla fambucea, fpatio 5. fecundorum,
& globus ex Cypriani veficula conftructus, 8 fecundorum fpatio, certum eft curuas ab illis, ex mali *e* fummitate cadentibus defcriptas, inter fe, & à curua, quam globus ligneus defcribit, admodum effe differentes: cumque triremis fpatium fpatij F A duplum, vel triplum faciat,
quandiu medullaceus globus ab *e* ad F defcendit, curua duplo, tripló-
ve lacior erit, quàm parabola *e* A, licet ab initio ferè coincidat cum *e d*
curua.

MONITVM.

PLacet addere motum grauium terræ motui fuppofito iunctum, vt
appareat vnicuique quid ex illa motuum coniunctione nafcatur, vel
quæ linea defcribatur: fi tamen priùs monuero tantũ ex motuum compofitione noftrum profeciffe Geometram, vt illorum ope generalem
methodum inuenerit ad cuiuflibet curuæ tangetes facillimè reperien-
das, quales funt trium fectionum conicarum curuæ, & choncoidarum,
ciffoidis, quadratricis, trochoidis, &c. Vnicum exemplum in patabolæ
gratiam affero, fi priùs fupponatur motus curuam defcribentis directionem in quolibet curuæ puncto effe rectam, quæ curuam in illo puncto tangit.

Sit igitur defcripta parabola *e* E B, cuius focus A; fitque tangens
e puncti in recta P A fiti reperienda. Quod vt fiat, ducatur à foco A,

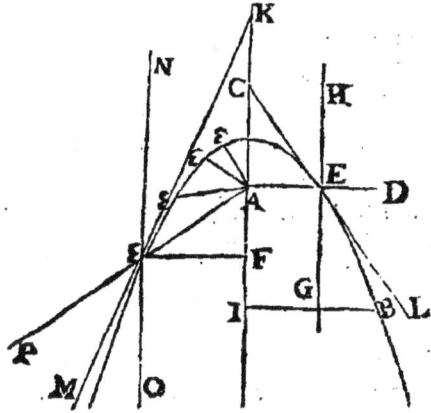

recta A D, per ε punctum transiens: deinde linea ε F, perpendicularis axi A I. Cúmque motus punct̄i
ε, recedant æqualiter à puncto
A, per lineam rectam A ε; & à
puncto C, (quod tantumdem
à vertice parabolæ, quantum ab
eodem focus A, distat) per lineā
F ε, sitq; directio motus illius in
recta A ε, ipsa A ε; directióq; motus in recta F ε, sit N O, vel K I.
Fiátq; motus in F ε descendendo
à C in F, sequitur motus istiuf-
modi æquales esse. Quapropter si diuidatur angulus O ε P
bifariam rectâ M K, quæ est dia-
meter rhombi circa P ε O, & per consequens directio motus ex motu P ε, & O ε, compositi, erit ipsa M K tangens puncti parabolæ ε E B.

Potest etiam ε punctum veluti sectio communis duarum rectarum
intelligi, videlicet A ε infinitæ, circa punctum A motæ, & F ε similiter infinitæ sibi ipsi parallelæ ita descendentis, vt punctum F semper
in linea C I maneat.

Idem ad figuræ dextram reperies, nam angulus rectus G E D rectâ
C L bifariam sectus ostendit L C tangentem; quod quidem inuen-
tionis principium ex communi tangentium istarum inuentione confirmatur, quam habet Apollonius 33. lib̄. Omitto reliqua, de quibus
prædictum Geometram consulere possis. Addo solùm, radium A C
quauis celeritate motum, & in puncto C grauis
aliquo intellecto, vel ipsius circumferentiæ
C G partibus grauibus existentibus, si in aliquo circumferentiæ puncto dissiliant, putà in
C, per lineam C B motas iri, quòd sit tangens
puncti C, quæ est linea directionis motus radij A C, circa punctum A: quod ex rotis pro-
iicientibus probari potest, nunquam enim pondus C, rotæ circum-
actæ, per C I G, sed per C D, &c. mouebitur.

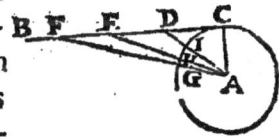

PROPOSITIO XXXIII.

*Defcribere lineam oculo immoto apparentem, quæ in
curru, equo vel naui currente folummodo perpendicularis exiftimatur, etiam motu diurno terræ fuppofito.*

MOtus lapidis perpendiculariter in altum proiecti ex naue mota
fuper mari, eademque naue habente motum telluris communem, fi motus nauis à vento, fit æqualis motui telluris, defcribet parabolam, cuius latitudo dupla eft latitudinis parabolæ defcriptæ à mo-
tu lapidis furfum, & motu nauis horizontali æquabili, quiefcente terra. Sit enim parabola facta ex motu lapidis furfum, & motu nauis horizontali æquabili A, *b,c, d,e f,g,h,i,* cuius dimidia latitudo F A. Cùm
ergo lapis eft in *b,* propter motum nauis, fi accedat motus telluris æqualis motui à vento, erit lapis eo tempore in B, id eft bis tantum progref-
fus in linea horizontali. Similiter, fecundo tempore, quo quiefcente
terra debebat effe in *c,* erit in C,& tertio tempore erit in D, cùm abfque
motu terræ lapis fit tátum in *d.* Quarto deniq; tépore erit in E, & dimidia illius latitudo erit I A. Côftat enim hanc lineam effe parabolicam,
ex eo quòd *e* F, diuidatur in partes 16 æquales, quarum vna abfcinditur
in puncto D, 4 in puncto C, 9 ad B, & 16 ad A. Vide figuram pag. 114.

Porrò fi terra moueretur duplò tardius, quàm nauis mouetur à vento,
fieret parabola A, β, γ, δ, ε, cuius altitudo fefquialtera latitudinis F A.
Denique fi terra moueretur centies millies velocius, quàm nauis feratur
à vento, defcriberetur tamen parabola eiufdem altitudinis, fed latitudinis adeo immenfæ, vt illa linea videretur recta oculo penitus immoto, à qua non differret fenfibiliter. Si verò à vertice E tormentum ex-
ploderetur, quiefcente naui, & eâ velocitate moueretur globus in partem aduerfam, quâ fertur tellus, globulus propter grauitatem defcendens defcriberet lineam rectam E I, & quandiu globus in linea collinea-
tionis horizontali folet apparere, cerneretur immobilis in puncto E.

Si verò in eandem ac terra partem, putà ab E ad O, moueretur, oculo in E vel I immoto per parabolam E D C B A currere videretur, cuius latitudo I A, dupla latitudinis parabolæ *i, h, g, f, e.*

Eodemque modo pila, à ludente in naui, percuffa in *e* puncto verfus
E, videretur immobilis ab oculo in fluminis, vel maris immoto margine fpectata, fi eodem tempore ab *e* ad E moueretur, quo nauis ab *e*
ad O currit; & alia pila ab aduerfario in E vi æquali percuffa, ab eo-

dem oculo pér totam lineam E O moueri videretur, èodem tempore
quo prima pila in *e* puncto, velut in aëre suspensa cerneretur. Ex quibus facilè alia phænomena quispiam intelligat.

Motum telluris ex annuo & diurno compositum omitto, quandoquidem ex dictis facilè poteft intelligi qualis pilæ motus ab oculo
immoto videndus fit, his duobus motibus suppositis.

Sunt etiam alia quæ poffint ex hac figura intelligi, præter motus illos ex verticali A O , vel F *e*, vel I E, & ex horizontali O *e*, vel E *e*,
vel A F, & I F compositos, qui semper lineas parabolicas defcribent,
minoris aut maioris latitudinis, iuxta motus horizontales æquabiles ,
tardiores vel celeriores; exempli gratia, fi postquam cecidit lapis , aut
aliud graue ab O ad A, vel ab *e* ad F, vel ab E ad I, certum eft, ex dictis, lapidem tantum impetum in A, vel F, vel I concepiffe, vt tempore æquali, quo defcendit ex O, vel *e*, vel E in A, aut I, duplum fpatium lineæ I E confecturus fit; hoc eft, cùm 4 temporibus ab E puncto ad I defcenderit, fi reuertatur ab I verfus E, illa velocitate, quam
acquifiuit in I, 4 temporibus 32 fpatia percurret per lineam I E vltra E
productam.

Sed cùm grauitas , quæ semper eft comes lapidis tam afcendentis
quàm defcendentis, hunc impetum eadem ratione retundat, & immi-
nuat, quo illum in defcenfu iuuerat, & auxerat, continget primo tempore lapidem, qui fine grauitate octo fpatia confecturus erat, feptem
duntaxat percurfurum, & ad punctum G, non ad punctũ 8 afcenfurum.
Secundo tempore alia octo fpatia percurriffet vfq; ad E; fed cùm fecundo tẽpore grauitas tres gradus auferat, & non ab 8 , fed à G incipiat,
hoc tempore folùm ad H afcendit. Tertio tempore grauitas ei quinque
gradus adimit, & ideo ab H ad V afcendens tria duntaxat fpatia percurrit. Quarto denique tempore fpatium vnicum ab V ad E conficit, quòd
grauitas ei feptem abftulerit. Vide figuram pag. 113. & 114.

MONITVM I.
De grauium defcenfu fuper planis inclinatis.

CVm iam de ifto defcenfu pluribus in vtriufq; harmoniæ locis, & in
Mechanicorũ præludio dictum fûerit, fequentia faciliùs intelligi
poterunt. Sit igitur planum inclinatum A B, fuper quo globus ab A
puncto quietis, vfque ad H, vel ad B defcendat. Vbi plura quæri pof-
fûnt; primò, quantò tardiùs ille globus per A B, quàm in perpendi-
diculari A D defcendat; fecundò, quantò velociùs in plano A F magis inclinato quàm in A B; atque adeo quibus in locis futurus fit in

perpendiculari A D cùm ad H, vel B fuper plano A B, vel ad F fuper plano A F peruenit. Tertiò, quam lineam defcribat ille globus, qui eodem tempore, quo fuper planis illis defcendit, fertur fimul horizontalitaliter curru, vel naue.

Duo verò prima facilè foluuntur, quandoquidem velocitas globi per A D defcendétis, eft ad illius velocitatem per A B defcendentem, in ratione A C ad A B reciproca; hoc eft vt B A ad A C, ita velocitas per A C ad velocitatem per A B: exempli gratiâ, fi A B fit duplum A C, velocitas per A C dupla erit velocitatis per A B. Idemque dicendum de velocitate per A F, comparata velocitati per AD: & de duabus velocitatibus per illa duo plana inclinata, quorum velocitates funt in reciproca ratione longitudinum.

Quibus adde punctum in perpendiculari plano A D facilè reperiri, ad quod grauia peruenire debeant, eodem momento quo datum planorum inclinatorum punctum attingunt; nam recta planis inclinatis perpendicularis, ad planum A D producta, determinat punctum illius quæfitum: exempli gratiâ, cùm ab A peruenit globus ad H, vel B, perpendicularis H E, vel B D oftendit punctum F, vel D, ad quod globus eodem tempore defcendit, quo fuper plano A B, punctum H, vel B attingit: eodemque modo reperies ex dato puncto plani A D, ad quem locum planorum inclinatorum graue defcendens peruenitet, cùm eædem lineæ ex punctis E & D actæ perpendiculares planis A B , & A F, oftendant prædicta puncta in A B, & punctum F in plano A F.

Cùm autem perpendiculares illæ rectum angulum faciant cum planis inclinatis, fintque omnes anguli recti in femicirculo A B F D, vel alio fimili, nihil punctorum illorum inuentione facilius. Sed difficilior effe videtur lineæ compofitio ex A B, vel A F, & horizontali linea C B, aut aliâ quapiam, per quam transfertur globus A, eodem tempore quo mouetur fuper A B, vel alio plano inclinato.

Qui tamen propiùs infpexerit motum globi eodem tempore per planum A B currentis, & eius cafum in duplicata ratione temporum accelerantis, quo planum horizontale C B, quocumque motu, dummodo æquabili, à C per B vlterius promouetur, lineam illam iudicabit parabolam, idque in omni cuiuflibet plani inclinatione; quemadmodum eft parabola, cùm per plana inclinata quæcumque afcendentia D F, vel D B, globus eodem eodem tempore afcendit, quo planum horizontale

à G ad F, vel à C ad B promouetur: eritque A B generationis diameter, & C B ordinata.

Si verò globus æquabili motu peræquè super plano inclinato, ac ipsum planum horizontale, moueretur, describeretur recta, quamcumque rationem motus illi ad inuicem habeant.

Si denique grauia descenderent aliis modis, seu proportionibus,
quas prop. 18. explicauimus; verbi gratiâ, si quatuor primis temporibus
æqualibus eo conficiant ordine & numero spatia, quo numeri serie
naturali progrediuntur, 1, 2, 3, 4, &c. vt Varro, & alij existimant, in
naue mota casus lapidis non describeret parabolam, sed aliam curuam,
cuius proprietates facilè innotescent, quòd sequatur numeros triangulares, 1, 3, 6, 10, &c. duobus enim primis temporibus, 3 : tribus, 6; quattuor, 10 spatia lapis cadens percurrit.

PROPOSITIO XXXIV.

*Dato arcu data tensionis, cuius sagitta, vel pila in
data super horizontem inclinatione suum missile ad
certum spatium mittat, dare alium arcum similiter
tensum, qui suum missile longiùs emittat in data ratione, quantum fieri potest.*

HÆc propositio erit sequentis veluti præambulum, siue præparatio.
Vix autem vllum reperias qui non asserat illud problema esse penitus impossibile, nisi de rebus physicis geometricè crediderit tractandum
esse, vt quemadmodum progressio numerorum, vel linearum in qua-
cunque ratione in infinitum abit, qualis est, verbi gratiâ, processus
arithmeticus 1, 2, 3, &c. vel geometricus, 1, 2, 4, 8, &c. ita possit robur, & vigor arcuum magis ac magis crescere, &. sagittas longiùs
atque longiùs emittere, quod cùm ex multis capitibus repugnare videatur, tum quòd illud virium augmentum non patiatur materiæ fra-
gilitas; neque hominum industria possit arcus construere, vel flectere, si
fingantur animo tantarum esse virium, vt suas sagittas hinc ad stellas,
solem, vel lunam iaciant; neque fortassis aër tantam violentiam aut
velocitatem pati queat, vt viam aperiat telis ea velocitate excussis, quæ
neessaria foret ad iactus adeò longos & veloces; hæc propositio re-
stringenda, nostris vt vsibus accommodetur.

Supponamus ergo balistas, vel arcus ad iactum maiorum tormentorum

torum ignariorum, hoc eſt ad tria milliaria, poſſe peruenire, nec enim deſunt qui putent veterum machinas militares ad hoc ſpatium lapides talentarios, aut ſagittas trabibus noſtris æquales proieciſſe; quod cùm vix credam, neque hactenus vllâ ratione, vel auctoritate ſatis firmâ probatum viderim, ne tamen vlli repugnem, ſupponamus etiam hominum induſtriâ arcum vel chalybeum, vel cuiuſuis alterius materiæ parari poſſe, qui vel ſolus, vel aliis iunctus viribus ad ſpatium præcedentis duplum, aut triplum, hoc eſt ad duas aut tres leucas telum, ſagittam, lapidem, aut aliud graue quodpiam poſſit emittere.

Quibus poſitis, ſit arcus ſequens H K I lunatus, cuius neruus ad M adductus faciat angulum æqualem angulo nerui B C, ad arcum B A C pertinentis, & ad O adducti, ſintque iſti arcus cum ſuis ſagittis, & neruis in omnibus ſimiles; minoris autem H A G tenſio fiat vſque ad M vi ponderis 50 librarum, eiuſque iactus medius, (qui & omnium maximus) ſit 50 hexapedum, vt noſtris arcubus ligneis contingit: quæraturque quantò maior eſſe debeat arcus, vt ad duplam vel triplam diſtantiam ſagittas mittat: cuius robur ſi duplum fuerit pluribus ſufficere videatur: quod quidem robur ſi metiaris ex viribus tendentibus, experientia docet arcum chalybeum mille viribus, ſeu libris tenſum, duplò ſolum longius ſagittam emittere; cùm enim arcubaliſtam illis ponderibus tendiderim; iactus illius vix centum hexapedas ſuperauit, quamquam alia baliſta chalybea ſagittam ad 50 ſexpedas emiſit.

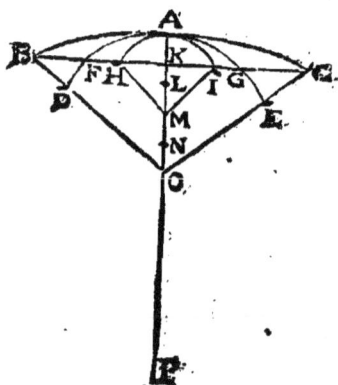

Porrò variis experimentis fultus ſuſpicari poteſt quiſpiam vim arcus octuplam eſſe debere, vt iactum duplum habeat, qualis arcus B A C arcus H A C longitudine duplus futurus videtur, ſi fuerint inter ſe ſimiles inſtar cuborum, qui ſunt in ratione triplicata ſuorum laterum: atque adeo pondera tendentia in ratione triplicata iactuum futura; exempli gratia, ſi chalybeus arcus H A G 50 libris tenſus in M, ſagittam ad 50 ſexpedas mittat, arcus B A C telum ad 50 miſſurus ſexpedas, tendetur ad O libris 13,0.

At huic ſuſpitioni non pauca opponunrur, præſertim verò quod iſtius tracti initio notatum eſt, arcum ligneum B A L vno pondere tenſum in L, ſagittam ſuam emiſiſſe ad certum ſparium, & duplo pondere tenſum

q.

ad M , eandem fagittam emififfe ad duplum fpatium : & ad N triplo
tenfum pondere, ad triplum fpatium excuffiffe. Quapropter arcus fufficere videtur duplus viribus, vt ad duplum fpatium iaciat. In arcubus
chalybeis nunquam ratio ponderum per æqualia fpatia K L, LM, MN,
L N O, neruum H C tendentium maior vifa eft, quàm (ad fummum) duplicata prædictorum fpatiorum, vt in obferuationibus initio libri allatis reperies, fed qualis iactuum ratio ex illis punctis futura fit, an eadem ac in arcubus ligneis, an diuerfa, iuxta tenfionum diuerfitatem,
non potuimus obferuare.

Híc autem non folùm arcus fimiles, fed etiam longitudine æquales,
& craffitudine differentes confiderari poffunt; num videlicet arcus
duplò vel triplò craffior, vt vim maiorem ad fui tenfionem requirit, ita longiùs telum mittat. Verùm cùm cylindri eiufdem materiæ
vim eò maiorem requirant vt flectantur, quò craffiores fuerint, non eò
velociùs redeunt, cùm tamen reditus velocitas maximè faciat ad fagittas longius tranfmittendas.

Quapropter in illam velocitatem inquirendum, antequam dubium
præteritum folui poffit : nifi enim diuerfæ vires tendentes inferant maiorem recurrentis arcus & nerui velocitatem, nullum credo ex fola maiorum virium tenfione iactuum maiorem longitudinem poffe concludere. Cur enim non occurrat materia flexu difficilior, licet incuruata
minore velocitate recurrat?

PROPOSITIO XXXV

*Arcu dato, cuius recurfus fit datæ velocitatis, alte-
rum arcum inuenire, cuius recurfus præfcriptam habeat cum præcedente velocitate rationem : vbi de tenfione nerui neceffaria, quâ bis, ter, &c. velociùs, aut
tardiùs recurrat.*

QVæ propofitio (quemadmodum præcedens, & cæteræ materiam
inuoluentes) intra naturæ & artis fines cohibenda, cùm non ita
poffit quælibet exhiberi celeritas, vt folâ ratione confideratur. Cùm
autem maximum duplæ velocitatis fignum effe videatur, cùm miffile
duplum iter eo tempore percurrit, quo miffile aliud conficit iter fubduplum; conftetque ex nona propofitione huius tractatus, fagittam
ex arcu chalybeo mille ad minimum libris tenfo miffam duplò tantùm
velociùs moueri fagittâ, quam arcus ligneus 50 libri tenfus emittit

quippequæ 30 hexapedas duabus fecundis percurrit, quas vnico fecundo prior fagitta conficit, non abfque caufa putabit aliquis vim arcus vigecuplam effe debere, vt duplo velocius redeat, vigefies enim 50
continentur in 1000. Vel quia chalybei reperientur arcus, qui forte
libris 400 tenfi poffint illas 30 hexapedas fpatio vnius fecundi percurrere, faltem tenfionum vires erunt in triplicata ratione velocitatum:
vel in quadruplicata, fi vis tendens validioris arcus fit fexdecupla virium
arcus debilioris, hoc eft fi pondera fint inter fe vt 800 ad 50. Vnde concludatur arcum eadem velocitate fuam emittere fagittà, quà globus ex-
ignaria catapulta exploditur, (qui 90 videlicet hexapedas vno fecundo
facit) tendendum effe, vel 6400 libris ad minimum, vel ad fummum
12800, aut 16000; vt illius catapultæ, quam vulgò dicunt *arquebu-
fiam*, vis, & tenfio refpondeat tenfioni 16000 librarum, fi duplò tantùm velocius globum, quàm arcubalifta chalybea fagittam excutiat;
vel fi triplò celerius, vis tenfioni refpondens erit in ratione triplicata, vel quadruplicata 1 ad 3, id eft cùm arcus chalybei vis, vel tenfio
fuerit 1000 librarum, vis ignarij tormenti futura eft 27, vel 81 millium librarum.

Quæ vt clarius intelligantur, fit rurfus figura præcedens, B A C P,
quæ referat duos arcus fimiles, eiuf-
demque materiæ, puta chalybeos, quorum maior B A C fit minoris H A G duplus longitudine, atque adeo quantitate
octuplus, vt conftet ex legibus corporum fimilium.

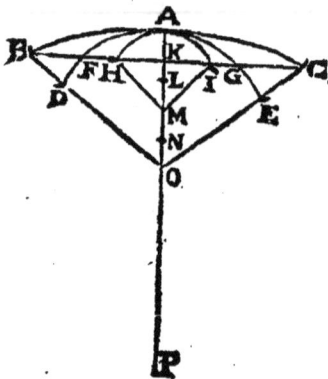

Ne verò repetamus quæ iam 11. propof. dicta funt, nempe velocitatem ab
O ad K, eodem ferè modo crefcere,
ac grauium cadentium velocitatem, vt
d uplò fit velocior neruus B O C, cùm ad
K, quàm ad M peruenit; veriffimile videtur neruum maioris arcus, cuius ner-
uus duplò longius, quàm arcus fubdupli tenditur, (cùm O K fit duplum
M K ex conftructione, & hypothefi) duplò velocius verfus punctum K
moueri, quod verum erit, fi eodem temporis momento, quo neruus minoris ab M puncto difcedit, maioris neruus eadem velocitate ab O puncto recedat; vt enim lapis duplo tépore cadens duplam celeritatem acquifiuit, ita neruus ab O ad K recurrens, in puncto K celeritatem fibi
comparauit, quà, fine augmento, fpatium deinceps fpatij O K duplum
eodem, vel æquali tempore conficere poffit, quo fpatium O K percur-

rerat, ſi liberum ei fieret, hoc eſt abſque arcus retentióne: adeovt globus occurrens in K, & à neruo percuſſus, ſpatium ſpatij O K duplum
ſit confecturus, vel æquali tempore, quo neruus lineam O K percurrerat, dummodo globus vel ſagitta diſcedens omnimodam nerui velocitatem induerit: cúmque ferè ſpatia æqualia temporibus æqualibus
à ſagittis percurrantur, vt ex variis obſeruationibus conſtat, non abſo-
num fuerit ſi quis illarum velocitatibus ad nerui redeuntis velocitatem
inueſtigandam vtatur; hoc eſt, vt innoteſcat quo tempore neruus ab O
ad K redeat.

Sit ergo ſagittæ tanta velocitas vt 30 hexapedas vnius ſecundi ſpatio conficiat, (vt reuera contingit in emiſſione arcus chalybei , de quo
ſupra) ſitque ſpatium O K ſex digitorum, quale propemodum in illo
arcu; rurſus ab O ad K erit $\frac{1}{360}$ ſecundi, vel 10 quartis minutis, ſeu $\frac{1}{6}$ minuti tertij.

Quam velocitatem ſi placeat celeritati redeuntis harmonici nerui
cômparare, qui ſonum acutiſſimum edit in Spinetis, Citharis, & aliis
inſtrumentis, æqua proximè celeritas reperietur, ſi tamen fingatur ille
neruus harmonicus ſex digitos recurſu ſuo conficere, cùm tamen vix
vnius vel alterius lineæ ſpatium percurrat. Vnde fit vt chorda ab O ad
K ſexagecuplo celeriùs moueatur, quod nempe linea ſexagies in K O,
hoc eſt dimidio pede, contineatur, & eodem tempore ab O ad K fiat
recurſus, quo neruus prædictus harmonicus ſemel recurrit.

Hinc autem innoteſcit velocitas reditus quorumuis aliorum arcuum;
exempli gratiâ, ſpatium K O ſit 16 digitorum, quale in arcubus ligneis experimur, quorum ſagittæ cùm duplò tardiùs currant, etiam
duplò tardiùs chordæ ab O ad K mouebuntur, hoc eſt ſpatio $\frac{1}{6}$ minuti tertij.

Porrò quoties neruus optimam habet cum arcu & ſagitta proportionem, crediderim vel totam, vel pene totam nerui celeritatem in ſagittam tranſmitti, atque adeò noſtram de velocitate nerui recurrentis
ratiocinationem non longè à vero diſcedere. Sed illa ſemper difficultas de reperiendo arcu ſupereſt, cuius neruus dupla, tripla, &c. velocitate redeat, maximè cùm tenſionis ſpatium K O æquale fuerit, ſatis
enim ex dictis conſtat eò maiorem eſſe cuiuſuis arcus, & nerui velocitatem ab O puncto eadem celeritate recedentis, quo maius fuerit O K
ſpatium.

Vt verò neruus in eodem ſpatio moueatur duplò velocius, hoc eſt
vt ab O duplo promptiùs exeat, vi quadrupla tendendus eſt, vt conſtat
ex Harmonicis noſtris, in quibus oſtenſum eſt neruum A B vnica vi
tenſum, à puncto C, ad quod pellitur, ſemel redire, vique quadrupla

tensum bis redire, hoc est velocitatem reditus A B esse in virium, seu ponderum tendentium subduplicata ratione.

Ostensum est etiam neruum subduplum A E eadem vi, ac duplum A B tensum, duplo velocius redire à puncto D ad punctum G, quàm neruum A B à

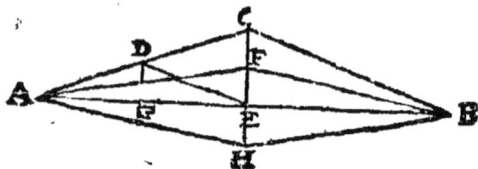

puncto C ad E, licet punctum E moueatur æque velociter ac punctum D, quandoquidem spatium C E duplum spatij D G duplo tempore percurrit. Vnde concludebamus in Harmonicis acumen soni non à maiori nerui velocitate, sed ab illius recursu frequentiore petendum.

Quibus ex harmonia repetitis facilè reperietur arcuum velocitas; cùm enim illorum nerui tendentur in ratione duplicata velocitatum, prodibunt illæ velocitates. Sint enim duo præcedétes nerui AE, & AB, duorum arcuum A D E, & A C E, qui nihil iuuent, nec etiam impediant nerui velocitatem; quantumuis illi nerui longitudine differant, semper æquali celeritate mouebuntur, si tanto longius ab horizonte, seu recta linea B A trahantur, quantò longiores fuerint, & æquali potentia, seu æquali pondere tensi fuerint.

Vbi verò alteruter in ratione suæ longitudinis, ad alterius longitudinem duplicata tendetur, dubio procul velociùs quàm antea mouebitur in ratione tensionum subduplicata. Exempli gratia, si A E, vel A B, qui cùm vnius libræ pondere tendebatur, vno tertio minuto semel recurrebat, quatuor libris tédatur, eodem tempore bis recurret; si nouem libris tedatur, ter redibit, hoc est triplò velociùs mouebitur, & ita de reliquis.

Vnde multa concludi possunt ad arcus, & illorum neruos attinentia, népe tam maiores quàm minores æqueuelociter initio recurrere, cùm nerui tenduntur æqualiter, & arcus sunt eiusdem perfectionis, & materiæ. Deinde tensionis eiusdem esse, cùm vnisoni, si æquales sunt tam longitudine, quàm crassitudine & materia; vel si longitudine sola differant, cùm illorum soni in eadem inter se ratione fuerint ac ipsi nerui: qui si crassitudine sola, vel simul crassitudine, & longitudine discrepent, soni in ratione subduplicata crassitudinum, vel in ratione composita ex ratione diuersarum longitudinum, & subduplicata crassitudinum æqualem neruorum velocitatem testabuntur, quod fusius in Harmonicis nostris explicauimus.

Vnicus ergo sonus nostris difficultatibus succurret, quo sagittarius non solum neruos vnicuique arcui adhibitos, sed etiam vtcumque tensos explorabit, & quamlibet tensionum rationem ostendet. At verò

q iii

neruorum arcubus chalybeis feruientium vix tonum, hoc eft foni grauitatem, aut potius grauitatis, vel acuminis gradum inuenies, ob chordæ craffitudinem & breuitatem nimiam, qua fonus tum obtufus redditur, vt vix ac ne vix quidem de eo iudicium fatis exactum ferre poffis.

Eapropter peculiaris neruus femper habendus, quem cùm femel
arcu exploraueris ad illius tenfionem & velocitatem fono cognofcen-
dam, cæteris deinceps propofitis arcubus, quorum tenfiones & velocitates inquirentur, accommodes: potiùs enim de arcuum, quàm de neruorum velocitate fatagendum, cùm nerui propter arcus redeant.

Quodlibet igitur arcus brachium inftar nerui eiufdem, ac arcus, materiæ confiderari poteft, quales, verbi gra-
tiâ, arcus A B D brachium A B, vel B D;
cùm enim neruus A D vel G quadruplo
pôdere O tenfus acquirat duplam velocitatem illius, quam habebat, velocitatis,
cùm pondere fubquadrulo tendebatur,
(neruo labente fuper trochleâ D) cur brachium B D etiam quadruplo pondere
tenfum non acquiret duplam fui recurfus
velocitatem? quando præfertim eiufdem
ac nerui materiæ fupponitur: idémque de
toto arcu A B D dicendum; tunc enim
arcus erit inftar nerui inflexi: quanquam
illa denfitas maior circa B, & minor circa D, aliquid hac in parte mutare poffit.

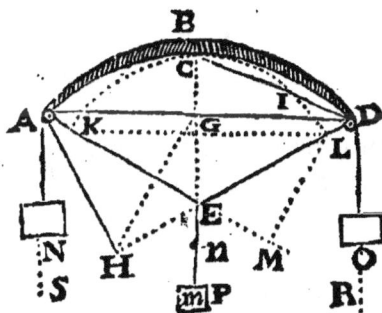

Caue tamen ne putes hanc proportionem arcubus, aut eorum neruis adhibéri non poffe, quòd vbi punctis D & A pondus aliquod ap-
pofueris, cuius loco poftea quadruplum addatur, non tamen foni ex illis duabus tenfionibus geniti diapafon faciant: non enim fola primi
ponderis tenfio, fed etiam illa numeranda venit, quam habet ab arcu
A B C neruum in lineam rectam A D trahente feu tendente; qua de
re iam nonnihil prop. 3. ex qua fatis conftat folam arcus tenfionem reliquis viribus, feu ponderibus nonnunquam æquiualere, quibus ad
aftragalum vfque neruus adducitur.

Supponamus ergo nunc arcum A B D vi propriâ tantundem neruum
A D tendere, quantum tenderetur à 40 libris Q, eundem neruum fuper trochleâ D trahentibus; vt igitur neruus A D quadruplo magè tenderetur, & eâ tenfione duplam velocitatem acquireret, 120 libris ad E
punctum adducendus effet, quas abfque fractione non fuftinet.

Vnde fequitur folum arcum in directum A D trahentem, totius tenfionis, qua ducitur ad E, dimidium efficere: quod fi contigerit chalybeis arcubus, vt reuera poteſt contingere, iaculatores ipſi mirabuntur, quos Muſici docebant exploratis collatiſque ſonis chordæ A D rectæ, & inflexæ A E D; ſi enim ſonus chordæ G D ſoni chordæ D E (vel potiùs partis chordæ D E, æqualis chordæ G D) ſit duplus acumine, chorda D E quadruplò magis tendetur, & chorda in D E, ſumpta longitudine æqualis chordæ G D, cum chorda G D diapaſon efficiet.

Cùm enim chorda G D in D E tracta longior euadat, & ob illam maiorem longitudinem fieri poſſit vt eiuſdem ferè toni cum neruo G D appareat, etiamſi magis tendatur, quòd maior longitudo maiorem tenſionem, ſaltem ex parte compenſet in obſeruationibus ſonorum, ſeu tonorum, non erit integra chorda D E capienda, ſed pars æqualis chordæ D G. quod ſi commodè fieri nequeat ſono totius nerui D E, qui grauior erit ſono quæſito, ſonus addendus eſt, quo fiat acutior, & ad illud acumen perueniat, quod ei neruo D E facto æquali chordæ G D, debetur.

Faciat, exempli causâ, neruus D E cum neruo G D ditonum, ſitque, quàm par ſit, longior D E parte ſui decimaſextâ, ſemitonium maius ditono præcedenti iunctum efficiet diateſſaron, & arguet tenſionem D E eſſe ad G D tenſionem in ſequitertiæ rationis duplicata ratione; hoc eſt duas illas tenſiones eſſe vt 16 ad 9, & ita de cæteris.

Quæ licet priùs eidem arcui quàm pluribus differentibus conuenire videantur, facilè tamen omnibus accommodari poſſunt.

Vt igitur ex dictis propoſitioni noſtræ ſatisfiat repetatur figura B A C P; cuius minor arcus H A I datus & tenſus ſit in M vi, ſeu pondere 20 librarum, cuius iactus aliquis datus ſit 20 hexapedarum, quæraturque arcus iactum ſuum ſimilem habens præcedentis ſubduplum, vel ſubtriplum, cúmque velocitas iactum duplum, vel triplum faciens, dupla, vel tripla ſit ex ſuppoſitis (vbi omnia, hoc eſt arcus, angulus à neruis factus, ſagittæ, & quæcumque alia referri poſſent, ſimilia poſtulamus) arcus duplò longiùs iaciens, erit duplò longior & octuplò maior arcu præcedente: Et vbi minor vno pondere tendetur, maior 8 tendendus erit; Quod ex arcu chalybeæ chordæ alterius ſimilis octuplæ probatur, quæ non poteſt duplò moueri velociùs, niſi tendatur octuplò fortiùs chordâ ſimili ſuboctuplâ. Enimuero ſola longitudo compenſatur vi tenſionis quadruplâ, & quadrupla craſſitudo altera vi quadruplâ, quæ ſimul additæ vim octuplam componunt.

Arcus igitur octuplus magnitudine B A C, poſtulat vim, ſeu pondus octuplum ponderis quo tenditur arcus H A I ſuboctuplus, vt eodem tempore maior ab O, quo minor ab M ad K, redeat; cumque O K ſi

M K duplum, maioris arcus velocitas erit dupla velocitatis arcus minoris vno pondere tenfi.

Quòd fi quis contendat iactum arcus B A C octuplum effe debere,
cùm octo viribus tendatur, meminerit fagittam illius arcus etiam alterius fagittæ octuplam requiri, & vim magnam effe neceffariam vt
telum octuplò grauius duplò longius proijciatur. Idem de iactu triplo
dicendum, quippe maior arcus ad minorem effe debet in ratione 27 ad 1,
hoc eft triplicata, & ita de cæteris, donec hominum, vel ipfius materiæ
potentia definat.

Si verò non omnia fimilia fuerint, fed craffitudine fola, v. gr. vel longitudine fola differant, res videtur difficilior ; nifi reuocetur iterum
quod in harmonia dictum eft, videlicet neruum longitudine æqualem
& craffitudine maiorem, æquali celeritate moueri, fi vis tendens fit eò
maior quò fuerit craffior. Verbi gratia fi fuerit arcus æqualis longitudine, duplò, vel triplo craffior, vi duplò, vel triplò maiore tendendus
erit, vt æquali velocitate redeat, cùm enim vi dupla. tripláue flangatur
cùm duplo, vel triplo tenuior vna vi rumpitur, idem de tenfione ad idem
fpatium dici debet. Sit arcus tenuior vna libra tenfus, triplo craffiortribus
libris tenfus, æqua velocitate recurret, neque duplo velocius mouebitur,
donec 12 libris tendatur, neque triplo velocius, nifi libris 27. quarum
tenfionum hæc eft regula generalis, effe oportere in ratione quæfitarum
velocitatum duplicata.

MONITVM.

CVm toties tam hifce nouis, quàm harmonicis libris de duplicata
potentiarum, feu ponderum ratione locuti fimus, quæ ferè in omnibus reperitur, præfertim in motibus, quorum vt velocitates dupli-
centur, vires, fiue potentiæ, illarum caufæ, quadruplari debent, placet
iftius duplicatę rationis caufam eq. prop. inueftigare.

PROPOSITIO XXXVI.

Caufam inueftigare ob quam vires neruum tendentes
fint in ratione velocitatum, quibus mouetur, duplicata.

CVm nil frequentius occurrat quàm illa duplicata ratio, quæ fuper-
ficierum lineis comparatarum propria videtur, quæque neruo ner-
ni alterius longitudine duplo dat recurfum æqualem, & vnifonum, &
iam

iam ea non repetam quæ conueniunt arcubus, huiusce rationis causam inuestigemus ; sítque propterea funis A B cuiuscúmque materiæ, qui clauo immobili detentus in A, & ponticello B (vt in citharis) terminatus, aut pressus trahatur à pondere C L D, ei in C alligato, sítque A B chorda vel horizonti parallela, vt in iacente testudine, siue monochordo, vel perpendicularis, nihil enim interest.

Certum est primò neruum, vel funem illum absque proprio pondere intellectum (quod hîc nullius ferè considerationis est) & nondum à C D tensum pondere, si ducatur ab F ad E motu transuerso, nusquam ab E rediturum, & in quouis mansurum loco, ad quem manu fuerit adductus.

Certum est secundò statim atque tensus fuerit aliquo pondere, rectum in A B linea futurum esse, & vi vsque ad B ductum, confestim, vi desinente, rediturum ad F, vi ponderis C continuò trahentis : idémque puta de neruo citharæ collopibus in puncto, B in torto.

Certum est tertiò ab E ad F velociùs redire cùm à maiore pondere tenditur, & ex obseruationibus harmonicis constat illius reditus velocitates esse in subduplicata, vel, vt alij loquuntur, subdupla tendentium, seu trahentium ponderum ratione, cuius rationis cùm veram causam non attulerim in harm. nunc illam explico.

Notandum igitur imprimis, funem A B vno pondere tensum duobus veluti ponderibus resistere, cùm A clauus detinens tantumdem efficiat ac pondus C, vt ex mechanicis constat ; si enim pondus in F alligaretur funi A B horizonti parallelo, tantumdem ponderis manus in A, quantum manus in B, gestaret : itaque hinc inde tendit æqualiter neruum A B, tam clauus A, quàm pondus C.

Deinceps verò primum pondus C erit libra ; totúmque pondus C I D, 16 libris constabit. Duæ igitur libræ, vel, si mauis, potentiæ & vires, faciunt primam funis resistentiam, quâ redit ab E ad F primo gradu velocitatis : cui cùm noua resistentia, præcedenti æqualis, inferenda sit, vt duobus velocitatis gradibus ab E ad F, hoc est duplò quàm antea velociùs recurrat, reperiatur verò durior atque rigidior quàm prima vice, cùm nihil resisteret, duabus, vt illâ vice, libris ille rigor compensandus, vt libra noua tantumdem ei velocitatis tribuat, quantum prima : quapropter primæ libræ tres aliæ coniunctæ neruum ab E duplâ velocitate retrahent.

Tertius velocitatis gradus eidem funi tribuetur, si pro 2 libris, quibus duo priores velocitatis gradus efficiuntur, primùm 4 libræ nouæ funi appendantur, vt in eodem statu collocetur respectu tertij ponderis,

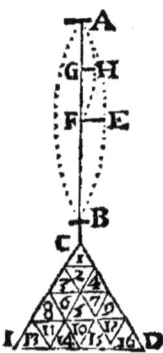

r

quo secunda vice, pro secundo velocitatis gradu inferendo, statutus fuerat : 4 igitur libris funi nouiter adhibitis, aptus erit cui à libra tertius velocitatis gradus indatur : itaque funis 9 libris tensus & in E tractus triplò velociùs ad F recurret.

Quartus denique velocitatis gradus neruo communicabitur, si pro tribus libris præcedentibus, primò 6 libræ iungantur, vt in eodem statu funis iterum reperiatur, quem tertiâ vice, 4 libris additis, induerat : hoc enim posito libra superaddita retrahet funem ab E 4 velocitatis gradibus ; quos vltra nolim ire, quòd nerui harmonici vix maiore pondere tendi possint absque fractione ; cùm enim pondus aliquod, putà libræ vnius, ita neruum tendit vt sonus aure satis discernatur, vix ille neruus ad disdiapason ante fractionem tendi potest, vt dudum in harmonicis obseruauimus.

Pórrò notatu dignum est, hîc idem contingere quod tubis aqua plenis, de quibus in hydraulicis fusissimè, quippe primorum neruorum 1, 2, 3, 4, &c. quadrata sequuntur ; hoc est, quorum altitudines debent esse in ratione velocitatum, quibus aquæ saliunt ex luminibus, duplicata ; idem enim omnino reperitur in cylindro excauato aqua pleno, quod in fune tenso ; quemadmodum enim cùm tubus aquæ libra plenus salit vno gradu velocitatis è lumine, debent addi 3 libræ vt duplo, quinque præterea libræ vt triplo, & postea 7, vt 16 aquæ libræ quadruplo velocitatis gradu saliant, ita funi, seu fidibus addenda sunt pondera 1, 4, 9, & 16, vt prædictis gradibus ab E ad F redeant. Vbi nonnulla diligenter obseruanda, primùm omnia ferè quæ motui imprimendo seruiunt, istam rectam duplicatam concludere.

2. Cùm omnia pondera C I D simul iuncta non descendant velociùs quàm prima libra C, mirum videri, quomodo neruus A B vi horum ponderum velociùs, atque velociùs ab E ad F redeat.

3. Me 16 pondera numeris distinxisse, vt librarum, vel aliorum ponderum, aut potentiarum additiones clarius, & distinctiùs intelligerentur, & in ipsos oculos incurrerent.

4. Punctum nerui in F posse dici hypomochlion quod tam ponderi in A, quàm ponderi in B ex æquo resistat, ac velut æquilibrium constituat, vt sit instar sparti bilancis, cuius brachia æqualia B F, & F A.

5. Funem longitudine subduplum A F, iisdem tensum ponderibus, & ex G in H tractum, suos quidem recursus duplò frequentiores, non tamē duplò velociores habere, cùm E F sit spatij G H duplum : atque adeo

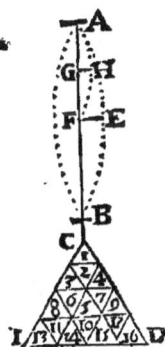

mirum non effe fi maiores arcus eadem vi, feu potentia tenfi, eadem velocitate ac minores redeunt.

6. Cum idem effe videatur, fi quis arcus intelligatur ad rectitudinem in A B coactus, qui redeundo ad curuitatem A E B fagittam
percutiat, ac fi lamina chalybea A B recta, vi trahatur, donec in A E B
arcuetur, & redeundo ad rectitudinem telum in F occurrens percutiat; & ipfa chorda chalybea A B, cùm cylindrus exiftat, laminæ
comparari poffit, quis neget funem, aut neruum cuiufcunq; materiæ ex
A B recta in E tractum, arcus fungi munere, & ex fidium motibus, viribus ac velocitatibus cognitis motus, vires & velocitates arcuum poffe
concludi? fi tamen horum figuram, & diuerfam craffitudinem excipias.

Deinceps igitur Muficus neruis fuis tam longitudine, quàm craffitudine diuerfis, & tenfis quauis potentia, feu quibufcumque collopum
verfionibus, aut ponderibus, fagittas adhibeat, quibus exploret veram fagittarum proportionem cum omni neruorum genere, vt iacula-
toribus ipfis præfcribat qualis effe debeat fagitta neruo, & arcui dato
commoda; & ad quod fpatium iactus quilibet futurus fit, neruus enim
harmonicus firmiffimo monochordo detentus, ad omnem fuper horizontem eleuationem facilè poterit erigi.

7. Neruus non folum ex medio H in C, fed etiam ex
aliis punctis, vt ex I in D, & ex K in E duci poteft,
cùm fit tamen ductus ex H in C fagittis excutiendis
aptior. Vbi rurfus plurima notanda veniunt, primum
ellipfim A C B à neruo defcribendam, fi mutetur in
omnia triangula laterum æqualium lateribus trianguli A D B. Secundum, neruum A B pulfatum in K,
& vfque ad E perductum, vel impulfum, magis refiftere, viderique duriorem, eiufque fonum firmiorem,
atque vehementiorem, quàm vbi pulfatur in H & pellitur vfque ad C,
quod nempe fiat longior in E, eòque femper productior, quo tactus
puncto B, vel A vicinior fuerit: clarum eft autem, tota linearum magnitudine extra ellipfim ad E punctum excurrente, neruum A E B longiorem effe neruo A C B. Tertium, triangulum A C B lateribus æquale B D A, effe tamen areâ maiorem; quemadmodum trianguli A C B,
& A E B areas æquales effe, quamuis latera triangulo A E B maiora
fint.

8. Videri vim æqualem cuilibet nerui A B puncto adhibendam, vt ad
quodlibet curuæ A C B punctum ducatur, & curuam illam videri parabolam, cuius axis H C, adeovt pondus idem neruum A B, factum horizonti parallelum, tam ad C, quàm ad D, aut aliud quoduis punctum

in curua A C B sumptum adducat.

Pondus enim ab H ad C perpendiculariter cadens, vel ab I ad D, & à quolibet puncto rectæ A B horizonti factæ parallelæ censetur descendere (quamuis tardissimè) per numeros impares 1, 3, 5, &c. vt alia grauia, in temporibus æqualibus.

9. Præcedentem difficultatem de necessaria chordæ tensione in ratione quadrupla, vt duplo moueatur celeriùs, alio modo ab acutissimo viro domino de Beaulne hâc figurâ explicari. Linea A C refert tempus mot⋯ videlicet A B tempus nerui, quod duplo celeri⋯ ⋯ouetur; & A C tempus duplo maius; B E vero ⋯præsentat velocitatem nerui celerius moti, & C G velocitatem nerui tardius moti : cùm igitur istæ duæ dimensiones simul additæ faciant quidem triangulum A B E neruo velociori destinatum, & triangulum A C G tardiori , clarum est neruum velociorem tantumdem spatij A B E, subduplo tempore, quantum A C G duplo tempore tardiorem percurrere. Vel, vt vis quadrupla tensioni velocioris nerui mecessaria melius intelligatur, si tépus idem A C pro vtroque neruo sumatur, & velocitas celerioris nerui sit C F, & tardioris D E, spatium A D E erit subquadruplum spatij A C F; cùm igitur vis quadrupla requiratur ad quadruplum spatium percurrendum, duplæ velocitati C F quadruplum pondus respondebit.

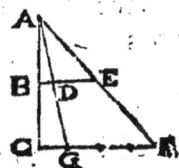

Itaque tantus intelligatur motus quantum fuerit percursum spatium, vt motus ex duabus veluti lineis, seu dimensionibus componatur, quarum vna tempus A C, vel A B; altera velocitatem C D, vel B F spectat.

Quæ cùm ex prædicto tanti viri perfectissimo Mechanicorum tractatu expectemus, verbo tetigisse sufficiat.

PROPOSITIO XXXVII.

Aëris resistentiam, iactuum proportiones, & incrementum velocitatis grauium descendentium impedientem explicare.

Ertum est primò iactum quemlibet plus vel minus pro variis proiectorum figura, pondere, & velocitate, ab aëre impediri ; foréque propterea maiorem, si proiicerentur in medio non impediente, vt constat ex salientibus à parabola deficientibus, & ab ipsis sagittarum,

Certum est secundò leuiora corpora magis ab aëre retardari, vt constat ex dictis, & facillima experimenta duorum globorum pondere inæqualium docebunt, qui funibus appensi, & pendulorum instar per dimidiam circumferentiam moti fuerint: grauior enim altius ascendet, pluresque recursus faciet; quod eò promptius, & facilius deprehendes quo maior erit ponderum differentia, vt continget inter globum plumbeum, & subereum, vel etiam cereum: Sit igitur filum pendulum A B, pedum 3½, docet experientia globum plumbeum à D puncto cadentem vsque ad R ascendere, cum R vno digito distat à C, globum vero ex subere ab eodem puncto descendentem vsque ad K duntaxat ascendere, hoc est ad quadrantis B C ⅚. Præterea illius sensibiles recursus vix superare 300, cùm plumbei recursus ad 1800 perueniant. Deinde globi cerei ascensum tribus digitis abesse à puncto C, & globum ex medulla sambucea tantum ascendere ad septimam quadrantis partem. Ex quibus sequitur aërem per dimidiam circumferentiam globo plumbeo tam ascendenti, quàm descendenti, nequidem ¹⁄₁₀ velocitatis partem auferre, cereo globo partem 2⅟, subereo ⅟₁₂; medullaceo denique ⅚.

Aliis etiam obseruationibus grauium perpendiculariter cadentium vti possumus; globus enim plumbeus à puncto quietis A in B cadens, cum A B linea 48 pedum supponitur, duo secunda impendit, vixque tardius ipsa cera descendit per illud spatium, si sensus consulatur, quippe vix pedalem differentiam in fine casus vtriusque, ob nimiam celeritatem oculos, & aures perstringentem percipit: quanquam ratio, & aliæ obseruationes, qualis est præcedens, ope facta penduli, conuincant ceram tardius, quàm plumbum 48 pedes conficere.

Hinc fit vt obseruationes penduli, casibus in perpendiculo factis, ad inquirendam aëris resistentiam, ausim anteponere, quòd sint faciliores, & maius temporis interstitium oculis tribuant; cum enim dimidia circumferentia C B D cuiuscumque magnitudinis describitur super pariete horizonti verticali, penduli A B plumbeus, vel alterius materiæ globus B in D translatus, & per B versus C rediens, ostendit lentè satis quousque ascendat; digito siquidem, vel alio corpore versus R, aut E, aut aliud quadrantis B C punctum apposito, globus osculo, seu tactu suo docet ascensus terminum.

r iii

Profuerit verò si totam circumferentiam in 180 gradus diuiseris, vt absque calculo & labore confestim agnoscas quantum aëris resistentia globi motum retardarit, vel potius quantum ei abstulerit spatij.

Vbi tamen filum, vel funis spectari debet, cui etiam aër resistit, maximè verò cum globus quem sustinet, admodum leuis est, vt subereo, & sambucceo contingit, licet enim sambuceus filo tenui sericeo appendatur, vix tamen illud filum reducere potest ; hinc fit vt vsque ad D tractus, non ascendat altius quàm ad F solum adductus, quippe vix ad G redit, quandoquidem obseruatio docet reditum illius non superare septimam quadrantis BC partem, cùm tamen idem filum nihil ferè plumbeum globum impediat. Nostrum ratiocinium iuuabunt etiam iactus sagittarum, globorum, & salientes tam verticales, quàm mediæ, & horizontales, tanta siquidem aëris resistentia iudicabitur, quantùm illi iactus ab exactis recesserint parabolis : & quantum verticalis saliens à sui tubi semper pleni aberit summitate.

Vt autem ad alias obseruationes in perpendiculari factas redeam, subereus globus tria secunda in 48 prædictorum pedum descensu, medullaceus quinque, & carpionis vesica naturaliter infilata octo impendit : quæ omnia referenda fuêre, vt Geometræ methodum aliquam, si fieri potest, inueniant, quâ deinceps obseruatores certò concludant quantum aëris officiat resistentia.

Porro differentia ponderis globorum pendulorum ab aëre, iuuabit, cum grauia facilius, vel celerius descendant in mediis rarioribus, & minus grauibus, licet non eadem ratione sit maior celeritas, qua minor est mediorum grauitas, alioqui millies ad minimum velocior esset motus globi plumbei in aëre quàm in aqua, cum tamen duobus secundis idem in aqua spatium descendat, quod in aëre vno secundo : vnde nolis inferre aquam esse duntaxat aëre duplo grauiorem, vel densiorem: ne postea cogaris admittere aquam eandem seipsa leuiorem esse, vel grauiorem, vbi alio experimento didiceris plumbum 48 pedes in aëre eodem tempore descendere, quo tantum in aqua 12 pedes conficit; tunc enim concludendum esset aquam aëre quadruplo grauiorem, aut densiorem, quæ prius eodem aëre duplo tantum grauior extitisset, quæ videntur absona ; nisi tamen dixerimus ea non ita repugnare quin facilè componi valeant; cum enim duplo tempore plumbum cadens spatium percurrendum quadruplare debeat, primoque tempore veluti duplicarit ; quod illo tantumdem spatij confecerit in aëre, quantum in aqua duobus temporibus, hæ duæ obseruationes ad eundem scopum collineare videri possint.

Sed hæc nihil iuuant ad comparanda plumbi, aëris, & aquæ pondera, cum toties proportio defcenfus in aëre & aqua mutanda veniat, quot fuerint puncta in defcenfu perpendiculari, donec ad primum punctum, à quo motus incipit, deuenias, in quo motus plumbi tam in aqua quàm in aëre vix differret.

Ad globum itaque plumbeum pendulo motum redeo, qui vix $\frac{1}{61}$ parte quadrantis prædicti minus afcendit, quàm in vacuo, vel medio nihil impediente afcenderet: nunc enim fupponimus nequidem in vacuo vltra punctum C afcenfurum, licet in puncto B concepiffet fatis virium, quibus fpatium quadrantis B C duplum conficeret, quòd nempe grauitas illius femper vrgens, eum dimidio potentiæ, feu virtutis fpoliet.

Cum autem filo quantumcumque tenui refiftat aër, fi tantum ei refiftere, quantum ipfi globo, fupponamus, nequidem R, parte centefima quadrantis à C aberit, hoc eft punctum R, ad quod globus è D cadens afcendet, ferè coincidet eum C, à quo tantum vndecimillefima quadrantis B C parte differret, fi per folum pondus aër officiat, quippe leuius eft ad minimum plumbo vndecimillies, cum oftenfum fuerit prop. 29. Phænom. Pneumaticorum, aërem millecuplo faltem aqua leuiorem, qua plumbum vndecuplo grauius eft. Vt igitur huic propofitioni finis imponatur, non video qua ratione demonftretur quantum aër vnicuique mobili detrahat, fi grauitas illius cum mobilis collata grauitate nobis hac in materia facem non præferat, vt talis fit refiftentia qualis grauitas; vel obferuationes non fufficiant quibus nitamur, quæ nunquam fatis exactæ, nifi ratio fuppleat.

Quibus adde nouas difficultates oriundas ex eo quod aër alio fortè modo refiftat plumbo circulariter, alio perpendiculariter moto; & aliter initio motus, cum mobile tardius mouetur, aliter cum velocius, aliter etiam cum mobile motu fertur æquabili, aliter cum inæquabili, & accelerato.

Deinde, fi mollities, & raritas aëris, à certis motibus internis conftituatur, quibus etiam omnia mobilia differant, & diuerfis modis fenfus omnes feriant, vbi motus illi magis, aut minus impedientur, iuuabunturque, toties mutabitur aëris refiftentia, quæ non erit eadem aduerfus mobilia è fublimi perpendiculariter cadentia, ac ex imo in fublime afcendentia, vel à latere, & circulariter mota; quæ cum omnia Lector intellexerit, minus grauiter feret quod nodum propofitum minimè foluerim; quem à feliciore libentiffimus foluendum expectarim.

PROPOSITIO XXXVIII.

An motus semel cuilibet corpori impressus, sit semper in medio non impediente permansurus, aut tandem aliquando desiturus.

CVm in superioribus ferè semper motum semel impressum nunquam desiturum supposuisse videamur nisi ab aliqua causa extinguatur, quæ nulla in medio nihil impediente occurrit, operę pretium est ea de re paulo fusius agere.

Primùm igitur obseruationes consulendæ sunt, quæ demonstrare videntur motum semper duraturum esse, dempto quolibet impedimento, nam globus qui pendulo alligatus ferè ad eamdem remeat, à quo descenderat, altitudinem, satis recursu suo probat se ad eandem sublimitatem, à qua descenderat, peruenturum, nisi aër officeret: idemque de margine cribri dicendum, in qua globulus eburneus, vel aureus alteriúsue materiæ politæ, atque duræ, ad eandem propemodum altitudinem redit, ex qua ceciderat, adeout ablata medij resistentia vix vllus dubitet quin globus ad altitudinem prorsus æqualem rediturus sit: quibus positis, necéssario sequitur motus æternus.

Salientes quo minus à parabola distant, eo magis illam motus durationem perpetuam adprobant: idemque de iactibus sagittarum & globorum intellige, qui nunquam perfectas parabolas describent, donec cesset genus omne resistentiæ, vel quibuslibet iactus partibus resistentia ea ratione adhibeatur, vt lineam parabolicam conseruet.

Quod rationem attinet, in eo sita est, vt nihil ex iis pereat quæ semel producta sunt, nisi causa destruens adsit, cum nulla res, seu nullum ens se destruat, quemadmodum neque se producit.

Suntque plures magni viri qui credant istud adeo verum esse, vt communibus notionibus ac censeri possit; quî enim corpus motu spoliabitur, si desit qui spoliet? Supponitur enim Deum motui semel impresso non magis suum negare concursum, quàm rebus cæteris, cumque motus sit modus realis, quomodo peribit, si nullum impedimentum occurrat?

Quod enim alia citius & facilius, alia difficilius perire videantur, non arguit hæc, aut illa perire absque contrario & ex naturæ sua, sed tantum illis, quam istis maiora impedimenta occurrere.

Opponunt tamen aliqui nil esse absurdi quòd motus, & alia huius sint indolis, atque conditionis, vt cum facilè generentur, etiam facilè pereant; neque deesse obseruatione quæ id testentur, aut euincant: verbi gratia, sagittæ iactum citiùs desinere, cùm impressio motus, quem illi arcus contulit, breuiore tempore facta est, adeovt longiùs emittatur, etiamsi tardiùs ab arcu exeat, qui diutiùs sagittam comitatur, & vrget: vnde fiat vt arcus breuior & robustior suam sagittam initio maiore velocitate mittat, licet ad minorem distantiam; & maior arcus, quamuis longè debilior, suam longiùs sagittam iaciat, vtvt initio tardiùs discedat. Quod cùm experiri non potuerim, & tela velociùs initio mota semper ad maiorem distantiam emissa viderim, eóque maiorem, quò celerior fuerat arcus, ægriùs sanè à prima sententia discessero, vtvt supersit difficultas in expositione pilarum à tormentis ignariis manualibus, sed maioribus & minoribus, quæ cùm eadem velocitate tam à minoribus, putà *pistoletis*, quàm à maioribus catapultis, putà *mousquetis*, & *arquebusiis*, explodantur, maiora tamen pilas suas, licet æquales, longiùs emittunt. At verò qui probabunt pilas eadem à minoribus velocitate discedere?

Nam quò longiora fuerint vsque ad certam aliquam, siue 12, siue plurium pedum magnitudinem, semper augetur motus quandiu puluis inflammatus pilam vrget. Quod autem tormenta regia, quorum pilæ 33 librarum, non maiore velocitate moueri credantur, quàm globuli manualium: iaciantur tamen ad distantiam quintuplò maiorem, fortè possis ad globum maiorem referre, cuius soliditas minorem habeat rationem ad superficiem, & ideò minus ab aëre impediatur: cùm enim maioris globi diameter semipedalis sit, minoris verò semidigitalis, hoc est vt 1 ad 12, erit maioris superficies ad minoris superficiem, vt 144 ad 1, soliditas verò vt 1728 ad 1: cúmque tantus sit motus, quanta soliditas, quippequam permeat, tanta verò resistentia, quanta superficies; constat maiorem globum longè minorem aëris resistentiam, quàm minorem globum offendere: cùm sit ratio soliditatis minoris ad maioris soliditatem, 1 ad 1728, duodecuplò maior ratione superficierum 1 ad 144.

Adde plurima ob varias puleris, pilæ, & cauorum circumstantias contingere, quæ solui nequeant absque perfecta rerum omnium, quæ in explosione occurrunt, inspectione: & iactum ad 22 graduum eleuationem, qui spatio 22 secundorū perficitur, & est 1900 hexapedum, etiam approbare motum nunquam desiturum, qui semel impressus fuerit, cùm aëris per tantum spatium resistētia vix globum impedierit ab æqualibus interuallis, quæ propemodum percurrit temporibus æqualibus, ex hypothesi quòd primas centum hexapedas, instar catapultæ manualis,

spatio secundi conficiat: cum enim 2200 sexpedas absquè impedimento debuerit perficere, ob aëris impedimentum, 1900 percurrit: est autem ferè 2000 ad 1900, seu 22 ad 19, vt 7 ad 6 ; adeovt cylindrus aë-
reus 1900 hexapedarum iactui, vel motui septimam duntaxat partem
detraxerit; quæ detractio qua ratione in quælibet secunda distribuatur
vix est qui scire possit.

Confirmatur iterum illius motus semel impressi perpetua successio,
ex vertibulo, cuius motus licet propemodum extinctus, etiamnum ferè
durat horæ dimidiæ spatio, cùm à magnete vertibulum rapitur: semper
duraturus, si neque aër circumstans, neque magnes ipse quidquam impediret.

Quemadmodum enim quiete semel acquisito non est necessaria causa sequentis quietis, ita neque motu semel incœpto, alia causa futuri
quærenda est, cùm nihil ex se perire, nec incipere possit. Vbi semper
Dei conseruationem suppono, quæ sit creatio perpetua.

. Porrò quæ hîc requiri possunt, vel in Præfatione supplebuntur, vel
ex Hydraulicis & Mechanicis repetenda, vel in Synopsi dicuntur.

Pauca tamen de soni velocitate subiungenda sunt, vt qui viderit
ignem, quem explosionibus suis tormenta vomunt, aut etiam fragorem audierit, sciat num fugâ, globorum, vel telorum arcubalistis mis-
sorum ictum declinare possit: quare sit

PROPOSITIO XXXV.

*Soni velocitas maior est globorum explosorum velo-
citate, & 230 sexpedas spatio vnius secundi minuti
conficit.*

Quisquis experiri voluerit illam soni cuiuscumque velocitatem,
noctu, diúque siue in vallibus, syluis, aut montibus, siue aduerso,
vel fauente vento, siue aëris facie pluuia, vel serena ; illis siquidem
temporibus expertus sum semper eandem soni velocitatem inueniet.

Postquam verò per 230 sexpedas secundum exploraueris ; qui minus
tormentum explodit, iterum per alias 230 sexpedas recedat, vt abs te
460 sexpedis recesserit, idem vel æqualis sonus duo secunda in illo
itinere percurrendo consumet; quod cùm quinquies à nobis fuerit
multiplicatum, vt ex 1150 hexapedis fragorem audiremus, ignis ex ore
tormenti noctu erumpens semper quinque secundis minutis fragorem
præuertit: cúmque leucam Gallicam 2500 sexpedas, cuiusmodi leu-

cis ambitum terrenum 7200, faciamus, facilè concludas quo tempore
fonus leucam integram, aut quotlibet leucas perficiat; nec enim foni
velocitas ex illius debilitate minuitur, cùm foni auditu perceptibilis
pars vltima primæ velocitatem æmuletur.

Leucam igitur tormenti fragor fpatio vndecim fecundorum percurret, cùm vndecies 230 fexpedas (fecundo minuto percurfum fpatium)
leuca contineat, minus duntaxat 30 fexpedis, quæ hîc vix confiderandæ, quippequæ feptima parte fecundi minuti à fono percurruntur.

Ex quibus plurima licet colligere; primum, militem attentum fclopeti à centum fexpedis explofi, cuius ignem præuiderit, ictum declinare poffe; quod ita demonftro. Conftat ex obferuatione globulum in
centum hexapedibus percurrendis fecundum minutum, ad minimum
impendere: deinde fragorem illius in illis conficiendis fecundi dimidium, ad fummum, confumere. Habet igitur miles ab igne vifo (fi vifio
fiat in inftanti) fecundùm integrum quo facilè tres quatuorve paffus faciat, priufquam pila iter illud percurrat: quemadmodum illi fupereft
fecundi dimidium ab eo temporis puncto, quo fragorem audit, vfque
ad pilæ aduentum: quanquam nulli fuerim autor vt id experiatur nifi
thorace, galeâ & omni alio armaturæ genere, ita fe præmuniat, vt fit
extra omnem aleam conftitutus. Sed & pariete interiecto quifpiam id
explorare poteft, ad quem priùs fragor, quàm glebus perueniet.

Secundum ex fono, & igne obferuatis facilè cognofci quantum tormenta, in obfeffos, aut obfidentes explofa, diftent, vt etiam Ingeniofis non defit vnde fuam artem promoueant. Tertium ex tonitrui fragore audito, vifoque fulgure præcedente fciri quantum illud abfit, dummodo locum à vifo fulgure non mutarit; quot enim fecunda minuta,
(fiue arteriæ pulfu, qui præcisè fecundum duret, fiue pendulo fune, aut
altero fecundologio explorata) inter fulgetrum & fragorem intercef-
ferint, totidem 230 fexpedæ numerandæ funt, adeovt leucæ dimidium
abs te diftet, fi 5 fecunda: leucam, fi decem fecunda numeraris, fiue
diftantia fuerit verticalis, fiue lateralis, & obliqua, nil enim intereft.

Quartum, fi per aëris gyros, fpirafque, vel circulos fonus eo modo
expendatur, genereturque quo circulos in aqua digito, vel lapillo percuffa extendi cernimus, vt omnes ferè credunt, & ex corporum, fimiliter motorum velocitatibus liceat illorum craffitudinem, denfitatem &
pondus coniicere, dicendum erit aquam aëre 1380 vicibus denfiorem,
atque grauiorem; quandoquidem femidiameter circulorum aquæ
quouis modo percuffæ, qui fecundo minuto procreatur, vix pedem
fuperat, quo tempore femidiameter circulorum in aëre, quauis etiam
percuffione factorum, eft 1380 pedum, hoc eft 230 fexpedarum: quæ

grauitatum proportio ad eam proximè accedit, quam ex æoclopila, propof. 29. Pneumaticæ conclufimus. Vnum eft tamen quod fcrupulum iniiciat, videlicet obferuationem prop. 25. iftius libri arguere videri fragorem maiorum tormentorum tardùs progredi, cùm Geometra nofter in obfidione Theodonis obferuarit illorum fragorem exauditum, poft 13 aut 14 ab igne vifo fecunda: cùm tamen vix dimidiam leucam ab illis tormentis abfuerit; & fonus iuxta prædicta, leucam integram & amplius eo tempore percurrat. Quapropter fragor illorum tormentorum obferuandus, donec de quolibet fono idem concludatur, quod in fonis minorum fclopetorum oris, tibiæ, tubæ, &c. obferuauimus. Alia plurima in iftius libri Præfatione repeties, quæ vix abfque admiratione perlegas, & contempleris.

FINIS.

AD LECTOREM MONITA,
& errorum emendatio.

E\ Sexcentis quæ nouâ dici poterunt editione pauca seligo, de quibus te monitum velim, I. Me per Francopolim, prop. 25. Ballist. non aliud velle quàm Portum Gratiæ, vulgò *le Haure de Grace*; & obseruationibus Catapultæ pag. 34. non solùm adfuisse virum nobilem Petrum Petitum, sed ipsum etiam catapultam mihi commodasse : cuius experimenta de refractionibus in multifariis diaphanis tam liquidis quàm duris, vbi suum opus incomparabile iuris fecerit publici, plurimum sis admiraturus. II. Me quoties Geometram nostrum in istis tractatibus appellaui, Cl. V. Roberuallum intellexisse, quem in singulis Mathematicæ partibus noui versatissimum. III. Quæ IX. puncto Præfat, ad tractatum de Ponderibus &c. dicta sunt, iam extra dubium videri ex litteris ad me nuper Româ datis, nempe Romanam vnciam 576 grana Romana complecti, cùm diuidatur in 24 denarios, sitque denarius 24. granorum. Vnde miror quosdam alios etiam Romæ vnciam in 600, alios in 612 grana diuidere. IV. Cùm de Erogatoriis prop. 12. Hydraul. loquor, addendum quanto pondere, vel quantâ vi pellat aqua datæ altitudinis illorum parietes : quod quidem pondus dimidium esse ponderis aquæ erogatorij fundum prementis diximus prop. 14 l. primi de arte nauigandi, pag. 129; quod Steuinus fusè demonstrat in elementis Hydrostaticæ. V. Ybicumque pondus digiti, seu pollicis aquei, vt hydraul. pag. 80 & præfationis in Pondera puncto IV. allatum est, me postremò in ea esse sententia, vt sit granorû 384, hoc est semiunciæ, drachmæ & denarij. Hemina verò Parisiensis aquea sit 24 digitorum cubicorum, vniúsque libræ, & pes cubicus 72 librarum; quem si 71 duntaxat feceris, cùm 1728 digiti, seu pollices cubici sint in pede cubico, digitus cubicus sit drachmarum 5 $\frac{1}{7}$, exactè granorum 378 $\frac{21}{122}$, cùm existente pede 72 librarum, sit drachmarum 5 $\frac{1}{7}$. VI. Licèt de diuersis aureis cùm Imperatorum Romanorum, tum primorum Galliæ regum non agam tract. de Nummis, quòd facilè possint à quouis illorum pondera cognoscente ad nostros nummos reduci, iuuat tamen addere Dagoberti aureum 23 granorum fuisse, vt & Chariberti; Theodeberti verò granorum 27 & $\frac{1}{7}$, quos apud V. clariss. Iacobum Sirmondum videre possis, quemadmodum Arcadij solidum aureum 84 granorum, Vespasiani, 4 ferè drachmarum, quibus nempe sola 7 grana desunt, & Tiberij, 4 drachmarum exactè: vnde forsan non malè conieceris drachmas veteres Romanorum fuisse nostris æquales. De denariis etiam Caroli Calui, quorum pondera 30 granorum inuenio, déque aliis regum nummis aliâ poterimus editione fusiùs agere : cùm possis interim ex frumento, vino, & aliis rebus, quæ pro denario, nummo aureo, vel alio nummi genere quouis sæculo data sunt, iudicare quanti valoris, quámque rara fuerit cuiuslibet sæculi moneta : verbi gratiâ, si latomi opera diurna fuit vnius denarij argentei, vel ærei : si vini dolium 5 denariis æquiualuerit, &c. concludere possis tantumdem valuisse 5 dena-

rios quantum nunc valent 30 libræ &c. nam quanto minor eſt in quovis regno nummorum copia, tantò cariores ſunt. VII. Legendas eſſe nouas obſeruationes in epiſtola dedicatoria Mechanicis præfixa Phænomenis, cuius
verticalis iactus globi ferrei 6 librarum ſeſquilibrâ puluetis emiſſi debetur
illuſtriſſimi, nobiliſſimiíque S. Michaëlis Equitis Hugenij diligentiæ. Vbi aduerte pag. 4. l. 9. epiſt. prædictæ ſcribendum, quoad tempus ſubſeſquialter,
potiúſque iactum medium deinceps pro reliquorum iactuú regula ſumen-
dum, quàm verticalem, ob varias difficultates tract. Balliſticæ & Hydraul.
propoſitas. VIII. Sequuntur errores typorum, præter quos lector virgulas,
& puncta ſuperflua, vel manca & literas c pro r, ſimiléſque ſupplere poterit.
vt cùm pag. 115 Balliſt. l. 6. à fine, ſcribitur patabolæ pro parabolæ.

Paginâ 4. Præf. generalis lineâ 15. lege hakadoſcha. p. 5. l. 15. dele S. & 2.
ſequentes lineas. & l. 21. Quæ, & 2. ſeq. lineas. p. 5. l. 28. lege 48. p. 6. l. 16. maior ad minorem. l. 10. minoris. p. 7. l. 10. ob. p. 8. l. 10. 9437056, & 93 &c. l. vlt.
quâ. p. 11. l. 13. pro 8 lege 4.

Tractatu de ponderibus & menſuris, p. 4. l. 23. terræ axem loucarum 2290.
p. 5. l. 4. per 7200. p. 8. l. 13 vnciæ 14 ½. p. 16. l. 4. dele ſi. l. 17. 5376. l. 18. 4608.
cui adde, Quincunx vnciarum 6, drach. 1. & 2. granorum, ſeu granorum 3840.
l. 21. 15; 6. l. 22. 10 ¼ 768. l. 27. 191. l. 29. ⅐. p. 9. l. 12. poſt eiuſdem, adde quadrati, & poſt &, cubi. p. 11. l. 11. comparaturus. p. 12. l. 4. à fine, 12 ½. p. 12. l. 2. tres. l.
5. cumulatum pro raſilem. p. 16. l. vlt. ſtudio. p. 21. l. 24. vitetur. p. 25. l. 4. à fine,
Snellius. p. 27. l. 14. à fine, Snellius de re nummaria. p. 39. l. 18. dele ſecundum D.

In Hydraulicorum Præfat. p. 1. l. 7. à fine lege H pro C. p. 2. l. 15. pro e, c.
p. 3. l. 10. pro H, E. p. 4. poſt, cùm lineæ 14. dele 4 lineas. l. 11. à fine, pro &,
ſeu. p. 6. l. 10. conoideum. l. 13. ducta. p. 9. l. 8. vllúmue. p. 10. l. 14. vnione. l. 25.
pilas. l. 31. ventis agitandæ. l. 4. à fine, fluenti. p. 12. l. 6. à fine, eandem. p. 13. l.
4. dele vt. l. 9. lege qui.

In Hydraulicis p. 44. l. 7. poſt L. adde K. l. pen. μ pro M. p. 46. l. 6. effluens.
l. antepenult. 6750. quæ vndecim. l. penult. 207. p. 48. l. 7 pro 6, 4. p. 50. l. 9.
à fine, totius. l. 7. atque. p. 51. l. 21. dextro. l. 16. r i. l. vl. 4. pro 8. p. 53. l. 28.
2304. pedum. p. 54. l. 14. ante finem, 4 abſque fractione. l. 5. ſemiunciam pro
vnciæ quadrantem. p. 55. l. 23. poſt vel, dele 2 lineas. p. 57. l. 11. 12. & 13. lege
4320. l. 5. à fine 1300. pro 780. l. 4. 21. 40. pro tredecuplo. l. vlt. 469 ⁴⁄₉ pro
169. p. 59. l. 15. vacuetur. p. 60. l. 19. p ＊. p. 61. l. 8. quæſitus 64. p. 67. l. 14.
exhibente. l. vlt. dupla. p. 69. l. 4. a pro æ. l. 12. h pro b. l. 14. 7△, ſeu a βb. l. 17.
lineæ rectæ, l. 5. à fine ½ pro p. l. penul. y β pro g u. p. 76. l. 10. tripla. p. 78. à fine,
l. 10. 39 ½ pro 43. l. 5. dele ſeu & reliquam lineam. p. 79. l. 7. erit. p. 80. l. 2. pro
fractione ¼ l. 7. vti pro niſi. l. 15. 404 pro 396. l. 18 ²¹⁄₂₂. l. 25. cubicam. p. 87. l.
4. B. 3. 5. pro C. p. 89. l. 9. 21. p. 93. l. 24. & penul. l. pro L. p. 95. l. 22. K pro A.
l. vlt. fortiores. p. 96. l. 13. à fine, conuexulum. p. 105. l. 17. eadem. p. 107. l. 15. B
pro C. l. 22. & ei æquali. p. 28. l. 11. cereis. p. 124. l. 11. à pro in. l. 17. Z pro L. p.
116. l. 16. menſuretur. p. 129. l. 9. à fine, impares, pro primos. p. 134. l. 12. pro
fractione ⅐ p. 136. l. 6. à fine X pro Y. p. 138. l. 4. à fine, ſemirecta. p. 140. l. 11.
aquæ digiti, 1152. l. 18. 576. p. 141. l. 15. à fine, maius. l. 7. adde ¼ numero. p. 141.

lii. à fine, linearem. l.13. esse aquæ. p.143. l.penult. H pro A. p.144. l.2. quæ.
l.15. æolopilæ candentis. l.13. Æolopilæ verò, pro deinde subiiciantur, vsque ad fit. l.11.&12. refrigeretur, pro incalescat & igniatur. p.145 l.11.14300.
p.147. l.antepen. coarctari. p.149 l.7. 5672. l.10. $\frac{1}{5672}$ l. 7. pro fractione $\frac{1}{1}$ l.
12. 30254. $\frac{4}{7}$ l.25. Heron. l. 31. Phænomenon. p.145. l.8. dele secundum G.
p. 150. ingenti. l.17. in.l.18. æneus. l. 19. excauari. l.29. R pro T. p.151. l. 20.
& 23. 4508. l.21. & 22. 76. $\frac{4}{5}$ pro tricesies octies. p.152. l.7. frigidæ. l.17.
bK. l.6. à fine, canaliculum. p.154. l.10. R pro T. p. 157. l.8. 20, 21, & 22. B pro
E. p.158. l.10. & pen. B pro E. p.101. l.4. à fine T pro I. l.penult. medium.l.
vlt. inter horam & dimidiam. p.164. M. p.167. l.11. P. l. 23. vasis. p.169. l.28.
reddatur organum. l. antepen. 90, & aqueus pedalis altitudinis. p.170. l.1.
datam pro dextram. l.14. 90. l.16 & 21. 720. p.173. à fine, 27. p.175. l.6. 2500 l.7.
.6 — peruenirer. p 176. l.8. siarum. p.178. l.3. fluuius. l.14 à fine armamenta-
rij. l.9. vnica. p.179. l.18. à fine. prop. p.184. l.4. grauius. l.5. leuius. p.185. l.8.
æqualis. p.186. l.9. à fine, 16. l.6.14. vnciarum. l.5. vnciæ pro libræ. p.189. l.14.
parte sui duodecimâ. l.15.11. l.21 & 22. $\frac{1}{7}$ paulò plus. l. 25. Rongianam. p.
193. l.13. illos tractatus. p.194. l.17. quæ spectantis. p.195. l.10. à fine prisma.
l.8. & 9. exterior aquæ superficies. pag. 197. l.14. cd pro AC. pag. 198.
l.1.3. l. 10. & 12. o, p. l.14. o, p¹, & φ & n, o. l.21.3. pag. 201. l.4. β pro
αε. l.13. à fine, nouemdecies. l.7. septupla. pag. 204. l.10. à fine, Q pro K.
pag. 205. l.17. magis pro minùs. l. 21. grauitas, quæ est 23. in aëre, sen-
tiatur duntaxat vt 21. pag. 216. l.18. duobus temporibus. l.19, ex 4 &,
deinde, ex 9. 16. 25. l.7. à fine, suos. l. antepenult. plumbeum appensum. l.
vlt. tripedali.

In Tractatu de arte nauigandi, & de Harmonia, p.225 l.6. Histiodromia.
l.8. pyxidis per y, vt & postea. p.226, in 6. postul. continere, vt ipsum. p.227.
prop.8. horizonti pro horizontale. p.228. in 12. prop. l.1. pertingens. p.227.
in 3. prop. meridiana. in 4. velificationis. p.229 in 14. prop. l.vlt. bis demis-
sæ. p.230. in prop. 19. l.33. isto. p.236. l.8. à fine, vtcunque. p. 237. prop. 7.
l.2. eum pro cum. p.240. prop. 26. l.2. minutatim. p.242. col. 4, ante Nordest, lege Nordest quartau Nord. p.243. prop. 4. Limneureticen. p.247. l.
14. parallelus. p.248. l.vlt. velis. p.249. l.21. eam acum. p.250. l.16. puluere.
p.251. l.8. à fine doliorum, statuendæ. p.252. l.10. à fine, poterit. l.vlt. ferruminationes. p.253. l.1. rimulas. l.11. epistomiis. p.254. l.7. datæ. p.255. l.
22. aquæ. p.258. l.12. à fine, metiri. l.5. peragret. p.263. l.penult. vndecimâ.
p.264. l.7. radicali rationem. p.267. l.2. acuis. l.7. à fine, expectant. l. penult.
grauiorem, pro acutiorem. Immò si chorda fuerit duplò longior, & dupla
diametro, vi eadem tendente, ad disdiapason descendit. p.271. dele lineo-
lam 15, vt sola vndecim zero numerum 14 lineæ perficientes maneant, sitque numerus ille, 53 constans characteribus; decilionius. p.272. l.8. à fine,
cannabe. pag. 277. l.19. quosve. l.penult. primam. p.278. l.7. à fine, pedes
15. p.280. l.7. Tritono. l. antepenult. principalis incipit. p. 285. l.4. primam statuere. pag. 286. l.4. nostro. l. 12. scalam. l. 13. & 14. semitonia.
l.6. de. pag. 304. l. 14. f pto f. l. 4. maiore. pag. 305. l.13. M pro S. pag. 308.
l.7. à fine, quas. pag. 310 l.16. sesquiditonum. l. vlt. dele apponendos.

t ij

p.337.l.6.A pro L. p.341.l.20. quatuor. l.6.à fine, prop. p.352. l.1.quorum pro
cuius. p.355.l.penul.delectari. l.15. deinde ad Quintam & ad. p.361.l.antepe-
nult.& penult. lege ter quæ pro qui. p.368 l.14. harpaginibus p.361.l.12.à fine, campanæ crassitudinis, pro campanis. p.363.l. 10. dele suos. l.27. cogno-
scendi. p.368.l.6.à fine, qualia. p 369 l.5.quod horæ.

In Mechanicis Phænomenis.

In Præf. pag.1.l.11.fusissimè. p 2.l. 1. B pro M. l.13.à fine, subsesquitertium.
p.5.l.8.à fine,50.l.6.affectu.p.6.l.7.à fine,productas efficiet.l.vlt.AC.p.7.l.3.
dele 2 l.6.D pro vltimo B. l.8.si: tque B C potentiæ, &.
In libro Mechanic. p.1.l.5.perpendicularem refert. p.3.l.20.erecta vocatur.
l.29.nam pro non. p.5.l.8.nuncupari.l vlt. hypomo.p.12.l.7.à fine, circa E. p.
13.l.4.à fine, tollenones. l.6.petitrochio. p.16.l.1.prædictū.l.7.intelligi posse.l.
20.& 21. F pro G p.17.à linea 21.& deinceps, toties scribatur x pro φ.& p.18.l.
1.bis x pro ¢.l.21. D sit. p.19.l.11.à fine G pro B. l.8.sit. l.6.vbi. p.23.l.vlt P pro
B. p.25.l.2.à fine, pondera C. p.26.l.2.prop.9.pro antea. l.12.à fine. Denique
cùm fuerit. p.27.l.1.grauius. p.29.l.15.in pro &. p.30.l.23 maius. l.14.vi pondus. l.31.5 pro S. p.31.l.11.securiclis. l.17.28.& 29.adde 5 polyspastis. p.33.l.
25. C pro B.l. 32. H pro F. p.34.l.7. H pro secundo K. l.9. H pro A. p.37.l.4.
vecte. p.39.l.3.à fine M pro Q. l 5 F pro E. p.40.l.3.à fine, C pro ba. p.41.l.
16. duodecupla. p.41.l.13.à fine, euadat. p.44.l 22. P pro D. p.45.l.11. E pro
F. p.46.l.8. I pro T. l.18. C pro G. l.26. V pro G. l.27. maior. l.30. A pro O.
p.47.l.18.dele sit. p.48.l.6. O pro D. l.18. B pro primo D. p.49.l.9.C pro tertio K. l.13. C G. l.18.ponderis. p.52.l.14.posita in A potentiâ non sustinebit
super plano inclinato, sed &c. l.15.debet linea directionis. l.16. supponendum. p.53 l.6. C pro G. p.54.l.8.minus. l.13. C E, quàm C A ad C F. p.55.l.
12. II pro H. p.56.l.2.pro C.3. l.17.S. dummodo maior potentiâ O. p.57 l.14.
à plano B D. l.29.vt ad vnum digitum 7 pedes. l.30. vt ad 2.84. l.35. N pro H.
l.39.B pro D. p.58.l.1.connexæ. p.60.l.7.à fine ,subdupla. l.vlt. C D. p. 61.
l.19.M pro N. p.62.l.penult. alterius corporis, & , quæ. p.63.l.1. post secundum G adde K , & K pro tertio G. l.11.à fine, franguntur. p.64.l.12. à fine,
dele 9. l. 19. vnciis pro libris. p. 66.l.7. D L. &c. pro reliqua pagina vide ipsum Galil. p.67.l.3.à fine,3888.l.5.3888 $\frac{2}{11}$. l.6.EF horizonti perpendicularem
l.7.clauum transuersum. l.9.3888. l.10.18. l.12.93312. p.68. l.11. F pro B. l.7.
à fine D pro F, B pro D, sed & pro sequentibus vide Galil. à pag. 117 ad 127
dialog. p.70.l.14.&16.à fine, G pro D. p.71.l.7. à fine, erit orbiculo pleno
cylindri excauati. p.72. à fine. l.3. nec. l.9. moueaturque D. p.77.l.8.à fine
Bb. p.78.l.7.octo in N. p.80.l.2.à fine, duobus. l.8.à vel, dele 4 sequentes lineas. l.10.minùs, pro obliquiùs. l.15.vim. p.81 l.1.impellentes intelligantur.
l.14. duabus. p.82.l.7.8.& 9. æquabilibus & inæquabilibus. p.84.l.23. capulo
detineatur. p.85.l.16.propius. l.28,& 33,50. p.86.l.18 & 19. 22464. p.90.l.9.
à fine, impactus. p. 92. l.10. factæ. p.94.l.13. paginis 50 &c. vsque ad 56, &
pag.92.l.20. turres operarij.

Præfat. p.1.l.5.digniſſima. p.7.l.21.expertus. In libro Ball. p.2.l.4. conſideret, aut. p.4.l.6. à fine cannabinis. p.6.l.14.ab KM. p.7. l 8.inditam. l.10. arcui B & A pro B. l.13.in B C. l.16.& 20. B pro A. p.9.dele verò. l. 10.D pro C. l.27. D pro H. l.31. D pro C. p.10. ß.10. l.11.ducenda. p.22.l.8.9.pro 8.l. 9.7 abſque fractione, & 5 ½ pre 6,l.16.à fine, ducenda. p.30.l.antep.12 8 & 4. p.34.l.28.durationes. p.39.l.2 & 3.prematur & impellatur. l.21.qui. p.40.l.1. crebriores. l.16.N pro H. p.41.l.7 & 5 à fine,ſemiquadrantem. p.42.l 21.1380. & 1/19 pro nona parte. p.43.l.14. B pro P. p 44.l.9. B pro D. p.45.l.3.verſus pro circa. p.46.l.4. cannabinæ. l.12.à fine dele ab tempore. p 47.l.9. vt 4 ad 3. p. 52.l 2.256.l.8.4.prop. p.59.l.20.24.l 21.25. pro quadrageſimo nono. l.22.50 perticas pro duplum ſpatium. p.62.l.12.dele ſequentes.l 24, 25 & 27, G pro B. p.63.l.11.dematur. l.17.demitur. l.18. bis, 45. l.20.5 40. à dictione Pyramis lineæ 35. dele quatuor ſequentes lineas. l penult.habetur. p.64.l.penult.paris pro imparis. l.vlt. moueri. p.65.l.1.productus 78, pro ſumma 156. p.70. l.14. lapides è turre. l.16. dele vel axis. p.71.l.vlt. dele duplicata, vel. p.83. l. 9.tria. p.86.l.25.vltimus 1. columnæ tertiæ. p.89.l.9. medio A ζ 6. p.98.l.6. dele lapis. l.9.erit pro aut. l.22.P pro D. p.99.l.1.A pro G. l.4.1340 ½ l.5. poſt aut,adde ¼ l.6.1444000o. l.8. 4581. l.antepen. dele A F S P. l.penult. 670 ½ p.100.l.6.minore pro altiore. l.6.à fine S pro L. p.101. l.18.cognitam, & P pro D.l.6 & 4 à fine, L pro G. l.vlt.parametros. p.102.l.1.interceptas. l.7.inferri. l.9.velocitatem. l.21. A pro P. l.22. verticalem pro perpendicularem. p.104.l.8.totus. l.34.præcedente. p.112.l.8.à fine P ad. p.113. l.10.5 pro 4.p.116.l.1. E pro 6. p.121. l.2. à fine C pro L. l.5.150. l.14.tetenderim. p.122.l. 5.dele L. p.123.l.22.I pro G. l.24.conſtat. p.126.l.3.tam pro tum. p.126.l.3.tam p.127.l.3.docebunt. p.128.l.16.frangatur. p.129.l.14. E pro B. p.130.l.1.in quo. l.25.rationem pro rectam. p.131.l.7.à fine. A triangulo , & triangulorum A. l. 5.latera trianguli. p.132.l.10.qui,pro quod.l.18.neceſſaria. l.25. B E pro C D, & C pro B. p.133.l.22. ſubero 1/9 p.134.l.18. inflata. p.138. l.3.2200. p.140.l.1. Æolopila. l.4.tardiùs.

In Synopſi.

Præter errores ad Præfationis calcem, & Monito ad libri finem notatos, etiam Præf. p.2. l. .à fine , dele vel ſuum axem : in quo articulo, cùm C. Viri Tauricelli meminerim, placet addere quæ nuper ad me ſcripſit de ſolidis cycloidalibus , nempe quod fit à ſpatio cycloidali, circa tangentem axi æquidiſtantem reuoluto, ad cylindrum eiuſdem altitudinis & diametri, eſſe ſubſeſquitertium , cuius inuentionem tribuit Antonio Nardio Patritio Aretino, quem exinde ſubtilem eſſe Geometram facilè coniicias. Quod fit à ſpatio cycloidali circa tangentem baſi parallelam reuoluto, eſſe ad cylindrum eiuſdem axis & diametri ſubſeſquiſeptimum : circa verò axem reuoluto, eſſe ad cylindrum, vt 11. ad 18. atque adeò rationem ineffabilem habere ad ſolidum circa baſim, quippe quæ componatur ex ratione 44 ad 45. & ratio

circuli alicuius ad quadratum circumscriptum. Quibus addit centrum grauitatis cycloidis axem ita diuidere, vt pars ad verticem terminata sit ad relli-
quam, ut 7 ad 5. Pag. 3.l.6.ipsam. In Libro p.65.l.5.à fine, lineatum. p.257.
l.13.à fine, expectant. l.5.quid omnia elegantissimo stylo. l.4.totam.p.258.l.
6.Cosmographiæ. p.273.l.3.Toparchæ. Quanquam omnes isti errores non
inueniantur in omnibus exemplaribus, quæ dubio procul Typographii ex-
cudebant eodem tempore quo folia emendanda ad me deferebantur. Porrò
te, Lector optime, velim reliquos errores, cùm occurrerint. verbi gratiâ,
p.118.l.11.à fine, conois.p.154.l.4.à fine,stellarum. p.160.l.16.denomina-
tis. l.19.modo. p.164.l.2.habentis. l.24.sphæram. p.191.in 10.prop.polos.
p.315.subcontraria ad calcem 6 prop. p.321.coni non minor in 7 prop. &
p.320.l.16.à fine, existimaui.p.367.polyedra, in prop.42. l.4.à fine, spatia.
p.381.l.10.à fine, diagrammata,& dele esse.p.383.l.16.magnitudine.p.385.
l.17.restituit. Videantur. p.395.l.10.ᵹ pro ſt.l.7.à fine, conoide. p.396.l.
penul.positionem. p.398.l.pen. circumiens. p 406.in 6.prop.& eius, p.450.
in 20.prop.Thalamites.p.451.in 25.prop. ὀπίσϱϱιμος, & dolorem. p.473.l.1.
optica scientia. p 476.l.4.adornauit. p.484.in 21. prop. sinum pro signum.
p.491.l.2.araneam. p.499.l.8. Barbarus.p.517.in 15. prop. visæ per refra-
ctionem.p.543.in prop.9. Vitrum.

F I N I S.

BIBLIOTHEQUE   NATIONALE

SERVICE DES NOUVEAUX SUPPORTS

58, rue de Richelieu, 75084 PARIS CEDEX 02 Téléphone 266 62 62

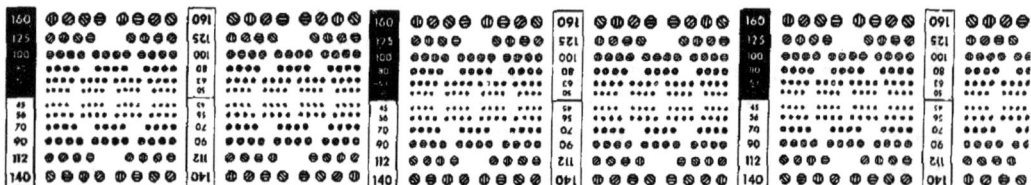

Achevé de micrographier le :   26 / 10 / 1977

Défauts constatés sur le document original

Contraste insuffisant ou
différent, mauvaise qualité
d'impression

Under-contrast or different,
bad printing quality